Natuurkunde

Elementaire constanten

Grootheid	Symbool	Waarde bij benadering	Meest nauwkeurige bekende waarde[†]
Snelheid van het licht in vacuüm	c	$3{,}00 \times 10^8$ m/s	$2{,}99792458 \times 10^8$ m/s
Zwaartekrachtconstante	G	$6{,}67 \times 10^{-11}$ N·m²/kg²	$6{,}6742(10) \times 10^{-11}$ N·m²/kg²
Getal van Avogadro	N_A	$6{,}02 \times 10^{23}$ mol⁻¹	$6{,}0221415(10) \times 10^{23}$ mol⁻¹
Gasconstante	R	8,314 J/mol·K = 1,99 cal/mol·K = 0,0821 L·atm/mol·K	8,314472(15) J/mol·K
Constante van Boltzmann	k	$1{,}38 \times 10^{-23}$ J/K	$1{,}3806505(24) \times 10^{-23}$ J/K
Elementaire lading	e	$1{,}60 \times 10^{-19}$ C	$1{,}60217653(14) \times 10^{-19}$ C
Constante van Stefan–Boltzmann		$5{,}67 \times 10^{-8}$ W/m²·K⁴	$5{,}670400(40) \times 10^{-8}$ W/m²·K⁴
Permittiviteit van vrije ruimte	$\epsilon_0 = (1/c^2\mu_0)$	$8{,}85 \times 10^{-12}$ C²/N·m²	$8{,}854187817... \times 10^{-12}$ C²/N·m²
Permeabiliteit van vrije ruimte	μ_0	$4\pi \times 10^{-7}$ T·m/A	$1{,}2566370614... \times 10^{-6}$ T·m/A
Constante van Planck	h	$6{,}63 \times 10^{-34}$ J·s	$6{,}6260693(11) \times 10^{-34}$ J·s
Rustmassa van elektron	m_e	$9{,}11 \times 10^{-31}$ kg = 0,000549 u = 0,511 MeV/c^2	$9{,}1093826(16) \times 10^{-31}$ kg = $5{,}4857990945(24) \times 10^{-4}$ u
Rustmassa van proton	m_p	$1{,}6726 \times 10^{-27}$ kg = 1,00728 u = 938,3 MeV/c^2	$1{,}67262171(29) \times 10^{-27}$ kg = 1,00727646688(13) u
Rustmassa van neutron	m_n	$1{,}6749 \times 10^{-27}$ kg = 1,008665 u = 939,6 MeV/c^2	$1{,}67492728(29) \times 10^{-27}$ kg = 1,00866491560(55) u
Atomaire massaeenheid (1 u)		$1{,}6605 \times 10^{-27}$ kg = 931,5 MeV/c^2	$1{,}66053886(28) \times 10^{-27}$ kg = 931,494043(80) meV/c^2

[†] CODATA (12/05), Peter J. Mohr en Barry N. Taylor, National Institute of Standards and Technology. De waarden tussen haakjes geven de onzekerheid aan, uitgedrukt als standaarddeviatie van de gegevens. De waarden zonder haakjes zijn exact (gedefinieerde grootheden).

Andere nuttige gegevens

Joule–equivalent (1 cal)	4,186 J
Absoluut nulpunt (0 K)	−273,15°C
Valversnelling op het oppervlak van de aarde (gemiddeld)	9.80 m/s² (= g)
Snelheid van geluid in lucht (20°C)	343 m/s
Dichtheid van lucht (droog)	1,29 kg/m³
Aarde: Massa	$5{,}98 \times 10^{24}$ kg
straal (gemiddeld)	$6{,}38 \times 10^3$ km
Maan: Massa	$7{,}35 \times 10^{22}$ kg
straal (gemiddeld)	$1{,}74 \times 10^3$ km
Zon: Massa	$1{,}99 \times 10^{30}$ kg
straal (gemiddeld)	$6{,}96 \times 10^5$ km
Afstand van de aarde tot de zon (gemiddeld)	$149{,}6 \times 10^6$ km
Afstand van de aarde tot de maan (gemiddeld)	384×10^3 km

Het Griekse alfabet

Alpha	A	α	Nu	N	ν
Beta	B	β	Xi	Ξ	ξ
Gamma	Γ	γ	Omicron	O	o
Delta	Δ	δ	Pi	Π	π
Epsilon	E	ϵ, ε	Rho	P	ρ
Zeta	Z	ζ	Sigma	Σ	σ
Eta	H	η	Tau	T	τ
Theta	Θ	θ	Upsilon	Y	υ
Iota	I	ι	Phi	Φ	ϕ, φ
Kappa	K	κ	Chi	X	χ
Lambda	Λ	λ	Psi	Ψ	ψ
Mu	M	μ	Omega	Ω	ω

Waarde van enkele getallen

$\pi = 3{,}1415927$ $\sqrt{2} = 1{,}4142136$ $\ln 2 = 0{,}6931472$ $\log_{10} e = 0{,}4342945$

$e = 2{,}7182818$ $\sqrt{3} = 1{,}7320508$ $\ln 10 = 2{,}3025851$ 1 rad $= 57{,}2957795°$

Wiskundige tekens en symbolen

$\propto$	is rechtevenredig met	$\leq$	is kleiner dan of gelijk aan		
$=$	is gelijk aan	$\geq$	is groter dan of gelijk aan		
$\approx$	is ongeveer gelijk aan	Σ	som van		
$\neq$	is niet gelijk aan	$\bar{x}$	gemiddelde waarde van x		
$>$	is groter dan	Δx	verandering van x		
$\gg$	is veel groter dan	$\Delta x \to 0$	Δx nadert tot nul		
$<$	is kleiner dan	$n!$	$n(n-1)(n-2)...(1)$		
$\ll$	is veel kleiner dan				

Eigenschappen van water

Dichtheid (4°C)	$1{,}000 \times 10^3$ kg/m³
Smeltwarmte (0°C)	333 kJ/kg (80 kcal/kg)
Verdampingswarmte (100°C)	2.260 kJ/kg (539 kcal/kg)
Soortelijke warmte (15°C)	4.186 J/kg·°C (1,00 kcal/kg·°C)
Brekingsindex	1,33

Omrekenfactoren (equivalenten)

Lengte

1 in. = 2,54 cm (definitie)
1 cm = 0,3937 in.
1 ft = 30,48 cm
1 m = 39,37 in. = 3,281 ft
1 mijl = 5280 ft = 1,609 km
1 km = 0.6214 mijl
1 nautische mijl (U.S.) = 1,151 mijl = 6076 ft = 1,852 km
1 fermi = 1 femtometer (fm) = 10^{-15} m
1 angstrom (Å) = 10^{-10} m = 0,1 nm
1 lichtjaar = 9,461 × 10^{15} m
1 parsec = 3,26 lichtjaar = 3,09 × 10^{16} m

Volume

1 liter (l) = 1000 mL = 1000 cm^3 = 1,0 × 10^{-3} m^3 = 1,057 qt (U.S.) = 61,02 in.^{3}
1 gallon (U.S.) = 4 qt (U.S.) = 231 in.^{3} = 3,785 l = 0,8327 gallon (Engels)
1 quart (U.S.) = 2 pints (U.S.) = 946 ml
1 pint (Engels) = 1,20 pints (U.S.) = 568 ml
1 m^3 = 35,31 ft^3

Tijd

1 dag = 8,640 × 10^4 s
1 jaar = 3,156 × 10^7 s

Massa

1 atomaire massaeenheid (u) = 1,6605 × 10^{-27} kg
1 kg = 0,06852 slug
[1 kg heeft een gewicht van 2,20 lb wanneer g = 9,80 m/s^2]

Kracht

1 lb = 4,448 N
1 N = 10^5 dyne = 0,2248 lb

Energie en arbeid

1 J = 10^7 ergs = 0,7376 ft · lb
1 ft · lb = 1,356 J = 1,29 × 10^{-3} Btu = 3,24 × 10^{-4} kcal
1 kcal = 4,19 × 10^3 J = 3,97 Btu
1 eV = 1,602 × 10^{-19} J
1 kWh = 3,600 × 10^6 J = 860 kcal
1 Btu = 1,056 × 10^3 J

Vermogen

1 W = 1 J/s = 0,7376 ft · lb/s = 3,41 Btu/u
1 pk = 550 ft · lb/s = 746 W
1 Nederlandse of Belgische pk = ongeveer 735 W

Snelheid

1 mijl/u = 1.4667 ft/s = 1,6093 km/h = 0,4470 m/s
1 km/u = 0,2778 m/s = 0,6214 mijl/u
1 ft/s = 0,3048 m/s (exact) = 0,6818 mijl/u = 1,0973 km/u
1 m/s = 3.281 ft/s = 3,600 km/u = 2,237 mijl/u
1 knoop = 1,151 mijl/u = 0,5144 m/s

Hoek

1 radiaal (rad) = 57,30° = 57°18'
1° = 0,01745 rad
1 omw/min. = 0,1047 rad/s

Druk

1 atm = 1,01325 bar = 1,01325 × 10^5 N/m^2 = 14,7 lb/in.^{2} = 760 torr
1 lb/in.^{2} = 6,895 × 10^3 N/m^2
1 Pa = 1 N/m^2 = 1,450 × 10^{-4} lb/in.^{2}

Van SI–eenheden afgeleide eenheden en de bijbehorende afkortingen

Grootheid	Eenheid	Afkorting	In basiseenheden†
Kracht	newton	N	kg · m/s^2
Energie en arbeid	joule	J	kg · m^2/s^2
Vermogen	watt	W	kg · m^2/s^3
Druk	pascal	Pa	kg/(m · s^2)
Frequentie	hertz	Hz	s^{-1}
Elektrische lading	coulomb	C	A · s
Elektrische potentiaal	volt	V	kg · m^2/(A · s^3)
Elektrische weerstand	ohm	Ω	kg · m^2/(A^2 · s^3)
Elektrische capaciteit	farad	F	A^2 · s^4/(kg · m^2)
Magnetisch veld	tesla	T	kg/(A · s^2)
Magnetische flux	weber	Wb	kg · m^2/(A · s^2)
Zelfinductie	henry	H	kg · m^2/(s^2 · A^2)

† kg = kilogram (massa), m = meter (lengte), s = seconde (tijd), A = ampère (elektrische stroom).

SI–vermenigvuldigingsfactoren

Voorvoegsel	Afkorting	Waarde
yotta	Y	10^{24}
zeta	Z	10^{21}
exa	E	10^{18}
peta	P	10^{15}
tera	T	10^{12}
giga	G	10^9
mega	M	10^6
kilo	k	10^3
hecto	h	10^2
deka	da	10^1
deci	d	10^{-1}
centi	c	10^{-2}
milli	m	10^{-3}
micro	μ	10^{-6}
nano	n	10^{-9}
pico	p	10^{-12}
femto	f	10^{-15}
atto	a	10^{-18}
zepto	z	10^{-21}
yocto	y	10^{-24}

Ook verschenen bij Pearson Benelux:

Kenneth Budinski en Michael Budinski, *Materiaalkunde*
Douglas C. Giancoli, *Natuurkunde, deel 2*
Russell C. Hibbeler, *Sterkteleer*
Russell C. Hibbeler, *Statica*
Russell C. Hibbeler, *Dynamica*
Jos van Kempen, *Besturingstechniek*
Jos van Kempen, *Regeltechniek*
Robert L. Mott, *Machineonderdelen, theorie en praktijk*
Robert L. Mott, *Toegepaste stromingsleer*
Jo van de Put, *Moderne industriële productie*

Natuurkunde

Deel 1

Mechanica en thermodynamica

Vierde, herziene editie

Douglas C. Giancoli

Nederlandse bewerking:
Dirk Poelman
Jan Ryckebusch

ISBN: 978-90-430-2865-3
NUR: 123, 173, 924
Trefw: natuurkunde, mechanica, thermodynamica

Dit is een uitgave van Pearson Benelux BV, Amsterdam
Website: www.pearson.com/nl – e-mail: amsterdam@pearson.com

Opmaak: Coco Bookmedia, Amersfoort
Omslag: Kok Korpershoek, Amsterdam
Vertaling: Marianne Kerkhof / Krivaja Translations, Enschede; Louis Rijk Vertalingen, Oegstgeest
Vakinhoudelijke beoordeling: Toon van den Abeele (KaHo Sint Lieven)

Eerste druk, maart 2014
Negende druk, mei 2021

Dit boek is gedrukt op een papiersoort die niet met chloorhoudende chemicaliën is gebleekt. Hierdoor is de productie van dit boek minder belastend voor het milieu.

© Copyright 2014 Pearson Benelux

Authorized translation from the English language edition, entitled *Physics for Scientists and Engineers, Vol 1* (chaps 1-20), 4th Edition by Giancoli, Doug, published by Pearson Education, Inc, publishing as Prentice Hall, Copyright © 2007 Douglas C. Giancoli

All rights reserved. No part of this book may be reproduced or transmitted in any form or by any means, electronic or mechanical, including photocopying, recording or by any information storage retrieval system, without permission from Pearson Education, Inc. Dutch language edition published by Pearson Benelux BV, Copyright © 2014.

Alle rechten voorbehouden. Niets uit deze uitgave mag worden verveelvoudigd, opgeslagen in een geautomatiseerd gegevensbestand, of openbaar gemaakt, in enige vorm of op enige wijze, hetzij elektronisch, mechanisch, door fotokopieën, opnamen, of enige andere manier, zonder voorafgaande toestemming van de uitgever.

Voor zover het maken van kopieën uit deze uitgave is toegestaan op grond van artikel 16B Auteurswet 1912 j° het Besluit van 20 juni 1974, St.b. 351, zoals gewijzigd bij Besluit van 23 augustus 1985, St.b. 471 en artikel 17 Auteurswet 1912, dient men de daarvoor wettelijk verschuldigde vergoedingen te voldoen aan de Stichting Reprorecht. Voor het overnemen van gedeelte(n) uit deze uitgave in bloemlezingen, readers en andere compilatie- of andere werken (artikel 16 Auteurswet 1912), in welke vorm dan ook, dient men zich tot de uitgever te wenden.

Ondanks alle aan de samenstelling van dit boek bestede zorg kan noch de redactie, noch de auteur, noch de uitgever aansprakelijkheid aanvaarden voor schade die het gevolg is van enige fout in deze uitgave

www.pearsonxtra.nl

Wat is Pearson XTRA?

Pearson XTRA is de naam van de studiewebsites van Pearson. Ook bij deze uitgave is aanvullend materiaal beschikbaar via Pearson XTRA. Je kunt de website gebruiken om de lesstof nader te bestuderen, je kennis te verdiepen en te testen of je de lesstof al beheerst. Registreer je snel en ontdek de voordelen!

Pearson XTRA voor studenten

Waaruit bestaat Pearson XTRA?

 XTRA eText

De digitale versie van je boek

 XTRA vragen

Test je kennis!

 XTRA begrippentrainer

Oefen de belangrijkste begrippen

 XTRA beeldbank

Alle afbeeldingen beschikbaar voor eigen gebruik

Extra bij Pearson XTRA

Daarnaast is er in veel gevallen nog specifiek op jouw boek toegespitst studie- en oefenmateriaal beschikbaar.

Gedetailleerde informatie over de inhoud van Pearson XTRA voor deze uitgave vind je verderop in het boek.

Hoe krijg je toegang tot Pearson XTRA?

Dit boek wordt nieuw geleverd met een registratiekaartje met een eenmalige toegangscode.

Vragen, feedback en voorwaarden

Ga voor aanvullende informatie en feedback op Pearson XTRA naar www.pearsonxtra.nl/studenten

Pearson XTRA voor docenten

Voor docenten biedt Pearson exclusief XTRA lesmateriaal aan. Dit materiaal kan worden gebruikt ter ondersteuning van colleges of opdrachten. Docenten die toegang wensen tot het XTRA docentmateriaal kunnen op www.pearsonxtra.nl/docenten een speciale toegangscode aanvragen. Deze code geeft dan toegang tot zowel het XTRA studenten- als het docentmateriaal.

Verkorte inhoudsopgave

1. Inleiding, meten en schatten *1*
2. Beweging beschrijven: Kinematica in één dimensie *20*
3. Kinematica in twee en drie dimensies; vectoren *57*
4. Dynamica: de bewegingswetten van Newton *94*
5. De wetten van Newton: wrijving, cirkelvormige beweging, weerstandskrachten *127*
6. De zwaartekracht en de synthese van Newton *158*
7. Arbeid en energie *185*
8. Behoud van energie *208*
9. Impuls *245*
10. Rotatiebeweging *284*
11. Impulsmoment; algemene rotatie *325*
12. Statisch evenwicht; elasticiteit en breuk *356*
13. Vloeistoffen *390*
14. Trillingen *426*
15. Golfbeweging *456*
16. Geluid *488*
17. Temperatuur, thermische expansie en de ideale gaswet *523*
18. Kinetische gastheorie *548*
19. Warmte en de eerste hoofdwet van de thermodynamica *570*
20. De tweede hoofdwet van de thermodynamica *607*

    Bijlagen *A-1*

    Appendix A   Wiskundige formules *A-1*

    Appendix B   Afgeleiden en integralen *A-7*

    Appendix C   Meer over dimensieanalyse *A-10*

    Appendix D   De zwaartekracht bij een bolvormig verdeelde massa *A-12*

    Appendix E   Vergelijking van Maxwell in differentiaalvorm *A-15*

    Appendix F   Isotopen: een selectie *A-17*

    Antwoorden op de vraagstukken met een oneven nummer *A-21*

    Fotobronnen *A-35*

    Index *A-37*

Inhoudsopgave

Voorwoord		xiv

1 Inleiding, meten en schatten — 1

1.1	De wetenschap natuurkunde	2
1.2	Modellen, theorieën en wetten	3
1.3	Meten en onnauwkeurigheid; significante cijfers	3
1.4	Eenheden, standaarden en het SI-systeem	6
1.5	Het omzetten van eenheden	9
1.6	Orde van grootte: snel schatten	11
*1.7	Dimensies en dimensieanalyse	14
	SAMENVATTING 15 VRAAGSTUKKEN 16	
	VRAGEN 16 ALGEMENE VRAAGSTUKKEN 18	

2 Beweging beschrijven: Kinematica in één dimensie — 20

2.1	Referentiestelsels en verplaatsing	21
2.2	Gemiddelde snelheid	22
2.3	Momentane snelheid	24
2.4	Versnelling	26
2.5	Beweging met constante versnelling	30
2.6	Het oplossen van vraagstukken	32
2.7	Vrij vallende voorwerpen	37
*2.8	Variabele versnelling; integraalrekening	43
*2.9	Grafische analyse en numerieke integratie	44
	SAMENVATTING 47 VRAAGSTUKKEN 49	
	VRAGEN 48 ALGEMENE VRAAGSTUKKEN 53	

3 Kinematica in twee en drie dimensies; vectoren — 57

3.1	Vectoren en scalairen	58
3.2	Optellen van vectoren: grafische methoden	58
3.3	Aftrekken van vectoren en vermenigvuldigen van een vector met een scalair	61
3.4	Vectoren componentsgewijs optellen	61
3.5	Eenheidsvectoren	66
3.6	Vectorkinematica	67
3.7	De kogelbaan	70
3.8	Het oplossen van kogelbaanvraagstukken	71
3.9	Relatieve snelheid	80
	SAMENVATTING 83 VRAAGSTUKKEN 84	
	VRAGEN 83 ALGEMENE VRAAGSTUKKEN 90	

4 Dynamica: de bewegingswetten van Newton — 94

4.1	Kracht	95
4.2	De eerste bewegingswet van Newton	96
4.3	Massa	97
4.4	De tweede bewegingswet van Newton	98
4.5	De derde bewegingswet van Newton	100
4.6	Gewicht: de zwaartekracht en de normaalkracht	104
4.7	Vraagstukken oplossen met de wetten van Newton: vrijlichaamsschema's	108
4.8	Vraagstukken oplossen: een algemene benadering	115
	SAMENVATTING 116 VRAAGSTUKKEN 118	
	VRAGEN 117 ALGEMENE VRAAGSTUKKEN 123	

5 De wetten van Newton: wrijving, cirkelvormige beweging, weerstandskrachten — 127

5.1	Toepassingen van de wetten van Newton met wrijving	128
5.2	Eenparige cirkelvormige beweging, kinematica	135
5.3	Dynamica van de eenparige cirkelvormige beweging	139
5.4	Bochten in snelwegen: komvormig en vlak	142
*5.5	Niet-eenparige cirkelvormige beweging	145
*5.6	Snelheidsafhankelijke krachten: weerstand en eindsnelheid	146
	SAMENVATTING 148 VRAAGSTUKKEN 149	
	VRAGEN 148 ALGEMENE VRAAGSTUKKEN 155	

6 De zwaartekracht en de synthese van Newton — 158

6.1	De wet van de universele zwaartekracht van Newton	159
6.2	De vectorvorm van de wet van de universele zwaartekracht van Newton	162
6.3	De zwaartekracht vlak bij het oppervlak van de aarde; geofysische toepassingen	163
6.4	Satellieten en 'gewichtloosheid'	166
6.5	De wetten van Keppler en de synthese van Newton	169
*6.6	Zwaartekrachtveld	174
6.7	Soorten krachten in de natuur	175
*6.8	Het gelijkwaardigheidprincipe; kromming van de ruimte; zwarte gaten	176
	SAMENVATTING 177 VRAAGSTUKKEN 179	
	VRAGEN 178 ALGEMENE VRAAGSTUKKEN 181	

7 Arbeid en energie — 185

7.1	Arbeid die door een constante kracht verricht wordt	186
7.2	Het inwendig product van twee vectoren	190
7.3	Arbeid die door een variabele kracht verricht wordt	191
7.4	Principe van arbeid en kinetische energie	194
	SAMENVATTING 199 VRAAGSTUKKEN 200	
	VRAGEN 200 ALGEMENE VRAAGSTUKKEN 204	

8 Behoud van energie — 208

- 8.1 Conservatieve en niet-conservatieve krachten — 209
- 8.2 Potentiële energie — 211
- 8.3 Mechanische energie en behoud daarvan — 215
- 8.4 Vraagstukken oplossen met behulp van behoud van mechanische energie — 216
- 8.5 De wet van behoud van energie — 223
- 8.6 Behoud van energie met dissipatieve krachten: vraagstukken oplossen — 224
- 8.7 Potentiële energie ten gevolge van de zwaartekracht en ontsnappingssnelheid — 226
- 8.8 Vermogen — 229
- *8.9 Potentiële-energiegrafieken; stabiel en instabiel evenwicht — 232

SAMENVATTING 233 VRAAGSTUKKEN 236
VRAGEN 234 ALGEMENE VRAAGSTUKKEN 241

9 Impuls — 245

- 9.1 Impuls en de relatie met kracht — 246
- 9.2 Behoud van impuls — 248
- 9.3 Botsingen en stoot — 252
- 9.4 Behoud van energie en impuls bij botsingen — 253
- 9.5 Elastische botsingen in één dimensie — 254
- 9.6 Niet-elastische botsingen — 258
- 9.7 Botsingen in twee of drie dimensies — 259
- 9.8 Massamiddelpunt (MM) — 262
- 9.9 Massamiddelpunt en translatiebeweging — 267
- *9.10 Systemen met variabele massa; raketaandrijving — 270

SAMENVATTING 272 VRAAGSTUKKEN 274
VRAGEN 273 ALGEMENE VRAAGSTUKKEN 280

10 Rotatiebeweging — 284

- 10.1 Grootheden bij rotatie — 285
- 10.2 Vectoriële aard van rotatiegrootheden — 291
- 10.3 Constante hoekversnelling — 291
- 10.4 Krachtmoment — 292
- 10.5 Rotationele dynamica; krachtmoment en rotationele traagheid — 295
- 10.6 Vraagstukken over rotationele dynamica oplossen — 298
- 10.7 Traagheidsmomenten bepalen — 301
- 10.8 Rotationele kinetische energie — 303
- 10.9 Rotationele plus translationele beweging; rollen — 305
- *10.10 Waarom vertraagt een bol? — 312

SAMENVATTING 313 VRAAGSTUKKEN 314
VRAGEN 314 ALGEMENE VRAAGSTUKKEN 321

11 Impulsmoment; algemene rotatie — 325

- 11.1 Impulsmoment, om een vaste as roterende voorwerpen — 326
- 11.2 Uitwendig vectorproduct; krachtmoment als een vector — 331
- 11.3 Impulsmoment van een puntmassa — 333
- 11.4 Impulsmoment en krachtmoment voor een systeem van puntmassa's; algemene beweging — 334
- 11.5 Impulsmoment en krachtmoment voor een star voorwerp — 336
- 11.6 Behoud van impulsmoment — 339
- *11.7 De tol en de gyroscoop — 341
- *11.8 Roterende referentiestelsels; inertiaalkrachten — 342
- *11.9 Het corioliseffect — 343

SAMENVATTING 345 VRAAGSTUKKEN 347
VRAGEN 346 ALGEMENE VRAAGSTUKKEN 352

12 Statisch evenwicht; elasticiteit en breuk — 356

- 12.1 De voorwaarden voor evenwicht — 357
- 12.2 Staticavraagstukken oplossen — 359
- 12.3 Stabiliteit en balans — 364
- 12.4 Elasticiteit; materiaalspanning en vervorming — 365
- 12.5 Breuk — 369
- *12.6 Vakwerken en bruggen — 371
- *12.7 Bogen en koepels — 375

SAMENVATTING 377 VRAAGSTUKKEN 378
VRAGEN 377 ALGEMENE VRAAGSTUKKEN 383

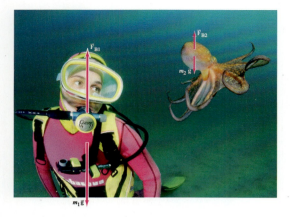

13 Vloeistoffen 390

13.1 Fasen van materie 391
13.2 Dichtheid en soortelijk gewicht 391
13.3 Druk in vloeistoffen 392
13.4 Atmosferische druk en manometerdruk 396
13.5 De wet van Pascal 397
13.6 Meten van druk; manometers en de barometer 398
13.7 Opwaartse kracht en de wet van Archimedes 400
13.8 Vloeistoffen in beweging; debiet en de continuïteitsvergelijking 405
13.9 De wet van Bernoulli 407
13.10 Toepassingen van de wet van Bernoulli: Torricelli, vliegtuigen, honkballen, TIA 409
*13.11 Viscositeit 412
*13.12 Stromen in buizen: de wet van Poiseuille, bloedsomloop 413
*13.13 Oppervlaktespanning en capillaire werking 413
*13.14 Pompen en het menselijk hart 415
SAMENVATTING 416 VRAAGSTUKKEN 418
VRAGEN 416 ALGEMENE VRAAGSTUKKEN 423

14 Trillingen 426

14.1 Trillingen van een veer 427
14.2 Enkelvoudige harmonische beweging 429
14.3 Energie in de enkelvoudige harmonische oscillator 435
14.4 Verband tussen enkelvoudige harmonische beweging en eenparige cirkelbeweging 437
14.5 De enkelvoudige slinger 438
*14.6 De fysische slinger en de torsieslinger 440
14.7 Gedempte harmonische beweging 441
14.8 Gedwongen trillingen; resonantie 444
SAMENVATTING 447 VRAAGSTUKKEN 448
VRAGEN 447 ALGEMENE VRAAGSTUKKEN 453

15 Golfbeweging 456

15.1 Eigenschappen van de golfbeweging 457
15.2 Typen golven: transversale en longitudinale golven 459
15.3 Energietransport door golven 463
15.4 Wiskundige voorstelling van een lopende golf 465
*15.5 De golfvergelijking 468
15.6 Het superpositiebeginsel 470
15.7 Reflectie en transmissie 471
15.8 Interferentie 472
15.9 Staande golven; resonantie 473
*15.10 Breking 477
*15.11 Buiging 478
SAMENVATTING 479 VRAAGSTUKKEN 481
VRAGEN 480 ALGEMENE VRAAGSTUKKEN 485

16 Geluid 488

16.1 Eigenschappen van geluid 489
16.2 Wiskundige voorstelling van longitudinale golven 491
16.3 Intensiteit van geluid: decibel 492
16.4 Geluidsbronnen: trillende snaren en luchtkolommen 496
*16.5 Geluidskwaliteit en ruis; superpositie 502
16.6 Interferentie van geluidsgolven; zweving 503
16.7 Dopplereffect 506
*16.8 Schokgolven en de sonische knal 510
*16.9 Toepassingen: Sonar, ultrageluid en medische echografie 512
SAMENVATTING 514 VRAAGSTUKKEN 515
VRAGEN 514 ALGEMENE VRAAGSTUKKEN 520

17 Temperatuur, thermische expansie en de ideale gaswet — 523

- 17.1 Atoomtheorie van de materie — 524
- 17.2 Temperatuur en thermometers — 525
- 17.3 Thermisch evenwicht en de nulde hoofdwet van de thermodynamica — 528
- 17.4 Thermische expansie — 528
- *17.5 Thermische spanningen — 532
- 17.6 De gaswetten en de absolute temperatuur — 533
- 17.7 De ideale gaswet — 535
- 17.8 Het oplossen van vraagstukken rond de ideale gaswet — 536
- 17.9 De ideale gaswet in termen van moleculen: het getal van Avogadro — 538
- *17.10 Temperatuurschaal voor een ideaal gas: een standaard — 539
- SAMENVATTING 540 VRAAGSTUKKEN 542
- VRAGEN 541 ALGEMENE VRAAGSTUKKEN 545

18 Kinetische gastheorie — 548

- 18.1 De ideale gaswet en de moleculaire interpretatie van de temperatuur — 548
- 18.2 Snelheidsverdeling van moleculen — 553
- 18.3 Echte gassen en faseovergangen — 555
- 18.4 Dampdruk en vochtigheidsgraad — 556
- *18.5 De Van der Waals-toestandsvergelijking — 559
- *18.6 Gemiddelde vrije weglengte — 561
- *18.7 Diffusie — 562
- SAMENVATTING 564 VRAAGSTUKKEN 565
- VRAGEN 564 ALGEMENE VRAAGSTUKKEN 568

19 Warmte en de eerste hoofdwet van de thermodynamica — 570

- 19.1 Warmte als energieoverdracht — 571
- 19.2 Inwendige energie — 572
- 19.3 Soortelijke warmte — 573
- 19.4 Calorimetrie: het oplossen van vraagstukken — 574
- 19.5 Latente warmte — 577
- 19.6 De eerste hoofdwet van de thermodynamica — 581
- 19.7 Toepassingen van de eerste hoofdwet van de thermodynamica; het berekenen van de arbeid — 583
- 19.8 Molaire soortelijke warmtes voor gassen en de equipartitie van energie — 588
- 19.9 Adiabatische expansie van een gas — 591
- 19.10 Warmteoverdracht: geleiding, convectie en straling — 592
- SAMENVATTING 598 VRAAGSTUKKEN 600
- VRAGEN 599 ALGEMENE VRAAGSTUKKEN 605

20 De tweede hoofdwet van de thermodynamica — 607

- 20.1 De tweede hoofdwet van de thermodynamica: inleiding — 608
- 20.2 Warmtemotoren — 609
- 20.3 Reversibele en irreversibele processen; de carnotmotor — 612
- 20.4 Koelkasten, airconditioners en warmtepompen — 616
- 20.5 Entropie — 619
- 20.6 Entropie en de tweede hoofdwet van de thermodynamica — 621
- 20.7 Van orde naar wanorde — 624
- 20.8 Het niet beschikbaar zijn van energie; warmtedood — 626
- *20.9 Statistische interpretatie van entropie en de tweede hoofdwet — 626
- *20.10 Thermodynamische temperatuur: derde hoofdwet van de thermodynamica — 629
- *20.11 Thermische vervuiling, opwarming van de aarde en energiebronnen — 630
- SAMENVATTING 633 VRAAGSTUKKEN 634
- VRAGEN 633 ALGEMENE VRAAGSTUKKEN 638

Bijlagen — A-1

- Appendix A Wiskundige formules — A-1
- Appendix B Afgeleiden en integralen — A-7
- Appendix C Meer over dimensieanalyse — A-10
- Appendix D De zwaartekracht bij een bolvormig verdeelde massa — A-12
- Appendix E Vergelijking van Maxwell in differentiaalvorm — A-15
- Appendix F Isotopen: een selectie — A-17

Antwoorden op de vraagstukken met een oneven nummer — A-21

Fotobronnen — A-35

Index — A-37

Voorwoord

Toen ik besloot om zelf een studieboek te schrijven, moest dat anders worden dan andere studieboeken die de natuurkunde presenteren als een reeks feiten. In plaats van een benadering waarbij onderwerpen formeel en dogmatisch besproken worden, heb ik geprobeerd om elk onderwerp te beginnen met concrete waarnemingen en ervaringen die studenten zelf kunnen hebben: ik begin met specifieke voorbeelden en bouw van daaruit verder naar de generaliseringen en de meer formele aspecten van een onderwerp en laat op die manier zien *waarom* we geloven wat we geloven. Deze benadering is een afspiegeling van hoe de wetenschap ook in de praktijk wordt beoefend.

De vierde, herziene editie

In de vierde editie zijn nieuwe didactische hulpmiddelen, nieuwe natuurkunde (zoals in de kosmologie) en veel nieuwe toepassingen toegevoegd. In deze herziene vierde editie zijn alle hoofdstukken geüpdatet en zijn correcties uitgevoerd. Bovendien is Pearson XTRA toegevoegd, een online omgeving met extra materiaal voor studenten en docenten. Zie voor een uitgebreide beschrijving hiervan p. xviii. Hieronder volgt een aantal belangrijke didactische kenmerken van het boek.

Didactische kenmerken

Openingsvragen aan het begin van de hoofdstukken: elk hoofdstuk begint met een meerkeuzevraag met onder de antwoorden gebruikelijke misverstanden. De studenten wordt gevraagd om een antwoord te kiezen voordat ze aan het hoofdstuk beginnen, om hen te laten nadenken over de stof en ideeën boven tafel te krijgen. De kwesties komen later in het hoofdstuk terug, meestal als oefeningen, waarin het onderwerp besproken wordt. De openingsvragen laten studenten ook de kracht en het nut van de natuurkunde inzien.

Aanpak-paragraaf in uitgewerkte numerieke voorbeelden: een korte inleidende paragraaf voor de oplossing, met een benadering en de mogelijke stappen om te komen tot een oplossing. Beknopte opmerkingen na de oplossing over een alternatieve benadering of een toepassing.

Stap-voor-stapvoorbeelden: na een groot aantal probleemoplossingsstrategieën wordt het daarop volgende voorbeeld besproken aan de hand van de besproken stappen.

Oefeningen in de tekst, na een voorbeeld of een afleiding, geven studenten de kans om te controleren of ze de stof voldoende begrepen hebben om een eenvoudige vraag te beantwoorden of een eenvoudige berekening uit te voeren. Veel oefeningen zijn meerkeuzevragen.

Duidelijkheid: we hebben alle onderwerpen en alle paragrafen opnieuw bekeken om te zien of ze verduidelijkt konden worden en de presentatie nog beknopter kon. Bewoordingen en zinnen die het betoog verzwakken zijn verwijderd: de essentie komt op de eerste plaats en de uitweidingen komen later.

Vectornotatie, pijlen: de symbolen voor vectorgrootheden in de tekst en figuren zijn nu voorzien van een kleine pijl erboven, zodat ze vergelijkbaar zijn met de manier waarop we ze met de hand schrijven.

Kosmologische revolutie: dankzij de hulp van enkele experts op dit gebied kunnen de lezers meer te weten komen over de meest actuele resultaten.

Paginaopmaak: nog meer dan in de vorige editie is er aandacht besteed aan de manier waarop elke pagina opgemaakt is. Het boek is opgemaakt in fullcolour, en er is gebruikgemaakt van veel aansprekend beeldmateriaal.

Nieuwe toepassingen: LCD's, digitale camera's en CCD's, elektrische risico's, aardlekschakelaars, fotokopieermachines, inkjet- en laserprinters, metaaldetectors, onderwaterzicht, kromme ballen, vliegtuigvleugels, DNA, hoe onze ogen beelden kunnen waarnemen.

Gewijzigde voorbeelden: wiskundige stappen zijn meer uitgewerkt en er zijn veel nieuwe voorbeelden toegevoegd. Ongeveer 10 procent van de voorbeelden zijn schattingsvoorbeelden.

Inhoud en organisatorische veranderingen

- Vectoren worden nu steeds zowel vetgedrukt als met een pijltje erboven geschreven, zodat de notatie beter aansluit bij die van geschreven tekst.
- De lengte van een voorwerp is een geschreven ℓ in plaats van de normale l, die gemakkelijk gelezen kan worden als een 1 of een I (traagheidsmoment, stroom), zoals in $F = I\ell B$. De hoofdletter L wordt gebruikt voor impulsmoment, latente warmte, inductantie en de eenheid van lengte $[L]$.
- Grafische analyse en numerieke integratie is een nieuwe optionele paragraaf (paragraaf 2.9). De vraagstukken waarvoor een computer of grafische rekenmachine gebruikt moet worden zijn nu aan het eind van het merendeel van de hoofdstukken opgenomen.
- De kinematica en dynamica van de cirkelvormige beweging worden nu beide behandeld in hoofdstuk 5 in plaats van verspreid over de hoofdstukken 3 en 5.
- De zwaartekrachtwet van Newton is in hoofdstuk 6 gebleven. Waarom? De wetmatigheid $1/r^2$ is te belangrijk en kan daarom niet pas in een hoofdstuk met een hoog nummer aan bod komen (dat mogelijk zelfs laat in het semester helemaal niet behandeld wordt); het is tenslotte een van de elementaire krachten in de natuur. In hoofdstuk 8 behandelen we werkelijke potentiële energie van de zwaartekracht en hebben we een mooie gelegenheid om $U = \int \vec{F} \cdot d\vec{\ell}$ te gebruiken.
- Arbeid en energie, in de hoofdstukken 7 en 8, zijn zorgvuldig bewerkt.
- De arbeid die verricht wordt door wrijving wordt nu besproken met behoud van energie (energietermen als gevolg van de wrijving).
- De hoofdstukken over inductantie en wisselstroomschakelingen zijn nu gecombineerd in één hoofdstuk (hoofdstuk 30, deel 2).
- Roterende assenstelsels, en de coriolisversnelling, zijn verplaatst van hoofdstuk 5 naar hoofdstuk 11.
- **Rotatiebeweging**: de hoofdstukken 10 en 11 zijn opnieuw gestructureerd. Alles over impulsmoment staat nu in hoofdstuk 11.
- Fluida zijn samengevat in één hoofdstuk (13).
- **De eerste wet van de thermodynamica** in hoofdstuk 19 is herschreven en uitgebreid. De volledige vorm wordt gebruikt: $\Delta K + \Delta U + \Delta E_{\text{inw}} = Q - W$, waarin E_{inw} de inwendige energie is en U de potentiële energie; de vorm $Q - W$ wordt behouden, zodat $dW = P\, dV$.
- De nieuwe bijlagen bevatten de differentiaaluitvoering van de vergelijkingen van Maxwell en meer informatie over eenhedenanalyse.
- In dit eerste deel zijn diverse probleemoplossingsstrategieën opgenomen.

Organisatie

Docenten kunnen van mening zijn dat dit boek meer materiaal bevat dan ze in hun cursussen kunnen behandelen. De tekst biedt echter veel ruimte voor flexibiliteit. De met een ster (*) gemarkeerde paragrafen zijn optioneel. Deze paragrafen bevatten iets meer geavanceerde natuurkundestof, of stof die niet behandeld wordt in standaardcursussen en/of interessante toepassingen; ze bevatten geen materiaal dat in latere hoofdstukken noodzakelijk is (behalve dan misschien in latere optionele paragrafen). Voor een beknopte cursus kan al het optionele materiaal weggelaten worden, net zoals grote delen van de hoofdstukken 1, 13, 16, 26, 30 en 35 en bepaalde delen van de hoofdstukken 9, 12, 19, 20, 33 en de hoofdstukken over moderne natuurkunde. De onderwerpen die niet in lessen aan bod komen kunnen waardevolle bronnen voor latere studie door de studenten zelf zijn. Dit boek kan zelfs nog jaren gebruikt worden als naslagwerk, omdat het veel aspecten van natuurkunde bestrijkt.

De delen van dit boek

Deze vierde editie van *Natuurkunde* bestaat uit twee delen:
Deel 1: hoofdstukken 1 tot en met 20 over mechanica, inclusief vloeistoffen, trillingen, golven plus warmte en thermodynamica.
Deel 2: hoofdstukken 21 tot en met 44 over elektriciteit en magnetisme, plus licht en optica en moderne natuurkunde: relativiteit, kwantumtheorie, atomaire natuurkunde, gecondenseerde materie, nucleaire natuurkunde, elementaire deeltjes, kosmologie en astrofysica.

Dankwoord

Veel docenten in de natuurkunde hebben input of directe feedback geleverd op alle aspecten van dit boek. Hun namen zijn hieronder vermeld en ik ben hun veel dank verschuldigd.

Mario Affatigato, Coe College
Lorraine Allen, United States Coast Guard Academy
Zaven Altounian, McGill University
Bruce Barnett, Johns Hopkins University
Michael Barnett, Lawrence Berkeley Lab
Anand Batra, Howard University
Cornelius Bennhold, George Washington University
Bruce Birkett, University of California, Berkeley
Dr. Robert Boivin, Auburn University
Subir Bose, University of Central Florida
David Branning, Trinity College
Meade Brooks, Collin County Community College
Bruce Bunker, University of Notre Dame
Grant Bunker, Illinois Institute of Technology
Wayne Carr, Stevens Institute of Technology
Charles Chiu, University of Texas, Austin
Robert Coakley, University of Southern Maine
David Curott, University of North Alabama
Biman Das, SUNY Potsdam
Bob Davis, Taylor University
Kaushik De, University of Texas, Arlington
Michael Dennin, University of California, Irvine
Kathy Dimiduk, University of New Mexico
John DiNardo, Drexel University
Scott Dudley, United States Air Force Academy
John Essick, Reed College
Cassandra Fesen, Dartmouth College
Alex Filippenko, University of California, Berkeley
Richard Firestone, Lawrence Berkeley Lab
Mike Fortner, Northern Illinois University
Tom Furtak, Colorado School of Mines
Edward Gibson, California State University Sacramento
John Hardy, Texas A&M
J. Erik Hendrickson, University of Wisconsin, Eau Claire
Laurent Hodges, Iowa State University
David Hogg, New York University
Mark Hollabaugh, Normandale Community College
Andy Hollerman, University of Louisiana, Lafayette
Bob Jacobsen, University of California, Berkeley
Teruki Kamon, Texas A&M
Daryao Khatri, University of the District of Columbia
Jay Kunze, Idaho State University
Jim LaBelle, Dartmouth College
M A.K. Lodhi, Texas Tech
Bruce Mason, University of Oklahoma
Dan Mazilu, Virginia Tech
Linda McDonald, North Park College
Bill McNairy, Duke University
Raj Mohanty, Boston University
Giuseppe Molesini, Istituto Nazionale di Ottica, Florence
Lisa K. Morris, Washington State University
Blaine Norum, University of Virginia
Alexandria Oakes, Eastern Michigan University
Michael Ottinger, Missouri Western State University
Lyman Page, Princeton and WMAP
Bruce Partridge, Haverford College
R. Daryl Pedigo, University of Washington
Robert Pelcovitz, Brown University
Vahe Peroomian, UCLA
James Rabchuk, Western Illinois University
Michele Rallis, Ohio State University
Paul Richards, University of California, Berkeley
Peter Riley, University of Texas, Austin
Larry Rowan, University of North Carolina, Chapel Hill
Cindy Schwarz, Vassar College
Peter Sheldon, Randolph-Macon Woman's College
Natalia A. Sidorovskaia, University of Louisiana, Lafayette
George Smoot, University of California, Berkeley
Mark Sprague, East Carolina University
Michael Strauss, University of Oklahoma
Laszlo Takac, University of Maryland, Baltimore Co.
Franklin D. Trumpy, Des Moines Area Community College
Ray Turner, Clemson University
Som Tyagi, Drexel University
John Vasut, Baylor University
Robert Webb, Texas A&M
Robert Weidman, Michigan Technological University
Edward A. Whittaker, Stevens Institute of Technology
John Wolbeck, Orange County Community College
Stanley George Wojcicki, Stanford University
Edward Wright, UCLA
Todd Young, Wayne State College
William Younger, College of the Albemarle
Hsiao-Ling Zhou, Georgia State University

Voor deze Nederlandstalige editie bedanken we:
J. Aalbers, Fontys Hogeschool
Elise G. Boltjes, Noordelijke Hogeschool Leeuwarden
Henk Breevaart, Hogeschool Rotterdam
Dirk D'haeyer, KaHo Sint-Lieven
Fernand Dhoore, GroepT
Joris Dirckx, Universiteit Antwerpen
Henk Geertsema, Fontys Hogeschool
Chris Houtsma, Christelijke Hogeschool Nederland
Mark Huyse, Katholieke Universiteit Leuven
Jean-Pierre Lafaut, Katholieke Universiteit Leuven, Campus Kortrijk
Peter M. Landweer, Helicon
Greet Langie, De Nayer Instituut
Walter Lauriks, Katholieke Universiteit Leuven
Rens Leenders, Avans Hogeschool
Peter Lievens, Katholieke Hogeschool Leuven
Peter Mulock Houwer, Saxion Hogeschool
Toon Peters, Hogeschool Zuyd
Dirk Poelman, Universiteit Gent
Jos Rogiers, Katholieke Universiteit Leuven
Jan Ryckebusch, Universiteit Gent
Frans Schure, HAS Den Bosch
Ruud Sniekers, Saxion Hogescholen
T.M.H. Spiertz, Hogeschool Zuyd
Julio Cesar Tromp, Fontys Hogeschool

Herman Van Dael, Katholieke Universiteit Leuven,
  Campus Kortrijk
Hans Van de Loo, Fontys Hogeschool
Toon Van den Abeele, KaHo Sint Lieven
Johan Van den Bossche, KaHo Sint Lieven
Piet Van Duppen, Katholieke Universiteit Leuven
Luc Van Hoorebeke, Universiteit Gent
Roland Vanmeirhaeghe, Universiteit Gent
Annemie Vemeyen, KaHo Sint Lieven
Els Wieers, XIOS Hogeschool Limburg
Stan Wouters, Katholieke Hogeschool Limburg
Floris Wuyts, Universiteit Antwerpen

Verder wil ik met name prof. Bob Davis bedanken voor zijn grote bijdrage aan dit boek en met name voor het uitwerken van alle vraagstukken en het maken van de oplossingenhandleiding en de lijsten met de antwoorden op alle oneven vragen die achterin dit boek opgenomen zijn. Veel dank ben ik ook verschuldigd aan J. Erik Hendrickson, die samen met Bob Davis aan de oplossingen gewerkt heeft en aan het team waaraan zij leiding gaven (de prof. Anand Batra, Meade Brooks, David Currott, Blaine Norum, Michael Ottinger, Larry Rowan, Ray Turner, John Vasut en William Younger). Ook wil ik graag Katherine Whatley en Judith Beck bedanken, die de antwoorden geleverd hebben op de conceptuele vragen aan het eind van elk hoofdstuk. De profs. John Essick, Bruce Barnett, Robert Coakley, Biman Das, Michael Dennin, Kathy Dimiduk, John DiNardo, Scott Dudley, David Hogg, Cindy Schwarz, Ray Turner en Som Tyagi waren een inspiratiebron voor een groot aantal voorbeelden, vragen, vraagstukken en hebben veel zaken verduidelijkt. Voor deze Nederlandstalige editie zijn de bijdragen van Dirk Poelman en Jan Ryckebusch van Universiteit Gent van grote waarde geweest.
Van groot belang voor het opsporen en corrigeren van fouten en het aandragen van excellente suggesties waren de profs. Kathy Dimiduk, Ray Turner en Lorraine Allen. Ik wil hen daarvoor enorm bedanken, maar ook prof. Giuseppe Molesini, voor zijn suggesties en buitengewone foto's voor het onderwerp optica.
Voor hoofdstuk 44 over kosmologie en astrofysica heb ik het dankbaar gebruik mogen maken van de welwillende input van enkele experts op die vakgebieden: George Smoot, Paul Richards en Alex Filippenko (UC Berkeley), Lyman Page (Princeton en WMAP), Edward Wright (UCLA en WMAP) en Michael Strauss (Universiteit van Oklahoma).
Mijn speciale dank gaat uit naar de profs. Howard Shugart, Chair Marjorie Shapiro en vele anderen van het Physics Department van de Universiteit van Californië in Berkeley, voor de opbouwende discussies en de gastvrijheid. Ik dank ook prof. Tito Arecchi en anderen aan het Istituto Nazionale di Ottica in Florence.
Ten slotte wil ik ook iedereen bedanken waarmee ik aan dit project samengewerkt heb bij Prentice Hall, met name Paul Corey, Christian Botting, Sean Hogan, Frank Weihenig, John Christiana en Karen Karlin.
De uiteindelijke verantwoordelijkheid voor alle fouten ligt bij mij. Ik ben benieuwd naar uw commentaren, correcties en suggesties, die ik graag zo snel mogelijk ontvang zodat die in de volgende herdruk meegenomen kunnen worden.
Douglas C. Giancoli.
E-mail: paul_corey@prenhall.com
Post: Paul Corey
   One Lake Street
   Upper Saddle River, NJ 07458

Over de auteur

Douglas C. Giancoli ontving zijn BA in natuurkunde (summa cum laude) van de Universiteit van Californië in Berkeley, zijn MS in natuurkunde aan het Massachusetts Institute of Technology en zijn PhD in elementaire deeltjesfysica aan de Universiteit van Californië in Berkeley. Hij werkte twee jaar als post-doctoral fellow in het viruslaboratorium van de UC in Berkeley om vaardigheden op te doen op het gebied van de moleculaire biologie en de biofysica. Zijn mentoren waren onder andere de Nobelprijswinnaars Emilio Segré en Donald Glaser.
Hij heeft allerlei traditionele undergraduatecursussen gedoceerd, maar ook innovatieve en is steeds bezig om zijn boeken nauwgezet aan te passen aan de actualiteit en zoekt voortdurend nieuwe manieren om studenten meer inzicht in de natuurkunde te bieden.
De auteur brengt zijn vrijetijd het liefst buitenshuis door en beklimt graag bergtoppen (hier op een top in de Dolomieten, in 2007). Hij vergelijkt graag het beklimmen van

bergen met het bestuderen van de natuurkunde: het kost inspanning, maar het is de moeite waard.

Online hulpmiddelen (onvolledige lijst)

MasteringPhysics™ (www.masteringphysics.com)
is een geavanceerd online studie- en huiswerksysteem dat speciaal ontwikkeld is voor cursussen met wiskundige natuurkunde. MasteringPhysics werd oorspronkelijk ontwikkeld door David Pritchard en zijn medewerkers aan het MIT en geeft **studenten** een geïndividualiseerde online handleiding doordat het systeem reageert op hun foutieve antwoorden en hints geeft voor het oplossen van meertrapsvraagstukken wanneer ze niet meer verder kunnen. Het systeem geeft hen onmiddellijk en actueel inzicht in hun voortgang en geeft aan waarop ze meer moeten oefenen. MasteringPhysics is voor **docenten** een snelle en effectieve manier om beproefde huiswerkopdrachten te geven waarin allerlei soorten problemen aan bod komen. De krachtige evaluatiefunctionaliteit geeft docenten inzicht in de voortgang van hun studenten, zowel als groep als individueel, en daarmee de mogelijkheid om snel probleemgebieden op te sporen.

 ## Pearson XTRA – actief leren online

Dit boek wordt geleverd met een toegangscode voor Pearson XTRA: een studiewebsite met studie- en lesmateriaal voor zowel studenten als docenten. Op **www.pearsonxtra.nl** vind je het volgende materiaal:

 XTRA **eText**
Met de eText beschik je over een digitale versie van je boek. Je kunt het boek op iedere computer met internetverbinding bekijken, gemakkelijk doorzoeken, aantekeningen in de tekst maken en belangrijke tekstdelen markeren.

 XTRA **vragen**
De meerkeuzevragen helpen je ontdekken of je de theorie uit het boek voldoende onder de knie hebt.

 XTRA **begrippentrainer**
De begrippentrainer is een handige tool waarmee je alle kernbegrippen uit het boek kunt leren. Je kunt zowel de begrippen als de betekenissen trainen. Je kunt alles tegelijk oppakken, maar je kunt ook zelf een selectie maken van de begrippen die jij lastig of belangrijk vindt.

 XTRA **beeldbank**
In de beeldbank zijn alle afbeeldingen uit het boek opgenomen. Je kunt ze eenvoudig opslaan en gebruiken in bijvoorbeeld verslagen en presentaties.

 XTRA **videomateriaal**
De theorie uit het boek wordt inzichtelijk gemaakt met deze video's.

 XTRA **formulekaart**
Met de formulekaart heb je alle veelvoorkomende formules bij de hand.

Voor docenten

 XTRA **vragen**
Deze meerkeuzevragen kunt u inzetten als oefen- of toetsmateriaal.

 XTRA **powerpoints**
De powerpoints kunt u naar believen aanpassen en gebruiken in colleges.

Aan studenten

Hoe te studeren

1. Lees het hoofdstuk. Leer nieuwe terminologie en notaties. Probeer antwoorden te geven op de vragen en oefeningen die je tegenkomt.
2. Neem deel aan de lessen. Luister goed. Maak aantekeningen, met name over aspecten die je niet gezien hebt of je niet opgevallen zijn in het boek. Stel vragen (de anderen hebben waarschijnlijk ook vragen, maar jij kunt ze ook zelf stellen). Je steekt meer op van de lessen als je zelf eerst het hoofdstuk gelezen hebt.
3. Lees het hoofdstuk nogmaals door en let nu ook op details. Probeer de afleidingen en de uitgewerkte voorbeelden te volgen. Let op de daarin gebruikte logica. Beantwoord oefeningen en zo veel vragen aan het eind van het hoofdstuk als je kunt.

4. Los 10 tot 20 vraagstukken (of meer) aan het eind van de hoofdstukken op, met name de vragen die als huiswerk opgegeven zijn. Door de vraagstukken op te lossen ontdek je wat je geleerd hebt en waar je nog aandacht aan moet besteden. Bespreek de vraagstukken met andere studenten. Het oplossen van vraagstukken is een van de beste methodes om te studeren. Zoek niet naar een formule: alleen met formules kom je er niet.

Opmerkingen over de opmaak en het oplossen van vraagstukken

1. De met een ster (*) gemarkeerde paragrafen zijn **optioneel**. Ze kunnen achterwege gelaten worden, zonder dat daarbij de samenhang tussen de onderwerpen verloren gaat. Deze pragrafen bevatten geen materiaal dat later noodzakelijk is voor dit boek, hoewel het materiaal verderop in het boek wel in andere met een ster gemarkeerde paragrafen kan terugkomen. Ze zijn in ieder geval hopelijk wel leuk om door te lezen.
2. In dit boek worden de gebruikelijke **conventies** gehanteerd: symbolen voor grootheden (zoals *m* voor massa) worden cursief weergegeven, terwijl eenheden (zoals m voor meter) altijd niet-cursief gezet zijn. Symbolen voor vectoren zijn altijd vetgedrukt met een kleine pijl erboven: $\vec{F}$.
3. Er zijn maar weinig vergelijkingen die in alle situaties geldig zijn. Waar dat nodig is worden **beperkingen** van belangrijke vergelijkingen in rechte haken naast de vergelijking weergegeven. De vergelijkingen van de elementaire wetten van de natuurkunde zijn weergegeven op een gekleurde achtergrond, net als enkele andere essentiële vergelijkingen.
4. Aan het eind van elk hoofdstuk is een aantal **vraagstukken** opgenomen die ingedeeld zijn in drie categorieën; I, II, of III, waarbij categorie III waarschijnlijk de moeilijkste is. Vraagstukken van categorie I zijn het eenvoudigst, die van categorie II zijn standaardvraagstukken en die van categorie III zijn 'uitdagers'. Deze gecategoriseerde vraagstukken zijn gerangschikt per paragraaf, maar in vraagstukken bij een bepaalde paragraaf kan ook eerder besproken materiaal gebruikt worden. Daarna volgt een aantal algemene vraagstukken die niet per paragraaf of per moeilijkheidscategorie gerangschikt zijn. De vraagstukken die betrekking hebben op de optionele paragrafen zijn gemarkeerd met een ster (*). In de meeste hoofdstukken zijn 1 of 2 vragen opgenomen die met behulp van een computer of een programmeerbare rekenmachine opgelost moeten worden. De antwoorden op de oneven genummerde vraagstukken zijn achter in het boek opgenomen.
5. In staat zijn tot het oplossen van **vraagstukken** is een essentieel onderdeel bij het bestuderen van de natuurkunde en het oplossen van vraagstukken is een krachtig hulpmiddel om inzicht te krijgen in de concepten en principes. Dit boek bevat veel hulpmiddelen voor het oplossen van problemen: (*a*) uitgewerkte **voorbeelden** en de oplossingen ervan, die een integraal onderdeel van de tekst vormen; (*b*) sommige van de uitgewerkte voorbeelden zijn **schattingsvoorbeelden**, die laten zien hoe het mogelijk is om het resultaat te benaderen wanneer er slechts weinig gegevens bekend zijn (zie paragraaf 1.6); (*c*) speciale **probleemoplossingsstrategieën** die verspreid door het boek opgenomen zijn met een stap-voor-stapbenadering om een vraagstuk over een bepaald onderwerp op te lossen, maar de basisprincipes blijven gelijk; het merendeel van deze 'strategieën' worden gevolgd door een voorbeeld dat opgelost wordt aan de hand van de voorgestelde stappen; (*d*) speciale paragrafen met betrekking tot het oplossen van vraagstukken; (*e*) Opmerkingen onder het kopje 'Oplossingsstrategie' in de marge die verwijzen naar hints in de tekst waarmee vraagstukken opgelost kunnen worden; (*f*) **Oefeningen** in de tekst die je onmiddellijk zou moeten beantwoorden. Je kunt je antwoord controleren; het correcte antwoord staat op de laatste pagina van het betreffende hoofdstuk; (*g*) de vraagstukken aan het eind van elk hoofdstuk (zie punt 4).
6. **Conceptvoorbeelden** roepen vragen op die je hopelijk aan het denken zetten en je een antwoord opleveren. Neem zelf even de tijd om je gedachten te bepalen en een antwoord te bedenken voordat je het antwoord begint te lezen.
7. **Wiskundige hulpmiddelen** plus nog enkele extra onderwerpen zijn opgenomen in de bijlagen. Nuttige gegevens, omrekenfactoren en wiskundige formules kun je voor- en achterin het boek vinden.

Gebruik van kleur

Vectoren

Een algemene vector

    resulterende vector (som) is iets dikker

    componenten van vectoren zijn gestreept

Verplaatsing ($\vec{D}, \vec{r}$)

Snelheid ($\vec{v}$)

Versnelling ($\vec{a}$)

Kracht ($\vec{F}$)

    Kracht op tweede of

    derde voorwerp in dezelfde figuur

Impuls ($\vec{p}$ of $m\vec{v}$)

Impulsmoment ($\vec{L}$)

Hoeksnelheid ($\vec{\omega}$)

Krachtmoment ($\vec{\tau}$)

Elektrisch veld ($\vec{E}$)

Magnetisch veld ($\vec{B}$)

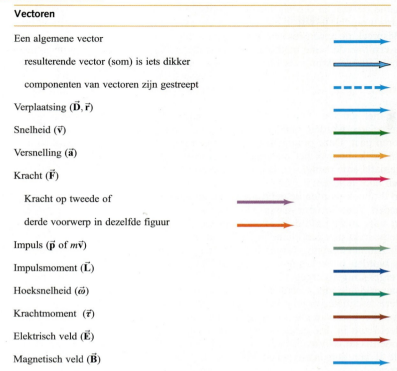

Elektriciteit en magnetisme

Elektrische veldlijnen

Equipotentiaallijnen

Magnetische veldlijnen

Elektrische lading (+)

Elektrische lading (−)

Symbolen in elektrische schakelingen

Draad, met schakelaar S

Weerstand

Condensator

Inductiespoel

Batterij

Aarde

Optica

Lichtstralen

Voorwerp

Werkelijk beeld (gestippeld)

Virtueel beeld (gestippeld, maar lichter)

Overige

Equipotentiaallijnen

Maatlijnen

Baan van een bewegend voorwerp

Bewegingsrichting of stroom

Foto van de aarde vanuit een NASA-satelliet. Vanuit de ruimte lijkt de lucht zwart omdat er zo weinig moleculen zijn om het licht te reflecteren. (Dat voor ons de lucht blauw lijkt, heeft te maken met de verstrooiing van licht door moleculen van de atmosfeer, zoals wordt besproken in deel II.) Let op de storm bij de kust van Mexico.

Hoofdstuk 1

Inleiding, meten en schatten

Inhoud
1.1 De wetenschap natuurkunde
1.2 Modellen, theorieën en wetten
1.3 Meten en onnauwkeurigheid; significante cijfers
1.4 Eenheden, standaarden en het SI-systeem
1.5 Het omzetten van eenheden
1.6 Orde van grootte: snel schatten
*1.7 Dimensies en dimensie-analyse

Openingsvraag: wat denk jij?

Stel je wilt niet afgaan op wat een ander zegt, maar zelf de straal van de aarde meten, of in elk geval een goede benadering ervan bepalen. Welk van de onderstaande antwoorden beschrijft volgens jou de beste aanpak?

(a) Vergeet het maar; met gewone middelen is het een onmogelijke opgave.
(b) Gebruik een superlang meetlint.
(c) Het kan alleen door zo hoog te vliegen dat je de werkelijke kromming van de aarde kunt zien.
(d) Gebruik een standaardmeetlint, een ladder en een groot glad meer.
(e) Gebruik een laser en een spiegel op de maan of op een satelliet.

(We beginnen elk hoofdstuk met een dergelijke vraag. Probeer deze meteen te beantwoorden. Maak je niet ongerust als je niet meteen het juiste antwoord weet: de bedoeling is juist dat je je veronderstellingen naar buiten durft te brengen. Als die niet blijken te kloppen, verwachten we dat je na het lezen van het hoofdstuk begrijpt waarom ze fout zijn en wat het wél moet zijn. Doorgaans krijg je, verderop in het hoofdstuk wanneer de bijbehorende leerstof is behandeld, nog een tweede kans om deze vraag te beantwoorden. Door deze openingsvragen ontdek je ook de kracht en het nut van de natuurkunde.)

Natuurkunde is van alle wetenschappen de meest elementaire. Ze houdt zich bezig met het gedrag en de structuur van de materie. Het vak natuurkunde wordt gewoonlijk onderverdeeld in *klassieke natuurkunde*, die te maken heeft met onderwerpen als beweging, vloeistoffen, warmte, geluid, licht, elektriciteit en magnetisme, en *moderne natuurkunde*, die zich richt op onderwerpen uit de relativiteitstheorie, atoomstructuren, vastestoffysica, kernfysica, elementaire deeltjes, en kosmologie en astrofysica. In deze twee boeken zullen we al deze onderwerpen aan bod laten komen, beginnend met beweging (meestal mechanica genoemd) en eindigend met de meest recente resultaten uit ons onderzoek naar het heelal.

Inzicht in de natuurkunde is een eerste vereiste voor iedereen die een loopbaan in de wetenschap of technologie ambieert. Ingenieurs moeten bijvoorbeeld weten hoe ze de krachten binnen een constructie moeten berekenen, opdat die zodanig kan worden ontworpen dat deze overeind blijft (fig. 1.1a). In hoofdstuk 12 zullen we zelfs een uitgewerkt voorbeeld tegenkomen van hoe een eenvoudige natuurkundige berekening (of een gewoon op intuïtie gebaseerd inzicht in de werking van krachten) honderden levens had kunnen redden (fig. 1.1b). In dit boek zullen we tal van voorbeelden tegenkomen van het nut van de natuurkunde voor allerlei vakgebieden en voor ons dagelijks leven.

1.1 De wetenschap natuurkunde

In het algemeen beschouwt men de zoektocht naar orde in onze waarnemingen van de wereld om ons heen als het belangrijkste doel van alle wetenschappen, waaronder de natuurkunde. Veel mensen denken dat wetenschap een mechanisch proces is van het verzamelen van feiten en het bedenken van theorieën. Maar zo simpel is het niet. Wetenschap is een creatieve activiteit die in veel opzichten lijkt op andere creatieve activiteiten van de menselijke geest.

Een belangrijk aspect van wetenschap is het **waarnemen** van gebeurtenissen, waaronder het opzetten en uitvoeren van experimenten. Maar voor waarnemen en experimenteren is verbeeldingskracht nodig, omdat wetenschappers in een beschrijving van hun waarnemingen nooit alles kunnen weergeven. Om die reden moeten wetenschappers beoordelen wat er van hun waarnemingen en experimenten relevant is.

Denk bijvoorbeeld eens aan hoe twee grote geesten, Aristoteles (384-322 v.Chr.) en Galilei (1564-1642), tegen de beweging over een horizontaal oppervlak aankeken. Aristoteles merkte op dat voorwerpen die na een eerste duw over de vloer (of over een tafelblad) gaan bewegen, altijd langzamer gaan bewegen en tot stilstand komen. Als gevolg hiervan concludeerde Aristoteles dat de natuurlijke toestand van een voorwerp de rusttoestand is. In de zeventiende eeuw stelde Galilei bij zijn nieuwe onderzoek naar de horizontale beweging voor dat als wrijving zou kunnen worden geëlimineerd, een voorwerp dan na een eerste duw tot in het oneindige over een horizontaal oppervlak zou blijven bewegen zonder te stoppen. Hij concludeerde daaruit dat het voor een voorwerp net zo natuurlijk was om in beweging te zijn als in rust. Door er op een andere manier tegenaan te kijken legde Galilei de basis voor onze moderne kijk op beweging (hoofdstukken 2, 3 en 4), en hij legde daarbij de nodige verbeeldingskracht aan de dag. Galilei maakte hierbij slechts een gedachtesprong, zonder de wrijving daadwerkelijk te elimineren.

Het doen van waarnemingen, in combinatie met zorgvuldig experimenteren en meten, is één kant van het wetenschappelijk proces. De andere kant is het uitdenken of opzetten van theorieën om waarnemingen te verklaren en te ordenen. Theorieën worden nooit rechtstreeks afgeleid uit waarnemingen. Waarnemingen kunnen wel inspireren tot een theorie, en theorieën worden geaccepteerd of verworpen op basis van de resultaten van waarnemingen en experimenten.

De grote theorieën uit de wetenschap kunnen worden beschouwd als creatieve prestaties en worden vergeleken met meesterwerken uit de kunst of de literatuur. Maar in welk opzicht verschilt wetenschap van deze andere creatieve activiteiten? Een belangrijk verschil is dat de wetenschap vereist dat belangrijke ideeën of theorieën worden **getoetst** om te zien of de bijbehorende voorspellingen worden ondersteund door experimentele resultaten.

Hoewel het testen van theorieën wetenschap onderscheidt van andere creatieve gebieden, moet er niet van uit worden gegaan dat een theorie door toetsingen kan worden 'bewezen'. Op de eerste plaats is geen enkel meetinstrument perfect, dus is een

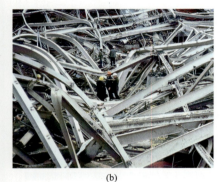

FIGUUR 1.1 (a) Dit Romeinse aquaduct werd tweeduizend jaar geleden gebouwd en staat nog steeds overeind. (b) Het Hartford Civic Center stortte al in 1978 in elkaar, slechts twee jaar nadat het gebouwd was.

exacte bevestiging onmogelijk. Bovendien is het onmogelijk om een theorie onder alle mogelijke omstandigheden te toetsen. Een theorie kan dus niet met zekerheid worden geverifieerd. Uit de wetenschapsgeschiedenis blijkt ook dat theorieën die lang hebben standgehouden, kunnen worden vervangen door nieuwe.

1.2 Modellen, theorieën en wetten

Wanneer onderzoekers proberen een bepaalde reeks verschijnselen te begrijpen, maken ze vaak gebruik van een **model**. Voor een onderzoeker is een model een soort analogie of beeld in zijn hoofd van de verschijnselen in termen van iets waarmee we vertrouwd zijn. Een voorbeeld hiervan is het golfmodel van licht. In tegenstelling tot watergolven kunnen we lichtgolven niet zien. Maar het is wel zinvol om licht te zien als opgebouwd uit golven omdat uit experimenten is gebleken dat licht zich in veel opzichten op dezelfde manier gedraagt als watergolven.

Het doel van een model is het schetsen van een idee of een plaatje – iets wat houvast biedt – wanneer we niet kunnen zien wat er werkelijk gebeurt. Modellen geven vaak een beter inzicht: de analogie met een bekend systeem (zoals de watergolven in het voorbeeld hiervoor) kan inspireren tot nieuwe experimenten en ideeën over welke andere verwante verschijnselen zich zouden kunnen voordoen.

Je vraagt je misschien af wat het verschil is tussen een theorie en een model. Gewoonlijk is een model betrekkelijk simpel en komt het qua structuur overeen met het te bestuderen verschijnsel. Een **theorie** is breder en gedetailleerder, en kan voorspellingen doen, die kwantitatief en vaak met grote nauwkeurigheid kunnen worden getoetst. Het is echter van groot belang om een model of een theorie niet te verwarren met het echte systeem of de verschijnselen op zich.

Wetenschappers gebruiken de term **wet** voor bepaalde beknopte maar algemene uitspraken over hoe de natuur zich gedraagt (bijvoorbeeld het feit dat energie behouden blijft). Soms heeft de uitspraak de vorm van een betrekking of vergelijking tussen grootheden (zoals de tweede wet van Newton, $F = ma$).

Om iets een wet te noemen, moet experimenteel zijn aangetoond dat een uitspraak voor een breed scala van waargenomen verschijnselen geldig is. Voor minder algemene uitspraken wordt vaak de term **principe** gebruikt (zoals het principe van Archimedes).

Wetenschappelijke wetten verschillen van politieke wetten in die zin dat de laatste iets *voorschrijven*: ze vertellen ons hoe we ons moeten gedragen. Wetenschappelijke wetten zijn *beschrijvend*: ze zeggen niet hoe de natuur zich *moet* gedragen, maar zijn bedoeld om te beschrijven hoe de natuur zich *in werkelijkheid* gedraagt. Net zoals bij theorieën kunnen wetten niet voor alle mogelijke gevallen worden getoetst. Er is dus geen enkele wet waarvan we zeker kunnen zijn dat die altijd geldig is. We spreken van een 'wet' wanneer de geldigheid in een zeer breed scala van gevallen is getoetst en wanneer duidelijk is gebleken wat de beperkingen zijn en wanneer de wet geldig is.

Normaal gesproken gaan wetenschappers er bij hun onderzoek van uit dat de geaccepteerde wetten en theorieën waar zijn. Maar zij zijn verplicht om open te staan voor andere mogelijkheden in het geval dat, door nieuwe informatie, de geldigheid van een wet of theorie verandert.

1.3 Meten en onnauwkeurigheid; significante cijfers

In de zoektocht naar het begrip van de wereld om ons heen proberen onderzoekers verbanden te ontdekken tussen fysieke grootheden die kunnen worden gemeten.

■ Onnauwkeurigheid

Betrouwbare metingen vormen een belangrijk onderdeel van de natuurkunde. Maar geen enkele meting is honderd procent nauwkeurig. Iedere meting bevat een onnauwkeurigheid. Stommiteiten daargelaten zijn de belangrijkste bronnen van onnauwkeurigheid onder andere de beperkte nauwkeurigheid van elk meetinstrument en het onvermogen om een instrument nauwkeuriger af te lezen dan een of andere fractie van de kleinste weergegeven schaalverdeling. Om een voorbeeld te geven: als je met een

FIGUUR 1.2 Het meten van de breedte van een plank met een liniaal. De onnauwkeurigheid is circa 1 mm.

liniaal de breedte van een plank zou moeten meten (fig. 1.2), zou er van het resultaat gezegd kunnen worden dat het tot ongeveer 0,1 cm (1 mm) nauwkeurig is, de kleinste schaalverdeling op de liniaal, hoewel je dit met evenveel recht over de helft van deze waarde kunt zeggen. Dit komt omdat het voor de waarnemer lastig is om tussen de kleinste verdelingen te schatten (of te interpoleren). Bovendien kan de constructie van de liniaal zelf de nauwkeurigheid beperken, bijvoorbeeld als de lengte ervan verandert met de temperatuur, of als de schaalstreepjes niet precies genoeg aangebracht zijn.

Bij het geven van het resultaat van een meting is het belangrijk om de **geschatte onnauwkeurigheid** van de meting weer te geven. Zo kan de breedte van een plank worden geschreven als $8{,}8 \pm 0{,}1$ cm. De $\pm 0{,}1$ cm ('plus of min 0,1 cm') staat voor de geschatte onnauwkeurigheid van de meting, zodat de feitelijke breedte zeer waarschijnlijk ligt tussen de 8,7 en 8,9 cm. De **procentuele onnauwkeurigheid** is de verhouding van de onnauwkeurigheid tot de gemeten waarde, vermenigvuldigd met 100. Om een voorbeeld te geven: als de meetwaarde gelijk is aan 8,8 en de onnauwkeurigheid circa 0,1 cm is, dan is de onnauwkeurigheid gelijk aan

$$\frac{0{,}1}{8{,}8} \times 100\% \approx 1\%,$$

waarbij $\approx$ staat voor 'bij benadering gelijk aan'.

Vaak wordt de onnauwkeurigheid in een gemeten waarde niet expliciet gespecificeerd. In dergelijke gevallen wordt er over het algemeen van uitgegaan dat de onnauwkeurigheid gelijk is aan een of meerdere eenheden in het laatst gespecificeerde cijfer. Om een voorbeeld te geven: als een lengte gegeven is als 8,8 cm, dan wordt aangenomen dat de onnauwkeurigheid circa 0,1 à 0,2 cm is. In dit geval is het belangrijk dat je niet 8,80 cm schrijft, omdat dit een onnauwkeurigheid in de orde van grootte van 0,01 cm suggereert; dit veronderstelt dat de lengte waarschijnlijk tussen de 8,79 en 8,81 cm ligt, terwijl je in werkelijkheid denkt dat deze tussen 8,7 en 8,9 cm ligt.

■ Significante cijfers

Het aantal als betrouwbaar bekende cijfers in een getal wordt het aantal **significante cijfers** genoemd. Het getal 23,21 cm heeft dus vier en het getal 0,062 cm twee significante cijfers (de nullen in het laatste getal zijn alleen maar plaatsbepalers, die aangeven waar de komma moet staan). Het aantal significante cijfers is niet altijd even duidelijk. Neem nu eens het getal 80. Heeft dat één of twee significante cijfers? Hier hebben we woorden nodig: als we zeggen dat de afstand tussen twee steden *ruwweg* 80 km bedraagt, dan is er slechts één significant cijfer (de 8) omdat de nul alleen maar een plaatsbepaler is. Als er geen aanwijzingen zijn dat 80 een ruwe benadering is, dan kunnen we er meestal van uitgaan (wat we in dit boek ook zullen doen) dat het gaat om 80 km met een nauwkeurigheid van circa 1 à 2 km, en dan heeft de 80 twee significante cijfers. Als het om exact 80 km, tot binnen $\pm 0{,}1$ km, gaat, dan schrijven we 80,0 km (drie significante cijfers).

Bij het doen van metingen of het uitvoeren van berekeningen moet je de verleiding weerstaan om meer cijfers in het eindantwoord te vermelden dan gerechtvaardigd is. Zo is bijvoorbeeld bij de berekening van de oppervlakte van een rechthoek van 11,3 bij 6,8 cm het resultaat van de vermenigvuldiging gelijk aan 76,84 cm². Maar dit antwoord is duidelijk niet nauwkeurig tot op 0,01 cm², omdat (als we bij elke meting de uiterste grenzen van de veronderstelde onnauwkeurigheid aanhouden) het resultaat zou kunnen liggen tussen (11,2 cm × 6,7 cm) = 75,04 cm² en (11,4 cm × 6,9 cm) = 78,66 cm². We kunnen het antwoord dus slechts weergeven als 77 cm², wat een onnauwkeurigheid van ongeveer 1 à 2 cm² impliceert. De andere twee cijfers (in het getal 76,84) moeten worden weggelaten omdat ze niet significant zijn. Als ruwe algemene regel (dat wil zeggen: bij het ontbreken van een gedetailleerde beschouwing over onnauwkeurigheden) kunnen we stellen dat *het eindresultaat van een vermenigvuldiging of deling ten hoogste evenveel cijfers mag hebben als het getal met het kleinste aantal significante cijfers in de berekening*. In ons voorbeeld heeft 6,8 cm het kleinste aantal significante cijfers, namelijk twee. Dus moet het resultaat 76,84 cm² worden afgerond tot 77 cm².

Oplossingsstrategie

Regel voor significante cijfers: het aantal significante cijfers in het eindresultaat moet gelijk zijn aan dat van de minst significante invoerwaarde.

Let op

Rekenmachines kunnen een verkeerd aantal significante cijfers geven.

Oplossingsstrategie

Geef in het eindresultaat alleen het juiste aantal significante cijfers. Houd tijdens de berekening extra cijfers bij op de rekenmachine.

> **Opgave A**
> De oppervlakte van een rechthoek van 4,5 bij 3,25 cm is op de juiste manier weergegeven door (a) 14,625 cm^2; (b) 14,63 cm^2; (c) 14,6 cm^2; (d) 15 cm^2.

Bij het optellen en aftrekken van getallen is het eindresultaat nooit nauwkeuriger dan het minst nauwkeurige getal dat is gebruikt. Een voorbeeld: als je 0,57 aftrekt van 3,6 is dit gelijk aan 3,0 (en niet 3,03).

Denk eraan dat wanneer je een rekenmachine gebruikt niet alle hierdoor geproduceerde decimalen significant hoeven te zijn. Wanneer je 2,0 deelt door 3,0, is het juiste antwoord 0,67, en niet zoiets als 0,666666666. In een resultaat heeft het geen zin al deze decimalen te schrijven, tenzij dit echt significante cijfers zijn. Echter, om het nauwkeurigste resultaat te krijgen moet je normaal gesproken *tijdens een berekening een of meer extra significante cijfers meenemen en alleen bij het eindresultaat afronden*. (Met een rekenmachine kun je in de tussenresultaten alle cijfers behouden.) Let erop dat rekenmachines soms ook te weinig significante cijfers geven. Wanneer je bijvoorbeeld 2,5 × 3,2 uitrekent, kan een rekenmachine het antwoord gewoon als 8 weergeven. Maar het antwoord is nauwkeurig tot op twee significante cijfers, dus is het juiste antwoord gelijk aan 8,0. Zie fig. 1.3.

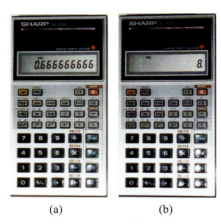

(a) (b)

FIGUUR 1.3 Deze twee rekenmachines tonen een onjuist aantal significante cijfers. In (a) werd 2,0 gedeeld door 3,0. Het juiste eindresultaat had 0,67 moeten zijn. In (b) werd 2,5 vermenigvuldigd met 3,2. Het juiste eindresultaat is 8,0.

Conceptvoorbeeld 1.1

Significante cijfers. Met een gradenboog (fig. 1.4) kun je meten dat een hoek 30° is. (a) Hoeveel significante cijfers moet je bij deze meting vermelden? (b) Gebruik een rekenmachine om de cosinus van de gemeten hoek te bepalen.

Antwoord (a) Als je een gradenboog bekijkt, zul je zien dat de nauwkeurigheid waarmee je een hoek kunt meten ongeveer één graad is (en zeker niet 0,1°). Je kunt dus twee significante cijfers geven, namelijk 30° (en niet 30,0°). (b) Als je cos 30° invoert in je rekenmachine, krijg je een getal als 0,866025403. Om te weten hoeveel significante cijfers je voor dit resultaat moet geven is het nodig om de cosinus van de minimale hoek (29°) en de maximale hoek (31°) te berekenen. Je krijgt hiervoor 0,8746197 en 0,8571673. Als je cos 30° afrondt tot 0,87 dan is er een onnauwkeurigheid van ongeveer één eenheid op het laatste cijfer, zoals het hoort. In dit geval moet de cosinus dus op evenveel significante cijfers afgerond worden als de hoek. Als je op dezelfde manier cos 5° of tan 85° berekent, zul je merken dat je een heel ander resultaat verkrijgt. Bij de berekening van een functiewaarde is het aantal significante cijfers dus niet steeds gelijk aan het aantal significante cijfers van het argument van de functie.

Opmerking De cosinus en andere goniometrische functies worden besproken in appendix A.

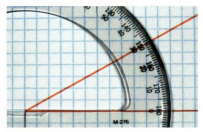

FIGUUR 1.4 Voorbeeld 1.1. Een gradenboog die wordt gebruikt om een hoek te meten.

> **Opgave B**
> Hebben 0,00324 en 0,00056 hetzelfde aantal significante cijfers?
> Zorg ervoor dat je het aantal significante cijfers niet verwart met het aantal decimalen.

> **Opgave C**
> Noem voor elk van de volgende getallen het aantal significante cijfers en het aantal decimalen: (a) 1,23, (b) 0,123, (c) 0,0123.

Wetenschappelijke notatie

Getallen worden vaak geschreven als 'machten van tien', oftewel in 'wetenschappelijke notatie'. Zo wordt bijvoorbeeld 36.900 geschreven als $3{,}69 \cdot 10^4$, of 0,0021 als $2{,}1 \cdot 10^{-3}$. Een voordeel van wetenschappelijke notatie is dat hierbij het aantal significante cijfers duidelijk tot uitdrukking komt. Om een voorbeeld te geven: het is niet duidelijk of 36.900 drie, vier of vijf significante cijfers heeft. Bij de notatie met machten van tien is er maar één uitleg mogelijk: als het getal tot op drie significante cijfers bekend is, schrijven we $3{,}69 \cdot 10^4$, maar als het bekend is tot op vier significante cijfers, schrijven we $3{,}690 \cdot 10^4$.

> **Opgave D**
> Schrijf elk van de volgende getallen in wetenschappelijke notatie en noem het aantal significante cijfers: (a) 0,0258, (b) 42.300, (c) 344,50.

■ Onnauwkeurigheidspercentage versus significante cijfers

De regel voor significante cijfers is slechts een benadering en kan in sommige gevallen de nauwkeurigheid van het antwoord onderschatten. Stel bijvoorbeeld dat we 97 delen door 92.

$$\frac{97}{92} = 1{,}05 \approx 1{,}1.$$

Zowel 97 als 92 hebben twee significante cijfers, dus zegt de regel dat het antwoord als 1,1 moet worden gegeven. Toch impliceren de getallen 97 en 92, als er geen andere onnauwkeurigheid wordt genoemd, beide een onnauwkeurigheid van ± 1. Maar 92 ± 1 en 97 ± 1 impliceren beide een onnauwkeurigheid van circa 1 procent (1/$92 \approx 0{,}01 = 1\%$). Maar het eindresultaat tot op twee significante cijfers is 1,1, met een geïmpliceerde onnauwkeurigheid van $\pm 0{,}1$, wat gelijk is aan een onnauwkeurigheid van $0{,}1/1{,}1 \approx 0{,}1 \approx 10\%$. In dit geval is het beter om het antwoord te geven als 1,05 (dat wil zeggen, met drie significante cijfers). Waarom? Omdat 1,05 een onnauwkeurigheid van 0,01 impliceert, wat gelijk is aan $0{,}01/1{,}05 \approx 0{,}01 \approx 1\%$, net zoals de onnauwkeurigheid in de oorspronkelijke getallen 92 en 97.
Suggestie: hanteer de regel van de significante cijfers, maar ga ook na wat de procentuele onnauwkeurigheid is, en voeg een extra decimaal toe als dit een realistischer schatting van de onnauwkeurigheid geeft.

■ Benaderingen

Bij een groot deel van de natuurkunde wordt gebruikgemaakt van benaderingen, vaak omdat we niet de middelen hebben om een probleem exact op te lossen. We kunnen er bijvoorbeeld voor kiezen om bij het oplossen van een vraagstuk de luchtweerstand of de wrijving te verwaarlozen, hoewel deze in werkelijkheid wel aanwezig zijn, en dan is onze berekening slechts een benadering. Bij het oplossen van vraagstukken moeten we ons bewust zijn van de benaderingen die we maken, en moeten we ons er eveneens van bewust zijn dat de precisie van ons antwoord minder kan zijn dan het aantal significante cijfers in het resultaat.

■ Nauwkeurigheid versus precisie

Er is een technisch verschil tussen 'precisie' en 'nauwkeurigheid'. In strikte zin is **precisie** de mogelijkheid om de meting met een bepaald meetinstrument herhaaldelijk uit te voeren. Een voorbeeld: als je een aantal malen de breedte van een plank meet en daarbij resultaten zoals 8,81, 8,85, 8,78 en 8,82 cm vindt (door telkens zo goed mogelijk te interpoleren tussen de 0,1 cm-streepjes), zou je kunnen zeggen dat de metingen een iets betere *precisie* geven dan 0,1 cm. Met **nauwkeurigheid** wordt bedoeld hoe dicht een meting bij de werkelijke waarde komt. Als bijvoorbeeld de liniaal in fig. 1.2 gefabriceerd is met een fout van 2 procent, dan zou de nauwkeurigheid van de meting van de breedte van de plank (circa 8,8 cm) ongeveer 2 procent van 8,8 cm oftewel ongeveer $\pm 0{,}2$ cm zijn. De geschatte onzekerheid houdt rekening met zowel de nauwkeurigheid als de precisie.

1.4 Eenheden, standaarden en het SI-systeem

De meting van een grootheid gebeurt altijd ten opzichte van een bepaalde standaard of eenheid, en deze eenheid moet bij de numerieke waarde van de grootheid worden vermeld. We kunnen lengte bijvoorbeeld meten in Britse eenheden zoals inches, feet en Britse mijlen, of in het metrieke stelsel in centimeters, meters en kilometers. Als er gezegd wordt dat de lengte van een bepaald voorwerp 18,6 is, dan heeft dat geen betekenis. De eenheid *moet* worden gegeven, omdat 18,6 meter duidelijk iets anders is dan 18,6 inch of 18,6 millimeter.

Bij elke eenheid die we gebruiken, zoals de meter voor afstanden of de seconde voor de tijd, moeten we een **standaard** definiëren die precies vastlegt hoe lang één meter of één seconde is. Het is van belang dat standaarden zodanig worden gekozen dat ze gemakkelijk reproduceerbaar zijn zodat iedereen die een zeer nauwkeurige meting moet doen kan verwijzen naar de standaard in het laboratorium.

■ Lengte

De eerste werkelijk internationale standaard was de **meter** (afgekort m), rond 1790 ingesteld als de standaard van **lengte** door de Académie Française des Sciences. De standaardmeter werd oorspronkelijk gedefinieerd als een tienmiljoenste van de afstand van de evenaar tot een van beide polen van de aarde, en er werd een platina staaf gemaakt die deze lengte moest voorstellen. Uit moderne metingen van de omtrek van de aarde blijkt dat de beoogde lengte er slechts een vijftigste van een procent naast zit. Niet gek! (Een meter is, in zeer ruwe benadering, de afstand van het puntje van je neus tot je vingertop, als je je arm en hand zijwaarts gestrekt houdt.) In 1889 werd de meter nauwkeuriger gedefinieerd als de afstand tussen twee dun ingegraveerde markeringen op een bepaalde staaf van platinum-iridiumlegering. In 1960 werd, om een grotere precisie en reproduceerbaarheid te bieden, de meter geherdefinieerd als 1.650.763,73 golflengten van een bepaald soort oranje licht, uitgezonden door het gas krypton-86. In 1983 werd de meter nogmaals gedefinieerd, ditmaal in termen van de lichtsnelheid (waarvan de best gemeten waarde in termen van de oudere definitie van de meter 299.792.458 m/s was, met een onnauwkeurigheid van 1 m/s). De nieuwe definitie luidt: 'De meter is de lengte van de door licht afgelegde weg in vacuüm gedurende een tijdsinterval van 1/299.792.458 van een seconde'. (Met de nieuwe definitie van de meter kan aan de lichtsnelheid de exacte waarde van 299.792.458 m/s worden toegekend.)

De Britse eenheden van lengte (inch, foot, mijl) worden daar nog veel gebruikt maar zijn inmiddels gedefinieerd in termen van de meter. De inch (in of ") is gedefinieerd als exact 2,54 centimeter (cm; 1 cm = 0,01 m). Andere omrekenfactoren zijn te vinden in de tabel voor in dit boek. Tabel 1.1 geeft een overzicht van enkele karakteristieke lengtes, van zeer klein tot zeer groot, afgerond op de dichtstbijzijnde macht van tien. Zie ook fig. 1.5.

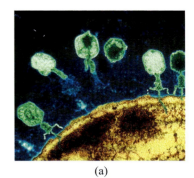

(a)

(b)

FIGUUR 1.5 Enkele lengtes: (a) virussen (circa 10^{-7} m lang) die een cel aanvallen; (b) De hoogte van de Mount Everest is van de orde van grootte van 10^4 m (om precies te zijn: 8850 m).

■ Tijd

De standaardeenheid van **tijd** is de **seconde** (s). Gedurende vele jaren was de seconde gedefinieerd als 1/86.400 van een gemiddelde zonnedag ((24 u/dag)(60 min/u)(60 s/min) = 86.400 s/dag). Tegenwoordig is de standaardseconde preciezer gedefini-

TABEL 1.1 Enkele karakteristieke lengtes en afstanden (orde van grootte)

Lengte (of afstand)	Meter (bij benadering)
Diameter van een neutron of proton	10^{-15} m
Diameter van een atoom	10^{-10} m
Virus (zie fig. 1.5a)	10^{-7} m
Dikte van een vel papier	10^{-4} m
Dikte van een vinger	10^{-2} m
Lengte van een voetbalveld	10^2 m
Hoogte van de Mount Everest (zie fig. 1.5b)	10^4 m
Diameter van de aarde	10^7 m
Aarde tot de zon	10^{11} m
Aarde tot de dichtstbijzijnde ster	10^{16} m
Aarde tot het dichtstbijzijnde sterrenstelsel	10^{22} m
Aarde tot het meest verafgelegen zichtbare sterrenstelsel	10^{26} m

TABEL 1.2 Enkele karakteristieke tijdsintervallen

Tijdsinterval	Seconden (bij benadering)
Levensduur van zeer onstabiele subatomaire deeltjes	10^{-23} s
Levensduur van radioactieve elementen	10^{-22} s tot 10^{28} s
Levensduur van muonen	10^{-6} s
Tijd tussen menselijke hartslagen	10^{0} s (= 1 s)
Eén dag	10^{5} s
Eén jaar	$3 \cdot 10^{7}$ s
Levensduur van een mens	$2 \cdot 10^{9}$ s
Lengte van de geregistreerde geschiedenis	10^{11} s
Mensen op aarde	10^{14} s
Leven op aarde	10^{17} s
Leeftijd van het heelal	10^{18} s

TABEL 1.3 Enkele massa's

Voorwerp	Kilogrammen (bij benadering)
Elektron	10^{-30} kg
Proton, neutron	10^{-27} kg
DNA-molecuul	10^{-17} kg
Bacterie	10^{-15} kg
Mug	10^{-5} kg
Pruim	10^{-1} kg
Mens	10^{2} kg
Schip	10^{8} kg
Aarde	$6 \cdot 10^{24}$ kg
Zon	$2 \cdot 10^{30}$ kg
Sterrenstelsel	10^{41} kg

TABEL 1.4 Metrieke (SI-) voorvoegsels

Voorvoegsel	Afkorting	Waarde
yotta	Y	10^{24}
zetta	Z	10^{21}
exa	E	10^{18}
peta	P	10^{15}
tera	T	10^{12}
giga	G	10^{9}
mega	M	10^{6}
kilo	k	10^{3}
hecto	h	10^{2}
deca	da	10^{1}
deci	d	10^{-1}
centi	c	10^{-2}
milli	m	10^{-3}
micro	μ	10^{-6}
nano	n	10^{-9}
pico	p	10^{-12}
femto	f	10^{-15}
atto	a	10^{-18}
zepto	z	10^{-21}
yocto	y	10^{-24}

eerd in termen van de frequentie van straling die wordt uitgezonden door cesiumatomen bij de overgang tussen twee bepaalde toestanden. (Specifieker gezegd, een seconde is gedefinieerd als de benodigde tijd voor 9.192.631.770 perioden van deze straling.) Per definitie zijn er 60 s in een minuut (min) en 60 minuten in een uur (u). Tabel 1.2 toont een reeks gemeten tijdsintervallen, afgerond naar de dichtstbijzijnde macht van tien.

■ Massa

De standaardeenheid van **massa** is de **kilogram** (kg). De standaardmassa is een bepaalde cilinder van platina-iridium, bewaard op het Bureau International des Poids et Mesures in de buurt van Parijs, waarvan de massa gedefinieerd is als exact 1 kg. Een reeks massa's is te vinden in tabel 1.3.

Wanneer we met atomen en moleculen te maken hebben, gebruiken we gewoonlijk de **atomaire massa-eenheid** oftewel de **dalton** (Da). Uitgedrukt in kilogram is

$$1 \text{ Da} = 1{,}6605 \times 10^{-27} \text{ kg}.$$

De definities van andere standaardeenheden voor andere grootheden zullen worden gegeven op het moment dat we ze tegenkomen in de nog volgende hoofdstukken. (De exacte waarden hiervan en van andere getallen zijn te vinden vooraan in dit boek.)

TABEL 1.5 SI-basisgrootheden en -eenheden

Grootheid	Eenheid	Afkorting eenheid
Lengte	meter	m
Tijd	seconde	s
Massa	kilogram	kg
Elektrische stroom	ampère	A
Temperatuur	kelvin	K
Hoeveelheid stof	mol	mol
Lichtsterkte	candela	cd

1.4 Eenheden, standaarden en het SI-systeem

■ Voorvoegsels bij eenheden

In het metrieke stelsel zijn de grotere en kleinere eenheden gedefinieerd als veelvouden van 10 van de standaardeenheid, wat de berekening aanzienlijk vergemakkelijkt. Dus 1 kilometer (km) is 1000 m, 1 centimeter is 1/100 m, 1 millimeter (mm) is 1/1000 m oftewel 1/10 cm enzovoort. De voorvoegsels centi-, kilo- en andere zijn weergegeven in tabel 1.4 en kunnen niet alleen worden toegepast op eenheden van lengte maar ook op eenheden van volume, massa en andere metrische eenheden. Zo is een centiliter (cl) 1/100 liter (l), en een kilogram (kg) 1000 gram (g).

■ Systemen voor eenheden

Bij het werken met de wetten en vergelijkingen van de natuurkunde is het van groot belang om een consistente verzameling eenheden te gebruiken. In de loop der jaren zijn er verschillende eenhedenstelsels in gebruik geweest. Momenteel is het belangrijkste het **Système International** (Frans voor Internationaal Stelsel), afgekort SI. In SI-eenheden is de standaard van lengte de meter, de standaard voor tijd de seconde en de standaard voor massa de kilogram. Dit stelsel werd vroeger het MKS-stelsel genoemd (naar meter-kilogram-seconde).

Een tweede metriek stelsel is het **cgs-stelsel**, waarin de centimeter, de gram en de seconde de standaardeenheden van lengte, massa en tijd zijn, zoals blijkt uit de naam. Het **Britse technische stelsel** heeft als standaarden de foot voor lengte, de pound voor kracht, en de seconde voor de tijd.

In dit boek maken we vrijwel uitsluitend gebruik van SI-eenheden.

■ Basisgrootheden versus afgeleide grootheden

Natuurkundige grootheden kunnen worden verdeeld in twee categorieën: *basisgrootheden* en *afgeleide grootheden*. De overeenkomstige eenheden voor deze grootheden worden de *basiseenheden* en *afgeleide eenheden* genoemd. Een **basisgrootheid** moet worden gedefinieerd in termen van een standaard. Omwille van de eenvoud willen wetenschappers een zo klein mogelijk aantal basisgrootheden dat consistent is met een volledige beschrijving van de echte wereld. Dit aantal blijkt gelijk te zijn aan zeven, en de basisgrootheden die in het SI worden gebruikt zijn te vinden in tabel 1.5. Alle andere grootheden kunnen worden uitgedrukt in deze zeven basisgrootheden, en worden derhalve **afgeleide grootheden** genoemd. De enige uitzonderingen zijn hoeken (radialen, zie hoofdstuk 8) en ruimtehoeken (steradialen). Er is nog geen algemene overeenstemming bereikt over of dit basisgrootheden of afgeleide grootheden zijn. Een voorbeeld van een afgeleide grootheid is snelheid, die gedefinieerd is als de afstand gedeeld door de tijd die nodig is om die afstand af te leggen. Een van de tabellen vooraan in dit boek bevat een aantal afgeleide grootheden en de bijbehorende eenheden uitgedrukt in basiseenheden. Voor het definiëren van een grootheid, ongeacht of dit een basisgrootheid of een afgeleide grootheid is, kunnen we een regel of procedure specificeren; dit wordt een **operationele definitie** genoemd.

1.5 Het omzetten van eenheden

Elke grootheid die we meten, zoals een lengte, een snelheid of een elektrische stroom, bestaat uit een getal *en* een eenheid. Vaak krijgen we een grootheid uitgedrukt in een bepaalde reeks eenheden, maar willen we die uitdrukken in een andere reeks. Een voorbeeld: we meten dat een tafel 21,5 inch breed is en we willen dit uitdrukken in centimeter. We moeten een conversiefactor gebruiken, die in dit geval (per definitie) exact gelijk is aan

$$1 \text{ in} = 2,54 \text{ cm}$$

of, anders geschreven,

$$1 = 2,54 \text{ cm/in}.$$

TABEL 1.6 De 8000 m-pieken

Piek	Hoogte (m)
Mount Everest	8850
K2	8611
Kangchenjunga	8586
Lhotse	8516
Makalu	8462
Cho Oyu	8201
Dhaulagiri	8167
Manaslu	8156
Nanga Parbat	8125
Annapurna	8091
Gasherbrum I/Hidden peak	8068
Broad Peak	8047
Gasherbrum II	8035
Shisha Pangma	8013

Omdat vermenigvuldigen met 1 niets verandert, is de breedte van onze tafel in cm gelijk aan

$$21{,}5 \text{ inch} = (21{,}5 \text{ in}) \times \left(2{,}54 \,\frac{\text{cm}}{\text{in}}\right) = 54{,}6 \text{ cm}.$$

Let erop hoe de eenheden (in dit geval inches) tegen elkaar wegvallen. Een tabel met een aantal omzettingen voor eenheden is te vinden vooraan in dit boek. Laten we eens enkele voorbeelden bekijken.

Natuurkunde in de praktijk

De hoogste toppen ter wereld.

FIGUUR 1.6 De op een na hoogste top ter wereld, K2, waarvan het hoogste punt als het lastigste van de 'achtduizenders' wordt beschouwd. K2 gezien vanuit het noorden (China).

Voorbeeld 1.2 De 8000 m-toppen

De veertien hoogste toppen ter wereld (fig. 1.6 en tabel 1.6) worden de 'achtduizenders' genoemd, wat wil zeggen dat het hoogste punt meer dan 8000 m boven zeeniveau ligt. Wat is de hoogte, in feet, van een hoogte van 8000 m?

Aanpak Alles wat we moeten doen is het omzetten van meter naar feet, en we kunnen beginnen met de conversiefactor 1 in = 2,54 cm, die exact is. Dat wil zeggen: 1 in = 2,5400 cm tot op elk aantal significante cijfers, omdat dit zo *gedefinieerd* is.

Oplossing Eén foot is 12 inch, dus kunnen we schrijven

$$1 \text{ ft} = (12 \text{ in})\left(2{,}54 \,\frac{\text{cm}}{\text{in}}\right) = 30{,}48 \text{ cm} = 0{,}3048 \text{ m},$$

wat exact is. Merk op hoe de eenheden tegen elkaar wegvallen (gekleurde doorhalingen). We kunnen deze vergelijking herschrijven om het aantal feet in 1 meter te bepalen:

$$1 \text{ m} = \frac{1 \text{ ft}}{0{,}3048} = 3{,}28084 \text{ ft}.$$

We vermenigvuldigen deze vergelijking met 8000,0 (om vijf significante cijfers te hebben):

$$8000{,}0 \text{ m} = (8000{,}0 \text{ m})\left(3{,}28084 \,\frac{\text{ft}}{\text{m}}\right) = 26247 \text{ ft}.$$

Een hoogte van 8000 m is 26.247 ft boven zeeniveau.

Opmerking We hadden de hele omzetting ook in één regel kunnen doen:

$$8000{,}0 \text{ m} = (8000{,}0 \text{ m})\left(\frac{100 \text{ cm}}{1 \text{ m}}\right)\left(\frac{1 \text{ in}}{2{,}54 \text{ cm}}\right)\left(\frac{1 \text{ ft}}{12 \text{ in}}\right) = 26247 \text{ ft}.$$

De kern van de berekening is het vermenigvuldigen van conversiefactoren, elk gelijk aan één (= 1,0000) en ervoor zorgen dat de eenheden tegen elkaar wegvallen.

 Oplossingsstrategie

Conversiefactoren = 1.

 Oplossingsstrategie

Eenhedenconversie is fout als eenheden niet tegen elkaar wegvallen.

Opgave E
In de hele wereld zijn er slechts veertien achtduizend meter hoge bergtoppen (zie voorbeeld 1.2); de namen en hoogtes zijn te zien in tabel 1.6. Ze behoren alle tot het Himalaya-gebergte in India, Pakistan, Tibet en China. Bepaal de hoogte van de drie hoogste toppen ter wereld in feet (1 ft = 0,3048 m).

1.6 Orde van grootte: snel schatten

Soms zijn we uitsluitend geïnteresseerd in een benaderde waarde voor een grootheid. Dit zou het geval kunnen zijn als een nauwkeurige berekening meer tijd zou vergen dan dat deze waard is of als er extra gegevens nodig zijn die niet beschikbaar zijn. In andere gevallen willen we een ruwe schatting maken om een nauwkeurige berekening op een rekenmachine te controleren, zodat we er zeker van zijn dat er bij het invoeren van de getallen geen blunders zijn gemaakt.

Een ruwe schatting wordt gemaakt door alle getallen af te ronden tot op één significant cijfer en de bijbehorende macht van 10; na afloop van de berekening wordt opnieuw slechts één significant cijfer bewaard. Een dergelijke schatting wordt een **orde-van-grootteschatting** genoemd en kan nauwkeurig zijn binnen een factor 10, en vaak nog beter. De zinsnede 'orde van grootte' wordt soms zelfs gebruikt om alleen maar de macht van 10 aan te geven.

 Oplossingsstrategie

Een ruwe schatting maken.

Voorbeeld 1.3 *Schatten* **Volume van een meer**

Schat hoeveel water zich in het meer van fig. 1.7a, bevindt, dat ruwweg rond is, ongeveer 1 km in doorsnee, en waarvan je kunt gokken dat het een gemiddelde diepte van ongeveer 10 m heeft.

 Natuurkunde in de praktijk

Schatten van het volume (of de massa) van een meer; zie ook fig. 1.7.

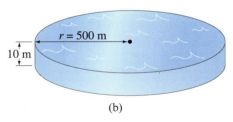

(b)

FIGUUR 1.7 Voorbeeld 1.3. (a) Hoeveel water bevat dit meer? (b) Benader de vorm van het meer door een cilinder. (We zouden een stap verder kunnen gaan en de massa of het gewicht van dit meer kunnen schatten. We zullen verderop zien dat water een dichtheid heeft van 1000 kg/m³, zodat dit meer een massa heeft van ongeveer $(10^3 \text{ kg/m}^3)(10^7 \text{ m}^3)$ $\approx 10^{10}$ kg, ongeveer gelijk aan 10 miljard kg oftewel 10 miljoen ton.)

(a)

FIGUUR 1.8 Voorbeeld 1.4. Micrometer voor het meten van kleine diktes.

Aanpak Geen enkel meer is een perfecte cirkel, en geen enkel meer heeft een volkomen vlakke bodem. We geven hier alleen maar een schatting. Om het volume te schatten kunnen we gewoon uitgaan van een eenvoudig cilindermodel voor het meer: we vermenigvuldigen de gemiddelde diepte van het meer met de bij benadering cirkelvormige oppervlakte, alsof het meer een cilinder is (zie fig. 1.7b).

Oplossing Het volume V van een cilinder is het product van zijn hoogte h maal de oppervlakte van zijn basis: $V = h\pi r^2$, waarin r de straal van de cirkelvormige basis is. (Formules zoals deze voor het volume, de oppervlakte enzovoort zijn te vinden vooraan in dit boek.) De straal r is 1/2 km = 500 m, dus is het volume bij benadering

$$V = h\pi r^2 \approx (10 \text{ m}) \times (3) \times (5 \times 10^2 \text{ m})^2 \approx 8 \times 10^6 \text{ m}^3 \approx 10^7 \text{ m}^3,$$

waarin π is afgerond naar 3. Het volume is dus van de orde 10^7 m^3, tien miljoen kubieke meter. Vanwege alle schattingen in deze berekening is het waarschijnlijk beter om de orde-van-grootteschatting (10^7 m^3) te vermelden dan het getal $8 \cdot 10^6$ m^3.

Voorbeeld 1.4 Schatten Dikte van een pagina

Schat de dikte van een pagina van dit boek.

Aanpak In eerste instantie zou je kunnen denken dat er voor het meten van de dikte van één pagina een speciaal meetapparaat, een micrometer (fig. 1.8), nodig is, omdat een gewone liniaal duidelijk niet voldoet. Maar we kunnen een truc gebruiken of, in natuurkundige terminologie, gebruikmaken van de *symmetrie*: we kunnen gebruikmaken van de redelijke aanname dat alle pagina's van dit boek even dik zijn.

Oplossingsstrategie

Maak waar mogelijk gebruik van symmetrie.

Oplossing We kunnen een liniaal gebruiken om in één keer honderden pagina's te meten. Als je de dikte van de eerste 500 pagina's van dit boek meet (pagina 1 tot pagina 500), zou je zoiets als 1,5 cm moeten vinden. Merk op dat 500 genummerde pagina's, beide zijden meegerekend, neerkomt op 250 afzonderlijke vellen papier. Eén pagina moet dus een dikte hebben van ongeveer

$$\frac{1,5 \text{ cm}}{250 \text{ pagina's}} \approx 6 \times 10^{-3} \text{ cm} = 6 \times 10^{-2} \text{ mm},$$

oftewel minder dan een tiende millimeter (0,1 mm).

Voorbeeld 1.5 Schatten Hoogte met driehoeksmeting

Schat de hoogte van het gebouw uit fig. 1.9 met een 'driehoeksmeting' met behulp van een bushaltepaaltje en een vriendin.

Aanpak Vraag je vriendin om naast het buspaaltje te gaan staan, dan kun je de hoogte van het paaltje schatten, zeg op 3 m. Vervolgens loop je van het paaltje vandaan totdat de bovenkant van het paaltje op één lijn is met de bovenkant van het gebouw, vergelijk fig. 1.9a. Je bent 1,68 m lang, dus bevinden je ogen zich ongeveer 1,5 m boven de grond. Je vriendin is langer en wanneer ze haar armen uitstrekt, raakt één hand jou aan, en de andere hand het buspaaltje, dus schat je dat de afstand 2 m is (fig. 1.9a). Daarna meet je de afstand van het paaltje tot het grondniveau van het gebouw af met grote passen van 1 m, en je komt op een totaal van 16 stappen oftewel 16 m.

Oplossing Nu teken je de figuur uit fig. 1.9b op schaal waarin je deze metingen gebruikt. Rechts in de figuur kun je opmeten dat de laatste kant van de driehoek, x, ongeveer gelijk is aan 13 m. Een andere mogelijkheid is om met behulp van gelijkvormige driehoeken de hoogte x te bepalen:

$$\frac{1,5 \text{ m}}{2 \text{ m}} = \frac{x}{18 \text{ m}}, \text{ dus } x \approx 13\tfrac{1}{2} \text{ m}.$$

Ten slotte tel je hier je ooghoogte van 1,5 m boven de grond bij op om tot het eindresultaat te komen. Het gebouw is ongeveer 15 m hoog.

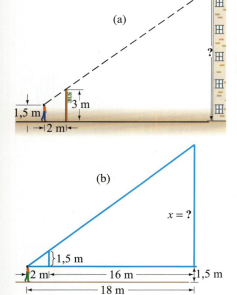

FIGUUR 1.9 Voorbeeld 1.5. Figuren zijn bijzonder nuttig!

Voorbeeld 1.6 Schatten De straal van de aarde schatten

Of je het nu gelooft of niet, je kunt de straal van de aarde schatten zonder de ruimte in te gaan (zie de foto op p. 1). Als je ooit aan de oever van een groot meer bent geweest, heb je wellicht opgemerkt dat je de stranden, pieren en rotsen die aan de tegenoverliggende oever op het niveau van de waterspiegel liggen, niet kunt zien. Het meer lijkt tussen jou en de overkant op te zwellen: een duidelijke aanwijzing dat de aarde rond is. Stel dat je op een trapladder zou klimmen en zou ontdekken dat wanneer je ogen zich 3,0 m boven het water bevinden, je de rotsen op het niveau van de waterspiegel aan de overkant goed kunt zien. Met behulp van een kaart schat je de afstand tot de overkant, d, als $\approx 6{,}1$ km. Gebruik fig. 1.10 met $h = 3{,}0$ m om de straal R van de aarde te schatten.

Aanpak We gebruiken eenvoudige meetkunde, waaronder de stelling van Pythagoras, $c^2 = a^2 + b^2$, waarin c de lengte is van de schuine zijde van een willekeurige rechthoekige driehoek, en a en b de lengtes van de andere twee zijden.

Oplossing In de rechthoekige driehoek van fig. 1.10 zijn de twee zijden de straal van de aarde R en de afstand $d = 6{,}1$ km $= 6100$ m. De schuine zijde is bij benadering de lengte $R + h$, waarin $h = 3{,}0$ m. Op grond van de stelling van Pythagoras geldt

$$R^2 + d^2 \approx (R+h)^2 \approx R^2 + 2hR + h^2.$$

We lossen R algebraïsch op, na aan beide kanten R^2 te hebben weggestreept:

$$R \approx \frac{d^2 - h^2}{2h} = \frac{(6100 \text{ m})^2 - (3{,}0 \text{ m})^2}{6{,}0 \text{ m}} = 6{,}2 \times 10^6 \text{ m} = 6200 \text{ km}.$$

Opmerking Nauwkeurige metingen geven 6380 km. Maar kijk eens naar je resultaat! Met een paar simpele ruwe metingen en eenvoudige meetkunde heb je een goede schatting van de straal van de aarde gegeven. Je hoefde niet de ruimte in te gaan, en je had ook geen superlang meetlint nodig. Nu weet je het antwoord op de openingsvraag op p. 1.

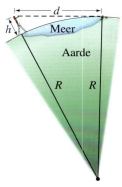

FIGUUR 1.10 Voorbeeld 1.6, maar niet op schaal. Als je op een trapladder staat, kun je aan de overkant van een meer van 6,1 km breed de kleine rotsen op het niveau van de waterspiegel zien.

Voorbeeld 1.7 Schatten Totaal aantal hartslagen

Schat het totaal aantal hartslagen van een doorsnee menselijk hart gedurende een leven.

Aanpak Een doorsnee rusthartslag is 70 slagen per minuut. Maar tijdens inspanning kan deze een stuk hoger zijn. Een redelijk gemiddelde zou 80 slagen per minuut kunnen zijn.

Oplossing Omgerekend naar seconden is een jaar gelijk aan $(24 \text{ u})(3600 \text{ s/u})(365 \text{ d}) \approx 3 \cdot 10^7$ s. Als iemand gemiddeld 70 jaar leeft, wat gelijk is aan $(70 \text{ jr})(3 \cdot 10^7 \text{ s/jr}) \approx 2 \cdot 10^9$ s, dan zou het totaal aantal hartslagen ongeveer gelijk zijn aan

$$\left(80 \frac{\text{slagen}}{\text{min}}\right)\left(\frac{1 \text{ min}}{60 \text{ s}}\right)(2 \times 10^9 \text{ s}) \approx 3 \times 10^9,$$

oftewel 3 miljard.

Oplossingsstrategie

Schatten hoeveel loodgieters er in Nederland en België zijn.

Een ander voorbeeld is het schatten van het aantal loodgieterbedrijven. Voor het bepalen van een ruwe orde-van-grootteschatting van het totaal aantal loodgieters in Nederland en België kunnen we beginnen met het aantal inwoners van beide landen. Met de grootte van een gemiddeld gezin (schatten!) komen we op een geschat aantal badkamers, toiletten en verwarmingsinstallaties. Ten slotte moeten we schatten hoeveel tijd het een loodgieter kost om zo'n installatie te bouwen en te onderhouden.

Nederland en België hebben samen zo'n 26 miljoen inwoners. Als we uitgaan van ongeveer 3 personen per woning, komen we aan ongeveer 9 miljoen woningen, waarvan we veronderstellen dat ze allemaal een badkamer hebben. We veronderstellen dat het een loodgieter gemiddeld een week kost om een woning van sanitair te voorzien, en dat er elke 20 jaar een extra week nodig is voor reparaties en vervangingen. Als een loodgieter 40 weken per jaar werkt, kan hij 40 woningen per jaar onder handen nemen; in totaal is hij dus verantwoordelijk voor 800 woningen (aangezien hij in elke woning maar eens in de 20 jaar hoeft terug te keren). Daarnaast schatten we dat in het gemiddelde loodgieterbedrijf 2 loodgieters werken. We vinden dan het aantal benodigde loodgieterbedrijven door de volgende berekening: 1 loodgieter / 800 woningen × 9.000.000 woningen / 2 loodgieters per bedrijf ≈ 5000 loodgieterbedrijven. De gouden gids in beide landen vermeldt 4011 loodgieterbedrijven in Nederland en 2343 in België, in totaal 6354. Een loodgieter zal natuurlijk niet alleen in woningen, maar ook in bedrijven werkzaam zijn. Onze ruwe schatting blijkt in ieder geval best aardig te kloppen.

Het kan merkwaardig en zelfs zinloos lijken dat zo veel aandacht wordt besteed aan het schatten van resultaten. Voor tal van vraagstukken kan dit echter een goed hulpmiddel zijn om een resultaat te controleren. Moeten we bijvoorbeeld (in een van de volgende hoofdstukken) de remafstand van een auto berekenen die een snelheid van 100 km/u heeft, dan kunnen we met enige zekerheid voorspellen dat het resultaat van de grootte-orde van een paar tientallen meter zal zijn. Leidt onze berekening tot een remafstand van de orde centimeters of kilometers, dan weten we meteen dat we ergens een fout gemaakt hebben. Controleer steeds of het resultaat van je berekening geen onzinnig resultaat oplevert!

*1.7 Dimensies en dimensieanalyse

Wanneer we het hebben over de **dimensie** van een grootheid, bedoelen we het type basiseenheden of basisgrootheden waaruit deze is opgebouwd. De dimensie van oppervlakte bijvoorbeeld, is altijd lengte in het kwadraat, afgekort $[L^2]$, waarin rechte haken worden gebruikt; de eenheden kunnen m^2, km^2, cm^2 enzovoort zijn. Snelheid daarentegen kan worden gemeten in eenheden van km/u, m/s, ..., maar de dimensie is altijd een lengte $[L]$ gedeeld door een tijd $[T]$: dat wil zeggen: $[L/T]$.

De formule voor een grootheid kan van geval tot geval verschillen, maar de dimensie blijft hetzelfde. Om een voorbeeld te geven: de oppervlakte van een driehoek met basis b en hoogte h is $A = 1/2\ bh$, terwijl de oppervlakte van een cirkel met straal r gelijk is aan $A = \pi r^2$. De formules zijn in beide gevallen verschillend, maar de dimensie van de oppervlakte is altijd $[L^2]$.

Dimensies kunnen worden gebruikt als hulpmiddel bij het uitwerken van relaties, een procedure die ook wel **dimensieanalyse** wordt genoemd. Een nuttige techniek is het gebruik van dimensies om te controleren of een relatie *onjuist* is. Merk op dat we grootheden alleen maar bij elkaar optellen of van elkaar aftrekken als ze dezelfde dimensie hebben (we tellen geen centimeters en uren bij elkaar op); en de grootheden aan weerszijden van een gelijkteken moeten dezelfde dimensie hebben. (In numerieke berekeningen moeten ook de eenheden in beide leden van een vergelijking hetzelfde zijn.)

Een voorbeeld: stel je hebt de vergelijking $v = v_0 + 1/2\ at^2$ afgeleid, waarin v de snelheid van een voorwerp na een tijd t is, v_0 de beginsnelheid van het voorwerp, en het voorwerp een versnelling a krijgt. Laten we eens een dimensiecontrole doen om te zien of deze vergelijking zou kunnen kloppen of absoluut onjuist is. Merk op dat numerieke factoren, zoals de 1/2 hier, niet van invloed zijn op dimensiecontroles. Een dimensievergelijking schrijven we als volgt, waarbij we bedenken dat de dimensie van snelheid $[L/T]$ is en (zoals we zullen zien in hoofdstuk 2) de dimensie van versnelling gelijk is aan $[L/T^2]$:

$$\left[\frac{L}{T}\right] \stackrel{?}{=} \left[\frac{L}{T}\right] + \left[\frac{L}{T^2}\right][T^2] = \left[\frac{L}{T}\right] + [L].$$

De dimensie in het rechterlid klopt niet: er staat een som van grootheden waarvan de dimensies niet gelijk zijn. We concluderen dus dat er in de afleiding van de oorspronkelijke vergelijking een fout gemaakt is.

Een dimensiecontrole kan je uitsluitend vertellen of een relatie fout is. Hieraan kun je niet zien of een relatie volledig juist is. Er zou bijvoorbeeld een dimensieloze numerieke factor (zoals 1/2 of 2π) kunnen ontbreken.

Dimensieanalyse kan ook worden gebruikt voor een snelle controle van een vergelijking waar je niet zeker van bent. Stel bijvoorbeeld dat je niet meer weet of de uit-

---

* Sommige paragrafen van dit boek, zoals deze, vallen buiten de gewone leerstof en kunnen als keuzeonderwerp worden behandeld (ter beoordeling aan de docent); deze zijn gemarkeerd met een sterretje (*). Zie het voorwoord voor meer details.

drukking voor de periode van een enkelvoudige slinger met lengte ℓ, T (de tijd waarin de slinger één keer naar achteren en terug naar voren gaat) gelijk is aan $T = 2\pi\sqrt{\ell/g}$ of $T = 2\pi\sqrt{g/\ell}$, waarin g de versnelling van de zwaartekracht is die, net zoals alle versnellingen, dimensie $[L/T^2]$ heeft. (Maak je niet druk over deze formules: de juiste formule wordt afgeleid in hoofdstuk 14; waar het hier om gaat is dat iemand zich probeert te herinneren of er ℓ/g of g/ℓ moet staan.) Een dimensiecontrole wijst uit dat het eerste, (ℓ/g), juist is:

$$[T] = \sqrt{\frac{[L]}{[L/T^2]}} = \sqrt{[T^2]} = [T],$$

terwijl het laatste, (g/ℓ), onjuist is:

$$[T] \neq \sqrt{\frac{[L/T^2]}{[L]}} = \sqrt{\frac{1}{[T^2]}} = \frac{1}{[T]}.$$

Merk op dat de constante 2π geen dimensie heeft en dus niet kan worden gecontroleerd met een dimensiebeschouwing. Andere toepassingen van dimensieanalyse zijn te vinden in appendix C.

Voorbeeld 1.8 Planck-lengte

De kleinste zinvolle lengtemaat wordt de 'Planck-lengte' genoemd en is gedefinieerd in termen van drie fundamentele natuurconstanten: de lichtsnelheid $c = 3,00 \cdot 10^8$ m/s, de gravitatieconstante $G = 6,67 \cdot 10^{-11}$ m^3/kg · s^2 en de constante van Planck $h = 6,63 \cdot 10^{-34}$ kg · m^2/s. De Planck-lengte λ_P (λ is de Griekse letter 'lambda') wordt gegeven door de volgende combinatie van deze drie constanten:

$$\lambda_P = \sqrt{\frac{Gh}{c^3}}.$$

Laat zien dat de dimensie van λ_P gelijk is aan lengte $[L]$ en bepaal de orde van grootte van λ_P.

Aanpak We herschrijven bovenstaande vergelijking in termen van dimensies. De dimensie van c is $[L/T]$, van G $[L^3/MT^2]$ en van h $[ML^2/T]$.

Oplossing De dimensie van λ_P is

$$\sqrt{\frac{[L^3/MT^2][ML^2/T]}{[L^3/T^3]}} = \sqrt{[L^2]} = [L]$$

wat een lengte is. De waarde van de Planck-lengte is

$$\lambda_P = \sqrt{\frac{Gh}{c^3}} = \sqrt{\frac{(6{,}67 \times 10^{-11} \text{ m}^3/\text{kg} \cdot \text{s}^2)(6{,}63 \times 10^{-34} \text{ kg} \cdot \text{m}^2/\text{s})}{(3{,}0 \times 10^8 \text{ m/s})^3}}$$

$$\approx 4 \times 10^{-35} \text{ m},$$

wat van de orde 10^{-34} tot 10^{-35} m is.

Opmerking In sommige recente theorieën (deel II, hoofdstukken 43 en 44) wordt geopperd dat de kleinste deeltjes (quarks en leptonen) afmetingen van de orde van de Planck-lengte hebben, 10^{-35} m. Deze theorieën suggereren ook dat de oerknal, waarmee het heelal verondersteld wordt begonnen te zijn, gestart is vanuit een beginafmeting van de orde van de Planck-lengte.

Samenvatting

De samenvatting aan het eind van elk hoofdstuk in dit boek geeft een overzicht van de belangrijkste ideeën van het hoofdstuk. De samenvatting *is niet bedoeld* om je de stof eigen te maken; dat kan alleen door het hoofdstuk in detail te bestuderen.

Net als andere wetenschappen is ook natuurkunde een creatief gebeuren. Het is niet zomaar een verzameling feiten. Belangrijke **theorieën** worden opgesteld met het oog op het verklaren van **waarnemingen**. Om te worden geaccepteerd, moeten theorieën worden **getoetst** door de voorspellingen ervan te vergelijken met de resultaten van feitelijke experimenten. Merk op dat in het algemeen een theorie niet in absolute zin kan worden 'bewezen'.

Wetenschappers bedenken vaak modellen van natuurkundige verschijnselen. Een **model** is een soort beeld of analogie ter ondersteuning van het beschrijven van de verschijnselen in termen van iets wat we al kennen. Een **theorie**, vaak ontwikkeld vanuit een model, gaat gewoonlijk dieper en is complexer dan een eenvoudig model.

Een wetenschappelijke **wet** is een beknopte uitspraak, vaak geschreven in de vorm van een vergelijking, die kwantitatief een breed scala aan verschijnselen beschrijft.

Metingen spelen een cruciale rol in de natuurkunde, maar kunnen nooit volkomen exact zijn. Het is belangrijk om de **onnauwkeurigheid** van een meting op te geven door deze direct te vermelden met behulp van de ±-notatie en/of door uitsluitend het juiste aantal **significante cijfers** te vermelden. Natuurkundige grootheden worden altijd gespecificeerd ten opzichte van een bepaalde standaard of **eenheid**, en de eenheid moet altijd worden vermeld. Tegenwoordig is de algemeen geaccepteerde verzameling eenheden het **Système International**, waarin de standaardeenheid van lengte de meter is, van tijd de seconde en van massa de kilogram.

Controleer bij het omzetten van eenheden alle **conversiefactoren** voor het correct wegvallen van eenheden.

Het maken van ruwe **orde-van-grootteschattingen** is een zeer nuttige techniek, zowel in de wetenschap als in het dagelijks leven.

(*De **dimensie** van een grootheid is de combinatie van basisgrootheden waaruit deze is opgebouwd. Zo heeft bijvoorbeeld snelheid de dimensie van [lengte/tijd] oftewel $[L/T]$.

Dimensieanalyse kan worden gebruikt om te controleren of een relatie de juiste vorm heeft.)

Vragen

1. Wat zijn de voor- en nadelen van het gebruik van iemands voet als standaardlengte? Bekijk zowel (*a*) de voet van een bepaald persoon, als (*b*) de voet van een willekeurig persoon. Denk eraan dat het gunstig is dat fundamentele standaarden toegankelijk zijn (gemakkelijk te vergelijken), onveranderlijk, onverwoestbaar en reproduceerbaar.
2. Waarom is het onjuist om te denken dat je antwoord nauwkeuriger wordt naarmate je meer cijfers in je antwoord vermeldt?
3. In de Schotse bergen kun je hoogteborden tegenkomen met de tekst '914 m (3000 ft)'. Critici van het metrieke stelsel beweren dat dergelijke getallen aantonen dat het metrieke stelsel gecompliceerder is. Hoe zou je dergelijke borden veranderen zodat ze consistenter zijn met een overgang naar het metrieke stelsel?
4. Wat klopt er niet aan de wegwijzer: London 7 mi (11,263 km)?
5. Om een antwoord volledig te laten zijn, moeten de eenheden gespecificeerd zijn. Waarom?
6. Bespreek hoe het begrip symmetrie gebruikt zou kunnen worden om het aantal knikkers in een glazen pot van 1 liter te schatten.
7. Je meet dat de straal van een wiel 4,16 cm is. Als je dit vermenigvuldigt met 2 om de diameter te krijgen, moet je het resultaat dan schrijven als 8 cm of als 8,32 cm? Licht je antwoord toe.
8. Geef de sinus van 30,0° met het juiste aantal significante cijfers.
9. In een recept voor een soufflé staat dat de afgemeten ingrediënten exact moeten zijn, omdat de soufflé anders niet zal rijzen. Volgens het recept moeten er 6 grote eieren in. Volgens de norm hebben 'grote eieren' een massa tussen 63 en 73 gram. Wat zegt dit over hoe exact je de andere ingrediënten moet afmeten?
10. Noem een aantal aannames die nuttig zijn voor het schatten van het aantal autoreparateurs in (*a*) Limburg, (*b*) je eigen woonplaats, en maak vervolgens de schattingen.
11. Bedenk een manier om de afstand van de aarde tot de zon te meten.
*12. Kun je een volledige verzameling basisgrootheden opstellen zoals in tabel 1.5, waarbij de lengte in geen van de grootheden voorkomt?

Vraagstukken

De vraagstukken aan het eind van elk hoofdstuk hebben moeilijkheidsgraad I, II of III, waarbij vraagstukken met een I het eenvoudigst zijn. Vraagstukken van niveau III zijn voornamelijk bedoeld als uitdaging voor de beste studenten om een 'bonus' te halen. De vraagstukken zijn gerangschikt naar de bijbehorende paragrafen, wat betekent dat de lezer de stof tot en met die paragraaf bestudeerd moet hebben en niet alleen die bewuste paragraaf: vraagstukken hebben vaak betrekking op eerdere leerstof. Elk hoofdstuk bevat ook een categorie 'Algemene vraagstukken' die niet naar paragraaf gerangschikt zijn en niet zijn ingedeeld naar moeilijkheidsgraad.

1.3 Metingen, onnauwkeurigheid, significante cijfers

(*Let op:* Ga er bij de vraagstukken van uit dat een getal zoals 6,4 nauwkeurig is tot op ±0,1; en dat 950 is ±10 tenzij er van 950 is gegeven dat het 'precies' of 'vrijwel gelijk aan' 950 is; in dat geval ga je uit van 950 ± 1.)

1. (I) De leeftijd van het heelal wordt geschat op 14 miljard jaar. Schrijf dit, uitgaande van twee significante cijfers, in machten van 10 (*a*) in jaren, (*b*) in seconden.
2. (I) Hoeveel significante cijfers hebben elk van de volgende getallen: (*a*) 214, (*b*) 81,60, (*c*) 7,03, (*d*) 0,03, (*e*) 0,0086, (*f*) 3236 en (*g*) 8700?
3. (I) Schrijf de volgende getallen in de machten-van-tiennotatie: (*a*) 1,156, (*b*) 21,8, (*c*) 0,0068, (*d*) 328,65, (*e*) 0,219 en (*f*) 444.
4. (I) Schrijf de volgende getallen helemaal uit met het juiste aantal nullen: (*a*) $8,69 \cdot 10^4$, (*b*) $9,1 \cdot 10^3$, (*c*) $8,8 \cdot 10^{-1}$, (*d*) $4,76 \cdot 10^2$ en (*e*) $3,62 \cdot 10^{-5}$.

5. (II) Wat is het onnauwkeurigheidspercentage in de meting $5{,}48 \pm 0{,}25$ m?
6. (II) Tijdsintervallen die zijn gemeten met een chronometer hebben meestal een onnauwkeurigheid van ongeveer 0,2 s, als gevolg van menselijke reactietijd op de start- en stopmomenten. Wat is het onnauwkeurigheidspercentage van een handgeklokte meting van (a) 5 s, (b) 50 s, (c) 5 min?
7. (II) Tel op $(9{,}2 \cdot 10^3 \text{ s}) + (8{,}3 \cdot 10^4 \text{ s}) + (0{,}008 \cdot 10^6 \text{ s})$.
8. (II) Vermenigvuldig $2{,}079 \cdot 10^2$ met $0{,}082 \cdot 10^{-1}$, waarbij je rekening houdt met significante cijfers.
9. (III) Voor kleine hoeken (θ) is de numerieke waarde van $\sin \theta$ bij benadering gelijk aan de numerieke waarde van $\tan \theta$. Zoek de grootste hoek waarvoor sinus en tangens overeenkomen tot op twee significante cijfers.
10. (III) Wat is ruwweg het onnauwkeurigheidspercentage in het volume van een bolvormige strandbal met een straal $r = 0{,}84 \pm 0{,}04$ m?

1.4 en 1.5 Eenheden, standaarden, SI, eenheden omzetten

11. (I) Schrijf de volgende getallen als volledige (decimale) getallen met standaardeenheden: (a) 286,6 mm, (b) 85 μV, (c) 760 mg, (d) 60,0 ps, (e) 22,5 fm, (f) 2,50 gigavolt.
12. (I) Herschrijf de volgende uitdrukkingen met behulp van de voorvoegsels van tabel 1.4: (a) $1 \cdot 10^6$ volt, (b) $2 \cdot 10^{-6}$ meter, (c) $6 \cdot 10^3$ dagen, (d) $18 \cdot 10^2$ euro en (e) $8 \cdot 10^{-8}$ seconden.
13. (II) Een doorsnee atoom heeft een diameter van circa $1{,}0 \cdot 10^{-10}$ m. (a) Hoeveel is dit in inches? (b) Hoeveel atomen bevinden zich bij benadering op een lijn van 1,0 cm?
14. (II) Druk de volgende som uit met het juiste aantal significante cijfers: $1{,}80 \text{ m} + 142{,}5 \text{ cm} + 5{,}34 \cdot 10^5 \text{ μm}$.
15. (II) Een *lichtjaar* is de afstand die licht in één jaar aflegt (met een snelheid van $2{,}998 \cdot 10^8$ m/s). (a) Hoeveel meter zit er in 1,00 lichtjaar? (b) Een astronomische eenheid (AU) is de gemiddelde afstand van de zon tot de aarde, $1{,}50 \cdot 10^8$ km. Hoeveel AU's zitten er in 1,00 lichtjaar? (c) Wat is de lichtsnelheid uitgedrukt in AU/u?
16. (II) Als je voor het invoeren van gegevens uitsluitend een toetsenbord zou gebruiken, hoeveel jaar zou het dan duren om de harde schijf in je computer te vullen als deze 82 gigabyte ($82 \cdot 10^9$ byte) aan gegevens kan bevatten? Ga uit van 'normale' achturige werkdagen, veronderstel dat er voor het opslaan van één teken op het toetsenbord één byte nodig is en dat je 180 tekens per minuut typt.
17. (III) De diameter van de maan is 3480 km. (a) Hoe groot is het buitenoppervlak van de maan? (b) Hoeveel keer groter is het buitenoppervlak van de aarde?

1.6 Orde van grootte schatten

(*Let op:* bedenk dat er bij ruwe schattingen zowel bij de invoer in de berekeningen als in de eindresultaten alleen ronde getallen nodig zijn.)

18. (I) Geef de orde van grootte (macht van tien) van: (a) 2800, (b) $86{,}30 \cdot 10^2$, (c) 0,0076 en (d) $15{,}0 \cdot 10^8$.
19. (II) Schat hoeveel boeken er in een universiteitsbibliotheek met een vloeroppervlakte van 3500 m² kunnen worden geplaatst. Ga uit van boekenkasten van 8 planken hoog met boeken aan beide kanten en met daartussen gangen van 1,5 m breed. Veronderstel dat de boeken gemiddeld even groot zijn als dit boek ($26{,}5 \times 29{,}5 \times 2{,}5$ cm).
20. (II) Maak een schatting van het aantal uur dat een hardloper nodig heeft om (met 10 km/u) van Amsterdam naar Rome te rennen.
21. Schat het aantal liter water dat iemand gedurende zijn leven drinkt.
22. (II) Geef een schatting van de tijd die iemand nodig heeft om met een gewone grasmaaier een voetbalveld te maaien. Veronderstel dat de maaier maait met een snelheid van 1 km/u en een breedte heeft van 0,5 m.
23. (II) Schat het aantal tandartsen (a) in Parijs en (b) in je eigen woonplaats.
24. (III) Het rubber dat afslijt van banden gaat voor het grootste deel de atmosfeer in in de vorm van *stofvervuiling*. Maak een schatting van de hoeveelheid rubber (in kg) die er per jaar in heel Europa in de lucht terechtkomt. Een goed uitgangspunt is dat een redelijke schatting voor de dikte van het loopvlak van een nieuwe band 1 cm is en dat rubber een massa van circa 1200 kg per m³ heeft.
25. (III) Je zit in een luchtballon, 200 m boven een vlakte. Je kijkt naar de horizon. Hoe ver kun je kijken, dat wil zeggen: hoe ver is je horizon? De straal van de aarde is circa 6400 km.
26. (III) Ik besluit je voor 30 dagen in dienst te nemen en laat je kiezen uit twee mogelijke manieren van uitbetalen: ofwel (1) 1000 euro per dag ofwel (2) één eurocent op de eerste dag, twee eurocent op de tweede dag en zo steeds het dubbele bedrag tot en met dag 30. Gebruik een snelle schatting om tot je beslissing te komen en geef aan waar je die op baseert.
27. (III) Aan de overkant van een meer, 4,4 km van je vandaan, ligt een aantal zeilboten in de jachthaven. Je staart naar een van de zeilboten omdat je, wanneer je plat op je buik aan de waterkant ligt, je nog net het dek van de zeilboot kunt zien maar verder niets. Vervolgens ga je naar de andere kant van het meer en meet je dat het dek zich 1,5 m boven de waterspiegel bevindt. Schat met fig. 1.11, waarin $h = 1{,}5$ m, de straal R van de aarde.

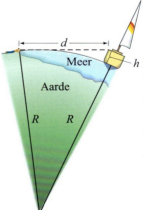

FIGUUR 1.11 Vraagstuk 27. Je ziet een zeilboot op een meer (niet op schaal). R is de straal van de aarde. Je bevindt je op een afstand d = 4,4 km van de zeilboot wanneer je uitsluitend het dek kunt zien en niet de zijkant. Vanwege de kromming van de aarde vertoont het water tussen jou en de boot als het ware een bult.

28. (III) Een ander experiment dat je zou kunnen uitvoeren, maakt eveneens gebruik van de straal van de aarde. Terwijl je op het strand ligt met je ogen 20 cm boven het zand, gaat de zon onder en verdwijnt volledig achter de horizon. Je springt onmiddellijk op, je ogen zijn nu 150 cm boven het zand en je kunt de bovenkant van de zon weer zien. Als je het aantal seconden ($= t$) telt, totdat de zon weer

volledig is verdwenen, kun je de straal van de aarde schatten. Maak bij dit probleem gebruik van de bekende waarde van de straal van de aarde om de tijd t te berekenen.

*1.7 Dimensies

* **29.** (I) Wat is de dimensie van dichtheid, dat wil zeggen massa per volume?
* **30.** (II) De snelheid v van een voorwerp wordt gegeven door de vergelijking $v = At^3 - Bt$, waarin t staat voor de tijd. (a) Wat zijn de dimensies van A en B? (b) Wat zijn de SI-eenheden voor de constanten A en B?
* **31.** (II) Drie studenten leiden de volgende vergelijkingen af waarin x staat voor de afgelegde weg, v de snelheid, a de versnelling in m/s^2, t de tijd en het subscript nul (0) een grootheid op tijdstip $t = 0$ aangeeft: (a) $x = vt^2 + 2at$, (b) $x = v_0 t + 1/2\ at^2$ en (c) $x = v_0 t + 2at^2$. Welke van deze uitdrukkingen voor x zou(den) op grond van een dimensiecontrole kunnen kloppen?
* **32.** (II) Toon aan dat de volgende combinatie van de drie fundamentele natuurconstanten uit voorbeeld 1.8 (dat wil zeggen G, c en h) een grootheid vormt met de dimensie van tijd:

$$t_P = \sqrt{\frac{Gh}{c^5}}.$$

Deze grootheid, t_P, wordt de *Planck-tijd* genoemd en kan worden gezien als de vroegste tijd, na het ontstaan van het heelal, waarop de huidige bekende wetten van de natuurkunde kunnen worden toegepast.

Algemene vraagstukken

33. Het *global positioning system* (GPS) kan worden gebruikt voor zeer nauwkeurige plaatsbepalingen met behulp van satellieten. Als een van de satellieten 20.000 km van je verwijderd is, welk onnauwkeurigheidspercentage in de afstand hoort er dan bij een onnauwkeurigheid van 2 m? Hoeveel significante cijfers zijn er nodig in de afstand?
34. *Computerchips* (fig. 1.12) die geëtst zijn op siliciumwafers met dikte 0,300 mm worden gesneden van een massief cilindrisch siliciumkristal met een lengte van 25 cm. Als iedere wafer 100 chips kan bevatten, wat is dan het maximale aantal chips dat uit één hele cilinder kan worden gefabriceerd?

FIGUUR 1.12 Vraagstuk 34. De wafer in de hand (boven) wordt daaronder vergroot en belicht met gekleurd licht weergegeven. Hierin zijn rijen van geïntegreerde schakelingen (chips) te zien.

35. (a) Hoeveel seconden zitten er in 1,00 jaar? (b) Hoeveel nanoseconden zitten er in 1,00 jaar? (c) Hoeveel jaren zitten er in 1,00 seconde?
36. Een long van een doorsnee volwassene bevat circa 300 miljoen kleine holtes die alveoli (longblaasjes) worden genoemd. Schat de gemiddelde diameter van één alveolus.
37. Maak een schatting van het aantal liter benzine dat per jaar door alle automobilisten in Europa wordt gebruikt.
38. Gebruik tabel 1.3 om het totale aantal protonen en neutronen te schatten in (a) een bacterie, (b) een DNA-molecuul, (c) het menselijk lichaam, (d) de Melkweg.
39. Een gemiddeld gezin van drie personen verbruikt per dag ruwweg 400 l water (1 l = 1000 cm^3). Hoeveel diepte zou een meer per jaar verliezen als het op elke diepte een oppervlak van 50 km^2 zou hebben en een stad met een bevolking van 40.000 mensen van water zou voorzien? Beschouw alleen het gebruik door de bevolking en verwaarloos verdamping enzovoort.
40. Schat het aantal kauwgomballen in de machine van fig. 1.13.

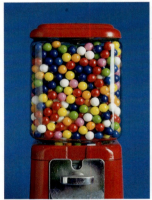

FIGUUR 1.13 Vraagstuk 40. Schat het aantal kauwgomballen in het toestel.

41. Geef een schatting van het aantal kilogram waspoeder dat per jaar in Nederland wordt gebruikt (en dus met het vuile water uit wasmachines wordt gepompt). Veronderstel dat er per lading wasgoed 0,1 kg waspoeder nodig is.
42. Hoe groot is een ton? Dat wil zeggen, wat is het volume van iets dat een ton weegt? Concreter gezegd: schat de diameter van een rots van 1 ton, maar doe eerst een wilde gok: zal deze 30 cm in doorsnee zijn, 1 m of de afmeting van een auto hebben? (*Hint:* rotssteen heeft ongeveer driemaal zoveel massa per volume als water, dat een massa per volume heeft van 1 kg per liter (10^3 cm^3).)
43. Een bepaalde audio compactdisc (cd) bevat 783,216 megabyte aan digitale informatie. Elke byte bestaat uit precies 8 bits. Tijdens het afspelen leest een cd-speler de digitale informatie van de cd met een constante snelheid van 1,4 megabit per seconde. Hoeveel minuten heeft de speler nodig om de hele cd te lezen?
44. Houd een potlood voor je ogen, zodanig dat de onderkant van het potlood net het zicht op de maan blokkeert (fig. 1.14). Doe geschikte metingen om de diameter van de maan te schatten, gegeven dat de gemiddelde afstand van de aarde tot de maan 3,8 · 10^5 km bedraagt.
45. Tijdens een noodweer valt er in een periode van twee uur 1,0 cm regen op een stad van 5 km breed en 8 km lang.

FIGUUR 1.14 Vraagstuk 44. Wat is de diameter van de maan?

Hoeveel ton (1 ton = 10^3 kg) water is er op de stad gevallen? (1 cm³ water heeft een massa van 1 g = 10^{-3} kg.)

46. Volgens opdracht zou de ark van Noach 300 el lang, 50 el breed en 30 el hoog moeten worden. De el was een maat gelijk aan de lengte van een menselijke onderarm, elleboog tot aan de top van de middelvinger. Druk de afmetingen van de ark van Noach uit in meter en schat het volume (in m³).

47. Schat hoeveel dagen het zou kosten om rond de wereld te lopen, ervan uitgaande dat je 10 uur per dag met een snelheid van 4 km/u loopt.

48. Een glad meer is vervuild met één liter olie (1000 cm³). Als de olie zich gelijkmatig verspreidt totdat er een olielaag van precies een molecuul dik is gevormd, waarbij naburige moleculen elkaar net raken, geef dan een schatting van de oppervlakte van de olielaag. Neem aan dat de oliemoleculen een diameter van $2 \cdot 10^{-10}$ m hebben.

49. Janny kampeert naast een brede rivier en vraagt zich af hoe breed die is. Op de oever recht tegenover haar ziet ze een grote rots. Vervolgens loopt ze stroomopwaarts totdat volgens haar de hoek tussen haar en de rots, die ze nog steeds goed kan zien, een hoek van 30° stroomafwaarts is (fig. 1.15). Janny meet dat haar passen ongeveer 0,9 m lang zijn. De afstand terug naar haar tent is 120 stappen. Hoe breed is de rivier bij benadering?

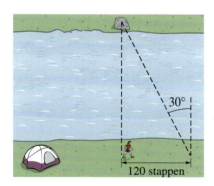

FIGUUR 1.15 Vraagstuk 49.

50. Een horlogefabrikant beweert dat zijn horloges per jaar ten hoogste 8 seconden voor of achter gaan lopen. Hoe nauwkeurig is dit horloge, procentueel uitgedrukt?

51. Een ångström (symbool Å) is een eenheid van lengte, gedefinieerd als 10^{-10} m, wat van de orde van grootte van de diameter van een atoom is. (a) Hoeveel nanometer gaat er in 1,0 ångström? (b) Hoeveel femtometer oftewel fermi (de gebruikelijke eenheid van lengte in de kernfysica) gaat er in 1,0 ångström? (c) Hoeveel ångström gaat er in 1,0 m? (d) Hoeveel ångström gaat er in 1,0 lichtjaar (zie vraagstuk 16)?

52. De diameter van de maan is 3480 km. Wat is het volume van de maan? Hoeveel manen zouden er nodig zijn om een volume te creëren dat gelijk is aan dat van de aarde?

53. Bepaal het onnauwkeurigheidspercentage in θ en in $\sin\theta$, wanneer (a) $\theta = 15{,}0° \pm 0{,}5°$, (b) $\theta = 75{,}0° \pm 0{,}5°$.

54. Als je langs een van de lengtegraden van de aarde naar het noorden zou lopen totdat je breedtegraad met 1 boogminuut was veranderd (er gaan 60 boogminuten in één graad), hoever zou je dan hebben gelopen? Deze afstand wordt een zeemijl genoemd.

55. Geef een ruwe schatting van het volume van je lichaam (in m³).

56. (II) Schat het aantal buschauffeurs (a) in Londen en (b) in je eigen woonplaats.

57. De American Lung Association geeft de volgende formule voor de verwachte gemiddelde menselijke longcapaciteit V (in liter, waarbij: 1 l = 10^3 cm³):

$$V = 4{,}1H - 0{,}018A - 2{,}69,$$

waarin H en A staan voor respectievelijk iemands lengte (in meter) en leeftijd (in jaren). Wat zijn in deze formule de eenheden van de getallen 4,1, 0,018 en 2,69?

58. De dichtheid van een voorwerp is gedefinieerd als de massa gedeeld door het volume. Stel dat de massa en het volume van een stukje rots bij een meting 8 g en 2,8325 cm³ blijken te zijn. Bepaal de dichtheid van de rots tot op het juiste aantal significante cijfers.

59. Gebruik de informatie vooraan in dit boek om tot op het juiste aantal significante cijfers de verhouding te bepalen tussen (a) de oppervlakte van de aarde en de oppervlakte van de maan; (b) het volume van de aarde en het volume van de maan.

60. Eén mol atomen bestaat uit $6{,}02 \cdot 10^{23}$ afzonderlijke atomen. Als een mol atomen gelijkmatig over het aardoppervlak verdeeld zou zijn, hoeveel atomen zouden er dan per vierkante meter zijn?

61. Recente bevindingen in de astrofysica lijken erop te wijzen dat het waarneembare heelal kan worden gemodelleerd als een bol met straal $R = 13{,}7 \cdot 10^9$ lichtjaren met een gemiddelde massadichtheid van circa $1 \cdot 10^{-26}$ kg/m³, waarbij slechts ongeveer 4 procent van de totale massa van het heelal wordt ingenomen door 'gewone' materie zoals protonen, neutronen en elektronen (de rest is 'donkere' materie). Gebruik deze informatie om de totale massa van de gewone materie in het waarneembare heelal te schatten. (1 lichtjaar = $9{,}46 \cdot 10^{15}$ m.)

Antwoorden op de opgaven

A: (d).
B: Nee, ze hebben respectievelijk 2 en 3 significante cijfers.
C: Alledrie de getallen hebben drie significante cijfers, hoewel het aantal decimalen respectievelijk (a) 2, (b) 3 en (c) 4 is.
D: (a) $2{,}58 \cdot 10^{-2}$, 3; (b) $4{,}23 \cdot 10^4$, (vermoedelijk) 3; (c) $3{,}4450 \cdot 10^2$, 5.
E: Mount Everest: 29.035 ft; K2: 28.251 ft; Kangchenjunga: 28.169 ft.

Een snel rijdende auto heeft een parachute geopend om zijn snelheid te verminderen. De richtingen van respectievelijk de snelheid en de versnelling van de auto zijn weergegeven door de groene ($\vec{v}$) en gele ($\vec{a}$) pijlen. Beweging wordt beschreven aan de hand van de begrippen snelheid en versnelling. In het hier getoonde geval heeft is de versnelling $\vec{a}$ tegengesteld gericht aan de snelheid $\vec{v}$, wat betekent dat het voorwerp wordt afgeremd. We gaan uitgebreider in op beweging met constante versnelling, waaronder de verticale beweging van voorwerpen die vallen onder invloed van de zwaartekracht.

Hoofdstuk 2

Inhoud

- 2.1 Referentiestelsels en verplaatsing
- 2.2 Gemiddelde snelheid
- 2.3 Momentane snelheid
- 2.4 Versnelling
- 2.5 Beweging met constante versnelling
- 2.6 Het oplossen van vraagstukken
- 2.7 Vrij vallende voorwerpen
- *2.8 Variabele versnelling; integraalrekening
- *2.9 Grafische analyse en numerieke integratie

Beweging beschrijven: Kinematica in één dimensie

Openingsvraag: wat denk jij?

(Wees niet bang om een verkeerd antwoord te geven: verderop in het hoofdstuk krijg je nog een kans. Zie voor verdere uitleg ook hoofdstuk 1.)

Twee kleine zware ballen hebben dezelfde diameter, maar de ene weegt tweemaal zoveel als de andere. De ballen worden op hetzelfde moment losgelaten vanaf een balkon op de tweede verdieping van een gebouw. De tijd om de grond te bereiken is:
(a) voor de lichte bal tweemaal zolang als voor de zwaardere.
(b) langer voor de lichte bal, maar niet tweemaal zo lang.
(c) voor de zware bal tweemaal zo lang als voor de lichte.
(d) langer voor de zware bal, maar niet tweemaal zo lang.
(e) vrijwel gelijk voor beide ballen.

De beweging van voorwerpen (tennisballen, auto's, hardlopers en ook de zon en de maan) is een onmiskenbaar deel van het dagelijks leven. De basis voor onze moderne theorieën over beweging werd pas gelegd in de zestiende en zeventiende eeuw. Hieraan hebben tal van individuele onderzoekers bijgedragen, in het bijzonder Galileo Galilei (1564-1642) en Isaac Newton (1642-1727).

Het bestuderen van de beweging van voorwerpen en de hiermee samenhangende begrippen kracht en energie vormen het vakgebied dat **mechanica** wordt genoemd. Mechanica wordt gewoonlijk onderverdeeld in twee deelgebieden: **kinematica**, dat beschrijft hoe voorwerpen bewegen, en **dynamica**, dat krachten beschrijft en aangeeft waarom voorwerpen op een bepaalde manier bewegen. Dit hoofdstuk en het volgende gaan over kinematica.

Voorlopig bespreken we uitsluitend voorwerpen die bewegen zonder te roteren (fig. 2.1a). Een dergelijke beweging wordt een **translatie** genoemd. In dit hoofdstuk houden we ons bezig met het beschrijven van een voorwerp dat langs een rechte lijn beweegt, een zogeheten eendimensionale translatie. In hoofdstuk 3 beschrijven we translaties in twee (of drie) dimensies langs wegen die niet recht zijn.

We zullen hierbij vaak uitgaan van het concept, oftewel *model*, van een geïdealiseerd **deeltje**, dat beschouwd wordt als een wiskundig **punt** zonder afmetingen. Een puntdeeltje kan uitsluitend een translatie ondergaan. Het deeltjesmodel is nuttig in veel praktijksituaties waarin we uitsluitend geïnteresseerd zijn in translaties, en waarbij de grootte van het voorwerp niet van belang is. We kunnen bijvoorbeeld een biljartbal, maar ook een maanraket in veel gevallen beschouwen als een puntdeeltje.

(a)   (b)

FIGUUR 2.1 De dennenappel in (a) ondergaat tijdens zijn val een zuivere translatie, terwijl hij in (b) eveneens roteert.

2.1 Referentiestelsels en verplaatsing

Elke meting van plaats, afstand of snelheid moet worden uitgevoerd ten opzichte van een **referentiestelsel**. Om een voorbeeld te geven: stel je bevindt je in een rijdende trein met een snelheid van 80 km/u en iemand loopt langs jou naar de voorkant van de trein met een snelheid van circa 5 km/u (fig. 2.2). Deze 5 km/u is de snelheid van die persoon ten opzichte van de trein als referentiestelsel. Ten opzichte van de grond heeft die persoon een snelheid van 80 km/u + 5 km/u = 85 km/u. Bij het noemen van een snelheid is het altijd van belang om het referentiestelsel te noemen. In het dagelijks leven staan we hier niet bij stil en bedoelen we meestal 'ten opzichte van de aarde', maar als er ook maar enige kans is op verwarring moet het referentiestelsel worden gespecificeerd.

Bij het specificeren van de beweging van een voorwerp is het van belang om niet al-

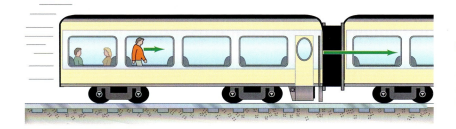

FIGUUR 2.2 Iemand loopt met 5 km/u naar de voorkant van de trein. De trein beweegt met 80 km/u ten opzichte van de grond, dus is de snelheid van de lopende persoon ten opzichte van de grond 85 km/u.

leen de snelheid maar ook de bewegingsrichting te specificeren. Vaak kunnen we een richting specificeren door de windrichtingen, noord, oost, zuid en west, en de richtingen 'naar boven' en 'naar beneden' te gebruiken. In de natuurkunde tekenen we bij het weergeven van een referentiestelsel vaak een **assenstelsel**, zoals in fig. 2.3. We kunnen de oorsprong O en de richtingen van de x- en y-assen altijd kiezen zoals het ons het beste uitkomt. De x- en de y-as staan altijd loodrecht op elkaar. Voorwerpen die zich rechts van de oorsprong (O) van het coördinatenstelsel bevinden, hebben een x-coördinaat die we gewoonlijk positief zullen kiezen; dus hebben punten links van O een negatieve x-coördinaat. De plaats op de y-as wordt gewoonlijk als positief beschouwd wanneer deze boven O ligt, en negatief wanneer hij eronder ligt. Als dit beter uitkomt, kan ook de omgekeerde conventie worden gebruikt en kiezen we bijvoorbeeld de positieve y-as naar beneden. Elk punt van het vlak kan worden gespecificeerd door de x- en y-coördinaten op te geven. In drie dimensies wordt er een z-as loodrecht op de x- en y-assen toegevoegd.

Bij een eendimensionale beweging kiezen we meestal de x-as langs de lijn waarlangs de beweging plaatsvindt. Dus wordt de **plaats** van een voorwerp op zeker moment gegeven door zijn x-coördinaat. Als het om een verticale beweging gaat, zoals bij een vallend voorwerp, nemen we gewoonlijk de y-as.

We moeten onderscheid maken tussen de *afstand* die een voorwerp heeft afgelegd en de **verplaatsing**, die gedefinieerd is als de *plaatsverandering* van het voorwerp. Dat wil zeggen: *verplaatsing is de afstand van het voorwerp tot zijn beginpunt*. Om te

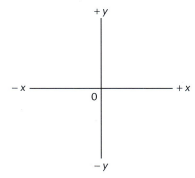

FIGUUR 2.3 Standaard xy-assenstelsel.

 Let op

De verplaatsing hoeft niet gelijk te zijn aan de totale afgelegde afstand.

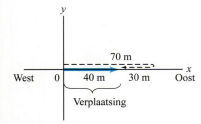

FIGUUR 2.4 Iemand loopt 70 m naar het oosten en vervolgens 30 m naar het westen. De totaal afgelegde afstand is 100 m (pad is weergegeven met een zwarte stippellijn); maar de verplaatsing, weergegeven als een doorgetrokken blauwe pijl, is 40 m naar het oosten.

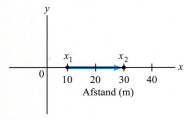

FIGUUR 2.5 De pijl stelt de verplaatsing $x_2 - x_1$ voor. Afstanden zijn in meter.

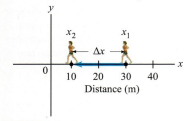

FIGUUR 2.6 Bij de verplaatsing $\Delta x = x_2 - x_1 = 10{,}0$ m $- 30{,}0$ m, wijst de verplaatsingsvector naar links.

zien wat het onderscheid is tussen de totaal afgelegde afstand en de verplaatsing, moet je je voorstellen dat iemand 70 m naar het oosten loopt, vervolgens omkeert en een afstand van 30 m terugloopt (naar het westen) (zie fig. 2.4). De totale afgelegde *afstand* is 100 m, maar de *verplaatsing* is slechts 40 m omdat de persoon nu slechts 40 m van het beginpunt verwijderd is.

Verplaatsing is een grootheid die zowel een grootte als een richting heeft. Dergelijke grootheden worden **vectoren** genoemd en worden in figuren voorgesteld door pijlen. Zo stelt in fig. 2.4 de blauwe pijl de verplaatsing voor waarvan de grootte 40 m is en de richting naar rechts is (naar het oosten).

In hoofdstuk 3 gaan we dieper in op vectoren. Nu beperken we ons tot beweging in één dimensie, langs een lijn. In dit geval zullen vectoren die in één richting wijzen een plusteken hebben, terwijl vectoren die in de tegenovergestelde richting wijzen, evenals hun grootte, een minteken zullen hebben.

Beschouw de beweging van een voorwerp gedurende een bepaald tijdsinterval. Stel dat op een of ander begintijdstip, zeg t_1, het voorwerp zich op de x-as op plaats x_1 in het coördinatenstelsel van fig. 2.5 bevindt. Op een later tijdstip, t_2, heeft het voorwerp zich verplaatst naar plaats x_2. De verplaatsing van ons voorwerp is $x_2 - x_1$, en wordt voorgesteld door de pijl naar rechts in fig. 2.5. Het is handig om te schrijven

$$\Delta x = x_2 - x_1,$$

waarin het symbool Δ (de Griekse hoofdletter delta) staat voor 'verandering van'. Dus Δx betekent 'de verandering van x' oftewel 'de plaatsverandering', dat wil zeggen de verplaatsing. Merk op dat met de 'verandering van' een willekeurige grootheid het verschil tussen de eindwaarde en de beginwaarde van die grootheid wordt bedoeld. Stel $x_1 = 10{,}0$ m en $x_2 = 30{,}0$ m. Dan is

$$\Delta x = x_2 - x_1 = 30{,}0 \text{ m} - 10{,}0 \text{ m} = 20{,}0 \text{ m},$$

dus is de verplaatsing 20,0 m in de positieve richting, zoals in fig. 2.5.

Beschouw nu een voorwerp dat naar links beweegt, zoals weergegeven in fig. 2.6. Hier begint het voorwerp, bijvoorbeeld een persoon, op $x_1 = 30{,}0$ m en loopt naar links naar het punt $x_2 = 10{,}0$ m. In dit geval is de verplaatsing gelijk aan

$$\Delta x = x_2 - x_1 = 10{,}0 \text{ m} - 30{,}0 \text{ m} = -20{,}0 \text{ m},$$

en wijst de blauwe pijl die de verplaatsingsvector voorstelt, naar links. Bij een eendimensionale beweging langs de x-as, heeft een naar rechts wijzende vector een plusteken, terwijl een naar links wijzende vector een minteken heeft.

> **Opgave A**
> Een mier loopt op een stuk grafiekpapier langs de x-as van $x = 20$ cm tot aan $x = -20$ cm. Vervolgens keert hij om en loopt terug tot aan $x = -10$ cm. Wat is de verplaatsing van de mier en wat is de totaal afgelegde afstand?

2.2 Gemiddelde snelheid

Het meest opvallende aspect aan de beweging van een voorwerp is het tempo van de beweging: de snelheid.

De term 'snelheid' staat voor de afstand die een voorwerp aflegt in een gegeven tijdsinterval, ongeacht de richting. Als een auto 240 kilometer (km) aflegt in 3 uur (u), zeggen we dat de gemiddelde snelheid 80 km/u was. Gewoonlijk bedoelen we met de **gemiddelde snelheid** van een voorwerp de snelheid van beweging, dat wil zeggen: *de totale afstand die is afgelegd langs de weg gedeeld door de tijd die nodig is om deze afstand af te leggen:*

$$\text{gemiddelde snelheid} = \frac{\text{afgelegde afstand}}{\text{verstreken tijd}}. \tag{2.1}$$

Naast het gewone begrip 'snelheid' kennen we in de natuurkunde ook de 'vectoriële snelheid' of 'snelheidsvector', die verwarrend genoeg meestal ook gewoon 'snelheid' wordt genoemd. De eerder genoemde snelheid is gewoon een positief getal, met eenheden. De **vectoriële snelheid** daarentegen wordt gebruikt om zowel de *grootte* (numerieke waarde) aan te geven van het tempo waarin een voorwerp beweegt als de *richting* waarin het beweegt. (De vectoriële snelheid is dus een vector.) In het Engels zijn er wél verschillende woorden om de 'gewone' snelheid en de vectoriële snelheid aan te duiden, dit zijn respectievelijk *speed* en *velocity*.

Bij een eendimensionale beweging houdt dat in dat de vectoriële snelheid bestaat uit een getalswaarde die positief of negatief kan zijn; het teken geeft de richting van de vectoriële snelheid aan (vectoren in meer dimensies worden besproken in hoofdstuk 3). Er is ook een verschil bij het berekenen van de gemiddelde snelheidsvector of **gemiddelde vectoriële snelheid**. Deze is in grootte niet gelijk aan de gemiddelde snelheid (afgelegde afstand per tijdseenheid), maar aan een gemiddelde verplaatsing per tijdseenheid, dat wil zeggen:

$$\text{gemiddelde vectoriële snelheid} = \frac{\text{verplaatsing}}{\text{verstreken tijd}} = \frac{\text{eindpositie} - \text{beginpositie}}{\text{verstreken tijd}}$$

Let op

De grootte van de gemiddelde vectoriële snelheid hoeft niet altijd gelijk te zijn aan de gemiddelde snelheid.

Wanneer de beweging voortdurend dezelfde richting heeft, dan zijn de grootte van de gemiddelde vectoriële snelheid en de gemiddelde snelheid aan elkaar gelijk. In andere gevallen kunnen ze verschillen: denk aan de wandeling die we eerder beschreven, in fig. 2.4, waarbij iemand 70 m naar het oosten en vervolgens 30 m naar het westen liep. De totaal afgelegde afstand was 70 m + 30 m = 100 m, maar de verplaatsing was 40 m. Stel dat het 70 s zou kosten om deze weg af te leggen. De gemiddelde snelheid zou dan geweest zijn:

$$\frac{\text{afstand}}{\text{verstreken tijd}} = \frac{100 \text{ m}}{70 \text{ s}} = 1{,}4 \text{ m/s}.$$

De grootte van de gemiddelde snelheidsvector zou daarentegen gelijk zijn aan:

$$\frac{\text{verplaatsing}}{\text{verstreken tijd}} = \frac{40 \text{ m}}{70 \text{ s}} = 0{,}57 \text{ m/s}.$$

Dit verschil tussen de grootte van de snelheidsvector en de snelheid kan optreden wanneer we *gemiddelde* waarden berekenen.

We bespreken nu de eendimensionale beweging van een voorwerp in het algemeen. Veronderstel dat op een zeker tijdstip, t_1, het voorwerp op plaats x_1 op de x-as is in een coördinatenstelsel, en dat het op een later tijdstip, t_2, op een plaats x_2 is. De **verstreken tijd** is $\Delta t = t_2 - t_1$; gedurende dit tijdsinterval is de verplaatsing van ons voorwerp $\Delta x = x_2 - x_1$. Dus kan de grootte van de gemiddelde snelheidsvector, gedefinieerd als *de verplaatsing gedeeld door de verstreken tijd*, worden geschreven als

$$\overline{v} = \frac{x_2 - x_1}{t_2 - t_1} = \frac{\Delta x}{\Delta t}, \qquad (2.2)$$

waarin v staat voor de snelheid en het streepje boven de v een standaardnotatie voor de gemiddelde waarde is.

Merk op dat als in het normale geval van een positieve x-as naar rechts x_2 kleiner is dan x_1, het voorwerp naar links beweegt en $\Delta x = x_2 - x_1$ kleiner is dan nul. Het teken van de verplaatsing, en dus van de gemiddelde snelheid, geeft de richting aan: de gemiddelde snelheid is positief voor een voorwerp dat langs de positieve x-as naar rechts beweegt en negatief wanneer het voorwerp naar links beweegt. De richting van de gemiddelde snelheid is altijd gelijk aan de richting van de verplaatsing.

Merk op dat het altijd van belang is om het *verstreken tijdsinterval*, oftewel het tijdsinterval $t_2 - t_1$ te kiezen (en te vermelden), de tijd die tijdens een gekozen waarnemingsperiode verstrijkt.

Oplossingsstrategie

Het +- of −-teken kan de richting van een beweging langs een rechte lijn aangeven.

Voorbeeld 2.1   Gemiddelde snelheid van een hardloper

De plaats van een hardloper als functie van de tijd wordt getekend als een beweging langs de x-as van een coördinatenstelsel. Gedurende een tijdsinterval van 3,00 s verandert de plaats van de hardloper van $x_1 = 50{,}0$ m naar $x_2 = 30{,}5$ m, zoals weergegeven in fig. 2.7. Wat was de gemiddelde snelheid van de hardloper?

Aanpak   Omdat de hardloper zich slechts in één richting verplaatst, is de gemiddelde snelheid hier gelijk aan de verplaatsing gedeeld door de verstreken tijd.

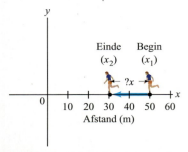

FIGUUR 2.7 Voorbeeld 2.1. Iemand loopt van $x_1 = 50{,}0$ m naar $x_2 = 30{,}5$ m. De verplaatsing is $-19{,}5$ m.

Oplossing De verplaatsing is $\Delta x = x_2 - x_1 = 30{,}5$ m $- 50{,}0$ m $= -19{,}5$ m. De verstreken tijd, oftewel het tijdsinterval, is $\Delta t = 3{,}00$ s. De gemiddelde vectoriële snelheid is

$$\overline{v} = \frac{\Delta x}{\Delta t} = \frac{-19{,}5 \text{ m}}{3{,}00 \text{ s}} = -6{,}50 \text{ m/s}.$$

De verplaatsing en de gemiddelde vectoriële snelheid zijn negatief, waaraan we zien dat de hardloper zich langs de x-as naar links beweegt, zoals aangegeven door de pijl in fig. 2.7. Dus kunnen we zeggen dat de gemiddelde vectoriële snelheid van de hardloper 6,50 m/s naar links is.

Voorbeeld 2.2   Afstand die een fietser aflegt

Welke afstand kan een fietser in 2,5 u langs een rechte weg afleggen als zijn gemiddelde snelheid 18 km/u is?

Aanpak We willen de afgelegde afstand bepalen, dus lossen we vgl. 2.2 op naar Δx.

Oplossing We herschrijven vgl. 2.2 als $\Delta x = \overline{v} \Delta t$, en vinden

$$\Delta x = \overline{v} \Delta t = (18 \text{ km/u})(2{,}5 \text{ u}) = 45 \text{ km}.$$

Opgave B
Een auto rijdt 100 km lang met een constante snelheid van 50 km/u. Vervolgens versnelt hij naar 100 km/u en rijdt nog eens 100 km. Wat is de gemiddelde snelheid van de auto bij deze tocht van 200 km? (*a*) 67 km/u; (*b*) 75 km/u; (*c*) 81 km/u; (*d*) 50 km/u.

FIGUUR 2.8 Britse snelheidsmeter die in wit het aantal mi/u en in oranje het aantal km/u laat zien.

2.3   Momentane snelheid

Als je met een auto in 2,0 uur langs een rechte weg 150 km aflegt, is de grootte van je gemiddelde snelheid 75 km/u. Het is echter onwaarschijnlijk dat je op elk moment precies 75 km/u hebt gereden. Om deze situatie te beschrijven hebben we het begrip **momentane snelheid** nodig, dat wil zeggen de snelheid op elk tijdstip. (De grootte hiervan is het getal, met de eenheden, dat wordt aangegeven door een snelheidsmeter, zoals in fig. 2.8.) Preciezer geformuleerd: de momentane snelheid op een zeker moment is gedefinieerd als *de gemiddelde vectoriële snelheid over een infinitesimaal kort tijdsinterval*. Dat wil zeggen, in vgl. 2.2 moet de limiet worden genomen voor Δt naar nul. Voor een eendimensionale beweging kunnen we de definitie van momentane snelheid v schrijven als

$$v = \lim_{\Delta t \to 0} \frac{\Delta x}{\Delta t}. \qquad (2.3)$$

De notatie $\lim_{\Delta t \to 0}$ betekent dat het quotiënt $\Delta x/\Delta t$ wordt berekend in de limiet voor Δt naar nul. We stellen in deze definitie niet gewoon $\Delta t = 0$, omdat dan Δx ook gelijk zou zijn aan nul, en we een ongedefinieerde uitkomst zouden krijgen. In plaats daarvan bekijken we het quotiënt $\Delta x/\Delta t$ als geheel. Als we Δt naar nul laten gaan, dan gaat Δx eveneens naar nul. Maar het quotiënt $\Delta x/\Delta t$ nadert naar een of andere waarde, die wel gedefinieerd is en die gelijk is aan de momentane snelheid op een gegeven moment.

In vgl. 2.3 wordt de limiet voor $\Delta t \to 0$ geschreven in de wiskundige notatie als dx/dt. Dit wordt de *afgeleide* van x naar t genoemd:

$$v = \lim_{\Delta t \to 0} \frac{\Delta x}{\Delta t} = \frac{dx}{dt}. \qquad (2.4)$$

Deze vergelijking is de definitie van momentane snelheid v voor eendimensionale beweging.

Voor de momentane snelheid gebruiken we het symbool v, terwijl we voor de gemiddelde vectoriële snelheid $\overline{v}$ gebruiken, met een streep boven de v. Van nu af aan zullen

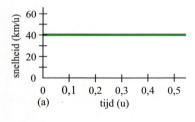
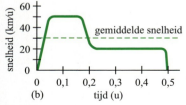

FIGUUR 2.9 Snelheid van een auto als functie van de tijd: (a) bij constante snelheid; (b) bij variërende snelheid.

we in dit boek bij het gebruik van de term 'snelheid' de momentane snelheid bedoelen. Wanneer we het over de gemiddelde snelheid willen hebben, zullen we dit aangeven door het woord 'gemiddelde' erbij te vermelden.

Merk op dat de grootte van de *momentane* snelheidsvector altijd gelijk is aan de grootte van de momentane snelheid. Waarom? Omdat de afgelegde afstand en de grootte van de verplaatsing hetzelfde worden als ze oneindig klein worden.

Als een voorwerp zich gedurende een bepaald tijdsinterval met een constante snelheid beweegt, dan is zijn momentane snelheid op elk moment gelijk aan zijn gemiddelde vectoriële snelheid (zie fig. 2.9a). Maar in veel situaties is dit niet het geval. Een voorbeeld: een auto kan starten vanuit rust, versnellen tot 50 km/u, die snelheid een tijdlang houden, vervolgens vertragen tot 20 km/u in een file, en ten slotte stoppen bij zijn bestemming na in totaal 15 km in 30 min te hebben afgelegd. Deze tocht is weergegeven in de grafiek van fig. 2.9b. In de grafiek is ook de gemiddelde vectoriële snelheid weergegeven (stippellijn), die gelijk is aan $\bar{v} = \Delta x/\Delta t =$ 15 km / 0,50 u = 30 km/u.

Laten we, om een beter idee van de momentane snelheid te krijgen, eens gaan kijken naar een grafiek van de plaats van een bepaald deeltje uitgezet tegen de tijd (x versus t), zoals weergegeven in fig. 2.10. (Merk op dat dit verschilt van het weergeven van de 'baan' van een deeltje in een xy-grafiek.) Het deeltje is op plaats x_1 op tijdstip t_1, en op plaats x_2 op tijdstip t_2. In de grafiek worden deze twee punten voorgesteld door P_1 en P_2. Een rechte lijn van punt P_1 (x_1, t_1) naar P_2 (x_2, t_2) vormt de schuine zijde van een rechthoekige driehoek met rechthoekszijden Δx en Δt. Het quotiënt $\Delta x/\Delta t$ is de **richtingscoëfficiënt** van de rechte lijn P_1P_2. Maar $\Delta x/\Delta t$ is ook de gemiddelde vectoriële snelheid van het deeltje gedurende het tijdsinterval $\Delta t = t_2 - t_1$. Dus concluderen we dat de gemiddelde vectoriële snelheid van een deeltje gedurende een willekeurig tijdsinterval $\Delta t = t_2 - t_1$ gelijk is aan de richtingscoëfficiënt van de rechte lijn (oftewel *koorde*) die de twee punten (x_1, t_1) en (x_2, t_2) in een xt-grafiek verbindt. Beschouw nu een tijdstip t_i, tussen t_1 en t_2, waarop het deeltje zich op plaats x_i bevindt (fig. 2.11). De richtingscoëfficiënt van de rechte lijn P_1P_i is in dit geval kleiner dan die van P_1P_2. Dus is de gemiddelde snelheidsvector over het tijdsinterval $t_i - t_1$ kleiner dan die over het tijdsinterval $t_2 - t_1$.

Stel nu eens dat we het punt P_i in fig. 2.11 steeds dichter bij het punt P_1 nemen. Dat wil zeggen, we laten het interval $t_i - t_1$, dat we nu Δt noemen, steeds kleiner worden. De richtingscoëfficiënt van de lijn die de twee punten verbindt, komt steeds dichter bij die van de raaklijn aan de kromme in het punt P_1 te liggen. De gemiddelde snelheidsvector (gelijk aan de richtingscoëfficiënt van de koorde) benadert dus de richtingscoëfficiënt van de raaklijn in het punt P_1. De definitie van de momentane snelheid (vgl. 2.3) is de grenswaarde van de gemiddelde snelheidsvector als Δt naar nul gaat. Dus is de *momentane snelheid gelijk aan de richtingscoëfficiënt van de raaklijn aan de kromme* in dat punt (die we ook wel 'de helling van de kromme' in dat punt noemen).

Omdat de snelheid op elk moment gelijk is aan de richtingscoëfficiënt van de raaklijn aan de xt-grafiek op dat moment, kunnen we uit een dergelijke grafiek bij elk tijdstip de snelheid bepalen. Om een voorbeeld te geven: in fig. 2.12 (waarin dezelfde kromme te zien is als in de figuren 2.10 en 2.11) neemt bij de beweging van ons voorwerp van x_1 naar x_2 de helling continu toe, dus neemt de snelheid toe. Voor tijdstippen na t_2, begint de helling echter af te nemen en wordt zelfs gelijk aan nul (dus $v = 0$) waar x zijn maximale waarde heeft, op punt P_3 in fig. 2.12. Voorbij dit punt is de helling negatief, zoals voor punt P_4. De snelheid is dus negatief, wat logisch is omdat x nu afneemt: het deeltje beweegt zich in de richting van afnemende waarden van x; dat wil zeggen, in een standaardassenstelsel naar links.

Als een voorwerp zich gedurende een bepaald tijdsinterval met constante snelheid verplaatst, is zijn momentane snelheid gelijk aan zijn gemiddelde snelheidsvector. In dit geval is de xt-grafiek een rechte lijn waarvan de richtingscoëfficiënt gelijk is aan de snelheid. De kromme in fig. 2.10 heeft geen rechte stukken, dus zijn er geen tijdsintervallen waarbinnen de snelheid constant is.

> **Opgave C**
> Wat is je snelheid op het moment dat je je omdraait om in de tegenovergestelde richting te gaan bewegen? (*a*) Dat hangt ervan af hoe snel je omdraait; (*b*) altijd nul; (*c*) altijd negatief; (*d*) geen van deze mogelijkheden.

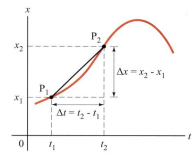

FIGUUR 2.10 Grafiek van de plaats van een deeltje, x, als functie van de tijd. De richtingscoëfficiënt van de rechte lijn P_1P_2 is gelijk aan de gemiddelde snelheidsvector van het deeltje tijdens het tijdsinterval $\Delta t = t_2 - t_1$.

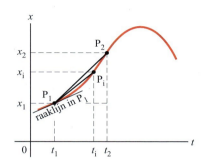

FIGUUR 2.11 Dezelfde plaats/tijd-kromme als in figuur 2.10, maar merk op dat de gemiddelde snelheidsvector in het tijdsinterval $t_i - t_1$ (gelijk aan de richtingscoëfficiënt van het lijnstuk P_1P_2) kleiner is dan de gemiddelde snelheidsvector in het tijdsinterval $t_2 - t_1$. De richtingscoëfficiënt van de (dun getekende) raaklijn aan de kromme in het punt P_1 is gelijk aan de momentane snelheid op het tijdstip t_1.

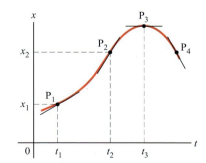

FIGUUR 2.12 Dezelfde xt-kromme als in de figuren 2.10 en 2.11, die hier echter de helling op vier verschillende punten laat zien: In P_3 is de helling gelijk aan nul, dus $v = 0$. In P_4 is de helling negatief, dus $v < 0$.

Hoofdstuk 2 – Beweging beschrijven: Kinematica in één dimensie

De afgeleiden van verschillende functies worden behandeld bij de wiskundevakken; in dit boek is een samenvatting te vinden in appendix B. De afgeleiden van polynoomfuncties (die we veel zullen gebruiken) zijn:

$$\frac{d}{dt}(Ct^n) = nCt^{n-1} \quad \text{en} \quad \frac{dC}{dt} = 0,$$

waarbij C een willekeurige constante is.

Voorbeeld 2.3 De plaats x als functie van t

Een straalvoertuig beweegt zich langs een experimenteel traject (dat we de x-as zullen noemen), zoals weergegeven in fig. 2.13a. We zullen het voertuig behandelen alsof het een deeltje is. Zijn plaats als functie van de tijd is gegeven door de vergelijking $x = At^2 + B$, waarin $A = 2{,}10$ m/s² en $B = 2{,}80$ m; de grafiek hiervan is getekend in fig. 2.13b. (a) Bepaal de verplaatsing van het voertuig gedurende het tijdsinterval van $t_1 = 3{,}00$ s tot $t_2 = 5{,}00$ s. (b) Bepaal de gemiddelde snelheidsvector gedurende dit tijdsinterval. (c) Bepaal de grootte van de momentane snelheid op $t = 5{,}00$ s.

Aanpak In de gegeven vergelijking substitueren we waarden voor t_1 en t_2 om x_1 en x_2 te verkrijgen. De gemiddelde snelheidsvector kan worden bepaald met behulp van vgl. 2.2. Voor het bepalen van de momentane snelheid nemen we de afgeleide van de gegeven uitdrukking voor x naar t, met behulp van de zojuist gegeven formules.

Oplossing (a) Op $t_1 = 3{,}00$ s is de plaats van het voertuig (het punt P$_1$ in fig. 2.13b)

$$x_1 = At_1^2 + B = (2{,}10 \text{ m/s}^2)(3{,}00 \text{ s})^2 + 2{,}80 \text{ m} = 21{,}7 \text{ m}.$$

Op $t_2 = 5{,}00$ s is de plaats (het punt P$_2$ in fig. 2.13b)

$$x_2 = (2{,}10 \text{ m/s}^2)(5{,}00 \text{ s})^2 + 2{,}80 \text{ m} = 55{,}3 \text{ m}.$$

De verplaatsing is dus

$$x_2 - x_1 = 55{,}3 \text{ m} - 21{,}7 \text{ m} = 33{,}6 \text{ m}.$$

(b) De gemiddelde snelheidsvector kan dan worden berekend als

$$\overline{v} = \frac{\Delta x}{\Delta t} = \frac{x_2 - x_1}{t_2 - t_1} = \frac{33{,}6 \text{ m}}{2{,}00 \text{ s}} = 16{,}8 \text{ m/s}.$$

Dit is gelijk aan de richtingscoëfficiënt van de rechte lijn tussen de punten P$_1$ en P$_2$ uit fig. 2.13b.

(c) De momentane snelheid op $t = t_2 = 5{,}00$ s is gelijk aan de richtingscoëfficiënt van de raaklijn aan de kromme in het punt P$_2$ in fig. 2.13b. Deze richtingscoëfficiënt zouden we uit de grafiek kunnen aflezen om v_2 te verkrijgen. We kunnen echter v voor elk tijdstip nauwkeuriger berekenen, met behulp van de gegeven formule

$$x = At^2 + B.$$

die de plaats van het voertuig, x, als functie van de tijd aangeeft. We nemen de afgeleide van x naar de tijd (zie de formules onder aan de vorige bladzijde):

$$v = \frac{dx}{dt} = \frac{d}{dt}(At^2 + B) = 2At.$$

Gegeven was dat $A = 2{,}10$ m/s², dus voor $t = t_2 = 5{,}00$ s is

$$v_2 = 2At = 2(2{,}10 \text{ m/s}^2)(5{,}00 \text{ s}) = 21{,}0 \text{ m/s}.$$

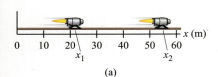

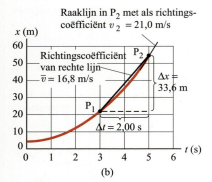

FIGUUR 2.13 Voorbeeld 2.3.
(a) Straalvoertuig op een recht traject.
(b) xt-grafiek: $x = At^2 + B$.

2.4 Versnelling

Van een voorwerp waarvan de snelheid verandert, wordt gezegd dat het versnelt. Een voorbeeld: een auto waarvan de snelheid in grootte toeneemt van 0 tot 80 km/u is aan het versnellen. De versnelling specificeert hoe snel de snelheid van een voorwerp verandert.

Gemiddelde versnelling

De **gemiddelde versnellingsvector** is gedefinieerd als de verandering in snelheidsvector gedeeld door de tijd die nodig is om deze verandering door te voeren:

$$\text{gemiddelde versnellingsvector} = \frac{\text{verandering van snelheidsvector}}{\text{verstreken tijd}}.$$

In formulevorm: de gemiddelde versnellingsvector over een tijdsinterval $\Delta t = t_2 - t_1$ waarin de snelheidsvector verandert met $\Delta v = v_2 - v_1$ is gedefinieerd als

$$\overline{a} = \frac{v_2 - v_1}{t_2 - t_1} = \frac{\Delta v}{\Delta t}. \tag{2.5}$$

Omdat snelheid een vector is, is versnelling eveneens een vector. Maar voor een eendimensionale beweging kunnen we volstaan met een plus- of een minteken om de richting van de versnelling ten opzichte van een gekozen coördinaatas aan te geven.

Voorbeeld 2.4 Gemiddelde versnelling

Een auto versnelt op een rechte weg in 5,0 s vanuit rust tot 90 km/u, zoals in fig. 2.14. Wat is de grootte van de gemiddelde versnellingsvector?

Aanpak De gemiddelde versnelling is de verandering in snelheid gedeeld door de verstreken tijd, 5,0 s. De auto begint vanuit rust, dus $v_1 = 0$. De eindsnelheid is $v_2 = 90$ km/u $= 90 \cdot 10^3$ m / 3600 s $= 25$ m/s.

Oplossing Uit vgl. 2.5 volgt dat de gemiddelde versnelling gelijk is aan

$$\overline{a} = \frac{v_2 - v_1}{t_2 - t_1} = \frac{25 \text{ m/s} - 0 \text{ m/s}}{5,0 \text{ s}} = 5,0 \frac{\text{m/s}}{\text{s}}.$$

Dit moet worden gelezen als 'vijf meter per seconde per seconde' en betekent dat, gedurende elke seconde de snelheid gemiddeld met 5,0 m/s is veranderd. Dat wil zeggen dat, ervan uitgaande dat de versnelling constant was, de snelheid van de auto gedurende de eerste seconde is toegenomen van 0 tot 5,0 m/s. Gedurende de volgende seconde nam de snelheid toe met nog eens 5,0 m/s, waardoor op $t = 2,0$ seconden een snelheid van 10,0 m/s wordt bereikt enzovoort. Zie fig. 2.14.

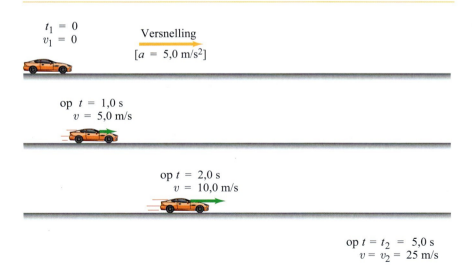

FIGUUR 2.14 Voorbeeld 2.4. De auto wordt afgebeeld aan het begin, met een snelheid $v_1 = 0$ op $t_1 = 0$. De auto wordt nog driemaal afgebeeld, op $t = 1,0$ s, $t = 2,0$ s en aan het eind van ons tijdsinterval op $t_2 = 5,0$ s. We nemen aan dat de ver-snelling constant is en gelijk aan 5,0 m/s². De groene pijlen stellen de snelheidsvectoren voor; de lengte van elke pijl stelt de grootte van de snelheid op dat moment voor. De versnellingsvector is de oranje pijl. Afstanden zijn niet op schaal.

De eenheid van versnelling schrijven we vrijwel altijd als m/s² (meter per seconde kwadraat) en niet m/s/s. Dit is mogelijk omdat:

$$\frac{m/s}{s} = \frac{m}{s \cdot s} = \frac{m}{s^2}.$$

Op grond van de berekening uit voorbeeld 2.4 veranderde de snelheid elke seconde gemiddeld met 5,0 m/s, wat een totale verandering van 25 m/s in 5,0 s opleverde; de gemiddelde versnelling was 5,0 m/s².
Merk op dat *de versnelling aangeeft hoe snel de snelheid verandert*, terwijl *de snelheid aangeeft hoe snel de plaats verandert*.

Conceptvoorbeeld 2.5 Snelheid en versnelling

(*a*) Als de snelheid van een voorwerp nul is, betekent dat dan dat ook de versnelling nul is? (*b*) Als de versnelling van een voorwerp nul is, betekent dat dan dat ook de snelheid nul is? Bedenk enkele voorbeelden.

Antwoord Een snelheid nul betekent niet altijd dat dan ook de versnelling nul is, en evenmin betekent een versnelling nul dat de snelheid nul is. (*a*) Om een voorbeeld te geven: wanneer met je voet het gaspedaal indrukt van je stilstaande auto, begint de snelheid op nul, maar de versnelling is niet nul omdat de snelheid van de auto verandert. (Hoe zou je anders je auto kunnen starten als de snelheid niet zou veranderen, dat wil zeggen, de auto niet zou versnellen?) (*b*) Als je over een rechte weg rijdt met een constante snelheid van 100 km/u, is je versnelling gelijk aan nul: $a = 0$, $v \neq 0$.

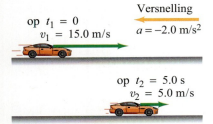

FIGUUR 2.15 Voorbeeld 2.6 toont de plaats van de auto op de tijdstippen t_1 en t_2, en de snelheidsvector van de auto, aangegeven door groene pijlen. De versnellingsvector (oranje) is naar links gericht omdat de auto afremt terwijl hij naar rechts rijdt.

Opgave D
Van een auto met een krachtige motor wordt beweerd dat deze in 6,0 s versnelt van 0 tot 100 km/u. Wat zegt dit over de auto: (*a*) dat deze snel is (een hoge snelheid kan bereiken); of (*b*) goed kan versnellen?

Voorbeeld 2.6 Een vertragende auto

Een auto rijdt naar rechts over een rechte snelweg, die we als positieve x-as kiezen (fig. 2.15). Vervolgens gaat de bestuurder afremmen. Als de beginsnelheid (op het moment dat de bestuurder op de rem trapt) gelijk is aan $v_1 = 15{,}0$ m/s en het 5,0 s duurt om af te remmen tot $v_2 = 5{,}0$ m/s, wat was dan de gemiddelde versnelling van de auto?

Aanpak We vullen de gegeven begin- en eindsnelheden en de verstreken tijd in in vgl. 2.5 voor $\bar{a}$.

Oplossing In vgl. 2.5 noemen we het begintijdstip $t_1 = 0$ en stellen we $t_2 = 5{,}0$ s. (Merk op dat onze keuze van $t_1 = 0$ niet van invloed is op de berekening van $\bar{a}$ omdat in vgl. 2.5 uitsluitend $\Delta t = t_2 - t_1$ voorkomt.) Dus is

$$\bar{a} = \frac{5{,}0 \text{ m/s} - 15{,}0 \text{ m/s}}{5{,}0 \text{ s}} = -2{,}0 \text{ m/s}^2.$$

Er staat een minteken omdat de eindsnelheid kleiner is dan de beginsnelheid. In dit geval is de versnelling naar links gericht (in de negatieve x-richting), ook als de snelheid voortdurend naar rechts gericht is. We zeggen dat de versnelling 2,0 m/s² naar links is; deze wordt in fig. 2.15 aangegeven met een oranje pijl.

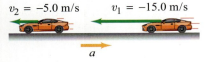

FIGUUR 2.16 De auto uit voorbeeld 2.6, nu naar *links* rijdend en vertragend. De versnelling is

$$\bar{a} = \frac{v_2 - v_1}{\Delta t}$$
$$= \frac{(-5{,}0 \text{ m/s}) - (-15{,}0 \text{ m/s})}{5{,}0 \text{ s}}$$
$$= \frac{-5{,}0 \text{ m/s} + 15{,}0 \text{ m/s}}{5{,}0 \text{ s}} = +2{,}0 \text{ m/s}^2.$$

⚠ Let op
Vertraging betekent dat de grootte van de snelheidsvector afneemt; a hoeft niet negatief te zijn.

▪ Vertraging

Wanneer een voorwerp afremt, zeggen we dat het **vertraagt**. Maar let op: vertraging wil *niet* zeggen dat de versnelling per se negatief is. De snelheid van een voorwerp dat (in een standaardassenstelsel) naar rechts beweegt, is positief; als het voorwerp afremt (zoals in fig. 2.15), *is* de versnelling negatief. Maar dezelfde auto die naar links beweegt (afnemende *x*) en afremt, heeft een positieve, naar rechts gerichte versnelling, zoals weergegeven in fig. 2.16. We spreken van een vertraging wanneer de grootte van de snelheid afneemt en dus de snelheid en versnelling in tegengestelde richting wijzen.

> **Opgave E**
> Een auto rijdt langs de x-as. Wat is het teken van de versnelling van de auto als deze in de positieve x-richting rijdt met (a) toenemende snelheid of (b) afnemende snelheid? Wat is het teken van de versnelling van de auto als deze in de negatieve x-richting rijdt met (c) toenemende snelheid of (d) afnemende snelheid?

Momentane versnelling

De **momentane versnelling**, a, is gedefinieerd als de limiet van de gemiddelde versnellingsvector als Δt naar nul gaat:

$$a = \lim_{\Delta t \to 0} \frac{\Delta v}{\Delta t} = \frac{dv}{dt} \quad (2.6)$$

Deze limiet, dv/dt, is de afgeleide van v naar t. We zullen de term 'versnelling' gebruiken om de momentane waarde aan te duiden. Als we de gemiddelde versnellingsvector willen bespreken, zullen we altijd het woord 'gemiddeld' vermelden.
Als we een grafiek tekenen van de snelheid als functie van de tijd, zoals te zien in fig. 2.17, dan wordt de gemiddelde versnellingsvector over een tijdsinterval $\Delta t = t_2 - t_1$ gegeven door de richtingscoëfficiënt van de rechte lijn tussen de twee punten P_1 en P_2 zoals weergegeven. Vergelijk dit met de plaats/tijd-grafiek uit fig. 2.10, waarbij de richtingscoëfficiënt van de rechte lijn de gemiddelde vectoriële snelheid voorstelt. De momentane versnelling op een willekeurig tijdstip, zeg t_1, is de richtingscoëfficiënt van de raaklijn aan de vt-grafiek in $t = t_1$, eveneens weergegeven in fig. 2.17. Laten we dit eens gebruiken voor de grafiek van fig. 2.17. Als we van tijdstip t_1 naar tijdstip t_2 gaan, neemt de snelheid voortdurend toe, maar de versnelling (het tempo waarmee de snelheid verandert) neemt af omdat de helling van de kromme afneemt.

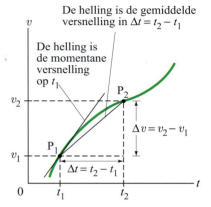

FIGUUR 2.17 Een grafiek van de snelheid v als functie van de tijd t. De gemiddelde versnellingsvector over een tijdsinterval $\Delta t = t_2 - t_1$ is de richtingscoëfficiënt van de rechte lijn P_1P_2: $\bar{a} = \Delta v/\Delta t$. De momentane versnelling op tijdstip t_1 is de helling van de vt-kromme op dat moment.

Voorbeeld 2.7 Versnelling bij gegeven $x(t)$

Een deeltje beweegt in een rechte lijn zodat zijn plaats wordt gegeven door de betrekking $x = (2,10 \text{ m/s}^2)t^2 + (2,80 \text{ m})$, net als in voorbeeld 2.3. Bereken (a) de gemiddelde versnelling gedurende het tijdsinterval van $t_1 = 3,00$ s tot $t_2 = 5,00$ s, en (b) de momentane versnelling als functie van de tijd.

Aanpak Om de versnelling te bepalen, moeten we eerst de snelheid bepalen door x te differentiëren: $v = dx/dt$. Vervolgens gebruiken we vgl. 2.5 om de gemiddelde versnelling te bepalen en vgl. 2.6 voor het bepalen van de momentane versnelling.

Oplossing (a) De snelheid is op elk tijdstip t gelijk aan

$$v = \frac{dx}{dt} = \frac{d}{dt}\left[(2,10 \text{ m/s}^2)t^2 + 2,80 \text{ m}\right] = (4,20 \text{ m/s}^2)t,$$

zoals we gezien hebben in voorbeeld 2.3c. Daarom is op $t_1 = 3,00$ s, $v_1 = (4,20 \text{ m/s}^2)(3,00 \text{ s}) = 12,6$ m/s en op $t_2 = 5,00$ s, $v_2 = 21,0$ m/s. Dus,

$$\bar{a} = \frac{\Delta v}{\Delta t} = \frac{21,0 \text{ m/s} - 12,6 \text{ m/s}}{5,00 \text{ s} - 3,00 \text{ s}} = 4,20 \text{ m/s}^2.$$

(b) Met $v = (4,20 \text{ m/s}^2)t$ is de momentane versnelling op elk tijdstip gelijk aan

$$a = \frac{dv}{dt} = \frac{d}{dt}\left[(4,20 \text{ m/s}^2)t\right] = 4,20 \text{ m/s}^2.$$

In dit geval is de versnelling constant; deze hangt niet af van de tijd. In fig. 2.18 zijn grafieken te zien van (a) x als functie van t (dezelfde als in fig. 2.13b), (b) v als functie van t, een rechte stijgende lijn zoals eerder berekend, en (c) a als functie van t, een horizontale rechte lijn omdat a = constant.

Net als de snelheid is versnelling ook een soort snelheid. De snelheid van een voorwerp is de snelheid waarmee de plaats verandert met de tijd; de versnelling daarentegen is de snelheid waarmee de snelheid verandert met de tijd. In zekere zin is ver-

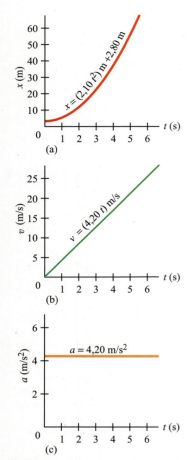

snelling een 'snelheid van een snelheid'. Dit kan als volgt worden uitgedrukt in een vergelijking: omdat $a = dv/dt$ en $v = dx/dt$, is

$$a = \frac{dv}{dt} = \frac{d}{dt}\left(\frac{dx}{dt}\right) = \frac{d^2x}{dt^2}.$$

Hierin is d^2x/dt^2 de *tweede afgeleide* van x naar de tijd: we nemen eerst de afgeleide van x naar de tijd, (dx/dt), en daarna nogmaals de afgeleide naar de tijd, $(d/dt)(dx/dt)$, om de versnelling te bepalen.

> **Opgave F**
> De plaats van een deeltje wordt gegeven door de volgende vergelijking:
> $$x = (2{,}00 \text{ m/s}^3)t^3 + (2{,}50 \text{ m/s})t.$$
> Wat is de versnelling van het deeltje op $t = 2{,}00$ s? (*a*) = 13,0 m/s^2 (*b*) 22,5 m/s^2; (*c*) 24,0 m/s^2; (*d*) 2,00 m/s^2.

Conceptvoorbeeld 2.8 Analyseren met grafieken

In fig. 2.19 is de snelheid weergegeven als functie van de tijd voor twee auto's die in een tijd van 10,0 s versnellen van 0 tot 100 km/u. Vergelijk (*a*) de gemiddelde versnellingsvector; (*b*) de momentane versnelling; en (*c*) de totaal afgelegde afstand voor de twee auto's.

Antwoord (*a*) De gemiddelde versnellingsvector is $\Delta v/\Delta t$. Beide auto's hebben dezelfde Δv (100 km/u) en dezelfde Δt (10,0 s), dus is de gemiddelde versnelling voor beide auto's dezelfde. (*b*) De momentane versnelling is de richtingscoëfficiënt van de raaklijn aan de kromme. Gedurende de eerste 4 seconden is de bovenste kromme steiler dan de onderste, dus heeft gedurende dit interval auto A de grootste versnelling. Gedurende de laatste 6 seconden is de onderste kromme steiler dan de bovenste, dus heeft gedurende dit interval auto B de grootste versnelling. (*c*) Behalve op $t = 0$ en op $t = 10{,}0$ s, gaat auto A altijd sneller dan auto B. Omdat hij harder gaat, zal auto A in dezelfde tijd een grotere afstand afleggen.

FIGUUR 2.18 Voorbeeld 2.7. Grafieken van (a) x als functie van t, (b) v als functie van t (c) a als functie van t voor de beweging $x = At^2 + B$. Merk op dat v lineair toeneemt met de tijd t en dat de versnelling a constant is. Ook is v de helling van de xt-grafiek, terwijl a de helling is van de vt-grafiek.

 Let op

Gemiddelde snelheid, maar alleen als a = constant.

2.5 Beweging met constante versnelling

We bekijken nu de situatie waarin de grootte van de versnelling constant is en de beweging langs een rechte lijn plaatsvindt. In dit geval zijn de momentane en gemiddelde versnelling aan elkaar gelijk. Een dergelijke beweging wordt ook wel een eenparig versnelde beweging genoemd; een beweging met constante snelheid een eenparige beweging.

Met behulp van de definities van gemiddelde snelheidsvector en versnellingsvector leiden we enkele zeer waardevolle vergelijkingen af die het verband aangeven tussen x, v, a en t wanneer a constant is, zodat we elk van deze variabelen kunnen bepalen als we de andere kennen. Laten we ter vereenvoudiging van onze notatie het begintijdstip in elke bespreking gelijk aan nul stellen en dit t_0 noemen: $t_1 = t_0 = 0$. (Dit komt neer op het starten van een chronometer op $t = t_0$.) Vervolgens kunnen we $t_2 = t$ de verstreken tijd laten zijn. De beginpositie (x_1) en de beginsnelheid (v_1) van een voorwerp worden nu voorgesteld door respectievelijk x_0 en v_0, omdat ze x en v voorstellen op $t = 0$. De plaats en de snelheid op tijdstip t worden nu aangeduid met x en v (in plaats van x_2 en v_2). De gemiddelde snelheidsvector in het tijdsinterval $t - t_0$ is (vgl. 2.2)

$$\overline{v} = \frac{\Delta x}{\Delta t} = \frac{x - x_0}{t - t_0} = \frac{x - x_0}{t}$$

omdat we $t_0 = 0$ kiezen. De versnellingsvector, die constant in de tijd wordt verondersteld, is (vgl. 2.5)

$$a = \frac{v - v_0}{t}.$$

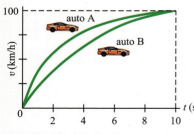

FIGUUR 2.19 Voorbeeld 2.8.

Een bekend vraagstuk is het bepalen van de snelheid van een voorwerp op een zeker tijdstip t wanneer de constante versnelling van het voorwerp gegeven is. Dergelijke vraagstukken kunnen we oplossen door uit de laatste vergelijking v te bepalen:

$$v = v_0 + at. \qquad \text{[constante versnelling]} \quad (2.7)$$

Als een voorwerp start vanuit rust ($v_0 = 0$) en versnelt met 4,0 m/s^2, zal na een periode van $t = 6,0$ s zijn snelheid gelijk zijn aan $v = at = (4,0 \text{ m/s}^2)(6,0 \text{ s}) = 24$ m/s. Laten we nu eens gaan kijken hoe we de plaats x van een voorwerp na een tijd t berekenen wanneer het een constante versnelling heeft. De definitie van gemiddelde snelheidsvector (vgl. 2.2) is $\bar{v} = (x - x_0)/t$, wat we kunnen herschrijven als

$$x = x_0 + \bar{v}t. \qquad (2.8)$$

Omdat de snelheid gelijkmatig toeneemt, zal de gemiddelde snelheidsvector, $\bar{v}$, gelijk zijn aan het rekenkundig gemiddelde van de begin- en eindsnelheid:

$$\bar{v} = \frac{v_0 + v}{2}. \qquad \text{[constante versnelling]} \quad (2.9)$$

(Let op: vgl. 2.9 hoeft niet te gelden als de versnelling niet constant is.) We combineren de laatste twee vergelijkingen met vgl. 2.7 en vinden

$$x = x_0 + \bar{v}t$$
$$= x_0 + \left(\frac{v_0 + v}{2}\right)t$$
$$= x_0 + \left(\frac{v_0 + v_0 + at}{2}\right)t$$

oftewel

$$x = x_0 + v_0 t + \tfrac{1}{2}at^2. \qquad \text{[constante versnelling]} \quad (2.10)$$

De vgl. 2.7, 2.9 en 2.10 zijn drie van de vier nuttigste vergelijkingen voor beweging bij constante versnelling. We gaan nu de vierde vergelijking afleiden, die nuttig is in situaties waarin de tijd t onbekend is. We substitueren vgl. 2.9 in vgl. 2.8:

$$x = x_0 + \bar{v}t = x_0 + \left(\frac{v + v_0}{2}\right)t.$$

Vervolgens lossen we vgl. 2.7 op, en vinden we

$$t = \frac{v - v_0}{a}$$

en door dit in te vullen in de vorige vergelijking krijgen we

$$x = x_0 + \left(\frac{v + v_0}{2}\right)\left(\frac{v - v_0}{a}\right) = x_0 + \frac{v^2 - v_0^2}{2a}.$$

Dit lossen we op voor v^2 en vinden

$$v^2 = v_0^2 + 2a(x - x_0), \qquad \text{[constante versnelling]} \quad (2.11)$$

wat de nuttige vergelijking is waar we naar op zoek waren.
We hebben nu, in het geval van een constante versnelling a, vier vergelijkingen met betrekking tot plaats, snelheid, versnelling en tijd. We zetten deze kinematische vergelijkingen hier even op een rij, zodat je ze later gemakkelijk terug kunt vinden (de gekleurde achtergrond benadrukt het belang ervan):

$$v = v_0 + at \qquad [a = \text{constant}] \quad (2.12\text{a})$$
$$x = x_0 + v_0 t + \tfrac{1}{2}at^2 \qquad [a = \text{constant}] \quad (2.12\text{b})$$
$$v^2 = v_0^2 + 2a(x - x_0) \qquad [a = \text{constant}] \quad (2.12\text{c})$$
$$\bar{v} = \frac{v + v_0}{2}. \qquad [a = \text{constant}] \quad (2.12\text{d})$$

Kinematische vergelijkingen voor constante versnelling (we zullen ze vaak gebruiken).

Deze nuttige vergelijkingen gelden alleen als a constant is en de beweging in een rechte lijn gebeurt. In veel gevallen kunnen we stellen dat $x_0 = 0$, wat de hiervoor genoemde vergelijkingen enigszins vereenvoudigt. Merk op dat x de plaats voorstelt, niet de afstand, $x - x_0$ de verplaatsing en dat t de tijd vanaf het begintijdstip is.

Natuurkunde in de praktijk

Ontwerp van een vliegveld

Oplossingsstrategie

De vgl. 2.12 zijn alleen geldig wanneer de versnelling constant is, waar we in dit voorbeeld van uitgaan.

Voorbeeld 2.9   Ontwerp voor een startbaan

Je moet een vliegveld voor kleine vliegtuigen ontwerpen. Een type vliegtuig dat dit vliegveld zou kunnen gaan gebruiken, moet alvorens te kunnen opstijgen een snelheid van ten minste 27,8 m/s (100 km/u) bereiken en kan versnellen met 2,00 m/s². (a) Als de startbaan 150 m lang is, kan dit vliegtuig dan de vereiste snelheid om op te stijgen bereiken? (b) Zo niet, wat moet dan de minimale lengte van de startbaan zijn?

Aanpak   De versnelling van het vliegtuig is constant, dus kunnen we de kinematische vergelijkingen voor constante versnelling gebruiken. In (a) willen we v bepalen en is het volgende gegeven:

Gegeven	Gevraagd
$x_0 = 0$	v
$v_0 = 0$	
$x = 150$ m	
$a = 2{,}00$ m/s²	

Oplossing   (a) Van de vier vergelijkingen uit het schema hiervoor zal vgl. 2.12c ons v opleveren wanneer we v_0, a, x en x_0 kennen:

$$v^2 = v_0^2 + 2a(x - x_0)$$
$$= 0 + 2(2{,}00 \text{ m/s}^2)(150 \text{ m}) = 600 \text{ m}^2/\text{s}^2$$
$$v = \sqrt{600 \text{ m}^2/\text{s}^2} = 24{,}5 \text{ m/s}$$

Deze startbaanlengte is *niet* toereikend.

(b) We willen nu de minimale lengte van de startbaan, $x - x_0$, bepalen, gegeven dat $v = 27{,}8$ m/s en $a = 2{,}00$ m/s². Dus gebruiken we opnieuw vgl. 2.12c, maar nu herschreven in de vorm

$$(x - x_0) = \frac{v^2 - v_0^2}{2a} = \frac{(27{,}8 \text{ m/s})^2 - 0}{2(2{,}00 \text{ m/s}^2)} = 193 \text{ m}.$$

Voor dit vliegtuig is eerder een startbaan van 200 m nodig.

Opmerking   In dit voorbeeld hebben we gedaan alsof het vliegtuig een deeltje was. Omdat het vliegtuig in de praktijk een zekere lengte heeft is er extra ruimte nodig, dus we hebben ons antwoord naar boven afgerond op 200 m.

Opgave G
Een auto start vanuit rust en versnelt met een constante versnelling van 10 m/s² gedurende een race van een kwart mijl (402 m). Hoe snel komt de auto over de finish? (a) met 8090 m/s; (b) met 90 m/s; (c) 81 m/s; (d) 809 m/s.

2.6   Het oplossen van vraagstukken

Voordat we meer uitgewerkte voorbeelden gaan behandelen, gaan we eerst in op de manier waarop je een vraagstuk moet oplossen. Op de eerste plaats is het belangrijk om op te merken dat natuurkunde *geen* verzameling vergelijkingen is die je uit je hoofd kunt leren. Het simpelweg zoeken van een vergelijking die zou kunnen werken, zou tot het verkeerde resultaat kunnen leiden en zal je zeker niet helpen de natuurkunde te begrijpen. Een betere aanpak is het gebruik van de volgende (ruwe) procedure, die we in een speciale 'oplossingsstrategie' hebben gezet. (In dit boek zul je als hulpmiddel nog meer van dergelijke oplossingsstrategieën aantreffen.)

Oplossingsstrategie

1. Lees en **herlees** het gehele probleem zorgvuldig voordat je het probeert op te lossen.
2. Beslis welk **voorwerp** (of voorwerpen) je gaat bestuderen, en voor welk **tijdsinterval**. Vaak kun je het begintijdstip op $t = 0$ kiezen.
3. **Teken** een **figuur** of een plaatje van de situatie, indien van toepassing voorzien van een assenstelsel. (Je kunt de oorsprong en de assen zodanig kiezen dat je berekeningen gemakkelijker worden.)
4. Noteer welke grootheden bekend oftewel '**gegeven**' zijn en vervolgens wat je *wil* weten. Beschouw grootheden zowel aan het begin als aan het eind van het gekozen tijdsinterval.
5. Bedenk welke **natuurkundige principes** op dit probleem van toepassing zijn. Gebruik gezond verstand en ga af op je eigen ervaringen. Plan vervolgens een aanpak.
6. Ga na welke **vergelijkingen** (en/of definities) gelden voor de betrokken grootheden. Controleer, alvorens ze te gaan gebruiken, of het **geldigheidsbereik** ervan ook jouw vraagstuk omvat (de reeks vergelijkingen van 2.12 bijvoorbeeld geldt uitsluitend als de versnelling constant is). Als je een toepasselijke vergelijking vindt die uitsluitend bekende grootheden en één gevraagde onbekende bevat, **los** dan de vergelijking algebraïsch **op** voor de onbekende.

Soms kan er een reeks opeenvolgende berekeningen of een combinatie van vergelijkingen nodig zijn. Het is vaak beter om de gevraagde onbekende algebraïsch op te lossen alvorens numerieke waarden in te voeren.

7. Voer de **berekening** uit als het een numeriek probleem is. Houd tijdens de berekeningen één à twee extra cijfers bij, maar rond het eindantwoord (of de eindantwoorden) af tot op het juiste aantal significante cijfers (zie paragraaf 1.3).
8. Denk goed na over het verkregen resultaat: is het **zinnig**? Klopt het met je eigen intuïtie en ervaring? Een goed controlemiddel is het maken van een ruwe **schatting** door uitsluitend machten van tien te gebruiken, zoals behandeld in paragraaf 1.6. Vaak is het bij een numeriek vraagstuk beter om in het *begin* een ruwe schatting te maken omdat dit je een houvast geeft om de weg naar een oplossing te vinden.
9. Een zeer belangrijk aspect bij het maken van vraagstukken is het bijhouden van **eenheden**. Een gelijkteken impliceert dat niet alleen de getallen, maar ook de eenheden aan weerszijden aan elkaar gelijk moeten zijn. Als de eenheden niet met elkaar overeenkomen, moet er een fout gemaakt zijn. Dit kan dienen als een **controlemiddel** voor je oplossing (maar je kunt er alleen aan zien of je een fout hebt gemaakt, niet of je het goed hebt gedaan). Gebruik altijd een consistente reeks eenheden, bij voorkeur SI-eenheden.

Voorbeeld 2.10   Versnelling van een auto

Hoe lang doet een auto erover om, nadat het licht op groen is gesprongen, een 30,0 m breed kruispunt over te steken als de auto vanuit rust versnelt met een constante versnelling van 2,00 m/s²?

Aanpak   We gaan stap voor stap de hiervoor beschreven probleemoplossingsstrategie volgen.

Oplossing

1. **Herlees** het probleem. Zorg ervoor dat je begrijpt wat er gevraagd wordt (in dit geval een tijdsinterval).
2. Het te bestuderen **voorwerp** is de auto. We kiezen het **tijdsinterval**: $t = 0$, het begintijdstip, is het moment waarop de auto vanuit rust ($v_0 = 0$) begint te versnellen; het tijdstip t is het moment waarop de auto de volledige 30,0 m breedte van het kruispunt heeft afgelegd.
3. **Teken** een **figuur**: de situatie is weergegeven in fig. 2.20, waarin de auto langs de positieve x-as beweegt. We kiezen $x_0 = 0$ op de voorbumper van de auto voordat deze gaat bewegen. Met de lengte van de auto wordt bij dit vraagstuk geen rekening gehouden.
4. De '**gegevens**' en het '**gevraagde**' zijn te zien in de tabel in de marge, en we kiezen $x_0 = 0$. Merk op dat 'beginnen vanuit rust' wil zeggen dat op $v = 0$ op $t = 0$; dat wil zeggen $v_0 = 0$.
5. De **natuurkunde**: de beweging vindt plaats bij constante versnelling, dus kunnen we de kinematische vgl. 2.12 gebruiken.
6. **Vergelijkingen:** we moeten bij gegeven afstand en versnelling de tijd bepalen; vgl. 2.12b is precies goed omdat t de enige onbekende grootheid is. Door in vgl. 2.12b ($x = x_0 + v_0 t + 1/2\, at^2$) te stellen dat $v_0 = 0$ en $x_0 = 0$, kunnen we t oplossen:

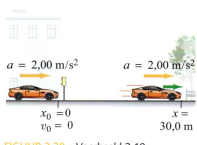

FIGUUR 2.20   Voorbeeld 2.10.

Gegeven	Gevraagd
$x_0 = 0$	t
$x = 30,0$ m	
$a = 2,00$ m/s²	
$v_0 = 0$	

$$x = \tfrac{1}{2}at^2,$$
$$t^2 = \frac{2x}{a},$$
dus
$$t = \sqrt{\frac{2x}{a}}.$$

7. De **berekening**:

$$t = \sqrt{\frac{2x}{a}} = \sqrt{\frac{2(30,0 \text{ m})}{2,00 \text{ m/s}^2}} = 5,48 \text{ s}$$

Dit is ons antwoord. Merk op dat de eenheid in het antwoord klopt.

8. We kunnen ook nagaan of het antwoord **zinnig** is door de eindsnelheid te berekenen, $v = at = (2,00 \text{ m/s}^2)(5,48 \text{ s}) = 10,96$ m/s, en vervolgens $x = x_0 + \overline{v}t = 0 + \tfrac{1}{2}(10,96 \text{ m/s} + 0)(5,48 \text{ s}) = 30,0$ m: de gegeven afstand.

9. We hebben de **eenheden** gecontroleerd en dat klopte precies (seconden).

Opmerking In de stappen 6 en 7, waarbij we de vierkantswortel namen, hadden we moeten schrijven $t = \pm\sqrt{2x/a} = \pm 5,48$ s. Wiskundig gezien zijn er twee oplossingen. Maar de tweede oplossing, $t = -5,48$ s, is een tijdstip *vóór* ons gekozen tijdsinterval en is natuurkundig gezien onzinnig. We zeggen dat deze oplossing 'onfysisch' is en negeren deze.

Bij voorbeeld 2.10 hebben we expliciet de stappen van de strategie voor het oplossen van vraagstukken toegepast. In de komende voorbeelden zullen we om het kort te houden volgens onze gebruikelijke 'aanpak' en 'oplossing' werken.

Natuurkunde in de praktijk
Veiligheid in de auto: airbags

Voorbeeld 2.11 *Schatten* **Airbags**

Stel dat je een airbagsysteem wilt ontwerpen dat de bestuurder kan beschermen als een auto met een snelheid van 100 km/u tegen een muur botst. Schat hoe snel de airbag zich moet opblazen (fig. 2.21) om de bestuurder effectief te beschermen. In hoeverre heeft de bestuurder baat bij het gebruik van een veiligheidsgordel?

Aanpak We nemen aan dat de versnelling ruwweg constant is, dus kunnen we de vergelijkingen uit 2.12 gebruiken. Zowel vgl. 2.12a als vgl. 2.12b bevatten t, de gevraagde onbekende. Ze bevatten beide de versnelling a, dus moeten we eerst a bepalen, wat we kunnen doen met behulp van vgl. 2.12c als we weten wat de afstand x is tot het punt waarop de auto in elkaar geduwd wordt. Een ruwe schatting zou ongeveer één meter kunnen zijn. We kiezen het tijdsinterval zó, dat het begint op het moment van de botsing terwijl de auto met een snelheid van $v_0 = 100$ km/u beweegt, en eindigt wanneer de auto na 1 m te hebben afgelegd tot stilstand komt ($v = 0$).

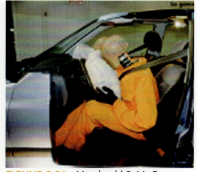

FIGUUR 2.21 Voorbeeld 2.11. Een airbag die zich opblaast na een botsing.

Oplossing We zetten de gegeven beginsnelheid om naar SI-eenheden: 100 km/u = $100 \cdot 10^3$ m/3600 s = 28 m/s. Vervolgens kunnen we de versnelling bepalen uit vgl. 2.12c:

$$a = -\frac{v_0^2}{2x} = -\frac{(28 \text{ m/s})^2}{2,0 \text{ m}} = -390 \text{ m/s}^2.$$

Deze enorme versnelling vindt plaats in een tijd gegeven door (vgl. 2.12a):

$$t = \frac{v - v_0}{a} = \frac{0 - 28 \text{ m/s}}{-390 \text{ m/s}^2} \approx 0,07 \text{ s}.$$

Om effectief te zijn, moet de airbag zich sneller opblazen dan dit.

Wat doet de airbag? Deze verspreidt de kracht over een groot gedeelte van de borstkas (om doorboring van de borstkas door het stuur te voorkomen). De autogordel houdt de bestuurder in een stabiele positie tegen de uitzettende airbag.

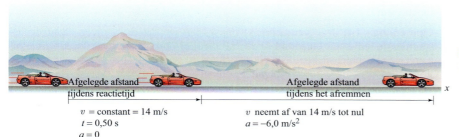

FIGUUR 2.22 Voorbeeld 2.12: remweg van een auto.

v = constant = 14 m/s
t = 0,50 s
a = 0

v neemt af van 14 m/s tot nul
a = −6,0 m/s²

Voorbeeld 2.12 Schatten Remafstanden

Schat de minimale remweg voor een auto; dit is van belang voor de verkeersveiligheid en het ontwerpen van wegen. Het is het handigste om dit vraagstuk te splitsen in twee stukken, dat wil zeggen, in twee aparte tijdsintervallen. (1) Het eerste tijdsinterval begint wanneer de bestuurder besluit om te gaan remmen en eindigt wanneer zijn voet het rempedaal raakt. Dit is de 'reactietijd' waarin de snelheid constant is, dus $a = 0$. (2) Het tweede tijdsinterval is de feitelijke remperiode wanneer het voertuig vertraagt ($a \neq 0$) en tot stilstand komt. De remweg is afhankelijk van de reactietijd van de bestuurder, de beginsnelheid van de auto (de eindsnelheid is nul) en de versnelling van de auto. Op een droge weg en met goede banden kan een auto met 5 m/s² tot 8 m/s² afremmen. Bereken de totale remweg voor een beginsnelheid van 50 km/u (= 14 m/s) en neem aan dat de versnelling van de auto −6,0 m/s² is (er staat een minteken omdat de snelheid in de positieve x-richting wordt genomen en de grootte ervan afneemt). De reactietijd voor normale bestuurders varieert van op zijn snelst 0,3 s tot ongeveer 1,0 s; neem aan dat deze 0,50 s is.

 Natuurkunde in de praktijk

Remafstanden

Aanpak Gedurende de 'reactietijd', deel (1), beweegt de auto met een constante snelheid van 14 m/s, dus $a = 0$. Als er eenmaal met remmen is begonnen, deel (2), is de versnelling $a = -6,0$ m/s², en deze blijft constant gedurende dit tijdsinterval. Voor beide delen is a constant, dus kunnen we de reeks vergelijkingen van 2.12 gebruiken.

Oplossing Deel (1). Voor het eerste tijdsinterval, wanneer de bestuurder reageert (0,50 s), nemen we $x_0 = 0$: de auto rijdt met een contante snelheid van 14 m/s dus $a = 0$. Zie fig. 2.22 en de tabel in de kantlijn. Voor het bepalen van x, de plaats van de auto op $t = 0,50$ s (wanneer er geremd wordt), kunnen we geen gebruikmaken van 2.12c omdat x wordt vermenigvuldigd met a, die gelijk is aan nul. Maar vgl. 2.12b is wel geschikt:

$$x = v_0 t + 0 = (14 \text{ m/s})(0{,}50 \text{ s}) = 7{,}0 \text{ m}$$

Dus legt de auto gedurende de reactietijd van de bestuurder 7,0 m af, tot het moment waarop er wordt geremd. We zullen dit resultaat gebruiken als invoer voor deel (2).

Deel 1: Reactietijd

Gegeven	Gevraagd
$t = 0{,}50$ s	x
$v_0 = 14$ m/s	
$v = 14$ m/s	
$a = 0$	
$x_0 = 0$	

Deel (2). Gedurende het tweede tijdsinterval wordt er geremd en wordt de auto tot stilstand gebracht. De beginpositie is $x_0 = 7{,}0$ m (resultaat van deel (1)) en andere variabelen zijn weergegeven in de tweede tabel in de kantlijn. Vgl. 2.12a bevat x niet; vgl. 2.12b wel, maar deze bevat ook de onbekende t. Vgl. 2.12c, $v^2 - v_0^2 = 2a(x - x_0)$ is de vergelijking die we nodig hebben; nadat we hebben gesteld dat $x_0 = 7{,}0$ m, berekenen we x, de eindpositie van de auto (de plaats waar hij tot stilstand komt):

$$x = x_0 + \frac{v^2 - v_0^2}{2a}$$
$$= 7{,}0 \text{ m} + \frac{0 - (14 \text{ m/s})^2}{2(-6{,}0 \text{ m/s}^2)} = 7{,}0 \text{ m} + \frac{-196 \text{ m}^2/\text{s}^2}{-12 \text{ m/s}^2}$$
$$= 7{,}0 \text{ m} + 16 \text{ m} = 23 \text{ m}.$$

Deel 2: Remmen

Gegeven	Gevraagd
$x_0 = 7{,}0$ m	x
$v_0 = 14$ m/s	
$v = 0$	
$a = -6{,}0$ m/s²	

Tijdens de reactietijd van de bestuurder legde de auto 7,0 m af en tijdens de remperiode alvorens tot stilstand te komen nog eens 16 m: bij elkaar een totaal afgelegde afstand van 23 m. Fig. 2.23 toont grafieken van (a) v als functie van t en (b) x als functie van t.

Opmerking Uit deze vergelijking voor x zien we dat de remweg nadat de bestuurder de rem heeft ingedrukt ($= x - x_0$) niet gewoon lineair, maar *kwadratisch* afhangt van de beginsnelheid. Als je tweemaal zo snel rijdt, heb je een viermaal zo grote afstand nodig om tot stilstand te komen.

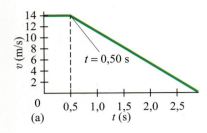

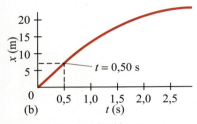

FIGUUR 2.23 Voorbeeld 2.12. Grafieken van (a) v als functie van t en (b) x als functie van t.

Voorbeeld 2.13 Schatten Twee bewegende voorwerpen: politieauto en snelheidsovertreder

Een auto passeert met een snelheid van 150 km/u een stilstaande politieauto, die onmiddellijk de achtervolging inzet. Schat aan de hand van simpele aannames, zoals dat de snelheidsovertreder met constante snelheid blijft rijden, hoe lang de politieauto erover doet om de snelheidsovertreder in te halen. Geef vervolgens een schatting van de snelheid van de politieauto op dat moment en ga na of de aannames redelijk waren.

Aanpak Op het moment dat de politieauto wegrijdt, versnelt deze, en de simpelste aanname is dat de versnelling ervan constant is. Dit lijkt misschien geen redelijke aanname, maar laten we eens kijken wat er gebeurt. We kunnen de versnelling schatten als we autoadvertenties hebben bekeken, die beweren dat auto's in 5,0 s vanuit rust kunnen versnellen tot 100 km/u. De gemiddelde versnelling van de politieauto zou dus bij benadering kunnen zijn:

$$a_P = \frac{100 \text{ km/u}}{5,0 \text{ s}} = 20 \frac{\text{km/u}}{\text{s}} \left(\frac{1000 \text{ m}}{1 \text{ km}}\right)\left(\frac{1 \text{ u}}{3600 \text{ s}}\right) = 5{,}6 \text{ m/s}^2.$$

Oplossing Om de onbekende grootheden te bepalen, moeten we de kinematische vergelijkingen opstellen en omdat er twee bewegende voorwerpen zijn, hebben we twee afzonderlijke reeksen vergelijkingen nodig. We geven de plaats van de snelheidsovertreder aan met x_S, en de plaats van de politieauto met x_P. Omdat we geïnteresseerd zijn in het bepalen van het tijdstip waarop de twee voertuigen op dezelfde plaats op de weg aankomen, gebruiken we voor beide auto's vgl. 2.12b:

$$x_S = v_{0S}t + \tfrac{1}{2}a_S t^2 = (150 \text{ km/u})t = (42 \text{ m/s})t$$
$$x_P = v_{0P}t + \tfrac{1}{2}a_P t^2 = \tfrac{1}{2}(5{,}6 \text{ m/s}^2)t^2,$$

waarin we $v_{0P} = 0$ en $a_S = 0$ hebben gesteld (de snelheidsovertreder wordt verondersteld met constante snelheid te bewegen). We willen het tijdstip weten waarop de auto's elkaar tegenkomen, dus stellen we $x_S = x_P$ en lossen op naar t:

$$(42 \text{ m/s})t = (2{,}8 \text{ m/s}^2)t^2.$$

De oplossingen zijn

$$t = 0 \quad \text{en} \quad t = \frac{42 \text{ m/s}}{2{,}8 \text{ m/s}^2} = 15 \text{ s}.$$

De eerste oplossing komt overeen met het moment waarop de snelheidsovertreder de politieauto passeerde. De tweede oplossing, 15 s later, komt overeen met het moment waarop de politieauto de snelheidsovertreder inhaalt. Dit is ons antwoord, maar is het ook aannemelijk? De snelheid van de politieauto op $t = 15$ s is

$$v_P = v_{0P} + a_P t = 0 + (5{,}6 \text{ m/s}^2)(15 \text{ s}) = 84 \text{ m/s}.$$

oftewel 300 km/u. Niet erg aannemelijk en zeer gevaarlijk.

Opmerking Het is veel aannemelijker om de aanname van een constante versnelling te laten varen. De politieauto kan bij dergelijke snelheden onmogelijk een constante versnelling aanhouden. Ook zal de snelheidsovertreder, als hij verstandig is, afremmen als hij de politiesirene hoort. Fig. 2.24 toont de grafieken van (a) x als functie van t en (b) v als functie van t gebaseerd op de oorspronkelijke aanname van a_P = constant, terwijl (c) de grafiek van v als functie van t laat zien op basis van realistischer aannames.

 Let op

Aannames uit het begin moeten worden gecontroleerd op aannemelijkheid.

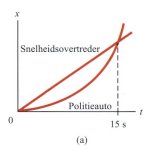
(a)

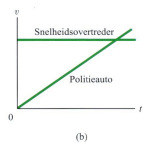
(b)

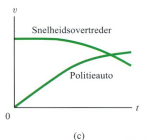
(c)

FIGUUR 2.24 Voorbeeld 2.13.

2.7 Vrij vallende voorwerpen

Een van de meest voorkomende gevallen van eenparig versnelde beweging is die van een voorwerp dat vrij naar het oppervlak van de aarde valt. Dat een vrij vallend voorwerp versnelt, lijkt op het eerste gezicht niet vanzelfsprekend. En denk nu niet, zoals voor de tijd van Galilei (fig. 2.25) in brede kring geloofd werd, dat zwaardere voorwerpen sneller vallen dan lichtere en dat de valsnelheid evenredig is aan de massa van het voorwerp.

Galilei maakte gebruik van zijn nieuwe techniek van het maken van een voorstelling van wat er in geïdealiseerde (vereenvoudigde) gevallen zou gebeuren. Zo stelde hij dat bij een vrije val bij afwezigheid van luchtweerstand of andere weerstand alle voorwerpen zouden vallen met *dezelfde constante versnelling*. Hij toonde aan dat deze hypothese voorspelt dat voor een voorwerp dat vanuit rust valt, de afgelegde afstand evenredig is aan het kwadraat van de tijd (fig. 2.26); dat wil zeggen, $d \propto t^2$. Dit is af te lezen uit vgl. 2.12b, maar Galilei was de eerste die dit wiskundige verband heeft afgeleid.

Om zijn bewering dat de snelheid van vallende voorwerpen tijdens de val toeneemt kracht bij te zetten, maakte Galilei gebruik van een slim argument: een zware steen die van een hoogte van 2 m wordt losgelaten slaat een paal veel verder de grond in dan wanneer dezelfde steen wordt losgelaten van een hoogte van slechts 0,2 m. Het is duidelijk dat de steen in het eerste geval veel sneller moet bewegen.

Galilei beweerde dat *alle* voorwerpen, lichte en zware, met *dezelfde* versnelling vallen, in elk geval bij afwezigheid van luchtweerstand. Als je in de ene hand een vel papier horizontaal vasthoudt en in de andere hand een zwaarder voorwerp (bijvoorbeeld een tennisbal) en die tegelijkertijd loslaat zoals in fig. 2.27a, dan zal het zwaarste voorwerp als eerste de grond bereiken. Maar als je het experiment herhaalt en ditmaal het papier tot een kleine prop verfrommelt (zie fig. 2.27b), zul je zien dat beide voorwerpen vrijwel tegelijkertijd de grond bereiken.

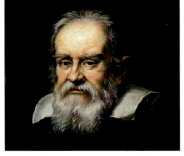

FIGUUR 2.25 Galileo Galilei (1564-1642).

 Let op

Een vrij vallend voorwerp neemt toe in snelheid, maar deze toename is niet evenredig aan zijn massa of gewicht.

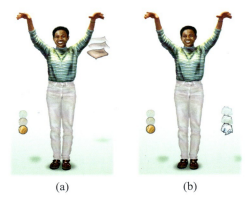

(a)   (b)

FIGUUR 2.27 (a) Een bal en een licht vel papier worden tegelijkertijd losgelaten. (b) Het experiment wordt herhaald, maar nu met een papierprop.

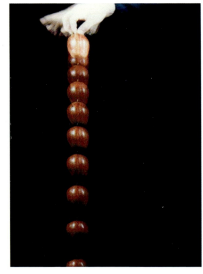

FIGUUR 2.26 Gemonteerde fotoserie van een vallende appel, met gelijke tijdsintervallen tussen de foto's. De appel legt per tijdsinterval een steeds grotere afstand af, wat betekent dat hij versnelt.

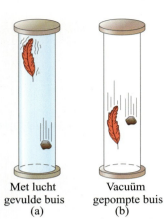

FIGUUR 2.28 Een steen en een veer worden tegelijkertijd losgelaten (a) in lucht, (b) in vacuüm.

Galilei was ervan overtuigd dat voor zeer lichte voorwerpen met een groot oppervlak lucht fungeert als een weerstand. Maar onder normale omstandigheden is deze luchtweerstand vrijwel altijd te verwaarlozen. In een ruimte waaruit de lucht is weggezogen, vallen ook lichte voorwerpen zoals een veer of een horizontaal gehouden vel papier met dezelfde versnelling als een willekeurig ander voorwerp (zie fig. 2.28). In de tijd van Galilei was een dergelijke demonstratie in vacuüm niet mogelijk, wat zijn prestatie des te indrukwekkender maakt. Galilei wordt vaak de 'vader van de moderne wetenschap' genoemd, niet alleen vanwege de inhoud van zijn wetenschappelijk werk (ontdekkingen op het gebied van de sterrenkunde, de traagheid en de vrije val), maar ook vanwege zijn benadering van de wetenschap (idealisatie en vereenvoudiging, wiskundig modelleren van theorieën, theorieën met toetsbare consequenties, experimenten om theoretische voorspellingen te toetsen).

Galilei's specifieke bijdrage aan ons inzicht in de beweging van vallende voorwerpen kan als volgt worden samengevat:

op een gegeven locatie op aarde en bij afwezigheid van luchtweerstand vallen alle voorwerpen met dezelfde constante versnelling.

We noemen deze versnelling de **versnelling van de zwaartekracht** of de **valversnelling** op het oppervlak van de aarde, en geven deze aan met het symbool g. De grootte ervan is bij benadering

$$g = 9{,}80 \text{ m/s}^2. \qquad \text{(op het aardoppervlak)}$$

In werkelijkheid varieert g enigszins naar breedtegraad en hoogte. Zo is 9,812 m/s^2 in de Benelux een nauwkeuriger waarde. Deze variaties zijn echter zo klein dat we ze in de meeste gevallen zullen negeren. De luchtweerstand zal, zelfs bij een tamelijk zwaar voorwerp, wel merkbaar zijn als de snelheid groot wordt. (De snelheid van een voorwerp dat in lucht – of in een ander fluïdum – valt, blijft niet noodzakelijkerwijs toenemen. Als het voorwerp ver genoeg valt, zal het als gevolg van de luchtweerstand een maximale snelheid behalen die de **eindsnelheid** wordt genoemd.

Versnelling als gevolg van de zwaartekracht is net zoals alle andere versnellingen een vector, in dit geval naar beneden gericht, naar het middelpunt van de aarde.

Wanneer we te maken hebben met vrij vallende voorwerpen kunnen we gebruikmaken van de vergelijkingenreeks 2.12, waarin we voor a de eerder gegeven waarde van g gebruiken. Ook zullen we, omdat het om een verticale beweging gaat, y gebruiken in plaats van x, en y_0 in plaats van x_0. Tenzij anders aangegeven nemen we $y_0 = 0$. We kunnen de positieve y-richting zowel naar boven als naar beneden kiezen; maar bij het oplossen van een vraagstuk moeten we consequent zijn.

Oplossingsstrategie

Je kunt de positieve y-richting zowel naar boven als naar beneden kiezen.

> **Opgave H**
> Ga terug naar de openingsvraag van dit hoofdstuk, en beantwoord die nogmaals. Probeer te verklaren waarom je die de eerste keer eventueel anders beantwoord hebt.

> **Voorbeeld 2.14 Val vanaf een toren**
>
> Stel dat een bal wordt losgelaten ($v_0 = 0$) vanaf een toren van 70,0 m hoogte. Hoe ver zal deze zijn gevallen na een tijd $t_1 = 1{,}00$ s, $t_2 = 2{,}00$ s en $t_3 = 3{,}00$ s? Verwaarloos de luchtweerstand.
>
> **Aanpak** We nemen de positieve y-as naar beneden gericht, dus is de versnelling $a = g = +9{,}80$ m/s^2. We stellen $v_0 = 0$ en $y_0 = 0$. We willen de plaats y van de bal na drie verschillende tijdsintervallen bepalen. Vgl. 2.12b, met x vervangen door y, geeft het verband aan tussen de gegeven grootheden (t, a en v_0) en de onbekende y.
>
> **Oplossing** In vgl. 2.12b stellen we $t = t_1 = 1{,}00$ s:
> $$y_1 = v_0 t_1 + \tfrac{1}{2} a t_1^2 = 0 + \tfrac{1}{2} a t_1^2 = \tfrac{1}{2}(9{,}80 \text{ m/s}^2)(1{,}00 \text{ s})^2 = 4{,}90 \text{ m}.$$
>
> In het tijdsinterval tussen $t = 0$ en $t = 1{,}00$ s heeft de bal een afstand van 4,90 m afgelegd. Op dezelfde manier is af te leiden dat de plaats van de bal na 2,00 s ($= t_2$) gelijk is aan

$$y_2 = \tfrac{1}{2}at_2^2 = \tfrac{1}{2}(9{,}80 \text{ m/s}^2)(2{,}00 \text{ s})^2 = 19{,}6 \text{ m}.$$

Ten slotte is na 3,00 s (= t_3), de plaats van de bal gelijk aan (zie fig. 2.29)

$$y_3 = \tfrac{1}{2}at_3^2 = \tfrac{1}{2}(9{,}80 \text{ m/s}^2)(3{,}00 \text{ s})^2 = 44{,}1 \text{ m}.$$

Voorbeeld 2.15 Worp vanaf een toren

Stel dat de bal in voorbeeld 2.14 niet wordt losgelaten, maar met een beginsnelheid van 3,00 m/s naar beneden wordt *gegooid*.

(a) Wat zou dan zijn plaats zijn na 1,00 en 2,00 s? (b) Wat zou zijn snelheid zijn na 1,00 s en 2,00 s? Vergelijk deze met de snelheden van een losgelaten bal.

Aanpak We maken weer gebruik van vgl. 2.12b, maar nu is v_0 niet nul, maar 3,00 m/s.

Oplossing (a) Op $t = 1{,}00$ s wordt de plaats van de bal gegeven door vgl. 2.12b

$$y = v_0 t + \tfrac{1}{2}at^2 = (3{,}00 \text{ m/s})(1{,}00 \text{ s}) + \tfrac{1}{2}(9{,}80 \text{ m/s}^2)(1{,}00 \text{ s})^2 = 7{,}90 \text{ m}.$$

Op $t = 2{,}00$ s, (tijdsinterval van $t = 0$ tot $t = 2{,}00$ s), is de plaats

$$y = v_0 t + \tfrac{1}{2}at^2 = (3{,}00 \text{ m/s})(2{,}00 \text{ s}) + \tfrac{1}{2}(9{,}80 \text{ m/s}^2)(2{,}00 \text{ s})^2 = 25{,}6 \text{ m}.$$

Zoals verwacht valt de bal iedere seconde verder dan wanneer hij met $v_0 = 0$ zou zijn losgelaten.

(b) De snelheid wordt verkregen uit vgl. 2.12a:

$$v = v_0 + at$$
$$= 3{,}00 \text{ m/s} + (9{,}80 \text{ m/s}^2)(1{,}00 \text{ s}) = 12{,}8 \text{ m/s} \quad [\text{op } t_1 = 1{,}00 \text{ s}]$$
$$= 3{,}00 \text{ m/s} + (9{,}80 \text{ m/s}^2)(2{,}00 \text{ s}) = 22{,}6 \text{ m/s} \quad [\text{op } t_2 = 2{,}00 \text{ s}]$$

In voorbeeld 2.14, toen de bal werd losgelaten ($v_0 = 0$), was de eerste term (v_0) in deze vergelijkingen gelijk aan nul, dus

$$v = 0 + at$$
$$= (9{,}80 \text{ m/s}^2)(1{,}00 \text{ s}) = 9{,}80 \text{ m/s} \quad [\text{op } t_1 = 1{,}00 \text{ s}]$$
$$= (9{,}80 \text{ m/s}^2)(2{,}00 \text{ s}) = 19{,}6 \text{ m/s} \quad [\text{op } t_2 = 2{,}00 \text{ s}]$$

Opmerking In de beide voorbeelden 2.14 en 2.15 neemt de snelheid lineair toe met de tijd, met 9,80 m/s per seconde. Maar de snelheid van de naar beneden gegooide bal is op elk moment 3,00 m/s (zijn beginsnelheid) hoger dan die van een losgelaten bal.

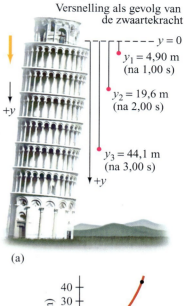

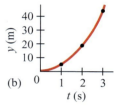

FIGUUR 2.29 Voorbeeld 2.14. (a) Een voorwerp dat vanaf een toren wordt losgelaten valt met een steeds groter wordende snelheid en legt iedere seconde een grotere afstand af. (Zie ook fig. 2.26.) (b) Grafiek van y als functie van t.

Voorbeeld 2.16 Omhoog gegooide bal, I

Iemand gooit een bal recht *omhoog* de lucht in met een beginsnelheid van 15,0 m/s. Bereken (a) hoe hoog de bal komt, en (b) hoe lang de bal in de lucht is geweest voordat hij terugkomt in de hand. Verwaarloos de luchtweerstand.

Aanpak We houden ons hier niet bezig met de worp zelf, maar uitsluitend met de beweging van de bal *nadat* deze de hand van de werper heeft verlaten (fig. 2.30) en totdat deze weer naar de hand is teruggekeerd. We kiezen de positieve y-richting naar boven en de negatieve naar beneden gericht. (Dit is een andere afspraak dan die uit de voorbeelden 2.14 en 2.15; zo zie je wat de mogelijkheden zijn.) De valversnelling is naar beneden gericht en zal dus een minteken hebben, $a = -g = -9{,}80$ m/s². Als de bal omhoog gaat, neemt zijn snelheid af totdat hij het hoogste punt bereikt (B in fig. 2.30); hier is zijn snelheid heel even gelijk aan nul, daarna gaat de bal met toenemende (negatieve) snelheid dalen.

Oplossing (a) We bekijken het tijdsinterval vanaf het moment waarop de bal de hand van de werper verlaat totdat de bal het hoogste punt bereikt. Om de maximale hoogte te bepalen berekenen we de plaats van de bal wanneer zijn snelheid gelijk is aan nul (in het hoogste punt geldt $v = 0$). Op $t = 0$ (punt A in fig. 2.30) geldt $y_0 = 0$, $v_0 = 15{,}0$ m/s en $a = -9{,}80$ m/s². Op tijdstip t (maximale hoogte) geldt $v = 0$, a

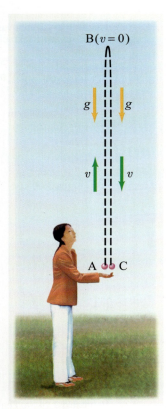

FIGUUR 2.30 Een voorwerp dat omhoog wordt gegooid, verlaat de hand van de werper in A, bereikt zijn maximum hoogte in B, en keert terug naar de oorspronkelijke positie in C.

$= -9{,}80$ m/s^2 en willen we y bepalen. We gebruiken vgl. 2.12c, waarin we x hebben vervangen door y: $v^2 = v_0^2 + 2ay$. We lossen deze vergelijking op naar y:

$$y = \frac{v^2 - v_0^2}{2a} = \frac{0 - (15{,}0 \text{ m/s})^2}{2(-9{,}80 \text{ m/s}^2)} = 11{,}5 \text{ m}.$$

De bal bereikt een hoogte van 11,5 m boven de hand.

(*b*) Om te berekenen hoe lang de bal in de lucht is voordat hij naar de hand is teruggekeerd, moeten we een ander tijdsinterval kiezen. We zouden deze berekening in twee delen kunnen uitvoeren door eerst de tijd te bepalen die de bal nodig heeft om het hoogste punt te bereiken en vervolgens de tijd die nodig is om weer naar beneden te vallen. Het is echter eenvoudiger om het tijdsinterval voor de gehele beweging van A naar B naar C (fig. 2.30) in één keer te bekijken en vgl. 2.12b te gebruiken. Dit kunnen we doen omdat y de plaats of de verplaatsing voorstelt, en niet de totaal afgelegde afstand. Dus geldt in de beide punten A en C dat $y = 0$. We gebruiken vgl. 2.12b met $a = -9{,}80$ m/s^2 en vinden

$$y = y_0 + v_0 t + \tfrac{1}{2}at^2$$
$$0 = 0 + (15{,}0 \text{ m/s})t + \tfrac{1}{2}(-9{,}80 \text{ m/s}^2)t^2.$$

Deze vergelijking is gemakkelijk te ontbinden in factoren (we halen een factor t buiten haakjes):

$$(15{,}0 \text{ m/s} - 4{,}90 \text{ m/s}^2 t)t = 0.$$

Er zijn twee oplossingen:

$$t = 0 \quad \text{en} \quad t = \frac{15{,}0 \text{ m/s}}{4{,}90 \text{ m/s}^2} = 3{,}06 \text{ s}.$$

De eerste oplossing ($t = 0$) komt overeen met het beginpunt (A) in fig. 2.30, toen de bal voor het eerst omhoog werd gegooid vanaf $y = 0$. De tweede oplossing, $t = 3{,}06$ s, komt overeen met punt C, wanneer de bal is teruggekeerd op $y = 0$. Dus is de bal 3,06 s in de lucht.

Opmerking We hebben de luchtweerstand verwaarloosd, terwijl die aanzienlijk zou kunnen zijn, dus is ons resultaat slechts een benadering van een echte praktijksituatie.

In dit voorbeeld hebben we niet naar het gooien zelf gekeken. Waarom? Omdat de hand van de werper gedurende de worp de bal aanraakt en de bal versnelt met een voor ons onbekende snelheid: de versnelling is *niet* g. We beschouwen alleen de tijd wanneer de bal in de lucht is en de versnelling gelijk is aan g.
Iedere kwadratische vergelijking (dit is een vergelijking waarin uitsluitend de eerste en tweede macht van een variabele voorkomen) levert wiskundig gezien twee oplossingen op. In de natuurkunde komt soms slechts één oplossing overeen met de werkelijke situatie, zoals in voorbeeld 2.10; in een dergelijk geval negeren we de 'onfysische' oplossing. Maar in voorbeeld 2.16 hebben beide oplossingen van onze vergelijking in t^2 een fysische betekenis: zowel $t = 0$ als $t = 3{,}06$ s.

Conceptvoorbeeld 2.17 Twee mogelijke misvattingen

Geef voorbeelden om de fout te laten zien in de volgende twee veelvoorkomende misvattingen: (1) dat versnelling en snelheid altijd dezelfde richting hebben, en (2) dat een omhoog gegooid voorwerp op het hoogste punt (B in fig. 2.30) versnelling nul heeft. (In dit boek gebruiken we het begrip 'zin van een vector' niet. Sommige handboeken noteren dat een vector in de positieve x-richting en een vector in de negatieve x-richting dezelfde richting maar een tegengestelde zin hebben. Hier houden we de conventie aan dat dergelijke vectoren een andere (tegengestelde) richting hebben.)

Antwoord Beide zijn fout. (1) Snelheid en versnelling hebben *niet* noodzakelijk dezelfde richting. Wanneer de bal in voorbeeld 2.16 omhoog beweegt, is zijn snelheid positief (naar boven gericht), terwijl de versnelling negatief is (naar beneden gericht). (2) Op het hoogste punt (B in fig. 2.30) heeft de bal heel even snelheid

 Let op

Kwadratische vergelijkingen hebben twee oplossingen. Soms komt er slechts één overeen met de werkelijkheid, soms beide.

nul. Is de versnelling op dat punt ook nul? Nee. De snelheid in de buurt van de top is naar boven gericht, wordt vervolgens op het hoogste punt gelijk aan nul (slechts gedurende een ogenblik), en is daarna naar beneden gericht. De zwaartekracht blijft werken, dus ook in dat punt geldt $a = -g = -9{,}80$ m/s^2. De veronderstelling dat $a = 0$ in punt B zou tot de conclusie leiden dat de bal na het bereiken van punt B in dat punt zou blijven: als de versnelling (= mate van verandering van de snelheid) nul zou zijn, zou de snelheid op het hoogste punt nul blijven en zou de bal boven blijven zonder te vallen. Kort samengevat: de valversnelling is altijd naar beneden gericht, naar de aarde toe, zelfs wanneer het voorwerp omhoog beweegt.

> ⚠️ **Let op**
>
> *(1) Snelheid en versnelling hebben niet altijd dezelfde richting; de versnelling (van de zwaartekracht) is altijd naar beneden gericht.*
> *(2) $a \neq 0$, ook in het hoogste punt van een baan.*

Voorbeeld 2.18 Omhoog gegooide bal, II

Laten we nog eens gaan kijken naar de omhoog gegooide bal uit voorbeeld 2.16 en nog wat meer berekeningen maken. Bereken (*a*) hoe lang de bal erover doet om de maximale hoogte (punt B in fig. 2.30) te bereiken, en (*b*) de snelheid van de bal wanneer hij terugkeert op de hand van de werper (punt C).

Aanpak Ook in dit geval nemen we aan dat de versnelling constant is, dus kunnen we de reeks vergelijkingen 2.12 gebruiken. Uit voorbeeld 2.16 weten we dat de maximale hoogte 11,5 m is. Ook nu nemen we de positieve *y*-richting naar boven.

Oplossing (*a*) We beschouwen het tijdsinterval tussen de worp ($t = 0$, $v_0 = 15{,}0$ m/s) en de top van de baan ($y = +11{,}5$ m, $v = 0$), en we willen t bepalen. De versnelling is constant met $a = -g = -9{,}80$ m/s^2. De vergelijkingen 2.12a en 2.12b bevatten beide de tijd t en verder uitsluitend bekende grootheden. We gebruiken vgl. 2.12a met $a = -9{,}80$ m/s^2, $v_0 = 15{,}0$ m/s en $v = 0$:

$$v = v_0 + at;$$

door $v = 0$ te stellen en dit op te lossen naar t vinden we

$$t = -\frac{v_0}{a} = -\frac{15{,}0 \text{ m/s}}{-9{,}80 \text{ m/s}^2} = 1{,}53 \text{ s}.$$

Dit is precies de helft van de tijd die de bal nodig heeft om omhoog te gaan en terug te vallen naar zijn oorspronkelijke positie (3,06 s, berekend in deel (*b*) van voorbeeld 2.16). Dus kost het evenveel tijd om de maximale hoogte te bereiken als om terug te vallen naar het startpunt. (*b*) Nu bekijken we het tijdsinterval vanaf de worp ($t = 0$, $v_0 = 15{,}0$ m/s) totdat de bal terugkeert naar de hand, op $t = 3{,}06$ s (zoals berekend in voorbeeld 2.16), en we willen v bepalen voor $t = 3{,}06$ s:

$$v = v_0 + at = 15{,}0 \text{ m/s} - (9{,}80 \text{ m/s}^2)(3{,}06 \text{ s}) = -15{,}0 \text{ m/s}.$$

Opmerking Wanneer de bal terugkeert naar het beginpunt is de grootte van de snelheid dezelfde als in het begin, maar tegengesteld gericht (dit is de betekenis van het minteken). En, zoals we in deel (*a*) hebben gezien, is de tijd tot aan de top gelijk aan de tijd naar beneden. De beweging is dus symmetrisch rond de maximumhoogte.

De versnelling van voorwerpen zoals raketten en snelle vliegtuigen wordt vaak uitgedrukt in een veelvoud van $g = 9{,}80$ m/s^2. Een voorbeeld: een vliegtuig dat vanuit een duikvlucht opstijgt en aan 3,00 g onderworpen is, heeft een versnelling van (3,00)(9,80 m/s^2) = 29,4 m/s^2.

> **Opgave I**
> Als van een auto gezegd wordt dat deze versnelt met 0,50 g, wat is dan de versnelling in m/s^2?

Voorbeeld 2.19 Omhoog gegooide bal, III; de kwadratische formule

Bereken voor de bal uit voorbeeld 2.18 op welk tijdstip t de bal een punt op 8,00 m boven de hand van de werper passeert.

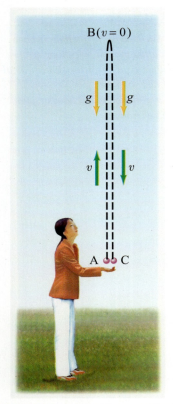

FIGUUR 2.30 (Herhaald voor voorbeeld 2.19)

Aanpak We kiezen het tijdsinterval vanaf de worp ($t = 0$, $v_0 = 15{,}0$ m/s) tot aan het (nog te bepalen) tijdstip wanneer de bal op $y = 8{,}00$ m is, met behulp van vgl. 2.12b.

Oplossing We willen t bepalen, bij gegeven $y = 8{,}00$ m, $y_0 = 0$, $v_0 = 15{,}0$ m/s en $a = -9{,}80$ m/s^2. We gebruiken vgl. 2.12b:

$$y = y_0 + v_0 t + \tfrac{1}{2} a t^2$$
$$8{,}00 \text{ m} = 0 + (15{,}0 \text{ m/s})t + \tfrac{1}{2}(-9{,}80 \text{ m/s}^2)t^2.$$

Om een willekeurige kwadratische vergelijking van de vorm $at^2 + bt + c = 0$ op te lossen, waarin a, b en c constanten zijn (a is hier *niet* de versnelling), gebruiken we de **wortelformule** of **abc-formule**:

$$t = \frac{-b \pm \sqrt{b^2 - 4ac}}{2a}.$$

We herschrijven onze eerdere vergelijking in de standaardvorm, $at^2 + bt + c = 0$:

$$(4{,}90 \text{ m/s}^2)t^2 - (15{,}0 \text{ m/s})t + (8{,}00 \text{ m}) = 0.$$

Dus de coëfficiënt a is $4{,}90$ m/s^2, b is $-15{,}0$ m/s en c is $8{,}00$ m. Als we dit invoeren in de wortelformule vinden we

$$t = \frac{15{,}0 \text{ m/s} \pm \sqrt{(15{,}0 \text{ m/s})^2 - 4(4{,}90 \text{ m/s}^2)(8{,}00 \text{ m})}}{2(4{,}90 \text{ m/s}^2)}$$

wat $t = 0{,}69$ s en $t = 2{,}37$ s oplevert. Voldoen beide oplossingen? Ja, omdat de bal $y = 8{,}00$ m passeert wanneer hij naar boven gaat ($t = 0{,}69$ s) en opnieuw wanneer hij naar beneden gaat ($t = 2{,}37$ s).

Opmerking In fig. 2.31 zijn grafieken te zien van (a) y als functie van t en (b) v als functie van t voor de omhoog gegooide bal in fig. 2.30, waarin de resultaten uit de voorbeelden 2.16, 2.18 en 2.19 zijn weergegeven.

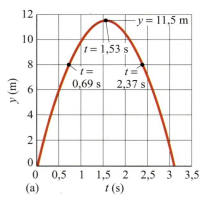
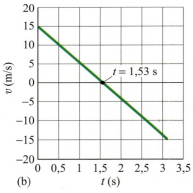

FIGUUR 2.31 Grafieken van (a) y als functie van t, (b) v als functie van t voor een omhoog gegooide bal. Voorbeelden 2.16, 2.18 en 2.19.

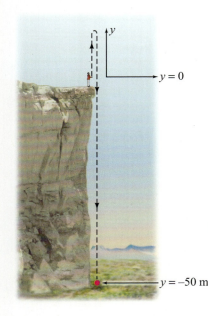

FIGUUR 2.32 Voorbeeld 2.20. De persoon in fig. 2.30 staat op de punt van een rots. De bal valt naar de voet van de rots, 50,0 m eronder.

Voorbeeld 2.20 Bal die vanaf de rand van een rots omhoog wordt gooid

Stel dat de werper uit de voorbeelden 2.16, 2.18 en 2.19 op een rots staat, zodat de bal daarvandaan 50,0 m naar beneden kan vallen zoals in fig. 2.32. (a) Hoe lang doet de bal erover om de grond onder de rots te bereiken? (b) Wat is de totale afstand die de bal heeft afgelegd? Verwaarloos de luchtweerstand (vermoedelijk wel van belang, dus is ons resultaat een benadering).

Aanpak We maken opnieuw gebruik van vgl. 2.12b, maar ditmaal stellen we $y = -50{,}0$ m, de onderkant van de rots, 50,0 m onder de beginpositie ($y_0 = 0$).

Oplossing (a) We gebruiken 2.12b met $a = -9{,}80$ m/s^2, $v_0 = 15{,}0$ m/s, $y_0 = 0$, en $y = -50{,}0$ m:

2.7 Vrij vallende voorwerpen

$$y = y_0 + v_0 t + \tfrac{1}{2}at^2$$
$$-50{,}0 \text{ m} = 0 + (15{,}0 \text{ m/s})t + \tfrac{1}{2}(-9{,}80 \text{ m/s}^2)t^2.$$

Na herschrijven in de standaardvorm vinden we

$$(4{,}90 \text{ m/s}^2)t^2 - (15{,}0 \text{ m/s})t - (50{,}0 \text{ m}) = 0.$$

Met behulp van de wortelformule vinden we als oplossingen $t = 5{,}07$ s en $t = -2{,}01$ s. De eerste oplossing, $t = 5{,}07$ s, is het antwoord dat we zoeken: de tijd die de bal nodig heeft om het hoogste punt te bereiken en dan op de grond onder de rots te vallen. Het omhooggaan en terugvallen naar de rots duurde 3,06 s (voorbeeld 2.16); dus is er 2,01 s extra nodig om op de grond te vallen. Maar wat is de betekenis van de andere oplossing, $t = -2{,}01$ s? Dit is een tijdstip vóór de worp, dus vóór het begin van onze berekening, dus is deze oplossing hier niet van belang.[1]

(b) Uit voorbeeld 2.16 weten we dat de bal 11,5 m omhoog beweegt, 11,5 m terugvalt naar de rotspunt, en vervolgens nog eens 50,0 m naar de voet van de rots, wat een totale afgelegde afstand van 73,0 m oplevert. Merk op dat de *verplaatsing* echter gelijk was aan $-50{,}0$ m. In fig. 2.33 is de yt-grafiek voor deze situatie weergegeven.

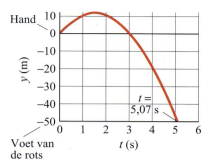

FIGUUR 2.33 Voorbeeld 2.20, de yt-grafiek.

> **Opgave J**
> Twee ballen worden vanaf een rotspunt gegooid. De ene wordt recht omhoog en de andere recht naar beneden gegooid, beide met dezelfde beginsnelheid en beide komen op de grond onder aan de rots terecht. Welke bal raakt de grond met de grootste snelheid: (*a*) de omhoog gegooide bal, (*b*) de omlaag gegooide bal, of (*c*) beide even snel? Verwaarloos de luchtweerstand.

*2.8 Variabele versnelling; integraalrekening

In deze korte optionele paragraaf gebruiken we integraalrekening om de kinematische vergelijkingen voor constante versnelling, vgl. 2.12a en 2.12b af te leiden. We laten ook zien hoe berekeningen moeten worden uitgevoerd wanneer de versnelling niet constant is. Als bij je wiskundevakken tot dusver geen integraalrekening is behandeld, kun je het bestuderen van deze paragraaf beter uitstellen tot dat wel het geval is. Integreren komt uitgebreider aan bod in paragraaf 7.3, waarin we het in de natuurkunde gaan gebruiken.

Eerst leiden we vgl. 2.12a af, waarbij we er net als in paragraaf 2.5 van uitgaan dat een voorwerp op $t = 0$ snelheid v_0 en een constante versnelling a heeft. We beginnen met de definitie van momentane versnelling, $a = dv/dt$, die we herschrijven als

$$dv = a\,dt.$$

We nemen aan beide zijden van deze vergelijking de bepaalde integraal, waarbij we dezelfde notatie gebruiken als in paragraaf 2.5:

$$\int_{v=v_0}^{v} dv = \int_{t=0}^{t} a\,dt$$

wat, omdat a = constant, oplevert:

$$v - v_0 = at.$$

Dit is vgl. 2.12a,

$$v = v_0 + at.$$

---

[1] De oplossing $t = -2{,}01$ s zou in een andere natuurkundige situatie wel een betekenis kunnen hebben. Stel dat iemand boven op een 50,0 m hoge rots op $t = 0$ een steen voorbij ziet komen die met 15,0 m/s naar boven beweegt; op welk moment verliest de steen dan de voet van de rots, en op welk moment komt die terug aan de voet van de rots? De vergelijkingen zullen precies dezelfde zijn als in het oorspronkelijke voorbeeld en de antwoorden $t = -2{,}01$ s en $t = 5{,}07$ s zullen de juiste antwoorden zijn. Merk op dat we niet alle informatie voor een vraagstuk in wiskundige vergelijkingen kunnen invoeren, dus moeten we bij het interpreteren van resultaten gezond verstand gebruiken.

Vervolgens leiden we vgl. 2.12b af, beginnend met de definitie van momentane snelheid, vgl. 2.4, $v = dx/dt$. We herschrijven dit als

$$dx = v\,dt$$

of

$$dx = (v_0 + at)dt$$

waarin we vgl. 2.12a hebben gesubstitueerd.
Nu gaan we integreren:

$$\int_{x=x_0}^{x} dx = \int_{t=0}^{t} (v_0 + at)dt$$

$$x - x_0 = \int_{t=0}^{t} v_0\,dt + \int_{t=0}^{t} at\,dt$$

$$x - x_0 = v_0 t + \tfrac{1}{2}at^2$$

omdat v_0 en a constanten zijn. Dit resultaat is precies vgl. 2.12b, $x = x_0 + v_0 t + \tfrac{1}{2}at^2$. Ten slotte gaan we met behulp van integraalrekening snelheid en verplaatsing bepalen in het geval dat de versnelling niet constant is, maar tijdsafhankelijk.

Voorbeeld 2.21 Integreren van een tijdsafhankelijke versnelling

Een experimenteel voertuig start op $t = 0$ vanuit rust ($v_0 = 0$) en versnelt met $a = (7{,}00\text{ m/s}^3)t$. Wat is (a) de snelheid en (b) de verplaatsing 2,00 s later?

Aanpak We kunnen de vergelijkingen van 2.12 niet gebruiken omdat a niet constant is. We integreren de versnelling $a = dv/dt$ over de tijd om v als functie van de tijd te bepalen en integreren vervolgens $v = dx/dt$ om de verplaatsing te krijgen.

Oplossing Uit de definitie van versnelling, $a = dv/dt$, weten we dat

$$dv = a\,dt.$$

(a) We nemen aan weerszijden de integraal van $v = 0$ op $t = 0$ tot een snelheid v op een willekeurig tijdstip t:

$$\int_0^v dv = \int_0^t a\,dt$$

$$v = \int_0^t (7{,}00\text{ m/s}^3)t\,dt$$

$$= (7{,}00\text{ m/s}^3)\left(\frac{t^2}{2}\right)\Big|_0^t = (7{,}00\text{ m/s}^3)\left(\frac{t^2}{2} - 0\right) = (3{,}50\text{ m/s}^3)t^2.$$

Op $t = 2{,}00$ s geldt $v = (3{,}50\text{ m/s}^3)(2{,}00\text{ s})^2 = 14{,}0$ m/s.

(b) Om de verplaatsing te berekenen, nemen we aan dat $x_0 = 0$ en beginnen we met $v = dx/dt$, wat we herschrijven als $dx = v\,dt$. Vervolgens integreren we van $x = 0$ op $t = 0$ tot plaats x op tijdstip t:

$$\int_0^x dx = \int_0^t v\,dt$$

$$x = \int_0^{2{,}00\text{ s}} (3{,}50\text{ m/s}^3)t^2\,dt = (3{,}50\text{ m/s}^3)\frac{t^3}{3}\Big|_0^{2{,}00\text{ s}} = 9{,}33\text{ m}.$$

Kort samengevat: op $t = 2{,}00$ s is $v = 14{,}0$ m/s en $x = 9{,}33$ m.

*2.9 Grafische analyse en numerieke integratie

Deze paragraaf valt buiten de gewone leerstof. Hierin wordt besproken hoe bepaalde vraagstukken numeriek kunnen worden opgelost, vaak met behulp van een computer die het rekenwerk uitvoert. Een deel van deze stof wordt ook behandeld in hoofdstuk 7, paragraaf 7.3.

Als we de snelheid v van een voorwerp als functie van de tijd t weten, kunnen we de verplaatsing, x, bepalen. Stel dat de snelheid als functie van de tijd, $v(t)$, gegeven is in de vorm van een grafiek (in plaats van een vergelijking die kan worden geïntegreerd zoals besproken in paragraaf 2.8), zoals weergegeven in fig. 2.34a. Als we geïnteresseerd zijn in het tijdsinterval van t_1 tot t_2, zoals weergegeven, verdelen we de tijdsas in een Δ groot aantal kleine deelintervallen, $\Delta t_1, \Delta t_2, \Delta t_3, ...$, die zijn aangegeven met verticale stippellijnen. Bij elk deelinterval is een horizontale stippellijn getekend om de gemiddelde snelheid gedurende dat tijdsinterval aan te geven. De verplaatsing in elk deelinterval wordt gegeven door Δx_i, waarin het subscript i het bewuste interval aangeeft, ($i = 1, 2, 3,...$). Uit de definitie van gemiddelde vectoriële snelheid (2.2) weten we dat

$$\Delta x_i = \overline{v}_i \Delta t_i.$$

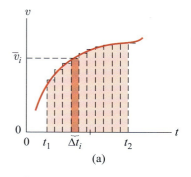

Dus is de verplaatsing in elk deelinterval gelijk aan het product van $\overline{v}_i$ en Δt_i en gelijk aan de oppervlakte van de donker gekleurde rechthoek in fig. 2.34a voor dat deelinterval. De totale verplaatsing tussen de tijdstippen t_1 en t_2 is de som van de verplaatsingen over alle deelintervallen:

$$x_2 - x_1 = \sum_{t_1}^{t_2} \overline{v}_i \Delta t_i, \qquad (2.13a)$$

waarin x_1 de plaats op t_1 is en x_2 de plaats op t_2. Deze som is gelijk aan de oppervlakte van alle getoonde rechthoeken bij elkaar.

Het is vaak moeilijk om $\overline{v}_i$ voor elk deelinterval uit de grafiek nauwkeurig te schatten. In onze berekening van $x_2 - x_1$ kunnen we nog een grotere nauwkeurigheid bereiken door het interval $t_2 - t_1$ in meer, maar nog kleinere deelintervallen te splitsen. In het ideale geval kunnen we elke Δt_i naar nul laten gaan, dus benaderen we (in principe) een oneindig aantal deelintervallen. In deze limiet wordt de oppervlakte van al deze infinitesimaal dunne rechthoeken exact gelijk aan de oppervlakte onder de kromme (fig. 2.34b). Dus *is de totale verplaatsing tussen elk tweetal tijdstippen gelijk aan de oppervlakte tussen de snelheidskromme en de t-as tussen de twee tijdstippen t_1 en t_2.* Deze limiet kan worden geschreven als

$$x_2 - x_1 = \lim_{\Delta t \to 0} \sum_{t_1}^{t_2} \overline{v}_i \Delta t_i,$$

of, in de notatie uit de integraalrekening

$$x_2 - x_1 = \int_{t_1}^{t_2} v(t) dt.$$

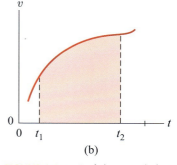

FIGUUR 2.34 Grafiek van v als functie van t voor de beweging van een deeltje. In (a) is de tijdsas verdeeld in deelintervallen met breedte Δt_i, de gemiddelde snelheid in elke Δt_i is $\overline{v}_i$ en de totale oppervlakte van alle rechthoeken, $\Sigma \overline{v}_i \Delta t_i$, is numeriek gelijk aan de totale verplaatsing $(x_2 - x_1)$ in de totale tijd $(t_2 - t_1)$. In (b) geldt $\Delta t_i \to 0$ en is de oppervlakte onder de kromme gelijk aan $(x_2 - x_1)$.

We hebben $\Delta t \to 0$ laten gaan en deze de naam dt gegeven om aan te geven dat die nu infinitesimaal klein is. De gemiddelde vectoriële snelheid, $\overline{v}$, in een infinitesimaal tijdsinterval dt is de momentane snelheid, die we hebben geschreven als $v(t)$ om ons eraan te herinneren dat v een functie van t is. Het integraalteken, $\int$ is een verlengde S en staat voor een som over een oneindig aantal infinitesimale deelintervallen. We zeggen dat we de *integraal* van $v(t)$ naar t van het tijdstip t_1 tot het tijdstip t_2 nemen, en dit is gelijk aan de oppervlakte tussen de $v(t)$-kromme en de t-as tussen de tijdstippen t_1 en t_2 (fig. 2.34b). De integraal in vgl. 2.13b is een *bepaalde integraal*, omdat er grenzen, t_1 en t_2, zijn aangegeven.

Op dezelfde manier kunnen we, als we de versnelling als functie van de tijd weten, met behulp van hetzelfde proces de snelheid verkrijgen. We gebruiken de definitie van gemiddelde versnelling (vgl. 2.5) en berekenen Δv:

$$\Delta v = \overline{a} \Delta t.$$

Als bekend is hoe a tijdens een of ander tijdsinterval t_1 tot t_2 als functie van t kan worden geschreven, kunnen we, net als in fig. 2.34a, dit tijdsinterval verdelen in een groot aantal deelintervallen, Δt_i. De snelheidsverandering in elk deelinterval is $\Delta v_i = a_i \Delta t_i$. De totale snelheidsverandering van tijdstip t_1 tot aan tijdstip t_2 is

$$v_2 - v_1 = \sum_{t_1}^{t_2} \overline{a}_i \Delta t_i, \qquad (2.14a)$$

Hoofdstuk 2 – Beweging beschrijven: Kinematica in één dimensie waarin v_2 de snelheid is op t_2 en v_1 die op t_1. Deze relatie kan worden geschreven als een integraal door de limiet te nemen voor $\Delta t \to 0$ (het aantal intervallen gaat dan naar oneindig)

$$v_2 - v_1 = \lim_{\Delta t \to 0} \sum_{t_1}^{t_2} \overline{a}_i \Delta t_i$$

of

$$v_2 - v_1 = \int_{t_1}^{t_2} a(t)dt. \tag{2.14b}$$

Met behulp van de vergelijkingen 2.14 kunnen we de snelheid v_2 op elk willekeurig moment t_2 berekenen als de snelheid bekend is op t_1 en a bekend is als functie van de tijd.

Als de versnelling of de snelheid bekend is op discrete tijdstintervallen, kunnen we de sommaties van de vergelijkingen hiervoor, 2.13a en 2.14a gebruiken om de snelheid of de verplaatsing te schatten. Deze techniek staat bekend als **numerieke integratie**. We nemen nu een voorbeeld dat ook analytisch kan worden doorgerekend, zodat we de resultaten kunnen vergelijken.

Voorbeeld 2.22   Numerieke integratie

Een voorwerp begint op $t = 0$ te bewegen vanuit rust en versnelt met $a(t) = (8,00$ m/s$^4)t^2$. Bepaal de snelheid na 2,00 s met behulp van numerieke methoden.

Aanpak Laten we eerst het interval $t = 0,00$ s tot $t = 2,00$ s verdelen in vier deelintervallen, elk met een duur van $\Delta t_i = 0,50$ s (fig. 2.35). We gebruiken vgl. 2.14a met $v_2 = v$, $v_1 = 0$, $t_2 = 2,00$ s en $t_1 = 0$. Voor elk van de deelintervallen moeten we $\overline{a}_i$ schatten. Er zijn verschillende manieren om dit te doen en we gebruiken de eenvoudige methode waarbij we $\overline{a}_i$ gelijk kiezen aan de versnelling $a(t)$ in het midden van elk interval (een nog eenvoudiger maar gewoonlijk minder nauwkeurige procedure zou het gebruik van de waarde van a aan het begin van het deelinterval zijn). Dat wil zeggen, we berekenen $a(t) = (8,00$ m/s$^4)t^2$ op $t = 0,25$ s (het midden tussen 0,00 s en 0,50 s), 0,75 s, 1,25 s en 1,75 s.

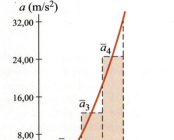

FIGUUR 2.35 Voorbeeld 2.22.

Oplossing Dit levert de volgende resultaten op:

i	1	2	3	4
$\overline{a}_i$(m/s^2)	0,50	4,50	12,50	24,50

Nu gebruiken we vgl. 2.14a en merken op dat alle Δt_i gelijk zijn aan 0,50 s (zodat ze buiten haakjes kunnen worden gehaald):

$$v(t = 2,00 \text{ s}) = \sum_{t=0}^{t=2,00 \text{ s}} \overline{a}_i \Delta t_i$$
$$= (0,50 \text{ m/s}^2 + 4,50 \text{ m/s}^2 + 12,50 \text{ m/s}^2 + 24,50 \text{ m/s}^2)(0,50 \text{ s})$$
$$= 21,0 \text{ m/s}.$$

Dit resultaat kunnen we vergelijken met de analytische oplossing van vgl. 2.14b omdat de functionele vorm voor a analytisch integreerbaar is:

$$v = \int_0^{2,00 \text{ s}} (8,00 \text{ m/s}^4)t^2 \, dt = \frac{8,00 \text{ m/s}^4}{3} t^3 \bigg|_0^{2,00 \text{ s}}$$
$$= \frac{8,00 \text{ m/s}^4}{3} \left[(2,00 \text{ s})^3 - (0)^3 \right] = 21,33 \text{ m/s}$$

of 21,3 m/s tot op het juiste aantal significante cijfers. Deze analytische oplossing is exact en we zien dat onze numerieke schatting dicht in de buurt komt, hoewel we slechts vier Δt-intervallen hebben gebruikt. Dit is misschien niet goed genoeg voor doeleinden die een hoge nauwkeurigheid vereisen. Als we meer en kleinere deelintervallen gebruiken, krijgen we een nauwkeuriger resultaat. Als we tien deelintervallen gebruiken, elk met $\Delta t = 2{,}00$ s$/10 = 0{,}20$ s, moeten we om $\overline{a_i}$ te krijgen $a(t)$ berekenen op $t = 0{,}10$ s, $0{,}30$ s,..., $1{,}90$ s, wat de volgende waarden oplevert:

i	1	2	3	4	5	6	7	8	9	10
$\overline{a_i}$ (m/s^2)	0,08	0,72	2,00	3,92	6,48	9,68	13,52	18,00	23,12	28,88

Vervolgens vinden we uit vgl. 2.14a

$$v(t = 2{,}00 \text{ s}) = \sum \overline{a_i} \Delta t_i = \left(\sum \overline{a_i}\right)(0{,}200 \text{ s})$$
$$= (106{,}4 \text{ m/s}^2)(0{,}200 \text{ s}) = 21{,}28 \text{ m/s,}$$

waarin we een extra significant cijfer hebben aangehouden om te laten zien dat dit resultaat veel dichter bij het (exacte) analytische resultaat ligt maar er nog steeds van verschilt. Het procentuele verschil is gedaald van 1,4 procent (0,3 m/s^2 / 21,3 m/s^2) voor de berekening met vier deelintervallen tot slechts 0,2 procent (0,05 / 21,3) voor de berekening met tien deelintervallen.

In het voorbeeld hierboven hadden we een analytische functie die integreerbaar was, zodat we de nauwkeurigheid van de numerieke berekening konden vergelijken met het bekende exacte resultaat. Maar wat moeten we doen als de functie niet integreerbaar is, zodat we ons numerieke resultaat niet kunnen vergelijken met een analytisch resultaat? Dat wil zeggen: hoe weten we of we genoeg deelintervallen hebben genomen zodat we er zeker van zijn dat onze berekende schatting nauwkeurig is tot op een of ander gewenst onnauwkeurigheidspercentage, bijvoorbeeld 1 procent? Wat we kunnen doen is twee opeenvolgende numerieke berekeningen uitvoeren: de eerste met n deelintervallen en de tweede met bijvoorbeeld tweemaal zoveel deelintervallen ($2n$). Als de twee resultaten binnen de gewenste onnauwkeurigheid (bijvoorbeeld 1 procent) vallen, kunnen we er gewoonlijk vanuit gaan dat de berekening met meer deelintervallen binnen de gewenste onnauwkeurigheid van de werkelijke waarde ligt. Als de twee berekeningen niet zo dicht bij elkaar liggen, dan moet er een derde berekening, met meer deelintervallen worden gemaakt (misschien met het dubbele aantal of met tien keer zoveel, afhankelijk van hoe goed de eerdere benadering was), en worden vergeleken met de vorige.
De procedure is gemakkelijk te automatiseren met behulp van een spreadsheetprogramma.
Als we ook de verplaatsing x op enig moment hadden willen hebben, hadden we een tweede numerieke integratie naar v moeten uitvoeren, wat erop neerkomt dat we eerst v voor een groot aantal verschillende tijden moeten berekenen. Bij het uitvoeren van dergelijke lange berekeningen zijn programmeerbare rekenmachines en computers een handig hulpmiddel.
Een aantal hoofdstukken uit dit boek bevatten op het eind enkele opgaven die gebruikmaken van deze numerieke technieken; deze hebben de aanduiding 'numerieke oplossingen' en zijn voorzien van een sterretje om aan te geven dat het optionele vraagstukken zijn.

Samenvatting

(De samenvatting aan het eind van elk hoofdstuk in dit boek geeft een kort overzicht van de belangrijkste ideeën uit het hoofdstuk. De samenvatting *is niet* bedoeld om je de stof eigen te maken, dit kan uitsluitend worden bereikt door het hoofdstuk uitgebreid te bestuderen.)
Kinematica heeft te maken met de beschrijving hoe voorwerpen bewegen. De beschrijving van de beweging van een voorwerp moet altijd worden gegeven ten opzichte van een of ander **referentiestelsel**.
De **verplaatsing** van een voorwerp is de verandering in de plaats van het voorwerp.

De **gemiddelde snelheid** is de afgelegde afstand gedeeld door de verstreken tijd of het tijdsinterval, Δt, de tijdsperiode waarin we onze waarnemingen doen. De **gemiddelde vectoriële snelheid** in een bepaald tijdsinterval Δt is de verplaatsing Δx gedurende dat tijdsinterval, gedeeld door Δt.

$$\overline{v} = \frac{\Delta x}{\Delta t}. \tag{2.2}$$

De **momentane snelheid**, waarvan de grootte gelijk is aan de die van de *momentane vectoriële snelheid*, is gedefinieerd als de gemiddelde vectoriële snelheid over een infinitesimaal kort tijdsinterval ($\Delta t \to 0$):

$$v = \lim_{\Delta t \to 0} \frac{\Delta x}{\Delta t} = \frac{dx}{dt}, \quad (2.4)$$

waarin dx/dt de afgeleide is van x naar t.

In een grafiek van de plaats als functie van de tijd is de *helling* oftewel de *richtingscoëfficiënt van de raaklijn* in een bepaald punt gelijk aan de momentane snelheid in dat punt.

De versnelling is de snelheidsverandering per tijdseenheid. De **gemiddelde versnelling** van een voorwerp over een tijdsinterval Δt is

$$\overline{a} = \frac{\Delta v}{\Delta t}, \quad (2.5)$$

waarin Δv de snelheidsverandering gedurende het tijdsinterval Δt is.

De **momentane versnelling** is de gemiddelde versnelling over een infinitesimaal kort tijdsinterval:

$$a = \lim_{\Delta t \to 0} \frac{\Delta v}{\Delta t} = \frac{dv}{dt}. \quad (2.6)$$

Als een voorwerp in een rechte lijn beweegt met een *constante versnelling*, zijn de snelheid v en de plaats x uit te drukken in de versnelling a, de tijd t, de beginpositie x_0, en de beginsnelheid v_0 door middel van de vgl. 2.12:

$$v = v_0 + at, \quad x = x_0 + v_0 t + \tfrac{1}{2}at^2,$$
$$v^2 = v_0^2 + 2a(x - x_0), \quad \overline{v} = \frac{v + v_0}{2}.$$

Voorwerpen die verticaal naar het oppervlak van de aarde bewegen, ongeacht of ze vallen of verticaal omhoog of naar beneden zijn gegooid, bewegen met de constante neerwaarts gerichte **versnelling van de zwaartekracht** oftewel **valversnelling**, waarvan de grootte gelijk is aan $g = 9{,}80$ m/s^2 als de luchtweerstand kan worden verwaarloosd. (*De kinematische vergelijkingen van vgl. 2.12 kunnen worden afgeleid met behulp van integraalrekening.)

Vragen

1. Meet de snelheidsmeter van een auto de vectoriële snelheid, de snelheid of beide?
2. Kan een voorwerp een variabele vectoriële snelheid hebben als zijn snelheid constant is? Kan het een variabele snelheid hebben als zijn snelheidsvector constant is? Zo ja, geef dan in beide gevallen een paar voorbeelden.
3. Wanneer een voorwerp beweegt met constante snelheid, kan dan zijn gemiddelde snelheid in een of ander tijdsinterval verschillen van zijn momentane snelheid?
4. Als van twee voorwerpen het ene een grotere snelheid heeft dan het tweede, heeft dan het eerste altijd een grotere versnelling? Licht je antwoord toe aan de hand van enkele voorbeelden.
5. Vergelijk de versnelling van een motor die van 80 km/u naar 90 km/u versnelt met de versnelling van een fiets die in dezelfde tijd versnelt van rust naar 10 km/u.
6. Kan een voorwerp een snelheid hebben die naar het noorden, en een versnelling die naar het zuiden is gericht? Licht je antwoord toe.
7. Kan de snelheid van een voorwerp negatief zijn wanneer zijn versnelling positief is? En omgekeerd?
8. Geef een voorbeeld waarin zowel de snelheid als de versnelling negatief zijn.
9. Twee auto's komen naast elkaar uit een tunnel. Auto A rijdt met een snelheid van 60 km/u en heeft een versnelling van 40 km/u/min. Auto B rijdt met een snelheid van 40 km/u en heeft een versnelling van 60 km/u/min. Welke auto haalt de andere in als ze uit de tunnel komen? Licht je redenering toe.
10. Kan een voorwerp in snelheid toenemen als zijn versnelling afneemt? Zo ja, geef een voorbeeld. Zo nee, leg uit waarom niet.
11. Een honkbalspeler slaat een bal recht omhoog de lucht in. Deze verlaat de knuppel met een snelheid van 120 km/u. Als er geen luchtweerstand is, hoe snel zou de bal dan moeten gaan op het moment dat de vanger de bal vangt?
12. Als een vrij vallend voorwerp versnelt, wat gebeurt er dan met de versnelling: neemt deze toe, neemt deze af of blijft deze gelijk? (*a*) Bij verwaarlozing van de luchtweerstand. (*b*) Rekening houdend met de luchtweerstand.
13. Je rijdt van punt A naar punt B in een auto met een constante snelheid van 70 km/u. Vervolgens rij je van punt B naar een ander punt C met een constante snelheid van 90 km/u. Is je gemiddelde snelheid voor de gehele reis van A naar C 80 km/u? Leg uit waarom of waarom niet.
14. Kan een voorwerp tegelijkertijd een snelheid nul en een versnelling ongelijk aan nul hebben? Geef voorbeelden.
15. Kan een voorwerp tegelijkertijd een versnelling nul en een snelheid ongelijk aan nul hebben? Geef voorbeelden.
16. Bij welke van de volgende bewegingen is de versnelling *niet* constant: een steen die vanaf een rots valt, een lift die van de tweede naar de vijfde verdieping gaat en onderweg stopt, een bord dat op een tafel staat?
17. Bij een demonstratie tijdens een college wordt een verticaal opgehangen touw met tien bouten op gelijke onderlinge afstand van het plafond van de collegezaal losgelaten. Het touw valt op een dunne plaat en de studenten horen het gerinkel van elke bout op het moment dat deze de plaat raakt. De geluiden zullen niet steeds na gelijke intervallen voorkomen. Waarom? Zal de tijd tussen de 'rinkels' vlak voor het eind van de val toe- of afnemen? Hoe zouden de bouten zo kunnen worden vastgemaakt dat de 'rinkels' met gelijke tussenpozen plaatsvinden?
18. Beschrijf in woorden de grafiek van de beweging uit fig. 2.36 in termen van v, a, enz. (*Hint:* probeer eerst de gete-

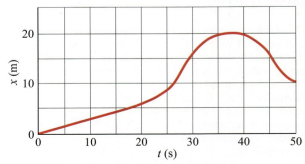

FIGUUR 2.36 Vraag 18, vraagstukken 9 en 86.

kende beweging na te doen door deze na te lopen of er met je hand langs te gaan.

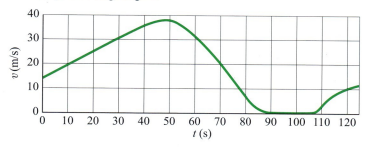

FIGUUR 2.37 Vraag 19, vraagstuk 23.

19. Beschrijf in woorden de beweging van het voorwerp zoals getekend in fig. 2.37.

Vraagstukken

(De vraagstukken aan het eind van elk hoofdstuk hebben moeilijkheidsgraad I, II of III, waarbij vraagstukken met een I het gemakkelijkst zijn.) Vraagstukken van niveau III zijn voornamelijk bedoeld als uitdaging voor de beste studenten om een 'bonus' te halen. De vraagstukken zijn gerangschikt naar de bijbehorende paragrafen, wat betekent dat de lezer de stof tot en met die paragraaf bestudeerd moet hebben en niet alleen die bewuste paragraaf: vraagstukken hebben vaak betrekking op eerdere leerstof. Ten slotte bevat elk hoofdstuk ook een categorie 'Algemene vraagstukken' die niet naar paragraaf gerangschikt zijn en niet zijn ingedeeld naar moeilijkheidsgraad.)

2.1 t/m 2.3 Snelheid

1. (I) Als je op een rechte weg 110 km/u rijdt en gedurende 2,0 s opzij kijkt, welke afstand leg je dan tijdens deze periode van onoplettendheid af?
2. (I) Wat moet de gemiddelde snelheid van je auto zijn om in 3,25 u 235 km af te leggen?
3. (I) Een deeltje is op $t_1 = -2,0$ s op $x_1 = 4,3$ cm en op $t_2 = 4,5$ s op $x_2 = 8,5$ cm. Wat is de gemiddelde snelheidsvector? Kun je uit deze gegevens ook de gemiddelde snelheid bepalen?
4. (I) Een rollende bal beweegt van $x_1 = 3,4$ cm naar $x_2 = -4,2$ cm in de tijd van $t_1 = 3,0$ tot $t_2 = 5,1$ s. Wat is de gemiddelde snelheidsvector?
5. (I) Volgens een vuistregel komt een tijd van drie seconden tussen een bliksem en de daarop volgende donderslag neer op een afstand van een kilometer. Schat aan de hand van deze regel de geluidssnelheid in m/s, ervan uitgaande dat het licht van de bliksem nauwelijks tijd nodig heeft om te arriveren.
6. (II) Je rijdt 130 km van school naar huis met een constante snelheid van 95 km/u. Vervolgens begint het te regenen en vertraag je naar 65 km/u. Je komt thuis na een rit van 3 uur en 20 minuten. (a) Hoe ver ligt je huis van je school? (b) Wat was je gemiddelde snelheid?
7. (II) Een paard galoppeert in een rechte lijn weg van zijn trainer, en legt in 14,0 s 116 m af. Vervolgens draait het abrupt om en galoppeert in 4,8 s terug tot halverwege. Bereken (a) de gemiddelde snelheid en (b) de gemiddelde snelheidsvector voor het gehele traject, waarbij je 'weg van de trainer' als de positieve richting neemt.
8. (II) De plaats van een klein voorwerp wordt gegeven door $x = 34 + 10t - 2t^3$, met t in seconden en x in meter. (a) Teken x als functie van t van $t = 0$ tot $t = 3,0$ s. (b) Bepaal de gemiddelde vectoriële snelheid van het voorwerp tussen 0 en 3,0 s. (c) Op welk moment tussen 0 en 3,0 s is de momentane snelheid gelijk aan nul?

9. (II) In fig. 2.36 is de plaats van een konijn in een rechte tunnel als functie van de tijd getekend. Wat is de momentane snelheid (a) op $t = 10,0$ s en (b) op $t = 30,0$ s? Wat is de gemiddelde snelheid (c) tussen $t = 0$ en $t = 5,0$ s, (d) tussen $t = 25,0$ s en $t = 30,0$ s, en (e) tussen $t = 40,0$ s en $t = 50,0$ s?

10. (II) Op een compact disc (cd) zijn digitale bits aan informatie sequentieel gecodeerd langs een spiraalbaan. Iedere bit neemt ongeveer 0,28 μm in beslag. Als de cd draait, scant de aflezende laser van de cd-speler langs de rij bits van de spiraal met een constante snelheid van circa 1,2 m/s. (a) Bepaal het aantal digitale bits, N, dat een cd-speler iedere seconde afleest. (b) De audio-informatie wordt 44.100 maal per seconde naar elk van de twee luidsprekers gestuurd. Voor elk van deze bemonsteringen zijn 16 bits nodig en zo zou men (op het eerste gezicht) kunnen denken dat de vereiste 'bit rate' voor een cd-speler gelijk is aan

$$N_0 = 2\left(44.100\,\frac{\text{samplings}}{\text{seconde}}\right)\left(16\,\frac{\text{bits}}{\text{sampling}}\right)$$
$$= 1,4 \times 10^6\,\frac{\text{bits}}{\text{seconde}},$$

waarin de 2 afkomstig is van de twee luidsprekers (de twee stereokanalen). Merk op dat N_0 kleiner is dan het aantal van N bits dat feitelijk per seconde door een cd-speler wordt afgelezen. Het overtollige aantal bits ($= N - N_0$) is nodig voor codering en foutcorrectie. Welk percentage bits op een cd is gereserveerd voor codering en foutcorrectie?

11. (II) Een auto die 95 km/u rijdt, bevindt zich 110 m achter een vrachtwagen die 75 km/u rijdt. Hoe lang duurt het voor de auto de vrachtwagen bereikt?

12. (II) Twee locomotieven komen elkaar op parallelle sporen tegemoet. Beide hebben ze een snelheid van 95 km/u ten opzichte van de grond. Als ze aanvankelijk op een afstand van 8,5 km van elkaar zijn, hoe lang duurt het dan voor ze elkaar bereiken? (Zie fig. 2.38.)

13. (II) De digitale bits op een audio-cd van 12,0 cm doorsnee worden gecodeerd langs een naar buiten spiralende baan die begint op een straal $R_1 = 2,5$ cm en eindigt op een straal $R_2 = 5,8$ cm. De afstand tussen de centra van de naburige spiraalwindingen is 1,6 μm ($= 1,6 \cdot 10^{-6}$ m). (a)

FIGUUR 2.38 Vraagstuk 12.

Bepaal de totale lengte van de spiraalbaan. (*Hint:* probeer je voor te stellen dat je de spiraal losdraait tot een rechte baan met breedte 1,6 μm, en merk op dat de oorspronkelijke spiraal en het rechte pad beide een even grote oppervlakte innemen. (*b*) Om informatie af te lezen past een cd-speler de rotatie van de cd zodanig aan dat de aflezende laser van de speler met een constante snelheid van 1,25 m/s langs de spiraalbaan beweegt. Schat de maximale speeltijd van een dergelijke cd.

14. (II) Een vliegtuig vliegt 3100 km met een snelheid van 720 km/u, en krijgt wind mee waardoor zijn snelheid gedurende de volgende 2800 km wordt opgestuwd tot 990 km/u. Wat was de totale tijd voor de tocht? Wat was de gemiddelde snelheid van het vliegtuig voor deze tocht? (*Hint:* Kan vgl. 2.12d worden toegepast, of niet?)

15. (II) Bereken de gemiddelde snelheid en de gemiddelde snelheidsvector van een volledige rondreis waarin de heenweg van 250 km wordt afgelegd met 95 km/u, gevolgd door een lunchpauze van 1,0 u, en de terugreis wordt afgelegd met een snelheid van 55 km/u.

16. (II) De plaats van een langs een rechte lijn rollende bal wordt gegeven door $x = 2{,}0 - 3{,}6t + 1{,}1\,t^2$, met x in meter en t in seconden. (*a*) Bepaal de plaats van de bal op $t = 1{,}0$ s, 2,0 s en 3,0 s. (*b*) Wat is de gemiddelde snelheidsvector over het interval $t = 1{,}0$ s tot $t = 3{,}0$ s? (*c*) Wat is de momentane snelheid op $t = 2{,}0$ s en $t = 3{,}0$ s?

17. (II) Een hond rent in 8,4 s in een rechte lijn 120 m weg van zijn baas en rent vervolgens in eenderde van de tijd terug tot halverwege. Bereken (*a*) zijn gemiddelde snelheid en (*b*) zijn gemiddelde snelheidsvector.

18. (III) Een auto haalt met 95 km/u een 1,10 km lange trein in die op een spoor naast de weg in dezelfde richting rijdt. Als de snelheid van de trein 75 km/u is, hoe lang doet de auto er dan over om hem in te halen en welke afstand zal de auto in die tijd hebben afgelegd? Zie fig. 2.39. Wat zijn de resultaten als de auto en de trein in tegengestelde richtingen rijden?

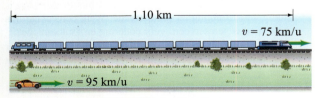

FIGUUR 2.39 Vraagstuk 18.

19. (III) Een bowlingbal die met constante snelheid rolt raakt de kegels aan het einde van een bowlingbaan van 16,5 m lang. De bowler hoort het geluid van de bal die de kegels raakt 2,50 s nadat hij de bal heeft losgelaten. Wat is de snelheid van de bal, aangenomen dat de geluidssnelheid 340 m/s is?

2.4 Versnelling

20. (I) Een sportauto versnelt in 4,5 s vanuit rust tot 95 km/u. Wat is de gemiddelde versnelling in m/s^2?

21. (I) Op snelwegen kan een bepaalde auto een versnelling van circa 1,8 m/s^2 bereiken. Hoe lang duurt het met deze snelheid om van 80 km/u te versnellen tot 110 km/u?

22. (I) Een hardloopster versnelt in 1,28 s vanuit rust tot 9,00 km/u. (*a*) Wat is haar gemiddelde versnelling in m/s^2? (*b*) in km/u^2?

23. (I) In fig. 2.37 is de snelheid van een trein weergegeven als functie van de tijd. (*a*) Op welk tijdstip was de versnelling het grootst? (*b*) Waren er perioden waarin de versnelling constant was, en zo ja welke? (*c*) Waren er perioden waarin de versnelling constant was, en zo ja welke? (*d*) Wanneer was de grootte van de versnelling het grootst?

24. (II) Een sportwagen legt met constante snelheid in 5,0 s 110 m af. Als hij daarna afremt en in 4,0 s tot stilstand komt, wat is dan de grootte van zijn versnelling uitgedrukt in m/s^2 en in g ($g = 9{,}80$ m/s^2)?

25. (II) Een auto die volgens een rechte lijn rijdt, begint op $t = 0$ bij $x = 0$. Hij passeert het punt $x = 25{,}0$ m met een snelheid van 11,0 m/s op $t = 3{,}00$ s. Hij passeert het punt $x = 385$ m met een snelheid van 45,0 m/s op $t = 20{,}0$ s. Bepaal (*a*) de gemiddelde snelheid en (*b*) de gemiddelde versnelling tussen $t = 3{,}00$ s en $t = 20{,}0$ s.

26. (II) Een bepaalde auto kan bij benadering versnellen zoals in de snelheid/tijd-grafiek van fig. 2.40. (De korte vlakke stukken in de kromme stellen het schakelen tussen versnellingen voor.) Schat de gemiddelde versnelling van de auto in (*a*) de tweede versnelling, en (*b*) de vierde versnelling. (*c*) Wat is de gemiddelde versnelling in de periode tussen het vertrek en het schakelen naar de vijfde versnelling?

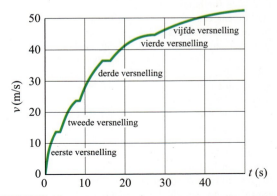

FIGUUR 2.40 Vraagstuk 26. De snelheid van een krachtige wagen als functie van de tijd, beginnend vanuit rust. De vlakke stukken in de kromme stellen het schakelen tussen versnellingen voor.

27. (II) Een deeltje beweegt langs de x-as. Zijn plaats als functie van de tijd wordt gegeven door $x = 6{,}8t + 8{,}5t^2$ met t in seconden en x in meter. Wat is de versnelling als functie van de tijd?

28. (II) De plaats van een racewagen, die op $t = 0$ start vanuit rust en in een rechte lijn beweegt, is gegeven als functie van de tijd volgens de tabel hieronder. Maak een schatting van (a) de snelheid en (b) de versnelling als functie van de tijd. Geef beide weer in een tabel en in een grafiek.

$t(s)$	0	0,25	0,50	0,75	1,00	1,50	2,00	2,50
$x(m)$	0	0,11	0,46	1,06	1,94	4,62	8,55	13,79

$t(s)$	3,00	3,50	4,00	4,50	5,00	5,50	6,00
$x(m)$	20,36	28,31	37,65	48,37	60,30	73,26	87,16

29. (II) De plaats van een voorwerp wordt gegeven door $x = At + Bt^2$, met x in meter en t in seconden. (a) Wat zijn de eenheden van A en B? (b) Wat is de versnelling als functie van de tijd? (c) Hoe groot zijn de snelheid en de versnelling op $t = 5{,}0$ s? (d) Wat is de snelheid als functie van de tijd als $x = At + Bt^{-3}$?

2.5 en 2.6 Beweging bij constante versnelling

30. (I) Een auto vertraagt van 25 m/s tot rust over een afstand van 85 m. Wat is zijn versnelling, aangenomen dat deze constant is?

31. (I) Een auto versnelt in 6,0 s van 12 m/s tot 21 m/s. Wat was zijn versnelling? Welke afstand heeft hij in deze tijd afgelegd? Neem aan dat de versnelling constant is.

32. (I) Een licht vliegtuig moet om te kunnen opstijgen een snelheid van 32 m/s bereiken. Hoe lang moet de startbaan zijn als de (constante) versnelling 3,0 m/s² is?

33. (II) Een honkbalwerper gooit een honkbal met een snelheid van 41 m/s. Geef een schatting van de gemiddelde versnelling van de bal tijdens het werpen. Bij het gooien van de honkbal versnelt de werper de bal door een verplaatsing van circa 3,5 m, van achter het lichaam tot het punt waar deze wordt losgelaten (fig. 2.41).

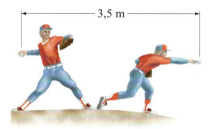

FIGUUR 2.41 Vraagstuk 33.

34. (II) Toon aan dat $\bar{v} = (v + v_0)/2$ (zie vgl. 2.12d) niet geldt wanneer de versnelling $a = A + Bt$, waarin A en B constanten zijn.

35. (II) Een hardloopster van wereldklasse kan in de eerste 15,0 meter van een race een topsnelheid bereiken (van circa 11,5 m/s). Wat is de gemiddelde versnelling van deze hardloopster en hoe lang doet zij erover om die snelheid te bereiken?

36. (II) Een onoplettende bestuurder rijdt 18,0 m/s wanneer hij ziet dat hij een rood stoplicht nadert. Zijn auto kan afremmen met een vertraging van 3,65 m/s². Als hij 0,200 s nodig heeft om het rempedaal in te drukken en hij is 20,0 m verwijderd van het kruispunt met het rode stoplicht, kan hij dan op tijd stoppen?

37. (II) Een auto remt in 5,00 s gelijkmatig af van een snelheid van 18,0 m/s tot rust. Welke afstand heeft hij in die tijd afgelegd?

38. (II) Bij het tot stilstand komen laat een auto 85 m lange remsporen na op de snelweg. Schat de snelheid van de auto vlak voordat hij gaat remmen, uitgaande van een vertraging van 4,00 m/s².

39. (II) Een auto die 85 km/u rijdt, vertraagt constant met 0,50 m/s² door alleen maar 'het gas los te laten'. Bereken (a) de afstand die de auto doorrijdt voordat hij stopt, (b) de tijd die het kost om te stoppen en (c) de afstand die hij tijdens de eerste en de vijfde seconde aflegt.

40. (II) Een auto die 105 km/u rijdt botst tegen een boom. De voorkant van de auto wordt in elkaar gedrukt en de bestuurder komt tot stilstand na 0,80 m te hebben afgelegd. Wat was de grootte van de gemiddelde versnelling van de bestuurder tijdens de botsing? Druk je antwoord uit in termen van g, waarin $1{,}00\ g = 9{,}80$ m/s².

41. (II) Bepaal de remweg voor een auto met een beginsnelheid van 95 km/u en een reactietijd van de bestuurder van 1,0 s: (a) bij een versnelling $a = -5{,}0$ m/s²; (b) bij $a = -7{,}0$ m/s².

42. (II) Een ruimtevaartuig versnelt gelijkmatig van 65 m/s op $t = 0$ tot 162 m/s op $t = 10{,}0$ s. Welke afstand heeft het afgelegd tussen $t = 2{,}0$ s en $t = 6{,}0$ s?

43. (II) Een 75 m lange trein begint vanuit rust gelijkmatig te versnellen, op 180 m afstand van een spoorwegwerker. De voorkant van de trein heeft een snelheid van 23 m/s wanneer hij de spoorwegwerker passeert. Wat zal de snelheid van de laatste wagon zijn op het moment dat deze de spoorwegwerker passeert? (Zie fig. 2.42.)

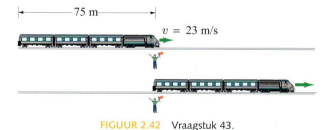

FIGUUR 2.42 Vraagstuk 43.

44. (II) Een anonieme politieauto die constant 95 km/u rijdt, wordt ingehaald door een snelheidsovertreder die 135 km/u rijdt. Exact 1,00 s nadat de snelheidsovertreder is gepasseerd, drukt de politieagent het gaspedaal in; als de versnelling van de politieauto 2,00 m/s² is, hoe lang duurt het dan voordat de politieauto de snelheidsovertreder heeft ingehaald (aangenomen dat deze met constante snelheid blijft bewegen)?

45. (III) Neem aan dat in vraagstuk 44 de snelheid van de overtreder niet bekend is. Als de politieauto net zoals eerder gelijkmatig versnelt en de snelheidsovertreder inhaalt na 7,00 s te hebben versneld, wat was dan de snelheid van de overtreder?

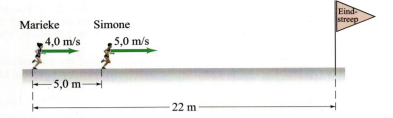

FIGUUR 2.43 Vraagstuk 47.

46. (III) Een hardloper hoopt de 10.000 m af te leggen in minder dan 30,0 min. Na exact 27,0 min met constante snelheid te hebben gelopen, moeten er nog steeds 1100 m worden afgelegd. Hoeveel seconden moet de hardloper dan met 0,20 m/s² versnellen om de gewenste tijd te bereiken?

47. (III) Marieke en Simone doen mee aan een hardloopwedstrijd (fig. 2.43). Op 22 m voor de eindstreep heeft Marieke een snelheid van 4,0 m/s en is 5,0 m achter Simone, die een snelheid van 5,0 m/s heeft. Simone denkt dat ze gemakkelijk gaat winnen en gaat dus gedurende het resterende deel van de wedstrijd, langzamer lopen met een constante vertraging van 0,50 m/s² tot aan de eindstreep. Welke constante versnelling heeft Marieke nu gedurende het resterende deel van de wedstrijd nodig, als ze tegelijk met Simone over de eindstreep wil komen?

2.7 Vrij vallende voorwerpen
(Verwaarloos de luchtweerstand.)

48. (I) Een steen wordt losgelaten vanaf een rotspunt. Hij raakt de grond eronder na 3,75 s. Hoe hoog is de rots?

49. (I) Als een auto langzaam ($v_0 = 0$) vanaf een verticale rots rolt, hoe lang duurt het dan voordat hij een snelheid van 55 km/u heeft bereikt?

50. (I) Schat (a) hoe lang King Kong erover deed om vanaf het hoogste punt van het Empire State Building (380 m hoog) recht naar beneden te vallen, en (b) wat zijn snelheid was vlak voor zijn 'landing'.

51. (II) Een honkbal wordt vrijwel recht omhoog de lucht in geslagen met een snelheid van circa 20 m/s. (a) Hoe hoog komt de bal? (b) Hoe lang is hij in de lucht?

52. (II) Een honkbalspeler vangt een bal 3,2 s nadat hij hem verticaal omhoog heeft gegooid. Met welke snelheid heeft hij gegooid en welke hoogte boven de hand van de werper bereikte de bal?

53. (II) Een kangoeroe springt naar een verticale hoogte van 1,65 m. Hoe lang was hij in de lucht voordat hij op de grond terugkeerde?

54. (II) De beste rebounders in basketbal hebben een verticale sprong (dat wil zeggen: de verticale beweging van een vast punt van hun lichaam) van circa 120 cm. (a) Wat is hun 'startsnelheid' vanaf de grond? (b) Hoe lang zijn ze in de lucht?

55. (II) Een helikopter stijgt verticaal op met een snelheid van 5,10 m/s. Op een hoogte van 105 m boven de aarde wordt een pakje uit het raam gegooid. Hoe lang doet het pakje erover om de grond te bereiken? (Hint: v_0 voor het pakje is gelijk aan de snelheid van de helikopter.)

56. (II) Laat zien dat voor een voorwerp dat vrij valt vanuit rust de afgelegde afstand elke opeenvolgende seconde toeneemt volgens de verhouding van opeenvolgende oneven natuurlijke getallen (1, 3, 5 enzovoort). (Dit werd voor het eerst aangetoond door Galilei.) Zie fig. 2.26 en fig. 2.29.

57. (II) Een honkbal passeert een raam dat zich 23 m boven de straat bevindt, met een verticale snelheid van 14 m/s naar boven. Als de bal vanaf de straat werd gegooid (a) wat was dan zijn beginsnelheid, (b) welke hoogte bereikt de bal (c) wanneer werd de bal gegooid, en (d) wanneer bereikt hij de straat weer?

58. (II) Een raket gaat vanuit rust verticaal omhoog, met een versnelling van 3,2 m/s² totdat hij op een hoogte van 950 m zonder brandstof komt te zitten. Na dit punt is zijn versnelling gelijk aan die van de zwaartekracht en naar beneden gericht. (a) Wat is de snelheid van de raket wanneer de brandstof op is? (b) Hoe lang doet hij erover om dit punt te bereiken? (c) Wat is de maximale hoogte die de raket bereikt? (d) Hoe lang doet hij er (in totaal) over om de maximumhoogte te bereiken? (e) Met welke snelheid bereikt hij de aarde? (f) Hoe lang is hij totaal in de lucht?

59. (II) Rogier ziet vanuit het raam waterballonnen vallen. Hij merkt op dat elke ballon 0,83 s na het passeren van zijn raam het trottoir raakt. Rogiers kamer is op de derde verdieping, 15 m boven het trottoir. (a) Hoe snel vallen de ballonnen wanneer ze Rogiers raam passeren? (b) Neem aan dat de ballonnen vanuit rust worden losgelaten. Vanaf welke verdieping worden ze dan losgelaten? Elke verdieping van de flat is 5,0 m hoog.

60. (II) Een steen wordt met een snelheid van 24,0 m/s verticaal omhoog gegooid. (a) Hoe snel beweegt die wanneer hij een hoogte van 13,0 m bereikt? (b) Hoe lang duurt het om deze hoogte te bereiken? (c) Waarom zijn er twee antwoorden op (b)?

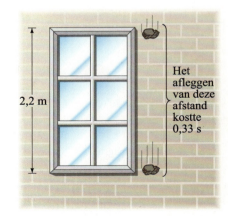

FIGUUR 2.44 Vraagstuk 61.

61. (II) Een vallende steen doet er 0,33 s over om een 2,2 m hoog raam te passeren (fig. 2.44). Vanaf welke hoogte boven de bovenkant van het raam is de steen gevallen?

FIGUUR 2.45 Vraagstuk 62.

62. (II) Stel dat je je tuinsproeier moet instellen op een harde waterstraal. Je richt de sproeier verticaal naar boven op een hoogte van 1,5 m boven de grond (fig. 2.45). Wanneer je de sproeier snel uitzet, hoor je het water nog 2,0 s op de grond komen. Wat is de snelheid van het water dat uit de sproeier komt?

63. (III) Een verticaal omhoog bewegende speelgoedraket passeert een 2,0 m hoog raam waarvan de vensterbank zich 8,0 m boven de grond bevindt. De raket doet er 0,15 s over om de 2,0 m hoogte van het raam af te leggen. Wat was de lanceersnelheid van de raket en hoe hoog zal hij komen? Neem aan dat het drijfgas na de start zeer snel is opgebrand.

64. (III) Een bal wordt losgelaten vanaf een 50,0 m hoge rotspunt. Tegelijkertijd wordt er vanaf de voet van de rots een zorgvuldig gerichte steen met een snelheid van 24,0 m/s omhoog gegooid. Onderweg botsen de steen en de bal op elkaar. Hoe ver boven de voet van de rots gebeurt dit?

65. (III) Een steen wordt vanaf een rots in zee gegooid en het geluid dat hij het water raakt wordt 3,4 s later gehoord. Als de snelheid van het geluid 340 m/s is, hoe hoog is dan de rots?

66. (III) Een steen wordt verticaal omhoog gegooid met een snelheid van 12,0 m/s. Exact 1,00 s later wordt een bal langs dezelfde weg verticaal omhoog gegooid met een snelheid van 18,0 m/s. (*a*) Op welk tijdstip zullen ze elkaar raken? (*b*) Op welke hoogte zal de botsing plaatsvinden? (*c*) Beantwoord (*a*) en (*b*) als de volgorde wordt omgedraaid: dat wil zeggen, de bal wordt 1,00 s vóór de steen omhoog gegooid.

*2.8 Variabele versnelling; berekeningen

*67. (II) Gegeven $v(t) = 25 + 18t$, met v in m/s en t in s. Bepaal de totale verplaatsing van $t_1 = 1,5$ s tot $t_2 = 3,1$ s.

*68. (III) De versnelling van een deeltje is gegeven door $a = A\sqrt{t}$ met $A = 2,0$ m/s$^{5/2}$. Op $t = 0$ is $v = 7,5$ m/s en $x = 0$. (*a*) Wat is de snelheid als functie van de tijd? (*b*) Wat is de verplaatsing als functie van de tijd? (*c*) Hoe groot zijn de versnelling, de snelheid en de verplaatsing op $t = 5,0$ s?

*69. (III) De luchtweerstand op een vallend lichaam kan worden meegenomen in de benaderde relatie voor de versnelling:

$$a = \frac{dv}{dt} = g - kv,$$

waarin k een constante is. (*a*) Leid een formule af voor de snelheid van het lichaam als functie van de tijd aangenomen dat het begint vanuit rust ($v = 0$ op $t = 0$) (*Hint:* verander de variabelen door de substitutie $u = g - kv$.) (*b*) Bepaal een uitdrukking voor de eindsnelheid, die de maximale waarde is die de snelheid bereikt.

*2.9 Grafische analyse en numerieke integratie
(Zie de vraagstukken 95-97 aan het eind van dit hoofdstuk.)

Algemene vraagstukken

70. Een vluchteling probeert op een goederentrein te springen die met een constante snelheid van 5,0 m/s rijdt. Op het moment dat een lege wagon hem passeert, start de vluchteling vanuit rust en versnelt met $a = 1,2$ m/s^2 tot aan zijn maximale snelheid van 6,0 m/s. (*a*) Hoe lang duurt het voor hij de wagon heeft ingehaald? (*b*) Wat is de afstand die is afgelegd om de wagon te bereiken?

71. De versnelling van de zwaartekracht op de maan is ongeveer zes maal zo klein als die op de aarde. Als een voorwerp op de maan verticaal omhoog wordt gegooid, hoeveel maal hoger zal het dan komen dan op aarde, uitgaande van dezelfde beginsnelheid?

72. Iemand springt uit het raam van de vierde verdieping van een gebouw op een net van de brandweer. De overlevende rekt het net 1,0 m voordat hij tot rust komt, fig. 2.46. (*a*) Wat was de gemiddelde vertraging die door de overlevende werd ervaren toen hij door het net tot stilstand werd gebracht? (*b*) Wat zou je doen om het 'veiliger' te maken (dat wil zeggen: om een kleinere vertraging te genereren): het net stijver of losser maken? Licht je antwoord toe.

73. Iemand die netjes zijn veiligheidsgordel om heeft, heeft een goede kans om een botsing te overleven als de vertraging niet groter is dan 30 g (1,00 g = 9,80 m/s^2). Bereken, uitgaande van een gelijkmatige vertraging, de afstand waar-

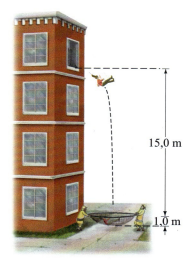

FIGUUR 2.46 Vraagstuk 72.

over de voorkant van een auto in elkaar geduwd moet worden als een botsing de auto van 100 km/u tot stilstand brengt.

74. Bij het duiken naar vis trekken pelikanen hun vleugels in en vallen ze recht naar beneden. Stel dat een pelikaan zijn duikvlucht begint vanaf een hoogte van 16,0 m en een eenmaal gekozen pad niet kan veranderen. Als een vis 0,20 s nodig heeft om weg te zwemmen, wat is dan de minimale hoogte waarop hij de pelikaan moet zien om te ontsnappen? Neem aan dat de vis zich aan het wateroppervlak bevindt.

75. Stel dat een autofabrikant zijn auto's zou testen op frontale botsingen door ze met een hijskraan op te takelen en ze van een bepaalde hoogte te laten vallen. (a) Toon aan dat de snelheid vlak voordat een auto de grond raakt, na vanuit rust over een verticale afstand H te zijn gevallen, wordt gegeven door $\sqrt{2gH}$. Welke hoogte correspondeert er met een botsing met (b) 50 km/u? (c) 100 km/u?

76. Vanaf het dak van een hoog gebouw wordt een steen losgelaten. Een tweede steen wordt 1,50 s later losgelaten. Hoe ver zijn de stenen van elkaar verwijderd wanneer de tweede een snelheid van 12,0 m/s heeft bereikt?

77. Een wielrenner in de Ronde van Frankrijk bedwingt met 15 km/u een bergpas. Aan de voet van de berg, 4,0 km verderop, is zijn snelheid 75 km/u. Wat was zijn gemiddelde versnelling (in m/s²) terwijl hij de berg af reed?

78. Bekijk het plaatje met de straten uit fig. 2.47. Elk kruispunt heeft een verkeerslicht en de maximumsnelheid is 50 km/u. Stel dat je, rijdend met de maximumsnelheid, vanuit het westen komt. Wanneer je op 10,0 m vanaf het eerste kruispunt bent, springen alle lichten op groen. Alle lichten blijven 13,0 s op groen staan. (a) Bereken de tijd die nodig is om het derde stoplicht te bereiken. Kun je alle drie de stoplichten halen zonder te stoppen? (b) Een andere auto was gestopt voor het eerste stoplicht net toen alle lichten op groen sprongen. Deze kan in een tempo van 2,00 m/s² versnellen tot de maximumsnelheid. Kan de tweede auto alledrie de stoplichten halen zonder te stoppen? Hoeveel seconden zou hij overhouden of tekortkomen?

79. Bij het putten is de kracht waarmee een golfer een bal slaat zo gepland dat de bal, als de put wordt gemist, binnen een kleine afstand van de hole terecht komt, bijvoorbeeld 1,0 m ervoor of erachter. Heuvelafwaarts (zie fig. 2.48) is dit moeilijker voor elkaar te krijgen dan heuvelopwaarts. Om in te zien waarom, veronderstel eens dat op een bepaalde golfbaan de bal heuvelafwaarts constant vertraagt met 1,8 m/s² en heuvelopwaarts met 2,8 m/s². Stel dat de bal 7,0 m boven de hole ligt. Bereken het toegestane bereik aan beginsnelheden die we aan de bal kunnen meegeven zodat deze binnen 1,0 m voor en 1,0 m na de hole tot stilstand komt. Doe hetzelfde voor een bal die 7,0 m onder de hole ligt. Hoe blijkt uit je resultaten dat naar beneden slaan lastiger is?

80. Een robot in een apotheek pakt op $t = 0$ een medicijnflesje vast. Gedurende 5,0 s versnelt hij met 0,20 m/s², beweegt vervolgens gedurende 68 s zonder versnelling en vertraagt ten slotte gedurende 2,5 s met −0,40 m/s² tot aan de toonbank waar de apotheker het geneesmiddel van de robot overneemt. Over welke afstand heeft de robot het geneesmiddel opgehaald?

81. Een steen wordt met een snelheid van 12,5 m/s verticaal omhoog gegooid vanaf de rand van een rots van 75,0 m

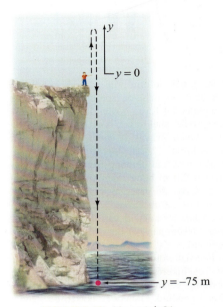

FIGUUR 2.49 Vraagstuk 81.

hoog (fig. 2.49). (a) Hoeveel later bereikt hij de voet van de rots? (b) Wat is zijn snelheid vlak voordat hij de grond raakt? (c) Wat is de totale afstand die hij heeft afgelegd?

82. Fig. 2.50 is een grafiek van de plaats als functie van de tijd voor de beweging van een voorwerp langs de x-as. Beschouw het tijdsinterval van A tot B. (a) Beweegt het voorwerp in de positieve of in de negatieve richting? (b) Versnelt het voorwerp of vertraagt het? (c) Is de versnelling van het voorwerp positief of negatief? Beschouw

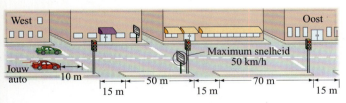

FIGUUR 2.47 Vraagstuk 78.

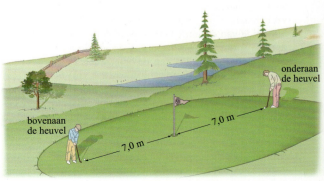

FIGUUR 2.48 Vraagstuk 79.

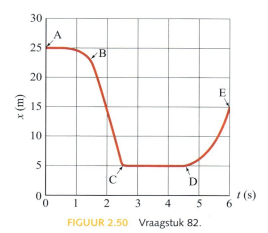

FIGUUR 2.50 Vraagstuk 82.

vervolgens het tijdsinterval van D tot E. (*d*) Beweegt het voorwerp in de positieve of negatieve richting? (*e*) Versnelt het voorwerp of vertraagt het? (*f*) Is de versnelling van het voorwerp positief of negatief? (*g*) Beantwoord ten slotte dezelfde drie vragen voor het tijdsinterval van C tot D.

83. Bij het ontwerp van een *snel vervoerssysteem* is het noodzakelijk om een balans te vinden tussen de gemiddelde snelheid van een trein en de afstanden tussen stopplaatsen. Hoe meer stopplaatsen er zijn, des te langzamer is de gemiddelde snelheid van de trein. Bereken, om een idee van dit probleem te krijgen, in twee gevallen de tijd die een trein nodig heeft om een tocht van 9,0 km te maken: (*a*) de stations waar de treinen moeten stoppen liggen op een onderlinge afstand van 1,8 km (een totaal van 6 stations, met inbegrip van die aan de uiteinden), en (*b*) de stations hebben een onderlinge afstand van 3,0 km (4 stations in totaal). Neem aan dat op elk station de trein met 1,1 m/s² versnelt, totdat hij een snelheid van 95 km/u bereikt en vervolgens deze snelheid houdt totdat hij remt voor de aankomst bij het volgende station, waarbij hij vertraagt met −2,0 m/s². Neem aan dat hij op elk tussengelegen station 22 s stilstaat.

84. Iemand springt vanaf een duikplank die zich 4,0 m boven het wateroppervlak bevindt, in een diep zwembad. De neerwaartse beweging van die persoon stopt 2,0 m onder het wateroppervlak. Maak een schatting van de gemiddelde vertraging van de persoon terwijl hij onder water is.

85. Bram kan een bal verticaal 1,5 keer zo snel gooien als Jan. Hoeveel maal hoger zal Brams bal gaan dan die van Jan?

86. Schets de *vt*-grafiek voor het voorwerp waarvan de verplaatsing als functie van de tijd gegeven is door fig. 2.36.

87. Een vrouw rijdt met haar auto met 45 km/u op een kruispunt af, net op het moment dat het licht op oranje springt. Zij weet dat het slechts 2,0 s duurt voordat het op rood springt en dat ze 28 m verwijderd is van de dichtstbijzijnde kant van het kruispunt (fig. 2.51). Moet zij proberen te stoppen of versnellen om het kruispunt over te steken voor het licht op rood springt? Het kruispunt is 15 m breed. De maximale vertraging van haar auto is −5,8 m/s², terwijl hij in 6,0 s kan versnellen van 45 km/u tot 65 km/u. Verwaarloos de lengte van de auto en de reactietijd.

88. Een auto rijdt achter een vrachtwagen die met 25 m/s op de snelweg rijdt. De bestuurder kijkt naar een mogelijkheid om in te halen, er op rekenend dat zijn auto met 1,0 m/s² kan versnellen en hij taxeert dat hij de 20 m lengte van de vrachtwagen plus zowel 10 m extra ruimte aan de voorkant als 10 m aan de achterkant van de vrachtwagen moet afleggen. Op de andere rijbaan ziet hij een tegenligger naderen, vermoedelijk ook met een snelheid van 25 m/s. Hij schat dat deze auto ongeveer 400 m van hem verwijderd is. Mag hij proberen in te halen? Geef details.

89. Agent Bond staat op een brug, 13 m boven de weg eronder, en zijn achtervolgers komen akelig dichtbij. Hij ziet een vrachtwagen met 25 m/s naderen, wat hij meet door de wetenschap dat de telefoonpalen die de vrachtwagen passeert in dit land 25 m uit elkaar staan. De bovenkant van de vrachtwagen bevindt zich 1,5 m boven de weg en Bond berekent snel hoeveel palen de vrachtauto van hem verwijderd moet zijn wanneer hij van de brug af moet springen om te ontsnappen. Hoeveel palen zijn dit?

90. Een politieauto in rust, die gepasseerd wordt door een snelheidsovertreder met een constante snelheid van 130 km/u, zet razendsnel de achtervolging in. De politieauto haalt de snelheidsovertreder na 750 m in, terwijl hij met een constante versnelling heeft gereden. (*a*) Maak een kwalitatieve grafiek van de plaats/tijd-grafiek voor beide auto's vanaf het startpunt van de politieauto tot het inhaalpunt. Bereken (*b*) hoe lang de politieagent erover deed om de overtreder in te halen, (*c*) de vereiste versnelling van de politieauto, en (*d*) de snelheid van de politieauto op het inhaalpunt.

91. Een fastfoodrestaurant gebruikt een lopende band om zijn hamburgers door een grill te sturen. Als de grill 1,1 m lang is en de hamburgers 2,5 min moeten grillen, hoe snel moet de lopende band dan lopen? Als er tussen de hamburgers een ruimte van 15 cm is, wat is dan de snelheid van de hamburgerproductie (in burgers/min)?

92. Aan twee studenten wordt gevraagd om met behulp van een barometer de hoogte van een gebouw te bepalen. In plaats van de barometer als een hoogtemeter te gebruiken, nemen ze hem mee naar het dak van het gebouw en laten hem vallen, waarbij ze de valtijd opnemen. De ene student rapporteert een valtijd van 2,0 s, de ander 2,3 s. Welk procentueel verschil maakt de 0,3 s voor de schatting van de hoogte van het gebouw uit? Dit is trouwens een heel bekend vraagstuk met tal van mogelijke oplossingen. De meest originele oplossing is aan te bellen bij de huisbewaarder van het gebouw: 'Als u ons vertelt hoe hoog dit gebouw is, krijgt u deze mooie barometer cadeau.'

93. In fig. 2.52 zijn de plaats/tijd-grafieken voor twee fietsen, A en B, weergegeven. (*a*) Is er een moment waarop de twee fietsen dezelfde snelheid hebben? (*b*) Welke fiets heeft de grootste versnelling? (*c*) Op welke moment(en) passeren de fietsen elkaar? Welke fiets passeert de ander? (*d*) Welke

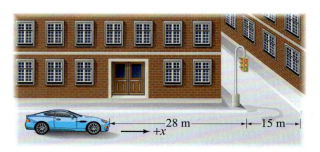

FIGUUR 2.51 Vraagstuk 87.

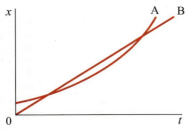

FIGUUR 2.52 Vraagstuk 93.

fiets heeft de grootste momentane snelheid? (*e*) Welke fiets heeft de hoogste gemiddelde vectoriële snelheid?

94. Je rijdt met een constante snelheid v_M en er is een auto vóór je met een snelheid v_A. Je merkt dat $v_M > v_A$, dus ga je afremmen met een constante versnelling a op het moment dat de afstand tussen jou en de andere auto gelijk is aan x. Welk verband tussen a en x bepaalt of je al dan niet tegen je voorligger botst?

* **Numerieke oplossingen/computer**

* **95.** (II) De tabel hieronder geeft de snelheid van een bepaalde autocoureur als functie van de tijd. (*a*) Bereken de gemiddelde versnelling (in m/s^2) gedurende elk tijdsinterval. (*b*) Schat met behulp van numerieke integratie (zie paragraaf 2.9) de totaal afgelegde afstand (in m) als functie van de tijd. (*Hint:* tel voor v in elk interval de snelheden aan het begin en aan het eind bij elkaar op en deel dit door 2; gebruik bijvoorbeeld in het tweede interval $\bar{v} = (6{,}0 + 13{,}2) / 2 = 9{,}6$.) (*c*) Teken van beide de grafiek.

t(s)	0	0,50	1,00	1,50	2,00	2,50	3,00	3,50	4,00	4,50	5,00
v(km/u)	0,0	6,0	13,2	22,3	32,2	43,0	53,5	62,6	70,6	78,4	85,1

* **96.** (III) De versnelling van een voorwerp (in m/s^2) wordt vanaf $t = 0$ met tussenpozen van 1,00 s gemeten, wat de volgende waarden oplevert: 1,25, 1,58, 1,96, 2,40, 2,66, 2,70, 2,74, 2,72, 2,60, 2,30, 2,04, 1,76, 1,41, 1,09, 0,86, 0,51, 0,28, 0,10. Gebruik numerieke integratie (zie paragraaf 2.9) om een schatting te geven van (*a*) de snelheid (neem aan dat $v = 0$ op $t = 0$) en (*b*) de verplaatsing op $t = 17{,}00$ s.

* **97.** (III) Een badmeester aan de rand van een zwembad ziet een kind in nood, fig. 2.53. Hij rent met een gemiddelde snelheid v_R langs de rand van het bad over een afstand x, springt vervolgens in het bad en zwemt met een gemiddelde snelheid v_S in een rechte lijn naar het kind. (*a*) Toon aan dat de totale tijd t die de badmeester nodig heeft om het kind te bereiken wordt gegeven door

$$t = \frac{x}{v_R} + \frac{\sqrt{D^2 + (d-x)^2}}{v_S}.$$

(*b*) Neem aan dat $v_R = 4{,}0$ m/s en $v_S = 1{,}5$ m/s. Gebruik een grafische rekenmachine of een computer om in (*a*) t als functie van x te tekenen en hieruit de optimale afstand x te bepalen die de badmeester moet rennen voordat hij in het bad springt (dat wil zeggen: bepaal de waarde van x die de tijd om bij het kind te komen minimaliseert).

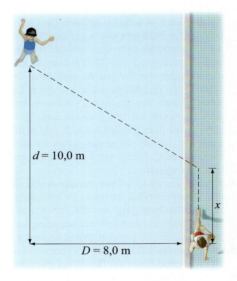

FIGUUR 2.53 Vraagstuk 97.

Antwoorden op de opgaven

A: −30 cm, 50 cm.
B: (*a*).
C: (*b*).
D: (*b*).
E: (*a*) +; (*b*) −; (*c*) −; (*d*) +.
F: (*c*).
G: (*b*).
H: (*e*).
I: 4,9 m/s^2.
J: (*c*).

Deze snowboarder die door de lucht vliegt is een voorbeeld van beweging in twee dimensies. Zonder luchtweerstand zou het traject een perfecte parabool zijn. De gele pijl stelt de neerwaarts gerichte valversnelling, $\vec{g}$ voor. Galilei analyseerde de beweging van voorwerpen in twee dimensies onder de invloed van de zwaartekracht dichtbij het aardoppervlak (tegenwoordig 'kogelbaan' genoemd) door deze te splitsen in horizontale en verticale componenten.

We zullen nu bespreken hoe we met vectoren kunnen werken en hoe we ze bij elkaar op moeten tellen. Naast het analyseren van kogelbanen, zullen we ook zien hoe we met relatieve snelheden moeten werken.

Kinematica in twee en drie dimensies; vectoren

Hoofdstuk 3

Inhoud

3.1 Vectoren en scalairen
3.2 Optellen van vectoren: grafische methoden
3.3 Aftrekken van vectoren en vermenigvuldigen van een vector met een scalair
3.4 Vectoren componentsgewijs optellen
3.5 Eenheidsvectoren
3.6 Vectorkinematica
3.7 De kogelbaan
3.8 Het oplossen van kogelbaanvraagstukken
3.9 Relatieve snelheid

Openingsvraag: Wat denk jij?

(Wees niet bang om een verkeerd antwoord te geven: verderop in het hoofdstuk krijg je nog een kans. Zie voor verdere uitleg ook hoofdstuk 1.)

Een helikopter die in horizontale richting vliegt, laat een kleine zware kist met noodvoorraden vallen. Welke baan in onderstaande tekening komt het best overeen met de baan van de kist (bij verwaarlozing van de luchtweerstand), zoals gezien door iemand die op de grond staat?

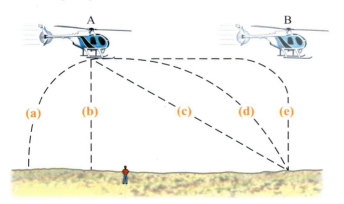

In hoofdstuk 2 hebben we beweging langs een rechte lijn behandeld. We bekijken nu de beschrijving van de beweging van voorwerpen die in banen in twee (of drie) dimensies bewegen. Hiertoe moeten we eerst bespreken wat vectoren zijn en hoe je ze bij elkaar op kunt tellen. We beschrijven beweging in het algemeen, gevolgd door een interessant speciaal geval, de kogelbaan in de buurt van het aardoppervlak. We bespreken ook hoe de relatieve snelheid van een voorwerp zoals gemeten in verschillende referentiestelsels moet worden gemeten.

3.1 Vectoren en scalairen

In hoofdstuk 2 hebben we al genoemd dat de term *snelheid* soms niet alleen aangeeft hoe snel een voorwerp beweegt, maar ook in welke richting. In dat geval is een grootheid zoals de snelheid, die zowel een *grootte* als een *richting* heeft, een **vector**.[1] Andere grootheden die ook vectoren zijn, zijn verplaatsing, kracht en impuls. Bij veel grootheden hoort echter geen richting, zoals bij massa, tijd en temperatuur. Ze zijn volledig gespecificeerd door een getal en door eenheden. Dergelijke grootheden worden scalaire grootheden of **scalairen** genoemd.

In de natuurkunde is het altijd zinvol om van een bepaalde situatie een figuur te tekenen, en dit geldt met name voor het werken met vectoren. In een figuur wordt elke vector voorgesteld door een pijl. De pijl wordt altijd zo getekend dat hij gericht is in de richting van de vector die hij representeert. De lengte van de pijl wordt getekend in verhouding tot de grootte van de vector. Zo zijn er bijvoorbeeld in fig. 3.1 groene pijlen getekend die de snelheid van de auto voorstellen op het moment dat deze de bocht neemt. De grootte van de snelheid op elk punt kan worden afgelezen aan fig. 3.1 door de lengte van de corresponderende pijl te meten en de getoonde schaal te gebruiken (1 cm = 90 km/u).

Wanneer we het vectorsymbool schrijven, zullen we dit altijd vetgedrukt schrijven, met een kleine pijl boven het symbool. Dus schrijven we voor de snelheid $\vec{v}$. Als het ons uitsluitend om de grootte van de snelheidsvector gaat, schrijven we gewoon v, cursief, net als bij andere symbolen.

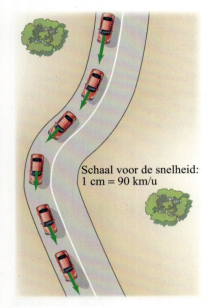

FIGUUR 3.1 Een auto rijdt op een weg en remt af om de bocht te nemen. De groene pijlen stellen de snelheidsvectoren op elke positie voor.

3.2 Optellen van vectoren: grafische methoden

Omdat vectoren grootheden zijn die zowel een grootte als een richting hebben, moeten ze op een bijzondere manier worden opgeteld. In dit hoofdstuk hebben we voornamelijk te maken met verplaatsingsvectoren, waarvoor we hier het symbool $\vec{D}$, zullen gebruiken, en snelheidsvectoren, $\vec{v}$. Deze resultaten zullen echter ook gelden voor andere vectoren die we later zullen tegenkomen.

Voor het optellen van scalairen gebruiken we eenvoudige rekenkunde. Eenvoudige rekenkunde kan ook worden gebruikt voor het optellen van vectoren met dezelfde richting. Om een voorbeeld te geven: als iemand op een dag 8 km naar het oosten loopt en de volgende dag nog 6 km naar het oosten, dan zal diegene 8 km + 6 km = 14 km ten oosten van de oorsprong zijn. We zeggen dat de *netto* oftewel de *resulterende* verplaatsing 14 km naar het oosten is (fig. 3.2a). Als die persoon daarentegen op de eerste dag 8 km naar het oosten loopt en op de tweede dag 6 km naar het westen (in omgekeerde richting), dan eindigt die persoon op 2 km van de oorsprong (fig. 3.2b), zodat de resulterende verplaatsing 2 km naar het oosten is. In dit geval wordt de resulterende verplaatsing verkregen door een aftrekking: 8 km − 6 km = 2 km.

Maar eenvoudige rekenkunde is ontoereikend als twee vectoren niet langs dezelfde lijn liggen. Stel bijvoorbeeld dat iemand 10,0 km naar het oosten loopt en vervolgens 5,0 km naar het noorden. Deze verplaatsingen kunnen worden weergegeven in een grafiek waarin de positieve y-as naar het noorden is gericht en de positieve x-as naar het oosten, fig. 3.3. In deze grafiek tekenen we een pijl, $\vec{D}_1$, om de verplaatsing van 10,0 km naar het oosten aan te geven. Vervolgens tekenen we een tweede pijl, $\vec{D}_2$,

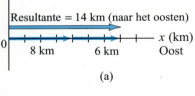

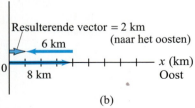

FIGUUR 3.2 Het combineren van vectoren in één dimensie.

---

[1] We hebben reeds vermeld dat we met de richting van een vector de intuïtieve betekenis van het woord bedoelen: beweging naar het westen en naar het oosten betekent beweging in een verschillende richting. De meer wiskundige definitie van het begrip richting zal in dit geval spreken van een gelijke richting, maar een verschillende zin van beweging.

om de verplaatsing van 5,0 km naar het noorden weer te geven. Beide vectoren zijn op schaal getekend, zoals in fig. 3.3.

Na deze wandeling is de persoon 10,0 km ten oosten en 5,0 km ten noorden van zijn vertrekpunt. De **resulterende verplaatsing** wordt voorgesteld door de pijl $\vec{D}_R$ in fig. 3.3. Met een liniaal en een gradenboog kun je in deze figuur meten dat de persoon 11,2 km van de oorsprong is onder een hoek $\theta = 27°$ naar het noordoosten. Met andere woorden: de resulterende verplaatsingsvector heeft een grootte van 11,2 km en maakt een hoek $\theta = 27°$ met de positieve x-as. De grootte (lengte) van $\vec{D}_R$ kan in dit geval ook worden verkregen met de stelling van Pythagoras, omdat D_1, D_2 en D_R een rechthoekige driehoek vormen met D_R als schuine zijde. Dus is

$$D_R = \sqrt{D_1^2 + D_2^2} = \sqrt{(10,0 \text{ km})^2 + (5,0 \text{ km})^2}$$
$$= \sqrt{125 \text{ km}^2} = 11,2 \text{ km}.$$

Je kunt de stelling van Pythagoras natuurlijk alleen maar gebruiken als de vectoren *loodrecht* op elkaar staan.

De resulterende verplaatsingsvector, $\vec{D}_R$, is de som van de vectoren $\vec{D}_1$ en $\vec{D}_2$. Dat wil zeggen:

$$\vec{D}_R = \vec{D}_1 + \vec{D}_2.$$

Dit is een *vectorvergelijking*. Een belangrijke eigenschap van het optellen van twee vectoren die niet op één lijn liggen, is dat de grootte van de resulterende vector niet gelijk is aan de som van de groottes van de twee afzonderlijke vectoren, maar kleiner. Dat wil zeggen:

$$D_R \leq D_1 + D_2,$$

waarbij het gelijkheidsteken alleen van toepassing is als de twee vectoren in dezelfde richting wijzen. In ons voorbeeld (fig. 3.3) is $D_R = 11,2$ km, terwijl $D_1 + D_2$ gelijk is aan 15 km: de totaal afgelegde afstand. Merk op dat we niet $\vec{D}_R$ gelijk kunnen stellen aan 11,2 km, omdat we te maken hebben met een vectorvergelijking en 11,2 km slechts een deel van de resulterende vector is, namelijk de grootte. We zouden echter zoiets kunnen schrijven als: $\vec{D}_R = \vec{D}_1 + \vec{D}_2 = (11,2 \text{ km}, 27° \text{noordoost})$.

> **Opgave A**
> Onder welke voorwaarden geldt voor de grootte van bovenstaande resulterende vector $D_R = D_1 + D_2$?

Fig. 3.3 illustreert de algemene regels voor het grafisch optellen van twee vectoren, ongeacht de hoek die ze met elkaar maken. Deze regels zijn als volgt:

1. Teken in een figuur een van de vectoren, die je $\vec{D}_1$ noemt, op schaal.
2. Teken vervolgens de tweede vector, $\vec{D}_2$, eveneens op schaal, met het beginpunt in het eindpunt van de eerste vector en met de juiste richting.
3. De pijl die vanaf het beginpunt van de eerste vector naar het eindpunt van de tweede vector is getekend, representeert de *som*, oftewel de **resultante**, van de twee vectoren.

De lengte van de resultante representeert de grootte ervan. Merk op dat we, om deze bewerkingen te kunnen uitvoeren, vectoren evenwijdig aan zichzelf kunnen verschui-

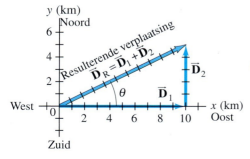

FIGUUR 3.3 Iemand loopt 10,0 km naar het oosten en vervolgens 5,0 km naar het noorden. Deze twee verplaatsingen worden voorgesteld door de vectoren $\vec{D}_1$ en $\vec{D}_2$, die zijn weergegeven als pijlen. Ook is de resulterende verplaatsingsvector, $\vec{D}_R$, de vectorsom van $\vec{D}_1$ en $\vec{D}_2$, weergegeven. Metingen aan de grafiek met liniaal en gradenboog laten zien dat $\vec{D}_R$ een grootte van 11,2 km heeft en onder een hoek $\theta = 27°$ naar het noordoosten wijst.

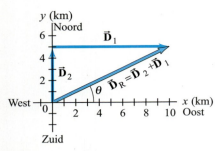
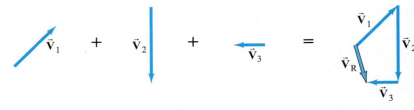

FIGUUR 3.5 De resultante van drie vectoren:
$$\vec{V}_R = \vec{V}_1 + \vec{V}_2 + \vec{V}_3.$$

FIGUUR 3.4 Als de vectoren in omgekeerde volgorde worden opgeteld, levert dit dezelfde resultante op. (Vergelijk met fig. 3.3.)

ven oftewel transleren (ze houden dezelfde lengte en dezelfde richting). De lengte van de resultante kan worden gemeten met een liniaal en worden vergeleken met de schaal. Hoeken kunnen worden gemeten met een gradenboog. Deze methode staat bekend als de **kopstaartmethode voor het optellen van vectoren**.

De resultante wordt niet beïnvloed door de volgorde waarin de vectoren worden opgeteld. Om een voorbeeld te geven: een verplaatsing van 5,0 km naar het noorden, waaraan een verplaatsing van 10,0 km naar het oosten wordt toegevoegd, levert een resultante van 11,2 km en een hoek $\theta = 27°$ op (zie fig. 3.4), hetzelfde resultaat als wanneer ze in omgekeerde volgorde zouden zijn opgeteld (fig. 3.3). Dat wil zeggen, als $\vec{V}$ een willekeurig type vector is, dat

$$\vec{V}_1 + \vec{V}_2 = \vec{V}_2 + \vec{V}_1, \quad \text{(commutatieve eigenschap)} \quad (3.1a)$$

wat bekendstaat als de *commutatieve* eigenschap van vectoroptelling.

De kopstaartmethode voor het optellen van vectoren kan worden uitgebreid naar drie of meer vectoren. De resultante wordt getekend van het beginpunt van de eerste vector naar het eindpunt van de laatst toegevoegde. Een voorbeeld is te zien in fig. 3.5; de drie vectoren zouden verplaatsingen kunnen voorstellen (naar het noordoosten, naar het zuiden en naar het westen), maar ook drie krachten. Ga voor jezelf na dat je, ongeacht de volgorde waarin je de drie vectoren optelt, dezelfde resultante krijgt; dat wil zeggen:

$$(\vec{V}_1 + \vec{V}_2) + \vec{V}_3 = \vec{V}_1 + (\vec{V}_2 + \vec{V}_3), \quad \text{(associatieve eigenschap)} \quad (3.1b)$$

wat bekendstaat als de *associatieve* eigenschap van vectoroptelling.

Een tweede manier om twee vectoren bij elkaar op te tellen is de **parallellogrammethode**. Deze is volledig equivalent met de kopstaartmethode. Bij deze methode worden de twee vectoren getekend vanuit een gemeenschappelijk beginpunt, en wordt er een parallellogram geconstrueerd met deze twee vectoren als aangrenzende zijden, zoals te zien is in fig. 3.6b. De resultante is de diagonaal, getekend vanaf het gemeenschappelijke beginpunt. In fig. 3.6a is de kopstaartmethode weergegeven. Het is duidelijk dat beide methoden hetzelfde resultaat opleveren.

Het is een veelgemaakte fout om de somvector als de diagonaal tussen de eindpunten van de twee vectoren te tekenen, zoals in fig. 3.6c. *Dit is onjuist:* dit stelt niet de

⚠ **Let op**

Zorg ervoor dat je de juiste diagonaal in het parallellogram neemt om tot de resultante te komen.

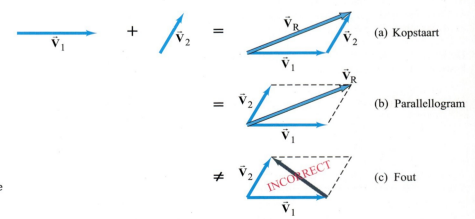

FIGUUR 3.6 Vectoroptelling met twee verschillende methoden, (a) en (b). Methode (c) is fout.

60 3.2 Optellen van vectoren: grafische methoden

som van de twee vectoren voor. (Maar het stelt wel het verschil, $\vec{V}_2 - \vec{V}_1$ voor, wat we zullen zien in de volgende paragraaf.)

> **Conceptvoorbeeld 3.1 Bereik van vectorlengten**
>
> Stel dat twee vectoren elk een lengte van 3,0 eenheden hebben. Wat is het bereik van mogelijke lengten voor de vector die de som van deze twee representeert?
>
> **Antwoord** De som kan elke waarde aannemen van 6,0 (= 3,0 + 3,0), als de vectoren in dezelfde richting wijzen, tot 0 (= 3,0 − 3,0), wanneer de vectoren antiparallel zijn (in tegengestelde richting wijzen).

> **Opgave B**
> Als de twee vectoren uit conceptvoorbeeld 3.1 loodrecht op elkaar staan, wat is dan de lengte van de resultante?

3.3 Aftrekken van vectoren en vermenigvuldigen van een vector met een scalair

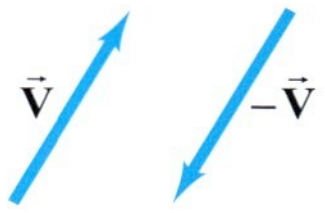

FIGUUR 3.7 Het tegengestelde van een vector is een vector met dezelfde lengte maar de andere kant op gericht.

Bij een gegeven vector $\vec{V}$ definiëren we het *tegengestelde* van deze vector $(-\vec{V})$ als een vector met dezelfde grootte als $\vec{V}$, maar tegengesteld gericht, fig. 3.7. Bedenk echter wel dat geen enkele vector ooit negatief is in de zin van zijn grootte: de grootte van iedere vector is positief. Een minteken zegt wel iets over de richting van de vector.

We kunnen nu de aftrekking van de ene vector van de andere definiëren: het verschil tussen twee vectoren $\vec{V}_2 - \vec{V}_1$ is gedefinieerd als

$$\vec{V}_2 - \vec{V}_1 = \vec{V}_2 + (-\vec{V}_1).$$

FIGUUR 3.8 Het aftrekken van twee vectoren: $\vec{V}_2 - \vec{V}_1$.

Dat wil zeggen: het verschil tussen twee vectoren is gelijk aan de som van de eerste en het tegengestelde van de tweede. Dus kunnen onze regels voor vectoren worden toegepast zoals weergegeven in fig. 3.8, waarin de kopstaartmethode wordt gebruikt. Een vector $\vec{V}$ kan worden vermenigvuldigd met een scalair c. We definiëren het product zo, dat $c\vec{V}$ dezelfde richting heeft als $\vec{V}$ (tegengestelde richting als c negatief is) en grootte cV. Dat wil zeggen: vermenigvuldiging van een vector met een positieve scalair c verandert de grootte van de vector met een factor c, maar de richting blijft hetzelfde. Als c een negatieve scalair is, dan is de grootte van het product nog steeds $|c|V$ (waarbij $|c|$ de absolute waarde van c is), maar de richting is exact tegenovergesteld aan die van $\vec{V}$. Zie fig. 3.9.

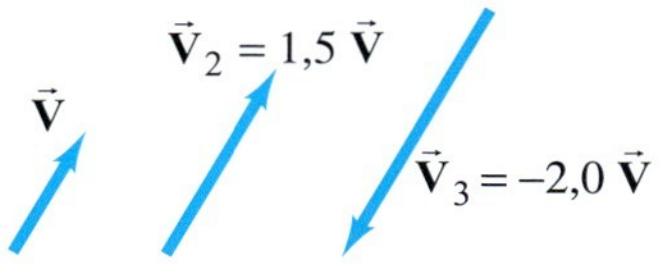

FIGUUR 3.9 Het vermenigvuldigen van een vector $\vec{V}$ met een scalair c levert een vector op waarvan de grootte c keer zo groot is en met dezelfde richting als $\vec{V}$ (of tegengesteld gericht als c negatief is).

> **Opgave C**
> Wat stelt de 'foute' vector in fig. 3.6c voor? (a) $\vec{V}_2 - \vec{V}_1$, (b) $\vec{V}_1 - \vec{V}_2$, (c) iets anders (geef aan wat).

3.4 Vectoren componentsgewijs optellen

Het grafisch optellen van vectoren met een liniaal en een gradenboog is vaak onvoldoende nauwkeurig en niet geschikt voor vectoren in drie dimensies. We bespreken nu een krachtiger en nauwkeuriger methode voor het optellen van vectoren. Onthoud

FIGUUR 3.10 Het ontbinden van een vector $\vec{V}$ in zijn componenten langs een willekeurig gekozen xy-assenstelsel. Als de componenten eenmaal bepaald zijn, representeren ze zelf de vector. Dat wil zeggen: de componenten bevatten evenveel informatie als de vector zelf.

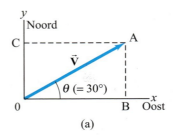
(a)

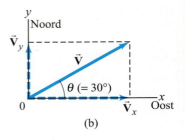
(b)

echter ook de grafische methoden: die zijn nuttig voor het visualiseren, het controleren van je rekenwerk en dus voor het verkrijgen van het juiste resultaat.

Beschouw eerst een vector $\vec{V}$ die in een bepaald vlak ligt. Deze kan worden uitgedrukt als de som van twee andere vectoren, die de **componenten** van de oorspronkelijke vector worden genoemd. De componenten worden meestal gekozen langs twee loodrechte richtingen, zoals de x- en de y-as. Het proces van het bepalen van de componenten staat bekend als het **ontbinden van de vector in zijn componenten**. Een voorbeeld is te zien in fig. 3.10; de vector $\vec{V}$ zou een verplaatsingsvector kunnen zijn die met een hoek $\theta = 30°$ naar het noordoosten gericht is, waarbij we de positieve x-as naar het oosten en de positieve y-as naar het noorden hebben gekozen. Deze vector $\vec{V}$ wordt ontbonden in x- en y-componenten door stippellijnen te tekenen vanuit het eindpunt (A) van de vector (de lijnen AB en AC), zodanig dat ze loodrecht staan op respectievelijk de x- en de y-as. Op deze manier representeren de lijnen OB en OC respectievelijk de x- en y-componenten van $\vec{V}$, zoals weergegeven in fig. 3.10b. Deze *vectorcomponenten* worden geschreven als $\vec{V}_x$ en $\vec{V}_y$. Gewoonlijk geven we vectorcomponenten weer als pijlen, net zoals vectoren, maar dan gestippeld. De *scalaire componenten*, V_x and V_y, zijn de groottes van de vectorcomponenten met de eenheden, voorzien van een plus- of minteken afhankelijk van of ze langs de positieve of negatieve x- of y-as gericht zijn. Zoals te zien is in fig. 3.10, is $\vec{V}_x + \vec{V}_y = \vec{V}$, wat blijkt uit de parallellogrammethode voor het optellen van vectoren.

De ruimte is opgebouwd uit drie dimensies, en soms is het nodig om een vector te ontbinden in componenten langs drie richtingen die loodrecht op elkaar staan. In carthesische coördinaten zijn de componenten V_x, V_y en V_z. De ontbinding van een vector in drie dimensies is gewoon een uitbreiding van de hiervoor genoemde techniek.

Een voorbeeld van het gebruik van goniometrische functies voor het bepalen van de componenten van een vector is te zien in fig. 3.11, waarin een vector en zijn twee componenten de zijden van een rechthoekige driehoek vormen. (Zie ook appendix A voor andere bijzonderheden met betrekking tot goniometrische functies en identiteiten.) We zien dus dat de sinus, cosinus en tangens volgen uit de betrekkingen gegeven in fig. 3.11. Als we de definitie van $\sin\theta = V_y/V$ aan beide zijden met V vermenigvuldigen, vinden we

$$V_y = V \sin\theta. \tag{3.2a}$$

Op dezelfde manier vinden we uit de definitie van $\cos\theta$

$$V_x = V \cos\theta. \tag{3.2b}$$

Merk op dat θ (per conventie) gekozen is als de hoek die de vector maakt met de positieve x-as, waarbij de draairichting tegen de klok in positief genomen wordt.

De componenten van een gegeven vector zullen verschillen voor de verschillende keuzes van de coördinaatassen. Het is daarom cruciaal om bij het geven van de componenten de keuze van het coördinatenstelsel aan te geven.

Er zijn twee manieren om een vector in een bepaald coördinatenstelsel te specificeren:

1. We kunnen de componenten V_x en V_y geven.
2. We kunnen de grootte V geven en de hoek θ die de vector maakt met de positieve x-as.

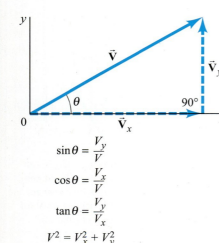

$$\sin\theta = \frac{V_y}{V}$$
$$\cos\theta = \frac{V_x}{V}$$
$$\tan\theta = \frac{V_y}{V_x}$$
$$V^2 = V_x^2 + V_y^2$$

FIGUUR 3.11 Bepalen van de componenten van een vector met behulp van goniometrische functies

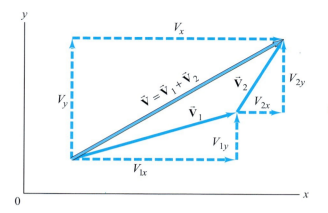

FIGUUR 3.12 De componenten van $\vec{V} = \vec{V}_1 + \vec{V}_2$ zijn
$V_x = V_{1x} + V_{2x}$
$V_y = V_{1y} + V_{2y}$

Met behulp van vgl. 3.2 kunnen we de eerste schrijfwijze omzetten in de tweede, omgekeerd kunnen we de tweede schrijfwijze omzetten naar de eerste met behulp van de stelling van Pythagoras[1] en de definitie van de tangens:

$$V = \sqrt{V_x^2 + V_y^2} \tag{3.3a}$$

$$\tan\theta = \frac{V_y}{V_x} \tag{3.3b}$$

zoals te zien is in fig. 3.11.

We bespreken nu hoe we vectoren kunnen optellen met behulp van componenten. De eerste stap is het ontbinden van elke vector in zijn componenten. Vervolgens zien we met behulp van fig. 3.12, dat de optelling van een willekeurig tweetal vectoren $\vec{V}_1$ en $\vec{V}_2$ tot een resultante, $\vec{V} = \vec{V}_1 + \vec{V}_2$, impliceert dat

$$V_x = V_{1x} + V_{2x}$$
$$V_y = V_{1y} + V_{2y}. \tag{3.4}$$

Dat wil zeggen: de som van de x-componenten is gelijk aan de x-component van de resultante, en de som van de y-componenten is gelijk aan de y-component van de resultante, zoals kan worden geverifieerd door een zorgvuldige analyse van fig. 3.12. Merk op dat x-componenten en y-componenten *niet* bij elkaar kunnen worden opgeteld.
Als de grootte en de richting van de resulterende vector worden gevraagd, dan kunnen deze worden verkregen met behulp van vgl. 3.3.
De componenten van een gegeven vector zijn afhankelijk van de keuze van de coördinaatassen. Vaak kun je de optelling van vectoren vereenvoudigen door de assen handig te kiezen: bijvoorbeeld door een van de assen in dezelfde richting als een van de vectoren te kiezen. In dat geval heeft die vector slechts één component verschillend van nul.

Voorbeeld 3.2   De verplaatsing van een postbode

Een postbode op het platteland rijdt vanaf het postkantoor 22,0 km in een noordelijke richting. Vervolgens rijdt ze 47,0 km naar het zuidoosten, onder een hoek van 60,0° met de y-as (fig. 3.13a). Wat is haar verplaatsing vanaf het postkantoor?

Aanpak We kiezen de positieve x-as naar het oosten en de positieve y-as naar het noorden, omdat dit de kompasrichtingen zijn die op de meeste kaarten worden gebruikt. De oorsprong van het xy-coördinatenstelsel is het postkantoor. We ontbinden elke vector in zijn x- en y-componenten. We tellen eerst de x-componenten bij el-

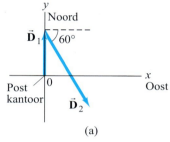

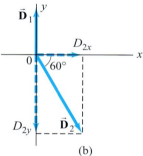

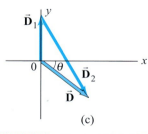

FIGUUR 3.13 Voorbeeld 3.2 (a) De twee verplaatsingsvectoren, $\vec{D}_1$ en $\vec{D}_2$. (b) $\vec{D}_2$ is ontbonden in componenten. (c) $\vec{D}_1$ en $\vec{D}_2$ worden grafisch bij elkaar opgeteld tot de resultante $\vec{D}$. De componentmethode voor het optellen van de vectoren wordt uitgelegd in het voorbeeld.

[1] In drie dimensies wordt de stelling van Pythagoras $V = \sqrt{V_x^2 + V_y^2 + V_z^2}$, waarin V_z de component langs de derde as, oftewel de z-as, is.

Oplossingsstrategie

■ Vectoren optellen

Hier is een kort overzicht over hoe je twee of meer vectoren componentsgewijs optelt:

1. **Teken een diagram**, waarin de vectoren grafisch bij elkaar worden opgeteld, ofwel met de parallelogram- ofwel met de kopstaartmethode.
2. **Kies een x- en een y-as.** Kies deze, indien mogelijk, zodanig dat het je werk gemakkelijker maakt. (Kies bijvoorbeeld één as langs de richting van een van de vectoren zodat die vector slechts één component heeft.)
3. **Ontbind** elke vector in zijn x- en y-componenten, waarbij elke component langs de juiste as (x- of y-as) wordt weergegeven als een (stippel)lijn.
4. **Bereken elke component** (die niet gegeven is) met behulp van sinussen en cosinussen. Als θ_1 de hoek is die de vector $\vec{V}_1$ met de positieve x-as maakt, dan geldt:

$$V_{1x} = V_1 \cos \theta_1, \quad V_{1y} = V_1 \sin \theta_1.$$

Let goed op de tekens: elke component die langs de negatieve x- of y-as wijst, krijgt een minteken.

5. **Tel de x-componenten bij elkaar op** om de x-component van de resultante te krijgen. Doe hetzelfde voor de y-component:

$$V_x = V_{1x} + V_{2x} + \text{andere } x\text{-componenten}$$
$$V_y = V_{1y} + V_{2y} + \text{andere } y\text{-componenten}.$$

Dit is het antwoord: de componenten van de resulterende vector. Controleer de tekens om te zien of ze passen bij het kwadrant in je diagram (punt 1 hierboven).

6. Als je de **grootte en richting** van de resulterende vector wilt weten, gebruik dan vgl. 3.3:

$$V = \sqrt{V_x^2 + V_y^2}, \quad \tan \theta = \frac{V_y}{V_x}$$

In het vectordiagram dat je eerder hebt getekend kun je zien wat de juiste plaats (kwadrant) van de hoek θ moet zijn.

---

kaar op en vervolgens de y-componenten, wat ons de x- en y-componenten van de resultante oplevert.

Oplossing Ontbind elke verplaatsingsvector in zijn componenten, zoals weergegeven in fig. 3.13b. Omdat $\vec{D}_1$ grootte 22,0 km heeft en naar het noorden wijst, heeft deze uitsluitend een y-component:

$$D_{1x} = 0, \quad D_{1y} = 22,0 \text{ km}.$$

$\vec{D}_2$ heeft zowel x- als y-componenten:

$$D_{2x} = +(47,0 \text{ km})(\cos 60°) = +(47,0 \text{ km})(0,500) = +23,5 \text{ km}$$
$$D_{2y} = -(47,0 \text{ km})(\sin 60°) = -(47,0 \text{ km})(0,866) = -40,7 \text{ km}.$$

Merk op dat D_{2y} negatief is omdat deze vectorcomponent gericht is langs de negatieve y-as. De resultante, $\vec{D}$, heeft de componenten:

$$D_x = D_{1x} + D_{2x} = 0 \text{ km} + 23,5 \text{ km} = +23,5 \text{ km}$$
$$D_y = D_{1y} + D_{2y} = 22,0 \text{ km} + (-40,7 \text{ km}) = -18,7 \text{ km}.$$

Hiermee ligt de resultante volledig vast:

$$D_x = 23,5 \text{ km}, \quad D_y = -18,7 \text{ km}.$$

We kunnen de resultante ook specificeren door de grootte en de hoek op te geven, met behulp van vgl. 3.3:

$$D = \sqrt{D_x^2 + D_y^2} = \sqrt{(23,5 \text{ km})^2 + (-18,7 \text{ km})^2} = 30,0 \text{ km}$$
$$\tan \theta = \frac{D_y}{D_x} = \frac{-18,7 \text{ km}}{23,5 \text{ km}} = -0,796.$$

Een rekenmachine met een INV TAN-, een ARCTAN-, of een TAN^{-1}-toets geeft θ = arctan $(-0,796) = -38,5°$. Het minteken betekent dat $\theta = 38,5°$ onder de x-as ligt, zie fig. 3.13c. De resulterende verplaatsing is dus 30,0 km, 38,5° naar het zuidoosten gericht.

Opmerking Let altijd goed op in welk kwadrant de resultante ligt. Een elektronische rekenmachine geeft je niet al deze informatie, maar een goede figuur wel.

De tekens van goniometrische functies hangen af van in welk 'kwadrant' de hoek ligt: zo is bijvoorbeeld de tangens positief in het eerste en derde kwadrant (van 0° tot 90°, gerekend tegen de klok in vanaf de positieve x-as, en van 180° tot 270°), maar negatief in het tweede en vierde kwadrant; zie appendix A. De beste manier om hoeken bij te houden en elk vectorresultaat te controleren, is om altijd een figuur te tekenen, een zogeheten vectordiagram. Een vectordiagram geeft je een houvast op papier om bij het analyseren van een probleem naar te kijken, en biedt een controlemogelijkheid voor de resultaten.

De oplossingsstrategie in het kader moet niet worden beschouwd als een voorschrift. Het is meer bedoeld als een overzicht van dingen die je kunt doen om over een vraagstuk na te denken en het verder uit te werken.

Oplossingsstrategie

Bepaal het juiste kwadrant door een nauwkeurig vectordiagram te tekenen.

Voorbeeld 3.3 Drie korte vluchten

Een vliegreis bestaat uit drie stukken, met twee stops, zoals weergegeven in fig. 3.14a. Het eerste stuk is 620 km naar het oosten; het tweede stuk is 440 km naar het zuidoosten (45°); en het derde stuk is 550 km naar het zuidwesten onder een hoek van 53°, zoals weergegeven. Wat is de totale verplaatsing van het vliegtuig?

Aanpak We volgen de stappen in de hiervoor beschreven oplossingsstrategie.

Oplossing

1. **Teken een figuur** zoals in fig. 3.14a, waarin $\vec{D}_1$, $\vec{D}_2$ en $\vec{D}_3$ de drie stukken van de reis voorstellen en $\vec{D}_R$, de totale verplaatsing van het vliegtuig is.

2. **Kies de assen.** De assen zijn ook weergegeven in fig. 3.14a: de positieve x-richting is naar het oosten gericht en de positieve y-richting naar het noorden.

3. **Ontbind in componenten.** Het is echt noodzakelijk om een goede figuur te tekenen. De componenten zijn getekend in fig. 3.14b. In plaats van in de tekening alle vectoren vanuit een gemeenschappelijk punt te laten beginnen, zoals we gedaan hebben in fig. 3.13b, tekenen we ze hier op de 'kopstaartmanier', wat ook correct is en hier een stuk inzichtelijker.

4. **Bereken de componenten:**

$$\vec{D}_1 : D_{1x} = +D_1 \cos 0° = D_1 = 620 \text{ km}$$
$$D_{1y} = +D_1 \sin 0° = 0 \text{ km}$$
$$\vec{D}_2 : D_{2x} = +D_2 \cos 45° = +(440 \text{ km})(0{,}707) = +311 \text{ km}$$
$$D_{2y} = -D_2 \sin 45° = -(440 \text{ km})(0{,}707) = -311 \text{ km}$$
$$\vec{D}_3 : D_{3x} = -D_3 \cos 53° = -(550 \text{ km})(0{,}602) = -331 \text{ km}$$
$$D_{3y} = -D_3 \sin 53° = -(550 \text{ km})(0{,}799) = -439 \text{ km}.$$

We hebben een minteken gezet voor iedere component in fig. 3.14b die in de negatieve x-richting of de negatieve y-richting wijst. De componenten zijn te zien in de tabel in de marge.

5. **Tel de componenten bij elkaar op.** Om de x- en y-componenten van de resultante te verkrijgen tellen we eerst de x-componenten bij elkaar op en vervolgens de y-componenten.

$$D_x = D_{1x} + D_{2x} + D_{3x} = 620 \text{ km} + 311 \text{ km} - 331 \text{ km} = 600 \text{ km}$$
$$D_y = D_{1y} + D_{2y} + D_{3y} = 0 \text{ km} - 311 \text{ km} - 439 \text{ km} = -750 \text{ km}.$$

De x- en de y-componenten zijn respectievelijk 600 km en −750 km, en zijn respectievelijk gericht naar het oosten en het zuiden. Dit is een manier om de vraag te beantwoorden.

6. **Grootte en richting.** We kunnen het antwoord ook geven als

$$D_R = \sqrt{D_x^2 + D_y^2} = \sqrt{(600)^2 + (-750)^2} \text{ km} = 960 \text{ km}$$
$$\tan \theta = \frac{D_y}{D_x} = \frac{-750 \text{ km}}{600 \text{ km}} = -1{,}25, \quad \text{dus } \theta = -51°.$$

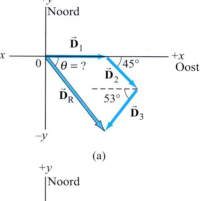

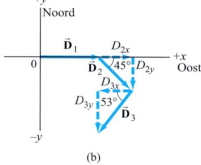

FIGUUR 3.14 Voorbeeld 3.3

Vector	Components	
	x (km)	y (km)
$\vec{D}_1$	620	0
$\vec{D}_2$	311	−331
$\vec{D}_3$	−311	−439
$\vec{D}_R$	600	−750

Dus heeft de totale verplaatsing grootte 960 km en is gericht volgens een hoek van 51° vanaf de *x*-as naar beneden (naar het zuidoosten), zoals te zien is in onze oorspronkelijke schets, fig. 3.14a.

3.5 Eenheidsvectoren

Vectoren kunnen op een handige manier worden geschreven door ze uit te drukken in *eenheidsvectoren*. Een **eenheidsvector** is gedefinieerd als een vector met een grootte exact gelijk aan één (1). Het is handig om eenheidsvectoren te definiëren die langs de coördinaatassen wijzen, en in een rechthoekig *x*, *y*, *z*-coördinatenstelsel worden deze eenheidsvectoren $\vec{e}_x$, $\vec{e}_y$ en $\vec{e}_z$ genoemd. Ze wijzen respectievelijk langs de positieve *x*-, *y*- en *z*-as zoals weergegeven in fig. 3.15. Net als bij andere vectoren, hoeven $\vec{e}_x$, $\vec{e}_y$ en $\vec{e}_z$ niet in de oorsprong te beginnen, maar kunnen ze overal worden geplaatst zolang de richting en de eenheidslengte onveranderd blijven. Soms worden eenheidsvectoren met een 'dakje' geschreven: $\hat{i}$, $\hat{j}$ en $\hat{k}$ (een andere veelvoorkomende notatie) om aan te geven dat elk ervan een eenheidsvector is. In dit boek zullen we de eerder gegeven notatie, met pijltjes, aanhouden om aan te geven dat ook de eenheidsvectoren wel degelijk vectoren zijn.

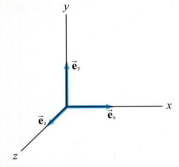

FIGUUR 3.15 Eenheidsvectoren $\vec{e}_y$, $\vec{e}_x$ en $\vec{e}_z$ langs de *x*-, *y*- en *z*-assen.

Vanwege de definitie van vermenigvuldiging van een vector met een scalair (zie paragraaf 3.3), kunnen de componenten van een vector $\vec{V}$ worden geschreven als $\vec{V}_x = V_x\vec{e}_x$, $\vec{V}_y = V_y\vec{e}_y$ en $\vec{V}_z = V_z\vec{e}_z$. Dus kan elke vector V worden geschreven in termen van zijn componenten:

$$\vec{V} = V_x\vec{e}_x + V_y\vec{e}_y + V_z\vec{e}_z. \tag{3.5}$$

Eenheidsvectoren zijn handig om vectoren analytisch componentsgewijs op te tellen. Zo kan worden ingezien dat vgl. 3.4 waar is door voor elke vector de eenheidsvectornotatie te gebruiken (die we uitwerken voor het tweedimensionale geval; dit is eenvoudig uit te breiden naar drie dimensies):

$$\begin{aligned}\vec{V} &= (V_x)\vec{e}_x + (V_y)\vec{e}_y = \vec{V}_1 + \vec{V}_2 \\ &= (V_{1x}\vec{e}_x + V_{1y}\vec{e}_y) + (V_{2x}\vec{e}_x + V_{2y}\vec{e}_y) \\ &= (V_{1x} + V_{2x})\vec{e}_x + (V_{1y} + V_{2y})\vec{e}_y.\end{aligned}$$

Als we de eerste en derde regel met elkaar vergelijken, vinden we vgl. 3.4.

Voorbeeld 3.4   Het gebruik van eenheidsvectoren

Schrijf de vectoren uit voorbeeld 3.2 in eenheidsvectornotatie, en voer de optelling uit.

Aanpak   We gebruiken de componenten die we in voorbeeld 3.2 hebben gevonden,

$$D_{1x} = 0, \quad D_{1y} = 22{,}0 \text{ km}, \quad \text{en} \quad D_{2x} = 23{,}5 \text{ km}, \quad D_{2y} = -40{,}7 \text{ km},$$

en we schrijven ze nu in de vorm van vgl. 3.5.

Oplossing   Er geldt

$$\vec{D}_1 = 0\vec{e}_x + 22{,}0 \text{ km } \vec{e}_y$$

$$\vec{D}_2 = 23{,}5 \text{ km } \vec{e}_x - 40{,}7 \text{ km } \vec{e}_y.$$

Dus geldt

$$\vec{D} = \vec{D}_1 + \vec{D}_2 = (0 + 23{,}5) \text{ km } \vec{e}_x + (22{,}0 - 40{,}7) \text{ km } \vec{e}_y$$

$$= 23{,}5 \text{ km } \vec{e}_x - 18{,}7 \text{ km } \vec{e}_y.$$

De componenten van de resulterende verplaatsing, $\vec{D}$, zijn $D_x = 23{,}5$ km en $D_y = -18{,}7$ km. De grootte van $\vec{D}$ is $D = \sqrt{(23{,}5 \text{ km})^2 + (18{,}7 \text{ km})^2} = 30{,}0$ km, net zoals in voorbeeld 3.2.

3.6 Vectorkinematica

We kunnen nu onze definities van snelheid en versnelling op een formele manier uitbreiden naar twee- en driedimensionale bewegingen. Stel een deeltje volgt een baan in het xy-vlak, zoals weergegeven in fig. 3.16. Op tijdstip t_1 is het deeltje in punt P_1, en op tijdstip t_2 in punt P_2. De vector $\vec{r}_1$ is de plaatsvector van het deeltje op tijdstip t_1 (deze representeert de verplaatsing van het deeltje vanuit de oorsprong van het coördinatenstelsel). En $\vec{r}_2$ is de plaatsvector op tijdstip t_2.

In één dimensie hebben we de verplaatsing gedefinieerd als de *verandering in de plaats* van het deeltje. In het algemenere geval van twee of drie dimensies is de **verplaatsingsvector** gedefinieerd als de vector die de verandering in de plaats voorstelt. We noemen deze $\Delta\vec{r}$ [1], waarbij

$$\Delta\vec{r} = \vec{r}_2 - \vec{r}_1.$$

Deze vector representeert de verplaatsing in het tijdsinterval $\Delta t = t_2 - t_1$. In eenheidsvectornotatie kunnen we schrijven

$$\vec{r}_1 = x_1\vec{e}_x + y_1\vec{e}_y + z_1\vec{e}_z,$$

waarin x_1, y_1 en z_1 de coördinaten van het punt P_1 zijn. Evenzo

$$\vec{r}_2 = x_2\vec{e}_x + y_2\vec{e}_y + z_2\vec{e}_z. \quad (3.6a)$$

Dus

$$\Delta\vec{r} = (x_2 - x_1)\vec{e}_x + (y_2 - y_1)\vec{e}_y + (z_2 - z_1)\vec{e}_z. \quad (3.6b)$$

Als er uitsluitend een beweging langs de x-as is, dan is $y_2 - y_1 = 0$, $z_2 - z_1 = 0$, en de grootte van de verplaatsing is $\Delta r = x_2 - x_1$, wat consistent is met onze eerdere eendimensionale vergelijking (paragraaf 2.1). Ook in één dimensie is de verplaatsing een vector, net zoals de snelheid en de versnelling.

De **gemiddelde snelheidsvector** over het tijdsinterval $\Delta t = t_2 - t_1$ is gedefinieerd als

$$\text{gemiddelde snelheidsvector} = \frac{\Delta\vec{r}}{\Delta t}. \quad (3.7)$$

Laten we nu eens gaan kijken naar steeds kleinere tijdsintervallen (dat wil zeggen: we laten Δt naar nul gaan, zodat de afstand tussen de punten P_2 en P_1 ook naar nul gaat, zoals in fig. 3.17. We definiëren de **momentane snelheidsvector** als de limiet van de gemiddelde snelheidsvector voor Δt naar nul:

$$\vec{v} = \lim_{\Delta t \to 0} \frac{\Delta\vec{r}}{\Delta t} = \frac{d\vec{r}}{dt}. \quad (3.8)$$

De snelheid $\vec{v}$ is op elk moment gericht langs de raaklijn aan de baan op dat moment (fig. 3.17).

Merk op dat de grootte van de gemiddelde snelheidsvector in fig. 3.16 niet gelijk is aan het gemiddelde van de grootte van de snelheid, die gelijk is aan de feitelijk langs de baan afgelegde afstand, $\Delta\ell$, gedeeld door Δt. In enkele bijzondere gevallen zijn het gemiddelde van de grootte van de snelheidsvector en de gemiddelde snelheid aan elkaar gelijk (zoals bij een beweging langs een rechte lijn in één richting), maar in het algemeen is dat niet zo. Echter, in de limiet $\Delta t \to 0$, gaat Δr altijd naar $\Delta\ell$, dus is de grootte van de momentane snelheidsvector *altijd* gelijk aan de grootte van de gemiddelde snelheid op dat tijdstip.

De momentane snelheid (vgl. 3.8) is gelijk aan de afgeleide van de plaatsvector naar de tijd. Vgl. 3.8 kan worden uitgeschreven in componenten, beginnend met vgl. 3.6a, als:

$$\vec{v} = \frac{d\vec{r}}{dt} = \frac{dx}{dt}\vec{e}_x + \frac{dy}{dt}\vec{e}_y + \frac{dz}{dt}\vec{e}_z = v_x\vec{e}_x + v_y\vec{e}_y + v_z\vec{e}_z, \quad (3.9)$$

waarin $v_x = dx/dt$, $v_y = dy/dt$, $v_z = dz/dt$ de x-, y- en z-componenten van de snelheid zijn. Merk op dat $d\vec{e}_x/dt = d\vec{e}_y/dt = d\vec{e}_z/dt = 0$ omdat deze eenheidsvectoren zowel in grootte als in richting constant zijn.

---

[1] Eerder in dit hoofdstuk, bij de voorbeelden over de vectoroptelling, gebruikten we $\vec{D}$ voor de verplaatsingsvector. De nieuwe notatie hier, $\Delta\vec{r}$, benadrukt dat het om het verschil tussen twee plaatsvectoren gaat.

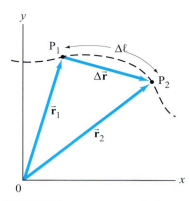

FIGUUR 3.16 Baan van een deeltje in het xy-vlak. Op tijdstip t_1 is het deeltje in punt P_1, gegeven door de plaatsvector $\vec{r}_1$; op t_2 is het deeltje in punt P_2, gegeven door de plaatsvector $\vec{r}_2$. De verplaatsingsvector voor het tijdsinterval $t_2 - t_1$ is $\Delta\vec{r} = \vec{r}_2 - \vec{r}_1$.

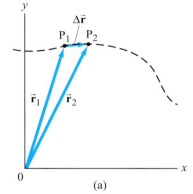

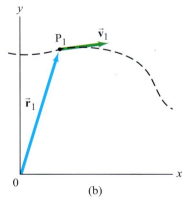

FIGUUR 3.17 (a) Als we Δt en $\Delta\vec{r}$ steeds kleiner nemen (vergelijk met fig. 3.16), zien we dat de richting van $\Delta\vec{r}$ en van de momentane snelheid ($\Delta\vec{r}/\Delta t$, waarbij $\Delta t \to 0$) gelijk is aan (b) de richting van de raaklijn aan de kromme in P_1.

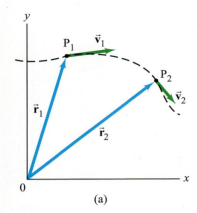

FIGUUR 3.18 (a) De snelheidsvectoren $\vec{v}_1$ en $\vec{v}_2$ op de momenten t_1 en t_2 voor een deeltje in de punten P$_1$ en P$_2$, zoals in fig. 3.16. (b) De richting van de gemiddelde versnelling is in de richting van $\Delta \vec{v} = \vec{v}_2 - \vec{v}_1$.

Versnelling in twee en drie dimensies wordt op een soortgelijke manier behandeld. De **gemiddelde versnellingsvector** over het tijdsinterval $\Delta t = t_2 - t_1$ is gedefinieerd als

$$\text{gemiddelde versnellingsvector} = \frac{\Delta \vec{v}}{\Delta t} = \frac{\vec{v}_2 - \vec{v}_1}{t_2 - t_1}, \quad (3.10)$$

waarin $\Delta \vec{v}$ de verandering in de momentane snelheid in dat tijdsinterval is: $\Delta \vec{v} = \vec{v}_2 - \vec{v}_1$. Merk op dat $\vec{v}_2$ in veel gevallen, zoals in fig. 3.18a, niet in dezelfde richting als $\vec{v}_1$ hoeft te staan. De gemiddelde versnellingsvector kan dus een andere richting hebben dan zowel $\vec{v}_1$ als $\vec{v}_2$ (fig. 3.18b). Verder kunnen $\vec{v}_2$ en $\vec{v}_1$ dezelfde grootte maar verschillende richtingen hebben, en dan is het verschil van twee van dergelijke vectoren niet nul. Dus kan een versnelling zowel voortkomen uit een verandering in de grootte van de snelheid als van een verandering in de richting van de snelheid, of van een verandering in beide. De **momentane versnellingsvector**, $\vec{a}$, is gedefinieerd als de limiet van de gemiddelde versnellingsvector voor Δt naar nul:

$$\vec{a} = \lim_{\Delta t \to 0} \frac{\Delta \vec{v}}{\Delta t} = \frac{d\vec{v}}{dt}, \quad (3.11)$$

en is dus de afgeleide van $\vec{v}$ naar t.
We kunnen $\vec{a}$ uitschrijven in componenten:

$$\vec{a} = \frac{d\vec{v}}{dt} = \frac{dv_x}{dt}\vec{e}_x + \frac{dv_y}{dt}\vec{e}_y + \frac{dv_z}{dt}\vec{e}_z$$
$$= a_x \vec{e}_x + a_y \vec{e}_y + a_z \vec{e}_z, \quad (3.12)$$

waarin $a_x = dv_x/dt$ enzovoort. Omdat $v_x = dx/dt$ is $a_x = dv_x/dt = d^2x/dt^2$, zoals we gezien hebben in paragraaf 2.4. Dus kunnen we de versnelling ook schrijven als

$$\vec{a} = \frac{d^2x}{dt^2}\vec{e}_x + \frac{d^2y}{dt^2}\vec{e}_y + \frac{d^2z}{dt^2}\vec{e}_z. \quad (3.12c)$$

De momentane versnelling is niet alleen verschillend van nul bij verandering van grootte, maar ook bij verandering van richting van de snelheid. Om een voorbeeld te geven: iemand die in een auto met een constante snelheid een bocht neemt, of een kind dat in een draaiende draaimolen zit, zullen beide een versnelling ondervinden vanwege een verandering in de snelheid, hoewel de grootte van de snelheid constant kan zijn. (Meer hierover in hoofdstuk 5.) In het algemeen zullen we de termen 'snelheid' en 'versnelling' gebruiken voor de momentane waarden. Als we de gemiddelde snelheid of versnelling willen bespreken, zullen we altijd het woord 'gemiddeld' gebruiken.

Voorbeeld 3.5 Plaats als functie van de tijd

De plaats van een deeltje als functie van de tijd is gegeven door

$$\vec{r} = \left[(5{,}0\,\text{m/s})t + \left(6{,}0\,\text{m/s}^2\right)t^2\right]\vec{e}_x + \left[(7{,}0\,\text{m}) - \left(3{,}0\,\text{m/s}^3\right)t^3\right]\vec{e}_y,$$

met r in meter en t in seconden. (a) Wat is de verplaatsing van het deeltje tussen $t_1 = 2{,}0$ s en $t_2 = 3{,}0$ s? (b) Bepaal de momentane snelheid en de momentane versnelling van het deeltje als functie van de tijd. (c) Bereken $\vec{v}$ en $\vec{a}$ op $t = 3{,}0$ s.

Aanpak Bij (a) bepalen we $\Delta \vec{r} = \vec{r}_2 - \vec{r}_1$, waarbij we $t_1 = 2{,}0$ s nemen om $\vec{r}_1$, te bepalen en $t_2 = 3{,}0$ om $\vec{r}_2$ te bepalen. Bij (b) nemen we de afgeleiden (vgl. 3.9 en 3.11) en in (c) substitueren we in onze resultaten uit (b) $t = 3{,}0$ s.

Oplossing (a) Op $t_1 = 2{,}0$ s,

$$\vec{r}_1 = \left[(5{,}0\,\text{m/s})(2{,}0\,\text{s}) + \left(6{,}0\,\text{m/s}^2\right)(2{,}0\,\text{s})^2\right]\vec{e}_x$$
$$+ \left[(7{,}0\,\text{m}) - \left(3{,}0\,\text{m/s}^3\right)(2{,}0\,\text{s})^3\right]\vec{e}_y$$
$$= (34\,\text{m})\vec{e}_x - (17\,\text{m})\vec{e}_y.$$

Evenzo op $t_2 = 3{,}0$ s

$$\vec{r}_2 = (15\,\text{m} + 54\,\text{m})\vec{e}_x + (7{,}0\,\text{m} - 81\,\text{m})\vec{e}_y = (69\,\text{m})\vec{e}_x - (74\,\text{m})\vec{e}_y.$$

Dus geldt
$$\Delta \vec{r} = \vec{r}_2 - \vec{r}_1 = (69\,\text{m} - 34\,\text{m})\vec{e}_x + (-74\,\text{m} - (-17\,\text{m}))\vec{e}_y = (35\,\text{m})\vec{e}_x - (57\,\text{m})\vec{e}_y.$$
Dat wil zeggen: $\Delta x = 35$ m en $\Delta y = -57$ m.

(b) Voor het bepalen van de snelheid nemen we de afgeleide van de gegeven $\vec{r}$ naar de tijd, daarbij opmerkend dat (appendix B2), $d(t^2)/dt = 2t$ en $d(t^3)/dt = 3t^2$:
$$\vec{v} = \frac{d\vec{r}}{dt} = \left[5{,}0\,\text{m/s} + \left(12\,\text{m/s}^2\right)t\right]\vec{e}_x + \left[0 - \left(9{,}0\,\text{m/s}^3\right)t^2\right]\vec{e}_y.$$
De versnelling is (bij het aanhouden van slechts twee significante cijfers):
$$\vec{a} = \frac{d\vec{v}}{dt} = \left(12\,\text{m/s}^2\right)\vec{e}_x - \left(18\,\text{m/s}^3\right)t\,\vec{e}_y.$$
Dus $a_x = 12$ m/s^2 is constant; maar $a_y = -(18\,\text{m/s}^3)t$ is lineair afhankelijk van de tijd en neemt in grootte toe met de tijd in de negatieve y-richting.

(c) In de vergelijkingen voor $\vec{v}$ en $\vec{a}$ die we zojuist hebben afgeleid substitueren we $t = 3{,}0$ s:
$$\vec{v} = (5{,}0\,\text{m/s} + 36\,\text{m/s})\vec{e}_x - (81\,\text{m/s})\vec{e}_y = (41\,\text{m/s})\vec{e}_x - (81\,\text{m/s})\vec{e}_y$$
$$\vec{a} = \left(12\,\text{m/s}^2\right)\vec{e}_x - \left(54\,\text{m/s}^2\right)\vec{e}_y.$$

De groottes op $t = 3{,}0$ s zijn $v = \sqrt{(41\,\text{m/s})^2 + (81\,\text{m/s})^2} = 91$ m/s en $a = \sqrt{(12\,\text{m/s}^2)^2 + (54\,\text{m/s}^2)^2} = 55\,\text{m/s}^2$.

■ Constante versnelling

In hoofdstuk 2 bestudeerden we het belangrijke geval van de eendimensionale beweging waarvoor de versnelling constant is (eenparig versnelde beweging). In twee en drie dimensies geldt dat als de versnellingsvector, $\vec{a}$, constant is in grootte en in richting, dat a_x = constant, a_y = constant en a_z = constant. In dit geval is op elk moment de gemiddelde versnelling gelijk aan de momentane versnelling. De vergelijkingen die we in hoofdstuk 2 hebben afgeleid voor één dimensie, vgl. 2.12a, b en c, zijn elk op zich van toepassing op elke loodrechte component van een twee- of driedimensionale beweging. In twee dimensies schrijven we de beginsnelheid $\vec{v}_0 = v_{x0}\vec{e}_x + v_{y0}\vec{e}_y$ en we passen de vgl. 3.6a, 3.9 en 3.12b toe voor de plaatsvector $\vec{r}$, de snelheid $\vec{v}$ en de versnelling $\vec{a}$. We kunnen dan de vergelijkingen 2.12a, b en c voor twee dimensies schrijven zoals te zien in tabel 3.1.

TABEL 3.1 Kinematische vergelijkingen voor constante versnelling in twee dimensies

x-component (horizontaal)		y-component (verticaal)
$v_x = v_{x0} + a_x t$	(vgl. 2.12a)	$v_y = v_{y0} + a_y t$
$x = x_0 + v_{x0}t + \frac{1}{2}a_x t^2$	(vgl. 2.12b)	$y = y_0 + v_{y0}t + \frac{1}{2}a_y t^2$
$v_x^2 = v_{x0}^2 + 2a_x(x - x_0)$	(vgl. 2.12c)	$v_y^2 = v_{y0}^2 + 2a_y(y - y_0)$

De eerste twee vergelijkingen in tabel 3.1 kunnen formeler worden geschreven in vectornotatie.
$$\vec{v} = \vec{v}_0 + \vec{a}t \qquad (\vec{a} = \text{constant}) \quad (3.13\text{a})$$
$$\vec{r} = \vec{r}_0 + \vec{v}_0 t + \tfrac{1}{2}\vec{a}t^2. \qquad (\vec{a} = \text{constant}) \quad (3.13\text{b})$$

Hierin is $\vec{r}$ de plaatsvector op het tijdstip t, en $\vec{r}_0$ de plaatsvector op $t = 0$. Deze vergelijkingen zijn de vectorequivalenten van de vgl. 2.12a en 2.12b. In de praktijk gebruiken we gewoonlijk de componentvorm uit tabel 3.1.

3.7 De kogelbaan

In hoofdstuk 2 bestudeerden we de eendimensionale beweging van een voorwerp in termen van verplaatsing, snelheid en versnelling, waaronder de zuiver verticale beweging van een vallend voorwerp dat de valversnelling ondergaat. Nu bekijken we de algemenere translatiebeweging van voorwerpen die dicht bij het aardoppervlak in twee dimensies door de lucht bewegen, zoals een golfbal, een opgegooide of geslagen honkbal, getrapte voetballen en rondvliegende kogels. Dit zijn allemaal voorbeelden van bewegingen volgens een **kogelbaan** (zie fig. 3.19), die we kunnen beschrijven alsof ze zich in twee dimensies afspelen.

Hoewel de luchtweerstand vaak van belang is, kan het effect in veel gevallen worden genegeerd, wat we in de volgende analyse ook zullen doen. We maken ons hier niet druk over hoe het voorwerp wordt opgegooid of weggeschoten. We beschouwen uitsluitend de beweging *nadat* het is weggeschoten en *voordat* het landt of wordt opgevangen: dat wil zeggen, we analyseren ons weggeschoten voorwerp uitsluitend wanneer het vrij door de lucht beweegt, uitsluitend onder de invloed van de zwaartekracht. Dan is de versnelling van het voorwerp de versnelling als gevolg van de zwaartekracht, die naar beneden gericht is en grootte $g = 9{,}80$ m/s^2 heeft, en die we als constant veronderstellen.[1]

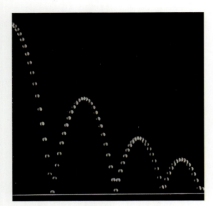

FIGUUR 3.19 Deze stroboscoopfoto van een bal die een aantal keren stuitert, vertoont de karakteristieke 'parabolische' weg van de kogelbaan.

De kogelbaan werd voor het eerst nauwkeurig beschreven door Galilei. Hij liet zien dat deze baan kon worden begrepen door de horizontale en verticale componenten van de beweging afzonderlijk te analyseren. Voor het gemak nemen we altijd aan dat de beweging begint op het tijdstip $t = 0$ in de oorsprong van een xy-coördinatenstelsel (dus $x_0 = y_0 = 0$).

Laten we eens gaan kijken naar een (kleine) bal die van de rand van een horizontale tafel af rolt met een beginsnelheid in de horizontale (x) richting, v_{x0}. Zie fig. 3.20, waarin ter vergelijking ook een verticaal vallend voorwerp is weergegeven. De snelheidsvector $\vec{v}$ wijst op elk moment in de richting van de beweging van de bal op dat moment en raakt altijd aan de baan. In navolging van Galilei's ideeën, behandelen we de horizontale en verticale componenten van de snelheid, v_x en v_y, afzonderlijk, en kunnen we de kinematische vergelijkingen (vgl. 2.12a tot en met 2.12c) toepassen op de x- en y-componenten van de beweging.

Eerst onderzoeken we de verticale (y) component van de beweging. Op het moment dat de bal van het tafelblad af rolt ($t = 0$), heeft hij uitsluitend een x-component van de snelheid.

Als de bal eenmaal van de tafel af is (op $t = 0$), ondervindt hij een verticaal naar beneden gerichte versnelling g, de valversnelling. Dat wil zeggen v_y is aanvankelijk nul ($v_{y0} = 0$), maar neemt naar beneden continu toe (totdat de bal op de grond komt). Laten we y positief naar boven nemen. Dan geldt $a_y = -g$, en met vgl. 2.12a kunnen we schrijven $v_y = -gt$, omdat we $v_{y0} = 0$ gesteld hebben. De verticale verplaatsing wordt gegeven door $y = -\frac{1}{2}gt^2$.

In de horizontale richting daarentegen is de versnelling gelijk aan nul (we verwaarlozen de luchtweerstand). Met $a_x = 0$ blijft de horizontale component van de snelheid, v_x, constant, gelijk aan zijn beginwaarde, v_{x0}, en heeft dus in elk punt van de baan dezelfde grootte. De horizontale verplaatsing wordt dan gegeven door $x = v_{x0}t$. De vectorcomponenten, $\vec{v}_x$ en $\vec{v}_y$, kunnen op elk moment vectorieel bij elkaar worden opgeteld om de snelheid $\vec{v}$ op dat tijdstip (dat wil zeggen: voor elk punt van de baan) te verkrijgen, zoals te zien is in fig. 3.20.

Eén resultaat van deze analyse, door Galilei zelf voorspeld, is dat *een horizontaal afgeschoten voorwerp op hetzelfde tijdstip de grond zal raken als een verticaal losgelaten voorwerp*. Dit komt omdat de verticale bewegingen in beide gevallen hetzelfde zijn, zoals weergegeven in fig. 3.20. Fig. 3.21 is een foto met meervoudige belichting van een experiment dat dit bevestigt.

> **Opgave D**
> Ga terug naar de openingsvraag aan het begin van dit hoofdstuk, en beantwoord die nogmaals. Probeer te verklaren waarom je die de eerste keer mogelijk anders beantwoord hebt.

---

[1] Hierdoor moeten we ons beperken tot voorwerpen waarvan de afgelegde afstand en de maximumhoogte boven de aarde klein zijn in vergelijking met de straal van de aarde (6400 km).

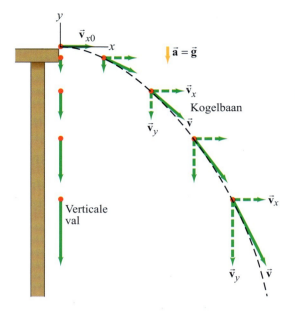

FIGUUR 3.20 Kogelbaan van een kleine bal, horizontaal weggeschoten. De zwarte stippellijn stelt de baan van het voorwerp voor. De snelheidsvector $\vec{v}$ wijst in elk punt in de bewegingsrichting en raakt dus aan de baan. De snelheidsvectoren zijn groene pijlen, en de snelheidscomponenten zijn gestippeld. (Ter vergelijking is links een verticaal vallend voorwerp met hetzelfde beginpunt weergegeven; voor het vallende voorwerp en de kogel is v_y precies hetzelfde.)

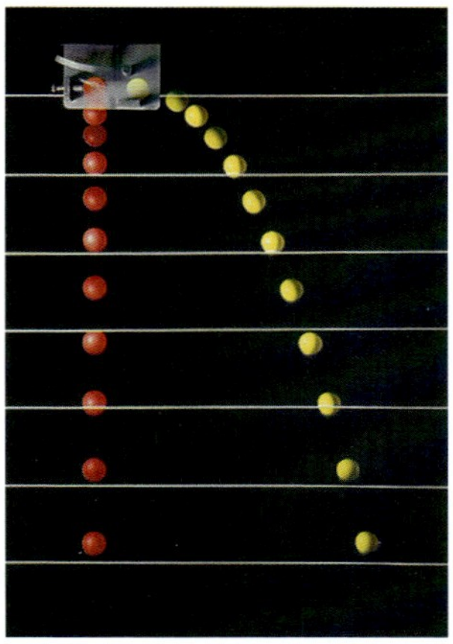

Als een voorwerp onder een hoek naar boven wordt afgeschoten, zoals in fig. 3.22, gaat de analyse op dezelfde manier, met dit verschil dat de beginsnelheid nu ook een verticale component, v_{y0}, heeft. Vanwege de neerwaarts gerichte versnelling van de zwaartekracht neemt de omhoog gerichte component van de snelheid v_y geleidelijk af met de tijd totdat het voorwerp het hoogste punt van zijn baan bereikt, waarin $v_y = 0$. Daarna beweegt het voorwerp naar beneden (fig. 3.22) en neemt v_y toe in neerwaartse richting, zoals weergegeven (dat wil zeggen: de snelheid wordt negatiever). Net als eerder blijft v_x constant.

FIGUUR 3.21 Een foto met meervoudige belichting met de posities van twee ballen met gelijke tussenliggende tijdsintervallen. Op het zelfde tijdstip werd een bal losgelaten vanuit rust en de andere horizontaal naar buiten geschoten. Het is te zien dat de verticale positie van beide ballen op elk moment dezelfde is.

3.8 Het oplossen van kogelbaanvraagstukken

We kunnen nu enkele voorbeelden van kogelbanen kwantitatief gaan uitwerken.
In het geval van de kogelbaan kunnen we vgl. 2.12 (tabel 3.1) vereenvoudigen, omdat we $a_x = 0$ kunnen stellen. Zie tabel 3.2, waarin $a_x = 0$ wordt verondersteld. y is naar boven toe positief, dus $a_y = -g = -9{,}80$ m/s². Merk op dat als θ ten opzichte van de +x-as wordt gekozen, zoals in fig. 3.22, dat dan geldt

$$v_{x0} = v_0 \cos \theta_0$$

$$v_{y0} = v_0 \sin \theta_0.$$

Bij het oplossen van kogelbaanvraagstukken moeten we een tijdsinterval beschouwen waarvoor het door ons gekozen voorwerp in de lucht is, uitsluitend beïnvloed door

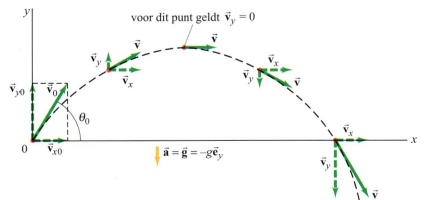

FIGUUR 3.22 Baan van een projectiel dat wordt afgevuurd met beginsnelheid $\vec{v}_0$ onder een hoek θ_0 met het horizontale vlak. De baan is weergegeven als een zwarte stippellijn, de snelheidsvectoren als groene pijlen en de snelheidscomponenten zijn gestippeld. De versnelling $\vec{a} = d\vec{v}/dt$ is naar beneden gericht. Dat wil zeggen: $\vec{a} = \vec{g} = -g\vec{e}_y$, waarbij $\vec{e}_y$ de eenheidsvector in the positieve y-richting is.

de zwaartekracht. We houden ons niet bezig met het opgooi- (of afschiet-)proces, en ook niet met de tijd nadat het voorwerp geland of gevangen is, omdat er dan andere invloeden op het voorwerp meespelen, en we niet langer kunnen stellen dat $\vec{a} = \vec{g}$.

TABEL 3.2 Kinematische vergelijkingen voor de kogelbaan
(positieve y-richting naar boven gericht: $a_x = 0$, $a_y = -g = -9{,}80$ m/s^2)

Horizontale Beweging ($a_x = 0$, v_x = constant)		Verticale Beweging† ($a_y = -g$ = constant)
$v_x = v_{x0}$	(vgl. 2.12a)	$v_y = v_{y0} - gt$
$x = x_0 + v_{x0}t$	(vgl. 2.12b)	$y = y_0 + v_{y0}t - \tfrac{1}{2}gt^2$
	(vgl. 2.12c)	$v_y^2 = v_{y0}^2 - 2g(y - y_0)$

† Als y naar beneden toe positief wordt genomen, komt er in plaats van het minteken (−) een plusteken (+) voor de g.

Oplossingsstrategie
Keuze van het tijdsinterval

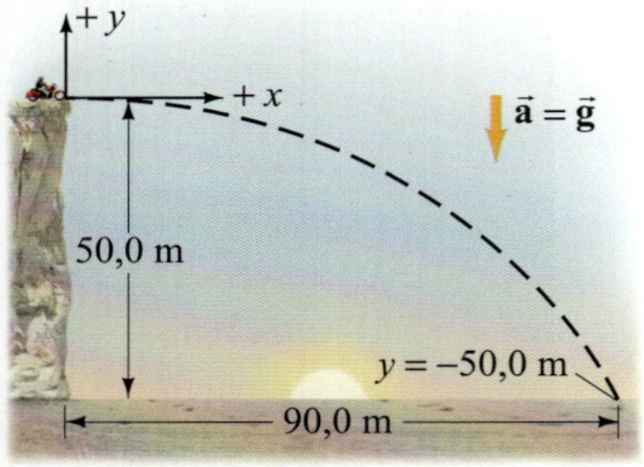

FIGUUR 3.23 Voorbeeld 3.6.

Voorbeeld 3.6 Van een rots af rijden

Een filmstuntman rijdt op een motor horizontaal van een 50,0 m hoge rots af. Hoe snel moet de motor van de rots af rijden om op de grond eronder te landen op 90,0 m van de voet van de rots waar de camera's zijn? Verwaarloos de luchtweerstand.

Aanpak We volgen expliciet de stappen in de hieronder beschreven oplossingsstrategie.

Oplossing

1. en 2. Lees, kies het voorwerp en teken een figuur. Ons voorwerp is de motor en de stuntman, als één geheel bekeken. De figuur is te zien in fig. 3.23.

3. **Kies een coördinatenstelsel.** We kiezen de y-richting positief naar boven, met de top van de rots als $y_0 = 0$. De x-richting is horizontaal met $x_0 = 0$ op het punt waar de motor de rots verlaat.

4. **Kies een tijdsinterval.** We laten ons tijdsinterval beginnen ($t = 0$) op het moment dat de motor de bovenkant van de rots verlaat op plaats $x_0 = 0$, $y_0 = 0$; ons tijdsinterval eindigt net voordat de motor de grond eronder raakt.

Oplossingsstrategie

■ De kogelbaan

Onze aanpak voor het oplossen van vraagstukken uit paragraaf 2.6 is ook hier van toepassing. Voor het oplossen van kogelbaanvraagstukken kan creativiteit nodig zijn, en het lukt niet door alleen maar een paar regels te volgen. Vanzelfsprekend moet je vermijden om zomaar wat getallen in te voeren in vergelijkingen die lijken te 'werken'.

1. **Lees**, zoals altijd, zorgvuldig; **kies** het voorwerp (of de voorwerpen) die je gaat analyseren.
2. **Teken** een nauwkeurige **figuur** die laat zien wat er met het voorwerp gebeurt.
3. **Kies** een oorsprong en een xy-**coördinatenstelsel**.
4. Neem een beslissing over het **tijdsinterval**, waarin bij de kogelbaan uitsluitend beweging onder invloed van de zwaartekracht kan plaatsvinden, geen opgooien of landen. Het tijdsinterval moet voor de x- en y-analyses gelijk zijn. De bewegingen in de x- en de y-richting zijn verbonden door de gemeenschappelijke tijd.
5. **Bekijk** de horizontale (x-) en verticale (y-) bewegingen apart. Als de beginsnelheid is gegeven, wil je die misschien ontbinden in zijn x- en y- componenten.
6. Maak een lijst van de **gegeven** en **gevraagde** grootheden, en kies $a_x = 0$ en $a_y = -g$, waarbij $g = 9{,}80$ m/s^2, en gebruik +- of −-tekens, afhankelijk van of je y positief naar beneden of naar boven kiest. Bedenk dat v_x overal op de baan dezelfde waarde houdt, en dat $v_y = 0$ op het hoogste punt van elke baan die naar beneden terugkeert. De snelheid vlak voor de landing is in het algemeen niet gelijk aan nul.
7. Denk even na voordat je meteen aan de vergelijkingen begint. Een beetje planning kan veel opleveren. **Pas de relevante vergelijkingen** (tabel 3.2) **toe**, waarbij je zonodig vergelijkingen combineert. Het kan zijn dat je componenten van een vector moet combineren om grootte en richting te krijgen (vgl. 3.3).

3.8 Het oplossen van kogelbaanvraagstukken

5. **Onderzoek de x- en y-bewegingen.** In the horizontale (x-) richting, is de versnelling $a_x = 0$, dus is de snelheid constant. De waarde van x wanneer de motor de grond bereikt is $x = +90{,}0$ m. In verticale richting is de versnelling gelijk aan de valversnelling, $a_y = -g = -9{,}80$ m/s². De waarde van y wanneer de motor de grond bereikt, is $y = -50{,}0$m. De beginsnelheid is horizontaal en is onze onbekende, v_{x0}; de beginsnelheid in verticale richting is nul, $v_{y0} = 0$.

6. **Lijst met gegevens en onbekenden.** Zie de tabel in de kantlijn. Merk op dat we niet alleen de horizontale beginsnelheid v_{x0} (die tot aan de landing constant blijft) zoeken, maar ook niet weten op welk tijdstip t de motor de grond bereikt.

7. **Pas relevante vergelijkingen toe.** Zolang de motor in de lucht is, behoudt hij een constante horizontale snelheid v_x. De tijd dat hij in de lucht blijft wordt uitsluitend bepaald door de y-beweging: wanneer hij de grond raakt. We bepalen dus eerst de tijd met behulp van de beweging in de y-richting, en gebruiken vervolgens deze tijdwaarde in de vergelijkingen in de x-richting. Om te bepalen hoe lang de motorfiets erover doet om de grond eronder te bereiken, gebruiken we vgl. 2.12b (tabel 3.2) voor de verticale (y-) richting met $y_0 = 0$ en $v_{y0} = 0$:

$$y = y_0 + v_{y0}t + \tfrac{1}{2}a_y t^2$$
$$= 0 + 0 + \tfrac{1}{2}(-g)t^2$$

ofwel

$$y = -\tfrac{1}{2}gt^2.$$

We lossen op naar t en stellen $y = -50{,}0$ m:

$$t = \sqrt{\frac{2y}{-g}} = \sqrt{\frac{2(-50{,}0\,\text{m})}{-9{,}80\,\text{m/s}^2}} = 3{,}19\,\text{s}.$$

Voor het berekenen van de beginsnelheid v_{x0} gebruiken we opnieuw vgl. 2.12b, maar ditmaal voor de horizontale (x-) richting, met $a_x = 0$ en $x_0 = 0$:

$$x = x_0 + v_{x0}t + \tfrac{1}{2}a_x t^2$$
$$= 0 + v_{x0}t + 0$$

ofwel

$$x = v_{x0}t.$$

Dus geldt

$$v_{x0} = \frac{x}{t} = \frac{90{,}0\,\text{m}}{3{,}19\,\text{s}} = 28{,}2\,\text{m/s},$$

wat ongeveer gelijk is aan 100 km/u.

Gegeven	Onbekend
$x_0 = y_0 = 0$	v_{x0}
$x = 90{,}0$ m	t
$y = -50{,}0$ m	
$a_x = 0$	
$a_y = -g$	
$\quad = -9{,}80$ m/s²	
$v_{y0} = 0$	

Opmerking In het tijdsinterval van de kogelbaan is de enige versnelling de valversnelling, g, in de negatieve y-richting. De versnelling in the x-richting is gelijk aan nul.

Voorbeeld 3.7   Een weggetrapte voetbal

Een voetbal wordt weggetrapt onder een hoek $\theta_0 = 37{,}0°$ met een snelheid van 20,0 m/s, zoals te zien is in fig. 3.24. Bereken (a) de maximale hoogte, (b) de tijd totdat de voetbal de grond raakt, (c) op welke afstand hij de grond raakt, (d) de snelheidsvector op de maximale hoogte, en (e) de versnellingsvector op de maximale hoogte. Neem aan dat de bal de voet op grondniveau verlaat en verwaarloos luchtweerstand en rotatie van de bal.

Natuurkunde in de praktijk

Sport

Aanpak Op het eerste gezicht lijkt dit ingewikkeld omdat er zoveel vragen zijn. Deze vragen kunnen we echter een voor een beantwoorden. We nemen de positieve y-richting naar boven, en behandelen de beweging in de x- en die in de y-richting apart. De totale tijd in de lucht wordt opnieuw bepaald door de beweging in de y-richting. Bij de beweging in de x-richting is de snelheid constant. De y-component van de snelheid varieert; deze is aanvankelijk positief (naar boven gericht), neemt

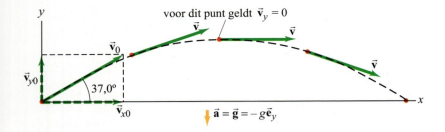

FIGUUR 3.24 Voorbeeld 3.7.

af tot nul in het hoogste punt, en wordt vervolgens negatief als de voetbal begint te dalen.

Oplossing We ontbinden de beginsnelheid in zijn componenten (fig. 3.24):

$$v_{x0} = v_0 \cos 37{,}0° = (20{,}0 \text{ m/s})(0{,}799) = 16{,}0 \text{ m/s}$$

$$v_{y0} = v_0 \sin 37{,}0° = (20{,}0 \text{ m/s})(0{,}602) = 12{,}0 \text{ m/s}.$$

(*a*) We beschouwen een tijdsinterval dat begint net nadat de voetbal contact met de voet verliest en eindigt als hij zijn maximumhoogte bereikt. Gedurende dit tijdsinterval is de versnelling in grootte gelijk aan g en naar beneden gericht. Op de maximumhoogte is de snelheid horizontaal (fig. 3.24), dus $v_y = 0$; en dit gebeurt op een tijdstip gegeven door $v_y = v_{y0} - gt$ met $v_y = 0$ (zie vgl. 2.12a in tabel 3.2). Dus geldt

$$t = \frac{v_{y0}}{g} = \frac{(12{,}0 \text{ m/s})}{\left(9{,}80 \text{ m/s}^2\right)} = 1{,}224 \text{ s} \approx 1{,}22 \text{ s}.$$

Uit vgl. 2.12b, met $y_0 = 0$, vinden we

$$y = v_{y0}t - \tfrac{1}{2}gt^2$$
$$= (12{,}0 \text{ m/s})(1{,}224 \text{ s}) - \tfrac{1}{2}(9{,}80 \text{ m/s}^2)(1{,}224 \text{ s})^2 = 7{,}35 \text{ m}.$$

We hadden ook vgl. 2.12c kunnen gebruiken en oplossen naar *y*:

$$y = \frac{v_{y0}^2 - v_y^2}{2g} = \frac{(12{,}0 \text{ m/s})^2 - (0 \text{ m/s})^2}{2\left(9{,}80 \text{ m/s}^2\right)} = 7{,}35 \text{ m}.$$

De maximumhoogte is 7,35 m.

(*b*) Om de tijd te bepalen die de bal nodig heeft om op de grond terug te keren, beschouwen we een ander tijdsinterval, dat begint op het moment dat de bal de voet verlaat ($t = 0$, $y_0 = 0$) en eindigt net voordat de bal de grond raakt (opnieuw $y = 0$). We kunnen vgl. 2.12b gebruiken met $y_0 = 0$ en tegelijk $y = 0$ stellen (grondniveau):

$$y = y_0 + v_{y0}t - \tfrac{1}{2}gt^2$$
$$0 = 0 + v_{y0}t - \tfrac{1}{2}gt^2.$$

Deze vergelijking is gemakkelijk te ontbinden in factoren:

$$t(\tfrac{1}{2}gt - v_{y0}) = 0.$$

Er zijn twee oplossingen, $t = 0$ (die correspondeert met het beginpunt, y_0), en

$$t = \frac{2v_{y0}}{g} = \frac{2(12{,}0 \text{ m/s})}{\left(9{,}80 \text{ m/s}^2\right)} = 2{,}45 \text{ s},$$

de totale tijd die de voetbal in de lucht is geweest.

Opmerking De tijd die nodig is voor de hele baan, $t = 2v_{y0}/g = 2{,}45$ s, is het dubbele van de tijd die nodig is om het bij (*a*) berekende hoogste punt te bereiken. Dat wil zeggen: de tijd om omhoog te gaan is gelijk aan de tijd om weer naar beneden op hetzelfde niveau te komen (met verwaarlozing van de luchtweerstand).

(c) De totaal afgelegde afstand in de *x*-richting wordt bepaald door toepassen van vgl. 2.12b met $x_0 = 0$, $a_x = 0$, $v_{x0} = 16,0$ m/s:

$$x = v_{x0}t = (16,0 \text{ m/s})(2,45 \text{ s}) = 39,2 \text{ m}.$$

(d) Op het hoogste punt heeft de snelheid geen verticale component. Er is alleen een horizontale component (die tijdens de hele vlucht van de bal constant blijft), dus is $v = v_{x0} = v_0 \cos 37,0° = 16,0$ m/s.

(e) De versnellingsvector is in het hoogste punt hetzelfde als gedurende de hele vlucht: 9,80 m/s² naar beneden gericht.

Opmerking We behandelden de voetbal alsof het een deeltje was, door de rotatie te verwaarlozen. Ook verwaarloosden we de luchtweerstand. Omdat de luchtweerstand op een voetbal aanzienlijk kan zijn, zijn onze resultaten slechts schattingen.

Opgave E
Twee ballen worden onder verschillende hoeken in de lucht gegooid, maar beide bereiken dezelfde hoogte. Welke bal blijft langer in de lucht: de bal die onder de grootste, of de bal die onder de kleinste hoek is gegooid?

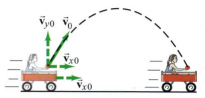

(a) Referentiestelsel ten opzichte van de kar

(b) Referentiestelsel ten opzichte van de grond

FIGUUR 3.25 Voorbeeld 3.8.

Conceptvoorbeeld 3.8 Waar landt de appel?

Een kind zit rechtop in een kar die met constante snelheid naar rechts beweegt, zoals in fig. 3.25. Het kind strekt haar hand uit en gooit een appel recht omhoog (vanuit haar gezichtspunt, fig. 3.25a), terwijl de kar met constante snelheid vooruit blijft rijden. Als de luchtweerstand wordt verwaarloosd, landt de appel dan (*a*) achter de kar, (*b*) in de kar, of (*c*) voor de kar?

Antwoord Het kind gooit de appel recht omhoog vanuit haar eigen referentiestelsel met beginsnelheid $\vec{v}_{y0}$ (fig. 3.25a). Maar gezien door iemand op de grond heeft de beginsnelheid van de appel ook een horizontale component, die gelijk is aan de snelheid van de kar, $\vec{v}_{x0}$. Voor iemand op de grond zal de appel bewegen volgens een kogelbaan, zoals te zien is in fig. 3.25b. De appel ondervindt geen horizontale versnelling, dus zal $\vec{v}_{x0}$ constant blijven en gelijk aan de snelheid van de kar. Terwijl de appel zijn boog beschrijft, bevindt de kar zich de hele tijd recht onder de appel omdat ze dezelfde horizontale snelheid hebben. Wanneer de appel valt, valt deze precies in de uitgestrekte hand van het kind. Het antwoord is (*b*).

Conceptvoorbeeld 3.9 De verkeerde strategie

Een jongen boven op een kleine heuvel richt de waterballon in zijn katapult horizontaal, recht op een tweede jongen die op een afstand *d* in een boom hangt, fig. 3.26. Op het moment dat de waterballon wordt losgelaten, laat de tweede jongen los en valt uit de boom, in de hoop niet geraakt te worden. Laat zien dat hij de ver-

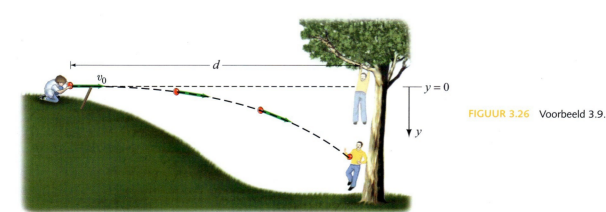

FIGUUR 3.26 Voorbeeld 3.9.

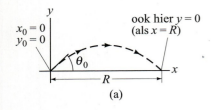

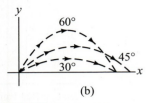

FIGUUR 3.27 Voorbeeld 3.10.
(a) Het bereik R van een projectiel;
(b) in het algemeen zijn er twee hoeken die hetzelfde bereik geven. Kun je aantonen dat als de ene hoek θ_{01} is, dat dan de andere $\theta_{02} = 90° - \theta_{01}$ is?

keerde beslissing heeft genomen. (Hij had nog geen natuurkunde gehad.) Verwaarloos de luchtweerstand.

Antwoord Zowel de waterballon als de jongen in de boom beginnen op hetzelfde moment te vallen, en in een tijd t vallen ze beide dezelfde verticale afstand $y = \frac{1}{2}gt^2$, ongeveer zoals de kogels in fig. 3.21. Terwijl de waterballon de horizontale afstand d aflegt, zal de ballon steeds dezelfde y-waarde hebben als de vallende jongen. Splash. Als de jongen in de boom was gebleven, had hij geen nat pak gehad. Hoe harder de ballon afgeschoten wordt, hoe sneller hij op zijn bestemming is en hoe hoger in zijn val de jongen geraakt zal worden.

Voorbeeld 3.10 Bepalen van het horizontale bereik

(a) Leid een formule af voor het horizontale bereik R van een kogel in termen van zijn beginsnelheid v_0 en de hoek θ_0. Het horizontale *bereik* is gedefinieerd als de horizontale afstand die de kogel aflegt voordat hij terugkeert naar zijn oorspronkelijke hoogte (gewoonlijk de grond); dat wil zeggen: y (eind) $= y_0$. Zie fig. 3.27a. (b) Stel dat een van Napoleons kanonnen een kogel kon afschieten met een snelheid v_0 van 60,0 m/s. Onder welke hoek zou dit kanon gericht moeten zijn (luchtweerstand verwaarlozen) om een doel op 320 m afstand te raken?

Aanpak De situatie is dezelfde als in voorbeeld 3.7, met dit verschil dat er nu bij (a) geen getallen gegeven zijn. Om tot ons resultaat te komen zullen we de vergelijkingen algebraïsch oplossen.

Oplossing (a) We stellen $x_0 = 0$ en $y_0 = 0$ op $t = 0$. Nadat de kogel een horizontale afstand R heeft afgelegd, keert hij terug op hetzelfde niveau, $y = 0$, het eindpunt. We kiezen het begin van het tijdsinterval ($t = 0$) net nadat de kogel is afgeschoten en het eind wanneer hij op dezelfde verticale hoogte is teruggekeerd. Voor het bepalen van een algemene uitdrukking voor R, stellen we in vgl. 2.12b voor de verticale beweging zowel $y = 0$ als $y_0 = 0$, en vinden

$$y = y_0 + v_{y0}t + \tfrac{1}{2}a_y t^2$$

dus

$$0 = 0 + v_{y0}t - \tfrac{1}{2}gt^2.$$

We lossen op naar t, wat twee oplossingen oplevert: $t = 0$ en $t = 2v_{y0}/g$. De eerste oplossing komt overeen met het moment van afschieten en de tweede is het tijdstip waarop de kogel terugkeert op $y = 0$. Dus is het bereik, R, gelijk aan x op het moment dat t deze waarde heeft, die we invullen in vgl. 2.12b voor de *horizontale* beweging ($x = v_{x0}t$, met $x_0 = 0$). Dus vinden we:

$$R = v_{x0}t = v_{x0}\left(\frac{2v_{y0}}{g}\right) = \frac{2v_{x0}v_{y0}}{g} = \frac{2v_0^2 \sin\theta_0 \cos\theta_0}{g}, \qquad [y = y_0]$$

waar we hebben geschreven $v_{x0} = v_0 \cos\theta_0$ en $v_{y0} = v_0 \sin\theta_0$. Dit is het resultaat waar we naar op zoek waren. Dit kan worden herschreven, met behulp van de goniometrische identiteit $2\sin\theta\cos\theta = \sin 2\theta$ (appendix A of achterin het boek):

$$R = \frac{v_0^2 \sin 2\theta_0}{g}. \qquad \text{(alleen als } y \text{ (eind)} = y_0)$$

We zien dat het maximumbereik, bij een gegeven beginsnelheid v_0, wordt bereikt wanneer $\sin 2\theta$ zijn maximumwaarde van 1,0 aanneemt, wat gebeurt als $2\theta_0 = 90°$; dus geldt voor het maximumbereik dat

$$\theta_0 = 45° \text{ en } R_{\max} = v_0^2/g.$$

(Wanneer de luchtweerstand wel een rol speelt, is het bereik voor een gegeven v_0 kleiner, en wordt het maximumbereik bereikt bij een hoek kleiner dan 45°.)

Opmerking Het maximumbereik neemt toe met het kwadraat van v_0, dus verhoogt een verdubbeling van de afschietsnelheid van een kanon het maximumbereik met een factor 4.

3.8 Het oplossen van kogelbaanvraagstukken

(b) In de vergelijking die we zojuist hebben afgeleid, substitueren we $R = 320$ m, waarna we de vergelijking oplossen (waarbij we, niet erg realistisch, geen luchtweerstand veronderstellen). We vinden

$$\sin 2\theta_0 = \frac{Rg}{v_0^2} = \frac{(320 \text{ m})(9{,}80 \text{ m/s}^2)}{(60{,}0 \text{ m/s})^2} = 0{,}871.$$

We willen een oplossing voor een hoek θ_0 die tussen 0° en 90° ligt, wat betekent dat $2\theta_0$ in deze vergelijking maximaal 180° kan zijn. Dus is $2\theta_0 = 60{,}6°$ een oplossing, maar $2\theta_0 = 180° - 60{,}6° = 119{,}4°$ is eveneens een oplossing (zie appendix A.9). In het algemeen zullen we twee oplossingen hebben (zie fig. 3.27b), die in het huidige geval worden gegeven door

$$\theta_0 = 30{,}3° \text{ of } 59{,}7°.$$

Beide hoeken leveren hetzelfde bereik op. Alleen wanneer $\sin 2\theta_0 = 1$ (dus $\theta_0 = 45°$) is er slechts één oplossing (dat wil zeggen: beide oplossingen zijn gelijk).

Opgave F
Het maximumbereik van een kogel blijkt 100 m te zijn. Als de kogel 82 m verderop de grond raakt, wat was dan de hoek waaronder hij is weggeschoten? (a) 35° of 55°; (b) 30° of 60°; (c) 27,5° of 62,5°; (d) 13,75° of 76,25°.

De formule voor het bereik die we hebben afgeleid in voorbeeld 3.10 is uitsluitend van toepassing als vertrekpunt en landingspunt op dezelfde hoogte liggen ($y = y_0$). Voorbeeld 3.11 hierna beschouwt een geval waarin deze hoogten niet gelijk zijn ($y \neq y_0$).

Voorbeeld 3.11 Trap tegen vliegende bal

Stel dat de voetbal in voorbeeld 3.7 in de vlucht was getrapt en de voet van de speler op een hoogte van 1,00 m boven de grond verliet. Welke afstand zou de voetbal dan hebben afgelegd alvorens de grond te raken? Stel $x_0 = 0$, $y_0 = 0$.

Aanpak Ook nu worden de x- en y-bewegingen afzonderlijk behandeld. We kunnen echter niet de formule voor het bereik uit voorbeeld 3.10 gebruiken, omdat deze alleen geldig is als y (eind) $= y_0$, wat hier duidelijk niet het geval is. Nu geldt $y_0 = 0$, en de voetbal raakt de grond als $y = -1{,}00$ m (zie fig. 3.28). We kiezen het begin van ons tijdsinterval wanneer de bal de voet van de speler verlaat ($t = 0$, $y_0 = 0$, $x_0 = 0$) en het eind net voordat de bal de grond raakt ($y = -1{,}00$ m). We kunnen x bepalen uit vgl. 2.12b, $x = v_{x0}t$, omdat we uit voorbeeld 3.7 weten dat $v_{x0} = 16{,}0$ m/s. Maar eerst moeten we het tijdstip bepalen waarop de bal de grond raakt, wat we vinden uit de beweging in de y-richting.

Oplossing We gebruiken de vergelijking

$$y = y_0 + v_{y0}t - \tfrac{1}{2}gt^2,$$

met $y = -1{,}00$ m en $v_{y0} = 12{,}0$ m/s (zie voorbeeld 3.7) en vinden

$$-1{,}00 \text{ m} = 0 + (12{,}0 \text{ m/s})t - (4{,}90 \text{ m/s}^2)t^2.$$

Natuurkunde in de praktijk

Sport

Oplossingsstrategie

Gebruik een formule alleen als je zeker weet dat het geldigheidsbereik ervan bij het probleem past; de formule voor het bereik is hier niet van toepassing omdat $y \neq y_0$.

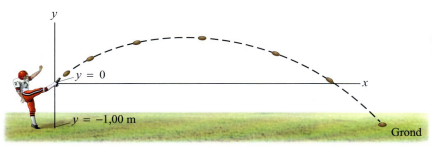

FIGUUR 3.28 Voorbeeld 3.11: de voetbal verlaat de voet van de speler op $y = 0$ en bereikt de grond als $y = -1{,}00$ m.

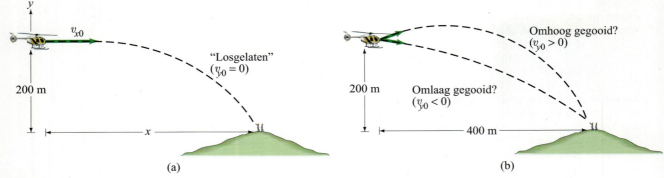

FIGUUR 3.29 Voorbeeld 3.12.

We herschrijven deze vergelijking in de standaardvorm ($ax^2 + bx + c = 0$), zodat we de wortelformule kunnen gebruiken:

$$(4{,}90 \text{ m/s}^2)t^2 - (12{,}0 \text{ m/s})t - (1{,}00 \text{ m}) = 0.$$

De wortelformule (appendix A.1) levert

$$t = \frac{12{,}0 \text{ m/s} \pm \sqrt{(-12{,}0 \text{ m/s})^2 - 4(4{,}90 \text{ m/s}^2)(-1{,}00 \text{ m})}}{2(4{,}90 \text{ m/s}^2)}$$

$$= 2{,}53 \text{ s of } -0{,}081 \text{ s}.$$

De tweede oplossing komt overeen met een tijdstip voor het door ons gekozen tijdsinterval dat begint bij de trap, dus is deze niet van toepassing. Voor $t = 2{,}53$ s – dit is het tijdstip waarop de bal de grond raakt – is de horizontale afstand die de bal heeft afgelegd (met $v_{x0} = 16{,}0$ m/s uit voorbeeld 3.7):

$$x = v_{x0}t = (16{,}0 \text{ m/s})(2{,}53 \text{ s}) = 40{,}5 \text{ m}.$$

Onze aanname uit voorbeeld 3.7 dat de bal de voet op grondniveau verlaat, zou resulteren in een onderschatting van de afgelegde afstand met circa 1,3 m.

Natuurkunde in de praktijk

Een doel bereiken vanuit een vliegende helikopter.

Voorbeeld 3.12   Reddingshelikopter dropt voorraden

Een reddingshelikopter wil een pakket voorraden droppen voor geïsoleerde bergbeklimmers op een 200 m lager gelegen rotspad. Als de helikopter horizontaal vliegt met een snelheid van 70 m/s (250 km/u), (a) hoe ver vóór de ontvangers (horizontale afstand) moet het pakket dan worden gedropt (fig. 3.29a)? (b) Stel dat, in plaats daarvan, de helikopter het pakket op een horizontale afstand van 400 m vóór de bergbeklimmers loslaat. Welke verticale snelheid moet het pakket dan krijgen (naar boven of naar beneden) zodat het exact op de plaats van de bergbeklimmers terechtkomt (fig. 3.29b)? (c) Met welke snelheid landt het pakket in het laatste geval?

Aanpak We kiezen de oorsprong van ons xy-coördinatenstelsel op de beginpositie van de helikopter, waarbij we de $+y$-richting positief nemen, en we gebruiken de kinematische vergelijkingen (tabel 3.2).

Oplossing (a) Uit de verticale afstand of 200 m kunnen we de tijd bepalen om de bergbeklimmers te bereiken. Het pakket wordt 'gedropt', dus aanvankelijk heeft het de snelheid van de helikopter, $v_{x0} = 70$ m/s, $v_{y0} = 0$. Dan, omdat geldt $y = -\frac{1}{2}gt^2$, vinden we

$$t = \sqrt{\frac{-2y}{g}} = \sqrt{\frac{-2(-200 \text{ m})}{9{,}80 \text{ m/s}^2}} = 6{,}39 \text{ s}.$$

Het vallende pakket beweegt in horizontale richting met een constante snelheid van 70 m/s. Dus geldt

$$x = v_{x0}t = (70 \text{ m/s})(6{,}39 \text{ s}) = 447\text{m} \approx 450 \text{ m},$$

aangenomen dat de gegeven getallen kloppen tot op twee significante cijfers.

FIGUUR 3.30 Voorbeelden van kogelbanen: vonken (gloeiend hete stukjes metaal), water en vuurwerk. De karakteristieke paraboolvorm van de kogelbaan wordt beïnvloed door de luchtweerstand.

(*b*) Gegeven is dat $x = 400$ m, $v_{x0} = 70$ m/s, $y = -200$ m. We willen v_{y0} bepalen (zie fig. 3.29b). Net als de meeste vraagstukken kan dit op verschillende manieren worden aangepakt. Laten we eens, in plaats van naar een stel formules te zoeken, eens proberen het op een simpele manier te beredeneren, gebaseerd op wat we bij (*a*) hebben gedaan. Als we t weten, kunnen we misschien v_{y0} bepalen. Omdat de horizontale beweging van het pakket met constante snelheid plaatsvindt (als het pakket eenmaal is losgelaten zijn we niet geïnteresseerd in wat de helikopter doet), geldt dat $x = v_{x0}t$, dus

$$t = \frac{x}{v_{x0}} = \frac{400 \text{ m}}{70 \text{ m/s}} = 5{,}71 \text{ s}.$$

Laten we nu eens proberen om uit de verticale beweging v_{y0} te bepalen: $y = y_0 + v_{y0}t - \frac{1}{2}gt^2$. Omdat $y_0 = 0$ en $y = -200$ m, kunnen we v_{y0} oplossen:

$$v_{y0} = \frac{y + \frac{1}{2}gt^2}{t} = \frac{-200 \text{ m} + \frac{1}{2}\left(9{,}80 \text{ m/s}^2\right)(5{,}71 \text{ s})^2}{5{,}71 \text{ s}} = -7{,}0 \text{ m/s}.$$

Dus moet het pakket, om precies bij de plaats van de bergbeklimmers te komen, vanuit de helikopter met een snelheid van 7,0 m/s naar *beneden* worden gegooid.

(*c*) We willen de snelheid v van het pakket weten op $t = 5{,}71$ s. De componenten zijn:

$$v_x = v_{x0} = 70 \text{ m/s}$$
$$v_y = v_{y0} - gt = -7{,}0 \text{ m/s} - (9{,}80 \text{ m/s}^2)(5{,}71 \text{ s}) = -63 \text{ m/s}.$$

Dus $v = \sqrt{(70 \text{ m/s})^2 + (-63 \text{ m/s})^2} = 94$ m/s. (Het is beter om het pakket niet van zo'n hoogte los te laten, of om een parachute te gebruiken. Ten eerste moeten onze gegevens – snelheid, afstand en hoogte – heel goed kloppen om precies op het pad uit te komen, en ten tweede komt het pakket wel met een heel harde klap aan!)

■ De kogelbaan is een parabool

We zullen nu laten zien dat de baan die door een willekeurig projectiel wordt gevolgd een *parabool* is, als we de luchtweerstand kunnen verwaarlozen en kunnen aannemen dat $\vec{g}$ constant is. Hiertoe moeten we y bepalen als functie van x door uit de twee vergelijkingen voor de horizontale en verticale beweging (vgl. 2.12b in tabel 3.2) t te elimineren; omwille van de eenvoud stellen we $x_0 = y_0 = 0$:

$$x = v_{x0}t$$
$$y = v_{y0}t - \tfrac{1}{2}gt^2$$

Uit de eerste vergelijking volgt dat $t = x/v_{x0}$. Substitutie hiervan in de tweede vergelijking levert

$$y = \left(\frac{v_{y0}}{v_{x0}}\right)x - \left(\frac{g}{2v_{x0}^2}\right)x^2. \quad (3.14)$$

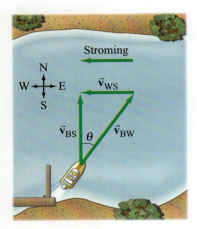

FIGUUR 3.31 Om de rivier recht over te steken moet de boot onder een hoek θ stroomopwaarts koersen. De snelheidsvectoren zijn weergegeven als groene pijlen:

$\vec{v}_{BS}$ = snelheid van de **B**oot ten opzichte van het **S**trand,

$\vec{v}_{BW}$ = snelheid van de **B**oot ten opzichte van het **W**ater,

$\vec{v}_{WS}$ = snelheid van het **W**ater ten opzichte van het **S**trand (stroming van de rivier).

We zien dat y als functie van x de vorm

$$y = Ax - Bx^2$$

heeft, waarin A en B constanten voor een specifieke kogelbaan zijn. Dit is de bekende vergelijking voor een parabool. Zie fig. 3.19 en 3.30.

Het idee dat de kogelbaan een parabool is, was in de tijd van Galilei een doorbraak in het natuurkundig onderzoek. En nu bespreken we het in hoofdstuk 3 van een boek over inleidende natuurkunde!

3.9 Relatieve snelheid

We gaan nu bekijken hoe waarnemingen die gedaan worden in verschillende referentiestelsels met elkaar in verband staan. Beschouw bijvoorbeeld twee treinen die elkaar tegemoetkomen, elk met een snelheid van 80 km/u ten opzichte van de aarde. Waarnemers op aarde naast de treinrails zullen voor de snelheid van elk van de treinen 80 km/u meten. Waarnemers op een van beide treinen (een ander referentiestelsel) zullen voor de tegemoetkomende trein een snelheid van 160 km/u meten.

Iets dergelijks geldt ook wanneer een auto met 90 km/u een auto passeert die met 75 km/u in dezelfde richting rijdt; de eerste auto heeft ten opzichte van de tweede auto een snelheid van 90 km/u − 75 km/u = 15 km/u.

Wanneer de snelheden langs dezelfde lijn liggen, is een simpele optelling of aftrekking voldoende om de relatieve snelheid te verkrijgen. Liggen ze echter niet langs dezelfde lijn, dan moeten we gebruikmaken van vectoroptelling. We benadrukken, zoals we in paragraaf 2.1 al hebben genoemd, dat het bij het specificeren van een snelheid van belang is om aan te geven wat het referentiestelsel is.

Bij het bepalen van de relatieve snelheid maak je al snel een fout door de verkeerde snelheden bij elkaar op te tellen of van elkaar af te trekken. Daarom is het belangrijk om een figuur te tekenen en zorgvuldig namen te geven. Iedere snelheid is voorzien van *twee indexen: de eerste heeft betrekking op het voorwerp, de tweede op het referentiestelsel waarin het deze snelheid heeft.* Stel bijvoorbeeld dat een boot een rivier moet oversteken, zoals weergegeven in fig. 3.31. De snelheid van de **B**oot ten opzichte van het **W**ater geven we aan met $\vec{v}_{BW}$. (Dit is ook wat de snelheid van de boot ten opzichte van het strand zou zijn als het water stilstond.) Evenzo is $\vec{v}_{BS}$ de snelheid van de **B**oot ten opzichte van het **S**trand en $\vec{v}_{WS}$ de snelheid van het **W**ater ten opzichte van het **S**trand (dit is de stroming van het water). Merk op dat $\vec{v}_{BW}$ de snelheid is die de motor van de boot produceert (tegen het water in), terwijl $\vec{v}_{BS}$ gelijk is aan $\vec{v}_{BW}$ vermeerderd met het effect van de stroming, $\vec{v}_{WS}$. Dus is de snelheid van de boot ten opzichte van het strand (zie vectordiagram, fig. 3.31) gelijk aan

$$\vec{v}_{BS} = \vec{v}_{BW} + \vec{v}_{WS}. \tag{3.15}$$

Door de indexen volgens deze conventie te schrijven zien we dat de binnenste indexen (de twee W's) in het rechterlid van vgl. 3.15 gelijk zijn, terwijl de buitenste indexen in het rechterlid van vgl. 3.15 (de B en de S) gelijk zijn aan de twee indexen van de somvector in het linkerlid, $\vec{v}_{BS}$. Door deze conventie te volgen (de eerste index voor het voorwerp, de tweede voor het referentiestelsel), kun je de juiste vergelijking opstellen voor het verband tussen snelheden in verschillende referentiestelsels.[1]

Fig. 3.32 geeft een afleiding van vgl. 3.15.

Vgl. 3.15 is algemeen geldig en kan worden uitgebreid naar drie of meer snelheden. Om een voorbeeld te geven: als een visser op de boot met een snelheid $\vec{v}_{VB}$ ten opzichte van de boot loopt, is zijn snelheid ten opzichte van het strand $\vec{v}_{VS} = \vec{v}_{VB} + \vec{v}_{BW} + \vec{v}_{WS}$. De vergelijkingen met betrekking tot de relatieve snelheid zijn correct wanneer aangrenzende binnenste indexen gelijk zijn en wanneer de buitenste exact overeenkomen met de twee bij de snelheid in het linkerlid van de vergelijking. Maar dit werkt alleen bij plustekens (in het rechterlid), niet bij mintekens.

Het is vaak nuttig om te onthouden dat voor elk tweetal voorwerpen of referentiestelsels, A en B, de snelheid van A ten opzichte van B dezelfde grootte, maar tegenovergestelde richting heeft, als de snelheid van B ten opzichte van A:

$$\vec{v}_{BA} = -\vec{v}_{AB}. \tag{3.16}$$

---

[1] Door een dergelijke controle zouden we dus weten dat (bijvoorbeeld) de vergelijking $\vec{v}_{BW} = \vec{v}_{BS} + \vec{v}_{WS}$ niet klopt.

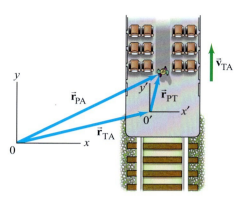

FIGUUR 3.32 Afleiding van de vergelijking voor de relatieve snelheid (vgl. 3.15), in dit geval voor iemand die door het gangpad van een trein loopt. We kijken van bovenaf op de trein en er zijn twee referentiestelsels weergegeven: xy op aarde en $x'y'$ dat vastzit aan de trein. Er geldt:

$\vec{r}_{PT}$ = plaatsvector van persoon (P) ten opzichte van de trein (T),
$\vec{r}_{PA}$ = plaatsvector van persoon (P) ten opzichte van de aarde (A),
$\vec{r}_{TA}$ = plaatsvector van het coördinatenstelsel van de trein (T) ten opzichte van de aarde (A).

Uit het diagram lezen we af dat
$$\vec{r}_{PA} = \vec{r}_{PT} + \vec{r}_{TE}.$$
We nemen de afgeleide naar de tijd en vinden zo
$$\frac{d}{dt}(\vec{r}_{PA}) = \frac{d}{dt}(\vec{r}_{PT}) + \frac{d}{dt}(\vec{r}_{TE}).$$
of omdat $d\vec{r}/dt = \vec{v}$,
$$\vec{v}_{PA} = \vec{v}_{PT} + \vec{v}_{TE}.$$
Dit is het equivalent van vgl. 3.15 voor deze situatie (controleer de subscripts!).

Om een voorbeeld te geven: als een trein met 100 km/u ten opzichte van de aarde in een bepaalde richting rijdt, lijkt het voor een waarnemer op de trein dat voorwerpen op de aarde (zoals bomen) met 100 km/u in tegenovergestelde richting bewegen.

Conceptvoorbeeld 3.13   Een rivier oversteken

Een vrouw in een kleine motorboot probeert een rivier over te steken met een sterke stroming pal naar het westen. De vrouw begint op de zuidoever en probeert de noordoever recht tegenover haar beginpunt te bereiken. Moet zij een koers aanhouden (*a*) pal naar het noorden, (*b*) pal naar het westen, (*c*) in noordwestelijke richting, of (*d*) in noordoostelijke richting?

Antwoord Als de vrouw de rivier recht over wil steken, zal de stroom de boot stroomafwaarts doen afwijken (naar het westen). Om de westelijke stroming van de rivier te compenseren, moet de snelheid van de boot naast een noordwaarts gerichte component ook een oostwaarts gerichte component hebben. Dus moet de boot (*d*) in een noordoostelijke richting koersen (zie fig. 3.33). De feitelijke hoek hangt af van de sterkte van de stroming en van de snelheid van de boot ten opzichte van het water. Als de stroming zwak is en de boot snel, dan kan de boot vrijwel, maar niet helemaal, naar het noorden varen.

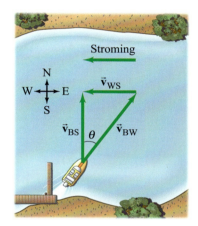

FIGUUR 3.33 Voorbeelden 3.13 en 3.14.

Voorbeeld 3.14   Stroomopwaarts varen

De snelheid van een boot in stilstaand water is $v_{BW} = 1{,}85$ m/s. Als de boot een rivier recht over moet steken, waarvan de stroming snelheid $v_{WS} = 1{,}20$ m/s heeft, volgens welke hoek stroomopwaarts moet de boot dan koersen? (Zie fig. 3.33.)

Aanpak We redeneren zoals in voorbeeld 3.13, en gebruiken indexen zoals in vgl. 3.15. Fig. 3.33 is getekend waarbij $\vec{v}_{BS}$, de snelheid van de **B**oot ten opzichte van het **S**trand, recht naar de overkant van de rivier wijst, omdat dit de veronderstelde bewegingsrichting van de boot is. (Merk op dat $\vec{v}_{BS} = \vec{v}_{BW} + \vec{v}_{WS}$.) Om dit te bewerkstelligen moet de boot stroomopwaarts koersen om de stroming waardoor hij stroomafwaarts wordt getrokken, te compenseren.

Oplossing Vector $\vec{v}_{BW}$ wijst stroomopwaarts volgens een hoek θ zoals weergegeven. Uit de figuur lezen we af dat

$$\sin\theta = \frac{v_{WS}}{v_{BW}} = \frac{1{,}20 \text{ m/s}}{1{,}85 \text{ m/s}} = 0{,}6486.$$

Dus $\theta = 40{,}4°$, dus moet de boot stroomopwaarts koersen onder een hoek van $40{,}4°$.

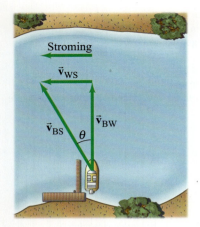

FIGUUR 3.34 Voorbeeld 3.15. Een boot koerst recht naar de overkant van een rivier met een stroming van 1,20 m/s.

Voorbeeld 3.15 Recht naar de overkant koersen

Dezelfde boot ($v_{BW} = 1{,}85$ m/s) koerst nu recht naar de overkant van de rivier waarvan de stroming nog steeds 1,20 m/s is. (*a*) Wat is de snelheid (grootte en richting) van de boot ten opzichte van het strand? (*b*) Als de rivier 110 m breed is, hoe lang zal het dan duren om deze over te steken en hoe ver stroomafwaarts is de boot op dat moment?

Aanpak De boot koerst nu recht op de overkant van de rivier af en wordt stroomafwaarts getrokken door de stroming, zoals te zien is in fig. 3.34. De snelheid van de boot ten opzichte van het strand, $\vec{v}_{BS}$, is de som van zijn snelheid ten opzichte van het water, $\vec{v}_{BW}$, en de snelheid van het water ten opzichte van het strand, $\vec{v}_{WS}$:

$$\vec{v}_{BS} = \vec{v}_{BW} + \vec{v}_{WS},$$

net zoals eerder.

Oplossing (*a*) Omdat $\vec{v}_{BW}$ loodrecht staat op $\vec{v}_{WS}$, kunnen we v_{BS} bepalen met behulp van de stelling van Pythagoras:

$$v_{BS} = \sqrt{v_{BW}^2 + v_{WS}^2} = \sqrt{(1{,}85\,\text{m/s})^2 + (1{,}20\,\text{m/s})^2} = 2{,}21\,\text{m/s}.$$

De hoek (let erop hoe θ in het diagram gedefinieerd is) vinden we uit:

$$\tan\theta = v_{WS}/v_{BW} = (1{,}20\,\text{m/s})/(1{,}85\,\text{m/s}) = 0{,}6486.$$

Dus is $\theta = \arctan(0{,}6486) = 33{,}0°$. Merk op dat deze hoek niet gelijk is aan de hoek die in voorbeeld 3.14 is berekend.

(*b*) De reistijd voor de boot wordt bepaald door de tijd die nodig is om de rivier over te steken. Bij een gegeven rivierbreedte $D = 110$ m, kunnen we de snelheidscomponent in de richting van D gebruiken, $v_{BW} = D/t$. Als we dit oplossen naar t, vinden we $t = 110\,\text{m}/1{,}85\,\text{m/s} = 59{,}5$ s. De boot zal in deze tijd een afstand

$$d = v_{WS}t = (1{,}20\,\text{m/s})(59{,}5\,\text{s}) = 71{,}4\,\text{m} \approx 71\,\text{m}$$

stroomafwaarts zijn getrokken.

Opmerking In dit voorbeeld is er geen versnelling, dus spelen er bij de beweging uitsluitend constante snelheden mee (van de boot of van de rivier).

Voorbeeld 3.16 Autosnelheden onder 90°

Twee auto's naderen een straathoek onder een rechte hoek ten opzichte van elkaar met dezelfde snelheid van 40,0 km/u (= 11,11 m/s), zoals weergegeven in fig. 3.35a. Wat is de snelheid van de ene auto ten opzichte van de andere? Dat wil zeggen: bepaal de snelheid van auto 1 zoals gezien door auto 2.

Aanpak Fig. 3.35a toont de situatie in een referentiestelsel dat vastzit aan de aarde. We willen de situatie echter bekijken vanuit een referentiestelsel waarin auto 2 in rust is, wat is weergegeven in fig. 3.35b. In dit referentiestelsel (de wereld zoals gezien door de bestuurder van auto 2) beweegt de aarde in de richting van au-

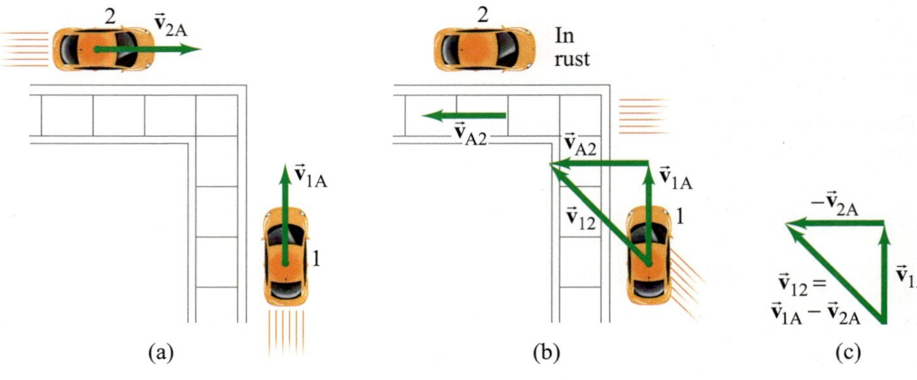

FIGUUR 3.35 Voorbeeld 3.16.

(a) (b) (c)

to 2 met snelheid $\vec{v}_{A2}$ (snelheid van 40,0 km/u), wat natuurlijk gelijk is en tegengesteld aan $\vec{v}_{2A}$, de snelheid van auto 2 ten opzichte van de aarde (vgl. 3.16):

$$\vec{v}_{2A} = -\vec{v}_{A2}.$$

Dus is de snelheid van auto 1 zoals gezien door auto 2 gelijk aan (zie vgl. 3.15)

$$\vec{v}_{12} = \vec{v}_{1A} + \vec{v}_{A2}$$

Oplossing Omdat $\vec{v}_{A2} = -\vec{v}_{2A}$ geldt

$$\vec{v}_{12} = \vec{v}_{1A} - \vec{v}_{2A}.$$

Dat wil zeggen: de snelheid van auto 1 zoals gezien door auto 2 is het verschil van hun snelheden, $\vec{v}_{1A} - \vec{v}_{2A}$, beide gemeten ten opzichte van de aarde (zie fig. 3.35c). Omdat de groottes van $\vec{v}_{1A}$, $\vec{v}_{2A}$, en $\vec{v}_{A2}$ gelijk zijn (40,0 km/u = 11,11 m/s), zien we (fig. 3.35b) dat $\vec{v}_{12}$ onder een hoek van 45° naar auto 2 wijst; de grootte van de snelheid is

$$v_{12} = \sqrt{(11{,}11 \text{ m/s})^2 + (11{,}11 \text{ m/s})^2} = 15{,}7 \text{ m/s} (= 56{,}6 \text{ km/u}).$$

Samenvatting

Een grootheid die zowel een grootte als een richting heeft, wordt een **vector** genoemd. Een grootheid die uitsluitend een grootte heeft wordt een **scalair** genoemd.
Optelling van vectoren kan grafisch door ze voor te stellen door pijlen en het beginpunt van elke volgende pijl in het eindpunt van de vorige te tekenen. De som, oftewel de **resultante**, is de pijl die vanuit het beginpunt van de eerste pijl tot aan het eindpunt van de laatste wordt getekend. Twee vectoren kunnen ook worden opgeteld met de parallellogrammethode.
Vectoren kunnen nauwkeuriger worden opgeteld met de analytische methode van het optellen van hun **componenten** langs gekozen assen met behulp van goniometrische functies. Een vector met grootte V, die een hoek θ met de x-as maakt, heeft componenten

$$V_x = V \cos\theta; \qquad V_y = V \sin\theta. \quad (3.2)$$

Als de componenten gegeven zijn, kunnen we de grootte en richting bepalen uit

$$V = \sqrt{V_x^2 + V_y^2}, \quad \tan\theta = \frac{V_y}{V_x}. \quad (3.3)$$

Het is vaak handig om een vector uit te drukken in termen van zijn componenten langs gekozen assen met behulp van **eenheidsvectoren**: vectoren met lengte 1 (eenheid), die langs de gekozen coördinaatassen liggen. Bij cartesische coördinaten worden de eenheidsvectoren langs de x-, y- en z-assen $\vec{e}_x, \vec{e}_y,$ en $\vec{e}_z$ genoemd.
De algemene definities voor de **momentane snelheid**, $\vec{v}$, en de **momentane versnelling**, $\vec{a}$, van een deeltje (in één, twee of drie dimensies) zijn

$$\vec{v} = \frac{d\vec{r}}{dt} \quad (3.8)$$

$$\vec{a} = \frac{d\vec{v}}{dt}, \quad (3.11)$$

waarin $\vec{r}$ de plaatsvector van het deeltje is. De kinematische bewegingsvergelijkingen bij constante versnelling kunnen worden opgesteld voor elk van de x-, y- en z-componenten van de beweging en hebben dezelfde vorm als voor de eendimensionale beweging (vgl. 2.12). Ze kunnen ook worden geschreven in de meer algemene vectorvorm:

$$\vec{v} = \vec{v}_0 + \vec{a}t$$

$$\vec{r} = \vec{r}_0 + \vec{v}_0 t + \tfrac{1}{2}\vec{a}t^2 \quad (3.13)$$

Een **kogelbaan** van een voorwerp dat in de lucht dicht bij het aardoppervlak beweegt, kan worden geanalyseerd als twee afzonderlijke bewegingen als de luchtweerstand kan worden verwaarloosd. De horizontale component van de beweging heeft een constante snelheid, terwijl de verticale component een constante versnelling, g, heeft, net als een voorwerp dat onder invloed van de zwaartekracht verticaal naar beneden valt.
De snelheid van een voorwerp ten opzichte van een referentiestelsel kan worden bepaald door vectoroptelling van zijn snelheid ten opzichte van een tweede referentiestelsel, als de **relatieve snelheid** van de twee referentiestelsels bekend is.

Vragen

1. Een auto rijdt met 40 km/u pal naar het oosten en een tweede auto rijdt met 40 km/u naar het noorden. Zijn hun snelheden gelijk? Licht je antwoord toe.

2. Kun je concluderen dat een auto niet versnelt als zijn snelheidsmeter constant 60 km/u aangeeft?

3. Kun je voorbeelden geven van de beweging van een voorwerp waarbij een grote afstand wordt afgelegd maar de verplaatsing nul is?
4. Kan de verplaatsingsvector voor een deeltje dat in twee dimensies beweegt, ooit langer zijn dan de lengte van de baan die het deeltje gedurende hetzelfde tijdsinterval aflegt? Kan hij ooit korter zijn? Licht je antwoord toe.
5. Tijdens een honkbaltraining slaat een slagman een zeer hoge bal, rent in een rechte lijn en vangt hem. Wie had de grootste verplaatsing, de speler of de bal?
6. Als $\vec{V} = \vec{V}_1 + \vec{V}_2$, is V dan altijd groter dan V_1 en/of V_2? Licht je antwoord toe.
7. Twee vectoren hebben lengte $V_1 = 3{,}5$ km en $V_2 = 4{,}0$ km. Wat is de maximale en wat de minimale grootte van hun vectorsom?
8. Kunnen twee vectoren van ongelijke grootte bij elkaar opgeteld de nulvector opleveren? En *drie* ongelijke vectoren? Onder welke omstandigheden?
9. Kan de grootte van een vector ooit (*a*) gelijk of (*b*) kleiner zijn dan een van zijn componenten?
10. Kan een deeltje met constante snelheidsgrootte aan het versnellen zijn? En als de snelheidsvector constant is?
11. Meet de kilometerteller van een auto een scalaire of een vectoriële grootheid? En de snelheidsmeter?
12. Een kind wil de snelheid bepalen die een katapult een steen meegeeft. Hoe kan dit worden gedaan met alleen een meetlint, een steen en de katapult?
13. Moet bij boogschieten de pijl recht op het doel worden gericht? Hoe moet de hoek waaronder je richt afhangen van de afstand tot het doel?
14. Een kogel wordt afgeschoten onder een hoek van 30° naar boven ten opzichte van het horizontale vlak met een snelheid van 30 m/s. Wat is de verhouding tussen de horizontale component van de snelheid 1,0 s na het afschieten in vergelijking met de horizontale component van de snelheid 2,0 s na het afschieten, bij verwaarlozing van de luchtweerstand?
15. Op welk punt in zijn baan heeft een kogel de kleinste snelheid?
16. Tijdens de Eerste Wereldoorlog werd er melding gemaakt van een piloot die, vliegend op een hoogte van 2 km, met zijn blote handen een kogel opving die op het toestel was gericht! Gebruik het feit dat een kogel aanzienlijk wordt afgeremd door de luchtweerstand om te verklaren hoe dit kon gebeuren.
17. Twee kanonskogels, A en B, worden vanaf de grond afgevuurd met gelijke beginsnelheden, maar met θ_A groter dan θ_B. (*a*) Welke kanonskogel komt het hoogst? (*b*) Welke kogel blijft langer in de lucht? (*c*) Welke kogel legt een grotere afstand af?
18. Iemand zit in een afgesloten wagon, die met constante snelheid beweegt, en gooit een bal, in haar referentiestelsel, recht omhoog. (*a*) Waar landt de bal? Wat is je antwoord als de wagon (*b*) versnelt, (*c*) vertraagt, (*d*) een bocht neemt of (*e*) met constante snelheid beweegt, maar van boven open is?
19. Als je in een trein zit die een andere trein inhaalt die op een aangrenzend spoor in dezelfde richting rijdt, lijkt het alsof de andere trein achteruit rijdt. Waarom?
20. Twee roeiers, die in stilstaand water met dezelfde snelheid kunnen roeien, vertrekken op hetzelfde tijdstip om een rivier over te steken. De ene koerst recht naar de overkant en wordt enigszins stroomafwaarts getrokken door de stroming. De ander koerst stroomopwaarts onder een hoek zodat hij in een punt tegenover het beginpunt arriveert. Welke roeier bereikt als eerste de overkant?
21. Als je stilstaat onder een paraplu tijdens een regenbui waarbij de druppels verticaal naar beneden vallen, blijf je betrekkelijk droog. Begin je echter te rennen, dan komt de regen op je benen zelfs als die zich nog steeds onder de paraplu bevinden. Waarom?

Vraagstukken

3.2 t/m 3.5 Vectoroptelling; eenheidsvectoren

1. (I) Een auto rijdt 225 km naar het westen en vervolgens 78 km naar het zuidwesten (45°). Wat is de verplaatsing van de auto vanaf het vertrekpunt (grootte en richting)? Teken een figuur.
2. (I) Een bezorgwagen rijdt 28 blokken naar het noorden, 16 blokken naar het oosten, en 26 blokken naar het zuiden. Wat is de uiteindelijke verplaatsing vanaf het vertrekpunt? Neem aan dat de blokken gelijke lengte hebben.
3. (I) Als $V_x = 7{,}80$ eenheden en $V_y = -6{,}40$ eenheden, bepaal dan de grootte en de richting van $\vec{V}$.
4. (II) Bepaal grafisch de resultante van de volgende drie vectorverplaatsingen: (1) 24 m, 36° ten noorden van het oosten; (2) 18 m, 37° ten oosten van het noorden; en (3) 26 m, 33° ten westen van het zuiden.
5. (II) $\vec{V}$ is een vector van 24,8 eenheden in grootte en gericht volgens een hoek van 23,4° boven de negatieve *x*-as. (*a*) Schets deze vector. (*b*) Bereken V_x en V_y. (*c*) Gebruik V_x en V_y om (opnieuw) de grootte en richting van V te bepalen. (*Opmerking:* Onderdeel (*c*) is een goede manier om te controleren of je je vector op de juiste manier hebt ontbonden.)
6. (II) In fig. 3.36 zijn twee vectoren, $\vec{A}$ en $\vec{B}$, te zien, met groottes $A = 6{,}8$ eenheden en $B = 5{,}5$ eenheden. Bepaal $\vec{C}$ als (*a*) $\vec{C} = \vec{A} + \vec{B}$, (*b*) $\vec{C} = \vec{A} - \vec{B}$, (*c*) $\vec{C} = \vec{B} - \vec{A}$. Geef voor elk van deze vectoren de grootte en de richting.

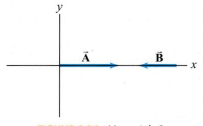

FIGUUR 3.36 Vraagstuk 6.

7. (II) Een vliegtuig vliegt met 835 km/u onder een hoek van 41,5° ten westen van het noorden (zie fig. 3.37). (*a*) Bepaal de componenten van de snelheidsvector in noordelijke en in westelijke richting. (*b*) Hoeveel km heeft het vliegtuig na 2,50 u afgelegd in noordelijke en hoeveel in westelijke richting?

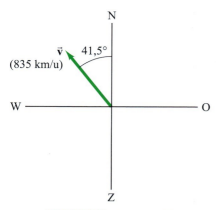

FIGUUR 3.37 Vraagstuk 7.

8. (II) Laat $\vec{V}_1 = -6{,}0\vec{e}_x + 8{,}0\vec{e}_y$ en $\vec{V}_2 = 4{,}5\vec{e}_x - 5{,}0\vec{e}_y$. Bepaal de grootte en richting van (a) $\vec{V}_1$, (b) $\vec{V}_2$, (c) $\vec{V}_1 + \vec{V}_2$ en (d) $\vec{V}_2 - \vec{V}_1$.

9. (II) (a) Bepaal de grootte en richting van de som van de drie vectoren $\vec{V}_1 = 4{,}0\vec{e}_x - 8{,}0\vec{e}_y$, $\vec{V}_2 = \vec{e}_x + \vec{e}_y$, en $\vec{V}_3 = -2{,}0\vec{e}_x + 4{,}0\vec{e}_y$. (b) Bepaal $\vec{V}_1 - \vec{V}_2 + \vec{V}_3$.

10. (II) In fig. 3.38 zijn drie vectoren weergegeven. Bepaal de som van de drie vectoren. Geef de resultante in termen van (a) componenten, (b) grootte en hoek met de x-as.

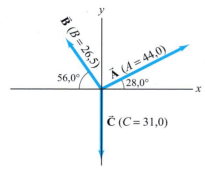

FIGUUR 3.38 Vraagstukken 10, 11, 12, 13, and 14. Vectorgroottes zijn gegeven in willekeurige eenheden.

11. (II) (a) Bepaal, gegeven de vectoren $\vec{A}$ en $\vec{B}$ in fig. 3.38, $\vec{B} - \vec{A}$ (b) Bepaal $\vec{A} - \vec{B}$. zonder je antwoord van (a) te gebruiken. Vergelijk vervolgens je resultaten en kijk of ze tegengesteld zijn.

12. (II) Bepaal, gegeven de vectoren $\vec{A}$ en $\vec{C}$, in fig. 3.38, de vector $\vec{A} - \vec{C}$.

13. (II) Bepaal voor de vectoren in fig. 3.38 (a) $\vec{B} - 2\vec{A}$, (b) $2\vec{A} - 3\vec{B} + 2\vec{C}$.

14. (II) Bepaal voor de vectoren in fig. 3.38 (a) $\vec{A} - \vec{B} + \vec{C}$, (b) $\vec{A} + \vec{B} - \vec{C}$, en (c) $\vec{C} - \vec{A} - \vec{B}$.

15. (II) De top van een berg, 2450 m boven een kampeerplek, is volgens een kaart horizontaal 4580 m verwijderd in een richting van 32°, ten westen van het noorden. Wat zijn de componenten van de verplaatsingsvector van het kamp naar de top? Wat is de grootte? Kies de x-as naar het oosten, de y-as naar het noorden en de z-as naar boven.

16. (III) Gegeven is een vector in het xy-vlak met een grootte van 90,0 eenheden en een y-component van −55,0 eenheden. (a) Wat zijn de twee mogelijkheden voor de x-component? (b) Aangenomen dat de x-component positief is, bereken dan de vector die, als je die zou optellen bij de oorspronkelijke vector, een resultante vector zou geven van 80,0 eenheden lang die volledig in de $-x$-richting wijst.

3.6 Vectorkinematica

17. (I) De plaats van een bepaald deeltje als functie van de tijd is gegeven door $\vec{r} = \left(9{,}60\,t\,\vec{e}_x + 8{,}85\,\vec{e}_y - 1{,}00\,t^2\,\vec{e}_z\right)\mathrm{m}$. Bepaal de snelheid en versnelling van het deeltje als functie van de tijd.

18. (I) Wat was de gemiddelde snelheid van het deeltje in vraagstuk 17 tussen $t = 1{,}00$ s en $t = 3{,}00$ s? Wat was de grootte van de momentane snelheid op $t = 2{,}00$ s?

19. (II) Wat is de vorm van de baan van het deeltje uit vraagstuk 17?

20. (II) Een auto rijdt op het ene moment met een snelheid van 18,0 m/s pal naar het zuiden en 8,00 s later met 27,5 m/s pal naar het oosten. Bepaal over dit tijdsinterval de grootte en richting van (a) zijn gemiddelde vectoriële snelheid, (b) zijn gemiddelde versnelling. (c) Wat is zijn gemiddelde snelheid? (*Hint:* kun je dit allemaal uit de gegeven informatie halen?)

21. (II) Op $t = 0$ begint een deeltje vanuit rust op $x = 0$, $y = 0$ te bewegen in het xy-vlak met een versnelling $\vec{a} = \left(4{,}0\vec{e}_x + 3{,}0\vec{e}_y\right)\mathrm{m/s}^2$. Bepaal (a) de x- en y-componenten van de snelheid, (b) de grootte en de snelheid van het deeltje, en (c) de plaats van het deeltje als functie van de tijd. (d) Bereken de waarden van al deze grootheden voor $t = 2{,}0$ s.

22. (II) (a) Een skiër versnelt onder een hoek van 30,0° van een heuvel naar beneden met 1,80 m/s² (fig. 3.39). Wat is de verticale component van zijn versnelling? (b) Hoe lang doet hij erover om de voet van de heuvel te bereiken, aangenomen dat hij begint vanuit rust en gelijkmatig versnelt, als het hoogteverschil 325 m is?

23. (II) Een mier loopt op een stuk grafiekpapier precies langs de x-as een afstand van 10,0 cm in 2,00 s. Vervolgens draait hij 30,0° naar links en loopt nog eens 10,0 cm in een rechte lijn in 1,80 s. Vervolgens draait hij nog eens 70,0° naar links en loopt nog eens 10,0 cm in 1,55 s. Bepaal (a) de x- en y-componenten van de gemiddelde snelheid van de mier, en (b) de grootte en richting hiervan.

FIGUUR 3.39 Vraagstuk 22.

24. (II) Een deeltje begint op $t = 0$ te bewegen vanuit de oorsprong met een beginsnelheid van 5,0 m/s langs de positieve x-as. Als de versnelling gelijk is aan

$(-3{,}0\vec{e}_x + 4{,}5\vec{e}_y)$ m/s², bepaal dan de snelheid en de plaats van het deeltje op het moment dat het zijn maximale x-coördinaat bereikt.

25. (II) Stel de plaats van een voorwerp wordt gegeven door $\vec{r} = (3{,}0t^2\vec{e}_x - 6{,}0t^3\vec{e}_y)$ m. (a) Bepaal de snelheid $\vec{v}$ en de versnelling $\vec{a}$ als functie van de tijd. (b) Bepaal $\vec{r}$ en $\vec{v}$ op het tijdstip $t = 2{,}5$ s.

26. (II) Een voorwerp, dat op tijdstip $t = 0$ in de oorsprong is, heeft beginsnelheid $\vec{v}_0 = (-14{,}0\vec{e}_x - 7{,}0\vec{e}_y)$ m/s en constante versnelling $\vec{a} = (6{,}0\vec{e}_x + 3{,}0\vec{e}_y)$ m/s². Bepaal de plaats $\vec{r}$ waar het voorwerp (tijdelijk) tot stilstand komt.

27. (II) De plaats van een deeltje als functie van de tijd t wordt gegeven door $\vec{r} = (5{,}0t + 6{,}0t^2)$ m$\vec{e}_x + (7{,}0 - 3{,}0t^3)$ m$\vec{e}_y$. Bepaal op $t = 5{,}0$ s de grootte en de richting van de verplaatsingsvector $\Delta\vec{r}$ ten opzichte van het punt $\vec{r}_0 = (0{,}0\vec{e}_x + 7{,}0\vec{e}_y)$ m.

3.7 en 3.8 De kogelbaan (verwaarloos de luchtweerstand)

28. (I) Een tijger springt horizontaal van een 7,5 m hoge rots met een snelheid van 3,2 m/s. Hoe ver van de voet van de rots zal hij landen?

29. (I) Een duiker rent met 2,3 m/s, duikt horizontaal van de rand van een verticale rotspunt en bereikt 3,0 s later het water eronder. Hoe hoog was de rots en hoe ver van de voet van de rots kwam de duiker in het water terecht?

30. (II) Schat hoeveel verder iemand op de maan kan springen in vergelijking tot de aarde als de beginsnelheid en -hoek gelijk zijn. De valversnelling op de maan is een zesde van die op aarde.

31. (II) Een brandslang die vlak bij de grond wordt gehouden spuit water met een snelheid van 6,5 m/s. Onder welke hoek(en) moet het uiteinde gericht zijn om het water 2,5 m ver weg te laten belanden (fig. 3.40)? Waarom zijn er twee verschillende hoeken? Schets de twee banen.

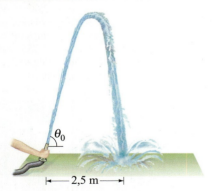

FIGUUR 3.40 Vraagstuk 31.

32. (II) Een bal wordt horizontaal weggeworpen vanaf het dak van een gebouw van 9,0 m hoog en landt 9,5 m vanaf de voet van het gebouw. Wat was de beginsnelheid van de bal?

33. (II) Een voetbal wordt vanaf de grond weggetrapt met een snelheid van 18,0 m/s onder een hoek van 38,0° met het horizontale vlak. Hoeveel later komt hij op de grond terecht?

34. (II) Een bal die horizontaal met 23,7 m/s wordt weggeworpen van het dak van een gebouw landt 31,0 m vanaf de voet van het gebouw. Hoe hoog is het gebouw?

35. (II) Een kogelstoter gooit de kogel (massa = 7,3 kg) met een beginsnelheid van 14,4 m/s onder een hoek van 34,0° met de horizontaal. Bereken de horizontale afstand die door de kogel wordt afgelegd als hij de hand van de atleet verlaat op een hoogte van 2,10 m boven de grond.

36. (II) Laat zien dat de tijd die een kogel nodig heeft om zijn hoogste punt te bereiken gelijk is aan de tijd om terug te keren tot zijn oorspronkelijke hoogte, mits de luchtweerstand te verwaarlozen is.

37. (II) Je koopt een plastic pijltjespistool, en omdat je een slimme natuurkundestudent bent, besluit je om een snelle berekening te maken om het maximale horizontale bereik te bepalen. Je schiet het pistool recht omhoog af en na 4,0 s landt het pijltje weer in de loop. Wat is het maximale horizontale bereik van je pistool?

38. (II) Een honkbal wordt weggeslagen met een snelheid van 27,0 m/s en onder een hoek van 45,0°. Hij landt op het platte dak van een nabijgelegen gebouw van 13,0 m hoog. Als de bal geslagen was toen hij 1,0 m boven de grond was, welke horizontale afstand heeft hij dan afgelegd alvorens op het gebouw te landen?

39. (II) In voorbeeld 3.11 kiezen we de x-as naar rechts en de y-as recht omhoog. Maak dit vraagstuk nogmaals, maar nu met de x-as naar links en de y-as naar beneden gericht, en laat zien dat de conclusie hetzelfde blijft: de voetbal landt 40,5 m naar rechts van het punt waar hij van de voet van de speler vertrok.

40. (II) Een sprinkhaan beweegt springend over een vlakke weg. Bij elke sprong lanceert de sprinkhaan zichzelf onder een hoek $\theta_0 = 45°$ en heeft een bereik van $R = 1{,}0$ m. Wat is de gemiddelde horizontale snelheid van de sprinkhaan als hij voortgaat langs deze weg? Neem aan dat de tijd op de grond tussen de sprongen te verwaarlozen is.

41. (II) Van extreme sportfanaten is het bekend dat ze van de top van El Capitan afspringen, een zuiver granieten rots met een hoogte van 910 m in Yosemite National Park. Neem aan dat een springster horizontaal van de top van El Capitan af springt met een snelheid van 5,0 m/s en een vrije val geniet totdat zij 150 m boven de bodem van de vallei is, het moment waarop zij haar parachute opent (fig. 3.41). (a) Hoe lang duurt de vrije val van de springster? Verwaarloos de luchtweerstand. (b) Het is belangrijk om vóór het openen van de parachute zo ver mogelijk van de rotspunt te zijn. Hoe ver van de rotspunt is deze springster wanneer zij haar parachute opent?

FIGUUR 3.41 Vraagstuk 41.

42. (II) Het volgende kun je bij het sporten uitproberen. Toon aan dat de maximumhoogte h, die door een in de lucht geschoten voorwerp, zoals een honkbal of een voetbal, bij benadering wordt gegeven door $h \approx 1{,}2t^2$ m, waarin t de totale tijd in seconden is dat het voorwerp in de lucht is geweest. Neem aan dat het voorwerp op hetzelfde niveau terugkeert als vanwaar het gelanceerd werd, zoals in fig. 3.42. Een voorbeeld: als je telt dat een honkbal 5,0 s in de lucht is geweest, dan was de maximaal bereikte hoogte $h = 1{,}2 \times (5{,}0)^2 = 30$ m De kracht van deze formule is dat h kan worden bepaald zonder dat de beginsnelheid v_0 of de beginhoek θ_0 bekend hoeft te zijn.

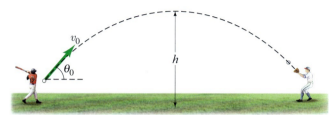

FIGUUR 3.42 Vraagstuk 42.

43. (II) De piloot van een vliegtuig dat met 170 km/u vliegt, wil voorraden droppen voor overstromingsslachtoffers op een 150 m eronder gelegen geïsoleerd stuk land. Hoeveel seconden voordat het vliegtuig er recht boven vliegt moeten de voorraden worden gedropt?

44. (II) (a) Een verspringster komt onder 45° ten opzichte van het horizontale vlak los van de grond en landt op 8,0 m ver weg. Wat is haar vertreksnelheid (v_0)? (b) Nu is ze op een trektocht en komt bij de linkeroever van een rivier. Er is geen brug en de rechteroever is horizontaal 10,0 m ver weg en verticaal 2,5 m naar beneden. Als ze vanaf de linkeroever onder 45° met de in (a) berekende snelheid gaat verspringen, hoe ver op of hoe dicht bij de tegenovergestelde oever zal ze dan landen (fig. 3.43)?

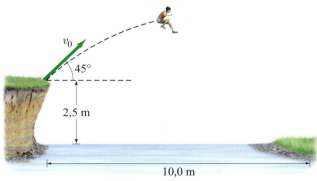

FIGUUR 3.43 Vraagstuk 44.

45. (II) Een duiker springt vanaf een 5,0 m hoge duikplank en komt 1,3 s later in het water terecht, 3,0 m voorbij het uiteinde van de plank. Als je de duiker als een deeltje beschouwt, bepaal dan (a) zijn beginsnelheid, $\vec{v}_0$; (b) de maximaal bereikte hoogte; en (c) de snelheid $\vec{v}_f$ waarmee hij in het water terechtkomt.

46. (II) Een projectiel wordt afgeschoten vanaf de rand van een rots, 115 m boven de grond, met een beginsnelheid van 65,0 m/s onder een hoek van 35,0° met het horizontale vlak, zoals te zien in fig. 3.44. (a) Bepaal de tijd die het projectiel erover doet om op de grond te komen. (b) Bepaal de afstand X van punt P vanaf de voet van de verticale rots. Bepaal, op het moment net voordat het projectiel punt P raakt, (c) de horizontale en de verticale componenten van de snelheid, (d) de grootte van de snelheid, en (e) de hoek die de snelheidsvector met het horizontale vlak maakt. (f) Bepaal de maximumhoogte boven de top van de rots die door het projectiel wordt bereikt.

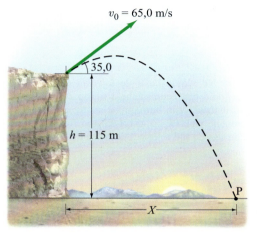

FIGUUR 3.44 Vraagstuk 46.

47. (II) Stel dat de trap tegen de bal uit voorbeeld 3.7 wordt geprobeerd op 36,0 m van de doelpalen, waarvan de kruisbalk zich 3,00 m boven de grond bevindt. Als de voetbal perfect tussen de doelpalen gericht is, zal die dan over de balk gaan en een doelpunt opleveren? Laat zien waarom of waarom niet. Als het niet zo is, vanaf welke horizontale afstand moet deze trap dan worden gedaan om te scoren?

48. (II) Exact 3,0 s nadat een projectiel vanaf de grond de lucht in is geschoten, wordt waargenomen dat het een snelheid $\vec{v} = (8{,}6\vec{e}_x + 4{,}8\vec{e}_y)$ m/s, heeft, waarbij de x-as in horizontale richting loopt en de positieve y-as naar boven gericht is. Bepaal (a) het horizontale bereik van het projectiel, (b) de maximumhoogte boven de grond, en (c) zijn snelheid en hoek van beweging net voordat het de grond raakt.

49. (II) Bekijk nogmaals voorbeeld 3.9, en neem aan dat de jongen met de katapult zich *onder* de jongen in de boom bevindt (fig. 3.45) en dus *naar boven* richt, recht op de jongen in de boom. Laat zien dat de jongen in de boom opnieuw de verkeerde beslissing neemt als hij loslaat op het moment dat de waterballon wordt afgeschoten.

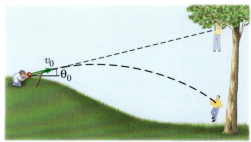

FIGUUR 3.45 Vraagstuk 49.

50. (II) Een stuntrijder wil met zijn auto een sprong maken over acht auto's die naast elkaar op een lager gelegen stuk weg geparkeerd staan (fig. 3.46). (*a*) Wat is de minimumsnelheid waarmee hij van de horizontale ophoging af moet rijden? De verticale hoogte van de ophoging is 1,5 m boven de auto's en de horizontale afstand die hij moet overbruggen is 22 m. (*b*) Als de ophoging nu naar boven wordt opgetild zodat de vertrekhoek 7,0° boven het horizontale vlak ligt, wat is dan de nieuwe minimumsnelheid?

FIGUUR 3.46 Vraagstuk 50.

51. (II) Een bal wordt vanaf de top van een rots horizontaal weggegooid met beginsnelheid v_0 (op $t = 0$). Op een zeker moment maakt zijn bewegingsrichting een hoek θ met het horizontale vlak (fig. 3.47). Leid een formule af voor θ als functie van de tijd t, terwijl de bal een kogelbaan beschrijft.

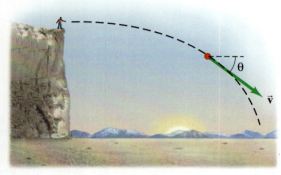

FIGUUR 3.47 Vraagstuk 51.

52. (II) Bij welke hoek van afschieten zal het bereik van een projectiel gelijk zijn aan zijn maximumhoogte?

53. (II) Op een lang vlak schietterrein wordt een projectiel afgevuurd met een beginsnelheid van 46,6 m/s onder een hoek van 42,2° boven het horizontale vlak. Bepaal (*a*) de maximumhoogte die door het projectiel wordt bereikt, (*b*) de totale tijd in de lucht, (*c*) de totaal afgelegde horizontale afstand (dat wil zeggen: het bereik), en (*d*) de snelheid van het projectiel 1,50 s na het afschieten.

54. (II) Een atleet die gaat verspringen, springt van de grond onder een hoek van 27,0° en landt 7,80 m verderop. (*a*) Wat was zijn vertreksnelheid? (*b*) Als deze snelheid met slechts 5,0 procent zou worden vergroot, hoe veel verder zou de sprong dan zijn?

55. (III) Iemand staat onder aan een heuvel met een steile helling onder een hoek met het horizontale vlak (fig. 3.48). Als de gegeven beginsnelheid v_0 is, onder welke hoek θ (met het horizontale vlak) moeten voorwerpen dan worden opgegooid zodat de afstand d tussen de voet van de helling en de plaats waar ze op de heuvel landen zo groot mogelijk is? Bepaal bij gegeven en v_0 de hoek θ zodat d maximaal is.

56. (III) Leid een formule af voor het horizontale bereik R van een projectiel wanneer het op een hoogte h boven het beginpunt landt. (Voor $h < 0$ landt het op een afstand $-h$ beneden het beginpunt.) Neem aan dat het wordt afgeschoten onder een hoek θ_0 met beginsnelheid v_0.

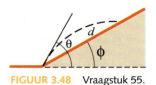

FIGUUR 3.48 Vraagstuk 55.

3.9 Relatieve snelheid

57. (I) Iemand die 's ochtends een rondje gaat joggen op het dek van een cruiseschip loopt met 2,0 m/s in de richting van de boeg (voorkant) van het schip terwijl het schip met 8,5 m/s naar voren vaart. Wat is de snelheid van de jogger ten opzichte van het water? Later beweegt de jogger zich naar de achtersteven (achterkant) van het schip. Wat is nu de snelheid van de jogger ten opzichte van het water?

58. (I) Huck Finn loopt met een snelheid van 0,70 m/s over zijn vlot (dat wil zeggen, hij loopt loodrecht op de beweging van het vlot ten opzichte van de kust). Het vlot drijft op de Mississippi met een snelheid van 1,50 m/s ten opzichte van de rivieroever (fig. 3.49). Wat is Hucks snelheid (grootte en richting) ten opzichte van de rivieroever?

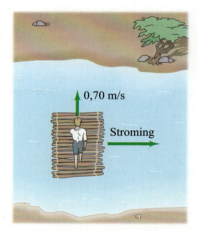

FIGUUR 3.49 Vraagstuk 58.

59. (II) Bepaal in voorbeeld 3.14 de snelheid van de boot ten opzichte van de kust.

60. (II) Twee vliegtuigen vliegen frontaal op elkaar af. Elk ervan heeft een snelheid van 780 km/u en ze zien elkaar als ze op 12,0 km afstand van elkaar zijn. Hoeveel tijd hebben de piloten voor het uitvoeren van een ontwijkingsmanoeuvre?

61. (II) Een kind, dat zich op 45 m van de oever van een rivier bevindt, wordt hulpeloos meegevoerd door de snelle stroming van de rivier (1,0 m/s). Terwijl het kind een strandwacht op de rivieroever passeert, begint deze in een rechte lijn te zwemmen totdat zij op een punt stroomafwaarts het kind bereikt (fig. 3.50). Als de strandwacht met een snelheid van 2,0 m/s ten opzichte van het water kan zwemmen, hoe lang doet zij er dan over om het kind te bereiken? Hoe ver stroomafwaarts weet de strandwacht het kind op te vangen?

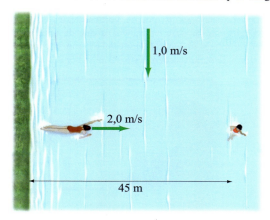

FIGUUR 3.50 Vraagstuk 61.

62. (II) Een passagier op een boot die met 1,70 m/s op een stil meer vaart, loopt een trap op met een snelheid van 0,60 m/s, fig. 3.51. De trap wijst onder een hoek van 45° in de bewegingsrichting, zoals weergegeven. Schrijf de vectorsnelheid van de passagier ten opzichte van het water.

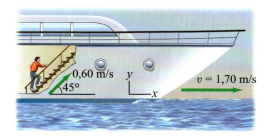

FIGUUR 3.51 Vraagstuk 62.

63. (II) Een ballonvaarder gooit vanuit de mand onder de ballon een bal horizontaal naar buiten met een snelheid van 10,0 m/s (fig. 3.52). Welke beginsnelheid (grootte en richting) heeft de bal ten opzichte van iemand die op de grond staat (a) als de heteluchtballon gedurende de worp met 5,0 m/s ten opzichte van de grond stijgt, en (b) als de heteluchtballon met 5,0 m/s ten opzichte van de grond daalt.

64. (II) Een vliegtuig vliegt naar het zuiden met een snelheid van 580 km/u. Als er een wind uit het zuidwesten opsteekt met een snelheid van (gemiddeld) 90,0 km/u, bereken dan (a) de snelheid (grootte en richting) van het vliegtuig ten opzichte van de grond, en (b) hoe ver het vliegtuig na 11,0 min van zijn beoogde positie verwijderd is als de piloot zijn koers niet corrigeert. (*Hint:* teken eerst een vectordiagram.)

65. (II) In welke richting moet de piloot het vliegtuig in vraagstuk 64 bijsturen zodat het pal naar het zuiden vliegt?

66. (II) Twee auto's naderen de hoek van een straat, loodrecht ten opzichte van elkaar (zie fig. 3.35). Auto 1 rijdt met 35 km/u en auto 2 met 45 km/u. Wat is de relatieve snelheid van auto 1 zoals gezien door auto 2? Wat is de snelheid van auto 2 ten opzichte van auto 1?

67. (II) Een zwemmer kan in stilstaand water 0,60 m/s zwemmen. (a) Als hij zijn lichaam recht naar de overkant richt in een 55 m brede rivier met een stroming van 0,50 m/s, hoe ver stroomafwaarts (vanaf een punt tegenover zijn beginpunt) zal hij dan terechtkomen? (b) Hoe lang duurt het voor hij de overkant bereikt?

68. (II) (a) Onder welke stroomopwaarts gerichte hoek moet de zwemmer in vraagstuk 67 vertrekken als hij de stroom recht over wil steken? (b) Hoe lang doet hij erover?

69. (II) Een motorboot die in stilstaand water een snelheid heeft van 3,40 m/s moet, om de stroom recht over te steken, onder een hoek van 19,5° stroomopwaarts sturen (ten opzichte van een lijn die loodrecht staat ten opzichte van de kust). (a) Wat is de snelheid van de stroom? (b) Wat is de resulterende snelheid van de boot ten opzichte van de kust? (Zie fig. 3.31.)

70. (II) Een boot met een snelheid van 2,70 m/s in stilstaand water, moet een 280 m brede rivier oversteken en op een punt 120 m stroomopwaarts van zijn beginpunt uitkomen (fig. 3.53). Hiertoe moet de stuurman de boot onder een hoek van 45,0° stroomopwaarts sturen. Wat is de snelheid van de stroming van de rivier?

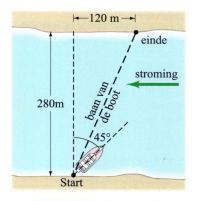

FIGUUR 3.53 Vraagstuk 70.

71. (III) Een vliegtuig, met vliegsnelheid 580 km/u, wordt verondersteld in een rechte baan in een richting 38,0° ten noorden van het oosten te vliegen. Er waait echter een noordenwind met 72 km/u. In welke richting moet het vliegtuig koersen?

FIGUUR 3.52 Vraagstuk 63.

Algemene vraagstukken

72. Twee vectoren, $\vec{V}_1$ en $\vec{V}_2$, tellen op tot een resultante $\vec{V} = \vec{V}_1 + \vec{V}_2$. Beschrijf $\vec{V}_1$ en $\vec{V}_2$ als (a) $V = V_1 + V_2$, (b) $V^2 = V_1^2 + V_2^2$, (c) $V_1 + V_2 = V_1 - V_2$.

73. Een loodgieter stapt uit zijn vrachtwagen, loopt 66 m naar het oosten en 35 m naar het zuiden, en neemt vervolgens de lift naar een 12 m lager gelegen kelderverdieping van een gebouw waar een ernstige lekkage is. Wat is de verplaatsing van de loodgieter ten opzichte van zijn vrachtauto? Geef je antwoord in componenten; geef ook de grootte en de hoeken, ten opzichte van de x-as, in het verticale en horizontale vlak. Neem aan dat x naar het oosten is, y naar het noorden en z naar boven gericht.

74. Op naar beneden lopende bergachtige wegen worden soms aan de zijkanten ontsnappingsroutes aangebracht voor vrachtauto's waarvan de remmen het laten afweten. Bereken, uitgaande van een constante opwaartse helling van 26°, de horizontale en verticale componenten van de versnelling van een vrachtauto die in 7,0 s vertraagt van 110 km/u tot rust. (Zie fig. 3.54.)

FIGUUR 3.54 Vraagstuk 74.

75. Een licht vliegtuig koerst pal naar het zuiden met een snelheid ten opzichte van de stilstaande lucht van 185 km/u. Na 1,00 u merkt de piloot dat ze slechts 135 km hebben afgelegd en dat hun richting niet zuid maar zuidoost is (45,0°). Wat is de windsnelheid?

76. Een Olympische verspringer is in staat om 8,0 m te springen. Aangenomen dat zijn horizontale snelheid als hij van de grond komt 9,1 m/s is, hoe lang is hij dan in de lucht en hoe hoog komt hij? Neem aan dat hij rechtop landt, dat wil zeggen, in dezelfde stand als toen hij van de grond kwam.

77. Romeo gooit zachtjes steentjes tegen Julia's venster aan en hij wil dat de steentjes, als ze het venster raken, uitsluitend een horizontale snelheidscomponent hebben. Hij staat aan de rand van een rozentuin 8,0 m onder haar venster en 9,0 m van de onderkant van de muur (fig. 3.55). Hoe snel gaan de steentjes wanneer ze haar venster raken?

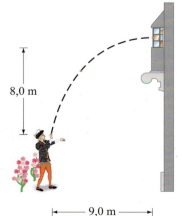

FIGUUR 3.55 Vraagstuk 77.

78. Gezien door de ruit van een rijdende trein maken regendruppels een hoek θ met de verticaal (fig. 3.56). Als de snelheid van de trein v_T is, wat is dan de snelheid van de regendruppels in het referentiestelsel van de aarde waarin ze verondersteld worden verticaal te vallen?

FIGUUR 3.56 Vraagstuk 78.

79. Apollo-astronauten namen een 'nummer negen'-golfclub mee naar de maan en sloegen een golfbal ongeveer 180 m ver weg. Als je ervan uitgaat dat de slag, de slaghoek enzovoort op aarde hetzelfde waren als op aarde, waar dezelfde astronaut slechts 32 m ver kon slaan, schat dan de valversnelling op het maanoppervlak. (We verwaarlozen in beide gevallen de luchtweerstand, maar op de maan is die er niet.)

80. Een jager richt recht op een doel (op hetzelfde niveau), 68,0 m ver weg. (a) Als de kogel het geweer verlaat met een snelheid van 175 m/s, hoe ver zal hij dan onder het doel schieten? (b) En onder welke hoek moet het wapen worden gericht om het doel te raken?

81. De rotsduikers van Acapulco springen horizontaal vanaf rotsplatforms die ongeveer 35 m boven het water liggen, maar ze moeten wegblijven van rotsachtige uitsteeksels op waterniveau die zich vanaf de voet van de rots direct onder hun sprongpunt tot 5,0 m in het water uitstrekken. Zie fig. 3.57. (a) Welke minimale startsnelheid is nodig om de rotsen te ontwijken? (b) Hoe lang zijn ze in de lucht?

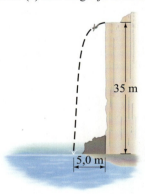

FIGUUR 3.57 Vraagstuk 81.

82. Toen Babe Ruth een homerun sloeg over het 8,0 m hoge hek rechts van het veld, op 98 m van het thuishonk, wat was toen bij benadering de minimumsnelheid van de bal toen deze bij het honk werd weggeslagen? Neem aan dat de bal 1,0 m boven de grond werd geraakt en dat zijn baan aanvankelijk een hoek van 36° met de grond maakte.

83. De snelheid van een boot in stilstaand water is v. De boot gaat een rondvaart maken op een rivier met een stroming met snelheid u. Leid een formule af voor de tijd die nodig is om een rondvaart over een totale afstand D te maken als de boot de rondvaart maakt door (a) eerst stroomopwaarts en vervolgens stroomafwaarts te varen, en (b) twee keer recht de rivier over te steken. We moeten aannemen dat $u < v$. Waarom?

84. Bij het serveren probeert een tennisspeler de bal horizontaal te raken. Welke minimumsnelheid is nodig om de bal over het 0,90 m hoge net te krijgen, ongeveer 15,0 m van de serveerder als de bal vanaf een hoogte van 2,50 m weggeslagen wordt? Waar komt de bal terecht als hij precies over het net gaat (en zal hij 'goed' zijn in de zin dat hij binnen 7,0 m van het net landt)? Hoe lang zal de bal in de lucht zijn? Zie fig. 3.58.

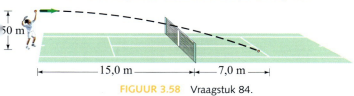

FIGUUR 3.58 Vraagstuk 84.

85. Spion Chris, die met een constante snelheid van 208 km/u horizontaal in een laagvliegende helikopter vliegt, wil geheime documenten op de open wagen van haar contactpersoon droppen, die 78,0 m lager en 156 km/u op een vlakke snelweg rijdt. Onder welke hoek (met het horizontale vlak) moet de auto in haar gezichtsveld zijn op het moment dat het pakket wordt losgelaten (fig. 3.59)?

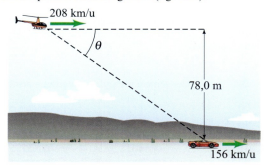

FIGUUR 3.59 Vraagstuk 85.

86. Een basketbal verlaat de handen van de speler op een hoogte van 2,10 m boven de vloer. De basketring is 3,05 m boven de vloer. De speler wil de bal schieten onder een hoek van 38,0°. Als het schot wordt gedaan vanaf een horizontale afstand van 11,00 m en nauwkeurig moet zijn tot op 0,22 m (horizontaal), wat is dan het bereik van de beginsnelheden waarmee gescoord wordt?

87. Een deeltje heeft een snelheid $\vec{v} = (-2,0\vec{e}_x + 3,5\,t\,\vec{e}_y)$ m/s. Het deeltje begint op $\vec{r} = (1,5\vec{e}_x - 3,1\vec{e}_y)$ m en $t = 0$. Geef de plaats en versnelling als functie van de tijd. Wat is de vorm van de resulterende baan?

88. Een projectiel wordt vanaf de grond naar de top van een rots gelanceerd die 195 m ver weg is en 135 m hoog (zie fig. 3.60). Als het projectiel nadat het is afgevuurd 6,6 s later op de top van de rots landt, bepaal dan de beginsnelheid van het projectiel (grootte en richting). Verwaarloos de luchtweerstand.

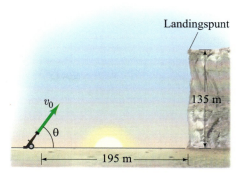

FIGUUR 3.60 Vraagstuk 88.

89. In wilde achtervolging moet agent Logan van de FBI zo snel mogelijk een 1200 m brede rivier recht oversteken. De stroming van de rivier is 0,80 m/s, hij kan een boot roeien met 1,60 m/s, en hij kan met 3,00 m/s rennen. Beschrijf de baan die hij moet nemen (roeien plus langs de oever rennen) om het traject in de kortst mogelijke tijd af te leggen en bepaal die minimumtijd.

90. Een boot kan in stilstaand water 2,20 m/s varen. (a) Als de boot zijn voorsteven recht naar de overkant van de rivier stuurt waarvan de stroming 1,30 m/s is, wat is dan de snelheid (grootte en richting) van de boot ten opzichte van het strand? (b) Wat zal de plaats van de boot ten opzichte van zijn vertrekpunt zijn na 3,00 s?

91. Een boot vaart op een plek met een stroming van 0,20 m/s naar het oosten (fig. 3.61). Om rotsen in het water te vermijden, moet de boot voorbij een boei blijven die NNO (22,5°) en 3,0 km ver weg ligt. De snelheid van de boot in stilstaand water is 2,1 m/s. Als de boot de boei op 0,15 km rechts wil passeren, onder welke hoek moet de boot dan sturen?

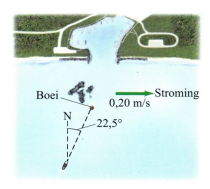

FIGUUR 3.61 Vraagstuk 91.

92. Een kind rent een heuvel met een helling van 12° af en springt plotseling op onder een hoek van 15° boven het horizontale vlak en landt 1,4 m verder, gemeten langs de heuvel. Wat was de beginsnelheid van het kind?

93. Een basketbal is vanaf een beginhoogte van 2,4 m (fig. 3.62) met een beginsnelheid $v_0 = 12$ m/s omhoog gegooid, onder een hoek $\theta_0 = 35°$ met het horizontale vlak. (a) Hoe ver was de speler van de basket als de worp een doelpunt was? (b) Onder welke hoek met het horizontale vlak kwam de bal in de basket terecht?

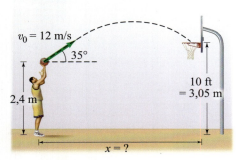

FIGUUR 3.62 Vraagstuk 93.

94. Tijdens een sneeuwstorm rijd je op een snelweg met 25 m/s. Bij je laatste stop zag je de sneeuw verticaal naar beneden vallen, maar de sneeuw passeerde de ruiten van de bewegende auto onder een hoek van 37° met het horizontale vlak. Schat de snelheid van de sneeuwvlokken ten opzichte van de auto en ten opzichte van de grond.

95. Een steen wordt vanaf een heuvel met een helling van 45° met 15 m/s horizontaal weggetrapt (fig. 3.63). Hoe lang duurt het voor de steen de grond raakt?

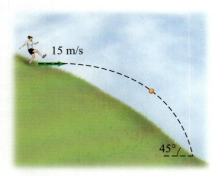

FIGUUR 3.63 Vraagstuk 95.

96. Een slagman slaat een bal die het honk op 0,90 m boven de grond en onder een hoek van 61° verlaat, met een beginsnelheid van 28 m/s in de richting van een middenvelder. Verwaarloos de luchtweerstand. (a) Hoe ver van het thuishonk zou de bal landen als hij niet wordt gevangen? (b) De bal wordt gevangen door de middenvelder die, vanaf een afstand van 105 m vanaf het thuishonk, recht naar het thuishonk rent met een constante snelheid en de bal op grondniveau vangt. Bepaal zijn snelheid.

97. Een bal wordt van het dak van een gebouw af getrapt met een beginsnelheid van 18 m/s en onder een hoek $\theta = 42°$ boven het horizontale vlak. (a) Wat zijn de horizontale en verticale componenten van de beginsnelheid? (b) Als een nabijgelegen gebouw vrijwel dezelfde hoogte heeft en 55 m ver weg is, hoe ver onder het dak van het gebouw zal de bal het nabijgelegen gebouw dan raken?

98. Op $t = 0$ raakt een slagman een honkbal met een beginsnelheid van 28 m/s onder een hoek van 55° met het horizontale vlak. Op $t = 0$ is een verrevelder 85 m verwijderd van de slagman en, zoals gezien vanuit het thuishonk, maakt de zichtlijn voor de verrevelder een horizontale hoek van 22° met het vlak waarin de bal beweegt (zie fig. 3.64). Welke snelheid en richting moet de veldspeler aanhouden om de bal op dezelfde hoogte te vangen als waarop hij was weggeslagen? Geef de hoek ten opzichte van de zichtlijn van de verrevelder op het thuishonk.

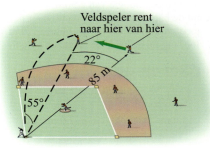

FIGUUR 3.64 Vraagstuk 98.

*Numerieke oplossingen

*99. (II) Studenten schieten een plastic bal horizontaal vanaf een lanceermechanisme. Ze meten voor zes verschillende hoogtes van het lanceermechanisme de afstand x, die de bal horizontaal aflegt, de afstand y die de bal verticaal valt, en de totale tijd t die de bal in de lucht is. Hier zijn hun gegevens.

Tijd	Horizontale afstand	Verticale afstand
t (s)	x (m)	y (m)
0,217	0,642	0,260
0,376	1,115	0,685
0,398	1,140	0,800
0,431	1,300	0,915
0,478	1,420	1,150
0,491	1,480	1,200

(a) Bepaal de rechte lijn die x als functie van t het best benadert. Wat is de beginsnelheid van de bal die uit deze lijn wordt verkregen? (b) Wat is de versnelling van de bal in de verticale richting?

*100. (III) Een kogelstoter gooit vanaf een hoogte $h = 2,1$ m boven de grond zoals weergegeven in fig. 3.65, met een beginsnelheid $v_0 = 13,5$ m/s. (a) Leid een relatie af die beschrijft hoe de afgelegde afstand d afhangt van de werphoek θ_0. (b) Gebruik de gegeven waarden van v_0 en h om met behulp van een grafische rekenmachine of een computer d als functie van θ_0 te tekenen. Wat is volgens je grafiek de waarde van θ_0 die d maximaliseert?

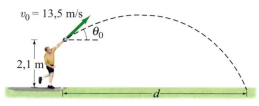

FIGUUR 3.65 Vraagstuk 100.

Antwoorden op de opgaven

A: Wanneer de twee vectoren D_1 en D_2 in dezelfde richting wijzen.
B: $3\sqrt{2} = 4{,}24$.
C: (a).
D: (d).
E: Beide ballen bereiken dezelfde hoogte, dus zijn ze even lang in de lucht.
F: (c).

Het ruimteveer Discovery wordt met behulp van krachtige raketten in de ruimte gebracht. Het veer versnelt, waardoor de snelheid snel toeneemt. Om dat te doen moet er, volgens de tweede wet van Newton, een kracht $\Sigma \vec{F} = m\vec{a}$ op de raketten uitgeoefend worden. Wat oefent deze kracht uit? De raketmotoren oefenen een kracht uit op de gassen die ze aan de achterzijde van de raket naar buiten drukken ($\vec{F}_{GR}$). Volgens de derde wet van Newton oefenen deze uitgestoten gassen een gelijke en tegenovergesteld gerichte kracht uit op de raketten in voorwaartse richting. Het is deze 'reactiekracht' die uitgeoefend wordt op de **R**aketten door de **G**assen, $\vec{F}_{RG}$, die de raketten in voorwaartse richting versnelt.

Hoofdstuk

Inhoud
- 4.1 Kracht
- 4.2 De eerste bewegingswet van Newton
- 4.3 Massa
- 4.4 De tweede bewegingswet van Newton
- 4.5 De derde bewegingswet van Newton
- 4.6 Gewicht: de zwaartekracht en de normaalkracht
- 4.7 Vraagstukken oplossen met de wetten van Newton: vrijlichaamsschema's
- 4.8 Vraagstukken oplossen: een algemene benadering

Dynamica: de bewegingswetten van Newton

Openingsvragen: wat denk jij?

1. Een footballspeler met een massa van 150 kg botst frontaal tegen een achterspeler met een massa van 75 kg. Tijdens de botsing oefent de zwaardere speler een kracht F_A uit op de kleinere speler. Welke reactie is het meest waarschijnlijk als de kleinere speler een kracht F_B in tegenovergestelde richting uitoefent op de zwaardere speler?
   (a) $F_B = F_A$.
   (b) $F_B < F_A$.
   (c) $F_B > F_A$.
   (d) $F_B = 0$.
   (e) ik heb meer informatie nodig.

2. In de bundel *Murder in the Cathedral* van T.S. Eliot laat deze dichter de vrouwen van Canterbury zeggen dat 'de aarde omhoog drukt tegen onze voeten'. Welke kracht is dit?
   (a) de zwaartekracht.
   (b) de normaalkracht.
   (c) een wrijvingskracht.
   (d) een centrifugaalkracht.
   (e) geen kracht: het is een dichterlijke vrijheid.

FIGUUR 4.1 Op een winkelwagentje wordt een kracht uitgeoefend, in dit geval door een persoon.

We hebben besproken hoe beweging beschreven wordt in termen van snelheid en versnelling. Nu moeten we nog onderzoeken *waarom* objecten bewegen: waardoor begint een object dat in rust is te bewegen? Waardoor versnelt of vertraagt een object? Wat gebeurt er wanneer een object een kromlijnige beweging uitvoert? We weten in elk geval dat er steeds een kracht nodig is. In dit hoofdstuk[1] zullen we het verband tussen kracht en beweging onderzoeken: de **dynamica**.

4.1 Kracht

Intuïtief ervaren we **kracht** als een druk- of trekactiviteit op een voorwerp. Wanneer je een stilstaand winkelwagentje verder duwt (fig. 4.1), oefen je er een kracht op uit. Wanneer een motor een lift omhoogtrekt, of een hamer op een spijker geslagen wordt of de wind de bladeren uit een boom blaast, is er sprake van een kracht die uitgeoefend wordt. Vaak noemen we deze krachten *contactkrachten*, omdat de kracht uitgeoefend wordt wanneer een voorwerp in contact komt met een ander voorwerp. Aan de andere kant zeggen we dat een voorwerp valt omdat het onderworpen is aan de *zwaartekracht*.

Als een voorwerp in rust is, is er een kracht nodig om het in beweging te brengen: er is een kracht nodig om een voorwerp te versnellen van snelheid nul naar een snelheid verschillend van nul. Om een voorwerp dat al in beweging is een andere snelheid te geven, in een andere richting of in grootte, is een kracht nodig. Met andere woorden, om een voorwerp te versnellen is altijd een kracht nodig. In paragraaf 4.4 bespreken we de precieze relatie tussen kracht en resulterende versnelling, die vastgelegd is in de tweede wet van Newton.

FIGUUR 4.2 Een veerunster wordt gebruikt om een kracht te meten.

De grootte (of sterkte) van een kracht kan onder andere gemeten worden met een veerunster (fig. 4.2). Gewoonlijk wordt zo'n veerunster gebruikt om het gewicht van een voorwerp te bepalen. Met het gewicht bedoelen we de grootte van de zwaartekracht die op het voorwerp werkt (paragraaf 4.6). De veerunster kan, nadat die gekalibreerd is, ook gebruikt worden om andere krachten te meten, zoals de trekkracht in fig. 4.2.

---

[1] We hebben het hier over alledaagse voorwerpen in beweging; bewegingen van submicroscopische voorwerpen, zoals atomen en moleculen, en bewegingen met extreem grote snelheden (in de buurt van de snelheid van het licht ($3{,}0 \cdot 10^8$ m/s)), bespreken we aan de hand van respectievelijk de kwantumtheorie (hoofdstuk 37 en verder) en de relativiteitstheorie (hoofdstuk 36).

Een kracht die in een andere richting uitgeoefend wordt heeft een ander effect. Krachten hebben zowel een richting als een grootte en zijn dus vectoren die volgens de regels voor vectoroptelling (hoofdstuk 3) opgeteld kunnen worden. We kunnen een willekeurige kracht in een diagram voorstellen door een pijl, op dezelfde manier als we eerder een snelheid hebben voorgesteld. De richting van de pijl is de druk- of trekrichting en de lengte ervan is evenredig met de grootte van de kracht.

4.2 De eerste bewegingswet van Newton

Wat is de relatie tussen kracht en beweging? Aristoteles (384-322 v.Chr.) geloofde dat er, om een voorwerp over een horizontaal vlak te verplaatsen, een kracht nodig was. Volgens Aristoteles was de natuurlijke toestand van een voorwerp een rusttoestand en hij geloofde dat er een kracht nodig was om een voorwerp in beweging te houden. Verder, zo betoogde Aristoteles, zou de snelheid van het voorwerp groter zijn naarmate de kracht die erop uitgeoefend werd groter was.

Ongeveer 2000 jaar later beweerde Galilei het tegendeel: hij was ervan overtuigd dat het net zo natuurlijk is voor een voorwerp om in beweging te zijn met een constante snelheid als om in rust te zijn.

Om het idee van Galilei beter te begrijpen kun je even stilstaan bij de volgende waarnemingen met betrekking tot beweging over een horizontaal vlak. Om een voorwerp met een ruw oppervlak met een constante snelheid over een tafelblad te verplaatsen is een bepaalde hoeveelheid kracht nodig. Een even zwaar voorwerp met een heel glad oppervlak met dezelfde snelheid over de tafel verplaatsen zal minder kracht kosten. Als tussen het tafelblad en het contactvlak van het voorwerp een laagje olie of ander smeermiddel aangebracht wordt, zal er nagenoeg geen kracht meer nodig zijn om het voorwerp te verplaatsen. Wat opvalt is dat in elke volgende stap de benodigde kracht minder wordt. Als volgende stap stellen we ons voor dat het voorwerp helemaal niet schuurt over het tafelblad (of dat er een perfect smeermiddel tussen het voorwerp en de tafel aangebracht is) en ook dat het voorwerp, zodra het in beweging gebracht is, met een constante snelheid over de tafel zou bewegen *zonder* dat er een kracht op uitgeoefend wordt. Een voorbeeld die een dergelijke situatie benadert is een stalen kogel die over een hard horizontaal oppervlak rolt. Een ander voorbeeld is de puck op een luchthockeytafel, waar een dunne laag lucht de wrijving bijna tot nul vermindert.

Het was geniaal van Galilei om zich een dergelijke geïdealiseerde wereld voor te stellen waarin er geen wrijving was en op basis van dat gedachte-experiment te proberen de werkelijke wereld beter te begrijpen. Deze idealisering leidde hem naar de opmerkelijke conclusie dat een bewegend voorwerp, wanneer er geen kracht op uitgeoefend wordt, in een rechte lijn en met een constante snelheid zal blijven bewegen. Een voorwerp vertraagt alleen als er een kracht op uitgeoefend wordt. Galilei interpreteerde wrijving daarom als een kracht die op dezelfde manier werkt als gewone druk- en trekkrachten.

Om een voorwerp met een constante snelheid over een tafelblad te duwen, is er een kracht van je hand nodig die de kracht van de wrijving kan overwinnen (fig. 4.3). Wanneer het voorwerp met een constante snelheid beweegt, is de drukkende kracht van je hand even groot als de wrijvingskracht, maar deze twee krachten werken in tegenovergestelde richtingen. De *resulterende* kracht op het voorwerp (de vectorsom van de twee krachten) is nul. Dit past in het beeld dat Galilei bedacht heeft, omdat het voorwerp met constante snelheid beweegt wanneer er geen nettokracht op uitgeoefend wordt.

Isaac Newton (fig. 4.4) ontwikkelde zijn bewegingstheorie op het fundament dat Galilei bedacht. Newton vatte zijn bewegingsanalyse samen in zijn 'drie bewegingswetten'. In zijn indrukwekkende boek, de *Principia* (verschenen in 1687) erkende Newton grootmoedig zijn schatplichtigheid aan Galilei. In feite is de **eerste bewegingswet van Newton** nagenoeg gelijk aan de conclusies van Galilei. Deze wet luidt:

Elk voorwerp blijft in rust, of blijft in een rechte lijn bewegen met een constante snelheid, zolang er geen nettokracht op werkt.

De neiging van een voorwerp om in rust te blijven of met constante snelheid in een rechte lijn te blijven bewegen wordt **traagheid** genoemd. Daarom wordt de eerste wet van Newton vaak de **wet van de traagheid** genoemd.

FIGUUR 4.3 $\vec{F}$, stelt de kracht voor die via de hand wordt uitgeoefend en $\vec{F}_{fr}$ de kracht van de wrijving.

De eerste bewegingswet van Newton

Conceptvoorbeeld 4.1 De eerste wet van Newton

Een schoolbus moet plotseling remmen en alle rugzakjes die op de vloer staan, schuiven naar de voorkant van de bus. Welke kracht zorgt ervoor dat ze dat doen?

Antwoord Het is geen kracht die daarvoor verantwoordelijk is. Volgens de eerste wet van Newton handhaven de rugzakjes hun bewegingstoestand en behouden dus hun snelheid. De rugzakjes vertragen doordat er een kracht op wordt uitgeoefend, zoals de wrijving met de vloer.

■ Inertiaalstelsels

De eerste wet van Newton is niet in elk referentiestelsel geldig. Als de oorsprong van je referentiestelsel zich bijvoorbeeld in een optrekkende auto bevindt, zal een voorwerp (zoals een beker die op het dashboard staat) mogelijk in de richting van de passagiersstoel bewegen (de beker bleef staan zolang de auto met constante snelheid reed). De beker versnelde van de voorruit weg, maar niemand oefende een kracht op de beker uit in die richting. In het referentiestelsel van de vertragende bus in voorbeeld 4.1 was er ook geen kracht die de rugzakjes naar de voorkant van de bus drukte. In versnellende referentiestelsels geldt de eerste wet van Newton niet. Referentiestelsels waarin de eerste wet van Newton geldt worden **inertiaalstelsels** genoemd (de wet van de traagheid is geldig in deze stelsels). In de meeste gevallen zullen we er (niet helemaal terecht) van uitgaan dat een referentiestelsel op de aarde een inertiaalstelsel is. De aarde beweegt namelijk, maar meestal is de benadering nauwkeurig genoeg. (Aan het eind van hoofdstuk 11 zullen we bekijken op welke manier we de rotatie van de aarde in rekening kunnen brengen.)

Elk referentiestelsel dat met constante snelheid beweegt (bijvoorbeeld een auto of een vliegtuig) ten opzichte van een inertiaalstelsel is ook een inertiaalstelsel. Referentiestelsels waarin de wet van de traagheid *niet* geldt, zoals de versnellende referentiestelsels die we hierboven zagen, worden **niet-inertiaalstelsels** genoemd. Hoe weet je of een referentiestelsel een inertiaalstelsel is of niet? Het antwoord is eenvoudig: door te controleren of de eerste wet van Newton geldig is. De eerste wet van Newton kan dus gebruikt worden om inertiaalstelsels te definiëren.

FIGUUR 4.4 Isaac Newton (1642-1727).

4.3 Massa

De tweede wet van Newton, waar we in de volgende paragraaf kennis mee maken, maakt gebruik van het concept massa. Newton gebruikte de term *massa* als een synoniem voor *hoeveelheid materie*. Dit intuïtieve concept van de massa van een voorwerp is niet erg nauwkeurig, omdat het concept 'hoeveelheid materie' niet erg goed gedefinieerd is. Om precies te zijn kunnen we zeggen dat **massa** een *maat van de traagheid* van een voorwerp is. Hoe meer massa een voorwerp heeft, hoe groter de benodigde kracht is om het een bepaalde versnelling te geven. Het kost meer moeite om het vanuit rust in beweging te zetten of om het tot stilstand te brengen of de snelheid van richting te veranderen. Een vrachtwagen heeft een veel grotere traagheid dan een tennisbal die met dezelfde snelheid beweegt. En om de snelheden van de vrachtwagen en tennisbal even veel te verhogen is bij de vrachtwagen een veel grotere kracht nodig. De vrachtwagen heeft daarom veel meer massa.

Om het concept massa te kwantificeren moeten we een standaard definiëren. In SI-eenheden is de eenheid van massa de **kilogram** (kg), zoals we gezien hebben in hoofdstuk 1, paragraaf 1.4.

De termen *massa* en *gewicht* worden vaak met elkaar verward, maar het is belangrijk om een goed onderscheid tussen de twee te maken. Massa is een eigenschap van een voorwerp zelf (een maat voor de traagheid van een voorwerp of de 'hoeveelheid materie'). Gewicht is echter een kracht, de aantrekkende kracht die de zwaartekracht uitoefent op een voorwerp. Om het verschil beter in te zien veronderstellen we dat we een voorwerp meenemen naar de maan. Het voorwerp zal daar maar ongeveer eenzesde wegen van het gewicht dat het op aarde heeft, omdat de zwaartekracht daar kleiner is. De massa van het voorwerp zal echter niet veranderen. Het zal uit dezelfde hoeveelheid materie bestaan als op aarde en een even grote traagheid hebben omdat het, als we geen rekening houden met de wrijving, op de maan en op aarde even veel

 Let op

Maak een onderscheid tussen massa en gewicht.

moeite zal kosten om het voorwerp in beweging te zetten of het tot stilstand te brengen. (In paragraaf 4.6 komen we uitgebreid terug op gewicht.)

4.4 De tweede bewegingswet van Newton

De eerste wet van Newton stelt dat een voorwerp in rust, wanneer er geen nettokracht op werkt, in rust blijft of, wanneer het voorwerp in beweging is, het in een rechte lijn met constante snelheid zal blijven bewegen. Maar wat gebeurt er als er *wel* een resulterende kracht op een voorwerp uitgeoefend wordt? Newton nam waar dat de snelheid van een voorwerp veranderde (fig. 4.5). Een nettokracht die in de bewegingsrichting op een voorwerp uitgeoefend wordt, zorgt ervoor dat de snelheid ervan toeneemt. Als de kracht tegenovergesteld aan de bewegingsrichting van een voorwerp uitgeoefend wordt, zal de snelheid van een voorwerp afnemen. Als de kracht zijdelings op de *bewegingsrichting* van een voorwerp uitgeoefend wordt, verandert de snelheidsvector van een voorwerp (en mogelijk ook de vectorgrootte ervan). Omdat een verandering van de snelheid een versnelling is (paragraaf 2.4), kunnen we stellen dat *een nettokracht versnelling veroorzaakt*.

Wat is precies de relatie tussen versnelling en kracht? Het antwoord kunnen we vinden in ervaringen van alledag. Beschouw de benodigde kracht om een winkelwagentje vooruit te duwen wanneer de wrijving verwaarloosbaar is. (Als er wel wrijving is, is de *nettokracht* de kracht die jijzelf uitoefent min de wrijvingskracht.) Als je het winkelwagentje een tijdje rustig, maar met een constante kracht vooruitduwt, zal het vanuit rust versnellen tot een bepaalde snelheid, bijvoorbeeld 3 km/u. Als je twee keer zo hard duwt, zal het wagentje in de helft van de tijd de snelheid van 3 km/u halen. De versnelling zal dus twee keer zo groot zijn. Als je drie keer zo hard duwt, wordt ook de versnelling drie keer zo groot enzovoort. De versnelling van een voorwerp is dus rechtevenredig met de daarop uitgeoefende nettokracht. Maar de versnelling is ook afhankelijk van de massa van het voorwerp. Het maakt wel degelijk verschil of je een lege of een volle winkelwagen duwt; bij een gelijke nettokracht zal de lege winkelwagen sneller versnellen. Hoe groter de massa, hoe kleiner de versnelling bij dezelfde nettokracht. De wiskundige relatie die Newton vaststelde is dat de versnelling van een voorwerp omgekeerd evenredig is met de massa ervan. Er werd aangetoond dat deze relaties altijd geldig zijn; ze kunnen als volgt samengevat worden:

FIGUUR 4.5 De bobslee versnelt omdat het team een kracht uitoefent.

De tweede bewegingswet van Newton

De versnelling van een voorwerp is rechtevenredig met de nettokracht die erop werkt en omgekeerd evenredig met de massa van het voorwerp. De richting van de versnelling is gelijk aan de richting van de nettokracht die op het voorwerp werkt.

Dit is de **tweede bewegingswet van Newton**.
De tweede wet van Newton kan geschreven worden als een vergelijking:

$$\vec{a} = \frac{\Sigma \vec{F}}{m},$$

waarin $\vec{a}$ de versnelling is, m de massa en $\Sigma \vec{F}$ de *nettokracht* die op het voorwerp uitgeoefend wordt. Het symbool Σ (de Griekse 'sigma') betekent 'som van' $\vec{F}$ betekent kracht, dus $\Sigma \vec{F}$ is de *vectorsom van alle krachten* die op het voorwerp uitgeoefend worden. Deze kracht definiëren we als de **nettokracht** of **resulterende kracht**.
We werken deze vergelijking om tot de bekende tweede wet van Newton:

De tweede bewegingswet van Newton

$$\Sigma \vec{F} = m\vec{a}. \tag{4.1a}$$

De tweede wet van Newton beschrijft de relatie tussen een beweging (versnelling) en de oorzaak van een beweging (kracht). Het is een van de meest fundamentele natuurkundige wetten. Met de tweede wet van Newton kunnen we een nauwkeuriger definitie van **kracht** maken: een kracht is *een activiteit die een voorwerp kan versnellen*. Elke kracht $\vec{F}$ is een vector, met een grootte en een richting. Vgl. 4.1a is een vectorvergelijking die geldt in elk inertiaalstelsel. De vergelijking kan ook in componenten voor een rechthoekig coördinatenstelsel geschreven worden:

$$\Sigma F_x = ma_x, \qquad \Sigma F_y = ma_y, \qquad \Sigma F_z = ma_z, \tag{4.1b}$$

waarin

$$\vec{F} = F_x\vec{e}_x + F_y\vec{e}_y + F_z\vec{e}_z.$$

De versnellingscomponent in elk richting wordt uitsluitend beïnvloed door de component van de nettokracht in die richting.

In SI-eenheden, waarbij de massa in kilogrammen uitgedrukt wordt, wordt de eenheid van kracht de **newton** (N) genoemd. Een newton is dus de benodigde kracht om een massa van 1 kg een versnelling te geven van 1 m/s². 1 N is dus 1 kg · m/s².

In cgs-eenheden is de eenheid van massa de gram (g), zoals we eerder gezien hebben.[1] De eenheid van kracht is dan de *dyne*, die gedefinieerd is als de benodigde nettokracht om een massa van 1 g een versnelling te geven van 1 cm/s². 1 dyne is dus 1 g · cm/s². Het is gemakkelijk om aan te tonen dat 1 dyne overeenkomt met 10^{-5} N. Het is erg belangrijk dat je bij het bepalen van de oplossing van vraagstukken eenheden uit hetzelfde systeem gebruikt. Als de kracht bijvoorbeeld in newtons gegeven wordt en de massa in grammen, moet je, als je de versnelling in SI-eenheden wilt bepalen, de massa omrekenen naar kilogrammen. Als de kracht bijvoorbeeld 2,0 N langs de x-as is en de massa 500 g is, moet je dat laatste gegeven omrekenen naar 0,50 kg. De versnelling zal dan automatisch in m/s² zijn wanneer je de tweede wet van Newton toepast:

Oplossingsstrategie

Gebruik een consistente set eenheden

$$a_x = \frac{\Sigma F_x}{m} = \frac{2{,}0 \text{ N}}{0{,}50 \text{ kg}} = \frac{2{,}0 \text{ kg m/s}^2}{0{,}50 \text{ kg}} = 4{,}0 \text{ m/s}^2.$$

Voorbeeld 4.2 Schatten Kracht om een auto te versnellen

Schat de benodigde nettokracht om (*a*) een auto met een massa van 1000 kg een versnelling te geven van 1/2 *g*; (*b*) een appel met een massa van 200 g dezelfde versnelling te geven.

Aanpak We gebruiken de tweede wet van Newton om de benodigde nettokracht voor elk voorwerp te bepalen. Dit is een schatting (er werd niet vermeld dat de 1/2 heel precies was), dus ronden we af op één significant cijfer.

Oplossing (*a*) De versnelling van de auto is $a = 1/2\ g = 1/2(9{,}8 \text{ m/s}^2) \approx 5 \text{ m/s}^2$. We gebruiken de tweede wet van Newton om de benodigde nettokracht voor deze versnelling te bepalen:

$$\Sigma F = ma \approx (1000 \text{ kg})(5 \text{ m/s}^2) = 5000 \text{ N}.$$

(*b*) De appel heeft een massa m = 200 g = 0,2 kg, dus

$$\Sigma F = ma \approx (0{,}2 \text{ kg})(5 \text{ m/s}^2) = 1 \text{ N}.$$

Voorbeeld 4.3 Kracht om een auto tot stilstand te brengen

Hoe groot is de benodigde gemiddelde kracht om een auto met een massa van 1500 kg en een snelheid van 100 km/u binnen 55 m tot stilstand te brengen?

Aanpak We gebruiken de tweede wet van Newton, $\Sigma F = ma$ om de kracht te berekenen, maar eerst moeten we de versnelling a berekenen. We veronderstellen dat

FIGUUR 4.6
Voorbeeld 4.3.

de versnelling constant is, dus kunnen we kinematische vgl. 2.12 gebruiken.

Oplossing We veronderstellen dat de beweging evenwijdig is aan de +x-as (fig. 4.6). We weten dat de initiële snelheid v_0 = 100 km/u = 27,8 m/s (paragraaf 1.5), dat de uiteindelijke snelheid v = 0 en de afgelegde afstand $x - x_0$ = 55 m. Vgl. 2.12c is dus

---

[1] Pas op dat je de '*g*' voor gram niet verwart met de '*g*' voor de valversnelling. De valversnelling wordt in dit boek altijd cursief gedrukt (of vet als deze een vector is).

$$v^2 = v_0^2 + 2a(x - x_0),$$

$$a = \frac{v^2 - v_0^2}{2(x - x_0)} = \frac{0 - (27{,}8 \text{ m/s})^2}{2(55 \text{ m})} = -7{,}0 \text{ m/s}^2.$$

De benodigde nettokracht is dan

$$\Sigma F = ma = (1500 \text{ kg})(-7{,}0 \text{ m/s}^2) = -1{,}1 \cdot 10^4 \text{ N}.$$

Het teken van de kracht is negatief. Dit betekent dat de kracht uitgeoefend moet worden in de *tegenovergestelde* richting van de initiële snelheid.

Opmerking Als de versnelling niet precies constant is, kunnen we een 'gemiddelde' versnelling berekenen en een 'gemiddelde' kracht.

De tweede wet van Newton is, net als de eerste wet, alleen geldig in inertiaalstelsels (paragraaf 4.2). In het niet-inertiaalstelsel van een versnellende auto begint een beker op het dashboard bijvoorbeeld te glijden: de beker versnelt, ondanks dat er geen nettokracht op werkt; $\Sigma \vec{F} = m\vec{a}$ werkt dus niet in een dergelijk versnellend referentiestelsel ($\Sigma \vec{F} = 0$, maar $\vec{a} \neq 0$ in dit niet-inertiaalstelsel).

> **Opgave A**
> Veronderstel dat je een beker waarneemt die over het dashboard van een versnellende auto glijdt, maar dat je nu een inertiaalstelsel hanteert buiten de auto, bijvoorbeeld een punt op straat. Binnen jouw inertiaalstelsel zijn de wetten van Newton wel geldig. Welke kracht duwt de beker van het dashboard?

■ *Een nauwkeurige definitie van massa*

Zoals we gezien hebben in paragraaf 4.3, kunnen we het concept massa kwantificeren met behulp van de definitie ervan als een maat voor de traagheid. Hoe we dat kunnen doen, blijkt uit vgl. 4.1a. Daarin zien we dat de versnelling van een voorwerp omgekeerd evenredig is met de massa ervan. Als dezelfde nettokracht ΣF op elk van twee massa's, m_1 en m_2, werkt, zal de verhouding van hun massa's gedefinieerd kunnen worden als de omgekeerde verhouding van hun versnellingen:

$$\frac{m_2}{m_1} = \frac{a_1}{a_2}.$$

Als een van de massa's bekend is (het zou bijvoorbeeld de standaardkilogram kunnen zijn) en de twee versnellingen nauwkeurig gemeten zijn, kan de onbekende massa met behulp van deze definitie bepaald worden. Als m_1 bijvoorbeeld 1,00 kg is en een bepaalde kracht een versnelling $a_1 = 3{,}00$ m/s² veroorzaakt en $a_2 = 2{,}00$ m/s², dan is $m_2 = 1{,}50$ kg.

4.5 De derde bewegingswet van Newton

De tweede bewegingswet van Newton beschrijft kwantitatief hoe krachten van invloed zijn op bewegingen. Maar waar komen krachten eigenlijk vandaan? Uit waarnemingen zou je kunnen afleiden dat een kracht die op een willekeurig voorwerp uitgeoefend wordt, altijd uitgeoefend wordt *door een ander voorwerp*. Een paard trekt een wagen, iemand duwt tegen een winkelwagentje, een hamer drukt tegen een spijker, een magneet trekt een paperclip aan. In elk van deze voorbeelden wordt een kracht uitgeoefend *op* een voorwerp, en die kracht wordt uitgeoefend *door* een ander voorwerp. De kracht die uitgeoefend wordt *op* de spijker wordt uitgeoefend *door* de hamer.

Maar Newton realiseerde zich dat dingen niet op zichzelf staan. Het is inderdaad zo dat de hamer een kracht uitoefent op de spijker (fig. 4.7). Maar de spijker oefent duidelijk ook een kracht uit op de hamer, aangezien de snelheid van de hamer al snel nul wordt nadat deze in contact gekomen is met de spijker. Alleen een grote kracht kan een dergelijke snelle vertraging van de hamer bewerkstelligen. En dus, aldus

FIGUUR 4.7 Een hamer raakt een spijker. De hamer oefent een kracht uit op de spijker en de spijker oefent op zijn beurt een kracht terug uit op de hamer. De laatste kracht vertraagt de hamer en brengt deze tot stilstand.

Newton, moeten deze twee objecten op een vergelijkbare manier behandeld worden. De hamer oefent een kracht uit op de spijker en de spijker oefent op zijn beurt een kracht terug uit op de hamer. Dit is de essentie van de **derde bewegingswet van Newton**:

Wanneer een voorwerp een kracht uitoefent op een tweede voorwerp, oefent het tweede voorwerp een gelijke kracht in tegenovergestelde richting uit op het eerste voorwerp.

> *De derde bewegingswet van Newton*

Deze wet wordt soms ook wel zo uitgedrukt: 'elke actie veroorzaakt een even grote, maar tegengesteld gerichte, reactie'. Dit is een volkomen ware bewering. Maar om verwarring te voorkomen is het erg belangrijk om in je hoofd te houden dat de 'actiekracht' en de 'reactiekracht' werken op *verschillende* voorwerpen.

 Let op

Actie- en reactiekrachten werken op verschillende voorwerpen

Als bewijs voor de geldigheid van de derde wet van Newton kun je naar je hand kijken wanneer je daarmee tegen een tafelrand drukt (fig. 4.8). De vorm van je hand verandert: een duidelijk bewijs dat er een kracht op uitgeoefend wordt. Je kunt de afdruk van de tafelrand in je hand zelfs gewoon *zien*. Je kunt ook *voelen* dat de tafelrand een kracht op je hand uitoefent: als je erg hard drukt doet het pijn! Hoe harder je tegen de tafelrand drukt, hoe harder de tafelrand terugduwt tegen je hand. (Je voelt alleen de krachten die *op* jou uitgeoefend worden; wanneer je een kracht op een ander voorwerp uitoefent, is datgene dat je voelt het voorwerp dat terug tegen jou aan duwt.)

De kracht die de tafelrand op je hand uitoefent heeft dezelfde grootte als de kracht die je hand uitoefent op de tafelrand. Dit is niet alleen waar als het bureau in rust is, maar zelfs wanneer het bureau versnelt als gevolg van de kracht die je hand uitoefent.

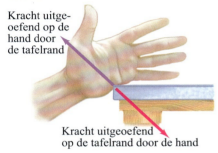

Kracht uitgeoefend op de hand door de tafelrand

Kracht uitgeoefend op de tafelrand door de hand

FIGUUR 4.8 Als je hand tegen de tafelrand aanduwt (de krachtvector is in rood weergegeven), drukt de tafelrand terug tegen jouw hand (deze krachtvector is in een andere kleur weergegeven, om aan te geven dat deze kracht op een ander voorwerp uitgeoefend wordt).

Voor een ander voorbeeld van de derde wet van Newton kun je kijken naar de schaatster in fig. 4.9. De wrijving tussen haar schaatsen en het ijs is erg klein, zodat ze vrij kan bewegen als er een kracht op haar uitgeoefend wordt. Ze drukt tegen de wand, waardoor *zij zelf* naar achter glijdt. De kracht die zij op de wand uitoefent kan *haar* niet in beweging zetten, omdat die kracht op de wand uitgeoefend wordt. Er is iets dat een kracht *op haar* moet uitoefenen waardoor ze in beweging komt en die kracht kan alleen uitgeoefend worden door de wand. De kracht waarmee de wand tegen de schaatster drukt is, volgens de derde wet van Newton, gelijk en tegengesteld gericht aan de kracht die zij op de wand uitoefent.

Wanneer iemand een pakje uit een kleine boot gooit (die in eerste instantie in rust is), begint de boot in de tegenovergestelde richting te bewegen. De persoon in de boot oefent een kracht uit op het pakje. Het pakje uitoefent een gelijke en tegenovergesteld gerichte kracht terug uit op de werper en deze kracht drijft de werper (en de boot waarin deze zit) een klein beetje achteruit.

Ook de voortstuwing door raketten kan met behulp van de derde wet van Newton verklaard worden (fig. 4.10). Een veelvoorkomend misverstand is dat raketten versnellen omdat de gassen die met grote snelheid aan de achterzijde de motor verlaten tegen de aarde of de atmosfeer drukken. Dat is dus niet waar. Wat er gebeurt is dat een raket een grote kracht op de gassen uitoefent en ze wegdrukt. De gassen op hun beurt oefenen een gelijke en tegengesteld gerichte kracht *op de raket* uit. En die kracht zorgt ervoor dat de raket vooruit gedrukt wordt. Deze kracht wordt *op* de raket uitgeoefend *door* de gassen (zie de foto op pagina 94). Een ruimtevoertuig kan dus in de lege ruimte gemanoeuvreerd worden door raketten in de tegenovergestelde richting van de gewenste richting te laten ontbranden. Wanneer de raket de gassen in een richting wegdrukt, drukken de gassen terug op de raket in de tegenovergestelde rich-

Kracht op schaatser   Kracht op muur

FIGUUR 4.9 Een voorbeeld van de derde wet van Newton: wanneer een schaatster tegen de wand drukt, drukt de wand terug, waardoor de schaatster een versnelling in tegengestelde richting (van de wand af) ondervindt.

FIGUUR 4.10 Een ander voorbeeld van de derde wet van Newton: de lancering van een raket. De raketmotor drukt de gassen verticaal omlaag en de gassen oefenen een gelijke en tegenovergesteld gerichte kracht verticaal omhoog uit op de raket, waardoor deze verticaal opstijgt. (Een raket versnelt *niet* doordat de uitgestoten gassen tegen de aarde drukken.)

ting. Ook straalvliegtuigen versnellen omdat de gassen die ze naar achter wegstuwen een voorwaartse kracht uitoefenen op de motoren (de derde wet van Newton).

Bekijk bijvoorbeeld eens hoe je loopt. Iemand begint te lopen door een voet af te zetten op de grond. De grond oefent dan een gelijke en tegenovergesteld gerichte kracht uit op die persoon (fig. 4.11) en deze kracht *op* de persoon zorgt ervoor dat de persoon in voorwaartse richting beweegt. (Als je twijfelt kun je het experiment herhalen op een glad oppervlak waar de wrijving minimaal is, bijvoorbeeld op een gladde ijsbaan.) Een vogel vliegt op een vergelijkbare manier door de lucht: met zijn vleugels oefent de vogel een achterwaartse kracht op de lucht uit, die op zijn beurt de vogel vooruitstuwt (de derde wet van Newton).

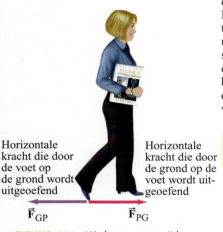

Horizontale kracht die door de voet op de grond wordt uitgeoefend $\vec{F}_{GP}$

Horizontale kracht die door de grond op de voet wordt uitgeoefend $\vec{F}_{PG}$

FIGUUR 4.11 We kunnen vooruit lopen omdat, wanneer een voet achterwaarts tegen de grond drukt, de grond voorwaarts tegen de voet drukt (de derde wet van Newton). De twee weergegeven krachten *werken op verschillende voorwerpen*.

Conceptvoorbeeld 4.4 Wat oefent de kracht uit om een auto te laten bewegen?

Waarom beweegt een auto?

Antwoord Vaak wordt gezegd dat de motor ervoor zorgt dat de auto beweegt. Maar dat is een te eenvoudige voorstelling van zaken. De motor zorgt ervoor dat de wielen gaan draaien. Maar als de banden op glad ijs of in diepe modder staan, zullen de wielen alleen maar loos draaien. Er is wrijving nodig. Op vaste grond drukken de banden, vanwege de wrijving, achterwaarts tegen de grond. Volgens de derde wet van Newton drukt de grond tegen de banden in de tegenovergestelde richting, waardoor de auto aangedreven wordt.

We hebben de neiging om krachten te associëren met actieve voorwerpen, zoals mensen, dieren, motoren of een bewegend voorwerp als een hamer. Het is vaak lastig om in te zien hoe een levenloos voorwerp dat in rust is, zoals een wand, een tafelblad of de borstwering van een ijsbaan, (fig. 4.9), een kracht kan uitoefenen. De verklaring is dat elk materiaal, hoe hard het ook is, tot op zekere hoogte elastisch (verend) is. Een uitgerekt elastiekje kan een kracht uitoefenen op een propje papier en het zodanig versnellen dat het ver weg kan vliegen. Andere materialen rekken niet zo gemakkelijk als rubber, maar ze rekken of krimpen wel degelijk wanneer er een kracht op uitgeoefend wordt. En op precies dezelfde manier als een uitgerekt elastiekje een kracht uitoefent, doet een uitgetrokken (of ingedrukte) wand, tafel of autobumper dat ook.

Uit de hier besproken voorbeelden kunnen we begrijpen hoe belangrijk het is om in te zien *op* welk voorwerp een bepaalde kracht uitgeoefend wordt en *door* welk voorwerp die kracht uitgeoefend wordt. Een kracht beïnvloedt de beweging van een voorwerp alleen wanneer die kracht *op* dat voorwerp uitgeoefend wordt. Een kracht die uitgeoefend wordt *door* een voorwerp heeft geen invloed op dat voorwerp; deze kracht beïnvloedt alleen het andere voorwerp *waarop* deze uitgeoefend wordt. Om verwarring te voorkomen is het dus altijd belangrijk om duidelijkheid te hebben *waarop* en *waardoor* krachten uitgeoefend worden.

Een eenvoudige manier om duidelijk te specificeren welke kracht op welk voorwerp werkt, is om dubbele subscripts te gebruiken. De kracht die bijvoorbeeld op de **P**ersoon uitgeoefend wordt door de **G**rond wanneer de persoon in fig. 4.11 loopt, kun je $\vec{F}_{PG}$ noemen. Als onderscheid kun je de kracht die op de grond door de persoon wordt uitgeoefend $\vec{F}_{GP}$ noemen. Volgens de derde wet van Newton is

$$\vec{F}_{GP} = -\vec{F}_{PG}. \tag{4.2}$$

> *De derde bewegingswet van Newton*

4.5 De derde bewegingswet van Newton

$\vec{F}_{GP}$ en $\vec{F}_{PG}$ hebben dezelfde grootte (de derde wet van Newton) en het minteken duidt aan dat deze twee krachten in tegenovergestelde richting werken.

Merk op dat de twee krachten in fig. 4.11 op verschillende voorwerpen werken. Dat is ook de reden waarom we iets verschillende kleuren gebruiken voor de vectorpijlen die deze krachten voorstellen. Deze twee krachten komen nooit samen voor in een som van krachten in de tweede wet van Newton, $\Sigma\vec{F} = m\vec{a}$. Waarom niet? Omdat ze op verschillende voorwerpen werken: $\vec{a}$ is de versnelling van een bepaald voorwerp en $\Sigma\vec{F}$ mag *alleen* bestaan uit de krachten die op *één* voorwerp werken.

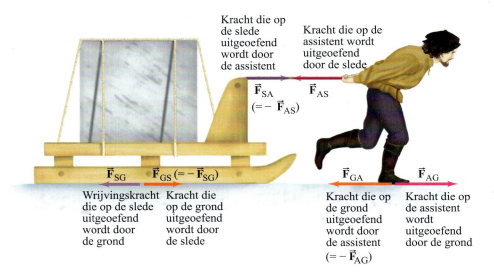

FIGUUR 4.12 Voorbeeld 4.5, met alleen horizontale krachten. Michelangelo heeft een mooi blok marmer uitgekozen voor zijn volgende beeldhouwwerk. Je ziet hier dat zijn assistent het blok op een slede uit de groeve trekt. De krachten op de assistent zijn weergegeven met rode (magenta) pijlen. De krachten op de slede zijn weergegeven met paarse pijlen. De krachten die met oranje pijlen weergegeven zijn werken op de grond. Actie- en reactiekrachten die even groot maar tegengesteld gericht zijn, hebben dezelfde index, maar de letters in de indices zijn omgewisseld (zoals $\vec{F}_{GA}$ en $\vec{F}_{AG}$) en de pijlen hebben verschillende kleuren omdat de krachten op verschillende voorwerpen werken.

Conceptvoorbeeld 4.5 Toelichting op de derde wet van Newton

Michelangelo's assistent moet een blok marmer op een slede verplaatsen (fig. 4.12). Hij zegt tegen zijn baas: 'Wanneer ik een voorwaartse kracht op de slede uitoefen, oefent de slede een gelijke, maar tegengesteld gerichte kracht in achterwaartse richting uit. Hoe kan ik de slede dan ooit in beweging krijgen? Hoe hard ik ook aan de slede trek, de achterwaarts gerichte reactiekracht zal altijd even groot zijn aan mijn voorwaarts gerichte kracht, zodat de resulterende kracht nul is. Ik zal dit blok marmer nooit naar het atelier kunnen brengen. Ik mag dus wel meteen naar huis, zeker?' Is de redenering van de assistent correct?

Antwoord Nee. Hoewel het waar is dat de actie- en reactiekrachten een gelijke grootte hebben, is de assistent vergeten dat ze uitgeoefend worden op verschillende voorwerpen. De voorwaarts gerichte kracht (actie) wordt door de assistent op de slede uitgeoefend (fig. 4.12), terwijl de achterwaarts gerichte kracht (reactie) door de slede op de assistent uitgeoefend wordt. Om te bepalen of de *assistent* al dan niet beweegt, moeten we alleen de krachten *op de assistent* bekijken en dan $\Sigma\vec{F} = m\vec{a}$, toepassen, waarin $\Sigma\vec{F}$ de nettokracht *op de assistent* is, $\vec{a}$ de versnelling van de assistent en m de massa van de assistent. Er zijn twee krachten op de assistent die van invloed zijn op de voorwaarts gerichte beweging; deze zijn als magenta pijlen weergegeven in de figuren 4.12 en 4.13. Dit zijn (1) de horizontale kracht $\vec{F}_{AG}$ die op de assistent uitgeoefend wordt door de grond (hoe harder hij in achterwaartse richting tegen de grond drukt, hoe harder de grond tegen hem drukt – de derde wet van Newton) en (2) de kracht $\vec{F}_{AS}$, die op de assistent uitgeoefend wordt door de slede, die hem in achterwaartse richting trekt, zoals in fig. 4.13 is weerge-

Oplossingsstrategie

De tweede en derde wet van Newton

FIGUUR 4.13 Voorbeeld 4.5. De horizontale krachten die op de assistent werken.

geven. Als hij hard genoeg tegen de grond drukt, zal de kracht die de grond op hem uitoefent, $\vec{F}_{AG}$, groter zijn dan de kracht waarmee de slede aan hem trekt, $\vec{F}_{AS}$. Daardoor versnelt de assistent in voorwaartse richting (de tweede wet van Newton). De slede daarentegen versnelt in voorwaartse richting wanneer de kracht die de assistent *erop* uitoefent groter is dan de wrijvingskracht die er door de grond in achterwaartse richting op wordt uitgeoefend (dat wil zeggen wanneer $\vec{F}_{SA}$ groter is dan $\vec{F}_{SG}$ in fig. 4.12).

Het gebruik van dubbele indexen om de derde wet van Newton toe te lichten is nogal omslachtig en daarom zullen we dat in de rest van dit boek ook niet meer doen. We zullen een vorm van een index gebruiken die aangeeft waardoor de kracht op het besproken voorwerp wordt uitgeoefend. Maar als het voor jou op dit moment duidelijker is, kun je gewoon dubbele indexen blijven gebruiken om inzicht te krijgen *op* welk voorwerp en *door* welk voorwerp de kracht uitgeoefend wordt.

> **Opgave B**
> Bekijk de eerste openingsvraag aan het begin van dit hoofdstuk nog een keer en beantwoord de vraag opnieuw. Probeer uit te leggen, als je antwoord eerst anders was, waarom je antwoord veranderd is.

> **Opgave C**
> Een grote vrachtwagen botst frontaal op een kleine sportwagen. (*a*) Welk voertuig ondervindt de grootste kracht bij de botsing? (*b*) Welk voertuig wordt het meest versneld tijdens de botsing? (*c*) Welke van de wetten van Newton kun je gebruiken om de juiste antwoorden te vinden?

> **Opgave D**
> Drukt een zware tafel, als je daar tegenaan drukt, altijd terug? (*a*) Nee, tenzij iemand anders er ook tegenaan drukt. (*b*) Ja, als de tafel vrij op de vloer staat. (*c*) Een tafel drukt helemaal nooit terug. (*d*) Nee. (*e*) Ja.

4.6 Gewicht: de zwaartekracht en de normaalkracht

Zoals we in hoofdstuk 2 gezien hebben, beweerde Galilei dat alle voorwerpen die vlak bij het aardoppervlak vallen dezelfde versnelling, $\vec{g}$, ondervinden als luchtweerstand verwaarloosbaar is. De kracht die deze versnelling veroorzaakt wordt de *kracht van de zwaartekracht* of de *zwaartekracht* genoemd. Wat oefent de zwaartekracht op een voorwerp uit? Het antwoord is de aarde, zoals we zullen zien in hoofdstuk 6, en de kracht is verticaal gericht[1] in de richting van het middelpunt van de aarde. Laten we de tweede wet van Newton eens toepassen op een voorwerp met een massa *m* dat een vrije valbeweging maakt als gevolg van de zwaartekracht. Voor de versnelling, $\vec{a}$, gebruiken we de verticaal omlaag gerichte valversnelling $\vec{g}$. De **zwaartekracht** op een voorwerp, $\vec{F}_G$, kan dus worden geschreven als

$$\vec{F}_G = m\vec{g}. \tag{4.3}$$

De richting van deze kracht is omlaag gericht in de richting van het middelpunt van de aarde. De grootte van de zwaartekracht op een voorwerp, *mg*, wordt gewoonlijk het **gewicht** van dat voorwerp genoemd.

In SI-eenheden is $g = 9{,}80$ m/s^2 = $9{,}80$ N/kg,[2] dus het gewicht van een massa van 1,00 kg op aarde is 1,00 kg · 9,80 m/s^2 = 9,80 N. We zullen ons meestal bezighou-

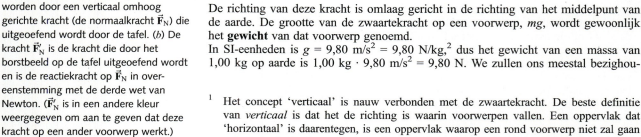

FIGUUR 4.14 (*a*) De nettokracht op een voorwerp in rust is nul volgens de tweede wet van Newton. De verticaal omlaag gerichte kracht van de zwaartekracht ($\vec{F}_G$) op een voorwerp in rust moet dus in dit geval tegengewerkt worden door een verticaal omhoog gerichte kracht (de normaalkracht $\vec{F}_N$) die uitgeoefend wordt door de tafel. (*b*) De kracht $\vec{F}'_N$ is de kracht die door het borstbeeld op de tafel uitgeoefend wordt en is de reactiekracht op $\vec{F}_N$ in overeenstemming met de derde wet van Newton. ($\vec{F}'_N$ is in een andere kleur weergegeven om aan te geven dat deze kracht op een ander voorwerp werkt.) De reactiekracht op $\vec{F}_G$ is niet weergegeven.

---

[1] Het concept 'verticaal' is nauw verbonden met de zwaartekracht. De beste definitie van *verticaal* is dat het de richting is waarin voorwerpen vallen. Een oppervlak dat 'horizontaal' is daarentegen, is een oppervlak waarop een rond voorwerp niet zal gaan rollen: de invloed van de zwaartekracht is nul. Horizontaal en verticaal maken een hoek van 90° met elkaar.

[2] Omdat 1 N = 1 kg·m/s^2 (paragraaf 4.4), is 1 m/s^2 = 1 N/kg.

den met het gewicht van voorwerpen op aarde. Merk echter op dat het gewicht van een bepaalde massa op de maan en op andere planeten of in de ruimte verschilt van het gewicht van dat voorwerp op aarde. Op de maan is de valversnelling bijvoorbeeld ongeveer eenzesde van die op aarde, zodat een massa van 1,0 kg daar een gewicht heeft van slechts 1,6 N.

De zwaartekracht werkt op een voorwerp wanneer dat valt. Wanneer een voorwerp op aarde in rust is, verdwijnt de zwaartekracht die erop werkt niet: je hoeft het alleen maar met een veerunster te wegen om dat te bewijzen. Dezelfde kracht, die gedefinieerd is in vgl. 4.3, blijft werken. Waarom beweegt het voorwerp dan niet? Op basis van de tweede wet van Newton weten we dat de nettokracht op een voorwerp in rust nul is. Er moet dus nog een andere kracht dan de zwaartekracht op het voorwerp werken. Op een voorwerp dat in rust op een tafel ligt, is het de tafel die deze verticaal omhoog gerichte kracht levert (zie fig. 4.14a). De tafel wordt onder het voorwerp een beetje ingedrukt en als gevolg van de elasticiteit ervan drukt de tafel op het voorwerp op de manier zoals is weergegeven in de figuur. De kracht die de tafel uitoefent wordt vaak een **contactkracht** genoemd, omdat deze optreedt wanneer twee voorwerpen contact met elkaar maken. (De kracht van je hand wanneer je een winkelwagentje duwt is ook een contactkracht.) Wanneer een contactkracht *loodrecht* op het contactvlak werkt, wordt deze kracht de **normaalkracht** genoemd en wordt aangeduid met $\vec{F}_N$ in fig. 4.14a.

De twee krachten in fig. 4.14a werken allebei op het borstbeeld dat in rust is. De vectorsom van deze twee krachten moet dus nul zijn (de tweede wet van Newton). Dat betekent dat $\vec{F}_G$ en $\vec{F}_N$ even groot en tegengesteld gericht moeten zijn. Maar dit zijn *niet* de even grote en tegengesteld gerichte krachten van de derde wet van Newton. De actie- en reactiekrachten van de derde wet van Newton werken op *verschillende* voorwerpen, terwijl de twee krachten in fig. 4.14a op *hetzelfde* voorwerp werken. Voor elk van de krachten in fig. 4.14a kunnen we ons afvragen wat de reactiekracht is. De verticaal omhoog gerichte kracht, $\vec{F}_N$, op het borstbeeld wordt door de tafel uitgeoefend. De reactie op deze kracht is een kracht die door het borstbeeld verticaal omlaag op de tafel uitgeoefend wordt. Deze kracht is in fig. 4.14b weergegeven als $\vec{F}'_N$. Deze kracht, $\vec{F}'_N$, die door het borstbeeld op de tafel uitgeoefend wordt, is de reactiekracht op $\vec{F}_N$ in overeenstemming met de derde wet van Newton. Maar hoe zit het met de andere kracht op het borstbeeld, de zwaartekracht $\vec{F}_G$ die door de aarde uitgeoefend wordt? Kun je bedenken wat de reactie op deze kracht is? In hoofdstuk 6 zullen we zien dat de reactiekracht ook een zwaartekracht is die door het borstbeeld uitgeoefend wordt op de aarde.

 Let op
Gewicht en normaalkracht zijn **geen** *actie-/reactiekrachtcombinatie*

Opgave E
Bekijk de tweede openingsvraag aan het begin van dit hoofdstuk nog een keer en beantwoord de vraag opnieuw. Probeer uit te leggen, als je antwoord eerst anders was, waarom je antwoord veranderd is.

Voorbeeld 4.6 Gewicht, normaalkracht en een doos

Een vriend heeft voor jou een verrassing gemaakt die in een doos zit en een massa heeft van 10,0 kg. De doos rust op een glad (wrijvingsloos) horizontaal oppervlak van een tafel (fig. 4.15a). (*a*) Bereken het gewicht van de doos en de normaalkracht die er door de tafel op uitgeoefend wordt. (*b*) Je vriend drukt nu omlaag op de doos met een kracht van 40,0 N, zoals is weergegeven in fig. 4.15b. Bereken opnieuw de normaalkracht die door de tafel op de doos uitgeoefend wordt. (*c*) Veronderstel nu dat je vriend verticaal omhoog aan de doos trekt met een kracht van 40,0 N (fig. 4.15c). Wat is dan de normaalkracht die de tafel uitoefent op de doos?

Aanpak De doos is in rust op de tafel, zodat de nettokracht op de doos steeds nul is (tweede wet van Newton). Het gewicht van de doos is in alle drie de gevallen mg.

Oplossing (*a*) Het gewicht van de doos is $mg = (10{,}0\ \text{kg})(9{,}80\ \text{m/s}^2) = 98{,}0\ \text{N}$ en deze kracht werkt verticaal omlaag. De enige andere kracht op de doos is de normaalkracht die er verticaal omhoog door de tafel op uitgeoefend wordt, op de manier zoals is weergegeven in fig. 4.15a. We noemen de richting verticaal omhoog de positieve *y*-richting. In dat geval is de resulterende kracht ΣF_y op de doos gelijk aan $\Sigma F_y = F_N - mg$. Het minteken wil zeggen dat mg in de negatieve *y*-richting

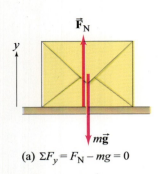
(a) $\Sigma F_y = F_N - mg = 0$

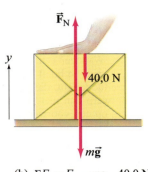
(b) $\Sigma F_y = F_N - mg - 40{,}0\ \text{N} = 0$

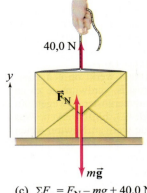
(c) $\Sigma F_y = F_N - mg + 40{,}0\ \text{N} = 0$

FIGUUR 4.15 Voorbeeld 4.6. (*a*) Een doos met een massa van 10 kg ligt in rust op een tafel. (*b*) Iemand drukt omlaag op de doos met een kracht van 40,0 N. (*c*) Iemand trekt de doos omhoog met een kracht van 40,0 N. De krachten worden allemaal verondersteld in één lijn te werken. Ze zijn alleen iets naast elkaar weergegeven voor de duidelijkheid. Alleen de krachten die op de doos werken zijn weergegeven.

werkt (*m* en *g* zijn positieve grootheden). De doos is in rust, zodat de resulterende kracht op de doos nul moet zijn (tweede wet van Newton, $\Sigma F_y = ma_y$ en $a_y = 0$). Dus

$$\Sigma F_y = ma_y,$$
$$F_N - mg = 0,$$

en dat levert

$$F_N = mg.$$

De normaalkracht op de doos, die door de tafel wordt uitgeoefend, is 98,0 N verticaal omhoog en is gelijk aan het gewicht van de doos.

(*b*) Je vriend drukt omlaag op de doos met een kracht van 40,0 N. Dus werken er, in plaats van slechts twee, nu drie krachten op de doos op de manier zoals is weergegeven in fig. 4.15b. Het gewicht van de doos is nog steeds $mg = 98{,}0$ N. De nettokracht is $\Sigma F_y = F_N - mg - 40{,}0$ N en is gelijk aan nul, omdat de doos in rust blijft ($a = 0$). De tweede wet van Newton levert

$$\Sigma F_y = F_N - mg - 40{,}0\ \text{N} = 0.$$

We lossen deze vergelijking op voor de normaalkracht:

$$F_N = mg + 40{,}0\ \text{N} = 98{,}0\ \text{N} + 40{,}0\ \text{N} = 138{,}0\ \text{N},$$

wat groter is dan in (*a*). De tafel drukt met meer kracht terug wanneer iemand op de doos drukt. De normaalkracht is niet altijd gelijk aan het gewicht!

(*c*) Het gewicht van de doos is nog steeds 98,0 N en is verticaal omlaag gericht. De kracht die door je vriend uitgeoefend wordt en de normaalkracht zijn beide verticaal omhoog (positieve richting) gericht, op de manier zoals is weergegeven in fig. 4.15c. De doos beweegt niet omdat de verticaal omhoog gerichte kracht die je vriend uitoefent kleiner is dan het gewicht. De nettokracht moet volgens de tweede wet van Newton weer nul zijn, omdat *a* gelijk is aan 0, dus

$$F_y = F_N - mg + 40{,}0\ \text{N} = 0,$$
$$F_N = mg - 40{,}0\ \text{N} = 98{,}0\ \text{N} - 40{,}0\ \text{N} = 58{,}0\ \text{N}.$$

De tafel drukt niet tegen het volledige gewicht van de doos, omdat je vriend verticaal omhoog gericht aan de doos trekt.

Opmerking Het gewicht van de doos ($= mg$) verandert niet doordat je vriend eraan trekt of er tegenaan duwt. Alleen de normaalkracht verandert.

 Let op

De normaalkracht is niet altijd gelijk aan het gewicht

We hebben gezien dat de normaalkracht elastisch van aard is (de tafel in fig. 4.15 zakt iets door onder het gewicht van de doos). De normaalkracht in voorbeeld 4.6 is verticaal en loodrecht op het horizontale blad van de tafel gericht. De normaalkracht is echter niet altijd verticaal gericht. Wanneer je bijvoorbeeld tegen een muur drukt, is de normaalkracht waarmee de muur tegen jou terugduwt horizontaal gericht (fig.

4.9). Bij een voorwerp op een vlak dat een hoek maakt met de horizontaal, zoals een skiër of een auto op een heuvel, werkt de normaalkracht loodrecht op het vlak en dus niet verticaal.

De normaalkracht $\vec{F}_N$ is niet altijd verticaal gericht

Voorbeeld 4.7 De doos versnellen

Wat gebeurt er wanneer iemand verticaal omhoog aan de doos uit voorbeeld 4.6c trekt met een kracht die gelijk is aan of groter is dan het gewicht van de doos? Veronderstel bijvoorbeeld dat $F_P = 100,0$ N (fig. 4.16) in plaats van de 40,0 N in fig. 4.15c.

Aanpak We kunnen op dezelfde manier beginnen als in voorbeeld 4.6, maar er zit een addertje onder het gras.

Oplossing De resulterende kracht op de doos is

$$\Sigma F_y = F_N - mg + F_P$$
$$= F_N - 98,0 \text{ N} + 100,0 \text{ N}$$

en als we deze gelijkstellen aan nul (in de veronderstelling dat de versnelling nul zou kunnen zijn), zou dat een waarde van F_N opleveren van $-2,0$ N. Dit is onzin, omdat het negatieve teken betekent dat F_N verticaal omlaag gericht zou zijn en de tafel kan de doos niet omlaag trekken (tenzij de tafel ingesmeerd is met lijm). De minimale waarde van F_N is nul, wat in dit geval ook zo is. In werkelijkheid zal de doos versneld verticaal omhoog bewegen, omdat de resulterende kracht niet gelijk is aan nul. De nettokracht (als we de normaalkracht F_N op 0 stellen) is

$$\Sigma F_y = F_P - mg = 100,0 \text{ N} - 98,0 \text{ N}$$
$$= 2,0 \text{ N}$$

verticaal omhoog gericht. Zie fig. 4.16. We passen de tweede wet van Newton toe en zien dat de doos verticaal omhoog beweegt met een versnelling

$$a_y = \frac{\Sigma F_y}{m} = \frac{2,0 \text{ N}}{10,0 \text{ kg}}$$
$$= 0,20 \text{ m/s}^2.$$

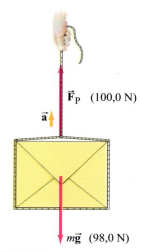

FIGUUR 4.16 Voorbeeld 4.7. De doos versnelt verticaal omhoog omdat $F_P > mg$.

Voorbeeld 4.8 Schijnbaar gewichtsverlies

Een vrouw met een massa van 65 kg staat in een lift die licht versneld daalt met $0,20g$. Ze staat op een weegschaal met een schaalverdeling in kg. (a) Wat is haar gewicht tijdens deze versnelling en wat kan ze op de schaal aflezen? (b) Wat geeft de weegschaal aan wanneer de lift daalt met een constante snelheid van 2,0 m/s?

Aanpak In fig. 4.17 zijn alle krachten die op de vrouw werken weergegeven (en *alleen* die krachten zijn weergegeven). De richting van de versnelling is verticaal omlaag. Daarom kiezen we de positieve richting verticaal omlaag gericht (dit is de tegenovergestelde richting van de keuze in de voorbeelden 4.6 en 4.7).

Oplossing (a) We passen de tweede wet van Newton toe,

$$\Sigma F = ma$$
$$mg - F_N = m(0,20g).$$

We lossen F_N op:

$$F_N = mg - 0,20 \, mg = 0,80 \, mg,$$

en is verticaal omhoog gericht. De normaalkracht $\vec{F}_N$ is de kracht die de weegschaal uitoefent op de vrouw en is even groot als en tegengesteld gericht aan de kracht die zij op de weegschaal uitoefent: $F_N = 0,80 \, mg$ verticaal omlaag. Haar gewicht (de kracht van de zwaartekracht op haar) is nog steeds $mg = (65 \text{ kg})(9,80 \text{ m/s}^2) = 640$ N. Maar de weegschaal die een kracht van slechts $0,80 \, mg$ moet uitoefenen, zal een massa van $0,80 \, m = 52$ kg aangeven.

(b) Nu is er geen versnelling, $a = 0$, en dus kunnen we de tweede wet van Newton toepassen: $mg - F_N = 0$ en $F_N = mg$. De weegschaal geeft dus de werkelijke massa van 65 kg van de vrouw aan.

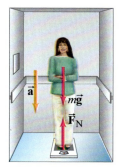

FIGUUR 4.17 Voorbeeld 4.8. De versnellingsvector is in geel weergegeven om het onderscheid met de rode krachtvectoren duidelijk te maken.

Opmerking De weegschaal in (a) kan 52 kg aangeven (als schijnbare massa), maar de massa van de vrouw verandert niet als gevolg van de versnelling: deze blijft 65 kg.

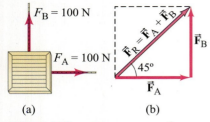

FIGUUR 4.18 (a) Twee krachten, $\vec{F}_A$ en $\vec{F}_B$, uitgeoefend door de personen A en B, werken op een krat. (b) De som, of resultante, van $\vec{F}_A$ en $\vec{F}_B$ is $\vec{F}_R$.

4.7 Vraagstukken oplossen met de wetten van Newton: vrijlichaamsschema's

De tweede wet van Newton leert dat de versnelling van een voorwerp evenredig is met de *nettokracht* die op het voorwerp werkt. De nettokracht is, zoals we al eerder gezien hebben, de *vectorsom* van alle krachten die op het voorwerp werken. Uit uitgebreide experimenten is inderdaad gebleken dat krachten op dezelfde manier bij elkaar opgeteld kunnen worden als vectoren volgens de regels die we in hoofdstuk 3 afgeleid hebben. In fig. 4.18 werken twee even grote krachten (elk 100 N) haaks op elkaar op een voorwerp. Intuïtief is te zien dat het voorwerp onder een hoek van 45° zal gaan bewegen en de resulterende kracht dus onder een hoek van 45° werkt. Dit is in overeenstemming met de regels voor het optellen van vectoren. Met behulp van de stelling van Pythagoras kunnen we de grootte van de nettokracht berekenen:

$$F_R = \sqrt{(100\ \text{N})^2 + (100\ \text{N})^2} = 141\ \text{N}.$$

Voorbeeld 4.9 Krachtvectoren tekenen

Bereken de som van de twee krachten die door de personen A en B in fig. 4.19a op de boot uitgeoefend worden.

Aanpak We tellen de krachtvectoren op dezelfde manier als in hoofdstuk 3 beschreven is bij elkaar op. De eerste stap is om een x-y-coördinatenstelsel te kiezen (zie fig. 4.19a) en dan de vectoren te splitsen in hun componenten.

Oplossing De twee krachtvectoren zijn gesplitst in hun componenten weergegeven in fig. 4.19b. We tellen de krachten op met behulp van de componentenmethode. De componenten van $\vec{F}_A$ zijn

$$F_{Ax} = F_A \cos 45{,}0° = (40{,}0\ \text{N})(0{,}707) = 28{,}3\ \text{N},$$
$$F_{Ay} = F_A \sin 45{,}0° = (40{,}0\ \text{N})(0{,}707) = 28{,}3\ \text{N}.$$

De componenten van $\vec{F}_B$ zijn

$$F_{Bx} = +F_B \cos 37{,}0° = +(30{,}0\ \text{N})(0{,}799) = +24{,}0\ \text{N},$$
$$F_{By} = -F_B \sin 37{,}0° = -(30{,}0\ \text{N})(0{,}602) = -18{,}1\ \text{N}.$$

F_{By} is negatief, omdat deze gericht is langs de negatieve y-as. De componenten van de resulterende kracht zijn (zie fig. 4.19c)

$$F_{Rx} = F_{Ax} + F_{Bx} = 28{,}3\ \text{N} + 24{,}0\ \text{N} = 52{,}3\ \text{N},$$
$$F_{Ry} = F_{Ay} + F_{By} = 28{,}3\ \text{N} - 18{,}1\ \text{N} = 10{,}2\ \text{N}.$$

Om de grootte van de resulterende kracht te bepalen gebruiken we de stelling van Pythagoras

$$F_R = \sqrt{F_{Rx}^2 + F_{Ry}^2} = \sqrt{(52{,}3)^2 + (10{,}2)^2}\ \text{N} = 53{,}3\ \text{N}.$$

De enige overblijvende vraag is de hoek θ die de resulterende kracht $\vec{F}_R$ maakt met de x-as. We gebruiken:

$$\tan \theta = \frac{F_{Ry}}{F_{Rx}} = \frac{10{,}2\ \text{N}}{52{,}3\ \text{N}} = 0{,}195,$$

en $\tan^{-1}(0{,}195) = 11{,}0°$. De resulterende kracht op de boot heeft een grootte 53,3 N en werkt onder een hoek van 11,0° met de x-as.

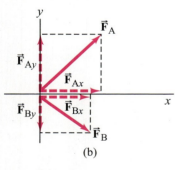

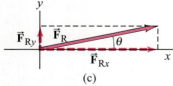

FIGUUR 4.19 Voorbeeld 4.9: Twee krachtvectoren werken op een boot.

Bij het oplossen van vraagstukken met behulp van de wetten van Newton en krachten is het erg belangrijk om een schema te tekenen met alle krachten die *op* elk voorwerp werken. Zo'n schema wordt een **vrijlichaamsschema** of **krachtendiagram** genoemd:

kies een voorwerp en teken een pijl voor elke kracht die erop werkt. Teken *alle* krachten die op het voorwerp werken. Laat alle krachten die het betreffende voorwerp uitoefent op *andere* voorwerpen achterwege. Om te bepalen welke krachten op het gekozen voorwerp werken kun je jezelf afvragen welke andere voorwerpen een kracht op het voorwerp zouden kunnen uitoefenen. Als er in je vraagstuk meer dan één voorwerp is, moet je een afzonderlijk vrijlichaamsschema tekenen voor elk voorwerp. Voor dit moment zullen waarschijnlijk de enige krachten die werken de *zwaartekracht* en *contactkrachten* zijn (een voorwerp dat tegen een ander voorwerp drukt, de normaalkracht, de wrijving). Later zullen we kijken naar andere krachten, zoals de luchtweerstand, stromingsweerstand, drijfkrachten, druk en elektrische en magnetische krachten.

Oplossingsstrategie

Vrijlichaamsschema

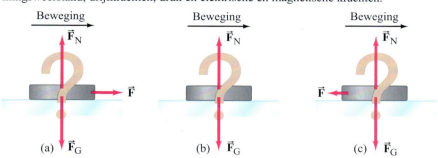

FIGUUR 4.20 Voorbeeld 4.10. Welk vrijlichaamsschema is correct voor een hockeypuck die over wrijvingsloos ijs glijdt?

Conceptvoorbeeld 4.10 De hockeypuck

Een hockeypuck glijdt met een constante snelheid over een vlak horizontaal wrijvingsloos ijsvlak. Welk van de schema's in fig. 4.20 is het correcte vrijlichaamsschema voor deze puck? Wat is het juiste antwoord als de puck vertraagt?

Antwoord Koos je antwoord (*a*)? Kun je in dat geval aangeven wat de horizontale kracht $\vec{F}$ op de puck uitoefent? Als je zegt dat deze kracht nodig is om de beweging in stand te houden kun je jezelf afvragen wat deze kracht uitoefent. Vergeet niet dat een ander voorwerp een kracht moet uitoefenen en dat is hier eenvoudigweg niet het geval. Antwoord (*a*) is dus fout. Verder zou kracht $\vec{F}$ in fig. 4.20a ervoor zorgen dat de puck zou versnellen (de tweede wet van Newton). Antwoord (*b*) is correct. Er werkt geen resulterende kracht op de puck en de puck glijdt met een constante snelheid over het ijs.

In de echte wereld waarin zelfs glad ijs in ieder geval een minieme wrijvingskracht uitoefent, is (*c*) het juiste antwoord. De kleine wrijvingskracht is tegengesteld gericht aan de beweging en de snelheid van de puck neemt (weliswaar langzaam) af.

Oplossingsstrategie

■ *Wetten van Newton; vrijlichaamsschema's*

1. **Maak** een schets van de situatie.
2. Bekijk slechts één voorwerp tegelijk en **teken een vrijlichaamsschema** voor dat voorwerp met daarin *alle* krachten die *op* dat voorwerp werken. Teken ook eventuele onbekende krachten die je moet berekenen. Laat alle krachten die het betreffende voorwerp uitoefent op andere voorwerpen achterwege.
Teken redelijk nauwkeurig een pijl (richting en grootte) voor elke krachtvector. Benoem elke kracht die op het voorwerp werkt, inclusief de krachten die je moet bepalen op basis van hun oorzaak (de zwaartekracht, persoon, wrijving enzovoort).
Teken ook de *afzonderlijke* vrijlichaamsschema's voor de andere voorwerpen die er zijn met daarin alle krachten die *op dat voorwerp* werken (en *alleen* degene die op dat voorwerp werken). Voor elke kracht moet je duidelijk aangeven *op* welk voorwerp die kracht werkt en *door* welk voorwerp die kracht uitgeoefend wordt. Gebruik alleen de krachten die *op* een bepaald voorwerp werken voor $\Sigma\vec{F} = m\vec{a}$ voor dat voorwerp.
3. Bij de tweede wet van Newton spelen vectoren een rol en het is meestal belangrijk om **vectoren** in componenten te splitsen. **Kies de *x*- en *y*-as** zodanig dat dit de berekening vereenvoudigt. Het bespaart vaak werk om een van de coördinaatassen te kiezen in de richting van de versnelling.
4. Pas voor elk voorwerp de **tweede wet van Newton** toe op de afzonderlijke *x*- en *y*-componenten. Dat wil zeggen dat de *x*-component van de resulterende kracht op dat voorwerp gerelateerd moet worden aan de *x*-component van de versnelling van dat voorwerp: $\Sigma F_x = ma_x$. Doe hetzelfde voor de *y*-richting.
5. **Los** de vergelijking of vergelijkingen op om de onbekende(n) te vinden.

> ⚠️ **Let op**
>
> *Een voorwerp behandelen als een puntmassa*

Op de pagina hiervoor vind je een beknopte samenvatting van hoe je het oplossen van vraagstukken met behulp van de wetten van Newton kunt aanpakken.
Deze oplossingsstrategie kan niet universeel toegepast worden. De strategie is niet meer dan een samenvatting van dingen die je aan het denken kunnen zetten om inzicht te krijgen in het vraagstuk dat je op moet lossen.
Wanneer het gaat over translatiebewegingen, kunnen alle krachten die op een bepaald voorwerp werken getekend worden vanuit het middelpunt van dat voorwerp. Op die manier wordt het voorwerp beschouwd als een *puntmassa*. Bij vraagstukken waarbij rotatie of statica een rol speelt, is de plaats *waar* de verschillende krachten aangrijpen ook belangrijk. We komen daar in de hoofdstukken 10, 11 en 12 op terug.
In de volgende voorbeelden veronderstellen we dat alle oppervlakken erg glad zijn, zodat we de wrijving kunnen negeren. (Wrijving en voorbeelden daarvan worden besproken in hoofdstuk 5).

Voorbeeld 4.11 De verrassingsdoos trekken

Veronderstel dat een vriend je vraagt om de doos met een massa van 10,0 kg te mogen bekijken (zie voorbeeld 4.6, fig. 4.15) om te proberen te raden wat erin zit en jij zegt: 'Natuurlijk, trek de doos maar naar je toe.' Vervolgens trekt je vriend de doos aan het touw dat eraan bevestigd is naar zich toe over het gladde oppervlak van de tafel (zie fig. 4.21a). De grootte van de kracht die door de vriend uitgeoefend wordt is $F_P = 40{,}0$ N en wordt uitgeoefend onder een hoek van 30,0° op de manier zoals is weergegeven in de figuur. Bereken (*a*) de versnelling van de doos en (*b*) de grootte van de verticaal omhoog gerichte kracht F_N die door de tafel uitgeoefend wordt op de doos. Veronderstel dat de wrijving verwaarloosbaar is.

Aanpak We gebruiken de oplossingsstrategie die op de vorige pagina beschreven is.

Oplossing

1. **Teken een schema**: de situatie is weergegeven in fig. 4.21a. Hierin is de doos getekend en de kracht F_P die er door de vriend op uitgeoefend wordt.

2. **Vrijlichaamsschema**: in fig. 4.21b is het vrijlichaamsschema voor de doos weergegeven. Om het correct te tekenen moeten we *alle* krachten die op de doos werken aangeven en *alleen* de krachten die op de doos werken. Deze krachten zijn: de zwaartekracht $m\vec{g}$; de normaalkracht die door de tafel uitgeoefend wordt $\vec{F}_N$ en de kracht die uitgeoefend wordt door de vriend $\vec{F}_P$. We zijn alleen geïnteresseerd in de translatiebeweging, dus kunnen we de drie krachten laten aangrijpen in één punt, fig. 4.21c.

3. **Kies de assen en splits de vectoren**: we verwachten dat de beweging in het horizontale vlak zal plaatsvinden en dus kiezen we de *x*-as horizontaal en de *y*-as verticaal. De trekkracht van 40,0 N heeft de componenten

$$F_{Px} = (40{,}0\text{ N})(\cos 30{,}0°) = (40{,}0\text{ N})(0{,}866) = 34{,}6\text{ N},$$

$$F_{Py} = (40{,}0\text{ N})(\sin 30{,}0°) = (40{,}0\text{ N})(0{,}500) = 20{,}0\text{ N}.$$

In de horizontale (*x*-) richting zijn de componenten van $\vec{F}_N$ en $m\vec{g}$ nul. De horizontale component van de resulterende kracht is dus F_{Px}.

4. (*a*) **Pas de tweede wet van Newton toe** om de *x*-component van de versnelling te berekenen:

$$F_{Px} = ma_x.$$

5. (*a*) Los de volgende vergelijking op:

$$a_x = \frac{F_{Px}}{m} = \frac{(34{,}6\text{ N})}{(10{,}0\text{ kg})} = 3{,}46\text{ m/s}^2.$$

De versnelling van de doos is 3,46 m/s² naar rechts.
(*b*) Vervolgens willen we de F_N berekenen.

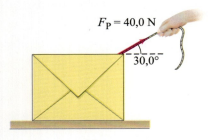
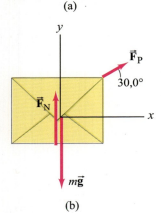
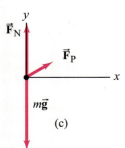

FIGUUR 4.21 (a) Aan de doos trekken, voorbeeld 4.11; (b) is het vrijlichaamsschema voor de doos en (c) is het vrijlichaamsschema met alle krachten die op één punt werken (alleen translatiebeweging, waar we het hier over hebben).

4'. (*b*) **Pas de tweede wet van Newton toe** voor de verticale (*y*-) richting, waarbij verticaal omhoog de positieve richting is:

$$\Sigma F_y = ma_y, \quad F_N - mg + F_{Py} = ma_y.$$

5'. (*b*) **Oplossen**: we hebben $mg = (10,0 \text{ kg})(9,80 \text{ m/s}^2) = 98,0$ N en uit punt 3 weten we dat $F_{Py} = 20,0$ N. En omdat $F_{Py} < mg$ is, beweegt de doos niet in verticale richting, dus $a_y = 0$. Dus geldt dat

$$F_N - 98,0 \text{ N} + 20,0 \text{ N} = 0,$$

dus

$$F_N = 78,0 \text{ N}.$$

Opmerking F_N is kleiner dan mg; de tafel drukt niet tegen het volledige gewicht van de doos, omdat een deel van de kracht van de vriend verticaal omhoog gericht aan de doos trekt.

Opgave F
Een doos met een massa van 10,0 kg wordt met een horizontale kracht over een horizontaal wrijvingsloos oppervlak getrokken. Als de kracht verdubbeld wordt zal de normaalkracht op doos (*a*) toenemen; (*b*) gelijk blijven; (*c*) afnemen.

Spanning in een flexibel touw

Wanneer een flexibel touw aan een voorwerp trekt, wordt het touw **op trek belast** en de kracht die het touw op het voorwerp uitoefent is de trekkracht F_T. Als het touw een verwaarloosbare massa heeft, wordt de kracht die aan het ene uiteinde uitgeoefend wordt zonder verlies over de hele lengte van het touw overgebracht naar het andere uiteinde. Waarom? Omdat voor het touw geldt dat $\Sigma\vec{F} = m\vec{a} = 0$ als de massa van het touw m gelijk is aan nul (of verwaarloosbaar is), ongeacht de grootte van $\vec{a}$. De krachten die aan de twee uiteinden van het touw trekken moeten elkaar dus opheffen (F_T en $-F_T$). Merk op dat flexibele touwen en kabels alleen trekkrachten kunnen overbrengen. Ze kunnen geen drukkrachten overbrengen, omdat ze daardoor buigen.

In het volgende voorbeeld zijn er twee dozen die via een touw met elkaar verbonden zijn. We kunnen deze groep voorwerpen beschouwen als een systeem. Een *systeem* is een willekeurige groep van een of meer voorwerpen die we bekijken en bestuderen.

Oplossingsstrategie

Touwen kunnen wel trekkrachten overbrengen, maar geen drukkrachten. De trekkracht is overal in het touw gelijk.

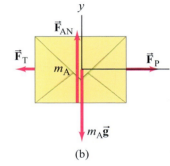

(b)

Voorbeeld 4.12   Twee dozen die met elkaar verbonden zijn door een touw

Twee dozen, A en B, zijn met elkaar verbonden door een lichtgewicht touw en rusten op een gladde (wrijvingsloze) tafel. De dozen hebben een massa van 12,0 kg, respectievelijk 10,0 kg. Op de doos van 10 kg wordt een horizontale kracht F_P uitgeoefend van 40,0 N, op de manier zoals is weergegeven in fig. 4.22a. Bepaal (*a*) de versnelling van elke doos en (*b*) de trekkracht in het touw tussen de dozen.

Aanpak We stroomlijnen onze aanpak door niet elke stap te benoemen. We hebben twee dozen, dus tekenen we voor elk van de twee een vrijlichaamsschema. Om ze correct te tekenen moeten we de krachten bekijken die op *elke* doos afzonderlijk uitgeoefend worden, zodat we de tweede wet van Newton op elke doos mogen toepassen. De persoon oefent een kracht F_P uit op doos A. Doos A oefent een kracht F_T uit op het touw en het touw oefent een tegengesteld gerichte maar even grote kracht F_T uit op doos A (de derde wet van Newton). Deze twee horizontale krach-

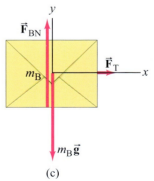

(c)

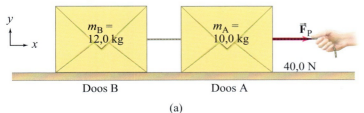

(a)

Doos B   Doos A

FIGUUR 4.22 Voorbeeld 4.12. (*a*) Twee dozen, A en B, zijn met elkaar verbonden door een touw. Iemand trekt horizontaal aan doos A met een kracht $F_P = 40,0$ N. (*b*) Vrijlichaamsschema voor doos A. (*c*) Vrijlichaamsschema voor doos B.

ten op doos A zijn weergegeven in fig. 4.22b, samen met de zwaartekracht $m_A\vec{g}$ verticaal omlaag en de normaalkracht $\vec{F}_{AN}$ die verticaal omhoog door de tafel uitgeoefend wordt. Het touw is licht, dus verwaarlozen we de massa ervan. De trekkracht aan de beide uiteinden van het touw is dus gelijk. Het touw oefent dus een kracht F_T uit op de tweede doos. In fig. 4.22c zijn de krachten op doos B weergegeven: $\vec{F}_T, m_B\vec{g}$, en de normaalkracht $\vec{F}_{BN}$. Er zal alleen een horizontale beweging plaatsvinden. We tekenen de positieve x-as naar rechts.

Oplossing (a) We passen $\Sigma F_x = ma_x$ toe voor doos A:

$$\Sigma F_x = F_P - F_T = m_A a_A. \qquad \text{[doos A]}$$

Op doos B is de enige horizontale kracht F_T, dus geldt

$$\Sigma F_x = F_T = m_B a_B. \qquad \text{[doos B]}$$

De dozen zitten aan elkaar vast en als het touw gespannen blijft en niet rekt zullen de twee dozen dezelfde versnelling a hebben. Dus geldt dat $a_A = a_B = a$. We weten dat $m_A = 10{,}0$ kg en $m_B = 12{,}0$ kg. We kunnen de twee bovenstaande vergelijkingen bij elkaar optellen om een onbekende (F_T) te elimineren. Dat levert

$$(m_A + m_B)a = F_P - F_T + F_T = F_P$$

of

$$a = \frac{F_P}{m_A + m_B} = \frac{40{,}0 \text{ N}}{22{,}0 \text{ kg}} = 1{,}82 \text{ m/s}^2.$$

Dit is wat we wilden weten.

Alternatieve oplossing We zouden hetzelfde resultaat gevonden hebben als we het geheel als één systeem beschouwd zouden hebben dat bestaat uit massa $m_A + m_B$, waarop een resulterende horizontale kracht werkt die gelijk is aan F_P. (De trekkrachten F_T zouden in dat geval inwendige krachten zijn die elkaar opheffen binnen het systeem en dus niets bijdragen aan de nettokracht in het *hele* systeem.) (b) Uit de bovenstaande vergelijking voor doos B ($F_T = m_B \, a_B$), is de trekkracht in het touw

$$F_T = m_B a = (12{,}0 \text{ kg})(1{,}82 \text{ m/s}^2) = 21{,}8 \text{ N}.$$

Dus geldt dat F_T kleiner is dan F_P (= 40,0 N), wat te verwachten was, omdat F_T werkt om alleen m_B te versnellen.

Opmerking Het is verleidelijk om te denken dat de trekkracht die de persoon uitoefent, F_P, niet alleen op doos A werkt, maar ook op doos B. Dat is niet zo. F_P werkt alleen op doos A. Het heeft invloed op doos B via de trekkracht in het touw, F_T, die op doos B werkt en ervoor zorgt dat deze versnelt.

 Let op

Gebruik voor elk voorwerp alleen de krachten die op dat voorwerp werken in de berekening van $\Sigma F = ma$

Natuurkunde in de praktijk

Lift (machine van Atwood)

Voorbeeld 4.13   Lift en contragewicht (de machine van Atwood)

Een systeem van twee voorwerpen die via een flexibele kabel over een katrol met elkaar verbonden zijn, op de manier zoals is weergegeven in de afbeelding in fig. 4.23a, wordt soms een *machine van Atwood* genoemd. Veronderstel een praktijktoepassing van een dergelijk systeem: een lift (m_L) en het bijbehorende contragewicht (m_C). Om de door de motor te leveren arbeid te minimaliseren en de lift veilig te laten stijgen en dalen hebben m_L en m_C een vergelijkbare massa. We laten de motor bij dit systeem voor deze berekening buiten beschouwing en veronderstellen dat de massa van de kabel verwaarloosbaar is en dat de massa van de katrol en de eventuele wrijving klein en verwaarloosbaar zijn. Deze aannames garanderen dat de trekkracht F_T in de kabel aan weerszijden van de katrol even groot is. Veronderstel dat de massa van het contragewicht m_C gelijk is aan 1000 kg. Veronderstel dat de massa van de lege lift 850 kg is en dat de massa van de lift plus die van vier passagiers m_L gelijk is aan 1150 kg. Bereken voor dat laatste geval (m_L = 1150 kg) (a) de versnelling van de lift en (b) de trekkracht in de kabel.

Aanpak Ook nu hebben we te maken met twee voorwerpen en zullen we de tweede wet van Newton op de twee voorwerpen afzonderlijk toepassen. Op elke massa werken twee krachten: de zwaartekracht verticaal omlaag en de kabeltrekkracht verticaal omhoog, $\vec{F}_T$. In de figuren 4.23b en c zijn de vrijlichaamsschema's voor de lift (m_L) en voor het contragewicht (m_C) weergegeven. De lift, die het

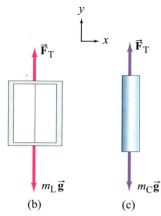

FIGUUR 4.23 Voorbeeld 4.13.
(a) Machine van Atwood in de vorm van een lift en een contragewicht.
(b) en (c) Vrijlichaamsschema's voor de twee voorwerpen.

zwaarst is, zal verticaal omlaag versnellen en het contragewicht zal verticaal omhoog versnellen. De groottes van hun versnellingen zullen gelijk zijn (we veronderstellen dat de kabel niet rekt). Voor het contragewicht geldt dat $m_C g$ = (1000 kg)(9,80 m/s^2) = 9800 N, dus moet F_T groter zijn dan 9800 N (zodat m_C verticaal omhoog zal versnellen). Voor de lift, $m_L g$ = (1150 kg)(9,80 m/s^2) = 11.300 N, die groter moet zijn dan F_T, zodat m_L verticaal omlaag versnelt. Onze berekening moet dus voor F_T een waarde opleveren tussen 9800 N en 11.300 N.

Oplossing (a) Om F_T en de versnelling a te vinden passen we de tweede wet van Newton, $\Sigma F = ma$, toe op elk voorwerp. We noemen de verticaal omhoog de positieve y-richting voor beide voorwerpen. Met deze keuze van assen geldt dat $a_C = a$, omdat m_C verticaal omhoog versnelt en $a_L = -a$, omdat m_L verticaal omlaag versnelt. Dus geldt dat

$$F_T - m_L g = m_L a_L = -m_L a$$
$$F_T - m_C g = m_C a_C = +m_C a$$

We kunnen de eerste vergelijking aftrekken van de tweede. Dat levert

$$(m_L - m_C)g = (m_L + m_C)a,$$

waarin a nu de enige onbekende is. We lossen deze vergelijking op voor a:

$$a = \frac{m_L - m_C}{m_L + m_C} g = \frac{1150 \text{ kg} - 1000 \text{ kg}}{1150 \text{ kg} + 1000 \text{ kg}} g = 0,070g = 0,68 \text{ m/s}^2.$$

De lift (m_L) versnelt verticaal omlaag (en het contragewicht m_C verticaal omhoog) met $a = 0,070g = 0,68$ m/s^2.

(b) De trekkracht in de kabel F_T kan nu berekend worden met behulp van een van de twee vergelijkingen $\Sigma F = ma$, waarbij $a = 0,070g = 0,68$ m/s^2 is:

$$F_T = m_L g - m_L a = m_L(g - a)$$
$$= 1150 \text{ kg } (9,80 \text{ m/s}^2 - 0,68 \text{ m/s}^2) = 10.500 \text{ N},$$

of

$$F_T = m_C g + m_C a = m_C(g + a)$$
$$= 1000 \text{ kg}(9,80 \text{ m/s}^2 + 0,68 \text{ m/s}^2) = 10.500 \text{ N},$$

die consistent zijn. Zoals we voorspellen ligt het resultaat tussen 9800 N en 11.300 N.

Opmerking We kunnen onze vergelijking voor de versnelling a in dit voorbeeld controleren door op te merken dat als de massa's m_L en m_C gelijk zouden zijn, de bovenstaande vergelijking voor a het resultaat $a = 0$ oplevert (wat te verwachten was). Ook als een van de massa's nul is (bijvoorbeeld $m_C = 0$), zal de andere massa ($m_L \neq 0$) volgens onze vergelijking met $a = g$ versnellen, wat inderdaad ook te verwachten was.

 Oplossingsstrategie

Controleer je resultaat door te kijken of het klopt in situaties waarvoor je het antwoord gemakkelijk kunt bedenken

Conceptvoorbeeld 4.14 Het voordeel van een katrol

Een verhuizer probeert een piano (langzaam) naar een appartement op de eerste verdieping te takelen (fig. 4.24). Hij gebruikt een touw dat door twee katrollen loopt is

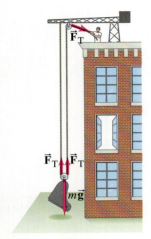

FIGUUR 4.24 Voorbeeld 4.14.

Natuurkunde in de praktijk

Versnellingsmeter

op de manier zoals is weergegeven in de figuur. Welke kracht moet hij op het touw uitoefenen om de piano met een gewicht van 2000 N op te takelen?

Antwoord De grootte van de trekkracht F_T in het touw is op elk willekeurig punt in het touw gelijk als we aannemen dat de massa van het touw verwaarloosbaar is. Bekijk eerst de krachten die op de onderste katrol vlakbij de piano werken. Het gewicht van de piano trekt via een kort touw aan de katrol. De trekkracht in het touw dat door deze katrol loopt trekt *tweemaal*, namelijk één keer aan beide zijden van de katrol. Laten we de tweede wet van Newton eens toepassen op de combinatie van de piano en de katrol met een totale massa m. We kiezen de richting omhoog als de positieve richting.

$$2F_T - mg = ma.$$

Om de piano met constante snelheid (ga uit van $a = 0$ in deze vergelijking) op te takelen is een trekkracht in het touw nodig, zodat de trekkracht in het touw $F_T = mg/2$. De verhuizer mag een kracht uitoefenen die gelijk is aan de helft van het gewicht van de piano. We zeggen dat de katrol een **mechanische reductie** van 2 oplevert, omdat de verhuizer zonder de katrol de dubbele kracht zou moeten leveren.

Voorbeeld 4.15   De versnellingsmeter

Een kleine massa m hangt aan een dunne draad en kan schommelen als een slinger. Bevestig het boven het zijraam van een auto op de manier zoals is weergegeven in fig. 4.25a. Wanneer de auto in rust is, hangt de draad verticaal. Welke hoek θ maakt de draad (*a*) wanneer de auto versnelt met een constante versnelling $a = 1{,}20$ m/s^2 en (*b*) wanneer de auto met constante snelheid, $v = 90$ km/u rijdt?

Aanpak Het vrijlichaamsschema in fig. 4.25b toont de slinger onder een hoek θ en de krachten die erop werken: $m\vec{g}$ verticaal omlaag en de trekkracht in de draad $\vec{F}_T$. Deze krachten zijn samen verschillend van nul als $\theta \neq 0$ en omdat de auto een versnelling a heeft is het te verwachten dat $\theta \neq 0$. Merk op dat θ de hoek is ten opzichte van de verticaal.

Oplossing   (*a*) De versnelling $a = 1{,}20$ m/s^2 is horizontaal, dus met de tweede wet van Newton geldt

$$ma = F_T \sin\theta$$

voor de horizontale component en voor de verticale component geldt

$$0 = F_T \cos\theta - mg.$$

Als we deze twee vergelijkingen door elkaar delen levert dat

$$\tan\theta = \frac{F_T \sin\theta}{F_T \cos\theta} = \frac{ma}{mg} = \frac{a}{g}$$

of

$$\tan\theta = \frac{1{,}20 \text{ m/s}^2}{9{,}80 \text{ m/s}^2} = 0{,}122,$$

dus

$$\theta = 7{,}0°$$

(*b*) De snelheid is constant, dus $a = 0$ en $\tan\theta = 0$. De slinger hangt dus verticaal ($\theta = 0°$).

Opmerking Dit eenvoudige apparaat is een accelerometer en kan gebruikt worden om versnellingen te meten.

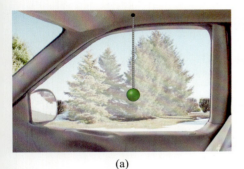

(a)

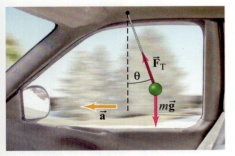

(b)

FIGUUR 4.25 Voorbeeld 4.15.

■ *Hellingen*

We gaan nu bekijken wat er gebeurt wanneer een voorwerp over een hellend vlak, zoals een heuvel of een helling, glijdt. Dergelijke vraagstukken zijn interessant, omdat de zwaartekracht daarbij de versnellende kracht is, maar de versnelling niet verticaal gericht is. Over het algemeen kunnen deze vraagstukken gemakkelijker opgelost worden als we het x-y-coördinatenstelsel zodanig kiezen dat een van de assen dezelfde richting heeft als de versnelling. Daarom wordt de x-as vaak langs de helling gekozen en de y-as loodrecht daarop, op de manier zoals is weergegeven in fig. 4.26a. Merk op dat de normaalkracht niet verticaal is, maar loodrecht op het vlak werkt (zie fig. 4.26b).

Oplossingsstrategie

Een goede keuze van het coördinatenstelsel vereenvoudigt de berekening

Voorbeeld 4.16 Een doos glijdt over een helling

Een doos met een massa m wordt op een gladde (wrijvingsloze) helling geplaatst die een hoek θ maakt met de horizontaal, op de manier zoals is weergegeven in fig. 4.26a. (*a*) Bereken de normaalkracht op de doos. (*b*) Bereken de versnelling van de doos. (*c*) Bekijk de situatie voor een massa $m = 10$ kg en een hellingshoek $\theta = 30°$.

Aanpak We verwachten dat de beweging plaats zal vinden langs de helling. We kiezen daarom de x-as langs de helling en in de positieve richting omlaag (de bewegingsrichting). De y-as staat loodrecht op de helling en de positieve richting ervan is omhoog. Het vrijlichaamsschema is weergegeven in fig. 4.26b. De krachten die op de doos werken zijn het gewicht mg ervan (verticaal omlaag, gesplitst in de factoren evenwijdig met en loodrecht op de helling) en de normaalkracht F_N. De helling werkt als een begrenzing, zodat de beweging over het oppervlak ervan zal plaatsvinden. De 'begrenzende' kracht is de normaalkracht.

Oplossing (*a*) Er is geen beweging in de y-richting, dus $a_y = 0$. Als we de tweede wet van Newton toepassen levert dat

$$F_y = ma_y$$
$$F_N - mg\cos\theta = 0,$$

waarin F_N en de y-component van de zwaartekracht ($mg\cos\theta$) alle krachten zijn die in de y-richting op de doos werken. De normaalkracht is dus

$$F_N = mg\cos\theta.$$

Merk op dat, tenzij $\theta = 0°$, F_N een grootte heeft die kleiner is dan het gewicht mg.

(*b*) In de x-richting werkt alleen de x-component van $m\vec{g}$, die $mg\sin\theta$ groot is. De versnelling a in de x-richting is dus

$$F_x = ma_x$$
$$mg\sin\theta = ma,$$

en we zien dat de versnelling omlaag langs de helling gelijk is aan

$$a = g\sin\theta.$$

De versnelling langs een helling is dus altijd kleiner dan g, behalve bij $\theta = 90°$. In dat geval is $\sin\theta = 1$ en a gelijk aan g. Dat is logisch, omdat een hoek $\theta = 90°$ overeenkomt met de verticale val van de doos. Als $\theta = 0°$ is $a = 0$. Ook dat is logisch, omdat $\theta = 0°$ betekent dat het vlak horizontaal is en de zwaartekracht dus geen versnelling veroorzaakt. Merk ook op dat de versnelling niet afhankelijk is van de massa m.

(*c*) Als $\theta = 30°$ is $\cos\theta = 0{,}866$ en $\sin\theta = 0{,}500$:

$$F_N = 0{,}866\, mg = 85 \text{ N}$$

en

$$a = 0{,}500\, g = 4{,}9 \text{ m/s}^2.$$

In het volgende hoofdstuk zullen we nog meer voorbeelden van beweging langs een helling bekijken, waarbij we ook rekening houden met de wrijving.

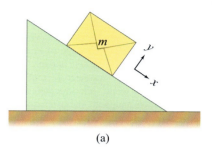

(a)

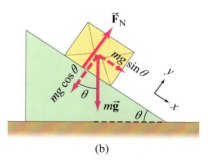

(b)

FIGUUR 4.26 Voorbeeld 4.16.
(a) Een doos die glijdt over een hellend vlak.
(b) Vrijlichaamsschema voor de doos.

4.8 Vraagstukken oplossen: een algemene benadering

Een elementair onderdeel van een natuurkundecursus is het efficiënt oplossen van vraagstukken. De hier besproken aanpak kan, hoewel hierbij de wetten van Newton nadrukkelijk in beeld komen, over het algemeen ook gebruikt worden bij andere onderwerpen die in dit boek behandeld worden.

Oplossingsstrategie

Algemene benadering

1. **Lees** en herlees het beschreven vraagstuk aandachtig. Het komt vaak voor dat een lezer tijdens het lezen een paar woorden overslaat, waardoor de betekenis van een vraagstuk helemaal verandert.
2. **Teken** een nauwkeurige schets van de situatie. (Dit is waarschijnlijk het meest vergeten, maar cruciale onderdeel bij het oplossen van een vraagstuk.) Gebruik pijlen om vectoren zoals snelheid of kracht aan te duiden en benoem de vectoren met een onderscheidende benaming. Zorg ervoor dat je, wanneer je met krachten en de wetten van Newton werkt, alle krachten die op een bepaald voorwerp werken aangeeft, inclusief de onbekende, en maak duidelijk welke krachten op welk voorwerp werken (omdat je anders een fout zult maken bij het bepalen van de *nettokracht op een bepaald voorwerp*).
3. Maak een afzonderlijk **vrijlichaamsschema** voor elk voorwerp dat een rol speelt in het vraagstuk. Dit vrijlichaamsschema moet *alle* krachten die op een bepaald voorwerp werken bevatten (en ook niet meer of minder dan die krachten). Teken de krachten die op andere voorwerpen werken niet.
4. Kies een geschikt x-y-**coördinatenstelsel** (dat je berekeningen eenvoudiger maakt, zoals een as in de richting van de versnelling). Splits vectoren in componenten evenwijdig aan de assen van het coördinatenstelsel. Pas wanneer je de tweede wet van Newton gebruikt, $\Sigma \vec{F} = m\vec{a}$ afzonderlijk toe op de x- en y-componenten. De krachten in de x-richting houden verband met a_x en hetzelfde geldt voor de krachten in de y-richting. Als er meerdere voorwerpen een rol spelen in het vraagstuk, kun je verschillende (geschikte) coördinatenstelsels voor elk voorwerp afzonderlijk kiezen.
5. Maak een lijst van de bekende en onbekende factoren en bedenk wat je nodig hebt om de onbekende factoren te achterhalen. Voor de vraagstukken in dit hoofdstuk gebruiken we de wetten van Newton. Meer algemeen kan het handig zijn om te kijken of er een of meer **relaties** (of **vergelijkingen**) te vinden zijn waarin de onbekende en de bekende factoren aan elkaar gekoppeld kunnen worden. Maar controleer of elke relatie van toepassing is in het bepaalde geval. Het is erg belangrijk om de beperkingen van elke formule of relatie te kennen: wanneer de formule of relatie geldig is en wanneer niet. In dit boek hebben we de meer algemene vergelijkingen genummerd, maar zelfs deze vergelijkingen kunnen een beperkte geldigheid hebben (vaak tussen haakjes rechts van de vergelijking).
6. Probeer het vraagstuk bij benadering op te lossen om te zien of het oplosbaar is (om te controleren of de gegeven informatie voldoende is) en redelijk is. Gebruik je intuïtie en maak **ruwe berekeningen**. Zie ook paragraaf 1.6 'Orde van grootte: snel schatten'. Een ruwe berekening of een realistische schatting over de grootte van de uiteindelijke antwoorden kan erg nuttig zijn. En je ruwe berekening kun je gebruiken om je uiteindelijke antwoord te controleren om zo fouten in je berekening op te sporen (decimaalteken, machten van 10).
7. **Los** het vraagstuk op. Hiervoor heb je mogelijk algebra om vergelijkingen om te zetten en/of wiskundige berekeningen nodig. Vergeet niet de wiskundige regel dat je evenveel onafhankelijke vergelijkingen nodig hebt als het aantal onbekenden om alle onbekenden op te kunnen lossen. Het is meestal het beste om de algebraïsche vergelijkingen uit te werken en pas daarna de getalwaarden in te vullen. Waarom? Omdat (a) je dan een hele categorie vergelijkbare problemen met verschillende numerieke waarden in één keer op kunt lossen; (b) je je resultaat kunt controleren voor gevallen die je kent (bijvoorbeeld $\theta = 0°$ of $90°$); (c) er factoren weg kunnen vallen of andere vereenvoudigingen mogelijk zijn; (d) de kans op rekenfouten meestal kleiner is en (e) je een beter inzicht in de vraag krijgt.
8. Zorg ervoor dat de **eenheden** blijven kloppen. Je kunt de eenheden gebruiken als controlemiddel (ze moeten links en rechts in een vergelijking elkaar in evenwicht houden).
9. Bekijk nogmaals of je antwoord **redelijk** is. Je kunt bij veel vraagstukken ook de dimensies analyseren (zie paragraaf 1.7) om het antwoord te controleren.

Samenvatting

De **drie bewegingswetten van Newton** vormen de elementaire klassieke wetten voor het beschrijven van bewegingen.

De **eerste wet van Newton** (de **wet van de traagheid**) stelt dat als de nettokracht op een voorwerp nul is, een voorwerp dat in eerste instantie in rust is in rust blijft en ook dat een voorwerp in beweging in beweging blijft langs een rechte lijn met een constante snelheid.

De **tweede wet van Newton** stelt dat de versnelling van een voorwerp rechtevenredig is met de nettokracht die op het voorwerp werkt en omgekeerd evenredig is met de massa ervan:

$$\Sigma \vec{F} = m\vec{a}. \qquad (4.1\text{a})$$

De tweede wet van Newton is een van de belangrijkste en elementaire wetten in de klassieke natuurkunde.

De **derde wet van Newton** stelt dat wanneer een voorwerp een kracht uitoefent op een tweede voorwerp, het tweede voorwerp altijd een kracht uitoefent op het eerste voorwerp die even groot maar tegengesteld gericht is:

$$\vec{F}_{AB} = -\vec{F}_{BA}, \qquad (4.2)$$

waarin $\vec{F}_{BA}$ de kracht is die op voorwerp B uitgeoefend wordt door voorwerp A. Dit geldt ook wanneer voorwerpen in beweging zijn of versnellen en/of verschillende massa's hebben.

De neiging van een voorwerp om zich te verzetten tegen beweging wordt **traagheid** genoemd. **Massa** is een maat voor de traagheid van een voorwerp.

Gewicht verwijst naar de zwaartekracht die op een voorwerp werkt en is gelijk aan het product van de massa van het voorwerp m en de versnelling van de zwaartekracht $\vec{g}$:

$$\vec{F}_G = m\vec{g}. \qquad (4.3)$$

Kracht is een vector en kan drukkend of trekkend zijn. Met de tweede wet van Newton kan kracht gedefinieerd worden als een actie waarmee een versnelling veroorzaakt kan worden. De **nettokracht** op een voorwerp is de vectorsom van alle krachten die op het voorwerp werken.

Om vraagstukken op te lossen waarin krachten op een of meer voorwerpen werken, is het essentieel om een **vrijlichaamsschema** voor elk voorwerp te tekenen waarin alleen die krachten weergegeven worden die op dat voorwerp werken. De tweede wet van Newton kan voor elk voorwerp toegepast worden op de vectorcomponenten.

Vragen

1. Waarom lijkt een kind in een bolderkar achterover te vallen wanneer je de bolderkar ineens vooruit trekt?
2. Een doos rust op de wrijvingsloze laadvloer van een vrachtwagen. De chauffeur start de vrachtwagen en rijdt in voorwaartse richting weg. De doos begint onmiddellijk te glijden naar de achterkant van de laadvloer. Bespreek de beweging van de doos met betrekking tot de wetten van Newton vanuit het standpunt van (*a*) Andrea die op de weg staat naast de vrachtwagen en (*b*) Jim die meerijdt op de vrachtwagen (fig. 4.27).

FIGUUR 4.27 Vraag 2.

3. Werken er op een voorwerp geen krachten als de versnelling van dat voorwerp nul is? Licht je antwoord toe.
4. Is het mogelijk dat de nettokracht op een voorwerp nul is als een voorwerp in beweging is?
5. Op een voorwerp werkt maar één kracht. Kan het voorwerp een versnelling van nul hebben? Kan het een snelheid nul hebben? Licht je antwoord toe.
6. Wanneer iemand een golfbal op het trottoir laat vallen, stuitert de bal terug. (*a*) Is er een kracht nodig om de bal omhoog te laten stuiteren? (*b*) Zo ja, wat uitoefent die kracht uit?
7. Waarom lijkt een balk die in een meer drijft in de tegenovergestelde richting te drijven als waarin jij loopt?
8. Waarom kun je je voet bezeren als je tegen een zware tafel of een muur schopt?
9. Wanneer je rent en snel tot stilstand wilt komen, moet je snel vertragen. (*a*) Wat is de oorsprong van de kracht waardoor je stopt? (*b*) Schat (aan de hand van je eigen ervaring) de maximale vertraging van iemand die zo hard loopt als hij kan en tot stilstand wil komen (tegen een muur knallen is heel effectief maar geen aannemelijke optie).
10. (*a*) Waarom trap je harder op je fietspedalen wanneer je op gang komt dan wanneer je met een constante snelheid fietst? (*b*) Waarom moet je trouwens trappen als je met een constante snelheid fietst?
11. Een vader en zijn dochter zijn aan het schaatsen. Ze staan tegenover elkaar met hun gezichten naar elkaar toe en zetten zich allebei tegen de ander af. Wie van de twee krijgt de grootste snelheid?
12. Veronderstel dat je op een kartonnen doos staat die jouw gewicht net kan dragen. Wat zou er gebeuren als je omhoog zou springen? De doos zou (*a*) bezwijken; (*b*) niet veranderen; (*c*) een beetje omhoog veren; (*d*) opzij wegschuiven.
13. Een steen hangt aan een dunne draad aan het plafond en het uiteinde van de draad bengelt onder de steen (fig. 4.28). Waar zal de draad waarschijnlijk breken als iemand plotseling aan het uiteinde van de draad trekt: boven de steen of eronder? En als de persoon langzaam maar voortdurend trekt? Licht je antwoorden toe.

FIGUUR 4.28
Vraag 13.

14. De kracht van de zwaartekracht op een blok steen van 2 kg is twee keer zo groot als die op een blok steen van 1 kg. Waarom valt de zwaardere steen dan niet sneller?
15. Zou een veerunster op de maan nauwkeurig werken als deze op aarde gekalibreerd is in (*a*) Engelse ponden of (*b*) in kilogrammen?
16. Je trekt een doos met een constante kracht over een wrijvingsloze tafel aan een horizontaal touw dat aan de doos is bevestigd. Vervolgens trek je met dezelfde kracht maar onder een hoek met de horizontaal aan de doos (waarbij de doos vlak op de tafel blijft rusten). Wat gebeurt er met de versnelling van de doos? (*a*) Blijft gelijk, (*b*) neemt toe of (*c*) neemt af. Licht je antwoord toe.
17. Wanneer een voorwerp als gevolg van de zwaartekracht vrij valt, wordt er een resulterende kracht mg op uitgeoefend door de aarde. Maar volgens de derde wet van Newton oefent het voorwerp een gelijke, maar tegengesteld gerichte kracht op de aarde uit. Beweegt de aarde daardoor?
18. Vergelijk de benodigde inspanning (of kracht) die nodig is om een voorwerp van 10 kg op te tillen op de maan met de benodigde inspanning om datzelfde voorwerp op aarde op te tillen. Vergelijk de benodigde kracht om een voorwerp

van 2 kg met een bepaalde snelheid horizontaal weg te werpen op de maan en op aarde.

19. Welke van de volgende voorwerpen weegt ongeveer 1 N: (a) een appel, (b) een wesp, (c) dit boek, (d) jijzelf?
20. Volgens de derde wet van Newton trekt elk team bij een touwtrekwedstrijd (fig. 4.29) met dezelfde kracht als het andere team. Wat bepaalt dan welk team zal winnen?

FIGUUR 4.29 Vraag 20. Een touwtrekwedstrijd. Beschrijf de krachten op elk van de teams en op het touw.

21. Met welke kracht duwt de aarde tegen jou als je stilstaat op de grond? Waarom zorgt deze kracht er niet voor dat je opstijgt?
22. Een zweepslag of whiplash is soms het gevolg van een auto-ongeval wanneer de auto van het slachtoffer met kracht van achter wordt aangereden. Leg uit waarom het hoofd van het slachtoffer achteruit gegooid lijkt te worden in deze situatie. Is dat zo?
23. Tine oefent een verticaal omhoog gerichte kracht van 40 N uit om een tas met boodschappen vast te houden. Beschrijf de reactiekracht (de derde wet van Newton) aan de hand van (a) de grootte ervan, (b) de richting ervan, (c) waarop deze uitgeoefend wordt en (d) waardoor deze uitgeoefend wordt.
24. In fig. 4.30 is een kampeerder weergegeven die een touw gebruikt om zijn rugzak met proviand op te trekken, zodat de andere bewoners van het bos daar niet van kunnen eten. Leg uit waarom de benodigde kracht om de rugzak op te trekken groter wordt naarmate de rugzak hoger komt. Is het mogelijk om het touw zo strak te trekken dat het helemaal niet meer doorhangt?

FIGUUR 4.30 Vraag 24.

Vraagstukken

4.4 tot en met 4.6 De wetten van Newton, zwaartekracht, normaalkracht

1. (I) Welke kracht is er nodig om een kind op een slede (gezamenlijke massa = 55 kg) een versnelling te geven van 1,4 m/s^2?
2. (I) Door een nettokracht van 265 N ondervinden een fiets en de berijder een versnelling van 2,30 m/s^2. Wat is de massa van de fiets en de berijder samen?
3. (I) Hoe groot is het gewicht van een 68 kg zware astronaut (a) op aarde, (b) op de maan ($g = 1,7$ m/s^2), (c) op Mars ($g = 3,7$ m/s^2), (d) in de ruimte wanneer hij met een constante snelheid beweegt?
4. (I) Welke trekkracht moet een touw weerstaan als het gebruikt wordt om een auto met een massa van 1210 kg over een wrijvingsloos oppervlak een versnelling te geven van 1,20 m/s^2?
5. (II) Superman moet een aanstormende trein die met een snelheid van 120 km/u rijdt stoppen om te voorkomen dat een auto die 150 m verderop op het spoor stilstaat vermorzeld wordt. Hoeveel kracht moet hij uitoefenen als de massa van de trein $3,6 \cdot 10^5$ kg is? Druk je antwoord uit als veelvoud van het gewicht van de trein (in %). Welke kracht oefent de trein op Superman uit?
6. (II) Welke gemiddelde kracht is er nodig om een auto met een massa van 950 kg in 8,0 s tot stilstand te brengen als de auto 95 km/u rijdt?
7. (II) Schat de kracht die gemiddeld uitgeoefend wordt door een kogelstoter op een kogel met een massa van 7,0 kg als hij de kogel over een afstand van 2,8 m versnelt en hem dan weggooit met een snelheid van 13 m/s.
8. (II) Een honkbal met een massa van 0,140 kg raakt met een snelheid van 35,0 m/s de handschoen van de vanger die 11,0 cm meebeweegt tot de bal tot stilstand komt. Wat was de gemiddelde kracht die de bal op de handschoen uitoefende?
9. (II) Een visser haalt een vis verticaal uit het water met een versnelling van 2,5 m/s^2 met behulp van een lichtgewicht vislijn met een breuksterkte van 18 N. Helaas voor de visser breekt de lijn. Wat kun je zeggen over de massa van de vis?
10. (II) Een doos met een massa van 20,0 kg ligt op een tafel. (a) Wat is het gewicht van de doos en de normaalkracht die er op uitgeoefend wordt? (b) Een doos met een massa van 10,0 kg wordt boven op een andere doos met een massa van 20,0 kg geplaatst, op de manier zoals is weergegeven in fig. 4.31. Bereken de normaalkracht die de tafel op de doos van 20,0 kg uitoefent en de normaalkracht die de doos van 20,0 kg op de doos van 10,0 kg uitoefent.

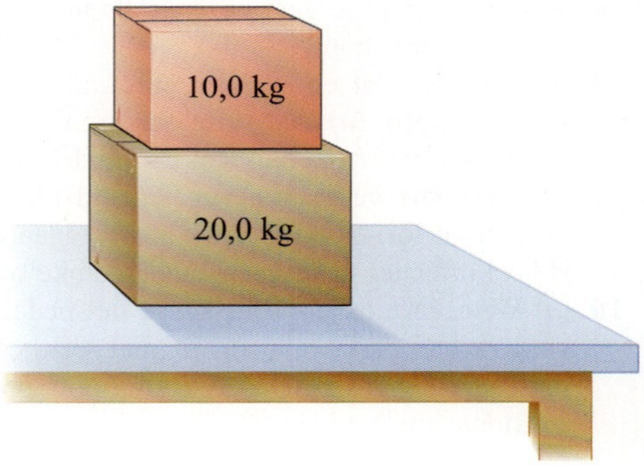

FIGUUR 4.31 Vraagstuk 10.

11. (II) Welke gemiddelde kracht is er nodig om een kogeltje van 9,20 gram vanuit rust te versnellen tot 125 m/s over een afstand van 0,800 m in de loop van een geweer?
12. (I) Welke trekkracht moet een kabel weerstaan als hij gebruikt wordt om een auto met een massa van 1200 kg verticaal omhoog een versnelling te geven van 0,70 m/s^2?
13. (II) Een emmer met een massa van 14,0 kg wordt aan een touw neergelaten. Op een bepaald moment is de trekkracht in het touw 163 N. Hoe groot is de versnelling van de emmer? Is deze omhoog of omlaag gericht?
14. (II) Een racewagen kan een kwart mijl (402 m) vanuit stilstand afleggen in 6,40 s. Aan hoeveel 'g' wordt de rijder blootgesteld als we aannemen dat de versnelling constant is? Hoe groot is de horizontale kracht die de weg op de banden moet uitoefenen als de massa van piloot en racewagen samen 535 kg is?
15. (II) Een dief met een massa van 75 kg wil via het raam van zijn cel op de tweede verdieping ontsnappen. Helaas kan het provisorische ontsnappingstouw dat hij van zijn lakens gemaakt heeft maar een massa van 58 kg dragen. Hoe zou de dief dit 'touw' kunnen gebruiken om te ontsnappen? Maak voor je antwoord een berekening.
16. (II) Een lift (massa 4850 kg) moet zodanig ontworpen worden dat de maximale versnelling 0,0680g is. Hoe groot is de maximale en de minimale kracht die de motor op de hijskabel zou moeten uitoefenen?
17. (II) Kunnen auto's 'op een centje' stoppen? Bereken de versnelling van een auto met een massa van 1400 kg als die bij een snelheid van 35 km/u een noodstop kan maken op een muntje van 1 cent (diameter = 1,7 cm.) Hoeveel g is deze vertraging? Hoe groot is de kracht die een inzittende met een massa van 68 kg ondervindt?
18. (II) Iemand staat op een personenweegschaal in een lift die stil hangt. Wanneer de lift in beweging komt, geeft de weegschaal even aan dat het gewicht van de persoon slechts 75% van diens normale gewicht is. Bereken de versnelling van de lift en bepaal de richting van de versnelling.
19. (II) Snelle liften worden door twee factoren beperkt: (1) de maximale verticale versnelling die een gemiddeld menselijk lichaam zonder ongemak kan verdragen is ongeveer 1,2 m/s^2 en (2) de gebruikelijke maximaal realiseerbare snelheid is ongeveer 9,0 m/s. Je stapt in een lift op de begane grond van een wolkenkrabber en wordt in drie fases naar een hoogte van 180 m de begane grond vervoerd: een versnellingsfase met een grootte van 1,2 m/s^2 vanuit rust naar 9,0 m/s, gevolgd door een fase met constante verticale snelheid omhoog van 9,0 m/s om vervolgens in de afremfase vertraagd te worden met een vertraging van 1,2 m/s^2 van 9,0 m/s tot rust. (a) Bereken de tijd die elk van deze 3 fases duurt. (b) Bereken de verandering in de grootte van de normaalkracht tijdens elke fase, uitgedrukt als een percentage van je normale gewicht. (c) Welk deel van de totale tijd in de lift is de normaalkracht niet gelijk aan jouw gewicht?
20. (II) Met gefocust laserlicht kunnen *optische pincetten* een kracht van ongeveer 10 pN uitoefenen op een polystyreen kogeltje met een diameter van 1,0 μm dat een dichtheid heeft die ongeveer gelijk is aan die van water (een volume van 1,0 cm^3 water heeft een massa van ongeveer 1,0 g). Schat de versnelling van het kogeltje in g.
21. (II) Een raket met een massa van 2,75 · 10^6 kg oefent een verticale kracht van 3,55 · 10^7 N uit op de uitgeblazen gassen. Bepaal (a) de versnelling van de raket, (b) de snelheid van de raket na 8,0 s en (c) hoe lang de raket erover doet om een hoogte van 9500 m te bereiken. Veronderstel dat g constant blijft en houd geen rekening met de massa van het uitgestoten gas (wat allebei beslist niet realistisch is, maar het vraagstuk wel eenvoudiger maakt).
22. (II) (a) Hoe groot is de versnelling van twee parachutisten bij een duosprong (gezamenlijke massa = 132 kg inclusief parachute) wanneer de verticaal omhoog gerichte kracht van de luchtweerstand gelijk is aan een kwart van hun gewicht? (b) Nadat ze de parachute opengetrokken hebben dalen de parachutisten met een constante snelheid naar de aarde af. Hoe groot is nu de kracht van de luchtweerstand op de parachutisten en hun parachute? Zie fig. 4.32.

FIGUUR 4.32 Vraagstuk 22.

23. (II) Een buitengewone sprong vanuit stand brengt iemand 0,80 m boven de grond. Welke kracht moet de persoon uitoefenen op de grond als hij/zij 68 kg weegt? Veronderstel dat de springer voor de sprong 0,20 m hurkt, zodat de verticaal omhoog gerichte kracht eerst deze afstand moet werken voordat de springer loskomt van de grond.
24. (II) De kabel waaraan een lift met een massa van 2125 kg hangt heeft een breuksterkte van 21.750 N. Hoe groot is de versnelling die de kabel aan de lift kan geven zonder te breken?
25. (III) De 100 m kan door de beste sprinters gelopen worden in 10,0 s. Een sprinter met een massa van 66 kg versnelt eenparig over de eerste 45 m tot zijn topsnelheid, die hij de resterende 55 m vasthoudt. (a) Wat is de gemiddelde horizontale component van de kracht die zijn voeten uitoefenen op de grond tijdens het versnellen? (b) Hoe groot is de snelheid van de sprinter over de laatste 55 m van de race (dat wil zeggen, zijn topsnelheid)?
26. (III) Iemand springt van het dak van een huis dat 3,9 m hoog is. Wanneer hij op de grond terechtkomt, buigt hij zijn knieën zodat zijn romp over ongeveer 0,70 m vertraagt. Veronderstel dat de massa van zijn romp (exclusief zijn benen) 42 kg is. Bereken (a) zijn snelheid net voordat zijn voeten op de grond terechtkomen en (b) de gemiddelde kracht die door zijn benen op zijn romp uitgeoefend wordt tijdens het vertragen.

4.7 De wetten van Newton gebruiken

27. (I) Een doos met een gewicht van 77,0 N ligt op een tafel. Aan de doos is een touw bevestigd dat verticaal omhoog loopt via een katrol en aan het andere uiteinde met een hangend gewicht verbonden is (fig. 4.33). Bereken de kracht die de tafel uitoefent op de doos als het gewicht dat aan

FIGUUR 4.33
Vraagstuk 27.

de andere zijde van de katrol hangt (*a*) 30,0 N weegt, (*b*) 60,0 N weegt en (*c*) 90,0 N weegt.

28. (I) Teken het vrijlichaamsschema voor een basketbalspeler (*a*) net voordat deze voor een sprong van de grond loskomt en (*b*) terwijl deze in de lucht is. Zie fig. 4.34.

FIGUUR 4.34   Vraagstuk 28.

29. (I) Teken het vrijlichaamsschema van een honkbal (*a*) op het moment dat deze geslagen wordt en nogmaals (*b*) nadat deze geen contact meer maakt met de bat en door de lucht vliegt.

30. (I) Een kracht van 650 N werkt in noordwestelijke richting. In welke richting moet een tweede kracht van 650 N uitgeoefend worden zodat de som van de twee krachten in westelijke richting werkt? Beargumenteer je antwoord met een vectordiagram.

31. (II) Christiaan maakt een overspanning met een touw op de manier zoals is weergegeven in fig. 4.35. Hij overbrugt een kloof door een touw te spannen tussen twee bomen aan weerszijden van de kloof die 25 m breed is. Het touw moet voldoende doorhangen, zodat het niet breekt. Veronderstel dat het touw een trekkracht van maximaal 29 kN kan weerstaan voordat het breekt en gebruik een 'veiligheidsfactor' van 10 (dat wil zeggen dat het touw maar belast mag worden met een kracht van 2,9 kN) in het midden van de overspanning. (*a*) Bereken de afstand *x* die het touw moet doorhangen zodat de veiligheid gegarandeerd is als Christiaans massa 72,0 kg is. (*b*) De kabeloverspanning is niet goed gemaakt en het touw zakt maar een kwart van de afstand in (*a*) door. Bereken de trekkracht in het touw. Zal het touw breken?

FIGUUR 4.35   Vraagstuk 31.

32. (II) Een glazenwasser trekt zichzelf verticaal omhoog met behulp van het kooimechanisme dat is weergegeven in fig. 4.36. (*a*) Hoe hard moet de glazenwasser verticaal omlaag trekken om zichzelf met constante snelheid op te lieren? (*b*) Hoe groot zal de versnelling van de kooi zijn als de glazenwasser zijn kracht 15% verhoogt? De massa van de glazenwasser plus de kooi is 72 kg.

FIGUUR 4.36
Vraagstuk 32.

FIGUUR 4.37
Vraagstukken 33 en 34.

33. (II) Een verfemmer met een massa van 3,2 kg hangt aan een massaloos touw aan een andere identieke verfemmer, die op zijn beurt ook weer aan een massaloos touw hangt op de manier zoals is weergegeven in fig. 4.37. (*a*) Hoe groot is de trekkracht in elk van de touwen als de emmers in rust zijn? (*b*) Bereken de trekkracht in de beide touwen als de twee emmers aan het bovenste touw verticaal omhoog getrokken worden met een versnelling van 1,25 m/s².

34. (II) De touwen die de emmers in vraag 33b, fig. 4.37 versnellen, hebben elk een gewicht van 2,0 N. Bereken de trekkracht in de beide touwen in de drie bevestigingspunten.

35. (II) Twee sneeuwmobielen in Antarctica trekken een wooneenheid naar een nieuwe locatie, op de manier zoals is weergegeven in fig. 4.38. De som van de krachten $\vec{F}_A$ en $\vec{F}_B$ die op de eenheid uitgeoefend worden door de horizontale kabels is evenwijdig aan de lijn L en $F_A = 4500$ N. Bepaal F_B en de grootte van $\vec{F}_A + \vec{F}_B$.

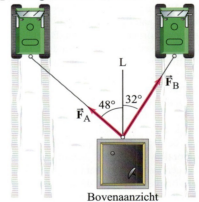

FIGUUR 4.38   Vraagstuk 35.

36. (II) Een locomotief trekt twee wagons met gelijke massa achter zich aan (zie fig. 4.39). Bereken de verhouding van de trekkracht in de koppeling (beschouw deze als een touw) tussen de locomotief en de eerste wagon (F_{T1}) en de trekkracht tussen de eerste en de tweede wagon (F_{T2}) voor een willekeurige versnelling (anders dan nul) van de trein.

FIGUUR 4.39   Vraagstuk 36.

37. (II) De twee krachten $\vec{F}_1$ en $\vec{F}_2$ in fig. 4.40a en b (bovenaanzicht) werken op een voorwerp van 18,5 kg dat op een wrijvingsloos tafelblad ligt. Bereken de nettokracht op het voorwerp en de versnelling ervan in de situaties (a) en (b) als $F_1 = 10{,}2$ N en $F_2 = 16{,}0$ N.

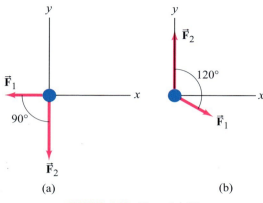

FIGUUR 4.40 Vraagstuk 37

38. (II) Vlak nadat het startschot gegeven werd, oefende een sprinter met een massa van 65 kg een kracht van 720 N uit op het startblok onder een hoek van 22° met de grond. (a) Hoe groot was de horizontale versnelling van de sprinter? (b) Met welke snelheid ging de sprinter van start als de kracht gedurende 0,32 s werd uitgeoefend voordat de sprinter loskwam van het startblok?

39. (II) Een massa m in rust ligt op $t = 0$ op een horizontaal wrijvingsloos oppervlak. Vervolgens werkt er een constante kracht F_0 gedurende een tijd t_0 op. Plotseling verdubbelt de kracht tot $2F_0$ en blijft constant tot $t = 2t_0$. Bereken de totale afgelegde afstand tussen $t = 0$ en $t = 2t_0$.

40. (II) Op een voorwerp met een massa van 3,0 kg worden de volgende twee krachten uitgeoefend:

$$\vec{F}_1 = (16\vec{e}_x + 12\vec{e}_y) \text{ N}$$

$$\vec{F}_2 = (-10\vec{e}_x + 22\vec{e}_y) \text{ N}$$

Bepaal de snelheid $\vec{v}$ op $t = 3{,}0$ s als het voorwerp in eerste instantie in rust was.

41. (II) Langs steile afdalingen op snelwegen worden soms steile hellingen omhoog gebouwd om vrachtwagens met oververhitte remmen af te remmen. Hoe lang moet een helling gemaakt worden onder een hoek van 11° om een vrachtwagen die 140 km/u rijdt tot stilstand te brengen? Merk op dat je berekende lengte erg groot is. (Als de helling niet glad is, maar een bak met zand daarin, kan de lengte ongeveer een factor 2 korter zijn.)

42. (II) Een kind op een slede komt onderaan een heuvel aan met een snelheid van 10,0 m/s en glijdt dan nog 25,0 m over een horizontaal stuk verder voor het tot stilstand komt. Hoe groot is de gemiddelde vertragingskracht op de slede op het horizontale stuk als het kind en de slede samen een massa hebben van 60,0 kg?

43. (II) Een skateboarder met een initiële snelheid van 2,0 m/s rolt nagenoeg zonder wrijving in 3,3 s van een rechte helling van 18 m lang omlaag. Welke hoek maakt de helling met de horizontaal?

44. (II) Op de manier zoals is weergegeven in fig. 4.41 hangen vijf ballen (massa's 2,00; 2,05; 2,10; 2,15 en 2,20 kg) aan een staaf. Elke massa hangt aan een vislijn die breekt bij een trekkracht van 22,2 N. Wanneer dit apparaat in een lift geplaatst wordt die verticaal omhoog versnelt, blijven alleen de lijnen waaraan de massa's van 2,05 en 2,00 kg hangen heel. In welk bereik ligt de versnelling van de lift?

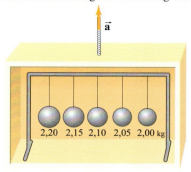

FIGUUR 4.41 Vraagstuk 44.

45. (II) Een kroonluchter van 27 kg hangt aan een plafond aan een verticale, 4 m lange kabel. (a) Welke horizontale kracht is er nodig om de luchter 0,15 m naar één kant te drukken? (b) Hoe groot is de trekkracht in de kabel dan?

46. (II) Drie blokken op een wrijvingsloos horizontaal oppervlak zijn in contact met elkaar op de manier zoals is weergegeven in fig. 4.42. Op blok A (massa m_A) wordt een kracht $\vec{F}$ uitgeoefend. (a) Teken een vrijlichaamsschema voor elk blok. Bepaal (b) de versnelling van het systeem (in functie van m_A, m_B en m_C), (c) de nettokracht op elk blok en (d) de contactkracht die elk blok op het aangrenzende blok uitoefent. (e) $m_A = m_B = m_C = 10{,}0$ kg en $F = 96{,}0$ N. Beantwoord nu opnieuw de vragen (b), (c) en (d). Licht toe hoe je antwoorden intuïtief kloppen.

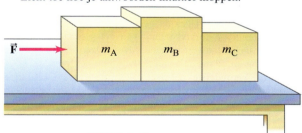

FIGUUR 4.42 Vraagstuk 46.

47. (II) Bekijk voorbeeld 4.13 opnieuw, maar (a) stel de vergelijkingen zodanig op dat de richting van de versnelling $\vec{a}$ van elk voorwerp gelijk is aan de bewegingsrichting van dat voorwerp. (In voorbeeld 4.13 hebben we $\vec{a}$ voor beide massa's verticaal omhoog gekozen.) (b) Los de vergelijkingen op om tot dezelfde antwoorden te komen als in voorbeeld 4.13.

48. (II) Het blok in fig. 4.43 heeft een massa $m = 7{,}0$ kg en ligt op een stabiel, glad en wrijvingsloos vlak dat een hoek $\theta = 22{,}0°$ met de horizontaal maakt. (a) Bereken de versnelling van het blok wanneer het langs het vlak omlaag glijdt. (b) Met welke snelheid zal het blok onderaan de helling aankomen als het vanuit rust op een afstand van 12,0 m van de onderkant van de helling begint te bewegen?

49. (II) Een blok krijgt onderaan de helling in fig. 4.43 een initiële snelheid van 4,5 m/s in de richting van de helling. (a) Hoe ver komt het blok op de helling? (b) Hoe lang duurt het voordat het blok weer teruggekeerd is naar de beginpositie? Verwaarloos de wrijving.

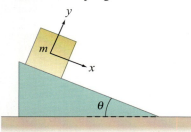

FIGUUR 4.43 Een blok op een hellend vlak. Vraagstukken 48 en 49.

50. (II) Een voorwerp hangt aan een touwtje aan de achteruitkijkspiegel van de auto waarin jij rijdt. Hoe groot is de hoek θ die het touwtje maakt met de verticaal als je vanuit rust constant in 6,0 s versnelt naar 28 m/s? Zie fig. 4.44.

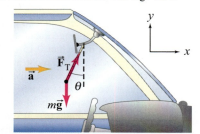

FIGUUR 4.44 Vraagstuk 50.

51. (II) In fig. 4.45 is een blok (massa m_A) weergegeven dat op een glad horizontaal oppervlak ligt en met een dun touw via een katrol bevestigd is aan een tweede blok (m_B), dat verticaal hangt. (a) Teken een vrijlichaamsschema voor elk blok met daarin de kracht van de zwaartekracht, de trekkracht die door het touw uitgeoefend wordt en de eventuele normaalkracht. (b) Pas de tweede wet van Newton toe om formules voor de versnelling van het systeem en de trekkracht in het touw af te leiden. Houd geen rekening met de wrijving en de massa's van de katrol en het touw.

52. (II) (a) Veronderstel dat in fig. 4.45 massa $m_A = 13{,}0$ kg en massa $m_B = 5{,}0$ kg. Bereken in dat geval de versnelling van elk blok. (b) Hoe lang duurt het voordat blok A de rand bereikt als het systeem vrij kan bewegen en m_A in eerste instantie 1,250 m van de rand van de tafel af ligt? (c) Veronderstel dat $m_B = 1{,}0$ kg. Hoe groot moet m_A dan zijn als de versnelling van het systeem gelijk moet zijn aan $0{,}01g$?

53. (III) Leid een formule af voor de versnelling van het systeem in fig. 4.45 (zie vraag 51) als het touw een niet-verwaarloosbare massa m_C heeft. Bereken dit in functie van de lengtes ℓ_A en ℓ_B van het touw vanaf de massa's tot de katrol. (De totale touwlengte is $\ell = \ell_A + \ell_B$.)

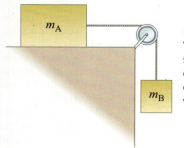

FIGUUR 4.45 Vraagstukken 51, 52 en 53. Massa m_A rust op een glad horizontaal oppervlak, m_B hangt verticaal.

54. (III) Veronderstel dat de katrol in fig. 4.46 opgehangen is aan een touw C. Bepaal de trekkracht in dit touw nadat de massa's losgelaten zijn, maar voordat een van de massa's de grond raakt. Houd geen rekening met de massa's van de katrol en het touw.

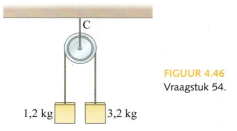

FIGUUR 4.46 Vraagstuk 54.

55. (III) Een klein blok met een massa m rust op de schuine zijde van een driehoekig blok met massa M, dat op zijn beurt weer op een horizontale tafel ligt op de manier zoals is weergegeven in fig. 4.47. Veronderstel dat alle oppervlakken wrijvingsloos zijn. Bepaal de grootte van de kracht $\vec{F}$ die op M uitgeoefend moet worden zodat de positie van m onveranderd blijft ten opzichte van M (dat wil zeggen dat m niet over de helling beweegt). (*Hint:* kies de x- en y-as respectievelijk horizontaal en verticaal.)

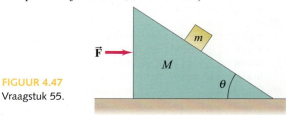

FIGUUR 4.47 Vraagstuk 55.

56. (III) De dubbele machine van Atwood in fig. 4.48 heeft wrijvingsloze, massaloze katrollen en touwen. Bepaal (a) de versnelling van de massa's m_A, m_B en m_C en (b) de trekkrachten F_{TA} en F_{TC} in de touwen.

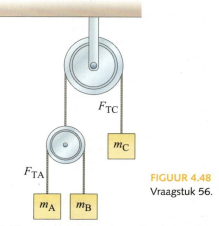

FIGUUR 4.48 Vraagstuk 56.

57. (III) Veronderstel dat er twee dozen op een wrijvingsloze tafel liggen en aan elkaar bevestigd zijn met een zwaar touw met een massa van 1,0 kg. Bereken de versnelling van elke doos en de trekkracht bij de uiteinden van de tou-

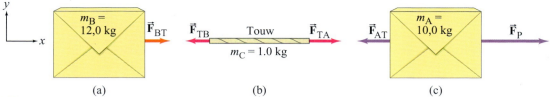

FIGUUR 4.49 Vraagstuk 57. De vrijlichaamsschema's voor elk van de voorwerpen van het systeem zijn weergegeven in fig. 4.22a. De verticale krachten, $\vec{F}_N$ en $\vec{F}_G$ zijn niet weergegeven.

wen met behulp van de vrijlichaamsschema's in fig. 4.49. Veronderstel dat $F_P = 35{,}0$ N en houd geen rekening met het doorzakken van het touw. Vergelijk je resultaten met die in voorbeeld 4.12 en fig. 4.22.

58. (III) De twee massa's in fig. 4.50 hangen elk in eerste instantie 1,8 m boven de grond en de massaloze en wrijvingsloze katrol hangt 4,8 m boven de grond. Welke hoogte bereikt het lichtste voorwerp nadat het systeem losgelaten werd? (*Hint:* bereken eerst de versnelling van de lichtste massa en dan de snelheid ervan op het moment dat de zwaarste massa de grond raakt. Dit is de lanceersnelheid. Ga ervan uit dat de massa de katrol niet raakt. Verwaarloos de massa van het touw.)

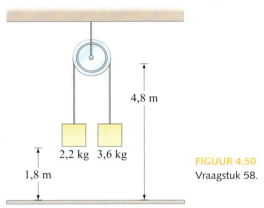

FIGUUR 4.50 Vraagstuk 58.

59. (III) Leid een formule af voor de grootte van de kracht $\vec{F}$ die op het grote blok (m_C) in fig. 4.51 uitgeoefend wordt, zodat massa m_A niet beweegt ten opzichte van m_C. Verwaarloos alle wrijving. Veronderstel dat m_B geen contact maakt met m_C.

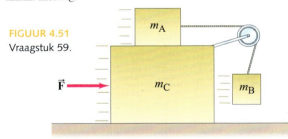

FIGUUR 4.51 Vraagstuk 59.

60. (III) Een puntmassa m is bij $x = 0$ in rust en wordt dan versneld door een kracht die in de tijd verandert volgens de functie $F = Ct^2$. Bepaal de snelheid v en de positie x als functie van de tijd.
61. (III) Een zware staalkabel met lengte ℓ en massa M ligt over een kleine, massaloze en wrijvingsloze katrol. (*a*) Bereken de versnelling van de kabel als functie van de lengte y die aan één zijde de katrol hangt (dus aan de andere zijde hangt een lengte $\ell - y$). (*b*) Veronderstel dat de lengte y_0 aan één zijde van de katrol hangt. Bereken de snelheid v_f op het moment dat de hele kabel van de katrol gevallen is. (*c*) Schrijf een vergelijking voor v_f voor $y_0 = 2/3\ell$. (*Hint:* gebruik de kettingregel, $dv/dt = (dv/dy)(dy/dt)$ en integreer.)

Algemene vraagstukken

62. Iemand heeft een redelijke kans om een botsing met een auto te overleven als de vertraging minder is dan 30 g. Bereken de kracht op een passagier met een massa van 65 kg die met deze vertraging tot stilstand komt. Welke afstand legt de auto af als de beginsnelheid 95 km/u is?
63. Iemand laat een tas met een massa van 2,0 kg van de scheve toren van Pisa vallen. De tas valt 55 m en komt dan op de grond terecht met een snelheid van 27 m/s. Hoe groot was de gemiddelde kracht van de luchtweerstand?
64. De deltavlieger van Jochem ondersteunt zijn gewicht met de zes kabels op de manier zoals is weergegeven in fig. 4.52. Elk touw is ontworpen om een gelijk deel van Jochems gewicht te dragen. De massa van Jochem is 74,0 kg. Hoe groot is de trekkracht in alle draagkabels?

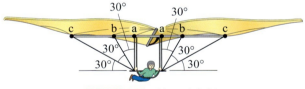

FIGUUR 4.52 Vraagstuk 64.

65. Een nat stuk zeep (massa $m = 150$ g) glijdt wrijvingsloos over een 3,0 m lange helling van 8,5°. Hoe lang duurt het voordat het stuk zeep onderaan de helling aankomt? En hoe lang zou dat duren als het stuk zeep 300 g weegt?
66. De loopkat van een torenkraan beweegt in punt P in fig. 4.53 enkele seconden naar rechts met een constante versnelling, waardoor de 870 kg zware last een hoek van 5,0° maakt met de verticaal, op de manier zoals is weergegeven in fig. 4.53. Hoe groot is de versnelling van de loopkat en de last?

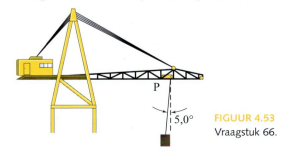

FIGUUR 4.53 Vraagstuk 66.

67. Een blok (massa m_A) ligt op een stabiel en wrijvingsloos hellend vlak en is verbonden met een massa m_B via een touw dat over een katrol ligt, op de manier zoals is weergegeven in fig. 4.54. (a) Leid een formule af voor de versnelling van het systeem in termen van m_A, m_B, θ en g. (b) Onder welke omstandigheden zullen de massa's m_A en m_B versnellen in één richting (bijvoorbeeld m_A omlaag over het hellend vlak) of in de tegengestelde richting? Verwaarloos de massa's van het touw en de katrol.

68. (a) In fig. 4.54 is $m_A = m_B = 1{,}00$ kg en $\theta = 33{,}0°$. Hoe groot zal de versnelling van het systeem zijn? (b) $m_A = 1{,}00$ kg en het systeem blijft in rust. Hoe groot moet massa m_B in dat geval zijn? (c) Bereken de trekkracht in het touw in de situaties die beschreven zijn bij (a) en (b).

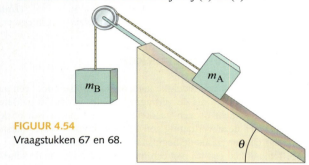

FIGUUR 4.54
Vraagstukken 67 en 68.

69. De massa's m_A en m_B glijden over de gladde (wrijvingsloze) hellingen op de manier zoals is weergegeven in fig. 4.55. (a) Leid een formule af voor de versnelling van het systeem in termen van m_A, m_B, θ_A, θ_B en g. (b) Veronderstel dat $\theta_A = 32°$, $\theta_B = 23°$ en $m_A = 5{,}0$ kg. Hoe groot moet m_B dan zijn om het systeem in rust te houden? Hoe groot zou de trekkracht in dat geval in het touw zijn (dat een verwaarloosbare massa heeft)? (c) Bij welke verhouding tussen m_A en m_B zouden de massa's met een constante snelheid over de hellingen bewegen?

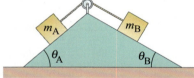

FIGUUR 4.55
Vraagstuk 69.

70. Iemand met een massa van 75 kg staat op een personenweegschaal in een lift. Wat geeft de weegschaal aan (in N en in kg) wanneer (a) de lift in rust is, (b) de lift met een constante snelheid van 3,0 m/s omhoog gaat, (c) de lift met 3,0 m/s omlaag gaat, (d) de lift verticaal omhoog versnelt met een versnelling van 3,0 m/s², (e) de lift verticaal omlaag versnelt met een versnelling van 3,0 m/s²?

71. Een stadsplanoloog werkt aan een nieuw ontwerp voor een heuvelachtig deel van een stad. Een belangrijke overweging is hoe steil de wegen kunnen worden zodat zelfs de auto's met het kleinste motorvermogen zonder problemen boven kunnen komen. Een bepaalde kleine auto, met een massa van 920 kg, kan op een vlakke weg in 12,5 s naar een snelheid van 21 m/s (75 km/u) optrekken. Bereken met deze gegevens de maximale hellingshoek van een heuvelweg.

72. Een fietser met een massa van 65 kg (inclusief de fiets) kan op een dalende helling van 6,5° freewheelend als gevolg van de luchtweerstand een snelheid halen van 6,0 km/u. Hoeveel kracht moet de fietser leveren om de heuvel met dezelfde snelheid (en dezelfde luchtweerstand; de wind is ondertussen gedraaid) op te klimmen?

73. Een fietser kan op een dalende weg van 5,0° freewheelend een constante snelheid van 6,0 km/u halen. De luchtweerstand is rechtevenredig met de snelheid v, zodanig dat $F_{lucht} = cv$. Bereken (a) de waarde van de constante c, en (b) de gemiddelde kracht die de fietser moet leveren om de heuvel af te dalen met een snelheid van 18,0 km/u. De massa van de fietser plus de fiets is 80,0 kg.

74. Francesca heeft haar horloge, voordat ze opstijgt in een vliegtuig, aan een touwtje gebonden. Tijdens de aanloop van het vliegtuig voordat dat van de grond loskomt, wat ongeveer 16 s duurt, houdt ze het touwtje met het horloge met twee vingers vast. Bereken de opstijgsnelheid van het vliegtuig als het touwtje een hoek van 25° met de verticaal maakt (zie fig. 4.56).

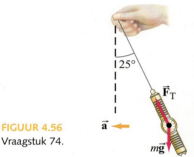

FIGUUR 4.56
Vraagstuk 74.

75. (a) Hoe groot is de minimale kracht F die nodig is om de piano (massa M) met het katrolstelsel in fig. 4.57 op te takelen? (b) Bepaal de trekkracht in elk segment van het touw: F_{T1}, F_{T2}, F_{T3} en F_{T4}.

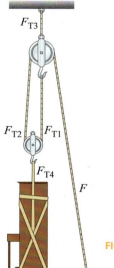

FIGUUR 4.57 Vraagstuk 75.

76. In het ontwerp van een supermarkt moeten enkele delen van de winkel met een helling met elkaar verbonden worden. De klanten moeten hun winkelwagentjes met boodschappen tegen deze hellingen op duwen, wat natuurlijk niet te veel moeilijkheden mag opleveren. De architect heeft een onderzoekje uitgevoerd en ontdekt dat er bijna geen klachten zullen zijn als de benodigde kracht niet meer is dan 18 N. Veronderstel dat de wrijving verwaarloosd kan worden. Hoe groot mag de hoek θ van de hellingen maximaal zijn als we ervan uitgaan dat een winkelwagentje maximaal een massa van 25 kg heeft?

77. Een verkeersvliegtuig versnelt met 3,8 m/s² tijdens een stijgvlucht onder een hoek van 18° boven de horizontaal (fig. 4.58). Hoe groot is de totale kracht die de cockpitstoel uitoefent op de piloot van 75 kg?

FIGUUR 4.58
Vraagstuk 77.

78. Een helikopter met een massa van 7650 kg versnelt verticaal omhoog met 0,80 m/s² en tilt daarbij een 1250 kg zwaar constructie-element op (zie fig. 4.59). (a) Hoe groot is de liftkracht die door de lucht uitgeoefend wordt op de rotorbladen van de helikopter? (b) Hoe groot is de trekkracht in de kabel (negeer de massa daarvan) tussen de last en de helikopter? (c) Welke kracht oefent de kabel op de helikopter uit?

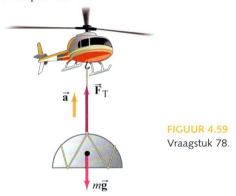
FIGUUR 4.59
Vraagstuk 78.

79. Een hogesnelheidstrein in Italië heeft een massa van 640 ton (640 · 10³ kg). De trein kan een maximale kracht van 400 kN horizontaal op de spoorstaven overbrengen. Wanneer de trein op zijn maximale constante snelheid rijdt (300 km/u) oefent deze een kracht uit van ongeveer 150 kN. Bereken (a) de maximale versnelling en (b) schat de wrijvingskracht en de luchtweerstand op topsnelheid.

80. Een visser in een bootje gebruikt een lijn die een kracht van 45 N kan opnemen zonder te breken. (a) Hoe zwaar is de zwaarste vis die de visser kan binnenhalen als hij de vis verticaal en met een constante snelheid binnenhaalt? (b) En als hij de vis versneld verticaal omhoog binnenhaalt met een versnelling van 2,0 m/s²? (c) Is het mogelijk om een forel van 67 N binnen te halen met deze lijn? Waarom, of waarom niet?

81. Een lift in een hoog gebouw mag maximaal met 3,5 m/s omlaag gaan. Hoe groot is de trekkracht in de kabel als deze lift over een afstand van 2,6 m stopt en de lift (inclusief passagiers) een massa heeft van 1450 kg?

82. Twee klimmers, Philippe en Nursen, klimmen met touwen met een vergelijkbare lengte. Het touw van Nursen is elastischer (dit noemen klimmers een *dynamisch touw*). Philippe heeft een *statisch touw*, wat niet slim is als je professioneel klimt. (a) Nursen maakt een vrije val van ongeveer 2,0 m en dan vangt het touw haar over een afstand van 1,0 m op (fig. 4.60). Schat hoe groot de kracht is (als we aannemen dat die constant is) die het touw op haar lichaam zal uitoefenen. (Druk het resultaat uit in veelvouden van haar gewicht.) (b) In een vergelijkbare val rekt het touw van Philippe maar 30 cm. Met een kracht van hoeveel maal zijn gewicht zal het touw aan hem trekken? Welke klimmer zal het meest waarschijnlijk letsel oplopen?

83. Drie bergbeklimmers die aan elkaar gezekerd zijn beklim-

FIGUUR 4.60
Vraagstuk 82.

men een ijsveld dat een hoek van 31,0° maakt met de horizontaal (fig. 4.61). De onderste klimmer glijdt uit en trekt ook de tweede klimmer onderuit. De eerste klimmer kan de beide anderen houden. Veronderstel dat elke klimmer een massa van 75 kg heeft. Bereken de trekkracht in de twee stukken touw tussen de drie klimmers. Verwaarloos de wrijving tussen het ijs en de gevallen klimmers.

84. Een 'doomsday'-asteroïde met een massa van 1,0 · 10¹⁰ kg

FIGUUR 4.61 Vraagstuk 83.

vliegt door de ruimte. Tenzij de snelheid van de asteroïde met ongeveer 0,20 cm/s wordt veranderd, zal deze in de aarde inslaan en een enorme ravage aanrichten. Onderzoekers stellen voor om een zogenaamde 'space tug' op het oppervlak van de asteroïde een geringe constante kracht van 2,5 N uit te laten oefenen. Hoe lang moet deze kracht uitgeoefend worden?

85. Een piano met een massa van 450 kg wordt van een vrachtwagen af geladen door deze over een helling met een hoek van 22° naar beneden te rollen. De wrijving is verwaarloosbaar en de helling is 11,5 m lang. Twee verhuizers remmen de piano af door de piano met een gezamenlijke kracht van 1420 N evenwijdig aan de helling omhoog te duwen. Met welke snelheid komt de piano onderaan de helling aan als de beginsnelheid bovenaan de helling nul was?

86. Veronderstel het systeem in fig. 4.62, waarin $m_A = 9{,}5$ kg en $m_B = 11{,}5$ kg is. De hoek $\theta_A = 59°$ en hoek $\theta_B = 32°$. (a) Veronderstel dat er geen wrijving is. Hoe groot is de benodigde kracht $\vec{F}$ om de massa's met een constante snelheid de hellingen op te trekken? (b) De kracht $\vec{F}$ wordt nu weggenomen. Hoe groot is en welke richting heeft de versnelling van de twee blokken? (c) Hoe groot is de trekkracht in het touw als $\vec{F}$ weggenomen is?

87. Een blok met een massa van 1,5 kg staat boven op een blok

88. Je rijdt met een snelheid van 15 m/s in je auto (die een massa heeft van 750 kg). Op 45 m voor een kruising bedenk je dat het stoplicht, dat nu nog op groen staat, over 4,0 s rood zal worden. De afstand tot de overkant van de kruising is 65 m (fig. 4.64). (a) Als je besluit om gas te geven, zal je auto een voorwaarts gerichte kracht van 1200 N leveren. Red je het om de kruising over te steken voor het moment dat je denkt dat het stoplicht op rood springt? (b) Als je besluit een noodstop te maken, zullen je remmen een kracht leveren van 1800 N. Kom je tot stilstand voor de kruising?

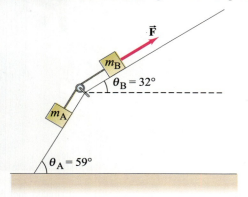

FIGUUR 4.62 Vraagstuk 86.

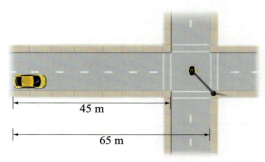

FIGUUR 4.64 Vraagstuk 88.

met een massa van 7,5 kg (fig. 4.63). Het touw en de katrol hebben een verwaarloosbare massa en de wrijving is verwaarloosbaar. (a) Welke kracht F moet op het onderste blok uitgeoefend worden om het bovenste blok een versnelling naar rechts te geven van 2,5 m/s²? (b) Hoe groot is de trekkracht in het touw?

*Numeriek/computer

*89. (II) Een groot krat met een massa van 1500 kg begint vanuit rust over een wrijvingsloze helling met lengte ℓ en hellingshoek θ naar beneden te glijden. (a) Bepaal als functie van θ: (i) de versnelling a van het krat als dit omlaag glijdt, (ii) de tijd t die nodig is om het eind van de helling te bereiken, (iii) de uiteindelijke snelheid v van het krat wanneer het onderaan de helling aankomt en (iv) de normaalkracht F_N op het krat. (b) Veronderstel nu dat $\ell = 100$ m. Gebruik een spreadsheetprogramma om a, t, v en F_N te berekenen en te tekenen als functie van θ tussen $\theta = 0°$ en $90°$ in stappen van $1°$. Komen je resultaten overeen met het bekende resultaat voor de grensgevallen $\theta = 0°$ en $\theta = 90°$?

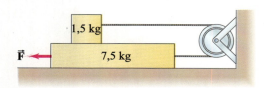

FIGUUR 4.63 Vraagstuk 87.

Antwoorden op de opgaven

A: Er is geen kracht nodig. De auto versnelt van onder de beker. Denk aan de eerste wet van Newton (zie voorbeeld 4.1).

B: (a).

C: (a) Gelijk; (b) de sportwagen; (c) derde wet voor (a), tweede wet voor (b).

D: (e).

E: (b).

F: (b).

De wetten van Newton zijn van fundamenteel belang in de natuurkunde. Op deze foto's zijn twee situaties weergegeven waarbij gebruik wordt gemaakt van de wetten van Newton in combinatie met enkele nieuwe elementen ten opzichte van het vorige hoofdstuk. De slalomskister illustreert wrijving op een helling, hoewel ze op het moment dat de foto genomen werd de sneeuw niet aanraakt en dus alleen vertraagd wordt door de luchtweerstand die afhankelijk is van de snelheid (een optioneel onderwerp in dit hoofdstuk). De mensen in de zweefmolen illustreren de dynamica van een cirkelvormige beweging.

De wetten van Newton: wrijving, cirkelvormige beweging, weerstandskrachten

Hoofdstuk 5

Inhoud

5.1 Toepassingen van de wetten van Newton met wrijving

5.2 Eenparige cirkelvormige beweging, kinematica

5.3 Dynamica van de eenparige cirkelvormige beweging

5.4 Bochten in snelwegen: komvormig en vlak

*5.5 Niet-eenparige cirkelvormige beweging

*5.6 Snelheidsafhankelijke krachten: weerstand en eindsnelheid

Openingsvraag: wat denk jij?

Je laat een bal aan een touw met een constante snelheid een cirkel beschrijven in een horizontaal vlak, op de manier zoals van bovenaf gezien is weergegeven in de figuur. Welke baan zal de bal beschrijven wanneer je het touw loslaat als de bal op punt P is?

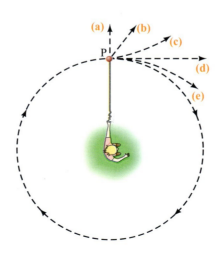

In dit hoofdstuk gaan we verder met de wetten van Newton en hun fundamenteel belang in de natuurkunde. We bespreken enkele belangrijke toepassingen van de wetten van Newton, zoals wrijving en de cirkelvormige beweging. Hoewel sommige stukken in dit hoofdstuk een herhaling lijken te zijn van de onderwerpen in hoofdstuk 4, zul je zien dat ze wel degelijke nieuwe elementen bevatten.

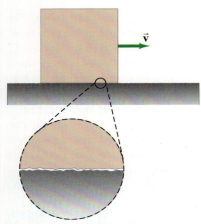

FIGUUR 5.1 Een voorwerp glijdt naar rechts op een tafel of een vloer. De twee contactoppervlakken zijn ruw, tenminste op microscopische schaal.

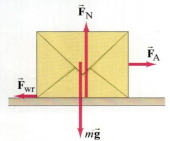

FIGUUR 5.2 Wanneer een voorwerp door een erop uitgeoefende kracht ($\vec{F}$) over een oppervlak getrokken wordt, werkt de wrijvingskracht $\vec{F}_{wr}$ tegengesteld aan de beweging. De grootte van $\vec{F}_{wr}$ is rechtevenredig met de grootte van de normaalkracht (F_N).

5.1 Toepassingen van de wetten van Newton met wrijving

Tot nu hebben we de wrijving genegeerd, maar in de praktijk speelt die vaak een niet te verwaarlozen rol. Tussen twee massieve oppervlakken bestaat wrijving, omdat zelfs het gladste oppervlak op microscopisch niveau een zekere ruwheid heeft (fig. 5.1). Wanneer we een voorwerp over een ander oppervlak proberen te verschuiven, zullen deze microscopisch kleine hobbeltjes de beweging hinderen. Wat er precies op microscopisch niveau gebeurt is echter nog steeds niet helemaal duidelijk. Op dit moment denken wetenschappers dat de atomen op een hobbel van een oppervlak zo dicht bij de atomen van het andere oppervlak komen, dat er elektrisch aantrekkende krachten tussen de atomen ontstaan die ervoor zorgen dat er een soort 'lasverbinding' tussen de twee oppervlakken gemaakt wordt. De schuivende beweging van een voorwerp over een oppervlak is vaak schokkerig, wat mogelijk veroorzaakt wordt door het maken en weer verbreken van deze 'lasverbindingen'. Zelfs wanneer een rond voorwerp over een oppervlak rolt is er een zekere wrijving, die de *rolweerstand* genoemd wordt, hoewel deze over het algemeen veel kleiner is dan de weerstand van over een oppervlak schuivende voorwerpen. We zullen ons nu beperken tot wrijving als gevolg van schuiven, die meestal de **kinetische wrijving** genoemd wordt (*kinetisch* is afgeleid van het Griekse woord voor bewegen).

Wanneer een voorwerp over een ruw oppervlak glijdt, werkt de kinetische wrijvingskracht in tegengestelde richting van de snelheid van het voorwerp. De grootte van de kinetische wrijvingskracht is afhankelijk van de aard van de twee over elkaar schuivende oppervlakken. Voor de meeste oppervlakken is experimenteel bepaald dat de wrijvingskracht ongeveer rechtevenredig is met de *normaalkracht* tussen de twee oppervlakken. De normaalkracht is de kracht die elk voorwerp uitoefent op het andere en loodrecht staat op het gemeenschappelijke contactvlak (zie fig. 5.2). De wrijvingskracht tussen harde oppervlakken hangt in veel gevallen bijna niet af van het totale contactoppervlak. De wrijvingskracht op dit boek is ongeveer gelijk, ongeacht of het boek plat of op de rug liggend verschoven wordt. We veronderstellen een eenvoudig wrijvingsmodel, waarin we aannemen dat de wrijvingskracht onafhankelijk is van het contactoppervlak. In dat geval kunnen we de verhouding tussen de groottes van de wrijvingskracht en de normaalkracht beschrijven met behulp van een evenredigheidsconstante,

$$F_{wr} = \mu_k F_N \qquad \text{[kinetische wrijving]}$$

Deze relatie is geen fundamentele wetmatigheid; het is een experimenteel bepaalde relatie tussen de grootte van de wrijvingskracht die evenwijdig aan de twee oppervlakken werkt en de grootte van de normaalkracht die loodrecht op die oppervlakken werkt.

Het is ook *geen* vectorvergelijking, omdat de richtingen van de twee krachten loodrecht op elkaar staan. De term μ_k wordt de *kinetische wrijvingscoëfficiënt* genoemd, en de grootte ervan is afhankelijk van de aard van de twee oppervlakken. In tabel 5.1

TABEL 5.1 Wrijvingscoëfficiënten

Oppervlakken	Statische wrijvingscoëfficiënt, μ_s	Kinetische wrijvingscoëfficiënt, μ_k
Hout op hout	0,4	0,2
IJs op ijs	0,1	0,03
Metaal op metaal (gesmeerd)	0,15	0,07
Staal op staal (ongesmeerd)	< 0,7	< 0,6
Rubber op droog beton	1,0	0,8
Rubber op nat beton	0,7	0,5
Rubber op andere massieve oppervlakken	1 – 4	1
Teflon op teflon in lucht	0,04	0,04
Teflon op staal in lucht	0,04	0,04
Gesmeerde kogellagers	0,01	0,01
Gewrichten (in menselijke ledematen)	0,01	0,01

[1] De waarden zijn benaderingen en bedoeld als indicatie.

zijn enkele waarden opgesomd voor een aantal oppervlakken. Deze waarden zijn slechts benaderingen, omdat ook andere factoren de waarde van μ beïnvloeden, zoals bijvoorbeeld of de oppervlakken nat of droog zijn, hoe glad ze gemaakt zijn, of er nog bramen achtergebleven zijn enzovoort. Maar μ_k is ongeveer onafhankelijk van de glijsnelheid en het contactoppervlak.

Wat we tot nu toe besproken hebben is de *kinetische wrijving*, die ontstaat wanneer een voorwerp over een ander voorwerp glijdt. Er is ook de **statische wrijving**, die verwijst naar een kracht evenwijdig aan de twee oppervlakken die aanwezig kan zijn wanneer de voorwerpen niet glijden. Veronderstel een voorwerp, zoals een bureau, dat op een horizontale vloer staat. Als er geen horizontale kracht op het bureau uitgeoefend wordt, is er ook geen wrijvingskracht. Maar veronderstel nu dat je tegen het bureau drukt, zonder dat het verplaatst wordt. Jij oefent een horizontale kracht uit, maar het bureau beweegt niet. Er moet dus een andere kracht op het bureau werken die voorkomt dat het bureau verplaatst wordt (de resulterende kracht is nul op een voorwerp in rust).

Dit is de *statische wrijvingskracht* die door de vloer uitgeoefend wordt op het bureau. Als je met een grotere kracht duwt en het bureau nog niet van zijn plaats komt, is de statische wrijvingskracht ook groter geworden. Als je maar hard genoeg duwt, zal het bureau uiteindelijk in beweging komen en neemt de kinetische wrijving het over. Op het moment dat het bureau in beweging komt heb jij de maximale statische wrijvingskracht overwonnen, die een grootte heeft van $(F_{wr})_{max} = \mu_s F_N$, waarin μ_s de *statische wrijvingscoëfficiënt* is (tabel 5.1).

Omdat de statische wrijvingskracht kan variëren tussen nul en deze maximumwaarde, schrijven we

$$F_{wr} \leq \mu_s F_N \qquad \text{[statische wrijving]}$$

Het is je misschien wel eens opgevallen dat het gemakkelijker is om een zwaar voorwerp in beweging te houden dan om het in beweging te brengen. Dit klopt met tabel 5.1, waarin de waarden voor μ_s over het algemeen groter zijn dan die voor μ_k.

Voorbeeld 5.1 Wrijving: statische en kinetische wrijving

Een doos met een massa van 10,0 kg rust op een horizontale vloer. De statische wrijvingscoëfficiënt $\mu_s = 0{,}40$ en de kinetische wrijvingscoëfficiënt $\mu_k = 0{,}30$. Bereken de wrijvingskracht F_{wr} die op de doos werkt als de horizontale uitwendig uitgeoefende kracht F_A een grootte heeft van:

(a) 0, (b) 10 N, (c) 20 N, (d) 38 N en (e) 40 N.

Aanpak We weten niet meteen of we te maken hebben met statische wrijving of met kinetische wrijving en ook niet of de doos in rust blijft of versnelt. We moeten eerst een vrijlichaamsschema teken en dan in elk geval bepalen of de doos al dan niet zal bewegen: de doos begint te bewegen als F_A groter is dan de maximale statische wrijvingskracht (de tweede wet van Newton). De krachten die op de doos werken zijn de zwaartekracht $m\vec{g}$, de normaalkracht die door de vloer uitgeoefend wordt $\vec{F}_N$, de horizontaal uitgeoefende kracht $\vec{F}_A$ en de wrijvingskracht $\vec{F}_{wr}$, op de manier zoals is weergegeven in fig. 5.2.

Oplossing Het vrijlichaamsschema van de doos is weergegeven in fig. 5.2. In de verticale richting is er geen beweging, dus de tweede wet van Newton in de verticale richting levert $\Sigma F_y = ma_y = 0$, zodat geldt dat $F_N - mg = 0$. De normaalkracht is dus

$$F_N = mg = (10{,}0 \text{ kg})(9{,}80 \text{ m/s}^2) = 98{,}0 \text{ N}$$

(a) Omdat $F_A = 0$ in dit eerste geval, zal de doos niet bewegen en is $F_{wr} = 0$.

(b) De statische wrijvingskracht zal een uitgeoefende kracht kunnen weerstaan van maximaal

$$\mu_s F_N = (0{,}40)\,(98{,}0 \text{ N}) = 39 \text{ N}.$$

Wanneer de uitgeoefende kracht $F_A = 10$ N is, zal de doos niet bewegen. De tweede wet van Newton levert $\Sigma F_x = F_A - F_{wr} = 0$, dus is $F_{wr} = 10$ N

(c) Een uitgeoefende kracht van 20 N is dus ook niet voldoende om de doos te verplaatsen. Dus geldt dat $F_{wr} = 20$ N om de uitgeoefende kracht te weerstaan.

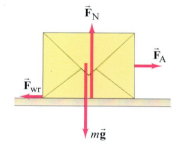

FIGUUR 5.2 Herhaald voor voorbeeld 5.1.

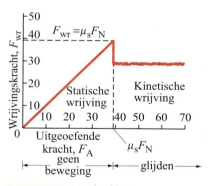

FIGUUR 5.3 Voorbeeld 5.1. De grootte van de wrijvingskracht als functie van de uitwendige kracht die op een voorwerp in rust uitgeoefend wordt. Als de uitgeoefende kracht toeneemt, neemt ook de statische wrijvingskracht toe en beide zijn gelijk tot de uitgeoefende kracht gelijk is aan $\mu_s F_N$. Als de uitgeoefende kracht verder toeneemt zal het voorwerp beginnen te bewegen. De wrijvingskracht neemt dan af tot een ruwweg constante waarde, karakteristiek voor de kinetische wrijving.

(d) De uitgeoefende kracht van 38 N is nog steeds niet groot genoeg om de doos te verplaatsen; de wrijvingskracht is nu opgelopen tot 38 N om de doos in rust te houden.

(e) Een kracht van 40 N zal de doos in beweging zetten, omdat deze groter is dan de maximale statische wrijvingskracht. In plaats van met statische wrijving $\mu_s F_N = (0,40)(98\ N) = 39\ N$, hebben we nu te maken met kinetische wrijving, en de grootte daarvan is

$$F_{wr} = \mu_k F_N = (0,30)(98,0\ N) = 29\ N$$

Op de doos werkt nu een resulterende horizontale kracht met grootte $F = 40\ N - 29\ N = 11\ N$, dus zal de doos versnellen met een versnelling

$$a_x = \frac{\sum F}{m} = \frac{11\ N}{10,0\ kg} = 1,1\ m/s^2$$

zolang de uitgeoefende kracht 40 N is. In fig. 5.3 is dit grafisch weergegeven.

Wrijving kan een belemmering zijn. Het vertraagt bewegende voorwerpen en veroorzaakt warmte en vastlopen van bewegende onderdelen in apparatuur. De wrijving kan verminderd worden door smeermiddelen, zoals olie, te gebruiken. Een effectievere manier om de wrijving tussen twee oppervlakken te verlagen is om er een laag lucht of ander gas tussen aan te brengen. Apparaten waarin dit concept (dat in de meeste gevallen geen praktisch nut heeft) toegepast wordt, zijn luchttransportbanen en luchttafels waarin de laag lucht gerealiseerd wordt door lucht door een groot aantal kleine gaatjes te blazen. Een andere techniek om een luchtlaag te realiseren is door voorwerpen in de lucht te laten zweven met behulp van magnetische velden ('magnetische levitatie'). Aan de andere kant kan wrijving ook nuttig zijn. Onze mogelijkheid om te lopen is afhankelijk van de wrijving tussen de zolen van onze schoenen (of voeten) en de aarde. (Voor lopen is statische wrijving nodig, geen kinetische wrijving. Waarom?) De beweging van een auto en de stabiliteit ervan is ook alleen mogelijk omdat er wrijving is. Wanneer de wrijving gering is, zoals op een ijsbaan, wordt veilig lopen of autorijden lastig.

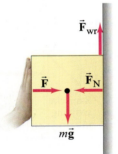

FIGUUR 5.4 Voorbeeld 5.2.

Conceptvoorbeeld 5.2 Een doos tegen een wand

Je kunt een doos tegen een ruwe wand gedrukt houden (fig. 5.4) en zo voorkomen dat deze omlaag glijdt door er hard in horizontale richting tegen te drukken. Hoe voorkomt een horizontale kracht dat een voorwerp verticaal beweegt?

Antwoord Dit werkt niet goed als de wand glibberig is. Je hebt wrijving nodig. En zelfs dan, als je niet hard genoeg duwt, zal de doos slippen. De horizontale kracht die jij uitoefent veroorzaakt een normaalkracht die door de wand op de doos wordt uitgeoefend (de nettokracht in horizontale richting is nul, omdat de doos niet horizontaal beweegt). De zwaartekracht mg, die verticaal omlaag op de doos werkt, kan nu tegengewerkt worden door een verticaal omhoog gerichte statische wrijvingskracht waarvan de maximale grootte rechtevenredig is met de normaalkracht. Hoe harder je drukt, hoe groter deze maximale wrijvingskracht wordt. Als je niet hard genoeg drukt zal de doos omlaag gaan glijden.

Opgave A

Veronderstel dat $\mu_s = 0,40$ en $mg = 20\ N$. Hoe groot is de minimale kracht F die nodig is om te voorkomen dat de doos valt: (a) 100 N; (b) 80 N; (c) 50 N; (d) 20 N; (e) 8 N?

Voorbeeld 5.3 Trekken tegen de wrijving in

Een doos met een massa van 10,0 kg wordt over een horizontaal oppervlak getrokken door een kracht F_{trek} van 40,0 N die een hoek met de horizontaal maakt van 30,0°.

Dit voorbeeld lijkt op voorbeeld 4.11, maar nu is er wel wrijving en we veronderstellen dat de kinetische wrijvingscoëfficiënt 0,30 is. Bereken de versnelling.

Aanpak Het vrijlichaamsschema is weergegeven in fig. 5.5. Het lijkt erg sterk op fig. 4.21, maar er is één kracht meer: de wrijvingskracht.

Oplossing De berekening voor de verticale (y-) richting is precies dezelfde als in voorbeeld 4.11: $mg = (10,0 \text{ kg})(9,80 \text{ m/s}^2) = 98,0$ N en $F_{\text{trek}y} = (40,0 \text{ N})(\sin 30,0°) = 20,0$ N.

Als we y verticaal omhoog als positieve richting kiezen en $a_y = 0$, levert dat

$$F_N - mg + F_{\text{trek}y} = ma_y$$

$$F_N - 98,0 \text{ N} + 20,0 \text{ N} = 0,$$

dus de normaalkracht is $F_N = 78,0$ N. Nu passen we de tweede wet van Newton toe voor de horizontale (x-) richting (positief naar rechts) en houden daarbij rekening met de wrijvingskracht:

$$F_{\text{trek}x} - F_{\text{wr}} = ma_x.$$

De wrijvingskracht is kinetisch zolang $F_{\text{wr}} = \mu_k F_N$ kleiner is dan $F_{\text{trek}x} = (40,0 \text{ N}) \cos 30,0° = 34,6$ N, wat het geval is:

$$F_{\text{wr}} = \mu_k F_N = (0,30)(78,0 \text{ N}) = 23,4 \text{ N}.$$

De doos zal dus versnellen:

$$a_x = \frac{F_{\text{trek}x} - F_{\text{wr}}}{m} = \frac{34,6 \text{ N} - 23,4 \text{ N}}{10,0 \text{ kg}} = 1,1 \text{ m/s}^2.$$

Wanneer er geen wrijving is, zoals we zagen in voorbeeld 4.11, dan is de versnelling veel hoger.

Opmerking Ons laatste antwoord telt slechts twee significante cijfers, omdat de kleinste significante invoerwaarde ($\mu_k = 0,30$) twee significante cijfers heeft.

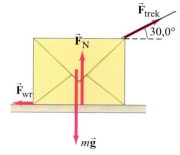

FIGUUR 5.5 Voorbeeld 5.3.

> **Opgave B**
> Veronderstel nu dat $\mu_k F_N$ groter zou zijn dan $F_{\text{trek}x}$. Wat zou dan je conclusie zijn?

Conceptvoorbeeld 5.4   Een slede trekken of duwen?

Je kleine zusje wil dat je haar op de slede trekt. Veronderstel dat de grond vlak is. Moet je dan een grotere kracht uitoefenen als je de slede trekt of wanneer je de slede duwt? Zie de figuren 5.6a en b. Veronderstel dezelfde hoek θ in beide gevallen.

Antwoord We zullen eerst de vrijlichaamsschema's voor de combinaties van je zusje en de slede tekenen (zie de figuren 5.6c en d). Daarin zie je, voor de twee gevallen, de krachten die door jou, $\vec{F}$ (een onbekende), door de sneeuw, $\vec{F}_N$ en $\vec{F}_{\text{wr}}$ en door de zwaartekracht $m\vec{g}$ uitgeoefend worden. (a) Als je haar duwt en $\theta > 0$, heeft je kracht een verticaal omlaag gerichte component. Daardoor zal de normaalkracht die verticaal omhoog uitgeoefend wordt door de aarde (fig. 5.6c) groter zijn dan mg (waarin m de massa is van je zusje plus die van de slede). (b) Als je de slee achter je aan trekt, heeft de door jou uitgeoefende kracht een verticaal omhoog gerichte component, zodat de normaalkracht F_N kleiner zal zijn dan mg (fig. 5.6d). Omdat de wrijvingskracht rechtevenredig is met de normaalkracht, zal F_{wr} kleiner zijn als je de slede trekt. Je hoeft je dus minder in te spannen als je de slede met je zusje erop trekt.

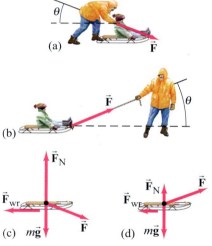

FIGUUR 5.6 Voorbeeld 5.4

Voorbeeld 5.5   Twee dozen en een katrol

In fig. 5.7a zie je twee dozen die met elkaar verbonden zijn door een touw dat over een katrol loopt. De kinetische wrijvingscoëfficiënt tussen doos A en de tafel is 0,20. We verwaarlozen de massa's van het touw en de katrol en de wrijving in de katrol, zodat we kunnen veronderstellen dat een kracht die uitgeoefend wordt op een uiteinde van het touw, dezelfde grootte zal hebben aan het andere uiteinde van

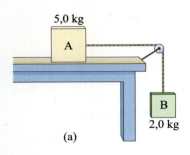

(a)

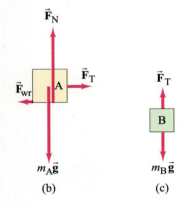

(b) (c)

FIGUUR 5.7 Voorbeeld 5.5.

het touw. We willen de versnelling, a, van het systeem weten. Deze zal voor beide dozen dezelfde zijn, als we aannemen dat het touw niet rekt. Als doos B omlaag beweegt, zal doos A naar rechts bewegen.

Aanpak In de figuren 5.7b en c zijn de vrijlichaamsschema's voor elke doos weergegeven.

De krachten op doos A zijn de trekkracht van het touw F_T, de zwaartekracht $m_A g$, de normaalkracht die door de tafel uitgeoefend wordt F_N en een wrijvingskracht die door de tafel uitgeoefend wordt F_{wr}; de krachten op doos B zijn de zwaartekracht $m_B g$ en trekkracht van het touw, F_T.

Oplossing Doos A beweegt niet verticaal en dus kunnen we met de tweede wet van Newton de normaalkracht bepalen (die het gewicht in evenwicht houdt),

$$F_N = m_A g = (5{,}0 \text{ kg})(9{,}80 \text{ m/s}^2) = 49 \text{ N}.$$

In de horizontale richting werken er twee krachten op doos A (fig. 5.7b): F_T, de trekkracht in het touw (met onbekende grootte) en de wrijvingskracht

$$F_{wr} = \mu_k F_N = (0{,}20)(49 \text{ N}) = 9{,}8 \text{ N}.$$

We willen de horizontale versnelling bepalen; we gebruiken de tweede wet van Newton in de x-richting, $\Sigma F_{Ax} = m_A a_x$, zodat (als we de positieve richting naar rechts nemen en a_{Ax} gelijkstellen aan a):

$$\Sigma F_{Ax} = F_T - F_{wr} = m_A a \qquad \text{[doos A]}$$

Vervolgens bekijken we doos B. De zwaartekracht $m_B g = (2{,}0 \text{ kg})(9{,}80 \text{ m/s}^2) = 19{,}6 \text{ N}$ trekt verticaal omlaag en het touw trekt verticaal omhoog met een kracht F_T. We kunnen dus de tweede wet van Newton voor doos B opschrijven (waarbij we de richting verticaal omlaag als positief nemen):

$$\Sigma F_{By} = m_B g - F_T = m_B a \qquad \text{[doos B]}$$

(Merk op dat als $a \neq 0$, F_T niet gelijk is aan $m_B g$.)

We hebben twee onbekenden, a en F_T, maar gelukkig ook twee vergelijkingen. We lossen de vergelijking voor doos A op om F_T te vinden:

$$F_T = F_{wr} + m_A a$$

en substitueren die in de vergelijking voor doos B:

$$m_B g - F_{wr} - m_A a = m_B a.$$

Hiermee vinden we de vergelijking voor a en vullen de getalwaarden in:

$$a = \frac{m_B g - F_{wr}}{m_A + m_B} = \frac{19{,}6 \text{ N} - 9{,}8 \text{ N}}{5{,}0 \text{ kg} + 2{,}0 \text{ kg}} = 1{,}4 \text{ m/s}^2.$$

Dit is de versnelling van doos A naar rechts en van doos B omlaag.

Als je wilt kun je F_T berekenen met de derde vergelijking:

$$F_T = F_{wr} + m_A a = 9{,}8 \text{ N} + (5{,}0 \text{ kg})(1{,}4 \text{ m/s}^2) = 17 \text{ N}.$$

Opmerking Doos B valt niet vrij. De versnelling a ervan is niet gelijk aan g, omdat er een extra kracht, F_T verticaal omhoog op werkt.

In hoofdstuk 4 hebben we bewegingen over hellende vlakken bekeken en gezien dat het meestal handig is om de x-as evenwijdig aan het vlak te kiezen in de richting van de versnelling. We hebben toen geen rekening gehouden met de wrijving. Dat zullen we nu wel doen.

 Natuurkunde in de praktijk

Skiën

Voorbeeld 5.6 De skiër

De skiër in fig. 5.8a daalt met een constante snelheid af van een helling met een hellingshoek van 30°. Wat kun je zeggen over de kinetische wrijvingscoëfficiënt μ_k?

Aanpak We kiezen de x-as in de richting van de helling en de positieve richting in de richting van de beweging van de skiër. De y-as staat loodrecht op de helling op de manier zoals is weergegeven in fig. 5.8b, het vrijlichaamsschema voor het systeem (de combinatie van de skiër en zijn ski's; totale massa m). De krachten die aanwezig zijn, zijn de zwaartekracht, $\vec{F}_G = m\vec{g}$, verticaal omlaag (*niet* loodrecht op de helling) en de twee krachten die op de ski's uitgeoefend worden door het sneeuw, de normaalkracht loodrecht op de besneeuwde helling (*niet* verticaal) en de wrijvingskracht evenwijdig aan het oppervlak. Deze drie krachten zijn voor de overzichtelijkheid zo weergegeven dat ze in één punt aangrijpen (zie fig. 5.8b).

Oplossing We hoeven maar één vector in componenten te ontbinden, het gewicht $\vec{F}_G$. De componenten daarvan zijn weergegeven in fig. 5.8c als gestippelde pijlen:

$$F_{Gx} = mg \sin \theta$$
$$F_{Gy} = -mg \cos \theta,$$

waarin we algemeen zijn gebleven door θ te gebruiken in plaats van 30°. Er is geen versnelling, dus kunnen we de tweede wet van Newton toepassen op de componenten. Dat levert

$$\Sigma F_y = F_N - mg \cos \theta = ma_y = 0$$
$$\Sigma F_x = mg \sin \theta - \mu_k F_N = ma_x = 0.$$

De eerste vergelijking levert dat $F_N = mg \cos \theta$. We substitueren dit in de tweede vergelijking:

$$mg \sin \theta - \mu_k (mg \cos \theta) = 0$$

We schrijven dit nu om voor μ_k:

$$\mu_k = \frac{mg \sin \theta}{mg \cos \theta} = \frac{\sin \theta}{\cos \theta} = \tan \theta,$$

wat voor $\theta = 30°$ oplevert dat

$$\mu_k = \tan \theta = \tan 30° = 0{,}58.$$

Merk op dat we de vergelijking

$$\mu_k = \tan \theta$$

kunnen gebruiken om μ_k te bepalen voor allerlei omstandigheden. We hoeven dus alleen maar te kijken onder welke hoek de skiër met een constante snelheid de helling afdaalt. Je ziet hier nog een andere reden waarom het vaak nuttig is om pas aan het eind de getalwaarden in te vullen: we kregen een algemeen resultaat dat we ook in andere situaties kunnen toepassen.

(a)

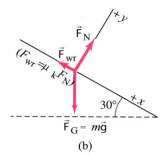

(b)

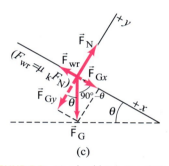

(c)

FIGUUR 5.8 Voorbeeld 5.6. Een skiër daalt af van een helling; $\vec{F}_G = m\vec{g}$ is de zwaartekracht (het gewicht) die op de skiër werkt.

 Let op

De richtingen van de zwaartekracht en de normaalkracht

Zorg ervoor dat je in vraagstukken met een helling of een 'hellend vlak' geen fouten maakt tegen de richtingen van de normaalkracht en de zwaartekracht. De normaalkracht werkt *niet* verticaal, maar loodrecht op het vlak. En de zwaartekracht werkt *niet* loodrecht op de helling, maar verticaal omlaag gericht in de richting van het middelpunt van de aarde.

Voorbeeld 5.7 Een helling, een katrol en twee dozen

Een doos met een massa $m_A = 10{,}0$ kg rust op een oppervlak dat een hoek $\theta = 37°$ maakt met de horizontaal. De doos is bevestigd met behulp van een lichtgewicht touw, dat over een massa- en wrijvingsloze katrol loopt, aan een tweede doos met een massa m_B, die vrij beweegbaar opgehangen is op de manier zoals is weergegeven in fig. 5.9a. (*a*) Veronderstel dat de statische wrijvingscoëfficiënt $\mu_s = 0{,}40$. Bepaal het bereik van de waarden voor massa m_B waarbij het systeem in rust blijft. (*b*) Veronderstel dat de kinetische wrijvingscoëfficiënt $\mu_k = 0{,}30$ en $m_B = 10{,}0$ kg. Bereken in dat geval de versnelling van het systeem.

Aanpak In fig. 5.9b zijn de twee mogelijke vrijlichaamsschema's voor doos m_A weergegeven, omdat de wrijvingskracht zowel omhoog als omlaag langs de helling kan werken: (i) als $m_B = 0$ of klein genoeg is zal m_A omlaag gaan glijden over de

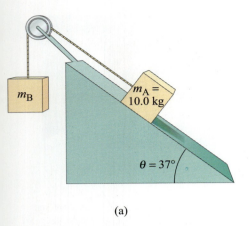
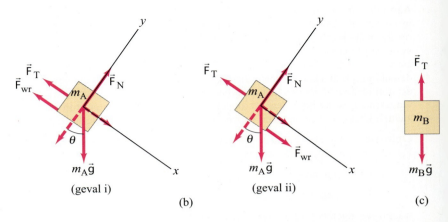

FIGUUR 5.9 Voorbeeld 5.7. Let op de keuze van de *x*- en *y*-as.

helling en is $\vec{F}_{wr}$ langs de helling omhoog gericht; (ii) als m_B groot genoeg is zal m_A omhoog getrokken worden over de helling en zal $\vec{F}_{wr}$ langs de helling omlaag gericht zijn. De trekkracht die door het touw uitgeoefend wordt, noemen we $\vec{F}_T$.

Oplossing (*a*) Voor beide gevallen (i) en (ii) is de tweede wet van Newton voor de *y*-richting (loodrecht op het vlak) gelijk:

$$F_N - m_A g \cos\theta = m_A a_y = 0,$$

omdat er geen beweging in de *y*-richting is. Dus

$$F_N = m_A g \cos\theta.$$

Nu bekijken we de beweging in de *x*-richting. We veronderstellen eerst geval (i) waarvoor $\Sigma F = ma$ het volgende oplevert

$$m_A g \sin\theta - F_T - F_{wr} = m_A a_x.$$

We willen dat a_x gelijk is aan 0 en lossen F_T op, omdat F_T gerelateerd is aan m_B (waarvan we de waarde zoeken) met behulp van $F_T = m_B g$ (zie fig. 5.9c). Dus geldt dat

$$m_A g \sin\theta - F_{wr} = F_T = m_B g.$$

We lossen deze vergelijking op voor m_B en geven F_{wr} de maximale waarde $\mu_s F_N = \mu_s m_A g \cos\theta$. Zo vinden we de minimale waarde die m_B kan hebben om te voorkomen dat het systeem in beweging komt ($a_x = 0$):

$$m_B = m_A \sin\theta - \mu_s m_A \cos\theta$$
$$= (10{,}0 \text{ kg})(\sin 37° - 0{,}40 \cos 37°) = 2{,}8 \text{ kg}.$$

Dus geldt dat als $m_B < 2{,}8$ kg, doos A omlaag zal glijden over de helling.

Nu bekijken we geval (ii) in fig. 5.9b, waarin doos A de helling *op* getrokken wordt. De tweede wet van Newton levert

$$m_A g \sin\theta + F_{wr} - F_T = m_A a_x = 0.$$

De maximale waarde die m_B dan kan hebben zonder een versnelling te veroorzaken is dus

$$F_T = m_B g = m_A g \sin\theta + \mu_s m_A g \cos\theta$$

of

$$m_B = m_A \sin\theta + \mu_s m_A \cos\theta$$
$$= (10 \text{ kg})(\sin 37° + 0{,}40 \cos 37°) = 9{,}2 \text{ kg}.$$

Om te voorkomen dat het systeem gaat bewegen, geldt dus de volgende voorwaarde:

$$2{,}8 \text{ kg} < m_B < 9{,}2 \text{ kg}.$$

(b) Veronderstel dat $m_B = 10$ kg en $\mu_k = 0{,}30$. In dat geval zal m_B vallen en m_A over het vlak naar boven glijden (geval ii). Om de versnelling a van de beide massa's te bepalen, gebruiken we $\Sigma F = ma$ voor doos A:

$$m_A a = F_T - m_A g \sin\theta - \mu_k F_N.$$

Omdat m_B verticaal omlaag versnelt, levert de tweede wet van Newton voor doos B (fig. 5.9c) $m_B a = m_B g - F_T$ of $F_T = m_B g - m_B a$. Als we dit substitueren in de bovenstaande vergelijking levert dat:

$$m_A a = m_B g - m_B a - m_A g \sin\theta - \mu_k F_N.$$

We schrijven deze vergelijking om naar de versnelling a en substitueren $F_N = m_A g \cos\theta$ en vervolgens $m_A = m_B = 10{,}0$ kg. Dat levert

$$\begin{aligned}a &= \frac{m_B g - m_A g \sin\theta - \mu_k m_A g \cos\theta}{m_A + m_B} \\ &= \frac{(10{,}0 \text{ kg})(9{,}80 \text{ m/s}^2)(1 - \sin 37° - 0{,}30 \cos 37°)}{20{,}0 \text{ kg}} \\ &= 0{,}079g = 0{,}78 \text{ m/s}^2.\end{aligned}$$

Opmerking Het is de moeite waard om deze vergelijking voor de versnelling a te vergelijken met de vergelijking uit voorbeeld 5.5: als we in de laatste $\theta = 0$ kiezen is het vlak horizontaal zoals in voorbeeld 5.5, en wordt de vergelijking gelijk aan die in voorbeeld 5.5: $a = (m_B g - \mu_k m_A g)/(m_A + m_B)$.

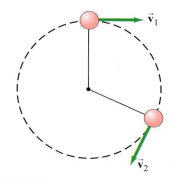

FIGUUR 5.10 Een klein voorwerp dat een cirkelvormige beweging uitvoert, laat zien hoe de snelheid verandert. In elk punt komt de richting van de momentane snelheid overeen met de raaklijn aan de cirkelvormige baan.

5.2 Eenparige cirkelvormige beweging, kinematica

Een voorwerp beweegt in een rechte lijn als de nettokracht erop in de bewegingsrichting uitgeoefend wordt of als de nettokracht nul is. Als de nettokracht op een willekeurig moment onder een hoek met de bewegingsrichting werkt, zal het voorwerp een gekromde baan volgen. Een voorbeeld van dat laatste is de kogelbaan, die we in hoofdstuk 3 hebben besproken. Een ander belangrijk geval is een voorwerp dat een cirkelvormige beweging maakt, zoals een balletje aan een koord dat je om je hoofd laat draaien of de nagenoeg cirkelvormige beweging van de maan om de aarde.

Een voorwerp dat met een constante snelheid v een cirkelvormige baan beschrijft heet **eenparig cirkelvormig te bewegen**. De *grootte* van de snelheid blijft in dit geval constant, maar de *richting* van de snelheid verandert voortdurend terwijl het voorwerp de cirkelvormige baan aflegt (fig. 5.10). Omdat versnelling gedefinieerd is als mate waarin de snelheidsvector verandert, houdt een verandering van de richting van de snelheid een versnelling in, op dezelfde manier als een verandering van de grootte van de snelheid een versnelling inhoudt. Een voorwerp dat een cirkelvormige baan beschrijft versnelt dus voortdurend, zelfs wanneer de grootte van de snelheid constant blijft ($v_1 = v_2 = v$). We bekijken deze versnelling nu kwantitatief.

Versnelling is gedefinieerd als

$$\vec{a} = \lim_{\Delta t \to 0} \frac{\Delta \vec{v}}{\Delta t} = \frac{d\vec{v}}{dt},$$

waarin $\Delta \vec{v}$ de verandering van de snelheidsvector is tijdens een kort interval Δt. Uiteindelijk zullen we de situatie bekijken waarin Δt nadert tot nul, zodat we zo de momentane versnelling kunnen bepalen. Maar om een duidelijke tekening (fig. 5.11) te maken, veronderstellen we een interval dat een lengte heeft die verschillend is van nul. Tijdens het interval Δt beweegt de puntmassa in fig. 5.11a van punt A naar punt B en legt daarbij een afstand $\Delta \ell$ af over het cirkelsegment dat overeenkomt met een hoek $\Delta \theta$. De verandering in de snelheidsvector is $\vec{v}_2 - \vec{v}_1 = \Delta \vec{v}$, en is weergegeven in fig. 5.11b.

Nu laten we Δt erg klein worden, zodat de lengte van het interval nadert tot nul. In dat geval zijn ook $\Delta \ell$ en $\Delta \theta$ erg klein en zal $\vec{v}_2$ nagenoeg evenwijdig zijn aan $\vec{v}_1$ (fig. 5.11c); $\Delta \vec{v}$ zal daar nagenoeg loodrecht op staan. Dat betekent dat de richting

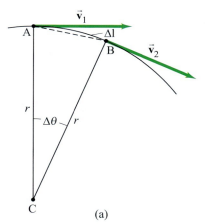

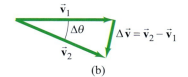

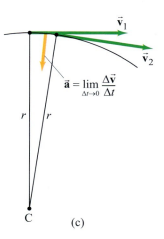

FIGUUR 5.11 De verandering van de snelheid, $\Delta \vec{v}$, bepalen voor een puntmassa die een cirkelvormige baan beschrijft. De lengte $\Delta \ell$ is de afstand over het cirkelsegment, van A naar B.

van $\Delta\vec{v}$ naar het middelpunt van de cirkel zal zijn gericht. Omdat $\vec{a}$ per definitie dezelfde richting heeft als $\Delta\vec{v}$, moet deze ook naar het middelpunt van de cirkel gericht zijn. Deze versnelling wordt daarom de **centripetale versnelling** genoemd (naar het middelpunt gerichte versnelling) of **radiale versnelling** (omdat de richting ervan samenvalt met de straal vanuit het middelpunt van de cirkel). We noemen deze grootheid $\vec{a}_R$.

Vervolgens berekenen we de grootte van de radiale (centripetale) versnelling, a_R. Omdat CA in fig. 5.11a loodrecht staat op $\vec{v}_1$ en CB loodrecht staat op $\vec{v}_2$, is de hoek $\Delta\theta$, gedefinieerd als de hoek tussen CA en CB, ook de hoek tussen $\vec{v}_1$ en $\vec{v}_2$. Daarom vormen de vectoren $\vec{v}_1$, $\vec{v}_2$ en $\Delta\vec{v}$ in fig. 5.11b een driehoek, die gelijkvormig is met driehoek CAB in fig. 5.11a.[1] Als we $\Delta\theta$ erg klein veronderstellen (doordat Δt erg klein is) en v, v_1 en v_2 aan elkaar gelijkstellen, omdat we aannemen dat de grootte van de snelheid niet verandert, kunnen we schrijven dat

$$\frac{\Delta v}{v} \approx \frac{\Delta \ell}{r},$$

of

$$\Delta v \approx \frac{v}{r}\Delta\ell.$$

Dit is een exacte gelijkheid wanneer Δt nadert tot nul, omdat in dat geval de lengte $\Delta\ell$ van het cirkelsegment gelijk is aan de koordlengte AB. Omdat we op zoek zijn naar de momentane versnelling, a_R, gebruiken we de bovenstaande vergelijking om te komen tot

$$a_R = \lim_{\Delta t \to 0} \frac{\Delta v}{\Delta t} = \lim_{\Delta t \to 0} \frac{v}{r}\frac{\Delta\ell}{\Delta t}.$$

En, omdat

$$\lim_{\Delta t \to 0} \frac{\Delta\ell}{\Delta t}$$

nagenoeg gelijk is aan de lineaire snelheid, v, van het voorwerp, is de centripetale (radiale) versnelling

$$a_R = \frac{v^2}{r} \qquad \text{[centripetale (radiale) versnelling]} \quad (5.1)$$

Vergelijking 5.1 is ook geldig wanneer v niet constant is.

Samenvattend: *een voorwerp dat een cirkelvormige baan met een straal r beschrijft met een constante snelheid v, heeft een versnelling waarvan de richting naar het middelpunt van de cirkel gericht is en die een grootte $a_R = v^2/r$ heeft.* Het is niet verrassend dat deze versnelling afhankelijk is van v en r. Hoe groter de snelheid v is, hoe sneller de snelheid van richting verandert en hoe groter de straal van de cirkel, hoe minder snel de snelheid van richting verandert.

De versnellingsvector wijst in de richting van het middelpunt van de cirkel. Maar de snelheidsvector wijst altijd in de bewegingsrichting, de raaklijn aan de cirkel.

De snelheidsvector en de versnellingsvector staan dus op elk punt van de baan voor een eenparig cirkelvormige beweging loodrecht op elkaar (fig. 5.12). Dit is een ander voorbeeld van de foutieve gedachte dat de versnelling en de snelheid altijd dezelfde richting hebben. Bij een voorwerp dat verticaal valt is de richting van $\vec{a}$ en $\vec{v}$ inderdaad evenwijdig. Maar bij cirkelvormige bewegingen staan $\vec{a}$ en $\vec{v}$ loodrecht op elkaar. (Datzelfde hebben we gezien bij de kogelbaan in paragraaf 3.7.)

> **⚠ Let op**
>
> *Bij een eenparige cirkelvormige beweging is de grootte van de snelheid constant, maar de versnelling is niet nul.*

> **Opgave C**
> Kunnen de vergelijkingen 2.12, de kinematische vergelijkingen voor constante versnelling, gebruikt worden voor eenparige cirkelvormige beweging? Zou vergelijking 2.12b bijvoorbeeld gebruikt kunnen worden om de tijd te bepalen waarin de roterende bal in fig. 5.12 een omwenteling maakt?

Cirkelvormige bewegingen worden vaak beschreven in termen van de **frequentie** f: het aantal omwentelingen per seconde. De **periode** T van een voorwerp dat een cir-

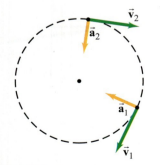

FIGUUR 5.12 Bij eenparige cirkelvormige bewegingen staat $\vec{a}$ altijd loodrecht op $\vec{v}$.

---

[1] In appendix A vind je hier meer over.

kelvormige baan beschrijft is de tijd die dat voorwerp nodig heeft om een complete omwenteling te maken. De relatie tussen de periode en frequentie is

$$T = \frac{1}{f}. \qquad (5.2)$$

Als een voorwerp bijvoorbeeld roteert met een frequentie van 3 omw/s, duurt elke omwenteling 1/3 s. Voor een voorwerp dat een cirkelvormige baan beschrijft (met een omtrek $2\pi r$) **met een constante snelheid** v **kunnen we schrijven**

$$v = \frac{2\pi r}{T},$$

omdat het voorwerp in een omwenteling een afstand ter grootte van de omtrek van de cirkel aflegt.

Voorbeeld 5.8 Versnelling van een roterende bal

Een bal met een massa van 150 g beschrijft eenparig aan het eind van een koord een horizontale cirkelvormige baan met een straal van 0,600 m op de manier zoals weergegeven is in fig. 5.10 of 5.12. De bal maakt 2,00 omwentelingen per seconde. Hoe groot is de centripetale versnelling?

Aanpak De centripetale versnelling is $a_R = v^2/r$. We weten r en dus kunnen we de snelheid van de bal, v, bepalen met behulp van de gegeven straal en frequentie.

Oplossing Omdat de bal twee complete omwentelingen per seconde maakt, maakt de bal een complete cirkel in een tijdsinterval van 0,500 s; dit is de periode T. De afgelegde afstand in deze tijd is de omtrek van de cirkel, $2\pi r$, waarin r de straal van de cirkel is. De snelheid van de bal is dus

$$v = \frac{2\pi r}{T} = \frac{2\pi(0{,}600 \text{ m})}{(0{,}500 \text{ s})} = 7{,}54 \text{ m/s}.$$

De centripetale versnelling is[1]

$$a_R = \frac{v^2}{r} = \frac{(7{,}54 \text{ m/s})^2}{(0{,}600 \text{ m})} = 94{,}7 \text{ m/s}^2$$

Opgave D

Met welke factor zal de centripetale versnelling veranderen als de straal verdubbeld wordt tot 1,20 m, maar de periode gelijk blijft? (*a*) 2, (*b*) 4, (*c*) 1/2, (*d*) 1/4, (*e*) geen van deze antwoorden.

Voorbeeld 5.9 De centripetale versnelling van de maan

De nagenoeg cirkelvormige baan van de maan om de aarde heeft een straal van ongeveer 384.000 km en een periode T van 27,3 dagen. Bereken de versnelling van de maan ten opzichte van de aarde.

Aanpak Ook nu weer moeten we de snelheid v bepalen om a_R te bepalen. We moeten eerst de gegevens omrekenen naar SI-eenheden om v in m/s te vinden.

Oplossing De maan legt in zijn baan om de aarde een afstand $2\pi r$ af, waarin $r = 3{,}84 \cdot 10^8$ m de straal is van de cirkelvormige baan. De tijd die nodig is om een complete omwenteling te maken is de periode van de maan, die gegeven is: 27,3 dagen. De snelheid van de maan in zijn baan om de aarde $v = 2\pi r/T$. De periode T in seconden $T = (27{,}3 \text{ dagen})(24{,}0 \text{ uur/dag})(3600 \text{ s/uur}) = 2{,}36 \cdot 10^6$ s. a_R is dus

---

[1] Het laatste cijfer van je uitkomst kan verschillen: als je alle tekens in je rekenmachine voor v blijft gebruiken levert dat een $a_R = 94{,}7$ m/s². Als je $v = 7{,}54$ m/s gebruikt, zal de uitkomst $a_R = 94{,}8$ m/s² zijn. Beide resultaten zijn geldig, omdat onze aangenomen nauwkeurigheid ongeveer $\pm$ 0,1 m/s is (zie paragraaf 1.3).

$$a_R = \frac{v^2}{r} = \frac{(2\pi r)^2}{T^2 r} = \frac{4\pi^2 r}{T^2} = \frac{4\pi^2 (3{,}84 \times 10^8 \text{ m})}{(2{,}36 \times 10^6 \text{ s})^2}$$
$$= 0{,}00272 \text{ m/s}^2 = 2{,}72 \cdot 10^{-3} \text{ m/s}^2.$$

We kunnen deze versnelling schrijven in termen van $g = 9{,}80$ m/s² (de versnelling van de zwaartekracht op het aardoppervlak) als

$$a = 2{,}72 \cdot 10^{-3} \text{ m/s}^2 \left(\frac{g}{9{,}80 \text{ m/s}^2}\right) = 2{,}78 \cdot 10^{-4} g.$$

Opmerking De centripetale versnelling van de maan, $a = 2{,}78 \cdot 10^{-4} g$, is *niet* de versnelling van de zwaartekracht voor voorwerpen op het maanoppervlak als gevolg van de zwaartekracht op de maan. Het is de versnelling als gevolg van de zwaartekracht van de *aarde* voor voorwerpen (zoals de maan) die zich op een afstand van $3{,}84 \cdot 10^5$ km van de aarde bevinden. Merk op hoe klein deze versnelling is in vergelijking tot de versnelling van voorwerpen in de buurt van het aardoppervlak.

Let op
Maak een onderscheid tussen de zwaartekracht van de maan op voorwerpen op het maanoppervlak en de zwaartekracht van de aarde die op de maan werkt (dit voorbeeld).

Natuurkunde in de praktijk
Centrifuge

*Centrifugeren

Centrifuges en erg snelle ultracentrifuges worden gebruikt om materialen snel te laten afzetten of materialen te splitsen. Reageerbuizen die vastgeklemd zijn in de rotor van de centrifuge worden versneld tot erg hoge rotatiesnelheden: zie fig. 5.13, waarin een reageerbuis in twee posities is weergegeven terwijl de rotor draait. De kleine groene stip stelt een kleine puntmassa voor, bijvoorbeeld een macromolecule, in een met een vloeistof gevulde reageerbuis. In positie A heeft het deeltje de neiging om in een rechte lijn te bewegen, maar de vloeistof werkt de beweging van de deeltjes tegen door een centripetale kracht uit te oefenen, waardoor de deeltjes nagenoeg een cirkel beschrijven. De weerstandskracht die door de vloeistof (of gas of gel, afhankelijk van de toepassing) uitgeoefend wordt, is meestal niet helemaal gelijk aan mv^2/r, waardoor de puntmassa's langzaam in de richting van de bodem van de reageerbuis bewegen. Een centrifuge levert door de hoge draaisnelheden een 'effectieve zwaartekracht' die veel groter is dan de normale zwaartekracht, en versnelt daardoor de sedimentatie.

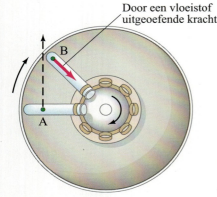

FIGUUR 5.13 Twee posities van een roterende reageerbuis in een centrifuge (bovenaanzicht). In A stelt de groene stip een macromolecule of een andere puntmassa voor die neergeslagen is. Deze puntmassa heeft de neiging om de gestippelde lijn te volgen in de richting van de bodem van de buis, maar de vloeistof werkt deze beweging tegen door een kracht op de puntmassa uit te oefenen op de manier zoals is weergegeven in de figuur op punt B.

Voorbeeld 5.10 Ultracentrifuge

De rotor van een ultracentrifuge maakt 50.000 omwentelingen per minuut. Een deeltje in een reageerbuis (fig. 5.13) bevindt zich 6,00 cm van de rotatieas. Bereken de centripetale versnelling van het deeltje in 'g'.

Aanpak We berekenen de centripetale versnelling met behulp van $a_R = v^2/r$.

Oplossing De reageerbuis maakt $5{,}00 \cdot 10^4$ omwentelingen per minuut ofwel 833 omw/s. De tijd die nodig is om een omwenteling te maken, de periode T, is

$$T = \frac{1}{(833 \text{ omw/s})} = 1{,}20 \times 10^{-3} \text{ s/omw}.$$

Boven in de reageerbuis beschrijft een deeltje een cirkel met een omtrek $2\pi r = (2\pi)(0{,}0600 \text{ m}) = 0{,}377$ m per omwenteling. De snelheid van het deeltje is dan

$$v = \frac{2\pi r}{T} = \left(\frac{0{,}377 \text{ m/omw}}{1{,}20 \times 10^{-3} \text{ s/omw}}\right) = 3{,}14 \cdot 10^2 \text{ m/s}.$$

De centripetale versnelling is

$$a_R = \frac{v^2}{r} = \frac{(3{,}14 \times 10^2 \text{ m/s})^2}{0{,}0600 \text{ m}} = 1{,}64 \cdot 10^6 \text{ m/s}^2,$$

wat, als we delen door $g = 9{,}80$ m/s², $1{,}67 \cdot 10^5 g = 167.000 g$ is.

5.3 Dynamica van de eenparige cirkelvormige beweging

Volgens de tweede wet van Newton ($\Sigma \vec{F} = m\vec{a}$), moet op een voorwerp dat versnelt een nettokracht werken. Op een voorwerp dat een cirkelvormige beweging uitvoert, zoals een bal aan het eind van een koord, moet dus een kracht uitgeoefend worden om het voorwerp die cirkelvormige beweging uit te laten voeren. Dat wil zeggen dat er een kracht noodzakelijk is om het voorwerp de centripetale versnelling te geven. De grootte van de benodigde kracht kan berekend worden met de tweede wet van Newton voor de radiale component, $\Sigma F_R = ma_R$, waarin a_R de centripetale versnelling $a_R = v^2/r$ is en ΣF_R de totale (of netto-) kracht in de radiale richting is:

$$\Sigma F_R = ma_R = m\frac{v^2}{r} \qquad \text{[cirkelvormige beweging]} \qquad (5.3)$$

Bij een eenparige cirkelvormige beweging (v = constant), is de versnelling a_R, die op elk moment gericht is naar het middelpunt van de cirkel. Dus geldt dat de *nettokracht ook gericht moet zijn naar het middelpunt van de cirkel*, fig. 5.14. Er is een kracht noodzakelijk, omdat als die er niet zou zijn, het voorwerp geen cirkelvormige baan zou beschrijven maar, volgens de eerste wet van Newton, een rechte lijn. De richting van de nettokracht verandert voortdurend en wel zodanig dat deze steeds gericht is naar het middelpunt van de cirkel. Deze kracht wordt soms wel een centripetale (middelpuntgerichte) kracht genoemd. Maar let op: de term centripetale kracht betekent niet dat er nog een nieuwe kracht ontstaan is. De term beschrijft alleen de *richting* van de benodigde nettokracht om de cirkelvormige baan te beschrijven: de nettokracht is gericht naar het middelpunt van de cirkel. De kracht zelf *moet door andere voorwerpen uitgeoefend worden*. Om bijvoorbeeld een kogel aan het uiteinde van een koord te laten bewegen trek jij aan het koord en trekt het koord aan de kogel. (Probeer het maar.)

Het is een bekend misverstand dat op een voorwerp dat een cirkelvormige beweging uitvoert een naar buiten gerichte kracht werkt, een zogenaamde centrifugaalkracht (middelpuntvliedende kracht). Dit is niet juist: *er werkt geen naar buiten gerichte kracht* op het draaiende voorwerp. Veronderstel bijvoorbeeld dat iemand een bal om zijn hoofd rondslingert aan een stuk touw (fig. 5.15). Als je dat ooit zelf gedaan hebt, weet je dat het voelt alsof er een naar buiten gerichte kracht op je hand werkt. Het misverstand ontstaat wanneer het trekken van het touw geïnterpreteerd wordt als een naar buiten gerichte, centrifugale, kracht die aan de bal trekt en via het touw in je hand ingeleid wordt. Dit is een verkeerde interpretatie. Om de bal een cirkelbeweging te laten maken, trek jij aan het uiteinde van het touw (een *naar het midden* gerichte kracht), waardoor het touw deze kracht op de bal uitoefent. De bal oefent een gelijke, maar tegengesteld gerichte kracht op het touw (de derde wet van Newton) en *dat* is de naar buiten gerichte kracht die jij in je hand voelt (zie fig. 5.15). De kracht *op de bal* is de kracht die, via het touw, door de bal *naar binnen gericht* door jou uitgeoefend wordt. Maar om te zien dat er echt geen 'centrifugaalkracht' op de bal werkt, kunnen we kijken wat er gebeurt als je het touw loslaat. Als er een centrifugaalkracht op de bal zou werken, zou de bal wegvliegen op de manier zoals is weergegeven in fig. 5.16a. Maar dat doet hij niet: de bal vliegt weg volgens de raaklijn (fig. 5.16b) in de richting van de snelheid die de bal had op het moment dat deze losgelaten werd, omdat de naar het midden gerichte kracht er niet meer op werkt. Maar overtuig jezelf: probeer het.

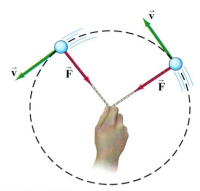

FIGUUR 5.14 Op een voorwerp dat een cirkelvormige beweging uitvoert moet een kracht uitgeoefend worden. Als de snelheid constant is, is de kracht gericht naar het middelpunt van de cirkel.

⚠️ **Let op**

De centripetale kracht is niet weer een nieuw soort kracht (elke kracht moet immers uitgeoefend worden door een voorwerp).

⚠️ **Let op**

Er is geen werkelijke 'centrifugaalkracht'

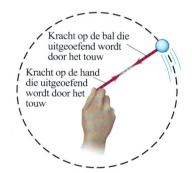

FIGUUR 5.15 Een bal aan een touw rondslingeren.

Opgave E
Bekijk de openingsvraag aan het begin van het hoofdstuk nog een keer en beantwoord de vraag opnieuw. Probeer uit te leggen, als je antwoord eerst anders was, waarom je antwoord veranderd is.

Voorbeeld 5.11 Schatten

Schat de grootte van de horizontale kracht op de bal. Schat de kracht die je op een touw moet uitoefenen dat bevestigd is aan een bal met een massa van 0,150 kg om de bal een cirkelvormige baan te laten beschrijven met een straal van 0,600 m. De bal maakt 2,00 omwentelingen per seconde (T = 0,500 s), net als in voorbeeld 5.8. Verwaarloos de massa van het touw.

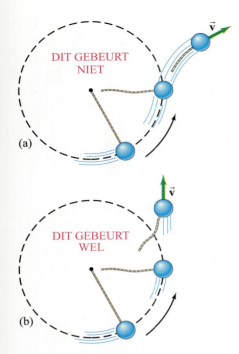

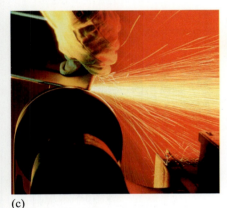

(c)

FIGUUR 5.16 Als de centrifugaalkracht zou bestaan, zou de ronddraaiende bal wegvliegen op de manier zoals is weergegeven bij (a). Maar in werkelijkheid vliegt hij weg op de manier zoals is weergegeven bij (b). In (c) kun je bijvoorbeeld de vonken zien die in een rechte lijn van de draaiende slijpsteen wegvliegen.

Aanpak Eerst moeten we het vrijlichaamsschema voor de bal tekenen. De krachten die op de bal werken zijn de zwaartekracht, $m\vec{g}$ verticaal omlaag en de trekkracht $\vec{F}_T$ die het touw uitoefent in de richting van het middelpunt van de cirkel (en veroorzaakt wordt doordat de persoon dezelfde kracht op het touw uitoefent). Het vrijlichaamsschema voor de bal is weergegeven in fig. 5.17. Het gewicht van de bal compliceert de boel en zorgt ervoor dat het onmogelijk is om de bal perfect horizontaal rond te slingeren. We veronderstellen dat het gewicht klein is en stellen ϕ in fig. 5.17 ongeveer gelijk aan nul. Dus geldt dat $\vec{F}_T$ nagenoeg horizontaal zal werken en steeds de benodigde kracht zal leveren om de bal de centripetale versnelling te geven.

Oplossing We passen de tweede wet van Newton in radiale richting toe, waarbij we ervan uitgaan dat de radiale richting horizontaal is:

$$(\Sigma F)_R = ma_R,$$

waarin $a_R = v^2/r$ en $v = 2\pi r/T = 2\pi(0,600 \text{ m})/(0,500 \text{ s}) = 7,54$ m/s. Dus geldt dat

$$F_T = m\frac{v^2}{r} = (0,150 \text{ kg})\frac{(7,54 \text{ m/s})^2}{(0,600 \text{ m})} \approx 14 \text{ N}$$

Opmerking We houden maar twee significante cijfers over, omdat we het gewicht van de bal verwaarloosd hebben; dit is $mg = (0,150 \text{ kg})(9,80 \text{ m/s}^2) = 1,5$ N, wat ongeveer 1/10 van ons resultaat is. Dit is weliswaar een geringe kracht, maar niet zo klein dat een nauwkeuriger antwoord F_T gerechtvaardigd is.

Opmerking Om het effect van $m\vec{g}$ mee te nemen, kun je $\vec{F}_T$ in fig. 5.17 ontbinden in componenten en de horizontale component van $\vec{F}_T$ gelijkstellen aan mv^2/r en de verticale component aan mg. Zie ook voorbeeld 5.13.

Voorbeeld 5.12 Een bal rondslingeren (verticale cirkelbeweging)

Een bal met een massa van 0,150 kg aan het uiteinde van een 1,10 meter lang touw (met verwaarloosbare massa) wordt rondgeslingerd en beschrijft een *verticale* cirkel. (a) Bereken de minimumsnelheid die de bal moet hebben op het bovenste punt om een cirkelvormige baan te blijven beschrijven. (b) Bereken de trekkracht in het touw op het onderste punt als je ervan uitgaat dat de bal twee keer zo snel beweegt als bij (a).

Aanpak De bal beschrijft een verticale cirkel en maakt *geen* eenparige cirkelvormige beweging. We veronderstellen dat de straal constant is, maar dat de snelheid v als gevolg van de zwaartekracht verandert.

Toch is vergelijking 5.1 geldig op elk punt op de cirkel en dus passen we die toe voor het bovenste en het onderste punt. Het vrijlichaamsschema voor de beide punten is weergegeven in fig. 5.18.

Oplossing (a) Bovenin (punt 1) werken er twee krachten op de bal: $m\vec{g}$, de kracht van de zwaartekracht, en $\vec{F}_{T1}$, de trekkracht die het touw uitoefent op punt 1. Beide zijn omlaag gericht en hun vectorsom veroorzaakt de centripetale versnelling a_R van de bal. We passen de tweede wet van Newton toe voor de verticale richting en kiezen de richting verticaal omlaag als positieve richting, omdat de versnelling verticaal omlaag (naar het middelpunt) gericht is:

$$(\Sigma F)_R = ma_R$$

$$F_{T1} + mg = m\frac{v_1^2}{r}. \qquad \text{[bovenin]}$$

FIGUUR 5.17 Voorbeeld 5.11.

Uit deze vergelijking volgt dat de trekkracht F_{T1} op punt 1 groter zal worden als v_1 (de snelheid van de bal in het bovenste punt) groter wordt. Dat komt overeen met de verwachting. Maar we moeten de *minimum* snelheid bepalen waarbij de bal een cirkelvormige beweging blijft uitvoeren. Het touw zal strak blijven zolang er een trekkracht in aanwezig is. Maar als de trekkracht verdwijnt (omdat deze te klein is) zal het touw verslappen en de bal dus de cirkelvormige baan verlaten. De minimumsnelheid zal dus optreden wanneer $F_{T1} = 0$, zodat

$$mg = m\frac{v_1^2}{r} \qquad \text{[minimumsnelheid in bovenste punt]}$$

We lossen deze vergelijking op voor v_1 en bewaren een extra cijfer voor gebruik in (b):

$$v_1 = \sqrt{gr} = \sqrt{(9{,}80 \text{ m/s}^2)(1{,}10 \text{ m})} = 3{,}283 \text{ m/s},$$

Dit is de minimumsnelheid bovenin de cirkel als de bal een cirkelvormige baan blijft beschrijven.

(b) Wanneer de bal zich in het laagste punt van de cirkel bevindt (punt 2 in fig. 5.18), oefent het touw een trekkracht F_{T2} verticaal omhoog uit, terwijl de kracht van de zwaartekracht, $m\vec{g}$, nog steeds verticaal omlaag werkt. We nemen de richting *verticaal omhoog* als de positieve richting en passen de tweede wet van Newton toe:

$$(\Sigma F)_R = ma_R$$

$$F_{T2} - mg = m\frac{v_2^2}{r} \qquad \text{[in het onderste punt]}$$

De snelheid v_2 is tweemaal de snelheid in (a), namelijk 6,566 m/s. We berekenen nu F_{T2}:

$$F_{T2} = m\frac{v_2^2}{r} + mg$$

$$= (0{,}150 \text{ kg})\frac{(6{,}566 \text{ m/s})^2}{(1{,}10 \text{ m})} + (0{,}150 \text{ kg})(9{,}80 \text{ m/s}^2) = 7{,}35 \text{ N}$$

> **Opgave F**
> Een bakje in een reuzenrad beschrijft een verticale cirkel met straal r met een constante snelheid (fig. 5.19). Is de normaalkracht die het bakje op de passagier uitoefent in het hoogste punt (a) kleiner dan, (b) groter dan, of (c) gelijk aan de kracht die het bakje uitoefent op het laagste punt?

Voorbeeld 5.13 Conische slinger

Een kleine bal met massa m is opgehangen aan een touw met lengte ℓ en slingert in een cirkel met straal $r = \ell \sin\theta$, waarin θ de hoek is die het touw met de verticaal maakt (fig. 5.20). (a) Welke richting heeft de versnelling van de bal en waardoor wordt de versnelling veroorzaakt? (b) Bereken de snelheid en de periode (de tijd die nodig is om een omwenteling te maken) van de bal in functie van ℓ, θ, g en m.

Aanpak We kunnen (a) beantwoorden door naar fig. 5.20 te kijken. Daarin zijn de krachten weergegeven die op een willekeurig moment op de bal werken: de versnelling is horizontaal naar het middelpunt van de beweging gericht (niet in de richting van het touw). De kracht die verantwoordelijk is voor de versnelling is de *resulterende* kracht die hier de vectorsom is van de krachten die op massa m werken: het gewicht $\vec{F}_G$ (met grootte $F_G = mg$) en de kracht die uitgeoefend wordt door de trekkracht in het touw, $\vec{F}_T$. Deze laatste kracht heeft een horizontale en een verticale component met een grootte van respectievelijk $F_T \sin\theta$ en $F_T \cos\theta$.

Let op

De beweging is alleen cirkelvormig als er een trekkracht in het touw aanwezig is.

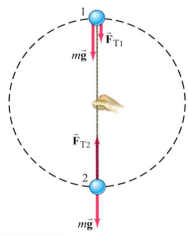

FIGUUR 5.18 Voorbeeld 5.12. Vrijlichaamsschema's voor punt 1 en 2.

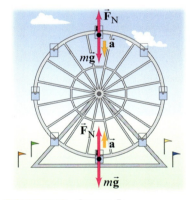

FIGUUR 5.19 Opgave F.

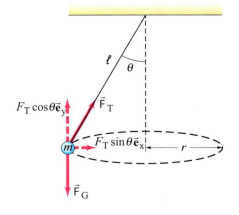

FIGUUR 5.20 Voorbeeld 5.13. Conische slinger.

Oplossing (b) Pas voor elk voorwerp de tweede wet van Newton toe in horizontale en verticale richting. In de verticale richting is er geen beweging, dus is de versnelling nul en de resulterende kracht in verticale richting dus ook:

$$F_T \cos \theta - mg = 0.$$

In horizontale richting werkt er maar één kracht met grootte $F_T \sin \theta$, die gericht is naar het middelpunt van de cirkel en de versnelling v^2/r veroorzaakt. De tweede wet van Newton levert:

$$F_T \sin \theta = m \frac{v^2}{r}$$

We lossen de tweede vergelijking voor v op en substitueren F_T uit de eerste vergelijking (en gebruiken $r = \ell \sin \theta$):

$$v = \sqrt{\frac{rF_T \sin \theta}{m}} = \sqrt{\frac{r}{m}\left(\frac{mg}{\cos \theta}\right) \sin \theta}$$

$$= \sqrt{\frac{\ell g \sin^2 \theta}{\cos \theta}}.$$

De periode T is de tijd die nodig is om een omwenteling te maken. De afgelegde afstand is daarbij $2\pi r = 2\pi \ell \sin \theta$. De snelheid kan dus geschreven worden als $v = (2\pi \ell \sin \theta)/T$; dus

$$T = \frac{2\pi \ell \sin \theta}{v} = \frac{2\pi \ell \sin \theta}{\sqrt{\frac{\ell g \sin^2 \theta}{\cos \theta}}}$$

$$= 2\pi \sqrt{\frac{\ell \cos \theta}{g}}.$$

Opmerking De snelheid en de periode zijn niet afhankelijk van de massa m van de bal. Ze zijn alleen afhankelijk van ℓ en θ.

Oplossingsstrategie

■ *Eenparige cirkelvormige beweging*

1. **Teken een vrijlichaamsschema** met daarin alle krachten die op elk van de voorwerpen werken. Geef aan waardoor de krachten veroorzaakt worden (een trekkracht in een touw, de zwaartekracht van de aarde, de wrijving, een normaalkracht enzovoort). Teken niets dat er niet thuishoort (zoals een centrifugaalkracht).
2. **Bepaal** welke van de krachten, of welke componenten van krachten, de centripetale versnelling veroorzaken, dat wil zeggen alle **krachten of componenten die radiaal werken** naar het middelpunt van de cirkelvormige baan toe of ervan af. De som van deze krachten (of componenten) levert de centripetale versnelling, $a_R = v^2/r$.
3. **Kies een zinnig coördinatenstelsel**, bij voorkeur zodanig dat een as samenvalt met de richting van de versnelling.
4. **Pas de tweede wet van Newton toe** op de radiale component:

$$(\Sigma F)_R = ma_R = m\frac{v^2}{r} \qquad \text{[radiale richting]}$$

5.4 Bochten in snelwegen: komvormig en vlak

Een mooi voorbeeld van cirkeldynamica is te vinden wanneer een auto een bocht, bijvoorbeeld naar links, maakt. In zo'n situatie kun je het gevoel hebben dat je naar de buitenkant van de bocht (naar het portier aan de rechterkant van de auto) gedrukt wordt. Maar er is geen mysterieuze centrifugaalkracht die aan je trekt. Wat er in werkelijkheid gebeurt, is dat jij geneigd bent om in een rechte lijn te bewegen, terwijl de auto begonnen is om een gekromde baan te volgen. Om ervoor te zorgen dat jij dezelfde baan volgt, oefenen de zitting van de stoel (wrijving) en het portier (direct contact) een kracht op jou uit (fig. 5.21). Ook op de auto moet een kracht uitgeoefend worden in de richting van het middelpunt van de gebogen baan als de auto de

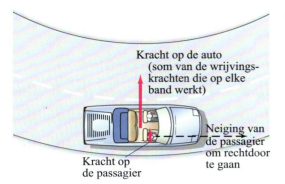

FIGUUR 5.21 De weg oefent een naar binnen gerichte kracht uit op de auto (wrijving tegen de banden) om de auto een cirkel te laten beschrijven. De auto oefent een naar binnen gerichte kracht uit op de passagier.

gebogen baan wil volgen. Op een vlakke weg wordt deze kracht geleverd door de wrijving tussen de banden en het wegdek.

Als de wielen en banden van de auto normaal afrollen zonder te slippen of te glijden, zal het onderste punt van de band op elk moment in rust zijn ten opzichte van het wegdek. De wrijvingskracht die het wegdek uitoefent op de banden is dus de statische wrijving. Maar als de statische wrijvingskracht niet groot genoeg is, bijvoorbeeld als de weg bevroren is of de auto erg hard rijdt, is het niet mogelijk om een wrijvingskracht met voldoende grootte te leveren, waardoor de auto uit de bocht zal vliegen en een rechtere baan zal volgen. Zie fig. 5.22. Zodra een auto slipt of glijdt, wordt de wrijvingskracht een kinetische wrijving, die kleiner is dan de statische wrijving.

FIGUUR 5.22 Een racewagen nadert een bocht. Aan de remsporen kunnen we zien dat de meeste auto's voldoende wrijvingskracht ondervonden voor de benodigde centripetale versnelling om de bocht veilig door te komen. Maar we zien ook bandensporen van auto's waarbij de wrijving niet groot genoeg was, waardoor de auto's in het gras (of in de strobalen) terechtkwamen.

Voorbeeld 5.14 Slippen in een bocht

Een auto met een massa van 1000 kg rijdt door een bocht in een vlakke weg. De bocht heeft een straal van 50 m en de auto rijdt 15 m/s (54 km/u). Zal de auto de bocht kunnen nemen of eruit vliegen? Veronderstel: (a) het wegdek is droog en de statische wrijvingscoëfficiënt $\mu_s = 0{,}60$; (b) het wegdek is bevroren en $\mu_s = 0{,}25$.

Aanpak De krachten die op de auto werken zijn de zwaartekracht mg (verticaal omlaag), de normaalkracht F_N die door het wegdek verticaal omhoog uitgeoefend wordt en een horizontale wrijvingskracht als gevolg van het wegdek. Deze krachten zijn weergegeven in fig. 5.23, het vrijlichaamsschema voor de auto. De auto zal de bocht volgen als de maximale statische wrijvingskracht groter is dan de massa van de auto maal de centripetale versnelling.

Oplossing In de verticale richting is er geen versnelling. Uit de tweede wet van Newton weten we dat de normaalkracht F_N op de auto gelijk is aan het gewicht mg:

$$F_N = mg = (1000 \text{ kg})(9{,}80 \text{ m/s}^2) = 9800 \text{ N}$$

In de horizontale richting is de enige kracht de wrijving en die moeten we vergelijken met de kracht die nodig is om de centripetale versnelling te leveren om te zien of die groot genoeg is. De horizontale kracht die nodig is om de auto een cirkelvormige beweging uit te laten voeren om de bocht is

$$(\Sigma F)_R = ma_R = m\frac{v^2}{r} = (1000 \text{ kg})\frac{(15 \text{ m/s})^2}{(50 \text{ m})} = 4500 \text{ N}$$

Nu berekenen we de maximale totale statische wrijvingskracht (de som van de wrijvingskrachten die op alle vier de banden werken) om te zien of deze groot genoeg kan worden om een veilige centripetale versnelling te leveren. In geval (a) is $\mu_s = 0{,}60$ en kan de maximale wrijvingskracht geleverd worden (in paragraaf 5.1 hebben we gezien dat $F_{wr} \leq \mu_s F_N$)

$$(F_{wr})_{max} = \mu_s F_N = (0{,}60)(9800 \text{ N}) = 5880 \text{ N}.$$

Omdat er een kracht van slechts 4500 N nodig is, zal die kracht door de weg uitgeoefend worden als statische wrijvingskracht en dus kan de auto de bocht veilig nemen. Maar in geval (b) is de maximale statische wrijvingskracht

$$(F_{wr})_{max} = \mu_s F_N = (0{,}25)(9800 \text{ N}) = 2450 \text{ N}.$$

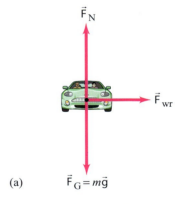

FIGUUR 5.23 Voorbeeld 5.14. Krachten op een auto in een bocht op een vlakke weg. (a) Vooraanzicht, (b) bovenaanzicht.

De auto zal uit de bocht vliegen, omdat het wegdek te weinig kracht kan uitoefenen (moet 4500 N zijn) om de auto in een bocht met straal 50 m te houden bij een snelheid van 54 km/u.

Natuurkunde in de praktijk

Komvormige bochten

Door een bocht schuin aan te leggen kan de kans om uit de bocht te vliegen verminderd worden. De normaalkracht die door een komvormig wegdek uitgeoefend wordt, werkt loodrecht op het wegdek. Deze zal daarom een component hebben in de richting van het middelpunt van de cirkel (fig. 5.24), en dus de behoefte aan wrijving verminderen. Voor een bepaalde komhoek θ zal er een snelheid zijn waarbij er helemaal geen wrijving nodig is. Dit zal het geval zijn wanneer de horizontale component van de normaalkracht naar het middelpunt van de bocht toe, $F_N \sin \theta$ (zie fig. 5.24), precies gelijk is aan de benodigde kracht om een voertuig een centripetale versnelling te geven, dat wil zeggen, wanneer

$$F_N \sin \theta = m \frac{v^2}{r} \qquad \text{[geen wrijving nodig]}$$

De komhoek van een weg, θ, wordt zodanig gekozen dat aan deze voorwaarde wordt voldaan bij een bepaalde snelheid, die de 'ontwerpsnelheid' genoemd wordt.

Voorbeeld 5.15 Komhoek

(a) Bepaal, voor een auto die met snelheid v een bocht beschrijft met straal r, een formule voor de hoek die het wegdek met de horizontaal moet maken, zodanig dat er geen wrijving nodig is. (b) Hoe groot is deze hoek voor een snelwegafslag met een straal van 50 m en een ontwerpsnelheid van 50 km/u?

Aanpak Hoewel de weg komvormig is, beschrijft de auto nog steeds een horizontale cirkel, zodat de centripetale versnelling horizontaal gericht moet zijn. We kiezen onze x- en y-as dus horizontaal, respectievelijk verticaal, zodanig dat de x-as overeenkomt met de horizontale. De krachten die op de auto werken, zijn de zwaartekracht mg van de aarde, verticaal omlaag, en de normaalkracht van het wegdek, loodrecht op het wegdek. Zie fig. 5.24, waarin ook de componenten weergegeven zijn. We hoeven geen rekening te houden met de wrijving van het wegdek, omdat we een kombaan ontwerpen om de afhankelijkheid van de wrijving te elimineren.

Oplossing (a) Omdat er geen verticale beweging is, is $\Sigma F_y = ma_y$, zodat

$$F_N \cos \theta - mg = 0.$$

Dus

$$F_N = \frac{mg}{\cos \theta}.$$

(Merk in dit geval op dat $F_N \geq mg$, omdat $\cos \theta \leq 1$.)

We substitueren deze relatie voor F_N in de vergelijking voor de horizontale beweging,

$$F_N \sin \theta = m \frac{v^2}{r},$$

Dat levert

$$\frac{mg}{\cos \theta} \sin \theta = m \frac{v^2}{r},$$

of

$$\tan \theta = \frac{v^2}{rg}.$$

Dit is de formule voor de komhoek θ: er is geen wrijving nodig bij snelheid v.

(b) Als $r = 50$ m en $v = 50$ km/u (of 14 m/s), levert deze vergelijking

$$\tan \theta = \frac{(14 \text{ m/s})^2}{(50 \text{ m})(9,8 \text{ m/s}^2)} = 0,40$$

dus $\theta = 22°$.

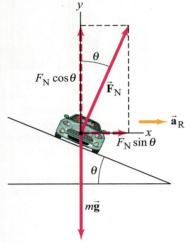

FIGUUR 5.24 De normaalkracht op een auto in een komvormige bocht, opgesplitst in de horizontale en verticale component. De centripetale versnelling is horizontaal (*niet* evenwijdig aan het hellende wegdek). De wrijvingskracht op de banden, die niet weergegeven is, zou omhoog of omlaag gericht kunnen zijn langs de helling, afhankelijk van de snelheid van de auto. De wrijvingskracht zal nul zijn voor een bepaalde snelheid.

Natuurkunde in de praktijk

F_N is niet altijd gelijk aan mg.

Opgave G
De komhoek van een bocht voor een ontwerpsnelheid v is θ_1. Hoe groot moet de komhoek θ_2 zijn voor een ontwerpsnelheid $2v$? (a) $\theta_2 = 4\theta_1$; (b) $\theta_2 = 2\theta_1$; (c) $\tan \theta_2 = 4 \tan \theta_1$; (d) $\tan \theta_2 = 2 \tan \theta_1$.

Opgave H
Kunnen een zware vrachtwagen en een kleine auto veilig met dezelfde snelheid over een bevroren komvormig wegdeel rijden?

*5.5 Niet-eenparige cirkelvormige beweging

Een cirkelvormige beweging met een constante snelheid ontstaat wanneer de nettokracht op een voorwerp uitgeoefend wordt in de richting van het middelpunt van de cirkel. Als de nettokracht niet gericht is naar het middelpunt, maar een hoek maakt met de radiaal, op de manier zoals is weergegeven in fig. 5.25a, heeft de kracht twee componenten. De ene component is gericht naar het middelpunt van de cirkel, $\vec{F}_R$, is verantwoordelijk voor de centripetale versnelling, $\vec{a}_R$, en zorgt ervoor dat het voorwerp een cirkelvormige beweging blijft maken. De tangentiale component, loodrecht op de radiale component, $\vec{F}_{\tan}$, verhoogt of verlaagt de snelheid en veroorzaakt dus een versnelling (of vertraging) langs de raaklijn van de cirkel, $\vec{a}_{\tan}$. Wanneer de snelheid van het voorwerp veranderlijk is, werkt er een tangentiale component van een kracht.

Wanneer je een bal aan een stukje touw rond begint te slingeren, moet je de bal een tangentiale (of tangentiële) versnelling geven. Dat doe je door met je hand aan het touw te trekken, terwijl je hand zich niet in het middelpunt van de te beschrijven cirkel bevindt. In de atletiek versnelt een kogelslingeraar de kogel op een vergelijkbare manier tangentieel, zodat deze een hoge snelheid krijgt op het moment dat de kogel losgelaten wordt.

De tangentiale component van de versnelling, $a_{\tan}$, heeft een grootte die gelijk is aan de *grootteverandering* van de snelheid van een voorwerp:

$$a_{\tan} = \frac{dv}{dt} \tag{5.4}$$

De radiale (centripetale) versnelling wordt veroorzaakt door de *richtingverandering* van de snelheid en heeft, zoals we gezien hebben, een grootte

$$a_R = \frac{v^2}{r}$$

De richting van de tangentiale versnelling komt altijd overeen met de richting van de raaklijn aan de cirkel en heeft dezelfde richting als de bewegingsrichting (evenwijdig aan $\vec{v}$, die altijd haaks op de straal van de cirkel staat) als de snelheid toeneemt, op de manier zoals is weergegeven in fig. 5.25b. Als de snelheid afneemt is de richting van $\vec{a}_{\tan}$ tegengesteld aan de richting van $\vec{v}$. In beide gevallen staan $\vec{a}_{\tan}$ en $\vec{a}_R$ altijd loodrecht op elkaar en *hun richting verandert* continu terwijl het voorwerp diens cirkelvormige baan aflegt. De totale vectorversnelling $\vec{a}$ is de som van de twee componenten:

$$\vec{a} = \vec{a}_{\tan} + \vec{a}_R. \tag{5.5}$$

Omdat $\vec{a}_R$ en $\vec{a}_{\tan}$ altijd loodrecht op elkaar staan, is de grootte van $\vec{a}$ op elk moment gelijk aan

$$a = \sqrt{a_{\tan}^2 + a_R^2}.$$

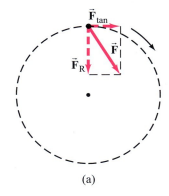

(a)

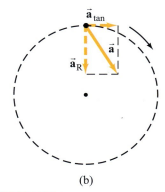

(b)

FIGUUR 5.25 De snelheid van een voorwerp dat een cirkelvormige beweging uitvoert verandert als de kracht die erop werkt een tangentiale component $F_{\tan}$ heeft. In (a) zijn de kracht $\vec{F}$ en de vectorcomponenten daarvan weergegeven; in (b) de versnellingsvector en de vectorcomponenten daarvan.

Voorbeeld 5.16 Twee componenten van de versnelling

Een racewagen start vanuit rust in de pits en versnelt eenparig tot 35 m/s in 11 s en beschrijft tegelijk een cirkelvormige baan met een straal van 500 m. Veronderstel dat de tangentiale versnelling constant is. Bepaal (*a*) de tangentiale versnelling en (*b*) de radiale versnelling op het moment dat snelheid v gelijk is aan 15 m/s.

Aanpak De tangentiale versnelling heeft te maken met de verandering van de snelheid van de auto en kan berekend worden met $a_{\tan} = \Delta v/\Delta t$. De centripetale versnelling heeft te maken met de verandering in de *richting* van de snelheidsvector en kan berekend worden met $a_R = v^2/r$.

Oplossing (*a*) Tijdens het 11 seconden lange interval veronderstellen we dat de tangentiale versnelling constant is. De grootte ervan is

$$a_{\tan} = \frac{\Delta v}{\Delta t} = \frac{(35 \text{ m/s} - 0 \text{ m/s})}{11 \text{ s}} = 3{,}2 \text{ m/s}^2.$$

(*b*) Wanneer v = 15 m/s, is de centripetale versnelling

$$a_R = \frac{v^2}{r} = \frac{(15 \text{ m/s})^2}{(500 \text{ m})} = 0{,}45 \text{ m/s}^2.$$

Opmerking De radiale versnelling neemt continu toe, terwijl de tangentiale versnelling constant blijft.

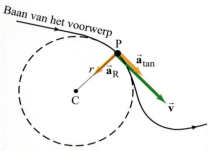

FIGUUR 5.26 Een voorwerp volgt een gekromde baan (ononderbroken lijn). Op punt P heeft de baan een kromtestraal *r*. Het voorwerp heeft een snelheid $\vec{v}$, een tangentiale versnelling $\vec{a}_{\tan}$ (de snelheid van het voorwerp neemt hier toe) en een radiale (centripetale) versnelling $\vec{a}_R$ (grootte $a_R = v^2/r$) in de richting van het kromtemiddelpunt C.

Opgave I
Hoe veranderen (*a*) $a_{\tan}$ en (*b*) a_R wanneer de snelheid van de racewagen in voorbeeld 5.16 30 m/s is?

Deze concepten kunnen gebruikt worden voor een voorwerp dat een willekeurige kromme baan aflegt, zoals de baan die is weergegeven in fig. 5.26. We kunnen elk deel van de baan beschouwen als een segment van een cirkel met een 'kromtestraal' *r*. De snelheid is op elk punt gericht langs de raaklijn aan de baan. De versnelling kan in algemene zin geschreven worden als een vectorsom van twee componenten: de tangentiale component $a_{\tan} = dv/dt$ en de radiale (centripetale) component $a_R = v^2/r$.

*5.6 Snelheidsafhankelijke krachten: weerstand en eindsnelheid

Wanneer een voorwerp over een oppervlak glijdt, zal de wrijvingskracht op het voorwerp nagenoeg onafhankelijk zijn van de snelheid waarmee het voorwerp beweegt. Maar andere soorten weerstandskrachten zijn wel afhankelijk van de snelheid van een voorwerp. Het belangrijkste voorbeeld van zo'n weerstandskracht is te zien bij een voorwerp dat door een vloeistof of gas, zoals lucht, beweegt. De vloeistof biedt weerstand tegen de beweging van het voorwerp, en deze tegenwerkende kracht of **weerstandskracht**, is afhankelijk van de snelheid van het voorwerp.[1]

De manier waarop de weerstandskracht varieert met de snelheid is over het algemeen erg complex. Maar voor kleine voorwerpen met erg lage snelheden is het vaak goed mogelijk om ervan uit te gaan dat de weerstandskracht F_D rechtevenredig is met de grootte van de snelheid, v:

$$F_D = -bv. \qquad (5.6)$$

Het minteken is noodzakelijk, omdat de weerstandskracht de beweging tegenwerkt. In dit geval is *b* een constante (bij benadering) die afhankelijk is van de viscositeit (stroperigheid) van het medium en de grootte en vorm van het voorwerp. Vergelijking 5.6 is goed bruikbaar voor kleine voorwerpen die met een lage snelheid bewegen in een viskeuze vloeistof. De vergelijking werkt ook voor erg kleine voorwerpen die met erg lage snelheden in lucht bewegen, zoals stofdeeltjes. Voor voorwerpen die met hoge snelheden bewegen, zoals vliegtuigen, parachutisten, een honkbal of een auto, kan de kracht van de luchtweerstand beter benaderd worden als rechtevenredig met v^2:

$$F_D \propto v^2,$$

---

[1] In deze paragraaf laten we opwaartse krachten (zie hoofdstuk 13) buiten beschouwing.

Voor nauwkeurige berekeningen moeten veel complexere vergelijkingen en integratietechnieken gebruikt worden. Voor voorwerpen die in vloeistoffen bewegen werkt vergelijking 5.6 goed voor gewone voorwerpen met normale snelheden (bijvoorbeeld een boot in water).

Laten we eens kijken naar een voorwerp dat vanuit rust valt, in lucht of in een vloeistof, onder invloed van de zwaartekracht en een weerstandskracht die rechtevenredig is aan v. De krachten die op het voorwerp werken, zijn de kracht van de zwaartekracht, mg, die verticaal omlaag werkt, en de weerstandskracht, $-bv$, die verticaal omhoog werkt (fig. 5.27a). Omdat de snelheid $\vec{v}$ verticaal omlaag gericht is, kiezen we de positieve richting verticaal omlaag. De resulterende kracht op het voorwerp is dan

$$\Sigma F = mg - bv.$$

Als we de tweede wet van Newton toepassen levert $\Sigma F = ma$

$$mg - bv = m\frac{dv}{dt}, \tag{5.7}$$

waarin we de versnelling volgens de definitie hebben geschreven als de verandering van de snelheid, $a = dv/dt$. Op $t = 0$ stellen we $v = 0$ en de versnelling $dv/dt = g$. Als het voorwerp valt en de snelheid ervan toeneemt, neemt ook de weerstandskracht toe, waardoor de versnelling dv/dt afneemt (zie fig. 5.27b). De snelheid blijft weliswaar toenemen, maar minder snel. Uiteindelijk zal snelheid zo groot worden dat de grootte van de weerstandskracht de zwaartekracht, mg zal benaderen. Als de twee aan elkaar gelijk zijn, geldt

$$mg - bv = 0 \tag{5.8}$$

Op dit punt is $dv/dt = 0$ en versnelt het voorwerp niet meer. Het voorwerp heeft zijn **eindsnelheid** bereikt en blijft verder vallen met deze constante snelheid tot het de grond raakt. Deze opeenvolging van fases is weergegeven in de grafiek in fig. 5.27b. De waarde van de eindsnelheid kan berekend worden met behulp van vergelijking 5.8.

$$v_T = \frac{mg}{b}. \tag{5.9}$$

Als we veronderstellen dat de weerstandskracht rechtevenredig is met v^2 of een zelfs een hogere macht van v, is de opeenvolging van fases vergelijkbaar en wordt ook een eindsnelheid bereikt, die echter niet berekend kan worden met vergelijking 5.9.

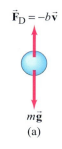

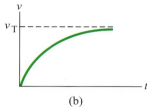

FIGUUR 5.27 (a) Krachten op een voorwerp dat verticaal omlaag valt. (b) Grafiek van de snelheid van een voorwerp dat valt als gevolg van de zwaartekracht, wanneer de luchtweerstandskracht F_D gelijk is aan $-bv$. In eerste instantie is $v = 0$ en $dv/dt = g$, maar naarmate de tijd verstrijkt neemt dv/dt (= de richtingscoëfficiënt van de kromme) af vanwege F_D. Uiteindelijk zal v een maximale waarde benaderen, de eindsnelheid, v_T, wanneer F_D een grootte heeft die gelijk is aan mg.

Voorbeeld 5.17 Kracht rechtevenredig met de snelheid

Bereken de snelheid als functie van de tijd voor een voorwerp dat vanuit rust verticaal omlaag valt, wanneer er een weerstandskracht is die rechtevenredig is met v.

Aanpak Dit is een wiskundige afleiding en we beginnen met vergelijking 5.7. We schrijven die nu als

$$\frac{dv}{dt} = g - \frac{b}{m}v.$$

Oplossing Deze vergelijking heeft twee variabelen en we verzamelen variabelen van hetzelfde soort aan de ene of de andere kant van de vergelijking:

$$\frac{dv}{g - \frac{b}{m}v} = dt \quad \text{of} \quad \frac{dv}{v - \frac{mg}{b}} = -\frac{b}{m}dt.$$

Nu kunnen we integreren, terwijl we weten dat $v = 0$ op $t = 0$:

$$\int_0^v \frac{dv}{v - \frac{mg}{b}} = -\frac{b}{m}\int_0^t dt$$

wat leidt tot

$$\ln\left(v - \frac{mg}{b}\right) - \ln\left(-\frac{mg}{b}\right) = -\frac{b}{m}t$$

of

$$\ln\left(\frac{v - mg/b}{-mg/b}\right) = -\frac{b}{m}t$$

Machtsverheffen van beide kanten van de vergelijking levert [merk op dat de natuurlijke logaritme ln en de exponent inverse bewerkingen van elkaar zijn: $e^{\ln x} = x$ of $\ln(e^x) = x$]

$$v - \frac{mg}{b} = -\frac{mg}{b}e^{-\frac{b}{m}t}$$

dus

$$v = \frac{mg}{b}\left(1 - e^{-\frac{b}{m}t}\right),$$

Deze relatie beschrijft de snelheid v als functie van de tijd en komt overeen met de grafiek in fig. 5.27b. Als controle bekijken we het tijdstip $t = 0$ waarop $v = 0$

$$a(t=0) = \frac{dv}{dt} = \frac{mg}{b}\frac{d}{dt}\left(1 - e^{-\frac{b}{m}t}\right) = \frac{mg}{b}\left(\frac{b}{m}\right) = g,$$

wat klopt (zie ook vergelijking 5.7). Wanneer t groot is, nadert $e^{-\frac{b}{m}t}$ tot nul en dus nadert v naar mg/b, wat de eindsnelheid v_T is, zoals we al eerder gezien hebben. Als we τ gelijkstellen aan m/b is $v = v_T(1 - e^{-t/\tau})$. Dus $\tau = $ m/b is de tijd die nodig is om een snelheid te bereiken van 63% van de eindsnelheid (omdat $e^{-1} = 0{,}37$). In fig. 5.27b is de snelheid v uitgezet tegen de tijd t, waarin de eindsnelheid v_T gelijk is aan mg/b.

Samenvatting

Wanneer twee voorwerpen over elkaar glijden, is de kracht van de **wrijving** die elk voorwerp op het andere uitoefent ongeveer gelijk aan $F_{wr} = \mu_k F_N$, waarin F_N de **normaalkracht** is (de kracht die elk voorwerp uitoefent op het andere voorwerp en loodrecht gericht is op het gemeenschappelijke contactoppervlak) en μ_k de **kinetische wrijvingscoëfficiënt**. Als de voorwerpen in rust zijn ten opzichte van elkaar, zelfs wanneer er krachten op uitgeoefend worden, is F_{wr} net groot genoeg om de voorwerpen in rust te houden en is de ongelijkheid $F_{wr} \leq \mu_s F_N$ geldig, waarin μ_s de **statische wrijvingscoëfficiënt** is.

Een voorwerp dat een cirkelvormige baan met straal r en met een constante snelheid v beschrijft, beweegt **eenparig cirkelvormig**. Het voorwerp heeft een **radiale versnelling** (die ook wel de **centripetale versnelling** genoemd wordt) die gericht is naar het middelpunt van de cirkel en een grootte heeft van

$$a_R = \frac{v^2}{r}. \tag{5.1}$$

De richting van de snelheidsvector en die van de versnelling $\vec{a}_R$ veranderen voortdurend, maar staan op elk moment loodrecht op elkaar.

Er is een kracht nodig om een voorwerp eenparig een cirkelbaan te laten beschrijven en de richting van deze kracht is gericht naar het middelpunt van de cirkel. Deze kracht kan de zwaartekracht zijn (zoals bij de maan), een trekkracht in een touw, een component van de normaalkracht of een ander soort kracht of combinatie van krachten.

(*Wanneer de snelheid van de cirkelvormige beweging niet constant is, heeft de versnelling twee componenten: een tangentiale en een radiale component. Ook de kracht heeft dan een tangentiale en een radiale component.)

(*Een **weerstandskracht** werkt op een voorwerp dat door een medium, zoals lucht of water, beweegt. De weerstandskracht F_D kan vaak benaderd worden als $F_D = -bv$ of $F_D \propto v^2$, waarin v de snelheid van het voorwerp ten opzichte van het medium is.)

Vragen

1. Een zwaar krat rust op de laadvloer van een vrachtwagen. Wanneer de vrachtwagen versnelt, blijft het krat op zijn plaats op de vrachtwagen, dus het krat versnelt ook. Welke kracht zorgt ervoor dat het krat ook versnelt?
2. Een blok krijgt een zetje zodat het een helling op glijdt. Nadat het blok het hoogste punt bereikt heeft, glijdt het terug omlaag. De grootte van de versnelling van het blok bij de beweging omlaag is kleiner dan bij de beweging omhoog. Waarom?
3. Waarom is de remafstand van een vrachtwagen veel korter dan die van een trein die met dezelfde snelheid rijdt en remt?
4. Kan een wrijvingscoëfficiënt groter zijn dan 1,0?
5. Cross-country skiërs hebben een voorkeur voor ski's met een grote statische wrijvingscoëfficiënt, maar een lage kinetische wrijvingscoëfficiënt. Waarom? Licht je antwoord toe. (*Hint*: denk aan omhoog en omlaag glijden.)
6. Waarom is het veiliger als je met een auto moet remmen als de wielen niet blokkeren? Waarom moet je zachtjes remmen op gladde wegen?
7. Welke van de volgende methodes is het meest effectief om een auto zo snel mogelijk tot stilstand te brengen als je remt op een droog wegdek? (*a*) zo hard mogelijk op het rempedaal trappen, waardoor de wielen blokkeren en *glijdend* tot stilstand komen; (*b*) zo hard mogelijk op het rem-

pedaal trappen zonder de wielen te blokkeren en *rollend* tot stilstand komen. Licht je antwoord toe.

8. Je probeert je auto die stilgevallen is aan de kant van de weg te duwen. Hoewel je een horizontale kracht van 400 N op de auto uitoefent, komt de de auto niet van zijn plaats (en jij ook niet). Welke kracht(en) moet(en) ook een grootte van 400 N hebben: (*a*) de kracht die de auto op jou uitoefent; (*b*) de wrijvingskracht die door de auto uitgeoefend wordt op het wegdek; (*c*) de normaalkracht die het wegdek uitoefent op jou; (*d*) de wrijvingskracht die door het wegdek op jou uitgeoefend wordt?

9. Het is niet gemakkelijk om zonder uit te glijden over een bevroren trottoir te lopen. Zelfs je manier van lopen is anders dan wanneer het trottoir droog is. Beschrijf wat je anders moet doen op het bevroren trottoir en waarom.

10. Een auto rijdt door een bocht met een constante snelheid van 50 km/u. Zal de versnelling van de auto anders zijn als deze de bocht met een constante snelheid van 70 km/u neemt? Leg uit hoe dit kan.

11. Zal de versnelling van een auto gelijk zijn in een scherpe bocht die met een constante snelheid van 60 km/u genomen wordt als wanneer de auto een flauwe bocht neemt met dezelfde snelheid? Leg uit hoe dit kan.

12. Beschrijf alle krachten die op een kind werken dat in een draaimolen zit. Welke van deze krachten zorgen voor de centripetale versnelling van het kind?

13. Een kind op een slede komt over de top van een klein heuveltje gegleden, op de manier zoals is weergegeven in fig. 5.28. Zijn slede komt niet los van de sneeuw, maar toch voelt hij de normaalkracht tussen zijn borst en de slede minder worden terwijl hij over de top van het heuveltje glijdt. Verklaar waarom dat zo is met behulp van de tweede wet van Newton.

FIGUUR 5.28
Vraag 13.

14. Soms wordt gezegd dat een centrifuge water uit kleding verwijdert doordat de centrifugaalkracht het water naar buiten gooit. Is dit correct? Motiveer je antwoord.

15. In technische specificaties wordt bij experimenten met centrifuges vaak alleen het aantal omwentelingen per minuut genoemd. Waarom is dit niet voldoende?

16. Een meisje slingert een bal aan een touwtje in een horizontaal vlak om haar hoofd. Ze wil het touw op precies het goede moment loslaten, zodat het een doel raakt aan de andere kant van de tuin. Wanneer moet ze het touwtje loslaten?

17. Bij een spelletje hangt een balletje aan een touw aan een paal. Wanneer de bal geslagen wordt, slingert deze om de paal op de manier zoals is weergegeven in fig. 5.29. Welke richting heeft de versnelling van de bal en waardoor wordt de versnelling veroorzaakt?

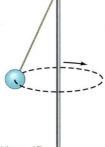

FIGUUR 5.29 Vraag 17.

18. Astronauten die lang in de ruimte verblijven kunnen nadelige effecten ondervinden van de gewichtloosheid. Een manier om de zwaartekracht te simuleren is om het ruimteschip uit te voeren als een cilindrische cocon die roteert, terwijl de astronauten aan de binnenkant over de wand lopen (fig. 5.30). Verklaar hoe de zwaartekracht op deze manier gesimuleerd wordt. Denk aan (*a*) hoe voorwerpen vallen, (*b*) de kracht die je aan je voeten voelt en (*c*) andere aspecten van de zwaartekracht die je kunt bedenken.

FIGUUR 5.30
Vraag 18.

19. Het is mogelijk om een emmer water in een verticale cirkel te slingeren, zonder dat er een druppel water gemorst wordt. Leg uit hoe dit kan.

20. Een auto rijdt met een constante snelheid over een heuvel en door een dal, op de manier zoals is weergegeven in fig. 5.31. De heuvel en het dal hebben beide een kromtestraal R. Op welk punt, A, B of C, is de normaalkracht die op de auto uitgeoefend wordt (*a*) het grootst, (*b*) het kleinst? Leg uit hoe dit kan. (*c*) Waar zou de chauffeur zich het zwaarst voelen en (*d*) waar het lichtst? Leg uit hoe dit kan. (*e*) Hoe snel kan de auto op punt A rijden zonder het contact met het wegdek te verliezen?

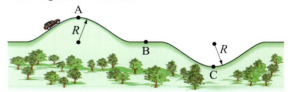

FIGUUR 5.31 Vraag 20.

21. Waarom leunen fietsers opzij als ze met hoge snelheid een bocht nemen?

22. Waarom kantelen vliegtuigen in een bocht? Hoe zou je de komhoek berekenen als je de luchtsnelheid en de straal van de bocht kent? (*Hint*: veronderstel dat er een aerodynamische 'lift'-kracht loodrecht op de vleugels werkt.)

*23. Wat is de eenheid van b als een weerstandskracht beschreven kan worden met de formule $F = -bv$?

*24. Veronderstel dat op een voorwerp twee krachten werken: een kracht rechtevenredig met v en een andere kracht rechtevenredig met v^2. Welke kracht heeft de meeste invloed als de snelheid hoog is?

Vraagstukken

5.1 Wrijving en de wetten van Newton

1. (I) Hoe groot is de horizontale kracht die nodig is om een krat met een massa van 22 kg met een gelijkblijvende snel-

heid over de vloer te verplaatsen als de kinetische wrijvingscoëfficiënt tussen het krat en de vloer 0,30 is? Hoe groot is de benodigde horizontale kracht als μ_k nul is?

2. (I) Door een kracht van 35,0 N zal een doos met een massa van 6,0 kg net gaan bewegen over een horizontale betonnen vloer. (a) Hoe groot is de statische wrijvingscoëfficiënt tussen de doos en de vloer? (b) Als de kracht van 35,0 N blijft werken, versnelt de doos met 0,60 m/s^2. Hoe groot is de kinetische wrijvingscoëfficiënt?

3. (I) Veronderstel dat je op een trein staat die versnelt met een versnelling van 0,20 g. Hoe groot moet de statische wrijvingscoëfficiënt minimaal zijn om te voorkomen dat je voeten over de vloer van de trein gaan schuiven?

4. (I) De statische wrijvingscoëfficiënt tussen hard rubber en gebruikelijk wegdek is ongeveer 0,90. Hoe steil kan een helling zijn (maximale hoek met de horizontaal) waarop je een auto veilig kunt parkeren?

5. (I) Hoe groot is de maximale versnelling die een auto zonder slippen kan ondervinden als de statische wrijvingscoëfficiënt tussen de banden en de grond 0,90 is?

6. (II) (a) Een doos staat in rust op een ruwe helling die een hoek van 33° met de horizontaal maakt. Teken het vrijlichaamsschema voor de doos met daarin alle krachten die op de doos werken. (b) Hoe zou het schema veranderen als de doos over de helling omlaag zou glijden? (c) Hoe zou het schema veranderen als de doos over de helling omhoog zou glijden nadat de doos een zetje gekregen heeft?

7. (II) Een doos met een massa van 25 kg wordt op een helling van 27° losgelaten en versnelt langs de helling omlaag met een versnelling van 0,30 m/s^2. Hoe groot is de wrijvingskracht die de beweging tegenwerkt? Hoe groot is de kinetische wrijvingscoëfficiënt?

8. (II) Een auto kan, om tot stilstand te komen op een vlakke weg, zonder te slippen vertragen met −3,80 m/s^2. Hoe groot zou de vertraging zijn als de weg 9,3° helt en de auto de helling op beweegt? Veronderstel dat de statische wrijvingcoëfficiënt gelijk blijft.

9. (II) Een skiër skiet met een constante snelheid van een helling van 27°. Wat kun je zeggen over de kinetische wrijvingscoëfficiënt μ_k? Veronderstel dat de snelheid laag genoeg is om de luchtweerstand te kunnen negeren.

10. (II) Een nat stuk zeep glijdt vanuit stilstand over een 9,0 m lange helling van 8,0° naar beneden. Hoe lang duurt het voordat het stuk zeep onderaan de helling aankomt? Veronderstel $\mu_k = 0{,}060$.

11. (II) Een doos krijgt een zetje zodat deze over een vloer glijdt. Hoe ver zal de doos komen als de kinetische wrijvingscoëfficiënt 0,15 is en de doos door het zetje een initiële snelheid krijgt van 3,5 m/s?

12. (II) (a) Toon aan dat de minimale stopafstand voor een auto met snelheid v gelijk is aan $v^2/2\mu_s g$, waarin μ_s de statische wrijvingscoëfficiënt tussen de banden en de weg en g de versnelling van de zwaartekracht is. (b) Hoe groot is deze afstand voor een auto met een massa van 1200 kg die 95 km/u rijdt als μ_s 0,65 is? (c) En hoe ver zou de auto verder rijden op de maan (de versnelling van de zwaartekracht op de maan is ongeveer $g/6$) als alle andere gegevens gelijk zouden blijven?

13. (II) Een auto met een massa van 1280 kg trekt een aanhanger van 350 kg. De auto oefent een horizontale kracht uit van $3{,}6 \cdot 10^3$ N op de aarde om te kunnen versnellen. Welke kracht oefent de auto op de aanhanger uit? Veronderstel dat de effectieve wrijvingscoëfficiënt voor de aanhanger 0,15 is.

14. (II) Onderzoekers van de politie die aangekomen zijn op de plaats waar twee auto's op elkaar gebotst zijn, meten remsporen van 72 m van een van de auto's, die nagenoeg tot stilstand gekomen was op het moment dat de botsing plaatsvond. De kinetische wrijvingscoëfficiënt tussen het rubber en het wegdek is ongeveer 0,80. Schat de initiële snelheid van die auto, als de weg vlak is.

15. (II) Brokken sneeuw op een glad dak kunnen gevaarlijke projectielen worden als ze beginnen te smelten. Veronderstel dat bij de nok van een 34° hellend dak een brok sneeuw ligt. (a) Hoe groot moet de statische wrijvingscoëfficiënt minimaal zijn om te voorkomen dat de sneeuw omlaag zal glijden? (b) Als de sneeuw begint te smelten neemt de statische wrijvingscoëfficiënt af en ten slotte zal de sneeuw omlaag komen. Veronderstel dat de afstand van het brok sneeuw tot de dakrand 6,0 m is en de kinetische wrijvingscoëfficiënt 0,20 is. Bereken dan de snelheid van het brok sneeuw wanneer het van het dak af glijdt. (c) Stel dat de dakrand 10,0 m boven de grond is. Schat dan de snelheid van de sneeuw wanneer deze op de grond valt.

16. (II) Een kleine doos wordt op zijn plaats gehouden tegen een ruwe verticale wand doordat iemand er onder een hoek van 28° met de horizontaal omhoog tegenaan drukt. De statische en kinetische wrijvingscoëfficiënt tussen de doos en de wand zijn respectievelijk 0,40 en 0,30. De doos glijdt omlaag wanneer de uitgeoefende kracht kleiner is dan 23 N. Wat is de massa van de doos?

17. (II) Twee kratten met een massa van respectievelijk 65 kg en 125 kg liggen in rust tegen elkaar op een horizontaal oppervlak (fig. 5.32). Op het krat van 65 kg wordt een kracht uitgeoefend van 650 N. Bereken (a) de versnelling van het systeem en (b) de kracht die elk krat op het andere krat uitoefent als de kinetische wrijvingscoëfficiënt 0,18 is. (c) Maak de opgave opnieuw, maar nu wanneer de kratten verwisseld zijn.

FIGUUR 5.32 Vraagstuk 17.

18. (II) Het krat in fig. 5.33 ligt op een helling die een hoek $\theta = 25{,}0°$ maakt met de horizontaal, waarbij $\mu_k = 0{,}19$ is. (a) Bereken de versnelling van het krat wanneer het langs de helling omlaag glijdt. (b) Met welke snelheid zal het krat onderaan de helling aankomen als het vanuit rust op 8,15 m van de onderkant van de helling begint te bewegen?

19. (II) Een krat krijgt onderaan de helling van 25° een initiële snelheid van 3,0 m/s in de richting van de helling (zie fig. 5.33). (a) Hoe ver komt het krat op de helling? (b) Hoe lang duurt het voordat het krat weer teruggekeerd is naar de beginpositie? Veronderstel $\mu_k = 0{,}17$.

20. (II) Twee blokken van verschillende materialen zijn met elkaar verbonden door een dun touw. Ze glijden omlaag over een helling die een hoek met de horizontaal maakt, zoals is weergegeven in fig. 5.34 (blok B bevindt zich boven blok A). De massa's van de blokken zijn m_A en m_B en de wrijvingscoëfficiënten zijn μ_A en μ_B. Veronderstel nu dat $m_A = m_B = 5{,}0$ kg en $\mu_A = 0{,}20$ en $\mu_B = 0{,}30$. Bereken

(*a*) de versnelling van de blokken en (*b*) de trekkracht in het touw als $\theta = 32°$ is.

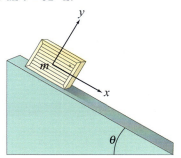

FIGUUR 5.33 Krat op een hellend vlak. Vraagstukken 18 en 19.

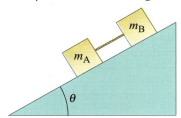

FIGUUR 5.34 Vraagstukken 20 en 21.

21. (II) Beschrijf de beweging voor twee blokken, verbonden door een touw en glijdend over de helling in fig. 5.34 (zie vraagstuk 20) (*a*) als $\mu_A < \mu_B$ en (*b*) als $\mu_A > \mu_B$. (*c*) Leid een formule af voor de versnelling van elk blok en de trekkracht F_T in het touw in termen van m_A, m_B en θ; controleer je resultaat met je antwoorden op (*a*) en (*b*).
22. (II) Op de laadvloer van een vrachtwagen staat een zwaar krat. De statische wrijvingscoëfficiënt tussen het krat en de laadvloer van de vrachtwagen is 0,75. Hoe hard kan de vrachtwagen vertragen zonder dat het krat tegen de cabine van de vrachtwagen aan glijdt?
23. (II) In fig. 5.35 is de statische wrijvingscoëfficiënt tussen massa m_A en de tafel 0,40 en de kinetische wrijvingscoëfficiënt is 0,30. (*a*) Welke minimale waarde van m_A is nodig om te voorkomen dat het systeem in beweging komt? (*a*) Welke waarde(n) van m_A is/zijn nodig om ervoor te zorgen dat het systeem met constante snelheid zal bewegen?

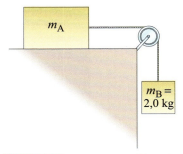

FIGUUR 5.35 Vraagstukken 23 en 24.

24. (II) Leid een formule af voor de versnelling van het systeem in fig. 5.35 in functie van m_A, m_B en de massa van de touw, m_C. Definieer eventueel ook andere variabelen.
25. (II) Een blokje met massa m krijgt een initiële snelheid v_0 in de richting van een stijgende helling die een hoek θ maakt met de horizontaal. Het legt een afstand d af over de helling (omhoog) en komt dan tot stilstand. (*a*) Leid een formule af voor de kinetische wrijvingscoëfficiënt tussen het blokje en de helling. (*b*) Wat kun je zeggen over de grootte van de statische wrijvingscoëfficiënt?
26. (II) Een snowboarder met een massa van 75 kg heeft een initiële snelheid van 5,0 m/s bovenaan een helling van 28° (fig. 5.36). Nadat hij de 110 m lange helling (met kinetische wrijvingscoëfficiënt $\mu_k = 0,18$) afgegleden is, heeft de snowboarder een snelheid v bereikt. Vervolgens glijdt de snowboarder verder over de vlakke piste (met $\mu_k = 0,15$) en komt na x m tot stilstand. Gebruik de tweede wet van Newton om de versnelling van de snowboarder te bepalen op de helling en op het vlakke deel van de piste. Gebruik vervolgens deze versnellingen om x te bepalen.

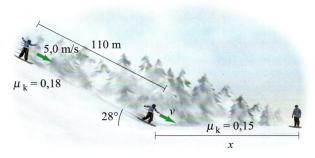

FIGUUR 5.36 Vraagstuk 26.

27. (II) Een verpakking met massa m valt verticaal op een horizontale transportband die beweegt met een snelheid $v = 1,5$ m/s. De kinetische wrijvingscoëfficiënt tussen de verpakking en de band is $\mu_k = 0,70$. (*a*) Hoe lang glijdt de verpakking over de band (dat wil zeggen, hoe lang duurt het voordat de verpakking tot stilstand is gekomen ten opzichte van de band)? (*b*) Welke afstand legt de verpakking in deze tijd af?
28. (II) Twee massa's $m_A = 2,0$ kg en $m_B = 5,0$ kg liggen op twee hellingen en zijn met elkaar verbonden door een touw op de manier zoals is weergegeven in fig. 5.37. De kinetische wrijvingscoëfficiënt tussen de massa's en de hellingen, μ_k, is 0,30. Massa m_A beweegt omhoog en m_B omlaag. Bereken de versnelling van de massa's.

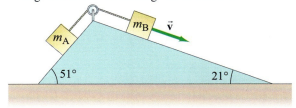

FIGUUR 5.37 Vraagstuk 28.

29. (II) Een kind glijdt omlaag over een glijbaan (hellingshoek 34°) en heeft onderaan de glijbaan een snelheid die precies de helft is van de snelheid die het zou hebben als de glijbaan wrijvingsloos geweest was. Bereken de kinetische wrijvingscoëfficiënt tussen de glijbaan en het kind.
30. (II) (*a*) Veronderstel dat de kinetische wrijvingscoëfficiënt tussen m_A en het vlak in fig. 5.38 $\mu_k = 0,15$ is en dat $m_A = m_B = 2,7$ kg. Bereken de grootte van de versnelling van m_A en m_B als m_B omlaag beweegt en $\theta = 34°$. (*b*) Welke

minimale waarde van μ_k is nodig om te voorkomen dat het systeem versnelt?

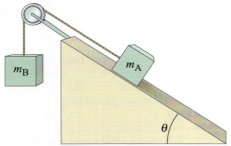

FIGUUR 5.38 Vraagstuk 30.

31. (III) Een blok met een massa van 3,0 kg staat boven op een blok met een massa van 5,0 kg op een horizontaal vlak. Het blok met een massa van 5,0 kg wordt naar rechts getrokken door een kracht $\vec{F}$, op de manier zoals is weergegeven in fig. 5.39. De statische wrijvingscoëfficiënt tussen alle oppervlakken is 0,60 en de kinetische wrijvingscoëfficiënt is 0,40. (a) Wat is de minimale waarde van F die nodig is om de twee blokken te verplaatsen? (b) Hoe groot is de versnelling van elk blok als de kracht 10% hoger is dan je antwoord in (a)?

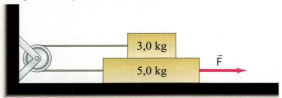

FIGUUR 5.39 Vraagstuk 31.

32. (III) Een blok met een massa van 4,0 kg staat boven op een blok met een massa van 12,0 kg dat versnelt over een horizontaal vlak met $a = 5{,}2$ m/s² (fig. 5.40). Veronderstel dat $\mu_k = \mu_s = \mu$. (a) Hoe groot moet de wrijvingscoëfficiënt μ tussen de twee blokken minimaal zijn om te voorkomen dat het blok van 4,0 kg van het onderste af glijdt? (b) Veronderstel nu dat μ maar de helft van deze minimale waarde is. Hoe groot is dan de versnelling van het blok van 4,0 kg blok ten opzichte van de tafel en (c) ten opzichte van het blok van 12 kg? (d) Hoe groot is de kracht die op een blok van 12 kg uitgeoefend moet worden in (a) en in (b), als de tafel wrijvingsloos is?

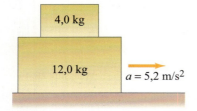

FIGUUR 5.40 Vraagstuk 32.

33. (III) Een klein blok met een massa m rust op de ruwe, schuine zijde van een driehoekig blok met massa M, dat op zijn beurt weer op een wrijvingsloze horizontale tafel ligt op de manier zoals is weergegeven in fig. 5.41. De statische wrijvingscoëfficiënt is μ. Bereken de minimale horizontale kracht F die op M uitgeoefend moet worden om ervoor te zorgen dat het kleine blok m in de richting van de bovenkant van de helling gaat bewegen.

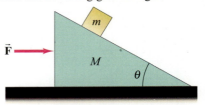

FIGUUR 5.41 Vraagstuk 33.

5.2 t/m 5.4 Dynamica van de eenparige cirkelvormige beweging

34. (I) Hoe groot is de maximale snelheid waarmee een auto met een massa van 1200 kg een bocht met een straal van 80,0 m in een vlakke weg kan nemen, als de wrijvingscoëfficiënt tussen de banden en de weg 0,65 is? Is dit resultaat onafhankelijk van de massa van de auto?

35. (I) Een kind zit 1,20 m van het draaipunt van een draaimolen en heeft een snelheid van 1,30 m/s. Bereken (a) de centripetale versnelling van het kind en (b) de netto horizontale kracht die op het kind (massa = 22,5 kg) uitgeoefend wordt.

36. (I) Een straaljager vliegt met een snelheid van 1890 km/u (525 m/s) en beëindigt een duikvlucht door een cirkelsegment te beschrijven met een straal van 4,80 km. Hoe groot is de versnelling van het vliegtuig, uitgedrukt in g?

37. (II) Is het mogelijk om een emmer water zo snel een verticale cirkel te laten beschrijven zonder dat je water morst? Zo ja, hoe snel moet de emmer dan minimaal ronddraaien? Definieer alle benodigde grootheden.

38. (II) Hoe snel (in omw/min) moet een centrifuge draaien als een puntmassa op 8,00 cm van de rotatie-as een versnelling van 125.000 g moet ondervinden?

39. (II) Bij bochten in snelwegen staan borden met daarop de adviessnelheid. Veronderstel dat deze snelheid gebaseerd is op wat veilig zou zijn bij nat weer. Schat dan de kromtestraal van een bocht waarvoor de adviessnelheid 50 km/u is. Gebruik tabel 5.1.

40. (II) Welke minimumsnelheid moet een wagentje van een achtbaan hebben zodat passagiers bovenin een looping (fig. 5.42) niet loskomen van het wagentje? Veronderstel dat de straal van de looping 7,6 m is.

FIGUUR 5.42 Vraagstuk 40.

41. (II) Een sportwagen rijdt door een dal in een weg dat een kromtestraal heeft van 95 m. Onderin het dal is de normaalkracht op de chauffeur gelijk aan tweemaal diens gewicht. Welke snelheid heeft de auto?

42. (II) Hoe groot moet de statische wrijvingscoëfficiënt tussen de banden en de weg zijn als een auto een horizontale bocht met straal 85 m kan nemen met een snelheid van 95 km/u?

43. (II) Veronderstel dat een ruimteveer in een baan 400 km boven de oppervlakte van de aarde zweeft en elke 90 min een hele omwenteling om de aarde maakt. Bepaal de centripetale versnelling van het ruimteveer in de baan. Druk je antwoord uit in g, de versnelling van de zwaartekracht op aarde.

44. (II) Een emmer met een massa van 2,00 kg wordt in een verticale cirkel met een straal van 1,10 m rondgeslingerd. Op het onderste punt van de beweging is de trekkracht in het touw waaraan de emmer bevestigd is 25,0 N. (*a*) Hoe groot is de snelheid van de emmer? (*b*) Hoe snel moet de emmer op het bovenste punt bewegen om ervoor te zorgen dat het touw niet verslapt?

45. (II) Hoeveel omwentelingen per minuut moet een reuzenrad met een diameter van 22 m maken zodat de inzittenden op het bovenste punt zich gewichtloos voelen?

46. (II) Gebruik een eenhedenanalyse (paragraaf 1.7) om de eenheid van de centripetale versnelling, $a_R = v^2/r$ te bepalen.

47. (II) Een straaljagerpiloot maakt een verticale looping met zijn vliegtuig (fig. 5.43). (*a*) Bereken de minimale straal van de cirkel als het vliegtuig op het onderste punt van de looping vliegt met een snelheid van 1200 km/u, zodanig dat de centripetale versnelling op het onderste punt niet groter is 6,0 g. (*b*) Bereken het effectieve gewicht van de 78 kg zware piloot (de kracht waarmee de zitting van zijn stoel tegen hem aan drukt) onderin de looping en (*c*) bovenin de looping (veronderstel dat de snelheid gelijk blijft).

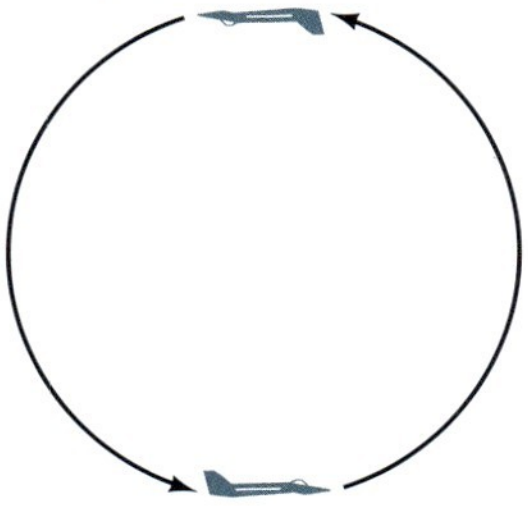

FIGUUR 5.43 Vraagstuk 47.

48. (II) Een ontwerp van een ruimtestation bestaat uit een cirkelvormige buis die om zijn middelpunt zal gaan draaien (zoals een binnenband van een fietswiel), fig. 5.44. Het ruimtestation zal een diameter hebben van ongeveer 1,1 km. Hoe groot moet de rotatiesnelheid (omwentelingen per dag) zijn als de ruimtevaarders een 'zwaartekracht' moeten ervaren die gelijk is aan die op aarde (1,0 g)?

FIGUUR 5.44 Vraagstuk 48.

49. (II) Twee schaatsers op een ijsbaan grijpen elkaars hand en draaien vervolgens samen rondjes waar ze 2,5 s over doen. Veronderstel dat hun armen elk 0,80 m lang zijn en de schaatsers allebei 60,0 kg wegen. Hoe hard trekken ze dan aan elkaar?

50. (II) Werk voorbeeld 5.11 nog een keer uit, maar deze keer nauwkeurig, door het gewicht van de bal die aan een touw met een lengte van 0,600 m lang hangt in je berekeningen te betrekken. Bepaal met name de grootte van $\vec{F}_T$ en de hoek die deze met de horizontaal maakt. (*Hint*: Stel de horizontale component van $\vec{F}_T$ gelijk aan ma_R. Wat kun je, omdat er geen verticale beweging is, zeggen over de verticale component van $\vec{F}_T$?)

51. (II) Een muntstuk wordt op 12,0 cm van de rotatie-as geplaatst van een draaitafel die met variabele snelheid draait. Wanneer de snelheid van de draaitafel langzaam opgevoerd wordt, blijft het muntstuk liggen waar het ligt, tot de draaitafel een snelheid van 35,0 omw/min bereikt. Op dat moment begint het muntstuk te schuiven. Hoe groot is de statische wrijvingscoëfficiënt tussen het muntstuk en de draaitafel?

52. (II) In het ontwerp van een nieuwe weg zit in een verder vlak stuk een plotselinge daling van 22°. De overgang moet geleidelijker gemaakt worden, zodat automobilisten die 95 km/u uur rijden het contact met de weg niet verliezen (fig. 5.45). Hoe groot moet de afrondingsstraal worden?

FIGUUR 5.45 Vraagstuk 52.

53. (II) Een sportwagen met een massa van 975 kg (inclusief bestuurder) rijdt over de afgeronde top van een heuvel (straal = 88,0 m) met een snelheid van 12,0 m/s. Bepaal (*a*) de normaalkracht die door de weg uitgeoefend wordt op de auto, (*b*) de normaalkracht die door de auto uitgeoefend wordt op de bestuurder van 72,0 kg en (*c*) de snelheid van de auto waarbij de normaalkracht op de bestuurder nul is.

54. (II) Twee blokken, met massa's m_A en m_B, zijn met elkaar en aan een centraal punt verbonden door touwen, op de manier zoals is weergegeven in fig. 5.46. Ze draaien om het punt met een frequentie f (omwentelingen per seconde) op een wrijvingsloos horizontaal oppervlak op afstanden r_A en r_B van het centrale punt. Leid een algebraïsche uitdrukking af voor de trekkracht in elk segment van het touw (dat als massaloos mag worden beschouwd).

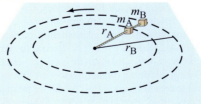

FIGUUR 5.46 Vraagstuk 54.

55. (II) Tarzan wil een kloof oversteken door er in een boog aan een liaan overheen te slingeren (fig. 5.47). Hij kan met zijn armen een kracht van 1350 N op het touw uitoefenen. Hoe groot is de maximale snelheid die hij in het onderste punt van de slingerbeweging mag hebben? Zijn massa is 78 kg en de liaan is 5,2 m lang.

FIGUUR 5.47 Vraagstuk 55.

56. (II) Een vliegtuigpiloot voert een uitwijkmanoeuvre uit door verticaal omlaag te duiken met een snelheid van 310 m/s. Op welke hoogte moet hij de duikvlucht beginnen te beëindigen om niet in zee te storten als hij een versnelling van 9,0 g aankan zonder het bewustzijn te verliezen?

57. (III) De positie van een puntmassa die beweegt in het xy-vlak wordt beschreven met de functie $\vec{r} = 2{,}0 \cos(3{,}0 \text{ rad/s } t) \vec{e}_x + 2{,}0 \sin(3{,}0 \text{ rad/s } t) \vec{e}_y$, waarin r in meters is en t in seconden. (a) Toon aan dat deze functie een cirkelvormige beweging met een straal 2,0 m en middelpunt in de oorsprong beschrijft. (b) Bepaal de snelheids- en de versnellingsvectoren als functie van de tijd. (c) Bepaal de snelheid en de grootte van de versnelling. (d) Toon aan dat $a = v^2/r$. (e) Toon aan dat de versnellingsvector altijd wijst in de richting van het middelpunt van de cirkel.

58. (III) Veronderstel dat een bocht met een straal van 85 m zodanig komvormig uitgevoerd wordt dat een auto met een snelheid van 65 km/u deze veilig kan nemen. Hoe groot moet de statische wrijvingscoëfficiënt zijn zodat een auto niet uit de bocht vliegt wanneer deze 95 km/u rijdt?

59. (III) Een bocht met een straal van 68 m is komvormig uitgevoerd voor een ontwerpsnelheid van 85 km/u. De statische wrijvingscoëfficiënt is 0,30 (nat wegdek). Hoe groot is het snelheidsbereik waarmee een auto de bocht veilig kan maken? (*Hint*: bekijk de richting van de wrijvingskracht wanneer de auto te langzaam of te hard rijdt.)

*5.5 Niet-eenparige cirkelvormige beweging

*60. (II) Een puntmassa begint vanuit rust eenparig versneld met de klok mee te bewegen en beschrijft een cirkelvormige baan in het xy-vlak. Het middelpunt van de cirkel is de oorsprong van een xy-coördinatenstelsel. Op $t = 0$ bevindt de puntmassa zich op $x = 0{,}0$ m en $y = 2{,}0$ m. Op $t = 2{,}0$ s heeft de puntmassa een kwart omwenteling gemaakt en bevindt zich op $x = 2{,}0$ m en $y = 0{,}0$ m. Bepaal (a) de snelheid van de puntmassa op $t = 2{,}0$ s, (b) de gemiddelde snelheidsvector en (c) de gemiddelde versnellingsvector tijdens dit interval.

*61. (II) Veronderstel in vraagstuk 60 dat de tangentiale versnelling constant is. Bereken de componenten van de momentane versnelling op (a) $t = 0{,}0$, (b) $t = 1{,}0$ s en (c) $t = 2{,}0$ s.

*62. (II) Een voorwerp beschrijft een cirkelvormige baan met een straal van 22 m, waarbij de snelheid beschreven kan worden met de functie $v = 3{,}6 + 1{,}5 \, t^2$, waarin v in meters per seconde is en t in seconden. Bepaal op $t = 3{,}0$ s (a) de tangentiale versnelling en (b) de radiale versnelling.

*63. (III) Een puntmassa beschrijft een cirkelvormige baan met een straal van 3,80 m. Op een bepaald moment is de versnelling 1,15 m/s² in een richting die een hoek maakt van 38,0° met de bewegingsrichting. Bepaal de snelheid van de puntmassa (a) op dit moment en (b) 2,00 s later, als je mag aannemen dat de grootte van de tangentiale versnelling constant is.

*64. (III) Een voorwerp met massa m wordt gedwongen een cirkelvormige baan te beschrijven met straal r. De tangentiale versnelling van het voorwerp als functie van de tijd is $a_{\tan} = b + ct^2$, waarin b en c constanten zijn. Veronderstel dat $v = v_0$ op $t = 0$. Bereken dan de tangentiale en radiale componenten van de kracht $F_{\tan}$ en F_R die op een willekeurig moment op het voorwerp werken terwijl $t > 0$.

*5.6 Snelheidsafhankelijke krachten

*65. (I) Gebruik een dimensieanalyse (paragraaf 1.7) in voorbeeld 5.17 om te bepalen of de tijdconstante τ gelijk is aan $\tau = m/b$ of $\tau = b/m$.

*66. (II) De eindsnelheid van een regendruppel is ongeveer 9 m/s. Veronderstel dat de weerstandskracht F_D gelijk is aan $-bv$. Bepaal dan (a) de waarde van de constante b en (b) de tijd die zo'n druppel nodig heeft om, vanuit rust, 63% van de eindsnelheid te bereiken.

*67. (II) Een voorwerp dat verticaal beweegt heeft $\vec{v} = \vec{v}_0$ op $t = 0$. Leid een formule af voor de snelheid van het voorwerp als functie van de tijd, als je mag aannemen dat er een weerstandskracht $F = -bv$ en de zwaartekracht op werkt, voor de volgende twee gevallen: (a) $\vec{v}_0$ is verticaal omlaag en (b) $\vec{v}_0$ is verticaal omhoog gericht.

*68. (III) De weerstandskracht op grote voorwerpen, zoals auto's, vliegtuigen en parachutisten die door de lucht bewegen, ligt meer in de buurt van $F_D = -bv^2$. (a) Leid voor deze kwadratische afhankelijkheid van v een formule af voor de eindsnelheid v_T van een verticaal vallend voorwerp. (b) Een parachutist met een massa van 75 kg heeft een eindsnelheid van ongeveer 60 m/s; bereken de waarde van de constante b. (c) Teken een grafiek zoals in fig. 5.27b voor het geval dat van $F_D \propto v^2$. Zou deze kromme, voor dezelfde eindsnelheid, boven of onder de kromme in fig. 5.27 liggen? Licht je antwoord toe.

*69. (III) Een fietser kan op een dalende weg van 7,0° freewheelend een constante snelheid van 9,5 km/u halen. De luchtweerstand is rechtevenredig met het kwadraat van de snelheid v, zodanig dat $F_D = -cv^2$. Bereken (a) de waarde van de constante c en (b) de gemiddelde kracht die de fietser moet leveren om de heuvel af te dalen met een snelheid van 25 km/u. De massa van de fietser plus de fiets is 80,0 kg. Negeer andere soorten wrijving.

*70. (III) Twee weerstandskrachten werken op de combinatie van een fiets en de berijder: F_{D1} als gevolg van de rolweerstand, die eigenlijk onafhankelijk is van de snelheid; en F_{D2} als gevolg van de luchtweerstand, die rechtevenredig is met v^2. Voor een bepaalde combinatie van fiets en berijder met een totale massa van 78 kg is $F_{D1} \approx 4{,}0$ N en bij een snelheid van 2,2 m/s is $F_{D2} \approx 1{,}0$ N. (a) Toon aan dat de totale weerstandskracht F_D gelijk is aan $4{,}0 + 0{,}21 \, v^2$, waarin v in m/s en F_D in N is en tegengesteld werkt aan de bewegingsrichting. (b) Bepaal bij welke hellingshoek θ de fiets en de berijder omlaag kunnen freewheelen met een constante snelheid van 8,0 m/s.

*71. (III) Leid een formule af voor de positie en de versnelling van een vallend voorwerp als functie van de tijd als het voorwerp op $t = 0$ vanuit rust start en een weerstandskracht $F = -bv$ ondervindt, zoals in voorbeeld 5.17.

*72. (III) Een blok met massa m glijdt over een horizontaal oppervlak dat gesmeerd is met een dikke olie, die een weerstandskracht levert die rechtevenredig is met de vierkantswortel van de snelheid: $F_D = -bv^{1/2}$. Veronderstel dat $v = v_0$ op $t = 0$. Bereken dan v en x als functies van de tijd.

*73. (III) Toon aan dat de maximale afstand die het blok in vraagstuk 72 af kan leggen gelijk is aan $2m\,v_0^{3/2}/3b$.

*74. (III) Je duikt loodrecht in een zwembad. Je raakt het water met een snelheid van 5,0 m/s en je hebt een massa van 75 kg. Veronderstel dat de weerstandskracht de vorm $F_D = -(1,00 \cdot 10^4 \text{ kg/s})\,v$ heeft. Hoe lang duurt het voordat je snelheid teruggevallen is tot 2% van je oorspronkelijke snelheid? (Negeer het effect van de waterverplaatsing.)

*75. (III) De kapitein van een motorboot vaart met een snelheid van 2,4 m/s en schakelt de motoren uit op $t = 0$. Hoe ver vaart de boot nog verder door als deze na 3,0 s nog de helft van de oorspronkelijke snelheid heeft? Veronderstel dat de weerstandskracht van het water rechtevenredig is met v.

Algemene vraagstukken

76. Een koffiebeker op het horizontale dashboard van een auto glijdt vooruit wanneer de chauffeur in 3,5 s of minder van 45 km/u afremt tot stilstand, maar niet als de chauffeur in een langere tijd vertraagt. Hoe groot is de statische wrijvingscoëfficiënt tussen de beker en het dashboard? Veronderstel dat de weg en het dashboard vlak zijn (horizontaal).

77. Een lade met zilverwerk met een massa van 20,0 kg glijdt niet soepel uit een kast. Iemand die de tafel wil gaan dekken trekt met steeds meer en meer kracht en wanneer de uitgeoefende kracht 90,0 N wordt vliegt de lade plotseling open en vallen de vorken, messen en lepels op de vloer (oeps!). Hoe groot is de statische wrijvingscoëfficiënt tussen de lade en de kast?

78. Een wagentje van een achtbaan bereikt de top van de steilste helling met een snelheid van 6,0 km/u. Het raast vervolgens na de top naar beneden over een helling met een gemiddelde hoek van 45° die 45,0 m lang is. Hoe hard zal het wagentje rijden onderaan de helling? Veronderstel $\mu_k = 0{,}12$.

79. Een doos met een massa van 18 kg wordt op een helling van 37,0° losgelaten en versnelt langs de helling omlaag met een versnelling van 0,220 m/s². Hoe groot is de wrijvingskracht die de beweging afremt? Hoe groot is de wrijvingscoëfficiënt?

80. Een vlakke hockeypuck (massa M) wordt gedwongen om een cirkelbaan te beschrijven op een wrijvingsloze luchthockeytafel en wordt in de baan gehouden door een licht touwtje dat bevestigd is aan een vrijhangend gewichtje (massa m) op de manier zoals is weergegeven in fig. 5.48. Toon aan dat de snelheid van de puck beschreven wordt met de vergelijking $v = \sqrt{mgR/M}$.

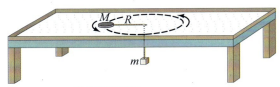

FIGUUR 5.48 Vraagstuk 80.

81. Een motorrijder rijdt met uitgeschakelde motor met een snelheid van 20,0 m/s, maar komt op een zandpad terecht waarvan de kinetische wrijvingscoëfficiënt 0,70 is. Zal de motorrijder het eind bereiken zonder dat hij de motor hoeft te starten als het zandpad 15 m lang is? Zo ja, hoe hard zal hij nog rijden bij het verlaten van het zandpad?

82. In een kermisattractie, de 'steile wand' draaien mensen rond in een cilindervormige ruimte (zie fig. 5.49). Veronderstel dat de straal van de ruimte 5,5 m is en de rotatiefrequentie 0,50 omwentelingen per seconde is op het moment dat de kermisexploitant de vloer laat wegzakken. Hoe groot moet de statische wrijvingscoëfficiënt minimaal zijn om te voorkomen dat de mensen omlaag zakken? Mensen vertelden bij de uitgang van deze attractie dat ze 'tegen de wand gedrukt werden'. Is er werkelijk een naar buiten gerichte kracht die de mensen tegen de wand drukte? Zo ja, waardoor wordt die uitgeoefend? Zo nee, hoe beschrijf je de beleving van de mensen (afgezien van misselijkheid) dan wel? (Hint: teken een vrijlichaamsschema voor iemand in de attractie.)

FIGUUR 5.49 Vraagstuk 82.

83. Een apparaat om astronauten en straaljagerpiloten te trainen is ontworpen om de proefpersoon in een horizontale cirkel met straal 11,0 m rond te draaien. Hoe snel draait een proefpersoon rond als hij zijn eigen gewicht als 7,45 maal zijn normale gewicht ervaart? Druk je antwoord in zowel m/s als in omw/s uit.

84. Een auto met een massa van 1250 kg rijdt door een bocht met een straal van 72 m die komvormig uitgevoerd is en een hoek van 14° maakt met de horizontaal. Is er een wrijvingskracht nodig als de auto 85 km/u rijdt? En zo ja, hoe groot moet die zijn en in welke richting moet die werken?

85. Bereken de tangentiale en centripetale componenten van de nettokracht die uitgeoefend wordt op een auto (door de grond) wanneer deze met een snelheid van 27 m/s rijdt en in 9,0 s vanuit rust in een bocht met een straal van 450 m versnelde. De massa van de auto is 1150 kg.

86. De klimmer in fig. 5.50 heeft een massa van 70,0 kg en wordt in de 'schoorsteen' ondersteund door de wrijvingskrachten die uitgeoefend worden op zijn schoenen en rug. De statische wrijvingscoëfficiënten tussen zijn schoenen en de wand, en tussen zijn rug en de wand, zijn respectievelijk 0,80 en 0,60. Hoe groot is de normaalkracht die hij minimaal moet uitoefenen? Veronderstel dat de wanden verticaal zijn en dat de statische wrijvingskrachten maximaal zijn. Laat de greep van de man op het touw buiten beschouwing.

FIGUUR 5.50 Vraagstuk 86.

87. Een kleine massa m wordt op het oppervlak van een bol geplaatst, zoals is weergegeven in fig. 5.51. De statische wrijvingscoëfficiënt $\mu_s = 0{,}70$. Bij welke hoek ϕ zal de massa beginnen te glijden?

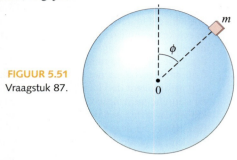

FIGUUR 5.51 Vraagstuk 87.

88. Een blok met een massa van 28 kg is bevestigd aan een lege emmer (massa = 2,00 kg) met behulp van een touw dat over een wrijvingsloze katrol loopt (fig. 5.52). De statische wrijvingscoëfficiënt tussen de tafel en het blok is 0,45 en de kinetische wrijvingscoëfficiënt tussen de tafel en het blok is 0,32. Dan wordt de emmer geleidelijk gevuld met zand, tot het systeem net in beweging komt. (*a*) Bereken de massa van het toegevoegde zand. (*b*) Bereken de versnelling van het systeem.

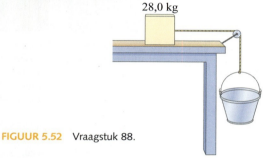

FIGUUR 5.52 Vraagstuk 88.

89. Een auto rijdt over een vlakke weg met een snelheid van 95 km/u. De minimale remafstand van de auto, zonder slippen, is 66 m. Wat is de straal van de scherpste bocht die de auto in dezelfde vlakke weg kan nemen zonder uit de bocht te vliegen?

90. Hoe groot is de versnelling van de punt van de 1,5 cm lange secondewijzer van een polshorloge?

91. Een vliegtuig dat met een snelheid van 480 km/u vliegt moet omkeren naar het vliegveld. De piloot besluit dit te doen door de vleugels van het vliegtuig schuin te zetten onder een hoek $\theta = 38°$. (*a*) Bereken de tijd die nodig is om te keren. (*b*) Beschrijf de krachten die de passagiers tijdens het vliegen van de bocht ondervinden. (*Hint:* Veronderstel een aerodynamische 'lift'kracht die loodrecht op de vlakke vleugels werkt; zie fig. 5.53.)

FIGUUR 5.53 Vraagstuk 91.

92. Een komvormige bocht met een straal R in een nieuwe snelweg is zodanig ontworpen dat een auto met snelheid v_0 de bocht veilig kan nemen als deze helemaal bevroren is (wrijving nul). Als een auto te zacht rijdt, zal deze naar het middelpunt van de cirkel glijden. Als een auto te hard rijdt, zal deze van het middelpunt van de cirkel af glijden. Wanneer de statische wrijvingscoëfficiënt toeneemt, kan een auto op de weg blijven wanneer deze een snelheid heeft die ligt tussen $v_{\min}$ en $v_{\max}$. Leid formules af voor $v_{\min}$ en $v_{\max}$ als functies van μ_s, v_0 en R.

93. Een knikker met massa m wordt gedwongen om zonder wrijving te glijden in een cirkelvormige, verticale hoepel met straal r, die om een verticale as (fig. 5.54) draait met frequentie f. (*a*) Bereken de hoek θ waarin de knikker in evenwicht zal zijn, dat wil zeggen waarin de knikker niet de neiging zal hebben om omlaag of omhoog te bewegen in de hoepel. (*b*) Veronderstel dat $f = 2{,}00$ omw/s en $r = 22{,}0$ cm. Hoe groot is θ dan? (*c*) Kan de knikker het middelpunt van de cirkel ($\theta = 90°$) bereiken? Leg uit hoe dit kan.

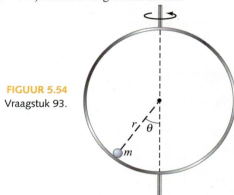

FIGUUR 5.54 Vraagstuk 93.

94. *De aarde is niet echt een inertiaalstelsel.* Vaak doen we metingen in een referentiestelsel dat aan de aarde bevestigd is, waarbij we aannemen dat de aarde een inertiaalstelsel is. Maar de aarde draait en dus is deze aanname niet volkomen geldig. Toon aan dat deze aanname zorgt voor een fout van 3 promille door de versnelling van een voorwerp op de evenaar te berekenen als gevolg van de dagelijkse draaiing van de aarde en vergelijk de uitkomst met $g = 9{,}80$ m/s^2, de valversnelling.

95. Veronderstel dat je zit te vissen en je jezelf begint te vervelen en daarom een gewichtje aan een stukje vislijn knoopt. Vervolgens laat je het gewichtje rondslingeren, waarbij de afstand tussen het draaipunt en het gewichtje 0,45 m is. Het gewichtje beschrijft elke halve seconde een complete cirkel. Welke hoek maakt het stukje vislijn met de verticaal? (*Hint:* zie fig. 5.20.)

96. Veronderstel een trein die in een bocht rijdt met een straal van 570 m met een snelheid van 160 km/u. (*a*) Bereken de benodigde wrijvingskracht die op een treinpassagier met een massa van 75 kg uitgeoefend moet worden als de bocht in de sporen horizontaal uitgevoerd is en de trein niet kantelt. (*b*) Bereken de wrijvingskracht op de passagier als de trein 8,0° kantelt in de richting van het middelpunt van de bocht.

97. Een auto begint van een 25%-helling omlaag te rollen. Hoe snel zal de auto gaan wanneer deze onderaan de heuvel aangekomen is en op dat moment 55 m afgelegd heeft? (*a*) Verwaarloos de wrijving. (*b*) Veronderstel dat de effectieve wrijvingscoëfficiënt 0,10 is.

98. De zijden van een kegel maken een hoek ϕ met de verticaal. Een kleine massa m wordt aan de binnenzijde van de kegel geplaatst en vervolgens wordt de kegel, met de punt omlaag gericht, aangedreven om te draaien met frequentie f (omwentelingen per seconde) om de symmetrieas van de kegel. De statische wrijvingscoëfficiënt is μ_s. Op welke posities kan de massa geplaatst worden zonder dat deze zal beginnen te glijden? (Bereken de maximale en minimale afstand, r, van de as).

99. Een waterskiër met een massa van 72 kg wordt door een skibootje versneld op een spiegelglad meer. De kinetische wrijvingscoëfficiënt tussen de ski's van de skiër en het wateroppervlak is $\mu_k = 0{,}25$ (fig. 5.55). (a) Hoe groot is de versnelling van de skiër als het touw tussen de skiër en de boot een horizontale trekkracht met grootte $F_T = 240$ N uitoefent op de skiër? ($\theta = 0°$)? (b) Hoe groot is de horizontale versnelling van de skiër als het touw een kracht $F_T = 240$ N uitoefent op de skiër onder een hoek $\theta = 12°$ verticaal omhoog? (c) Licht toe waarom de versnelling van de skiër in (b) groter is dan in (a).

FIGUUR 5.55   Vraagstuk 99.

100. Een bal met een massa $m = 1{,}0$ kg aan het eind van een dun touw met lengte $r = 0{,}80$ m beschrijft een verticale cirkelvormige baan om een punt O, op de manier zoals is weergegeven in fig. 5.56. Tijdens de tijd dat we het systeem observeren, zijn de enige krachten die op de bal werken de zwaartekracht en de trekkracht in het touw. De beweging is cirkelvormig maar niet eenparig, vanwege de zwaartekracht. De bal versnelt als deze omlaag beweegt en vertraagt bij de beweging omhoog aan de andere kant van de cirkel. Op het moment dat de hoek van het touw $\theta = 30°$ onder de horizontaal is, is de snelheid van de bal 6,0 m/s. Bereken op dit punt de tangentiale versnelling, de radiale versnelling en de trekkracht in het touw, F_T. Veronderstel dat θ verticaal omlaag toeneemt, op de manier zoals is weergegeven in de figuur.

FIGUUR 5.56
Vraagstuk 100.

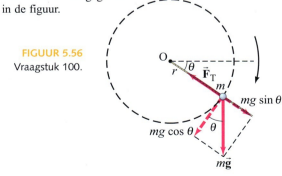

101. Een auto rijdt met een constante snelheid in een komvormige baan met een diameter van 127 m. De beweging van de auto kan beschreven worden in een coördinatenstelsel, waarvan de oorsprong in het middelpunt van de cirkel ligt. Op een bepaald moment is de versnelling van de auto in het horizontale vlak $\vec{a} = (-15{,}7\vec{e}_x - 23{,}3\vec{e}_y)$ m/s^2.
(a) Hoe hard rijdt de auto dan? (b) Waar (x en y) bevindt de auto zich op dat moment?

Numeriek/computer

*102. (III) De kracht van de luchtweerstand (weerstandskracht) op een snel vallend lichaam, zoals een parachutist, is van de vorm $F_D = -kv^2$, zodat de tweede wet van Newton voor een dergelijk voorwerp

$$m\frac{dv}{dt} mg - kv^2$$

is, waarin de richting verticaal omlaag positief wordt aangenomen. (a) Maak gebruik van numerieke integratie (paragraaf 2.9) om (met een maximale fout van 2%) de positie, de snelheid en de versnelling te schatten in het interval van $t = 0$ tot $t = 15$ s, voor een parachutist van 75 kg die start vanuit stilstand, als aangenomen mag worden dat $k = 0{,}22$ kg/m. (b) Toon aan dat de parachutist uiteindelijk een constante snelheid zal bereiken, *de eindsnelheid*, en licht toe waarom dat gebeurt. (c) Hoe lang duurt het voordat de parachutist een snelheid bereikt van 99,5% van de eindsnelheid?

*103. (III) De kinetische wrijvingscoëfficiënt μ_k tussen twee oppervlakken is niet strikt onafhankelijk van de snelheid van het voorwerp. Een mogelijke expressie voor μ_k voor hout op hout is

$$\mu_k = \frac{0{,}20}{(1 + 0{,}0020v^2)^2},$$

waarin v uitgedrukt wordt in m/s. Een houten blok met een massa van 8,0 kg is in rust op een houten vloer. Op het blok wordt een constante horizontale kracht uitgeoefend van 41 N. Maak gebruik van numerieke integratie (paragraaf 2.9) om (a) de snelheid van het blok en (b) de positie van het blok, als functie van de tijd tussen 0 en 5,0 s te bepalen en grafisch weer te geven. (c) Bereken het procentuele verschil voor de snelheid en de positie na 5,0 s als μ_k constant is en gelijk aan 0,20.

*104. (III) Veronderstel dat een nettokracht $F = -mg - kv^2$ uitgeoefend wordt tijdens de beweging verticaal omhoog van een raket met een massa van 250 kg die start op $t = 0$, wanneer de brandstof opgebruikt is en de raket een snelheid verticaal omhoog heeft van 120 m/s. Stel $k = 0{,}65$ kg/m. Schat v en y in intervallen van 1,0 s voor alleen de beweging verticaal omhoog en schat ook de bereikte maximumhoogte. Vergelijk je antwoorden met vrijevluchtcondities zonder luchtweerstand ($k = 0$).

Antwoorden op de opgaven

A: (c).
B: F_{Pr} is onvoldoende om de doos langdurig in beweging te houden.
C: Nee: de versnelling is niet constant (in richting).
D: (a), verdubbelt.
E: (d).
F: (a).
G: (c).
H: Ja.
I: (a) Geen verandering; (b) 4 maal groter.

De astronauten linksboven op deze foto werken aan het ruimteveer. In hun baan om de aarde die ze met hoge snelheid volgen, voelen ze zich gewichtloos. De maan, op de achtergrond, beschrijft ook met hoge snelheid een baan om de aarde. Hoe komt het dat de maan en het ruimteveer (en de astronauten) niet in een rechte lijn van de aarde af bewegen? Dat komt door de zwaartekracht. De wet van de universele zwaartekracht van Newton stelt dat alle voorwerpen alle andere voorwerpen aantrekken met een kracht die rechtevenredig is met hun massa en omgekeerd evenredig met het kwadraat van hun onderlinge afstand.

Hoofdstuk 6

Inhoud

- 6.1 De wet van de universele zwaartekracht van Newton
- 6.2 De vectorvorm van de wet van de universele zwaartekracht van Newton
- 6.3 De zwaartekracht vlak bij het oppervlak van de aarde; geofysische toepassingen
- 6.4 Satellieten en 'gewichtloosheid'
- 6.5 De wetten van Kepler en de synthese van Newton
- *6.6 Zwaartekrachtveld
- 6.7 Soorten krachten in de natuur
- *6.8 Gelijkwaardigheidsprincipe; kromming van de ruimte; zwarte gaten

De zwaartekracht en de synthese van Newton

Openingsvraag: wat denk jij?

Een ruimtestation bevindt zich als een satelliet in een baan om de aarde op 100 km boven het oppervlak van de aarde. Hoe groot is de nettokracht op een astronaute in rust binnenin het ruimtestation?
(a) Gelijk aan haar gewicht op aarde.
(b) Een beetje minder dan haar gewicht op aarde.
(c) Minder dan de helft van haar gewicht op aarde.
(d) Nul (ze is gewichtloos).
(e) Een beetje meer dan haar gewicht op aarde.

Sir Isaac Newton poneerde niet alleen de drie belangrijke bewegingswetten die de basis vormen voor de dynamica. Hij ontwikkelde ook een andere belangrijke wet om een van de elementaire krachten in de natuur, de zwaartekracht, te beschrijven en paste deze wet toe om inzicht te krijgen in de beweging van the planeten. Deze nieuwe wet, die hij in 1687 publiceerde in zijn boek *Philosophiae Naturalis Principia Mathematica* (meestal kortweg de *Principia* genoemd), wordt de wet van de universele zwaartekracht van Newton genoemd. Het was de sluitsteen van Newton's analyse van de fysieke wereld. De Newtoniaanse mechanica, met de drie bewegingswetten en de wet van de universele zwaartekracht, werd eeuwenlang geaccepteerd als mechanisch uitgangspunt voor de manier waarop het heelal in elkaar zit.

6.1 De wet van de universele zwaartekracht van Newton

Een van de belangwekkende dingen die Sir Isaac Newton deed was het bestuderen van de beweging van de hemellichamen, de planeten en de maan. Hij dacht met name na over de aard van de kracht die ervoor zorgt dat de maan haar nagenoeg cirkelvormige baan om de aarde niet verlaat.

Newton dacht ook na over het probleem van de zwaartekracht. Omdat vallende voorwerpen versnellen, concludeerde Newton dat er een kracht op uitgeoefend moet worden. Deze kracht noemde hij de zwaartekracht. Wanneer *op* een voorwerp een kracht uitgeoefend wordt, wordt die kracht uitgeoefend *door* een ander voorwerp. Maar wat oefent de zwaartekracht uit? Elk voorwerp op het oppervlak van de aarde ondervindt de zwaartekracht die, ongeacht waar het voorwerp zich bevindt, gericht is naar het middelpunt van de aarde (fig. 6.1). Newton concludeerde dat de aarde zelf de zwaartekracht uitoefent op voorwerpen op het oppervlak van de aarde.

Volgens de overlevering zag Newton op een dag een appel uit een boom vallen. Plotseling kreeg hij daardoor een ingeving: als de zwaartekracht op de toppen van bomen werkt en zelfs op de toppen van bergen, dan werkt die misschien ook wel op de maan! Met dit idee dat de maan in zijn baan gehouden wordt door de zwaartekracht van de aarde, ontwikkelde Newton zijn geweldige zwaartekrachttheorie. Maar toentertijd was niet iedereen even overtuigd. Veel denkers hadden moeite met het idee van een kracht 'die op afstand werkt'. De bekende krachten werkten allemaal doordat er een vorm van contact was: een hand die tegen een wagentje drukt of een kar trekt, een slaghout dat tegen een bal geslagen wordt enzovoort. Maar de zwaartekracht werkt zonder contact, zei Newton: de aarde oefent op dezelfde manier een kracht uit op een vallende appel als op de maan, zelfs wanneer er geen contact is en de twee voorwerpen erg ver van elkaar verwijderd zijn.

Newton besloot de grootte van de zwaartekracht die de aarde uitoefent op de maan te vergelijken met de grootte van de zwaartekracht op voorwerpen op het oppervlak van de aarde. Op het oppervlak van de aarde versnelt de zwaartekracht voorwerpen met 9,80 m/s². De centripetale versnelling van de maan in haar baan om de aarde kan berekend worden met $a_R = v^2/r$ (zie voorbeeld 5.9) en levert $a_R = 0{,}00272$ m/s². In termen van de versnelling van de zwaartekracht op het oppervlak van de aarde, g, komt dit overeen met

$$a_R = \frac{0{,}00272 \text{ m/s}^2}{9{,}80 \text{ m/s}^2} g \approx \frac{1}{3600} g.$$

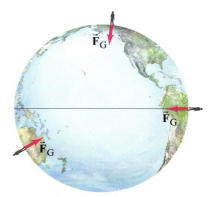

FIGUUR 6.1 Overal op aarde, ongeacht of dat in Alaska, Australië of Peru is, werkt de zwaartekracht verticaal omlaag in de richting van het middelpunt van de aarde.

Dat wil zeggen: de versnelling van de maan in de richting van de aarde is ongeveer 1/3600 zo groot als de versnelling van voorwerpen op het oppervlak van de aarde. De maan is gemiddeld 384.000 km van de aarde verwijderd, wat ongeveer 60 maal de straal van de aarde (6380 km) is. De maan is dus 60 maal zo ver verwijderd van het middelpunt van de aarde als voorwerpen op het oppervlak van de aarde. Maar $60 \cdot 60 = 60^2 = 3600$. Alweer 3600, dat was vast geen toeval! Newton concludeerde dat de zwaartekracht F, uitgeoefend door de aarde op een willekeurig voorwerp, afneemt met het kwadraat van de afstand, r, van het middelpunt van de aarde:

$$F \propto \frac{1}{r^2}.$$

De maan is 60 maal de straal van de aarde verwijderd, dus ervaart deze een zwaartekracht die slechts $1/60^2 = 1/3600$ zo krachtig is als aan het oppervlak van de aarde. Newton realiseerde zich dat de zwaartekracht op een voorwerp niet alleen afhankelijk is van de afstand, maar ook van de massa van het voorwerp. Deze kracht is zelfs rechtevenredig met de massa van het voorwerp, zoals we hebben gezien. Volgens de derde wet van Newton zal, wanneer de aarde diens zwaartekracht op een willekeurig voorwerp uitoefent, zoals de maan, dat voorwerp een even grote en tegenovergesteld gerichte kracht uitoefenen op de aarde (fig. 6.2). Door deze symmetrie, zo argumenteerde Newton, moet de grootte van de zwaartekracht rechtevenredig zijn met *beide* massa's. Dus geldt dat

$$F \propto \frac{m_A m_B}{r^2},$$

FIGUUR 6.2 De zwaartekracht die een voorwerp uitoefent op een tweede voorwerp is gericht naar het eerste voorwerp toe en is gelijk en tegengesteld gericht aan de kracht die uitgeoefend wordt door het tweede voorwerp op het eerste.

waarin m_A de massa van de aarde is, m_B de massa van het andere voorwerp en r de afstand van het middelpunt van de aarde tot het middelpunt van het andere voorwerp.

Newton ging nog een stapje verder in zijn analyse van de zwaartekracht. Bij zijn observatie van de baan van de planeten concludeerde hij dat de benodigde kracht om de verschillende planeten in hun baan om de zon te houden kleiner leek te worden met het omgekeerde kwadraat van hun afstand tot de zon. Daaruit volgde volgens hem dat ook de zwaartekracht tussen de zon en elk van de planeten een rol speelt bij het in hun baan houden van de planeten. En als de zwaartekracht tussen deze voorwerpen aanwezig is, waarom zou die dan niet tussen alle voorwerpen aanwezig zijn? Dus stelde hij zijn **wet van de universele zwaartekracht** op:

De wet van de universele zwaartekracht van Newton

Elke puntmassa in het heelal trekt elke andere puntmassa met een kracht aan die rechtevenredig is met het product van hun massa's en omgekeerd evenredig is met het kwadraat van de afstand tussen de twee puntmassa's. Deze kracht werkt in de richting van de kortste lijn waarmee deze twee puntmassa's met elkaar verbonden kunnen worden.

De grootte van de zwaartekracht kan geschreven worden als

$$F = G \frac{m_1 m_2}{r^2}, \tag{6.1}$$

waarin m_1 en m_2 de massa's van de twee puntmassa's zijn, r de onderlinge afstand en G een universele constante die experimenteel bepaald moet worden en dezelfde numerieke waarde heeft voor alle voorwerpen.

De waarde van G moet erg klein zijn, omdat we ons niet bewust zijn van een aantrekkingskracht tussen voorwerpen met gewone afmetingen, zoals bijvoorbeeld tussen twee tennisballen. De kracht tussen twee gewone voorwerpen werd in 1798, meer dan 100 jaar nadat Newton zijn wet publiceerde, als eerste gemeten door Henry Cavendish. Om deze onvoorstelbaar kleine kracht tussen gewone voorwerpen te detecteren en te meten, gebruikte hij een apparaat dat lijkt op het apparaat dat is weergegeven in fig. 6.3. Cavendish bevestigde de hypothese van Newton dat twee voorwerpen elkaar wederzijds aantrekken en dat vgl. 6.1 deze kracht nauwkeurig beschrijft. Daarnaast kon Cavendish, omdat hij F, m_1, m_2 en r nauwkeurig kon meten, de waarde van de constante G ook berekenen. De tegenwoordig geaccepteerde waarde is

$$G = 6{,}67 \cdot 10^{-11} \text{ N} \cdot \text{m}^2/\text{kg}^2.$$

(Zie de tabel vooraan in dit boek voor waarden van alle constanten met de hoogst bekende precisie.) Strikt gesproken beschrijft vgl. 6.1 de grootte van de zwaartekracht die een puntmassa uitoefent op een tweede puntmassa op een afstand r. Voor een groter voorwerp (dat wil zeggen, een massa die groter is dan een punt), moeten we bedenken hoe we de afstand r bepalen. Je zou kunnen bedenken om voor de waarde r de afstand tussen de middelpunten van de voorwerpen te nemen. Dit is correct voor twee bollen, en vaak een benadering die goed genoeg is voor andere voorwerpen. Bij een correcte berekening moet elk groter voorwerp beschouwd worden als een verzameling puntmassa's en de totale kracht als de som van de krachten als gevolg van alle puntmassa's. De som over al deze puntmassa's kan vaak het best berekend worden door te integreren (een techniek die ook door Newton uitgevonden werd). Wanneer grote voorwerpen klein zijn in vergelijking tot de onderlinge afstand (zoals het geval is bij de zon en de aarde), ontstaat slechts een kleine onnauwkeurigheid door de massa's te beschouwen als puntmassa's.

Newton kon aantonen (zie de afleiding in appendix D) dat de *zwaartekracht die op een puntmassa buiten een bol met een symmetrische massaverdeling uitgeoefend wordt, dezelfde is alsof de hele massa van de bol geconcentreerd is in het middelpunt ervan.* Dus geldt dat vgl. 6.1 de correcte kracht levert tussen twee homogene bollen, waarin r de afstand is tussen de middelpunten ervan.

Voorbeeld 6.1 Schatten

Kun je door de zwaartekracht iemand naar je toe trekken?

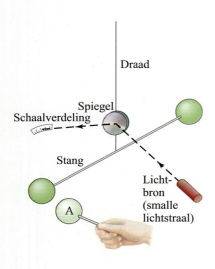

FIGUUR 6.3 Schematische weergave van het apparaat van Cavendish. Twee bollen zijn bevestigd aan een lichte horizontale stang, die in het midden opgehangen is aan een dunne draad. Wanneer een derde bol (A) in de buurt van een van de andere bollen gebracht wordt, veroorzaakt de zwaartekracht een beweging van deze laatste bol, waardoor de draad iets zal torderen. Deze kleine beweging kan vergroot worden door een lichtstraal te richten op een spiegel die op de draad bevestigd is. De straal wordt weerkaatst en raakt een schaalverdeling. Door eerst te bepalen welke kracht een bepaalde verdraaiing van de draad veroorzaakt, is het mogelijk om door experimenten de grootte van de zwaartekracht tussen twee voorwerpen te berekenen.

Een persoon met een massa van 50 kg en een andere persoon met een massa van 70 kg zitten dicht naast elkaar op een bank. Schat de grootte van de zwaartekracht die de twee op elkaar uitoefenen.

Aanpak Dit is een schatting: we veronderstellen dat de afstand tussen de middelpunten van de twee mensen ongeveer een $\frac{1}{2}$ m is (veel dichterbij kan waarschijnlijk niet).

Oplossing We gebruiken vgl. 6.1, die het volgende oplevert

$$F = \frac{(6{,}67 \times 10^{-11} \text{ N} \cdot \text{m}^2/\text{kg}^2)(50 \text{ kg})(70 \text{ kg})}{(0{,}5 \text{ m})^2} \approx 10^{-6} \text{ N},$$

afgerond tot een ordegrootte. Zo'n kracht is onmerkbaar klein en alleen te meten met extreem gevoelige instrumenten.

Opmerking Als fractie van hun gewicht is deze kracht $(10^{-6} \text{N})/(70 \text{ kg} \cdot 9{,}8 \text{ m/s}^2) \approx 10^{-9}$.

Voorbeeld 6.2 Ruimteschip op $2r_A$

Hoe groot is de zwaartekracht die op een ruimteschip met een massa van 2000 kg werkt dat op een hoogte van twee maal de straal van de aarde vanaf het middelpunt van de aarde rondcirkelt (dat wil zeggen op een afstand $r_A = 6380$ km boven het oppervlak van de aarde, fig. 6.4)? De massa van de aarde is $m_A = 5{,}98 \cdot 10^{24}$ kg.

Aanpak We zouden alle getallen in vgl. 6.1 in kunnen vullen, maar het kan eenvoudiger. Het ruimteschip is tweemaal zo ver verwijderd als wanneer het aan de grond zou staan. Omdat de zwaartekracht afneemt met het kwadraat van de afstand (en $\frac{1}{2^2} = \frac{1}{4}$), is de zwaartekracht op de satelliet slechts een kwart van zijn gewicht op het oppervlak van de aarde.

Oplossing Op het oppervlak van de aarde is $F_G = mg$. Op een afstand van het middelpunt van de aarde van $2r_A$ is F_G slechts een kwart daarvan:

$$F_G = \tfrac{1}{4} mg = \tfrac{1}{4}(2000 \text{ kg})(9{,}80 \text{ m/s}^2) = 4900 \text{ N}.$$

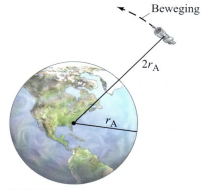

FIGUUR 6.4 Voorbeeld 6.2.

Voorbeeld 6.3 Kracht op de maan

Bepaal de nettokracht op de maan ($m_M = 7{,}35 \cdot 10^{22}$ kg) als gevolg van de zwaartekrachtaantrekking van zowel de aarde ($m_A = 5{,}98 \cdot 10^{24}$ kg) en de zon ($m_Z = 1{,}99 \cdot 10^{30}$ kg), als je aanneemt dat ze een rechte hoek met elkaar vormen, op de manier zoals is weergegeven in fig. 6.5.

Aanpak De krachten die op ons voorwerp, de maan, werken zijn de zwaartekracht die er door de aarde op uitgeoefend wordt F_{MA} en de kracht die er door de zon op uitgeoefend wordt, F_{MZ}, op de manier zoals is weergegeven in het vrijlichaamsschema in fig. 6.5. We gebruiken de wet van de universele zwaartekracht om de grootte van elke kracht te bepalen en tellen vervolgens de twee krachten vectorieel op.

Oplossing De aarde is $3{,}84 \cdot 10^5$ km = $3{,}84 \cdot 10^8$ m verwijderd van de maan, dus is F_{MA} (de zwaartekracht op de maan als gevolg van de aarde) gelijk aan

$$F_{MA} = \frac{(6{,}67 \times 10^{-11} \text{ N} \cdot \text{m}^2/\text{kg}^2)(7{,}35 \times 10^{22} \text{ kg})(5{,}98 \times 10^{24} \text{ kg})}{(3{,}84 \times 10^8 \text{ m})^2}$$
$$= 1{,}99 \times 10^{20} \text{ N}.$$

De zon is $1{,}50 \cdot 10^8$ km verwijderd van de aarde en de maan, dus is F_{MZ} (de zwaartekracht op de maan als gevolg van de aarde) gelijk aan

$$F_{MZ} = \frac{(6{,}67 \times 10^{-11} \text{ N} \cdot \text{m}^2/\text{kg}^2)(7{,}35 \times 10^{22} \text{ kg})(1{,}99 \times 10^{30} \text{ kg})}{(1{,}50 \times 10^{11} \text{ m})^2}$$
$$= 4{,}34 \times 10^{20} \text{ N}.$$

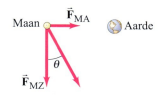

FIGUUR 6.5 Voorbeeld 6.3. Oriëntatie van de zon (Z), de aarde (A) en de maan (M) die een rechte hoek met elkaar maken (niet op schaal).

De twee krachten werken onder een rechte hoek ten opzichte van elkaar (fig. 6.5), dus kunnen we ze met de stelling van Pythagoras optellen om de grootte van de totale kracht te vinden:

$$F = \sqrt{(1{,}99 \times 10^{20} \text{ N})^2 + (4{,}34 \times 10^{20} \text{ N})^2} = 4{,}77 \times 10^{20} \text{ N}.$$

De kracht werkt onder een hoek θ (fig. 6.5), zodanig dat $\theta = \tan^{-1}(1{,}99/4{,}34) = 24{,}6°$.

Opmerking De twee krachten, F_{MA} en F_{MZ}, hebben dezelfde grootteorde (10^{20} N). Dit kan verrassend lijken. Maar klopt het ook? De zon is veel verder van de aarde verwijderd dan de maan (een factor 10^{11} m/10^8 m $\approx 10^3$), maar ook veel zwaarder (een factor 10^{30} kg/10^{23} kg $\approx 10^7$). De massa gedeeld door de afstand in het kwadraat ($10^7/10^6$) komt uit binnen een ordegrootte en we hebben factoren van 3 of meer genegeerd. Ja, het klopt dus.

> ⚠️ **Let op**
>
> Maak een onderscheid tussen de tweede wet van Newton en de wet van de universele zwaartekracht.

Merk echter op dat de wet van de universele zwaartekracht een *specifieke* kracht (de zwaartekracht) beschrijft, terwijl de tweede bewegingswet van Newton ($F = ma$) beschrijft hoe een voorwerp versnelt als gevolg van *een willekeurig* soort kracht.

*Bolvormige schillen

Newton kon aantonen, met de door hem zelf voor dat doel ontwikkelde berekeningsmethode, dat een dunne, homogene bolvormige schil een kracht op een puntmassa *buiten* de schil uitoefent op een manier die gelijk is aan de situatie waarin de massa van de schil geconcentreerd zou zijn in het middelpunt ervan. Hij berekende ook dat een dergelijke dunne homogene schil *geen* kracht uitoefent op een puntmassa *binnen in* die schil. (Je vindt de afleiding in appendix D.) De aarde kan beschouwd worden als een serie concentrische schillen die beginnen in het middelpunt, waarbij elke schil homogeen is maar mogelijk een verschillende dichtheid heeft om rekening te houden met de wisselende dichtheid van de aarde in verschillende lagen. Veronderstel, als eenvoudig voorbeeld, dat de aarde helemaal homogeen is. Hoe groot is dan de zwaartekracht op een puntmassa exact halverwege het middelpunt en het oppervlak van de aarde? Alleen de massa *binnen* deze straal $r = \frac{1}{2} r_A$ *zou een nettokracht uitoefenen op deze puntmassa*. De massa van een bol is evenredig met het volume ervan: $V = 4/3 \pi r^3$, dus de massa m binnen $r = \frac{1}{2} 2r_A$ is $(\frac{1}{2})^3 = \frac{1}{8}$ van de massa van de hele aarde. De zwaartekracht op de puntmassa in $r = \frac{1}{2} r_A$, die evenredig is met m/r^2 (vgl. 6.1), wordt gereduceerd tot $(\frac{1}{8})/(\frac{1}{2})^2 = \frac{1}{2}$, de zwaartekracht die de puntmassa zou ondervinden aan het oppervlak van de aarde.

6.2 De vectorvorm van de wet van de universele zwaartekracht van Newton

We kunnen de wet van de universele zwaartekracht van Newton in vectorvorm schrijven als

$$\vec{F}_{12} = -G \frac{m_1 m_2}{r_{21}^2} \hat{r}_{21}, \tag{6.2}$$

waarin $\vec{F}_{12}$ de vectorkracht op puntmassa 1 (met massa m_1) is die uitgeoefend wordt door puntmassa 2 (met massa m_2), die zich op een afstand r_{21} bevindt; $\hat{r}_{21}$ is een eenheidsvector met een richting van puntmassa 2 af in de richting van puntmassa 1 langs de lijn die de twee met elkaar verbindt, zodanig dat $\hat{r}_{21} = \vec{r}_{21}/r_{21}$, waarin $\vec{r}_{21}$ de verplaatsingsvector is op de manier zoals is weergegeven in fig. 6.6. Het minteken in vgl. 6.2 is noodzakelijk, omdat de kracht op puntmassa 1 als gevolg van puntmassa 2 in de richting van m_2 werkt, in de richting tegengesteld aan $\vec{r}_{21}$. De verplaatsingsvector $\vec{r}_{12}$ is een vector met dezelfde grootte als $\hat{r}_{21}$, maar is tegengesteld gericht, zodanig dat

$$\vec{r}_{12} = -\vec{r}_{21}.$$

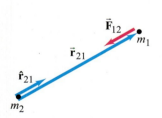

FIGUUR 6.6 De verplaatsingsvector $\vec{r}_{21}$ wijst van de puntmassa met massa m_2 af in de richting van de puntmassa met massa m_1. De weergegeven eenheidsvector, $\hat{r}_{21}$ heeft dezelfde richting als $\vec{r}_{21}$, maar is gedefinieerd met lengte 1.

Volgens de derde wet van Newton moet de kracht $\vec{F}_{21}$ die op m_2 uitgeoefend wordt door m_1 dezelfde grootte hebben als $\vec{F}_{12}$, maar tegengesteld gericht zijn (fig. 6.7), zodat

$$\vec{F}_{21} = -\vec{F}_{12} = G\frac{m_1 m_2}{r_{21}^2}\hat{r}_{21}$$
$$= -G\frac{m_2 m_1}{r_{12}^2}\hat{r}_{12}.$$

De zwaartekracht die uitgeoefend wordt op een puntmassa door een tweede puntmassa, is altijd gericht in de richting van de tweede puntmassa, zoals is weergegeven in fig. 6.6. Wanneer er veel puntmassa's zijn die op elkaar werken, is de totale zwaartekracht op een bepaalde puntmassa de vectorsom van de krachten die door alle andere puntmassa's wordt uitgeoefend. De totale kracht die bijvoorbeeld op puntmassa 1 uitgeoefend wordt is

$$\vec{F}_1 = \vec{F}_{12} + \vec{F}_{13} + \vec{F}_{14} + \ldots + \vec{F}_{1n} = \sum_{i=2}^{n} \vec{F}_{1i} \qquad (6.3)$$

waarin $\vec{F}_{1i}$ de kracht is op puntmassa 1 die uitgeoefend wordt door puntmassa i, en n het totale aantal puntmassa's is.

Deze vectornotatie kan erg handig zijn wanneer de krachten van een groot aantal puntmassa's opgeteld moeten worden. In veel gevallen hoeven we echter niet zo formeel te zijn en kunnen we zorgvuldig met de richtingen omgaan door goede schetsen te maken.

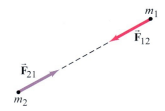

FIGUUR 6.7 Volgens de derde wet van Newton is de zwaartekracht op puntmassa 1 die uitgeoefend wordt door puntmassa 2, $\vec{F}_{12}$, even groot en tegengesteld gericht aan de zwaartekracht op puntmassa 2 die uitgeoefend wordt door puntmassa 1, $\vec{F}_{21}$; dat wil zeggen $\vec{F}_{21} = -\vec{F}_{12}$.

6.3 De zwaartekracht vlak bij het oppervlak van de aarde; geofysische toepassingen

Wanneer vgl. 6.1 toegepast wordt op de zwaartekracht tussen de aarde en een voorwerp op het oppervlak daarvan, wordt m_1 de massa van de aarde m_A, m_2 de massa van het voorwerp m en r de afstand van het voorwerp tot het middelpunt van de aarde; wat de straal van de aarde r_A is. Deze zwaartekracht als gevolg van de aarde is het gewicht van het voorwerp, dat we geschreven hebben als mg. Dus,

$$mg = G\frac{m m_A}{r_A^2}.$$

We kunnen dit oplossen voor g, de versnelling van de zwaartekracht aan het oppervlak van de aarde:

$$g = G\frac{m_A}{r_A^2}. \qquad (6.4)$$

De versnelling van de zwaartekracht aan het oppervlak van de aarde, g, kan bepaald worden met behulp van m_A en r_A. (Verwar G niet met g; het zijn verschillende grootheden die zich tot elkaar verhouden zoals is weergegeven in vgl. 6.4.) Tot G gemeten was, was de massa van de aarde onbekend. Maar zodra G bekend was, kon vgl. 6.4 gebruikt worden om de massa van de aarde te berekenen en Cavendish was de eerste die dat deed. Omdat $g = 9{,}80$ m/s^2 en de straal van de aarde $r_A = 6{,}38 \cdot 10^6$ m is, volgt uit vgl. 6.4 dat

$$m_A = \frac{g r_A^2}{G} = \frac{(9{,}80 \text{ m/s}^2)(6{,}38 \times 10^6 \text{ m})^2}{6{,}67 \times 10^{-11} \text{ N} \cdot \text{m}^2/\text{kg}^2}$$
$$= 5{,}98 \cdot 10^{24} \text{ kg}$$

de massa van de aarde is.

Vgl. 6.4 kan ook toegepast worden voor andere planeten, waarin g, m en r betrekking hebben op een bepaalde planeet.

 Let op

Maak onderscheid tussen G en g.

Voorbeeld 6.4 Schatten   De valversnelling op de Mount Everest

Schat de effectieve waarde van g boven op de Mount Everest, op 8850 m boven zeeniveau (fig. 6.8). Dat wil zeggen, hoe groot is de valversnelling van voorwerpen die op deze hoogte vrij mogen vallen?

FIGUUR 6.8 Voorbeeld 6.4. Mount Everest, 8850 m boven zeeniveau; op de voorgrond de auteur met sherpa's op een hoogte van 5500 m.

Aanpak De grootte van de zwaartekracht (en de valversnelling g) hangt af van de afstand tot het middelpunt van de aarde, dus zal de effectieve waarde g' boven op de Mount Everest kleiner zijn dan die van g op zeeniveau. We veronderstellen dat de aarde een homogene bol is (wat een redelijke 'schatting' is).

Oplossing We gebruiken vgl. 6.4, waarin we r_A vervangen door $r = 6380$ km + 8,9 km = 6389 km = $6,389 \cdot 10^6$ m:

$$g = G\frac{m_A}{r^2} = \frac{(6{,}67 \times 10^{-11}\ \text{N}\cdot\text{m}^2/\text{kg}^2)(5{,}98 \times 10^{24}\ \text{kg})}{(6{,}389 \times 10^6\ \text{m})^2}$$
$$= 9{,}77\ \text{m/s}^2,$$

wat een vermindering betekent van 0,3%.

Opmerking Dit is een schatting omdat we, onder andere, de massa die zich onder de bergtop bevindt genegeerd hebben.

Merk op dat vgl. 6.4 geen exacte waarden voor g op verschillende plaatsen oplevert, omdat de aarde geen perfecte bol is. Het aardoppervlak bevat niet alleen bergen en dalen en welvingen op de evenaar, maar ook is de massa niet nauwkeurig gelijkmatig verdeeld (zie tabel 6.1). Ook de rotatie van de aarde beïnvloedt de waarde van g (zie voorbeeld 6.5). Maar voor de meeste praktische doeleinden zullen we, wanneer een voorwerp zich in de buurt van het oppervlak van de aarde bevindt, voor g de waarde 9,80 m/s² gebruiken en het gewicht van een voorwerp noteren als mg.

> **Opgave A**
> Veronderstel dat je de massa van een planeet zou kunnen verdubbelen en tegelijkertijd het volume ervan gelijk zou kunnen houden. Hoe zou de versnelling van de zwaartekracht, g, aan het oppervlak ervan veranderen?

TABEL 6.1 De valversnelling op verschillende plaatsen op aarde

Plaats	Hoogte (m)	(m/s²)
New York	0	9,803
Amsterdam	2	9,813
Brussel	102	9,811
Pikes Peak	4300	9,789
Sydney, Australië	0	9,798
Evenaar	0	9,780
Noordpool (berekend)	0	9,832

De waarde van g kan lokaal verschillen aan het oppervlak van de aarde vanwege onregelmatigheden en verschillende dichtheden van bijvoorbeeld rotspartijen. Dergelijke fluctuaties in g, die zwaartekrachtanomalieën genoemd worden, zijn erg klein, in de ordegrootte van 10^{-6} of 10^{-7} van de waarde van g. Maar ze zijn wel meetbaar. Met de moderne 'gravimeters' kunnen fluctuaties van g van $1:10^9$ gemeten worden. Geofysici gebruiken dergelijke metingen bij hun onderzoeken van de aardkorst en bij het zoeken naar mineralen en olie. Mineraalafzettingen hebben bijvoorbeeld vaak een grotere dichtheid dan het omringende materiaal en omdat een bepaald volume een grotere massa heeft, kan g boven op zo'n afzetting een iets grotere waarde hebben dan aan de rand ervan. 'Zoutkoepels', waaronder vaak olie gevonden wordt, hebben een lagere dichtheid dan gemiddeld en zoektochten naar een iets verminderde waarde van g op bepaalde locaties hebben geleid tot het vinden van olie.

 Natuurkunde in de praktijk

Geologie - winnen van mineralen en olie

Voorbeeld 6.5 Effect van de rotatie van de aarde op g

Veronderstel dat de aarde een perfecte bol is. Bepaal voor dat geval hoe de draaiing van de aarde invloed heeft op de waarde van g op de evenaar, in vergelijking met de waarde daarvan op de polen.

Aanpak In fig. 6.9 is een mens (niet op schaal!) met massa m weergegeven die op twee plaatsen op aarde bij een dokter op de weegschaal staat. Op de noordpool werken er twee krachten op massa m: de zwaartekracht, $\vec{F}_G = m\vec{g}$, en de kracht waarmee de weegschaal tegen de massa drukt, $\vec{w}$. We noemen deze laatste kracht w. Dit is wat de weegschaal aangeeft als gewicht van het voorwerp en volgens de derde wet van Newton is het gewicht gelijk aan de kracht waarmee de massa op de weegschaal drukt. Omdat de massa niet versnelt, kunnen we de tweede wet van Newton gebruiken:

$mg - w = 0$,

dus

$w = mg$.

Het gewicht w dat de veer van de weegschaal meet, is gelijk aan mg, wat natuurlijk niet verbazingwekkend is. Op de evenaar is er echter *wel* een versnelling, omdat de aarde draait. Dezelfde grootte van de zwaartekracht $F_G = mg$ werkt verticaal omlaag (we veronderstellen dat g de versnelling van de zwaartekracht is zonder rekening te houden met de rotatie van de aarde en de lichte welving in de omtrek van de aarde op de evenaar). De weegschaal drukt verticaal omhoog met een kracht w'; w' is ook de kracht waarmee de persoon tegen de weegschaal drukt (de derde wet van Newton), en is dus het gewicht dat op weegschaal wordt aangegeven. Als we de tweede wet van Newton toepassen levert dat (zie fig. 6.9)

$$mg - w' = m\frac{v^2}{r_A},$$

omdat de persoon met massa m nu een centripetale versnelling heeft als gevolg van de draaiing van de aarde; $r_A = 6{,}38 \cdot 10^6$ m en v is de snelheid van m als gevolg van de dagelijkse omwenteling van de aarde.

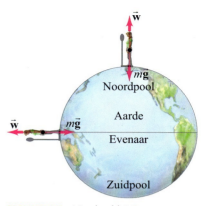

FIGUUR 6.9 Voorbeeld 6.5.

Oplossing Eerst berekenen we de snelheid v van een voorwerp in rust op de evenaar, waarbij we weten dat de aarde een omwenteling (afstand = omtrek van aarde = $2\pi r_A$) per dag = $(24 \text{ u})(60 \text{ min/u})(60 \text{ s/min}) = 8{,}64 \cdot 10^4$ s maakt:

$$v = \frac{2\pi r_A}{1 \text{ dag}} = \frac{(6{,}283)(6{,}38 \times 10^6 \text{m})}{(8{,}64 \times 10^4 \text{s})}$$
$$= 4{,}640 \cdot 10^2 \text{ m/s}.$$

Het effectieve gewicht $w' = mg'$, waarin g' de effectieve waarde van g is en dus is $g' = w'/m$. Als we de bovenstaande vergelijking oplossen voor w', levert dat

$$w' = m\left(g - \frac{v^2}{r_A}\right),$$

dus

$$g' = \frac{w'}{m} = g - \frac{v^2}{r_A}.$$

Dus is

$$\Delta g = g - g' = \frac{v^2}{r_A} = \frac{(4{,}640 \times 10^2 \text{ m/s})^2}{(6{,}38 \times 10^6 \text{ m})}$$
$$= 0{,}0337 \text{ m/s}^2,$$

wat ongeveer overeenkomt met $\Delta g \approx 0{,}003g$, een verschil van 0,3%.

Opmerking In tabel 6.1 zien we dat het verschil in g op de pool en op de evenaar in werkelijkheid hoger dan dit resultaat is: $(9{,}832 - 9{,}780)$ m/s^2 = 0,052 m/s. Dit verschil wordt voornamelijk veroorzaakt door het feit dat de aarde iets omvangrijker is over de evenaar (ongeveer 21 km) dan over de polen.

Opmerking De berekening van de effectieve waarde van g op andere breedtegraden dan bij de polen of op de evenaar is een tweedimensionaal vraagstuk, omdat $\vec{F}_G$ in radiale richting werkt in de richting van het middelpunt van de aarde. De centripetale versnelling is loodrecht gericht op de rotatieas, evenwijdig aan de evenaar. Dat betekent dat een loodlijn (de effectieve richting van g) niet exact verticaal staat, behalve op de evenaar en op de polen.

■ De aarde als inertiaalstelsel

Vaak nemen we aan dat referentiestelsels die aan de aarde bevestigd zijn inertiaalstelsels zijn. De berekening die we in voorbeeld 6.5 maakten, laat zien dat deze aanname kan leiden tot fouten bij het gebruik van de tweede wet van Newton bijvoorbeeld, die echter niet groter zijn dan ongeveer 0,3%. In hoofdstuk 11 komen we uitgebreid terug op de effecten van de draaiing van de aarde en referentiestelsels, als we het hebben over het Corioliseffect.

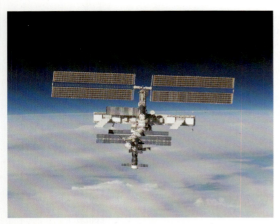

FIGUUR 6.10 Een satelliet, het International Space Station (ISS), in zijn baan om de aarde.

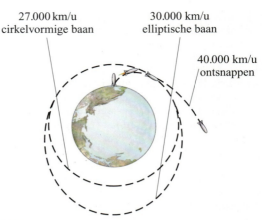

FIGUUR 6.11 Kunstmatige satellieten worden met verschillende snelheden gelanceerd.

6.4 Satellieten en 'gewichtloosheid'

■ De beweging van satellieten

Natuurkunde in de praktijk

Kunstmatige satellieten van de aarde

Kunstmatige satellieten die om de aarde cirkelen zijn tegenwoordig heel gewoon (fig. 6.10). Een satelliet wordt in een baan om de aarde gebracht door deze met behulp van raketten een voldoende grote tangentiale snelheid te geven, op de manier zoals is weergegeven in fig. 6.11. Als de snelheid te hoog is, zullen de ruimteschepen niet meer door de zwaartekracht in hun baan gehouden worden en ontsnappen, om nooit meer terug te keren. Als de snelheid te laag is, zal het ruimteschip terugkeren naar de aarde. Satellieten worden meestal in een cirkelvormige (of nagenoeg cirkelvormige) baan gebracht, omdat daarvoor de kleinste startsnelheid nodig is.

Soms wordt wel eens gevraagd: 'Waardoor blijft een satelliet zweven?' Het antwoord is: door zijn hoge snelheid. Als een satelliet tot stilstand zou komen, zou deze meteen op de aarde neerstorten. Maar door de hoge snelheid die een satelliet heeft, zou deze snel de ruimte in vliegen (fig. 6.12) als de zwaartekracht van de aarde de satelliet niet in zijn baan zou houden. Een satelliet *valt* daadwerkelijk (versnelt in de richting van de aarde), maar de hoge tangentiale snelheid voorkomt dat de satelliet op de aarde neerstort.

FIGUUR 6.12 Een bewegende satelliet 'valt' uit een rechtlijnige baan naar de aarde.

Voor satellieten die een cirkelvormige baan beschrijven (tenminste bij benadering), is de benodigde versnelling centripetaal gericht en gelijk aan v^2/r. De kracht die een satelliet deze versnelling geeft is de zwaartekracht die door de aarde uitgeoefend wordt en omdat een satelliet zich op een aanzienlijke afstand van de aarde kan bevinden, moeten we de wet van de universele zwaartekracht van Newton (vgl. 6.1) gebruiken om de kracht die erop werkt te berekenen. Vervolgens kunnen we de tweede wet van Newton, $\Sigma F_R = ma_R$ in de radiale richting toepassen:

$$G\frac{mm_A}{r^2} = m\frac{v^2}{r}, \tag{6.5}$$

waarin m de massa van de satelliet is. Deze vergelijking beschrijft de relatie tussen de afstand van de satelliet tot het middelpunt van de aarde, r, en de snelheid, v, ervan in een cirkelvormige baan. Merk op dat er slechts één kracht, de zwaartekracht, op de satelliet werkt en dat r de som is van de straal van de aarde r_A plus de hoogte h waarop de satelliet boven de aarde cirkelt: $r = r_A + h$.

Natuurkunde in de praktijk

Geostationaire satellieten

Voorbeeld 6.6 Geostationaire satelliet

Een *geostationaire* satelliet is een satelliet die steeds boven hetzelfde punt op aarde staat, wat alleen mogelijk is als dat punt zich boven de evenaar bevindt. Dergelijke satellieten worden gebruikt om tv- en radiosignalen te verzenden en voor bijvoorbeeld weersvoorspellingen of communicatie. Bepaal (*a*) de hoogte boven het oppervlak van de aarde waarop zo'n satelliet moet staan en (*b*) de snelheid van zo'n satelliet. (*c*) Vergelijk deze snelheid met de snelheid van een satelliet die 200 km boven het oppervlak van de aarde rondcirkelt.

Aanpak Om boven hetzelfde punt op aarde te blijven staan, terwijl de aarde draait, moet de satelliet een periode hebben van 24 uur. We kunnen de tweede wet van Newton, $F = ma$ toepassen, waarin $a = v^2/r$ als we veronderstellen dat de baan cirkelvormig is.

Oplossing (*a*) De enige kracht die op de satelliet werkt is de universele zwaartekracht van de aarde. (We kunnen de zwaartekracht die uitgeoefend wordt door de zon negeren. Waarom?) We passen vgl. 6.5 toe, omdat we veronderstellen dat de satelliet een cirkelvormige baan beschrijft:

$$G\frac{m_{Sat}m_A}{r^2} = m_{Sat}\frac{v^2}{r}.$$

Deze vergelijking heeft twee onbekenden, r en v. Maar de satelliet draait in dezelfde periode om de aarde als waarin de aarde om haar as draait, namelijk een keer per 24 uur. De snelheid van de satelliet moet dus

$$v = \frac{2\pi r}{T},$$

zijn, waarin T = 1 dag = (24 u)(3600 s/u) = 86.400 s. We substitueren dit in de bovenstaande 'satellietvergelijking' en delen beide zijden door m_{Sat}. Dat levert

$$G\frac{m_A}{r^2} = \frac{(2\pi r)^2}{rT^2}.$$

Na delen door r, kunnen we r^3 bepalen:

$$r^3 = \frac{Gm_A T^2}{4\pi^2} = \frac{(6{,}67 \times 10^{-11} \text{ N} \cdot \text{m}^2/\text{kg}^2)(5{,}98 \times 10^{24} \text{ kg})(86{.}400 \text{ s})^2}{4\pi^2}$$
$$= 7{,}54 \cdot 10^{22} \text{ m}^3.$$

We trekken de derdemachtswortel en ontdekken dat $r = 4{,}23 \cdot 10^7$ m, ofwel 42.300 km van het middelpunt van de aarde. Als we daarvan de straal van de aarde, 6380 km, aftrekken, weten we dat een geostationaire satelliet ongeveer 36.000 km (ongeveer $6r_A$) boven het oppervlak van de aarde moet cirkelen.

(*b*) We kunnen hiermee v berekenen in de satellietvergelijking, vgl. 6.5:

$$v = \sqrt{\frac{Gm_A}{r}} = \sqrt{\frac{(6{,}67 \times 10^{-11} \text{ N} \cdot \text{m}^2/\text{kg}^2)(5{,}98 \times 10^{24} \text{ kg})}{(4{,}23 \times 10^7 \text{ m})}} = 3070 \text{ m/s}.$$

Hetzelfde resultaat krijgen we als we $v = 2\pi r/T$ gebruiken.

(*c*) De vergelijking bij (*b*) voor v levert $v \propto \sqrt{1/r}$. Dus voor $r = r_A + h = 6380$ km + 200 km = 6580 km, levert dat

$$v' = v\sqrt{\frac{r}{r'}} = (3070 \text{ m/s})\sqrt{\frac{(42.300 \text{ km})}{(6580 \text{ km})}} = 7780 \text{ m/s}.$$

Opmerking Het middelpunt van de baan die een satelliet maakt is altijd hetzelfde als het middelpunt van de aarde; het is dus niet mogelijk om een satelliet boven een vast punt op de aarde te laten cirkelen op een andere breedtegraad dan 0°.

Conceptvoorbeeld 6.7 Een satelliet pakken

Je bent de astronaut in het ruimteveer en bent bezig een satelliet te repareren. Je beschrijft een cirkelvormige baan met dezelfde straal als die van de satelliet, maar de satelliet bevindt zich op 30 km voor jou. Hoe kun je de satelliet inhalen?

Antwoord In voorbeeld 6.5 (of vgl. 6.5) hebben we gezien dat de snelheid rechtevenredig is met $1/\sqrt{r}$. Je moet dus een kleinere baan proberen te beschrijven om je snelheid te verhogen. Merk op dat je je snelheid niet kunt veranderen zonder je baan te veranderen. Nadat je de satelliet ingehaald hebt, moet je vertragen en weer een grotere baan gaan beschrijven.

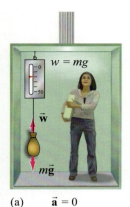

(a) $\vec{a} = 0$

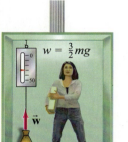

(b) $\vec{a} = 0{,}5\vec{g}$ (omhoog)

(c) $\vec{a} = \vec{g}$ (omlaag)

FIGUUR 6.13 (a) Een voorwerp in een lift in rust oefent een kracht op een veerunster uit die gelijk is aan het gewicht ervan. (b) In een lift die verticaal omhoog versnelt met $0{,}5g$ is het schijnbare gewicht van een voorwerp 1,5 maal zo groot als het werkelijke gewicht. (c) In een vrij vallende lift ervaart het voorwerp 'gewichtloosheid' en de unster geeft een gewicht nul aan.

Opgave B
Twee satellieten beschrijven dezelfde cirkelvormige baan om de aarde. De ene satelliet heeft een twee keer grotere massa dan de andere. Welk van de volgende beweringen over de snelheden van deze satellieten is waar? (*a*) De zwaardere satelliet beweegt tweemaal zo snel als de lichtere. (*b*) De twee satellieten hebben dezelfde snelheid. (*c*) De lichtere satelliet beweegt tweemaal zo snel als de zwaardere. (*d*) De zwaardere satelliet beweegt viermaal zo snel als de lichtere.

Gewichtloosheid

Mensen en andere voorwerpen in een satelliet die om de aarde cirkelt ervaren een gevoel van gewichtloosheid. Laten we eerst eens kijken naar het eenvoudiger geval van de vallende lift. In fig. 6.13a is een lift in rust weergegeven waarin een zak opgehangen is aan een veerunster. De schaal geeft de grootte van de kracht aan die verticaal omlaag uitgeoefend wordt door de zak. Deze kracht, uitgeoefend *op* de veerunster, is gelijk en tegengesteld gericht aan de kracht die verticaal omhoog uitgeoefend wordt *door* de unster op de zak, en we noemen de grootte ervan w. Er werken twee krachten op de zak: de verticaal omlaag gerichte zwaartekracht en de verticaal omhoog gerichte kracht die door de unster uitgeoefend wordt en grootte w heeft. Omdat de zak niet versnelt ($a = 0$) levert toepassen van $\Sigma F = ma$ op de zak in fig. 6.13a het volgende op

$$w - mg = 0,$$

waarin mg het gewicht van de zak is. w is dus mg en omdat de unster de kracht w aangeeft die door de zak uitgeoefend wordt, geeft deze een kracht aan die gelijk is aan het gewicht van de zak, zoals te verwachten is.

Maar veronderstel nu dat de lift een versnelling a heeft. Toepassen van de tweede wet van Newton, $\Sigma F = ma$ op de zak vanuit in een inertiaalstelsel (de lift zelf is geen inertiaalstelsel) levert

$$w - mg = ma.$$

Oplossen voor w levert

$$w = mg + ma. \qquad [a \text{ is } + \text{ verticaal omhoog}]$$

We hebben de positieve richting omhoog gekozen. Dus geldt dat, als de versnelling a omhoog gericht is, a positief is; en de unster die w aangeeft, zal meer dan mg aangeven. We noemen w het *schijnbare gewicht* van de zak, dat in dit geval groter is dan het werkelijke gewicht (mg). Als de lift verticaal omlaag versnelt, zal a negatief zijn en w, het schijnbare gewicht, minder dan mg. De richting van de snelheid v is niet van belang. Alleen de richting van de versnelling a (en de grootte ervan) beïnvloedt de uitlezing van de unster.

Veronderstel, bijvoorbeeld, dat de versnelling van de lift $\tfrac{1}{2}g$ verticaal omhoog is; dat levert

$$w = mg + m(\tfrac{1}{2}g) = 1\tfrac{1}{2}mg.$$

Dat wil zeggen dat de unster $1\tfrac{1}{2}$ maal het werkelijke gewicht van de zak aangeeft (fig. 6.13b). Het schijnbare gewicht van de zak is $1\tfrac{1}{2}$ maal het werkelijke gewicht. Datzelfde geldt voor de persoon in de lift: haar schijnbare gewicht (gelijk aan de normaalkracht die op haar uitgeoefend wordt door de vloer van de lift) is 1,5 maal haar werkelijke gewicht. We kunnen zeggen dat ze 1,5 g ervaart, net als de astronauten veel g-krachten ervaren tijdens de lancering van de raket.

Als de versnelling van de lift a echter $-0{,}5g$ (verticaal omlaag) is, is $w = mg - 0{,}5mg = 0{,}5mg$. In dat geval geeft de unster een gewicht aan dat de helft is van het werkelijke gewicht. Als de lift *vrij valt* (bijvoorbeeld als de kabels breken), is $a = -g$ en $w = mg - mg = 0$. De unster geeft een gewicht van nul aan. Zie fig. 6.13c. De zak lijkt gewichtloos te zijn. Als de persoon in de lift die versnelt met $-g$ een potlood zou laten vallen, zou dat niet op de grond vallen. Het potlood zou immers vallen met een versnelling $-g$. Maar dat is ook de versnelling van de vloer van de lift en de persoon. Het potlood zou gewoon voor de persoon blijven zweven. Dit verschijnsel wordt *schijnbare gewichtloosheid* genoemd omdat, in het referentiestelsel van de persoon, voorwerpen niet vallen of geen gewicht lijken te hebben terwijl de zwaartekracht toch niet verdwenen is. De zwaartekracht werkt nog steeds op elk voorwerp, dat een gewicht heeft dat nog steeds mg is. De persoon en de andere voorwerpen lijken alleen gewichtloos omdat de lift een vrije val maakt en er geen contactkracht op de persoon werkt die ervoor zorgt dat zij haar gewicht voelt.

De 'gewichtloosheid' die mensen in een satellietbaan in de buurt van de aarde ervaren (fig. 6.14) is dezelfde schijnbare gewichtloosheid die je kunt ervaren in een vrij vallende lift. In eerste instantie kan het je misschien vreemd voorkomen om je voor te stellen dat een satelliet eigenlijk een vrije val maakt. Maar een satelliet valt echt in de richting van de aarde, zoals we gezien hebben in fig. 6.12. De zwaartekracht zorgt ervoor dat de satelliet uit zijn natuurlijke rechte baan 'valt'. De versnelling van de satelliet moet op dat punt de valversnelling zijn, omdat de zwaartekracht de enige kracht is die erop werkt. (We gebruikten dit gegeven om tot vgl. 6.5 te komen.) Dus hoewel de zwaartekracht op voorwerpen binnen de satelliet werkt, ervaren de voorwerpen een schijnbare gewichtloosheid omdat ze, samen met de satelliet, versnellen zoals bij een vrije val.

> **Opgave C**
> Bekijk de openingsvraag aan het begin van het hoofdstuk nog een keer en beantwoord de vraag opnieuw. Probeer uit te leggen, als je antwoord eerst anders was, waarom je antwoord veranderd is.

In fig. 6.15 zijn enkele voorbeelden van een 'vrije val' of toestand van schijnbare gewichtloosheid weergegeven die mensen op aarde kortstondig kunnen ervaren.

Een volkomen andere situatie ontstaat wanneer een ruimteschip in de ruimte zich ver van de aarde, de maan en andere aantrekkende voorwerpen bevindt. De zwaartekracht als gevolg van de aarde en andere hemellichamen zal dan erg klein zijn, omdat de afstanden groot zijn, waardoor de bemanningsleden van dergelijke ruimteschepen een werkelijk gevoel van gewichtloosheid zouden ervaren.

FIGUUR 6.14 Deze astronaut is buiten het International Space Station (ISS) aan het werk. Hij moet zich erg vrij voelen, omdat hij een schijnbare gewichtloosheid ervaart.

> **Opgave D**
> Zouden astronauten in een ruimteschip diep in de ruimte gemakkelijk een bowlingbal (m = 7 kg) kunnen vangen?

(a) (b) (c)

FIGUUR 6.15 'Gewichtloosheid' op aarde.

6.5 De wetten van Kepler en de synthese van Newton

Meer dan een halve eeuw voordat Newton zijn drie bewegingswetten en zijn wet van de universele zwaartekracht poneerde, had de Duitse astronoom Johannes Kepler (1571-1630) al een gedetailleerde omschrijving van de beweging van de planeten om

FIGUUR 6.16 *De eerste wet van Kepler.* Een ellips is een gesloten kromme waarvoor geldt dat de som van de afstanden van een willekeurig punt P op de kromme tot twee vaste punten (die de brandpunten, F_1 en F_2, genoemd worden) constant blijft. Dat wil zeggen dat de som van de afstanden, $F_1P + F_2P$ voor alle punten op de kromme gelijk is. Een cirkel is een speciale vorm van een ellips, omdat daarbij de twee brandpunten samenvallen in het middelpunt van de cirkel. De halve lange as is s (dat wil zeggen de lange as is $2s$) en de halve korte as is b, op de manier zoals is weergegeven in de figuur. De excentriciteit, e, is gedefinieerd als de verhouding van de afstand van elk brandpunt tot het middelpunt, gedeeld door de halve lange as s. Is e_s de afstand van het middelpunt naar elk brandpunt, op de manier zoals is weergegeven in de figuur, dan geldt $e = e_s/s$. Voor een cirkel is e gelijk aan 0. De aarde en de meeste andere planeten hebben nagenoeg cirkelvormige banen. Voor de aarde heeft e de waarde 0,017.

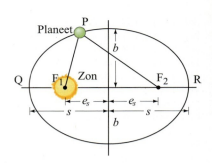

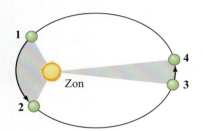

FIGUUR 6.17 *De tweede wet van Kepler.* De twee gearceerde gebieden hebben dezelfde oppervlakte. De planeet beweegt van punt 1 naar punt 2 in dezelfde tijd als van punt 3 naar punt 4. Planeten bewegen het snelst in dat deel van hun baan waarin ze zich het dichtst bij de zon bevinden. Niet op schaal.

de zon uitgewerkt. Het werk van Kepler bestond voor een deel uit het jarenlang bestuderen van gegevens over de posities van de planeten in hun bewegingen die verzameld waren door Tycho Brahe (1546-1601).

De werken van Kepler bevatten drie empirische bevindingen die we tegenwoordig **de bewegingswetten van Kepler** noemen. Deze kunnen als volgt samengevat worden (met aanvullende informatie in de figuren 6.16 en 6.17).
De eerste wet van Kepler: de baan van elke planeet om de zon is een ellips, waarbij de zon een brandpunt is (fig. 6.16).
De tweede wet van Kepler: elke planeet beweegt zodanig dat het mogelijk is om een denkbeeldige lijn te trekken van de zon naar die planeet die in gelijke periodes vlakken bestrijkt met dezelfde oppervlakte (fig. 6.17).
De derde wet van Kepler: de verhouding van de kwadraten van de periodes van twee willekeurige planeten die een baan om de zon beschrijven is gelijk aan de verhouding van de derde machten van hun halve lange assen. De halve lange as is de helft van de lange as van de baan, op de manier zoals is weergegeven in fig. 6.16, en komt overeen met de gemiddelde afstand van de planeet tot de zon.[1] Dat wil zeggen dat als T_1 en T_2 de periodes (de benodigde tijd om een omwenteling om de zon uit te voeren) voor twee willekeurige planeten zijn en s_1 en s_2 de halve lange assen van die planeten, geldt dat

$$\left(\frac{T_1}{T_2}\right)^2 = \left(\frac{s_1}{s_2}\right)^3.$$

We kunnen dit herschrijven als

$$\frac{s_1^3}{T_1^2} = \frac{s_2^3}{T_2^2},$$

wat betekent dat s^3/T^2 gelijk moet zijn voor elke planeet. In tabel 6.2 vind je in de laatste kolom recente gegevens.

TABEL 6.2 Planeetgegevens, toegepast op de derde wet van Kepler.

Planeet	Gemiddelde afstand tot de zon, s (10^6 km)	Periode, T (aardjaren)	s^3/T^2 (10^{24} km³/jaar²)
Mercurius	57,9	0,241	3,34
Venus	108,2	0,615	3,35
Aarde	149,6	1,0	3,35
Mars	227,9	1,88	3,35
Jupiter	778,3	11,86	3,35
Saturnus	1427	29,5	3,34
Uranus	2870	84,0	3,35
Neptunus	4497	165	3,34
Pluto	5900	248	3,34

Ook Pluto is vermeld, hoewel die in 2006 van planeet 'gedegradeerd' werd tot dwergplaneet

Kepler kwam tot zijn wetten door experimentele gegevens zorgvuldig te analyseren. Vijftig jaar later kon Newton aantonen dat de wetten van Kepler wiskundig afgeleid konden worden uit de wet van de universele zwaartekracht en de bewegingswetten. Hij toonde ook aan dat van alle mogelijk zinnige vormen voor de wet van de zwaartekracht, slechts diegene die afhankelijk is van het omgekeerde kwadraat van de afstand, volledig in overeenstemming is met de wetten van Kepler. Hij gebruikte dus de wetten van Kepler als bewijs voor zijn eigen wet van de universele zwaartekracht, vgl. 6.1.
In hoofdstuk 11 zullen we de tweede wet van Kepler afleiden. We zullen hier de derde wet van Kepler afleiden en we doen dat voor het speciale geval van een cirkelvormige baan, waarin de halve lange as

---

[1] De halve lange as is gelijk aan de gemiddelde afstand van de planeet tot de zon, in de zin dat deze gelijk is aan de helft van de som van de dichtstbijzijnde en verst verwijderde afstanden van de zon (de punten Q en R in fig. 6.16). De baan van de meeste planeten is nagenoeg cirkelvormig en bij een cirkel is de halve lange as gelijk aan de straal van de cirkel.

gelijk is aan de straal r van de cirkel. (De baan van de meeste planeten benadert een cirkel.) We beginnen door de tweede bewegingswet van Newton, $\Sigma F = ma$, op te schrijven. Voor F gebruiken we de wet van de universele zwaartekracht (vgl. 6.1) voor de kracht tussen de zon en een planeet met massa m_1 en voor a de centripetale versnelling, v^2/r. We veronderstellen dat de massa van de zon, M_Z, veel groter is dan de massa van de planeten en dus negeren we de effecten van de planeten op elkaar. In dat geval geldt

$$\Sigma F = ma$$
$$G\frac{m_1 M_Z}{r_1^2} = m_1 \frac{v_1^2}{r_1}.$$

Hierin is m_1 de massa van een bepaalde planeet, r_1 de afstand van die planeet tot de zon en v_1 de gemiddelde snelheid van die planeet in zijn baan; M_Z is de massa van de zon, omdat elke planeet in zijn baan gehouden wordt door de aantrekkingskracht van de zon. De periode T_1 van de planeet is de tijd die deze nodig heeft om een complete baan te beschrijven. De in die tijd afgelegde afstand is gelijk aan $2\pi r_1$: de omtrek van een cirkel. Dus geldt dat

$$v_1 = \frac{2\pi r_1}{T_1}.$$

We substitueren deze formule voor v_1 in de bovenstaande vergelijking:

$$G\frac{m_1 M_Z}{r_1^2} = m_1 \frac{4\pi^2 r_1}{T_1^2}.$$

Deze vergelijking kan omgeschreven worden tot

$$\frac{T_1^2}{r_1^3} = \frac{4\pi^2}{GM_Z}. \tag{6.6}$$

We hebben deze vergelijking afgeleid voor planeet 1 (bijvoorbeeld Mars). Dezelfde afleiding kunnen we ook gebruiken voor een tweede planeet (bijvoorbeeld Saturnus) die een baan om de zon beschrijft,

$$\frac{T_2^2}{r_2^3} = \frac{4\pi^2}{GM_Z},$$

waarin T_2 en r_2 respectievelijk de periode en de straal van de baan van die tweede planeet zijn. Omdat de rechterzijden van de vorige twee vergelijkingen gelijk zijn, hebben we $T_1^2/r_1^3 = T_2^2/r_2^3$ of, anders geschreven,

$$\left(\frac{T_1}{T_2}\right)^2 = \left(\frac{r_1}{r_2}\right)^3, \tag{6.7}$$

wat de derde wet van Kepler is. De vergelijkingen 6.6 en 6.7 zijn ook geldig voor elliptische banen als we r vervangen door de halve lange as s.
Bij de afleiding van de vergelijkingen 6.6 en 6.7 (de derde wet van Kepler) vergeleken we twee planeten die een baan om de zon beschrijven. Maar ze zijn algemeen genoeg om ook toepasbaar te zijn op andere systemen. We zouden bijvoorbeeld vgl. 6.6 toe kunnen passen op onze maan die om de aarde cirkelt (door M_Z te vervangen door M_A, de massa van de aarde). We zouden ook vgl. 6.7 kunnen toepassen op twee manen van Jupiter. Maar de derde wet van Kepler, vgl. 6.7, is alleen geldig voor voorwerpen die roteren om hetzelfde aantrekkende middelpunt. Gebruik vgl. 6.7 dus niet om de baan van de maan om de aarde te vergelijken met de baan van Mars om de zon, omdat deze banen beschreven worden om twee verschillende aantrekkende middelpunten.
In de volgende voorbeelden veronderstellen we dat de banen cirkelvormig zijn, hoewel dat over het algemeen niet helemaal correct is.

 Let op

Vergelijk alleen banen van voorwerpen om hetzelfde middelpunt.

Voorbeeld 6.8 Waar is Mars?

De periode van Mars (een 'Marsjaar') werd door Kepler als eerste vastgesteld op ongeveer 687 dagen ('aardedagen'), wat overeenkomt met (687 d/365 d) = 1,88 jaar ('aardejaar'). Bereken de gemiddelde afstand tussen Mars en de zon met de aarde als referentie.

Aanpak We kennen de verhouding tussen de periodes van Mars en de aarde. We kunnen de afstand van Mars tot de zon bepalen met de derde wet van Kepler, omdat we weten dat de afstand tussen de aarde en de zon $1{,}50 \cdot 10^{11}$ m is (tabel 6.2; ook tabel voor in dit boek).

Oplossing Veronderstel dat de afstand van Mars tot de zon r_{MZ} is en de afstand van de aarde naar de zon $r_{AZ} = 1{,}50 \cdot 10^{11}$ m is. Uit de derde wet van Kepler (vgl. 6.7) volgt:

$$\frac{r_{MZ}}{r_{AZ}} = \left(\frac{T_M}{T_A}\right)^{\frac{2}{3}} = \left(\frac{1{,}88 \text{ jr}}{1 \text{ jr}}\right)^{\frac{2}{3}} = 1{,}52.$$

Dus Mars is 1,52 maal de afstand van de aarde tot de zon verwijderd van de zon, ofwel, $2{,}28 \cdot 10^{11}$ m.

Natuurkunde in de praktijk

De massa van de zon bepalen

Voorbeeld 6.9 De massa van de zon bepalen

Bepaal de massa van de zon als de afstand van de aarde tot de zon, $r_{AZ} = 1{,}5 \cdot 10^{11}$ m is.

Aanpak In vgl. 6.6 is de massa van de zon M_Z gerelateerd aan de periode en de afstand van een willekeurige planeet. We gebruiken de aarde.

Oplossing De periode van de aarde is $T_A = 1$ jaar $= (365{,}25 \text{ d})(24 \text{ u/d})(3600 \text{ s/u}) = 3{,}16 \cdot 10^7$ s. We lossen vgl. 6.6 op voor M_Z:

$$M_Z = \frac{4\pi^2 r_{AZ}^3}{G T_A^2} = \frac{4\pi^2 (1{,}5 \times 10^{11} \text{ m})^3}{\left(6{,}67 \times 10^{-11} \text{ N} \cdot \text{m}^2/\text{kg}^2\right)(3{,}16 \times 10^7 \text{ s})^2} = 2{,}0 \times 10^{30} \text{ kg}.$$

Opgave E
Veronderstel een planeet die een cirkelvormige baan beschrijft die precies tussen die van Mars en Jupiter in ligt. Hoe groot zou de periode zijn van die planeet in 'aardejaren'? Gebruik tabel 6.2.

Natuurkunde in de praktijk

Perturbaties en het ontdekken van planeten

Nauwkeurige metingen aan de banen van de planeten wezen uit dat ze niet exact de wetten van Kepler volgen. Er bleken bijvoorbeeld geringe afwijkingen te zijn van de perfect elliptische banen. Newton was zich ervan bewust dat dit te verwachten was, omdat elke willekeurige planeet niet alleen aangetrokken wordt door de zwaartekracht van de zon, maar ook (maar in veel mindere mate) door de andere planeten. Dergelijke afwijkingen in de baan van Saturnus, die **perturbaties** genoemd worden, waren voor Newton een aanwijzing bij het formuleren van de wet van de universele zwaartekracht, aangezien alle voorwerpen elkaar door onderlinge zwaartekracht in meer of mindere mate aantrekken. Door andere perturbaties te bestuderen konden later de planeten Neptunus en Pluto ontdekt worden. Afwijkingen in de baan van Uranus konden bijvoorbeeld niet verklaard worden door perturbaties als gevolg van de andere bekende planeten. Zorgvuldige berekeningen in de negentiende eeuw wezen erop dat deze afwijkingen verklaard zouden kunnen worden als er een andere planeet verder weg in het zonnestelsel zou bestaan. De positie van deze planeet kon voorspeld worden op basis van de afwijkingen in de baan van Uranus. Door telescopen op dat gebied van de ruimte te richten kon al gauw een nieuwe planeet gevonden worden, die Neptunus werd gedoopt. Vergelijkbare, maar veel kleinere perturbaties van de baan van Neptunus, leidden tot de ontdekking van Pluto in 1930. Een lang leven was deze laatste planeet niet gegeven, want in 2006 werd Pluto door astronomen gedegradeerd tot dwergplaneet.

Sinds het midden van de jaren negentig van de vorige eeuw werd een aantal planeten om ver verwijderde sterren (fig. 6.18) ontdekt op basis van de regelmatige wiebelbeweging van deze sterren als gevolg van de aantrekking van de zwaartekracht van de cirkelende planeet/planeten. Er zijn nu al veel van deze 'planeten' bekend.

Natuurkunde in de praktijk

Planeten om andere sterren

De ontwikkeling door Newton van de wet van de universele zwaartekracht en de drie bewegingswetten was een belangrijke intellectuele prestatie: met deze wetten kon hij de beweging van voorwerpen op aarde en in de ruimte beschrijven. De bewegingen

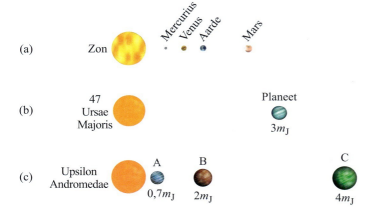

FIGUUR 6.18 Planeten van ons zonnestelsel (a) in vergelijking met recent ontdekte planeten om (b) ster 47 Ursae Majoris en (c) ster Upsilon Andromedae met ten minste drie planeten. m_J is de massa van Jupiter. (De afmetingen zijn niet op schaal.)

van hemellichamen en voorwerpen op aarde bleken dezelfde wetten te volgen (wat niet eerder geconstateerd was). Daarom, en ook omdat Newton de resultaten van eerdere wetenschappers in zijn systeem integreerde, wordt soms gesproken over de **synthese van Newton**.

De wetten die Newton formuleerde worden **causale wetten** genoemd. Met **causaliteit** bedoelen we dat een gebeurtenis de oorzaak kan zijn van een andere gebeurtenis. Wanneer een steen tegen een raam komt, zeggen we dat de steen *er de oorzaak van is* dat het raam sneuvelt. Dit concept van 'oorzaak' en 'gevolg' past ook bij de wetten van Newton: de versnelling van een voorwerp werd beschouwd als *veroorzaakt* door de kracht die erop werkt.

Als gevolg van de theorieën van Newton werd het heelal nu door veel wetenschappers en filosofen gezien als een grote machine waarvan de onderdelen op een *deterministische* manier bewegen. Deze deterministische beschouwing van het heelal moest echter door wetenschappers in de twintigste eeuw aangepast worden (zie hoofdstuk 38).

Voorbeeld 6.10 Lagrange-punt

De wiskundige Joseph-Louis Lagrange ontdekte vijf speciale punten in de nabijheid van de baan van de aarde om de zon, waarin een kleine satelliet (massa m) om de zon kan cirkelen met dezelfde periode T als de aarde (= 1 jaar). Een van deze 'Lagrange-punten', dat L1 genoemd wordt, ligt tussen de aarde (massa M_A) en de zon (massa M_Z) op de lijn waarmee de twee met elkaar verbonden kunnen worden (fig. 6.19). Dat wil zeggen dat de aarde en de satelliet altijd een afstand d van elkaar verwijderd zijn. Als de orbitale straal van de aarde (de straal van de cirkelbeweging van de aarde om de zon) R_{AZ} is, is de orbitale straal van de satelliet ($R_{AZ} - d$). Bepaal d.

Aanpak We gebruiken de wet van de universele zwaartekracht van Newton en stellen die gelijk aan de massa maal de centripetale versnelling. Maar hoe kan een voorwerp met een kleinere baan dan die van de aarde dezelfde periode hebben als de aarde? Volgens de derde wet van Kepler betekent een kleinere baan om de zon immers een kortere periode. Maar die wet is alleen afhankelijk van de aantrekkende zwaartekracht van de zon. Onze massa m wordt door zowel de zon als de aarde aangetrokken.

Oplossing Omdat we veronderstellen dat de satelliet een verwaarloosbare massa heeft in vergelijking met de massa's van de aarde en de zon, zal de baan van de aarde voor het allergrootste deel bepaald worden door de zon. Toepassen van de tweede wet van Newton levert

$$\frac{GM_A M_Z}{R_{AZ}^2} = M_A \frac{v^2}{R_{AZ}} = \frac{M_A}{R_{AZ}} \frac{(2\pi R_{AZ})^2}{T^2}$$

of

$$\frac{GM_Z}{R_{AZ}^2} = \frac{4\pi^2 R_{AZ}}{T^2}. \tag{i}$$

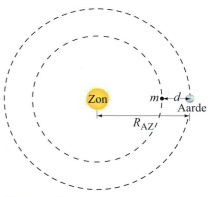

FIGUUR 6.19 Bepalen van de positie van het Lagrange-punt L1 voor een satelliet die zich op de cirkel kan handhaven tussen de zon en aarde, op een afstand d van de aarde. Dus geldt dat een massa m op L1 dezelfde periode om de zon heeft als de aarde. (Niet op schaal.)

Vervolgens passen we de tweede wet van Newton toe op de satelliet m (met dezelfde periode T als de aarde), en houden rekening met de aantrekking van zowel de zon als de aarde (zie vereenvoudigde uitvoering, vgl. (i))

$$\frac{GM_Z}{(R_{AZ}-d)^2} - \frac{GM_A}{d^2} = \frac{4\pi^2(R_{AZ}-d)}{T^2},$$

die we om kunnen schrijven tot

$$\frac{GM_Z}{R_{AZ}^2}\left(1 - \frac{d}{R_{AZ}}\right)^{-2} - \frac{GM_A}{d^2} = \frac{4\pi^2 R_{AZ}}{T^2}\left(1 - \frac{d}{R_{AZ}}\right).$$

We gebruiken nu de binomiale ontwikkeling $(1+x)^n \approx 1 + nx$, als $x \ll 1$. We stellen $x = d/R_{AZ}$ en nemen aan dat $d \ll R_{AZ}$. Dat levert

$$\frac{GM_Z}{R_{AZ}^2}\left(1 + 2\frac{d}{R_{AZ}}\right) - \frac{GM_A}{d^2} = \frac{4\pi^2 R_{AZ}}{T^2}\left(1 - \frac{d}{R_{AZ}}\right). \quad \text{(ii)}$$

Als we GM_Z/R_{AZ}^2 uit vgl. (i) in vgl. (ii) substitueren krijgen we

$$\frac{GM_Z}{R_{AZ}^2}\left(1 + 2\frac{d}{R_{AZ}}\right) - \frac{GM_A}{d^2} = \frac{GM_Z}{R_{AZ}^2}\left(1 - \frac{d}{R_{AZ}}\right).$$

Vereenvoudigen levert

$$\frac{GM_Z}{R_{AZ}^2}\left(3\frac{d}{R_{AZ}}\right) = \frac{GM_A}{d^2}.$$

We lossen deze vergelijking voor d op:

$$d = \left(\frac{M_A}{3M_Z}\right)^{\frac{1}{3}} R_{AZ}.$$

Als we nu de waarden invullen levert dat

$$d = 1{,}0 \cdot 10^{-2} \, R_{AZ} = 1{,}5 \cdot 10^6 \text{ km}.$$

Opmerking Omdat $d/R_{AZ} = 10^{-2}$, is het correct om de binomiale ontwikkeling te gebruiken.

Opmerking Het positioneren van een satelliet op L1 heeft twee voordelen: het zicht van de satelliet op de zon wordt nooit afgedekt door de aarde en de satelliet is altijd dicht genoeg bij de aarde om gemakkelijk gegevens te kunnen verzenden. Het L1-punt van het aarde/zon-systeem is op dit moment in gebruik door de Solar en Heliospheric Observatory (SOHO)-satelliet, fig. 6.20.

FIGUUR 6.20 Kunstzinnige interpretatie van de Solar en Heliospheric Observatory (SOHO)-satelliet in zijn baan.

*6.6 Zwaartekrachtveld

Het merendeel van de krachten waarmee je in het dagelijks leven te maken hebt bestaat uit contactkrachten: je duwt of trekt bijvoorbeeld een grasmaaier, een tennisracket oefent een kracht uit op een tennisbal wanneer ze elkaar raken of een bal oefent een kracht uit op een raam wanneer ze elkaar raken. Maar de zwaartekracht werkt vanaf een afstand: er is een kracht zelfs wanneer de twee voorwerpen elkaar niet raken. De aarde oefent bijvoorbeeld een kracht uit op een vallende appel. Maar de aarde oefent ook een kracht uit op de maan, die 384.000 km verderop staat. En de zon oefent een zwaartekracht uit op de aarde. Het idee van een kracht *die op een afstand* werkt was lastig voor de vroege denkers. Newton zelf voelde zich ongemakkelijk met dit concept toen hij zijn wet van de universele zwaartekracht publiceerde.

Een ander standpunt dat helpt bij het doorgronden van deze conceptuele moeilijkheden is het concept **veld**, dat in de negentiende eeuw ontwikkeld werd door Michael Faraday (1791-1867) om de invloed van elektrische en magnetische krachten te doorgronden die ook op afstand werken. Pas later werd dit concept ook toegepast op de zwaartekracht. Volgens het veldconcept omringt een **zwaartekrachtveld** elk voorwerp dat massa heeft en dit veld vult de hele ruimte. Een tweede voorwerp op een bepaalde plaats in de buurt van het eerste voorwerp ondervindt een kracht die het ge-

volg is van het daar aanwezige zwaartekrachtveld. Omdat het zwaartekrachtveld op de plaats van de tweede massa verondersteld wordt rechtstreeks te werken op deze massa, zijn we alweer een beetje dichter genaderd tot het idee van een contactkracht. Om kwantitatief te zijn kunnen we het **zwaartekrachtveld** definiëren als de zwaartekracht per eenheid van massa op een willekeurig punt in de ruimte. Als we op een willekeurig punt het zwaartekrachtveld willen meten, plaatsen we een kleine 'testmassa' m op dat punt en meten de kracht $\vec{F}$ die erop uitgeoefend wordt (waarbij we ons ervan overtuigen dat er alleen gravitatiekrachten werken). In dat geval kan het zwaartekrachtveld, $\vec{g}$,
op dat punt gedefinieerd worden als

$$\vec{g} = \frac{\vec{F}}{m}. \qquad \text{[zwaartekrachtveld]} \quad (6.8)$$

De eenheid van $\vec{g}$ is N/kg.

Uit vgl. 6.8 kunnen we zien dat het zwaartekrachtveld dat een voorwerp ondervindt een grootte heeft die overeenkomt met de valversnelling op dat punt. (Wanneer we het over versnelling hebben, gebruiken we de eenheid m/s^2, die gelijkwaardig is aan N/kg, omdat 1 N gelijk is aan 1 kg · m/s^2.)

Als het zwaartekrachtveld het gevolg is van één bolvormig symmetrisch (of klein) voorwerp met massa M, zoals wanneer m zich in de buurt van het oppervlak van de aarde bevindt, heeft het zwaartekrachtveld op een afstand r van M de grootte

$$g = \frac{1}{m} G \frac{mM}{r^2} = G \frac{M}{r^2}.$$

In vectornotatie schrijven we

$$\vec{g} = -\frac{GM}{r^2} \hat{r}, \qquad \text{[als gevolg van een enkele massa } M\text{]}$$

waarin $\hat{r}$ een eenheidsvector is die radiaal naar buiten gericht is van massa M af. Het minteken wijst ons erop dat het veld gericht is naar massa M toe (zie vgl. 6.1, 6.2 en 6.4). Als verschillende voorwerpen significant bijdragen aan het zwaartekrachtveld, schrijven we het zwaartekrachtveld $\vec{g}$ als de vectorsom van al deze bijdragen. In de interplanetaire ruimte bijvoorbeeld, is $\vec{g}$ op een willekeurig punt in de ruimte de vectorsom van termen als gevolg van de aarde, de zon, de maan en andere voorwerpen die een bijdrage leveren. Het zwaartekrachtveld $\vec{g}$ op een willekeurig punt in de ruimte is niet afhankelijk van de waarde van onze testmassa, m, die op dat punt geplaatst is; $\vec{g}$ is alleen afhankelijk van de massa's (en de plaatsen) van de voorwerpen die het veld daar veroorzaken.

6.7 Soorten krachten in de natuur

We hebben al gezien dat de wet van de universele zwaartekracht van Newton, vgl. 6.1, beschrijft hoe een bepaald soort kracht (de zwaartekracht) afhankelijk is van de afstand tussen, en de massa's van, de betrokken voorwerpen. De tweede wet van Newton, $\Sigma \vec{F} = m\vec{a}$, beschrijft echter hoe een voorwerp zal versnellen als gevolg van *een willekeurig* soort kracht. Maar welke soorten krachten zijn er nog meer in de natuur, behalve de zwaartekracht?

In de twintigste eeuw begonnen natuurkundigen vier verschillende elementaire krachten in de natuur van elkaar te onderscheiden: (1) de zwaartekracht; (2) de elektromagnetische kracht (waar we later op terugkomen en waarvan we zullen zien dat deze nauw verwant is aan magnetische krachten); (3) de sterke kernkracht en (4) de zwakke kernkracht. In dit hoofdstuk bespreken we de zwaartekracht in detail. De aard van de elektromagnetische kracht komt aan de orde in de hoofdstukken 21 tot en met 31. De sterke en de zwakke kernkrachten werken op het niveau van de atoomkern; hoewel ze een rol spelen in verschijnselen als radioactiviteit en atoomenergie (hoofdstukken 41 tot en met 43), zijn ze veel minder aanwezig in ons dagelijks leven.

Natuurkundigen werken al jaren aan theorieën waarmee deze vier krachten verenigd kunnen worden, dat wil zeggen om al deze krachten te beschouwen als verschillende manifestaties van dezelfde basiskracht. Op dit moment zijn de elektromagnetische en de zwakke atoomkrachten theoretisch verenigd in de *elektrozwakke* theorie, waarin de elektromagnetische en zwakke krachten gezien worden als twee verschillende manifestaties van een enkele *elektrozwakke kracht*. Pogingen om de krachten nog verder te verenigen, zoals in de *grote universele theorieën* (GUT), zijn tegenwoordig het onderwerp van veel onderzoeken.

Maar waar passen de gewone dagelijkse krachten in dit verhaal? Gewone krachten, anders dan de zwaartekracht, zoals drukbewegingen, trekbewegingen en andere contactkrachten zoals de normaalkracht en de wrijving, worden tegenwoordig beschouwd als het gevolg van de elektromagnetische kracht die op atomair niveau werkt. De kracht die je vingers bijvoorbeeld op een potlood uitoefent is het resultaat van de elektrische afstoting tussen de buitenste elektronen van de atomen van je vingers en die van het potlood.

*6.8 Het gelijkwaardigheidprincipe; kromming van de ruimte; zwarte gaten

We hebben nu twee aspecten van massa bekeken. In hoofdstuk 4 hebben we massa gedefinieerd als een maat voor de traagheid van een lichaam. De tweede wet van Newton koppelt deze kracht die op een lichaam werkt aan de versnelling en de **traagheidsmassa** of **trage massa**, zoals we deze noemen. We zouden kunnen zeggen dat de traagheidsmassa een weerstand is tegen een kracht. In dit hoofdstuk hebben we massa beschouwd als een eigenschap die gerelateerd is aan de zwaartekracht; dat wil zeggen dat massa een grootheid is die de grootte van de zwaartekracht tussen twee voorwerpen bepaalt. We noemen dit de **zwaartekrachtmassa** of **zware massa**. Het is niet voor de hand liggend dat de traagheidsmassa van een lichaam gelijk zou moeten zijn aan de zwaartekrachtmassa hiervan. De zwaartekracht zou afhankelijk kunnen zijn van een andere eigenschap van een lichaam, net zoals de elektrische kracht afhankelijk is van een eigenschap die elektrische lading heet. De experimenten van Newton en Cavendish wezen erop dat de twee soorten massa gelijk zijn voor een lichaam en moderne experimenten bevestigen dit met een nauwkeurigheid van ongeveer $1 : 10^{12}$.

Albert Einstein (1879-1955) noemde deze gelijkwaardigheid van de zwaartekrachtmassa en de traagheidsmassa het **gelijkwaardigheidprincipe** en hij gebruikte het als basis voor zijn *algemene relativiteitstheorie* (omstreeks 1916). Het gelijkwaardigheidprincipe kan ook op een andere manier gesteld worden: er is geen experiment dat door waarnemers uitgevoerd kan worden dat kan onderscheiden of een versnelling veroorzaakt wordt door zwaartekracht of doordat het referentiestelsel versnelt. Als je jezelf diep in de ruimte zou bevinden en er zou een appel op de vloer van je ruimteschip vallen, zou je kunnen veronderstellen dat er een zwaartekracht op de appel werkt. Maar het zou ook mogelijk kunnen zijn dat de appel viel omdat je ruimteschip verticaal omhoog versnelde (ten opzichte van een inert systeem). De effecten zouden niet van elkaar te onderscheiden zijn, volgens het gelijkwaardigheidprincipe, omdat de zwaartekrachtmassa en de inerte massa van de appel die bepalen hoe een lichaam 'reageert' op zijn omgeving, niet van elkaar te onderscheiden zijn.

FIGUUR 6.21 (a) Een lichtbundel volgt een rechte baan door een lift die niet versnelt. (b) De lichtbundel buigt af (overdreven weergegeven) in een lift die omhoog versnelt.

Het gelijkwaardigheidprincipe kan gebruikt worden om aan te tonen dat licht afgebogen zou moeten worden als gevolg van de zwaartekracht van een erg groot voorwerp. Laten we bijvoorbeeld eens nadenken over een experiment in een lift in de ruimte, waar de zwaartekracht nagenoeg nihil is. Als een lichtbundel gericht wordt door een kleine opening in een zijwand van de lift, plant de bundel zich, als de lift in rust is, in een rechte lijn voort door de lift en maakt een lichtvlek op de tegenoverliggende wand (fig. 6.21a). Als de lift verticaal omhoog versnelt, zoals is weergegeven in fig. 6.21b, plant de bundel zich nog steeds voort in een rechte lijn, op dezelfde manier zoals waargenomen kon worden toen het oorspronkelijke referentiestelsel in rust was. In de omhoog versnellende lift is echter te zien dat de bundel verticaal omlaag afbuigt. Waarom? Omdat, in de tijd die de lichtbundel nodig heeft om zich van de ene kant van de lift naar de andere voort te planten, de lift verticaal omhoog beweegt met een steeds groter wordende snelheid.

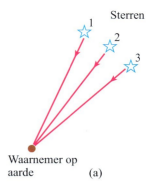

Volgens het gelijkwaardigheidprincipe is een omhoog versnellend referentiestelsel gelijkwaardig aan een omlaag gericht zwaartekrachtveld. We kunnen de gekromde lichtbundel in fig. 6.21b dus beschouwen als het effect van een zwaartekrachtveld. We verwachten dus dat de zwaartekracht een kracht op een lichtbundel zal uitoefenen en deze zal afbuigen van de oorspronkelijke rechte baan!

Einstein's algemene relativiteitstheorie voorspelt dat licht beïnvloed zal worden door de zwaartekracht. Het is berekend dat het licht van een ver verwijderde ster 1,75 boogseconde (klein, maar waarneembaar) afbuigt wanneer deze de zon passeert, op de manier zoals is weergegeven in fig. 6.22. Een dergelijke afbuiging werd in 1919 gemeten en bevestigd tijdens een zonsverduistering. (Door de verduistering nam de helderheid van de zon af, zodat de sterren die rakelings langs de zon waarneembaar waren op dat moment zichtbaar zouden zijn.)

Het gegeven dat een lichtbundel een gekromde baan kan volgen suggereert dat *de ruimte zelf gekromd is* en dat deze kromming veroorzaakt wordt door zwaartekrachtmassa. De kromming is het sterkst in de buurt van erg grote voorwerpen. Om je deze kromming van de ruimte voor te stellen zou je de ruimte kunnen beschouwen als een dun rubbermembraan; als er een zwaar gewicht aan gehangen wordt, zal het gebogen worden op de manier zoals is weergegeven in fig. 6.23. Het gewicht is de grote massa die ervoor zorgt dat de ruimte (de ruimte zelf!) buigt.

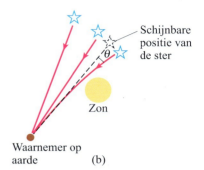

FIGUUR 6.22 (a) Drie sterren aan de hemel. (b) Als het licht van een van deze sterren de zon erg dicht passeert, zal de zwaartekracht van de zon de bundel afbuigen, waardoor de ster hoger lijkt te staan dan werkelijk het geval is.

De extreme kromming van de ruimte-tijd in fig. 6.23 zou veroorzaakt kunnen worden door een **zwart gat**: een ster die een zodanige dichtheid krijgt en zo massief wordt dat de zwaartekracht zo sterk wordt dat zelfs licht er niet aan zou kunnen ontsnappen. Het licht zou er door de zwaartekracht in getrokken worden. Omdat er geen licht kan ontkomen aan zo'n massieve ster, zouden we die ster dus niet kunnen zien: de ster zou zwart zijn. Een voorwerp kan zo'n ster passeren en door het zwaartekrachtveld ervan afgebogen worden, maar als het voorwerp te dichtbij zou komen zou het opgeslokt worden om nooit meer tevoorschijn te komen. Vandaar dat dergelijke sterren zwarte gaten genoemd worden. Uit experimenten is gebleken dat deze theorie goed houdbaar is. Waarschijnlijk is er een enorm zwart gat in het midden van ons sterrenstelsel en waarschijnlijk ook in het middelpunt van andere sterrenstelsels.

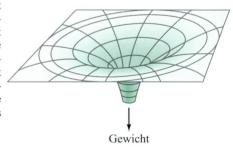

FIGUUR 6.23 Analogie met rubbermembraan voor de ruimte (om precies te zijn ruimte-tijd) die gekromd wordt door de nabijheid van materie.

Samenvatting

De **wet van de universele zwaartekracht** van Newton stelt dat elke puntmassa in het heelal aan elke andere puntmassa trekt met een kracht die rechtevenredig is met het product van hun massa's en omgekeerd evenredig is met het kwadraat van de afstand tussen de twee puntmassa's:

$$F = G \frac{m_1 m_2}{r^2}. \quad (6.1)$$

De richting van deze kracht is gericht langs de kortste lijn waarmee deze twee puntmassa's met elkaar verbonden kunnen worden en werkt altijd aantrekkend. Het is deze zwaartekracht die ervoor zorgt dat de maan om de aarde en de planeten om de zon blijven cirkelen.

De totale zwaartekracht op een willekeurig voorwerp is de vectorsom van de krachten die door alle andere voorwerpen erop uitgeoefend worden; meestal is het voldoende om een of twee voorwerpen in rekening te brengen.

Satellieten die een baan om de aarde beschrijven worden aangetrokken door de zwaartekracht, maar 'blijven boven' vanwege hun hoge tangentiale snelheid.

De drie bewegingswetten van Newton, plus zijn wet van de universele zwaartekracht, vormden de basis voor een veelomvattende theorie over het heelal. Met deze wetten konden de bewegingen van voorwerpen op aarde en in de ruimte nauwkeurig beschreven worden. En ook vormden ze een theoretische basis voor de **wetten van Kepler** voor de beweging van planeten.

(*Volgens het **veldconcept** omringt een **zwaartekrachtveld** elk voorwerp dat massa heeft en dit veld vult de hele ruimte. Het zwaartekrachtveld op een willekeurig punt in de ruimte is de vectorsom van de velden als gevolg van alle massieve voorwerpen en kan gedefinieerd worden als

$$\vec{g} = \frac{\vec{F}}{m} \quad (6.8)$$

waarin $\vec{F}$ de kracht is die werkt op een kleine 'testmassa' m die op dat punt geplaatst is.)

De vier elementaire krachten in de natuur zijn (1) de zwaartekracht, (2) de elektromagnetische kracht, (3) de sterke kernkracht en (4) de zwakke kernkracht. De eerste twee elementaire krachten zijn verantwoordelijk voor nagenoeg alle 'alledaagse' krachten.

Vragen

1. Oefent een appel een zwaartekracht uit op de aarde? Zo ja, hoe groot is die kracht dan? Veronderstel dat de appel (*a*) in een boom hangt en (*b*) valt.
2. De aantrekking van de zwaartekracht van de zon op de aarde is veel groter dan die van de maan. Toch is het de maan die met name verantwoordelijk is voor de getijden. Leg uit hoe dit kan. (*Hint*: veronderstel het verschil tussen de zwaartekrachtaantrekking van één kant van de aarde en de andere kant.)
3. Zal een voorwerp meer wegen op de evenaar of op de polen? Welke twee effecten zijn hier in het spel? Werken deze elkaar tegen?
4. Waarom is er meer brandstof nodig om een ruimteschip van de aarde naar de maan te brengen dan om het terug te laten keren naar de aarde?
5. De zwaartekracht op de maan als gevolg van de aarde is slechts ongeveer de helft van de kracht op de maan als gevolg van de zon (zie voorbeeld 6.3). Waarom wordt de maan niet van de aarde weggetrokken?
6. Hoe berekenden de wetenschappers in de tijd van Newton de afstand van de aarde tot de maan, ondanks dat ze niets wisten over ruimtevluchten en de snelheid van het licht? (*Hint*: bedenk waarom twee ogen nuttig zijn om diepte waar te nemen.)
7. Veronderstel dat het mogelijk zou zijn om een gat door de aarde te boren, zodat we een bal naar de andere kant zouden kunnen laten vallen. Hoe groot zou de totale zwaartekracht zijn die door de aarde op de bal uitgeoefend zou worden als de bal zich in het middelpunt van de aarde zou bevinden?
8. Waarom is het niet mogelijk om een satelliet in een geostationaire baan boven de noordpool te brengen?
9. Welke zwaartekracht is groter: die van de aarde op de maan of die van de maan op de aarde? Welke versnelt meer?
10. In welke richting is er minder snelheid nodig om een satelliet te lanceren? (*a*) Naar het oosten of (*b*) naar het westen? Houd rekening met de draairichting van de aarde.
11. Een antenne breekt los van een satelliet en gaat een cirkelvormige baan om de aarde beschrijven. Beschrijf de bewegingen die de antenne zal gaan uitvoeren. Als de antenne op de aarde landt, waar zal deze dan neerkomen? Als deze niet op de aarde landt, hoe zou de antenne dan gedwongen kunnen worden om terug te keren naar de aarde?
12. Beschrijf hoe zorgvuldige metingen van de variatie in g in de nabijheid van een ertsafzetting gebruikt kunnen worden om de aanwezige hoeveelheid erts te schatten.
13. Om middernacht staat de zon onder ons, en wel nagenoeg in lijn met het middelpunt van de aarde. Betekent dit dat we om middernacht zwaarder zijn dan 's middags als gevolg van de zwaartekracht van de zon op ons? Leg uit hoe dit kan.
14. Wanneer zal je schijnbare gewicht het grootst zijn, gemeten op een weegschaal in een bewegende lift: wanneer de lift (*a*) verticaal omlaag versnelt, (*b*) verticaal omhoog versnelt, (*c*) vrij valt of (*d*) verticaal omhoog beweegt met een constante snelheid? In welk geval zal je schijnbare gewicht het kleinst zijn? Wanneer zou het even groot zijn als wanneer je gewoon op de grond staat?
15. Veronderstel dat de massa van de aarde twee keer zo groot zou zijn als werkelijk het geval is. In welke opzichten zou de baan van de maan dan anders zijn?
16. De bron van de Mississippi ligt dichter bij het middelpunt van de aarde dan de monding ervan in Louisiana (omdat de omvang van de aarde aan de evenaar groter is dan op de polen). Leg uit hoe de Mississippi 'omhoog' kan stromen.
17. Mensen vragen soms hoe het komt dat een satelliet in zijn baan om de aarde blijft. Hoe zou jij op zo'n vraag antwoorden?
18. Leg uit hoe een hardloper het gevoel van een 'vrije val' of 'schijnbare gewichtloosheid' tussen zijn stappen kan ervaren.
19. Veronderstel dat jij je in een satelliet in een baan om de aarde bevindt. Hoe zou jij lopen, iets drinken of een pen op een tafel leggen?
20. Is de centripetale versnelling van Mars in zijn baan om de zon groter of kleiner dan de centripetale versnelling van de aarde?
21. De massa van Pluto was niet bekend totdat ontdekt werd dat Pluto ook een maan heeft. Leg uit hoe met deze ontdekking de massa van Pluto geschat kon worden.
22. De aarde beweegt in januari sneller in zijn baan om de zon dan in juli. Staat de aarde in januari of in juli dichter bij de zon? Leg uit hoe dit kan. (*Opmerking*: dit speelt nauwelijks een rol bij het ontstaan van de seizoenen. De belangrijkste factor is de kanteling van de draaiingsas van de aarde ten opzichte van het vlak waarin de baan uitgevoerd wordt.)
23. Uit de wetten van Kepler kunnen we opmaken dat een planeet sneller beweegt wanneer deze dichter bij de zon is dan wanneer deze verder van de zon verwijderd is. Wat veroorzaakt deze verandering in de snelheid van de planeet?
24. Ervaart je lichaam direct een zwaartekrachtveld? (Maak een vergelijking met wat je zou voelen in een vrije val.)
25. Bespreek de conceptuele verschillen tussen $\vec{g}$ als valversnelling en $\vec{g}$ als zwaartekrachtveld.

Vraagstukken

6.1 tot en met 6.3 De wet van de universele zwaartekracht

1. (I) Bereken de zwaartekracht van de aarde op een ruimteschip dat 2,00 maal de straal van de aarde boven het oppervlak van de aarde rondcirkelt als de massa van het ruimteschip 1480 kg is.

2. (I) Bereken de versnelling als gevolg van de zwaartekracht op de maan. De gemiddelde straal van de maan is $1{,}74 \cdot 10^6$ m en de massa is $7{,}35 \cdot 10^{22}$ kg.

3. (I) Een hypothetische planeet heeft een straal die 2,3 maal zo groot is als die van de aarde, maar heeft dezelfde massa. Hoe groot is de valversnelling in de buurt van het oppervlak van deze planeet?

4. (I) Een hypothetische planeet heeft een massa die 1,80 maal zo groot is als die van de aarde, maar heeft dezelfde straal. Hoe groot is g in de buurt van het oppervlak van deze planeet?

5. (I) Veronderstel dat je de massa van een planeet zou kunnen verdubbelen en de straal ervan zou kunnen verdrievoudigen. Met welke factor verandert g dan aan het oppervlak van deze planeet?

6. (II) Bereken de effectieve waarde van g, de versnelling van de zwaartekracht op (a) 6400 m en (b) 6400 km boven het oppervlak van de aarde.

7. (II) Je legt aan vrienden uit waarom astronauten zich gewichtloos voelen wanneer ze in een baan om de aarde aan het werk zijn in het ruimteveer, waarop zij zeggen dat ze altijd dachten dat de zwaartekracht daarboven gewoon veel minder was dan op aarde. Overtuig hen en jezelf dat dit niet het geval is door te berekenen hoeveel zwakker de zwaartekracht op 300 km boven het oppervlak van de aarde is.

8. (II) Elke paar honderd jaar staan alle planeten in één lijn aan dezelfde kant van de zon. Bereken de totale kracht op de aarde als gevolg van Venus, Jupiter en Saturnus, als je aanneemt dat alle vier de planeten in één lijn staan, zoals in fig. 6.24. De massa's zijn $M_V = 0{,}815\,M_A$, $M_J = 318\,M_A$, $M_{Sat} = 95{,}1\,M_A$ en de gemiddelde afstanden van de vier planeten tot de zon zijn respectievelijk 108, 150, 778 en 1430 miljoen km. Welke fractie van de kracht van de zon op de aarde is dit?

FIGUUR 6.24 Vraagstuk 8, niet op schaal.

9. (II) Vier bollen met een massa van 8,5 kg bevinden zich op de hoekpunten van een vierkant met zijden van 0,80 m. Bereken de grootte en de richting van de zwaartekracht die op een van de bollen door de andere drie uitgeoefend wordt.

10. (II) Twee voorwerpen trekken elkaar aan als gevolg van de zwaartekracht aan met een kracht van $2{,}5 \cdot 10^{-10}$ N wanneer ze 0,25 m van elkaar verwijderd zijn. Hun totale massa is 4,00 kg. Bepaal hun afzonderlijke massa's.

11. (II) Vier massa's zijn gerangschikt op de manier zoals is weergegeven in fig. 6.25. Bereken de x- en y-component van de zwaartekracht op de massa in de oorsprong (m). Schrijf de kracht in vectornotatie ($\vec{e}_x, \vec{e}_y$).

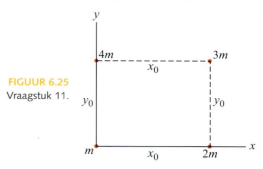

FIGUUR 6.25 Vraagstuk 11.

12. (II) Schat de valversnelling op de grond van Europa (een van de manen van Jupiter) als de massa daarvan $4{,}9 \cdot 10^{22}$ kg is en je mag aannemen dat de dichtheid van deze maan gelijk is aan die van de aarde.

13. (II) Veronderstel dat de massa van de aarde zou verdubbelen, maar dat de vorm en de dichtheid ervan gelijk zouden blijven. Hoe zou het gewicht van voorwerpen op de grond veranderen?

14. (II) De versnelling van de zwaartekracht op de oppervlakte van Mars is 38 procent van die op aarde en de straal van Mars is 3400 km. Bereken de massa van Mars.

15. (II) Op welke afstand van de aarde zal een ruimteschip dat rechtstreeks van de aarde naar de maan reist een nettokracht van nul ondervinden omdat de aarde en de maan het met gelijke, maar tegengesteld gerichte kracht aantrekken?

16. (II) Bereken de massa van de zon met de bekende waarde voor de periode van de aarde en de afstand van de aarde tot de zon. (*Hint*: de kracht op de aarde als gevolg van de zon is gerelateerd aan de centripetale versnelling van de aarde.) Vergelijk je antwoord met het antwoord dat we gevonden hebben met de wetten van Kepler in voorbeeld 6.9.

17. (II) Twee identieke puntmassa's, elk met massa M, blijven eeuwig van elkaar gescheiden door een afstand $2R$. Dan wordt een derde massa m op een afstand x op de loodlijn van de lijn tussen de oorspronkelijke twee massa's geplaatst, op de manier zoals is weergegeven in fig. 6.26. Toon aan dat de zwaartekracht op de derde massa naar binnen gericht is langs de loodlijn en een grootte

$$F = \frac{2GMmx}{(x^2 + R^2)^{\frac{3}{2}}} \text{ heeft.}$$

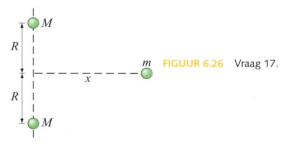

18. (II) Een massa M heeft de vorm van een dunne ring met straal r. Een kleine massa m wordt op een afstand x op de draaiingsas van de ring geplaatst, op de manier zoals is weergegeven in fig. 6.27. Toon aan dat de zwaartekracht op de derde massa als gevolg van de ring naar binnen gericht is langs de loodlijn en een grootte

$$F = \frac{2GMmx}{(x^2 + r^2)^{\frac{3}{2}}} \text{ heeft.}$$

(*Hint*: bedenk dat de ring opgebouwd is uit een groot aantal kleine puntmassa's dM; tel de krachten als gevolg van elke dM op en maak gebruik van de symmetrie.)

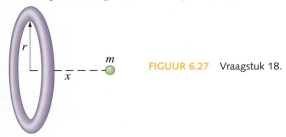

FIGUUR 6.27 Vraagstuk 18.

19. (III) (*a*) Gebruik de binomiale ontwikkeling

$$(1 \pm x)^n = 1 \pm nx + \frac{n(n-1)}{2}x^2 \pm \ldots$$

om aan te tonen dat de waarde van g als volgt verandert:

$$\Delta g \approx -2g\frac{\Delta r}{r_A}$$

op een hoogte Δr boven het oppervlak van de aarde, waarin r_A de straal van de aarde is zolang $\Delta r \ll r_A$. (*b*) Wat is de betekenis van het minteken in deze relatie? (*c*) Gebruik dit resultaat om de effectieve waarde van g te berekenen op een hoogte van 125 km boven het oppervlak van de aarde. Vergelijk dit met het resultaat als je vgl. 6.1 gebruikt.

20. (III) Het middelpunt van een bolvormig oliereservoir met een diameter van 1,00 km bevindt zich 1,00 km onder het oppervlak van de aarde. Schat met welk percentage g rechtstreeks boven het reservoir verschilt van de verwachte waarde van g voor een homogene aarde. Veronderstel dat de dichtheid van olie 800 kg/m^3 is.

21. (III) Bereken de grootte en de richting van de effectieve waarde van $\vec{g}$ op 45° noorder- of zuiderbreedte op aarde. Veronderstel dat de aarde een roterende bol is.

*22. (III) Het kan aangetoond worden (zie appendix D) dat voor een homogene bol de zwaartekracht op een punt binnen in die bol alleen afhankelijk is van de massa die zich dichter bij het middelpunt van de bol bevindt dan dat punt. De netto zwaartekracht als gevolg van punten buiten de straal van het punt valt weg. Hoe diep moet het gat zijn waarin je, als je er helemaal in afdaalt, een gewicht hebt dat 5,0% minder is dan je gewicht net boven de grond? Benader de aarde als een homogene bol.

6.4 Satellieten en gewichtloosheid

23. (I) Het ruimteveer lost een satelliet in een cirkelvormige baan op 680 km boven de aarde. Hoe snel moet het ruimteveer bewegen (ten opzichte van het middelpunt van de aarde) wanneer de satelliet gelost wordt?

24. (I) Bereken de snelheid van een satelliet die in een stabiele cirkelvormige baan boven de aarde ronddraait op een hoogte van 5800 km.

25. (II) Je weet dat je massa 65 kg is, maar wanneer je op een weegschaal in een lift staat, weeg je kennelijk ineens 76 kg. Hoe groot is de versnelling van de lift en in welke richting is de versnelling?

26. (II) Een aap met een massa van 13,0 kg hangt aan een touw dat aan het plafond van een lift bevestigd is. Het touw kan een trekkracht van 185 N opnemen en breekt wanneer de lift versnelt. Hoe groot was de minimale versnelling (grootte en richting) van de lift?

27. (II) Bereken de periode van een satelliet in een baan om de maan op 120 km boven het oppervlak van de maan. Negeer de effecten van de aarde. De straal van de maan is 1740 km.

28. (II) Twee satellieten cirkelen om de aarde op een hoogte van respectievelijk 5000 en 15.000 km. Welke satelliet gaat sneller en hoeveel procent sneller?

29. (II) Welk gewicht zal een veerunster aangeven voor het gewicht van een vrouw van 53 kg in een lift die (*a*) verticaal omhoog beweegt met een constante snelheid van 5,0 m/s, (*b*) verticaal omlaag beweegt met een constante snelheid van 5,0 m/s, (*c*) verticaal omhoog beweegt met een versnelling van 0,33 g, (*d*) verticaal omlaag beweegt met een versnelling van 0,33g en (*e*) in een vrije val beweegt?

30. (II) Bereken de tijd die een satelliet erover doet om in een cirkelvormige 'near-earth'-baan een omwenteling te maken. Een 'near-earth'-baan is een baan om de aarde op een hoogte boven het oppervlak van de aarde die erg klein is in vergelijking met de straal van de aarde. (*Hint*: je kunt in dat geval de valversnelling nagenoeg gelijk stellen aan die op de grond.) Heeft de massa van de satelliet invloed op je antwoord?

31. (II) Hoe groot is het schijnbare gewicht van een astronaut van 75 kg die 2500 km boven het middelpunt van de maan in een ruimtevaartuig (*a*) met constante snelheid beweegt en (*b*) in de richting van de maan versnelt met 2,3 m/s^2? Geef in beide gevallen ook de richting aan.

32. (II) Een reuzenrad met een diameter van 22,0 m draait elke 12,5 s één keer rond (zie fig. 5.19). Hoe groot is de verhouding tussen het schijnbare gewicht van iemand tot diens werkelijke gewicht (*a*) bovenin en (*b*) onderin?

33. (II) Twee sterren met gelijke massa staan op een constante afstand $8,0 \cdot 10^{11}$ m van elkaar en draaien om een punt halverwege tussen de twee met een snelheid van één omwenteling per 12,6 jaar. (*a*) Waarom botsen de twee sterren niet tegen elkaar als gevolg van de onderlinge zwaartekrachten? (*b*) Hoe groot moet de massa van elk ster zijn?

34. (III) (*a*) Toon aan dat als een satelliet in een baan vlak bij het oppervlak van een planeet cirkelt met een periode T, de dichtheid (= massa per eenheid van volume) van de planeet gelijk is aan $\rho = m/V = 3\pi/GT^2$. (*b*) Schat de dichtheid van de aarde wanneer een satelliet vlak boven het oppervlak ervan een baan beschrijft met een periode van 85 min. Benader de aarde als een homogene bol.

35. (III) Drie voorwerpen met een identieke massa M vormen de hoekpunten van een gelijkzijdige driehoek met zijden ℓ en beschrijven cirkelvormige banen om het middelpunt van de driehoek. Ze worden op hun plaats gehouden door hun onderlinge aantrekking als gevolg van de zwaartekracht. Wat is de snelheid van elk van de voorwerpen?

36. (III) Een hellend vlak is in een lift gemonteerd onder een hoek van 32° met de vloer. Een massa m glijdt wrijvingsloos over het vlak. Hoe groot is de versnelling ervan ten opzichte van het vlak als de lift (*a*) verticaal omhoog versnelt met 0,50 g, (*b*) verticaal omlaag versnelt met 0,50 g, (*c*) vrij valt en (*d*) verticaal omhoog beweegt met een constante snelheid?

6.5 De wetten van Kepler

37. (I) Gebruik de wetten van Kepler en de periode van de maan (27,4 dagen) om de periode van een kunstmatige satelliet te berekenen die een baan vlak bij het oppervlak van de aarde beschrijft.

38. (I) Bereken de massa van de aarde met behulp van de bekende periode en afstand van de maan.

39. (I) Neptunus is gemiddeld $4,5 \cdot 10^9$ km van de zon verwijderd. Schat de duur van een Neptunusjaar, wetende dat de aarde gemiddeld $1,50 \cdot 10^8$ km van de zon verwijderd is.

40. (II) Planeet A en planeet B beschrijven cirkelvormige banen om een ver verwijderde ster. Planeet A is 9,0 keer verder verwijderd van de ster dan planeet B. Wat is de verhouding tussen de snelheden v_A en v_B?

41. (II) Onze zon draait om het middelpunt van ons sterrenstelsel ($m_{Ss} \approx 4 \cdot 10^{41}$ kg) op een afstand van ongeveer $3 \cdot 10^4$ lichtjaren [1 lichtjaar = $(3,00 \cdot 10^8$ m/s$)(3,16 \cdot 10^7$ s/jaar$)$ $(1,00$ jaar$)]$. Hoe groot is de periode van de orbitale beweging van de zon om het middelpunt van het sterrenstelsel?

42. (II) In tabel 6.3 zijn de gemiddelde afstand, de periode en de massa van de vier grootste manen van Jupiter weergegeven (die door Galilei in 1609 ontdekt werden en met een goede verrekijker vanaf de aarde zichtbaar zijn). (a) Bereken de massa van Jupiter met behulp van de gegevens voor Io. (b) Bereken de massa van Jupiter met behulp van de gegevens voor elk van de andere drie manen. Is het resultaat steeds hetzelfde?

TABEL 6.3 Grootste manen van Jupiter (Vraagstukken 42, 43 en 47)

Maan	Massa (kg)	Periode T (aardedagen)	Gemiddelde afstand tot Jupiter (km)
Io	$8,9 \cdot 10^{22}$	1,77	$422 \cdot 10^3$
Europa	$4,9 \cdot 10^{22}$	3,55	$671 \cdot 10^3$
Ganymedes	$15 \cdot 10^{22}$	7,16	$1070 \cdot 10^3$
Callisto	$11 \cdot 10^{22}$	16,7	$1883 \cdot 10^3$

43. (II) Bereken de gemiddelde afstand tot Jupiter voor elk van de grote manen van Jupiter en gebruik daarvoor de derde wet van Kepler. Gebruik de afstand van Io en de periodes uit tabel 6.3. Vergelijk je resultaten met de waarden in de tabel.

44. (II) De asteroïdengordel tussen Mars en Jupiter bestaat uit veel fragmenten (waarvan sommige astronomen denken dat die afkomstig zijn van een planeet die ooit een baan om de zon beschreef maar vernietigd is). (a) Veronderstel dat de gemiddelde orbitale straal van de asteroïdengordel (op de plaats waar de planeet geweest zou zijn) ongeveer drie keer verder verwijderd is van de zon dan van de aarde. Hoe lang zou deze hypothetische planeet er over gedaan hebben om een omwenteling om de zon te maken? (b) Kunnen we deze gegevens gebruiken om de massa van deze planeet te achterhalen?

45. (III) De komeet Hale-Bopp heeft een periode van 2400 jaar. (a) Wat is de gemiddelde afstand van deze komeet tot de zon? (b) De kleinste afstand waarop de komeet de zon passeert is ongeveer 1,0 AU (1 AU = de afstand van de aarde tot de zon). Hoe groot is de grootste afstand? (c) Hoe groot is de verhouding tussen de snelheid op het dichtstbijzijnde punt en die op het verste punt?

46. (III) (a) Gebruik de tweede wet van Kepler om aan te tonen dat de verhouding van de snelheden van een planeet op het dichtstbijzijnde en het verste punt van de zon gelijk is aan de omgekeerde verhouding van de kleinste en de grootste afstanden: $v_{\text{dichtste}}/v_{\text{verste}} = d_{\text{verste}}/d_{\text{dichtste}}$. (b) Veronderstel dat de afstand van de aarde tot de zon varieert van 1,47 tot $1,52 \cdot 10^{11}$ m. Bereken in dat geval de minimale en maximale snelheid van de aarde in zijn baan om de zon.

47. (III) De orbitale periodes T en de gemiddelde orbitale afstand r van de vier grootste manen van Jupiter zijn opgesomd in tabel 6.3. (a) Begin met de derde wet van Kepler in de vorm

$$T^2 = \left(\frac{4\pi^2}{Gm_J}\right)r^3,$$

waarin m_J de massa van Jupiter is. Toon aan dat deze relatie impliceert dat een plot van $\log(T)$ afgezet tegen $\log(r)$ een rechte lijn zal blijken te zijn. Leg uit wat de derde wet van Kepler voorspelt over de richtingscoëfficiënt en de coördinaat van het punt waar deze rechte lijn de y-as snijdt. (b) Teken een $\log(T)$ tegen $\log(r)$-grafiek met behulp van de gegevens van de vier manen van Jupiter en toon aan dat dit inderdaad een rechte lijn is. Bereken de richtingscoëfficiënt van deze grafiek en vergelijk deze met de waarde die je zou verwachten als de gegevens consistent zijn met de derde wet van Kepler. Bereken het snijpunt met de y-as en gebruik dit gegeven om de massa van Jupiter te berekenen.

*6.6 Zwaartekrachtveld

*48. (II) Hoe groot is en welke richting heeft het zwaartekrachtveld halverwege tussen de aarde en de maan? Negeer de effecten van de zon.

*49. (II) (a) Hoe sterk is het zwaartekrachtveld op het oppervlak van de aarde als gevolg van de zon? (b) Heeft dit zwaartekrachtveld een merkbare invloed op je gewicht?

*50. (III) Twee identieke puntmassa's, elk met massa m, bevinden zich op de x-as in $x = +x_0$ en $x = -x_0$. (a) Leid een formule af voor het zwaartekrachtveld als gevolg van deze twee puntmassa's voor punten op de y-as. Met andere woorden: beschrijf $\vec{g}$ als functie van y, m, x_0 enzovoort. (b) Op welk punt (of op welke punten) op de y-as is de grootte van $\vec{g}$ het grootst en hoe groot is dat maximum? (*Hint*: bepaal de afgeleide $d\vec{g}/dy$.)

Algemene vraagstukken

51. Hoe ver boven het oppervlak van de aarde zal de versnelling van de zwaartekracht de helft zijn van de waarde op de grond?

52. Op het oppervlak van een bepaalde planeet heeft de versnelling van de zwaartekracht een grootte van 12,0 m/s². Iemand brengt een messing bal van 13,0 kg naar deze planeet. Wat is (a) de massa van de messing bal op aarde en op de planeet en (b) het gewicht van de messing bal op aarde en op de planeet?

53. Een bepaalde witte dwergster was ooit een gewone ster zoals onze zon. Maar nu is hij in de laatste fase van zijn evolutie en heeft de grootte van onze maan, maar de massa

van onze zon. (*a*) Schat de zwaartekracht op het oppervlak van deze ster. (*b*) Hoeveel weegt iemand van 65 kg op deze ster? (*c*) Met welke snelheid zou een honkbal het oppervlak van deze ster raken als iemand hem van een hoogte van 1,0 m liet vallen?

54. Hoe groot is de afstand van het middelpunt van de aarde tot een punt buiten de aarde waar de versnelling van de zwaartekracht als gevolg van de aarde 1/10 van de waarde op het oppervlak van de aarde is?

55. De ringen van Saturnus bestaan uit stukken ijs die om de planeet cirkelen. De inwendige straal van de ringen is 73.000 km en de uitwendige straal is 170.000 km. Bepaal de periode van een klomp ijs ter hoogte van de inwendige straal en de periode van een klomp ijs bij de uitwendige straal. Vergelijk je resultaat met de gemiddelde periode van Saturnus (10 uren en 39 minuten). De massa van Saturnus is $5,7 \cdot 10^{26}$ kg.

56. Tijdens een *Apollo*-maanlanding blijft de commandomodule een baan om de maan beschrijven op een hoogte van ongeveer 100 km. Hoe lang doet de module over een omwenteling om de maan?

57. De komeet Halley maakt elke 76 jaar een omwenteling om de zon. Op het dichtste punt scheert de komeet rakelings langs de aarde (fig. 6.28). Schat de grootste afstand van de komeet tot de zon. Is dat nog steeds 'in' het zonnestelsel? Welke planeetbaan is op dat moment het dichtst bij de komeet?

FIGUUR 6.28 Vraagstuk 57.

58. Het Navstar Global Positioning System (GPS) werkt met een groep van 24 satellieten die om de aarde cirkelen. Met behulp van een driehoeksmeting en signalen die door deze satellieten verzonden worden is het mogelijk om de positie van een ontvanger op aarde te bepalen met een nauwkeurigheid van slechts enkele centimeters. De banen van de satellieten zijn gelijkmatig verdeeld om de aarde, waarbij in elke baan vier satellieten 'staan'. De satellieten bevinden zich op een hoogte van ongeveer 11.000 zeemijlen (1 zeemijl = 1,852 km). (*a*) Bepaal de snelheid van elk van de satellieten. (*b*) Bepaal de periode van elk van de satellieten.

59. Jupiter is ongeveer 320 maal zo massief als de aarde. Iemand zou samengeperst worden door de zwaartekracht op een planeet met een grootte van Jupiter, omdat de mens niet meer dan enkele *g*'s kan weerstaan. Bereken het aantal *g*'s (het aantal keer de valversnelling op aarde) waaraan iemand blootgesteld wordt op een dergelijke planeet. Gebruik de volgende gegevens voor Jupiter: massa = $1,9 \cdot 10^{27}$ kg, straal bij de evenaar = $7,1 \cdot 10^4$ km, rotatieperiode = 9 uur en 55 minuten. Houd rekening met de centripetale versnelling.

60. De zon roteert om het middelpunt van de melkweg (fig. 6.29) op een afstand van ongeveer 30.000 lichtjaren van het middelpunt (1 lichtjaar = $9,5 \cdot 10^{15}$ m). Veronderstel dat het ongeveer 200 miljoen jaar duurt om een omwenteling te maken. Schat de massa van ons sterrenstelsel. Veronderstel dat de massaverdeling van ons sterrenstelsel grotendeels geconcentreerd zou zijn in een centrale, homogene bol. Veronderstel ook dat alle sterren een massa hebben van ongeveer de massa van onze zon ($2 \cdot 10^{30}$ kg). Hoeveel sterren zouden er dan zijn in ons sterrenstelsel?

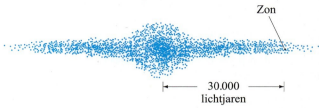

FIGUUR 6.29 Zijdelingse weergave van ons sterrenstelsel. Vraagstuk 60.

61. Sterrenkundigen hebben een verder normale ster, met de naam S2, waargenomen die een baan beschrijft om een extreem zwaar maar klein voorwerp bij het middelpunt van onze melkweg dat SgrA* (Sagittarius A*) heet. S2 beschrijft een elliptische baan om SgrA* met een periode van 15,2 jaar en een excentriciteit $e = 0,87$ (fig. 6.16). In 2002 kwam S2 het dichtst bij SgrA*, op een afstand van slechts 123 AU (1 AU = 1,50. 10^{11} m is de gemiddelde afstand van de aarde tot de zon). Bereken de massa M van SgrA*, het zware compacte voorwerp (waarvan aangenomen wordt dat het een superzwaar zwart gat is) in het middelpunt van ons sterrenstelsel. Druk M uit in kg en in termen van de massa van onze zon.

62. Een satelliet met een massa van 5500 kg cirkelt om de aarde met een periode van 6200 s. Bereken (*a*) de straal van de cirkelvormige baan, (*b*) de grootte van de zwaartekracht van de aarde op de satelliet en (*c*) de hoogte waarop de satelliet rondcirkelt.

63. Toon aan dat de snelheid waarmee je gewicht verandert gelijk is aan

$$-2G \frac{m_A m}{r^3} v$$

als je met een constante snelheid van de aarde af beweegt. Jouw massa is m en r is jouw afstand tot het middelpunt van de aarde op een willekeurig moment.

64. Sterrenkundigen die de ruimtetelescoop Hubble gebruikten, zijn tot de slotsom gekomen dat er een extreem zware kern aanwezig is in het ver verwijderde sterrenstelsel M87, die zo'n grote dichtheid heeft dat het een zwart gat zou kunnen zijn (waaruit geen licht kan ontsnappen). Ze kwamen tot hun conclusie door de snelheid van gaswolken te meten die om de kern cirkelen met een snelheid van 780 km/s op een afstand van 60 lichtjaren ($5,7 \cdot 10^{17}$ m) van de kern. Leid de massa van de kern af en vergelijk die met de massa van onze zon.

65. Veronderstel dat de hele massa van de aarde samengebald zou zijn in een kleine, ronde bal. Welke straal moet de bol hebben, zodanig dat de valversnelling op het nieuwe oppervlak van de aarde gelijk zou zijn aan de valversnelling op het oppervlak van de zon?

66. Een schietlood (een massa *m* aan een touwtje) wordt van de verticaal onder een hoek θ afgebogen als gevolg van de aanwezigheid van een grote berg (fig. 6.30). (*a*) Zoek een benaderingsformule voor θ in termen van de massa van de berg, m_B, de afstand tot het middelpunt daarvan, D_B en de straal en de massa van de aarde, (*b*) Bepaal een ruwe schatting van de massa van de Mount Everest, als je aanneemt dat deze de vorm van een 4000 m hoge kegel heeft

en een basisdiameter van 4000 m. Veronderstel dat de massa per eenheid van volume 3000 kg per m³ is. (c) Schat de hoek θ van het schietlood als dit 5 km van het middelpunt van de Mount Everest verwijderd is.

FIGUUR 6.30 Vraagstuk 66.

67. Een geoloog is op zoek naar olie en ontdekt dat de zwaartekracht op een bepaalde locatie 2 per 10^7 kleiner is dan gemiddeld. Veronderstel dat de olie zich op een diepte van 2000 m recht onder deze waarnemingslocatie bevindt. Schat de grootte van het oliereservoir als je ervan uitgaat dat dit bolvormig is. Neem voor de dichtheid (massa per eenheid van volume) van rots een waarde van 3000 kg/m³ en voor die van olie 800 kg/m³.

68. Je bent de astronaut in het ruimteveer en bent bezig een satelliet te repareren. Je beschrijft een cirkelvormige baan rond de aarde met dezelfde straal als die van de satelliet, op 400 km hoogte, maar de satelliet bevindt zich op 25 km voor jou. (a) Hoe lang zul je erover doen om de satelliet in te halen als je jouw orbitale straal 1,0 km verkleint? (b) Hoeveel moet jij je orbitale straal verkleinen om de satelliet in 7 uur in te halen?

69. In een SF-verhaal wordt een kunstmatige 'planeet' beschreven die de vorm heeft van een band om een zon (fig. 6.31). De bewoners leven en lunchen op de binnenkant van de band (omdat het altijd twaalf uur in de middag is). Veronderstel dat deze zon precies gelijk is aan onze eigen zon, dat de afstand tot de band gelijk is aan de afstand van de zon tot de aarde (zodat de planeet bewoonbaar is) en dat de ring snel genoeg roteert om de bewoners een zwaartekracht te laten ervaren die overeenkomt met g op aarde. Wat zal de periode van deze planeet zijn (het planeetjaar) in aardedagen?

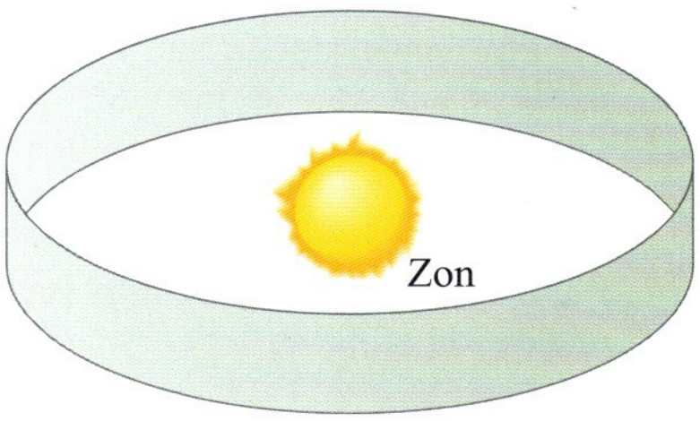

FIGUUR 6.31 Vraagstuk 69.

70. Hoe lang zou een dag duren als de aarde zo snel zou roteren dat voorwerpen op de evenaar schijnbaar gewichtloos zouden zijn?

71. Een asteroïde met massa m beschrijft een cirkelvormige baan met straal r om de zon met een snelheid v. De asteroïde botst met een ander asteroïde met massa M en wordt in een nieuwe cirkelvormige baan gedrukt waarin de snelheid $1,5\,v$ wordt. Hoe groot is de straal van de nieuwe baan, uitgedrukt in r?

72. Newton beschikte over de gegevens in tabel 6.4 en kende ook de relatieve afmetingen van deze voorwerpen: in termen van de straal van de zon R zijn de stralen van Jupiter en de aarde $0{,}0997R$ en $0{,}0109R$. Newton gebruikte deze informatie om de gemiddelde dichtheid ρ (= massa/volume) van Jupiter te bepalen en concludeerde dat die iets kleiner is dan die van de zon en dat de gemiddelde dichtheid van de aarde vier maal die van de zon is. Zonder zijn huis te verlaten kon Newton dus voorspellen dat de samenstelling van de zon en van Jupiter aanzienlijk verschilt van die van de aarde. Maak zelf Newtons berekening opnieuw en bereken de waarden voor de verhoudingen van $\rho_{\text{Jupiter}}/\rho_{\text{Zon}}$ en $\rho_{\text{Aarde}}/\rho_{\text{Zon}}$ (de moderne waarden voor deze verhoudingen zijn respectievelijk 0,93 en 3,91).

TABEL 6.4 Vraagstuk 72

	Orbitale straal R (in AU = $1{,}50 \cdot 10^{11}$ m)	Orbitale periode T (aardedagen)
Venus om de zon	0,724	224,70
Callisto om Jupiter	0,01253	16,69
Maan om de aarde	0,003069	27,32

73. Een satelliet cirkelt om een bolvormige planeet met een onbekende massa in een baan met een straal van $2{,}0 \cdot 10^7$ m. De grootte van de zwaartekracht die door de planeet op de satelliet uitgeoefend wordt is 120 N. (a) Hoe groot zou die zwaartekracht die door de planeet uitgeoefend wordt zijn als de straal van de baan vergroot zou worden tot $3{,}0 \cdot 10^7$ m? (b) De satelliet staat elke 2,0 uur boven hetzelfde punt op de planeet wanneer hij de grotere baan volgt. Wat is de massa van de planeet?

74. Een homogene bol heeft een massa M en een straal r. In deze bol wordt een bolvormige uitsparing met straal $r/2$ aangebracht, op de manier zoals is weergegeven in fig. 6.32 (het oppervlak van de uitsparing raakt aan het middelpunt en de buitenkant van de bol). De middelpunten van de oorspronkelijke bol en de uitsparing liggen op een rechte lijn die samenvalt met de x-as. Met welke zwaartekracht zal de uitgeholde bol een puntmassa m aantrekken op de x-as op een afstand d van het middelpunt van de bol? (*Hint*: trek het effect van de kleine bol (de uitsparing) af van het effect van de grotere, massieve bol.)

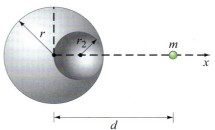

FIGUUR 6.32 Vraagstuk 74.

75. De zwaartekracht op verschillende plaatsen op aarde als gevolg van de zon en de maan is afhankelijk van de afstand van die plaats tot de zon en de maan. Deze variatie veroorzaakt de **getijdenwerking**. Maak gebruik van de gegevens voor in dit boek voor de afstand tussen de aarde en de maan, R_{AM}, de aarde en de zon, R_{AZ}, de massa van de maan M_M, de massa van de zon, M_Z, en de straal van de aarde, R_A. (a) Veronderstel eerst twee kleine stukjes aarde, elk met massa m, aan weerszijden van de aarde; het ene het dichtst bij de maan en het andere het verst verwijderd

van de maan. Toon aan dat de verhouding van de krachten van de zwaartekracht van de maan op deze twee massa's gelijk is aan

$$\left(\frac{F_{\text{dichtstbij}}}{F_{\text{verst}}}\right)_M = 1,0687.$$

(b) Veronderstel nu opnieuw twee kleine stukjes aarde, elk met massa m, aan weerszijden van de aarde; het ene het dichtst bij de zon en het andere het verst verwijderd van de zon. Toon aan dat de verhouding van de krachten van de zwaartekracht van de zon op deze twee massa's gelijk is aan

$$\left(\frac{F_{\text{dichtstbij}}}{F_{\text{verst}}}\right)_Z = 1,000171.$$

(c) Toon aan dat de verhouding van de gemiddelde zwaartekracht van de zon en die van de maan op de aarde gelijk is aan

$$\left(\frac{F_Z}{F_M}\right)_{\text{gem}} = 178.$$

Merk op dat de kleinste kracht als gevolg van de maan veel meer over de diameter van de aarde varieert dan de grootste kracht als gevolg van de zon.
(d) Schat het resulterende 'krachtverschil' (de oorzaak van de getijden)

$$\Delta F = F_{\text{dichtstbij}} - F_{\text{verst}} = F_{\text{verst}}\left(\frac{F_{\text{dichtstbij}}}{F_{\text{verst}}} - 1\right)$$
$$\approx F_{\text{avg}}\left(\frac{F_{\text{dichtstbij}}}{F_{\text{verst}}} - 1\right)$$

voor de maan en voor de zon. Toon aan dat de verhouding van de krachtverschillen die de getijden veroorzaken als gevolg van de maan en als gevolg van de zon zich tot elkaar verhouden als

$$\frac{\Delta F_M}{\Delta F_Z} \approx 2,3.$$

Dat betekent dat de invloed van de maan op de getijden op aarde meer dan twee maal zo groot is als die van de zon.

*76. Een puntmassa wordt op een hoogte r_A (straal van aarde) boven het oppervlak van de aarde losgelaten. Bepaal de snelheid waarmee de puntmassa de aarde raakt. Verwaarloos de luchtweerstand. (*Hint*: Je moet hiervoor de tweede wet van Newton, de wet van de universele zwaartekracht, de kettingregel en integreren gebruiken.)

77. Schat de waarde van de zwaartekrachtconstante G in de wet van de universele zwaartekracht van Newton op basis van de volgende gegevens: de valversnelling op het oppervlak van de aarde is ongeveer 10 m/s^2; de aarde heeft een omtrek van ongeveer $40 \cdot 10^6$ m; rotsen op het oppervlak van de aarde hebben een dichtheid van gemiddeld ongeveer 3000 kg/m^3 en veronderstel dat deze dichtheid overal constant is (zelfs als je denkt dat dit niet waar is).

78. Tussen de banen van Mars en Jupiter bewegen duizenden kleine voorwerpen, asteroïden, in nagenoeg cirkelvormige banen om de zon. Veronderstel dat een van deze asteroïden bolvormig is en een straal r en dichtheid 2700 kg/m^3 heeft. (a) Je bevindt je op het oppervlak van deze asteroïde en gooit een honkbal weg met een snelheid van 22 m/s (ongeveer 80 km/u). Veronderstel dat de honkbal vervolgens een cirkelvormige baan om de asteroïde gaat beschrijven. Hoe groot is de straal van de grootste baan die je een honkbal op deze manier kunt laten beschrijven? (b) Nadat je de bal weggegooid hebt, draai je jezelf een halve slag om en vangt de honkbal weer op. Hoeveel tijd T verstrijkt er tussen het moment dat je de bal weggooide en hem weer opvangt?

*Numeriek/computer

*79. (II) De volgende tabel bevat de gegevens over de gemiddelde afstanden van planeten (behalve Pluto, want die is 'planeet-af' verklaard) tot de zon in ons zonnestelsel en de periode ervan voor een omwenteling om de zon.

Planeet	Gemiddelde afstand (AU)	Periode (jaren)
Mercurius	0,387	0,241
Venus	0,723	0,615
Aarde	1,000	1,000
Mars	1,524	1,881
Jupiter	5,203	11,88
Saturnus	9,539	29,46
Uranus	19,18	84,01
Neptunus	30,06	164,8

(a) Plot het kwadraat van de periodes als functie van de derde macht van de gemiddelde afstanden en bepaal de vergelijking voor de rechte lijn die daar het beste door getrokken kan worden. (b) Veronderstel dat de periode van Pluto 247,7 jaar is. Schat de gemiddelde afstand van Pluto tot de zon met behulp van de door jou bij (a) bepaalde vergelijking.

Antwoorden op de opgaven

A: g zou verdubbelen.
B: (b).
C: (b).
D: Nee; ondanks dat ze een gevoel van gewichtloosheid hebben, zou het meer moeite kosten om de zware bal te gooien en weer op te vangen (traagheidsmassa, de tweede wet van Newton).
E: 6,17 jaar.

Deze honkbalspeler staat op het punt om de honkbal een hoge snelheid te geven door er een kracht op uit te oefenen. Hij zal arbeid op de bal verrichten als hij de kracht uitoefent over een verplaatsing van meerdere meters, van achter zijn hoofd tot aan het moment dat de bal zijn hand aan zijn voor hem gestrekte arm verlaat. De totale hoeveelheid arbeid die op de bal verricht is, zal gelijk zijn aan de kinetische energie ($\frac{1}{2}mv^2$) die de bal gekregen heeft. Dit wordt het principe van arbeid en energie of het arbeid-energieprincipe genoemd.

Hoofdstuk

7

Inhoud
7.1 Arbeid die door een constante kracht verricht wordt
7.2 Het inwendig product van twee vectoren
7.3 Arbeid die door een variabele kracht verricht wordt
7.4 Principe van arbeid en kinetische energie

Arbeid en energie

▌ Openingsvraag: wat denk jij?

Je duwt met kracht tegen een zwaar bureau om dat van zijn plaats te krijgen. Je verricht arbeid op het bureau:
(a) Ongeacht of het bureau verplaatst wordt, zolang je er een kracht op uitoefent.
(b) Alleen als het bureau in beweging komt.
(c) Alleen als het niet beweegt.
(d) Nooit, het bureau verricht arbeid op jou.
(e) Geen van de bovenstaande antwoorden.

Tot nu toe hebben we de translatiebeweging van een voorwerp bestudeerd in termen van de drie bewegingswetten van Newton. In die analyse speelde *kracht* een centrale rol als de grootheid die de beweging bepaalde. In dit hoofdstuk en de twee hierop volgende bespreken we een alternatieve analyse van de translatiebeweging van voorwerpen in termen van de grootheden *energie* en *impuls*. Het belang van energie en impuls is dat ze *behouden blijven*. In erg algemene omstandigheden blijven ze constant. Het feit dat grootheden die behouden blijven bestaan, geeft ons niet alleen een dieper inzicht in de aard van de wereld, maar ook een andere benadering om praktische vraagstukken op te lossen.
De wetten van behoud van energie en impuls zijn in het bijzonder waardevol als we te maken hebben met systemen die bestaan uit een groot aantal voorwerpen, zodat een gedetailleerde beschouwing van de krachten in het systeem lastig of zelfs onmogelijk is. Deze wetten zijn toepasbaar op allerlei fenomenen, ook in de atomaire en de subatomaire wereld, waarin de wetten van Newton niet geldig zijn.
Dit hoofdstuk gaat over het bijzonder belangrijke concept *energie* en het nauw daaraan verwante concept *arbeid*. Deze twee grootheden zijn scalaire grootheden en hebben dus geen richting. Dat maakt dat je er veel gemakkelijker mee kunt werken dan met vectorgrootheden zoals versnelling en kracht.

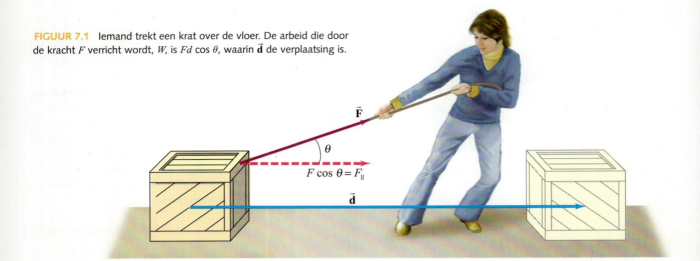

FIGUUR 7.1 Iemand trekt een krat over de vloer. De arbeid die door de kracht F verricht wordt, W, is $Fd \cos \theta$, waarin $\vec{d}$ de verplaatsing is.

7.1 Arbeid die door een constante kracht verricht wordt

In het dagelijks taalgebruik heeft het woord *arbeid* allerlei betekenissen. Maar in de natuurkunde heeft arbeid een heel specifieke betekenis en wordt gebruikt om datgene te beschrijven dat gerealiseerd wordt wanneer er een kracht op een voorwerp uitgeoefend wordt, waardoor dat voorwerp over een afstand verplaatst wordt. We beperken ons nu tot de translatiebeweging en, tenzij dat anders aangegeven is, nemen we aan dat voorwerpen onvervormbaar zijn, er inwendig geen beweging is en voorwerpen beschouwd kunnen worden als puntmassa's. In dat geval geldt dat de **arbeid** die op een voorwerp verricht wordt door een constante kracht (zowel in grootte als in richting) gedefinieerd kan worden als *het product van de grootte van de verplaatsing maal de component van de kracht evenwijdig aan die verplaatsing*. We nemen hierbij aan dat de verplaatsing in één lijn gebeurt (we komen later terug op verplaatsingen met een veranderlijke richting). In formulevorm

$$W = F_{\parallel} d,$$

waarin $F_{\parallel}$ de component van de constante kracht $\vec{F}$ is, evenwijdig aan de verplaatsing $\vec{d}$. We kunnen ook de volgende vergelijking opstellen

$$W = Fd \cos \theta, \tag{7.1}$$

waarin F de grootte van de constante kracht is, d de grootte van de verplaatsing van het voorwerp en θ de hoek tussen de richtingen van de kracht en de verplaatsing (fig. 7.1). De factor $\cos \theta$ wordt in vgl. 7.1 gebruikt omdat $F \cos \theta$ ($= F_{\parallel}$) de component van $\vec{F}$ is die evenwijdig met $\vec{d}$ werkt. Arbeid is een scalaire grootheid en heeft daarom alleen een grootte, die positief of negatief kan zijn.

Veronderstel nu het geval waarin de beweging en de kracht dezelfde richting hebben en θ gelijk is aan 0 en $\cos \theta$ dus gelijk is aan 1. In dit geval is W gelijk aan Fd. Als je bijvoorbeeld een winkelwagentje over een afstand van 50 m duwt door er een horizontale kracht van 30 N op uit te oefenen, verricht je 30 N · 50 m = 1500 N · m arbeid op het winkelwagentje.

Zoals dit voorbeeld laat zien is de eenheid van arbeid, in SI-eenheden, de newtonmeter (N · m). Deze eenheid heeft een speciale naam gekregen: de **joule**, afgekort tot J. 1 J = 1 N · m.

(In het cgs-systeem wordt de eenheid van arbeid de *erg* genoemd; 1 erg = 1 dyne · cm. Het is gemakkelijk om aan te tonen dat 1 J overeenkomt met 10^7 erg.)

Iets kan een kracht uitoefenen op een voorwerp en toch geen arbeid verrichten. Als je stilstaat met een zware zak met boodschappen in je handen, verricht je geen arbeid op je last. Je oefent weliswaar een kracht uit op de zak, maar de verplaatsing van de zak is nul. De arbeid die door jou op de zak verricht is, is dus $W = 0$. Er is zowel een kracht als een verplaatsing nodig om arbeid te verrichten. Je verricht ook geen arbeid op de zak boodschappen als je deze met constante snelheid over de vlakke vloer van de winkel naar de uitgang draagt, zoals is weergegeven in fig. 7.2. Er is geen horizontale kracht nodig om de zak met een constante snelheid te verplaatsen. De persoon in fig. 7.2 oefent een verticaal omhoog gerichte kracht $\vec{F}_P$ uit op de zak die gelijk is aan het gewicht ervan. Maar deze verticaal omhoog gerichte kracht staat loodrecht op de horizontale verplaatsingsrichting van de tas en verricht dus geen arbeid. Deze conclusie wordt afgedwongen door onze definitie van arbeid, vgl. 7.1: $W = 0$, omdat $\theta = 90°$ en $\cos 90° = 0$. Wanneer een bepaalde kracht dus loodrecht op de verplaatsingsrichting werkt, verricht die kracht geen arbeid. Wanneer je begint te lopen of tijdens een wandeling stopt, is er een horizontale versnelling en oefen je even een horizontale kracht uit en dus verricht je dan arbeid op de zak.

Wanneer we te maken hebben met arbeid is het, net als wanneer je te maken hebt met krachten, noodzakelijk dat je aangeeft of de arbeid *door* een bepaald voorwerp verricht wordt of *op* een bepaald voorwerp verricht wordt. Het is ook belangrijk om aan te geven of de verrichte arbeid het gevolg is van één bepaalde kracht (en welke), of dat de totale (netto)arbeid het gevolg is van de *nettokracht* op het voorwerp.

> ⚠️ **Let op**
>
> *Geef aan of arbeid <u>op</u> of <u>door</u> een voorwerp verricht wordt.*

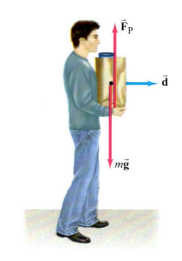

FIGUUR 7.2 De persoon verricht geen arbeid op de zak met boodschappen, omdat $\vec{F}_P$ loodrecht staat op de verplaatsingsvector $\vec{d}$.

Voorbeeld 7.1 Arbeid die op een krat verricht wordt

Iemand trekt een krat met een massa van 50 kg 40 m over een horizontale vloer door er met een constante kracht $F_P = 100$ N aan te trekken. De kracht werkt onder een hoek van 37° op de manier zoals is weergegeven in fig. 7.3. De vloer is glad en oefent geen wrijvingskracht uit. Bepaal (*a*) de arbeid die door elke kracht die op het krat werkt verricht wordt en (*b*) de totale arbeid die op het krat verricht wordt.

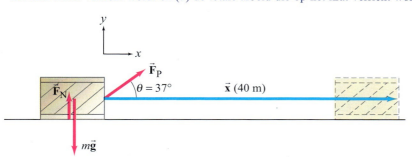

FIGUUR 7.3 Voorbeeld 7.1. Een krat met een massa van 50 kg wordt over een gladde vloer getrokken.

Aanpak We kiezen het coördinatenstelsel zodanig dat de verplaatsing over 40 m langs de *x*-as gelegen is. Er werken drie krachten op het krat, op de manier zoals is weergegeven in fig. 7.3: de kracht die uitgeoefend wordt door de persoon $\vec{F}_P$; de zwaartekracht die uitgeoefend wordt door de aarde, $m\vec{g}$; en de normaalkracht $\vec{F}_N$, die verticaal omhoog uitgeoefend wordt door de vloer. De nettokracht op het krat is de vectorsom van deze drie krachten.

Oplossing (*a*) De arbeid die door de zwaartekracht en de normaalkracht verricht wordt is nul, omdat ze loodrecht staan op de verplaatsing $\vec{x}$ ($\theta = 90°$ in vgl. 7.1):

$$W_G = mgx \cos 90° = 0$$
$$W_N = F_N x \cos 90° = 0.$$

De arbeid die verricht wordt door $\vec{F}_P$ is

$$W_P = F_P x \cos \theta = (100 \text{ N})(40 \text{ m}) \cos 37° = 3200 \text{ J}.$$

(*b*) De nettoarbeid kan op twee gelijkwaardige manieren berekend worden:

(1) De nettoarbeid die op een voorwerp verricht wordt is de algebraïsche som van de arbeid die door elke kracht afzonderlijk verricht wordt, omdat arbeid een scalaire grootheid is:

$$W_{net} = W_G + W_N + W_P$$
$$= 0 + 0 + 3200 \text{J} = 3200 \text{ J}.$$

(2) De nettoarbeid kan ook berekend worden door eerst de nettokracht op het voorwerp te bepalen en dan de component hiervan in de verplaatsingsrichting te bepalen: $(F_{\text{net}})_x x = F_P \cos \theta$. In dat geval is de nettoarbeid

$$W_{\text{net}} = (F_{\text{net}})_x x = (F_P \cos \theta) x$$
$$= (100 \text{ N})(\cos 37°)(40 \text{ m}) = 3200 \text{ J}.$$

In de verticale (y-) richting is er geen verplaatsing en wordt er dus geen arbeid verricht.

Opgave A
Een doos wordt over een afstand d over een vloer gesleept doordat iemand er een kracht $\vec{F}_P$ op uitoefent die een hoek θ met de horizontaal maakt, zoals is weergegeven in fig. 7.1 of 7.3. Veronderstel dat de grootte van $\vec{F}_P$ constant blijft, maar dat de hoek θ vergroot wordt. In dat geval verandert de arbeid die door $\vec{F}_P$ verricht wordt als volgt (a) de verrichte arbeid verandert niet; (b) de verrichte arbeid neemt toe; (c) de verrichte arbeid neemt af; (d) de verrichte arbeid neemt eerst toe en daarna af.

Opgave B
Bekijk de openingsvraag aan het begin van dit hoofdstuk nog een keer en beantwoord de vraag opnieuw. Probeer uit te leggen, als je antwoord eerst anders was, waarom je antwoord veranderd is.

Oplossingsstrategie

Arbeid

1. **Teken het vrijlichaamsschema** voor het voorwerp dat je wilt bekijken met daarin alle krachten die erop werken.
2. **Kies een xy-coördinatenstelsel**. Als het voorwerp in beweging is, kan het handig zijn om een van de coördinaatassen zodanig te kiezen dat deze samenvalt met de richting van een van de krachten of de bewegingsrichting. (Voor een voorwerp op een helling zou je dus een coördinaatas evenwijdig aan de helling kunnen kiezen.)
3. **Pas de wetten van Newton toe** om eventuele onbekende krachten te bepalen.
4. Bepaal de **arbeid die *door* een bepaalde kracht** op het voorwerp verricht wordt met behulp van $W = Fd \cos \theta$ voor een constante kracht. Merk op dat de verrichte arbeid negatief is wanneer een kracht de neiging heeft de verplaatsing tegen te werken.
5. Bepaal de **totale arbeid** die op het voorwerp verricht wordt door ofwel (a) de arbeid te bepalen die door elke afzonderlijke kracht verricht wordt en de resultaten algebraïsch op te tellen of (b) de nettokracht op het voorwerp te bepalen, F_{net}, en gebruik die vervolgens om de netto verrichte arbeid te bepalen voor de constante nettokracht:

$$W_{\text{net}} = F_{\text{net}} d \cos \theta.$$

Voorbeeld 7.2   Arbeid op een rugzak

(a) Bereken de arbeid die een bergwandelaar moet verrichten op een 15,0 kg zware rugzak om deze een heuvel op te dragen met een hoogte $h = 10,0$ m, op de manier zoals is weergegeven in fig. 7.4a. Bepaal ook (b) de arbeid die door de zwaartekracht verricht wordt op de rugzak en (c) de nettoarbeid die op de rugzak verricht wordt. Veronderstel voor de eenvoud dat de beweging soepel en met constante snelheid uitgevoerd wordt (dat wil zeggen dat de versnelling nul is).

Aanpak   We volgen de hierboven beschreven stappen nauwgezet.

Oplossing

1. **Teken een vrijlichaamsschema.** De krachten op de rugzak zijn weergegeven in fig. 7.4b: de zwaartekracht, $m\vec{g}$, die verticaal omlaag werkt en $\vec{F}_{\text{wandelaar}}$, de kracht die de wandelaar verticaal omhoog moet uitoefenen om de rugzak te ondersteunen. De versnelling is nul, dus de horizontale krachten op de rugzak zijn verwaarloosbaar.

2. **Kies een xy-coördinatenstelsel.** We zijn geïnteresseerd in de verticale beweging van de rugzak, dus we kiezen de positieve y-as verticaal omhoog.
3. **Pas de wetten van Newton toe**. Als we de tweede wet van Newton in de verticale richting op de rugzak toepassen, levert dat

$$\Sigma F_y = ma_y$$
$$F_{\text{wandelaar}} - mg = 0$$

omdat $a_y = 0$. Dus is,

$$F_{\text{wandelaar}} = mg = (15{,}0 \text{ kg})(9{,}80 \text{ m/s}^2) = 147 \text{ N}.$$

4. **Arbeid die door een bepaalde kracht verricht wordt.** (*a*) Om de door de wandelaar verrichte arbeid op de rugzak te berekenen, schrijven we vgl. 7.1 als $W_{\text{wandelaar}} = F_{\text{wandelaar}}(d \cos \theta)$ en we merken uit fig. 7.4a op dat $d \cos \theta = h$. De arbeid die door de wandelaar verricht wordt is dus

$$W_{\text{wandelaar}} = F_{\text{wandelaar}}(d \cos \theta) = F_{\text{wandelaar}} h = mgh$$
$$= (147 \text{ N})(10{,}0 \text{ m}) = 1470 \text{ J}.$$

Merk op dat de verrichte arbeid alleen afhankelijk is van de verandering in hoogte en niet van de hoek θ van de heuvel. De wandelaar zou dezelfde arbeid verrichten als hij de rugzak verticaal naar dezelfde hoogte h zou ophijsen.

(*b*) De arbeid die door de zwaartekracht op de rugzak verricht wordt, vgl. 7.1 en fig. 7.4c, is

$$W_G = F_G d \cos(180° - \theta).$$

Omdat $\cos(180° - \theta) = -\cos \theta$, levert dit

$$W_G = F_G d(-\cos \theta) = mg(-d \cos \theta)$$
$$= -mgh$$
$$= -(15{,}0 \text{ kg})(9{,}80 \text{ m/s}^2)(10{,}0 \text{ m}) = -1470 \text{ J}.$$

Opmerking De arbeid die door de zwaartekracht verricht wordt (en hier negatief is) is niet afhankelijk van de hoek van de helling, maar alleen van de verticale hoogte h van de heuvel. Dit komt doordat de zwaartekracht verticaal werkt, dus alleen de verticale component van de verplaatsing draagt bij tot de verrichte arbeid.

5. **Totale (netto) verrichte arbeid.** (*c*) De *netto* verrichte arbeid op de rugzak is $W_{\text{net}} = 0$, omdat de nettokracht op de rugzak nul is (omdat we ervan uitgegaan zijn dat deze nagenoeg niet versneld wordt). We kunnen de netto op de rugzak verrichte arbeid ook berekenen door de arbeid die door elke afzonderlijke kracht verricht wordt op te tellen:

$$W_{\text{net}} = W_G + W_{\text{wandelaar}} = -1470 \text{ J} + 1470 \text{ J} = 0.$$

Opmerking Hoewel de *netto* verrichte arbeid door alle krachten samen op de rugzak nul is, *verricht de wandelaar wel degelijk* arbeid op de rugzak, namelijk 1470 J.

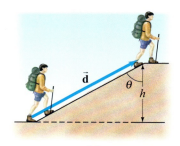

(a)

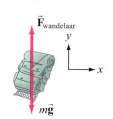

(b)

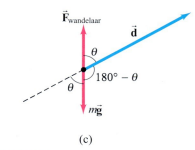

(c)

FIGUUR 7.4 Voorbeeld 7.2.

Oplossingsstrategie

De arbeid die door de zwaartekracht verricht wordt, is afhankelijk van de hoogte van de heuvel en niet van de hoek van de helling.

Conceptvoorbeeld 7.3 Verricht de aarde arbeid op de maan?

De maan roteert om de aarde in een nagenoeg cirkelvormige baan met een ongeveer constante tangentiale snelheid en wordt in zijn baan gehouden door de zwaartekracht die door de aarde uitgeoefend wordt. Verricht de zwaartekracht (*a*) positieve arbeid, (*b*) negatieve arbeid of (*c*) helemaal geen arbeid op de maan?

Antwoord De zwaartekracht $\vec{F}_G$ op de maan (fig. 7.5) werkt in de richting van de aarde en levert de centripetale kracht, naar binnen langs de straal van de baan van de maan gericht. De verplaatsingsrichting van de maan op een willekeurig moment is langs de raaklijn aan de cirkel, in de richting van de snelheid van de maan, loodrecht op de straal en loodrecht op de zwaartekracht. De hoek θ tussen de kracht $\vec{F}_G$ en de actuele verplaatsing van de maan is dus 90° en daarom is de arbeid die door de zwaartekracht verricht wordt nul ($\cos 90° = 0$). Dat is de reden waarom de maan en kunstmatige satellieten in hun baan kunnen blijven zonder dat daarvoor brandstof gebruikt hoeft te worden: voor het tegenwerken van de zwaartekracht hoeft geen arbeid verricht te worden.

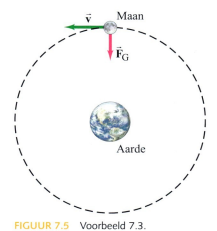

FIGUUR 7.5 Voorbeeld 7.3.

7.2 Het inwendig product van twee vectoren

Hoewel arbeid een scalaire grootheid is, is dit het product van twee grootheden, kracht en verplaatsing, die allebei vectoren zijn. Daarom moeten we nu bekijken hoe vectoren met elkaar vermenigvuldigd kunnen worden, wat we in dit boek nog vaker zullen doen, en dit toepassen.

Omdat vectoren zowel een richting als een grootte hebben, kunnen ze niet op dezelfde manier met elkaar vermenigvuldigd worden als scalaire grootheden. We zullen dus eerst moeten *definiëren* wat het betekent om vectoren te vermenigvuldigen. Er zijn meerdere manieren om vectoren met elkaar te vermenigvuldigen, maar er zijn maar drie manieren die in de natuurkunde handig zijn:
(1) vermenigvuldiging van een vector met een scalaire grootheid, wat we in paragraaf 3.3 gezien hebben;
(2) vermenigvuldiging van een vector met een tweede vector, met als resultaat een scalaire grootheid;
(3) vermenigvuldiging van een vector met een tweede vector om een andere vector te vinden. De derde manier, die het *uitwendig product* of *vectorproduct* genoemd wordt, zullen we verderop in dit boek bespreken, in paragraaf 11.2.

We bespreken nu de tweede manier, het *inwendig product, inproduct* of '*dot product*' (omdat een punt (Engels: dot) gebruikt wordt om de vermenigvuldiging aan te duiden). Als we twee vectoren hebben, $\vec{A}$ en $\vec{B}$, is hun **inwendig product** gedefinieerd als

$$\vec{A} \cdot \vec{B} = AB \cos \theta \qquad (7.2)$$

waarin A en B de groottes van de vectoren zijn en θ de hoek ($< 180°$) tussen de twee vectoren, zoals is weergegeven in fig. 7.6. Omdat A, B en $\cos \theta$ scalaire grootheden zijn, is het inwendig product $\vec{A} \cdot \vec{B}$ (lees: 'A punt B') eveneens een scalair.

Deze definitie, vgl. 7.2, kunnen we perfect gebruiken bij onze definitie van de arbeid die door een constante kracht, vgl. 7.1, verricht wordt. Dat wil zeggen dat we de arbeid die door een constante kracht verricht wordt, kunnen schrijven als het inwendig product van de kracht en de verplaatsing:

$$W = \vec{F} \cdot \vec{d} = Fd \cos \theta. \qquad (7.3)$$

Het inwendig product, vgl. 7.2, is inderdaad zo gedefinieerd, omdat veel belangrijke grootheden in de natuurkunde, zoals arbeid (en andere die we later zullen tegenkomen), beschreven kunnen worden als het inwendig product van twee vectoren.

Een gelijkwaardige definitie van het inwendig product is dat dit het product is van de grootte van een vector (bijvoorbeeld B) en de component (of projectie) van de andere vector in de richting van de eerste ($A \cos \theta$). Zie fig. 7.6.

Omdat A, B en $\cos \theta$ scalaire grootheden zijn, maakt het niet uit in welke volgorde ze vermenigvuldigd worden. Het inwendig product is dus **commutatief**:

$$\vec{A} \cdot \vec{B} = \vec{B} \cdot \vec{A}. \qquad \text{[commutatieve eigenschap]}$$

Het is ook gemakkelijk om aan te tonen dat het inwendig product **distributief** is (zie vraagstuk 33 voor het bewijs):

$$\vec{A} \cdot (\vec{B} + \vec{C}) = \vec{A} \cdot \vec{B} + \vec{A} \cdot \vec{C}. \qquad \text{[distributieve eigenschap]}$$

Laten we de vectoren $\vec{A}$ en $\vec{B}$ eens met behulp van eenheidsvectoren ontbinden in hun rechthoekige componenten (paragraaf 3.5, vgl. 3.5):

$$\vec{A} = A_x \vec{e}_x + A_y \vec{e}_y + A_z \vec{e}_z$$
$$\vec{B} = B_x \vec{e}_x + B_y \vec{e}_y + B_z \vec{e}_z.$$

We nemen het inwendig product, $\vec{A} \cdot \vec{B}$, van deze twee vectoren, en bedenken dat de eenheidsvectoren $\vec{e}_x$, $\vec{e}_y$ en $\vec{e}_z$, loodrecht op elkaar staan en allemaal lengte 1 hebben, zodat

$$\vec{e}_x \cdot \vec{e}_x = \vec{e}_y \cdot \vec{e}_y = \vec{e}_z \cdot \vec{e}_z = 1$$
$$\vec{e}_x \cdot \vec{e}_y = \vec{e}_x \cdot \vec{e}_z = \vec{e}_y \cdot \vec{e}_z = 0.$$

Het inwendig product is dus gelijk aan

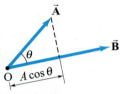

FIGUUR 7.6 Het inwendig product, of inproduct, van twee vectoren $\vec{A}$ en $\vec{B}$ is $\vec{A} \cdot \vec{B} = AB \cos \theta$. Het inwendig product kan worden geïnterpreteerd als de grootte van een vector (B in dit geval) vermenigvuldigd met de projectie van de andere vector, $A \cos \theta$ op $\vec{B}$.

$$\vec{A} \cdot \vec{B} = (A_x\vec{e}_x + A_y\vec{e}_y + A_z\vec{e}_z) \cdot (B_x\vec{e}_x + B_y\vec{e}_y + B_z\vec{e}_z)$$
$$= A_xB_x + A_yB_y + A_zB_z. \tag{7.4}$$

Vgl. 7.4 is erg handig.
Als $\vec{A}$ loodrecht op $\vec{B}$ staat, geldt volgens vgl. 7.2 dat $\vec{A} \cdot \vec{B} = AB \cos 90° = 0$. Maar het tegenovergestelde kan, als we weten dat $\vec{A} \cdot \vec{B} = 0$, drie verschillende varianten hebben: $\vec{A} = 0$, $\vec{B} = 0$, of $\vec{A} \perp \vec{B}$.

FIGUUR 7.7 Voorbeeld 7.4. De arbeid die door een kracht $\vec{F}_P$ verricht wordt onder een hoek θ met de grond is gelijk aan $W = \vec{F}_P \cdot \vec{d}$.

Voorbeeld 7.4 Het inwendig product gebruiken

De kracht in fig. 7.7 heeft een grootte $F_P = 20$ N en werkt onder een hoek van 30° met de grond. Bereken met vgl. 7.4 de arbeid die deze kracht verricht wanneer de bolderkar 100 m over de grond verplaatst wordt.

Aanpak We kiezen de x-as horizontaal naar rechts en de y-as verticaal omhoog en schrijven $\vec{F}_P$ en $\vec{d}$ als eenheidsvectoren.

Oplossing
$$\vec{F}_P = F_x\vec{e}_x + F_y\vec{e}_y = (F_P \cos 30°)\vec{e}_x + (F_P \sin 30°)\vec{e}_y = (17\text{ N})\vec{e}_x + (10\text{ N})\vec{e}_y,$$
terwijl $\vec{d} = (100\text{ m})\vec{e}_x$. In dat geval geldt, volgens vgl. 7.4,
$$W = \vec{F}_P \cdot \vec{d} = (17\text{ N})(100\text{ m}) + (10\text{ N})(0) + (0)(0) = 1700 \text{ J}.$$

Merk op dat door de x-as in de richting van $\vec{d}$ te kiezen, we de berekening gemakkelijker gemaakt hebben, omdat $\vec{d}$ dan maar één component heeft.

7.3 Arbeid die door een variabele kracht verricht wordt

Als de kracht die op een voorwerp uitgeoefend constant is, kan de arbeid die door die kracht verricht wordt berekend worden met vgl. 7.1. In veel gevallen zal de kracht tijdens een proces echter veranderlijk zijn in zowel de grootte als de richting. Ook de bewegingsrichting kan veranderen, terwijl de richting en grootte van de kracht dezelfde blijven, hetgeen we evenmin met vgl. 7.1 kunnen behandelen. Als een raket wegvliegt van de aarde, zal arbeid verricht worden om de zwaartekracht te overwinnen. De gravitatiekracht verandert echter naarmate de afstand tot het middelpunt van de aarde toeneemt. Andere voorbeelden zijn de kracht die door een veer uitgeoefend wordt (die toeneemt naarmate de veer verder uitgerekt wordt) en de arbeid die door een veranderlijke kracht uitgeoefend wordt om een doos of een winkelwagentje een oneffen helling op te trekken.

In fig. 7.8 is de baan weergegeven van een voorwerp in het xy-vlak terwijl het beweegt van punt a naar punt b. De baan is opgesplitst in korte intervallen met lengte $\Delta\ell_1, \Delta\ell_2, ..., \Delta\ell_7$. Op elk punt van de baan werkt een kracht $\vec{F}$. Voor de overzichtelijkheid hebben we de kracht op twee punten, de krachten $\vec{F}_1$ en $\vec{F}_5$, weergegeven. Tijdens elk klein interval $\Delta\ell$ is de kracht ongeveer constant. In het eerste interval verricht de kracht arbeid ΔW die ongeveer gelijk is aan (zie vgl. 7.1):

$$\Delta W \approx F_1 \cos\theta_1 \Delta\ell_1.$$

In het tweede interval is de verrichte arbeid ongeveer $F_2 \cos\theta_2 \Delta\ell_2$ enzovoort. De totale verrichte arbeid tijdens de beweging van de puntmassa over de totale afstand $\ell = \Delta\ell_1 + \Delta\ell_2 + ... + \Delta\ell_7$ is de som van al deze termen:

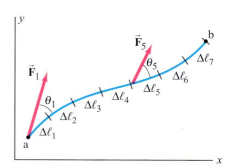

FIGUUR 7.8 Een puntmassa waarop een variabele kracht, $\vec{F}$, uitgeoefend wordt, beschrijft de baan tussen de punten a en b.

$$W \approx \sum_{i=1}^{7} F_i \cos\theta_i \Delta \ell_i. \quad (7.5)$$

We kunnen dit grafisch bekijken door $F \cos \theta$ af te zetten tegen de afstand ℓ op de baan, zoals is weergegeven in fig. 7.9a. De afstand ℓ wordt onderverdeeld in zeven gelijke intervallen (zie de verticale stippellijnen). De waarde van $F \cos \theta$ midden in elk interval wordt in de grafiek aangegeven met de *horizontale* stippellijnen. Alle gearceerde rechthoeken hebben een oppervlakte $(F_i \cos \theta)(\Delta \ell_i)$, wat we goed kunnen gebruiken als schatting voor de tijdens het interval verrichte arbeid. De schatting van de verrichte arbeid langs de hele baan (vgl. 7.5) is gelijk aan de som van de oppervlakten van de gebieden van alle rechthoeken. Als we de afstand in een nog groter aantal gelijke intervallen verdelen, zodat elke $\Delta \ell_i$ kleiner is, wordt de schatting van de verrichte arbeid nauwkeuriger (omdat de veronderstelling dat de kracht F constant is in elk interval nauwkeuriger is). Als we elke $\Delta \ell_i$ laten naderen tot nul (dus het aantal intervallen oneindig groot wordt), is het resultaat daarvan dat we de verrichte arbeid exact bepalen:

$$W = \lim_{\Delta \ell_i \to 0} \Sigma F_i \cos\theta_i \Delta\ell_i = \int_a^b F \cos\theta \, d\ell. \quad (7.6)$$

Deze limiet als $\Delta \ell_i \to 0$ is de *integraal* van $(F \cos \theta \, d\ell)$ van punt a naar punt b. Het symbool voor de integraal, $\int$, is een langgerekte letter S om een oneindige som aan te duiden en $\Delta \ell$ wordt vervangen door $d\ell$, de aanduiding voor een oneindig kleine afstand. (Dit is ook al aan de orde gekomen in de optionele paragraaf 2.9.)
In deze limiet, als $\Delta \ell$ nadert tot nul, nadert de totale oppervlakte van de rechthoeken (fig. 7.9a) tot de oppervlakte tussen de kromme $(F \cos \theta)$ en de ℓ-as tussen a en b, op de manier zoals is weergegeven in het gearceerde deel in fig. 7.9b. Dat wil zeggen dat *de door een variabele kracht verrichte arbeid bij het verplaatsen van een voorwerp tussen twee punten gelijk is aan de oppervlakte onder de $(F \cos \theta)$-(ℓ)-grafiek tussen die twee punten.*
In de limiet waarbij $\Delta \ell$ nadert tot nul, is de oneindig kleine afstand $d\ell$ gelijk aan de grootte van de oneindig kleine verplaatsingsvector $d\vec{\ell}$. De richting van de vector $d\vec{\ell}$ valt samen met de raaklijn aan de baan op dat punt, zodat θ de hoek is tussen $\vec{F}$ en $d\vec{\ell}$ op een willekeurig punt. We kunnen vgl. 7.6 nu met behulp van de inwendig productnotatie omschrijven tot:

$$W = \int_a^b \vec{F} \cdot d\vec{\ell}. \quad (7.7)$$

Dit is een *algemene definitie van arbeid*. In deze vergelijking stellen a en b twee punten in de ruimte, (x_a, y_a, z_a) en (x_b, y_b, z_b) voor. De integraal in vgl. 7.7 wordt een *lijnintegraal* genoemd, omdat het de integraal van $F \cos \theta$ is langs de lijn die overeenkomt met de baan van het voorwerp. (Vgl. 7.1 voor een constante kracht is een speciale vorm van vgl. 7.7.)
In rechthoekige coördinaten kan een willekeurige kracht geschreven worden als

$$\vec{F} = F_x \vec{e}_x + F_y \vec{e}_y + F_z \vec{e}_z.$$

en de verplaatsing $d\vec{\ell}$ is

$$d\vec{\ell} = dx\vec{e}_x + dy\vec{e}_y + dz\vec{e}_z.$$

De verrichte arbeid kan dan geschreven worden als

$$W = \int_{x_a}^{x_b} F_x \, dx + \int_{y_a}^{y_b} F_y \, dy + \int_{z_a}^{z_b} F_z \, dz.$$

Om vgl. 7.6 of 7.7 daadwerkelijk te gebruiken om de arbeid te berekenen heb je verschillende opties: (1) als $F \cos \theta$ bekend is als functie van de positie, kun je een grafiek maken als in fig. 7.9b en de oppervlakte onder de grafiek grafisch bepalen. (2) Een andere mogelijkheid is om gebruik te maken van numerieke integratie, misschien met behulp van een computer of rekenmachine. (3) Een derde mogelijkheid is om zelf te integreren, als dit mogelijk is. Om dat te kunnen moet je $\vec{F}$ kunnen beschrijven als functie van de positie, $F(x, y, z)$ en moet de baan bekend zijn. We zullen nu een paar specifieke voorbeelden bekijken.

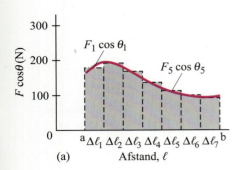
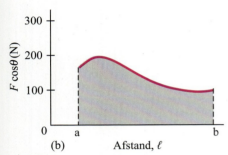

FIGUUR 7.9 De arbeid die door een kracht F verricht wordt is (a) ongeveer gelijk aan de som van de oppervlakte van de rechthoeken, (b) exact gelijk aan de oppervlakte onder de $F \cos \theta$-ℓ-grafiek.

Arbeid die door een veer verricht wordt

We gaan de arbeid bepalen die nodig is om een schroefveer (fig. 7.10) uit te rekken of in te drukken. Om een veer een lengte x ten opzichte van de oorspronkelijke (ontspannen) lengte uitgerekt of ingedrukt te houden is kracht F_P nodig die rechtevenredig is met x. Dat wil zeggen

$$F_P = kx,$$

waarin k een constante is die de *veerconstante* (of de *veerstijfheid*) genoemd wordt en een maat is voor de stijfheid van die veer. De veer zelf oefent een kracht uit in de tegengestelde richting (fig. 7.10b of c):

$$F_V = -kx. \quad (7.8)$$

Deze kracht wordt soms een 'herstelkracht' genoemd, omdat de veer die kracht uitoefent in de richting tegengesteld gericht aan de verplaatsing (vandaar het minteken) en dus de veer weer terug wil brengen naar de normale lengte. Vgl. 7.8 wordt de **veervergelijking** of de **wet van Hooke** genoemd en is nauwkeurig voor veren zolang x niet te groot wordt (zie paragraaf 12.4) en de veer niet permanent vervormt.

Laten we nu eens de arbeid berekenen die iemand verricht door een veer uit te rekken (of in te drukken) vanuit de normale (ontspannen) lengte, $x_a = 0$ tot een lengte $x_b = x$. We veronderstellen dat de veer langzaam uitgerekt wordt, zodat de versnelling nagenoeg gelijk is aan nul. De kracht $\vec{F}_P$ wordt evenwijdig aan de lengteas van de veer op de veer uitgeoefend, langs de x-as, dus zijn $\vec{F}_P$ en $d\vec{\ell}$ evenwijdig. En omdat $d\vec{\ell} = dx\vec{e}_x$ in dit geval, is de door de persoon verrichte arbeid[1]

$$W_P = \int_{x_a=0}^{x_b=x} [F_P(x)\vec{e}_x] \cdot [dx\vec{e}_x] = \int_0^x F_P(x)dx = \int_0^x kx\,dx = \tfrac{1}{2}kx^2 \Big|_0^x = \tfrac{1}{2}kx^2.$$

(We hebben, zoals gebruikelijk is, x gebruikt voor zowel de integratievariabele als de bepaalde waarde van x aan het eind van het interval van $x_a = 0$ en $x_b = x$.) We zien dus dat de benodigde arbeid rechtevenredig is met het kwadraat van de afstand (uittrekking of indrukking), x.

Hetzelfde resultaat kan gevonden worden door de oppervlakte onder de F-x-grafiek te bepalen (waarbij $\cos\theta$ in dit geval 1 is) op de manier zoals is weergegeven in fig. 7.11. Omdat de oppervlakte een driehoek is met hoogte kx en basis x, is de arbeid die iemand verricht om een veer een lengte x uit te rekken of in te drukken gelijk aan

$$W = \tfrac{1}{2}(x)(kx) = \tfrac{1}{2}kx^2,$$

wat hetzelfde resultaat als eerder oplevert. Omdat $W \propto x^2$, is de hoeveelheid arbeid die nodig is om een veer dezelfde lengte x uit te rekken of in te drukken gelijk.

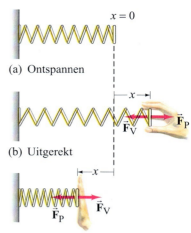

FIGUUR 7.10 (a) Veer in normale (ontspannen) toestand. (b) De veer wordt uitgerekt doordat iemand er een kracht $\vec{F}_P$ naar rechts (positieve richting) op uitoefent. De veer trekt terug met een kracht $\vec{F}_V$, waarin $F_V = -kx$. (c) De persoon drukt de veer in ($x < 0$) en de veer drukt terug met een kracht $F_V = -kx$, waarin $F_V > 0$ is, omdat $x < 0$.

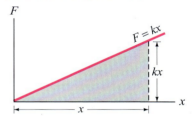

FIGUUR 7.11 De verrichte arbeid om een veer een afstand x uit te rekken is gelijk aan de oppervlakte van de driehoek onder de kromme $F = kx$. De oppervlakte van een driehoek is $\tfrac{1}{2}$ x de basis x de hoogte, dus is $W = \tfrac{1}{2}(x)(kx) = \tfrac{1}{2}kx^2$.

Voorbeeld 7.5 Arbeid die op een veer verricht wordt

(a) Iemand trekt aan de veer in fig. 7.10 en rekt die 3,0 cm uit, waarvoor de persoon een maximale kracht van 75 N moet leveren. Hoeveel arbeid verricht de persoon? (b) Hoeveel arbeid verricht die persoon als deze de veer 3,0 cm indrukt in plaats van uitrekt?

Aanpak De kracht $F = kx$ is van toepassing op elk punt, dus ook op x_{max}. Dus geldt dat F_{max} nodig is op het punt $x = x_{max}$.

Oplossing (a) Eerst moeten we de veerconstante k berekenen:

$$k = \frac{F_{max}}{x_{max}} = \frac{75\,\text{N}}{0{,}030\,\text{m}} = 2{,}5 \times 10^3\,\text{N/m}.$$

De door de persoon op de veer verrichte arbeid is

$$W = \tfrac{1}{2}kx_{max}^2 = \tfrac{1}{2}(2{,}5 \cdot 10^3\,\text{N/m})(0{,}030\,\text{m})^2 = 1{,}1\,\text{J}$$

(b) De kracht die de persoon uitoefent is nog steeds $F_P = kx$, hoewel nu zowel x als F_P negatief zijn (x is positief naar rechts). De arbeid die verricht wordt is

---

[1] Zie de tabel met integralen, appendix B.

$$W_{\text{P}} = \int_{x=0}^{x=-0{,}030 \text{ m}} F_{\text{P}}(x)dx = \int_{0}^{x=-0{,}030 \text{ m}} kx \, dx = \tfrac{1}{2}kx^2 \Big|_{0}^{-0{,}030 \text{ m}}$$
$$= \tfrac{1}{2}(2{,}5 \cdot 10^3 \text{ N/m})(-0{,}030 \text{ m})^2 = 1{,}1 \text{ J},$$

wat gelijk is aan het eerdere resultaat.

Opmerking We kunnen de formule $W = Fd$ (vgl. 7.1) niet gebruiken voor een veer, omdat de kracht niet constant is.

Een complexere krachtwet: de robotarm

Voorbeeld 7.6 Kracht als functie van x

Een robotarm die de positie van een videocamera (fig. 7.12) regelt in een geautomatiseerd bewakingssysteem wordt door een motor aangestuurd die een kracht op de arm uitoefent. De kracht wordt beschreven met

$$F(x) = F_0\left(1 + \frac{1}{6}\frac{x^2}{x_0^2}\right),$$

waarin $F_0 = 2{,}0$ N, $x_0 = 0{,}0070$ m en x is de positie van het uiteinde van de arm. De arm beweegt van $x_1 = 0{,}010$ m naar $x_2 = 0{,}050$ m. Hoeveel arbeid verricht de motor?

Aanpak De door de motor geleverde kracht is geen lineaire functie van x. We kunnen de integraal $\int F(x)dx$ berekenen, de oppervlakte onder de $F(x)$-grafiek (zie fig. 7.13).

Oplossing We integreren om de door de motor verrichte arbeid te bepalen:

$$W_{\text{M}} = F_0 \int_{x_1}^{x_2}\left(1 + \frac{x^2}{6x_0^2}\right)dx = F_0 \int_{x_1}^{x_2} dx + \frac{F_0}{6x_0^2}\int_{x_1}^{x_2} x^2 \, dx$$
$$= F_0\left(x + \frac{1}{6x_0^2}\frac{x^3}{3}\right)\Big|_{x_1}^{x_2}.$$

We voeren de gegeven waarden in:

$$W_{\text{M}} = 2{,}0 \text{ N}\left[(0{,}050\text{m} - 0{,}010\text{ m}) + \frac{(0{,}050\text{ m})^3 - (0{,}010\text{ m})^3}{(3)(6)(0{,}0070\text{ m})^2}\right] = 0{,}36 \text{ J}.$$

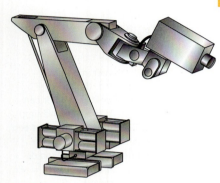

FIGUUR 7.12 Robotarm positioneert een videocamera.

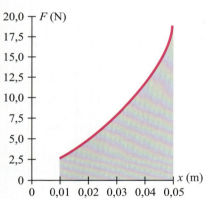

FIGUUR 7.13 Voorbeeld 7.6.

7.4 Principe van arbeid en kinetische energie

Energie is een van de belangrijkste concepten in de wetenschap. Toch is het niet mogelijk om in een paar woorden een eenvoudige, algemene definitie van energie te geven. Wel is het mogelijk om elke specifieke soort energie eenvoudig te definiëren. In dit hoofdstuk definiëren we translationele kinetische energie; in het volgende hoofdstuk bespreken we potentiële energie. In de hoofdstukken daarna komen ook andere soorten energie aan bod, zoals de energie die samenhangt met rotatiebewegingen (hoofdstuk 10) en met warmte (hoofdstukken 19 en 20). Het cruciale aspect van alle soorten energie is dat de som van alle soorten, de *totale energie*, na een willekeurig proces even groot is als daarvoor: energie is een grootheid die behouden blijft.

Voor dit hoofdstuk kunnen we energie op de traditionele manier definiëren als 'de mogelijkheid om arbeid te verrichten'. Deze eenvoudig definitie is niet erg nauwkeurig en ook niet helemaal geldig voor alle soorten energie.[1] Deze gebrekkige definitie geldt echter wel voor mechanische energie, en dat is de soort energie waar we het in dit hoofdstuk en het volgende over zullen hebben. We definiëren en bespreken nu een van de elementaire soorten energie, de kinetische energie van translatie.

---

[1] Energie die hoort bij warmte kan vaak geen arbeid verrichten, zoals we zullen zien in hoofdstuk 20.

Een bewegend voorwerp kan arbeid verrichten op een ander voorwerp waar het tegenaan botst. Een vliegende kanonskogel kan arbeid verrichten op een bakstenen muur en er een gat in maken; een bewegende hamer verricht arbeid op een spijker en drijft die in een plank. In beide gevallen oefent een bewegend voorwerp een kracht uit op een tweede voorwerp, dat daardoor een verplaatsing ondergaat. Een voorwerp in beweging heeft de mogelijkheid om arbeid te verrichten en kan dus energie hebben. De energie van beweging wordt **kinetische energie** genoemd, van het Griekse woord *kinetikos*, wat 'beweging' betekent.

Om te komen tot een kwantitatieve definitie voor kinetische energie kunnen we eens een eenvoudig, star voorwerp met massa m bekijken (dat we als een puntmassa kunnen beschouwen) dat in een rechte lijn beweegt met een initiële snelheid v_1. Om het voorwerp eenparig te versnellen tot een snelheid v_2, wordt op het voorwerp een constante nettokracht F_{net} uitgeoefend evenwijdig aan de bewegingsrichting over een verplaatsing d, fig. 7.14.

FIGUUR 7.14 Een constante nettokracht F_{net} versnelt een auto van de initiële snelheid v_1 tot snelheid v_2 over een verplaatsing d. De netto verrichte arbeid is $W_{net} = F_{net}\, d$.

De netto verrichte arbeid die op het voorwerp verricht wordt is $W_{net} = F_{net} d$. We passen de tweede wet van Newton toe, $F_{net} = ma$ en gebruiken vgl. 2.12c ($v_2^2 = v_1^2 + 2ad$), die we omschrijven tot

$$a = \frac{v_2^2 - v_1^2}{2d},$$

waarin v_1 de initiële snelheid is en v_2 de uiteindelijke snelheid. Als we dit substitueren in $F_{net} = ma$, vinden we de verrichte arbeid:

$$W_{net} = F_{net}d = mad = m\left(\frac{v_2^2 - v_1^2}{2d}\right)d = m\left(\frac{v_2^2 - v_1^2}{2}\right)$$

of

$$W_{net} = \tfrac{1}{2}mv_2^2 - \tfrac{1}{2}mv_1^2 \tag{7.9}$$

We *definiëren* de grootheid $\tfrac{1}{2}mv^2$ als de **translationele kinetische energie**, K, van het voorwerp:

$$K = \tfrac{1}{2}mv^2. \tag{7.10}$$

(We spreken hier expres over de 'translationele' kinetische energie, om deze te onderscheiden van rotationele kinetische energie, die we in hoofdstuk 10 bespreken.) Vgl. 7.9, die we hier afgeleid hebben voor een eendimensionale beweging met een constante kracht, is algemeen geldig voor translatiebewegingen van een voorwerp in drie dimensies en zelfs als de kracht variabel is, zoals we aan het eind van deze paragraaf zullen zien.

We kunnen vgl 7.9 omschrijven tot:

$$W_{net} = K_2 - K_1$$

of

$$W_{net} = \Delta K = \tfrac{1}{2}mv_2^2 - \tfrac{1}{2}mv_1^2 \tag{7.11}$$

Principe van arbeid en energie

Vgl. 7.11 (of vgl. 7.9) is een handig resultaat dat bekend is als het **principe van arbeid en energie** of het **arbeid-energieprincipe**. In woorden kan het omschreven worden als:

De netto verrichte arbeid op een voorwerp is gelijk aan de verandering van de kinetische energie van een voorwerp.

Principe van arbeid en energie

Let op

Het principe van arbeid en energie is alleen geldig voor nettoarbeid.

Merk op dat we de tweede wet van Newton, $F_{net} = ma$, gebruikten, waarin F_{net} de *netto*kracht is: de som van alle krachten die op het voorwerp werken. Het principe van arbeid en energie is dus alleen geldig als W de *netto verrichte arbeid* op het voorwerp is, dat wil zeggen de verrichte arbeid door alle krachten die op het voorwerp werken.

Het principe van arbeid en energie is een erg nuttige herformulering van de wetten van Newton. Het leert ons dat als er (positieve) nettoarbeid W op een voorwerp verricht wordt, de kinetische energie van dat voorwerp toeneemt met een hoeveelheid W. Het principe is ook geldig voor de omgekeerde situatie: als de nettoarbeid W die op een voorwerp verricht is negatief is, neemt de kinetische energie van dat voorwerp af met een hoeveelheid W. Dat wil zeggen dat een nettokracht die uitgeoefend wordt op een voorwerp in de tegengestelde richting van de bewegingsrichting, de snelheid en de kinetische energie van dat voorwerp vermindert. Een voorbeeld is een bewegende hamer (fig. 7.15) die op een spijker neerkomt. De nettokracht op de hamer ($-\vec{F}$ in fig. 7.15, waarin $\vec{F}$ voor de eenvoud constant wordt verondersteld te zijn, werkt naar links, terwijl de verplaatsing $\vec{d}$ van de hamer naar rechts is. De netto verrichte arbeid op de hamer, $W_h = (F)(d)(\cos 180°) = -Fd$, is negatief en de kinetische energie van de hamer vermindert (meestal tot nul).

Fig. 7.15 illustreert ook hoe energie beschouwd kan worden als de mogelijkheid om arbeid te verrichten. De hamer verricht, wanneer deze vertraagt, positieve arbeid op de spijker: $W_s = (+F)(+d)(\cos 0°) = Fd$ en is positief. De vermindering van de kinetische energie van de hamer ($= Fd$ volgens vgl. 7.11) is gelijk aan de arbeid die de hamer kan verrichten op een ander voorwerp, in dit geval de spijker.

De translationele kinetische energie ($\frac{1}{2}mv^2$) is rechtevenredig met de massa van het voorwerp en is ook rechtevenredig met het *kwadraat* van de snelheid. Als de massa verdubbeld wordt, wordt de kinetische energie verdubbeld. Maar als de snelheid verdubbeld wordt, heeft het voorwerp vier maal zoveel kinetische energie en kan dus ook vier keer zoveel arbeid verrichten.

Vanwege de directe koppeling tussen arbeid en kinetische energie, wordt energie gemeten in dezelfde eenheid als arbeid: de joule. Net als arbeid is kinetische energie een scalaire grootheid. De kinetische energie van een groep voorwerpen is de som van de kinetische energieën van de afzonderlijke voorwerpen.

Het principe van arbeid en energie kan toegepast worden op een puntmassa, maar ook op een voorwerp dat als een puntmassa benaderd kan worden, zoals een star voorwerp waarvan de inwendige bewegingen onbetekenend klein zijn. Het principe is erg handig in eenvoudig situaties, zoals we in de onderstaande voorbeelden zullen zien. Het principe van arbeid en energie is niet zo krachtig en allesomvattend als de wet van behoud van energie die we in het volgende hoofdstuk zullen bekijken en het is belangrijk dat je dit principe niet beschouwt als een verklaring voor energiebehoud.

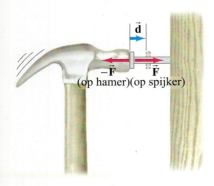

FIGUUR 7.15 Een bewegende hamer raakt een spijker en komt tot stilstand. De hamer oefent een kracht F uit op de spijker; de spijker oefent een kracht $-F$ uit op de hamer (de derde wet van Newton). De door de hamer op de spijker verrichte arbeid is positief ($W_s = Fd > 0$). De door de spijker op de hamer verrichte arbeid is negatief ($W_h = -Fd$).

Voorbeeld 7.7 Kinetische energie van en verrichte arbeid op een honkbal

Een honkbal met een massa van 145 g wordt door de pitcher geworpen en bereikt een snelheid van 25 m/s. (*a*) Hoe groot is de kinetische energie van de honkbal? (*b*) Hoe groot was de netto verrichte arbeid op de bal om hem zijn snelheid te geven als de bal in eerste instantie in rust was?

Aanpak We gebruiken $K = \frac{1}{2}mv^2$ en het principe van arbeid en energie, vgl. 7.11.

Oplossing (*a*) De kinetische energie van de bal na de worp is

$$K = \tfrac{1}{2}mv^2 = \tfrac{1}{2}(0{,}145 \text{ kg})(25 \text{ m/s})^2 = 45 \text{ J}.$$

(*b*) Omdat de initiële kinetische energie nul was, is de netto verrichte arbeid precies gelijk aan de uiteindelijke kinetische energie, namelijk 45 J.

FIGUUR 7.16 Voorbeeld 7.8.

Voorbeeld 7.8 Schatten Arbeid op een auto om de kinetische energie ervan te vergroten

Hoeveel nettoarbeid moet verricht worden om een auto met een massa van 1000 kg van 20 m/s naar 30 m/s te versnellen (fig. 7.16)?

Aanpak Een auto is een complex systeem. De motor drijft de wielen en banden aan die tegen de grond drukken en de grond drukt terug (zie voorbeeld 4.4). Op dit moment zijn we niet geïnteresseerd in deze complicerende factoren. We kunnen echter wel een bruikbaar resultaat vinden door gebruik te maken van het principe van arbeid en energie, maar dat kan alleen als we de auto als een puntmassa of een eenvoudig star voorwerp beschouwen.

Oplossing De benodigde netto verrichte arbeid is gelijk aan de toename van de kinetische energie:

$$W = K_2 - K_1 = \tfrac{1}{2}mv_2^2 - \tfrac{1}{2}mv_1^2$$
$$= \tfrac{1}{2}(1000 \text{ kg})(30 \text{ m/s})^2 - \tfrac{1}{2}(1000 \text{ kg})(20 \text{ m/s})^2 = 2{,}5 \cdot 10^5 \text{ J}.$$

> **Opgave C**
> (a) Doe een gok: zal de benodigde arbeid om de auto in voorbeeld 7.8 vanuit stilstand naar 20 m/s te versnellen groter, kleiner of gelijk zijn aan de arbeid die we eerder berekenen om de auto te versnellen van 20 m/s naar 30 m/s? (b) Maak de berekening.

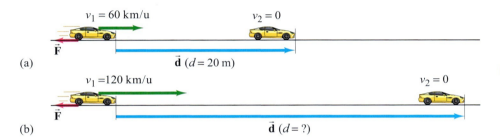

FIGUUR 7.17 Voorbeeld 7.9.

Conceptvoorbeeld 7.9 Arbeid om een auto tot stilstand te brengen

Een auto die 60 km/u rijdt kan binnen een afstand $d = 20$ m tot stilstand komen (fig. 7.17a). Hoe groot is de remafstand als de auto twee keer zo hard, dus 120 km/u rijdt (fig. 7.17b)? Veronderstel dat de maximale remkracht bij benadering onafhankelijk van de snelheid is.

Antwoord Opnieuw beschouwen we de auto als een puntmassa. Omdat de netto stopkracht F ongeveer constant is, is de arbeid die nodig is om de auto tot stilstand te brengen, Fd, rechtevenredig met de afgelegde afstand. We passen het principe van arbeid en energie toe en merken op dat $\vec{F}$ en $\vec{d}$ tegengesteld gericht zijn en dat de uiteindelijke snelheid van de auto nul is:

$$W_{\text{net}} = Fd \cos 180° = -Fd.$$

In dat geval geldt

$$-Fd = \Delta K = \tfrac{1}{2}mv_2^2 - \tfrac{1}{2}mv_1^2$$
$$= 0 - \tfrac{1}{2}mv_1^2$$

En omdat de kracht en de massa constant zijn, zien we dat de remafstand d toeneemt met het kwadraat van de snelheid:

$$d \propto v^2.$$

Als de initiële snelheid van de auto verdubbeld wordt, wordt de remafstand $(2)^2 = 4$ maal zo groot, dus 80 m.

 Natuurkunde in de praktijk

De remafstand van een auto $\propto$ het kwadraat van de initiële snelheid

> **Opgave D**
> Kan kinetische energie ooit negatief zijn?

Hoofdstuk 7 – Arbeid en energie

> **Opgave E**
> (*a*) Veronderstel dat de kinetische energie van een pijl verdubbeld wordt. Met welke factor moet de snelheid van de pijl daarvoor verhoogd worden?
> (*b*) Veronderstel nu dat de snelheid van de pijl verdubbeld wordt. Met welke factor neemt de kinetische energie van de pijl dan toe?

Voorbeeld 7.10 Een samengedrukte veer

Een horizontale veer heeft een veerconstante k van 360 N/m. (*a*) Hoeveel arbeid is er nodig om de veer van de ontspannen lengte ($x = 0$) in te drukken tot $x = 11,0$ cm? (*b*) Vervolgens wordt een blok met een massa van 1,85 kg op de veer geplaatst, die dan losgelaten wordt. Hoe groot zal de snelheid van het blok zijn als dit van de veer loskomt als x nul is? Verwaarloos de wrijving. (*c*) Herhaal (*b*) maar veronderstel nu dat het blok over een tafel glijdt, zoals is weergegeven in fig. 7.18 en dat er een constante weerstandskracht $F_D = 7,0$ N op het blok werkt en het blok vertraagt, bijvoorbeeld de wrijving.

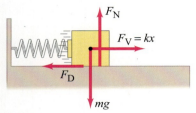

FIGUUR 7.18 Voorbeeld 7.10.

Aanpak We gebruiken het resultaat uit paragraaf 7.3 dat de nettoarbeid, W, die nodig is om een veer over een afstand x in te drukken of uit te rekken gelijk is aan $W = \frac{1}{2}kx^2$. In (*b*) en (*c*) gebruiken we het principe van arbeid en energie.

Oplossing (*a*) De benodigde arbeid om de veer over een afstand $x = 0,110$ m in te drukken is

$$W = \tfrac{1}{2}(360 \text{ N/m})(0,110 \text{ m})^2 = 2,18 \text{ J},$$

waarin we alle eenheden naar SI-eenheden omgerekend hebben.

(*b*) Om terug te keren naar de ontspannen lengte moet de veer 2,18 J arbeid op het blok verrichten (berekening is gelijk aan die in (*a*), maar in de omgekeerde richting). Volgens het principe van arbeid en energie krijgt het een kinetische energie van 2,18 J. Omdat $K = \frac{1}{2}mv^2$, moet de snelheid van het blok dan gelijk zijn aan

$$v = \sqrt{\frac{2K}{m}}$$
$$= \sqrt{\frac{2(2,18 \text{ J})}{1,85 \text{ kg}}} = 1,54 \text{ m/s}.$$

(*c*) Er werken twee krachten op het blok: de kracht van de veer en de weerstandskracht, $\vec{F}_D$. De verrichte arbeid door een kracht zoals wrijving is complex. Zo wordt bijvoorbeeld warmte (of eigenlijk 'thermische energie') ontwikkeld, zoals wanneer jij je handen tegen elkaar wrijft. Toch kunnen we het product $\vec{F}_D \cdot \vec{d}$ gebruiken voor de weerstandskracht, zelfs wanneer dit wrijving is, in het principe van arbeid en energie om te komen tot correcte resultaten voor een voorwerp dat we als een puntmassa kunnen beschouwen. De veer verricht 2,18 J arbeid op het blok. De door de wrijving of weerstandskracht op het blok verrichte arbeid, in de negatieve x-richting, is

$$W_D = -F_D x = -(7,0 \text{ N})(0,110 \text{ m}) = -0,77 \text{ J}.$$

Deze arbeid is negatief, omdat de weerstandskracht in de tegengestelde richting van de verplaatsing x werkt. De netto verrichte arbeid op het blok is $W_{net} = 2,18$ J $- 0,77$ J $= 1,41$ J. Het principe van arbeid en energie, vgl. 7.11 (met $v_2 = v$ en $v_1 = 0$), levert dat

$$v = \sqrt{\frac{2W_{net}}{m}}$$
$$= \sqrt{\frac{2(1,41 \text{ J})}{1,85 \text{ kg}}} = 1,23 \text{ m/s}$$

voor de snelheid van het blok op het moment dat het loskomt van de veer ($x = 0$).

Algemene afleiding van het principe van arbeid en energie

We hebben het principe van arbeid en energie, vgl. 7.11, afgeleid voor bewegingen met een constante kracht in één richting. Het principe is ook geldig als de kracht variabel is en de beweging in twee of drie dimensies is, zoals we nu zullen aantonen. Veronderstel dat de nettokracht $\vec{F}_{net}$ op een puntmassa zowel in grootte als in richting variabel is en de baan van de puntmassa een kromme is, zoals in fig. 7.8. De nettokracht kan beschouwd worden als een functie van ℓ, de afgelegde afstand over de kromme. De netto verrichte arbeid is (vgl. 7.6):

$$W_{net} = \int \vec{F}_{net} \cdot d\vec{\ell} = \int F_{net} \cos\theta \, d\ell = \int F_{\parallel} d\ell,$$

waarin $F_{\parallel}$ de component van de nettokracht evenwijdig aan de verplaatsing op een willekeurig punt is. Volgens de tweede wet van Newton is

$$F_{\parallel} = ma_{\parallel} = m\frac{dv}{dt},$$

waarin $a_{\parallel}$, de component van a evenwijdig aan de kromme op een willekeurig punt, gelijk is aan het tempo waarmee de snelheid verandert, dv/dt. We kunnen v beschouwen als een functie van ℓ en de kettingregel voor het bepalen van afgeleiden gebruiken. Dat levert

$$\frac{dv}{dt} = \frac{dv}{d\ell}\frac{d\ell}{dt} = \frac{dv}{d\ell}v,$$

omdat $d\ell/dt$ de snelheid v is. Dus geldt dat (als 1 en 2 verwijzen naar respectievelijk de initiële en uiteindelijke grootheden):

$$W_{net} = \int_1^2 F_{\parallel} d\ell = \int_1^2 m\frac{dv}{dt}d\ell = \int_1^2 mv\frac{dv}{d\ell}d\ell = \int_1^2 mv \, dv,$$

wat na integreren het volgende resultaat oplevert:

$$W_{net} = \tfrac{1}{2}mv_2^2 - \tfrac{1}{2}mv_1^2 = \Delta K.$$

Dit is opnieuw het principe van arbeid en energie, dat we nu afgeleid hebben voor bewegingen in drie dimensies met een variabele nettokracht. We hebben daarbij gebruik gemaakt van de definities van arbeid, kinetische energie en de tweede wet van Newton.

Merk op dat in deze afleiding alleen de component van $\vec{F}_{net}$ evenwijdig aan de beweging, $F_{\parallel}$, bijdraagt aan de arbeid. Een kracht (of component van een kracht) die loodrecht op de snelheidsvector staat, verricht immers geen arbeid. Een dergelijke kracht verandert alleen de richting van de snelheid, en heeft geen invloed op de grootte van de snelheid. Een voorbeeld hiervan is de eenparige cirkelvormige beweging waarin een voorwerp dat met constante snelheid een cirkelvormige baan beschrijft een ('centripetale') kracht ondervindt in de richting van het middelpunt van de cirkel. Deze kracht verricht geen arbeid op het voorwerp, omdat (zoals we gezien hebben in voorbeeld 7.3) deze altijd loodrecht op de verplaatsingsrichting, $d\vec{\ell}$, van het voorwerp staat.

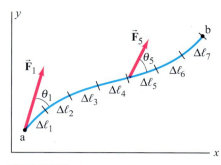

FIGUUR 7.8 (herhaald) Een puntmassa waarop een variabele kracht, $\vec{F}$, uitgeoefend wordt, beschrijft de baan tussen de punten a en b.

Samenvatting

Arbeid wordt door een kracht op een voorwerp uitgeoefend wanneer het voorwerp over een afstand, d, verplaatst wordt. De **arbeid** W die door een constante kracht $\vec{F}$ op een voorwerp verricht wordt waarvan de positie verandert als gevolg van een verplaatsing $\vec{d}$ heeft een waarde

$$W = Fd\cos\theta = \vec{F} \cdot \vec{d}, \quad (7.1, 7.3)$$

waarin θ de hoek is tussen $\vec{F}$ en $\vec{d}$.
Deze laatste uitdrukking wordt het **inwendig product** van $\vec{F}$ en $\vec{d}$ genoemd. Over het algemeen is het inwendig product van twee willekeurige vectoren $\vec{A}$ en $\vec{B}$ gedefinieerd als

$$\vec{A} \cdot \vec{B} = AB\cos\theta \quad (7.2)$$

waarin θ de hoek is tussen $\vec{A}$ en $\vec{B}$. In rechthoekige coördinaten kunnen we ook de volgende vergelijking opstellen

$$\vec{A} \cdot \vec{B} = A_x B_x + A_y B_y + A_z B_z. \quad (7.4)$$

De arbeid W die door een variabele kracht $\vec{F}$ op een voorwerp verricht wordt dat van punt a naar punt b beweegt is

$$W = \int_a^b \vec{F} \cdot d\vec{\ell} = \int_a^b F\cos\theta \, d\ell, \quad (7.7)$$

waarin $d\vec{\ell}$ een oneindige kleine verplaatsing op de baan van het voorwerp is en θ de hoek tussen $d\vec{\ell}$ en $\vec{F}$ op elk punt van de baan van het voorwerp.

De translationele **kinetische energie**, K, van een voorwerp met massa m dat met snelheid v beweegt is gedefinieerd als

$$K = \tfrac{1}{2} mv^2. \qquad (7.10)$$

Het **principe van arbeid en energie** stelt dat de netto verrichte arbeid op een voorwerp gelijk is aan de verandering van de kinetische energie van het voorwerp:

$$W_{\text{net}} = \Delta K = \tfrac{1}{2}mv_2^2 - \tfrac{1}{2}mv_1^2 \qquad (7.11)$$

Vragen

1. In welke opzichten heeft het woord 'arbeid' zoals dat in het dagelijkse taalgebruik gebruikt wordt dezelfde betekenis als waarop het woord gedefinieerd is in de natuurkunde? In welke opzichten niet? Geef voorbeelden.
2. Een vrouw zwemt tegen de stroom van een rivier in en blijft daarbij steeds op een vast punt tussen twee bomen aan weerszijden van de rivier. Verricht zij arbeid? Wordt er arbeid op haar verricht als ze besluit te stoppen met zwemmen en zich mee laat voeren op de stroming van de rivier?
3. Kan een centripetale kracht ooit arbeid verrichten op een voorwerp? Leg uit hoe dit kan.
4. Waarom word je moe als je hard tegen een zware muur duwt, terwijl je toch geen arbeid verricht?
5. Hangt het inwendig product van twee vectoren af van de keuze van het coördinatenstelsel?
6. Kan een inwendig product ooit negatief zijn? Zo ja, onder welke omstandigheden?
7. Veronderstel dat $\vec{A} \cdot \vec{C} = \vec{B} \cdot \vec{C}$, waar is. Is het in dat geval noodzakelijk dat $\vec{A}$ gelijk is aan $\vec{B}$?
8. Heeft het inwendig product van twee vectoren zowel een richting als een grootte?
9. Kan de normaalkracht op een voorwerp ooit arbeid verrichten? Leg uit hoe dit kan.
10. Je hebt twee identieke veren, maar veer 1 is stijver dan veer 2 ($k_1 > k_2$). Op welke veer wordt meer arbeid verricht: (a) als ze met dezelfde kracht uitgerekt worden; (b) als ze over dezelfde afstand uitgerekt worden?
11. Veronderstel dat de snelheid van een puntmassa verdrievoudigd wordt. Met welke factor neemt de kinetische energie van de puntmassa dan toe?
12. In voorbeeld 7.10 werd gesteld dat het blok loskomt van de samengedrukte veer op het moment dat de veer de ontspannen lengte, ($x = 0$) terugkrijgt. Verklaar waarom dit precies op dat moment gebeurt en niet daarvoor (of daarna).
13. Twee kogels worden gelijktijdig afgevuurd en krijgen dezelfde kinetische energie. Een van de kogels is twee keer zo zwaar als de andere. Welke kogel heeft de grootste snelheid en hoeveel maal de snelheid van de kleinste snelheid is dit? Welke kogel kan de meeste arbeid verrichten?
14. Hangt de netto verrichte arbeid op een puntmassa af van de keuze van het referentiestelsel? Welke invloed heeft dit op het principe van arbeid en energie?
15. Een hand oefent een constante horizontale kracht uit op een blok dat vrij kan glijden op een wrijvingsloos oppervlak (fig. 7.19). Het blok is in rust in punt A. Wanneer het een afstand d afgelegd heeft en in punt B aangekomen is heeft het een snelheid v_B. Zal de snelheid, wanneer het blok nogmaals een afstand d heeft afgelegd, tot punt C, hoger, lager of gelijk zijn aan $2v_B$? Licht je redenering toe.

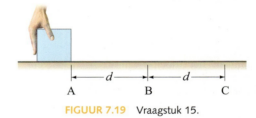

FIGUUR 7.19 Vraagstuk 15.

Vraagstukken

7.1 Arbeid, constante kracht

1. (I) Hoeveel arbeid wordt door de zwaartekracht verricht wanneer een heiblok van 280 kg 2,80 m omlaag valt?
2. (I) Welke hoogte zal een steen met een massa van 1,85 kg bereiken als iemand er verticaal omhoog 80,0 J arbeid op verricht? Verwaarloos de luchtweerstand.
3. (I) Een brandweerman van 75 kg rent een 20,0 m hoge trap op. Hoeveel arbeid verricht hij?
4. (I) Een hamerkop met een massa van 2,0 kg valt van een hoogte van 0,50 m op een spijker. Wat is de maximale hoeveelheid arbeid die de hamerkop op de spijker kan verrichten? Waarom slaat een timmerman de hamer met kracht omlaag op de spijker en laat hij hem niet gewoon op de spijker vallen?
5. (II) Schat de arbeid die je verricht om een gazon van 10 m bij 20 m te maaien met een grasmaaier met een 50 cm breed mes. Veronderstel dat je met een kracht van ongeveer 15 N duwt.
6. (II) Een hefboom zoals die is weergegeven in fig. 7.20 kan gebruikt worden om voorwerpen op te tillen die anders niet te tillen zijn. Toon aan dat de verhouding van de uitvoerkracht, F_U en de invoerkracht, F_I, gerelateerd is aan de lengtes ℓ_I en ℓ_U tot het kantelpunt volgens $F_U/F_I = \ell_I/\ell_U$. Negeer de wrijving en de massa van de hefboom en neem aan dat de geleverde arbeid gelijk is aan de ingevoerde arbeid.

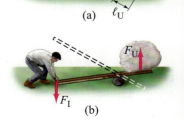

FIGUUR 7.20
Een hefboom.
Vraagstuk 6.

7. (II) Hoeveel bedraagt de minimaal benodigde arbeid om een auto met een massa van 950 kg over een afstand van 310 m omhoog te duwen over een helling van 9,0°? Verwaarloos de wrijving.

8. (II) Op een tafel liggen acht boeken die elk 4,0 cm dik zijn en 1,8 kg wegen. Hoeveel arbeid moet verricht worden om ze boven op elkaar te stapelen?

9. (II) Een doos met een massa van 6,0 kg wordt vanuit rust gedurende 7,0 s versneld met een versnelling van 2,0 m/s^2 door een kracht die evenwijdig aan de vloer werkt. Bereken de netto verrichte arbeid op de doos.

10. (II)(a) Hoe groot is de benodigde kracht om een helikopter met massa M een versnelling van 0,10 g verticaal omhoog te geven? (b) Hoeveel arbeid wordt door deze kracht verricht als de helikopter een afstand h verticaal omhoog stijgt?

11. (II) Een piano met een massa van 380 kg glijdt over een afstand van 3,9 m omlaag over een helling van 27°. Een man remt wanhopig de piano af om te voorkomen dat deze versnelt en oefent daartoe een kracht *evenwijdig aan de helling* uit (fig. 7.21). Bepaal (a) de arbeid die door de man verricht wordt, (b) de arbeid die door de man op de piano verricht wordt, (c) de arbeid die door de zwaartekracht verricht wordt en (d) de nettoarbeid die op de piano verricht wordt. Verwaarloos de wrijving.

FIGUUR 7.21   Vraagstuk 11.

12. (II) Een gondel van een skilift kan 20 personen vervoeren met een totale massa van maximaal 2250 kg. De gondel stijgt met constante snelheid van het onderstation beneden, op 2150 m, naar de bergtop op 3345 m. (a) Hoeveel arbeid verricht de motor om de vol beladen gondel naar de top van de berg te brengen? (b) Hoeveel arbeid verricht de zwaartekracht op de gondel? (c) Veronderstel dat de motor 10% meer arbeid kan verrichten dan je antwoord bij (a). Hoe groot is dan de maximale versnelling van de gondel?

13. (II) Een gevechtsvliegtuig met een massa van 17.000 kg stijgt met behulp van een katapult op van een vliegdekschip (fig. 7.22a). De uitlaatgassen van de motoren van de straaljager oefenen een constante kracht van 130 kN uit op het toestel; de kracht die door de katapult op het toestel uitgeoefend wordt is grafisch weergegeven in fig. 7.22b. Bepaal: (a) de door de uitlaatgassen verrichte arbeid tijdens de lancering en (b) de tijdens de lancering door de katapult op het toestel verrichte arbeid.

14. (II) Een krat met een gewicht van 2200 N rust op de vloer. Hoeveel arbeid moet verricht worden om het krat met een constante snelheid (a) 4,0 m horizontaal over de vloer te verplaatsen tegen een weerstandskracht van 230 N in, en (b) om het krat 4,0 m verticaal te verplaatsen?

15. (II) Een winkelwagentje met een massa van 16 kg wordt met een constante snelheid over een stijgende helling van 12° geduwd, waarbij een kracht F_P uitgeoefend wordt onder een hoek van 17° onder de horizontaal. Bepaal de verrichte arbeid die door alle krachten $(m\vec{g}, \vec{F}_N, \vec{F}_P)$ op het winkelwagentje verricht wordt als de helling 15 m lang is.

7.2 Inwendig product

16. (I) Hoe groot is het inwendig product van $\vec{A} = 2,0x^2\vec{e}_x - 4,0x\vec{e}_y + 5,0\vec{e}_z$ en $\vec{B} = 11,0\vec{e}_x + 2,5x\vec{e}_y$?

17. (I) Toon voor een willekeurige vector $\vec{V} = V_x\vec{e}_x + V_y\vec{e}_y + V_z\vec{e}_z$ aan dat $V_x = \vec{e}_x \cdot \vec{V}$, $V_y = \vec{e}_y \cdot \vec{V}$, $V_z = \vec{e}_z \cdot \vec{V}$.

18. (I) Bereken de hoek tussen de vectoren: $\vec{A} = 6,8\vec{e}_x - 3,4\vec{e}_y - 6,2\vec{e}_z$ en $\vec{B} = 8,2\vec{e}_x + 2,3\vec{e}_y - 7,0\vec{e}_z$.

19. (I) Toon aan dat $\vec{A} \cdot (-\vec{B}) = -\vec{A} \cdot \vec{B}$.

20. (I) Vector $\vec{V}_1$ is gericht langs de z-as en heeft een grootte $v_1 = 75$. Vector $\vec{V}_2$ ligt in het xz-vlak, heeft grootte $v_2 = 58$ en maakt een hoek van $-48°$ met de x-as (punten onder de x-as). Wat is het inwendig product $\vec{V}_1 \cdot \vec{V}_2$?

21. (II) Veronderstel een vector $\vec{A} = 3,0\vec{e}_x + 1,5\vec{e}_y$. Bepaal een vector $\vec{B}$ die loodrecht op $\vec{A}$ staat.

22. (II) Een constante kracht $\vec{F} = (2,0\vec{e}_x + 4,0\vec{e}_y)$ N werkt op een voorwerp terwijl het in een rechte lijn beweegt. De verplaatsing van het voorwerp $\vec{d} = (1,0\vec{e}_x + 5,0\vec{e}_y)$ m. Bereken de door $\vec{F}$ verrichte arbeid met deze alternatieve schrijfwijzen voor het inwendig product: (a) $W = Fd\cos\theta$; (b) $W = F_xd_x + F_yd_y$.

23. (II) $\vec{A} = 9,0\vec{e}_x - 8,5\vec{e}_y$, $\vec{B} = -8,0\vec{e}_x + 7,1\vec{e}_y + 4,2\vec{e}_z$, en $\vec{C} = 6,8\vec{e}_x - 9,2\vec{e}_y$. Bepaal (a) $\vec{A} \cdot (\vec{B} + \vec{C})$; (b) $(\vec{A} + \vec{C}) \cdot \vec{B}$; (c) $(\vec{B} + \vec{A}) \cdot \vec{C}$.

24. (II) Bewijs dat $\vec{A} \cdot \vec{B} = A_xB_x + A_yB_y + A_zB_z$. Gebruik vgl. 7.2 als uitgangspunt en maak gebruik van de distributieve eigenschap (pagina 190, vraagstuk 33).

25. (II) Gegeven zijn de vectoren $\vec{A} = -4,8\vec{e}_x + 6,8\vec{e}_y$ en $\vec{B} = 9,6\vec{e}_x + 6,7\vec{e}_y$. Bereken de vector $\vec{C}$ die in het xy-vlak ligt, loodrecht staat op $\vec{B}$ en waarvan het inwendig product met $\vec{A}$ 20,0 is.

26. (II) Toon aan dat als twee niet-evenwijdige vectoren dezelfde grootte hebben, hun som loodrecht moet staan op hun verschil.

27. (II) Veronderstel $\vec{V} = 20,0\vec{e}_x + 22,0\vec{e}_y - 14,0\vec{e}_z$. Welke hoeken maakt deze vector met de x-, y- en z-as?

28. (II) Gebruik het inwendig product om de *cosinusregel* voor een driehoek te bewijzen:

$$c^2 = a^2 + b^2 - 2ab\cos\theta,$$

waarin a, b en c de lengtes van de zijden van een driehoek zijn en θ de hoek tegenover de zijde c is.

29. (II) De vectoren $\vec{A}$ en $\vec{B}$ liggen in het xy-vlak en hun inwendig product is 20,0 eenheden. Veronderstel dat $\vec{A}$ een hoek van 27,4° maakt met de x-as en een grootte $A = 12,0$ eenheden heeft en $\vec{B}$ een grootte $B = 24,0$ eenheden heeft. Wat kun je in dat geval zeggen over de richting van $\vec{B}$?

30. (II) $\vec{A}$ en $\vec{B}$ zijn twee vectoren in het xy-vlak die respectievelijk een hoek α en β maken met de x-as. Bepaal het in-

(a)

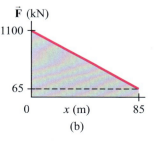

(b)

FIGUUR 7.22   Vraagstuk 13.

wendig product van $\vec{A}$ en $\vec{B}$ en leid de volgende trigonometrische regel af: $\cos(\alpha - \beta) = \cos\alpha\cos\beta + \sin\alpha\sin\beta$.

31. (II) Veronderstel dat $\vec{A} = 1,0\vec{e}_x + 1,0\vec{e}_y - 2,0\vec{e}_z$ en $\vec{B} = -1,0\vec{e}_x + 1,0\vec{e}_y + 2,0\vec{e}_z$. (a) Welke hoek maken deze twee vectoren met elkaar? (b) Leg de betekenis van het teken in het antwoord op (a) uit.

32. (II) Bepaal een vector met de eenheidslengte in het xy-vlak die loodrecht staat op $3,0\vec{e}_x + 4,0\vec{e}_y$.

33. (III) Toon aan dat het inwendig product van twee vectoren distributief is: $\vec{A} \cdot (\vec{B} + \vec{C}) = \vec{A} \cdot \vec{B} + \vec{A} \cdot \vec{C}$. (Hint: maak een schets van de drie vectoren in een vlak en de inwendige producten.)

7.3 Arbeid, variabele kracht

34. (I) Al omhoog fietsend over een heuvel oefent een fietser tijdens elke trapperomwenteling een kracht verticaal omlaag uit van 450 N. Veronderstel dat de diameter van de cirkel die een trapper beschrijft 36 cm is. Bereken in dat geval hoeveel arbeid tijdens elke omwenteling verricht wordt.

35. (II) Een veer heeft een veerconstante $k = 65$ N/m. Teken een grafiek zoals in fig. 7.11 en gebruik die om de arbeid die nodig is om de veer van $x = 3,0$ cm uit te rekken tot $x = 6,5$ cm, waarin $x = 0$ verwijst naar de ontspannen lengte van de veer.

36. (II) Veronderstel dat de heuvel in voorbeeld 7.2 (fig. 7.4) geen rechte helling is, maar een onregelmatige kromme zoals in fig. 7.23. Toon aan dat een berekening voor die situatie hetzelfde resultaat oplevert als voor de situatie in voorbeeld 7.2, namelijk dat de verrichte arbeid door de zwaartekracht alleen afhankelijk is van de hoogte van de heuvel en niet van de vorm van de gevolgde baan.

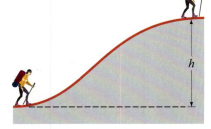

FIGUUR 7.23
Vraagstuk 36.

37. (II) De nettokracht die op een puntmassa uitgeoefend wordt werkt in de positieve x-richting. De grootte van de kracht neemt lineair toe van nul in $x = 0$ tot 380 N in $x = 3,0$ m. Vanaf $x = 3,0$ m tot $x = 7,0$ m blijft de kracht constant en neemt vervolgens lineair tot nul af in $x = 12,0$ m. Bepaal grafisch de verrichte arbeid om de puntmassa te verplaatsen van $x = 0$ naar $x = 12,0$ m, door de oppervlakte onder de F_x-x-grafiek te berekenen.

38. (II) Veronderstel dat er 5,0 J arbeid verricht moet worden om een bepaalde veer 2,0 cm verder dan de ontspannen lengte uit te rekken. Hoeveel arbeid zal er vervolgens verricht moeten worden om de veer nog 4,0 cm verder uit te rekken?

39. (II) Veronderstel in fig. 7.9 dat de afstandsas de x-as is en dat $a = 10,0$ m en $b = 30,0$ m. Schat de verrichte arbeid door deze kracht bij het verplaatsen van a naar b van een voorwerp van 3,50 kg.

40. (II) De kracht op een puntmassa, die langs de x-as werkt, varieert op de manier zoals is weergegeven in fig. 7.24. Bereken de door deze kracht verrichte arbeid om de puntmassa langs de x-as te verplaatsen: (a) van $x = 0,0$ naar $x = 10,0$ m; (b) van $x = 0,0$ naar $x = 15,0$ m.

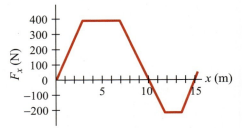

FIGUUR 7.24
Vraagstuk 40.

41. (II) Een kind trekt een bolderkar over het trottoir. De bolderkar blijft 9,0 m op het trottoir terwijl het kind een horizontale kracht van 22 N uitoefent. Dan raakt de bolderkar met een wiel in het gras, waardoor het kind met een zijdelingse kracht van 38 N onder een hoek van 12° met het trottoir moet trekken over een afstand van 5,0 m. De bolderkar komt ten slotte weer terug op het trottoir, zodat het kind de rest van de af te leggen afstand, 13,0 m, maar een kracht van 22 N hoeft uit te oefenen. Hoeveel arbeid verrichte het kind in totaal op de bolderkar?

42. (II) De kracht die uitgeoefend moet worden om met een scherp voorwerp in verpakkingsmateriaal door te dringen is een kracht die rechtevenredig is met de vierde macht van de penetratiediepte x; dat wil zeggen dat $\vec{F} = kx^4\vec{e}_x$. Bereken de arbeid die nodig is om een scherp voorwerp over een afstand d in het materiaal te duwen.

43. (II) De benodigde kracht om een bepaalde veer een lengte x ten opzichte van de ontspannen lengte ingedrukt te houden kan beschreven worden als $F = kx + ax^3 + bx^4$. Hoeveel arbeid moet verricht worden om de veer een afstand X in te drukken vanaf $x = 0$?

44. (II) Een polsstokhoogspringer kan aan het eind van zijn polsstok arbeid op de stok verrichten door er tegenaan te drukken voordat hij hem loslaat. Veronderstel dat de duwende kracht die de polsstok terug op de springer uitoefent beschreven kan worden met de volgende functie: $F(x) = (1,5 \cdot 10^2 \text{ N/m})x - (1,9 \cdot 10^2 \text{ N/m}^2)x^2$ over een afstand van 0,20 m. Hoeveel arbeid verricht de stok op de springer?

45. (II) Veronderstel dat een kracht F_1 gelijk is aan $F_1 = A/\sqrt{x}$ en op een voorwerp werkt tijdens een beweging langs de x-as van $x = 0,0$ naar $x = 1,0$ m, waarin $A = 2,0$ N·m$^{1/2}$. Toon aan dat tijdens deze beweging, zelfs als F_1 oneindig is in $x = 0,0$, de door deze kracht op het voorwerp verrichte arbeid eindig is.

46. (II) Veronderstel dat een kracht die op een voorwerp werkt beschreven kan worden met de volgende functie: $\vec{F} = ax\vec{e}_x + by\vec{e}_y$, waarin de constanten $a = 3,0$ N·m^{-1} en $b = 4,0$ N·m^{-1} zijn. Bereken de door deze kracht op het voorwerp verrichte arbeid als het in een rechte lijn van de oorsprong naar $\vec{r} = (10,0\vec{e}_x + 20,0\vec{e}_y)$ m beweegt.

47. (II) Op een voorwerp dat een cirkelvormige baan beschrijft met straal R, werkt een kracht met een constante grootte F. De richting van de kracht maakt op elk moment een hoek van 30° met de raaklijn aan de cirkel op de manier zoals is weergegeven in fig. 7.25. Schat de verrichte arbeid door deze kracht bij het verplaatsen van het voorwerp over de halve cirkelomtrek van punt A naar punt B.

48. (III) Een ruimtevaartuig van 2800 kg dat in eerste instantie in rust is, valt verticaal van een hoogte van 3300 km boven het oppervlak van de aarde. Bepaal hoeveel arbeid de

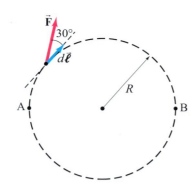

FIGUUR 7.25 Vraagstuk 47.

zwaartekracht verricht tot het voertuig teruggekeerd is op aarde.

49. (III) Een stalen ketting met een lengte van 3,0 m ligt op een horizontale bouwsteiger, waarbij 2,0 m ketting op de steiger ligt en 1,0 m over de rand van de steiger hangt, zoals is weergegeven in fig. 7.26. In deze situatie is de kracht van het hangende gedeelte groot genoeg om de hele ketting over de rand te trekken. Zodra de ketting gaat glijden is de kinetische wrijving zodanig klein dat die verwaarloosd mag worden. Hoeveel arbeid wordt op de ketting verricht door de zwaartekracht in de tijd tussen het moment dat de ketting begint te glijden vanuit de uitgangspositie en het moment dat de ketting loskomt van de steiger? (Veronderstel dat de ketting een gelijkmatig gewicht heeft van 18 N/m.)

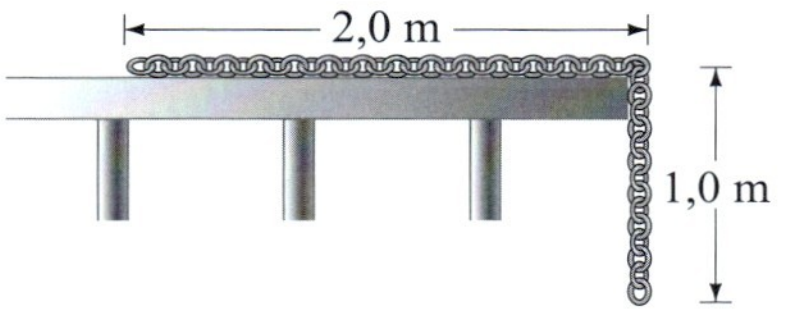

FIGUUR 7.26 Vraagstuk 49.

7.4 Kinetische energie; principe van arbeid en kinetische energie

50. (I) Bij kamertemperatuur heeft een zuurstofmolecule, met een massa van $5{,}31 \cdot 10^{-26}$ kg, meestal een kinetische energie van ongeveer $6{,}21 \cdot 10^{-21}$ J. Hoe snel beweegt zo'n molecule?
51. (I)(a) Veronderstel dat de kinetische energie van een puntmassa verdrievoudigd wordt. Met welke factor neemt de snelheid ervan dan toe? (b) Veronderstel dat de snelheid van een puntmassa gehalveerd wordt. Met welke factor neemt de kinetische energie van de puntmassa dan af?
52. (I) Hoeveel arbeid moet verricht wordt om een elektron ($m = 9{,}11 \cdot 10^{-31}$ kg) te stoppen als het een snelheid van $1{,}40 \cdot 10^6$ m/s heeft?
53. (I) Hoeveel arbeid moet verricht worden om een auto van 1300 kg die 95 km/u rijdt tot stilstand te brengen?
54. (II) Spiderman gebruikt zijn spinnenweb om een op hol geslagen trein tot stilstand te brengen, fig. 7.27. Zijn web moet een paar huizenblokken rekken voordat de trein met een massa van 10^4 kg tot stilstand is gekomen. Veronderstel dat het web als een veer werkt en schat dan de veerconstante.
55. (II) Een honkbal ($m = 145$ g) die een snelheid van 32 m/s heeft wordt gevangen in de handschoen van een veldspeler en legt daarbij een afstand van 25 cm af. Wat was de gemiddelde kracht die de bal op de handschoen uitoefende?
56. (II) Een pijl van 85 g wordt met een boog weggeschoten, waarbij de pees een gemiddelde kracht van 105 N op de pijl uitoefent over een afstand van 75 cm. Met welke snelheid verlaat de pijl de boog?
57. (II) Een veer waaraan een massa m bevestigd is, wordt over een lengte x uitgerekt door een kracht F (fig. 7.28) en vervolgens losgelaten. De veer verkort en trekt aan de massa. Veronderstel dat er geen wrijving is. Bereken de snelheid van de massa m wanneer de veer terugkeert (a) naar de ontspannen lengte ($x = 0$); (b) tot de helft van de oorspronkelijke uitgetrokken lengte, ($x/2$).

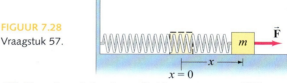

FIGUUR 7.28 Vraagstuk 57.

58. (II) Veronderstel dat de snelheid van een auto 50% verhoogd wordt. Met welke factor zal de minimale remafstand toenemen, als je aanneemt dat alles verder gelijk blijft? Laat de reactietijd van de chauffeur buiten beschouwing.
59. (II) Een auto met een massa van 1200 kg rolt over een horizontaal oppervlak met een snelheid $v = 66$ km/u en botst dan tegen een horizontale schroefveer. Daardoor komt de auto na 2,2 m tot stilstand. Hoe groot is de veerconstante van de veer?
60. (II) Een auto heeft een massa die tweemaal zo groot is als die van een tweede auto, maar bezit slechts de helft van de kinetische energie van die tweede auto. Wanneer beide auto's hun snelheid 7,0 m/s verhogen, blijken ze dezelfde kinetische energie te hebben. Wat waren de oorspronkelijke snelheden van de twee auto's?
61. (II) Een voorwerp met een massa van 4,5 kg dat in twee dimensies beweegt heeft in eerste instantie een snelheid $\vec{v}_1 = (10{,}0\vec{e}_x + 20{,}0\vec{e}_y)$ m/s. Dan wordt gedurende 2,0 s een nettokracht $\vec{F}$ op het voorwerp uitgeoefend, waarna de snelheid van het voorwerp $\vec{v}_2 = (15{,}0\vec{e}_x + 30{,}0\vec{e}_y)$ m/s. Bereken de verrichte arbeid door $\vec{F}$ op het voorwerp.
62. (II) Een last van 265 kg wordt met behulp van een kabel 23,0 m verticaal gehesen met een versnelling $a = 0{,}150\,g$. Bepaal (a) de trekkracht in de kabel; (b) de netto verrichte arbeid op de last; (c) de door de kabel verrichte arbeid op de last; (d) de door de zwaartekracht op de last verrichte arbeid; (e) de uiteindelijke snelheid van de last wanneer deze in eerste instantie in rust was.
63. (II)(a) Hoeveel arbeid verricht de horizontale kracht $F_P = 150$ N op het blok met een massa van 18 kg in fig. 7.29 wanneer de kracht het blok 5,0 m de wrijvingsloze helling

FIGUUR 7.27 Vraagstuk 54.

op duwt? (*b*) Hoeveel arbeid verricht de zwaartekracht op het blok tijdens deze verplaatsing? (*c*) Hoeveel arbeid verricht de normaalkracht? (*d*) Wat is de snelheid van het blok (veronderstel dat deze in eerste instantie nul is) na deze verplaatsing? (*Hint*: werk met de *netto* verrichte arbeid.)

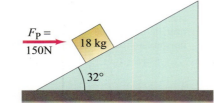

FIGUUR 7.29
Vraagstukken 63 en 64.

64. (II) Herhaal vraagstuk 63, maar nu met een wrijvingscoëfficiënt $\mu_k = 0{,}10$.

65. (II) Na een ongeval op een vlakke weg meten schade-experts de remsporen, die 98 m lang blijken te zijn. Het is een regenachtige dag en de wrijvingscoëfficiënt wordt geschat op 0,38. Gebruik deze gegevens om de snelheid van de auto te berekenen wanneer de chauffeur de rem hard intrapte (en daardoor de wielen blokkeerde). (Waarom is de massa van de auto niet van belang?)

66. (II) Een krat met een massa van 46,0 kg is in rust en wordt dan met een constante horizontale kracht van 225 N over de vloer getrokken. De eerste 11,0 m van de vloer zijn spiegelglad en de volgende 10,0 m hebben een wrijvingscoëfficiënt van 0,20. Wat is de uiteindelijke snelheid van het krat aan het eind van deze 21,0 m?

67. (II) Een trein rijdt met constante snelheid v_1 ten opzichte van de aarde. Iemand op de trein heeft een bal met massa m vast en gooit die in de richting van de locomotief met een snelheid v_2 ten opzichte van de trein. Bereken de verandering van de kinetische energie van de bal (*a*) ten opzichte van de aarde en (*b*) ten opzichte van de trein. (*c*) Hoeveel arbeid werd op de bal verricht ten opzichte van de twee referentiekaders? (*d*) Licht toe waarom de resultaten in (*c*) niet gelijk zijn voor de twee kaders, ondanks dat het toch om dezelfde bal gaat.

68. (III) Meestal verwaarlozen we de massa van een veer als die klein is ten opzichte van de massa die eraan bevestigd is. Maar in sommige toepassingen is het essentieel dat je rekening houdt met de massa van de veer. Veronderstel een veer met een ontspannen lengte ℓ en een massa M_V die gelijkmatig verdeeld is over de lengte van de veer. Aan een uiteinde van de veer wordt nu een massa m bevestigd. Het andere uiteinde van de veer is vast en de massa m kan horizontaal trillen zonder wrijving (fig. 7.30). Elk punt van de veer beweegt met een snelheid die rechtevenredig is aan de afstand van dat punt tot het vaste uiteinde. Als de massa aan het uiteinde bijvoorbeeld een snelheid v_0 heeft, beweegt het midden van de veer met snelheid $v_0/2$. Toon aan dat de kinetische energie van de massa plus de veer, wanneer de massa met snelheid v beweegt, gelijk is aan

$$K = \tfrac{1}{2}Mv^2$$

waarin $M = m + \tfrac{1}{3} M_V$ de 'effectieve massa' van het systeem is.
(*Hint*: noem de totale lengte van de uitgerekte veer D. In dat geval is de snelheid van een massa dm van een veer met lengte dx in x gelijk aan $v(x) = v_0(x/D)$. Merk ook op dat $dm = dx \, (M_V/D)$.)

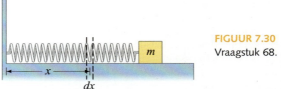

FIGUUR 7.30
Vraagstuk 68.

69. (III) Een liftkabel breekt wanneer een lift van 925 kg zich 22,5 m boven de bovenkant van een enorme veer bevindt ($k = 8{,}00 \cdot 10^4$ N/m) die onder in de liftschacht gemonteerd is. Bereken (*a*) de door de zwaartekracht verrichte arbeid op de lift voordat die in contact komt met de veer; (*b*) de snelheid van de lift net voordat de lift de veer raakt; (*c*) de lengte die de veer ingedrukt wordt (merk op dat hier arbeid verricht wordt door zowel de veer als de zwaartekracht).

Algemene vraagstukken

70. (*a*) Een sprinkhaan met een massa van 3,0 g bereikt tijdens zijn sprong een snelheid van 3,0 m/s. Hoeveel kinetische energie bezit het diertje bij die snelheid? (*b*) Veronderstel dat de sprinkhaan energie omzet met een rendement van 35%. Hoeveel energie moet de sprinkhaan dan leveren voor de sprong?

71. In een bibliotheek bevinden de onderste planken zich 12,0 cm boven de grond en de overige 4 planken steeds 33,0 cm daarboven. Een gemiddeld boek heeft een massa van 1,40 kg en is 22,0 cm hoog. Op een gemiddelde plank is plaats voor 28 boeken (die verticaal tegen elkaar opgeborgen worden). Hoeveel arbeid moet verricht worden om alle planken te vullen als de boeken in eerste instantie allemaal plat op de vloer liggen? Verwaarloos de dikte van de boeken.

72. Een meteoriet met een massa van 75 kg komt na 5,0 m in zachte modder tot stilstand. De kracht tussen de meteoriet en de modder is $F(x) = (640 \text{ N/m}^3)x^3$, waarin x de diepte in de modder is. Met welke snelheid kwam de meteoriet in de modder terecht?

73. Een blok met een massa van 6,10 kg wordt over een afstand van 9,25 m omhoog gedrukt tegen een glad hellend vlak van 37,0° door een horizontale kracht van 75,0 N. De initiële snelheid van het blok is 3,25 m/s. Bereken (*a*) de initiële kinetische energie van het blok; (*b*) de door de kracht van 75,0 N verrichte arbeid; (*c*) de door de zwaartekracht verrichte arbeid; (*d*) de door de normaalkracht verrichte arbeid; (*e*) de uiteindelijke kinetische energie van het blok.

74. De rangschikking van zinkatomen is een voorbeeld van een 'hexagonale dichtste stapeling'. Drie aangrenzende atomen bevinden zich op de volgende (*x*-, *y*-, *z*-) coördinaten, waarbij de eenheid nanometers (10^{-9} m) is: atoom 1 bevindt zich op (0, 0, 0); atoom 2 op (0,230, 0,133, 0) en atoom 3 op (0,077, 0,133, 0,247). Bepaal de hoek tussen twee vectoren: de ene vector tussen atoom 1 en atoom 2 en de andere tussen atoom 1 en atoom 3.

75. Twee krachten, $\vec{F}_1 = (1{,}50\vec{e}_x - 0{,}80\vec{e}_y + 0{,}70\vec{e}_z)$ N en $\vec{F}_2 = (-0{,}70\vec{e}_x + 1{,}20\vec{e}_y)$ N, werken op een bewegend voorwerp met een massa van 0,20 kg. De door de twee krachten geproduceerde verplaatsingsvector is $\vec{d} = (8,0\vec{e}_x + 6,0\vec{e}_y + 5,0\vec{e}_z)$ m. Hoeveel arbeid verrichten de twee krachten?

76. De lopen van de 16 inch-kanonnen (loopboring = 16 inch = 41 cm) op de *U.S.S. Massachusetts* die in WO II gebruikt werden, waren elk 15 m lang. De patronen die ermee afgeschoten werden hadden een massa van 1250 kg en hadden bij het verlaten van de loop een mondingssnelheid van 750 m/s. Gebruik het principe van arbeid en energie om de kracht van de explosie in Newtons (die je constant mag veronderstellen) achter de patronen in de loop van een kanon te bepalen.

77. Een variabele kracht kan beschreven worden met de functie $F = Ae^{-kx}$, waarin x de positie is; A en k zijn constanten met respectievelijk de eenheden N en m^{-1}. Hoeveel arbeid moet verricht worden wanneer x toeneemt van 0,10 m tot oneindig?

78. De benodigde kracht om een imperfecte horizontale veer een afstand x in te drukken is $F = 150x + 12x^3$, waarin x uitgedrukt wordt in meters en F in Newtons. Veronderstel dat de veer 2,0 m ingedrukt wordt. Welke snelheid kan een bal van 3,0 kg dan krijgen wanneer die weggeschoten wordt door de op die manier gespannen veer?

79. Een kracht $\vec{F} = (10,0\vec{e}_x + 9,0\vec{e}_y + 12,0\vec{e}_z)$ kN werkt op een klein voorwerp met een massa van 95 g. De verplaatsing van het voorwerp is $\vec{d} = (5,0\vec{e}_x + 4,0\vec{e}_y)$ m. Bepaal de arbeid die door de kracht verricht werd. Hoe groot is de hoek tussen $\vec{F}$ en $\vec{d}$?

80. Bij paintballen gebruiken de spelers gasdrukgeweren om met verf gevulde gelcapsules met een massa van 33 g op het andere team af te vuren. In de spelregels is vastgelegd dat een paintball de loop van een geweer niet mag verlaten met een snelheid die hoger is dan 85 m/s. Benader een schot door aan te nemen dat het gas een constante kracht F uitoefent op een capsule terwijl deze zich in de 32 cm lange loop bevindt. Bepaal F (a) met behulp van het principe van arbeid en energie en (b) met behulp van de kinematische vergelijkingen (vgl. 2.12) en de tweede wet van Newton.

81. Een zachte bal heeft een massa van 0,25 kg en wordt horizontaal weggeslagen met een snelheid van 110 km/u. Op het moment dat de bal een plaat raakt is hij al 10% van zijn snelheid kwijtgeraakt. Schat de gemiddelde kracht van de luchtweerstand tijdens een slag, als de afstand tussen de plaat en de slagman ongeveer 15 m is en je de zwaartekracht buiten beschouwing mag laten.

82. In 1955 sprong een vliegtuigpiloot uit zijn onbestuurbaar geworden vliegtuig vanaf 370 m hoogte. Zijn parachute ging niet open, hij landde in een berg sneeuw en maakte daarbij een krater van 1,1 m diep. Hij overleefde zijn val en liep slechts kleine verwondingen op. Veronderstel dat de piloot 88 kg woog en zijn eindsnelheid 45 m/s was. Schat in dat geval (a) de door de sneeuw verrichte arbeid; (b) de gemiddelde kracht die door de sneeuw op hem uitgeoefend werd om hem tot stilstand te brengen en (c) de tijdens zijn val door de luchtweerstand op hem verrichte arbeid. Beschouw de piloot als een puntmassa.

83. Veel auto's hebben zogenoemde '8 km/u'-bumpers, die ontworpen zijn om zonder beschadiging in te veren en elastisch terug te veren bij snelheden lager dan 8 km/u. Veronderstel dat het materiaal van de bumpers permanent vervormt als het 1,5 cm ingedrukt wordt, maar elastisch vervormt wanneer de indrukking kleiner is. Hoe groot moet de effectieve veerconstante van het bumpermateriaal zijn als we ervan uitgaan dat de auto een massa van 1050 kg heeft en getest werd op een starre wand?

84. Hoe groot moet de veerconstante k van een veer zijn die ontworpen is om een auto van 1300 kg met een snelheid van 90 km/u tot stilstand te brengen op een manier waarbij de inzittenden een maximale versnelling van 5,0 g ondergaan?

85. Veronderstel dat een fietser met een gewicht mg een kracht op de pedalen kan uitoefenen die gemiddeld gelijk is aan 0,90 mg. De cranks hebben een lengte van 18 cm, de wielen hebben een straal van 34 cm en het voor- en achtertandwiel waar de ketting over ligt hebben respectievelijk 42 en 19 tanden (fig. 7.31). Bereken de maximale helling van een heuvel die de fietser met een constante snelheid kan beklimmen. Veronderstel dat de fiets 12 kg weegt en de fietser 65 kg. Verwaarloos de wrijving. Veronderstel dat de gemiddelde kracht van de fietser altijd: (a) verticaal omlaag is; (b) tangentiaal ten opzichte van de pedaalbeweging uitgeoefend wordt.

FIGUUR 7.31 Vraagstuk 85.

86. Een eenvoudige slinger bestaat uit een klein voorwerp met massa m dat opgehangen is aan een touw met lengte ℓ (fig. 7.32) dat een verwaarloosbare massa heeft. Door een horizontale kracht $\vec{F}$

$(\vec{F} = F\vec{e}_x)$,

komt de massa langzaam in beweging, zodat de versnelling dus nagenoeg gelijk is aan nul. (Merk op dat de grootte van $\vec{F}$ zal moeten variëren met de hoek θ die het touw met

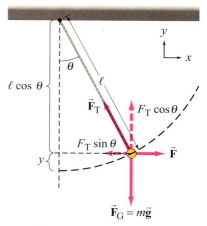

FIGUUR 7.32 Vraagstuk 86.

de verticaal maakt op een willekeurig moment.) (a) Bereken de door deze kracht, F, verrichte arbeid om de slinger van $\theta = 0$ naar $\theta = \theta_0$ te verplaatsen. (b) Bereken de door de zwaartekracht op de massa verrichte arbeid, $\vec{F}_G = m\vec{g}$, en de arbeid die door de kracht $\vec{F}_T$ die het touw op de massa uitoefent verricht wordt.

87. Een passagier in een auto zit in zijn veiligheidsgordel en houdt een kleuter met een massa van 18 kg op schoot (niet erg verstandig!). Gebruik het principe van arbeid en energie om de volgende vragen te beantwoorden. (a) Wanneer de auto 25 m/s rijdt, maakt de chauffeur een noodstop over een afstand van 45 m. Veronderstel dat de vertraging constant is. Hoeveel kracht moeten de armen van de bijrijder uitoefenen op het kind tijdens deze vertraging? Is dat mogelijk voor een gemiddelde volwassene? (b) Veronderstel nu dat de auto ($v = 25$ m/s) betrokken raakt bij een ongeval en nu in 12 m tot stilstand komt. Veronderstel opnieuw dat de vertraging constant is. Hoeveel kracht zal de bijrijder nu op het kind moeten uitoefenen? Is dat mogelijk voor een gemiddelde volwassene?

88. Een voorwerp beweegt langs de x-as van $x = 0,0$ m naar $x = 20,0$ m doordat er een kracht $F = (100 - (x - 10)^2)$ N op uitgeoefend wordt. Bereken de arbeid die de kracht op het voorwerp verricht: (a) door eerst de F-x-grafiek te tekenen en de oppervlakte onder deze kromme te schatten; (b) door de integraal $\int_{x=0,0 \text{ m}}^{x=20\text{m}} F \, dx$ te berekenen.

89. Een fietser begint vanuit rust te freewheelen van een heuvel met een helling van 4,0°. De massa van de fietser plus die van de fiets is 85 kg. (a) Hoeveel nettoarbeid heeft de zwaartekracht op de fietser verricht als deze 250 meter afgelegd heeft? (b) Hoe snel rijdt de fietser op dat moment? Verwaarloos de luchtweerstand.

90. Bergbeklimmers gebruiken rekkende (dynamische) touwen om een eventuele val te breken. Veronderstel dat het ene uiteinde van een touw (dat in ontspannen toestand een lengte ℓ heeft) aan een rots verankerd wordt en het ander aan een klimmer met massa m. Wanneer de klimmer een hoogte van ℓ boven het ankerpunt bereikt heeft, glijdt hij uit en valt als gevolg van de zwaartekracht over een afstand 2ℓ. Op dat moment komt het touw strak te staan en rekt vervolgens over een afstand x tot de klimmer tot stilstand komt (zie fig. 7.33). Veronderstel dat een rekkend touw zich gedraagt als een veer met veerconstante k. (a) Pas het principe van arbeid en energie toe om aan te tonen dat

$$x = \frac{mg}{k}\left[1 + \sqrt{1 + \frac{4k\ell}{mg}}\right].$$

(b) Veronderstel dat $m = 85$ kg, $\ell = 8,0$ m en $k = 850$ N/m. Bepaal in dat geval x/ℓ (de rekverhouding van het touw) en kx/mg (de kracht die het touw uitoefent op de klimmer in verhouding tot zijn eigen gewicht) op het moment dat de klimmer tot stilstand komt.

91. Een kleine massa m hangt in rust aan een verticaal touw met lengte ℓ dat bevestigd is aan het plafond. Dan wordt een duwkracht $\vec{F}$ op de massa uitgeoefend, die steeds loodrecht op het strakke touw staat, tot het touw een hoek $\theta =$

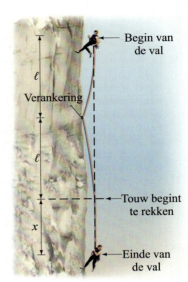

FIGUUR 7.33 Vraagstuk 90.

θ_0 met de verticaal maakt en de massa verticaal over een afstand h verplaatst is (fig. 7.34). Veronderstel dat de grootte van de kracht F zo verandert dat de massa steeds met een constante snelheid de gekromde baan beschrijft. Toon aan dat de door $\vec{F}$ tijdens dit proces verrichte arbeid gelijk is aan mgh: de hoeveelheid arbeid die verricht moet worden om een massa m langzaam over een afstand h op te tillen. (Hint: wanneer de hoek $d\theta$ (in radialen) toeneemt, beweegt de massa over een cirkelsegmentlengte $ds = \ell \, d\theta$.)

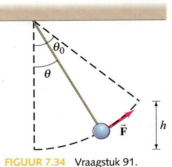

FIGUUR 7.34 Vraagstuk 91.

*Numeriek/computer

*92. (II) De nettokracht langs de lineaire baan van een puntmassa met een massa van 480 g wordt om de 10 cm gemeten, te beginnen bij $x = 0,0$ en is dan respectievelijk 26,0; 28,5; 28,8; 29,6; 32,8; 40,1; 46,6; 42,2; 48,8; 52,6; 55,8; 60,2; 60,6; 58,2; 53,7; 50,3; 45,6; 45,2; 43,2; 38,9; 35,1; 30,8; 27,2; 21,0; 22,2 en 18,6N. Bepaal de totale verrichte arbeid op de puntmassa over dit hele bereik.

*93. (II) Wanneer verschillende massa's aan een veer opgehangen worden, rekt de veer steeds een andere lengte (zie de onderstaande tabel). De massa's zijn gewogen met een nauwkeurigheid van ± 1,0 gram.

Massa (g)	0	50	100	150	200	250	300	350	400
Uitrekking (cm)	0	5,0	9,8	14,8	19,4	24,5	29,6	34,1	39,2

(a) Plot de uitgeoefende kracht (in Newtons) tegen de uitrekking (in meters) van de veer en bereken de lijn die het beste bij deze gegevens past.
(b) Bereken de veerconstante (N/m) van de veer van de richtingscoëfficiënt van deze lijn. (c) Schat de kracht die op de veer werkt aan de hand van de door jou berekende lijn als de veer 20,0 cm uitgerekt is.

Antwoorden op de opgaven

A: (c).
B: (b).
C: (b) $2,0 \cdot 10^5$ J (minder dus).
D: Nee, omdat de snelheid v de vierkantswortel van een negatief getal zou zijn, wat onmogelijk is.
E: (a) $\sqrt{2}$, (b) 4.

Een polsstokspringer die in de richting van de lat rent heeft kinetische energie. Wanneer hij de polsstok neerzet en belast met zijn gewicht, wordt zijn kinetische energie omgezet: eerst in potentiële energie als gevolg van de elastische vervorming van de gebogen polsstok en vervolgens in potentiële energie ten gevolge van de zwaartekracht wanneer zijn lichaam omhoog beweegt. Wanneer hij de lat passeert, is de polsstok gestrekt en heeft deze alle potentiële energie als gevolg van de elastische vervorming omgezet in potentiële energie van de atleet. Nagenoeg al zijn kinetische energie is verdwenen en veranderd in potentiële energie ten gevolge van de zwaartekracht van zijn lichaam ter plaatse van de lat (het wereldrecord is meer dan 6 m), wat precies is waar de atleet naar streeft. In deze, en alle andere energieomzettingen die voortdurend in en om je plaatsvinden, blijft de totale energie behouden. Het behoud van energie is een van de belangrijkste wetten van de natuurkunde en vindt ook toepassing in allerlei andere vakgebieden.

Hoofdstuk

8

Inhoud

- 8.1 Conservatieve en niet-conservatieve krachten
- 8.2 Potentiële energie
- 8.3 Mechanische energie en behoud daarvan
- 8.4 Vraagstukken oplossen met behulp van behoud van mechanische energie
- 8.5 De wet van behoud van energie
- 8.6 Behoud van energie met dissipatieve krachten: vraagstukken oplossen
- 8.7 Potentiële energie ten gevolge van de zwaartekracht en ontsnappingssnelheid
- 8.8 Vermogen
- *8.9 Potentiële-energiegrafieken; stabiel en instabiel evenwicht

Behoud van energie

Openingsvraag: wat denk jij?

Een skiër begint boven aan een heuvel met een afdaling. Bij welke piste verandert zijn potentiële energie ten gevolge van de zwaartekracht het meest: (a), (b), (c) of (d) of (e) allemaal gelijk? (Alle pistes hebben hetzelfde eindpunt.) Welke piste moet hij volgen om onderaan de grootste snelheid te hebben als we veronderstellen dat de wrijving verwaarloosd mag worden?
In werkelijkheid is er altijd wel enige wrijving. Beantwoord de vorige twee vragen opnieuw in geval wrijving een rol speelt. Noteer je vier antwoorden.

● Gemakkelijk
■ Gemiddeld
♦ Moeilijk
♦♦ Erg moeilijk

In dit hoofdstuk gaan we verder met het bespreken van de concepten arbeid en energie en maken we kennis met andere soorten energie, met name de potentiële energie. We zullen in dit hoofdstuk ontdekken waarom het concept energie zo belangrijk is. De reden is dat energie uiteindelijk nooit verloren gaat: de totale energie blijft *altijd* constant in elk willekeurig proces. Het is eigenlijk onvoorstelbaar dat het mogelijk is om een grootheid in de natuur te definiëren die constant blijft. De wet van behoud van energie is een van de meest fantastische verbindende principes in de wetenschap. De wet van behoud van energie kan ook als hulpmiddel gebruikt worden om vraagstukken op te lossen. Er zijn veel situaties waarin een analyse op basis van de wetten van Newton moeilijk of zelfs onmogelijk is, omdat bijvoorbeeld de krachten onbekend of onmeetbaar zijn. Maar vaak is het mogelijk om in dergelijke situaties de wet van behoud van energie te gebruiken.

In dit hoofdstuk zullen we voorwerpen nagenoeg altijd behandelen alsof het puntmassa's of starre voorwerpen zijn die alleen een translatiebeweging ondergaan, zonder inwendige bewegingen en zonder te roteren.

8.1 Conservatieve en niet-conservatieve krachten

We zullen zien dat het belangrijk is om krachten in twee categorieën in te delen: conservatieve en niet-conservatieve. Per definitie zullen we een kracht **conservatief** noemen als

de verrichte arbeid door de kracht op een voorwerp dat van een punt naar een ander punt beweegt alleen afhankelijk is van de begin- en de eindpositie van het voorwerp en onafhankelijk is van de gevolgde baan.

Een conservatieve kracht kan *alleen een functie van de plaats* zijn en niet afhankelijk zijn van andere variabelen zoals tijd of snelheid.

We kunnen gemakkelijk aantonen dat de zwaartekracht een conservatieve kracht is. De zwaartekracht op een voorwerp met massa m in de buurt van het oppervlak van de aarde is $\vec{F} = m\vec{g}$, waarin $\vec{g}$ een constante is. De arbeid die door de zwaartekracht verricht wordt op een voorwerp dat verticaal over een afstand h valt is $W_G = Fd = mgh$ (zie fig. 8.1a). Veronderstel nu dat een voorwerp, in plaats van verticaal in een rechte lijn omlaag of omhoog te bewegen, een willekeurig traject in het xy-vlak aflegt, op de manier zoals is weergegeven in fig. 8.1b. Het voorwerp start op een verticale hoogte y_1 en eindigt op een hoogte y_2, waarin $y_2 - y_1 = h$. Om de arbeid W_G te berekenen die door de zwaartekracht verricht werd, gebruiken we vgl. 7.7:

$$W_G = \int_1^2 \vec{F}_G \cdot d\vec{\ell}$$
$$= \int_1^2 mg \cos\theta \, d\ell.$$

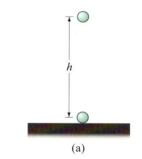

(a)

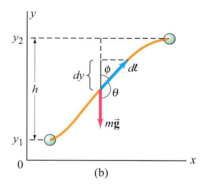

(b)

We noemen nu $\phi = 180° - \theta$ de hoek tussen $d\vec{\ell}$ en de verticale component daarvan, dy, op de manier zoals is weergegeven in fig. 8.1b. In dat geval geldt, omdat $\cos\theta = -\cos\phi$ en $dy = d\ell \cos\phi$, dat

$$W_G = -\int_{y_1}^{y_2} mg \, dy$$
$$= -mg(y_2 - y_1). \tag{8.1}$$

FIGUUR 8.1 Voorwerp met massa m: (a) valt verticaal van een hoogte h; (b) wordt omhooggetild langs een willekeurig tweedimensionaal traject.

Omdat $(y_2 - y_1)$ de verticale hoogte h is, zien we dat de verrichte arbeid alleen afhankelijk is van de verticale hoogte en *niet* afhangt van de gevolgde baan! De zwaartekracht is dus, volgens de definitie, een conservatieve kracht.

Merk op dat in het voorbeeld van fig. 8.1b, $y_2 > y_1$ en als gevolg daarvan de door de zwaartekracht verrichte arbeid negatief is. Als y_2 echter kleiner is dan y_1, zodat het voorwerp valt, is W_G positief.

We kunnen de definitie van een conservatieve kracht ook op een andere, volledig gelijkwaardige manier schrijven:

een kracht is conservatief als de nettoarbeid die verricht wordt door de kracht op een voorwerp dat een willekeurige gesloten baan beschrijft, nul is.

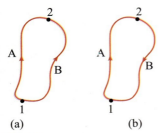

FIGUUR 8.2 (a) Een klein voorwerp beweegt tussen de punten 1 en 2 langs twee verschillende banen, A en B. (b) Het voorwerp maakt een rondje, langs baan A van punt 1 naar punt 2 en langs baan B terug naar punt 1.

Om in te zien dat deze variant gelijkwaardig is met de eerdere definitie, kunnen we een klein voorwerp bekijken dat van punt 1 naar punt 2 beweegt volgens ofwel baan A ofwel baan B in fig. 8.2a. Als we ervan uitgaan dat er een conservatieve kracht op het voorwerp werkt, is de verrichte arbeid dezelfde, ongeacht of het voorwerp baan A of baan B volgt (volgens de eerste definitie). Deze arbeid om van punt 1 bij punt 2 te komen zullen we W noemen. Bekijk nu eens de route in fig. 8.2b. Het voorwerp beweegt van 1 naar 2 via baan A en de kracht verricht arbeid W. Het voorwerp keert terug naar punt 1 via baan B. Hoeveel arbeid wordt op die 'terugreis' verricht? Tijdens de beweging van 1 naar 2 via baan B is de arbeid die verricht wordt gelijk aan W, die volgens de definitie gelijk is aan $\int_1^2 \vec{F} \cdot d\vec{\ell}$. Op de terugweg van 2 naar 1, is de kracht $\vec{F}$ op elk punt hetzelfde, maar $d\vec{\ell}$ is precies in de tegengestelde richting gericht. Daardoor heeft het product $\vec{F} \cdot d\vec{\ell}$ ook op elk punt een tegengesteld teken, zodat de totale verrichte arbeid tijdens de beweging van 2 naar 1 $-W$ moet zijn. Dus is de totale verrichte arbeid tijdens de beweging van 1 naar 2 en terug naar 1 gelijk aan $W + (-W) = 0$, waarmee het bewijs van de gelijkwaardigheid van de twee eerder beschreven definities voor een conservatieve kracht geleverd is.

De tweede definitie van een conservatieve kracht belicht een belangrijk aspect van een dergelijke kracht: de *arbeid verricht door een conservatieve kracht kan teruggewonnen worden* in de zin dat als er positieve arbeid verricht wordt *door* een voorwerp (op iets anders) in een deel van een gesloten baan, dat voorwerp een gelijke hoeveelheid negatieve arbeid zal verrichten wanneer het terugkeert naar zijn uitgangspunt.

Zoals we eerder zagen is de zwaartekracht conservatief en het is gemakkelijk om aan te tonen dat de veerkracht ($F = -kx$) ook conservatief is.

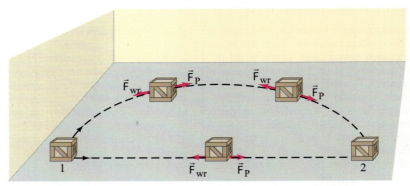

FIGUUR 8.3 Een krat wordt met een constante snelheid langs twee routes over een ruwe vloer geduwd van positie 1 naar positie 2; één keer in een rechte lijn en één keer langs een gekromde baan. De richting van de drukkende kracht $\vec{F}_P$ is altijd gelijk aan de bewegingsrichting. (De wrijvingskracht werkt de beweging tegen.) Een kracht met een constante grootte verricht arbeid W die gelijk is aan $F_P d$, dus als d groter is (zoals bij de gekromde baan), is W groter. De verrichte arbeid is niet alleen afhankelijk van de punten 1 en 2, maar ook van de gevolgde baan.

TABEL 8.1 Conservatieve en niet-conservatieve krachten

Conservatieve krachten	Niet-conservatieve krachten
Zwaartekracht	Wrijving
Veerkracht	Luchtweerstand
Elektrische kracht	Trekkracht in een touw
	Motor- of raketaandrijving
	Drukken of trekken door iemand

Veel krachten, zoals wrijving en trek- of drukkrachten die door personen uitgeoefend worden, zijn **niet-conservatieve krachten**, omdat de arbeid die ze verrichten afhangt van de gevolgde baan. Als je bijvoorbeeld een krat over een vloer duwt van één punt naar een ander punt, is de arbeid die je verricht afhankelijk van of de gevolgde baan rechtlijnig of gekromd is. Om een krat van punt 1 naar punt 2 te duwen, op de manier zoals is weergegeven in fig. 8.3, zul je meer arbeid moeten verrichten als je dat langs de lange halfcirkelvormige baan doet dan wanneer je de kortste weg neemt. Dit komt omdat de afstand groter is en ook, in tegenstelling tot de zwaartekracht, omdat de richting van de drukkende kracht $\vec{F}_P$ altijd gelijk is aan de bewegingsrichting. De door de persoon in fig. 8.3 verrichte arbeid hangt dus niet *alleen* af van de positie van de punten 1 en 2; de verrichte arbeid hangt ook af van de gevolgde baan. De kinetische wrijvingskracht, ook weergegeven in fig. 8.3, werkt de beweging altijd tegen. Ook dat is een niet-conservatieve kracht en verderop in dit hoofdstuk bespreken we hoe je daar mee om moet gaan (paragraaf 8.6). In tabel 8.1 zijn enkele conservatieve en niet-conservatieve krachten opgesomd.

8.2 Potentiële energie

In hoofdstuk 7 hebben we de energie besproken die samenhangt met een bewegend voorwerp, de kinetische energie $K = \frac{1}{2}mv^2$. Nu introduceren we de potentiële energie: de energie die samenhangt met krachten die afhankelijk zijn van de positie of ordening van voorwerpen ten opzichte van hun omgeving. Er zijn verschillende soorten potentiële energie en elk van de soorten hoort bij een bepaalde conservatieve kracht. De opgewonden veer van een speelgoedautootje is een voorbeeld van **potentiële energie**. De veer kreeg zijn potentiële energie, omdat er arbeid *op* verricht werd door de persoon die het autootje opwond. Wanneer de veer ontspant, oefent deze een kracht uit en verricht arbeid om het speelgoedautootje te laten rijden.

■ *Potentiële energie in het zwaartekrachtveld*

Waarschijnlijk het meest bekende voorbeeld van potentiële energie is de *potentiële energie ten gevolge van de zwaartekracht*. Een zware baksteen die boven de grond gehouden wordt heeft potentiële energie, omwille van zijn positie ten opzichte van de aarde. De opgetilde baksteen kan arbeid verrichten, want als hij losgelaten wordt zal hij als gevolg van de zwaartekracht omlaag vallen en arbeid verrichten op een paal, die daardoor de grond in wordt gedrukt. Laten we de vorm voor de potentiële energie van een voorwerp in het zwaartekrachtveld aan het oppervlak van de aarde eens bekijken. Om een voorwerp met massa m verticaal op te tillen is een verticaal omhoog gerichte kracht nodig die ten minste gelijk is aan het gewicht, mg, die bijvoorbeeld uitgeoefend kan worden door de hand van iemand. Om het voorwerp zonder versnelling een verticale verplaatsing over een hoogte h te geven, van positie y_1 naar y_2 in fig. 8.4 (de richting verticaal omhoog hebben we als de positieve richting gekozen), moet iemand arbeid verrichten die gelijk is aan het product van de 'uitwendige' kracht die hij of zij uitoefent, $F_{uitw} = mg$ verticaal omhoog maal de verticale verplaatsing h. Dat wil zeggen,

$$W_{uitw} = \vec{F}_{uitw} \cdot \vec{d} = mgh \cos 0° = mgh = mg(y_2 - y_1)$$

waarin zowel $\vec{F}_{uitw}$ als $\vec{d}$ verticaal omhoog gericht is. De zwaartekracht werkt ook op het voorwerp terwijl het beweegt van y_1 naar y_2 en verricht dus arbeid op het voorwerp die gelijk is aan

$$W_G = \vec{F}_G \cdot \vec{d} = mgh \cos 180° = -mgh = -mg(y_2 - y_1),$$

waarin $\theta = 180°$, omdat $\vec{F}_G$ en $\vec{d}$ in tegengestelde richtingen werken. Omdat $\vec{F}_G$ verticaal omlaag gericht is en $\vec{d}$ verticaal omhoog, is W_G negatief. Als het voorwerp een bepaalde baan volgt, zoals in fig. 8.1b, hangt de door de zwaartekracht verrichte arbeid alleen af van de verandering van de verticale hoogte (vgl. 8.1): $W_G = -mg(y_2 - y) = -mgh$.

Als we het voorwerp bijvoorbeeld vanuit rust laten starten en vrij laten vallen onder invloed van de zwaartekracht, krijgt het een snelheid zodat $v^2 = 2gh$ (vgl. 2.12c) nadat het een hoogte h heeft verloren. Het heeft dan kinetische energie $\frac{1}{2}mv^2 = \frac{1}{2}m(2gh) = mgh$ gekregen en als het neerkomt op de paal, kan het arbeid op de paal verrichten en wel mgh.

Samenvattend kunnen we zeggen dat om een voorwerp met massa m een hoogte h op te tillen, een hoeveelheid arbeid nodig is die gelijk is aan mgh. En zodra het voorwerp zich op de hoogte h bevindt, heeft het voorwerp de *mogelijkheid* om een hoeveelheid arbeid te verrichten die gelijk is aan mgh. We kunnen dus zeggen dat de verrichte arbeid bij het optillen van het voorwerp opgeslagen wordt als potentiële energie als gevolg van de zwaartekracht.

We kunnen de *verandering in de potentiële energie U in het zwaartekrachtveld* definiëren, wanneer een voorwerp van een hoogte y_1 naar een hoogte y_2 verplaatst wordt, als gelijk aan de verrichte arbeid die door een netto uitwendige kracht verricht wordt zonder dat er sprake is van een versnelling:

$$\Delta U = U_2 - U_1 = W_{uitw} = mg(y_2 - y_1).$$

Equivalent hiermee kunnen we de verandering van de potentiële energie in het zwaartekrachtveld (oftewel gravitationele potentiële energie) definiëren als gelijk aan min de arbeid die door de zwaartekracht zelf in het proces verricht werd:

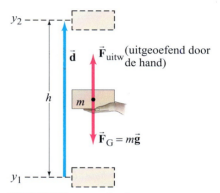

FIGUUR 8.4 Iemand oefent een verticaal omhoog gerichte kracht $F_{uitw} = mg$ uit om een baksteen van y_1 tot y_2 op te tillen.

$$\Delta U = U_2 - U_1 = -W_G = mg\,(y_2 - y_1) \tag{8.2}$$

Vgl. 8.2 definieert de verandering in de potentiële energie ten gevolge van de zwaartekracht wanneer een voorwerp met massa m tussen twee punten beweegt in de buurt van het oppervlak van de aarde.[1] De gravitationele potentiële energie U, op een willekeurig punt op een verticale hoogte y boven een referentiepunt (de oorsprong van het coördinatenstelsel) kan gedefinieerd worden als

$$U_{\text{zwaartekracht}} = mgy. \qquad \text{[alleen de zwaartekracht]} \tag{8.3}$$

Merk op dat de potentiële energie gekoppeld is aan de zwaartekracht tussen de aarde en de massa m. Dus stelt $U_{\text{zwaartekracht}}$ de potentiële energie ten gevolge van de zwaartekracht voor van niet alleen de massa m, maar ook van het systeem dat bestaat uit de massa en de aarde.

Gravitationele potentiële energie hangt af van de *verticale hoogte* van het voorwerp *boven een referentieniveau*, $U = mgy$. Soms kun je je afvragen van welk punt je y zou moeten meten. De zwaarte-potentiële energie van een boek dat hoog boven een tafel gehouden wordt, hangt bijvoorbeeld af van of y gemeten wordt vanaf het tafelblad, vanaf de vloer of vanaf een ander referentiepunt. Wat fysisch belangrijk is in een willekeurige situatie is de *verandering* in de potentiële energie, ΔU, omdat die hoeveelheid energie gekoppeld is aan de verrichte arbeid en het is die ΔU die gemeten kan worden. We kunnen dus zelf kiezen hoe we y meten, maar een eenmaal gekozen referentiepunt moet je tijdens de berekeningen consequent blijven gebruiken. De *verandering* van de potentiële energie tussen twee willekeurige punten is niet afhankelijk van deze keuze.

Potentiële energie hoort bij een systeem en niet bij een enkel voorwerp. Potentiële energie is gekoppeld aan een kracht en een kracht die op een voorwerp uitgeoefend wordt, wordt altijd door een ander voorwerp uitgeoefend. Potentiële energie is dus een eigenschap van het systeem als geheel. Als een voorwerp opgetild wordt tot een hoogte y boven het oppervlak van de aarde, is de verandering van de potentiële energie ten gevolge van de zwaartekracht gelijk aan mgy. In dit geval bestaat het systeem uit het voorwerp plus de aarde en daarbij spelen eigenschappen van beide een rol: die van het voorwerp (m) en die van de aarde (g). Over het algemeen bestaat een *systeem* uit een of meer voorwerpen die we willen onderzoeken. De keuze waaruit een systeem bestaat is helemaal aan ons, maar het verdient aanbeveling om een systeem altijd zo eenvoudig mogelijk te kiezen. In een van de volgende voorbeelden, waarin we de potentiële energie van een voorwerp dat contact maakt met een veer bekijken, bestaat het systeem uit het voorwerp en de veer.

Let op

Het gaat om de verandering van de potentiële energie.

Let op

Potentiële energie hoort bij een systeem, en niet bij een enkel voorwerp.

> **Opgave A**
> Bekijk de openingsvraag aan het begin van dit hoofdstuk nog een keer en beantwoord de vraag opnieuw. Probeer uit te leggen, als je antwoord eerst anders was, waarom je antwoord veranderd is.

Voorbeeld 8.1   Veranderingen van de potentiële energie bij een achtbaan

Een wagentje van een achtbaan met een massa van 1000 kg beweegt van punt 1 in fig. 8.5 naar punt 2 en vervolgens naar punt 3.

(*a*) Hoe groot is de potentiële energie ten gevolge van de zwaartekracht op de punten 2 en 3 ten opzichte van punt 1? Dat wil zeggen, kies $y = 0$ in punt 1. (*b*) Hoe groot is de verandering van de potentiële energie wanneer het wagentje van punt 2 naar punt 3 beweegt? (*c*) Herhaal (*a*) en (*b*), maar kies nu het referentiepunt ($y = 0$) in punt 3.

Aanpak We zijn geïnteresseerd in de potentiële energie van het systeem dat bestaat uit het wagentje en de aarde. We kiezen verticaal omhoog als de positieve y-richting en gebruiken de definitie van de potentiële energie in het zwaartekrachtveld om de potentiële energie te berekenen.

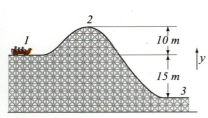

FIGUUR 8.5   Voorbeeld 8.1.

---

[1] In paragraaf 8.7 komt de afhankelijkheid $1/r^2$ van de wet van de universele zwaartekracht van Newton aan bod.

Oplossing (a) We meten de hoogtes ten opzichte van punt 1 ($y_1 = 0$), wat betekent dat de potentiële energie van het wagentje in eerste instantie nul is. In punt 2 is $y_2 = 10$ m,

$$U_2 = mgy_2 = (1000 \text{ kg})(9{,}8 \text{ m/s}^2)(10 \text{ m}) = 9{,}8 \cdot 10^4 \text{ J}.$$

Op punt 3 is $y_3 = -15$ m, omdat punt 3 zich onder punt 1 bevindt. Dus is

$$U_3 = mgy_3 = (1000 \text{ kg})(9{,}8 \text{ m/s}^2)(-15 \text{ m}) = -1{,}5 \cdot 10^5 \text{ J}.$$

(b) Tijdens de beweging van punt 2 naar punt 3 is de verandering van de potentiële energie ($U_{\text{eind}} - U_{\text{begin}}$) gelijk aan

$$U_3 - U_2 = (-1{,}5 \cdot 10^5 \text{ J}) - (9{,}8 \cdot 10^4 \text{ J}) = -2{,}5 \cdot 10^5 \text{ J}.$$

De gravitationele potentiële energie neemt af met $2{,}5 \cdot 10^5$ J.

(c) We stellen nu $y_3 = 0$. In dat geval is $y_1 = +15$ m op punt 1, dus is de potentiële energie in eerste instantie (op punt 1)

$$U_1 = (1000 \text{ kg})(9{,}8 \text{ m/s}^2)(15 \text{ m}) = 1{,}5 \cdot 10^5 \text{ J}.$$

Op punt 2, $y_2 = 25$ m, is de potentiële energie dus

$$U_2 = 2{,}5 \cdot 10^5 \text{ J}.$$

Op punt 3, $y_3 = 0$, is de potentiële energie dus nul. De verandering van de potentiële energie door de beweging van punt 2 naar punt 3 is

$$U_3 - U_2 = 0 - 2{,}5 \cdot 10^5 \text{ J} = -2{,}5 \cdot 10^5 \text{ J},$$

wat overeenkomt met het resultaat bij (b).

Opmerking De arbeid die verricht wordt door de zwaartekracht hangt alleen af van de verticale hoogte, dus hangen veranderingen in de gravitationele potentiële energie niet af van de gevolgde baan.

> **Opgave B**
> Hoeveel verandert de potentiële energie wanneer een auto met een massa van 1200 kg naar de top van een 300 m hoge heuvel rijdt? (a) $3{,}6 \cdot 10^5$ J; (b) $3{,}5 \cdot 10^6$ J; (c) 4 J; (d) 40 J; (e) 39,2 J.

Potentiële energie in het algemeen

We hebben de verandering van de potentiële energie ten gevolge van de zwaartekracht (vgl. 8.2) gedefinieerd als min de verrichte arbeid die door de zwaartekracht verricht wordt wanneer een voorwerp van een hoogte y_1 naar y_2 beweegt. Dat kunnen we nu schrijven als:

$$\Delta U = -W_G = -\int_1^2 \vec{F}_G \cdot d\vec{\ell},$$

Naast deze potentiële energie zijn er ook nog andere soorten potentiële energie. In het algemeen definiëren we de *verandering van de potentiële energie die gekoppeld is aan een bepaalde conservatieve kracht* $\vec{F}$ als min de arbeid die door die kracht verricht wordt:

$$\Delta U = U_2 - U_1 = -\int_1^2 \vec{F} \cdot d\vec{\ell} = -W, \qquad (8.4)$$

We kunnen deze definitie echter niet gebruiken om een potentiële energie voor alle mogelijke krachten te definiëren. De definitie is alleen zinnig voor conservatieve krachten, zoals de zwaartekracht, waarvoor de integraal alleen van de eindpunten afhangt en niet van de gevolgde baan. De definitie is niet toepasbaar op niet-conservatieve krachten zoals de wrijving, omdat de integraal in vgl. 8.4 *geen* unieke waarde zou hebben voor de eindpunten 1 en 2. Het concept potentiële energie kan dus niet gedefinieerd worden en is betekenisloos voor een niet-conservatieve kracht.

 Let op

Potentiële energie kan alleen gedefinieerd worden voor conservatieve krachten.

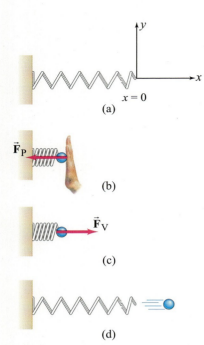

FIGUUR 8.6 Een veer (a) kan energie opslaan (potentiële energie als gevolg van de elastische vervorming) wanneer deze samengedrukt wordt (b), wat gebruikt kan worden om arbeid te verrichten wanneer de veer losgelaten wordt (c) en (d).

■ Potentiële energie als gevolg van elastische vervorming

We bekijken nu de potentiële energie die samenhangt met elastische materialen, en in veel praktische toepassingen voorkomt.

Veronderstel een eenvoudige schroefveer zoals is weergegeven in fig. 8.6, waarvan de massa zo klein is dat we die kunnen verwaarlozen. Wanneer de veer samengedrukt wordt en vervolgens losgelaten, kan deze arbeid verrichten op een bal (met massa m). Het veer/bal-systeem heeft dus potentiële energie wanneer het samengedrukt (of uitgerekt) wordt. Net als andere elastische materialen, volgt een veer de wet van Hooke (zie paragraaf 7.3) zolang de verplaatsing x niet te groot is. We kiezen het coördinatenstelsel zodanig dat het uiteinde van de ontspannen veer samenvalt met $x = 0$ (fig. 8.6a) en de positieve x-richting naar rechts is. Om de veer een afstand x ten opzichte van de ontspannen toestand samengedrukt (of uitgerekt) te houden moet de hand van de persoon een kracht $F_P = kx$ op de veer uitoefenen (fig. 8.6b), waarin k de veerstijfheidconstante is. De veer drukt terug met een kracht (de derde wet van Newton),

$$F_V = -kx,$$

Fig. 8.6c. Het minteken geeft aan dat de kracht $\vec{F}_V$ tegengesteld gericht is aan de verplaatsing x. Uit vgl. 8.4 volgt dat de verandering van de potentiële energie, wanneer de veer samengedrukt of uitgerekt wordt van $x_1 = 0$ (de ontspannen toestand) naar $x_2 = x$ (waarin x zowel positief als negatief kan zijn) gelijk is aan

$$\Delta U = U(x) - U(0) = -\int_1^2 \vec{F}_V \cdot d\vec{\ell} = -\int_0^x (-kx)dx = \tfrac{1}{2}kx^2,$$

Hierin is $U(x)$ de potentiële energie in x en $U(0)$ betekent U in $x = 0$. Meestal is het handig om de potentiële energie in $x = 0$ gelijk te stellen aan nul: $U(0) = 0$, zodat de potentiële energie van een veer die over een afstand x vanuit de ontspannen toestand samengedrukt of uitgerekt wordt gelijk is aan

$$U_{el}(x) = \tfrac{1}{2} kx^2 \qquad \text{[elastische veer]} \quad (8.5)$$

■ Potentiële energie van krachten in een dimensie

In het eendimensionale geval waarin een conservatieve kracht geschreven kan worden als functie van x, kan de potentiële energie geschreven worden als een onbepaalde integraal

$$U(x) = -\int F(x)dx + C, \qquad (8.6)$$

waar de constante C de waarde van U voorstelt op $x = 0$; soms kunnen we voor C de waarde 0 kiezen. Met behulp van vgl. 8.6 kunnen we $U(x)$ bepalen wanneer $F(x)$ gegeven is. Als $U(x)$ daarentegen gegeven is, kunnen we $F(x)$ bepalen door bovenstaande vergelijking om te keren, dat wil zeggen, de afgeleide van beide zijden te bepalen (aangezien integreren en differentiëren inverse bewerkingen zijn):

$$\frac{d}{dx}\int F(x)dx = F(x).$$

Dus geldt dat

$$F(x) = -\frac{dU(x)}{dx} \qquad (8.7)$$

Voorbeeld 8.2 Bepaal F uit U

Veronderstel dat $U(x) = -ax/(b^2 + x^2)$, waarin a en b constanten zijn. Hoe groot is F als functie van x?

Aanpak Omdat $U(x)$ alleen afhankelijk is van x, is dit een eendimensionaal vraagstuk.

Oplossing Vgl. 8.7 levert

$$F(x) = -\frac{dU}{dx} = -\frac{d}{dx}\left[-\frac{ax}{b^2+x^2}\right] = \frac{a}{b^2+x^2} - \frac{ax}{(b^2+x^2)^2}2x = \frac{a(b^2-x^2)}{(b^2+x^2)^2}.$$

* Potentiële energie in drie dimensies

In drie dimensies kunnen we de relatie tussen $\vec{F}(x,y,z)$ en U als volgt schrijven:

$$F_x = -\frac{\partial U}{\partial x}, \quad F_y = -\frac{\partial U}{\partial y}, \quad F_z = -\frac{\partial U}{\partial z},$$

of

$$\vec{F}(x,y,z) = -\vec{e}_x \frac{\partial U}{\partial x} - \vec{e}_y \frac{\partial U}{\partial y} - \vec{e}_z \frac{\partial U}{\partial Z},$$

Hierin zijn $\partial/\partial x$, $\partial/\partial y$ en $\partial/\partial z$ partiële afgeleiden; $\partial/\partial x$ betekent bijvoorbeeld dat alhoewel U een functie kan zijn van x, y en z (in formulevorm $U(x, y, z)$) we alleen de afgeleide voor x bepalen en we de andere variabelen constant houden. In bovenstaande uitdrukking berekenen we de kracht*vector* die hoort bij een *scalaire* potentiële energie; de bewerking die we daarvoor nodig hebben, is het nemen van een soort richtingsafgeleide, ook gradiënt genoemd (in formules genoteerd als grad of met het wiskundige symbool ∇). We kunnen dan ook in kortere vorm schrijven:

$$\vec{F}(x,y,z) = \text{grad } U = -\nabla U$$

8.3 Mechanische energie en behoud daarvan

Veronderstel nu een conservatief systeem (een systeem waarin alleen conservatieve krachten arbeid verrichten) waarin kinetische energie in potentiële energie wordt omgezet of omgekeerd. We moeten opnieuw een systeem bekijken, omdat potentiële energie voor een geïsoleerd voorwerp niet bestaat. Ons systeem zou een massa m kunnen zijn die aan het uiteinde van een veer heen en weer beweegt of zich in het zwaartekrachtveld van de aarde verplaatst.

Volgens het principe van arbeid en energie (vgl. 7.11) is de nettoarbeid W_{net} die op een voorwerp verricht wordt gelijk aan de verandering van de kinetische energie ervan:

$$W_{\text{net}} = \Delta K.$$

(Als op meer dan één voorwerp van het systeem arbeid verricht wordt, kun je W_{net} en ΔK gebruiken voor de som van alle bijdragen.) Omdat we te maken hebben met een conservatief systeem, kunnen we de netto verrichte arbeid op een voorwerp of voorwerpen schrijven in termen van de verandering van de totale potentiële energie (zie vgl. 8.4) tussen de punten 1 en 2:

$$\Delta U_{\text{totaal}} = -\int_1^2 \vec{F}_{\text{net}} \cdot d\vec{\ell} = -W_{\text{net}}. \tag{8.8}$$

We combineren de vorige twee vergelijkingen en noemen de totale potentiële energie U:

$$\Delta K + \Delta U = 0 \quad \text{[alleen conservatieve krachten]} \tag{8.9a}$$

of

$$(K_2 - K_1) + (U_2 - U_1) = 0. \quad \text{[alleen conservatieve krachten]} \tag{8.9b}$$

We definiëren nu een grootheid E, de totale mechanisch energie van het systeem, als de som van de kinetische energie en de potentiële energie van het systeem op een willekeurig moment

$$E = K + U.$$

We kunnen vgl. 8.9b ook schrijven als

$$K_2 + U_2 = K_1 + U_1 \quad \text{[alleen conservatieve krachten]} \tag{8.10a}$$

> Behoud van mechanische energie

of

$$E_2 = E_1 = \text{constant.} \quad \text{[alleen conservatieve krachten]} \tag{8.10b}$$

De vergelijkingen 8.10a en b beschrijven een nuttig en belangrijk principe met betrekking tot de totale mechanisch energie: het is een **behouden grootheid**, zolang er geen niet-conservatieve krachten arbeid verrichten. Dat wil zeggen dat de grootheid $E = K + U$ op een begintijdstip 1 gelijk is aan $K + U$ op een willekeurig later tijdstip 2.

Je kunt ook vgl. 8.9a bekijken. Daaruit blijkt dat $\Delta U = -\Delta K$; dat wil zeggen dat als de kinetische energie K toeneemt, de potentiële energie U moet afnemen met een gelijke hoeveelheid. De totale hoeveelheid, $K + U$, blijft dus constant. Dit wordt het **principe van behoud van mechanische energie** voor conservatieve krachten genoemd:

> **Behoud van mechanische energie**

Als alleen conservatieve krachten arbeid verrichten, neemt de totale mechanische energie van een systeem in een willekeurig proces niet af, maar ook niet toe. De totale hoeveelheid mechanische energie blijft daarmee behouden.

Het is nu duidelijk waar de term 'conservatieve kracht' vandaan komt: voor dergelijke krachten blijft de mechanische energie behouden.

Als slechts één voorwerp van een systeem een significante kinetische energie heeft, worden vgl. 8.10a en b

$$E = \tfrac{1}{2} mv^2 + U = \text{constant.}^1 \quad \text{[alleen conservatieve krachten]} \quad (8.11a)$$

Veronderstel dat we v_1 en U_1 de snelheid en de potentiële energie op een bepaald moment noemen en v_2 en U_2 de snelheid en de potentiële energie op een ander moment, dan kunnen we dit schrijven als

$$\tfrac{1}{2}mv_1^2 + U_1 = \tfrac{1}{2}mv_2^2 + U_2. \quad \text{[conservatief systeem]} \quad (8.11b)$$

In deze vergelijking kunnen we opnieuw zien dat het geen verschil maakt waar we de potentiële energie nul kiezen: door een constante aan U toe te voegen, voegen we alleen maar een constante aan beide zijden van vgl. 8.11b toe en deze vallen tegen elkaar weg. Een constante heeft ook geen invloed op de kracht die we vonden met vgl. 8.7, $F = -dU/dx$, omdat de afgeleide van een constante nul is. Alleen de veranderingen van de potentiële energie zijn van belang.

8.4 Vraagstukken oplossen met behulp van behoud van mechanische energie

Een eenvoudig voorbeeld van het behoud van mechanische energie (waarbij de luchtweerstand genegeerd wordt; luchtweerstand is een niet-conservatieve kracht) is het geval waarin een steen als gevolg van de zwaartekracht van de aarde vrij kan vallen van een hoogte h boven de grond, op de manier zoals is weergegeven in fig. 8.7. Als de steen in eerste instantie in rust is, is initieel alle energie potentiële energie. Naarmate de steen verder valt, neemt de potentiële energie mgy af (omdat y afneemt), maar de kinetische energie van de steen neemt als gevolg daarvan toe, zodat de som van de twee constant blijft. Op een willekeurig punt op het afgelegde traject is de totale mechanische energie gelijk aan

$$E = K + U = \tfrac{1}{2} mv^2 + mgy$$

waarin y de hoogte van de steen boven de grond is op een bepaald moment en v de snelheid van de steen op dat punt. Als we de index 1 gebruiken om de positie van de steen op een punt van het af te leggen traject aan te geven (bijvoorbeeld het beginpunt) en de index 2 om een ander punt aan te duiden, kunnen we schrijven dat

de totale mechanische energie op punt 1 = de totale mechanische energie op punt 2
of (zie ook vgl. 8.11b)

$$\tfrac{1}{2}mv_1^2 + mgy_1 = \tfrac{1}{2}mv_2^2 + mgy_2. \quad \text{[alleen de zwaartekracht]} \quad (8.12)$$

Net voordat de steen de grond raakt, op de positie $y = 0$, is alle initiële potentiële energie omgezet in kinetische energie.

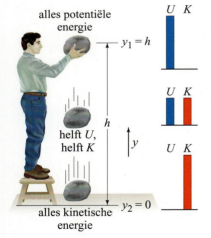

FIGUUR 8.7 De potentiële energie van de steen verandert in kinetische energie wanneer deze valt. In de staafdiagrammen kun je de potentiële energie U en de kinetische energie K voor de drie verschillende posities zien.

---

[1] Voor een voorwerp dat als gevolg van de zwaartekracht van de aarde beweegt, kan de kinetische energie van de aarde meestal genegeerd worden. Voor een massa die aan het eind van een veer trilt, kan de massa van de veer (en als gevolg daarvan de kinetische energie) vaak genegeerd worden.

Voorbeeld 8.3 Vallende steen

Veronderstel dat de oorspronkelijke hoogte van de steen in fig. 8.7 $y_1 = h = 3{,}0$ m is. Bereken de snelheid van de steen wanneer deze zich 1,0 m boven de grond bevindt.

Aanpak We passen het principe van behoud van mechanische energie, vgl. 8.12, toe waarbij alleen de zwaartekracht op de steen werkt. We kiezen de grond als referentieniveau ($y = 0$).

Oplossing Op het moment dat de steen losgelaten wordt (punt 1) bevindt de steen zich op $y_1 = 3{,}0$ m en is in rust : $v_1 = 0$. We zoeken v_2 op het moment dat de steen zich op $y_2 = 1{,}0$ m bevindt. Vgl. 8.12 levert

$$\tfrac{1}{2}mv_1^2 + mgy_1 = \tfrac{1}{2}mv_2^2 + mgy_2.$$

De massa's m vallen tegen elkaar weg; we weten dat $v_1 = 0$ en als we de vergelijking omschrijven naar v_2 levert dat

$$v_2 = \sqrt{2g(y_1 - y_2)} = \sqrt{2(9{,}8 \text{ m/s}^2)[(3{,}0 \text{ m}) - (1{,}0 \text{ m})]} = 6{,}3 \text{ m/s}.$$

De snelheid van de steen 1,0 m boven de grond is 6,3 m/s verticaal omlaag.

Opmerking De snelheid van de steen is onafhankelijk van de massa van de steen.

Opgave C
Wat is de snelheid van de steen in voorbeeld 8.3 vlak voor deze de grond raakt?
(a) 6,5 m/s; (b) 7,0 m/s; (c) 7,7 m/s; (d) 8,3 m/s; (e) 9,8 m/s.

Vgl. 8.12 kan toegepast worden op een willekeurig voorwerp dat zonder wrijving beweegt als gevolg van de zwaartekracht. In fig. 8.8 is bijvoorbeeld een wagentje van een achtbaan weergegeven dat vanuit rust van een top zonder wrijving door een dal naar een andere top rijdt. Op het wagentje werkt behalve de zwaartekracht nog een andere kracht: de normaalkracht die door de baan uitgeoefend wordt. Maar deze kracht werkt op elk punt loodrecht op de bewegingsrichting en verricht dus geen arbeid. We negeren de rotatiebeweging van de wielen van het wagentje en beschouwen het als een puntmassa die een eenvoudige translatie ondergaat. In eerste instantie heeft het wagentje alleen potentiële energie. Terwijl het omlaag rolt over de helling verliest het potentiële energie en krijgt het kinetische energie, maar de som van de twee blijft constant. Onder aan de helling heeft het wagentje zijn maximale kinetische energie gekregen die, wanneer het de volgende helling op rijdt, terug omgezet wordt in potentiële energie. Wanneer het wagentje op dezelfde hoogte als waar het gestart is, tot stilstand komt, zal alle energie die het bezit potentiële energie zijn. Omdat we weten dat de gravitationele potentiële energie rechtevenredig is met de verticale hoogte, leert het principe van behoud van energie (wanneer er geen wrijving is) dat het wagentje tot stilstand komt op een hoogte die gelijk is aan de oorspronkelijke hoogte. Als de twee hellingen even hoog zijn, zal het wagentje net de top van de tweede helling halen en daar tot stilstand komen. Als de tweede helling echter lager is dan de eerste, zal niet alle kinetische energie van het wagentje omgezet zijn in potentiële energie, zodat het wagentje de top kan ronden en aan de andere kant weer verder kan rijden. Als de tweede helling hoger is, zal het wagentje maar tot dezelfde hoogte komen als de oorspronkelijke top van de eerste helling. Dit is altijd het geval (zonder wrijving), ongeacht de steilte van de helling, omdat de potentiële energie alleen afhangt van de verticale hoogte.

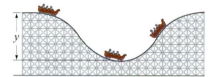

FIGUUR 8.8 Een wagentje van een achtbaan dat zonder wrijving beweegt, illustreert het behoud van mechanische energie.

Voorbeeld 8.4 De snelheid van een wagentje van een achtbaan met behulp van behoud van energie

Veronderstel dat de hoogte van de helling in fig. 8.8 40 m is en het wagentje van de achtbaan bovenaan vanuit rust start. Bereken (a) de snelheid van het wagentje onderaan de helling en (b) op welke hoogte het wagentje de helft van deze snelheid heeft. Neem $y = 0$ onderaan de helling.

Aanpak We kiezen punt 1 op de plaats waar het wagentje vanuit rust ($v_1 = 0$) start, bovenaan de helling ($y_1 = 40$ m). Punt 2 is onderaan de helling en dat gebruiken we als referentieniveau: $y_2 = 0$. We gebruiken behoud van mechanische energie.

Oplossing (*a*) We gebruiken vgl. 8.12, met $v_1 = 0$ en $y_2 = 0$, wat leidt tot

$$mgy_1 = \tfrac{1}{2}mv_2^2$$

of

$$v_2 = \sqrt{2gy_1} = \sqrt{2(9{,}8 \text{ m/s}^2)(40 \text{ m})} = 28 \text{ m/s}.$$

(*b*) Opnieuw gebruiken we behoud van energie,

$$\tfrac{1}{2}mv_1^2 + mgy_1 = \tfrac{1}{2}mv_2^2 + mgy_2,$$

maar nu is $v_2 = \tfrac{1}{2}$ (28 m/s) = 14 m/s, $v_1 = 0$ en is y_2 de onbekende. Dus geldt dat

$$y_2 = y_1 - \frac{v_2^2}{2g} = 30 \text{ m}.$$

Dat wil zeggen dat het wagentje een snelheid van 14 m/s heeft wanneer het zich 30 *verticale* meters boven het laagste punt bevindt, zowel bij het afdalen van de linker helling als bij het klimmen op de rechter helling.

De berekening voor het voorbeeld met de achtbaan in voorbeeld 8.4 is nagenoeg gelijk aan die in voorbeeld 8.3. Maar er is een belangrijk verschil tussen de twee. In voorbeeld 8.3 is de beweging alleen verticaal en zou gerekend kunnen worden met de vergelijkingen voor kracht, versnelling en de kinematische vergelijkingen (vgl. 2.12). Maar voor de achtbaan, waarin de beweging niet verticaal is, zouden we vgl. 2.12 niet hebben kunnen gebruiken, omdat *a* niet constant is op het gekromde traject. Door echter behoud van energie te gebruiken, kunnen we het antwoord gemakkelijk bepalen.

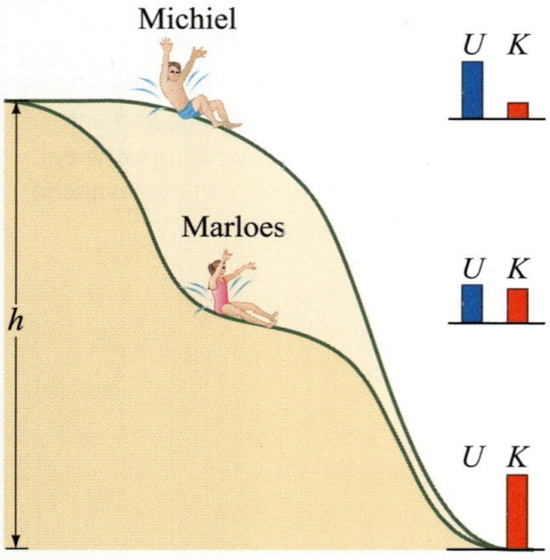

Conceptvoorbeeld 8.5 Snelheden op twee waterglijbanen

Twee waterglijbanen bij een zwembad hebben verschillende vormen, maar beginnen op dezelfde hoogte *h* (fig. 8.9). Twee badgasten, Michiel en Marloes, starten gelijktijdig vanuit rust op de verschillende glijbanen. (*a*) Welke badgast, Michiel of Marloes, heeft de hoogste snelheid onder aan de glijbaan? (*b*) Welke badgast komt het eerst aan bij het eind van de glijbaan? Verwaarloos de wrijving en veronderstel dat beide glijbanen even lang zijn.

Antwoord (*a*) De initiële potentiële energie van elke badgast *mgh* wordt omgezet in kinetische energie, dus de snelheid *v* onder aan de glijbaan kan bepaald worden met behulp van $\tfrac{1}{2} mv^2 = mgh$. De massa valt weg en dus zal de snelheid gelijk zijn, ongeacht de massa van de badgast. Omdat ze allebei dezelfde verticale hoogte overbruggen, zullen ze allebei met dezelfde snelheid in het zwembad terechtkomen. (*b*) Merk op dat Marloes op elk willekeurig moment steeds voorligt op Michiel. Dat betekent dat Marloes eerder haar potentiële energie omzet in kinetische energie. Zij glijdt de hele tocht sneller dan Michiel en, omdat de afstand gelijk is, zal Marloes als eerste onder aan de glijbaan aankomen.

FIGUUR 8.9 Voorbeeld 8.5.

Opgave D
Twee ballen worden op dezelfde hoogte boven de vloer losgelaten. Bal A maakt een vrije val door de lucht, terwijl bal B over een gekromde wrijvingsloze baan naar de grond glijdt. Wat is de verhouding tussen de snelheden van de ballen wanneer ze op de grond terechtkomen?

Oplossingsstrategie

Behoud van energie gebruiken of de wetten van Newton?

Bij het oplossen van een vraagstuk kun je je afvragen of je het beste kunt kiezen voor een benadering met behulp van arbeid en energie of voor een benadering met behulp van de wetten van Newton. Als er een of meerdere constante krachten in het spel zijn, kun je waarschijnlijk beide benaderingen met evenveel succes gebruiken.

Als de krachten echter niet constant zijn en/of de baan niet eenvoudig is, is de benadering met behulp van arbeid en energie waarschijnlijk de beste optie.
Er zijn veel interessante voorbeelden van behoud van energie in de sport, zoals de polsstoksprong in fig. 8.10. Vaak zul je in vraagstukken inschattingen moeten maken, maar de reeks gebeurtenissen tijdens de polsstoksprong komt grosso modo hier op neer: de initiële kinetische energie van de sprintende atleet wordt omgezet in potentiële energie als gevolg van de elastische vervorming van de buigende stok en, wanneer de atleet loskomt van de grond, in potentiële energie ten gevolge van de zwaartekracht. Wanneer de springer zijn hoogste punt bereikt en de stok weer helemaal gestrekt is, is de energie volledig omgezet in gravitationele potentiële energie (als we de geringe horizontale snelheid van de springer tijdens zijn verplaatsing over de lat buiten beschouwing laten). De stok zelf levert geen energie, maar fungeert als werktuig om energie *op te slaan* en helpt op die manier bij het omzetten van kinetische energie in gravitationele potentiële energie: het netto resultaat. De benodigde energie om over de lat te komen hangt af van hoe hoog het massamiddelpunt (MM) van de springer omhoog gebracht moet worden. Polsstokspringers houden hun MM dus zo laag als maar mogelijk is, zodat ze rakelings over de lat kunnen scheren (fig. 8.11), en zodoende over een hogere lat kunnen springen dan ze normaal gesproken zouden kunnen. (In hoofdstuk 9 komen we terug op het massamiddelpunt.)

Natuurkunde in de praktijk
Sport

FIGUUR 8.10 Omzetting van energie tijdens een polsstoksprong.

FIGUUR 8.11 Door hun lichaam te krommen kunnen polsstokspringers hun massamiddelpunt zo laag houden dat dit een baan beschrijft die zelfs onder de lat door gaat. Door hun kinetische energie (door het sprinten) om te zetten in gravitatie-potentiële energie (= mgy), kunnen polsstokspringers op deze manier over een hoger geplaatste lat komen dan wanneer de verandering van de potentiële energie plaats zou vinden zonder dat ze hun lichaam krommen.

Voorbeeld 8.6 Schatten Polsstoksprong

Schat de benodigde kinetische energie en de snelheid waarmee een polsstokspringer met een massa van 70 kg net over een lat op een hoogte van 5,0 m kan springen. Veronderstel dat het massamiddelpunt van de springer zich in eerste instantie 0,90 m boven de grond bevindt en zijn maximum bereikt ter hoogte van de lat.

Aanpak We stellen de totale energie net voordat de springer het uiteinde van de polsstok op de grond plaatst (en de polsstok begint te buigen en potentiële energie op gaat slaan) gelijk aan de totale energie van de springer wanneer deze de lat passeert (we laten de kleine hoeveelheid kinetische energie op dit punt buiten beschouwing). We kiezen de initiële positie van het massamiddelpunt van de springer $y_1 = 0$. Het lichaam van de springer moet in dat geval over een hoogte $y_2 = 5,0$ m $- 0,9$ m $= 4,1$ m omhoog gebracht worden.

Oplossing We gebruiken vgl. 8.12,
$$\tfrac{1}{2}mv_1^2 + 0 = 0 + mgy_2$$
dus
$$K_1 = \tfrac{1}{2}mv_1^2 = mgy_2 = (70 \text{ kg})(9{,}8 \text{ m/s}^2)(4{,}1 \text{ m}) = 2{,}8 \cdot 10^3 \text{ J}.$$
De snelheid is
$$v_1 = \sqrt{\frac{2K_1}{m}} = \sqrt{\frac{2(2800 \text{ J})}{70 \text{ kg}}} = 8{,}9 \text{ m/s} \approx 9 \text{ m/s}.$$

Opmerking Dit is een benadering, omdat we bijvoorbeeld niet alleen de snelheid van de springer bij het passeren van de lat buiten beschouwing gelaten hebben, maar ook de mechanische energie die omgezet wordt bij het op de grond plaatsen van de polsstok en de arbeid die de springer op de polsstok verricht.

Een ander voorbeeld van behoud van mechanische energie is een voorwerp met massa m dat bevestigd is aan een horizontale veer (fig. 8.6) waarvan de massa buiten beschouwing gelaten kan worden en waarvan de veerstijfheid constant is, namelijk k. De massa m heeft op een willekeurig moment een snelheid v. De potentiële energie van het systeem (voorwerp plus veer) is $\frac{1}{2}kx^2$, waarin x de verplaatsing is van de veer ten opzichte van de ontspannen lengte. Als er geen wrijving of andere krachten werken, weten we door het principe van behoud van mechanische energie dat

$$\tfrac{1}{2}mv_1^2 + \tfrac{1}{2}kx_1^2 = \tfrac{1}{2}mv_2^2 + \tfrac{1}{2}kx_2^2, \quad \text{[alleen elastische potentiële energie]} \quad (8.13)$$

waarbij de indexen 1 en 2 betrekking hebben op de snelheid en de verplaatsing op twee verschillende momenten.

Voorbeeld 8.7   Speelgoedpistool

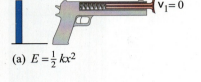

(a) $E = \tfrac{1}{2}kx^2$

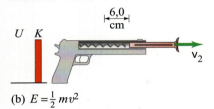

(b) $E = \tfrac{1}{2}mv^2$

FIGUUR 8.12 Voorbeeld 8.7. (a) Een pijltje wordt tegen een veer gedrukt en drukt deze 6,0 cm samen. Vervolgens wordt het pijltje losgelaten, in (b) komt het los van de veer en heeft dan een snelheid v_2.

Een pijltje met een massa van 0,100 kg wordt tegen de veer van een speelgoedpistool gedrukt, op de manier zoals is weergegeven in fig. 8.12a. De veer (met veerconstante $k = 250$ N/m en verwaarloosbare massa) wordt 6,0 cm samengedrukt en losgelaten. Als het pijltje loskomt van de veer wanneer de veer zijn oorspronkelijke lengte ($x = 0$) heeft gekregen, welke snelheid heeft het pijltje dan?

Aanpak Het pijltje is in eerste instantie in rust (punt 1), dus is $K_1 = 0$. We laten de wrijving buiten beschouwing en gebruiken behoud van mechanische energie; de enige potentiële energie is elastisch.

Oplossing We gebruiken vgl. 8.13 met punt 1 als de maximale indrukking van de veer, dus $v_1 = 0$ (pijltje nog niet losgelaten) en $x_1 = -0,060$ m. We kiezen punt 2 op het moment dat het pijltje loskomt van het uiteinde van de veer (fig. 8.12b), dus $x_2 = 0$ en we zoeken v. We kunnen vgl. 8.13 dus schrijven als

$$0 + \tfrac{1}{2}kx_1^2 = \tfrac{1}{2}mv_2^2 + 0.$$

In dat geval geldt

$$v_2^2 = \frac{kx_1^2}{m}$$

en

$$v_2 = \sqrt{\frac{(250\ \text{N/m})(-0,060\ \text{m})^2}{(0,100\ \text{kg})}} = 3,0\ \text{m/s}.$$

Opmerking In de horizontale richting is de enige kracht op het pijltje (als we de wrijving buiten beschouwing laten) de kracht die uitgeoefend wordt door de veer. In verticale richting wordt de zwaartekracht gecompenseerd door de normaalkracht die door de loop van het pistool uitgeoefend wordt op het pijltje. Nadat het pijltje de loop verlaat zal het, als gevolg van de zwaartekracht, een projectielbaan volgen.

Voorbeeld 8.8   Twee soorten potentiële energie

Een bal met massa $m = 2,60$ kg is in eerste instantie in rust, valt over een verticale afstand $h = 55,0$ cm en komt dan terecht op een verticale schroefveer, die daardoor $Y = 15,0$ cm samengedrukt wordt (fig. 8.13). Bereken de veerconstante k van de veer. Veronderstel dat de veer een verwaarloosbare massa heeft en laat de luchtweerstand buiten beschouwing. Meet alle afstanden vanaf het punt waar de bal de ontspannen veer raakt ($y = 0$ op dat punt).

Aanpak De krachten die op de bal uitgeoefend worden zijn de zwaartekracht en de elastische kracht die uitgeoefend wordt door de veer. Beide krachten zijn conservatief en dus kunnen we behoud van mechanische energie gebruiken voor de beide soorten potentiële energie. We moeten daar echter wel voorzichtig mee omgaan: de zwaartekracht werkt gedurende de hele val (fig. 8.13), maar de elastische kracht werkt pas wanneer de bal de veer raakt (fig. 8.13b). We kiezen de positieve y-richting verticaal omhoog en $y = 0$ aan het eind van de veer in zijn ontspannen toestand.

Oplossing We splitsen deze oplossing in twee delen. (Later bespreken we ook een alternatieve oplossing.)

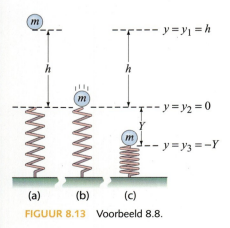

FIGUUR 8.13 Voorbeeld 8.8.

Deel 1: Bekijk eerst de energieverandering terwijl de bal van een hoogte $y_1 = h = 0{,}55$ m, fig. 8.13a, omlaag valt naar $y_2 = 0$, op het moment dat de bal de veer raakt, fig. 8.13b. Het systeem bestaat uit de bal waarop de zwaartekracht werkt en de veer (die op dit moment nog niets doet). Dus geldt dat

$$\tfrac{1}{2}mv_1^2 + mgy_1 = \tfrac{1}{2}mv_2^2 + mgy_2$$
$$0 + mgh = \tfrac{1}{2}mv_2^2 + 0.$$

We lossen de vergelijking op voor $v_2 = \sqrt{2gh} = \sqrt{2(9{,}80 \text{ m/s}^2)(0{,}550 \text{ m}}$ $= 3{,}283$ m/s $\approx 3{,}28$ m/s.
Dit is de snelheid van de bal net voordat deze de bovenkant van de veer raakt, fig. 8.13b.

Deel 2: Wanneer de bal de veer samendrukt, fig. 8.13b en c, werken er twee conservatieve krachten op de bal: de zwaartekracht en de veerkracht. De vergelijking voor behoud van energie wordt dus

$$E_2 \text{ (bal raakt veer)} = E_3 \text{ (veer samengedrukt)}$$
$$\tfrac{1}{2}mv_2^2 + mgy_2 + \tfrac{1}{2}ky_2^2 = \tfrac{1}{2}mv_3^2 + mgy_3 + \tfrac{1}{2}ky_3^2.$$

We substitueren $y_2 = 0$, $v_2 = 3{,}283$ m/s, $v_3 = 0$ (de bal komt even tot stilstand) en $y_3 = -Y = -0{,}150$ m, zodat

$$\tfrac{1}{2}mv_2^2 + 0 + 0 = 0 - mgY + \tfrac{1}{2}k(-y)^2.$$

We kennen m, v_2 en Y, dus kunnen we k berekenen:

$$k = \frac{2}{Y^2}\left[\tfrac{1}{2}mv_2^2 + mgY\right] = \frac{m}{Y^2}\left[v_2^2 + 2gY\right]$$
$$= \frac{(2{,}60 \text{ kg})}{(0{,}150 \text{ m})^2}\left[(3{,}283 \text{ m/s})^2 + 2(9{,}80 \text{ m/s}^2)(0{,}150 \text{ m})\right] = 1590 \text{ N/m}.$$

In plaats van de oplossing in twee delen te splitsen, kunnen we alles ook in een keer doen. We mogen immers de twee punten links en rechts in de energievergelijking zelf kiezen. We kunnen dan de energievergelijking voor de punten 1 en 3 in fig. 8.13 opstellen. Punt 1 is het beginpunt net voordat de bal begint te vallen (fig. 8.13a), dus $v_1 = 0$ en $y_1 = h = 0{,}550$ m. Punt 3 is het punt waarop de veer volledig samengedrukt is (fig. 8.13c), dus $v_3 = 0$, $y_3 = -Y = -0{,}150$ m. De krachten die in dit proces op de bal werken zijn de zwaartekracht en (een deel van de tijd) de veerkracht. Behoud van energie levert

$$\tfrac{1}{2}mv_1^2 + mgy_1 + \tfrac{1}{2}k(0)^2 = \tfrac{1}{2}mv_3^2 + mgy_3 + \tfrac{1}{2}ky_3^2.$$
$$0 + mgh + 0 = 0 - mgY + \tfrac{1}{2}kY^2$$

Oplossingsstrategie
Alternatieve oplossing

waarin we voor de veer op punt 1 y gelijkgesteld hebben aan 0, omdat deze niet werkt en niet samengedrukt of uitgerekt is. We lossen k op:

$$k = \frac{2mg(h+Y)}{Y^2} = \frac{2(2{,}60 \text{ kg})(9{,}80 \text{ m/s}^2)(0{,}550 \text{ m} + 0{,}150 \text{ m})}{(0{,}150 \text{ m})^2} = 1590 \text{ N/m}$$

wat overeenkomt met de eerdere oplossing.

Voorbeeld 8.9   Een bewegende slinger

De eenvoudige slinger in fig. 8.14 bestaat uit een klein gewicht met massa m dat opgehangen is aan een touw met lengte ℓ. Het gewicht wordt losgelaten (zonder dat het geduwd wordt) op $t = 0$, terwijl het touw een hoek $\theta = \theta_0$ maakt met de verticaal. (*a*) Beschrijf de beweging van het gewicht in termen van kinetische energie en potentiële energie. Bereken vervolgens de snelheid van het gewicht (*b*) als functie van de positie θ terwijl het heen en weer beweegt en (*c*) op het laagste punt van de slingerbeweging. (*d*) Bepaal de trekkracht in het touw, $\vec{F}_T$. Verwaarloos de wrijving en de luchtweerstand.

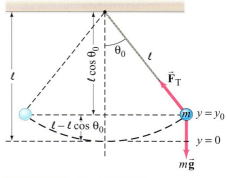

FIGUUR 8.14 Voorbeeld 8.9: een eenvoudige slinger; de positieve y wordt verticaal omhoog gemeten.

Aanpak We gebruiken de wet van behoud van mechanische energie (alleen de conservatieve zwaartekracht verricht arbeid), behalve in (*d*), waarin we de tweede wet van Newton gebruiken.

Oplossing (*a*) Op het moment dat het gewicht losgelaten wordt, is het in rust en heeft dus kinetische energie $K = 0$. Wanneer het gewicht omlaag beweegt, verliest het potentiële energie en krijgt het kinetische energie. Op het laagste punt is de kinetische energie van het gewicht maximaal en de potentiële energie minimaal. Het gewicht beweegt verder tot het dezelfde hoogte en hoek (θ_0) aan de tegenoverliggende kant bereikt. Op dat punt is de potentiële energie maximaal en $K = 0$. Het gewicht legt vervolgens dezelfde baan in omgekeerde richting af en $U \to K \to U$ enzovoort. Het bereikt echter nooit een positie hoger dan $\theta = \pm \theta_0$ (behoud van mechanische energie).

(*b*) Het touw wordt massaloos verondersteld, dus hoeven we alleen te kijken naar de kinetische energie van het gewicht en de gravitationele potentiële energie. Op het gewicht werken op elk willekeurig moment twee krachten: de zwaartekracht, mg, en de kracht die het touw erop uitoefent, $\vec{F}_T$. De laatste (een beperkende kracht) werkt altijd loodrecht op de beweging en verricht dus geen arbeid. We hoeven dus alleen rekening te houden met de zwaartekracht, waarvoor we de potentiële energie kunnen opschrijven. De mechanische energie van het systeem is

$$E = \tfrac{1}{2} m v^2 + mgy,$$

waarin y de verticale hoogte van het gewicht is op een willekeurig moment. We stellen y gelijk aan 0 op het laagste punt van de slingerbeweging van het gewicht. Maar op $t = 0$ is

$$y = y_0 = \ell - \ell \cos \theta_0 = \ell(1 - \cos \theta_0)$$

(zie fig. 8.14). Op het moment dat het gewicht losgelaten wordt is

$$E = mgy_0,$$

omdat $v = v_0 = 0$. Op een willekeurig ander punt van de slingerbeweging is

$$E = \tfrac{1}{2} m v^2 + mgy = mgy_0.$$

We lossen deze vergelijking op voor v:

$$v = \sqrt{2g(y_0 - y)}.$$

In termen van de hoek θ die het touw met de verticaal maakt, kunnen we het volgende stellen:

$$(y_0 - y) = (\ell - \ell \cos \theta_0) - (\ell - \ell \cos \theta) = \ell(\cos \theta - \cos \theta_0)$$

dus

$$v = \sqrt{2g\ell(\cos \theta - \cos \theta_0)}.$$

(*c*) Op het laagste punt is $y = 0$, dus

$$v = \sqrt{2gy_0}$$

of

$$v = \sqrt{2g\ell(1 - \cos \theta_0)}.$$

(*d*) De trekkracht in het touw is de kracht $\vec{F}_T$ die het touw op het gewicht uitoefent. Zoals we gezien hebben wordt er geen arbeid verricht door deze kracht, maar we kunnen de kracht eenvoudig berekenen met behulp van de tweede wet van Newton $\Sigma \vec{F} = m\vec{a}$ en door op te merken dat op een willekeurig punt de versnelling van het gewicht in de richting van het laagste punt van de beweging v^2/ℓ is, omdat het gewicht een cirkelsegment van een cirkel met straal ℓ moet beschrijven. In de radiale richting werkt $\vec{F}_T$ naar binnen gericht en een component van de zwaartekracht, gelijk aan $mg \cos \theta$ is naar buiten gericht. Dus is

$$m \cdot \frac{v^2}{\ell} = F_T - mg \cos \theta.$$

We schrijven deze vergelijking om naar F_T en gebruiken het resultaat van (b) voor v^2:

$$F_T = m\left(\frac{v^2}{\ell} + g\cos\theta\right) = 2mg(\cos\theta - \cos\theta_0) + mg\cos\theta$$
$$= (3\cos\theta - 2\cos\theta_0)mg.$$

8.5 De wet van behoud van energie

We zullen nu niet-conservatieve krachten, zoals wrijving, bekijken, omdat die in de praktijk erg belangrijk zijn. We kunnen bijvoorbeeld het wagentje van een achtbaan in fig. 8.8 nog een keer bekijken, maar nu met wrijving. Het wagentje zal in dat geval als gevolg van de wrijving niet dezelfde hoogte aan de tweede helling bereiken als de oorspronkelijke hoogte op de eerste helling.

In dit proces, en ook in andere processen in de natuur, zal de mechanische energie (de som van de kinetische en de potentiële energie) niet constant blijven, maar afnemen. Omdat wrijvingskrachten de mechanische energie verminderen (maar *niet* de totale energie), worden ze **dissipatieve krachten** genoemd. Door de aanwezigheid van dissipatieve krachten konden wetenschappers tot ver in de negentiende eeuw niet komen tot de formulering van een wet van behoud van energie. Pas toen werd warmte, die altijd geproduceerd wordt wanneer er sprake is van wrijving (zoals wanneer je je handen tegen elkaar wrijft), geïnterpreteerd in termen van energie. Uit kwantitatieve onderzoeken in de negentiende eeuw (hoofdstuk 19) bleek dat als warmte beschouwd werd als de overdracht van energie (soms **thermische energie** genoemd), de totale energie in elk willekeurige proces behouden blijft. Als het wagentje van de achtbaan in fig. 8.8 wrijvingskrachten ondervindt, zal de initiële totale energie van het wagentje gelijk zijn aan de kinetische energie van het wagentje plus de potentiële energie op een willekeurig punt van de baan plus de hoeveelheid thermische energie die tijdens de beweging geproduceerd wordt. Een blok dat over een tafel glijdt zonder dat er van buitenaf krachten op werken, komt bijvoorbeeld tot stilstand als gevolg van wrijving. De initiële kinetische energie ervan is dan helemaal omgezet in thermische energie. Het blok en de tafel worden een beetje warmer als gevolg van dit proces: beide hebben thermische energie geabsorbeerd. Een ander voorbeeld van de omzetting van kinetische energie in thermische energie kun je waarnemen wanneer je een paar keer hard met een hamer op een spijker slaat. Als je vervolgens met je vinger aan de spijker voelt, zul je merken dat die warm geworden is.

Volgens de atoomtheorie is thermische energie de kinetische energie van snel bewegende moleculen. In hoofdstuk 18 zullen we zien dat een verhoging van de temperatuur tot gevolg heeft dat de gemiddelde kinetische energie van de moleculen toeneemt. Omdat thermische energie de energie voorstelt van atomen en moleculen waaruit een voorwerp bestaat, wordt deze vaak de **inwendige energie** genoemd. Interne energie kan, op atomair niveau, niet alleen bestaan uit de kinetische energie van moleculen, maar bestaat ook uit potentiële energie (die meestal elektrisch van aard is), vanwege de onderlinge positie van de atomen binnen moleculen. Op macroscopisch niveau is de thermische of inwendige energie gerelateerd aan niet-conservatieve krachten, zoals wrijving. Maar op atomair niveau is de energie gedeeltelijk kinetisch, gedeeltelijk potentieel, afhankelijk van conservatieve krachten. De energie die bijvoorbeeld opgeslagen is in voedsel of brandstof kan beschouwd worden als potentiële energie als gevolg van de posities van de atomen binnen een molecuul ten opzichte van elkaar als gevolg van de elektrische krachten tussen atomen (die chemische bindingen genoemd worden). Deze energie moet vrijgemaakt worden om arbeid te kunnen verrichten. Dat gebeurt gewoonlijk bij chemische reacties (fig. 8.15). Dit is analoog met een samengedrukte veer die arbeid kan verrichten wanneer deze losgelaten wordt.

Om te komen tot een meer algemene wet van behoud van energie, moesten de natuurkundigen uit de negentiende eeuw elektrische, chemische en andere vormen van energie naast warmte ontdekken en controleren of deze ingepast konden worden in een wetmatigheid. Voor elk type kracht, zowel conservatieve als niet-conservatieve, is het altijd mogelijk gebleken om een type energie te definiëren dat overeenkomt met de door die kracht verrichte arbeid. En ook is experimenteel aangetoond dat de

FIGUUR 8.15 Door het verbranden van brandstof (een chemische reactie) komt energie vrij waarmee water aan de kook gebracht wordt in deze stoomlocomotief. De zo geproduceerde stoom zet uit tegen de zuiger, die op zijn beurt arbeid verricht door de wielen aan te drijven.

> *Wet van behoud van energie*

totale energie E altijd constant blijft. Dat wil zeggen dat de verandering van de totale energie, kinetische en potentiële plus alle andere vormen van energie, altijd gelijk is aan nul:

$$\Delta K + \Delta U + [\text{verandering in alle andere vormen van energie}] = 0. \quad (8.14)$$

Dit is een van de belangrijkste principes in de natuurkunde. Het wordt de **wet van behoud van energie** genoemd en kan als volgt uitgedrukt worden:

> *Wet van behoud van energie*

In een willekeurig proces neemt de totale energie nooit toe of af. Energie kan omgezet worden van de ene vorm naar de andere en van een voorwerp overgedragen worden op een ander, maar de totale hoeveelheid blijft constant.

Voor conservatieve mechanische systemen kan deze wet afgeleid worden uit de wetten van Newton (paragraaf 8.3) en dus is deze daarmee gelijkwaardig. Maar ondanks dat deze wet universeel is, berust de geldigheid van de wet van behoud van energie uitsluitend op proefondervindelijke waarneming.

Hoewel onderzoek heeft uitgewezen dat de wetten van Newton in de submicroscopische wereld niet geldig zijn, is gebleken dat de wet van behoud van energie daarin wel geldig is, net als in elke andere experimentele situatie die tot op heden onderzocht werd.

8.6 Behoud van energie met dissipatieve krachten: vraagstukken oplossen

In paragraaf 8.4 hebben we verschillende voorbeelden besproken van de wet van behoud van energie voor conservatieve systemen. Laten we daarom nu eens kijken naar een paar voorbeelden waarbij niet-conservatieve krachten een rol spelen.

Veronderstel bijvoorbeeld dat het wagentje dat van de achtbaan op de hellingen in fig. 8.8 rolt wrijvingskrachten ondervindt. Bij de verplaatsing van een punt 1 naar een tweede punt 2, is de energie die ontwikkeld wordt door de wrijvingskracht F_{wr} die op het wagentje werkt (waarbij we het wagentje beschouwen als een puntmassa) gelijk aan $\int_1^2 \vec{F}_{wr} \cdot d\vec{\ell}$. Als de grootte $\vec{F}_{wr}$ constant is, zal de afgegeven energie gelijk zijn aan $F_{wr}\ell$, waarin ℓ de werkelijke afstand is die het object bij de beweging van punt 1 naar punt 2 aflegt. We kunnen de vergelijking voor behoud van energie, vgl. 8.14, dus schrijven als

$$\Delta K + \Delta U + F_{wr}\ell = 0$$

of

$$\tfrac{1}{2}m(v_2^2 - v_1^2) + mg(y_2 - y_1) + F_{wr}\ell = 0.$$

We kunnen dit op een andere manier schrijven en de initiële energie E_1 vergelijken met de uiteindelijke energie E_2:

$$\tfrac{1}{2}mv_1^2 + mgy_1 = \tfrac{1}{2}mv_2^2 + mgy_2 + F_{wr}\ell. \begin{bmatrix} \text{onder invloed van de} \\ \text{zwaartekracht en wrijving} \end{bmatrix} \quad (8.15)$$

Dat wil zeggen,

$$E_1 = E_2$$

initiële energie = uiteindelijke energie (inclusief thermische energie).

Links in deze vergelijking staat de initiële mechanische energie van het systeem. Deze is gelijk aan de mechanische energie op een willekeurig punt op het traject, plus de hoeveelheid thermische (of inwendige) energie die tijdens het proces geproduceerd wordt.

We kunnen andere niet-conservatieve krachten op dezelfde manier benaderen. Als je twijfelt over het teken van de laatste term $\left(\int \vec{F} \cdot d\vec{\ell} \right)$ rechts, gebruik je intuïtie: neemt de mechanische energie in het proces toe of juist af?

Arbeid en energie versus behoud van energie

De wet van behoud van energie is algemener en krachtiger dan het principe van arbeid en energie. Het principe van arbeid en energie mag *niet* beschouwd worden als een wetmatigheid voor behoud van energie. Toch kan het erg nuttig zijn voor sommige mechanische vraagstukken; en of je dit principe gebruikt of de krachtiger wet van behoud van energie, kan afhangen *van het systeem* dat je bestudeert. Als je systeem een puntmassa of een voorwerp is waarop uitwendige krachten arbeid verrichten, kun je het principe van arbeid en energie gebruiken: de door de uitwendige krachten op het voorwerp verrichte arbeid is gelijk aan de verandering van de kinetische energie ervan.

Als je echter een systeem kiest waarop geen uitwendige krachten arbeid verrichten, moet je het behoud van energie rechtstreeks op dat systeem toepassen.

FIGUUR 8.16 Een veer die verbonden is met een blok op een wrijvingsloze tafel. Als je het systeem zou definiëren als de combinatie van het blok en de veer, blijft de energie in dat systeem,
$E = \frac{1}{2}mv^2 + \frac{1}{2}kx^2$,
behouden.

Bekijk bijvoorbeeld eens een veer die verbonden is met een blok op een wrijvingsloze tafel (fig. 8.16). Als je het blok als je systeem kiest, zal de arbeid die de veer verricht op het blok gelijk zijn aan de verandering van de kinetische energie van het blok: het principe van arbeid en energie. (Behoud van energie geldt niet voor dit systeem: de energie van het blok verandert.) Als je echter de combinatie van het blok en de veer als je systeem kiest, zijn er geen uitwendige krachten die arbeid verrichten (omdat de veer een onderdeel is van het systeem). Op dit systeem moet je behoud van energie toepassen: als je de veer samendrukt en loslaat, oefent de veer nog steeds een kracht uit op het blok, maar de beweging die daar het gevolg van is kan besproken worden in termen van kinetische energie ($\frac{1}{2}mv^2$) plus potentiële energie ($\frac{1}{2}kx^2$), waarvan de som constant blijft.

Vraagstukken oplossen is geen proces waarbij je eenvoudigweg een verzameling regels volgt. De volgende strategie om vraagstukken op te lossen is dus, net als alle andere strategieën, *geen* recept, maar een samenvatting om je op weg te helpen bij het oplossen van vraagstukken waarbij energie een rol speelt.

Oplossingsstrategie

Behoud van energie

1. **Maak een schets** van de fysische situatie.
2. Kies **het systeem** waarvoor je het principe van behoud van energie wilt gebruiken: het voorwerp of de voorwerpen en de krachten die aanwezig zijn.
3. Maak voor jezelf duidelijk naar welke grootheid je op zoek bent en **kies het begin- en eindpunt** (respectievelijk punt 1 en punt 2).
4. Kies, als de hoogte van het voorwerp dat je bestudeert verandert, **een referentiekader** met een handig niveau waarop $y = 0$ voor de gravitationele potentiële energie; vaak is het laagste punt een goede keuze. Als in een vraagstuk veren een rol spelen, kies dan de positie van de veer in ontspannen toestand als x (of y) = 0.
5. **Is er sprake van behoud van mechanische energie?** Als er geen wrijving is of andere niet-conservatieve krachten aanwezig zijn, geldt behoud van mechanische energie:
$K_1 + U_1 = K_2 + U_2$.
6. **Pas behoud van energie toe.** Als er wrijving is (of andere niet-conservatieve krachten aanwezig zijn). dan is er een extra term van de vorm $\left(\int \vec{F} \cdot d\vec{\ell}\right)$ nodig. Voor een constante wrijvingskracht die werkt over een afstand ℓ geldt
$K_1 + U_1 = K_2 + U_2 + F_{wr}\ell$.
Gebruik voor andere niet-conservatieve krachten je intuïtie voor het teken van $\left(\int \vec{F} \cdot d\vec{\ell}\right)$ neemt de totale mechanische energie toe of af in het proces?
7. Gebruik de vergelijking(en) die je opgesteld hebt om de onbekende grootheid te **bepalen**.

Voorbeeld 8.10 *Schatten* **Wrijvingskracht op een wagentje van een achtbaan**

Het wagentje van de achtbaan in voorbeeld 8.4 bereikt een verticale hoogte van maar 25 m op de tweede helling en komt dan even tot stilstand (fig. 8.17). Het legde een totale afstand af van 400 m. Bepaal hoeveel thermische energie er geproduceerd werd en schat de gemiddelde grootte van de wrijvingskracht (waarbij je ervan uit mag gaan dat die ongeveer constant blijft) die het wagentje met een massa van 1000 kg ondervindt.

Aanpak We volgen de hierboven beschreven oplossingsstrategie.

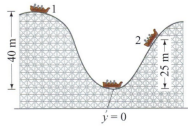

FIGUUR 8.17 Voorbeeld 8.10. Door de wrijving bereikt een wagentje van een achtbaan niet de oorspronkelijke hoogte op de tweede helling. (Niet op schaal)

Oplossing

1. **Maak een schets.** Zie fig. 8.17.

2. **Het systeem.** Het systeem bestaat uit het wagentje van de achtbaan en de aarde (die zwaartekracht uitoefent). De krachten die op het wagentje werken zijn de zwaartekracht en wrijving. (De normaalkracht werkt ook op het wagentje, maar verricht geen arbeid en heeft dus geen invloed op de energie.)

3. **Kies een begin- en eindpunt.** We kiezen punt 1 op de positie wanneer het wagentje begint te freewheelen (bovenop de eerste helling) en punt 2 op de positie waar het wagentje tot stilstand komt, 25 m op de tweede helling.

4. **Kies een referentiestelsel.** We kiezen het laagste punt van de beweging als $y = 0$ voor de gravitationele potentiële energie.

5. **Is er sprake van behoud van mechanische energie?** Nee. Er is wrijving.

6. **Pas behoud van energie toe.** Het wagentje ondervindt wrijving, dus gebruiken we behoud van energie in de vorm van vgl. 8.15, waarbij $v_1 = 0$, $y_1 = 40$ m, $v_2 = 0$, $y_2 = 25$ m en $\ell = 400$ m. Dus geldt dat

$$0 + (1000 \text{ kg})(9{,}8 \text{ m/s}^2)(40 \text{ m}) = 0 + (1000 \text{ kg})(9{,}8 \text{ m/s}^2)(25 \text{ m}) + F_{wr}\ell$$

7. **Los de vergelijkingen op.** We lossen de bovenstaande vergelijkingen op voor $F_{wr}\ell$, de energie die omgezet is in thermische energie: $F_{wr}\ell = (1000 \text{ kg})(9{,}8 \text{ m/s}^2)(40 \text{ m} - 25 \text{ m}) = 147.000$ J. De gemiddelde wrijvingskracht was $F_{wr} = (1{,}47 \cdot 10^5 \text{ J})/400 \text{ m} = 370$ N. (Dit resultaat is slechts een ruw gemiddelde: de wrijvingskracht op verschillende punten hangt af van de normaalkracht, die varieert met de helling.)

Voorbeeld 8.11 Wrijving bij een veer

Een blok met massa m glijdt over een ruw horizontaal oppervlak met een snelheid v_0 wanneer het frontaal botst tegen een massaloze veer (zie fig. 8.18) en de veer samendrukt over een maximale afstand X. Veronderstel dat de veer een veerconstante k heeft. Bereken de kinetische wrijvingscoëfficiënt tussen het blok en het oppervlak.

Aanpak Op het moment van de botsing heeft het blok $K = \tfrac{1}{2}mv_0^2$ en de veer is dan, zoals we aannemen, niet samengedrukt en heeft dus $U = 0$. In eerste instantie is de mechanische energie van het systeem gelijk aan $\tfrac{1}{2}mv_0^2$. Wanneer de veer maximaal is ingedrukt, is $K = 0$ en $U = \tfrac{1}{2}kX^2$. In de tussenliggende periode heeft de wrijvingskracht ($= \mu_k F_N = \mu_k mg$) energie omgezet in thermische energie, en wel $F_{wr}X = \mu_k mgX$.

Oplossing Als gevolg van behoud van energie kunnen we de volgende vergelijking noteren:

$$\text{energie (begin)} = \text{energie (eind)}$$
$$\tfrac{1}{2}mv_0^2 = \tfrac{1}{2}kX^2 + \mu_k mgX.$$

We lossen de vergelijkingen op voor μ_k:

$$\mu_k = \frac{v_0^2}{2gX} - \frac{kX}{2mg}.$$

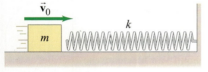

(a)

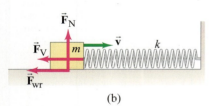

(b)

FIGUUR 8.18 Voorbeeld 8.11.

8.7 Potentiële energie ten gevolge van de zwaartekracht en ontsnappingssnelheid

Tot nu toe zijn we er in dit hoofdstuk van uitgegaan dat bij de gravitationele potentiële energie de zwaartekracht constant is, $\vec{F} = m\vec{g}$. Dit is een nauwkeurige aanname voor gewone voorwerpen in de buurt van het oppervlak van de aarde. Maar om op een meer algemene manier met de zwaartekracht om te gaan, voor punten die zich niet in de buurt van het oppervlak van de aarde bevinden, moeten we er rekening mee houden dat de zwaartekracht die door de aarde uitgeoefend wordt op een puntmassa met massa m afneemt met het omgekeerde van het kwadraat van de afstand r tot het middelpunt van de aarde. De exacte relatie is gedefinieerd door de wet van de universele zwaartekracht van Newton (paragraaf 6.1 en 6.2):

$$\vec{F} = -G\frac{mM_A}{r^2}\hat{r} \qquad [r > r_A]$$

waarin M_A de massa van de aarde is en $\hat{r}$ een eenheidsvector (op de positie van m) radiaal van het middelpunt van de aarde af gericht. Het minteken geeft aan dat de kracht op m gericht is naar het middelpunt van de aarde, in de richting tegengesteld aan die van $\hat{r}$. Deze vergelijking kan ook gebruikt worden om de zwaartekracht op een massa m in de nabijheid van andere hemellichamen, zoals de maan, een planeet of de zon, te beschrijven. In dat geval moet M_A vervangen worden door de massa van het betreffende hemellichaam.

Veronderstel dat een voorwerp met massa m van de ene positie naar de andere beweegt en daarbij een bepaalde baan volgt (fig. 8.19), zodanig dat de afstand tot het middelpunt van de aarde verandert van r_1 naar r_2. De door de zwaartekracht verrichte arbeid is

$$W = \int_1^2 \vec{F} \cdot d\vec{\ell} = -GmM_A \int_1^2 \frac{\hat{r} \cdot d\vec{\ell}}{r^2},$$

waarin $d\vec{\ell}$ een oneindig kleine verplaatsing voorstelt. Omdat $\hat{r} \cdot d\vec{\ell} = dr$ is de component van $d\vec{\ell}$ evenwijdig aan $\hat{r}$ (zie fig. 8.19), en dan is

$$W = -GmM_A \int_{r_1}^{r_2} \frac{dr}{r^2} = GmM_A \left(\frac{1}{r_2} - \frac{1}{r_1}\right)$$

of

$$W = \frac{GmM_A}{r_2} - \frac{GmM_A}{r_1}.$$

Omdat de waarde van de integraal alleen afhangt van de positie van het begin- en eindpunt (r_1 en r_2) en niet van de gevolgde baan, is de zwaartekracht een conservatieve kracht.

We kunnen voor de zwaartekracht dus het concept van potentiële energie gebruiken. Omdat de verandering van de potentiële energie altijd gedefinieerd is (paragraaf 8.2) als min de arbeid die verricht wordt door de kracht, levert dat

$$\Delta U = U_2 - U_1 = -\frac{GmM_A}{r_2} + \frac{GmM_A}{r_1}. \qquad (8.16)$$

Uit vgl. 8.16 voor de potentiële energie op een willekeurige afstand r van het middelpunt van de aarde volgt:

$$U(r) = -\frac{GmM_A}{r} + C,$$

waarin C een constante is. Het is gebruikelijk om voor C de waarde 0 te kiezen, zodat

$$U(r) = -\frac{GmM_A}{r}. \qquad [\text{zwaartekracht } (r > r_A)] \quad (8.17)$$

Uit deze keuze voor C volgt dat $U = 0$ als r oneindig is. Wanneer een voorwerp de aarde nadert, neemt de potentiële energie ervan af en deze zal altijd negatief zijn (fig. 8.20).

Vgl. 8.16 herleidt zich tot vgl. 8.2, $\Delta U = mg(y_2 - y_1)$, voor voorwerpen dicht bij het oppervlak van de aarde (zie vraagstuk 48).

Voor een puntmassa met massa m, die alleen de zwaartekracht van de aarde ondervindt, blijft de totale energie behouden, omdat de zwaartekracht een conservatieve kracht is. We kunnen dus schrijven dat

$$\tfrac{1}{2}mv_1^2 - G\frac{mM_A}{r_1} = \tfrac{1}{2}mv_2^2 - G\frac{mM_A}{r_2} = \text{constant}. \quad [\text{alleen de zwaartekracht}] \quad (8.18)$$

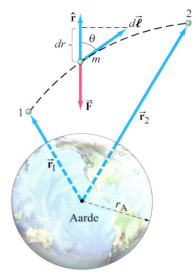

FIGUUR 8.19 Willekeurige baan van puntmassa met massa m die beweegt van punt 1 naar punt 2.

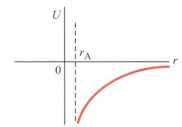

FIGUUR 8.20 Potentiële energie ten gevolge van de zwaartekracht grafisch weergegeven als functie van r, de afstand tot het middelpunt van de aarde. Alleen geldig voor punten waarvoor geldt dat $r > r_A$, de straal van de aarde.

Voorbeeld 8.12 Pakje dat uit een snelle raket gedropt wordt

Een pak met lege filmdoosjes valt uit een raket die van de aarde wegvliegt met een snelheid van 1800 m/s op een hoogte van 1600 km boven het oppervlak van de aarde. Het pak stort op een bepaald moment op de aarde. Schat de snelheid ervan op het moment net voordat het pak neerkomt op aarde. Verwaarloos de luchtweerstand.

Aanpak We gebruiken behoud van energie. Het pak heeft in eerste instantie een snelheid ten opzichte van de aarde die gelijk is aan de snelheid van de raket waaruit het valt.

Oplossing Behoud van energie wordt in dit geval beschreven met vgl. 8.18:

$$\tfrac{1}{2}mv_1^2 - G\frac{mM_A}{r_1} = \tfrac{1}{2}mv_2^2 - G\frac{mM_A}{r_2},$$

waarin $v_1 = 1{,}80 \cdot 10^3$ m/s, $r_1 = (1{,}60 \cdot 10^6 \text{ m}) + (6{,}38 \cdot 10^6 \text{ m}) = 7{,}98 \cdot 10^6$ m en $r_2 = 6{,}38 \cdot 10^6$ m (de straal van de aarde). We lossen de vergelijking op voor v_2:

$$v_2 = \sqrt{v_1^2 - 2GM_A\left(\frac{1}{r_1} - \frac{1}{r_2}\right)}$$

$$= \sqrt{\begin{array}{l}(1{,}80 \times 10^3 \text{ m/s})^2 - 2(6{,}67 \times 10^{-11} \text{N} \cdot \text{m}^2/\text{kg}^2)(5{,}98 \times 10^{24} \text{ kg}) \\ \times \left(\dfrac{1}{7{,}98 \times 10^6 \text{ m}} - \dfrac{1}{6{,}38 \times 10^6 \text{ m}}\right)\end{array}}$$

$$= 5320 \text{ m/s}.$$

Opmerking In werkelijkheid zal de snelheid aanzienlijk kleiner zijn als gevolg van de luchtweerstand. Merk op dat de richting van de snelheid nooit een rol gespeeld heeft in deze berekening, wat een van de voordelen is van de energiemethode. De raket zou van de aarde af kunnen vliegen of er naar toe, onder een bepaalde hoek; het resultaat zou hetzelfde zijn.

■ Ontsnappingssnelheid

Wanneer een voorwerp vanaf de aarde in de lucht geschoten wordt, zal het terugkeren op aarde, tenzij het met een erg hoge snelheid weggeschoten wordt. Als de snelheid hoog genoeg is, zal het in de ruimte terechtkomen om nooit weer terug te keren naar de aarde (als er tenminste geen andere krachten werken of botsingen optreden). De minimale beginsnelheid die nodig is om te voorkomen dat een voorwerp terugkeert naar de aarde wordt de **ontsnappingssnelheid** van de aarde genoemd, v_{ontsn}. Om v_{ontsn} van het oppervlak van de aarde te berekenen (waarbij we de luchtweerstand buiten beschouwing laten), gebruiken we vgl. 8.18 met $v_1 = v_{ontsn}$ en $r_1 = r_A = 6{,}38 \cdot 10^6$ m, de straal van de aarde. Omdat we de minimale snelheid om te ontsnappen zoeken, moet het voorwerp $r_2 = \infty$ bereiken met snelheid nul, dat wil zeggen $v_2 = 0$. Als we vgl. 8.18 toepassen levert dat

$$\tfrac{1}{2}mv_{ontsn}^2 - G\frac{mM_A}{r_A} = 0 + 0$$

of

$$v_{ontsn} = \sqrt{2GM_A/r_A} = 1{,}12 \times 10^4 \text{ m/s} \tag{8.19}$$

of 11,2 km/s. Het is belangrijk om op te merken dat hoewel een massa van de aarde (of het zonnestelsel) kan ontsnappen om nooit meer terug te keren, de kracht die erop werkt als gevolg van het zwaartekrachtveld van de aarde nooit werkelijk nul zal zijn voor een eindige waarde van r.

Voorbeeld 8.13 Ontsnappen van de aarde of de maan

(a) Vergelijk de ontsnappingssnelheden van een raket van de aarde en van de maan.
(b) Vergelijk voor beide gevallen de energie die nodig is om de raketten te lanceren. Voor de maan is $m_M = 7{,}35 \cdot 10^{22}$ kg en $r_M = 1{,}74 \cdot 10^6$ m. Voor de aarde is $M_A = 5{,}98 \cdot 10^{24}$ kg en $r_A = 6{,}38 \cdot 10^6$ m.

Aanpak We gebruiken vgl. 8.19 en vervangen M_A en r_A met M_M en r_M en vinden op deze manier v_{ontsn} van de maan.

Oplossing   (a) Volgens vgl. 8.19 is de verhouding van de ontsnappingssnelheden gelijk aan

$$\frac{v_{ontsn}(\text{Aarde})}{v_{ontsn}(\text{Maan})} = \sqrt{\frac{M_A\, r_M}{M_M\, r_A}} = 4{,}7.$$

Om te ontsnappen van de aarde is een snelheid nodig die 4,7 maal zo groot is als die om van de maan te ontsnappen. (b) De brandstof die verstookt moet worden levert de energie die rechtevenredig is met v^2 ($K = \frac{1}{2} m v^2$); om een raket te lanceren die van de aarde kan ontsnappen is $(4{,}7)^2 = 22$ maal zoveel energie nodig als om dezelfde raket van de maan te laten ontsnappen.

8.8 Vermogen

Vermogen is gedefinieerd als de *snelheid waarmee arbeid verricht wordt*. Het *gemiddelde vermogen*, $\overline{P}_{gem}$, is gelijk aan de verrichte arbeid W gedeeld door de tijd t waarin deze verricht wordt:

$$\overline{P} = \frac{W}{t}. \tag{8.20a}$$

Omdat de verrichte arbeid in een proces vereist dat energie van de ene soort energie in een andere soort wordt omgezet, kan vermogen ook gedefinieerd worden als de *snelheid waarmee energie wordt omgezet*:

$$\overline{P}_{gem} = \frac{W}{t} = \frac{\text{omgezette energie}}{\text{tijd}}$$

Het *momentane vermogen*, P, is gelijk aan

$$P = \frac{dW}{dt}. \tag{8.20b}$$

De verrichte arbeid in een proces is gelijk aan de energie die van het ene voorwerp overgedragen wordt aan een ander voorwerp. Als bijvoorbeeld de potentiële energie die opgeslagen is in de veer in fig. 8.6c omgezet wordt in kinetische energie van de bal, verricht de veer arbeid op de bal. En wanneer jij een bal gooit of een winkelwagentje duwt, *of wanneer er arbeid verricht wordt, wordt energie overgedragen van het ene lichaam op een ander*. We kunnen dus ook zeggen dat vermogen gelijk is aan de snelheid waarmee energie omgezet wordt:

$$P = \frac{dE}{dt}. \tag{8.20c}$$

Het vermogen van een paard verwijst naar hoeveel arbeid het kan verrichten per tijdseenheid.
De vermogensaanduiding van een motor verwijst naar hoeveel chemische of elektrische energie deze kan omzetten in mechanische energie per tijdseenheid. In SI-eenheden wordt vermogen gemeten in joules per seconde. Deze eenheid heeft een speciale naam gekregen, de **Watt** (W): 1 W = 1 J/s. Je kent de eenheid Watt natuurlijk al in combinatie met elektrische apparaten: de snelheid waarmee een elektrische lamp of een elektrisch verwarmingselement elektrische energie omzet in licht of thermische energie. Maar de Watt wordt ook gebruikt voor andere soorten energieomzetting. Voor praktisch gebruik wordt vaak een grotere eenheid gebruikt, de **paardenkracht** (verwarrend, want dit is een eenheid van vermogen, niet van kracht). Een Engelse

paardenkracht (pk) is gelijk is aan 746 Watt.[1] De Nederlandse en Belgische paardenkracht komt overeen met ongeveer 735 W. In de voorbeelden en vraagstukken hanteren we de Engelse paardenkracht. Het vermogen van een motor wordt meestal aangegeven in pk of in kW (1 kW ≈ 1,3 pk).

We zullen het onderscheid tussen energie en vermogen verduidelijken met het volgende voorbeeld. Iemand wordt beperkt bij de hoeveelheid arbeid die hij of zij kan verrichten: niet alleen door de totale benodigde energie, maar ook door hoe snel energie omgezet wordt: dat wil zeggen, door het vermogen. Iemand kan bijvoorbeeld een lange afstand lopen of veel trappen lopen voordat hij moet stoppen doordat hij/zij zijn of haar energie heeft verbruikt. Aan de andere kant zal iemand die erg snel trappen loopt al na een verdieping of vier uitgeput zijn. Hij of zij wordt in dit geval beperkt door zijn/haar vermogen, de snelheid waarmee het lichaam chemische energie kan omzetten in mechanische energie.

Voorbeeld 8.14 Vermogen om trappen te lopen

Een jogger met een massa van 60 kg rent een lange trap op in 4,0 s (fig. 8.21). De totale verticale hoogte van de trap is 4,5 m. (*a*) Schat het vermogen van de jogger in Watt en pk. (*b*) Hoeveel energie kostte het om deze trap op te rennen?

Aanpak De door de jogger verrichte arbeid is tegen de zwaartekracht in en is gelijk aan $W = mgy$. Om het gemiddelde vermogen te vinden delen we W door de tijd waarin de jogger de prestatie leverde.

Oplossing (*a*) Het gemiddelde geleverde vermogen was

$$\overline{P} = \frac{W}{t} = \frac{mgy}{t} = \frac{(60 \text{ kg})(9{,}8 \text{ m/s}^2)(4{,}5 \text{ m})}{4{,}0 \text{ s}} = 660 \text{ W}.$$

Omdat 1 pk 746 W is, verricht de jogger arbeid met een vermogen van net iets minder dan 1 pk. Zelfs een getrainde sporter zal een dergelijke hoeveelheid arbeid niet erg lang achter elkaar in dit tempo kunnen verrichten.

(*b*) De benodigde energie is $E = \overline{P}_{\text{gem}}\, t = (660 \text{ J/s})(4{,}0 \text{ s}) = 2600 \text{ J}$. Dit resultaat is gelijk aan $W = mgy$.

Opmerking De jogger moest meer energie dan deze 2600 J omzetten. De totale energie die door persoon of door een motor omgezet wordt, bestaat altijd ook voor een deel uit thermische energie (bedenk hoe warm je het krijgt als je hard de trap op rent).

FIGUUR 8.21 Voorbeeld 8.14.

Natuurkunde in de praktijk
Vermogensbehoefte van een auto

Auto's verrichten arbeid om de wrijvingskracht (en de luchtweerstand) te overwinnen, heuvels op te rijden en te versnellen. Een auto wordt beperkt door de snelheid waarmee deze arbeid kan verrichten, en dat is dan ook de reden dat het vermogen van automotoren vroeger in pk werd uitgedrukt. Een auto heeft dat vermogen het meest nodig bij het rijden tegen heuvels op en bij het accelereren. In het volgende voorbeeld zullen we berekenen hoeveel vermogen een gemiddelde auto daarvoor nodig heeft. Zelfs wanneer een auto met een constante snelheid over een vlakke weg rijdt, heeft deze een beetje vermogen nodig om de arbeid te verrichten om de tegenwerkende krachten, zoals de inwendige wrijving en de luchtweerstand, te overwinnen. Deze krachten zijn afhankelijk van de omstandigheden en de snelheid van de auto, maar liggen meestal ergens tussen 400 en 1000 N.

Het is vaak handig om het vermogen te schrijven in termen van de nettokracht $\vec{F}$ die op een voorwerp uitgeoefend wordt en de snelheid ervan, $\vec{v}$. Omdat $P = dW/dt$ en $dW = \vec{F} \cdot d\vec{\ell}$ (vgl. 7.7), geldt

$$P = \frac{dW}{dt} = \vec{F} \cdot \frac{d\vec{\ell}}{dt} = \vec{F} \cdot \vec{v}. \tag{8.21}$$

---

[1] De eenheid werd gekozen door James Watt (1736-1819), die een manier zocht om het vermogen van zijn net ontwikkelde stoommachines aan te duiden. Door een experiment ontdekte hij dat een goed paard een hele dag kan werken met een gemiddeld vermogen van ongeveer 500 W. Om niet van overdrijving beschuldigd te worden bij het verkopen van zijn stoommachines, vermenigvuldigde hij dit ruwweg met $1\frac{1}{2}$ om de pk te definiëren.

Voorbeeld 8.15 Vermogensbehoefte van een auto

Bereken het benodigde vermogen van een auto van 1400 kg onder de volgende omstandigheden: (a) de auto rijdt met een constante snelheid van 80 km/u een helling van 10° op (wat behoorlijk steil is) en (b) de auto versnelt op een vlakke weg in 6,0 s van 90 naar 110 km/u om een andere auto in te halen. Veronderstel dat de gemiddelde tegenwerkende kracht op de auto steeds $F_R = 700$ N. Zie fig. 8.22.

Aanpak Eerst moeten we goed opletten dat we $\vec{F}_R$, die als gevolg van de luchtweerstand en de wrijving de beweging tegenwerkt, niet verwarren met de kracht $\vec{F}$ die nodig is om de auto te versnellen. Deze laatste kracht is de wrijvingskracht die de weg op de banden uitoefent, en gelijk aan de reactiekracht van de door de motor aangedreven banden die tegen de weg drukken. We moeten eerst deze laatste kracht F bepalen voordat we het vermogen kunnen berekenen.

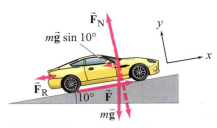

FIGUUR 8.22 Voorbeeld 8.15. Berekening van het benodigde vermogen van een auto om een helling op te rijden.

Oplossing (a) Om met een constante snelheid tegen de helling op te rijden, moet de auto volgens de tweede wet van Newton een kracht F uitoefenen die gelijk is aan de som van de tegenwerkende kracht, 700 N, en de component van de zwaartekracht evenwijdig aan de helling, $mg \sin 10°$. Dus geldt dat

$$F = 700 \text{ N} + mg \sin 10°$$
$$= 700 \text{ N} + (1400 \text{ kg})(9,80 \text{ m/s}^2)(0,174) = 3100 \text{ N}.$$

Omdat $\overline{v} = 80$ km/u $= 22$ m/s en evenwijdig is aan $\vec{F}$, is het vermogen (vgl. 8.21)

$$\overline{P} = Fv = (3100 \text{ N})(22 \text{ m/s}) = 6,80 \cdot 10^4 \text{ W} = 68,0 \text{ kW} = 91 \text{ pk}$$

(92,5 in Nederlandse pk).

(b) De auto versnelt van 25,0 m/s naar 30,6 m/s (van 90 naar 110 km/u). De auto moet dus een kracht uitoefenen die de tegenwerkende kracht van 700 N overwint plus een kracht die nodig is voor de versnelling

$$\overline{a}_x = \frac{(30,6 \text{ m/s} - 25,0 \text{ m/s})}{6,0 \text{ s}} = 0,93 \text{ m/s}^2.$$

We passen de tweede wet van Newton toe, waarbij x de bewegingsrichting is:

$$ma_x = \Sigma F_x = F - F_R.$$

We lossen de vergelijking op voor de benodigde kracht, F:

$$F = ma_x + F_R$$
$$= (1400 \text{ kg})(0,93 \text{ m/s}^2) + 700 \text{ N} = 1300 \text{ N} + 700 \text{ N} = 2000 \text{ N}.$$

Omdat $P = \vec{F} \cdot \vec{v}$, neemt het benodigde vermogen toe met de snelheid en de motor moet een maximaal uitgangsvermogen kunnen leveren van

$$\overline{P} = (2000 \text{ N})(30,6 \text{ m/s}) = 6,12 \cdot 10^4 \text{ W} = 61,2 \text{ kW} = 82 \text{ pk}$$

(83,3 in Nederlandse pk).

Opmerking Zelfs als we er rekening mee houden dat slechts 60 tot 80% van het vermogen van de motor de wielen bereikt, laten deze berekeningen duidelijk zien dat een motor van 75 tot 100 kW (100 tot 130 pk) vanuit praktisch oogpunt zal voldoen.

In het bovenstaande voorbeeld hebben we gesteld dat slechts een deel van de energie die een motor van een auto levert de wielen bereikt. Niet alleen gaat een deel van de energie tussen de motor en de wielen verloren, maar ook in de motor zelf wordt een groot deel van de ingevoerde energie (van de brandstof) uiteindelijk niet gebruikt om arbeid te verrichten. Een belangrijk kenmerk van motoren is hun totale rendement e, dat gedefinieerd is als de verhouding van het nuttige geleverde vermogen van de motor, P_{uit} en het ingangsvermogen, P_{in}:

$$e = \frac{P_{uit}}{P_{in}}.$$

Het rendement is altijd minder dan 1,0 omdat een motor nu eenmaal geen energie kan maken en in feite zelfs geen energie van de ene vorm in de andere kan omzetten zonder verlies als gevolg van wrijving, thermische energie en andere niet-nuttige vormen van energie. Een automotor zet bijvoorbeeld chemische energie die vrijkomt door het verbranden van brandstof om in mechanische energie waarmee de zuigers en uiteindelijk de wielen aangedreven worden. Nagenoeg 85 procent van de toegevoerde energie gaat verloren als thermische energie die aan het koelsysteem wordt overgedragen, via de uitlaat of in de vorm van wrijvingswarmte die door de bewegende onderdelen aan de omgeving wordt afgestaan. Automotoren hebben dus een rendement van ruwweg ongeveer 15 procent. We komen in hoofdstuk 20 gedetailleerd terug op het energetisch rendement.

*8.9 Potentiële-energiegrafieken; stabiel en instabiel evenwicht

Als er alleen conservatieve krachten arbeid op een voorwerp verrichten, kunnen we veel te weten komen over de beweging van het voorwerp door een potentiële-energiegrafiek te bestuderen. Dit is een grafiek waarin $U(x)$ afgezet wordt tegen x. Een voorbeeld van een potentiële-energiegrafiek is weergegeven in fig. 8.23. De nogal complexe kromme stelt het verloop van de potentiële energie $U(x)$ in een systeem voor. De totale energie $E = K + U$ is constant en kan in deze grafiek voorgesteld worden als een horizontale lijn. In de grafiek zijn vier verschillende mogelijke waarden voor E weergegeven: E_0, E_1, E_2 en E_3. Wat de werkelijke waarde van E voor een bepaald systeem zal zijn, hangt af van de beginvoorwaarden. (De totale energie E van een massa die trilt aan het uiteinde van een veer hangt bijvoorbeeld af van de lengte waarover de veer in eerste instantie samengedrukt of uitgerekt werd.) Kinetische energie $K = \frac{1}{2}mv^2$ kan niet kleiner dan nul zijn (omdat v dan een imaginaire waarde zou hebben) en omdat $E = U + K$ constant is, geldt dat $U(x)$ kleiner of gelijk moet zijn aan E onder alle omstandigheden: $U(x) \leq E$. De minimale waarde die de totale energie kan hebben voor de potentiële energie die is weergegeven in fig. 8.23 is E_0. Bij deze waarde van E is de massa in rust op $x = x_0$. Het systeem heeft op dit punt wel potentiële energie, maar geen kinetische energie.

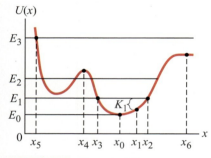

FIGUUR 8.23 Een potentiële-energiegrafiek.

Als de totale energie van het systeem E groter is dan E_0, bijvoorbeeld E_1 in de grafiek, kan het systeem zowel kinetische als potentiële energie hebben. Omdat energie behouden blijft, geldt

$$K = E - U(x).$$

Omdat de kromme $U(x)$ voorstelt, wordt de kinetische energie in een willekeurige waarde van x voorgesteld door de afstand tussen de E-lijn en de kromme $U(x)$ in die waarde van x. In de grafiek wordt de kinetische energie voor een voorwerp in x_1, wanneer de totale energie van het systeem E_1 is, is aangeduid met de notatie K_1.

Een voorwerp met energie E_1 kan alleen trillen tussen de punten x_2 en x_3. Dit is zo omdat als $x > x_2$ of $x < x_3$, de potentiële energie groter zou zijn dan E, wat zou betekenen dat $K = \frac{1}{2}mv^2 < 0$ en v imaginair en dus onmogelijk zou zijn. In x_2 en x_3 is de snelheid nul, omdat E daar gelijk is aan U. Dus worden x_2 en x_3 de **draaipunten** van de beweging genoemd. Als het voorwerp zich bevindt in x_0 en bijvoorbeeld naar rechts beweegt, neemt de kinetische energie (en de snelheid) ervan af tot deze nul wordt in $x = x_2$. Het voorwerp gaat zich dan in de tegenovergestelde richting bewegen (naar links), waarbij de snelheid toeneemt tot het x_0 opnieuw passeert. Het blijft dan bewegen, maar de snelheid ervan neemt af tot het $x = x_3$ bereikt, waar v opnieuw nul wordt en het voorwerp zich weer omkeert.

Als het voorwerp energie $E = E_2$ in fig. 8.23 heeft, zijn er vier draaipunten. Het voorwerp kan zich maar in één van de twee potentiële energie-'dalen' bewegen, afhankelijk van waar het zich bevindt. Het kan niet van het ene naar het andere 'dal' komen, omdat het daarvoor een 'top' moet nemen, bijvoorbeeld in x_4, waar $U > E_2$, wat betekent dat v imaginair zou worden.[1] Voor energieniveau E_3 is er slechts één draaipunt, omdat $U(x) < E_3$ is voor alle waarden van $x > x_5$. Het voorwerp zal, terwijl

---

[1] Hoewel dit waar is volgens de wetten van Newton, voorspelt de kwantummechanica dat voorwerpen door een dergelijke barrière kunnen 'tunnelen' en dergelijke processen zijn waargenomen op atomair en subatomair niveau.

het in eerste instantie naar links beweegt, een verschillende snelheid hebben bij het passeren van de potentiële energie-'dalen', en uiteindelijk tot stilstand komen en omkeren in $x = x_5$. Vervolgens beweegt het verder naar rechts om nooit weer terug te keren.

Hoe weten we dat het voorwerp van richting verandert op de draaipunten? Omdat we weten wat er daar met de kracht gebeurt die erop uitgeoefend wordt. De kracht F is gerelateerd aan de potentiële energie U door middel van vgl. 8.7, $F = -dU/dx$. De kracht F is gelijk aan min de richtingscoëfficiënt van de U-x-grafiek op een willekeurig punt x. In $x = x_2$ is de richtingscoëfficiënt bijvoorbeeld positief, en dus is de kracht negatief. Dat betekent dat deze naar links gericht is (in de richting van de afnemende waarden van x).

Als $x = x_0$, is de richtingscoëfficiënt nul, en dus is $F = 0$. Op zo'n punt bevindt de puntmassa zich in een **evenwicht**. Deze term betekent eenvoudigweg dat de nettokracht op het voorwerp nul is. De versnelling ervan is nul en dus zal het, wanneer het in eerste instantie in rust is, in rust blijven. Als het voorwerp in rust op $x = x_0$ iets naar links of rechts bewogen zou worden, zou er een kracht, verschillend van nul, op het voorwerp werken om het terug naar de eerdere positie te verplaatsen, dus in de richting van x_0. Een voorwerp dat terugkeert naar een evenwichtspositie nadat het over een kleine afstand is verplaatst, bevindt zich in een **stabiel evenwicht**. Elk *minimum* in de potentiële-energiegrafiek stelt een stabiele evenwichtspositie voor.

Een voorwerp op $x = x_4$ zou ook in evenwicht zijn, omdat $F = -dU/dx = 0$. Als dit voorwerp iets naar links of rechts van x_4 zou worden verplaatst, zou een kracht het voorwerp *weg* van het evenwichtspunt trekken. Punten zoals x_4, waarin de potentiële-energiegrafiek een maximum bereikt, worden **instabiele evenwichtspunten** genoemd. Het voorwerp zal *niet* terugkeren naar het evenwicht als het over een kleine afstand verplaatst wordt, maar zich er steeds verder vanaf bewegen.

Wanneer een voorwerp zich in een gebied bevindt waar U constant is, zoals in de buurt van $x = x_6$ in fig. 8.23, is de nettokracht op het voorwerp over een bepaalde afstand gelijk aan nul. Het voorwerp is in evenwicht en als het iets verplaatst wordt, blijft de kracht nul. Een voorwerp in een dergelijke positie bevindt zich in een zogenaamd **neutraal evenwicht**.

Samenvatting

Een **conservatieve** kracht is een kracht waarvoor de verrichte arbeid om een voorwerp te verplaatsen van de ene positie naar een andere alleen afhankelijk is van de begin- en eindpositie en niet van de gevolgde baan. De door een conservatieve kracht verrichte arbeid kan teruggewonnen worden, wat niet mogelijk is bij niet-conservatieve krachten, zoals wrijving.

Potentiële energie, U, is energie die gekoppeld is aan conservatieve krachten die afhankelijk zijn van de positie of de configuratie van voorwerpen. Potentiële energie gekoppeld aan de zwaartekracht is

$$U_{\text{zwaartekracht}} = mgy, \quad (8.3)$$

waarin de massa m zich in de buurt van het oppervlak van de aarde bevindt op een hoogte y boven een referentiepunt. De potentiële energie als gevolg van de elastische vervorming is gelijk aan

$$U_{\text{el}} = \tfrac{1}{2} kx^2 \quad (8.5)$$

voor een veer met veerstijfheid k die uitgerekt of samengedrukt is over een verplaatsing x vanuit de evenwichtstoestand (ontspannen toestand). Andere potentiële energieën zijn bijvoorbeeld chemische energie, elektrische energie en atoomenergie.

Potentiële energie is altijd gekoppeld aan een conservatieve kracht en de verandering van de potentiële energie, ΔU, tussen twee punten onder invloed van een conservatieve kracht $\vec{F}$ is gedefinieerd als min de door de kracht verrichte arbeid:

$$\Delta U = U_2 - U_1 = -\int_1^2 \vec{F} \cdot d\vec{\ell}$$

Omgekeerd kunnen we voor een eendimensionaal geval schrijven dat

$$F = -\frac{dU(x)}{dx}. \quad (8.7)$$

Alleen *veranderingen* van de potentiële energie hebben fysisch betekenis, dus de positie waarin U nul is kan vrij gekozen worden.

Potentiële energie is geen eigenschap van een voorwerp, maar is gekoppeld aan de interactie tussen twee of meer voorwerpen.

Wanneer er alleen conservatieve krachten werken blijft de totale **mechanische energie**, E, gedefinieerd als de som van de kinetische en de potentiële energie, behouden:

$$E = K + U = \text{constant.} \quad (8.10)$$

Als er ook niet-conservatieve krachten werken, zijn er ook andere soorten energie in het spel, zoals thermische energie. Uit experimenten is gebleken dat, wanneer alle vormen van energie in beschouwing genomen worden, de totale energie behouden blijft. Dit is de **wet van behoud van energie**:

$$\Delta K + \Delta U + \Delta(\text{andere soorten energie}) = 0. \quad (8.14)$$

De zwaartekracht zoals die beschreven is door de wet van de universele zwaartekracht van Newton is een conservatieve kracht. De potentiële energie van een voorwerp met massa m als gevolg van de zwaartekracht die erop uitgeoefend wordt door de aarde is

$$U(r) = -\frac{GmM_A}{r}, \quad (8.17)$$

waarin M_A de massa van de aarde is en r de afstand van het voorwerp tot het middelpunt van de aarde ($r >$ straal van de aarde).

Vermogen is gedefinieerd als de snelheid waarmee arbeid verricht wordt of de snelheid waarmee energie omgezet wordt van de ene vorm in de andere:

$$P = \frac{dW}{dt} = \frac{dE}{dt}, \quad (8.20)$$

of

$$P = \vec{F} \cdot \vec{v}. \quad (8.21)$$

Vragen

1. Noem enkele krachten die je in het dagelijks leven tegenkomt die niet conservatief zijn en verklaar waarom ze dat niet zijn.
2. Je tilt een zwaar boek van een tafel en legt het neer op een hoge boekenplank. Noem de krachten die tijdens dit proces op het boek werken en geef voor elke kracht aan of het een conservatieve of een niet-conservatieve kracht is.
3. De nettokracht die op een puntmassa werkt is conservatief en verhoogt de kinetische energie met 300 J. Hoe groot is de verandering van (*a*) de potentiële energie en (*b*) de totale energie van de puntmassa?
4. Kan een 'superbal', wanneer iemand deze laat vallen, hoger terugstuiteren dan zijn oorspronkelijke hoogte?
5. Een heuvel heeft een hoogte h. Een kind op een slede (totale massa m) glijdt vanuit rust vanaf de top naar beneden. Is de snelheid onder aan de heuvel afhankelijk van de helling van de heuvel als (*a*) de heuvel bevroren is en er geen wrijving is en (*b*) als er wel wrijving is (verse sneeuw)?
6. Waarom word je moe wanneer je tegen een massieve muur duwt, ondanks dat je geen arbeid verricht?
7. Analyseer de beweging van een eenvoudige trillende slinger in termen van energie, (*a*) zonder wrijving en (*b*) met wrijving. Leg uit waarom het zakhorloge van je overgrootvader opgewonden moest worden.
8. Beschrijf precies wat er fysisch 'fout' is in de bekende tekening van Maurits Escher in fig. 8.24.

FIGUUR 8.24   Vraagstuk 8.

9. In fig. 8.25 gooien kinderen waterballonnen vanaf het dak van een gebouw omlaag. De ballonnen hebben allemaal dezelfde beginsnelheid, maar ze worden onder een andere hoek weggeworpen. Welke ballon heeft de grootste snelheid wanneer deze de grond raakt? Verwaarloos de luchtweerstand.

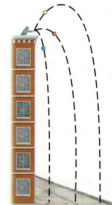

FIGUUR 8.25   Vraagstuk 9.

10. Een schroefveer met massa m staat rechtop op een tafel. Veronderstel dat je de veer samendrukt met je hand en vervolgens weer loslaat. Kan de veer van de tafel springen? Licht je antwoord toe met behulp van de wet van behoud van energie.
11. Wat gebeurt er met de gravitationele potentiële energie wanneer water van de top van een waterval omlaag stort in de rivier beneden?
12. Ervaren bergwandelaars stappen liever over een steen heen dan dat ze erop stappen om er voorbij te komen. Leg uit waarom.
13. (*a*) Waar komt de kinetische energie vandaan wanneer een auto eenparig vanuit rust versnelt? (*b*) Hoe hangt de verandering van de kinetische energie samen met de wrijvingskracht die de weg uitoefent op de banden?
14. De aarde staat in de winter het dichtst bij de zon (op het noordelijk halfrond). Wanneer is de potentiële energie ten gevolge van de zwaartekracht het grootst?
15. Kan de totale mechanische energie $E = K + U$ ooit negatief worden? Leg uit.
16. Veronderstel dat je een raket wilt lanceren vanaf het oppervlak van de aarde, zodanig dat deze ontsnapt van het zwaartekrachtveld van de aarde. Je wilt daarvoor zo weinig mogelijk brandstof gebruiken. Vanaf welk punt op het oppervlak van de aarde zou je de raket moeten lanceren en in

welke richting? Is het belangrijk waar de lanceerinstallatie zich bevindt en is de richting belangrijk? Leg uit.

17. In hoofdstuk 4, voorbeeld 4.14, hebben we gezien dat je een katrol en touwen kunt gebruiken om de kracht te verkleinen die nodig is om een zware last omhoog te hijsen (zie fig. 8.26). Maar hoeveel meter touw moet je trekken om de last een meter omhoog te hijsen? Motiveer je antwoord met behulp van energieconcepten.

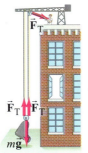

FIGUUR 8.26 Vraagstuk 17.

18. Twee identieke pijlen, de een met dubbele snelheid van de ander, worden in een hooibaal geschoten. Veronderstel dat het hooi een constante wrijvingskracht op de pijlen uitoefent. Hoeveel verder zal de snellere pijl in de hooibaal komen dan de langzamere? Leg uit hoe dit kan.

19. Een bowlingbal wordt aan een stalen kabel aan het plafond gehangen (fig. 8.27). De docent trekt de bal naar zich toe tot hij met zijn achterhoofd tegen de muur staat met de bal tegen zijn neus. Om ongelukken te voorkomen wordt de docent verondersteld de bal los te laten zonder deze een zetje te geven. Waarom?

FIGUUR 8.27 Vraagstuk 19.

20. Een slinger wordt vanaf een bepaald punt, op een hoogte h boven het onderste punt van de beweging, op twee manieren losgelaten, zoals is weergegeven in fig. 8.28. Beide keren krijgt de slinger een initiële snelheid van 3,0 m/s. De eerste keer is de initiële snelheid van de slinger omhoog gericht langs de baan en de tweede keer omlaag langs de baan. In welk geval zal de slinger met de hoogste snelheid het laagste punt van de slingerbeweging passeren? Leg uit waarom.

21. Beschrijf de energieomzettingen wanneer een kind met een pogostok springt.

22. Beschrijf de energieomzettingen wanneer een skiër afzet om van een heuvel te skiën, maar na een tijdje tot stilstand komt door een sneeuwbank.

23. Veronderstel dat je een koffer van de vloer op een tafel zet. Waarvan hangt de arbeid die je op de koffer verricht af? Van (a) of je de koffer in een rechte of een gekromde baan optilt, (b) de tijd die nodig is voor de hele handeling, (c) de hoogte van de tafel, (d) het gewicht van de koffer.

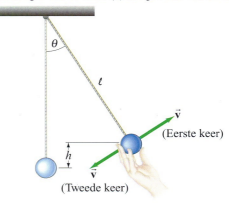

FIGUUR 8.28 Vraagstuk 20.

24. Herhaal vraagstuk 23 voor het benodigde *vermogen*.
25. Waarom is het gemakkelijker om een berg via een zigzagpad op te wandelen dan in een rechte lijn?
*26. In fig. 8.29 is een potentiële-energiegrafiek weergegeven, $U(x)$. (a) Op welk punt is de grootte van de kracht maximaal? (b) Geef voor elk gemarkeerd punt aan of de kracht naar links of naar rechts werkt of nul is. (c) Waar is er sprake van een evenwicht en wat voor evenwicht is dit?

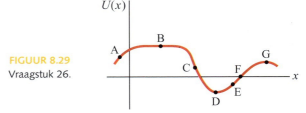

FIGUUR 8.29 Vraagstuk 26.

*27. (a) Beschrijf in detail de verandering van snelheid van een puntmassa die energie E_3 heeft in fig. 8.23 terwijl deze zich van x_6 naar x_5 en terug naar x_6 beweegt. (b) Waar heeft de puntmassa de kleinste en waar de grootste kinetische energie?

*28. Geef aan in wat voor evenwicht elk van de ballen in fig. 8.30 zich bevindt.

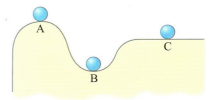

FIGUUR 8.30 Vraagstuk 28.

Vraagstukken

8.1 en 8.2 Conservatieve krachten en potentiële energie

1. (I) Een veer heeft een veerconstante k van 82,0 N/m. Hoe ver moet deze veer samengedrukt worden om 35,0 J potentiële energie op te slaan?

2. (I) Een aap met een massa van 6,0 kg slingert van een tak naar een 1,3 m hoger hangende tak. Hoe groot is de verandering van zijn gravitationele potentiële energie?

3. (II) Een veer met $k = 63$ N/m hangt verticaal langs een liniaal. Het uiteinde van de veer bevindt zich op de 15 cm-markering op de liniaal. Als nu aan het uiteinde van de veer een massa van 2,5 kg bevestigd wordt en langzaam naar beneden gelaten wordt, waar zal het uiteinde van de veer dan tot stilstand komen op de schaalverdeling van de liniaal?

4. (II) Een bergwandelaar met een massa van 56,5 kg gaat op weg op een hoogte van 1270 m en klimt naar een top op 2660 m. (a) Hoe groot is de verandering van de potentiële energie van de wandelaar? (b) Hoe groot is de minimale arbeid die de wandelaar moet verrichten? (c) Kan de werkelijk verrichte arbeid groter zijn? Licht je antwoord toe.

5. (II) Iemand met 1,60 m tilt een boek van 1,95 kg vanaf de grond tot een hoogte van 2,20 m boven de grond. Hoe groot is de potentiële energie van het boek ten opzichte van (a) de grond en (b) de bovenkant van het hoofd van die persoon? (c) Wat is het verband tussen de door die persoon verrichte arbeid en je antwoorden in (a) en (b)?

6. (II) Een auto met een massa van 1200 kg rijdt over een horizontaal oppervlak met een snelheid $v = 75$ km/u en botst dan tegen een horizontale schroefveer. Daardoor komt de auto na 2,2 m tot stilstand. Hoe groot is de veerconstante van de veer?

7. (II) De kracht op een bepaalde veer kan beschreven worden met de functie $\vec{F} = (-kx + ax^3 + bx^4)\vec{e}_x$. (a) Is dit een conservatieve kracht? Licht toe waarom wel of waarom niet. (b) Bepaal de vorm van de potentiële energiefunctie als het een conservatieve kracht is.

8. (II) Veronderstel dat $U = 3x^2 + 2xy + 4y^2z$. Hoe groot is de kracht $\vec{F}$?

9. (II) Een puntmassa wordt gedwongen zich te bewegen langs de x-as onder invloed van een kracht $\vec{F}(x) = -\frac{k}{x^3}\vec{e}_x$ waarbij k een constante is. Bepaal de potentiële energiefunctie $U(x)$ als U nul is in $x = 2,0$ m.

10. (II) Een puntmassa wordt gedwongen om te bewegen in een richting onder invloed van een kracht $F(x)$ die als volgt verandert met de plaats x:
$$\vec{F}(x) = A \sin(kx)\vec{e}_x$$
waarbij A en k constanten zijn. Wat is de potentiële-energiefunctie $U(x)$ als $U = 0$ in $x = 0$?

8.3 en 8.4 Behoud van mechanische energie

11. (I) Een beginnend skiër start vanuit rust en glijdt omlaag over een wrijvingsloze helling van 13,0° met een verticale hoogte van 125 m. Hoe snel gaat hij wanneer hij onderaan de helling aangekomen is?

12. (I) Jane, die Tarzan zoekt, rent op topsnelheid (5,0 m/s) door de jungle en grijpt een liaan die verticaal vanuit een hoge boom omlaag hangt. Hoe hoog kan zij omhoog slingeren? Heeft de lengte van de liaan invloed op je antwoord?

13. (II) Bij het hoogspringen wordt de kinetische energie van een atleet omgezet in potentiële energie ten gevolge van de zwaartekracht (zonder dat daar een hulpmiddel bij gebruikt wordt). Hoe groot is de minimale snelheid van de atleet waarmee deze loskomt van de grond om zijn massamiddelpunt 2,10 m hoger te brengen en de lat te passeren met een snelheid van 0,70 m/s?

14. (II) Een slede krijgt een zetje en glijdt een wrijvingsloze helling van 23,0° op. De slede bereikt een maximale verticale hoogte van 1,12 m ten opzichte van de oorspronkelijke plaats. Wat was de startsnelheid van de slede?

15. (II) Een bungeejumper van 55 kg springt van een brug. Zij is bevestigd aan een elastiek met een ontspannen lengte van 12 m en valt totaal 31 m. (a) Bereken de veerconstante k van het elastiek, als je mag aannemen dat het elastiek de wet van Hooke volgt. (b) Bereken de maximale versnelling die ze ondervindt.

16. (II) Een trampolinespringer van 72 kg springt omhoog van de bovenkant van een platform met een snelheid van 4,5 m/s. (a) Hoe snel gaat hij als hij op de trampoline terechtkomt, 2,0 m lager dan het platform (fig. 8.31)? (b) Veronderstel dat de trampoline zich als een veer met veerconstante $5,8 \cdot 10^4$ N/m gedraagt. Hoe ver drukt hij de trampoline dan in?

FIGUUR 8.31
Vraagstuk 16.

17. (II) De totale energie E van een voorwerp met massa m dat in een richting beweegt onder invloed van uitsluitend conservatieve krachten kan geschreven worden als
$$E = \tfrac{1}{2}mv^2 + U.$$
Gebruik behoud van energie, $dE/dt = 0$, om de tweede wet van Newton te voorspellen.

18. (II) Een bal van 0,40 kg wordt met een snelheid van 8,5 m/s omhoog gegooid onder een hoek van 36° met de horizontale. (a) Wat is de snelheid van de bal op het hoogste punt en (b) hoe hoog komt de bal? (Gebruik behoud van energie.)

19. (II) Een verticale veer (laat de massa buiten beschouwing) met een veerconstante van 875 N/m is bevestigd boven op een tafel en wordt omlaag samengedrukt over 0,160 m. (a) Welke verticale snelheid kan de veer aan een bal van 0,380 kg geven wanneer de veer losgelaten wordt? (b) Hoe hoog zal de bal komen ten opzichte van zijn oorspronkelijke positie (veer samengedrukt)?

20. (II) Een wagentje van de achtbaan in fig. 8.32 wordt opgetrokken tot punt 1 en vanuit daar in rust losgelaten. Veronderstel dat er geen wrijving is. Bereken de snelheid van het wagentje op de punten 2, 3 en 4.

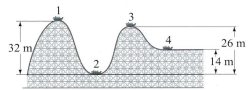

FIGUUR 8.32 Vraagstukken 20 en 34.

21. (II) Wanneer een massa m zich in rust op een veer bevindt, is de veer hierdoor samengedrukt over een afstand d vanaf de ontspannen lengte (fig. 8.33a). Veronderstel nu de alternatieve situatie dat de massa vanuit rust losgelaten wordt wanneer deze de veer in ontspannen toestand net raakt (fig. 8.33b). Bepaal de afstand D die de veer samengedrukt wordt vooraleer ze de massa tot stilstand brengt. Is D gelijk aan d? Zo nee, waarom niet?

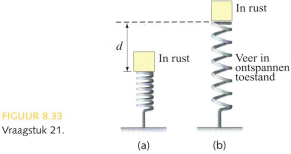

FIGUUR 8.33 Vraagstuk 21.

22. (II) Twee massa's zijn met elkaar verbonden door een touw op de manier zoals is weergegeven in fig. 8.34. Massa m_A = 4,0 kg rust op een wrijvingsloos hellend vlak terwijl massa m_B = 5,0 kg in eerste instantie op een hoogte h = 0,75 m boven de vloer wordt vastgehouden. (a) Veronderstel dat m_B wordt losgelaten. Wat wordt de resulterende versnelling van de massa's? (b) Veronderstel dat de massa's in eerste instantie in rust waren. Gebruik de kinematische vergelijkingen (vgl. 2.12) om hun snelheid te bepalen net voordat m_B de vloer raakt. (c) Gebruik behoud van energie om de snelheid van de massa's te bepalen net voordat m_B de vloer raakt. Je antwoord moet gelijk zijn aan je antwoord op (b).

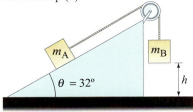

FIGUUR 8.34 Vraagstuk 22.

23. (II) Een blok met massa m is bevestigd aan het uiteinde van een veer (veerconstante k), fig. 8.35. De massa krijgt een initiële verplaatsing x_0 vanuit evenwicht en een initiële snelheid v_0. Verwaarloos de wrijving en de massa van de veer en gebruik energiemethoden om (a) de maximale snelheid van de massa te bepalen en (b) de maximale uitrekking vanuit evenwicht te bepalen, in termen van de gegeven grootheden.

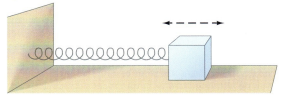

FIGUUR 8.35 Vraagstukken 23, 37 en 38.

24. (II) Een fietser wil een helling van 9,50° op fietsen die een verticale hoogte heeft van 125 m. De trappers beschrijven een cirkel met een diameter van 36,0 cm. Veronderstel dat de massa van de fiets plus de fietser 75,0 kg is.
(a) Bereken hoeveel arbeid de fietser tegen de zwaartekracht in moet verrichten.
(b) Veronderstel dat de fietser met elke omwenteling van de trappers 5,10 m vooruitkomt. Bereken de gemiddelde kracht die de fietser tangentiaal aan de omtrek van de cirkel die de trappers beschrijven moet uitoefenen. Laat de arbeid die verricht wordt door de wrijving en andere verliezen buiten beschouwing.

25. (II) Een 2,00 m lange slinger wordt losgelaten (vanuit rust) op het moment dat hij een hoek θ_0 = 30,0° maakt met de verticaal (fig. 8.14). Bereken de snelheid van de massa van 70,0 gram (a) op het laagste punt (θ = 0); (b) bij θ = 15,0°, (c) bij θ = −15,0° (dat wil zeggen aan de tegenoverliggende kant) en (d) bereken de trekkracht in het touw op elk van deze drie punten. (e) Het gewicht krijgt een initiële snelheid v_0 = 1,20 m/s wanneer het losgelaten wordt bij θ = 30,0°. Bereken de snelheden voor (a), (b) en (c) opnieuw.

26. (II) Hoe groot moet de veerconstante k van een veer zijn die ontworpen is om een auto van 1200 kg met een snelheid van 95 km/u tot stilstand te brengen op een manier waarbij de inzittenden een maximale versnelling van 5,0 g ondergaan?

27. (III) Een constructeur ontwerpt een veer die onder in een liftschacht gemonteerd moet worden. Veronderstel dat de liftkabel breekt wanneer de lift zich op een hoogte h boven de bovenkant van de veer bevindt. Bereken de waarde die de veerconstante k moet hebben zodat de passagiers in de lift een versnelling van maximaal 5,0 g zullen ondervinden wanneer ze samen met de lift gestopt worden. Stel de totale massa van de lift en de passagiers gelijk aan M.

28. (III) Een skiër met massa m start vanuit rust op de top van een berg in de vorm van een bol met straal r en glijdt over het wrijvingsloze oppervlak omlaag. (a) Bij welke hoek θ (fig. 8.36) zal de skiër het contact met de bol verliezen? (b) Zou de skiër de bal verlaten bij een grotere of een kleinere hoek als er wel wrijving zou zijn?

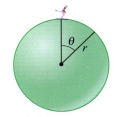

FIGUUR 8.36 Vraagstuk 28.

8.5 en 8.6 Wet van behoud van energie

29. (I) Twee treinwagons, elk met een massa van 56.000 kg, rijden elkaar tegemoet met elk een snelheid van 95 km/u. Ze botsen frontaal en komen tot stilstand. Hoeveel thermische energie wordt er tijdens deze botsing geproduceerd?

30. (I) Een kind met een massa van 16,0 kg glijdt van een 2,20 m hoge glijbaan omlaag en heeft onderaan een snelheid van 1,25 m/s. Hoeveel thermische energie als gevolg van de wrijving werd er in dit proces gegenereerd?

31. (II) Een ski start vanuit rust en glijdt omlaag over een helling van 28° die 85 m lang is. (a) Veronderstel dat de wrijvingscoëfficiënt 0,090 is. Hoe groot is de snelheid van de ski onderaan de helling? (b) Onderaan de helling ligt een vlakke baan die besneeuwd is en dezelfde wrijvingscoëfficiënt heeft als de helling. Hoe ver glijdt de ski verder over het vlakke stuk? Gebruik energiemethoden.

32. (II) Een honkbal van 145 g valt uit een boom van een hoogte van 14,0 m boven de grond. (a) Met welke snelheid raakt de bal de grond als de luchtweerstand buiten beschouwing gelaten mag worden? (b) Veronderstel dat de bal de grond raakt met een snelheid van 8,00 m/s. Hoe groot was de gemiddelde kracht van de luchtweerstand die op de bal uitgeoefend werd?

33. (II) Een krat met een massa van 96 kg is in rust en wordt dan met een constante horizontale kracht van 350 N over de vloer getrokken. De eerste 15 m van de vloer zijn spiegelglad en de volgende 15 m hebben een wrijvingscoëfficiënt van 0,25. Wat is de uiteindelijke snelheid van het krat?

34. (II) Veronderstel dat het wagentje van de achtbaan in fig. 8.32 punt 1 passeert met een snelheid van 1,70 m/s. Als de gemiddelde wrijvingskracht gelijk is aan 23% van het gewicht van het wagentje, met welke snelheid zal het dan punt 2 bereiken? De afgelegde afstand is 45,0 m.

35. (II) Een skiër met een snelheid van 9,0 m/s bereikt de voet van een stijgende helling van 19° en glijdt dan nog 12 m de helling op voordat hij tot stilstand komt. Hoe groot was de gemiddelde wrijvingscoëfficiënt?

36. (II) Bekijk de baan in fig. 8.37. Traject AB is een kwadrant van een cirkel met straal van 2,0 m en is wrijvingsloos. Het traject van B naar C is horizontaal, 3,0 m lang en heeft een kinetische wrijvingscoëfficiënt $\mu_k = 0,25$. Het traject CD onder de veer is wrijvingsloos. In punt A wordt een blok met massa 1,0 kg vanuit rust losgelaten. Nadat het over de baan gegleden is, drukt het de veer 0,20 m samen. Bereken: (a) de snelheid van het blok bij punt B; (b) de thermische energie die door het blok geproduceerd wordt tussen B en C; (c) de snelheid van het blok bij punt C; (d) de veerconstante k.

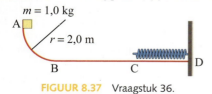

FIGUUR 8.37 Vraagstuk 36.

37. (II) Een blok van 620 g is stevig bevestigd aan een erg lichte horizontale veer ($k = 180$ N/m) op de manier zoals is weergegeven in fig. 8.35. Dit blok/veer-systeem rekt, wanneer het 5,0 cm samengedrukt en losgelaten wordt, 2,3 cm verder dan de evenwichtspositie en keert dan terug naar de ontspannen lengte. Hoe groot is de kinetische wrijvingscoëfficiënt tussen het blok en de tafel?

38. (II) Een houten blok van 180 g wordt stevig bevestigd aan een erg lichte horizontale veer, fig. 8.35. Het blok kan over een tafel glijden, die een wrijvingscoëfficiënt heeft van 0,30. Een kracht van 25 N drukt de veer 18 cm samen. Dan wordt de veer vanuit die positie losgelaten. Hoe ver zal de veer verder dan de evenwichtspositie rekken in de eerste cyclus?

39. (II) Je laat een bal vallen van een hoogte van 2,0 m. De bal stuitert terug tot een hoogte van 1,5 m. (a) Welk deel van de initiële energie van de bal gaat verloren tijdens de stuitering? (b) Hoe groot is de snelheid van de bal net voor en net na de stuitering? (c) Waar is de energie gebleven?

40. (II) Een skiër van 56 kg start vanuit rust op de top van een 1200 m lange piste die een totaal verval heeft van 230 m. Onderaan de helling heeft de skiër een snelheid van 11,0 m/s. Hoeveel energie werd er door de wrijving overgedragen?

41. (II) Hoeveel verandert jouw zwaartekrachtenergie wanneer je zo hoog springt als je kunt (laten we zeggen 1,0 m)?

42. (III) Een veer ($k = 75$ N/m) heeft een ontspannen lengte van 1,00 m. De veer wordt over een lengte van 0,50 m samengedrukt. Dan wordt op het vrije uiteinde een massa van 2,0 kg geplaatst op een wrijvingsloze helling die een hoek van 41° met de horizontaal maakt (fig. 8.38). Dan wordt de veer losgelaten. (a) Hoe hoog zal de massa op de helling komen als de massa *niet* bevestigd is aan de veer? (b) En waar komt de massa tot stilstand als de massa wel bevestigd is aan de veer? (c) Veronderstel nu dat de helling een kinetische wrijvingscoëfficiënt heeft. Veronderstel dat het blok, dat bevestigd is aan de veer, net tot stilstand komt in de evenwichtspositie van de veer. Hoe groot is de wrijvingscoëfficiënt μ_k?

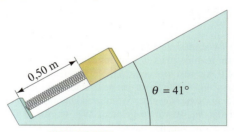

FIGUUR 8.38 Vraagstuk 42.

43. (III) Een blok van 2,0 kg glijdt over een horizontaal oppervlak met een kinetische wrijvingscoëfficiënt $\mu_k = 0,30$. Het blok heeft een snelheid $v = 1,3$ m/s wanneer het frontaal tegen een massaloze veer botst (zoals in fig. 8.18). (a) Veronderstel dat de veer een veerconstante k heeft van 120 N/m. Hoe ver wordt de veer samengedrukt? (b) Welke waarde moet de statische wrijvingscoëfficiënt, μ_S minimaal hebben om ervoor te zorgen dat de veer samengedrukt blijft in de maximaal samengedrukte positie? (c) Veronderstel dat μ_S kleiner is dan deze waarde. Hoe groot is de snelheid van het blok dan wanneer het loskomt van de ontspannende veer? (*Hint*: het blok komt van de veer los wanneer deze de ontspannen lengte teruggekregen heeft ($x = 0$); leg uit waarom dat zo is.)

44. (III) Voor vroege testvluchten voor het ruimteveer werden 'glijders' gebruikt (massa 980 kg inclusief de piloot). Na een horizontale lancering met 480 km/u op een hoogte van 3500 m landt de glijder uiteindelijk met een snelheid van 210 km/u. (a) Welke landingssnelheid zou de glijder hebben als er geen luchtweerstand zou zijn? (b) Hoe groot

was de gemiddelde kracht van de luchtweerstand die op de glijder uitgeoefend werd wanneer de glijdingshoek constant 12° met het oppervlak van de aarde was?

8.7 Potentiële energie ten gevolge van de zwaartekracht

45. (I) Veronderstel een satelliet met massa m_{sat} die een cirkelvormige baan met straal r_S om de aarde beschrijft. Bepaal (a) de kinetische energie K, (b) de potentiële energie U ($U = 0$ als r oneindig is) en (c) de verhouding K/U.

46. (I) Jill en haar vrienden hebben een kleine raket gebouwd die snel nadat deze van de grond losgekomen is een snelheid van 850 m/s bereikt. Hoe ver kan de raket boven de aarde stijgen? Negeer de wrijving van de lucht.

47. (I) De ontsnappingssnelheid van planeet A is tweemaal zo groot als die van planeet B. De twee planeten hebben dezelfde massa. Hoe groot is de verhouding van hun stralen, r_A/r_B?

48. (II) Toon aan dat vgl. 8.16 voor de gravitationele potentiële energie vereenvoudigt tot vgl. 8.2, $\Delta U = mg(y_2 - y_1)$, voor voorwerpen in de buurt van het oppervlak van de aarde.

49. (II) Bereken de ontsnappingssnelheid van de zon voor een voorwerp (a) op het oppervlak van de zon ($r = 7,0 \cdot 10^5$ km, $M = 2,0 \cdot 10^{30}$ kg) en (b) op de gemiddelde afstand van de aarde ($1,50 \cdot 10^8$ km). Vergelijk deze snelheid met die van de aarde in zijn baan.

50. (II) Twee satellieten van de aarde, A en B, elk met massa $m = 950$ kg, worden gelanceerd in een cirkelvormige baan om de aarde. Satelliet A staat op een hoogte van 4200 km en satelliet B op een hoogte van 12.600 km boven het aardoppervlak. (a) Hoeveel potentiële energie hebben de twee satellieten? (b) Hoeveel kinetische energie hebben de twee satellieten? (c) Hoeveel arbeid moet verricht worden om de baan van satelliet A te veranderen in die van satelliet B?

51. (II) Toon aan dat de ontsnappingssnelheid voor een willekeurige satelliet in een cirkelvormige baan gelijk is aan $\sqrt{2}$ maal de snelheid van die satelliet.

52. (II) (a) Toon aan dat de totale mechanische energie van een satelliet (massa m) in een baan op een afstand r van het middelpunt van de aarde (massa M_A) gelijk is aan
$$E = -\frac{1}{2}\frac{gmM_A}{r},$$
als $U = 0$ bij $r = \infty$. (b) Toon aan dat hoewel wrijving de waarde van E langzaam zal laten afnemen, de kinetische energie zal moeten toenemen als de baan cirkelvormig blijft.

53. (II) Houd rekening met de rotatiesnelheid van de aarde (1 omw/dag) en bereken dan de noodzakelijk snelheid, ten opzichte van de aarde, waarmee een raket kan ontsnappen van de aarde als deze op de evenaar gelanceerd wordt in (a) oostelijke richting; (b) westelijke richting; (c) in verticale richting.

54. (II) (a) Leid een formule af voor de maximale hoogte h die een raket zal bereiken als die verticaal gelanceerd wordt van het oppervlak van de aarde met snelheid v_0 ($< v_{ontsn}$). Geef je antwoord in termen van v_0, r_A, M_A en G. (b) Tot welke hoogte zal een raket stijgen als $v_0 = 8,35$ km/s? Verwaarloos de luchtweerstand en de rotatie van de aarde.

55. (II) (a) Bereken de mate waarmee de ontsnappingssnelheid van de aarde verandert met afstand tot het middelpunt van de aarde, dv_{ontsn}/dr. (b) Gebruik de benadering $\Delta v \approx (dv/dr) \Delta r$ om de ontsnappingssnelheid voor een ruimteschip in een baan om de aarde op een hoogte van 320 km te berekenen.

56. (II) Een meteoriet heeft een snelheid van 90,0 m/s wanneer deze nog 850 km van de aarde verwijderd is. Hij valt verticaal (verwaarloos de luchtweerstand) en stort neer in een zandbed waarin hij op een diepte van 3,25 m tot stilstand komt.
(a) Hoe groot is de snelheid van de meteoriet net voor de inslag? (b) Hoeveel arbeid verricht het zand om de meteoriet (massa = 575 kg) te stoppen? (c) Hoe groot is de gemiddelde kracht die door het zand uitgeoefend wordt op de meteoriet? (d) Hoeveel thermische energie wordt er geproduceerd?

57. (II) Hoeveel arbeid zou er verricht moeten worden om een satelliet met massa m vanuit een cirkelvormige baan met straal $r_1 = 2r_A$ om de aarde te verplaatsen naar een andere cirkelvormige baan met straal $r_2 = 3r_A$? (r_A is de straal van de aarde.)

58. (II) (a) Veronderstel drie massa's, m_1, m_2 en m_3, die in eerste instantie oneindig ver van elkaar verwijderd zijn. Toon aan dat de benodigde arbeid om ze in de posities te brengen zoals weergegeven in fig. 8.39 gelijk is aan
$$W = -G\left(\frac{m_1m_2}{r_{12}} + \frac{m_1m_3}{r_{13}} + \frac{m_2m_3}{r_{23}}\right).$$
(b) Is het waar dat deze formule ook gebruikt kan worden om de potentiële energie van het systeem, of de potentiële energie van een of twee van de voorwerpen te bepalen? (c) Is W gelijk aan de bindingsenergie van het systeem, dat wil zeggen gelijk aan de benodigde energie om de componenten een oneindig grote afstand van elkaar te scheiden? Leg uit hoe dit kan.

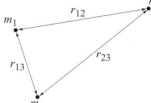

FIGUUR 8.39
Vraagstuk 58.

59. (II) Een NASA-satelliet heeft zojuist een asteroïde waargenomen die op de aarde afstevent. De asteroïde heeft een geschatte massa, gebaseerd op de grootte ervan, van $5 \cdot 10^9$ kg. Veronderstel dat de asteroïde de aarde nadert met een snelheid van 660 m/s ten opzichte van de aarde en nu $5,0 \cdot 10^6$ km van de aarde verwijderd is. Met welke snelheid zal de asteroïde in het oppervlak van de aarde inslaan als je de wrijving met de atmosfeer buiten beschouwing laat? Zoek alvast dekking!

60. (II) Een bol met straal r_1 heeft een concentrische bolvormige holte met straal r_2 (fig. 8.40). Veronderstel dat deze bolvormige schaal een dikte $r_1 - r_2$ heeft, homogeen is en een totale massa M heeft. Toon aan dat de potentiële energie ten gevolge van de zwaartekracht van een massa m op een afstand r van het middelpunt van de schaal ($r > r_1$) gelijk is aan
$$U = -\frac{GmM}{r}.$$

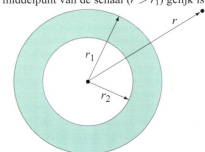

FIGUUR 8.40
Vraagstuk 60.

61. (III) Om te ontsnappen uit het zonnestelsel moet een interstellair ruimteschip de aantrekkingskracht van de zwaartekracht van zowel de zon als de aarde overwinnen. Laat de effecten van andere voorwerpen in het zonnestelsel buiten beschouwing. (a) Toon aan dat de ontsnappingssnelheid gelijk is aan

$$v = \sqrt{v_A^2 + (v_Z - v_0)^2} = 16{,}7 \text{ km/s}.$$

waarin: v_A de ontsnappingssnelheid van de aarde is (vgl. 8.19); $v_Z = \sqrt{2GM_Z/r_{ZA}}$ de ontsnappingssnelheid van het zwaartekrachtveld van de zon in de baan van de aarde, maar ver verwijderd van de invloed van de aarde (r_{ZA} is de afstand van de zon tot de aarde); en v_0 de omloopsnelheid van de aarde om de zon is. (b) Toon aan dat de benodigde energie $1{,}40 \cdot 10^8$ J per kilogram ruimteschipmassa bedraagt. (Hint: schrijf de energievergelijking voor ontsnappen van de aarde met v' als de snelheid ten opzichte van de aarde, maar ver van de aarde verwijderd; stel vervolgens de ontsnappingssnelheid $v' + v_0$ gelijk aan de ontsnappingssnelheid van de zon.)

8.8 Vermogen

62. (I) Hoelang zal een motor met een mechanisch vermogen van 1750 W erover doen om een piano van 335 kg vanaf de grond naar een raam op de vijfde verdieping van 16,0 m hoog te hijsen? Bij elektrische motoren wordt bijna altijd het verbruikt elektrisch vermogen opgegeven (dat altijd veel groter is dan het afgegeven mechanisch vermogen).

63. (I) Veronderstel dat een auto 18 Engelse pk ontwikkelt wanneer deze een constante snelheid van 95 km/u heeft. Hoe groot is de gemiddelde kracht die op de auto uitgeoefend wordt door de wrijving en de luchtweerstand?

64. (I) Een rugbyspeler van 85 kg die een snelheid van 5,0 m/s heeft, wordt door een tegenstander getackeld en in 1,0 s gestopt. (a) Hoe groot was de oorspronkelijke kinetische energie van de speler? (b) Hoe groot is het gemiddelde benodigde vermogen om hem te stoppen?

65. (II) Een automobiliste merkt op dat haar 1080 kg zware auto, wanneer die in de vrijstand gezet wordt, van 95 km/u naar 65 km/u vertraagt in ongeveer 7,0 s. Hoeveel vermogen (Watt en Engelse pk) is er nodig om de auto op een constante snelheid van 80 km/u te houden?

66. (II) Hoeveel arbeid kan een motor van 3,0 pk in een uur verrichten?

67. (II) Op het typeplaatje van een buitenboordmotor voor een boot staat dat deze een vermogen van 55 pk kan leveren. Veronderstel dat de motor een bepaalde boot een constante snelheid van 35 km/u kan geven. Hoe groot is de totale kracht die de beweging van de boot tegenwerkt?

68. (II) Een sportwagen met een massa van 1400 kg versnelt vanuit rust naar 95 km/u in 7,4 s. Hoe groot is het gemiddelde vermogen dat de motor levert?

69. (II) Tijdens een training rennen voetballers de trappen van het stadion op in 75 s. De trappen zijn 78 m lang en maken een hoek van 33° met de horizontaal. Schat het gemiddelde vermogen dat een speler van 92 kg levert op de weg naar boven. Verwaarloos de wrijving en de luchtweerstand.

70. (II) Een pomp transporteert per minuut 21,0 kg water naar een hoogte van 3,50 m. Hoe groot moet het uitgangsvermogen van de pomp (in Watt) minimaal zijn?

71. (II) In een folder van een skigebied staat dat er in de liften 47.000 mensen per uur omhoog getransporteerd kunnen worden. De gemiddelde lift transporteert mensen ongeveer 200 hoogtemeters omhoog. Schat het maximale totaal benodigde vermogen.

72. (II) Een skiër van 75 kg grijpt het touw van een sleeplift die door een motor aangedreven wordt en wordt vervolgens met een constante snelheid naar de top van een helling van 23° getrokken. De skiër wordt over een afstand x = 220 m over de helling gesleept en het duurt 2,0 min om de top van de helling te bereiken. Veronderstel dat de kinetische wrijvingscoëfficiënt tussen de sneeuw en de ski's μ_k = 0,10 is. Welk vermogen moet de motor hebben als er maximaal 30 mensen tegelijk aan het touw omhoog gesleept worden?

73. (III) De positie van een voorwerp van 280 g wordt beschreven door de functie (in meter): $x = 5{,}0t^3 - 8{,}0t^2 - 44t$, waarin t de tijd in seconden is. Bereken de snelheid waarmee arbeid verricht wordt op dit voorwerp (a) op t = 2,0 s en (b) op t = 4,0 s. (c) Hoe groot is het gemiddelde netto ingangsvermogen in het interval tussen t = 0 s en t = 2,0 s en in het interval van t = 2,0 s naar 4,0 s?

74. (III) Een fietser freewheelt langs een dalende helling van 6,0° met een constante snelheid van 4,0 m/s. Veronderstel dat de totale massa 75 kg (fiets plus fietser) is. Hoeveel vermogen moet deze fietser dan leveren om dezelfde heuvel met dezelfde snelheid te beklimmen?

*8.9 Potentiële-energiegrafieken

***75.** (II) Teken een potentiële energie-diagram, U afgezet tegen x, en analyseer de beweging van een massa m die op een wrijvingsloze horizontale tafel ligt en bevestigd is aan een horizontale veer met veerconstante k. De massa wordt over een bepaalde afstand naar rechts getrokken, zodat de veer in eerste instantie een afstand x_0 uitgerekt is. Dan wordt de massa losgelaten vanuit rust.

***76.** (II) De veer in vraagstuk 75 heeft een veerconstante k = 160 N/m. De massa m = 5,0 kg wordt losgelaten vanuit rust wanneer de veer x_0 = 1,0 m vanuit de ontspannen toestand uitgerekt is. Bepaal (a) de totale energie van het systeem; (b) de kinetische energie als $x = \frac{1}{2}x_0$; (c) de maximale kinetische energie; (d) de maximale snelheid en waar die bereikt wordt; (e) de maximale versnelling en waar die optreedt.

***77.** (III) De potentiële energie van de twee atomen in een diatomaire molecule kan geschreven worden als

$$U(r) = -\frac{a}{r^6} + \frac{b}{r^{12}},$$

waarin r de afstand tussen de twee atomen is en a en b positieve constanten zijn. (a) Bij welke waarden van r bereikt $U(r)$ een minimum? En een maximum? (b) Bij welke waarden van r is $U(r)$ gelijk aan 0? (c) Teken $U(r)$ als functie van r vanaf r = 0 tot een waarde van r die groot genoeg is om alle in (a) en (b) bepaalde waarden zichtbaar te maken. (d) Beschrijf de beweging van een atoom ten opzichte van een tweede atoom wanneer $E < 0$ is en wanneer $E > 0$ is. (e) Noem de kracht die het ene atoom op het andere uitoefent F. Voor welke waarden van r is $F > 0$, $F < 0$ en $F = 0$? (f) Bepaal F als functie van r.

***78.** (III) De *bindingsenergie* van een systeem dat bestaat uit twee puntmassa's is gedefinieerd als de benodigde energie om de twee puntmassa's van hun toestand met de laagste energie uit elkaar te drijven tot $r = \infty$. Bereken de bindingsenergie voor de molecule in vraagstuk 77.

Algemene vraagstukken

79. Hoe groot is het gemiddelde uitgangsvermogen van een lift die 885 kg in 11,0 s verticaal over een hoogte van 32,0 m optilt?
80. Een projectiel wordt onder een opwaartse hoek van 48,0° van de top van een 135 m hoge klif weggeschoten met een snelheid van 165 m/s. Hoe groot zal de snelheid van het projectiel zijn als het de grond onder de klif raakt? (Gebruik behoud van energie.)
81. Over een dam stroomt 580 kg water per seconde en valt dan 88 m omlaag op de bladen van een turbine. Bereken (a) de snelheid van het water net voordat het de bladen van de turbine raakt (verwaarloos de luchtweerstand) en (b) de snelheid waarmee mechanische energie overgedragen wordt aan de turbinebladen, als het rendement 55% is.
82. Een fietser met massa 75 kg (inclusief de fiets) kan met een constante snelheid van 12 km/u van een helling van 4,0° af rijden. Als hij heel erg zijn best doet kan hij de helling afdalen met een snelheid van 32 km/u. Met welke snelheid kan hij de helling op fietsen als hij hetzelfde vermogen levert? Veronderstel dat de wrijvingskracht rechtevenredig is met het kwadraat van de snelheid v; dat wil zeggen dat $F_{wr} = bv^2$, waarin b een constante is.
83. Een skiër van 62 kg start vanuit rust op de top van een skischans, punt A in fig. 8.41, en glijdt omlaag over de schans. Veronderstel dat de wrijving en de luchtweerstand verwaarloosbaar zijn. (a) Bepaal zijn snelheid v_B wanneer hij het horizontale stuk van de schans bereikt bij B. (b) Bepaal de afstand s tot het punt waar hij de grond raakt

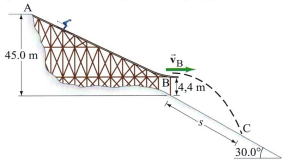

FIGUUR 8.41 Vraagstukken 83 en 84.

84. Herhaal vraagstuk 83, maar veronderstel nu dat de skischans omhoog gebogen is op punt B en de skier een verticale component van de snelheid (in B) geeft van 3,0 m/s.
85. Een bal is bevestigd aan een horizontaal touw met lengte ℓ, waarvan het andere eind vastzit, fig. 8.42. (a) Hoe groot zal de snelheid van de bal zijn op het laagste punt van de

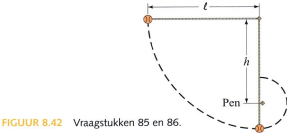

FIGUUR 8.42 Vraagstukken 85 en 86.

slingerbeweging wanneer de bal losgelaten wordt? (b) Een pen bevindt zich op een afstand h onder het punt waar het touw bevestigd is. Veronderstel dat $h = 0,80\ell$. Hoe groot zal de snelheid van de bal dan zijn wanneer deze op het bovenste punt van zijn cirkelvormige baan om de pen is?
86. Toon aan dat h groter moet zijn dan $0,60\ell$ om de bal in fig. 8.42 een complete cirkel om de pen te laten beschrijven.
87. Toon aan dat op een achtbaan met een cirkelvormige verticale lus (fig. 8.43) het verschil tussen je schijnbare gewicht boven in de lus en onder in de lus 6 mg is, dat wil zeggen zes maal je gewicht. Verwaarloos de wrijving. Toon ook aan dat zolang je snelheid groter is dan de minimaal vereiste snelheid, dit antwoord niet afhankelijk is van de grootte van de lus of hoe snel je deze passeert.

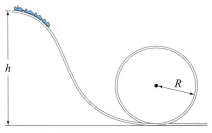

FIGUUR 8.43 Vraagstuk 87.

88. Als je op een weegschaal in de badkamer gaat staan, wordt de veer in de weegschaal 0,50 mm samengedrukt, waardoor je op de schaalverdeling af kunt lezen dat je gewicht 760 N is. Veronderstel nu dat je van een hoogte van 1,0 m op de weegschaal springt. Wat is dan de maximale uitlezing van de weegschaal?
89. Een bergbeklimmer van 65 kg klimt naar de top van een 4200 m hoge berg. Hij voltooit de beklimming 5,0 uur nadat hij van een hoogte van 2800 m op weg ging. Bereken (a) de door de bergbeklimmer verrichte arbeid tegen de zwaartekracht in, (b) het gemiddelde vermogen dat de bergbeklimmer levert in Watt en in Engelse pk en (c) de snelheid waarmee het lichaam van de bergbeklimmer energie moet leveren als je ervan uitgaat dat zijn energetisch rendement 15% is.
90. Een kleine massa m glijdt zonder wrijving langs de baan in fig. 8.44 en moet steeds, dus ook boven in de lus, met straal r, contact blijven houden met de baan. (a) Bepaal de minimale hoogte h waarop de massa losgelaten moet worden.. Veronderstel nu dat de massa op een hoogte $2h$ losgelaten wordt. Bereken de normaalkracht die uitgeoefend wordt (b) door de baan onder in de lus, (c) door de baan boven in de lus en (d) door de baan wanneer de massa op het vlakke stuk de lus verlaat.

FIGUUR 8.44 Vraagstuk 90.

91. Een student van 56 kg rent met een snelheid van 5,0 m/s, grijpt een hangend touw en slingert zich daarmee boven een meertje (fig. 8.45). Hij laat het touw los wanneer zijn snelheid nul geworden is. (*a*) Hoe groot is de hoek θ wanneer hij het touw loslaat? (*b*) Hoe groot is de trekkracht in het touw net voordat hij het loslaat? (*c*) Hoe groot is de maximale trekkracht in het touw?

FIGUUR 8.45 Vraagstuk 91.

92. De atoomkracht tussen twee neutronen in een atoomkern kan bij benadering beschreven worden met de Yukawa-potentiaal

$$U(r) = -U_0 \frac{r_0}{r} e^{-r/r_0},$$

waarin r de afstand tussen de neutronen is en U_0 en r_0 ($\approx 10^{-15}$ m) constanten zijn. (*a*) Bepaal de kracht $F(r)$. (*b*) Hoe groot is de verhouding $F(3r_0)/F(r_0)$? (*c*) Bereken dezelfde verhouding voor de kracht tussen twee elektrisch geladen puntmassa's waarin $U(r) = -C/r$ en C een constante is. Waarom wordt de Yukawa-kracht een 'kort-bereik'-kracht genoemd?

93. Een brandslang voor gebruik in stedelijke gebieden moet een stroom water kunnen verplaatsen tot een maximale hoogte van 33 m. Het water verlaat de slang op grondniveau in een cirkelvormige stroom met een diameter van 3,0 cm. Hoeveel vermogen moet minimaal geleverd worden om een dergelijke waterstroom te genereren? Een kubieke meter water heeft een massa van $1,00 \cdot 10^3$ kg.

94. Een slede van 16 kg glijdt over een helling van 28° met een beginsnelheid van 2,4 m/s omhoog. De kinetische wrijvingscoëfficiënt is $\mu_k = 0{,}25$. (*a*) Hoe ver komt de slee op de helling? (*b*) Welke voorwaarde moet je aan de statische wrijvingscoëfficiënt stellen om te voorkomen dat de slede tot stilstand komt op het punt dat je bij (*a*) bepaald hebt? (*c*) De slede glijdt nu terug omlaag. Met welke snelheid komt hij terug op het beginpunt?

95. De maanmodule kon een veilige landing uitvoeren als de verticale snelheid bij het landen op de maan 3,0 m/s of minder was. Veronderstel dat je de grootste hoogte h wilt berekenen waarbij de piloot de motor uit zou kunnen zetten als de beginsnelheid van de maanlander ten opzichte van het oppervlak (*a*) nul; (*b*) 2,0 m/s verticaal omlaag; (*c*) 2,0 m/s verticaal omhoog zou zijn. Gebruik behoud van energie om in elk geval h te bepalen. De valversnelling nabij het oppervlak van de maan is 1,62 m/s².

96. Bij het dimensioneren van het remsysteem van auto's is het van groot belang om rekening te houden met de warmte die ontstaat bij lang of veelvuldig remmen. Bereken de thermische energie die de remmen van een auto met een massa van 1500 kg ontwikkelen als deze een helling van 17° af rijdt. De auto begint te remmen wanneer hij 95 km/u rijdt en vertraagt tot een snelheid van 35 km/u over een afstand van 0,30 km, gemeten over de weg.

97. Sommige elektriciteitsbedrijven gebruiken water om energie op te slaan (bijvoorbeeld in het Belgische Coo). Het water wordt met behulp van omkeerbare turbinepompen van een laag reservoir naar een hoog reservoir gepompt. Hoeveel kubieke meter water zal een pompinstallatie van het lagere naar het hogere reservoir moeten pompen om de energie die in een uur geproduceerd wordt door een 180 MW elektriciteitscentrale op te slaan? Veronderstel dat het bovenste reservoir zich 380 m boven het laagste bevindt en een kleine verandering van de diepte van elk reservoir verwaarloosbaar is. Water heeft een massa van $1{,}00 \cdot 10^3$ kg per m³.

98. Schat de benodigde brandstofenergie om een satelliet van 1465 kg te lanceren en in een baan 1375 km boven het oppervlak van de aarde te brengen. Veronderstel twee gevallen: (*a*) de satelliet wordt vanaf een punt op de evenaar in een baan om de evenaar gebracht en (*b*) de satelliet wordt vanaf de noordpool in een baan om de polen gebracht.

99. Een satelliet beschrijft een elliptische baan om de aarde (fig. 8.46). De snelheid in het perigeum A (het punt het dichtst bij de aarde) is 8650 m/s. (*a*) Gebruik behoud van energie om de snelheid van de satelliet op punt B te bepalen. De straal van de aarde is 6380 km. (*b*) Gebruik behoud van energie om de snelheid in het apogeum C (het punt het verst van de aarde) te berekenen.

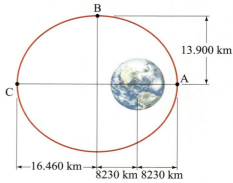

FIGUUR 8.46 Vraagstuk 99.

100. Veronderstel dat de gravitationele potentiële energie van een voorwerp met massa m op een afstand r vanaf het middelpunt van de aarde beschreven zou worden door de functie

$$U(r) = -\frac{GMm}{r} e^{-\alpha r}$$

waarin α een positieve constante is en e de exponentiële functie. (In de wet van de universele zwaartekracht van Newton is $\alpha = 0$). (*a*) Hoe groot zou de kracht op het voorwerp zijn als functie van r? (*b*) Hoe groot zou de ontsnappingssnelheid van het voorwerp zijn in termen van de straal van de aarde, R_A?

101. (*a*) Veronderstel dat het menselijk lichaam een chocoladereep rechtstreeks in arbeid zou kunnen omzetten. Hoe hoog zou een man van 76 kg dan een ladder kunnen beklimmen als hij een reep zou verbranden (1 reep = 1100 kJ)? (*b*) Met welke snelheid zou de man neerkomen als hij van de ladder zou springen?

102. Eenheden van elektrische energie worden vaak uitgedrukt in kilowattuur. (a) Toon aan dat een kilowattuur (kWh) gelijk is aan $3{,}6 \cdot 10^6$ J. (b) Een gemiddeld gezin van vier personen verbruikt elektrische energie met een gemiddelde snelheid van 580 W. Hoeveel kWh staat er dan op hun elektriciteitsrekening per maand en (c) hoeveel joules is dat? (d) Een kWh kost € 0,12. Hoeveel is het gezin per maand kwijt aan elektriciteit? Is de hoogte van de maandelijkse rekening afhankelijk van de *snelheid* waarmee het gezin elektrische energie verbruikt?

103. Chris springt aan een bungee-elastiek die om zijn enkel bevestigd is van een brug (fig. 8.47). Hij valt 15 m voor het elastiek begint uit te rekken. Chris heeft een massa van 75 kg en we veronderstellen dat het elastiek de wet van Hooke volgt, $F = -kx$, waarbij $k = 50$ N/m is. We verwaarlozen de luchtweerstand. Schat tot hoe ver de voet van Chris onder de brug zal komen. Laat de massa van het elastiek buiten beschouwing (hoewel dit niet realistisch is) en beschouw Chris als een puntmassa.

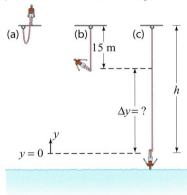

FIGUUR 8.47 Vraagstuk 103. (a) Bungeejumper op het punt om te springen, (b) ontspannen lengte van het bungee-elastiek, (c) maximale uitrekking van het elastiek.

104. In een gebruikelijke hartfunctietest (de zogenaamde stresstest), loopt de patiënt op een hellende loopband (fig. 8.48). Schat het benodigde vermogen van een 75 kg zware patiënt wanneer de loopband een hoek van 12° met de horizontaal maakt en de snelheid 3,3 km/u is. (Vergelijk dit vermogen met dat van een gewone gloeilamp.)

105. (a) Een vulkaan spuwt een steen van 450 kg verticaal omhoog over een afstand van 320 m. Hoe groot was de snelheid van de steen bij het verlaten van de vulkaan? (b) Hoeveel vermogen levert de vulkaan als hij per minuut 1000 stenen van dit formaat uitspuwt?

106. Een film van de beroemde sprong van Jesse Owens (fig. 8.49) tijdens de Olympische Spelen van 1936 in Berlijn laat zien dat hij zijn massamiddelpunt 1,1 m omhoog bracht tussen het afzetpunt en het bovenste punt van zijn sprongboog. Hoe groot moest zijn afzetsnelheid minimaal zijn als hij op het bovenste punt van zijn sprong een snelheid van 6,5 m/s had?

FIGUUR 8.49 Vraagstuk 106.

107. Een liftkabel breekt op het moment dat een lift van 920 kg zich 24 m boven een enorme veer ($k = 2{,}2 \cdot 10^5$ N/m) onder in de liftschacht bevindt. Bereken (a) de door de zwaartekracht verrichte arbeid op de lift voordat deze de veer raakt, (b) de snelheid van de lift net voordat deze de veer raakt en (c) de afstand die de veer samengedrukt wordt (merk op dat hierbij arbeid verricht wordt door zowel de veer als de zwaartekracht).

108. De potentiële energie van een bewegende puntmassa kan beschreven worden met behulp van de functie $U(r) = U_0 [(2/r^2) - (1/r)]$. (a) Maak een $U(r)$-r-grafiek. Waar snijdt de grafiek de as waarbij $U(r) = 0$? Bij welke waarde van r heeft $U(r)$ een minimum? (b) Veronderstel dat de puntmassa een energie $E = -0{,}050\, U_0$ heeft. Schets bij benadering de draaipunten van de beweging van de puntmassa in je grafiek. Hoe groot is de maximale kinetische energie van de puntmassa en bij welke waarde van r treedt die op?

109. Een puntmassa met massa m beweegt als gevolg van een potentiële energie

$$U(x) = \frac{a}{x} + bx$$

waarin a en b positieve constanten zijn en de puntmassa wordt gedwongen te bewegen in het gebied waarvoor geldt dat $x > 0$. Zoek een evenwichtspunt voor de puntmassa en toon aan dat dit een stabiel evenwichtspunt is.

*Numeriek/computer

***110.** (III) De twee atomen in een diatomair molecuul oefenen op grote afstand een aantrekkingskracht en op korte afstand een afstotende kracht op elkaar uit. De grootte van de kracht tussen twee atomen in een molecuul kan benaderd worden met behulp van de Lennard-Jones-kracht of $F(r) = F_0 [2(\sigma/r)^{13} - (\sigma/r)^7]$, waarin r de afstand tussen de twee atomen is en σ en F_0 constant zijn. Voor een zuurstofmolecuul (dat uit twee atomen bestaat) is $F_0 = 9{,}60 \cdot 10^{-11}$ N en $\sigma = 3{,}50 \cdot 10^{-11}$ m. (a) Integreer de vergelijking voor $F(r)$ om de potentiële energie $U(r)$ van het zuurstofmolecuul te bepalen. (b) Bepaal de evenwichtsafstand r_0 tussen de twee atomen. (c) Maak een $F(r)$-$U(r)$-grafiek tussen $0{,}9\, r_0$ en $2{,}5\, r_0$.

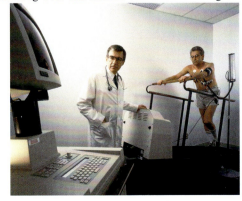

FIGUUR 8.48 Vraagstuk 104.

Antwoorden op de opgaven

A: (*e*), (*e*); (*e*), (*c*).
B: (*b*).
C: (*c*).
D: Gelijke snelheden.

Behoud van impuls is een andere krachtige behoudswet in de natuurkunde. Botsingen, zoals van biljartballen, illustreren deze vectorwet op een erg mooie manier: de totale vectorimpuls net voor de botsing is gelijk aan de totale vectorimpuls net na de botsing. Op deze foto botst de gespeelde bal tegen de bal met nummer 11, die in eerste instantie stil lag. Na de botsing bewegen beide ballen, in verschillende richtingen, maar de som van hun vectorimpulsen is gelijk aan de initiële vectorimpuls van de bewegende bal. We zullen zowel elastische botsingen (waarbij ook de kinetische energie behouden blijft) als niet-elastische botsingen bekijken. Daarnaast zullen we ook het concept massamiddelpunt bespreken en zien hoe we dat kunnen gebruiken bij het bestuderen van complexe bewegingen.

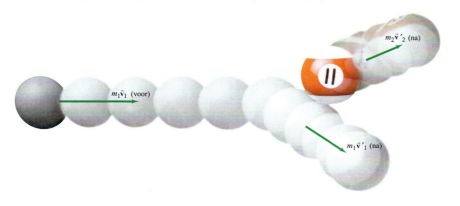

Hoofdstuk

9

Impuls

Inhoud

9.1 Impuls en de relatie met kracht
9.2 Behoud van impuls
9.3 Botsingen en stoot
9.4 Behoud van energie en impuls bij botsingen
9.5 Elastische botsingen in één dimensie
9.6 Niet-elastische botsingen
9.7 Botsingen in twee of drie dimensies
9.8 Massamiddelpunt (MM)
9.9 Massamiddelpunt en translationele beweging
*9.10 Systemen met variabele massa; raketaandrijving

Openingsvragen: wat denk jij?

1. Een wagon geladen met stenen rijdt wrijvingsloos over een vlak stuk spoor. Iemand aan de achterkant van de wagon begint stenen met een horizontale beweging uit de wagon te gooien. Wat gebeurt er in dat geval?
   (a) De wagon vertraagt.
   (b) De wagon versnelt.
   (c) Eerst versnelt de wagon en daarna vertraagt hij.
   (d) De snelheid van de wagon blijft constant.
   (e) Geen van deze antwoorden is correct.
2. Welk antwoord zou je kiezen als de stenen een voor een uit een opening in de vloer van de wagon zouden vallen?

De wet van behoud van energie die we in het vorige hoofdstuk hebben besproken, is een van meerdere wetten van behoud in de natuurkunde. Andere grootheden die behouden blijven zijn onder andere impuls, impulsmoment en elektrische lading. We komen daar later op terug, omdat de behoudswetten tot de belangrijkste ideeën in de wetenschap behoren. In dit hoofdstuk bespreken we impuls en het behoud daarvan. De wet van behoud van impuls is in wezen een bewerking van de wetten van Newton waarmee je een geweldig fysisch inzicht kunt krijgen en allerlei vraagstukken kunt oplossen.

We maken gebruik van de wet van behoud van impuls en van behoud van energie om botsingen te analyseren. De wet van behoud van impuls is met name erg handig als je te maken krijgt met een systeem van twee of meer voorwerpen die elkaar beïnvloeden, zoals bij botsingen van alledaagse voorwerpen of nucleaire deeltjes.

Tot nu toe hebben we ons vooral gericht op de beweging van één voorwerp, dat we vaak ook als een 'puntmassa' beschouwd hebben in de zin dat we de rotatie- of inwendige beweging genegeerd hebben. In dit hoofdstuk zullen we systemen van twee of meer voorwerpen bekijken en aan het eind van het hoofdstuk introduceren we het concept massamiddelpunt.

9.1 Impuls en de relatie met kracht

De **impuls** van een voorwerp is gedefinieerd als het product van de massa en de snelheid ervan. Impuls wordt voorgesteld door het symbool $\vec{p}$. Als m de massa van een voorwerp is en $\vec{v}$ de snelheid, is de impuls $\vec{p}$ van het voorwerp gedefinieerd als

$$\vec{p} = m\vec{v}. \tag{9.1}$$

Snelheid is een vector, dus is impuls ook een vector. De richting van de impuls is de richting van de snelheid en de grootte van de impuls is $p = mv$. Omdat snelheid een grootheid is die bepaald wordt ten opzichte van een referentiestelsel, moet bij het aanduiden van een impuls ook het referentiestelsel gespecificeerd worden. De eenheid van impuls is de eenheid van massa maal snelheid. In SI-eenheden is dat kg·m/s. Deze eenheid heeft geen speciale naam.

Het alledaags gebruik van de term *impuls* is in overeenstemming met de definitie hierboven. Volgens vgl. 9.1 heeft een snel bewegende auto meer impuls dan een langzaam bewegende auto met dezelfde massa; een zware vrachtwagen heeft meer impuls dan een klein auto die met dezelfde snelheid rijdt. Hoe meer impuls een voorwerp heeft, hoe moeilijker het tot stilstand gebracht kan worden, en hoe groter het effect zal zijn op een ander voorwerp wanneer het hierop botst. Een rugbyspeler zal waarschijnlijk sneller tot stilstand komen als hij getackeld wordt door een zware tegenstander dan wanneer hij door een lichtere of tragere tegenstander gestopt wordt. Een zware vrachtwagen met veel vaart kan meer schade aanrichten dan een langzaam rijdende motorfiets.

Om de impuls van een voorwerp te veranderen is een kracht nodig. Deze kracht kan ofwel de impuls vergroten, verkleinen of de richting ervan veranderen. Newton stelde zijn tweede wet op in termen van impuls (hoewel hij het product mv de 'hoeveelheid beweging' noemde). De formulering van Newton van de **tweede bewegingswet**, vertaald naar hedendaags Nederlands is:

De snelheid van de verandering van impuls van een voorwerp is gelijk aan de nettokracht die erop uitgeoefend wordt.

We kunnen dit als volgt in de vorm van een vergelijking schrijven,

$$\Sigma\vec{F} = \frac{d\vec{p}}{dt}, \tag{9.2}$$

waarin $\Sigma\vec{F}$ de nettokracht is die op het voorwerp uitgeoefend wordt (de vectorsom van alle krachten die erop werken). Voor het geval de massa constant is kunnen we uit vgl. 9.2 de al bekende vorm van de tweede wet, $\Sigma\vec{F} = m\vec{a}$, afleiden. Als v de snelheid van een voorwerp is op een willekeurig moment, levert vgl. 9.2

$$\Sigma\vec{F} = \frac{d\vec{p}}{dt} = \frac{d(m\vec{v})}{dt} = m\frac{d\vec{v}}{dt} = m\vec{a} \qquad \text{[constante massa]}$$

omdat $\vec{a}$ per definitie gelijk is aan $d\vec{v}/dt$ en we m constant veronderstellen. De formulering van Newton, vgl. 9.2, is in feite algemener dan de meer bekende formulering, omdat deze ook rekening houdt met de situatie waarin de massa veranderlijk is. Dit is belangrijk in bepaalde omstandigheden, zoals bij raketten die massa kwijtraken doordat ze brandstof verbruiken (paragraaf 9.10) en in de relativiteitstheorie (hoofdstuk 36).

De tweede wet van Newton

 Let op

De verandering van de impulsvector is in de richting van de nettokracht.

FIGUUR 9.1 Voorbeeld 9.1.

> **Opgave A**
> Ook licht heeft impuls (dit volgt *niet* uit bovenstaande definitie van impuls, want licht heeft geen massa), dus als een lichtbundel een oppervlak raakt, zal de bundel een kracht op dat oppervlak uitoefenen. Als het licht gereflecteerd wordt in plaats van geabsorbeerd, zal de kracht (*a*) hetzelfde zijn, (*b*) kleiner zijn, (*c*) groter zijn, (*d*) niet te voorspellen zijn, (*e*) geen van deze antwoorden is correct.

Voorbeeld 9.1   *Schatten*   **Kracht bij een opslag bij tennis**

Bij de opslag van een topspeler kan een tennisbal het racket verlaten met een snelheid van wel 55 m/s (ongeveer 180 km/u), fig. 9.1. Schat de gemiddelde kracht als de bal een massa van 0,060 kg heeft en gedurende ongeveer 4 ms ($4 \cdot 10^{-3}$ s) contact maakt met het racket. Is deze kracht groot genoeg om iemand van 60 kg op te tillen?

Aanpak We schrijven de tweede wet van Newton, vgl. 9.2, voor de gemiddelde kracht als

$$F_{\text{gem}} = \frac{\Delta p}{\Delta t} = \frac{mv_2 - mv_1}{\Delta t},$$

waarin mv_1 en mv_2 respectievelijk de begin- en eindimpuls zijn. De tennisbal wordt geslagen op het moment dat de beginsnelheid ervan, v_1, nagenoeg nul is (op het bovenste punt van de worp), zodat we v_1 gelijkstellen aan 0, terwijl $v_2 = 55$ m/s is in horizontale richting. We laten alle andere krachten op de bal, zoals de zwaartekracht, buiten beschouwing omdat die klein zijn in vergelijking met de kracht die door het tennisracket uitgeoefend wordt.

Oplossing De kracht die door het racket uitgeoefend wordt op de bal is

$$F_{\text{gem}} = \frac{\Delta p}{\Delta t} = \frac{mv_2 - mv_1}{\Delta t} = \frac{(0{,}060 \text{ kg})(55 \text{ m/s}) - 0}{0{,}004 \text{ s}} \approx 800 \text{ N}.$$

Dit is een grote kracht, groter dan het gewicht van 60 kg van de persoon, waarvoor een kracht $mg = (60 \text{ kg})(9{,}8 \text{ m/s}^2) \approx 600$ N nodig is om hem of haar op te tillen.

Opmerking De zwaartekracht die op de tennisbal werkt is $mg = (0{,}060 \text{ kg})(9{,}8 \text{ m/s}^2) = 0{,}59$ N. Het is dus geen bezwaar om deze kracht buiten beschouwing te laten.

Opmerking Met behulp van snelle fototechnieken en radar kunnen we de contactduur en de snelheid waarmee de bal het racket verlaat schatten. Maar een directe meting van de kracht is niet goed mogelijk. Onze berekening laat een handige techniek zien om een onbekende kracht in de echte wereld te bepalen.

Voorbeeld 9.2 De auto wassen: verandering van impuls en kracht

Per seconde stroomt 1,5 kg water met een snelheid van 20 m/s uit een slang. De straal wordt op de auto gericht, die het water tot stilstand brengt, fig. 9.2. (We houden dus geen rekening met terugspattend water.) Hoe groot is de kracht die door het water op de auto uitgeoefend wordt?

Aanpak Het water dat uit de slang komt heeft zowel massa als snelheid en heeft dus een impuls p_{begin} in de horizontale (x-)richting en we veronderstellen dat de zwaartekracht het water niet noemenswaardig omlaag trekt. Wanneer het water tegen de auto aan komt, verliest het water deze impuls ($p_{\text{eind}} = 0$). We gebruiken de tweede wet van Newton in de impulsvorm om de kracht te vinden die de auto uitoefent op het water om het tot stilstand te brengen. Volgens de derde wet van Newton is de kracht die door het water op de auto uitgeoefend wordt gelijk en tegengesteld gericht. We hebben een continuproces: uit de slang komt per seconde 1,5 kg water. We kunnen dus de volgende vergelijking opstellen: $F = \Delta p/\Delta t$, waarin $\Delta t = 1{,}0$ s en $mv_{\text{begin}} = (1{,}5 \text{ kg})(20 \text{ m/s})$.

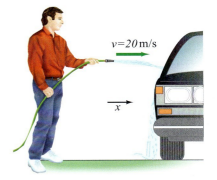

FIGUUR 9.2 Voorbeeld 9.2.

Oplossing De kracht (die we constant veronderstellen) die de auto moet uitoefenen om de impuls van het water te veranderen is

$$F = \frac{\Delta p}{\Delta t} = \frac{p_{\text{eind}} - p_{\text{begin}}}{\Delta t} = \frac{0 - 30 \text{ kg} \cdot \text{m/s}}{1{,}0 \text{ s}} = -30 \text{ N}.$$

Het minteken geeft aan dat de kracht die door de auto op het water uitgeoefend wordt tegengesteld gericht is aan de oorspronkelijke snelheid van het water. De auto oefent een kracht uit van 30 N naar links om het water tot stilstand te brengen, dus oefent het water volgens de derde wet van Newton een kracht van 30 N naar rechts op de auto uit.

Opmerking Houd de tekens in de gaten, maar vergeet ook niet je gezond verstand te gebruiken. Het water beweegt naar rechts, dus je gezond verstand vertelt je dat de kracht op de auto naar rechts moet werken.

> **Opgave B**
> Zou de kracht op de auto groter of kleiner zijn als het water van de auto in voorbeeld 9.2 terugspettert?

9.2 Behoud van impuls

Het concept impuls is erg belangrijk omdat de totale impuls, als er geen netto uitwendige kracht op een systeem werkt, een behouden grootheid is. Veronderstel bijvoorbeeld de frontale botsing van twee biljartballen, zoals weergegeven in fig. 9.3. We veronderstellen dat de netto uitwendige kracht op dit systeem van twee ballen nul is, dat wil zeggen dat de enige significante krachten tijdens de botsing de krachten zijn die elke bal op de andere uitoefent. Hoewel de impuls van de beide ballen verandert als gevolg van de botsing, blijft de *som* van hun impulsen voor en na de botsing gelijk. Als $m_A\vec{v}_A$ de impuls is van bal A en $m_B\vec{v}_B$ de impuls van bal B (beide gemeten net voor de botsing), is de totale impuls van de twee ballen vóór de botsing de vectorsom $m_A\vec{v}_A + m_B\vec{v}_B$. Onmiddellijk na de botsing hebben de ballen elk een andere snelheid en impuls, die we aanduiden met een accent bij de snelheid: $m_A\vec{v}'_A + m_B\vec{v}'_B$. De totale impuls na de botsing is de vectorsom $m_A\vec{v}'_A + m_B\vec{v}'_B$. Ongeacht wat de snelheden en massa's zijn, tonen experimenten aan dat de totale impuls voor de botsing gelijk is aan die na de botsing, ongeacht of de botsing frontaal is of niet, zolang er maar geen netto uitwendige kracht aanwezig is:

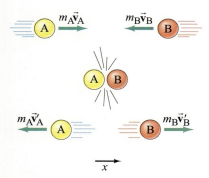

FIGUUR 9.3 De impuls wordt behouden bij een botsing van twee ballen, A en B.

impuls voor = impuls na
$$m_A\vec{v}_A + m_B\vec{v}_B = m_A\vec{v}'_A + m_B\vec{v}'_B. \qquad [\Sigma\vec{F}_{\text{ext}} = 0] \quad (9.3)$$

> *Behoud van impuls (twee botsende voorwerpen)*

Dat wil zeggen, de totale vectorimpuls van het systeem van twee botsende ballen blijft behouden en blijft dus constant.

Hoewel de wet van behoud van impuls experimenteel ontdekt is, kan deze ook uit de bewegingswetten van Newton afgeleid worden. Dat zullen we nu ook doen. Veronderstel twee voorwerpen met massa m_A en m_B die de impulsen $\vec{p}_A$ en $\vec{p}_B$ hebben voordat ze tegen elkaar botsen en $\vec{p}'_A$ en $\vec{p}'_B$ na de botsing, zoals in fig. 9.4. Tijdens de botsing veronderstellen we dat de kracht die door voorwerp A op voorwerp B op een willekeurig moment uitgeoefend wordt gelijk is aan $\vec{F}$. Volgens de derde wet van Newton geldt dan dat de kracht die door voorwerp B op voorwerp A uitgeoefend wordt gelijk is aan $-\vec{F}$. Tijdens de kortstondige periode van de botsing veronderstellen we dat er geen andere (uitwendige) krachten werken (of dat $\vec{F}$ veel groter is dan eventuele uitwendige krachten). Dus hebben we

$$\vec{F} = \frac{d\vec{p}_B}{dt}$$

en

$$-\vec{F} = \frac{d\vec{p}_A}{dt}.$$

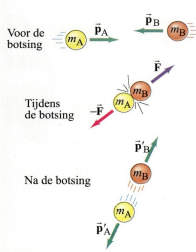

FIGUUR 9.4 Botsing van twee voorwerpen. De impulsen van de voorwerpen voor de botsing zijn $\vec{p}_A$ en $\vec{p}_B$ en na de botsing $\vec{p}'_A$ en $\vec{p}'_B$. Op een willekeurig moment tijdens de botsing oefent elk voorwerp een kracht uit op het andere die even groot, maar tegengesteld gericht is.

We voegen deze twee vergelijkingen samen tot

$$0 = \frac{d(\vec{p}_A + \vec{p}_B)}{dt}$$

waaruit blijkt dat

$$\vec{p}_A + \vec{p}_B = \text{constant}.$$

De totale impuls blijft dus behouden.

We hebben deze afleiding uitgevoerd in de context van een botsing. Zolang er geen uitwendige krachten werken, is dit waar in elk willekeurig tijdsinterval en impuls blijft altijd behouden zolang er geen uitwendige krachten werken. In de praktijk werken er wel uitwendige krachten: de wrijving op de biljartballen, de zwaartekracht op een tennisbal enzovoort. Daardoor kan het lijken dat we geen behoud van impuls mogen toepassen. Of toch wel? Bij een botsing werkt de kracht die elk voorwerp op het andere uitoefent slechts gedurende een erg kort tijdsinterval. Deze kortstondige kracht is echter erg groot ten opzichte van de andere krachten. Als we de impulsen onmiddellijk voor en na de botsing meten, zal de impuls nagenoeg behouden blijken te zijn. We mogen niet wachten tot de uitwendige krachten een rol beginnen te spelen voordat we $\vec{p}'_A$ en $\vec{p}'_B$ meten.

Wanneer een racket bijvoorbeeld een tennisbal raakt of een slaghout een honkbal, beweegt de bal zowel voor als na de 'botsing' als een projectiel onder invloed van de zwaartekracht en de luchtweerstand. Maar op het moment dat het slaghout of het racket de bal raakt, tijdens het korte tijdsinterval van de botsing, zijn deze uitwendige krachten ondergeschikt aan de kracht die het slaghout of het racket bij de botsing op de bal uitoefent. Impuls blijft behouden (of nagenoeg behouden) zolang we $\vec{p}_A$ en $\vec{p}_B$ meten net vóór de botsing en $\vec{p}'_A$ en $\vec{p}'_B$ onmiddellijk na de botsing (vgl. 9.3).

Onze afleiding van het behoud van impuls kan uitgebreid worden voor systemen met een willekeurig aantal voorwerpen dat op elkaar reageert. Veronderstel dat P de totale impuls van een systeem met n voorwerpen is, die we nummeren van 1 tot en met n:

$$\vec{P} = m_1\vec{v}_1 + m_2\vec{v}_2 + \cdots + m_n\vec{v}_n = \Sigma\vec{p}_i.$$

We differentiëren naar tijd:

$$\frac{d\vec{P}}{dt} = \Sigma \frac{d\vec{p}_i}{dt} = \Sigma \vec{F}_i \qquad (9.4)$$

waarin $\vec{F}_i$ de *netto*kracht is op het *i-de* voorwerp. Er zijn twee soorten krachten: (1) *uitwendige krachten* van buiten het systeem die uitgeoefend worden op voorwerpen van het systeem en (2) *inwendige krachten* die binnen het systeem op andere voorwerpen in het systeem uitgeoefend worden. Volgens de derde wet van Newton komen de inwendige krachten in paren voor: als een voorwerp een kracht op een tweede voorwerp uitoefent, oefent het tweede voorwerp een even grote maar tegengesteld gerichte kracht uit op het eerste voorwerp. In de som van alle krachten in vgl. 9.4 vallen alle inwendige krachten dus per paar tegen elkaar weg. Dus hebben we

$$\frac{d\vec{P}}{dt} = \Sigma \vec{F}_{\text{uitw}}, \qquad (9.5)$$

De tweede wet van Newton (voor een systeem van voorwerpen)

waarin $\Sigma\vec{F}_{\text{uitw}}$ de som is van alle uitwendige krachten die op het systeem werken. Als de netto uitwendige kracht nul is, geldt $d\vec{P}/dt = 0$, $\Delta\vec{P} = 0$, of $\vec{P}$ = constant. We zien dus dat wanneer de netto uitwendige kracht op een systeem van voorwerpen nul is, de totale impuls van het systeem constant blijft.

Dit is de **wet van behoud van impuls**. Deze kan ook geschreven worden als:

Wet van behoud van impuls

de totale impuls van een geïsoleerd systeem van voorwerpen blijft constant.

Onder een **geïsoleerd systeem** verstaan we een systeem waarop geen uitwendige krachten werken: de enige krachten die werken zijn de krachten tussen de voorwerpen van het systeem zelf.

Als er een netto uitwendige kracht werkt op een systeem, geldt de wet van behoud van impuls niet. Maar als het 'systeem' zodanig opnieuw gedefinieerd kan worden dat het ook de andere voorwerpen bevat die deze krachten uitoefenen, kunnen we het principe van behoud van impuls wel toepassen. Als we bijvoorbeeld een systeem definiëren dat bestaat uit een vallend brok steen, kunnen we geen behoud van impuls toepassen omdat er een uitwendige kracht is: de zwaartekracht die door de aarde uitgeoefend wordt en de impuls ervan verandert. Maar als we de aarde in het systeem opnemen, blijft de totale impuls van de steen plus die van de aarde behouden. (Dit betekent dat de aarde de bal tegemoetkomt. Omdat de massa van de aarde zo groot is, zal de omhoog gerichte snelheid ervan ontzettend klein zijn.)

Hoewel de wet van behoud van impuls, zoals we gezien hebben, volgt uit de tweede wet van Newton, is deze wet in feite veel algemener dan de wetten van Newton. In de kleine wereld van het atoom gelden de wetten van Newton niet, maar de wetten van behoud (behoud van energie, impuls, impulsmoment en elektrische lading) zijn tot nu toe in experimenten nog steeds geldig gebleken. Dat is dan ook de reden dat de behoudswetten als meer fundamenteel beschouwd worden dan de wetten van Newton.

(a) Voor de botsing

FIGUUR 9.5 Voorbeeld 9.3.

(b) Na de botsing

Voorbeeld 9.3 Treinwagons botsen: de impuls blijft behouden

Een wagon van 10.000 kg, A, rijdt met een snelheid van 24,0 m/s tegen een identieke wagon, B, die in rust is. Als de wagons door de botsing aan elkaar vasthaken, hoe groot is hun gemeenschappelijke snelheid onmiddellijk na de botsing? Zie fig. 9.5.

Aanpak We kiezen het systeem zodanig dat het bestaat uit de twee treinwagons. We bekijken een erg kort tijdsinterval, van net voor de botsing tot net erna, zodat we uitwendige krachten, zoals de wrijving, buiten beschouwing kunnen laten. Vervolgens passen we behoud van impuls toe:

$$P_{\text{begin}} = P_{\text{eind}}$$

Oplossing De totale impuls is in eerste instantie

$$P_{\text{begin}} = m_A v_A + m_B v_B = m_A v_A$$

omdat wagon B in eerste instantie in rust is ($v_B = 0$). De richting is naar rechts in de $+x$-richting. Na de botsing rijden de twee wagons samen verder en hebben dus dezelfde snelheid, die we v' noemen. De totale impuls na de botsing is

$$P_{\text{eind}} = (m_A + m_B)v'.$$

We hebben aangenomen dat er geen uitwendige krachten zijn, zodat de impuls behouden blijft:

$$P_{\text{begin}} = P_{\text{eind}}$$
$$m_A v_A = (m_A + m_B)v'.$$

Oplossen voor v' levert

$$v' = \frac{m_A}{m_A + m_B} v_A = \left(\frac{10.000 \text{ kg}}{10.000 \text{ kg} + 10.000 \text{ kg}}\right)(24,0 \text{ m/s}) = 12,0 \text{ m/s}.$$

naar rechts. De gezamenlijke snelheid na de botsing is de helft van de beginsnelheid van wagon A, omdat hun massa's gelijk zijn.

Opmerking We hebben de symbolen tot het eind behouden, zodat we een vergelijking krijgen die we ook in andere (vergelijkbare) situaties kunnen gebruiken.

Opmerking We hebben de wrijving hier buiten beschouwing gelaten. Waarom? Omdat we snelheden net voor en net na het erg korte tijdsinterval van de botsing bekijken en tijdens die korte periode de wrijving weinig kan doen, is deze verwaarloosbaar (maar niet lang: de wagons zullen afremmen als gevolg van de wrijving).

(a)

(b)

FIGUUR 9.6 (a) Een raket, gevuld met brandstof, in rust in een bepaald referentiestelsel. (b) In hetzelfde referentiestelsel ontbrandt de raket en worden gassen met hoge snelheid aan de achterkant van de raket uitgestoten. De totale vectorimpuls, $\vec{P} = \vec{p}_{\text{gas}} + \vec{p}_{\text{raket}}$, blijft nul.

Opgave C
Iemand met een massa van 50 kg rent met een snelheid van 2,0 m/s (horizontaal) van een steiger af en landt in een roeiboot die een massa van 150 kg heeft. Met welke snelheid beweegt de roeiboot weg van de kant?

Opgave D
Wat zou het resultaat in voorbeeld 9.3 zijn als (a) $m_B = 3 m_A$, (b) m_B veel groter is dan m_A ($m_B \gg m_A$) en (c) $m_B \ll m_A$?

De wet van behoud van impuls is met name handig als we te maken hebben met redelijk eenvoudige systemen, zoals de botsingen van voorwerpen en bepaalde soorten 'explosies'. De *voortstuwing van een raket*, die we in hoofdstuk 4 besproken hebben, kan beschouwd worden als een systeem van actie en reactie, maar kan ook verklaard worden met het principe van behoud van impuls. We kunnen de raket en de brandstof beschouwen als een geïsoleerd systeem als het zich ver in de ruimte bevindt (geen uitwendige krachten). In het referentiestelsel van de raket is de totale impuls van de raket plus de brandstof nul op het moment dat er nog geen brandstof verbruikt is. Wanneer de brandstof helemaal opgebruikt is, blijft de totale impuls onveranderd: de achterwaartse impuls van de uitgestoten gassen wordt precies in balans gehouden door de voorwaartse impuls die de raket zelf gekregen heeft (zie fig. 9.6). Een raket kan dus versnellen in de lege ruimte. Het is niet nodig dat de uitgestoten gassen tegen de aarde of de lucht drukken (zoals soms gedacht wordt). Vergelijkbare voorbeelden van (nagenoeg) geïsoleerde systemen waarin impuls behouden wordt, zijn de terugslag van een geweer wanneer een kogel afgevuurd wordt en de beweging van een roeiboot net nadat iemand er iets uit weggeworpen heeft.

Natuurkunde in de praktijk

Voortstuwing van een raket

⚠ Let op

Een raket drukt tegen de gassen die door de verbranding van de brandstof vrijkomen, niet tegen de aarde of andere voorwerpen.

Voorbeeld 9.4 Terugslag van een geweer

Bereken de terugslagsnelheid van een geweer van 5,0 kg waarmee een kogel van 0,020 kg met een snelheid van 620 m/s afgevuurd wordt, fig. 9.7.

Aanpak Het systeem bestaat uit het geweer en de kogel die beide in eerste instantie in rust zijn tot het moment dat de schutter de trekker overhaalt. Wanneer de schutter de trekker overhaalt, ontstaat er een explosie. We bekijken het systeem op het moment dat de kogel de loop verlaat. De kogel beweegt naar rechts (+x) en het geweer slaat terug naar links. Tijdens het erg korte tijdsinterval van de explosie kunnen we aannemen dat de uitwendige krachten klein zijn in vergelijking met de krachten die door het exploderende kruit uitgeoefend worden. We kunnen dus behoud van impuls toepassen, ten minste bij benadering.

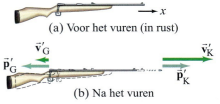

FIGUUR 9.7 Voorbeeld 9.4.

Oplossing Voor de grootheden van de kogel gebruiken we de index K en voor die van het geweer G; de uiteindelijke snelheden zijn aangeduid met behulp van accenten. Behoud van impuls in de x-richting levert

$$\text{impuls voor} = \text{impuls na}$$
$$m_K v_K + m_G v_G = m_K v'_K + m_G v'_G$$
$$0 + 0 = m_K v'_K + m_G v'_G$$

dus

$$v'_G = -\frac{m_K v'_K}{m_G} = -\frac{(0{,}020 \text{ kg})(620 \text{ m/s})}{(5{,}0 \text{ kg})} = -2{,}5 \text{ m/s}.$$

Omdat het geweer een veel grotere massa heeft, is de (terugslag)snelheid veel geringer dan die van de kogel. Het minteken geeft aan dat de snelheid (en de impuls) van het geweer in de negatieve x-richting is, tegengesteld gericht aan die van de kogel.

Conceptvoorbeeld 9.5 Vallen van een slede

(*a*) Een lege slede glijdt over wrijvingsloos ijs wanneer Suzanne verticaal vanuit een boom boven op de slede valt. Zal de slede versnellen, vertragen of dezelfde snelheid houden wanneer ze erop neerkomt? (*b*) Even later valt Suzanne zijdelings van de slede. Wat gebeurt er dan met de slede: versnelt hij, vertraagt hij of houdt hij dezelfde snelheid?

Antwoord (*a*) Omdat Suzanne verticaal op de slede valt, heeft ze geen initiële horizontale impuls. Dus geldt dat de totale horizontale impuls na de val gelijk is aan de impuls die de slede in eerste instantie bezat. Omdat de massa van het systeem (slede + Suzanne) toeneemt, moet de snelheid ervan afnemen. (*b*) Op het moment dat Suzanne van de slede valt, beweegt ze met dezelfde horizontale snelheid als toen ze nog op de slede zat. Op het moment dat ze van de slede loskomt heeft ze dezelfde impuls als net daarvoor. Omdat impuls behouden blijft, houdt de slede dezelfde snelheid.

> **Opgave E**
> Bekijk de openingsvragen aan het begin van dit hoofdstuk nog een keer en beantwoord ze opnieuw. Probeer uit te leggen waarom je het antwoord eventueel veranderd hebt.

9.3 Botsingen en stoot

Behoud van impuls is een erg handig hulpmiddel als je te maken hebt met alledaagse botsingsprocessen, zoals een tennisracket of een honkbalknuppel die tegen een bal slaat, twee biljartballen die tegen elkaar botsen of een hamer die op een spijker geslagen wordt. Op subatomair niveau komen wetenschappers veel te weten over de structuur van atoomkernen en hun componenten, en over de natuurkrachten die daarbij betrokken zijn, door botsingen tussen kernen en/of elementaire deeltjes zorgvuldig te bestuderen.

Tijdens een botsing van twee gewone voorwerpen worden beide voorwerpen vaak vervormd. Meestal zijn die vervormingen aanzienlijk, omdat de krachten die bij de botsing optreden erg groot zijn (fig. 9.8). Wanneer de botsing optreedt, 'springt' de kracht die de beide voorwerpen op elkaar uitoefenen meestal van nul op het moment dat ze contact met elkaar maken, binnen een erg korte tijd naar een erg grote waarde, om even later weer even abrupt naar nul terug te keren. In fig. 9.9 is de grootte van de kracht die een voorwerp tijdens een botsing uitoefent op een ander voorwerp, als functie van de tijd, in rood weergegeven. Het tijdsinterval Δt is meestal erg goed te onderscheiden en gewoonlijk erg klein.

Volgens de tweede wet van Newton, vgl. 9.2, is de *netto*kracht op een voorwerp gelijk aan de snelheid waarmee de impuls ervan verandert:

$$\vec{F} = \frac{d\vec{p}}{dt}.$$

FIGUUR 9.8 Een tennisracket slaat tegen een bal. Zowel de bal als de bespanning van het racket vervormen als gevolg van de grote kracht die ze op elkaar uitoefenen.

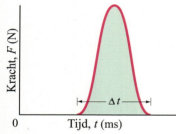

FIGUUR 9.9 Kracht als functie van de tijd tijdens een gebruikelijke botsing: F kan erg groot worden; Δt is meestal slechts enkele milliseconden voor macroscopische botsingen.

(We hebben hier voor de nettokracht $\vec{F}$ geschreven in plaats van $\Sigma\vec{F}$, waarvan we veronderstellen dat deze in zijn geheel het gevolg is van de kortstondige maar grote kracht die tijdens de botsing werkt.) Deze vergelijking geldt voor *elk* van de voorwerpen die bij een botsing betrokken zijn. Tijdens het oneindig kleine tijdsinterval dt verandert de impuls met

$$d\vec{p} = \vec{F}\,dt.$$

Als we dit integreren over de tijdsduur van een botsing, levert dat

$$\int_{b}^{e} d\vec{p} = \vec{p}_e - \vec{p}_b = \int_{t_b}^{t_e} \vec{F}\,dt,$$

waarin $\vec{p}_b$ en $\vec{p}_e$ respectievelijk de begin- en eindimpuls zijn van het voorwerp, net voor en net na de botsing. De integraal van de nettokracht over het tijdsinterval waarin deze werkt wordt de stoot, $\vec{J}$: genoemd

$$\vec{J} = \int_{t_b}^{t_e} \vec{F}\,dt.$$

Dus is de verandering van de impuls van een voorwerp, gelijk aan de stoot die erop werkt:

$$\Delta\vec{p} = \vec{p}_e - \vec{p}_b = \int_{t_b}^{t_e} \vec{F}\,dt = \vec{J}. \tag{9.6}$$

De eenheden voor stoot zijn gelijk aan die voor impuls, kg·m/s (of N·s) in SI-eenheden. Omdat $\vec{J} = \int \vec{F}\,dt$, kunnen we stellen dat de stoot $\vec{J}$ van een kracht gelijk is aan de oppervlakte onder de F-t-grafiek (het gearceerde gebied in fig. 9.9).

Vgl. 9.6 is alleen waar als $\vec{F}$ de *netto*kracht op het voorwerp is. De vergelijking is geldig voor *elke willekeurige* nettokracht $\vec{F}$, waarin $\vec{p}_b$ en $\vec{p}_e$ corresponderen met de tijdstippen t_{begin} en t_{eind}. Maar het concept stoot is werkelijk het handigst voor zogenaamde *impulsieve krachten*, dat wil zeggen voor een kracht zoals weergegeven in fig. 9.9, die erg groot is gedurende een korte tijd en daarvoor en daarna praktisch nul is. Bij de meeste botsingsprocessen is de impulsieve kracht veel groter dan de andere kracht(en) die erop werken, zodat de laatste gedurende die periode verwaarloosd kunnen worden. Voor een dergelijke impulsieve kracht is het tijdsinterval waarover we integreren in vgl. 9.6 niet kritisch zolang we maar starten op t_{begin} en eindigen na t_{eind}, omdat $\vec{F}$ in wezen nul is buiten dit tijdsinterval. (Als het gekozen tijdsinterval te groot is, wordt het effect van de andere krachten natuurlijk wel belangrijk, zoals bij de vlucht van een tennisbal die, nadat de impulsieve kracht er door het racket op uitgeoefend is, begint te vallen als gevolg van de zwaartekracht.)

Het is soms handig om te spreken van de gemiddelde kracht, $\vec{F}_{gem}$ tijdens een botsing. Deze is gedefinieerd als de constante kracht die gedurende hetzelfde tijdsinterval $\Delta t = t_{eind} - t_{begin}$ als de werkelijke kracht werkt en dezelfde stoot en verandering van de impuls zou bewerkstelligen. Dus geldt dat

$$\vec{F}_{gem}\Delta t = \int_{t_b}^{t_e} \vec{F}\, dt.$$

In fig. 9.10 is de grootte van de gemiddelde kracht, F_{gem}, weergegeven voor de impulsieve kracht in fig. 9.9. Het rechthoekige oppervlak $F_{gem}\Delta t$ is gelijk aan de oppervlakte onder de stootkrachtgrafiek.

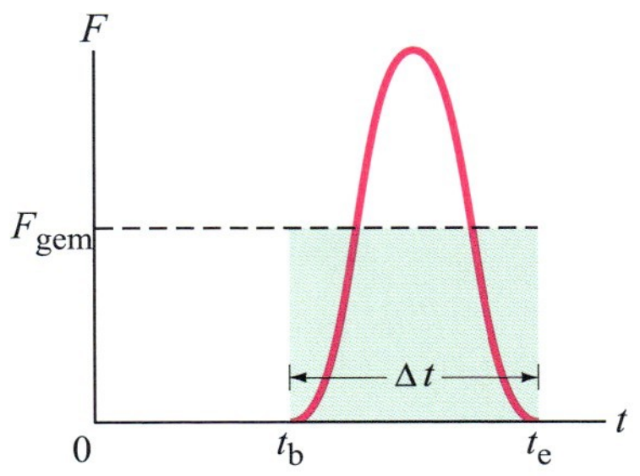

FIGUUR 9.10 De gemiddelde kracht F_{gem} die gedurende een erg kort tijdsinterval Δt werkt, resulteert in dezelfde stoot ($F_{gem}\,\Delta t$) als de werkelijke kracht.

Voorbeeld 9.6   Schatten   Karateslag

Schat de stoot en de gemiddelde kracht van een karateslag (fig. 9.11) waarmee een plank van enkele centimeters dik in tweeën geslagen wordt. Veronderstel dat de snelheid van de beweging van de hand ongeveer 10 m/s is op het moment dat deze de plank raakt.

Aanpak   We gebruiken de relatie tussen impuls en stoot, vgl. 9.6. De snelheid van de hand verandert van 10 m/s naar nul over een afstand van misschien maar een centimeter (ongeveer de afstand die de hand en de plank samendrukken voordat de hand (nagenoeg) tot stilstand komt en de plank begint te bezwijken). Tot de massa van de hand moeten we waarschijnlijk ook een deel van de massa van de arm rekenen, zodat we daarvoor ongeveer $m \approx 1$ kg nemen.

Oplossing   De stoot J is gelijk aan de verandering van de impuls

$$J = \Delta p = (1\text{ kg})(0 - 10\text{ m/s}) = -10\text{ kg}\cdot\text{m/s}.$$

FIGUUR 9.11   Voorbeeld 9.6.

We bepalen de kracht met behulp van de definitie van stoot $F_{gem} = J/\Delta t$; maar hoe groot is Δt? De hand komt ruwweg tot stilstand over de afstand van ongeveer een centimeter: $\Delta x \approx 1$ cm. De gemiddelde snelheid tijdens de stoot is $v_{gem} = (10\text{ m/s} + 0)/2 = 5$ m/s en is gelijk aan $\Delta x/\Delta t$. Dus geldt dat $\Delta t = \Delta x/v_{gem} \approx (10^{-2}\text{ m})/(5\text{ m/s}) = 2\cdot 10^{-3}$ s of ongeveer 2 ms. De kracht is dus (vgl. 9.6) ongeveer

$$F_{gem} = \frac{J}{\Delta t} = \frac{-10\text{ kg}\cdot\text{m/s}}{2\times 10^{-3}\text{ s}} \approx -5000\text{ N} = -5\text{ kN}.$$

9.4   Behoud van energie en impuls bij botsingen

Meestal weten we tijdens botsingen niet hoe de botsingskracht varieert in de tijd, zodat een analyse met behulp van de tweede wet van Newton lastig of zelfs onmogelijk wordt. Maar door gebruik te maken van de wetten van behoud van impuls en energie kunnen we nog steeds een heleboel te weten komen over de beweging na een botsing als we de beweging voor de botsing kennen. In paragraaf 9.2 hebben we gezien dat bij een botsing van twee voorwerpen, zoals biljartballen, de totale impuls behouden blijft. Als de twee voorwerpen erg hard zijn en er geen warmte of andere vorm van energie geproduceerd wordt tijdens de botsing, is de kinetische energie van de twee voorwerpen voor en na de botsing gelijk. In het kortstondige moment waarin de twee voorwerpen contact met elkaar maken, wordt een deel van de energie (of alle energie) heel even opgeslagen in de vorm van potentiële energie als gevolg van de elastische vervorming. Maar als de totale kinetische energie net voor de botsing en net na de botsing aan elkaar gelijk zijn, dan kunnen we zeggen dat de totale kinetische energie behouden blijft. Een dergelijke botsing wordt een **elastische botsing** genoemd. Als we de indexen A en B gebruiken voor de twee voorwerpen, kunnen we de ver-

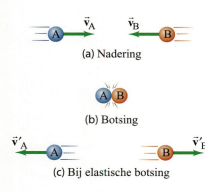

(a) Nadering

(b) Botsing

(c) Bij elastische botsing

(d) Bij niet-elastische botsing

FIGUUR 9.12 Twee voorwerpen met gelijke massa (a) naderen elkaar met gelijke snelheden, (b) botsen en (c) stuiteren weg met gelijke snelheden in tegengestelde richting als de botsing elastisch is, of (d) stuiteren veel minder of helemaal niet terug als de botsing niet-elastisch is.

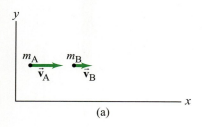

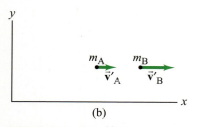

FIGUUR 9.13 Twee kleine voorwerpen met massa m_A en m_B, (a) voor de botsing en (b) na de botsing.

gelijking voor behoud van de totale kinetische energie schrijven als totale kinetische energie voor = totale kinetische energie na

$$\tfrac{1}{2}m_A v_A^2 + \tfrac{1}{2}m_B v_B^2 = \tfrac{1}{2}m_A v'^2_A + \tfrac{1}{2}m_B v'^2_B. \qquad \text{[elastische botsing]} \quad (9.7)$$

De grootheden met een accent hebben betrekking op de situatie na de botsing en die zonder accent op de situatie voor de botsing, op dezelfde manier als in vgl. 9.3 voor behoud van impuls.

Op atomair niveau zijn de botsingen van atomen en moleculen vaak elastisch. Maar in de 'macroscopische' wereld van de gewone voorwerpen is een elastische botsing een ideaal dat zelden bereikt wordt; tijdens een botsing zal altijd een klein beetje thermische energie (en mogelijk ook geluid en andere vormen van energie) geproduceerd worden. De botsing van twee harde elastische ballen, zoals biljartballen, is echter nagenoeg perfect elastisch en vaak beschouwen we zo'n botsing dan ook als zodanig.

Het is echter wel belangrijk dat je niet vergeet dat zelfs wanneer de kinetische energie niet behouden blijft, de *totale* energie wel altijd behouden blijft.

Botsingen waarbij kinetische energie niet behouden blijft, worden **niet-elastische botsingen** genoemd. De kinetische energie die verloren gaat wordt omgezet in andere vormen van energie, vaak thermische energie, zodat de totale energie (zoals altijd) behouden blijft. In dit geval geldt,

$$K_A + K_B = K'_A + K'_B + \text{thermische en andere vormen van energie.}$$

Zie fig. 9.12 en de aanvullende beschrijving. In paragraaf 9.6 komen we op niet-elastische botsingen terug.

9.5 Elastische botsingen in één dimensie

We passen nu de wetten van behoud van impuls en kinetische energie toe op een elastische botsing tussen twee kleine voorwerpen die frontaal botsen. Alle bewegingen vinden in dat geval in één dimensie plaats. Veronderstel dat de twee voorwerpen voor de botsing bewegen met snelheden v_A en v_B langs de x-as, fig. 9.13a. Na de botsing hebben de voorwerpen de snelheden v'_A en v'_B, fig. 9.13b. Voor een willekeurige snelheid $v > 0$, beweegt het voorwerp naar rechts (x neemt toe), terwijl als $v < 0$, het voorwerp naar links beweegt (in de richting van lagere waarden van x). Behoud van impuls levert

$$m_A v_A + m_B v_B = m_A v'_A + m_B v'_B.$$

Omdat de botsing elastisch verondersteld wordt, blijft ook de kinetische energie behouden:

$$\tfrac{1}{2}m_A v_A^2 + \tfrac{1}{2}m_B v_B^2 = \tfrac{1}{2}m_A v'^2_A + \tfrac{1}{2}m_B v'^2_B.$$

We hebben nu twee vergelijkingen die we kunnen gebruiken om twee onbekenden op te lossen. Als we de massa's en snelheden voor de botsing kennen, kunnen we deze twee vergelijkingen oplossen voor de snelheden na de botsing, v'_A en v'_B. We leiden een nuttig resultaat af door de impulsvergelijking om te schrijven tot

$$m_A(v_A - v'_A) = m_B(v'_B - v_B), \qquad \text{(i)}$$

en schrijven de kinetische energievergelijking om tot

$$m_A(v_A^2 - v'^2_A) = m_B(v'^2_B - v_B^2)$$

Aangezien $(a-b)(a+b) = a^2 - b^2$, schrijven we deze laatste vergelijking als

$$m_A(v_A - v'_A)(v_A + v'_A) = m_B(v'_B - v_B)(v'_B + v_B). \qquad \text{(ii)}$$

We delen vgl. (ii) door vgl. (i) en (aangenomen dat $v_A \neq v'_A$ en $v_B \neq v'_B$) krijgen

$$v_A + v'_A = v'_B + v_B.{}^1$$

---

[1] Merk op dat aan zowel vgl. (i) als aan (ii), de wetten van behoud voor impuls en kinetische energie, voldaan wordt door de oplossing $v'_A = v_A$ en $v'_B = v_B$. Dit is een geldige oplossing, die echter niet erg interessant is. In deze situatie is er helemaal geen sprake van een botsing: de twee voorwerpen missen elkaar.

We kunnen deze vergelijking ook schrijven als

$$v_A - v_B = v'_B - v'_A$$

of

$$v_A - v_B = -(v'_A - v'_B). \quad \text{[frontale elastische botsing in een dimensie]} \quad (9.8)$$

> *Relatieve snelheden (alleen in één dimensie)*

Dit is een interessant resultaat: kennelijk geldt bij een willekeurige elastische frontale botsing dat de relatieve snelheid van de twee voorwerpen na de botsing dezelfde grootte (maar tegengestelde richting) heeft als voor de botsing, ongeacht hoe groot de massa's zijn.

We hebben vgl. 9.8 afgeleid van de wet van behoud van kinetische energie voor elastische botsingen en kunnen die ervoor in de plaats gebruiken. Omdat de v in vgl. 9.8 niet gekwadrateerd wordt, is deze vergelijking gemakkelijker te gebruiken in berekeningen dan de vergelijking voor behoud van kinetische energie (vgl. 9.7).

Voorbeeld 9.7 Gelijke massa's

Biljartbal A met massa m beweegt met een snelheid v_A en botst frontaal tegen bal B met dezelfde massa. Hoe groot zijn de snelheden van de twee ballen na de botsing, als we aannemen dat de botsing elastisch is? Veronderstel (*a*) dat beide ballen in eerste instantie bewegen (v_A en v_B), (*b*) dat bal B in eerste instantie in rust is ($v_B = 0$).

Aanpak Er zijn twee onbekenden, v'_A en v'_B, dus hebben we twee onafhankelijke vergelijkingen nodig. We bekijken het tijdsinterval tussen het moment dat de ballen botsen en het moment dat ze weer loskomen van elkaar. Er is geen netto uitwendige kracht die op het systeem van de twee ballen werkt (mg en de normaalkracht vallen tegen elkaar weg), dus is er behoud van impuls. Ook is er behoud van kinetische energie, omdat gegeven is dat de botsing elastisch is.

Oplossing (*a*) De massa's zijn even groot ($m_A = m_B = m$), dus behoud van impuls levert

$$v_A + v_B = v'_A + v'_B.$$

We hebben nog een tweede vergelijking nodig, omdat er twee onbekenden zijn. We zouden de vergelijking voor behoud van kinetische energie kunnen gebruiken of de eenvoudiger vgl. 9.8 die daarvan afgeleid is:

$$v_A - v_B = v'_B - v'_A.$$

We tellen deze twee vergelijkingen bij elkaar op:

$$v'_B = v_A$$

en trekken vervolgens de twee vergelijkingen van elkaar af:

$$v'_A = v_B.$$

Dat wil zeggen dat de ballen als gevolg van de botsing hun snelheden uitwisselen: bal B krijgt de snelheid die bal A had voor de botsing en omgekeerd. (*b*) Als bal B in eerste instantie in rust was, geldt $v_B = 0$. In dat geval hebben we

$$v'_B = v \quad \text{en} \quad v'_A = 0.$$

Dat wil zeggen dat bal A door de botsing tot stilstand gekomen is, terwijl bal B de oorspronkelijke snelheid van bal A gekregen heeft. Dit resultaat kun je vaak zien als je naar biljarten kijkt. Het is echter alleen geldig als de twee ballen gelijke massa's hebben (en de ballen geen effect gekregen hebben van de speler). Zie fig. 9.14.

FIGUUR 9.14 In deze stroboscoopopname van een frontale botsing tussen twee ballen met gelijke massa is te zien dat de witte speelbal vanuit rust door de keu versneld wordt en de rode bal raakt die in eerste instantie in rust was. De witte bal komt tot stilstand en de rode bal (met gelijke massa) vertrekt met dezelfde snelheid als de witte bal had voor de botsing. Zie voorbeeld 9.7.

Voorbeeld 9.8 Ongelijke massa's, aangestoten voorwerp in rust

In een erg gebruikelijke praktische situatie botst een bewegend voorwerp (m_A) tegen een tweede voorwerp (m_B) dat in rust is ($v_B = 0$). Veronderstel dat de voorwerpen verschillende massa's hebben en dat de botsing elastisch is en in één dimensie plaatsvindt (frontaal). (a) Leid vergelijkingen af voor v'_B en v'_A in termen van de beginsnelheid v_A en de massa's m_A en m_B. (b) Bepaal de eindsnelheden als het bewegende voorwerp veel zwaarder is dan het aangestoten voorwerp ($m_A \gg m_B$). (c) Bepaal de eindsnelheden als het bewegende voorwerp veel lichter is dan het aangestoten voorwerp ($m_A \ll m_B$).

Aanpak De impulsvergelijking (met $v_B = 0$) is

$$m_B v'_B = m_A(v_A - v'_A).$$

Ook de kinetische energie blijft behouden, en om daar gebruik van te maken passen we vgl. 9.8 toe en schrijven die als

$$v'_A = v'_B - v_A.$$

Oplossing (a) We substitueren de hierboven gevonden vergelijking voor v'_A in de impulsvergelijking, herschrijven die en vinden dat

$$v'_B = v_A \left(\frac{2m_A}{m_A + m_B} \right).$$

We substitueren deze waarde voor v'_B weer in de vergelijking $v'_A = v'_B - v_A$. Dat levert

$$v'_A = v_A \left(\frac{m_A - m_B}{m_A + m_B} \right).$$

Om de beide vergelijkingen die we afgeleid hebben te controleren, veronderstellen we dat $m_A = m_B$. Dat levert

$$v'_B = v_A \quad \text{en} \quad v'_A = 0.$$

Dit is hetzelfde geval als in voorbeeld 9.7 en we vinden hetzelfde resultaat: voor voorwerpen met gelijke massa, waarvan er een in eerste instantie in rust is, wordt de snelheid van het in eerste instantie bewegende voorwerp volledig overgedragen op het voorwerp dat eerst in rust was.

(b) We weten dat $v_B = 0$ en $m_A \gg m_B$. Een erg zwaar bewegend voorwerp raakt een licht voorwerp in rust, waardoor we met de bovenstaande relaties voor v'_B en v'_A weten dat,

$$v'_B \approx 2v_A$$

$$v'_A \approx v_A.$$

Dus zal de snelheid van het zware bewegende voorwerp nagenoeg niet veranderen, maar het lichte voorwerp, dat in eerste instantie in rust was, beginnen te bewegen met de dubbele snelheid van het zware voorwerp. De snelheid van een zware bowlingbal wordt bijvoorbeeld nagenoeg niet beïnvloed doordat de bal een veel lichtere tennisbal raakt.

(c) Deze keer is $v_B = 0$ en $m_A \ll m_B$. Een bewegend licht voorwerp botst tegen een erg zwaar voorwerp dat in rust is. In dit geval gebruiken we de vergelijkingen in (a)

$$v'_B \approx 0$$

$$v'_A \approx -v_A.$$

Het zware voorwerp blijft nagenoeg in rust en het erg lichte bewegende voorwerp stuitert met nagenoeg dezelfde snelheid terug. Een tennisbal die bijvoorbeeld botst tegen een bowlingbal die stilligt, zal nagenoeg geen effect op de bowlingbal hebben, maar terugstuiteren met nagenoeg dezelfde snelheid die hij in eerste instantie had, net alsof de bal op een harde muur stuitert.

Het is gemakkelijk aan te tonen (zie vraagstuk 40) dat voor een willekeurige elastische frontale botsing geldt dat

$$v'_B = v_A \left(\frac{2m_A}{m_A + m_B} \right) + v_B \left(\frac{m_B - m_A}{m_A + m_B} \right)$$

en

$$v'_A = v_A \left(\frac{m_A - m_B}{m_A + m_B} \right) + v_B \left(\frac{2m_B}{m_A + m_B} \right).$$

Deze algemene vergelijkingen hoef je echter niet uit je hoofd te leren. Je kunt ze immers altijd snel afleiden uit de behoudswetten. In veel vraagstukken is het het eenvoudigst om helemaal van vooraf aan te beginnen, zoals we hierboven ook gedaan hebben voor de speciale gevallen en ook nu weer zullen doen in het volgende voorbeeld.

Voorbeeld 9.9 Een nucleaire botsing

Een proton (p) met massa 1,01 Da (dalton, ook wel atomaire massa-eenheid genoemd; zie hoofdstuk 17) heeft een snelheid van $3,60 \cdot 10^4$ m/s en botst elastisch frontaal tegen een heliumkern (He) (m_{He} = 4,00 Da) die in eerste instantie in rust was. Hoe groot zijn de snelheden van het proton en de heliumkern na de botsing? (Zoals we in hoofdstuk 1 gezien hebben is 1 Da = $1,66 \cdot 10^{-27}$ kg, maar we hebben deze kennis hier niet nodig.) Veronderstel dat de botsing plaatsvindt in een nagenoeg lege ruimte.

Aanpak Dit is een elastische frontale botsing. De enige uitwendige kracht is de zwaartekracht van de aarde, maar deze is verwaarloosbaar ten opzichte van de grote kracht tijdens de botsing. Dus gebruiken we opnieuw de wetten van behoud van impuls en kinetische energie en passen die toe op het systeem dat bestaat uit de twee deeltjes.

Oplossing We noemen het proton (p) deeltje A en de heliumkern (He) deeltje B. We weten dat $v_B = v_{He} = 0$ en $v_A = v_p = 3,60 \cdot 10^4$ m/s. We willen de snelheden v'_p en v'_{He} na de botsing weten. Behoud van impuls:

$$m_p v_p + 0 = m_p v'_p + m_{He} v'_{He}.$$

Omdat de botsing elastisch is, blijft de kinetische energie van het systeem, dat bestaat uit twee deeltjes, behouden en kunnen we vgl. 9.8 gebruiken:

$$v_p - 0 = v'_{He} - v'_p.$$

Dus geldt dat

$$v'_p = v'_{He} - v_p,$$

en we substitueren dit in de bovenstaande impulsvergelijking:

$$m_p v_p = m_p v'_{He} - m_p v_p + m_{He} v'_{He}.$$

Als we deze vergelijking oplossen voor v'_{He} levert dat

$$v'_{He} = \frac{2 m_p v_p}{m_p + m_{He}} = \frac{2(1,01 \text{ u})(3,60 \times 10^4 \text{ m/s})}{5,01 \text{ u}} = 1,45 \times 10^4 \text{ m/s}.$$

De andere onbekende is v'_p, die we nu kunnen vinden met

$$v'_p = v'_{He} - v_p = (1,45 \cdot 10^4 \text{ m/s}) - (3,60 \cdot 10^4 \text{ m/s}) = -2,15 \cdot 10^4 \text{ m/s}.$$

Het minteken voor v'_p geeft aan dat de richting van het proton omkeert na de botsing en we zien dat de eindsnelheid kleiner is dan de beginsnelheid (zie fig. 9.15).

Opmerking Deze resultaten zijn logisch: het lichtere proton zal, zoals te verwachten is, terugstuiteren van de zwaardere heliumkern, maar niet met de gehele oorspronkelijke snelheid zoals wel het geval zou zijn als het op een zware muur zou botsen.

(a)

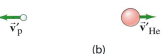

(b)

FIGUUR 9.15 Voorbeeld 9.9: (a) voor de botsing, (b) na de botsing.

9.6 Niet-elastische botsingen

Botsingen waarbij de kinetische energie niet behouden blijft, worden **niet-elastische botsingen** genoemd. Een deel van de initiële kinetische energie wordt omgezet in andere soorten energie, zoals thermische of potentiële energie, waardoor de totale kinetische energie na de botsing minder is dan de totale kinetische energie vóór de botsing. Ook het omgekeerde kan gebeuren wanneer potentiële energie (zoals chemische of nucleaire energie) vrijgemaakt wordt, waardoor de totale kinetische energie na de interactie groter kan worden dan de initiële kinetische energie. Dit is wat er bij explosies gebeurt. De meeste macroscopische botsingen zijn niet-elastisch. Als twee voorwerpen als gevolg van een botsing bij elkaar blijven, wordt de botsing **volkomen niet-elastisch** genoemd. Twee botsende ballen van stopverf die na een botsing aan elkaar kleven of twee treinwagons die samen verder rijden na een botsing zijn voorbeelden van volledig niet-elastische botsingen. De kinetische energie wordt bij een niet-elastische botsing in sommige gevallen volledig omgezet in andere vormen van energie, maar in andere gevallen slechts voor een deel. In voorbeeld 9.3 hebben we bijvoorbeeld gezien dat wanneer een rijdende treinwagon tegen een stilstaande treinwagon botst, de twee wagons als één geheel verder rijden met een bepaalde hoeveelheid kinetische energie. Bij een volkomen niet-elastische botsing volgt de maximale hoeveelheid kinetische energie die omgezet kan worden naar andere vormen uit de wet van behoud van impuls. Hoewel de kinetische energie niet behouden blijft bij niet-elastische botsingen, blijft de totale energie wel altijd behouden, net als de totale vectorimpuls.

Voorbeeld 9.10   Nog een keer: treinwagons

Bereken voor de volkomen niet-elastische botsing van de twee treinwagons in voorbeeld 9.3 hoeveel van de initiële kinetische energie omgezet wordt in thermische of andere vormen van energie.

Aanpak De treinwagons blijven na de botsing bij elkaar, dus hebben we te maken met een volkomen niet-elastische botsing. Door de totale kinetische energie na de botsing af te trekken van de totale kinetische energie in het begin, kunnen we bepalen hoeveel energie omgezet wordt in andere soorten energie.

Oplossing Voor de botsing beweegt alleen wagon A. De totale initiële kinetische energie is dus $\frac{1}{2} m_A v_A^2 = \frac{1}{2}$ (10.000 kg)(24,0 m/s)^2 = 2,88 · 10^6 J. Na de botsing rijden de beide wagons als één geheel verder met een snelheid van 12,0 m/s, wat we bepaald hebben met de wet van behoud van impuls (voorbeeld 9.3). De totale kinetische energie na de botsing is dus $\frac{1}{2}$ (20.000 kg) (12,0 m/s)^2 = 1,44 · 10^6 J. De energie die omgezet is in andere vormen van energie is dus

$$(2{,}88 \cdot 10^6 \text{ J}) - (1{,}44 \cdot 10^6 \text{ J}) = 1{,}44 \cdot 10^6 \text{ J}:$$

de helft van de oorspronkelijke kinetische energie.

Voorbeeld 9.11   Ballistische slinger

De *ballistische slinger* is een apparaat dat gebruikt wordt om de snelheid van een projectiel, bijvoorbeeld een kogel, te meten. Het projectiel, met massa m, wordt afgevuurd in een groot blok (van hout of een ander materiaal) met massa M, dat opgehangen is als een slinger. (Meestal is M groter dan m.) Als gevolg van de botsing wordt de combinatie van het blok en de kogel opgeslingerd tot een maximale hoogte h, fig. 9.16. Bepaal de relatie tussen de initiële horizontale snelheid van het projectiel, v, en de maximale hoogte h.

Aanpak We kunnen het proces analyseren door het op te delen in twee delen of twee tijdsintervallen: (1) het tijdsinterval van net voor tot net na de botsing en (2) het daarop volgende tijdsinterval waarin de slinger beweegt vanuit de verticale uitgangspositie tot de maximale hoogte h.

In (1), fig. 9.16a, veronderstellen we dat de botsingstijd erg kort is, zodat het projectiel in het blok tot rust komt voordat het blok significant verplaatst is ten opzichte van de uitgangspositie recht onder het ophangpunt. Dat betekent dat er dus

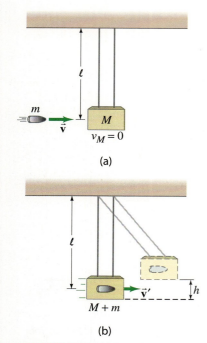

FIGUUR 9.16 Ballistische slinger. Voorbeeld 9.11.

effectief geen netto uitwendige kracht is, zodat we de wet van behoud van impuls kunnen toepassen op deze volkomen niet-elastische botsing. In (2), fig. 9.16b, begint de slinger te bewegen terwijl er een netto uitwendige kracht op werkt (de zwaartekracht probeert om het blok met de kogel terug omlaag te trekken naar de verticale positie); hiervoor kunnen we dus niet de wet van behoud van impuls gebruiken. Maar we kunnen wel behoud van mechanische energie gebruiken, omdat de zwaartekracht een conservatieve kracht is (hoofdstuk 8). De kinetische energie onmiddellijk na de botsing is volledig omgezet in gravitationele potentiële energie wanneer de slinger de maximale hoogte, h, bereikt.

Oplossing In (1) blijft de impuls behouden:

$$P \text{ totaal voor} = P \text{ totaal na}$$
$$mv = (m + M)v', \qquad \text{(i)}$$

waarin v' de snelheid van de combinatie van het blok en het daarin geschoten projectiel is net na de botsing, voordat de combinatie significant verplaatst is.

In (2) blijft de mechanische energie behouden. We kiezen $y = 0$ op het punt waar de slinger verticaal hangt, zodat $y = h$ wanneer het systeem (dat bestaat uit de combinatie van de slinger en het projectiel) de maximale hoogte bereikt. We schrijven dus

$(K + U)$ net na de botsing $= (K + U)$ wanneer de slinger de maximale hoogte heeft bereikt of

$$\tfrac{1}{2}(m + M)v'^2 + 0 = 0 + (m + M)gh. \qquad \text{(ii)}$$

We lossen deze vergelijking op voor $v' = \sqrt{2gh}$.

We substitueren dit resultaat voor v' in vgl. (i) en lossen deze vergelijking dan op voor v:

$$v = \frac{m + M}{m}v' = \frac{m + M}{m}\sqrt{2gh},$$

wat precies is wat we wilden weten.

Opmerking De opsplitsing van het proces in twee onderdelen is cruciaal. Een dergelijke analyse is een krachtig middel om vraagstukken op te lossen. Maar hoe besluit je nu om een dergelijke beslissing te nemen? Denk na over de wetten van behoud. Dat zijn je *hulpmiddelen*. Begin bij een vraagstuk met jezelf af te vragen of de wetten van behoud van toepassing zijn in de gegeven situatie. In dit geval kwamen we tot de slotsom dat de impuls alleen behouden blijft tijdens de kortstondige botsing, die we deel (1) noemden. Maar in deel (1) is er geen behoud van mechanische energie, omdat de botsing niet-elastisch is. In (2) is er echter wel behoud van mechanische energie, maar geen behoud van impuls.

Merk op dat als de slinger wel zou bewegen bij het vertragen van het projectiel in het blok, er *wel* een uitwendige kracht (de zwaartekracht) zou werken tijdens de botsing, zodat er geen behoud van impuls zou zijn in (1).

9.7 Botsingen in twee of drie dimensies

We kunnen behoud van impuls en energie ook toepassen op botsingen in twee of drie dimensies. In dat geval speelt de vectoriële aard van de impuls een belangrijke rol. Een veelvoorkomende soort niet-frontale botsing is een botsing waarbij een bewegend voorwerp (dat het 'projectiel' genoemd wordt) tegen een tweede voorwerp botst dat in eerste instantie in rust is (het 'doel'). Dit soort botsingen zie je bijvoorbeeld bij biljarten, maar ook bij experimenten in de atomaire en nucleaire natuurkunde (de projectielen, veroorzaakt door radioactief verval of een versneller, raken een stationair doel, een atoomkern; fig. 9.17).

In fig. 9.18 is een projectiel, m_A, weergegeven dat langs de x-as in de richting van het doel, m_B, beweegt dat in eerste instantie in rust is. Als dit biljartballen zouden zijn, raakt m_A m_B niet helemaal frontaal en rollen de ballen verder onder hoeken θ'_A,

Oplossingsstrategie

Gebruik de behoudswetten om een vraagstuk te analyseren

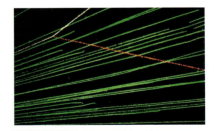

FIGUUR 9.17 Een ingekleurde versie van een nevelvatopname uit de begindagen (omstreeks 1920) van de nucleaire natuurkunde. De groene lijnen zijn de banen van heliumkernen (He) die van links naar rechts bewegen. Een heliumkern, die geel gekleurd is, botst tegen een proton van het waterstofgas in het vat, waarna de beide deeltjes onder een hoek van elkaar weg bewegen; de baan van het proton is rood gekleurd.

respectievelijk θ'_B, die gemeten worden ten opzichte van de initiële richting van m_A (de x-as).[1]

Laten we eens de wet van behoud van impuls toepassen op de botsing die is weergegeven in fig. 9.18. We kiezen het xy-vlak als het vlak waarin zowel de beginimpuls als de eindimpuls ligt. Impuls is een vector en omdat de totale impuls behouden blijft, blijven de componenten in de x- en y-richting ook behouden. Voor behoud van de x-component van impuls geldt

$$p_{Ax} + p_{Bx} = p'_{Ax} + p'_{Bx}$$

of, als $p_{Bx} = m_B v_{Bx} = 0$,

Behoud van p_x

$$m_A v_A = m_A v'_A \cos\theta'_A + m_B v'_B \cos\theta'_B, \qquad (9.9a)$$

waarin de accenten (′) betrekking hebben op de grootheden *na* de botsing. Omdat er in eerste instantie geen beweging in de y-richting is, is de y-component van de totale impuls vóór de botsing nul. De vergelijking voor behoud van impuls voor de y-component is dan

$$p_{Ay} + p_{By} = p'_{Ay} + p'_{By}$$

of

Behoud van p_y

$$0 = m_A v'_A \sin\theta'_A + m_B v'_B \sin\theta'_B. \qquad (9.9b)$$

Wanneer we twee onafhankelijke vergelijkingen hebben, kunnen we daaruit maximaal twee onbekenden berekenen.

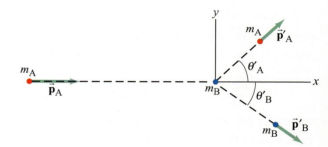

FIGUUR 9.18 Voorwerp A, het projectiel, botst tegen voorwerp B, het doel. Na de botsing bewegen ze van elkaar weg met respectievelijk impuls $\vec{p}'_A$ en $\vec{p}'_B$ onder een hoek θ'_A en θ'_B met de oorspronkelijke bewegingsrichting van het projectiel. De hier weergegeven voorwerpen zijn puntmassa's, zoals we die in werkelijkheid tegen zouden kunnen komen in de nucleaire natuurkunde. Het zouden echter ook macroscopische biljartballen kunnen zijn.

Voorbeeld 9.12 Botsing van biljartballen in 2 dimensies

Biljartbal A heeft een snelheid $v_A = 3{,}0$ m/s in de $+x$-richting (fig. 9.19) en botst tegen biljartbal B, die in eerste instantie in rust is en dezelfde massa heeft. De twee ballen bewegen na de botsing verder in een richting die een hoek van 45° maakt met de x-as, bal A naar boven de x-as en bal B naar onder de x-as. Dat wil zeggen dat $\theta'_A = 45°$ en $\theta'_B = -45°$ in fig. 9.19. Welke snelheden hebben de twee ballen na de botsing?

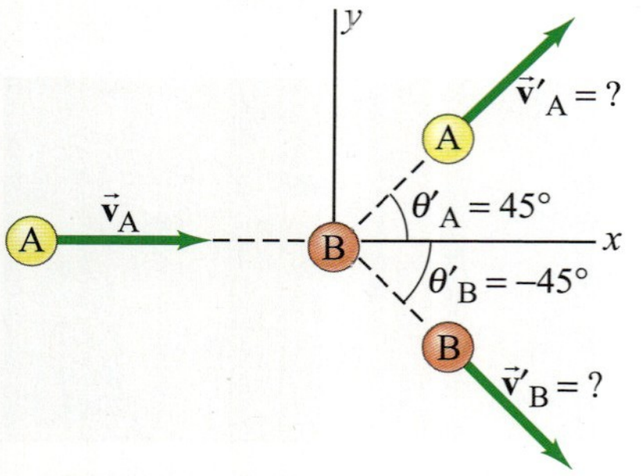

Aanpak Er werkt geen netto uitwendige kracht op het systeem dat bestaat uit de twee ballen, als we aannemen dat het biljart vlak staat (de normaalkracht houdt de zwaartekracht in balans). Dus is er behoud van impuls en we gebruiken dit voor zowel de x- als de y-component in het xy-coördinatenstelsel in fig. 9.19. Dat levert twee vergelijkingen op met twee onbekenden, v'_A en v'_B. Vanwege de symmetrie zouden we kunnen gokken dat de twee ballen dezelfde snelheid hebben. Maar laten we daar nu even niet van uitgaan. Hoewel we niet weten of de botsing elastisch is of niet-elastisch, kunnen we nog steeds behoud van impuls gebruiken.

Opmerking We passen behoud van impuls toe voor de x- en y-component, vgl. 9.9a en b en lossen v'_A en v'_B op. We weten dat $m_A = m_B (= m)$, dus

FIGUUR 9.19 Voorbeeld 9.12.

---

[1] De voorwerpen zouden al kunnen gaan afbuigen voordat ze fysiek met elkaar in contact komen, wanneer er elektrische, magnetische of atoomkrachten tussen hen aanwezig zouden zijn. Je kunt daarbij bijvoorbeeld denken aan twee magneten die zodanig gericht zijn dat ze elkaar afstoten: wanneer de ene magneet in de richting van de andere beweegt, 'vlucht' de tweede bal voordat de eerste hem kan raken.

(voor x) $mv_A = mv'_A \cos(45°) + mv'_B \cos(-45°)$

en

(voor y) $0 = mv'_A \sin(45°) + mv'_B \sin(-45°)$.

De massa's m vallen tegen elkaar weg (de massa's zijn gelijk). De tweede vergelijking levert (aangezien $\sin(-\theta) = -\sin\theta$):

$$v'_B = -v'_A \frac{\sin(45°)}{\sin(-45°)} = -v'_A\left(\frac{\sin 45°}{-\sin 45°}\right) = v'_A.$$

De ballen hebben dus dezelfde snelheid, zoals we eerder dachten. De vergelijking voor de x-component levert (aangezien $\cos(-\theta) = \cos\theta$):

$$v_A = v'_A \cos(45°) + v'_B \cos(45°) = 2v'_A \cos(45°),$$

dus

$$v'_A = v'_B = \frac{v_A}{2\cos(45°)} = \frac{3{,}0\,\text{m/s}}{2(0{,}707)} = 2{,}1\,\text{m/s}.$$

Als we weten dat een botsing elastisch is, kunnen we ook behoud van kinetische energie gebruiken om een derde vergelijking op te stellen, naast vgl. 9.9a en b:

$$K_A + K_B = K'_A + K'_B$$

of, voor de botsing in fig. 9.18 of 9.19,

$$\tfrac{1}{2}m_A v_A^2 = \tfrac{1}{2}m_A v'^2_A + \tfrac{1}{2}m_B v'^2_B. \qquad \text{[elastische botsing]} \quad (\textbf{9.9c})$$

Als de botsing elastisch is, hebben we drie onafhankelijk vergelijkingen waarmee we drie onbekenden kunnen berekenen. Als we m_A, m_B, v_A (en v_B, als deze verschillend is van nul) kennen, is het niet mogelijk om de eindvariabelen, v'_A, v'_B, θ'_A en θ'_B, te bepalen, omdat dat er vier zijn. Als we echter een van deze variabelen kunnen vaststellen, bijvoorbeeld θ'_A, liggen de andere drie variabelen (v'_A, v'_B en θ'_B) vast; we kunnen ze bepalen met behulp van vgl. 9.9a, b en c.
Let echter op: vgl. 9.8 geldt *niet* voor tweedimensionale botsingen. Deze vergelijking is alleen geldig als de botsing in één dimensie is.

Let op

Vgl. 9.8 geldt alleen in één dimensie.

Voorbeeld 9.13   Botsing van twee protonen

Een proton met een snelheid van $8{,}2 \cdot 10^5$ m/s botst elastisch tegen een stilstaand proton in een waterstofdoel, zoals in fig. 9.18. Een van de protonen wordt weggeslagen onder een hoek van 60°. Onder welke hoek zal het tweede proton waargenomen worden en welke snelheden hebben de twee protonen na de botsing?

Aanpak   We hebben een tweedimensionale botsing bekeken in voorbeeld 9.12, waarin we alleen behoud van impuls gebruikten. Nu hebben we echter minder informatie: we hebben te maken met drie onbekenden in plaats van twee. Omdat de botsing elastisch is, kunnen we zowel de kinetische energievergelijking als de twee impulsvergelijkingen gebruiken.

Oplossing   Omdat $m_A = m_B$, worden vgl. 9.9a, b en c

$$v_A = v'_A \cos\theta'_A + v'_B \cos\theta'_B \qquad \textbf{(i)}$$
$$0 = v'_A \sin\theta'_A + v'_B \sin\theta'_B \qquad \textbf{(ii)}$$
$$v_A^2 = v'^2_A + v'^2_B, \qquad \textbf{(iii)}$$

waarin $v_A = 8{,}2 \cdot 10^5$ m/s en $\theta'_A = 60°$ gegeven zijn. In de eerste en tweede vergelijking verplaatsen we de v'_A-termen naar links en kwadrateren beide zijden van de vergelijkingen:

$$v_A^2 - 2v_A v'_A \cos\theta_A + v'^2_A \cos^2\theta'_A = v'^2_B \cos^2\theta'_B$$
$$v'^2_A \sin^2\theta'_A = v'^2_B \sin^2\theta'_B$$

We tellen deze twee vergelijkingen op en gebruiken $\sin^2\theta + \cos^2\theta = 1$ om:

$$v_A^2 - 2v_A v'_A \cos\theta'_A + v'^2_A = v'^2_B$$

te krijgen.

In deze vergelijking substitueren we $v'^2_B = v_A^2 - v'^2_A$ uit vergelijking (iii):

$$2v'^2_A = 2v_A v'_A \cos\theta'_A$$

of

$$v'_A = v_A \cos\theta'_A = (8{,}2 \cdot 10^5 \text{ m/s})(\cos 60°) = 4{,}1 \cdot 10^5 \text{ m/s}.$$

Om v'_B te bepalen gebruiken we vergelijking (iii) (behoud van kinetische energie):

$$v'_B = \sqrt{v_A^2 - v'^2_A} = 7{,}1 \times 10^5 \text{m/s}.$$

Vergelijking (ii) levert ten slotte

$$\sin\theta'_B = -\frac{v'_A}{v'_B}\sin\theta'_A = -\left(\frac{4{,}1 \times 10^5\text{m/s}}{7{,}1 \times 10^5\text{m/s}}\right)(0{,}866) = -0{,}50,$$

dus $\theta'_B = -30°$. (Het minteken betekent dat puntmassa B zich in een hoek onder de x-as beweegt als puntmassa A zich in een hoek boven deze as beweegt, zoals in fig. 9.19.) Een voorbeeld van een dergelijke botsing is weergegeven in de foto van een bellenvat, fig. 9.20. Merk op dat de twee bewegingsrichtingen na de botsing haaks op elkaar staan. Het is mogelijk om aan te tonen dat dit geldt voor alle niet-frontale elastische botsingen van twee deeltjes met dezelfde massa, waarvan er een in eerste instantie in rust is (zie vraagstuk 61).

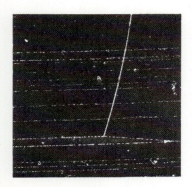

FIGUUR 9.20 Foto van een botsing van twee protonen in een waterstofbellenvat (een apparaat dat de baan van elementaire deeltjes zichtbaar maakt). De lijntjes zijn inkomende protonen die tegen de waterstofprotonen in het vat kunnen botsen.

Oplossingsstrategie

■ *Behoud van impuls en botsingen*

1. Bepaal waaruit het **systeem** bestaat. Als de situatie complex is, bedenk dan hoe je het in afzonderlijke onderdelen kunt opsplitsen wanneer er een of meer behoudswetten van toepassing zijn.
2. Als er een significante **netto uitwendige kracht** werkt op het door jou gekozen systeem, is het erg belangrijk dat je het tijdsinterval Δt zo kort neemt dat het effect op de impuls verwaarloosbaar is. Dat wil zeggen dat de krachten die tussen de op elkaar reagerende voorwerpen werken de enige significante krachten zijn, als je gebruik wilt maken van behoud van impuls. (Opmerking: als dit geldig is voor een deel van het probleem, kun je behoud van impuls alleen voor dat deel gebruiken.)
3. Maak een **schets** van de beginsituatie, net voordat de interactie (botsing, explosie) plaatsvindt en teken de impuls van elk voorwerp als een pijl en benoem die. Doe hetzelfde voor de eindsituatie, net na de interactie.
4. Kies een **coördinatenstelsel** en '+'- en '−'-richtingen. (Voor een frontale botsing heb je alleen een x-as nodig.) Het is vaak handig om de +x-as in de richting van de beginsnelheid van een voorwerp te kiezen.
5. Pas de **impulsbehoud**-vergelijking(en) toe: totale beginimpuls = totale eindimpuls.
Voor elke component (x, y, z) heb je een vergelijking: voor een frontale botsing heb je maar één vergelijking.
6. Als de botsing elastisch is kun je een vergelijking voor **behoud van kinetische energie** opstellen: totale kinetische energie aan het begin = totale kinetische energie aan het eind.
(Je kunt ook vgl. 9.8 gebruiken: $v_A - v_B = v'_B - v'_A$, als de botsing eendimensionaal (frontaal) is.)
7. Los de **onbekende(n)** op.

9.8 Massamiddelpunt (MM)

Impuls is een krachtig concept dat niet alleen gebruikt kan worden om botsingen te analyseren, maar ook om de translatiebeweging van echte voorwerpen te analyseren. Tot nu toe hebben we, wanneer we te maken hadden met de beweging van ruimtelijke voorwerpen (dat wil zeggen voorwerpen met afmetingen), altijd ofwel aangenomen dat we die konden beschouwen als een puntmassa ofwel dat deze alleen een translatiebeweging ondergingen. Ruimtelijke voorwerpen kunnen echter ook, naast translatiebewegingen, rotationele en andere soorten bewegingen ondergaan. De schoonspringster in fig. 9.21a ondergaat alleen een translatiebeweging (alle delen van het lichaam volgen dezelfde baan), maar de duikster in fig. 9.21b ondergaat zowel een translatie- als een rotatiebeweging. We zullen een beweging die niet puur translationeel is een *algemene beweging* noemen.

Uit waarnemingen is gebleken dat zelfs wanneer een voorwerp roteert of verschillende onderdelen van een systeem dat bestaat uit meerdere voorwerpen ten opzichte van elkaar bewegen, er altijd een punt is dat dezelfde baan beschrijft als een puntmassa die onderworpen wordt aan dezelfde nettokracht. Dit punt wordt het **massamiddelpunt** (afgekort MM) genoemd. De algemene beweging van een ruimtelijk voorwerp (of systeem van voorwerpen) kan beschouwd worden als *de som van de translatiebeweging van het MM, plus de rotationele, vibrationele of andere soorten beweging om het MM.*

Bekijk bijvoorbeeld de beweging van het massamiddelpunt van de schoonspringster in fig. 9.21; het MM beschrijft een parabolische baan, ook wanneer de springster zelf roteert, zoals is weergegeven in fig. 9.21b. Dit is dezelfde parabolische baan die een puntmassa volgt wanneer alleen de zwaartekracht erop werkt (kogelbaan, paragraaf 3.7). Andere punten in het roterende lichaam van de springster, zoals haar voeten of haar hoofd, beschrijven veel complexere banen.

In fig. 9.22 is een moersleutel weergegeven waarop geen enkele nettokracht werkt, die zowel transleert als roteert in een horizontaal vlak. Merk op dat het MM van de sleutel, dat zich bevindt in het rode kruisje, een rechtlijnige baan beschrijft (de stippellijn).

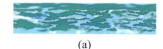

(a)

(b)

FIGUUR 9.21 De beweging van de springster is puur translationeel in (a), maar translationeel plus rotationeel in (b). De zwarte stip stelt het MM op verschillende momenten tijdens de beweging voor.

FIGUUR 9.22 Translatie plus rotatie: een moersleutel beweegt over een horizontaal vlak. Het MM, gemarkeerd door een rood kruisje, beweegt in een rechte lijn.

In paragraaf 9.9 zullen we zien dat de belangrijke eigenschappen van het MM voldoen aan de wetten van Newton als het MM op de volgende manier gedefinieerd wordt. We kunnen een willekeurig ruimtelijk voorwerp beschouwen als een grote verzameling minuscule puntmassa's. Om het probleem niet meteen te ingewikkeld te maken, zullen we eerst een systeem bekijken dat bestaat uit twee puntmassa's (of kleine voorwerpen), met massa m_A en m_B. We kiezen een coördinatenstelsel zodanig dat beide puntmassa's zich op de x-as bevinden in x_A en x_B, fig. 9.23. Het massamiddelpunt van dit systeem definiëren we als de positie x_{MM}, waarvoor geldt dat

$$x_{MM} = \frac{m_A x_A + m_B x_B}{m_A + m_B} = \frac{m_A x_A + m_B x_B}{M},$$

waarin $M = m_A + m_B$ de totale massa van het systeem is. Het massamiddelpunt ligt op de rechte lijn tussen m_A en m_B. Als de twee massa's even groot zijn ($m_A = m_B = m$), bevindt x_{MM} zich precies in het midden tussen de twee, omdat in dat geval

$$x_{MM} = \frac{m(x_A + x_B)}{2m} = \frac{(x_A + x_B)}{2}.$$

Als de ene massa groter is dan de andere, bijvoorbeeld $m_A > m_B$, ligt het MM dichter bij de grotere massa. Als alle massa geconcentreerd is in x_B, dus als $m_A = 0$, is $x_{MM} = (0 x_A + m_B x_B)/(0 + m_B) = x_B$, zoals te verwachten is.

Veronderstel nu eens een systeem dat bestaat uit n puntmassa's, waarin n erg groot kan zijn. Dit systeem zou een ruimtelijk voorwerp kunnen zijn dat we beschouwen als een voorwerp dat bestaat uit n minuscule puntmassa's. Als deze n puntmassa's zich op een rechte lijn bevinden (noem het de x-as), definiëren we het MM van het systeem op de positie

$$x_{MM} = \frac{m_1 x_1 + m_2 x_2 + \cdots + m_n x_n}{m_1 + m_2 + \cdots + m_n} = \frac{\sum_{i=1}^{n} m_i x_i}{M}, \qquad (9.10)$$

waarin $m_1, m_2, \ldots m_n$ de massa van elke puntmassa is en $x_1, x_2, \ldots x_n$ de positie daarvan. Het symbool $\sum_{i=1}^{n}$ is het somteken en beschrijft de som van alle puntmassa's, waarin

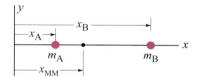

FIGUUR 9.23 Het massamiddelpunt van een systeem dat bestaat uit twee puntmassa's bevindt zich op de rechte verbindingslijn tussen die twee massa's. Hier is $m_A > m_B$, waardoor het MM dichter bij m_A ligt dan bij m_B.

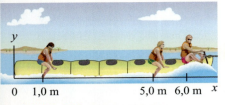

FIGUUR 9.24 Voorbeeld 9.14.

i een geheel getal is tussen 1 en n. (Vaak schrijven we eenvoudigweg $\Sigma m_i x_i$, en laten $i = 1$ tot en met n weg.) De totale massa van het systeem is $M = \Sigma m_i$.

Voorbeeld 9.14 MM van drie mannen op een vlot

Drie mannen met ongeveer dezelfde massa m drijven op een lichtgewicht (opblaasbaar) vlot langs de x-as op de posities $x_A = 1{,}0$ m, $x_B = 5{,}0$ m en $x_C = 6{,}0$ m, gemeten vanaf de linkerkant van het vlot op de manier zoals is weergegeven in fig. 9.24. Bepaal de positie van het MM. Verwaarloos de massa van het vlot.

Aanpak We weten de massa en de locatie van de drie mensen, dus gebruiken we de drie termen in vgl. 9.10. We beschouwen de drie mannen als puntmassa's. Dat betekent dat de locatie van elke persoon overeenkomt met de positie van zijn eigen MM.

Oplossing We gebruiken vgl. 9.10 met drie termen:

$$x_{MM} = \frac{mx_A + mx_B + mx_C}{m + m + m} = \frac{m(x_A + x_B + x_C)}{3m} = \frac{(1{,}0 \text{ m} + 5{,}0 \text{ m} + 6{,}0 \text{ m})}{3}$$
$$= \frac{12{,}0 \text{ m}}{3} = 4{,}0 \text{ m}.$$

Het MM bevindt zich op 4,0 m vanaf het linker uiteinde van het vlot. Dit is zinnig: het moet zich dichter bij de twee mannen voor op het vlot bevinden dan bij de man achterop.

Merk op dat de coördinaten van het MM afhankelijk zijn van het gekozen referentiestelsel of coördinatenstelsel. De fysieke locatie van het MM is echter onafhankelijk van die keuze.

> **Opgave F**
> Bereken het MM van de drie mensen in voorbeeld 9.14, maar nu als je de oorsprong van het referentiestelsel kiest ter plaatse van de man voorop ($x_C = 0$). Is de fysieke locatie van het MM hetzelfde?

Als de puntmassa's in twee of drie dimensies verspreid zijn, wat gebruikelijk is bij ruimtelijke voorwerpen, definiëren we de coördinaten van het MM als

$$x_{MM} = \frac{\Sigma_i m_i x_i}{M}, \quad y_{MM} = \frac{\Sigma m_i y_i}{M}, \quad z_{MM} = \frac{\Sigma m_i z_i}{M}, \tag{9.11}$$

waarin x_i, y_i en z_i de coördinaten van de puntmassa met massa m_i zijn en $M = \Sigma m_i$ de totale massa is.

Hoewel we vanuit praktisch oogpunt meestal de componenten van het MM bepalen (vgl. 9.11), is het soms gemakkelijk (bijvoorbeeld bij afleidingen) om vgl. 9.11 in vectorvorm te schrijven. Als $\vec{r}_i = x_i \vec{e}_x + y_i \vec{e}_y + z_i \vec{e}_z$ de positievector van de i-de puntmassa is en $\vec{r}_{MM} = x_{MM} \vec{e}_x + y_{MM} \vec{e}_y + z_{MM} \vec{e}_z$ de positievector van het massamiddelpunt is, geldt

$$\vec{r}_{MM} = \frac{\sum m_i \vec{r}_i}{M}. \tag{9.12}$$

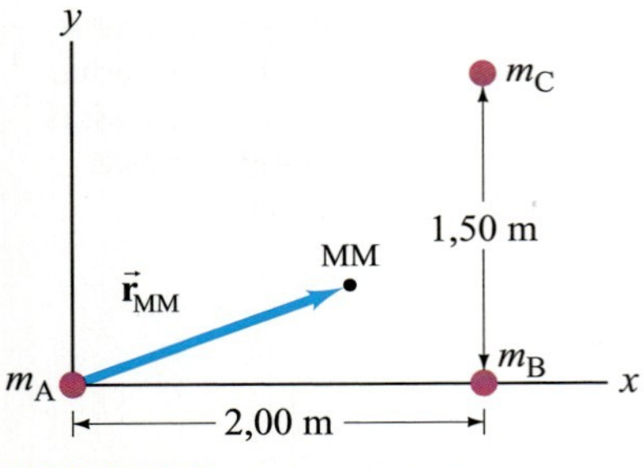

Voorbeeld 9.15 Drie puntmassa's in twee dimensies

Drie puntmassa's, elk met massa 2,50 kg, bevinden zich op de hoeken van een rechthoekige driehoek met zijden van 2,00 m en 1,50 m lang, op de manier zoals is weergegeven in fig. 9.25. Bepaal de plaats van het massamiddelpunt.

Aanpak We kiezen het coördinatenstelsel op de manier zoals is weergegeven in de figuur (om de berekeningen te vereenvoudigen) met m_A in de oorsprong en m_B op de x-as. In dat geval heeft m_A de coördinaten $x_A = y_A = 0$; m_B heeft de coördinaten $x_B = 2{,}0$ m, $y_B = 0$ en m_C heeft de coördinaten $x_C = 2{,}0$ m, $y_C = 1{,}5$ m.

Opmerking Uit vgl. 9.11 volgt:

FIGUUR 9.25 Voorbeeld 9.15.

$$x_{\text{MM}} = \frac{(2{,}50\,\text{kg})(0) + (2{,}50\,\text{kg})(2{,}00\,\text{m}) + (2{,}50\,\text{kg})(2{,}00\,\text{m})}{3(2{,}50\,\text{kg})} = 1{,}33\,\text{m}$$

$$y_{\text{MM}} = \frac{(2{,}50\,\text{kg})(0) + (2{,}50\,\text{kg})(0) + (2{,}50\,\text{kg})(1{,}50\,\text{m})}{7{,}50\,\text{kg}} = 0{,}50\,\text{m}.$$

Het MM en de positievector $\vec{r}_{\text{CM}}$ zijn weergegeven in fig. 9.25, binnen de 'driehoek', zoals te verwachten was.

> **Opgave G**
> Een duiker maakt een sprong met daarin een flip en een half-pike (benen en armen recht, maar lichaam geknikt). Wat kun je zeggen over het massamiddelpunt van de duiker? (*a*) Het versnelt met een grootte 9,8 m/s² (de wrijving van de lucht wordt buiten beschouwing gelaten). (*b*) Het beschrijft een cirkelvormige baan als gevolg van de rotatie van de springer. (*c*) Het moet zich altijd ongeveer binnen het lichaam van de springer bevinden, ergens in het geometrische middelpunt. (*d*) Alle bovenstaande antwoorden zijn waar.

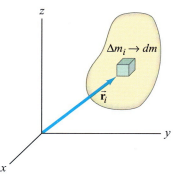

FIGUUR 9.26 Een ruimtelijk voorwerp, hier alleen in twee dimensies weergegeven, kan beschouwd worden als een verzameling minuscule puntmassa's (*n*), die elk een massa Δm_i hebben. Eén zo'n puntmassa is weergegeven op een punt $\vec{r}_i = x_i\vec{e}_x + y_i\vec{e}_y + z_i\vec{e}_z$. We nemen de limiet van $n \to \infty$, dus Δm_i wordt de oneindig kleine dm.

Het is vaak handig om je een ruimtelijk voorwerp voor te stellen als een gelijkmatige verdeling van materie. Met andere woorden, we veronderstellen dat een voorwerp opgebouwd is uit *n* puntmassa's, elk met massa Δm_i die samengebald is in een minuscuul volume om een punt x_i, y_i, z_i en nemen de limiet van *n* naderend tot oneindig (fig. 9.26). In dat geval wordt Δm_i de oneindig kleine massa dm op een positie *x*, *y*, *z*. De sommering in vgl. 9.11 en 9.12 wordt een integraal:

$$x_{\text{MM}} = \frac{1}{M}\int x\,dm,\ \ y_{\text{MM}} = \frac{1}{M}\int y\,dm,\ \ z_{\text{MM}} = \frac{1}{M}\int z\,dm, \tag{9.13}$$

waarin de som van alle massa-elementen gelijk is aan $\int dm = M$, de totale massa van het voorwerp. In vectornotatie wordt dit

$$\vec{r}_{\text{MM}} = \frac{1}{M}\int \vec{r}\,dm. \tag{9.14}$$

Een concept dat vergelijkbaar is met het *massamiddelpunt* is het **zwaartepunt** (ZP). Het ZP van een voorwerp is dat punt dat beschouwd kan worden als het punt waarop de zwaartekracht aangrijpt. De zwaartekracht werkt in feite op *alle* verschillende onderdelen of puntmassa's van een voorwerp, maar om de translatiebeweging van een voorwerp als geheel te bepalen, kunnen we veronderstellen dat het hele gewicht van het voorwerp (de som van de gewichten van alle onderdelen ervan) samengebald is in het ZP. Er is een conceptueel verschil tussen het zwaartepunt en het massamiddelpunt, maar voor nagenoeg alle praktische toepassingen bevinden ze zich op hetzelfde punt.[1]

> **Voorbeeld 9.16 MM van een dunne stang**
>
> (*a*) Toon aan dat het MM van een homogene dunne stang met lengte ℓ en massa M zich in het middelpunt van de stang bevindt. (*b*) Bereken het MM van de stang, als de lineaire soortelijke massa λ (de massa per eenheid van lengte) lineair varieert van $\lambda = \lambda_0$ in het linker uiteinde tot de dubbele waarde daarvan, $\lambda = 2\lambda_0$ aan het rechter uiteinde.
>
> **Aanpak** We kiezen een coördinatenstelsel zodanig dat de stang op de *x*-as ligt met het linker uiteinde op $x = 0$, fig. 9.27. In dat geval geldt $y_{\text{MM}} = 0$ en $z_{\text{MM}} = 0$.
>
> **Oplossing** (*a*) De stang is homogeen, dus de massa per eenheid van lengte (lineaire soortelijke massa λ) is constant en we kunnen die schrijven als $\lambda = M/\ell$. We stellen ons nu de stang voor als een verzameling oneindig kleine elementen met lengte dx, elk met massa $dm = \lambda dx$. We gebruiken vgl. 9.13:

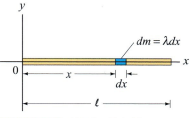

FIGUUR 9.27 Voorbeeld 9.16.

---

[1] Er zou alleen een verschil tussen het MM en het ZP zijn in het ongebruikelijke geval waarin een voorwerp zo groot is dat de valversnelling, *g*, verschillend zou zijn in verschillende delen van het voorwerp.

$$x_{MM} = \frac{1}{M}\int_{x=0}^{\ell} x\,dm = \frac{1}{M}\int_0^{\ell} \lambda x\,dx = \frac{\lambda}{M}\frac{x^2}{2}\Big|_0^{\ell} = \frac{\lambda\ell^2}{2M} = \frac{\ell}{2}.$$

waarin we $\lambda = M/\ell$ gebruiken. Dit resultaat, x_{MM} in het middelpunt, is wat we verwachtten.

(b) Nu hebben we $\lambda = \lambda_0$ bepaald in $x = 0$ en we weten dat λ lineair toeneemt naar $\lambda = 2\lambda_0$ in $x = \ell$. We schrijven dus

$$\lambda = \lambda_0(1 + \alpha x)$$

om te zeggen dat $\lambda = \lambda_0$ in $x = 0$ en lineair toeneemt tot $\lambda = 2\lambda_0$ in $x = \ell$ als $(1 + \alpha\ell) = 2$. Met andere woorden, $\alpha = 1/\ell$. We gebruiken opnieuw vgl. 9.13 met $\lambda = \lambda_0(1 + x/\ell)$:

$$x_{MM} = \frac{1}{M}\int_{x=0}^{\ell} \lambda x\,dx = \frac{1}{M}\lambda_0\int_0^{\ell}\left(1 + \frac{x}{\ell}\right)x\,dx = \frac{\lambda_0}{M}\left(\frac{x^2}{2} + \frac{x^3}{3\ell}\right)\Big|_0^{\ell} = \frac{5}{6}\frac{\lambda_0}{M}\ell^2.$$

Nu kunnen we M schrijven in termen van λ_0 en ℓ. Dus

$$M = \int_{x=0}^{\ell} dm = \int_0^{\ell} \lambda\,dx = \lambda_0\int_0^{\ell}\left(1 + \frac{x}{\ell}\right)dx = \lambda_0\left(x + \frac{x^2}{2\ell}\right)\Big|_0^{\ell} = \frac{3}{2}\lambda_0\ell.$$

In dat geval is

$$x_{MM} = \frac{5}{6}\frac{\lambda_0}{M}\ell^2 = \frac{5}{9}\ell,$$

wat iets rechts van de helft van de stang is. Dat was te verwachten, omdat de stang naar recht toe steeds zwaarder wordt.

Voor symmetrische voorwerpen met een homogene samenstelling, zoals bollen, cilinders en rechthoekige vormen, bevindt het MM zich in het geometrisch middelpunt van het voorwerp. Veronderstel een homogene cirkelvormige cilinder, zoals een massieve cirkelvormige schijf. We verwachten dat het MM zich in het middelpunt van de cirkel zal bevinden. Om aan te tonen dat dit inderdaad zo is, kiezen we eerst een xy-coördinatenstelsel waarvan de oorsprong zich in het middelpunt van de cirkel bevindt en de z-as loodrecht op de schijf staat (fig. 9.28). Wanneer we de som $\Sigma m_i x_i$ in vgl. 9.11 nemen, is er evenveel massa op een willekeurige $+x_i$ als er op een willekeurige $-x_i$ is. Dat betekent dat alle termen paarsgewijs tegen elkaar wegvallen en x_{MM} dus 0 is. Datzelfde is waar voor y_{MM}. In de verticale (z-) richting moet het MM halverwege tussen de cirkelvormige zijvlakken van de cilinder liggen: als we de oorsprong van het coördinatenstelsel op dat punt kiezen, is er evenveel massa op een willekeurige $+z_i$ als op een willekeurige $-z_i$, dus is ook $z_{MM} = 0$. Voor andere homogene, symmetrisch gevormde voorwerpen kunnen we vergelijkbare argumenten geven om aan te tonen dat het MM op een symmetrielijn moet liggen. Als een symmetrisch lichaam *niet* homogeen is, zijn deze argumenten niet geldig. Het MM van een wiel of schijf dat aan één kant verzwaard is, bevindt zich niet in het geometrisch middelpunt maar dichter bij de verzwaarde zijde.

Om de plaats van het massamiddelpunt van een groep van ruimtelijke voorwerpen te bepalen, kunnen we vgl. 9.11 gebruiken, waarin m_i steeds de massa is van deze voorwerpen en x_i, y_i en z_i de coördinaten van het MM van alle voorwerpen.

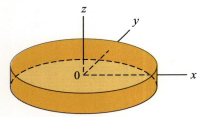

FIGUUR 9.28 Cilindrische schijf met oorsprong van het coördinatenstelsel in het geometrisch middelpunt.

Voorbeeld 9.17 MM van een L-vormig vlak voorwerp

Bepaal het MM van de homogene dunne L-vormige beugel in fig. 9.29.

Aanpak We kunnen het voorwerp beschouwen als een samenstelling van twee rechthoeken: rechthoek A met afmetingen $2{,}06\text{ m}\cdot 0{,}20\text{ m}$ en rechthoek B met afmetingen $1{,}48\text{ m}\cdot 0{,}20\text{ m}$. We kiezen de oorsprong in 0, op de manier zoals is weergegeven in de figuur. We veronderstellen dat de dikte t overal gelijk is.

Oplossing Het MM van rechthoek A bevindt zich in

$$x_A = 1{,}03\text{ m},\ y_A = 0{,}10\text{ m}.$$

Het MM van B bevindt zich in

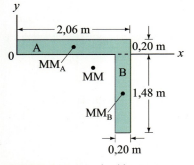

FIGUUR 9.29 Voorbeeld 9.17. Dit L-vormig voorwerp heeft een dikte t (niet weergegeven in de figuur).

$x_B = 1,96$ m, $y_B = -0,74$ m.

De massa van A, met dikte t, is

$$M_A = (2,06 \text{ m})(0,20 \text{ m})(t)(\rho) = (0,412 \text{ m}^2)(\rho t),$$

waarin ρ de dichtheid is (massa per eenheid van volume). De massa van B is

$$M_B = (1,48 \text{ m})(0,20 \text{ m})(\rho t) = (0,296 \text{ m}^2)(\rho t),$$

en de totale massa is $M = (0,708 \text{ m}^2)(\rho t)$. Dus geldt dat

$$x_{MM} = \frac{M_A x_A + M_B x_B}{M} = \frac{(0,412 \text{ m}^2)(1,03 \text{ m}) + (0,296 \text{ m}^2)(1,96 \text{ m})}{(0,708 \text{ m}^2)} = 1,42 \text{ m},$$

waarin ρt in de teller en de noemer tegen elkaar wegvallen. Op dezelfde manier geldt,

$$y_{MM} = \frac{(0,412 \text{ m}^2)(0,10 \text{ m}) + (0,296 \text{ m}^2)(-0,74 \text{ m})}{(0,708 \text{ m}^2)} = -0,25 \text{ m},$$

waardoor het MM zich ongeveer bevindt op de plaats die in fig. 9.29 is aangeduid. In de hoogte (dikte) is $z_{MM} = t/2$, omdat het voorwerp homogeen verondersteld wordt.

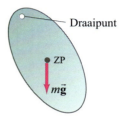

FIGUUR 9.30 Het MM van een vlak homogeen lichaam bepalen.

Merk op dat in dit laatste voorbeeld het MM zich *buiten* het voorwerp bevindt. Een ander voorbeeld is een donut waarvan het MM zich in het middelpunt van de opening bevindt.

Het is vaak gemakkelijker om het MM of ZP van een ruimtelijk voorwerp experimenteel te bepalen in plaats van het te berekenen. Als een voorwerp aan een willekeurig punt opgehangen wordt, zal het wegdraaien (fig. 9.30) als gevolg van de zwaartekracht die erop werkt, tenzij het zodanig opgehangen wordt dat het ZP zich verticaal onder het ophangpunt bevindt. Als het voorwerp een tweedimensionaal voorwerp is, of een symmetrievlak heeft, hoef je het maar aan twee verschillende punten op te hangen en de betreffende loodlijn te trekken. Het ZP bevindt zich op de plaats waar de twee loodlijnen elkaar kruisen, zoals in fig. 9.31. Als het voorwerp geen symmetrievlak heeft, kun je het ZP ten opzichte van de derde dimensie vinden door het voorwerp achtereenvolgens aan ten minste drie punten op te hangen (waarbij de loodlijnen niet in hetzelfde vlak mogen liggen). Bij symmetrisch gevormde voorwerpen bevindt het MM zich in het geometrisch middelpunt van het voorwerp.

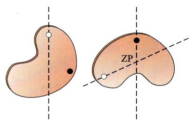

FIGUUR 9.31 Het ZP bepalen.

9.9 Massamiddelpunt en translatiebeweging

Zoals we al in paragraaf 9.8 hebben gezien, is een belangrijke reden voor het belang van het concept massamiddelpunt dat de translatiebeweging van het MM voor een systeem van puntmassa's (of een ruimtelijk voorwerp) direct gerelateerd is aan de nettokracht die op het systeem als geheel werkt. We zullen dit nu aantonen, door de beweging van een systeem van n puntmassa's met totale massa M te bekijken. We gaan er hierbij van uit dat alle massa's constant blijven. We beginnen door vgl. 9.12 als volgt om te schrijven

$$M\vec{r}_{MM} = \Sigma m_i \vec{r}_i.$$

We differentiëren deze vergelijking naar de tijd:

$$M\frac{d\vec{r}_{MM}}{dt} = \Sigma m_i \frac{d\vec{r}_i}{dt}$$

of

$$M\vec{v}_{MM} = \Sigma m_i \vec{v}_i, \qquad (9.15)$$

waarin $\vec{v}_i = d\vec{r}_i/dt$ de snelheid van de i-de puntmassa met massa m_i is, en $\vec{v}_{MM}$ de snelheid van het MM. We nemen de afgeleide naar de tijd,

$$M\frac{d\vec{v}_{MM}}{dt} = \Sigma m_i \vec{a}_i,$$

waarin $\vec{a}_i = d\vec{v}_i/dt$ de versnelling van de i-de puntmassa is. Nu is $d\vec{v}_{MM}/dt$ de versnelling van het MM, $\vec{a}_{MM}$. Volgens de tweede wet van Newton is $m_i\vec{a}_i = \vec{F}_i$ waarin $\vec{F}_i$ de nettokracht op de i-de puntmassa is. Dus is

$$M\vec{a}_{MM} = \vec{F}_1 + \vec{F}_2 + \cdots + \vec{F}_n = \Sigma\vec{F}_i. \qquad (9.16)$$

Dat wil zeggen dat de vectorsom van alle krachten die op het systeem werken gelijk is aan de totale massa van het systeem maal de versnelling van het massamiddelpunt ervan. Merk op dat dit systeem van n puntmassa's zou kunnen bestaan uit de n puntmassa's waaruit een of meer ruimtelijke voorwerpen opgebouwd is/zijn.

De krachten $\vec{F}_i$ die uitgeoefend worden op de puntmassa's van het systeem kunnen in twee soorten opgesplitst worden: (1) *uitwendige krachten* die uitgeoefend worden door voorwerpen buiten het systeem en (2) *inwendige krachten* die puntmassa's binnen het systeem op elkaar uitoefenen. Volgens de derde wet van Newton treden de inwendige krachten paarsgewijs op: als een puntmassa een kracht uitoefent op een tweede puntmassa in het systeem, moet de tweede een even grote en tegenovergesteld gerichte kracht uitoefenen op de eerste puntmassa. Dus geldt dat in de som van alle krachten in vgl. 9.16, deze inwendige krachten elkaar paarsgewijs opheffen. We houden alleen de uitwendige krachten aan de rechterzijde van vgl. 9.16 over:

$$M\vec{a}_{MM} = \Sigma\vec{F}_{uitw}, \qquad \text{[constante } M\text{]} \quad (9.17)$$

De tweede wet van Newton (voor een systeem)

waarin $\Sigma\vec{F}_{uitw}$ de som is van alle uitwendige krachten die op het systeem werken, dus de *nettokracht* op het systeem.

De som van alle krachten die op het systeem werken is gelijk aan de totale massa van het systeem maal de versnelling van het massamiddelpunt ervan.

Dit is de **tweede wet van Newton** voor een systeem van puntmassa's. Deze wet geldt ook voor een ruimtelijk voorwerp (dat ook beschouwd kan worden als een verzameling puntmassa's), en voor een systeem van voorwerpen. We concluderen dus dat

Translatiebeweging van het MM

het massamiddelpunt van een systeem van puntmassa's (of voorwerpen) met totale massa M beweegt als één puntmassa met massa M wanneer daarop dezelfde netto uitwendige kracht uitgeoefend wordt.

Dat wil zeggen dat het systeem transleert alsof de hele massa ervan samengebald zou zijn in het MM en alle uitwendige krachten op dat punt zouden werken. We kunnen de *translatiebeweging* van een willekeurig voorwerp of systeem van voorwerpen dus op dezelfde manier benaderen als de beweging van een puntmassa (zie fig. 9.21 en 9.22).

Dit resultaat vereenvoudigt een analyse van de beweging van complexe systemen en ruimtelijke voorwerpen aanzienlijk. Hoewel de beweging van verschillende onderdelen van het systeem gecompliceerd kan zijn, kunnen we in veel gevallen al tevreden zijn als we de beweging van het massamiddelpunt kennen. Met dit resultaat kunnen we bepaalde soorten vraagstukken erg eenvoudig oplossen, zoals we kunnen illustreren met het volgende voorbeeld.

Conceptvoorbeeld 9.18 Een tweetrapsraket

Een raket wordt afgevuurd in de lucht op de manier zoals is weergegeven in fig. 9.32. Op het moment dat de raket zich op het hoogste punt van zijn baan bevindt

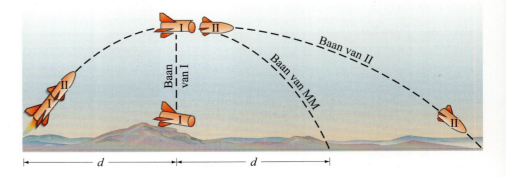

FIGUUR 9.32 Voorbeeld 9.18.

op een horizontale afstand *d* vanaf het lanceerpunt, wordt de raket met een explosie in twee delen met gelijke massa gesplitst. Deel I komt door de explosie tot stilstand en valt verticaal terug naar de aarde. Waar komt deel II neer? Veronderstel dat $\vec{g}$ = constant.

Antwoord Nadat de raket gelanceerd is, beschrijft het MM van het systeem de parabolische baan van een projectiel waarop alleen een constante zwaartekracht werkt. Het MM zal dus neerkomen op een punt $2d$ vanaf de lanceerplaats. Omdat de massa's van I en II even groot zijn, moet het MM zich er precies tussenin bevinden. Dus landt deel II op een afstand $3d$ vanaf de lanceerplaats.

Opmerking Als deel I een omhoog of omlaag gerichte snelheid gekregen zou hebben door de explosie, zou de oplossing behoorlijk wat gecompliceerder geweest zijn.

> **Opgave H**
> Een vrouw staat rechtop in een stilliggende roeiboot en loopt dan van de voorsteven naar de achtersteven. Op welke manier beweegt de boot, gezien vanaf de wal?

We kunnen vgl. 9.17, $M\vec{a}_{MM} = \Sigma \vec{F}_{uitw}$, schrijven in termen van de totale impuls $\vec{P}$ van een systeem puntmassa's. $\vec{P}$ is gedefinieerd, zoals we in paragraaf 9.2 gezien hebben, als

$$\vec{P} = m_1 \vec{v}_1 + m_2 \vec{v}_2 + \cdots + m_n \vec{v}_n = \Sigma \vec{p}_i.$$

Uit vgl. 9.15 ($M\vec{v}_{MM} = \Sigma m_i \vec{v}_i$) volgt dat

$$\vec{P} = M\vec{v}_{MM}. \tag{9.18}$$

Dus geldt dat *de totale impuls van een systeem van puntmassa's gelijk is aan het product van de totale massa M en de snelheid van het massamiddelpunt van het systeem. Of, de impuls van een ruimtelijk voorwerp is het product van de massa van dat voorwerp en de snelheid van het MM ervan.*

Als we vgl. 9.18 naar de tijd differentiëren, levert dat (als we aannemen dat de totale massa M constant is)

$$\frac{d\vec{P}}{dt} = M \frac{d\vec{v}_{MM}}{dt} = M\vec{a}_{MM}.$$

Uit vgl. 9.17 volgt dat

$$\frac{d\vec{P}}{dt} = \Sigma \vec{F}_{uitw}, \qquad \text{[gelijk aan vgl. 9.5]}$$

waarin $\Sigma \vec{F}_{uitw}$ de netto uitwendige kracht op het systeem is. Dit is opnieuw vgl. 9.5: **de tweede wet van Newton voor een systeem van voorwerpen**. Deze is geldig voor willekeurige gesloten systemen van puntmassa's of voorwerpen. Als we $\Sigma \vec{F}_{uitw}$ kennen, kunnen we bepalen hoe de totale impuls verandert.

Een interessante toepassing is de ontdekking van nabije sterren (zie paragraaf 6.5) die lijken te 'slingeren'. Waardoor zou deze 'slingering' veroorzaakt kunnen worden? Het zou kunnen komen doordat er een planeet om de ster cirkelt en de twee een zwaartekracht op elkaar uitoefenen. De planeten zijn te klein en te ver verwijderd om rechtstreeks met behulp van bestaande telescopen waargenomen te kunnen worden. Maar de lichte slingering in de beweging van de ster suggereert dat zowel de planeet als de ster (de zon ervan) om hun gemeenschappelijk massamiddelpunt cirkelen, waardoor de ster een slingering blijkt te hebben. Het is mogelijk om onregelmatigheden in de beweging van de ster uiterst nauwkeurig vast te stellen en op basis van die gegevens de grootte van de banen van de planeten en hun massa te bepalen. Zie fig. 6.18 in hoofdstuk 6.

De tweede wet van Newton (voor een systeem)

Natuurkunde in de praktijk

Ver verwijderde planeten ontdekt

*9.10 Systemen met variabele massa; raketaandrijving

We zullen nu voorwerpen of systemen bekijken waarvan de massa varieert. Dergelijke systemen zou je kunnen beschouwen als een soort niet-elastische botsing, maar het is eenvoudiger om vgl. 9.5, $d\vec{P}/dt = \Sigma\vec{F}_{uitw}$, te gebruiken, waarin $\vec{P}$ de totale impuls van het systeem is en $\Sigma\vec{F}_{uitw}$ de netto uitwendige kracht die erop uitgeoefend wordt. Het is uiterst belangrijk om het systeem nauwkeurig te definiëren en naar alle veranderingen in de impuls te kijken. Een belangrijke toepassing is te vinden bij raketten, die zichzelf voortstuwen door verbrande gassen uit te stoten: de kracht die door de gassen op de raket uitgeoefend wordt, versnelt de raket. De massa M van de raket neemt af doordat gassen uitgestoten worden. Voor de raket geldt dus dat $dM/dt < 0$. Een andere toepassing is het storten van materiaal (grind, verpakte goederen) op een transportband. In die situatie neemt de massa M van de belaste transportband toe en is $dM/dt > 0$.

Om een algemeen geval van een systeem met variabele massa te bekijken, nemen we het systeem in fig. 9.33. Op een bepaald tijdstip t is er een systeem met massa M en impuls $M\vec{v}$. We hebben ook een minuscule (oneindig kleine) massa dM die met een snelheid $\vec{u}$ beweegt en op het punt staat het systeem binnen te treden. Een oneindig kleine tijd dt later is de massa dM in het systeem opgenomen. Voor de eenvoud zullen we dit beschouwen als een 'botsing'. De massa van het systeem is dus veranderd van M in $M + dM$ in de tijd dt. Merk op dat dM minder dan nul kan worden, zoals bij een raket die voortgestuwd wordt door de uitgestoten gassen met massa M en dus massa verliest.

Om vgl. 9.5, $d\vec{P}/dt = \Sigma\vec{F}_{uitw}$, te kunnen gebruiken, moeten we een gesloten systeem puntmassa's bekijken. Dat wil zeggen dat we bij het bekijken van de verandering in impuls, $d\vec{P}$, de impuls van dezelfde puntmassa's moeten blijven bekijken. We definiëren het *totale systeem* als het systeem van M plus dM. In dat geval is in eerste instantie op moment t de totale impuls $M\vec{v} + \vec{u}\,dM$ (fig. 9.33). Op moment $t + dt$, nadat dM versmolten is met M, is de snelheid van het geheel nu $\vec{v} + d\vec{v}$ en de totale impuls is $(M + dM)(\vec{v} + d\vec{v})$. De verandering in impuls $d\vec{P}$ is dus

$$d\vec{P} = (M + dM)(\vec{v} + d\vec{v}) - (M\vec{v} + \vec{u}\,dM)$$
$$= M\,d\vec{v} + \vec{v}\,dM + dM\,d\vec{v} - \vec{u}\,dM.$$

De term $dM\,d\vec{v}$ is het product van twee differentialen en is nul, zelfs als we 'delen door dt'. Dat doen we en passen vgl. 9.5 toe:

$$\Sigma\vec{F}_{uitw} = \frac{d\vec{P}}{dt} = \frac{M\,d\vec{v} + \vec{v}\,dM - \vec{u}\,dM}{dt}.$$

Dit levert

$$\Sigma\vec{F}_{uitw} = M\frac{d\vec{v}}{dt} - (\vec{u} - \vec{v})\frac{dM}{dt}. \qquad (9.19a)$$

Merk op dat de grootheid $(\vec{u} - \vec{v})$ de relatieve snelheid van dM ten opzichte van M is. Dat wil zeggen,

$$\vec{v}_{rel} = \vec{u} - \vec{v}$$

is de snelheid van de binnenkomende massa dM, zoals die gezien wordt door een waarnemer op M. We kunnen vgl. 9.19a ook anders schrijven:

$$M\frac{d\vec{v}}{dt} = \Sigma\vec{F}_{uitw} + \vec{v}_{rel}\frac{dM}{dt}. \qquad (9.19b)$$

We kunnen deze vergelijking als volgt interpreteren. $M\,d\vec{v}/dt$ is de massa maal de versnelling van M. De eerste term aan de rechterkant, $\Sigma\vec{F}_{uitw}$, verwijst naar de uitwendige kracht die op de massa M werkt (bij een raket zouden dit de zwaartekracht en de luchtweerstand zijn). Hierbij hoort *niet* de kracht die dM uitoefent op M als gevolg van hun botsing. Daarvoor zorgt de tweede term aan de rechterkant, $\vec{v}_{rel}(dM)/dt$, die de snelheid aangeeft waarmee impuls wordt omgezet in (of uit) de massa M doordat massa toegevoegd of afgevoerd wordt. Dit kan dus geïnterpreteerd worden als de kracht die op de massa M uitgeoefend wordt als gevolg van de toevoeging (of afstoting) van massa. Bij een raket wordt deze term de *stuwkracht* genoemd, omdat deze de kracht voorstelt die op de raket uitgeoefend wordt door de uitgestoten

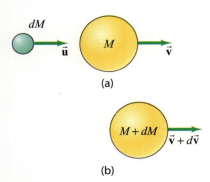

FIGUUR 9.33 (a) Op een tijdstip t staat een massa dM op het punt om aan het systeem met massa M toegevoegd te worden. (b) Op moment $t + dt$ is de massa dM aan het systeem toegevoegd.

gassen. Bij een raket die verbrande brandstof uitstoot is $dM/dt < 0$, maar dat is $\vec{v}_{\text{rel}}$ ook (de gassen worden aan de achterzijde uitgestoten), dus de tweede term in vgl. 9.19b zorgt ervoor dat $\vec{v}$ toeneemt.

Voorbeeld 9.19 Transportband

Je moet een transportsysteem ontwerpen voor een grindgroeve. Vanuit een hopper wordt het grind met een snelheid van 75,0 kg/s op een transportband gestort die beweegt met een constante snelheid $v = 2{,}20$ m/s (fig. 9.34). (a) Bepaal de extra kracht (bovenop de inwendige wrijving) die nodig is om de transportband zijn snelheid te laten behouden terwijl er grind op gestort wordt. (b) Hoe groot moet het uitgangsvermogen van de motor zijn die de transportband aandrijft?

Aanpak We veronderstellen dat de hopper in rust is, zodat $u = 0$, en dat de hopper net begint grind te lozen, dus $dM/dt = 75{,}0$ kg/s.

Oplossing (a) De band moet bewegen met een constante snelheid ($dv/dt = 0$), dus levert vgl. 9.19 voor één dimensie:

$$F_{\text{uitw}} = M\frac{dv}{dt} - (u - v)\frac{dM}{dt}$$
$$= 0 - (0 - v)\frac{dM}{dt}$$
$$= v\frac{dM}{dt} = (2{,}20 \text{ m/s})(75{,}0 \text{ kg/s}) = 165 \text{ N}.$$

(b) Deze kracht verricht arbeid met een snelheid (vgl. 8.21) van

$$\frac{dW}{dt} = \vec{F}_{\text{uitw}} \cdot \vec{v} = v^2 \frac{dM}{dt}$$
$$= 363 \text{ W},$$

wat het benodigde uitgangsvermogen van de motor is.

Opmerking Deze arbeid wordt niet volledig omgezet in kinetische energie van het grind, omdat

$$\frac{dK}{dt} = \frac{d}{dt}\left(\frac{1}{2}Mv^2\right) = \frac{1}{2}\frac{dM}{dt}v^2,$$

wat slechts de helft is van de door $\vec{F}_{\text{uitw}}$ verrichte arbeid. De andere helft van de uitwendige verrichte arbeid wordt omgezet in thermische energie als gevolg van de wrijving tussen het grind en de band (dezelfde wrijvingskracht die het grind versnelt).

Voorbeeld 9.20 Voortstuwing van een raket

Een volledig met brandstof gevulde raket heeft een massa van 21.000 kg, waarvan 15.000 kg brandstof is. De verbrande brandstof wordt met 190 kg/s aan de achterzijde van de raket uitgestoten met een snelheid van 2800 m/s ten opzichte van de raket. Veronderstel dat de raket verticaal gelanceerd wordt (fig. 9.35). Bereken dan (a) de stuwkracht van de raket; (b) de nettokracht op de raket tijdens de lancering en net voordat alle brandstof opgebruikt is; (c) de snelheid van de raket als functie van de tijd en (d) de eindsnelheid nadat alle brandstof verbruikt is. Verwaarloos de luchtweerstand en veronderstel dat de valversnelling constant is en $g = 9{,}80$ m/s^2 bedraagt.

Aanpak Om te beginnen is de stuwkracht gedefinieerd (zie bespreking na vgl. 9.19b) als de laatste term in vgl. 9.19b, $v_{\text{rel}}(dM/dt)$. De nettokracht [voor (b)] is de vectorsom van de stuwkracht en de zwaartekracht. De snelheid kunnen we bepalen met behulp van vgl. 9.19b.

Oplossing (a) De stuwkracht is:

$$F_{\text{stuwkracht}} = v_{\text{rel}}\frac{dM}{dt} = (-2800 \text{ m/s})(-190 \text{ kg/s}) = 5{,}3 \times 10^5 \text{ N},$$

Natuurkunde in de praktijk

Bewegende transportband

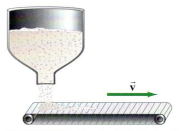

FIGUUR 9.34 Voorbeeld 9.19. Uit de hopper wordt grind op de transportband gestort.

FIGUUR 9.35 Voorbeeld 9.20; $\vec{v}_{\text{rel}} = \vec{v}_{\text{gassen}} - \vec{v}_{\text{raket}}$. M is de massa van de raket op een willekeurig moment en neemt af terwijl de brandstof verbruikt wordt.

Natuurkunde in de praktijk

Voortstuwing van een raket

waarin we de richting verticaal omhoog als positief genomen hebben, dus v_{rel} is negatief omdat deze verticaal omlaag gericht is en dM/dt is negatief omdat de massa van de raket afneemt.

(b) $F_{\text{uitw}} = Mg = (2{,}1 \cdot 10^4 \text{ kg})(9{,}80 \text{ m/s}^2) = 2{,}1 \cdot 10^5$ N net voor de lancering, en nadat de brandstof opgebruikt is $F_{\text{uitw}} = (6{,}0 \cdot 10^3 \text{ kg})(9{,}80 \text{ m/s}^2) = 5{,}9 \cdot 10^4$ N. De nettokracht op de raket is dus bij de lancering

$$F_{\text{net}} = 5{,}3 \cdot 10^5 \text{ N} - 2{,}1 \cdot 10^5 \text{ N} = 3{,}2 \cdot 10^5 \text{ N}, \quad \text{[lancering]}$$

en net voordat de brandstof op is

$$F_{\text{net}} = 5{,}3 \cdot 10^5 \text{ N} - 5{,}9 \cdot 10^4 \text{ N} = 4{,}7 \cdot 10^5 \text{ N}. \quad \text{[brandstof verbruikt]}$$

Nadat de brandstof verbruikt is, is de nettokracht natuurlijk gelijk aan de zwaartekracht, $-5{,}9 \cdot 10^4$ N.

(c) Uit vgl. 9.19b volgt

$$dv = \frac{F_{\text{uitw}}}{M} dt + v_{\text{rel}} \frac{dM}{M},$$

waarin $F_{\text{uitw}} = -Mg$ en M de massa van de raket is, die een functie van de tijd is. Omdat v_{rel} constant is, kunnen we dit eenvoudig integreren:

$$\int_{v_0}^{v} dv = -\int_{0}^{t} g \, dt + v_{\text{rel}} \int_{M_0}^{M} \frac{dM}{M}$$

of

$$v(t) = v_0 - gt + v_{\text{rel}} \ln \frac{M}{M_0},$$

waarin $v(t)$ de snelheid van de raket is en M de massa ervan op een willekeurige tijdstip t. Merk op dat v_{rel} negatief is (-2800 m/s in dit geval), omdat deze tegengesteld gericht is aan de beweging en dat $\ln(M/M_0)$ ook negatief is, omdat $M_0 > M$. Dus is de laatste term, de term die de stuwkracht voorstelt, positief en zal de snelheid verhogen.

(d) De benodigde tijd om alle brandstof (15.000 kg) te verbranden met 190 kg/s is

$$t = \frac{1{,}50 \times 10^4 \text{ kg}}{190 \text{ kg/s}} = 79 \text{ s.}$$

Als we de beginsnelheid $v_0 = 0$ nemen, levert het resultaat van (c):

$$v = -\left(9{,}80 \text{ m/s}^2\right)(79 \text{ s}) + (-2800 \text{ m/s})\left(\ln \frac{6000 \text{ kg}}{21.000 \text{ kg}}\right) = 2700 \text{ m/s.}$$

Samenvatting

De **impuls**, $\vec{p}$ van een voorwerp is gedefinieerd als het product van de massa ervan maal zijn snelheid,

$$\vec{p} = m\vec{v}. \tag{9.1}$$

In termen van impuls kan de tweede wet van Newton worden geschreven als

$$\Sigma \vec{F} = \frac{d\vec{p}}{dt}. \tag{9.2}$$

Dat wil zeggen dat de snelheid waarmee de impuls van een voorwerp verandert, gelijk is aan de nettokracht die erop uitgeoefend wordt.

Wanneer de netto uitwendige kracht op een systeem van voorwerpen nul is, blijft de totale impuls constant. Dit is de **wet van behoud van impuls**. Anders gesteld blijft de totale impuls van een geïsoleerd systeem van voorwerpen constant.

De wet van behoud van impuls is erg handig wanneer je te maken hebt met **botsingen**. Bij een botsing beïnvloeden twee (of meer) voorwerpen elkaar gedurende een erg korte tijd en de kracht die elk van de voorwerpen op de ander(en) uitoefent tijdens dit tijdsinterval is erg groot ten opzichte van willekeurige andere krachten die op het systeem werken. De **stoot** van een dergelijke kracht op een voorwerp is gedefinieerd als $\vec{J} = \int \vec{F} dt$ en is gelijk aan de verandering van de impuls van het voorwerp gedurende de tijd dat $\vec{F}$ de nettokracht op het voorwerp is:

$$\Delta \vec{p} = \vec{p}_e - \vec{p}_b = \int_{t_b}^{t_e} \vec{F} dt = \vec{J}. \tag{9.6}$$

Bij alle botsingen blijft de totale impuls behouden:

$$\vec{p}_A + \vec{p}_B = \vec{p}'_A + \vec{p}'_B.$$

Ook de totale energie blijft behouden; maar dit is alleen bruikbaar wanneer de kinetische energie behouden blijft. In dat geval wordt een dergelijke botsing een **elastische botsing** genoemd.

$$\tfrac{1}{2}m_A v_A^2 + \tfrac{1}{2}m_B v_B^2 = \tfrac{1}{2}m_A v_A'^2 + \tfrac{1}{2}m_B v_B'^2. \quad (9.7)$$

Als de kinetische energie niet behouden blijft, is de botsing **niet-elastisch**.

Als twee botsende voorwerpen samengevoegd worden als gevolg van een botsing, wordt de botsing **volkomen niet-elastisch** genoemd.

Bij een systeem van puntmassa's, of bij een ruimtelijk voorwerp dat beschouwd kan worden als een continue verzameling materie, is het **massamiddelpunt** (MM) gedefinieerd als

$$x_{MM} = \frac{\sum m_i x_i}{M}, y_{MM} = \frac{\sum m_i y_i}{M}, z_{MM} = \frac{\sum m_i z_i}{M} \quad (9.11)$$

of

$$x_{MM} = \frac{1}{M}\int x\, dm,$$
$$y_{MM} = \frac{1}{M}\int y\, dm,$$
$$z_{MM} = \frac{1}{M}\int z\, dm, \quad (9.13)$$

waarin M de totale massa van het systeem is.

Het massamiddelpunt van een systeem is belangrijk, omdat dit punt als één puntmassa met massa M beweegt als gevolg van een zelfde netto uitwendige kracht, $\Sigma \vec{F}_{uitw}$. In de vorm van een vergelijking is dit de tweede wet van Newton voor een systeem van puntmassa's (of ruimtelijke voorwerpen):

$$M\vec{a}_{MM} = \Sigma\vec{F}_{uitw}, \quad (9.17)$$

waarin M de totale massa van het systeem is, $\vec{a}_{MM}$ de versnelling van het MM van het systeem en $\Sigma\vec{F}_{uitw}$, de totale netto uitwendige kracht die op alle delen van het systeem werkt.

Bij een systeem van puntmassa's met een totale impuls $\vec{p} = \Sigma m_i \vec{v}_i = M\vec{v}_{MM}$, kan de tweede wet van Newton geschreven worden als

$$\frac{d\vec{P}}{dt} = \Sigma\vec{F}_{uitw}. \quad (9.5)$$

(*Als de massa M van een voorwerp niet constant is, geldt

$$M\frac{d\vec{v}}{dt} = \Sigma\vec{F}_{uitw} + \vec{v}_{rel}\frac{dM}{dt} \quad (9.19b)$$

waarin $\vec{v}$ de snelheid van het voorwerp op een willekeurig moment is en $\vec{v}_{rel}$ de relatieve snelheid waarmee massa het voorwerp binnentreedt of verlaat.)

Vragen

1. We beweren dat impuls behouden blijft. Toch vertragen de meeste voorwerpen om uiteindelijk tot stilstand te komen. Leg uit hoe dit in elkaar zit.

2. Twee blokken met massa m_1 en m_2 rusten op een wrijvingsloze tafel en zijn met elkaar verbonden door een veer. De blokken worden uit elkaar getrokken, waarbij de veer uitrekt. Vervolgens wordt de veer losgelaten. Beschrijf de daaropvolgende beweging van de twee blokken.

3. Een licht voorwerp en een zwaar voorwerp hebben dezelfde kinetische energie. Welk van de twee heeft de grootste impuls? Leg uit waarom.

4. Wat gebeurt er met de impuls van iemand die vanuit een boom op de grond springt?

5. Leg aan de hand van het principe van behoud van impuls uit hoe een vis zich voortbeweegt door zijn staart heen en weer te bewegen.

6. Twee kinderen zweven bewegingsloos in een ruimtestation. Het meisje met een massa van 20 kg geeft de jongen met een massa van 40 kg een duw, waardoor hij wegdrijft met een snelheid van 1,0 m/s. Het meisje (*a*) blijft bewegingsloos; (*b*) beweegt in dezelfde richting met een snelheid van 1,0 m/s; (*c*) beweegt in tegengestelde richting met een snelheid van 1,0 m/s; (*d*) beweegt in tegengestelde richting met een snelheid van 2,0 m/s; (*e*) geen van deze antwoorden is correct.

7. Een vrachtwagen rijdt 15 km/u en raakt betrokken bij een frontale botsing met een kleine auto die 30 km/u rijdt. Welke stelling beschrijft de situatie het best? (*a*) De verandering van impuls van de vrachtwagen is groter omdat deze een grotere massa heeft dan de kleine auto. (*b*) De verandering van impuls van de auto is groter omdat deze een grotere snelheid heeft. (*c*) De impuls van zowel de auto als de vrachtwagen verandert niet, omdat bij de botsing de impuls behouden blijft. (*d*) Ze hebben beide dezelfde even grote verandering van impuls, omdat impuls behouden blijft. (*e*) Geen van deze antwoorden hoeft correct te zijn.

8. Zou een bal die perfect elastisch botst met de vloer terugstuiteren tot de oorspronkelijke hoogte? Licht je antwoord toe.

9. Een jongen staat achter in een roeiboot en duikt in het water. Wat gebeurt er met de roeiboot als de jongen het contact ermee verliest? Licht je antwoord toe.

10. Er schijnt ooit een rijke man geweest te zijn die met een grote zak met goudstukken strandde op een bevroren meer. Omdat het ijs wrijvingsloos was, kon hij zichzelf niet naar de kant duwen en vroor dood. Wat zou hij hebben kunnen doen om zichzelf te redden als hij minder vrekkig geweest was?

11. De snelheid van een tennisbal bij een return op een opslag kan even groot zijn als bij de opslag zelf, zelfs als de return niet erg snel geslagen wordt. Hoe kan dat?

12. Is het mogelijk dat een voorwerp een grotere stoot als gevolg van een kleine kracht krijgt dan van een grote kracht? Leg uit.

13. Hoe zou een kracht een stoot met een grootte nul kunnen veroorzaken in een reëel tijdsinterval, ondanks dat de kracht verschillend van nul is gedurende ten minste een deel van dat tijdsinterval?

14. Bij welke botsing tussen twee auto's verwacht je dat de inzittenden het grootste letsel zullen hebben: wanneer de auto's botsen en samen verder bewegen of wanneer de twee auto's botsen en terugstuiteren? Licht je antwoord toe.

15. Een superbal valt van een hoogte h op een harde stalen plaat (die onbeweeglijk aan de aarde bevestigd is) en stuitert met nagenoeg de oorspronkelijke snelheid terug. (*a*) Blijft de impuls van de bal behouden tijdens alle delen van dit proces? (*b*) Veronderstel dat het systeem bestaat uit de bal en de aarde. Tijdens welke delen van het proces blijft de im-

puls behouden? (c) Beantwoord (b) nogmaals voor een stukje stopverf dat valt en aan de plaat vast blijft zitten.

16. Auto's werden vroeger zo stijf mogelijk gebouwd om zo goed mogelijk bestand te zijn tegen botsingen. Tegenwoordig worden auto's ontworpen met 'kreukelzones' die samenvouwen bij een botsing. Wat is het voordeel van deze nieuwe ontwerpstrategie?
17. Bij een waterkrachtcentrale wordt water met hoge snelheid over de bladen van turbines geleid. De as van de turbine drijft een elektrische generator aan. Hoe moeten de bladen van de turbine geconstrueerd worden om een zo groot mogelijk vermogen op te wekken, zodanig dat het water compleet tot stilstand gebracht wordt of zodanig dat het water terugstuitert?
18. Een squashbal raakt de wand onder een hoek van 45°, zoals is weergegeven in fig. 9.36. Welke richting heeft (a) de verandering van de impuls van de bal, (b) de kracht op de wand?

FIGUUR 9.36 Vraag 18.

19. Waarom kan een slagman een geworpen honkbal verder slaan dan een bal die hij zelf in de lucht gegooid heeft?
20. Beschrijf een botsing waarbij alle kinetische energie verloren gaat.
21. Niet-elastische en elastische botsingen zijn vergelijkbaar omdat (a) impuls en kinetische energie bij beide behouden blijven; (b) impuls bij beide behouden blijft; (c) impuls en potentiële energie bij beide behouden blijven; (d) kinetische energie bij beide behouden blijft.
22. Als een passagiersvliegtuigje met 20 stoelen niet helemaal vol is, verdeelt de purser de passagiers soms op een bepaalde manier over de stoelen en mogen de passagiers die niet verlaten tijdens de vlucht. Waarom gebeurt dit?
23. Waarom heb je de neiging om achterover te buigen als je een zware last moet dragen?
24. Waarom bevindt het MM van een buis met een lengte van 1 m zich in het midden van de buis en waarom is dat niet zo bij een arm of een been?
25. Laat in een grafiek zien hoe je MM zich verplaatst wanneer je vanuit een liggende positie rechtop gaat zitten.
26. Beschrijf een analytische manier om het MM van een willekeurige dunne, driehoekige, homogene plaat te bepalen.
27. Ga met je gezicht naar de rand van een open deur staan. Plaats je voeten ver uit elkaar en hou je neus en je buik tegen de rand van de deur. Probeer nu op je tenen te gaan staan. Waarom lukt dat niet?
28. Hoe kan de inwendige kracht van de motor een auto versnellen als alleen een uitwendige kracht de impuls van het massamiddelpunt van een voorwerp kan veranderen?
29. Een raket beschrijft een parabolische baan door de lucht en explodeert dan in een groot aantal stukken. Wat kun je zeggen over de beweging van dit systeem van stukken?
30. Hoe kan een raket van richting veranderen in een ruimte waar een vacuüm heerst?
31. Bij waarnemingen van atomair bètaverval scheiden het elektron en de terugslagkern vaak niet langs dezelfde lijn. Gebruik behoud van impuls in twee dimensies om uit te leggen waarom hierbij ten minste één ander deeltje in de desintegratie vrij moet komen.
32. Jochem en Michiel besluiten te gaan touwtrekken op een wrijvingsloos (bevroren) oppervlak. Jochem is aanzienlijk sterker dan Michiel, maar Michiel heeft een massa van 73 kg, terwijl de massa van Jochem maar 65 kg bedraagt. Wie van de twee verliest en komt als eerste over de middenlijn?
33. Op een kermis moet je proberen een zware cilinder om te gooien met een kleine bal. Je mag kiezen tussen twee soorten ballen: de ene soort blijft aan de cilinder plakken en de andere soort stuitert van de cilinder terug. Ze hebben allemaal dezelfde massa. Met welke bal maak je de grootste kans om de cilinder om te gooien?

Vraagstukken

9.1 Impuls

1. (I) Bereken de kracht die op een raket uitgeoefend wordt wanneer de gassen met 1300 kg/s en een snelheid van $4{,}5 \cdot 10^4$ m/s uitgestoten worden.
2. (I) Op skiër van 65 kg werkt gedurende 15 s een constante wrijvingskracht van 25 N. Hoe groot is de verandering van de snelheid van de skiër?
3. (II) De impuls van een puntmassa, in SI-eenheden gemeten, is de functie $\vec{p} = 4{,}8t^2\vec{e}_x - 8{,}0\vec{e}_y - 8{,}9t\vec{e}_z$. Hoe groot is de kracht als functie van de tijd?
4. (II) De kracht op een puntmassa met massa m is gegeven als de functie $\vec{F} = 26\vec{e}_x - 12t^2\vec{e}_y$ waarin F in N is en t in s. Hoe groot zal de verandering van de impuls van de puntmassa's zijn tussen $t = 1{,}0$ s en $t = 2{,}0$ s?
5. (II) Een honkbal van 145 g beweegt langs de x-as met een snelheid van 30,0 m/s, raakt dan een hek onder een hoek van 45° en stuitert langs de y-as verder zonder dat de snelheid veranderd is. Hoe groot is de verandering van de impuls van de bal in eenheidsvectornotatie?
6. (II) Een honkbal van 0,145 kg die horizontaal geworpen wordt met een snelheid van 32,0 m/s, raakt een knuppel en wordt recht omhoog geslagen tot een hoogte van 36,5 m. Veronderstel dat de contacttijd tussen de knuppel en de bal 2,5 ms is. Bereken de gemiddelde kracht tussen de bal en de knuppel tijdens het contact.
7. (II) Een raket met een totale massa van 3180 kg vliegt in de ruimte met een snelheid van 115 m/s. Om de richting van de baan 35° te veranderen, kunnen de stuurraketten van de raket even ontstoken worden. De stuurraketten staan loodrecht op de richting van de oorspronkelijke beweging. Veronderstel dat de gassen van de raket uitgestoten worden met een snelheid van 1750 m/s. Hoeveel massa moet er dan uitgestoten worden?
8. (III) De lucht in een windstoot van 120 km/u botst frontaal tegen de gevel van een gebouw dat 45 m breed en 65 m hoog is en komt daardoor tot stilstand. Veronderstel dat de lucht een massa van 1,3 kg per kubieke meter heeft. Bereken de gemiddelde kracht van de wind op het gebouw.

9.2 Behoud van impuls

9. (I) Een goederenwagon met een massa van 7700 kg rijdt met 18 m/s op een tweede wagon in. De twee wagons blijven tegen elkaar aan zitten en bewegen verder met een snelheid van 5,0 m/s. Hoe groot is de massa van de tweede wagon?

10. (I) Een wagon van 9150 kg rijdt op een vlak en wrijvingsloos stuk spoor met een constante snelheid van 15,0 m/s. Dan valt er een last van 4350 kg vanuit rust op de wagon. Wat zal de nieuwe snelheid van de wagon mét last worden?

11. (I) Een atoomkern in rust valt radioactief uit elkaar in een alfadeeltje en een kleinere kern. Wat zal de snelheid van deze kleinere kern zijn als de snelheid van het alfadeeltje $2,8 \cdot 10^5$ m/s is? Veronderstel dat de nieuwe kern een massa heeft die 57 maal groter is dan die van het alfadeeltje.

12. (I) Een rugbyspeler van 130 kg loopt met een snelheid van 2,5 m/s en loopt frontaal tegen een speler van 82 kg die 5,0 m/s loopt. Hoe groot is hun gezamenlijke snelheid onmiddellijk na de botsing?

13. (II) Een kind in een boot gooit een pakje van 5,70 kg horizontaal weg met een snelheid van 10,0 m/s, fig. 9.37. Bereken de snelheid van de boot onmiddellijk na de worp, als de boot in eerste instantie in rust was. De massa van het kind is 24,0 kg en die van de boot 35,0 kg.

FIGUUR 9.37 Vraagstuk 13.

14. (II) Een atoomkern beweegt in eerste instantie met 420 m/s en emitteert een α-deeltje in de richting van de eigen snelheid, waardoor de resterende kern vertraagt tot 350 m/s. Veronderstel dat het α-deeltje een massa van 4,0 Da heeft en de oorspronkelijke kern een massa had van 222 Da. Welke snelheid heeft het α-deeltje wanneer het geëmitteerd wordt?

15. (II) Een voorwerp in rust wordt plotseling als gevolg van een explosie in tweeën gesplitst. Het ene fragment krijgt twee maal zoveel kinetische energie als het andere. Hoe groot is de verhouding van hun massa's?

16. (II) Een kogel van 22 g beweegt met een snelheid van 210 m/s wanneer het een blok hout van 2,0 kg binnendringt en komt er aan de andere kant weer uit met een snelheid van 150 m/s. Veronderstel nu dat het blok oorspronkelijk stilstaat op een wrijvingsloos oppervlak. Hoe snel beweegt het blok dan wanneer de kogel uittreedt?

17. (II) Een raket met massa m heeft een snelheid v_0 langs de x-as wanneer deze plotseling eenderde van de totale massa van de raket loost (in de vorm van brandstof) in een richting die loodrecht op de x-as staat (langs de y-as). De brandstof wordt uitgestoten met een snelheid $2v_0$. Druk de uiteindelijke snelheid van de raket uit in $\vec{e}_x, \vec{e}_y, \vec{e}_z$-notatie.

18. (II) Het verval van een neutron in een proton, een elektron en een neutrino is een voorbeeld van een vervalproces met drie deeltjes. Gebruik de vectoriële aard van de impuls om aan te tonen dat als het neutron in eerste instantie in rust is, de snelheidsvectoren van de drie deeltjes in hetzelfde vlak moeten liggen. Het resultaat is niet geldig voor systemen met meer dan drie deeltjes.

19. (II) Een massa m_A = 2,0 kg heeft een snelheid $\vec{v}_A = (4,0\vec{e}_x + 5,0\vec{e}_y - 2,0\vec{e}_z)$ m/s, en botst tegen een massa m_B = 3,0 kg, die in eerste instantie in rust is. Onmiddellijk na de botsing blijkt massa m_A een snelheid $\vec{v}_A = (-2,0\vec{e}_x + 3,0\vec{e}_z)$ m/s, te hebben. Bepaal de snelheid van massa m_B na de botsing. Veronderstel dat er tijdens de botsing geen uitwendige kracht op de twee massa's werkt.

20. (II) Een tweetrapsraket van 925 kg heeft een snelheid van $6,60 \cdot 10^3$ m/s van de aarde af wanneer een geplande explosie de raket in twee delen met een gelijke massa deelt die dan een snelheid van $2,80 \cdot 10^3$ m/s hebben ten opzichte van elkaar op de oorspronkelijke baan. (a) Hoe groot is de snelheid en de richting van elk deel (ten opzichte van de aarde) na de explosie? (b) Hoeveel energie komt er door de explosie vrij? (*Hint*: hoe groot is de verandering van de kinetische energie als gevolg van de explosie?)

21. (III) Een projectiel van 224 kg wordt afgevuurd met een snelheid van 116 m/s onder een hoek van 60,0° met de horizontaal. Op het hoogste punt van de baan breekt het projectiel in drie stukken met gelijke massa. (De snelheid is op dat moment horizontaal gericht). Twee van de fragmenten bewegen na de explosie met dezelfde snelheid als het complete projectiel had net voor de explosie; het ene beweegt verticaal omlaag en het andere horizontaal. Bepaal (a) de snelheid van het derde fragment onmiddellijk na de explosie en (b) de energie die in de explosie vrijkwam.

9.3 Botsingen en stoot

22. (I) Een honkbal van 0,145 kg wordt met een snelheid van 35,0 m/s in horizontale richting naar de slagman geworpen, die deze terugslaat in de richting van de werper met een snelheid van 56,0 m/s. De contacttijd tussen de knuppel en bal is $5,00 \cdot 10^{-3}$ s. Bereken de kracht (die je constant mag veronderstellen) tussen de bal en de knuppel.

23. (II) Een golfbal met een massa van 0,045 kg wordt van de tee geslagen met een snelheid van 45 m/s. De golfclub en de bal raken elkaar gedurende $3,5 \cdot 10^{-3}$ s. Bepaal (a) de stoot die op de golfbal uitgeoefend wordt en (b) de gemiddelde kracht die door de club op de bal uitgeoefend wordt.

24. (II) Een hamer van 12 kg komt met een snelheid van 8,5 m/s op een spijker neer en komt tot stilstand in een tijdsinterval van 8,0 ms. (a) Hoe groot is de stoot die de spijker krijgt? (b) Hoe groot is de gemiddelde kracht op de spijker?

25. (II) Een tennisbal met massa m = 0,060 kg en snelheid v = 25 m/s raakt een wand onder een hoek van 45° en stuitert met dezelfde snelheid terug onder een hoek van 45° (fig. 9.38). Hoe groot is de stoot (grootte en richting) die de bal krijgt?

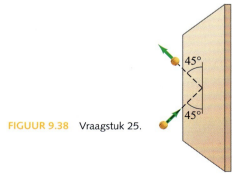

FIGUUR 9.38 Vraagstuk 25.

26. (II) Een astronaut van 130 kg (inclusief ruimtepak) krijgt een snelheid van 2,50 m/s doordat hij zich met zijn benen afzet tegen de ruimtecapsule (die 1700 kg weegt). (a) Hoe groot is de verandering van de snelheid van de ruimtecapsule? (b) Veronderstel dat hij zich gedurende 0,500 s afzet. Hoe groot is dan de gemiddelde kracht die de twee op elkaar uitoefenen? Gebruik de positie voor de afzet als referentiepunt. (c) Hoe groot is de kinetische energie van de twee na de afzet?

27. (II) Het regent ontzettend hard (5,0 cm/u) en de regen wordt opgevangen in een bak. Veronderstel dat de regendruppels een snelheid van 8,0 m/s hebben. Schat de kracht die door de regen uitgeoefend wordt op een bak van 1,0 m² als de druppels niet terugstuiteren. Water heeft een massa van $1,00 \cdot 10^3$ kg per m³.

28. (II) Veronderstel dat de kracht die op een tennisbal (massa 0,060 kg) uitgeoefend wordt, gericht is langs de +x-as en in de tijd verandert op de manier zoals is weergegeven in de grafiek in fig. 9.39. Gebruik grafische methoden en schat (a) de totale stoot die de bal krijgt en (b) de snelheid van de bal nadat deze geslagen is, als je ervan uitgaat dat de bal in eerste instantie nagenoeg in rust was.

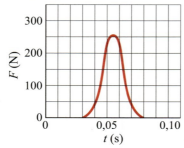

FIGUUR 9.39
Vraagstuk 28.

29. (II) Met welke stoot moet een krant van 0,50 kg geworpen worden om deze een snelheid te geven van 3,0 m/s?

30. (II) De kracht op een kogel is gegeven door de formule $F = [740 - (2,3 \cdot 10^5 \text{ s}^{-1})t]$ N over het tijdsinterval $t = 0$ tot $t = 3,0 \cdot 10^{-3}$ s. (a) Maak een grafiek van F tegen t voor $t = 0$ tot $t = 3,0$ ms. (b) Gebruik de grafiek om de stoot die de kogel krijgt te schatten. (c) Bereken de stoot door te integreren. (d) Veronderstel dat de kogel een snelheid van 260 m/s krijgt als gevolg van die stoot en die snelheid bereikt aan het eind van de loop van een geweer. Hoe zwaar moet de kogel dan zijn? (e) Hoe groot is de terugslagsnelheid van het 4,5 kg zware geweer?

31. (II) (a) Een molecule met massa m en snelheid v botst loodrecht op een wand en stuitert terug met dezelfde snelheid. Veronderstel dat de botsingtijd Δt is. Hoe groot is dan de gemiddelde kracht op de wand tijdens de botsing? (b) Veronderstel nu dat een aantal moleculen, allemaal van dezelfde soort, de wand raken met een gemiddelde tijd t tussen de botsingen. Hoe groot is de gemiddelde kracht op de wand gemiddeld over een lange tijd?

32. (III) (a) Bereken de stoot die iemand van 65 kg ervaart als deze op de grond landt na een sprong van een hoogte van 3,0 m. (b) Schat de gemiddelde kracht die op de voeten van iemand uitgeoefend wordt door de grond als de landing met stijve benen en (c) met gebogen benen uitgevoerd wordt. Veronderstel dat het lichaam met gestrekte benen 1,0 cm beweegt tijdens de klap en met gebogen benen ongeveer 50 cm. (Hint: de gemiddelde nettokracht op de springer die gerelateerd is aan de stoot, is de vectorsom van de zwaartekracht en de kracht die door de grond uitgeoefend wordt.)

33. (III) Een weegschaal wordt zodanig ingesteld dat, wanneer er een grote brede, ondiepe pan op geplaatst wordt, de uitlezing nul is. Dan wordt een kraan op een hoogte $h = 25$ m boven de pan opengedraaid, waardoor het water met $R = 0,14$ kg/s in de pan stroomt. Bepaal (a) een formule voor de weegschaaluitlezing als functie van de tijd t en (b) de uitlezing op $t = 9,0$ s. (c) Herhaal (a) en (b), maar vervang de brede, ondiepe pan door een smalle, cilindrische beker met een oppervlak $A = 20$ cm² (het waterniveau stijgt in dat geval).

9.4 en 9.5 Elastische botsingen

34. (II) Een tennisbal van 0,060 kg heeft een snelheid van 4,50 m/s en botst dan frontaal tegen een bal van 0,090 kg die in eerste instantie in dezelfde richting beweegt met een snelheid van 3,00 m/s. Veronderstel dat de botsing perfect elastisch is en bereken de snelheid en richting van elke bal na de botsing.

35. (II) Een hockeypuck van 0,450 kg glijdt oostwaarts met een snelheid van 4,80 m/s en botst dan frontaal tegen een andere puck van 0,900 kg die stilligt op het ijs. Als de botsing perfect elastisch is, hoe snel en in welke richting zal elk voorwerp dan na de botsing bewegen?

36. (II) Een croquetspeler slaat het balletje met een massa van 0,280 kg frontaal tegen een tweede bal die in eerste instantie in rust is. De botsing is elastisch. De tweede bal rolt weg met de helft van de oorspronkelijke snelheid van de eerste bal. (a) Hoe groot is de massa van de tweede bal? (b) Welk deel van de oorspronkelijke kinetische energie ($\Delta K/K$) wordt op de tweede bal overgedragen?

37. (II) Een bal met een massa van 0,220 kg die met een snelheid van 7,5 m/s beweegt, botst frontaal en elastisch tegen een ander bal die in eerste instantie in rust is. Onmiddellijk na de botsing stuitert de bewegende bal terug met een snelheid van 3,8 m/s. Bereken (a) de snelheid van de doelbal na de botsing en (b) de massa van de doelbal.

38. (II) Een bal met massa m botst frontaal elastisch tegen een tweede bal (in rust) en stuitert terug met een snelheid die gelijk is aan 0,350 van zijn oorspronkelijke snelheid. Hoe groot is de massa van de tweede bal?

39. (II) Bereken het deel van de kinetische energie dat een neutron ($m_1 = 1,01$ Da) verliest wanneer het frontaal en elastisch botst met een deeltje in rust dat (a) een $^1_1$H-deeltje is ($m = 1,01$ Da); (b) een $^2_1$H-deeltje is (zware waterstof), $m = 2,01$ u; (c) $^{12}_{6}$C (m = 12,00 u); (d) $^{208}_{82}$Pb(lood, m = 208 u).

40. (II) Toon aan dat de snelheden na een frontale elastische botsing in één dimensie, gelijk zijn aan:

$$v'_B = v_A \left(\frac{2m_A}{m_A + m_B} \right) + v_B \left(\frac{m_B - m_A}{m_A + m_B} \right)$$

en

$$v'_A = v_A \left(\frac{m_A - m_B}{m_A + m_B} \right) + v_B \left(\frac{2m_B}{m_A + m_B} \right),$$

waarin v_A en v_B de beginsnelheden zijn van de twee voorwerpen met massa m_A en m_B.

41. (III) Een blok van 3,0 kg glijdt over een wrijvingsloos tafelblad met een snelheid van 8,0 m/s in de richting van een tweede blok (in rust) met massa 4,5 kg. Aan het

tweede blok is een schroefveer bevestigd, die voldoet aan de wet van Hooke en een veerconstante $k = 850$ N/m heeft. Deze schroefveer zal samengedrukt worden wanneer het bewegende blok er tegenaan botst, fig. 9.40. (a) Hoe groot is de maximale indrukking van de veer? (b) Hoe groot zijn de uiteindelijke snelheden van de blokken na de botsing? (c) Is de botsing elastisch? Laat de massa van de veer buiten beschouwing.

FIGUUR 9.40 Vraagstuk 41.

9.6 Niet-elastische botsingen

42. (I) Bij een experiment met een ballistische slinger slingert projectiel 1 de slinger over een hoogte h van 2,6 cm omhoog. Een tweede projectiel (met dezelfde massa) zorgt ervoor dat de slinger twee keer zo hoog opslingert, $h_2 = 5,2$ cm. Hoeveel sneller ging het tweede projectiel dan het eerste?

43. (II) (a) Leid een formule af voor de fractie van de kinetische energie die verloren gaat, $\Delta K/K$, in termen van m en M voor de ballistische slingerbotsing van voorbeeld 9.11. (b) Wat is het resultaat als $m = 16,0$ g en $M = 380$ g?

44. (II) Een geweerkogel van 28 g met een snelheid van 210 m/s boort zichzelf in een slingergewicht van 3,6 kg dat opgehangen is aan een 2,8 m lang koord en laat het gewicht een deel van een cirkel beschrijven. Bereken de verticale en horizontale component van de maximale verplaatsing van het slingergewicht.

45. (II) Een explosie in een voorwerp, dat in eerste instantie in rust is, breekt het voorwerp in twee stukken, waarvan het ene 1,5 maal de massa van het andere heeft. Veronderstel dat bij de explosie 7500 J vrijkomt. Hoeveel kinetische energie krijgt elk stuk?

46. (II) Een sportwagen van 920 kg botst achterop een 2300 kg zware SUV die wacht voor een rood stoplicht. De bumpers van de beide auto's haken in elkaar en ze glijden samen nog 2,8 m verder voor ze tot stilstand komen. De politieagent, die schat dat de kinetische wrijvingscoëfficiënt tussen de banden en de weg 0,80 is, berekent de snelheid van de sportwagen bij de botsing. Wat zou de uitkomst van die berekening moeten zijn?

47. (II) Je laat een bal van 12 g vallen van een hoogte van 1,5 m, die vervolgens tot 0,75 m terugstuitert. Hoe groot was de totale stoot op de bal toen hij tegen de vloer stuiterde? (Verwaarloos de luchtweerstand.)

48. (II) Auto A raakt auto B (in eerste instantie in rust en met dezelfde massa) van achter met een snelheid van 35 m/s. Onmiddellijk na de botsing heeft auto B een voorwaartse snelheid van 25 m/s terwijl auto A in rust is. Welk deel van de initiële kinetische energie is bij de botsing verloren gegaan?

49. (II) Een maat voor de inelasticiteit van een frontale botsing van twee voorwerpen is de *restitutiecoëfficiënt*, e, die gedefinieerd is als
$$e = \frac{v'_A - v'_B}{v_B - v_A},$$
waarin $v'_A - v'_B$ de relatieve snelheid is van de twee voorwerpen na de botsing en $v_B - v_A$ hun relatieve snelheid ervoor. (a) Toon aan dat $e = 1$ voor een perfect elastische botsing en dat $e = 0$ voor een volkomen niet-elastische botsing. (b) Een eenvoudige manier om de restitutiecoëfficiënt te bepalen voor een voorwerp dat tegen bijvoorbeeld een erg hard stalen oppervlak botst, is om het voorwerp op een zware stalen plaat te laten vallen, op de manier zoals is weergegeven in fig. 9.41. Leid een formule af voor e in termen van de oorspronkelijke hoogte h en de maximale hoogte h' die het voorwerp na de botsing bereikt.

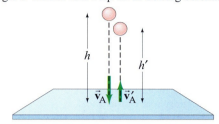

FIGUUR 9.41 Vraagstuk 49. De restitutiecoëfficiënt bepalen.

50. (II) Een slinger bestaat uit een massa M die aan het eind van een massaloze stang met lengte ℓ hangt en wrijvingsloos scharniert aan het andere uiteinde. Een massa m, die beweegt op de manier zoals is weergegeven in fig. 9.42 en snelheid v heeft, botst tegen M en blijft daar in vastzitten. Hoe groot is de kleinste waarde van v waarbij de slinger (samen met de daarin achtergebleven massa m) over de top van het cirkelsegment komt?

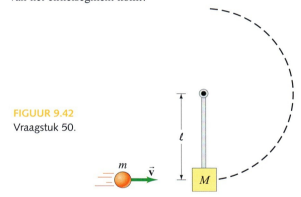

FIGUUR 9.42 Vraagstuk 50.

51. (II) Een kogel met massa $m = 0,0010$ kg boort zichzelf in een houten blok met massa $M = 0,999$ kg, dat vervolgens een veer ($k = 120$ N/m) samendrukt over een afstand $x = 0,050$ m om dan tot stilstand te komen. De kinetische wrijvingscoëfficiënt tussen het blok en de tafel is $\mu = 0,50$. (a) Hoe groot is de beginsnelheid van de kogel? (b) Welk deel van de oorspronkelijke kinetische energie van de kogel wordt niet omgezet in beweging (dus gebruikt voor het vervormen van het houten blok, het verhogen van de temperatuur enzovoort) bij de botsing van de kogel met het blok?

52. (II) Een honkbal van 144 g beweegt met een snelheid van 28,0 m/s en botst dan tegen een 5,25 kg zware baksteen die op kleine rolletjes staat en zonder noemenswaardige wrijving kan bewegen. Nadat de bal tegen de baksteen gebotst is, stuitert de honkbal terug naar de werper, terwijl de baksteen een snelheid van 1,10 m/s in de oorspronkelijke richting van de bal gekregen heeft. (a) Hoe groot is de snelheid van de honkbal na de botsing? (b) Bereken de totale kinetische energie voor en na de botsing.

Hoofdstuk 9 – Impuls 277

53. (II) Een voorwerp van 6,0 kg beweegt in de +x-richting met 5,5 m/s en botst frontaal tegen een voorwerp van 8,0 kg dat in de −x-richting beweegt met 4,0 m/s. Bereken de uiteindelijke snelheid van elke massa als: (a) de voorwerpen met elkaar versmelten; (b) de botsing elastisch is; (c) het voorwerp van 6,0 kg in rust is na de botsing; (d) het voorwerp van 8,0 kg in rust is na de botsing; (e) het voorwerp van 6,0 kg een snelheid heeft van 4,0 m/s in de −x-richting na de botsing. Zijn de resultaten in (c), (d) en (e) 'logisch'? Licht je antwoord toe.

9.7 Botsingen in twee dimensies

54. (II) Biljartbal A, met massa $m_A = 0{,}120$ kg en snelheid $v_A = 2{,}80$ m/s, botst tegen bal B, in eerste instantie in rust en met massa $m_B = 0{,}140$ kg. Als gevolg van de botsing stuitert bal A weg onder een hoek van 30,0° met de oorspronkelijke richting, met een snelheid van $v'_A = 2{,}10$ m/s. (a) Gebruik als x-as de oorspronkelijke bewegingsrichting van bal A en schrijf dan de vergelijkingen voor behoud van impuls voor de componenten in de x- en y-richting op. (b) Los deze vergelijkingen op voor de snelheid, v'_B en hoek θ'_B van bal B. Veronderstel dat de botsing niet-elastisch is.

55. (II) Een radioactieve atoomkern in rust valt uiteen in een tweede kern, een elektron en een neutrino. Het elektron en het neutrino worden onder een hoek van 90° ten opzichte van elkaar weggeschoten en hebben een impuls van respectievelijk $9{,}6 \cdot 10^{-23}$ kg·m/s en $6{,}2 \cdot 10^{-23}$ kg·m/s. Bereken de grootte en de richting van de impuls van de tweede kern.

56. (II) Twee biljartballen met dezelfde massa bewegen onder een rechte hoek ten opzichte van elkaar en botsen in de oorsprong van een xy-coördinatenstelsel. Bal A beweegt in eerste instantie volgens de positieve y-as met een snelheid van 2,0 m/s en bal B beweegt langs de positieve x-as met een snelheid van 3,7 m/s. Na de botsing (die we elastisch veronderstellen) beweegt de tweede bal langs de positieve y-as (fig. 9.43). In welke richting beweegt bal A en welke snelheid hebben de twee ballen?

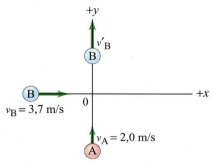

FIGUUR 9.43
Vraagstuk 56.

57. (II) Een atoomkern met massa m en snelheid v botst elastisch met een doeldeeltje met massa $2m$ (in eerste instantie in rust) en wordt weggeschoten onder een hoek van 90°. (a) Onder welke hoek beweegt het doeldeeltje na de botsing? (b) Wat zijn de uiteindelijke snelheden van de twee deeltjes? (c) Welk deel van de initiële kinetische energie wordt overgedragen op het doeldeeltje?

58. (II) Een neutron botst elastisch met een heliumkern (in eerste instantie in rust), die een massa heeft die vier maal die van het neutron is. De heliumkern schiet weg onder een hoek $\theta'_2 = 45°$. Bereken de hoek van de neutron, θ'_1 en de snelheden van de twee deeltjes, v'_n en v'_{He} na de botsing. De beginsnelheid van het neutron is $6{,}2 \cdot 10^5$ m/s.

59. (III) Een neonatoom ($m = 20{,}0$ Da) maakt een perfect elastische botsing met een ander atoom dat in rust is. Na de botsing beweegt het neonatoom onder een hoek van 55,6° ten opzichte van de oorspronkelijke richting en het onbekende atoom onder een hoek van −50,0°. Hoe groot is de massa (in Da) van het onbekende atoom? (*Hint*: je kunt hierbij de sinusregel gebruiken.)

60. (III) Toon aan dat bij een elastische botsing tussen een projectiel met massa m_1 en een doel (in rust) met massa m_2, de wegschiethoek θ'_1 van het projectiel (a) elke waarde tussen 0 en 180° kan hebben als $m_1 < m_2$, maar (b) een maximale waarde ϕ heeft die als volgt beschreven wordt: $\cos^2 \phi = 1 - (m_2/m_1)^2$, als $m_1 > m_2$.

61. (III) Bewijs dat bij de elastische botsing van twee voorwerpen met identieke massa, waarbij een van de twee in eerste instantie in rust is, de hoek tussen de uiteindelijke snelheidsvectoren altijd 90° is.

9.8 Massamiddelpunt (MM)

62. (I) Het MM van een lege auto van 1250 kg bevindt zich op 2,50 m vanaf de voorkant van de auto. Hoe ver en in welke richting verplaatst het MM zich wanneer er twee mensen op de voorbank van de auto zitten (op 2,80 m vanaf de voorbumper) en drie mensen op de achterbank (op 3,90 m vanaf de voorkant van de auto)? Veronderstel dat alle passagiers 70,0 kg wegen.

63. (I) De afstand tussen een koolstofatoom ($m = 12$ Da) en een zuurstofatoom ($m = 16$ Da) in een koolmonoxidemolecule is $1{,}13 \cdot 10^{-10}$ m. Hoe ver is het koolstofatoom verwijderd van het massamiddelpunt van de molecule?

64. (II) Drie kubussen, met ribben ℓ_0, $2\ell_0$ en $3\ell_0$, worden tegen elkaar geplaatst op de manier zoals is weergegeven in fig. 9.44. Waar bevindt zich het MM van dit systeem? Veronderstel dat de kubussen massief zijn, en gemaakt van hetzelfde materiaal.

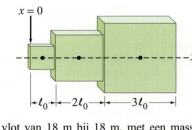

FIGUUR 9.44
Vraagstuk 64.

65. (II) Een vierkant vlot van 18 m bij 18 m, met een massa van 6200 kg, wordt gebruikt als overzetveer. Bereken de plaats van het MM van het overzetveer ten opzichte van het middelpunt ervan als er drie auto's van elk 1350 kg op staan: op de noordoostelijke, de zuidoostelijke en de zuidwestelijke hoek. Verwaarloos de afmetingen van de auto's.

66. (II) Een homogene cirkelvormige plaat met een straal $2R$ heeft een cirkelvormige opening met een straal R. Het middelpunt C van de kleinere cirkel bevindt zich op een afstand $0{,}80R$ vanaf het middelpunt C van de grotere cirkel, fig. 9.45.

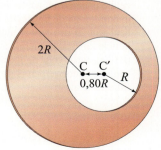

FIGUUR 9.45
Vraagstuk 66.

Waar bevindt zich het massamiddelpunt van de plaat? (*Hint*: trek de cirkels van elkaar af.)

67. (II) Een homogene dunne draad wordt gebogen tot een halve cirkel met straal R. Bereken de coördinaten van het massamiddelpunt ten opzichte van een oorsprong in het middelpunt van de 'volledige' cirkel.

68. (II) Bepaal het massamiddelpunt van een ammoniakmolecule. De chemische formule is NH_3. De waterstofatomen bevinden zich op de hoekpunten van een gelijkzijdige driehoek (met zijden 0,16 nm) die de basis van een piramide vormen en het stikstofatoom bevindt zich op de top (0,037 nm verticaal boven het basisvlak van de piramide).

69. (III) Bereken het MM van een machineonderdeel dat de vorm heeft van een homogene kegel met hoogte h en straal R, fig. 9.46. (*Hint*: splits de kegel in een oneindig aantal schijven met dikte dz, zoals is weergegeven in de figuur.)

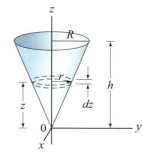

FIGUUR 9.46 Vraagstuk 69.

70. (III) Bereken het MM van een homogene piramide met vier driehoekige zijden en een vierkante basis met zijden s. (*Hint*: zie vraagstuk 69.)

71. (III) Bereken het MM van een dunne, homogene halfcirkelvormige plaat.

9.9 MM en translatiebeweging

72. (II) Massa $M_A = 35$ kg en massa $M_B = 25$ kg. Ze hebben snelheden (in m/s) $\vec{v}_A = 12\vec{e}_x - 16\vec{e}_y$ en $\vec{v}_B = -20\vec{e}_x + 14\vec{e}_y$. Bereken de snelheid van het massamiddelpunt van het systeem.

73. (II) De massa's van de aarde en van de maan zijn respectievelijk $5{,}98 \cdot 10^{24}$ kg en $7{,}35 \cdot 10^{22}$ kg en hun middelpunten bevinden zich $3{,}84 \cdot 10^8$ m uit elkaar. (*a*) Waar bevindt zich het MM van dit systeem? (*b*) Wat kun je zeggen over de beweging van het systeem dat bestaat uit de aarde en de maan om de zon, en van de aarde en de maan afzonderlijk om de zon?

74. (II) Een tuinhamer bestaat uit een homogene cilindrische kop met massa 2,80 kg en een diameter 0,0800 m. Deze kop is bevestigd op een homogene cilindrische steel met massa 0,500 kg en lengte 0,240 m, op de manier zoals is weergegeven in fig. 9.47. Veronderstel nu dat de tuinhamer weggegooid wordt in de lucht. Op welke afstand van de achterkant van de steel ligt dan het punt dat een parabolische baan zal beschrijven?

FIGUUR 9.47 Vraagstuk 74.

75. (II) Een man en een vrouw, die respectievelijk 72 en 55 kg wegen, staan 10,0 m uit elkaar op wrijvingsloos ijs. (*a*) Hoe ver ligt hun gezamenlijk MM vanaf de vrouw? (*b*) Ze hebben beiden een uiteinde van een touw vast en de man trekt daaraan, zodat hij een afstand van 2,5 m aflegt. Hoe ver bevindt bij zich nu van de vrouw? (*c*) Welke afstand heeft de man afgelegd wanneer hij tegen de vrouw aan botst?

76. (II) Veronderstel dat in voorbeeld 9.18 (fig. 9.32), $m_{II} = 3m_I$. (*a*) Waar zou in dat geval m_{II} landen? (*b*) En als $m_I = 3 m_{II}$?

77. (II) Twee mensen, een met massa 85 kg en de andere met massa 55 kg, zitten in een roeiboot met massa 78 kg. De boot is in eerste instantie in rust. De ene persoon zit voorin de boot, de ander achterin. Zij besluiten om van plaats te wisselen. Hoe ver zal het bootje verplaatsen als de twee 3,0 m uit elkaar zaten?

78. (III) Een 280 kg zware containerwagon van 25 m lang beweegt met een snelheid van 6,0 m/s over horizontale wrijvingsloze rails. Een man van 95 kg begint vanaf de achterkant van de wagon in de bewegingsrichting naar de voorkant te lopen met een snelheid van 2,0 m/s ten opzichte van de wagon. Welke afstand heeft de wagon afgelegd in de tijd die de man erover doet om het andere uiteinde te bereiken?

79. (III) Een enorme ballon en een gondel, met massa M, hangen ten opzichte van de grond stil in de lucht. Een passagier, met massa m, klimt uit de gondel en glijdt omlaag langs een touw met een snelheid van v, gemeten ten opzichte van de ballon. Met welke snelheid en richting (ten opzichte van de aarde) beweegt de ballon in dat geval? Wat gebeurt er als de passagier stopt?

*9.10 Variabele massa

***80.** (II) Een raket van 3500 kg krijgt bij de lancering vanaf de aarde een versnelling van 3,0 g. De gassen kunnen met een snelheid van 27 kg/s uitgestoten worden. Hoe groot moet de snelheid daarvan zijn?

***81.** (II) Veronderstel dat de 22 m lange transportband in voorbeeld 9.19 afgeremd wordt door een wrijvingskracht van 150 N. Bereken het benodigde uitgangsvermogen (in pk) van de motor als functie van de tijd vanaf het moment dat het grind begint te vallen ($t = 0$) aan het eind van de transportband tot $t = 3{,}0$ s.

***82.** (II) De straalmotor van een vliegtuig neemt lucht in met een snelheid van 120 kg per seconde, die vervolgens gebruikt wordt om 4,2 kg brandstof per seconde te verbranden. De verbrandingsgassen verlaten de motor met een snelheid van 550 m/s (ten opzichte van het vliegtuig). Het vliegtuig vliegt 270 m/s. Bereken (*a*) de stuwkracht als gevolg van de uitgestoten brandstof; (*b*) de stuwkracht als gevolg van de lucht die versneld door de motor heen passeert en (*c*) het geleverde vermogen.

***83.** (II) Een raket vliegt met een snelheid van 1850 m/s weg van de aarde. Op een hoogte van 6400 km worden de raketmotoren ontstoken, die gas uitstoten met een snelheid van 1300 m/s (ten opzichte van de raket). Veronderstel dat de massa van de raket op dat moment 25.000 kg is en de benodigde versnelling 1,5 m/s^2 is. Hoeveel gas moet per seconde uitgestoten worden?

***84.** (III) Een slede gevuld met zand glijdt zonder wrijving omlaag over een helling van 32°. In de slede zit een gaatje, waaruit zand weglekt met een snelheid van 2,0 kg/s. De slede start vanuit rust met een totale beginmassa van 40,0 kg. Hoe lang doet de slede er over om een afstand van 120 m langs de helling af te leggen?

Algemene vraagstukken

85. Een beginnend poolbiljarter wil de bal in de hoekpocket spelen, fig. 9.48. Ook de relatieve afmetingen zijn weergegeven. Moet de speler zich zorgen maken om een zogenaamd 'scratch shot', waarbij de speelbal ook in een pocket zal belanden? Beschrijf je redenering. Veronderstel dat de massa van de ballen gelijk is en de botsing elastisch is.

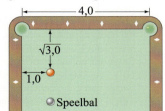

FIGUUR 9.48 Vraagstuk 85.

86. Tijdens stormen kunnen windstoten horizontale snelheden van wel 120 km/u bereiken. Veronderstel dat de lucht tegen iemand aan blaast met 45 kg/s per vierkante meter en daardoor tot stilstand komt. Bereken de kracht van de wind op die persoon. Veronderstel dat de persoon 1,60 m lang en 0,50 m breed is. Vergelijk dit resultaat met de gebruikelijke maximale wrijvingskracht ($\mu \approx 1{,}0$) tussen de persoon en de aarde als de persoon een massa van 75 kg heeft.

87. Iemand laat een bal van een hoogte van 1,50 m vallen, waardoor deze terugstuitert tot een hoogte van 1,20 m. Hoeveel keer zal de bal nog ongeveer stuiteren voordat deze 90 procent van zijn energie kwijtgeraakt is?

88. Om twee kegels bij bowlen in één keer om te gooien, moet de voorste kegel precies zo geraakt worden als is weergegeven in fig. 9.49. Veronderstel dat de bowlingbal, die in eerste instantie een snelheid van 13,0 m/s heeft, vijf keer zo zwaar is als een kegel en dat de kegel onder een hoek van 75° met de oorspronkelijke richting van de bal wegschiet. Bereken de snelheid (*a*) van de kegel en (*b*) van de bal net na de botsing en (*c*) de hoek waarmee de bal afgebogen wordt. Veronderstel dat de botsing elastisch is en houd geen rekening met een eventuele spin van de bal.

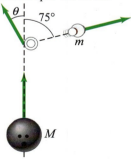

FIGUUR 9.49 Vraagstuk 88.

89. Een verticaal geweer vuurt een kogel af in een blok hout van 1,40 kg dat rust op een dunne, horizontale plaat, fig. 9.50. De kogel heeft een massa van 24,0 g en een snelheid van 310 m/s. Hoe hoog zal het blok omhoog geschoten worden nadat de kogel er in vast is komen te zitten?

90. Een hockeypuck met massa $4m$ is, om een medespeler te verrassen, gesaboteerd en kan ontploffen. De puck is in eerste instantie in rust en ligt op een wrijvingsloze ijsbaan. Dan knalt de puck uit elkaar in drie stukken. Eén stuk, met massa m, glijdt over het ijs met een snelheid $v\vec{e}_x$. Een ander stuk, met massa $2m$, glijdt over het ijs met een snelheid $2v\vec{e}_x$. Bereken de snelheid van het derde stuk.

91. Bereken voor de volkomen niet-elastische botsing van de twee treinwagons in voorbeeld 9.3 hoeveel van de initiële kinetische energie omgezet wordt in thermische of andere vormen van energie.

92. Een open spoorwegwagon met een massa van 4800 kg rijdt, zonder aangedreven te worden, met een constante snelheid van 8,60 m/s over een vlak stuk spoor. Dan begint het te sneeuwen, zodat er per minuut 3,80 kg sneeuw in de wagon valt. Laat de wrijving met de rails buiten beschouwing. Hoe groot is de snelheid van de wagon na 60,0 min? (Zie paragraaf 9.2.)

*93. Bekijk de wagon in vraagstuk 92 nog een keer. (*a*) Bereken de snelheid van de wagon als functie van tijd. Gebruik daarvoor vgl. 9.19. (*b*) Hoe groot is de snelheid van de wagon na 60,0 min? Komt dit overeen met het resultaat van je eerdere berekening (voor vraagstuk 92)?

94. Twee blokken met massa m_A en m_B liggen op een wrijvingsloze tafel en zijn met elkaar verbonden door een uitgerekte veer wanneer ze losgelaten worden (fig. 9.51). (*a*) Werkt er een netto uitwendige kracht op het systeem? (*b*) Bereken de verhouding van de snelheden, v_A/v_B. (*c*) Hoe groot is de verhouding tussen de kinetische energie van A en B? (*d*) Beschrijf de beweging van het MM van dit systeem. (*e*) Welke invloed zou de wrijving hebben op deze resultaten?

FIGUUR 9.51 Vraagstuk 94.

95. Veronderstel dat je opgeroepen bent als getuige-deskundige in een rechtszaak over een auto-ongeval. Bij dat ongeval botste auto A met een massa van 1500 kg tegen een stilstaande auto B met een massa van 1100 kg. De chauffeur van auto A begon te remmen, slipte en botste 15 m verder tegen auto B. Na de botsing gleed auto A nog 18 m verder, terwijl auto B na 30 m tot stilstand kwam. De kinetische wrijvingscoëfficiënt tussen de geblokkeerde wielen en de weg werd gemeten en bedroeg 0,60. Toon aan dat de

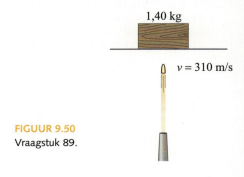

FIGUUR 9.50 Vraagstuk 89.

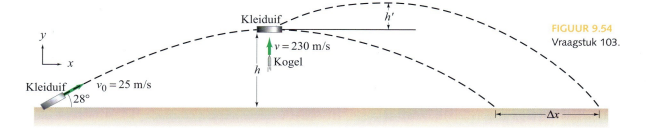

FIGUUR 9.54 Vraagstuk 103.

chauffeur van auto A harder reed dan de daar toegestane snelheid van 90 km/u.

96. Een meteoriet met een massa van ongeveer $2,0 \cdot 10^8$ kg is op de aarde ingeslagen ($m_A = 6,0 \cdot 10^{24}$ kg) met een snelheid van ongeveer 25 km/s en is in de grond tot stilstand gekomen. (*a*) Hoe groot was de terugslag van de aarde (ten opzichte van de snelheid van de aarde in rust voor de botsing)? (*b*) Welk deel van de kinetische energie van de meteoriet werd omgezet in kinetische energie van de aarde? (*c*) Hoeveel veranderde de kinetische energie van de aarde door deze botsing?

97. Twee astronauten, die respectievelijk 65 kg en 85 kg wegen, zijn in eerste instantie in rust in de ruimte. Dan zetten ze zich tegen elkaar af. Hoe ver zijn ze van elkaar verwijderd wanneer de lichtste astronaut 12 m heeft afgelegd?

98. Een kogel van 22 g slaat in een houten blok (met een massa van 1,35 kg) in dat op een horizontaal oppervlak geplaatst is. Veronderstel dat de kinetische wrijvingscoëfficiënt tussen het blok en het oppervlak 0,28 is en de stoot het blok over een afstand van 8,5 m verplaatst. Hoe groot is dan de beginsnelheid van de kogel?

99. Twee ballen met massa $m_A = 45$ g en $m_B = 65$ g zijn opgehangen op de manier zoals is weergegeven in fig. 9.52. De lichtere bal wordt onder een hoek van 66° van de verticaal weggetrokken en losgelaten. (*a*) Hoe groot is de snelheid van de lichtere bal net voor de botsing? (*b*) Hoe groot is de snelheid van de ballen na de elastische botsing? (*c*) Welke hoogte bereikt elke bal na de elastische botsing?

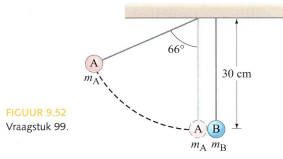

FIGUUR 9.52 Vraagstuk 99.

100. Een blok met massa $m = 2,20$ kg glijdt omlaag over een helling van 30,0° die 3,60 m hoog is. Onderaan aangekomen botst het blok tegen een ander blok met massa $M = 7,00$ kg dat stilligt op een horizontaal oppervlak, fig. 9.53.

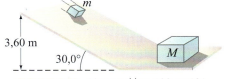

FIGUUR 9.53 Vraagstukken 100 en 101.

(Veronderstel dat de overgang tussen de helling en het vlak vloeiend is.) De botsing is elastisch en de wrijving kan buiten beschouwing gelaten worden. Bepaal (*a*) de snelheden van de twee blokken na de botsing en (*b*) hoe ver de kleinere massa terug zal glijden op de helling.

101. Hoe groot mag massa m in vraagstuk 100 (fig. 9.53) maximaal zijn als deze tegen M moet botsen, terug moet glijden op de helling, opnieuw omlaag moet glijden en opnieuw tegen M tot stilstand moet komen?

102. Na een volkomen niet-elastische botsing tussen twee voorwerpen met dezelfde massa die beide beginsnelheid v hadden, bewegen de twee samen verder met snelheid $v/3$. Hoe groot was de hoek tussen de initiële bewegingsrichting van de beide voorwerpen?

103. Een kleiduif van 0,25 kg wordt onder een hoek van 28° met de horizon weggeschoten met een snelheid van 25 m/s (fig. 9.54). Wanneer de kleiduif zijn maximale hoogte, h, bereikt, wordt deze geraakt door een kogel van 15 g die verticaal omhoog geschoten werd met een snelheid van 230 m/s. De kogel blijft in de kleiduif vastzitten. (*a*) Hoeveel hoger, h', komt de kleiduif daardoor? (*b*) Hoeveel extra afstand, Δx, legt de kleiduif af als gevolg van de botsing?

104. Een massaloze veer met veerconstante k wordt tussen een blok met massa m en een blok met massa $3m$ geplaatst. De blokken liggen in eerste instantie in rust op een wrijvingsloos oppervlak en worden zo vastgehouden dat de veer ertussen samengedrukt wordt over een lengte D ten opzichte van de ontspannen lengte. Dan worden de blokken losgelaten, waardoor de veer ze uit elkaar drukt. Bepaal de snelheden van de twee blokken wanneer ze loskomen van de veer.

105. *Het slingereffect van de zwaartekracht*. In fig. 9.55 is de planeet Saturnus weergegeven die in de negatieve x-richting beweegt met een omloopsnelheid (ten opzichte van de zon) van 9,6 km/s. De massa van Saturnus is $5,69 \cdot 10^{26}$ kg. Een ruimteschip met een massa van 825 kg nadert Saturnus. Wanneer het nog ver verwijderd is van Saturnus, beweegt het in de +x-richting met een snelheid van 10,4 km/s. De aantrekking van de zwaartekracht van

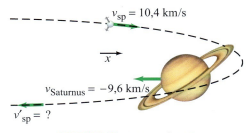

FIGUUR 9.55 Vraagstuk 105.

Saturnus (een conservatieve kracht) die op het ruimteschip werkt, zorgt ervoor dat het om de planeet geslingerd wordt (gestippeld weergegeven baan) en in de tegengestelde richting verder vliegt. Schat de uiteindelijke snelheid van het ruimteschip wanneer het zover van Saturnus verwijderd is dat de invloed van de zwaartekracht verwaarloosbaar geworden is.

106. Twee botsautootjes in een pretpark botsen elastisch doordat het ene achterop het andere inrijdt (fig. 9.56). Autootje A heeft een massa van 450 kg en autootje B een massa van 490 kg, doordat de inzittenden ervan verschillende massa's hebben. Autootje A heeft een snelheid van 4,50 m/s en autootje B rijdt met een snelheid van 3,70 m/s. Bereken (a) hun snelheden na de botsing en (b) de verandering van hun impuls.

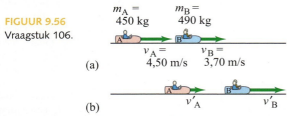

FIGUUR 9.56 Vraagstuk 106.

107. In een natuurkundelaboratorium glijdt een kubus omlaag over een wrijvingsloze helling op de manier zoals is weergegeven in fig. 9.57 en botst elastisch tegen een andere kubus onderaan de helling die de halve massa van de bewegende kubus heeft. Veronderstel dat de helling 35 cm hoog is en het tafelblad zich 95 cm boven de vloer bevindt. Waar landt elke kubus? (*Hint*: beide kubussen verlaten de helling horizontaal.)

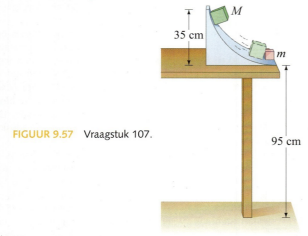

FIGUUR 9.57 Vraagstuk 107.

108. Het ruimteveer lanceert een satelliet van 850 kg door deze uit het laadruim te duwen. Het uitwerpmechanisme wordt geactiveerd en drukt gedurende 4,0 s tegen de satelliet, waardoor deze een snelheid van 0,30 m/s in de z-richting ten opzichte van het ruimteveer krijgt. De massa van het ruimteveer is 92.000 kg. (a) Bereken de snelheidscomponent v_{eind} van het veer in de negatieve z-richting als gevolg van de uitwerpbeweging. (b) Bereken de gemiddelde kracht die het ruimteveer op de satelliet uitoefent tijdens het uitwerpen.

109. Je bent een constructeur en je bent verantwoordelijk voor de botsingsveiligheid van nieuwe automodellen. De auto's worden getest door deze tegen een grote, zware barrière te rijden met een snelheid van 45 km/u. Een nieuw model met een massa van 1500 kg komt 0,15 s na het eerste contact met de barrière tot stilstand. (a) Bereken de gemiddelde kracht die door de barrière op de auto uitgeoefend wordt. (b) Bereken de gemiddelde vertraging van de auto.

110. Astronomen schatten dat er gemiddeld elke miljoen jaar een asteroïde met een doorsnede van 2,0 km in de aarde inslaat. De botsing zou een bedreiging voor de aarde kunnen betekenen. (a) Veronderstel dat de asteroïde bolvormig is en een massadichtheid van 3200 kg/m³ heeft en in de richting van de aarde beweegt met een snelheid van 15 km/s. Hoeveel destructieve energie zou er vrijkomen wanneer de asteroïde in de aarde vast komt te zitten? (b) Ter vergelijking, bij het exploderen van een atoombom komt ongeveer $4{,}0 \cdot 10^{16}$ J vrij. Hoeveel van dergelijke bommen zouden gelijktijdig tot ontploffing gebracht moeten worden om hetzelfde effect te genereren als de inslag van de asteroïde in de aarde?

111. Een astronaut met een massa van 210 kg (inclusief zijn ruimtepak en aandrijving) wil een snelheid van 2,0 m/s krijgen om terug te keren naar zijn ruimteveer. Veronderstel dat de aandrijving gas kan uitstoten met een snelheid van 35 m/s. Hoeveel gas zal de astronaut dan moeten gebruiken?

112. Het is mogelijk om een planeet buiten ons zonnestelsel te ontdekken door de slingering die deze veroorzaakt op de ster waaromheen deze een baan beschrijft. Veronderstel dat zo'n planeet met massa m_B een baan om een ster beschrijft die een massa m_A heeft. Wanneer er geen uitwendige kracht op dit eenvoudige systeem werkt, zal het MM ervan onbeweeglijk zijn. Veronderstel dat m_A en m_B cirkelvormige banen beschrijven met stralen r_A en r_B ten opzichte van het MM van het systeem. (a) Toon aan dat

$$r_A = \frac{m_B}{m_A} r_B.$$

(b) Veronderstel nu een zonachtige ster en een planeet met dezelfde kenmerken als Jupiter. Dat wil zeggen dat $m_B = 1{,}0 \cdot 10^{-3}\, m_A$ en dat de planeet een omloopstraal heeft van $8{,}0 \cdot 10^{11}$ m. Bepaal de straal r_A van de baan van de ster om het MM van het systeem.
(c) Gezien vanaf de aarde vertoont het systeem een slingering over een afstand van $2r_A$. Veronderstel dat de astronomen hoekverplaatsingen kunnen detecteren van ongeveer 1 milliboogseconden (1 boogseconde = $\frac{1}{3600}$ cirkelgraad). Van welke afstand d (in lichtjaren) kan de slingering van de ster dan gedetecteerd worden? (1 lichtjaar = $9{,}46 \cdot 10^{15}$ m.) (d) De ster die zich het dichtst bij onze zon bevindt staat ongeveer 4 lichtjaren van ons verwijderd. Op ongeveer hoeveel sterren kan deze techniek toegepast worden bij het zoeken naar planeetsystemen buiten ons zonnestelsel als we aannemen dat alle sterren gelijkmatig verdeeld zijn in ons deel van de melkweg?

113. Veronderstel dat twee asteroïden frontaal tegen elkaar botsen. Asteroïde A ($m_A = 7{,}5 \cdot 10^{12}$ kg) heeft een snelheid van 3,3 km/s voor de botsing en asteroïde B ($m_B = 1{,}45 \cdot 10^{13}$ kg) heeft een snelheid van 1,4 km/s voor de botsing, in de tegengestelde richting. Hoe groot is de snelheid (grootte en richting) van de nieuwe asteroïde na de botsing als de twee met elkaar versmelten?

Numeriek/computer

*114. (III) Een deeltje met massa m_A dat beweegt met snelheid v_A botst elastisch en frontaal tegen een stationair deeltje met een kleinere massa m_B. (a) Toon aan dat de snelheid van m_B na de botsing gelijk is aan

$$v'_B = \frac{2v_A}{1+m_B/m_A}.$$

(b) Veronderstel nu een derde deeltje met massa m_C dat in rust is en zich tussen m_A en m_B bevindt, zodanig dat m_A eerst frontaal tegen m_C botst en vervolgens m_C frontaal botst tegen m_B. Beide botsingen zijn elastisch.

Toon aan dat in dit geval,

$$v'_B = 4v_A \frac{m_C m_A}{(m_C + m_A)(m_B + m_C)}.$$

(c) Toon met behulp van het resultaat in (b) aan dat voor de maximale waarde van v'_B geldt dat $m_C = \sqrt{m_A m_B}$. (d) Veronderstel dat $m_B = 2{,}0$ kg, $m_A = 18{,}0$ kg en $v_A = 2{,}0$ m/s. Gebruik een spreadsheet om de waarden van v'_B te berekenen en grafisch weer te geven voor waarden van $m_C = 0{,}0$ kg tot $m_C = 50{,}0$ kg in stappen van 1,0 kg. Voor welke waarde van m_C is de waarde van v'_B maximaal? Komt dit resultaat overeen met je resultaat in (c)?

Antwoorden op de opgaven

A: (c) omdat de impulsverandering groter is.
B: groter (Δp is groter).
C: 0,50 m/s.
D: (a) 6,0 m/s; (b) bijna nul; (c) bijna 24,0 m/s.
E: (b); (d).
F: $x_{MM} = -2{,}0$ m; ja.
G: (a).
H: De boot beweegt in de tegengestelde richting.

In snelle attracties in pretparken kun je ervaren wat een snelle rotatiebeweging is, als je maag er tenminste tegen kan. Als je er niet tegen kunt, kun je beter het reuzenrad proberen. Roterende kermisattracties hebben zowel rotationele kinetische energie als impulsmoment. De hoekversnelling wordt veroorzaakt door een netto krachtmoment en roterende voorwerpen hebben rotationele kinetische energie.

Hoofdstuk 10

Inhoud

10.1 Grootheden bij rotatie
10.2 Vectoriële aard van rotatie-grootheden
10.3 Constante hoekversnelling
10.4 Krachtmoment
10.5 Rotationele dynamica; krachtmoment en rotationele traagheid
10.6 Vraagstukken over rotationele dynamica oplossen
10.7 Traagheidsmomenten bepalen
10.8 Rotationele kinetische energie
10.9 Rotationele plus translationele beweging; rollen
*10.10 Waarom vertraagt een bol?

Rotatiebeweging

Openingsvraag: wat denk jij?

Een massieve bal en een massieve cilinder rollen over een helling omlaag. Beide voorwerpen starten vanuit rust op hetzelfde tijdstip. Welke van de twee is het eerst onderaan?
(a) Ze komen allebei tegelijk aan.
(b) Ze komen ongeveer gelijk aan, maar er is een verschil als gevolg van de wrijving.
(c) De bal komt als eerste aan.
(d) De cilinder komt als eerste aan.
(e) Onmogelijk te zeggen als de massa en de straal van de voorwerpen niet bekend is.

Tot nu toe hebben we ons voornamelijk beperkt tot translatiebewegingen. We hebben de kinematica en dynamica van de translatiebeweging (de invloed van krachten) en de energie en impuls die daarmee samengaan besproken. In dit en de volgende hoofdstukken zullen we het gaan hebben over rotationele beweging of kortweg rotatiebeweging. We bespreken eerst de kinematica van de rotatiebeweging en vervolgens de dynamica (waarbij krachtmoment te pas komt), maar ook rotationele kinetische energie en impulsmoment (de rotationele versie van impuls) komen aan de orde. Je krijgt meer inzicht in de wereld om je heen, van roterende fietswielen en compact discs tot attracties in pretparken, een schaatser die een pirouette op het ijs maakt, de draaiende aarde en een centrifuge, en nog een paar aardige verrassingen.

We zullen ons voornamelijk bezighouden met de rotatie van starre voorwerpen. Een **star voorwerp** is een voorwerp met een bepaalde vorm die niet verandert, zodanig dat de deeltjes waaruit het bestaat op hun eigen positie blijven ten opzichte van de andere. Elk ruimtelijk voorwerp kan trillen of vervormen wanneer er een kracht op uitgeoefend wordt. Maar deze effecten zijn vaak erg klein, dus het concept van een ideaal star voorwerp is erg handig te gebruiken als benadering.

Bij het bespreken van de rotatiebeweging gebruiken we een aanpak die vergelijkbaar is met de benadering die we gebruikten bij de bespreking van de translatiebeweging: achtereenvolgens komen rotationele positie, hoeksnelheid, hoekversnelling, rotationele traagheid en de rotationele variant van kracht, krachtmoment aan bod.

10.1 Grootheden bij rotatie

De beweging van een star voorwerp kan geanalyseerd worden als de translatiebeweging van het massamiddelpunt plus de rotatiebeweging *om* het massamiddelpunt ervan (paragrafen 9.8 en 9.9). We hebben in de vorige hoofdstukken aandacht besteed aan de translatiebeweging, dus nu zullen we ons gaan bezighouden met de pure rotatiebeweging. Met de term *zuivere rotatie* van een voorwerp om een vaste as, bedoelen we dat alle punten in het voorwerp een cirkelvormige baan beschrijven, zoals het punt P op het draaiende wiel in fig. 10.1, en dat de middelpunten van deze cirkels op een lijn liggen die de **rotatie-as** genoemd wordt. In fig. 10.1 staat de rotatie-as loodrecht op de pagina en loopt door punt O. We veronderstellen steeds dat de as vast is in een inertiaalstelsel, maar we zullen niet altijd als dwingende eis stellen dat de as door het massamiddelpunt loopt.

Bij een driedimensionaal star voorwerp dat om een vaste as roteert, gebruiken we het symbool R om de loodrechte afstand van een punt of puntmassa tot de rotatie-as aan te duiden. We doen dat om R te onderscheiden van r, waarmee we de positie van een puntmassa ten opzichte van de oorsprong van een bepaald coördinatenstelsel aan blijven duiden. Dit onderscheid is nog eens weergegeven in fig. 10.2. Dit onderscheid lijkt misschien onbelangrijk, maar door je er goed van bewust te zijn kun je enorme fouten voorkomen wanneer je met rotatiebeweging te maken krijgt. Bij een plat en erg dun voorwerp, zoals een wiel, waarbij de oorsprong in het vlak van het voorwerp ligt (ter plaatse van het middelpunt van het wiel bijvoorbeeld), zullen R en r nagenoeg overeenkomen.

Elk punt in een voorwerp dat om een vaste as roteert, beschrijft een cirkelvormige baan (gestippeld weergegeven in fig. 10.1 voor punt P) waarvan het middelpunt zich op de rotatie-as bevindt en waarvan R de straal is, de afstand van dat punt tot de rotatie-as. Elke rechte lijn die vanaf de as naar een willekeurige punt in het voorwerp getrokken wordt, beschrijft dezelfde hoek θ in hetzelfde tijdsinterval.

Om de hoekpositie van het voorwerp aan te geven, dus hoe ver het verdraaide, geven we de hoek θ van een bepaalde lijn in het voorwerp aan (in rood weergegeven in fig. 10.1) ten opzichte van een bepaalde referentielijn, zoals de x-as in fig. 10.1. Een punt in het voorwerp, zoals P in fig. 10.1b, beweegt over een hoek θ wanneer het de afstand ℓ aflegt langs de omtrek van de cirkelvormige baan die het beschrijft. Hoeken worden meestal in graden uitgedrukt, maar de berekeningen bij cirkelvormige bewegingen worden stukken eenvoudiger als we de *radiaal* gebruiken om hoeken aan te duiden. Een **radiaal** (afgekort: rad) is gedefinieerd als de hoek die omsloten wordt door een cirkelsegment waarvan de lengte gelijk is aan de straal. In fig. 10.1 bevindt punt P zich op een afstand R van de rotatie-as en heeft een afstand ℓ over de omtrek van het cirkelsegment afgelegd. De cirkelsegmentlengte ℓ 'omsluit' de hoek θ. Algemeen gesteld kan een willekeurige hoek θ beschreven worden met

$$\theta = \frac{\ell}{R}, \qquad [\theta \text{ in radialen}] \quad (10.1a)$$

waarin R de straal van de cirkel is en ℓ de cirkelsegmentlengte die omsloten wordt door de hoek θ, uitgedrukt in radialen. Als $\ell = R$, dan $\theta = 1$ rad.

De radiaal heeft geen eenheid, omdat het een verhouding van twee lengtes is. We hoeven deze dus niet te noemen in berekeningen, maar het is goed dit meestal wel te doen om duidelijk te maken dat de hoek in radialen is en niet in graden. We kunnen vgl. 10.1a ook schrijven in termen van de cirkelsegmentlengte ℓ

$$\ell = R\theta. \qquad (10.1b)$$

Radialen verhouden zich als volgt tot graden: een volledige cirkel is 360° en komt overeen met een cirkelsegmentlengte die gelijk is aan de omtrek van de cirkel, $\ell = 2\pi R$. Dus is $\theta = \ell/R = 2\pi R/R = 2\pi$ rad in een volledige cirkel en

$$360° = 2\pi \text{ rad}.$$

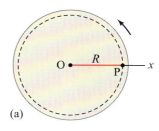

(a)

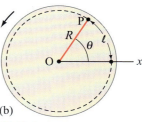

(b)

FIGUUR 10.1 Zijaanzicht van een wiel dat linksom (tegen de wijzers van de klok in) draait om een as door het middelpunt van het wiel ter plaatse van O (as loodrecht op de pagina). Elk punt, zoals bijvoorbeeld punt P, beschrijft een cirkelvormige baan; ℓ is de afstand die P aflegt wanneer het wiel verdraait over de hoek θ.

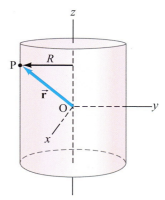

FIGUUR 10.2 Het onderscheid tussen $\vec{r}$ (de positievector) en R (de afstand ten opzichte van de rotatie-as) voor een punt P op de rand van een cilinder die om de z-as roteert.

 Let op

Gebruik in je berekeningen radialen, geen graden.

Een radiaal is dus 360°/2π ≈ 360°/6,28 ≈ 57,3°. Een voorwerp dat een volledige omwenteling (omw) maakt, heeft een hoek van 360° beschreven, of 2π radialen:

$$1 \text{ omw} = 360° = 2\pi \text{ rad}.$$

Voorbeeld 10.1 Roofvogels, in radialen

Het oog van een bepaalde roofvogel kan voorwerpen onderscheiden die een hoek van slechts ongeveer $3 \cdot 10^{-4}$ rad omsluiten. (a) Hoeveel *graden* is dit? (b) Hoe klein is een voorwerp dat de vogel nog net kan onderscheiden wanneer hij op een hoogte van 100 m vliegt (fig. 10.3a)?

Aanpak Voor (a) gebruiken we de relatie $360° = 2\pi$ rad. Voor (b) gebruiken we vgl. 10.1b, $\ell = R\theta$, om de cirkelsegmentlengte te vinden.

Oplossing (a) We rekenen $3 \cdot 10^{-4}$ rad om naar graden:

$$(3 \times 10^{-4} \text{rad})\left(\frac{360°}{2\pi \text{ rad}}\right) = 0,017°,$$

of ongeveer 0,02°.

(b) We gebruiken vgl. 10.1b, $\ell = R\theta$. Voor kleine hoeken zijn de cirkelsegmentlengte ℓ en de koordlengte ongeveer gelijk aan elkaar (fig. 10.3b). Omdat $R = 100$ m en $\theta = 3 \cdot 10^{-4}$ rad, vinden we dat

$$\ell = (100 \text{ m})(3 \cdot 10^{-4} \text{ rad}) = 3 \cdot 10^{-2} \text{ m} = 3 \text{ cm}.$$

Een vogel kan een kleine muis (van ongeveer 3 cm lang) vanaf een hoogte van 100 m onderscheiden van de achtergrond. Dat is wat je noemt een goed gezichtsvermogen.

Opmerking Als de hoek in graden gegeven was, zouden we die eerst om hebben moeten rekenen naar radialen om deze berekening uit te kunnen voeren. Vergelijking 10.1 is *alleen* geldig als de hoek uitgedrukt wordt in radialen. Graden (of omwentelingen) leveren het verkeerde antwoord op.

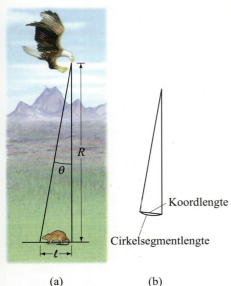

FIGUUR 10.3 (a) Voorbeeld 10.1. (b) Bij kleine hoeken zijn de cirkelsegmentlengte en de koordlengte (rechte lijn) nagenoeg even groot. Voor een hoek van 15° is de fout bij het maken van een dergelijke benadering slechts 1%. Bij grotere hoeken neemt de onnauwkeurigheid snel toe.

Om de rotatiebeweging te beschrijven, maken we gebruik van de hoekgrootheden, zoals hoeksnelheid en hoekversnelling. Deze zijn op een vergelijkbare manier gedefinieerd als de corresponderende grootheden voor de lineaire beweging en worden gekozen om de beweging van het roterende voorwerp als geheel te beschrijven. Ze hebben dus dezelfde waarde voor elk punt in het roterende voorwerp. Elk punt in een roterend voorwerp heeft ook een translationele of lineaire snelheid en versnelling. De verschillende punten in het voorwerp hebben hiervoor verschillende waarden.
Wanneer een voorwerp, zoals het fietswiel in fig. 10.4, van een bepaalde beginpositie, θ_1, naar een bepaalde eindpositie, θ_2, verdraait, is de **hoekverplaatsing** ervan

$$\Delta\theta = \theta_2 - \theta_1.$$

De *hoeksnelheid* (aangeduid met ω, de Griekse kleine letter omega) is op een vergelijkbare manier gedefinieerd als de lineaire (translationele) snelheid, die besproken is in hoofdstuk 2. In plaats van de lineaire verplaatsing gebruiken we de hoekverplaatsing. De **gemiddelde hoeksnelheid** van een voorwerp dat om een vaste as roteert is daarom gedefinieerd als de verandering van de hoekpositie in de tijd:

$$\overline{\omega} = \frac{\Delta\theta}{\Delta t}, \tag{10.2a}$$

waarin $\Delta\theta$ de hoek is waarover het voorwerp verdraaide in het tijdsinterval Δt. De **momentane hoeksnelheid** is de limiet van deze verhouding als Δt nul nadert:

$$\omega = \lim_{\Delta t \to 0} \frac{\Delta\theta}{\Delta t} = \frac{d\theta}{dt}. \tag{10.2b}$$

De eenheid van de hoeksnelheid is radialen per seconde (rad/s). Merk op dat *alle punten van een star voorwerp roteren met dezelfde hoeksnelheid*, omdat elk deeltje van het voorwerp over dezelfde hoek verplaatst wordt in hetzelfde tijdsinterval.
Een voorwerp, zoals het wiel in fig. 10.4, kan zowel rechtsom als linksom om een vaste as roteren. De richting kan aangeduid worden met een +- of −-teken, op de-

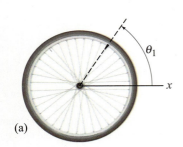

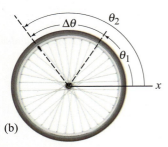

FIGUUR 10.4 Een wiel roteert van (a) de beginpositie θ_1 naar (b) de eindpositie θ_2. De hoekverplaatsing is $\Delta\theta = \theta_2 - \theta_1$.

zelfde manier als we gedaan hebben in hoofdstuk 2 voor de lineaire beweging in de +x- of −x-richting. Het is gebruikelijk om de hoekverplaatsing $\Delta\theta$ en de hoeksnelheid ω positief te noemen wanneer het wiel linksom (tegen de wijzers van de klok in) draait. Als de rotatie rechtsom is, neemt θ af en zullen $\Delta\theta$ en ω negatief zijn.

Hoekversnelling (aangeduid met de letter α, de Griekse kleine letter alfa) wordt, in analogie met de lineaire versnelling, gedefinieerd als de verandering van de hoeksnelheid gedeeld door de tijd die nodig is voor deze verandering. De **gemiddelde hoekversnelling** is gedefinieerd als

$$\overline{\alpha} = \frac{\omega_2 - \omega_1}{\Delta t} = \frac{\Delta \omega}{\Delta t}, \tag{10.3a}$$

waarin ω_1 de initiële hoeksnelheid is en ω_2 de hoeksnelheid na een tijdsinterval Δt. De **momentane hoekversnelling** is gedefinieerd als de limiet van deze verhouding als Δt nadert tot nul:

$$\alpha = \lim_{\Delta t \to 0} \frac{\Delta \omega}{\Delta t} = \frac{d\omega}{dt}. \tag{10.3b}$$

Omdat ω voor alle punten van een roterend voorwerp gelijk is, kunnen we uit vgl. 10.3 concluderen dat α ook gelijk zal zijn voor alle punten. Dus geldt dat ω en α eigenschappen zijn van het roterende voorwerp als geheel. Omdat ω gemeten wordt in radialen per seconde en t in seconden, heeft α de eenheid radialen per seconde in het kwadraat (rad/s²).

Elk punt of elk deeltje van een roterend star voorwerp heeft, op een willekeurig moment, een lineaire snelheid v en een lineaire versnelling a. We kunnen de lineaire grootheden op elk punt, v en a, relateren aan de hoekgrootheden, ω en α, van het roterend voorwerp. Veronderstel een punt P dat zich op een afstand R van de rotatie-as bevindt, zoals in fig. 10.5. Als het voorwerp roteert met een hoeksnelheid ω, zal een willekeurig punt een lineaire snelheid hebben die gericht is langs de raaklijn aan de cirkelvormige baan. De grootte van de lineaire snelheid van dat punt is $v = d\ell/dt$. In vgl. 10.1b is een verandering van de rotatiehoek $d\theta$ (in radialen) gerelateerd aan de lineair afgelegde afstand: $d\ell = R\, d\theta$. Dus is

$$v = \frac{d\ell}{dt} = R\frac{d\theta}{dt}$$

of

$$v = R\omega, \tag{10.4}$$

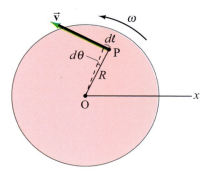

FIGUUR 10.5 Een punt P op een roterend wiel heeft op een willekeurig moment een lineaire snelheid $\vec{v}$.

waarin R een vaste afstand vanaf de rotatie-as is en ω uitgedrukt wordt in rad/s. Dus hoewel ω voor elk punt van het roterende voorwerp op een willekeurig moment gelijk is, is de lineaire snelheid v groter voor punten die verder verwijderd zijn van de rotatie-as (fig. 10.6). Merk op dat vgl. 10.4 geldig is voor zowel de momentane als de gemiddelde snelheid.

Conceptvoorbeeld 10.2 Is de leeuw sneller dan het paard?

Een kind zit in een draaimolen op een paard dat aan de buitenrand van de molen opgesteld is en een ander kind zit op een leeuw die halverwege het middelpunt en de buitenrand van de draaimolen staat. (*a*) Welk kind heeft de grootste lineaire snelheid? (*b*) Welk kind heeft de grootste hoeksnelheid?

Antwoord (*a*) De *lineaire* snelheid is de afgelegde afstand, gedeeld door het tijdsinterval. In een omwenteling van de draaimolen legt het kind aan de buitenrand een grotere afstand af dan het kind dat zich dichter bij het middelpunt van de draaimolen bevindt, terwijl het tijdsinterval voor hen allebei hetzelfde is. Het kind aan de buitenrand, op het paard, heeft dus de grootste lineaire snelheid. (*b*) De *hoeksnelheid* is de hoekverdraaiing, gedeeld door het tijdsinterval. In een omwenteling beschrijven beide kinderen dezelfde hoek ($360° = 2\pi$ rad). De twee kinderen hebben dus dezelfde hoeksnelheid.

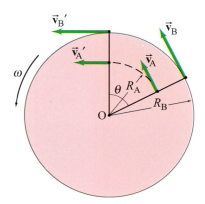

FIGUUR 10.6 Een wiel dat eenparig linksom roteert. Twee punten op het wiel, op afstanden R_A en R_B vanaf het middelpunt, hebben dezelfde hoeksnelheid ω, omdat ze over dezelfde hoek θ verplaatst worden in hetzelfde tijdsinterval. Maar de twee punten hebben verschillende lineaire snelheden, omdat ze verschillende afstanden in hetzelfde tijdsinterval afleggen. Omdat $R_B > R_A$, is $v_B > v_A$ (omdat $v = R\omega$).

Als de hoeksnelheid van een roterend voorwerp verandert, heeft het voorwerp als geheel (en dus elk willekeurig punt erin) een hoekversnelling. Elk punt heeft ook een lineaire versnelling die gericht is volgens de raaklijn aan de cirkelvormige baan die dat punt beschrijft. We gebruiken vgl. 10.4 ($v = R\omega$) om aan te tonen dat de hoekversnelling α op de volgende manier gerelateerd is aan de tangentiale lineaire versnelling $a_{\tan}$ van een punt in een roterend voorwerp:

$$a_{\tan} = \frac{dv}{dt} = R\frac{d\omega}{dt}$$

of

$$a_{\tan} = R\alpha. \quad (10.5)$$

In deze vergelijking is R de straal van de cirkelvormige baan die het deeltje beschrijft, en de index 'tan' in $a_{\tan}$ staat voor 'tangentiaal'.

De totale lineaire versnelling van een punt op een willekeurig moment is de vectorsom van twee componenten:

$$\vec{a} = \vec{a}_{\tan} + \vec{a}_R,$$

waarin de radiale component, $\vec{a}_R$, de radiale of 'centripetale' versnelling is in de richting van het middelpunt van de cirkelvormige baan van het punt; zie fig. 10.7. We hebben in hoofdstuk 5 (vgl. 5.1) gezien dat een puntmassa die een cirkelvormige baan beschrijft met straal R en lineaire snelheid v, een radiale versnelling $a_R = v^2/R$ heeft. We kunnen dit ook schrijven in termen van ω met behulp van vgl. 10.4:

$$a_R = \frac{v^2}{R} = \frac{(R\omega)^2}{R} = \omega^2 R. \quad (10.6)$$

Vgl. 10.6 is geldig voor elk willekeurig deeltje van een roterend voorwerp. De centripetale versnelling is dus groter naarmate het deeltje zich verder van de rotatie-as af bevindt: de kinderen die het dichtst bij de buitenrand van een draaimolen ronddraaien ondervinden de grootste versnelling.

In tabel 10.1 zijn de relaties tussen de hoekgrootheden weergegeven waarmee de rotatie van een voorwerp gerelateerd wordt aan de lineaire grootheden voor elk punt van een voorwerp.

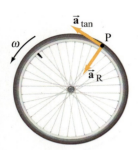

FIGUUR 10.7 Op een roterend wiel waarvan de hoeksnelheid toeneemt, heeft een punt P zowel een tangentiale als een radiale (centripetale) component van de lineaire versnelling. (Zie ook hoofdstuk 5.)

TABEL 10.1 Lineaire en rotationele grootheden

Lineair	Soort	Rotationeel	Relatie (θ in radialen)
x	Verplaatsing	θ	$x = R\theta$
v	Snelheid	ω	$v = R\omega$
$a_{\tan}$	Versnelling	α	$a_{\tan} = R\alpha$

Voorbeeld 10.3 Rotationele en lineaire snelheden en versnellingen

Een draaimolen staat in eerste instantie stil. Op $t = 0$ krijgt de draaimolen een constante hoekversnelling $\alpha = 0{,}060$ rad/s², waardoor de hoeksnelheid gedurende 8,0 s toeneemt. Bereken op $t = 8{,}0$ s de grootte van de volgende grootheden: (a) de hoeksnelheid van de draaimolen; (b) de lineaire snelheid van een kind (fig. 10.8a) op 2,5 m vanaf het middelpunt, punt P in fig. 10.8b; (c) de tangentiale (lineaire) versnelling van het kind; (d) de centripetale versnelling van het kind en (e) de totale lineaire versnelling van het kind.

Aanpak De hoekversnelling α is constant en dus kunnen we $\alpha = \Delta\omega/\Delta t$ gebruiken om ω na een tijd $t = 8{,}0$ s te bepalen. Met deze ω en de gegeven α berekenen we de andere grootheden, gebruikmakend van de relaties die we net afgeleid hebben, vgl. 10.4, 10.5 en 10.6.

Oplossing (a) In vgl. 10.3a, $\alpha_{\text{gem}} = (\omega_2 - \omega_1)/\Delta t$, vullen we voor $\Delta t = 8{,}0$ s in, voor α_{gem} 0,060 rad/s² en voor $\omega_1 = 0$. Oplossen voor ω_2 levert

$$\omega_2 = \omega_1 + \alpha_{\text{gem}}\Delta t = 0 + (0{,}060 \text{ rad/s}^2)(8{,}0 \text{ s}) = 0{,}48 \text{ rad/s}.$$

Tijdens het 8,0 s durende interval is de molen versneld van $\omega_1 = 0$ (rust) naar $\omega_2 = 0{,}48$ rad/s.

(b) De lineaire snelheid van het kind, waarbij $R = 2{,}5$ m op het tijdstip $t = 8{,}0$ s, kunnen we vinden met behulp van vgl. 10.4:

$$v = R\omega = (2{,}5 \text{ m})(0{,}48 \text{ rad/s}) = 1{,}2 \text{ m/s}.$$

Merk op dat de 'rad' hier niet geschreven wordt, omdat het een dimensieloze grootheid (en alleen een geheugensteuntje) is: de verhouding van twee afstanden, vgl. 10.1a.

(c) De tangentiale versnelling van het kind kunnen we berekenen met vgl. 10.5:

$$a_{\tan} = R\alpha = (2{,}5 \text{ m})(0{,}060 \text{ rad/s}^2) = 0{,}15 \text{ m/s}^2,$$

en deze blijft gelijk tijdens het versnellingsinterval van 8,0 s.

(d) De centripetale versnelling van het kind op $t = 8{,}0$ s kunnen we vinden met vgl. 10.6:

$$a_R = \frac{v^2}{R} = \frac{(1{,}2 \text{ m/s})^2}{(2{,}5 \text{ m})} = 0{,}58 \text{ m/s}^2.$$

(e) De twee componenten van de lineaire versnelling die we in (c) en (d) gevonden hebben, staan loodrecht op elkaar. De totale lineaire versnelling op $t = 8{,}0$ s heeft dus grootte

$$a = \sqrt{a_{\tan}^2 + a_R^2} = \sqrt{(0{,}15 \text{ m/s}^2)^2 + (0{,}58 \text{ m/s}^2)^2} = 0{,}60 \text{ m/s}^2.$$

De richting ervan is (fig. 10.8b)

$$\theta = \tan^{-1}\left(\frac{a_{\tan}}{a_R}\right) = \tan^{-1}\left(\frac{0{,}15 \text{ m/s}^2}{0{,}58 \text{ m/s}^2}\right) = 0{,}25 \text{ rad},$$

dus $\theta \approx 15°$.

Opmerking De lineaire versnelling op dit gekozen moment is voornamelijk centripetaal, waardoor het kind een cirkelvormige baan, samen met de draaimolen, blijft beschrijven. De tangentiale component die de beweging versnelt is kleiner.

(a)

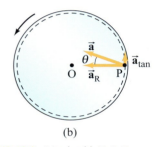

(b)

FIGUUR 10.8 Voorbeeld 10.3. De totale versnellingsvector $\vec{a} = \vec{a}_{\tan} + \vec{a}_R$, op $t = 8{,}0$ s.

De hoeksnelheid ω en de rotatiefrequentie, f, zijn aan elkaar gerelateerd. De **frequentie** is het aantal volledige omwentelingen (omw) per seconde, zoals we gezien hebben in hoofdstuk 5. Een omwenteling (van bijvoorbeeld een wiel) komt overeen met een hoek van 2π radialen, zodat 1 omw/s = 2π rad/s. De frequentie f is dus gerelateerd aan de hoeksnelheid ω als

$$f = \frac{\omega}{2\pi}$$

of

$$\omega = 2\pi f. \tag{10.7}$$

De eenheid voor de frequentie, omwentelingen per seconde (omw/s), heeft een speciale naam, de hertz (Hz). 1 Hz is dus 1 omw/s.
Merk op dat 'omwenteling' niet echt een eenheid is, zodat we ook 1 Hz = 1 s^{-1} kunnen schrijven.
De benodigde tijd voor een volledige omwenteling is de **periode** T, die zich als volgt tot de frequentie verhoudt:

$$T = \frac{1}{f}. \tag{10.8}$$

Als een deeltje met een frequentie van drie omwentelingen per seconde roteert, is de periode van elke omwenteling 1/3 s.

> **Opgave A**
> In voorbeeld 10.3 hebben we gezien dat de draaimolen na 8,0 s roteert met een hoeksnelheid $\omega = 0{,}48$ rad/s en dat na $t = 8{,}0$ s blijft doen, aangezien hij niet verder versneld wordt. Bereken de frequentie en de periode van de draaimolen nadat deze een constante hoeksnelheid heeft bereikt.

Natuurkunde in de praktijk

Harde schijf en bitsnelheid

Voorbeeld 10.4 Harde schijf

De schijven van de harde schijf van een computer maken 7200 omw/min (= omwentelingen per minuut). (*a*) Hoe groot is de hoeksnelheid (rad/s) van de schijven? (*b*) Veronderstel dat de leeskop zich op een bepaald moment op 3,00 cm van de rotatie-as bevindt. Hoe groot is dan de lineaire snelheid van het punt op de schijf onder de leeskop? (*c*) Om één bit op te slaan is 0,50 μm lengte langs de bewegingsrichting nodig. Hoeveel bits per seconde kan de schrijfkop dan wegschrijven wanneer deze zich 3,00 cm van de rotatie-as bevindt?

Aanpak We gebruiken de gegeven frequentie f om de hoeksnelheid ω van de schijf te bepalen en daarmee de lineaire snelheid van een punt op de schijf ($v = R\omega$). De bitsnelheid kunnen we dan vinden door de lineaire snelheid te delen door de benodigde lengte voor een bit (v = afstand/tijd).

Oplossing (*a*) Eerst bepalen we de frequentie in omw/s, waarbij gegeven is dat f = 7200 omw/min:

$$f = \frac{(7200 \text{ omw/min})}{(60 \text{ s/min})} = 120 \text{ omw/s} = 120 \text{ Hz.}$$

De hoeksnelheid is dan

$$\omega = 2\pi f = 754 \text{ rad/s.}$$

(*b*) De lineaire snelheid van een punt dat zich 3,00 cm van de rotatie-as bevindt kunnen we vinden met vgl. 10.4:

$$v = R\omega = (3,00 \cdot 10^{-2} \text{ m})(754 \text{ rad/s}) = 22,6 \text{ m/s.}$$

(*c*) Voor elke bit is $0,50 \cdot 10^{-6}$ m nodig, dus bij een snelheid van 22,6 m/s is het aantal bits dat de kop passeert per seconde

$$\frac{22,6 \text{ m/s}}{0,50 \times 10^{-6} \text{ m/bit}} = 45 \times 10^6 \text{ bits per seconde,}$$

of 45 megabits/s (Mbps).

Voorbeeld 10.5 ω is gegeven als functie van de tijd

Een schijf met straal $R = 3,0$ m roteert met een hoeksnelheid $\omega = (1,6 + 1,2t)$ rad/s, waarin t de tijd in seconden is. Bepaal op het moment $t = 2,0$ s (*a*) de hoekversnelling en (*b*) de snelheid v en de componenten van de versnelling a van een punt op de rand van de schijf.

Aanpak We gebruiken $\alpha = d\omega/dt$, $v = R\omega$, $a_{tan} = R\alpha$ en $a_R = \omega^2 R$, vgl. 10.3b, 10.4, 10.5 en 10.6. We kunnen bij de berekening van ω de eenheden van de constanten expliciet meenemen (voor het geval we dit later willen controleren): $\omega = [1,6 \text{ s}^{-1} + (1,2 \text{ s}^{-2})t]$, wat s^{-1} (= rad/s) voor elke term oplevert.

Oplossing (*a*) De hoekversnelling is

$$\alpha = \frac{d\omega}{dt} = \frac{d}{dt}(1,6 + 1,2\,t)\text{s}^{-1} = 1,2 \text{ rad/s}^2.$$

(*b*) De snelheid v van een punt op 3,0 m vanaf het middelpunt van de roterende schijf op $t = 2,0$ s is, volgens vgl. 10.4,

$$v = R\omega = (3,0 \text{ m})(1,6 + 1,2t)\text{s}^{-1} = (3,0 \text{ m})(4,0 \text{ s}^{-1}) = 12,0 \text{ m/s.}$$

De componenten van de lineaire versnelling van dit punt op $t = 2{,}0$ s zijn

$a_{\tan} = R\alpha = (3{,}0 \text{ m})(1{,}2 \text{ rad/s}^2) = 3{,}6 \text{ m/s}^2$

$a_R = \omega^2 R = [(1{,}6 + 1{,}2t)\text{s}^{-1}]^2(3{,}0 \text{ m}) = (4{,}0 \text{ s}^{-1})^2(3{,}0 \text{ m}) = 48 \text{ m/s}^2.$

10.2 Vectoriële aard van rotatiegrootheden

Zowel $\vec{\omega}$ als $\vec{\alpha}$ kunnen beschouwd worden als vectoren en we definiëren hun richtingen op de volgende manier. Bekijk het roterend wiel in fig. 10.9a. De lineaire snelheden van verschillende deeltjes van het wiel hebben allemaal verschillende richtingen. De enige unieke richting in de ruimte die bij de rotatie hoort is de richting langs de rotatie-as, loodrecht op de werkelijke beweging. We kiezen de rotatie-as dus als richting van de hoeksnelheidsvector, $\vec{\omega}$. Er is echter een dubbelzinnigheid, omdat $\vec{\omega}$ in beide richtingen langs de rotatie-as (omhoog of omlaag in fig. 10.9a) kan wijzen. De afspraak die we gebruiken, die de **rechterhandregel** genoemd wordt, is als volgt: wanneer de vingers van de rechterhand om de rotatie-as gebogen zijn in de richting van de rotatie, wijst de duim in de richting van $\vec{\omega}$. Dit is weergegeven in fig. 10.9b. Merk op dat $\vec{\omega}$ in de richting wijst waarin een schroef met rechtse schroefdraad (de meest gebruikelijke soort) zou bewegen wanneer die in de richting van de rotatie wordt gedraaid. Als het wiel in fig. 10.9a linksom (tegen de wijzers van de klok in) roteert, is de richting van $\vec{\omega}$ omhoog, op de manier zoals is weergegeven in fig. 10.9b. Als het wiel rechtsom (met de wijzers van de klok mee) draait, wijst $\vec{\omega}$ in de tegengestelde richting: omlaag dus.[1] Merk op dat geen van de delen van het roterende voorwerp in de richting van $\vec{\omega}$ beweegt.

Als de richting van de rotatie-as vast is, kan $\vec{\omega}$ alleen van grootte veranderen. Dus $\vec{\alpha} = d\vec{\omega}/dt$ moet ook gericht zijn langs de rotatie-as. Als de rotatie linksom is, zoals in fig. 10.9a en de grootte van ω toeneemt, wijst $\vec{\alpha}$ omhoog; als ω echter afneemt (het wiel vertraagt), wijst $\vec{\alpha}$ omlaag. Als het wiel rechtsom roteert, wijst $\vec{\alpha}$ omlaag als ω toeneemt en $\vec{\alpha}$ wijst omhoog als ω afneemt.

10.3 Constante hoekversnelling

In hoofdstuk 2 hebben we nuttige kinematische vergelijkingen (vgl. 2.12) afgeleid waarmee we versnelling, snelheid, afstand en tijd voor het speciale geval van de eenparige lineaire versnelling aan elkaar kunnen relateren. Deze vergelijkingen hebben we afgeleid uit de definities voor lineaire snelheid en versnelling, waarbij we ervan uitgingen dat de versnelling constant bleef. De definities van hoeksnelheid en hoekversnelling zijn dezelfde als die van hun lineaire 'tegenvoeters', behalve dan dat θ de lineaire verplaatsing x, ω de snelheid v en α de versnelling a vervangt. De vergelijkingen voor een **constante hoekversnelling** zullen dan ook sterk lijken op de vergelijkingen 2.12, waarin x vervangen is door θ, v door ω, en a door α. Ze kunnen dan ook op exact dezelfde manier afgeleid worden. We vatten ze hier samen, tegenover hun lineaire equivalent (we hebben steeds gekozen voor $x_0 = 0$ en $\theta_0 = 0$ op het begintijdstip $t = 0$):

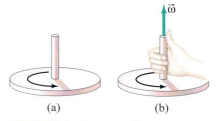

FIGUUR 10.9 (a) Roterend wiel. (b) Rechterhandregel om de richting van $\vec{\omega}$ te bepalen.

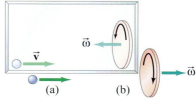

FIGUUR 10.10 (a) Snelheid is een echte vector. De spiegeling van $\vec{v}$ heeft dezelfde richting. (b) Hoeksnelheid is een pseudovector, omdat deze niet aan deze regel voldoet. Zoals je kunt zien roteert het spiegelbeeld van het wiel in de tegengestelde richting, dus is de richting van $\vec{\omega}$ tegengesteld gericht aan die van het spiegelbeeld.

---

[1] Strikt genomen zijn $\vec{\omega}$ en $\vec{\alpha}$ niet echt vectoren. Het probleem is dat ze zich niet gedragen als vectoren die gespiegeld worden. Veronderstel dat je in een spiegel kijkt en een puntmassa met snelheid $\vec{v}$ naar rechts beweegt voor, en evenwijdig aan het vlak van, de spiegel. In de weerspiegeling van de spiegel wijst $\vec{v}$ nog steeds naar rechts, fig. 10.10a. Dit is een echte vector, net zoals de snelheid, waarbij, wanneer deze evenwijdig aan het vlak van de spiegel gericht is, de weerspiegeling dezelfde richting heeft als in de werkelijke vector. Veronderstel nu eens een wiel dat voor een spiegel roteert, zodanig dat $\vec{\omega}$ naar rechts wijst. (We kijken naar de rand van het wiel.) In de spiegel, fig. 10.10b, roteert het wiel in de tegengestelde richting. Dus $\vec{\omega}$ wijst in de tegengestelde richting (naar links) in de spiegel. Omdat de weerspiegeling van $\vec{\omega}$ verschilt van de werkelijke vector, wordt $\vec{\omega}$ een *pseudovector* of *axiale vector* genoemd. De hoekversnelling $\vec{\alpha}$ is ook een pseudovector, net als alle uitwendige producten van echte vectoren (paragraaf 11.2). Het verschil tussen werkelijke vectoren en pseudovectoren is belangrijk in de elementaire deeltjesnatuurkunde, maar voert te ver voor dit boek.

Kinematische vergelijkingen bij constante hoekversnelling $(x_0 = 0, \theta_0 = 0)$

Rotationeel	Lineair		
$\omega = \omega_0 + \alpha t$	$v = v_0 + at$	[constante α, a]	(10.9a)
$\theta = \omega_0 t + \frac{1}{2}\alpha t^2$	$x = v_0 t + \frac{1}{2}at^2$	[constante α, a]	(10.9b)
$\omega^2 = \omega_0^2 + 2\alpha\theta$	$v^2 = v_0^2 + 2ax$	[constante α, a]	(10.9c)
$\overline{\omega} = \dfrac{\omega + \omega_0}{2}$	$\overline{v} = \dfrac{v + v_0}{2}$	[constante α, a]	(10.9d)

Merk op dat ω_0 de hoeksnelheid op $t = 0$ voorstelt, daar waar θ en ω respectievelijk de hoekpositie en de snelheid zijn op tijdstip t. Omdat de hoekversnelling constant is, is α gelijk aan α_{gem}.

 Natuurkunde in de praktijk

Centrifuge

Voorbeeld 10.6 Versnelling van een centrifuge

Een rotor van een centrifuge wordt vanuit rust in 30 s versneld tot 20.000 omw/min. (*a*) Hoe groot is de gemiddelde hoekversnelling van de rotor? (*b*) Hoeveel omwentelingen heeft de rotor van de centrifuge gemaakt tijdens de versnellingsperiode, als de hoekversnelling constant was?

Aanpak Om $\alpha_{\text{gem}} = \Delta\omega/\Delta t$ te bepalen, moeten we de begin- en eindhoeksnelheden kennen. Voor (*b*) gebruiken we vgl. 10.9 (in de wetenschap dat een omwenteling overeenkomt met $\theta = 2\pi$ rad).

Oplossing (*a*) De beginhoeksnelheid is $\omega = 0$. De uiteindelijke hoeksnelheid is

$$\omega = 2\pi f = (2\pi \text{ rad/omw})\frac{(20.000 \text{ omw/min})}{(60 \text{ s/min})} = 2100 \text{ rad/s}.$$

En, omdat $\alpha_{\text{gem}} = \Delta\omega/\Delta t$ en $\Delta t = 30$ s, levert dat

$$\alpha_{\text{gem}} = \frac{\omega - \omega_0}{\Delta t} = \frac{2100 \text{ rad/s} - 0}{30 \text{ s}} = 70 \text{ rad/s}^2.$$

Dat wil zeggen dat de hoeksnelheid van de rotor elke seconde met 70 rad/s of $(70/2\pi) = 11$ omwentelingen per seconde toeneemt.

(*b*) Om θ te bepalen kunnen we ofwel vgl. 10.9b of 10.9c gebruiken, of beide om het antwoord te controleren. De eerste levert

$$\theta = 0 + \tfrac{1}{2}(70 \text{ rad/s}^2)(30 \text{ s})^2 = 3{,}15 \cdot 10^4 \text{ rad},$$

waarin we een extra cijfer hebben gehouden omdat dit een tussenresultaat is. Om het totale aantal omwentelingen te bepalen delen we door 2π rad/omw:

$$\frac{3{,}15 \times 10^4 \text{ rad}}{2\pi \text{ rad/omw}} = 5{,}0 \times 10^3 \text{ omw}.$$

Opmerking We kunnen θ ook berekenen met behulp van vgl. 10.9c:

$$\theta = \frac{\omega^2 - \omega_0^2}{2\alpha} = \frac{(2100 \text{ rad/s})^2 - 0}{2(70 \text{ rad/s}^2)} = 3{,}15 \times 10^4 \text{ rad}$$

wat perfect overeenkomt met het antwoord dat we met vgl. 10.9b gevonden hebben.

10.4 Krachtmoment

We hebben tot dusver alleen rotationele kinematica bekeken: de omschrijving van rotatiebeweging in termen van hoekpositie, hoeksnelheid en hoekversnelling. We zullen nu onze aandacht richten op de dynamica, de oorzaken, van rotatiebewegingen. Net zoals we overeenkomsten gevonden hebben tussen lineaire en rotationele bewegingen bij de beschrijving van beweging, kunnen we die ook vinden voor rotationele equivalenten van de lineaire dynamica.

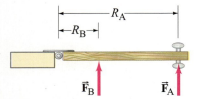

FIGUUR 10.11 Bovenaanzicht van een deur.

Om een voorwerp te laten roteren om een as is er uiteraard een kracht nodig. Maar de richting van deze kracht en waar die uitgeoefend wordt zijn ook belangrijke factoren. Bekijk bijvoorbeeld maar eens het alledaagse voorbeeld van het bovenaanzicht van een deur in fig. 10.11. Als je een kracht $\vec{F}_A$ op de deur uitoefent op de manier zoals is weergegeven in de figuur, zul je ontdekken dat hoe groter deze kracht is, F_A, hoe sneller de deur open zal zwaaien. Maar als je een kracht met dezelfde grootte uitoefent op een punt dichter bij de scharnieren, bijvoorbeeld $\vec{F}_B$ in fig. 10.11, zal de deur aanmerkelijk minder snel openzwaaien. Het effect van de kracht is kleiner: *waar de kracht uitgeoefend wordt is net zo van belang als de grootte en richting van de kracht*. Als er alleen die kracht werkt, is de hoekversnelling van de deur niet alleen rechtevenredig met de grootte van de kracht, maar ook rechtevenredig met *de loodrechte afstand van de rotatie-as tot de lijn waarop de kracht werkt*. Deze afstand wordt de **momentarm**, of kortweg de **arm**, van de kracht genoemd. We hebben de twee afstanden in fig. 10.11 R_A en R_B genoemd. Dus als R_A in fig. 10.11 drie keer groter is dan R_B, zal de hoekversnelling van de deur ook drie keer zo groot zijn, als we ervan uitgaan dat de grootte van de krachten gelijk is. Dezelfde kracht wordt uitgeoefend, maar met verschillende hefboomarmen, R_A en R_B. Als $R_A = 3R_B$, moet F_B, om hetzelfde effect (dezelfde hoekversnelling) te realiseren, drie keer F_A zijn, ofwel $F_A = 1/3\ F_B$. Anders gezegd, als $R_A = 3R_B$, moet F_B drie keer zo groot zijn als F_A om de deur dezelfde hoekversnelling te geven. (In fig. 10.12 zijn twee voorbeelden weergegeven van gereedschappen waarmee handig gebruikgemaakt wordt van dit principe.)

De hoekversnelling is in dat geval rechtevenredig met het product van de *kracht maal de lengte van de arm*. Dit product wordt het *krachtmoment* om de as, of het **koppel** genoemd en wordt voorgesteld door de letter τ (de Griekse kleine letter tau). De hoekversnelling α van een voorwerp is rechtevenredig met het toegepaste netto krachtmoment τ:

$$\alpha \propto \tau,$$

en we zien dat het krachtmoment de hoekversnelling veroorzaakt. Dit is de rotationele variant van de tweede wet van Newton voor lineaire beweging, $\alpha \propto \tau$.

We definieerden de arm als de *loodrechte* afstand vanaf de rotatie-as tot de werklijn van de kracht. Dat wil zeggen, de afstand die loodrecht staat op zowel de rotatie-as als de imaginaire lijn die getrokken kan worden in de richting van de kracht. We doen dit om rekening te kunnen houden met krachten die onder een hoek werken. Het is duidelijk dat een kracht die onder een hoek uitgeoefend wordt, zoals $\vec{F}_C$ in fig. 10.13, minder effectief zal zijn dan een kracht met dezelfde grootte die loodrecht op de deur uitgeoefend wordt, zoals $\vec{F}_A$ (fig. 10.13a). En als je tegen de deur duwt in de richting van de scharnieren (de rotatie-as), zoals $\vec{F}_D$, zal de deur helemaal niet opendraaien.

De arm van een kracht als $\vec{F}_C$ kun je vinden door een lijn te trekken langs de richting van $\vec{F}_C$ (dit is de 'werklijn' van $\vec{F}_C$). Vervolgens teken je nog een lijn, loodrecht op deze werklijn, die de rotatie-as ook loodrecht snijdt. De lengte van deze tweede lijn is de arm van $\vec{F}_C$ en wordt aangeduid als R_C in fig. 10.13b. De arm van $\vec{F}_A$ is de hele afstand van de scharnieren tot de deurknop, R_A; dus is R_C veel kleiner dan R_A. De grootte van het krachtmoment van $\vec{F}_C$ is dus $R_C F_C$. Deze korte arm R_C en het daardoor kleinere krachtmoment van $\vec{F}_C$ bevestigt de waarneming dat $\vec{F}_C$ veel minder effectief is om de deur te versnellen dan $\vec{F}_A$. Wanneer de arm op die manier gedefinieerd wordt, tonen experimenten aan dat de relatie $\alpha \propto \tau$ algemeen geldig is. Merk in fig. 10.13 op dat de werklijn van de kracht $\vec{F}_D$ het scharnier snijdt; de arm is in dat geval nul. Dat betekent dat het door $\vec{F}_D$ uitgeoefende krachtmoment nul is, zodat er geen hoekversnelling zal zijn. Dat komt overeen met ervaringen die je elke dag opnieuw hebt.

In algemene vorm kunnen we de grootte van het krachtmoment om een bepaalde as schrijven als

$$\tau = R_\perp F, \qquad (10.10a)$$

waarin $R_\perp$ de arm is en het loodrechtsymbool ($\perp$) ons er opmerkzaam op maakt dat we de afstand tot de rotatie-as moeten gebruiken, dat wil zeggen, loodrecht op de werklijn van de kracht (fig. 10.14a).

Een gelijkwaardige manier om het krachtmoment van een kracht te bepalen is om de kracht op te splitsen in componenten evenwijdig aan en loodrecht op de lijn tussen

Rotatie-as (a)   Rotatie-as (b)

FIGUUR 10.12 (a) Een wielmoersleutel kan ook een lange arm hebben. (b) Een loodgieter kan een groter krachtmoment uitoefenen door een langer stuk gereedschap te gebruiken.

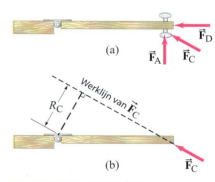

FIGUUR 10.13 (a) Krachten in verschillende richtingen op een deurknop. (b) De hefboomarm is gedefinieerd als de loodrechte afstand vanaf de rotatie-as (het scharnier) tot de werklijn van de kracht.

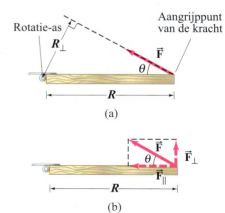

FIGUUR 10.14 Krachtmoment $= R_\perp F = R F_\perp$.

Hoofdstuk 10 – Rotatiebeweging 293

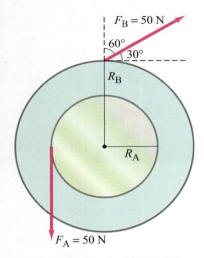

FIGUUR 10.15 Voorbeeld 10.7. Het krachtmoment als gevolg van $\vec{F}_A$ zorgt ervoor dat het wiel linksom zal willen draaien, terwijl het krachtmoment als gevolg van $\vec{F}_B$ het wiel rechtsom zal willen versnellen.

de as en het punt waar de kracht wordt uitgeoefend, op de manier zoals is weergegeven in fig. 10.14b. De component $F_\parallel$ oefent geen krachtmoment uit, omdat deze gericht is naar de rotatie-as toe (de arm is nul). Het krachtmoment zal dus gelijk zijn aan $F_\perp$ maal de afstand R vanaf de as naar het punt waar de kracht wordt uitgeoefend:

$$\tau = RF_\perp. \tag{10.10b}$$

Dit geeft hetzelfde resultaat als vgl. 10.10a, omdat $F_\perp = F\sin\theta$ en $R_\perp = R\sin\theta$. Dus

$$\tau = RF\sin\theta \tag{10.10c}$$

in beide gevallen. [Merk op dat θ de hoek is tussen de richtingen van $\vec{F}$ en R (radiale lijn van de as naar het punt waar $\vec{F}$ werkt).] We kunnen elk van de vergelijkingen 10.10 gebruiken om het krachtmoment te berekenen.

Omdat krachtmoment een afstand maal een kracht is, is de eenheid ervan Nm (in SI-eenheden).[1]

Wanneer er meer dan één krachtmoment werkt op een voorwerp, is de hoekversnelling α rechtevenredig met het *netto* krachtmoment. Als alle krachtmomenten die op een voorwerp werken het voorwerp om een vaste rotatie-as in dezelfde richting willen laten draaien, is het netto krachtmoment de som van de krachtmomenten. Maar als er bijvoorbeeld een krachtmoment werkt om een voorwerp in een bepaalde richting te laten roteren en een tweede krachtmoment werkt om het voorwerp in de tegengestelde richting te laten roteren (zoals in fig. 10.15), dan is het netto krachtmoment het verschil van de twee krachtmomenten. Gewoonlijk krijgt een krachtmoment dat een voorwerp linksom wil laten roteren een plusteken (net als θ meestal positief linksom is), en een minteken als het krachtmoment het voorwerp rechtsom wil laten roteren, op voorwaarde dat de rotatie-as vast is.

Voorbeeld 10.7 Krachtmoment op een samengesteld wiel

Twee dunne, ronde wielen met stralen $R_A = 30$ cm en $R_B = 50$ cm, zijn aan elkaar bevestigd op een as door het middelpunt van de beide wielen, op de manier zoals is weergegeven in fig. 10.15. Bereken het netto krachtmoment op dit samengestelde wiel als gevolg van de twee krachten in de figuur die elk 50 N groot zijn.

Aanpak De kracht $\vec{F}_A$ wil het systeem linksom laten roteren, terwijl $\vec{F}_B$ het rechtsom wil laten roteren. De twee krachten werken elkaar dus tegen. We moeten een richting definiëren als de positieve richting, bijvoorbeeld linksom. In dat geval oefent $\vec{F}_A$ een positief krachtmoment uit, $\tau_A = R_A F_A$, omdat de arm R_A is. Aan de andere kant oefent $\vec{F}_B$ een negatief krachtmoment uit (rechtsom) en werkt niet loodrecht op R_B, dus moeten we de loodrechte component gebruiken om het krachtmoment te berekenen:

$$\tau_B = R_A F_{B\perp} = -R_B F_B \sin\theta \text{ waarin } \theta = 60°.$$

(Merk op dat θ de hoek moet zijn tussen $\vec{F}_B$ en een radiale lijn van de as.)

Oplossing Het netto krachtmoment is

$$\tau = R_A F_A - R_B F_B \sin 60°$$
$$= (0{,}30 \text{ m})(50 \text{ N}) - (0{,}50 \text{ m})(50 \text{ N})(0{,}866) = -6{,}7 \text{ Nm}.$$

Dit netto krachtmoment is negatief en wil het wiel dus rechtsom laten draaien.

---

[1] Merk op dat de eenheden voor krachtmoment gelijk zijn aan die voor energie. We schrijven de eenheid voor krachtmoment als Nm om deze te onderscheiden van die van energie (J), omdat de twee grootheden erg verschillend zijn. Een duidelijk verschil is dat energie een scalaire grootheid is, terwijl krachtmoment een richting heeft en een vector is (zoals we in hoofdstuk 11 zullen zien). De speciale naam *joule* (1 J = 1 Nm) wordt alleen gebruikt voor energie (en voor arbeid), maar *nooit* voor krachtmoment.

> **Opgave B**
> Op een liniaal worden twee krachten ($F_B = 20$ N en $F_A = 30$ N) uitgeoefend. De liniaal kan roteren om een punt aan het linkeruiteinde, fig. 10.16. Kracht $\vec{F}_B$ wordt loodrecht op het middelpunt van de liniaal uitgeoefend. Welke kracht oefent het grootste krachtmoment uit: F_A, F_B of oefenen beide hetzelfde krachtmoment uit?

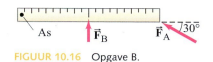

FIGUUR 10.16 Opgave B.

10.5 Rotationele dynamica; krachtmoment en rotationele traagheid

In paragraaf 10.4 hebben we gezien dat de hoekversnelling α van een roterend voorwerp rechtevenredig is met het netto krachtmoment τ dat erop wordt uitgeoefend:

$$\alpha \propto \Sigma\tau,$$

waarin we $\Sigma\tau$ schrijven om niet te vergeten dat dit het *netto* krachtmoment is (de som van alle krachtmomenten die op het voorwerp werken) dat rechtevenredig is met α. Dit komt overeen met de tweede wet van Newton voor translatiebeweging, $a \propto \Sigma F$, maar hier gebruiken we krachtmoment waar we eerder kracht gebruikten en de hoekversnelling α in plaats van de lineaire versnelling a. In het lineaire geval is de versnelling niet alleen rechtevenredig met de nettokracht, maar ook omgekeerd evenredig met de traagheid van het voorwerp: de massa m. We kunnen dus $a = \Sigma F/m$ schrijven. Maar wat speelt de rol van de massa voor het rotationele geval? Dat zullen we hier gaan achterhalen. Tegelijkertijd zullen we zien dat de relatie $\alpha \propto \Sigma\tau$ rechtstreeks volgt uit de tweede wet van Newton $\Sigma F = ma$.

We zullen eerst een erg eenvoudig scenario bekijken: een puntmassa met massa m beschrijft een cirkelvormige baan met straal R aan het eind van een touw of stang, waarvan we de massa kunnen verwaarlozen ten opzichte van m (fig. 10.17), en we veronderstellen dat er één tangentiale kracht F werkt op m, op de manier zoals is weergegeven in de figuur. Het krachtmoment dat verantwoordelijk is voor de hoekversnelling is $\tau = RF$. Als we de tweede wet van Newton voor lineaire grootheden gebruiken, $\Sigma F = ma$, en vgl. 10.5 voor de hoekversnelling en de tangentiale lineaire versnelling, $a_{\tan} = R\alpha$, levert dat

$$F = ma$$
$$= mR\alpha,$$

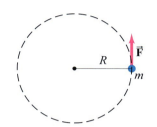

FIGUUR 10.17 Een massa m beschrijft een cirkelvormige baan met straal R om een vast punt.

waarin α gegeven is in rad/s^2. Wanneer we beide zijden van deze vergelijking vermenigvuldigen met R, zien we dat het krachtmoment $\tau = RF = R(mR\alpha)$ is, ofwel dat

$$\tau = mR^2\alpha \qquad \text{[een puntmassa]} \qquad (10.11)$$

We hebben nu een directe relatie tussen de hoekversnelling en het uitgeoefende krachtmoment τ gevonden. De grootheid mR^2 stelt de *rotationele traagheid* van de puntmassa voor en wordt het *traagheidsmoment* genoemd.

Laten we nu eens kijken naar een roterend star voorwerp, zoals een wiel dat om een vaste as door het middelpunt ervan roteert. We kunnen het wiel beschouwen als een samenstelling van veel puntmassa's die zich op verschillende afstanden van de rotatie-as bevinden. Vervolgens kunnen we vgl. 10.11 toepassen op elke puntmassa van het voorwerp; we schrijven dus $\tau_i = m_i R_i^2 \alpha$ voor de i-de puntmassa van het voorwerp. Vervolgens bepalen we de som voor alle puntmassa's. De som van de verschillende krachtmomenten is precies gelijk aan het totale krachtmoment, $\Sigma\tau$, dus

$$\Sigma\tau_i = (\Sigma m_i R_i^2)\alpha \qquad \text{[vaste as]} \qquad (10.12)$$

waarin we de α buiten het somteken gebracht hebben, omdat die voor alle puntmassa's van een star voorwerp gelijk is. Het netto krachtmoment, $\Sigma\tau$, stelt de som voor van alle inwendige krachtmomenten die elke puntmassa uitoefent op een andere puntmassa, plus alle uitwendige krachtmomenten die van buitenaf uitgeoefend worden: $\Sigma\tau = \Sigma\tau_\text{uitw} + \Sigma\tau_\text{inw}$. Volgens de derde wet van Newton is de som van de inwendige krachtmomenten nul. Dus stelt $\Sigma\tau$ het netto *uitwendige* krachtmoment voor. De som $\Sigma m_i R_i^2$ in vgl. 10.12 stelt de som voor van de massa van elke afzonderlijke puntmassa in het voorwerp, vermenigvuldigd met het kwadraat van de afstand van die puntmassa tot de rotatie-as. Als we elke puntmassa een nummer geven (1, 2, 3,... enzovoort), geldt

$$\Sigma m R_i^2 = m_1 R_1^2 + m_2 R_2^2 + m_3 R_3^2 + \ldots$$

Deze som wordt het **traagheidsmoment** (of *rotationele traagheid*) I van het voorwerp genoemd:

$$I = \Sigma m_i R_i^2 = m_1 R_1^2 + m_2 R_2^2 + \ldots \qquad (10.13)$$

Als we vgl. 10.12 en vgl. 10.13 met elkaar combineren, levert dat

$$\Sigma \tau = I \alpha \qquad \text{[as vast in inertiaalstelsel]} \qquad (10.14)$$

Dit is het rotationele equivalent van de tweede wet van Newton. Deze is geldig voor de rotatie van een star voorwerp om een vaste as.[1] Het is mogelijk om aan te tonen (zie hoofdstuk 11) dat vgl. 10.14 zelfs geldig is wanneer het voorwerp een versnelde translatie ondergaat, zolang I en α berekend zijn om het massamiddelpunt van het voorwerp, en de rotatie-as door het MM niet van richting verandert. (Een bal die van een helling rolt is een voorbeeld hiervan.) In dat geval geldt

$$(\Sigma \tau)_{MM} = I_{MM} \alpha_{MM} \qquad \begin{bmatrix} \text{as vast in richting,} \\ \text{maar ook met versnelling} \end{bmatrix} \qquad (10.15)$$

waarin de index MM betekent 'berekend om het massamiddelpunt'.

We zien dat het traagheidsmoment, I, een maat voor de rotationele traagheid van een voorwerp, dezelfde rol speelt bij de rotatiebeweging als de massa speelt bij de translatiebeweging. Zoals uit vgl. 10.13 blijkt, hangt de rotationele traagheid van een voorwerp niet alleen af van de massa ervan, maar ook van de verdeling van die massa ten opzichte van de rotatie-as. Een cilinder met een grote diameter zal een grotere rotationele traagheid hebben dan een cilinder met een gelijke massa, maar met een kleinere diameter (en dus een grotere lengte), fig. 10.18. De eerste zal lastiger in beweging te brengen zijn, maar ook lastiger tot stilstand te brengen. Wanneer de massa verder van de rotatie-as geconcentreerd is, is de rotationele traagheid groter. Bij een rotationele beweging kan de massa van een voorwerp *niet* geconcentreerd in het massamiddelpunt voorgesteld worden.

> *De tweede wet van Newton voor rotatie*

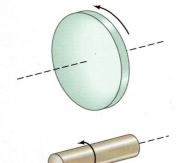

FIGUUR 10.18 Een cilinder met een grote diameter heeft een groter traagheidsmoment dan een cilinder met dezelfde massa, maar een kleinere diameter.

 Let op

Massa kan niet geconcentreerd in het MM voorgesteld worden bij een rotationele beweging.

Voorbeeld 10.8 Twee gewichten op een staaf: andere as, andere I

Twee kleine 'gewichten' met een massa van 5,0 kg en 7,0 kg zijn gemonteerd op een onderlinge afstand van 4,0 m op een lichte stang (waarvan we de massa buiten beschouwing laten), op de manier zoals is weergegeven in fig. 10.19. Bereken het traagheidsmoment van het systeem (*a*) wanneer het roteert om een as halverwege tussen de gewichten, fig. 10.19a en (*b*) wanneer het roteert om een as 0,50 m links van de massa van 5,0 kg (fig. 10.19b).

Aanpak In beide gevallen kunnen we het traagheidsmoment van het systeem bepalen door de som van de twee onderdelen te bepalen met behulp van vgl. 10.13.

Oplossing (*a*) Beide gewichten bevinden zich op dezelfde afstand, namelijk 2,0 m, van de rotatie-as. Dus geldt dat

$$I = \Sigma m R^2 = (5,0 \text{ kg})(2,0 \text{ m})^2 + (7,0 \text{ kg})(2,0 \text{ m})^2$$
$$= 20 \text{ kg} \cdot \text{m}^2 + 28 \text{ kg} \cdot \text{m}^2 = 48 \text{ kg} \cdot \text{m}^2.$$

(*b*) De massa van 5,0 kg bevindt zich nu 0,50 m van de as en de massa van 7,0 kg op 4,50 m van de rotatie-as. In dat geval geldt

$$I = \Sigma m R^2 = (5,0 \text{ kg})(0,50 \text{ m})^2 + (7,0 \text{ kg})(4,5 \text{ m})^2$$
$$= 1,3 \text{ kg} \cdot \text{m}^2 + 142 \text{ kg} \cdot \text{m}^2 = 143 \text{ kg} \cdot \text{m}^2.$$

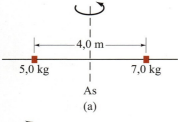

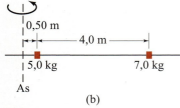

FIGUUR 10.19 Voorbeeld 10.8. Het traagheidsmoment berekenen.

[1] Dat wil zeggen dat de as vast moet zijn ten opzichte van het voorwerp en vast moet zijn in een inertiaalstelsel. Het kan dus een as zijn die met een eenparige snelheid in een inertiaalstelsel beweegt, omdat de as als vast beschouwd kan worden in een tweede inertiaalstelsel dat beweegt ten opzichte van het eerste.

Opmerking Dit voorbeeld illustreert twee belangrijke punten. Het eerste is dat het traagheidsmoment van een bepaald systeem verschillend is voor verschillende rotatie-assen. Het tweede is dat we bij (b) zien dat de massa in de buurt van de rotatie-as maar weinig bijdraagt aan het totale traagheidsmoment; het gewicht van 5,0 kg draagt minder dan 1 procent bij aan het totaal.

> ⚠ **Let op**
> I is afhankelijk van de rotatie-as en de verdeling van de massa.

	Voorwerp	Locatie van de rotatie-as		Traagheidsmoment
(a)	**Dunne hoepel**, straal R_0	Door middelpunt		MR_0^2
(b)	**Dunne hoepel**, straal R_0, breedte w	Door centrale diameter		$\frac{1}{2}MR_0^2 + \frac{1}{12}Mw^2$
(c)	**Massieve cilinder**, straal R_0	Door middelpunt		$\frac{1}{2}MR_0^2$
(d)	**Holle cilinder**, inwendige straal R_1, uitwendige straal R_2	Door middelpunt		$\frac{1}{2}M(R_1^2 + R_2^2)$
(e)	**Homogene bol**, straal r_0	Door middelpunt		$\frac{2}{5}Mr_0^2$
(f)	**Lange homogene stang**, lengte ℓ	Door middelpunt		$\frac{1}{12}M\ell^2$
(g)	**Lange homogene stang**, lengte ℓ	Door uiteinde		$\frac{1}{3}M\ell^2$
(h)	**Rechthoekige dunne plaat**, lengte ℓ, breedte b	Door middelpunt		$\frac{1}{12}M(\ell^2 + b^2)$

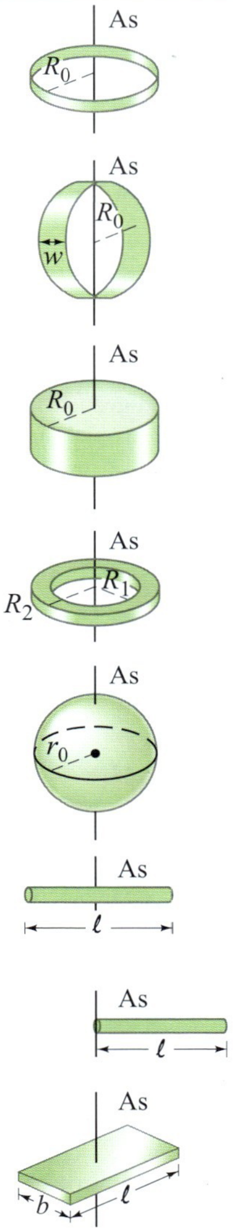

FIGUUR 10.20 Traagheidsmomenten voor verschillende voorwerpen met een homogene samenstelling. (We gebruiken R voor de radiale afstand tot een rotatie-as en r voor de afstand van een punt (alleen in e, de bol), zoals is weergegeven in fig. 10.2.)

Bij de meeste alledaagse voorwerpen is de massa gelijkmatig verdeeld en de berekening van het traagheidsmoment, ΣmR^2, kan lastig zijn. Met behulp van berekeningen is het echter mogelijk om de traagheidsmomenten van regelmatig gevormde voorwerpen te bepalen in termen van de afmetingen van de voorwerpen, zoals we zullen zien in paragraaf 10.7. In fig. 10.20 kun je een aantal uitdrukkingen vinden voor enkele massieve voorwerpen die roteren om de daarbij genoemde rotatie-as. De enige vorm waarvoor het resultaat voor de hand liggend is, is de dunne hoepel of ring die om een rotatie-as roteert door het middelpunt, loodrecht op het vlak van de hoepel (fig. 10.20a). Bij deze hoepel is alle massa geconcentreerd op dezelfde afstand van de rotatie-as, R_0. Dus is $\Sigma mR^2 = (\Sigma m)R_0^2 = MR_0^2$, waarin M de totale massa van de hoepel is.

Wanneer het maken van een berekening lastig is, kan I experimenteel bepaald worden door de hoekversnelling α om een vaste as als gevolg van een bekend netto krachtmoment, $\Sigma\tau$, te meten en vervolgens de tweede wet van Newton, $I = \Sigma\tau/\alpha$, vgl. 10.14, toe te passen.

10.6 Vraagstukken over rotationele dynamica oplossen

Wanneer je te maken krijgt met een krachtmoment en hoekversnelling (vgl. 10.14), is het belangrijk om een consistente set eenheden te gebruiken, waarvoor de SI-eenheden uitstekend geschikt zijn: α in rad/s^2; τ in Nm en het traagheidsmoment I in kg·m^2.

Oplossingsstrategie

■ *Rotatiebeweging*

1. Teken, zoals altijd, een helder en compleet **schema**.
2. Bepaal welk voorwerp of welke voorwerpen horen bij het te bestuderen **systeem**.
3. Teken een **vrijlichaamsschema** voor het voorwerp dat je bekijkt (of voor elk voorwerp, als je meerdere voorwerpen bestudeert), met daarin alle (en alleen die) krachten die op dat voorwerp werken en de exacte plaats ervan, zodat je het krachtmoment van elk van deze krachten kunt berekenen. De zwaartekracht werkt in het zwaartepunt van het voorwerp (paragraaf 9.8).
4. Teken de rotatie-as en bereken de **krachtmomenten** om die as. Kies de positieve en negatieve rotatierichting (linksom en rechtsom) en zorg ervoor dat elk krachtmoment het juiste teken heeft.
5. Pas de **tweede wet van Newton voor rotatie** toe: $\Sigma\tau = I\alpha$. Als het traagheidsmoment niet is gegeven, en dit niet de gezochte onbekende is, dan moet dit eerst bepaald worden. Gebruik consistente eenheden. In het SI-stelsel zijn dat: α in rad/s^2; τ in Nm en I in kg·m^2.
6. Pas ook de **tweede wet van Newton voor translatie** toe: $\Sigma\vec{F} = m\vec{a}$, en zonodig ook andere wetten of principes.
7. **Los** de resulterende vergelijking(en) op voor de onbekende(n).
8. Maak een ruwe **schatting** om te bepalen of je resultaat logisch is.

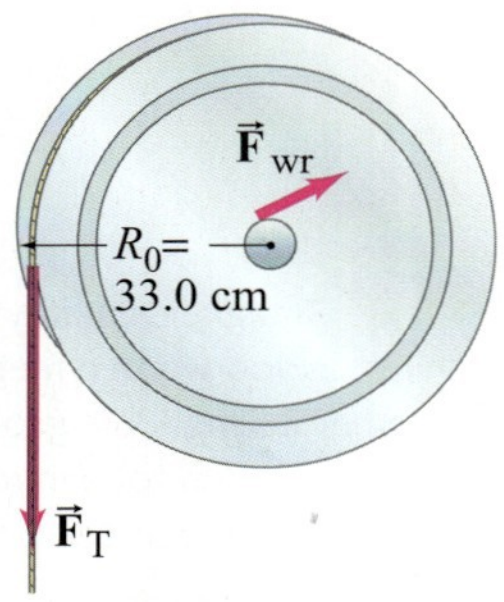

Voorbeeld 10.9 Een zware katrol

Op een touw wordt een kracht van 15,0 N (voorgesteld door $\vec{F}_T$) uitgeoefend. Het touw is om een katrol gewikkeld die een massa $M = 4{,}00$ kg en een straal $R_0 = 33{,}0$ cm heeft, fig. 10.21. De katrol versnelt eenparig vanuit rust en bereikt een hoeksnelheid van 30,0 rad/s in 3,00 s. Bereken het traagheidsmoment van de katrol als er een krachtmoment is als gevolg van de wrijving, τ_{wr} van 1,10 Nm op de as van de katrol. De katrol roteert om zijn middelpunt.

Aanpak We volgen de hierboven beschreven stappen nauwgezet.

Oplossing

1. **Teken een schema.** De katrol en het daaraan bevestigde touw zijn weergegeven in fig. 10.21.
2. **Kies het systeem**: de katrol.
3. **Teken een vrijlichaamsschema.** Het touw oefent een kracht F_T uit op de katrol, op de manier zoals is weergegeven in fig. 10.21. De wrijvingskracht vertraagt de beweging en werkt rechtsom, zoals de pijl $\vec{F}_{wr}$ in fig. 10.21 suggereert. Het tegenwerkende krachtmoment is gegeven en meer hebben we niet nodig. Er moeten nog twee andere krachten in het schema getekend worden: de zwaartekracht mg en de kracht die de as van de katrol op zijn plaats houdt. Deze krachten dragen niet bij aan het krachtmoment (omdat de arm ervan nul is) en dus laten we ze voor het gemak (of de overzichtelijkheid) weg.
4. **Bereken de krachtmomenten.** Het door het touw uitgeoefende krachtmoment is gelijk aan $R_0 F_T$ en werkt linksom; volgens de afspraak positief. Het wrij-

FIGUUR 10.21 Voorbeeld 10.9.

vingskrachtmoment is gegeven: $\tau_{wr} = 1{,}10$ Nm, werkt de beweging tegen en is negatief.

5. **Pas de tweede wet van Newton voor rotatie toe**. Het netto krachtmoment is
$$\Sigma\tau = R_0 F_T - \tau_{wr} = (0{,}330 \text{ m})(15{,}0 \text{ N}) - 1{,}10 \text{ Nm} = 3{,}85 \text{ Nm}.$$
De hoekversnelling α kunnen we uit de gegevens berekenen: het duurt 3,0 s om de katrol vanuit rust te versnellen tot $\omega = 30{,}0$ rad/s:
$$\alpha = \frac{\Delta\omega}{\Delta t} = \frac{30{,}0 \text{ rad/s} - 0}{3{,}00 \text{ s}} = 10{,}0 \text{ rad/s}^2.$$
We kunnen nu dus I in de tweede wet van Newton bepalen (zie stap 7).

6. **Overige berekeningen:** geen andere berekeningen noodzakelijk.

7. **Los de onbekenden op.** We vinden I met behulp van de tweede wet van Newton voor rotatie, $\Sigma\tau = I\alpha$, en substitueren de waarden voor $\Sigma\tau$ en α:
$$I = \frac{\Sigma\tau}{\alpha} = \frac{3{,}85 \text{ m} \times \text{N}}{10{,}0 \text{ rad/s}^2} = 0{,}385 \text{ kg} \times \text{m}^2.$$

8. **Maak een ruwe schatting**. We kunnen een ruwe schatting maken van het traagheidsmoment door aan te nemen dat de katrol een homogene cilinder is en te kijken in fig. 10.20c:
$$I \approx \tfrac{1}{2}MR_0^2 = \tfrac{1}{2}(4{,}00 \text{ kg})(0{,}330 \text{ m})^2 = 0{,}218 \text{ kg} \cdot \text{m}^2.$$

Oplossingsstrategie

Nut en kracht van ruwe schattingen

Deze waarde heeft dezelfde orde van grootte als ons resultaat, maar is numeriek wat kleiner. Dat is ook logisch, aangezien een katrol meestal geen homogene cilinder is, maar een cilinderachtig voorwerp waarvan de massa meer aan de buitenrand geconcentreerd is. Een dergelijke katrol zal dan naar verwachting ook een groter traagheidsmoment hebben dan een massieve cilinder met een gelijkmatig verdeelde (maar gelijke) massa. Een dunne hoepel, fig. 10.20a, moet een grotere I hebben dan onze katrol en dat is inderdaad het geval: $I = MR_0^2 = 0{,}436 \text{ kg} \cdot \text{m}^2$.

Voorbeeld 10.10 Katrol en emmer

Bekijk de katrol in fig. 10.21 en voorbeeld 10.9 met dezelfde wrijving nog een keer. Dit keer wordt er echter geen constante kracht van 15,0 N op het touw uitgeoefend, maar hangt er een emmer met een gewicht $w = 15{,}0$ N (massa $m = w/g = 1{,}53$ kg) aan het touw. Zie fig. 10.22a. We veronderstellen dat het touw een verwaarloosbare massa heeft en niet rekt of slipt over de katrol. (a) Bereken de hoekversnelling α van de katrol en de lineaire versnelling a van de emmer. (b) Bereken de hoeksnelheid ω van de katrol en de lineaire snelheid v van de emmer op $t = 3{,}00$ s als de katrol (en de emmer) in rust zijn op $t = 0$.

Aanpak Deze situatie lijkt veel op die in voorbeeld 10.9, fig. 10.21. Er is echter een groot verschil: de trekkracht in het touw is nu onbekend en is niet meer gelijk aan het gewicht van de emmer als de emmer versnelt. Het systeem bestaat uit twee onderdelen: de emmer, die een translatiebeweging ondergaat (fig. 10.22b is het vrijlichaamsschema ervan) en de katrol. De katrol transleert niet, maar kan wel roteren. We passen de rotationele versie van de tweede wet van Newton toe op de katrol, $\Sigma\tau = I\alpha$, en de lineaire versie op de emmer, $\Sigma F = ma$.

Oplossing (a) Veronderstel dat F_T de trekkracht in het touw is. In dat geval werkt er een kracht F_T op de rand van de katrol en passen we de tweede wet van Newton, vgl. 10.14, voor de rotatie van de katrol toe:
$$I\alpha = \Sigma\tau = R_0 F_T - \tau_{wr}. \qquad [\text{katrol}]$$

Vervolgens bekijken we de (lineaire) beweging van de emmer met massa m. In fig. 10.22b, het vrijlichaamsschema voor de emmer, is te zien dat er twee krachten op de emmer werken: de zwaartekracht mg, verticaal omlaag, en de trekkracht van het touw F_T, verticaal omhoog. Als we de tweede wet van Newton, $\Sigma F = ma$, toepassen voor de emmer, levert dat (verticaal omlaag kiezen we als de positieve richting):

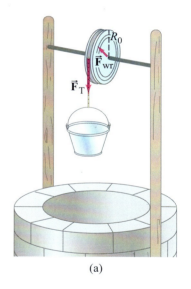

(a)

(b)

FIGUUR 10.22 Voorbeeld 10.10. (a) De katrol en de vallende emmer met massa m. (b) Vrijlichaamsschema voor de emmer.

$$mg - F_T = ma. \quad \text{[emmer]}$$

Merk op dat de trekkracht F_T, de kracht die uitgeoefend wordt op de rand van de katrol, *niet* gelijk is aan het gewicht van de emmer (= mg = 15,0 N). Er moet een nettokracht op de emmer zijn omdat deze versnelt, dus $F_T < mg$. Dat klopt, want in de vorige vergelijking is $F_T = mg - ma$.

Om α te vinden, kunnen we opmerken dat de tangentiale versnelling van een punt op de rand van de katrol gelijk is aan de versnelling van de emmer, als het touw ten minste niet rekt of slipt. We kunnen daarom vgl. 10.5 gebruiken: $a_{\tan} = a = R_0\alpha$. We substitueren $F_T = mg - ma = mg - mR_0\alpha$ in de eerste vergelijking hierboven (de tweede wet van Newton voor rotatie van de katrol):

$$I\alpha = \Sigma\tau = R_0 F_T - \tau_{wr} = R_0(mg - mR_0\alpha) - \tau_{wr} = mgR_0 - mR_0^2\alpha - \tau_{wr}.$$

De variabele α komt zowel links als in de tweede term rechts voor, dus brengen we die naar links, zodat α gelijk is aan:

$$\alpha = \frac{mgR_0 - \tau_{wr}}{I + mR_0^2}.$$

De teller ($mgR_0 - \tau_{wr}$) is het netto krachtmoment en de noemer ($I + mR_0^2$) is de totale rotationele traagheid van het systeem. En omdat $I = 0{,}385$ kg·m^2, $m = 1{,}53$ kg en $\tau_{wr} = 1{,}10$ Nm (zie voorbeeld 10.9), is

$$\alpha = \frac{(15{,}0 \text{ N})(0{,}330 \text{ m}) - 1{,}10 \text{ m} \times \text{N}}{0{,}385 \text{ kg} \times \text{m}^2 + (1{,}53 \text{ kg})(0{,}330 \text{ m})^2} = 6{,}98 \text{ rad/s}^2.$$

De hoekversnelling is in dit geval wat kleiner dan de 10,0 rad/s^2 in voorbeeld 10.9. Waarom? Omdat F_T (= $mg - ma$) kleiner is dan het gewicht van 15,0 N van de emmer, mg. De lineaire versnelling van de emmer is

$$a = R_0\alpha = (0{,}330 \text{ m})(6{,}98 \text{ rad/s}^2) = 2{,}30 \text{ m/s}^2.$$

Opmerking De trekkracht in het touw F_T is minder dan mg, omdat de emmer versnelt.

(b) Omdat de hoekversnelling constant is, geldt na 3,00 s

$$\omega = \omega_0 + \alpha t = 0 + (6{,}98 \text{ rad/s}^2)(3{,}00 \text{ s}) = 20{,}9 \text{ rad/s}.$$

De snelheid van de emmer is gelijk aan de snelheid van een punt op de rand van de katrol:

$$v = R_0\omega = (0{,}330 \text{ m})(20{,}9 \text{ rad/s}) = 6{,}91 \text{ m/s}.$$

Hetzelfde resultaat vind je met behulp van de lineaire vergelijking $v = v_0 + at = 0 + (2{,}30 \text{ m/s}^2)(3{,}00 \text{ s}) = 6{,}90$ m/s. (Het verschil is het gevolg van afronding.)

Voorbeeld 10.11 Roterende stang

Een homogene stang met massa M en lengte ℓ kan vrij draaien (dat wil zeggen dat we de wrijving verwaarlozen) om een scharnier of pen die bevestigd is aan de behuizing van een grote machine, zoals is weergegeven in fig. 10.23. De stang wordt horizontaal gehouden en vervolgens losgelaten. Bepaal op het moment dat de stang wordt losgelaten (wanneer er geen kracht meer werkt om de stang omhoog te houden) (a) de hoekversnelling van de stang en (b) de lineaire versnelling van de tip van de stang. Veronderstel dat de zwaartekracht in het massamiddelpunt van de stang aangrijpt, zoals is weergegeven in de figuur.

Aanpak (a) Het enige krachtmoment dat op de stang om het scharnier werkt is het krachtmoment als gevolg van de zwaartekracht: $F = Mg$ omlaag met een arm $\ell/2$ op het moment dat de stang losgelaten wordt (het MM bevindt zich ter plaatse van het middelpunt van een homogene stang). Er werkt ook een kracht op de scharnierpen, maar omdat het scharnier fungeert als rotatie-as, is de arm van deze kracht nul. Het traagheidsmoment van een homogene stang die roteert om een van de uiteinden is (fig. 10.20g) $I = 1/3\ M\ell^2$. In (b) gebruiken we $a_{\tan} = R\alpha$.

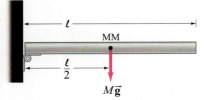

FIGUUR 10.23 Voorbeeld 10.11.

Oplossing We gebruiken vgl. 10.14 voor α om de initiële hoekversnelling van de stang te bepalen:

$$\alpha = \frac{\tau}{I} = \frac{Mg\frac{\ell}{2}}{\frac{1}{3}M\ell^2} = \frac{3}{2}\frac{g}{\ell}.$$

Wanneer de stang omlaag valt blijft de zwaartekracht erop constant, maar het krachtmoment dat erop uitgeoefend wordt als gevolg van deze kracht verandert, omdat de lengte van de arm verandert. Dat betekent dat de hoekversnelling van de stang niet constant is.

(b) De lineaire versnelling van de tip van de stang kunnen we vinden met behulp van $a_{\text{tan}} = R\alpha$ (vgl. 10.5), waarin $R = \ell$:

$$a_{\text{tan}} = \ell\alpha = \tfrac{3}{2}g.$$

Opmerking De tip van de stang valt met een versnelling die groter is dan g! Een klein voorwerp dat in eerste instantie op de tip van de stang ligt, zou achterblijven ten opzichte van de stang wanneer die wordt losgelaten. Het MM van de stang, dat zich op een afstand $\ell/2$ van het scharnierpunt bevindt, heeft echter een versnelling

$$a_{\text{tan}} = (\ell/2)\alpha = \tfrac{3}{4}g.$$

10.7 Traagheidsmomenten bepalen

■ *Experimenteel*

Je kunt het traagheidsmoment van een willekeurig voorwerp om een willekeurige rotatie-as experimenteel bepalen door het netto krachtmoment $\Sigma\tau$ te meten dat nodig is om het voorwerp een hoekversnelling α te geven. Daarna kun je I bepalen met behulp van vgl. 10.14: $\Sigma\tau/\alpha$. Zie voorbeeld 10.9.

■ *Berekenen*

Bij eenvoudige systemen die bestaan uit massa's of puntmassa's kun je het traagheidsmoment rechtstreeks berekenen, zoals we hebben gedaan in voorbeeld 10.8. Veel voorwerpen kunnen beschouwd worden als een continue verdeling van massa. In dit geval wordt vgl. 10.13, waarmee het traagheidsmoment gedefinieerd wordt,

$$I = \int R^2\, dm, \qquad (10.16)$$

waarin dm de massa van een willekeurig, oneindig klein deeltje van het voorwerp is en R de loodrechte afstand van dit deeltje tot de rotatie-as. De integraal wordt berekend over het gehele voorwerp. Dit is eenvoudig als het gaat om voorwerpen met eenvoudige geometrische vormen.

Voorbeeld 10.12 Cilinder, massief of hol

(a) Toon aan dat het traagheidsmoment van een eenvormige holle cilinder met een inwendige straal R_1, een uitwendige straal R_2 en een massa M gelijk is aan $I = \tfrac{1}{2}m(R_1^2 + R_2^2)$, zoals in fig. 10.20d, als de rotatie-as door het middelpunt loopt langs de symmetrieas. (b) Bepaal het traagheidsmoment van een massieve cilinder.

Aanpak We weten dat het traagheidsmoment van een dunne ring met een straal R gelijk is aan mR^2. We kunnen de cilinder dus opsplitsen in dunne, concentrische cilindrische ringen met een dikte dR. In fig. 10.24 is zo'n ring weergegeven. Als we de dichtheid (massa per eenheid van volume) ρ noemen, is

$$dm = \rho\, dV,$$

waarin dV het volume van de dunne ring met straal R is met een dikte dR en een hoogte h. Omdat $dV = (2\pi R)(dR)(h)$, levert dat:

$$dm = 2\pi\rho h R\, dR.$$

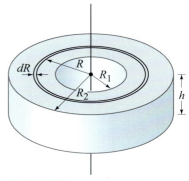

FIGUUR 10.24 Het traagheidsmoment van een holle cilinder bepalen (voorbeeld 10.12).

Oplossing (*a*) Het traagheidsmoment kunnen we bepalen door te integreren over al deze ringen:

$$I = \int R^2 dm = \int_{R_1}^{R_2} 2\pi\rho h R^3 \, dR = 2\pi\rho h \left[\frac{R_2^4 - R_1^4}{4}\right] = \frac{\pi\rho h}{2}\left(R_2^4 - R_1^4\right),$$

waarbij we weten dat de cilinder een uniforme dichtheid heeft, ρ. (Als dat niet het geval zou zijn zouden we ρ als functie van R moeten kennen voordat we zouden kunnen gaan integreren.) Het volume V van deze holle cilinder is $V = (\pi R_2^2 - \pi R_1^2)h$, zodat deze een massa M heeft van

$$M = \rho V = \rho \pi (R_2^2 - R_1^2) h.$$

Omdat $(R_2^4 - R_1^4) = (R_2^2 - R_1^2)(R_2^2 + R_1^2)$, weten we dat

$$I = \frac{\pi\rho h}{2}\left(R_2^2 - R_1^2\right)\left(R_2^2 + R_1^2\right) = \tfrac{1}{2}M\left(R_1^2 + R_2^2\right),$$

zoals we ook in fig. 10.20d kunnen zien.

(*b*) Voor een massieve cilinder is $R_1 = 0$. Als we R_2 gelijkstellen aan R_0 is

$$I = \tfrac{1}{2} M R_0^2,$$

wat overeenkomt met de vergelijking in fig. 10.20c voor een massieve cilinder met massa M en straal R_0.

■ De verschuivingsstelling (stelling van Steiner)

Er zijn twee eenvoudige stellingen die bijzonder handig zijn bij het bepalen van traagheidsmomenten. De eerste heet de **verschuivingsstelling**. Deze stelling koppelt het traagheidsmoment I van een voorwerp met een totale massa M om een willekeurige rotatie-as aan het traagheidsmoment I_{MM} om een rotatie-as door het massamiddelpunt die evenwijdig is aan de eerste rotatie-as. Als de twee assen zich op een afstand h van elkaar bevinden, geldt

$$I = I_{MM} + Mh^2. \qquad \text{[evenwijdige rotatie-as]} \quad (10.17)$$

Als bijvoorbeeld het traagheidsmoment om een rotatie-as door het MM bekend is, is het erg eenvoudig om het traagheidsmoment om een willekeurige rotatie-as te vinden die evenwijdig is aan de eerste rotatie-as.

Voorbeeld 10.13 Evenwijdige rotatie-as

Bereken het traagheidsmoment van een massieve cilinder met straal R_0 en massa M om een rotatie-as langs de rand van de cilinder die evenwijdig loopt aan de symmetrie-as, fig. 10.25.

Aanpak We gebruiken de verschuivingsstelling met $I_{MM} = \tfrac{1}{2}MR_0^2$ (fig. 10.20c).

Oplossing Omdat $h = R_0$, vgl. 10.17, is

$$I = I_{MM} + Mh^2 = \tfrac{3}{2}MR_0^2.$$

Opgave C
In fig. 10.20f en g vind je de traagheidsmomenten voor een dunne stang om twee verschillende rotatie-assen. Geldt hiervoor de verschuivingsstelling? Laat zien hoe.

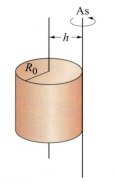

FIGUUR 10.25 Voorbeeld 10.13.

■ *Bewijs van de verschuivingsstelling

De verschuivingsstelling kan als volgt bewezen worden. We kiezen een coördinatenstelsel zodanig dat de oorsprong zich ter plaatse van het MM bevindt en I_{MM} het traagheidsmoment is om de z-as. In fig. 10.26 is een dwarsdoorsnede van een voorwerp weergegeven dat een bepaalde vorm heeft in het xy-vlak. We noemen I het traagheidsmoment van het voorwerp om een as evenwijdig aan de z-as door het punt A in fig. 10.26, waarbij punt A de coördinaten x_A en y_A heeft. x_i, y_i en m_i zijn de coördinaten en de massa van een willekeurig deeltje van het voorwerp. Het kwadraat van de afstand van dit punt tot A is $[(x_i - x_A)^2 + (y_i - y_A)^2]$. Het traagheidsmoment, I om de as door A is dus

$$I = \Sigma m_i[(x_i - x_A)^2 + (y_i - y_A)^2]$$
$$= \Sigma m_i(x_i^2 + y_i^2) - 2x_A\Sigma m_i x_i - 2y_A \Sigma m_i y_i + (\Sigma m_i)(x_A^2 + y_A^2).$$

De eerste term aan de rechterkant is precies $I_{MM} = \Sigma m_i (x_i^2 + y_i^2)$, omdat het MM zich ter plaatse van de oorsprong bevindt. De tweede en derde term zijn nul, omdat volgens de definitie van het MM, $\Sigma m_i x_i = \Sigma m_i y_i = 0$, omdat $x_{MM} = y_{MM} = 0$. De laatste term is Mh^2, omdat $\Sigma m_i = M$ en $(x_A^2 + y_A^2) = h^2$, waarin h de afstand is van A tot het MM. Op deze manier hebben we dus aangetoond dat $I = I_{MM} + Mh^2$, precies zoals vgl. 10.17.

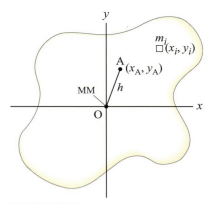

FIGUUR 10.26 Afleiding van de verschuivingsstelling.

∎ *De loodrechte assenstelling

De verschuivingsstelling is toepasbaar op elk willekeurig voorwerp. De tweede stelling, de loodrechte assenstelling, kan alleen toegepast worden op platte voorwerpen, voorwerpen met twee dimensies, of voorwerpen met een homogene dikte waarvan de dikte verwaarloosbaar is ten opzichte van de lengte en de breedte. Deze stelling zegt dat de som van de traagheidsmomenten van een vlak voorwerp om een willekeurige combinatie van twee loodrechte assen in het vlak van het voorwerp gelijk is aan het traagheidsmoment om een as door het snijpunt van deze twee assen, loodrecht op het vlak van het voorwerp. Dat wil zeggen, dat als het voorwerp zich in het xy-vlak bevindt (fig. 10.27),

$$I_z = I_x + I_y. \qquad \text{[voorwerp in het } xy\text{-vlak]} \quad (10.18)$$

Hierin zijn I_z, I_x en I_y de traagheidsmomenten om respectievelijk de z-, x- en y-as. Het bewijs voor deze stelling is eenvoudig: omdat $I_x = \Sigma m_i y_i^2$, $I_y = \Sigma m_i x_i^2$ en $I_z = \Sigma m_i(x_i^2 + y_i^2)$, volgt daaruit meteen vgl. 10.18.

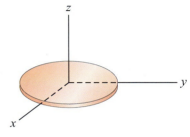

FIGUUR 10.27 De loodrechte assenstelling.

10.8 Rotationele kinetische energie

De grootheid $\tfrac{1}{2}mv^2$ is de kinetische energie van een voorwerp dat onderworpen wordt aan een translatiebeweging. Een voorwerp dat om een as roteert heeft zogenoemde **rotationele kinetische energie**. In analogie met de translationele kinetische energie, zouden we kunnen verwachten dat deze een grootte heeft die gelijk is aan $\tfrac{1}{2}I\omega^2$, waarin I het traagheidsmoment van het voorwerp is en ω de hoeksnelheid ervan. En dat is inderdaad ook aantoonbaar.
Veronderstel bijvoorbeeld een willekeurig star roterend voorwerp dat bestaat uit veel minuscule puntmassa's die elk een massa m_i hebben. Als we de afstand van een willekeurig deeltje tot de rotatie-as R_i noemen, is de lineaire snelheid daarvan $v_i = R_i\omega$. De totale kinetische energie van het hele voorwerp is de som van de kinetische energieën van alle deeltjes waaruit het bestaat:

$$K = \Sigma(\tfrac{1}{2}m_i v_i^2) = \Sigma(\tfrac{1}{2}m_i R_i^2 \omega^2)$$
$$= \tfrac{1}{2}\Sigma(m_i R_i^2)\omega^2.$$

We hebben de $\tfrac{1}{2}$ en ω^2 buiten de sommatie gebracht, omdat zij gelijk zijn voor elk deeltje van een star voorwerp. Omdat $\Sigma m_i R_i^2 = I$ het traagheidsmoment is, zien we dat de kinetische energie K van een voorwerp dat roteert om een vaste as, zoals te verwachten viel, gelijk is aan

$$K = \tfrac{1}{2}I\omega^2. \qquad \text{[rotatie om een vaste as]} \quad (10.19)$$

Als de as niet vast in de ruimte is, wordt het bepalen van de rotationele kinetische energie een stuk lastiger.
De arbeid die verricht wordt op een voorwerp dat roteert om een vaste as kan geschreven worden in termen van rotationele grootheden. Veronderstel dat er een kracht $\vec{F}$ uitgeoefend wordt op een punt op een afstand R van de rotatie-as, zoals in fig. 10.28. Deze kracht verricht arbeid:

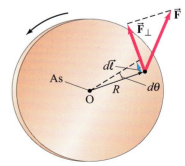

FIGUUR 10.28 De arbeid berekenen die verricht wordt door een krachtmoment op een star voorwerp dat om een vaste as roteert.

$$W = \int \vec{F} \cdot d\vec{\ell} = \int F_\perp R d\theta,$$

waarin $d\vec{\ell}$ een oneindig kleine afstand is, loodrecht op R met grootte $d\ell = R d\theta$, en $F_\perp$ de component is van $\vec{F}$ loodrecht op R en evenwijdig aan $d\vec{\ell}$, (fig. 10.28). Maar $F_\perp R$ is het krachtmoment om de rotatie-as, dus is

$$W = \int_{\theta_1}^{\theta_2} \tau\, d\theta \tag{10.20}$$

de verrichte arbeid door een krachtmoment τ dat een voorwerp wil laten roteren over de hoek $\theta_2 - \theta_1$. De snelheid waarmee arbeid verricht wordt, het vermogen P, is op een willekeurig moment

$$P = \frac{dW}{dt} = \tau \frac{d\theta}{dt} = \tau\omega. \tag{10.21}$$

Het principe van arbeid en energie is geldig voor de rotatie van een star voorwerp om een vaste as. Vgl. 10.14 levert

$$\tau = I\alpha = I \frac{d\omega}{dt} = I \frac{d\omega}{d\theta}\frac{d\theta}{dt} = I\omega \frac{d\omega}{d\theta},$$

waarin we de kettingregel gebruikten en $\omega = d\theta/dt$. In dat geval is $\tau\, d\theta = I\omega\, d\omega$ en

$$W = \int_{\theta_1}^{\theta_2} \tau d\theta = \int_{\omega_1}^{\omega_2} I\omega\, d\omega = \tfrac{1}{2}I\omega_2^2 - \tfrac{1}{2}I\omega_1^2. \tag{10.22}$$

Dit is het principe van arbeid en energie voor een star voorwerp dat om een vaste as roteert. De verrichte arbeid bij het roteren van een voorwerp over een hoek $\theta_2 - \theta_1$ is gelijk aan de verandering van de rotationele kinetische energie van het voorwerp.

Natuurkunde in de praktijk

Energie van een vliegwiel

Voorbeeld 10.14 Schatten Vliegwiel

Vroeger heeft men geprobeerd om vliegwielen, die in wezen niets anders zijn dan grote roterende schijven, te gebruiken om energie op te slaan voor systemen die werken op zonne-energie. Schat de kinetische energie die opgeslagen kan worden in een vliegwiel van 80.000 kg (80 ton) met een diameter van 10 m. Veronderstel dat het vliegwiel bestand is tegen een toerental van 100 omw/min, dat wil zeggen heel blijft en niet uit elkaar spat als gevolg van inwendige spanningen in het materiaal.

Aanpak We gebruiken vgl. 10.19, $K = \tfrac{1}{2}I\omega^2$, maar pas nadat we 100 omw/min omgerekend hebben naar ω in rad/s.

Oplossing We weten dat

$$\omega = 100\ \text{rpm} = \left(100\frac{\text{omw}}{\text{min}}\right)\left(\frac{1\ \text{min}}{60\ \text{sec}}\right)\left(\frac{2\pi\ \text{rad}}{\text{omw}}\right) = 10{,}5\ \text{rad/s}.$$

De kinetische energie die in de schijf opgeslagen is (waarvan het traagheidsmoment I gelijk is aan $\tfrac{1}{2}MR_0^2$), is

$$K = \tfrac{1}{2}I\omega^2 = \tfrac{1}{2}(\tfrac{1}{2}MR_0^2)\omega^2$$
$$= \tfrac{1}{4}(8{,}0 \cdot 10^4\ \text{kg})(5\ \text{m})^2(10{,}5\ \text{rad/s})^2 = 5{,}5 \cdot 10^7\ \text{J}.$$

Opmerking In termen van kilowatturen [1 kWh = (1000 J/s) (3600 s/u)(1 u) = $3{,}6 \cdot 10^6$ J], is dit niet meer dan ongeveer 15 kWh. Een oven met een aansluitwaarde van 3 kW zou deze energie in 5 uur verbruiken. Vliegwielen zijn dus niet bijster geschikt voor deze toepassing.

Voorbeeld 10.15 Roterende stang

Een stang met massa M scharniert aan een uiteinde van een wrijvingsloos scharnier, op de manier zoals is weergegeven in fig. 10.29. De stang wordt horizontaal in rust gehouden en vervolgens losgelaten. Bereken de hoeksnelheid van de stang wanneer deze de verticale positie bereikt en de snelheid van de tip van de stang op dat moment.

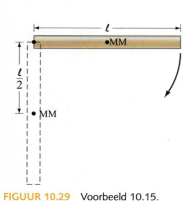

FIGUUR 10.29 Voorbeeld 10.15.

Aanpak We kunnen hier het principe van arbeid en energie gebruiken. De arbeid wordt verricht door de zwaartekracht en is gelijk aan de verandering van de gravitationele potentiële energie van de stang.

Oplossing Omdat het MM van de stang over een verticale afstand $\ell/2$ valt, is de door de zwaartekracht verrichte arbeid

$$W = Mg\frac{\ell}{2}.$$

De kinetische energie is in eerste instantie nul. Met het principe van arbeid en energie kunnen we dus vinden dat

$$\tfrac{1}{2}I\omega^2 = Mg\frac{\ell}{2}.$$

Omdat $I = \tfrac{1}{3}M\ell^2$ voor een stang die om een uiteinde roteert (fig. 10.20g), vinden we voor ω:

$$\omega = \sqrt{\frac{3g}{\ell}}.$$

De tip van de stang zal een lineaire snelheid hebben (zie vgl. 10.4) van

$$v = l\omega = \sqrt{3g\ell}.$$

Opmerking Ter vergelijking, een voorwerp dat verticaal over een hoogte ℓ valt, heeft een snelheid $v = \sqrt{2g\ell}$.

Opgave D
Schat de energie die opgeslagen is in de rotationele beweging van een orkaan. Modelleer de orkaan als een homogene cilinder met een diameter van 300 km en een hoogte van 5 km die bestaat uit lucht met een massa van 1,3 kg per m^3. Ga ervan uit dat de rand van de orkaan beweegt met een snelheid van 200 km/u.

10.9 Rotationele plus translationele beweging; rollen

Rollen zonder slippen

De rollende beweging van een bal of wiel kom je elke dag tegen: een bal rolt over de vloer, de wielen en banden van een auto of fiets rollen over de straat. Of voorwerpen rollen *zonder slippen* is afhankelijk van de statische wrijving tussen het rollende voorwerp en de grond. De wrijving is statisch, omdat het contactpunt van het rollende voorwerp met de aarde op elk moment in rust is.

Bij rollen zonder slippen is er zowel sprake van rotatie als van translatie. Er is een eenvoudige relatie tussen de lineaire snelheid v van de naaf en de hoeksnelheid ω van het roterende wiel of de roterende bol: $v = R\omega$, waarin R de straal is, zoals we nu zullen aantonen. In fig. 10.30a is een wiel weergegeven dat naar rechts rolt zonder te slippen. Op het moment dat is weergegeven in de figuur, maakt punt P op het wiel contact met de grond en is op dat moment in rust. De snelheid van de naaf in het middelpunt C van het wiel is $\vec{v}$. In fig. 10.30b hebben we onszelf verplaatst in het referentiestelsel van het wiel, dat wil zeggen, we bewegen naar rechts met snelheid $\vec{v}$ ten opzichte van de grond. In dit referentiestelsel is de naaf C in rust, terwijl de grond en punt P naar links bewegen met snelheid $-\vec{v}$, zoals is weergegeven in de figuur. Wat we hier zien is pure rotatie. We kunnen vervolgens vgl. 10.4 gebruiken om $v = R\omega$ te bepalen, waarin R de straal van het wiel is. Dit is dezelfde v als in fig. 10.30a, zodat we zien dat de lineaire snelheid v van de naaf ten opzichte van de grond gekoppeld kan worden aan de hoeksnelheid ω met

$$v = R\omega. \qquad \text{[rollen zonder slippen]}$$

Dit is alleen geldig als er geen slip optreedt.

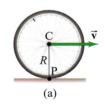

FIGUUR 10.30 (a) Een wiel dat naar rechts rolt. Het middelpunt C beweegt met een snelheid $\vec{v}$. Punt P is op dit moment in rust. (b) Hetzelfde wiel, maar gezien vanuit een referentiestelsel waarin de naaf van het wiel C in rust is, dat wil zeggen dat we naar rechts bewegen met snelheid $\vec{v}$ ten opzichte van de grond. Punt P, dat in (a) in rust was, beweegt hier in (b) naar links met een snelheid $-\vec{v}$, op de manier zoals is weergegeven in de figuur. (Zie ook paragraaf 3.9 over relatieve snelheid.)

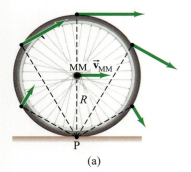

FIGUUR 10.31 (a) Een rollend wiel roteert om de momentane as (loodrecht op de pagina) door het contactpunt met de grond, P. De pijlen geven de momentane snelheid van elk punt aan. (b) Foto van een rollend wiel. De spaken zijn waziger op de plaatsen waar de snelheid groter is.

(a) (b)

■ Momentane as

Wanneer een wiel rolt zonder te slippen, is het contactpunt van het wiel met de aarde momentaan in rust. Het is soms handig om de beweging van het wiel te beschouwen als een pure rotatiebeweging om deze 'momentane as' langs dat punt P (fig. 10.31a). De punten vlak bij de grond hebben een kleine lineaire snelheid, omdat ze zich dicht bij deze momentane as bevinden, terwijl punten verder van deze as een grotere lineaire snelheid hebben. Dit is te zien in de foto van een echt rollend wiel (fig. 10.31b): de spaken boven de naaf zijn onscherper, omdat ze sneller bewegen dan de spaken onder de naaf.

■ Totale kinetische energie = $K_{MM} + K_{rot}$

Een voorwerp dat om het massamiddelpunt (MM) roteert en een translatiebeweging ondergaat, zal zowel translationele als rotationele kinetische energie bezitten. Vgl. 10.19, $K = \frac{1}{2}I\omega^2$, beschrijft de rotationele kinetische energie als de rotatie-as vast is. Als het voorwerp beweegt, zoals een wiel dat over de grond rolt, fig. 10.32, blijft deze vergelijking geldig als de richting van de rotatie-as vast is. Om de totale kinetische energie te bepalen, kunnen we opmerken dat het rollende wiel een zuivere rotatiebeweging ondergaat om het momentane contactpunt P, fig. 10.31. Zoals we eerder zagen bij de bespreking van fig. 10.30, is de snelheid v van het MM ten opzichte van de grond gelijk aan de snelheid van een punt op de rand van het wiel ten opzichte van het middelpunt. Beide snelheden zijn gerelateerd aan de straal R volgens $v = \omega R$. Dus is de hoeksnelheid ω om punt P dezelfde ω van het wiel om het middelpunt ervan, en de totale kinetische energie is

$$K_{tot} = \tfrac{1}{2} I_P \omega^2,$$

waarin I_P het traagheidsmoment van het rollende voorwerp om de momentane as ter plaatse van P is. Dus kunnen we K_{tot} schrijven in termen van het massamiddelpunt met behulp van de verschuivingsstelling: $I_P = I_{MM} + MR^2$, waarin we R gesubstitueerd hebben voor h in vgl. 10.17. Dus geldt dat

$$K_{tot} = \tfrac{1}{2} I_{MM} \omega^2 + \tfrac{1}{2} MR^2 \omega^2.$$

Maar $R\omega = v_{MM}$, de snelheid van het massamiddelpunt. De totale kinetische energie van een rollend voorwerp is dus

$$K_{tot} = \tfrac{1}{2} I_{MM} \omega^2 + \tfrac{1}{2} M v_{MM}^2, \tag{10.23}$$

waarin v_{MM} de lineaire snelheid van het MM is, I_{MM} het traagheidsmoment om een as door het MM, ω de hoeksnelheid om deze as en M de totale massa van het voorwerp.

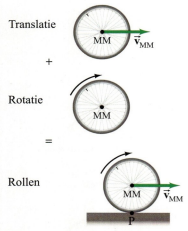

FIGUUR 10.32 Een wiel dat zonder slippen rolt kan beschouwd worden als een translatiebeweging van het wiel als geheel met snelheid $\vec{v}_{MM}$ plus een rotatiebeweging om het MM.

Voorbeeld 10.16 Bol die omlaag rolt van een helling

Welke snelheid zal een massieve bol met massa M en straal r_0 hebben wanneer deze zonder slippen onderaan een helling aankomt en bovenaan de helling vanuit rust startte vanaf een verticale hoogte H? Zie fig. 10.33. (Veronderstel dat er geen slip optreedt dankzij de statische wrijving, die geen arbeid verricht.) Vergelijk je resultaat met dat voor een voorwerp dat omlaag *glijdt* over een wrijvingsloze helling.

Aanpak We gebruiken de wet van behoud van energie met potentiële energie ten gevolge van de zwaartekracht en houden nu ook rekening met de rotationele en translationele kinetische energie.

Oplossing De totale energie op een willekeurig punt op een verticale afstand y boven de basis van de helling is

$$\tfrac{1}{2}Mv^2 + \tfrac{1}{2}I_{MM}\omega^2 + Mgy,$$

waarin v de snelheid van het massamiddelpunt is en Mgy de gravitationele potentiële energie. We passen behoud van energie toe, zodat we de totale energie bovenaan ($y = H$, $v = 0$, $\omega = 0$) gelijk kunnen stellen aan de totale energie onderaan ($y = 0$):

$$0 + 0 + MgH = \tfrac{1}{2}Mv^2 + \tfrac{1}{2}I_{MM}\omega^2 + 0.$$

Het traagheidsmoment van een massieve bol om een as door het massamiddelpunt ervan is $I_{MM} = \tfrac{2}{5}Mr_0^2$, fig 10.20e. Omdat de bol rolt zonder te slippen, hebben we $\omega = v/r_0$ (zie fig. 10.30). Dus is

$$MgH = \tfrac{1}{2}Mv^2 + \tfrac{1}{2}\left(\tfrac{2}{5}Mr_0^2\right)\left(\frac{v^2}{r_0^2}\right).$$

Als we de M'en en r_0 tegen elkaar wegstrepen levert dat

$$\left(\tfrac{1}{2} + \tfrac{1}{5}\right)v^2 = gH$$

of

$$v = \sqrt{\tfrac{10}{7}gH}.$$

We kunnen dit resultaat voor de snelheid van een rollende bol vergelijken met dat voor een voorwerp dat omlaag glijdt over een wrijvingsloos vlak zonder te roteren, $\tfrac{1}{2}mv^2 = mgH$ (zie de energievergelijking hierboven, waarbij we de rotationele term verwijderd hebben). Bij een glijdend voorwerp is $v = \sqrt{2gH}$, wat groter is dan bij een rollende bol. Een voorwerp dat zonder wrijving of rotatie glijdt zet de initiële potentiële energie volledig om in translationele kinetische energie (dus niet in rotationele kinetische energie) en dus is de snelheid van het massamiddelpunt ervan groter.

Opmerking Het resultaat voor de rollende bol toont aan (en misschien verbaast je dat) dat v onafhankelijk is van zowel de massa M als van de straal r_0 van de bol.

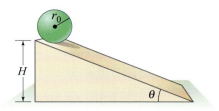

FIGUUR 10.33 Een bol die van een helling af rolt heeft zowel translationele als rotationele kinetische energie. Voorbeeld 10.16.

⚠️ **Let op**

Rollende voorwerpen gaan langzamer dan glijdende voorwerpen door de rotationele kinetische energie.

Conceptvoorbeeld 10.17 Welke is het snelst?

Verschillende voorwerpen rollen, allemaal vanuit rust, zonder te slippen van een helling met een verticale hoogte H omlaag. De voorwerpen zijn een dunne hoepel (bijvoorbeeld een gladde trouwring), een marmeren bol, een massieve cilinder (een AA-batterij) en een leeg conservenblikje. In welke volgorde komen ze onderaan de helling aan? Maak ook een vergelijking met een ingevet doosje dat van dezelfde helling afglijdt, waarbij de wrijving verwaarloosbaar is.

Antwoord We gebruiken behoud van energie met gravitationele potentiële energie plus rotationele en translationele kinetische energie. Het glijdende doosje zou als eerste aankomen, omdat de potentiële energie daarvan (MgH) volledig omgezet zou worden in translationele kinetische energie van het doosje, terwijl bij de rollende voorwerpen de initiële potentiële energie deels omgezet wordt in translationele en deels in rotationele kinetische energie, waardoor de snelheid van het MM kleiner is.

Voor elk van de rollende voorwerpen kunnen we dus stellen dat het verlies van potentiële energie gelijk is aan de toename van de kinetische energie:

$$MgH = \tfrac{1}{2}Mv^2 + \tfrac{1}{2}I_{MM}\omega^2.$$

Voor alle rollende voorwerpen is het traagheidsmoment I_{MM} een numerieke factor maal de massa M en de straal R^2 (fig. 10.20). De massa M staat in elke term van de vergelijking, dus de translationele snelheid v_{MM}, is niet afhankelijk van de massa M en ook niet van de straal R, omdat $\omega = v/R$ en dus R^2 wegvalt voor alle rollende voorwerpen. Dus is de snelheid v onderaan de helling alleen afhankelijk van de numerieke factor in I_{MM}, die aangeeft hoe de massa in het voorwerp verdeeld is. De

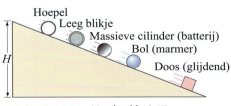

FIGUUR 10.34 Voorbeeld 10.17.

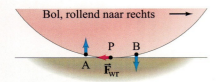

FIGUUR 10.35 Een bol rolt naar rechts op een vlak oppervlak. Het punt dat contact maakt met de grond op een willekeurig moment, punt P, is momentaan in rust. Punt A links van P beweegt nagenoeg verticaal omhoog op het moment dat is weergegeven in de figuur en punt B (rechts van punt P) beweegt nagenoeg verticaal omlaag. Een fractie later zal punt B het vlak raken en gedurende een uiterst korte tijd in rust zijn. Er wordt dus geen arbeid verricht door de statische wrijvingskracht.

hoepel, waarbij alle massa geconcentreerd is in de straal R ($I_{MM} = MR^2$), heeft het grootste traagheidsmoment en zal dus de laagste v_{MM} hebben en na de batterij aankomen ($I_{MM} = \frac{1}{2} MR^2$), die op zijn beurt weer na de marmeren bol ($I_{MM} = \frac{2}{5} MR^2$) zal 'finishen'. Bij het lege blikje, dat in feite uit een hoepel en een kleine schijf bestaat, is de meeste massa geconcentreerd in R en daarom zal het dus net iets sneller zijn dan de hoepel, maar langzamer dan de batterij. Zie fig. 10.34

Opmerking De voorwerpen hoeven niet dezelfde straal te hebben: de snelheid onderaan is niet afhankelijk van de massa van het voorwerp M of de straal R, maar alleen van de vorm (en de hoogte van de heuvel H).

Als er geen of maar weinig statische wrijving is tussen de rollende voorwerpen en het vlak in deze voorbeelden, zouden de ronde voorwerpen glijden in plaats van rollen of de twee bewegingen combineren. Een rond voorwerp kan alleen rollen als er statische wrijving is. We hoefden geen rekening te houden met de wrijving in de energievergelijking voor rollende voorwerpen, omdat deze wrijving *statisch* is en geen arbeid verricht. Het contactpunt van een bol glijdt immers niet, maar beweegt loodrecht ten opzichte van het vlak (eerst omlaag en daarna weer omhoog, op de manier zoals is weergegeven in fig. 10.35) wanneer hij rolt. Dus wordt er geen arbeid verricht door de statische wrijvingskracht, omdat de richting van de kracht en die van de beweging loodrecht op elkaar staan. De reden waarom de rollende voorwerpen in de voorbeelden 10.16 en 10.17 langzamer van de helling omlaag bewegen dan wanneer ze glijden is *niet* dat de wrijving ze afremt. Het komt doordat een deel van de gravitationele potentiële energie omgezet wordt in rotationele kinetische energie, waardoor er minder energie omgezet wordt in translationele kinetische energie.

> **Opgave E**
> Bekijk de openingsvraag aan het begin van het hoofdstuk nog een keer en beantwoord de vraag opnieuw. Probeer uit te leggen waarom je eventueel je antwoord veranderd hebt.

■ *Gebruik* $\Sigma \tau_{MM} = I_{MM}\alpha_{MM}$

We kunnen voorwerpen die omlaag rollen over een vlak niet alleen in termen van kinetische energie bekijken, zoals we in de voorbeelden 10.16 en 10.17 deden, maar ook in termen van krachten en krachtmomenten. Als we krachtmomenten berekenen om een as met een vaste richting (zelfs als de as versnelt) door het massamiddelpunt van de rollende bol, geldt

$$\Sigma \tau_{MM} = I_{MM}\alpha_{MM}$$

Wanneer is $\Sigma\tau = I\alpha$ geldig?

zoals we gezien hebben in paragraaf 10.5. Zie vgl. 10.15, waarvan we de geldigheid in hoofdstuk 11 zullen aantonen. Maar let op: maak niet de fout om te veronderstellen dat $\Sigma\tau = I\alpha$ altijd geldig is. Je kunt alleen τ, I en α om een willekeurige as berekenen wanneer de as (1) vast is in een inertiaalstelsel of (2) vast is in een richting maar door het MM van het voorwerp loopt.

> **Voorbeeld 10.18 Analyse van een bol op een helling met behulp van krachten**

Analyseer de rollende bol uit voorbeeld 10.16, fig. 10.33, in termen van krachten en krachtmomenten. Meer specifiek: bepaal de snelheid v en de grootte van de wrijvingskracht, F_{wr}, fig. 10.36.

Aanpak We analyseren de beweging als translatiebeweging van het MM plus een rotatiebeweging om het MM. F_{wr} is het gevolg van statische wrijving en we kunnen niet aannemen dat $F_{wr} = \mu_s F_N$, maar wel dat $F_{wr} \leq \mu_s F_N$.

Oplossing Voor een translatiebeweging in de x-richting weten we uit $\Sigma F = ma$ dat,

$$Mg \sin\theta - F_{wr} = Ma,$$

en in de y-richting

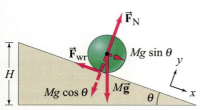

FIGUUR 10.36 Voorbeeld 10.18.

$$F_N - Mg\cos\theta = 0$$

omdat er geen versnelling loodrecht op het vlak is. Deze laatste vergelijking leert ons alleen de grootte van de normaalkracht,

$$F_N = Mg\cos\theta.$$

Voor de rotatiebeweging om het MM gebruiken we de tweede wet van Newton voor rotatie, $\Sigma\tau_{MM} = I_{MM}\alpha_{MM}$ (vgl. 10.15), die we gebruiken voor een beweging om een rotatie-as door het MM, maar in een vaste richting:

$$F_{wr}r_0 = (\tfrac{2}{5}Mr_0^2)\,\alpha.$$

De richting van de andere krachten, $\vec{F}_N$ en $M\vec{g}$, is door de rotatie-as (MM), hebben dus een arm van nul (en kunnen hier dus buiten beschouwing gelaten worden). Zoals we in voorbeeld 10.16 en fig. 10.30 gezien hebben, is $\omega = v/r_0$, waarin v de snelheid van het MM is. Als we de afgeleiden bepalen van $\omega = v/r_0$ naar de tijd levert dat $\alpha = a/r_0$. Dit substitueren we in de laatste vergelijking:

$$F_{wr} = \tfrac{2}{5}Ma.$$

Substitueren we dit in de bovenste vergelijking, levert dat

$$Mg\sin\theta - \tfrac{2}{5}Ma = Ma,$$

of

$$a = \tfrac{5}{7}g\sin\theta.$$

We zien dus dat de versnelling van het MM van een rollende bol geringer is dan die van een voorwerp dat zonder wrijving glijdt ($a = g\sin\theta$).

De bol was in eerste instantie in rust bovenaan de helling (met hoogte H). Om de snelheid v onderaan te bepalen, gebruiken we vgl. 2.12c waarin de totaal afgelegde afstand langs het vlak x gelijk is aan $H/\sin\theta$ (zie fig. 10.36). Dus geldt dat

$$v = \sqrt{2ax} = \sqrt{2(\tfrac{5}{7}g\sin\theta)\left(\frac{H}{\sin\theta}\right)} = \sqrt{\tfrac{10}{7}gH}.$$

Dit is hetzelfde resultaat dat we in voorbeeld 10.16 gevonden hebben, hoewel we daar wel minder moeite hoefden te doen. Voor de grootte van de wrijvingskracht gebruiken we de vergelijkingen die we hierboven opgesteld hebben:

$$F_{wr} = \tfrac{2}{5}Ma = \tfrac{2}{5}M(\tfrac{5}{7}g\sin\theta) = \tfrac{2}{7}Mg\sin\theta.$$

Opmerking Als de statische wrijvingscoëfficiënt klein genoeg is of θ groot genoeg is, zodat $F_{wr} > \mu_s F_N$ (dat wil zeggen, als $\tan\theta > \tfrac{7}{2}\mu_s$), zal de bol niet eenvoudigweg rollen, maar slippen bij de beweging omlaag over het vlak.[1]

* Meer geavanceerde voorbeelden

We zullen nu drie voorbeelden bekijken, die niet alleen leuk, maar ook nog interessant zijn. Wanneer we gebruikmaken van $\Sigma\tau = I\alpha$, is het belangrijk om te bedenken dat deze vergelijking alleen geldig is als τ, α en I berekend zijn om een rotatie-as die ofwel (1) vast is in een inertiaalstelsel of (2) door het MM van het voorwerp gaat en waarvan de richting vast blijft.

Voorbeeld 10.19 Een vallende jojo

Om een homogene massieve cilinder (zoals bij een jojo) met massa M en straal R is een touwtje gewikkeld en de cilinder begint te vallen vanuit rust, fig. 10.37a. Bereken (*a*) de versnelling en (*b*) de trekkracht in het touwtje tijdens de val van de cilinder.

Aanpak Zoals altijd tekenen we eerst een vrijlichaamsschema, fig. 10.37b, voor het gewicht van de cilinder dat op de plaats van het MM werkt en de trekkracht

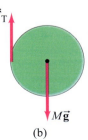

FIGUUR 10.37 Voorbeeld 10.19.

---

[1] $F_{wr} > \mu_s F_N$ is gelijkwaardig aan $\tan\theta > \tfrac{7}{2}\mu_s$, omdat $F_{wr} = \tfrac{2}{7}Mg\sin\theta$ en $\mu_s F_N = \mu_s Mg\cos\theta$.

van het touwtje $\vec{F}_T$ die op de rand van de cilinder werkt. We schrijven de tweede wet van Newton voor de lineaire beweging (omlaag is positief)

$$Ma = \Sigma F$$
$$= Mg - F_T.$$

Omdat we de trekkracht in het touwtje niet kennen, kunnen we a niet meteen bepalen. Dus proberen we de tweede wet van Newton voor de rotatiebeweging, berekend om het massamiddelpunt:

$$\Sigma \tau_{MM} = I_{MM}\alpha_{MM}$$
$$F_T R = \tfrac{1}{2}MR^2\alpha.$$

Omdat de cilinder langs het touwtje 'rolt zonder te slippen', kennen we de extra relatie $a = \alpha R$ (vgl. 10.5).

Oplossing De krachtmomentvergelijking wordt

$$F_T R = \tfrac{1}{2}MR^2\left(\frac{a}{R}\right) = \tfrac{1}{2}MRa$$

dus

$$F_T = \tfrac{1}{2}Ma.$$

We substitueren dit in de krachtenvergelijking:

$$Ma = Mg - F_T$$
$$= Mg - \tfrac{1}{2}Ma.$$

Oplossen voor a levert dat $a = \tfrac{2}{3}g$. Dat wil zeggen dat de lineaire versnelling kleiner is dan wanneer de cilinder gewoon zou vallen. Dit is logisch, omdat de zwaartekracht niet de enige verticale kracht is die erop werkt; de trekkracht in het touwtje is er namelijk ook nog. (b) Omdat $a = \tfrac{2}{3}g$, $F_T = \tfrac{1}{2}Ma = \tfrac{1}{3}Mg$.

> **Opgave F**
> Bepaal de versnelling a van een jojo waarvan de spindel een straal $\tfrac{1}{2}R$ heeft. Veronderstel dat het traagheidsmoment nog steeds $\tfrac{1}{2}MR^2$ is (waardoor we de massa van de spindel buiten beschouwing laten).

> **Voorbeeld 10.20 Wat gebeurt er als een rollende bal slipt?**
>
> Een bowlingbal met massa M en straal r_0 wordt over een vlak oppervlak geworpen, zodat de bal ($t = 0$) in eerste instantie met een lineaire snelheid v_0 glijdt, maar niet roteert. Al glijdend begint de bal te roteren, en na een tijdje begint deze te rollen zonder te slippen. Hoe lang duurt het voordat de bal begint te rollen zonder te slippen?
>
> **Aanpak** Het vrijlichaamsschema voor de bal is weergegeven in fig. 10.38, waarbij de bal naar rechts beweegt. De wrijvingskracht doet twee dingen: (1) hij vertraagt de translatiebeweging van het MM en (2) hij begint onmiddellijk te werken om de bal rechtsom te laten roteren.
>
> **Oplossing** De tweede wet van Newton voor translatiebeweging levert ons
>
> $$Ma_x = \Sigma F_x = -F_{wr} = -\mu_k F_N = -\mu_k Mg,$$
>
> waarin μ_k de kinetische wrijvingscoëfficiënt is, omdat de bal glijdt. Dus geldt dat $a_x = -\mu_k g$. De snelheid van het MM is
>
> $$v_{MM} = v_0 + a_x t = v_0 - \mu_k g t.$$
>
> Vervolgens passen we de tweede wet van Newton voor rotatie toe om het MM, $I_{MM}\alpha_{MM} = \Sigma\tau_{MM}$:
>
> $$\tfrac{2}{5}Mr_0^2 \alpha_{MM} = F_{wr} r_0$$
> $$= \mu_k Mg r_0.$$

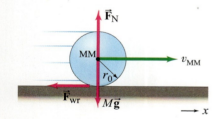

FIGUUR 10.38 Voorbeeld 10.20. Natuurkunde in de praktijk

De hoekversnelling is dus $\alpha_{MM} = 5\mu_k g/2r_0$ en is constant. In dat geval is de hoeksnelheid van de bal (vgl. 10.9a)

$$\omega_{MM} = \omega_0 + \alpha_{MM} t = 0 + \frac{5\mu_k g t}{2r_0}.$$

De bal begint onmiddellijk te rollen wanneer deze de grond raakt, maar zal in eerste instantie zowel rollen als slippen. Op een bepaald moment stopt de bal met slippen om zuiver verder te rollen (dus zonder te slippen). De voorwaarde voor rollen zonder slippen is dat

$$v_{MM} = \omega_{MM} r_0$$

dus vgl. 10.4, die *niet* geldig is als er sprake is van slippen. De bal begint zuiver te rollen op het tijdstip $t = t_1$ waarvoor geldt dat $v_{MM} = \omega_{MM} r_0$. We passen de bovenstaande vergelijkingen voor v_{MM} en ω_{MM} toe:

$$v_0 - \mu_k g t_1 = \frac{5\mu_k g t_1}{2r_0} r_0$$

dus

$$t_1 = \frac{2v_0}{7\mu_k g}.$$

Natuurkunde in de praktijk

Remkrachtverdeling bij een auto

Voorbeeld 10.21 Schatten Een auto afremmen

Wanneer de chauffeur van een auto remt, duikt de voorkant van de auto iets naar beneden, waardoor de kracht op de voorbanden groter is dan die op de achterbanden. Schat, om te zien waarom dat zo is, de grootte van de normaalkrachten, F_{N1} en F_{N2} op de voor- en achterbanden van de auto in fig. 10.39 wanneer de auto remt en vertraagt met $a = 0{,}50\,g$. De auto heeft een massa $M = 1200$ kg, de afstand tussen de naven van de voor- en achterwielen is 3,0 m en het MM (waarin de zwaartekracht aangrijpt) bevindt zich midden tussen de wielen, 75 cm boven de grond.

Aanpak In fig. 10.39 is het vrijlichaamsschema van de auto weergegeven, met daarin alle krachten die op de auto werken. F_1 en F_2 zijn de wrijvingskrachten die de auto vertragen. We noemen F_1 de som van de krachten op beide voorbanden en F_2 de som van de krachten op de twee achterbanden. F_{N1} en F_{N2} zijn de normaalkrachten die de weg uitoefent op de banden en, voor onze schatting, veronderstellen we dat de statische wrijving op een gelijke manier werkt op alle banden, zodat F_1 en F_2 rechtevenredig zijn met respectievelijk F_{N1} en F_{N2}:

$$F_1 = \mu F_{N1} \text{ en } F_2 = \mu F_{N2}.$$

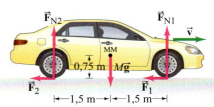

FIGUUR 10.39 Krachten op een remmende auto (voorbeeld 10.21).

Oplossing De wrijvingskrachten F_1 en F_2 vertragen de auto, dus de tweede wet van Newton leert ons dat

$$F_1 + F_2 = Ma$$
$$= (1200 \text{ kg})(0{,}50)(9{,}8 \text{ m/s}^2) = 5900 \text{ N}. \tag{i}$$

Terwijl de auto remt, is de beweging ervan alleen translationeel. Het netto krachtmoment op de auto is dus nul. Als we de krachtmomenten om het MM berekenen, willen de krachten F_1, F_2 en F_{N2} allemaal de auto rechtsom laten bewegen en alleen F_{N1} wil de auto linksom laten bewegen. Dat betekent dat F_{N1} de andere drie in evenwicht moet houden. F_{N1} moet dus aanzienlijk groter zijn dan F_{N2}. Wiskundig zijn de krachtmomenten om het MM:

$$(1{,}5 \text{ m})F_{N1} - (1{,}5 \text{ m})F_{N2} - (0{,}75 \text{ m})F_1 - (0{,}75 \text{ m})F_2 = 0.$$

Omdat F_1 en F_2 rechtevenredig zijn met F_{N1} en F_{N2} ($F_1 = \mu F_{N1}$, $F_2 = \mu F_{N2}$), kunnen we deze vergelijking ook schrijven als[1]

$$(1{,}5 \text{ m})(F_{N1} - F_{N2}) - (0{,}75 \text{ m})(\mu)(F_{N1} + F_{N2}) = 0. \tag{ii}$$

Omdat de auto niet verticaal versnelt, weten we dat

---

[1] Onze evenredigheidsconstante μ is niet gelijk aan μ_s, de statische wrijvingscoëfficiënt ($F_{wr} \leq \mu_s F_N$), tenzij de auto op het punt staat om te gaan glijden.

$$Mg = F_{N1} + F_{N2} = \frac{F_1 + F_2}{\mu}. \tag{iii}$$

Als we (iii) vergelijken met (i), zien we dat $\mu = a/g = 0{,}50$. Nu lossen we (ii) op voor F_{N1} en gebruiken we $\mu = 0{,}50$:

$$F_{N1} = F_{N2}\left(\frac{2+\mu}{2-\mu}\right) = \frac{5}{3}F_{N2}.$$

F_{N1} is dus 5/3 zo groot als F_{N2}. De werkelijke grootte kunnen we bepalen met behulp van (iii) en (i): $F_{N1} + F_{N2} = (5900 \text{ N})/(0{,}50) = 11.800$ N, wat overeenkomt met $F_{N2}(1 + 5/3)$; dus $F_{N2} = 4400$ N en $F_{N1} = 7400$ N.

Opmerking Omdat de kracht op de voorbanden over het algemeen groter is dan die op de achterbanden, worden auto's vaak ontworpen met grotere remvoeringen op de voorwielen dan op de achterwielen. Of anders gezegd, als de remvoeringen van de voorwielen even groot uitgevoerd zouden zijn als die van de achterwielen, zouden die van de voorwielen veel sneller vervangen moeten worden.

*10.10 Waarom vertraagt een bol?

Een bol met massa M en straal r_0 rolt over een horizontaal vlak oppervlak en komt vroeger of later tot stilstand. Welke kracht is hiervoor verantwoordelijk? Je zou kunnen denken dat het wrijving is, maar wanneer je er gewoon naar kijkt, lijkt er een tegenstelling te ontstaan.

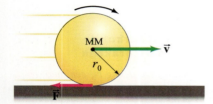

FIGUUR 10.40 Bol, rollend naar rechts.

Veronderstel dat een bol naar rechts rolt op de manier zoals is weergegeven in fig. 10.40, en vertraagt. Volgens de tweede wet van Newton, $\Sigma\vec{F} = M\vec{a}$, moet er een kracht $\vec{F}$ (waarschijnlijk wrijving) naar links werken op de manier zoals is weergegeven in de figuur, zodanig dat de versnelling $\vec{a}$ ook naar links wijst, waardoor v afneemt. Maar opmerkelijk genoeg zien we dat we, als we de krachtmomentvergelijking bekijken (om het massamiddelpunt), $\Sigma\tau_{MM} = I_{MM}\alpha$, dat de kracht $\vec{F}$ de hoekversnelling α wil vergroten en dus de snelheid van de bol wil *vergroten*. We hebben hier te maken met een schijnbare tegenstelling. De kracht $\vec{F}$ wil de bol vertragen als we kijken naar de translatiebeweging, maar versnellen als we kijken naar de rotatiebeweging.

Het is een schijnbare tegenstelling en er moet dus nog een andere kracht in het spel zijn. De enige andere krachten die op het systeem werken zijn de zwaartekracht, $M\vec{g}$ en de normaalkracht $\vec{F}_N(= -M\vec{g})$. Deze werken verticaal en hebben dus geen effect op de horizontale translatiebeweging. Als we veronderstellen dat de bol en het vlak star zijn, dus dat de bol steeds slechts op één punt contact maakt met het vlak, veroorzaken deze krachten ook geen krachtmoment om het MM, omdat de werklijn ervan door het MM loopt.

De enige manier waarop we uit deze patstelling kunnen komen is om de aanname te verlaten dat de voorwerpen star zijn. In feite zijn alle voorwerpen tot op zekere hoogte vervormbaar. Op het punt waar de twee elkaar raken, vlakt de bol iets af en ook het vlak wordt iets ingedrukt. De plaats waar de twee elkaar raken is geen (ideaal) contactpunt, maar in werkelijkheid een (weliswaar klein) *contactoppervlak*. Dat betekent dat er wel een krachtmoment op dit contactoppervlak kan werken die het krachtmoment van $\vec{F}$ tegenwerkt en dus de rotatie van de bol afremt. Dit krachtmoment is gekoppeld aan de normaalkracht $\vec{F}_N$ die de tafel uitoefent op de bol over het hele contactoppervlak. Het resulterende effect is dat we kunnen veronderstellen dat $\vec{F}_N$ verticaal werkt op een afstand ℓ voor het MM, op de manier zoals is weergegeven in fig. 10.41 (waarin de vervorming sterk overdreven is).

Maar klopt het ook dat de normaalkracht $\vec{F}_N$ effectief werkt *voor* het MM, zoals in fig. 10.41? Het antwoord daarop is een eenduidig 'ja'. De bol rolt en de voorzijde ervan botst tegen het vlak met een minuscule stoot. De tafel zal als gevolg hiervan aan de voorkant van de bol een beetje harder tegen de bal drukken dan wanneer de bol in rust is. Aan de achterzijde van het contactoppervlak begint de buitenkant van de bol omhoog te bewegen, zodat de tafel er minder hard omhoog tegen drukt dan wanneer de bol in rust is. De tafel drukt dus aan de voorzijde van het contactoppervlak harder (en veroorzaakt daardoor een krachtmoment) zodat het correct is om te stellen dat het werkpunt van $\vec{F}_N$ zich voor het MM bevindt.

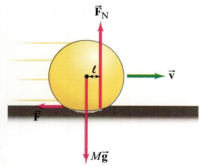

FIGUUR 10.41 De normaalkracht, $\vec{F}_N$, oefent een krachtmoment uit dat de bol vertraagt. De vervorming van de bol en het oppervlak waarop deze beweegt is voor de duidelijkheid sterk overdreven getekend.

Wanneer er andere krachten werken kan het minuscule krachtmoment τ_N als gevolg van $\vec{F}_N$ meestal verwaarloosd worden. Wanneer een bol of cilinder bijvoorbeeld over een helling omlaag rolt, heeft de zwaartekracht een veel grotere invloed dan τ_N, zodat dat krachtmoment buiten beschouwing gelaten kan worden. Voor veel toepassingen (maar zeker niet voor alle) kun je aannemen dat de plaats waar een harde bol in contact komt met een hard oppervlak, in wezen een punt is.

Samenvatting

Wanneer een star voorwerp om een vaste as roteert, beschrijft elk punt van het voorwerp een cirkelvormige baan. Alle lijnen loodrecht op de rotatie-as naar verschillende punten in het voorwerp omsluiten dezelfde hoek θ in een willekeurig, gegeven tijdsinterval.

Hoeken worden gemeten in **radialen**. Een radiaal is de hoek die ingesloten wordt door een cirkelsegment waarvan de lengte gelijk is aan de straal van de cirkel, of

$$2\pi \text{ rad} = 360°, \text{ dus } 1 \text{ rad} \approx 57{,}3°.$$

Alle onderdelen van een star voorwerp dat om een vaste as roteert hebben op een willekeurig moment dezelfde **hoeksnelheid** ω en dezelfde **hoekversnelling** α, waarin

$$\omega = \frac{d\theta}{dt} \qquad (10.2b)$$

en

$$\alpha = \frac{d\omega}{dt}. \qquad (10.3b)$$

De eenheden van ω en α zijn respectievelijk rad/s en rad/s^2.
De lineaire snelheid en versnelling van een willekeurig punt in een voorwerp dat om een vaste as roteert, verhoudt zich als volgt tot de rotationele grootheden

$$v = R\omega \qquad (10.4)$$
$$a_{\text{tan}} = R\alpha \qquad (10.5)$$
$$a_R = \omega^2 R \qquad (10.6)$$

waarin R de loodrechte afstand tot het punt van de rotatie-as is en a_{tan} en a_R de tangentiale en radiale componenten van de lineaire versnelling zijn. De relatie tussen de frequentie f en de periode T en ω (rad/s) is

$$\omega = 2\pi f \qquad (10.7)$$
$$T = 1/f. \qquad (10.8)$$

Hoeksnelheid en hoekversnelling zijn vectoren. Bij een star voorwerp dat om een vaste as roteert, vallen $\vec{\omega}$ en $\vec{\alpha}$ samen met de rotatie-as. De richting van $\vec{\omega}$ kan gevonden worden met behulp van de **rechterhandregel**.
Als een star voorwerp een eenparig versnelde rotationele beweging ondergaat (waarbij α constant is), kun je vergelijkingen gebruiken die analoog zijn met die voor de lineaire beweging:

$$\omega = \omega_0 + \alpha t; \qquad \theta = \omega_0 t + \tfrac{1}{2}\alpha t^2;$$
$$\omega^2 = \omega_0^2 + 2\alpha\theta; \qquad \overline{\omega} = \frac{\omega + \omega_0}{2}. \qquad (10.9)$$

Het **krachtmoment** als gevolg van een kracht $\vec{F}$ die op een star voorwerp uitgeoefend wordt is gelijk aan

$$\tau = R_\perp F = RF_\perp = RF\sin\theta, \qquad (10.10)$$

waarin $R_\perp$, de **arm**, de loodrechte afstand van de rotatie-as tot de werklijn van die kracht is en θ de hoek tussen $\vec{F}$ en R. Het rotationele equivalent van de tweede wet van Newton is

$$\Sigma\tau = I\alpha, \qquad (10.14)$$

waarin $I = \Sigma m_i R_i^2$ het **traagheidsmoment** van het voorwerp om de rotatie-as is.
Deze relatie is geldig voor een star voorwerp dat om een vaste as in een inertiaalstelsel roteert of wanneer τ, I en α berekend zijn om het massamiddelpunt van een voorwerp, zelfs als het MM zelf beweegt.
De **rotationele kinetische energie** van een voorwerp dat om een vaste as roteert met hoeksnelheid ω is

$$K = \tfrac{1}{2}I\omega^2. \qquad (10.19)$$

Bij een voorwerp dat zowel een translationele als een rotationele beweging ondergaat, is de totale kinetische energie de som van de translationele kinetische energie van het MM van het voorwerp plus de rotationele kinetische energie van het voorwerp om het MM daarvan:

$$K_{\text{tot}} = \tfrac{1}{2}Mv_{\text{MM}}^2 + \tfrac{1}{2}I_{\text{MM}}\omega^2 \qquad (10.23)$$

zolang de richting van de rotatie-as vast is.
In de volgende tabel hebben we de rotationele grootheden vergeleken tegen de translationele equivalenten ervan.

Translatiebeweging	Rotatiebeweging	Relatie
x	θ	$x = R\theta$
v	ω	$v = R\omega$
a	α	$a = R\alpha$
m	I	$I = \Sigma mR^2$
$K = \tfrac{1}{2}mv^2$	$\tfrac{1}{2}I\omega^2$	
$W = Fd$	$W = \tau\theta$	
$\Sigma F = ma$	$\Sigma\tau = I\alpha$	

Vragen

1. Een fietscomputertje (dat de omwentelingen van een wiel telt om de afgelegde afstand weer te geven) wordt bevestigd in de buurt van de wielnaaf en is gekalibreerd voor wielen met een diameter van 700 mm. Wat gebeurt er als je het tellertje op een fiets met 600 mm-wielen gebruikt?
2. Veronderstel dat een schijf met een constante hoeksnelheid ronddraait. Heeft een punt op de rand ervan een radiale en/of tangentiale versnelling? En als de hoeksnelheid van de schijf eenparig toeneemt? In welke gevallen kan de grootte van elke lineaire versnellingscomponent veranderen?
3. Kan de rotatiebeweging van een vervormbaar voorwerp beschreven worden met een enkele waarde van de hoeksnelheid ω? Leg uit.
4. Kan een kleine kracht een groter krachtmoment veroorzaken dan een grotere kracht? Licht je antwoord toe.
5. Waarom is het moeilijker om een sit-up te doen met je handen achter je hoofd dan met je armen voor je uitgestrekt? Het kan helpen om eerst een tekening te maken.
6. Zoogdieren die hard moeten kunnen rennen om te overleven, hebben poten die onderaan dun zijn, maar bovenaan (dicht bij de romp) vlezig en gespierd (fig. 10.42). Leg aan de hand van de rotationele dynamica uit waarom een dergelijke massaverdeling voordelig is.

FIGUUR 10.42 Vraagstuk 6.

7. Is het waar dat als de nettokracht op een systeem nul is, het netto krachtmoment ook nul is? En is, als het netto krachtmoment op een systeem nul is, de nettokracht nul?
8. Twee hellingen hebben dezelfde hoogte, maar maken een andere hoek met de horizontaal. Twee identieke stalen ballen worden bovenaan de hellingen losgelaten. Op welke helling zal een bal onderaan de grootste snelheid bereiken? Licht je antwoord toe.
9. Twee bollen hebben dezelfde uitwendige vorm en dezelfde massa. De ene is echter hol en de andere is massief. Beschrijf een experiment om te bepalen welke bol hol en welke massief is.
10. Twee massieve bollen beginnen op hetzelfde moment (vanuit rust) omlaag te rollen over een helling. De ene bol heeft een tweemaal zo grote straal en massa als de andere. Welke van de twee komt als eerste onderaan de helling aan? Welke van de twee heeft de grootste snelheid daar? Welke van de twee heeft de grootste totale kinetische energie onderaan de helling?
11. Waarom gebruiken koorddansers (fig. 10.43) een lange, dunne stok?

FIGUUR 10.43 Vraagstuk 11.

12. Een bol en een cilinder hebben dezelfde straal en dezelfde massa. Ze starten vanuit rust bovenaan een helling. Welke van de twee bereikt als eerste de onderkant? Welke van de twee heeft daar de grootste snelheid? Welke van de twee heeft de grootste totale kinetische energie onderaan de helling? Welke van de twee heeft de grootste rotationele kinetische energie?
13. Om welke symmetrie-as door het massamiddelpunt is het traagheidsmoment van dit boek het kleinst?
14. Het traagheidsmoment van een roterende massieve schijf om een as door het MM ervan is $\frac{1}{2}MR^2$ (fig. 10.20c). Veronderstel nu dat de schijf geroteerd wordt om een evenwijdige rotatie-as die door een punt op de rand ervan loopt. Zal het traagheidsmoment gelijk blijven, groter of kleiner zijn?
15. De hoeksnelheid van een wiel dat om een horizontale as roteert is westelijk gericht. Welke richting heeft de lineaire snelheid van een punt aan de bovenzijde van het wiel? Beschrijf de tangentiale lineaire versnelling van dit punt aan de bovenkant van het wiel als de richting van de hoekversnelling oostelijk is. Neemt de hoeksnelheid toe of af?

Vraagstukken

10.1 Grootheden bij rotatie

1. (I) Druk de volgende hoeken uit in radialen: (a) 45,0°, (b) 60,0°, (c) 90,0°, (d) 360,0° en (e) 445°. Geef je antwoord in de vorm van getallen en als delen van π.
2. (I) Als we vanaf de aarde naar de zon kijken, een afstand van ongeveer 150 miljoen km, omsluit de zon een hoek van ongeveer 0,5°. Schat de straal van de zon.
3. (I) Iemand richt een laserstraal op de maan, die zich 380.000 km van de aarde bevindt. De straal waaiert uit onder een hoek θ (fig. 10.44) van $1{,}4 \cdot 10^{-5}$ rad. Hoe groot is de diameter van de lichtvlek van deze straal op de maan?
4. (I) Het mes van een keukenmachine draait met een snelheid van 6500 omw/min. Wanneer de motor uitgeschakeld

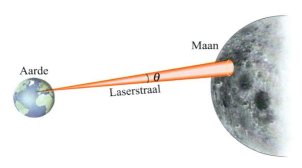

FIGUUR 10.44 Vraagstuk 3.

wordt, komt het in 4,0 s tot stilstand. Hoe groot is de hoekversnelling terwijl het mes vertraagt?

5. (II) (a) Een slijpsteen met een diameter van 0,35 m maakt 2500 omw/min. Bereken de hoeksnelheid ervan in rad/s. (b) Hoe groot zijn de lineaire snelheid en versnelling van een punt op de rand van de slijpsteen?

6. (II) Een fietser op een fiets met banden met een diameter van 68 cm legt een afstand van 7,2 km af. Hoeveel omwentelingen hebben de wielen gemaakt?

7. (II) Bereken de hoeksnelheid van (a) de secondewijzer, (b) de grote wijzer en (c) de kleine wijzer van een analoog uurwerk. Geef je antwoorden in rad/s. (d) Hoe groot is de hoekversnelling van elk van de wijzers?

8. (II) Een draaimolen maakt een volledige omwenteling in 4,0 s (fig. 10.45). (a) Hoe groot is de lineaire snelheid van een kind dat zich op 1,2 m van het middelpunt bevindt? (b) En welke versnelling ondergaat het (alle componenten)?

FIGUUR 10.45 Vraagstuk 8.

9. (II) Hoe groot is de lineaire snelheid van een punt als gevolg van de draaiing van de aarde (a) op de evenaar, (b) op de noordpoolcirkel (op 66,5° Noorderbreedte) en (c) op 45,0° Noorderbreedte?

10. (II) Bereken de hoeksnelheid van de aarde (a) in zijn baan om de zon en (b) om zijn rotatie-as.

11. (II) Hoe snel (in omw/min) moet een centrifuge draaien als een puntmassa 7,0 cm van de rotatie-as een versnelling van 100.000 g moet ondervinden?

12. (II) Een wiel met een diameter van 64 cm versnelt eenparig om het middelpunt in 4,0 s van 130 omw/min naar 280 omw/min. Bepaal (a) de hoekversnelling ervan en (b) de radiale en tangentiale componenten van de lineaire versnelling van een punt op de rand van het wiel nadat het 2,0 s versneld is.

13. (II) Op hun reis naar de maan, aan boord van een *Apollo*-ruimteschip, geven astronauten hun ruimteschip een langzame rotatiebeweging om de straling van de zon gelijkmatig te verdelen. Aan het begin van de reis versnellen ze van geen rotatie tot 1,0 omwenteling per minuut in 12 minuten. Je kunt het ruimteschip beschouwen als een cilinder met een diameter van 8,5 m. Bepaal (a) de hoekversnelling ervan en (b) de radiale en tangentiale componenten van de lineaire versnelling van een punt aan de huid van het schip nadat het 7,0 minuten versneld is.

14. (II) Een draaitafel met een straal R_1 wordt aangedreven door er een draaiende cirkelvormige rubber rol met een straal R_2 tegenaan te drukken. Hoe groot is de verhouding van hun hoeksnelheden, ω_1/ω_2?

10.2 Vectoriële aard van $\vec{\omega}$ en $\vec{\alpha}$

15. (II) De as van een wiel is gemonteerd op ondersteuningen die op hun beurt weer bevestigd zijn op een roterende draaitafel, op de manier zoals is weergegeven in fig. 10.46. Het wiel heeft een hoeksnelheid $\omega_1 = 44{,}0$ rad/s om de as en de draaitafel heeft een hoeksnelheid $\omega_2 = 35{,}0$ rad/s om een verticale as. (De pijlen in de tekening geven de bewegings-richtingen aan.) (a) Welke richting hebben $\vec{\omega}_1$ en $\vec{\omega}_2$ op het moment dat is weergegeven in de figuur? (b) Hoe groot is de resulterende hoeksnelheid van het wiel, gezien door een waarnemer van buitenaf, op het moment dat is weergegeven in de figuur? Geef de grootte en de richting. (c) Welke grootte en richting heeft de hoekversnelling van het wiel op het moment dat is weergegeven in de figuur? Kies de z-as verticaal omhoog en de richting van de as op het moment dat is weergegeven als positieve x-as naar rechts.

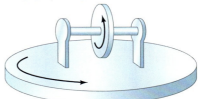

FIGUUR 10.46 Vraagstuk 15.

10.3 Constante hoekversnelling

16. (I) Een automotor vertraagt in 2,5 s van 3500 omw/min naar 1200 omw/min. Bereken (a) de hoekversnelling van de krukas, die je constant mag veronderstellen en (b) het totale aantal omwentelingen dat de motor in die tijd maakt.

17. (I) Een centrifuge versnelt in 220 s eenparig vanuit rust naar 15.000 omw/min. Hoeveel omwentelingen maakt de trommel in deze tijd?

18. (I) Piloten kunnen de belastingen die optreden bij het vliegen met straaljagers ook ondergaan in een zogenaamde 'menselijke centrifuge', die in 1,0 min 20 complete omwentelingen maakt om de eindsnelheid te bereiken.
(a) Hoe groot was de hoekversnelling (die je constant mag veronderstellen) en (b) hoe groot is de uiteindelijke hoeksnelheid in omw/min?

19. (II) Een koelventilator wordt uitgeschakeld wanneer deze 850 omw/min maakt. Bij het uitdraaien maakt de ventilator nog 1350 omwentelingen. (a) Hoe groot was de hoekversnelling van de ventilator, als we die constant veronderstellen? (b) Hoe lang deed de ventilator erover om tot stilstand te komen?

20. (II) Leid de rotationele kinematische vergelijkingen 10.9a en 10.9b wiskundig af voor een constante hoekversnelling. Begin met $\alpha = d\omega/dt$.
21. (II) Om een grote draaischijf van een pottenbakker aan te drijven wordt een klein rubberen wiel gebruikt. De twee wielen zijn zodanig gemonteerd dat de buitenranden ervan elkaar raken. Het kleine wiel heeft een straal van 2,0 cm en versnelt met 7,2 rad/s². Het is verbonden met de draaischijf (straal 21,0 cm) en slipt niet. Bereken (a) de hoekversnelling van de draaischijf en (b) de tijd die nodig is om het wiel de gewenste snelheid van 65 omw/min te geven.
22. (II) De hoek waarover een roterend wiel verdraait in een tijd t wordt beschreven met de volgende functie: $\theta = 8,5t - 15,0t^2 + 1,6t^4$, waarin θ in radialen is en t in seconden. Bepaal een uitdrukking (a) voor de momentane hoeksnelheid ω en (b) voor de momentane hoekversnelling α. (c) Bepaal ω en α op $t = 3,0$ s. (d) Hoe groot is de gemiddelde hoeksnelheid en (e) de gemiddelde hoekversnelling tussen $t = 2,0$ s en $t = 3,0$ s?
23. (II) De hoekversnelling van een wiel is, als functie van tijd, gelijk aan $\alpha = 5,0\,t^2 - 8,5\,t$, waarin α in rad/s² is en t in seconden. Veronderstel dat het wiel vanuit rust start ($\theta = 0$, $\omega = 0$ op $t = 0$) en leid dan een formule af voor (a) de hoeksnelheid ω en (b) de hoekpositie θ, beide als functie van de tijd. (c) Bepaal ω en θ op $t = 2,0$ s.

10.4 Krachtmoment

24. (I) Een vrouw van 62 kg op een fiets plaatst steeds haar gehele gewicht op een trapper bij het beklimmen van een heuvel. De trappers beschrijven een cirkel met een straal van 17 cm. (a) Hoe groot is het maximale krachtmoment dat ze uitoefent? (b) Op welke manier zou ze een groter krachtmoment kunnen uitoefenen?
25. (I) Bereken het netto krachtmoment om de as van het wiel in fig. 10.47. Veronderstel dat er een wrijvingskrachtmoment is van 0,40 Nm dat de beweging tegenwerkt.

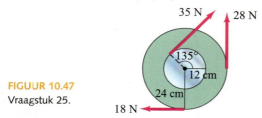

FIGUUR 10.47 Vraagstuk 25.

26. (II) Iemand oefent een horizontale kracht van 32 N uit op het uiteinde van een deur die 96 cm breed is. Hoe groot is het krachtmoment als de kracht (a) loodrecht op de deur uitgeoefend wordt en (b) onder een hoek van 60,0° met de voorkant van de deur uitgeoefend wordt?
27. (II) Twee blokken, elk met massa m, zijn bevestigd aan de uiteinden van een stang met verwaarloosbare massa die scharniert op de manier zoals is weergegeven in fig. 10.48. De stang wordt horizontaal gehouden en dan losgelaten. Bereken de grootte en de richting van het netto krachtmoment op dit systeem op het moment dat het wordt losgelaten.

FIGUUR 10.48 Vraagstuk 27.

28. (II) Een wiel met een diameter van 27,0 cm kan alleen maar roteren in het xy-vlak om de z-as door het middelpunt ervan. Op de rand van het wiel werkt een kracht $\vec{F} = (-31,0\vec{e}_x + 43,4\vec{e}_y)$ N. Hoe groot is het krachtmoment om de rotatie-as op het moment dat het aangrijpingspunt van de kracht zich exact op de x-as bevindt?
29. (II) De bouten op de cilinderkop van een motor moeten aangedraaid worden met een krachtmoment van 75 Nm. Welke kracht moet de monteur haaks op het uiteinde van de sleutel uitoefenen als deze 28 cm lang is? Veronderstel dat de zeskantbouten een sleutelwijdte hebben van 15 mm (fig. 10.49). Schat de kracht die door de ringsleutel op de zes punten wordt uitgeoefend.

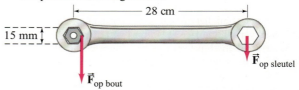

FIGUUR 10.49 Vraagstuk 29.

30. (II) Bereken het netto krachtmoment op de 2,0 m lange, homogene balk in fig. 10.50. Bereken dit voor (a) het MM punt C, en (b) voor punt P ter plaatse van een van de uiteinden.

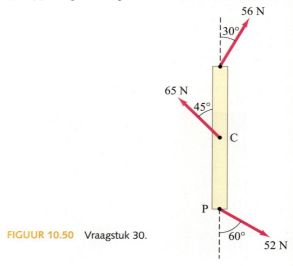

FIGUUR 10.50 Vraagstuk 30.

10.5 en 10.6 Rotationele dynamica

31. (I) Bereken het traagheidsmoment van een bol van 10,8 kg met een straal van 0,648 m wanneer de rotatie-as door het middelpunt loopt.
32. (I) Schat het traagheidsmoment van een fietswiel met een diameter van 67 cm. De velg en de band hebben samen een massa van 1,1 kg. De massa van de naaf is verwaarloosbaar (waarom?).
33. (II) Een pottenbakster vormt een schaal op een draaischijf die met een constante hoeksnelheid ronddraait (fig. 10.51). De wrijvingskracht tussen haar handen en de klei is in totaal 1,5 N. (a) Hoe groot is het krachtmoment dat ze uitoefent op de schijf, als de diameter van de schaal 12 cm is? (b) Hoe lang duurt het om de draaischijf tot stilstand te brengen als het enige krachtmoment dat erop werkt veroorzaakt wordt door de handen van de pottenbakster? De be-

FIGUUR 10.51 Vraagstuk 33.

ginhoeksnelheid van het wiel is 1,6 omw/s en het traagheidsmoment van het wiel en de schaal is 0,11 kg·m².

34. (II) Een zuurstofmolecule bestaat uit twee zuurstofatomen met een totale massa van $5,3 \cdot 10^{-26}$ kg en een traagheidsmoment om een as loodrecht op de verbindingslijn tussen de twee atomen, halverwege tussen de twee, van $1,9 \cdot 10^{-46}$ kg·m². Schat op basis van deze gegevens de effectieve afstand tussen de atomen.

35. (II) Een softbalspeler slaat de bat zodanig dat deze vanuit rust naar 2,7 omw/s versnelt in een tijd van 0,20 s. Beschouw de bat als een homogene stang van 2,2 kg met een lengte van 0,95 m en bereken dan het krachtmoment dat de speler op een uiteinde ervan uitoefent.

36. (II) Een slijpsteen is een homogene cilinder met een straal van 8,50 cm en een massa van 0,380 kg. Bereken (a) het traagheidsmoment ervan om het middelpunt en (b) het benodigde krachtmoment dat erop uitgeoefend moet worden om de steen vanuit rust naar 1750 omw/min te versnellen in 5,00 s als bekend is dat de slijpsteen er 55,0 s over doet om van 1500 omw/min tot stilstand te komen.

37. (II) Een balletje van 650 g wordt aan het uiteinde van een dunne, lichte staaf rondgedraaid in een horizontale cirkel met een straal van 1,2 m. Bereken (a) het traagheidsmoment van het balletje om het middelpunt van de cirkel en (b) het benodigde krachtmoment om het balletje met een constante hoeksnelheid te laten blijven roteren als de luchtweerstand er een kracht van 0,020 N op uitoefent. Verwaarloos het traagheidsmoment en de luchtweerstand van de stang zelf.

38. (II) De onderarm in fig. 10.52 versnelt een bal van 3,6 kg met 7,0 m/s², gebruikmakend van de triceps, zoals is weergegeven in de figuur. Bereken (a) het benodigde krachtmoment en (b) de kracht die de triceps moet uitoefenen. Laat de massa van de arm buiten beschouwing.

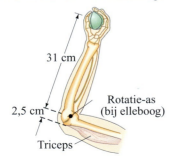

FIGUUR 10.52 Vraagstukken 38 en 39.

39. (II) Veronderstel dat een bal van 1,00 kg geworpen wordt enkel door de beweging van de onderarm, die om het ellebooggewricht scharniert door de werking van de triceps, fig. 10.52. De bal wordt eenparig vanuit rust in 0,35 s versneld tot 8,5 m/s en dan losgelaten. Bereken (a) de hoekversnelling van de arm en (b) de benodigde kracht van de triceps. Veronderstel dat de onderarm een massa van 3,7 kg heeft en als een homogene stang om een as aan het uiteinde ervan scharniert.

40. (II) Bereken het traagheidsmoment van de constructie in fig. 10.53 om (a) de verticale as en (b) de horizontale as. Veronderstel dat $m = 2,2$ kg, $M = 3,1$ kg en dat de voorwerpen met heel dunne, starre draadjes aan elkaar bevestigd zijn. De constructie is rechthoekig en wordt door de horizontale as in tweeën gedeeld. (c) Om welke as kost het meer moeite om de constructie te versnellen?

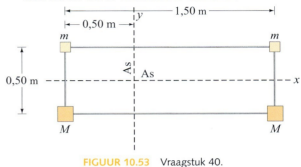

FIGUUR 10.53 Vraagstuk 40.

41. (II) Een draaimolen versnelt vanuit rust naar 0,68 rad/s in 24 s. Veronderstel dat de draaimolen een homogene schijf met een straal van 7,0 m is en een massa van 31.000 kg heeft. Bereken het benodigde netto krachtmoment om de draaimolen te versnellen.

42. (II) Een massieve bol met een diameter van 0,72 m kan om een as door het middelpunt geroteerd worden door een krachtmoment van 10,8 Nm. Dit krachtmoment versnelt de bol eenparig vanuit rust en die voert een totaal van 180 omwentelingen uit in 15,0 s. Hoe groot is de massa van de bol?

43. (II) Veronderstel dat de kracht F_T in het touw dat van de katrol in voorbeeld 10.9 omlaag hangt (fig. 10.21), beschreven kan worden als $F_T = 3,00t - 0,20t^2$ (Newton) waarin t de tijd in seconden is. Hoe groot is de lineaire snelheid van een punt op de rand na 8,0 s als de katrol start vanuit stilstand? Verwaarloos de wrijving.

44. (II) Een vader duwt een kleine, met de hand aangedreven draaimolen en kan deze vanuit rust in 10,0 s versnellen tot een frequentie van 15 omw/min. Veronderstel dat de draaimolen een homogene schijf met een straal van 2,5 m is, een massa heeft van 760 kg en er twee kinderen (elk met een massa van 25 kg) tegenover elkaar aan de rand van de draaimolen zitten. Bereken het benodigde krachtmoment om de versnelling te bewerkstelligen als je de wrijving mag verwaarlozen. Welke kracht moet de man gemiddeld op de rand uitoefenen?

45. (II) Vier identieke massa's M zijn op onderlinge afstanden ℓ op een horizontale rechte stang gemonteerd, die zelf een verwaarloosbare massa heeft. Het systeem roteert om een verticale as loodrecht op de stang, door de massa aan het linker uiteinde ervan. (a) Hoe groot is het traagheidsmoment van het systeem om deze as? (b) Welke kracht moet

er minimaal uitgeoefend worden op de verst verwijderde massa om een hoekversnelling α te veroorzaken? (c) Welke richting heeft deze kracht?

46. (II) Twee blokken zijn door middel van een licht touwtje met elkaar verbonden. Dit touwtje loopt over een katrol die een straal van 0,15 m en een traagheidsmoment I heeft. De blokken bewegen (naar rechts) met een versnelling van 1,00 m/s² over de wrijvingsloze hellingen (zie fig. 10.54). (a) Teken vrijlichaamsschema's voor elk van de twee blokken en de katrol. (b) Bepaal F_{TA} en F_{TB}, de trekkrachten in de twee delen van het touwtje. (c) Bepaal het resulterende krachtmoment op de katrol en bepaal het traagheidsmoment I daarvan.

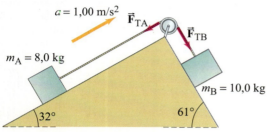

FIGUUR 10.54 Vraagstuk 46.

47. (II) Een rotorblad van een helikopter zou je kunnen beschouwen als een lange, dunne stang (fig. 10.55). (a) Elk van de drie rotorbladen is 3,75 m lang en heeft een massa van 135 kg. Bereken het traagheidsmoment van de drie rotorbladen om de rotatie-as. (b) Hoe groot is het krachtmoment dat de motor moet leveren om de rotorbladen in 8,0 s vanuit rust een snelheid van 5,0 omw/s te geven?

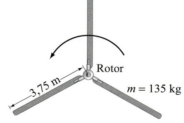

FIGUUR 10.55
Vraagstuk 47.

48. (II) De motor van een centrifuge die 10.300 omw/min maakt wordt uitgeschakeld en eenparig tot stilstand gebracht door een wrijvingskrachtmoment van 1,20 Nm. Veronderstel dat de massa van de rotor 3,80 kg is en dat de rotor benaderd kan worden als een massieve cilinder met een straal van 0,0710 m. Hoeveel omwentelingen zal de rotor nog maken voordat deze tot stilstand gekomen is en hoe lang duurt dat?

49. (II) Wanneer het gaat over traagheidsmomenten, met name van ongebruikelijke of onregelmatig gevormde voorwerpen, is het soms handig om te werken met de **traagheidsstraal**, k. Deze straal is zodanig gedefinieerd dat als alle massa van het voorwerp op deze afstand van de rotatie-as geconcentreerd zou zijn, het traagheidsmoment gelijk zou zijn aan dat van het oorspronkelijke voorwerp. Het traagheidsmoment van een willekeurig voorwerp kan dus geschreven worden in termen van de massa M en de traagheidsstraal: $I = Mk^2$. Bereken de traagheidsstraal voor elk van de voorwerpen (hoepel, cilinder, bol enzovoort) in fig. 10.20.

50. (II) Om een platte, homogene cilindrische satelliet met de juiste snelheid te laten tollen, ontsteekt de vluchtleiding vier tangentiale raketten, op de manier zoals is weergegeven in fig. 10.56. Veronderstel dat de satelliet een massa van 3600 kg en een straal van 4,0 m heeft en de raketten bijkomend elk een massa van 250 kg hebben. Hoe groot is de benodigde constante kracht die elke raket moet leveren om de satelliet vanuit rust een snelheid van 32 omw/min te geven in 5,0 min?

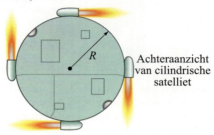

FIGUUR 10.56 Vraagstuk 50.

51. (III) Een *machine van Atwood* bestaat uit twee massa's, m_A en m_B, die met elkaar verbonden zijn door een massaloze, niet-elastische kabel die over een katrol geslagen is, fig. 10.57. De katrol heeft een straal R en een traagheidsmoment I om de rotatie-as. Bereken de versnelling van de massa's m_A en m_B en vergelijk je resultaat met de situatie waarin het traagheidsmoment van de katrol genegeerd is. (*Hint*: de trekkrachten F_{TA} en F_{TB} zijn niet gelijk aan elkaar. We hebben de machine van Atwood besproken in voorbeeld 4.13, waarbij we aannamen dat I van de katrol nul was.)

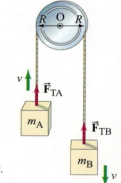

FIGUUR 10.57
Vraagstuk 51. Machine van Atwood.

52. (III) Aan de uiteinden van een touw dat over een katrol geslagen is hangt een massa van 3,80 kg en een massa van 3,15 kg. De katrol is een homogene massieve cilinder met een straal van 4,0 cm en massa van 0,80 kg. (a) De lagers van de katrol zijn wrijvingsloos. Welke versnelling hebben de twee massa's? (b) In werkelijkheid blijkt uit metingen dat de zwaarste massa een verticale snelheid omlaag krijgt van 0,20 m/s en in 6,2 s tot stilstand komt. Hoe groot is het gemiddelde wrijvingskrachtmoment dat op de katrol werkt?

53. (III) Een kogelstoter versnelt de kogel (massa = 7,30 kg) vanuit rust binnen vier volledige omwentelingen en kan deze dan wegwerpen met een snelheid van 26,5 m/s. Veronderstel dat de hoeksnelheid eenparig toeneemt en de kogel een horizontale, cirkelvormig baan met een straal van

1,20 m beschrijft. Bereken (*a*) de hoekversnelling, (*b*) de (lineaire) tangentiale versnelling, (*c*) de centripetale versnelling net voordat de kogel losgelaten wordt, (*d*) de nettokracht die de werper uitoefent op de kogel net voordat deze losgelaten wordt en (*e*) de hoek van deze kracht ten opzichte van de straal van de cirkelvormige beweging. Laat de zwaartekracht buiten beschouwing.

54. (III) Een dunne stang met lengte ℓ staat rechtop op een tafel. De stang begint te vallen, maar het onderste uiteinde glijdt niet weg. (*a*) Bereken de hoeksnelheid van de stang als functie van de hoek ϕ die deze maakt met het tafelblad. (*b*) Hoe groot is de snelheid van de tip van de stang net voordat deze op de tafel terechtkomt?

10.7 Traagheidsmoment

55. (I) Gebruik de verschuivingsstelling (stelling van Steiner) om aan te tonen dat het traagheidsmoment van een dunne stang om een as loodrecht op de stang ter plaatse van een van de uiteinden gelijk is aan $I = \frac{1}{3} M\ell^2$, als gegeven is dat het traagheidsmoment, als de as door het middelpunt loopt, gelijk is aan $I = \frac{1}{12} M\ell^2$ (fig. 10.20f en g).
56. (II) Bereken het traagheidsmoment van een 19 kg zware deur die 2,5 m hoog en 1,0 m breed is en aan een van de zijden scharnierend opgehangen is. Laat de dikte van de deur buiten beschouwing.
57. (II) Twee homogene massieve bollen met massa M en straal r_0 zijn met elkaar verbonden door een dunne (massaloze) stang met lengte r_0, zodanig dat de middelpunten van de bollen $3r_0$ van elkaar verwijderd zijn. (*a*) Bereken het traagheidsmoment van dit systeem om een as loodrecht op de stang door het middelpunt ervan. (*b*) Hoe groot zou de procentuele fout zijn als je de massa van de bollen in het middelpunt ervan geconcentreerd denkt en je een erg eenvoudige berekening zou maken?
58. (II) Een bal met massa M en straal r_1 die aan het uiteinde van een dunne massaloze stang bevestigd is, wordt gedwongen een horizontale cirkelvormige baan te beschrijven met een straal R_0 om een rotatie-as AB, op de manier zoals is weergegeven in fig. 10.58. (*a*) Veronderstel dat de massa van de bal geconcentreerd is in het massamiddelpunt ervan en bereken dan het traagheidsmoment ervan om AB. (*b*) Gebruik de verschuivingsstelling en veronderstel dat de straal van de bal eindig is. Bereken dan het traagheidsmoment van de bal om AB. (*c*) Bereken de procentuele fout als gevolg van de aanname dat de massa geconcentreerd is in één punt voor $r_1 = 9{,}0$ cm en $R_0 = 1{,}0$ m.

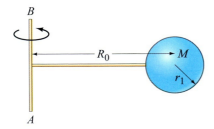

FIGUUR 10.58 Vraagstuk 58.

59. (II) Een dun wiel van 7,0 kg heeft een straal van 32 cm en wordt aan één kant verzwaard met een kleine massa van 1,50 kg die op 22 cm van het middelpunt van het wiel aangebracht wordt. Bereken (*a*) de positie van het massamiddelpunt van het verzwaarde wiel en (*b*) het traagheidsmoment om een as door het MM ervan, loodrecht op het wielvlak.
60. (III) Leid de formule af voor het traagheidsmoment van een homogene dunne stang met een lengte ℓ om een as door het middelpunt ervan, loodrecht op de stang (zie fig. 10.20f).
61. (III) (*a*) Leid de formule uit fig. 10.20h af voor het traagheidsmoment van een homogene, vlakke, rechthoekige plaat met afmetingen $\ell \times b$ om een as door het middelpunt, loodrecht op de plaat. (*b*) Hoe groot is het traagheidsmoment om alle assen door het middelpunt die evenwijdig zijn aan de randen van de plaat?

10.8 Rotationele kinetische energie

62. (I) Een automotor levert een krachtmoment van 255 Nm bij 3750 omw/min. Hoe groot is het vermogen van de motor?
63. (I) De rotor van een centrifuge heeft een traagheidsmoment van $4{,}25 \cdot 10^{-2}$ kg·m². Hoeveel energie is er nodig om de rotor vanuit rust een snelheid van 9750 omw/min te geven?
64. (II) Een roterend, homogeen cilindrisch platform met een massa van 220 kg en een straal van 5,5 m draait met 3,8 omw/s en komt dan, doordat de motor ontkoppeld wordt, in 16 s tot stilstand. Schat het uitgangsvermogen van de motor dat nodig is om de snelheid constant op 3,8 omw/s te houden.
65. (II) Een draaimolen heeft een massa van 1640 kg en een straal van 7,50 m. Hoeveel nettoarbeid moet er verricht worden om de draaimolen vanuit rust een snelheid van 1,00 omwenteling per 8,00 s te geven? Beschouw de draaimolen als een massieve cilinder.
66. (II) Een homogene dunne stang met lengte ℓ en massa M wordt aan een uiteinde opgehangen. Iemand trekt vervolgens zijwaarts aan het onderste uiteinde, waardoor de stang een hoek θ met de verticaal maakt en laat dan de stang los. Veronderstel dat de wrijving verwaarloosbaar is. Hoe groot is dan de hoeksnelheid en de snelheid van het vrije uiteinde op het laagste punt?
67. (II) Twee massa's, $m_A = 35{,}0$ kg en $m_B = 38{,}0$ kg, zijn met elkaar verbonden door een touw dat over een katrol geslagen is (zoals in fig. 10.59). De katrol is een homogene cilinder met een straal van 0,381 m en heeft een massa van 3,1 kg. In eerste instantie bevindt m_A zich op de grond en m_B op 2,5 m boven de grond. Dan wordt het systeem losgelaten. Gebruik behoud van energie om de snelheid van m_B te berekenen op het moment net voordat deze de grond raakt. Veronderstel dat het lager van de katrol wrijvingsloos is.

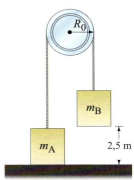

FIGUUR 10.59 Vraagstuk 67.

68. (III) Een massa van 4,00 kg en een massa van 3,00 kg zijn bevestigd aan de uiteinden van een dunne, 42,0 cm lange horizontale stang (fig. 10.60). Het systeem roteert met een hoeksnelheid $\omega = 5{,}60$ rad/s om een verticale as door het middelpunt van de stang. Bepaal (a) de kinetische energie K van het systeem en (b) de nettokracht op elke massa. (c) Herhaal (a) en (b) voor het geval dat de rotatie-as door het MM van het systeem loopt.

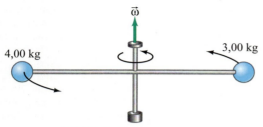

FIGUUR 10.60 Vraagstuk 68.

69. (III) Een stok van 2,30 m staat in evenwicht op een van de uiteinden. Dan begint de stok te vallen, waarbij het onderste uiteinde niet van zijn plaats komt. Welke snelheid heeft het bovenste uiteinde net voordat het op de grond komt? (*Hint*: gebruik behoud van energie.)

10.9 Rotationele plus translationele beweging

70. (I) Bereken de translatiesnelheid van een cilinder wanneer deze aankomt bij de voet van een helling die 7,20 m hoog is. Veronderstel dat de cilinder vanuit rust start en rolt zonder te slippen.

71. (I) Een bowlingbal met een massa van 7,3 kg en een straal van 9,0 cm rolt zonder te slippen met een snelheid van 3,7 m/s over een baan. Bereken de totale kinetische energie van de bal.

72. (I) Schat de kinetische energie van de aarde ten opzichte van de zon als de som van twee termen, (a) als gevolg van de dagelijkse rotatie om zijn as en (b) als gevolg van de jaarlijkse rotatie om de zon. (Beschouw de aarde als een homogene bol met massa $= 6{,}0 \cdot 10^{24}$ kg, straal $= 6{,}4 \cdot 10^6$ m die $1{,}5 \cdot 10^8$ km verwijderd is van de zon.)

73. (II) Een bol met een straal $r_0 = 24{,}5$ cm en massa $m = 1{,}20$ kg start vanuit rust en rolt zonder te slippen omlaag over een helling van 30,0° die 10,0 m lang is. (a) Bereken de translatiesnelheid en rotationele snelheid van de bol wanneer deze onderaan de helling arriveert. (b) Hoe groot is op dat moment de verhouding van de translationele en de rotationele kinetische energie? Vul pas zo laat mogelijk de numerieke waarden in. (c) Zijn je antwoorden op (a) en (b) afhankelijk van de straal en/of de massa van de bol?

74. (II) Een dunne, maar massieve klos garen heeft een straal R en een massa M. Veronderstel dat je zodanig aan de draad trekt, dat het MM van het klosje op dezelfde hoogte in de lucht blijft 'hangen' terwijl de draad wordt afgewikkeld. (a) Welke kracht moet je daarvoor op de draad uitoefenen? (b) Hoeveel arbeid heb je verricht op het moment dat het klosje een hoeksnelheid ω heeft gekregen?

75. (II) Een bal met een straal r_0 rolt aan de binnenzijde van een baan met een straal R_0 (zie fig. 10.61). Veronderstel dat de bal vanuit rust start bij de verticale rand van de baan. Welke snelheid heeft de bal dan op het laagste punt als de bal rolt zonder te slippen?

76. (II) Een massieve rubberen bal ligt stil op de vloer van een treinwagon wanneer de wagon versneld wordt met een versnelling a. Veronderstel dat de bal rolt zonder te slippen. Hoe groot is dan de versnelling van de bal ten opzichte van (a) de wagon en (b) de grond?

*77. (II) Een dun, hol stuk buis van 0,545 kg heeft een straal van 10,0 cm en rolt (vanuit rust) omlaag over een helling van 17,5° die 5,60 m lang is. (a) Hoe groot is de snelheid van de buis beneden aan de helling als deze rolt zonder te slippen? (b) Hoe groot zal de totale kinetische energie van de buis zijn wanneer deze onderaan de helling aangekomen is? (c) Hoe groot moet de statische wrijvingscoëfficiënt minimaal zijn om ervoor te zorgen dat de buis niet slipt?

*78. (II) Bekijk voorbeeld 10.20 nog een keer. (a) Hoe ver heeft de bal over de baan bewogen voordat deze begint te rollen zonder te slippen? (b) Hoe groot is de uiteindelijke lineaire snelheid en hoe groot de rotatiesnelheid?

79. (III) De massa van een auto is 1100 kg, inclusief de vier banden die elk een massa (inclusief de velgen) hebben van 35 kg en een diameter van 0,80 m. Beschouw de band en de velg als een massieve cilinder. Bepaal (a) de totale kinetische energie van de auto wanneer deze 95 km/u rijdt en (b) het deel van de kinetische energie van de banden en de velgen. (c) Hoe groot is de versnelling van de auto als deze in eerste instantie in rust is en dan getrokken wordt door een sleepwagen met een kracht van 1500 N? Laat wrijvingsverliezen buiten beschouwing. (d) Welke procentuele fout zou je in (c) maken als je het traagheidsmoment van de banden en de velgen buiten beschouwing zou laten?

*80. (III) Een wiel met een traagheidsmoment $I = \frac{1}{2}MR^2$ om de centrale naaf wordt met een initiële hoeksnelheid ω_0 aan het draaien gebracht en dan zonder een horizontale snelheid op de grond gezet. Het wiel slipt in eerste instantie, maar begint dan weg te rollen om uiteindelijk zuiver te rollen (zonder te slippen). (a) In welke richting werkt de wrijvingskracht op het slippende wiel? (b) Hoe lang slipt het wiel voordat het zuiver begint te rollen? (c) Hoe groot is de uiteindelijke translatiesnelheid van het wiel? (*Hint*: gebruik $\Sigma \vec{F} = m\vec{a}$, $\Sigma \tau_{MM} = I_{MM}\alpha_{MM}$ en bedenk dat alleen bij zuiver rollen $v_{MM} = \omega R$.)

81. (III) Een kleine bol met een straal $r_0 = 1{,}5$ cm rolt zonder te slippen over de baan in fig. 10.61, waarvan de straal $R_0 = 26{,}0$ cm is. De bol begint te rollen op een hoogte R_0 boven het laagste punt van de baan. De bol vliegt uit de baan onder een hoek van 135°, op de manier zoals is weergegeven in de figuur. (a) Met welke snelheid is dat en (b) op welke afstand D komt de bol op de grond terecht?

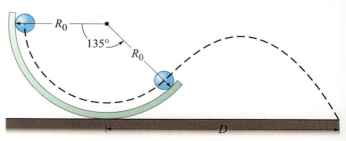

FIGUUR 10.61 Vraagstukken 75 en 81.

*10.10 Rollende bol vertraagt

*82. (I) Een rollende bal vertraagt omdat de werklijn van de normaalkracht erop niet zuiver door het MM van de bal loopt, maar net iets voor het MM. Gebruik fig. 10.41 en toon aan dat het krachtmoment dat veroorzaakt wordt door de normaalkracht ($\tau_N = \ell F_N$ in fig. 10.41), gelijk is aan $\frac{7}{5}$ van het krachtmoment als gevolg van de wrijvingskracht, $\tau_{wr} = r_0 F$, waarin r_0 de straal van de bal is. Met andere woorden, toon aan dat $\tau_N = \frac{7}{5}\tau_{wr}$.

Algemene vraagstukken

83. Een grote haspel met touw rolt over de grond, waarbij het uiteinde van het touw boven op de haspel ligt. Iemand pakt het uiteinde van het touw en loopt over een afstand ℓ, terwijl hij het touw blijft vasthouden, fig. 10.62. De haspel rolt achter de man aan, zonder te slippen. Hoeveel touw wordt er daarbij van de haspel afgewikkeld? Welke afstand legt het MM van de haspel af?

FIGUUR 10.62 Vraagstuk 83.

84. Op een audio-cd, die een diameter van 12,0 cm heeft, wordt informatie sequentieel gecodeerd op een spiraalvormig 'spoor' dat naar de buitenrand van het schijfje uitwaaiert. De spiraal heeft een kleinste straal $R_1 = 2,5$ cm en waaiert daarna uit tot een straal R_2 van 5,8 cm. Om de digitale informatie te lezen wordt de cd in een cd-speler geroteerd, zodat de laser de bits op de spiraal aftast met een constante lineaire snelheid van 1,25 m/s. Om dat te kunnen doen moet de speler de rotatiefrequentie f van de cd zorgvuldig regelen als de laser naar de buitenrand van de cd beweegt. Bereken de waarden voor f (in omw/min) wanneer de laser zich ter plaatse van R_1 en R_2 bevindt.

85. (a) Een jojo is gemaakt van twee massieve cilindrische schijven, die elke een massa van 0,050 kg en een diameter van 0,075 m hebben, die met elkaar verbonden zijn door een massieve cilindrische naaf met een massa van 0,0050 kg en een diameter van 0,010 m. Bereken met behoud van energie de lineaire snelheid van de jojo net voordat deze het uiteinde van een 1,0 m lang touwtje bereikt, als de jojo losgelaten wordt vanuit rust. (b) Welk deel van de kinetische energie van de jojo is rotationele kinetische energie?

86. Een fietser versnelt vanuit rust met 1,00 m/s². Hoe snel zal het punt op de band, exact boven de wielnaaf van een wiel (met diameter = 68 cm) na 2,5 s bewegen? (*Hint*: op elk willekeurig moment is het laagste punt op de band in contact met de aarde en in rust, zie fig. 10.63.)

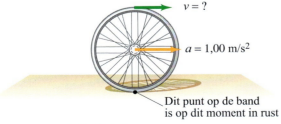

FIGUUR 10.63 Vraagstuk 86.

87. Veronderstel dat David een steen van 0,50 kg in zijn slinger legt (die een lengte van 1,5 m heeft) en de steen vervolgens in een nagenoeg horizontale cirkel begint rond te draaien, waarbij deze in 5,0 s een snelheid krijgt van 85 omw/min. Hoe groot is het krachtmoment dat daarvoor geleverd moet worden en waar komt dat vandaan?

88. Een slijpsteen van 1,4 kg heeft de vorm van een homogene cilinder met een straal van 0,20 m. De motor die de steen aandrijft geeft deze een rotatiesnelheid van 1800 omw/s vanuit rust en doet daar 6,0 s over. De hoekversnelling is constant. Bereken het krachtmoment dat de motor levert.

89. Fietsversnellingen: (a) Wat is de relatie tussen de hoeksnelheid ω_A van het achterwiel van een fiets en de hoeksnelheid ω_V van het voortandwiel en de trappers? Gebruik N_V en N_A voor het aantal tanden van het voor-, respectievelijk achtertandwiel, fig. 10.64. De steek van de tanden is gelijk voor de beide tandwielen en het achtertandwiel is star bevestigd aan het achterwiel. (b) Bepaal de verhouding ω_A/ω_V wanneer het voor- en achtertandwiel respectievelijk 52 en 13 tanden hebben en (c) wanneer ze 42 en 28 tanden hebben.

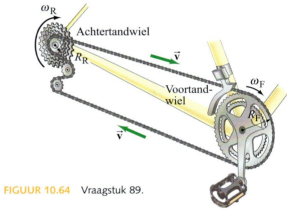

FIGUUR 10.64 Vraagstuk 89.

90. In fig. 10.65 is een H$_2$O-molecule weergegeven. De lengte van de OH-binding is 0,096 nm en de OH-bindingen maken een hoek van 104° met elkaar. Bereken het traagheidsmoment voor de H$_2$O-molecuul om een as door het middelpunt van het zuurstofatoom (a) loodrecht op het vlak van de molecule en (b) in het vlak van de molecuul, door het midden van beide OH-bindingen.

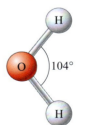

FIGUUR 10.65 Vraagstuk 90.

91. Een van de mogelijkheden om een weinig vervuilende auto te construeren is om gebruik te maken van energie die opgeslagen is in een zwaar, roterend vliegwiel. Veronderstel dat een dergelijke auto een totale massa van 1100 kg heeft, een homogeen cilindrisch vliegwiel gebruikt met een diameter van 1,50 m en een massa van 240 kg en 350 km zou moeten kunnen rijden zonder dat het vliegwiel opnieuw aangedreven hoeft te worden. (a) Ga uit van redelijke aannames (de gemiddelde tegenwerkende kracht van de wrijving is 450 N, twintig versnellingsperiodes vanuit rust tot 95 km/u, evenveel hellingen omhoog als omlaag en energie kan aan het vliegwiel geleverd worden wanneer de auto van een helling omlaag rijdt) en schat op basis daarvan de totale energie die opgeslagen moet worden in het vliegwiel. (b) Hoe groot is de hoeksnelheid van het vliegwiel wanneer het 'volledig opgeladen' is? (c) Hoe lang zou een motor van 150 pk erover doen om het vliegwiel 'volledig op te laden'?

92. Een holle cilinder (hoepel) rolt over een horizontaal oppervlak met een snelheid van $v = 3,3$ m/s wanneer deze aankomt bij een stijgende helling van 15°. (a) Hoe ver komt de cilinder de helling op? (b) Hoe lang duurt het totdat de cilinder terug onderaan de helling arriveert?

93. Een wiel met massa M heeft een straal R. Het staat verticaal op de vloer en we willen een horizontale kracht F uitoefenen op de naaf, zodat het een stoepje, waartegen het rust, op zal klimmen (fig. 10.66). Het stoepje heeft een hoogte h, waarbij $h < R$. Welke kracht F moeten we minimaal uitoefenen?

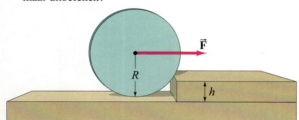

FIGUUR 10.66 Vraagstuk 93.

94. Een marmeren bal met massa m en straal r rolt omlaag over de ruwe helling in fig. 10.67. Hoe groot is de minimale waarde van de verticale hoogte h waar de bal van zal moeten starten om het hoogste punt van de looping te bereiken zonder los te komen van de baan? (a) Veronderstel dat $r \ll R$; (b) ga daar niet van uit. Laat wrijvingsverliezen buiten beschouwing.

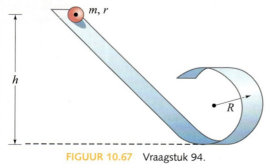

FIGUUR 10.67 Vraagstuk 94.

95. De dichtheid (massa per eenheid van lengte) van een dunne stang met lengte ℓ neemt gelijkmatig toe van λ_0 aan het ene uiteinde tot $3\lambda_0$ aan het andere uiteinde. Bereken het traagheidsmoment om een as loodrecht op de stang door het geometrische middelpunt.

96. Als een biljarter een biljartbal op de juiste manier raakt, kan hij die onmiddellijk nadat de keu en de bal van elkaar losgekomen zijn zuiver laten rollen (dus zonder dat de bal slipt). Veronderstel een biljartbal (straal r, massa M), in rust op een horizontaal biljart. De keu oefent een constante horizontale kracht F op de bal uit gedurende een tijd t op een punt met een hoogte h boven het biljartlaken (zie fig. 10.68). Veronderstel dat de kinetische wrijvingscoëfficiënt tussen de bal en tafel μ_k is. Bereken de waarde voor h waarbij de bal zal rollen zonder te slippen, onmiddellijk nadat de bal losgekomen is van de keu.

FIGUUR 10.68 Vraagstuk 96.

97. De statische wrijvingscoëfficiënt tussen de banden van een auto en het wegdek is 0,65. Bereken het minimale krachtmoment dat op een band met een diameter van 66 cm onder een auto van 950 kg auto uitgeoefend moet worden om een rubberspoor te trekken. Om dat te doen moeten de wielen van de auto slippen bij het optrekken van de auto. Veronderstel dat elk wiel een even groot deel van het gewicht van de auto ondersteunt.

98. Een touw dat aan één uiteinde bevestigd is aan een blok dat over een hellend vlak kan glijden, is met het andere uiteinde gewikkeld rond een cilinder die in een uitholling bovenaan het vlak ligt, op de manier zoals is weergegeven in fig. 10.69. Bereken de snelheid van het blok nadat het, vanuit rust, een afstand van 1,80 m langs het vlak heeft afgelegd. Veronderstel (a) dat er geen wrijving is, (b) dat de wrijvingscoëfficiënt tussen alle oppervlakken $\mu = 0,055$ is. (Hint: bereken in (b) eerst de normaalkracht op de cilinder en ga daarbij uit van een aantal redelijke aannames.)

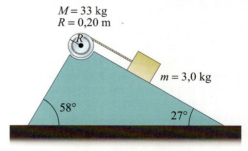

FIGUUR 10.69 Vraagstuk 98.

99. De straal van de rol papier in fig. 10.70 is 7,6 cm en het traagheidsmoment ervan I is $3,3 \cdot 10^{-3}$ kg·m². Het uiteinde van de rol wordt gedurende 1,3 s belast met een kracht van 2,5 N. Aangezien het papier niet scheurt, begint het af te rollen. Op de rol werkt een constant wrijvingskrachtmoment van 0,11 Nm, waardoor de rol geleidelijk tot stilstand komt. Veronderstel dat de dikte van het papier verwaarloosbaar is. Bereken (a) de lengte van het papier dat afge-

rold wordt terwijl de kracht uitgeoefend wordt (gedurende 1,3 s) en (b) de lengte van het papier dat afgerold wordt tussen het moment dat de kracht weggenomen wordt en het moment dat de rol tot stilstand komt.

FIGUUR 10.70 Vraagstuk 99.

100. Een massieve homogene schijf met massa 21,0 kg en straal 85,0 cm ligt in rust op een wrijvingsloos oppervlak. In fig. 10.71 is het bovenaanzicht weergegeven. Dan wikkelt iemand een touw om de rand van de schijf en oefent een constante kracht van 35,0 N uit op het touw. Het touw slipt niet op de rand. (a) In welke richting beweegt het MM van de schijf? (b) Hoe snel beweegt de schijf als ze een afstand van 5,5 m heeft afgelegd en (c) hoe snel roteert de schijf dan (in radialen per seconde) en (d) hoeveel touw is er van de rand afgewikkeld?

FIGUUR 10.71 Vraagstuk 100, bovenaanzicht op de schijf.

101. Wanneer fietsers en motorrijders een 'wheelie' maken zorgt een grote versnelling ervoor dat het voorwiel van de grond komt. Veronderstel dat M de totale massa van het systeem is dat bestaat uit de combinatie van de fiets en de fietser en dat x en y de horizontale en verticale afstand is van het MM van dit systeem ten opzichte van het contactpunt tussen het achterwiel en de aarde (fig. 10.72). (a) Bereken de horizontale versnelling a die nodig is om het voorwiel net van de grond te laten komen. (b) Moet x zo groot mogelijk of juist zo klein mogelijk zijn om de benodigde versnelling voor een 'wheelie' te minimaliseren? En hoe zit het met y? Hoe moet een fietser op de fiets gaan zitten om deze optimale waarden voor x en y te realiseren? (c) Bereken a als $x = 35$ cm en $y = 95$ cm.

102. Een cruciaal onderdeel van een machine wordt vervaardigd uit een vlakke homogene cilindrische schijf met straal R_0 en massa M. Dan wordt er een cirkelvormige opening met een straal R_1 in geboord (fig. 10.73). Het middelpunt van de opening bevindt zich op een afstand h van het middelpunt van de schijf. Bepaal het traagheidsmoment van deze schijf (met daarin de opening) wanneer deze om het middelpunt, C, roteert. (*Hint*: ga uit van een massieve schijf en trek de opening ervan af; gebruik de verschuivingsstelling.)

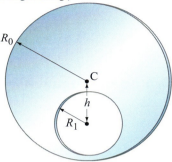

FIGUUR 10.73 Vraagstuk 102.

103. Een dunne homogene stok met massa M en lengte ℓ wordt verticaal met de tip op een wrijvingsloos tafelblad geplaatst. Dan wordt de stok losgelaten, zodat deze kan vallen. Bereken de snelheid van het MM van de stok, net voordat deze op het tafelblad terechtkomt (fig. 10.74).

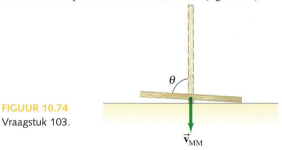

FIGUUR 10.74 Vraagstuk 103.

* **104.** (a) Bij de jojo-achtige cilinder in voorbeeld 10.19 hebben we gezien dat de verticale omlaag gerichte versnelling van het MM gelijk was aan $a = 2/3\ g$. Veronderstel dat de cilinder in eerste instantie in rust is. Welke snelheid zal het MM dan hebben als de cilinder een afstand h heeft afgelegd? (b) Gebruik nu behoud van energie om de snelheid van het MM van de cilinder te berekenen nadat deze een afstand h vanuit rust heeft afgelegd.

*Numeriek/computer

* **105.** (II) Bereken het krachtmoment dat door de ondersteuning A van de starre constructie in fig. 10.75 geleverd wordt als functie van de hoek θ wanneer er een kracht $F = 500$ N op het punt P, loodrecht op het uiteinde van de arm, uitgeoefend wordt. Maak een grafiek van de waarden van het krachtmoment τ als functie van θ van $\theta = 0°$ tot $90°$, in stappen van $1°$.

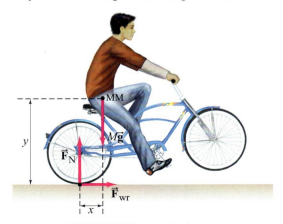

FIGUUR 10.72 Vraagstuk 101.

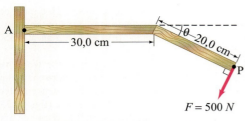

FIGUUR 10.75 Vraagstuk 105.

* 106. (II) Gebruik de uitdrukking die in vraagstuk 51 afgeleid werd voor de versnelling van de massa's in een machine van Atwood om te onderzoeken op welk punt het traagheidsmoment van de katrol verwaarloosbaar wordt. Veronderstel dat $m_A = 0{,}150$ kg, $m_B = 0{,}350$ kg en $R = 0{,}040$ m. (a) Maak een grafiek van de versnelling als functie van het traagheidsmoment. (b) Bepaal de versnelling van de massa's wanneer het traagheidsmoment tot nul daalt. (c) Bepaal in je grafiek de minimale waarde van I waarbij de berekende versnelling 2,0% afwijkt van de versnelling die je in (b) gevonden hebt. (d) Veronderstel dat de katrol beschouwd mag worden als een homogene schijf. Bepaal in dat geval de massa van de katrol, gebruikmakend van de I uit (c).

Antwoorden op de opgaven

A: $f = 0{,}076$ Hz; $T = 13$ s.
B: $\vec{F}_A$.
C: ja; $\frac{1}{12} M\ell^2 + M(\frac{1}{2}\ell)^2 = \frac{1}{3} M\ell^2$.
D: $4 \cdot 10^{17}$ J.
E: (c).
F: $a = \frac{1}{3} g$.

Deze schaatsster maakt een pirouette. Wanneer ze haar armen horizontaal strekt, tolt ze minder snel dan wanneer ze haar armen dicht bij haar rotatie-as houdt. Dit is een voorbeeld van behoud van impulsmoment.
Impulsmoment, het onderwerp van dit hoofdstuk, blijft alleen behouden als er geen netto krachtmoment op het voorwerp of systeem werkt. Anders is de snelheid waarmee het impulsmoment verandert rechtevenredig met het netto krachtmoment. Wanneer dat nul is, blijft het impulsmoment behouden. In dit hoofdstuk bekijken we ook meer gecompliceerde aspecten van rotatiebewegingen.

Hoofdstuk 11

Impulsmoment; algemene rotatie

Inhoud
- 11.1 Impulsmoment, om een vaste as roterende voorwerpen
- 11.2 Uitwendig vectorproduct; krachtmoment als een vector
- 11.3 Impulsmoment van een puntmassa
- 11.4 Impulsmoment en krachtmoment voor een systeem van puntmassa's; algemene beweging
- 11.5 Impulsmoment en krachtmoment voor een star voorwerp
- 11.6 Behoud van impulsmoment
- *11.7 De tol en de gyroscoop
- *11.8 Roterende referentiestelsels; inertiaalkrachten
- *11.9 Het corioliseffect

Openingsvraag: wat denk jij?

Je staat op een platform dat in rust is, maar vrij kan draaien. Je houdt een draaiend fietswiel vast aan de as, op de manier zoals is weergegeven in de figuur. Dan kantel je het wiel tot de wielnaaf verticaal staat. Wat gebeurt er in dat geval?
(a) Het platform begint te draaien in de richting waarin het fietswiel in eerste instantie draaide.
(b) Het platform begint te draaien in de tegengestelde richting van de oorspronkelijke rotatie van het fietswiel.
(c) Het platform blijft in rust.
(d) Het platform draait alleen tijdens het kantelen van het wiel.
(e) Geen van deze antwoorden is correct.

In hoofdstuk 10 hebben we het gehad over de kinematica en de dynamica van de rotatie van een star voorwerp om een as waarvan de richting vast is in een inertiaalstelsel. We bestudeerden de beweging in

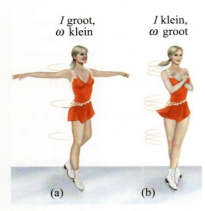

FIGUUR 11.1 Een schaatsrijdster maakt een pirouette op het ijs en toont daarmee behoud van impulsmoment aan: (a) I is groot en ω is klein; (b) I wordt kleiner, dus ω wordt groter.

termen van het rotationele equivalent van de wetten van Newton (krachtmoment speelt de rol die kracht speelt bij de translatiebeweging) en in termen van rotationele kinetische energie.

Om de as van een roterend voorwerp vast te houden, is er meestal een kracht nodig die geleverd wordt door uitwendige ondersteuningen (zoals lagers aan het eind van een as). De beweging van voorwerpen die niet gedwongen worden om te roteren om een vaste as is lastiger te beschrijven en te bestuderen. Een complete analyse van de algemene rotatiebeweging van een voorwerp (of systeem van voorwerpen) is inderdaad erg complex en daarom zullen we in dit hoofdstuk slechts enkele aspecten van de algemene rotatiebeweging beschrijven. We beginnen dit hoofdstuk met de introductie van het concept *impulsmoment*; het rotationele equivalent van impuls. We zullen eerst het impulsmoment en het behoud daarvan bekijken voor een voorwerp dat roteert om een vaste as. Daarna bekijken we de vectoriële aard van krachtmomenten en impulsmomenten. We zullen enkele algemene stellingen afleiden en die vervolgens toepassen op een paar interessante soorten bewegingen.

11.1 Impulsmoment, om een vaste as roterende voorwerpen

In hoofdstuk 10 hebben we gezien dat, wanneer we de juiste rotationele variabelen gebruiken, de kinematische en dynamische vergelijkingen voor rotatiebeweging analoog zijn aan die voor gewone lineaire beweging. Op dezelfde manier heeft de impuls, $p = mv$, een rotationeel equivalent. Dit equivalent wordt het **impulsmoment**, L, genoemd en voor een voorwerp dat om een vaste as roteert met hoeksnelheid ω is het gedefinieerd als

$$L = I\omega, \tag{11.1}$$

waarin I het traagheidsmoment is. De SI-eenheden voor L zijn kg·m²/s. Deze eenheid heeft geen speciale naam.

In hoofdstuk 9 (paragraaf 9.1) hebben we gezien dat de tweede wet van Newton niet alleen geschreven kan worden als $\Sigma F = ma$, maar ook meer algemeen in termen van impuls (vgl. 9.2), $\Sigma F = dp/dt$. Op een vergelijkbare manier kunnen we het rotationele equivalent van de tweede wet van Newton, vgl. 10.14 en 10.15 niet alleen schrijven als $\Sigma \tau = I\alpha$, maar ook in termen van impulsmoment: omdat de hoekversnelling $\alpha = d\omega/dt$ (vgl. 10.3), geldt dat $I\alpha = I(d\omega/dt) = d(I\omega)/dt = dL/dt$, dus

> *De tweede wet van Newton voor rotatie*

$$\Sigma \tau = \frac{dL}{dt}. \tag{11.2}$$

Bij deze afleiding gaan we ervan uit dat het traagheidsmoment, I, constant blijft. Maar vgl. 11.2 is ook geldig als het traagheidsmoment verandert en is ook van toepassing op een systeem van voorwerpen dat om een vaste as roteert, waarin $\Sigma \tau$ het netto uitwendige krachtmoment is (zie paragraaf 11.4). Vgl. 11.2 is de tweede wet van Newton voor rotatiebeweging om een vaste as, en is ook geldig voor een bewegend voorwerp wanneer dat roteert om een as door het massamiddelpunt ervan (zoals bij vgl. 10.15).

■ Behoud van impulsmoment

Impulsmoment is een belangrijk concept in de natuurkunde, omdat het onder bepaalde voorwaarden een behouden grootheid is. Om welke voorwaarden gaat het dan? Uit vgl. 11.2 kunnen we onmiddellijk zien dat als het netto uitwendige krachtmoment $\Sigma \tau$ op een voorwerp (of systeem van voorwerpen) nul is, geldt dat

$$\frac{dL}{dt} = 0 \quad \text{en} \quad L = I\omega = \text{constant}. \qquad [\Sigma \tau = 0]$$

Dit is de **wet van behoud van impulsmoment** voor een roterend voorwerp:

> *Behoud van impulsmoment*

Het totale impulsmoment van een roterend voorwerp blijft constant als het netto uitwendige krachtmoment dat erop werkt nul is.

De wet van behoud van impulsmoment behoort tot de belangrijkste wetten van behoud in de natuurkunde, net als de wetten van behoud van energie en impuls.
Wanneer er geen netto krachtmoment werkt op een voorwerp en het voorwerp roteert om een vaste as of om een as door het massamiddelpunt waarvan de richting niet verandert, kunnen we stellen dat

$$I\omega = I_0\omega_0 = \text{constant.}$$

I_0 en ω_0 zijn respectievelijk het traagheidsmoment en de hoeksnelheid om de as op een begintijdstip ($t = 0$) en I en ω de waarden ervan op een ander tijdstip. De posities van de onderdelen van het voorwerp kunnen ten opzichte van elkaar veranderen, waardoor ook I verandert. Maar in dat geval verandert ook ω en het product $I\omega$ blijft constant.

Er zijn veel interessante verschijnselen die verklaarbaar zijn met behoud van impulsmoment. Veronderstel bijvoorbeeld de schaatsrijdster in fig. 11.1 die een pirouette maakt. Ze roteert met een relatief geringe snelheid wanneer ze haar armen uitspreidt, maar wanneer ze haar armen dicht bij haar lichaam brengt, gaat ze ineens veel sneller draaien. Uit de definitie van het traagheidsmoment, $I = \Sigma mR^2$, blijkt dat wanneer ze haar armen dichter bij de rotatie-as brengt, R voor de armen kleiner wordt, waardoor haar traagheidsmoment vermindert. Omdat het impulsmoment $I\omega$ constant blijft (we laten het kleine krachtmoment als gevolg van de wrijving buiten beschouwing), zal als I afneemt, de hoeksnelheid ω moeten toenemen. Als de schaatsrijdster haar traagheidsmoment met een factor 2 verkleint, zal haar hoeksnelheid twee keer zo groot worden.

Een vergelijkbaar voorbeeld is de schoonspringster in fig. 11.2. De afzet tegen de springplank geeft haar een initieel impulsmoment om haar massamiddelpunt. Wanneer ze zichzelf oprolt in de hurkpositie, kan ze snel een of meer salto's maken. Vervolgens strekt ze haar lichaam weer, waardoor ze haar traagheidsmoment vergroot en haar hoeksnelheid verkleint om daarna netjes in het water te duiken. De verandering van haar traagheidsmoment vanuit de gestrekte positie naar de gehurkte positie kan wel 350 procent bedragen!

Merk op dat om het impulsmoment behouden te laten blijven, er geen netto krachtmoment mag zijn. De nettokracht hoeft daarom echter niet nul te zijn. De nettokracht op de schoonspringster in fig. 11.2 is bijvoorbeeld niet nul (de zwaartekracht slaapt immers nooit), maar het netto krachtmoment om haar MM is wel nul, omdat de zwaartekracht aangrijpt in haar massamiddelpunt.

FIGUUR 11.2 Een schoonspringster kan sneller een draai maken wanneer ze haar armen en benen bij elkaar brengt dan wanneer ze haar lichaam strekt. Impulsmoment blijft behouden.

Voorbeeld 11.1 Een voorwerp roteert aan een touw met een variabele lengte

Een kleine massa m is bevestigd aan het uiteinde van een touw en beschrijft een cirkelvormige baan op een wrijvingsloos tafelblad. Het andere uiteinde van het touw loopt door een gat in de tafel (fig. 11.3). In eerste instantie draait de massa rond met een snelheid $v_1 = 2{,}4$ m/s in een cirkelvormige baan met een straal $R_1 = 0{,}80$ m. Het touw wordt dan langzaam door het tafelblad omlaag getrokken, waardoor de straal kleiner wordt tot $R_2 = 0{,}48$ m. Hoe groot is de snelheid, v_2, van de massa nu?

Aanpak Er werkt geen netto krachtmoment op de massa m, omdat de werklijn van de kracht die door het touw erop uitgeoefend wordt om de massa te dwingen een cirkelvormige baan te beschrijven door de rotatie-as loopt, zodat de arm nul is. We kunnen dus behoud van impulsmoment toepassen.

FIGUUR 11.3 Voorbeeld 11.1.

Oplossing Behoud van impulsmoment levert

$$I_1\omega_1 = I_2\omega_2.$$

De kleine massa is nagenoeg te beschouwen als een puntmassa waarvan het traagheidsmoment om het gat in de tafel $I = mR^2$ (vgl. 10.11) is. Dan hebben we dus:

$$mR_1^2\omega_1 = mR_2^2\omega_2, \text{ of}$$

$$\omega_2 = \omega_1\left(\frac{R_1^2}{R_2^2}\right).$$

En omdat $v = R\omega$, kunnen we schrijven dat

$$v_2 = R_2\omega_2 = R_2\omega_1\left(\frac{R_1^2}{R_2^2}\right) = R_2\frac{v_1}{R_1}\left(\frac{R_1^2}{R_2^2}\right) = v_1\frac{R_1}{R_2}$$

$$= (2{,}4 \text{ m/s})\left(\frac{0{,}80 \text{ m}}{0{,}48\text{m}}\right) = 4{,}0 \text{ m/s}.$$

De snelheid neemt toe naarmate de straal afneemt.

Voorbeeld 11.2 Koppeling

Een eenvoudige koppeling bestaat uit twee cilindrische platen die tegen elkaar aan gedrukt kunnen worden om twee delen van een as van een machine met elkaar te verbinden. De twee platen hebben massa's $M_A = 6{,}0$ kg en $M_B = 9{,}0$ kg en de straal ervan is gelijk, namelijk $R_0 = 0{,}60$ m. In eerste instantie zijn de platen los van elkaar (fig. 11.4). Plaat M_A wordt vanuit rust versneld tot een hoeksnelheid $\omega_1 = 7{,}2$ rad/s in een periode $\Delta t = 2{,}0$ s. Bereken (a) het impulsmoment van M_A en (b) het benodigde krachtmoment om M_A vanuit rust te versnellen tot ω_1. (c) Nu wordt plaat M_B, die in eerste instantie in rust was, maar vrij kon roteren zonder wrijving, krachtig tegen de roterende plaat M_A aangedrukt, waardoor de twee platen samen gaan roteren met een constante hoeksnelheid ω_2, die aanzienlijk kleiner is dan ω_1. Waarom gebeurt dit en hoe groot is ω_2?

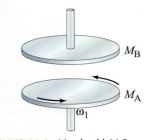

FIGUUR 11.4 Voorbeeld 11.2.

Aanpak We gebruiken de definitie van impulsmoment $L = I\omega$ (vgl. 11.1) plus de tweede wet van Newton voor rotatie, vgl. 11.2.

Oplossing (a) Het impulsmoment van M_A zal

$$L_A = I_A\omega_1 = \tfrac{1}{2}M_AR_0^2\omega_1 = \tfrac{1}{2}(6{,}0 \text{ kg})(0{,}60 \text{ m})^2(7{,}2 \text{ rad/s}) = 7{,}8 \text{ kg}\cdot\text{m}^2/\text{s zijn}.$$

(b) De plaat startte vanuit rust, dus was het krachtmoment (als we aannemen dat dit constant was)

$$\tau = \frac{\Delta L}{\Delta t} = \frac{7{,}8 \text{ kg}\cdot\text{m}^2/\text{s} - 0}{2{,}0 \text{ s}} = 3{,}9 \text{ m}\cdot\text{N}.$$

(c) In eerste instantie roteert M_A met een constante ω_1 (we verwaarlozen de wrijving). Waarom wordt de rotatiesnelheid van de gezamenlijke platen lager wanneer plaat B tegen plaat A gedrukt wordt? Je zou daarbij kunnen gaan rekenen met het krachtmoment dat de twee platen op elkaar uitoefenen. Maar kwantitatief is het gemakkelijker om behoud van impulsmoment te gebruiken, omdat er geen uitwendige krachtmomenten op de platen werken. Dus is impulsmoment voor = impulsmoment na

$$I_A\omega_1 = (I_A + I_B)\omega_2$$

Als we deze vergelijking oplossen voor ω_2 vinden we dat

$$\omega_2 = \left(\frac{I_A}{I_A + I_B}\right)\omega_1 = \left(\frac{M_A}{M_A + M_B}\right)\omega_1 = \left(\frac{6{,}0 \text{ kg}}{15{,}0 \text{ kg}}\right)(7{,}2 \text{ rad/s}) = 2{,}9 \text{ rad/s}.$$

Natuurkunde in de praktijk

Neutronenster

Voorbeeld 11.3 Schatten Neutronenster

Astronomen hebben sterren ontdekt die ontzettend snel roteren. Deze sterren worden neutronensterren genoemd. Men veronderstelt dat een neutronenster gevormd is uit de binnenste kern van een grotere ster die onder invloed van de eigen zwaartekracht bezweken is. Een neutronenster is een ster met een erg kleine straal en een extreem hoge dichtheid. Veronderstel dat de kern van een dergelijke ster, voordat deze bezweek, de grootte had van onze zon ($r \approx 7\cdot 10^5$ km) en een massa had die 2,0 maal zo groot is als die van de zon en roteert met een frequentie van 1,0 omwenteling per 100 dagen. Als deze ster zou bezwijken en een neutronenster zou worden met een straal van 10 km, hoe groot zou dan de rotatiefrequentie ervan worden? Beschouw de ster steeds als een homogene bol die geen massa verliest.

Aanpak We veronderstellen dat de ster geïsoleerd is (er werken geen uitwendige krachten), zodat we behoud van impulsmoment voor dit proces kunnen toepassen. We noemen de straal van een bol r en gebruiken R voor de afstand tot een rotatieas: zie fig. 10.2.

Oplossing Behoud van impulsmoment levert

$$I_1\omega_1 = I_2\omega_2,$$

waarbij de indexen 1 en 2 betrekking hebben op respectievelijk de beginsituatie (normale ster) en de eindsituatie (neutronenster). En omdat we aannemen dat er geen massa verloren gaat tijdens het proces, is

$$\omega_2 = \left(\frac{I_1}{I_2}\right)\omega_1 = \left(\frac{\frac{2}{5}m_1 r_1^2}{\frac{2}{5}m_2 r_2^2}\right)\omega_1 = \frac{r_1^2}{r_2^2}\omega_1.$$

De frequentie $f = \omega/2\pi$, dus is

$$f_2 = \frac{\omega_2}{2\pi} = \frac{r_1^2}{r_2^2}f_1$$

$$= \left(\frac{7\times 10^5 \text{ km}}{10 \text{ km}}\right)^2 \left(\frac{1{,}0 \text{ omw}}{100 \text{ d}(24 \text{ h/d})(3600 \text{ s/h})}\right) \approx 6\times 10^2 \text{ omw/s}.$$

Richting van een impulsmoment

Impulsmoment is een vector, zoals we verderop in dit hoofdstuk zullen zien. Voor nu zullen we ons beperken tot een eenvoudig geval waarbij een voorwerp roteert om een vaste as en de richting van $\vec{L}$ aangegeven wordt met behulp van een plus- of minteken, net zoals we in hoofdstuk 2 deden voor eendimensionale lineaire beweging.

Bij een symmetrisch voorwerp dat om een symmetrie-as roteert (zoals een cilinder of een wiel), kan de richting van het impulsmoment[1] beschouwd worden als de richting van de hoeksnelheid $\vec{\omega}$. Dat wil zeggen,

$$\vec{L} = I\vec{\omega}$$

Veronderstel bijvoorbeeld dat iemand in rust staat op een cirkelvormig platform dat vrij kan roteren om een as door het middelpunt ervan. Als die persoon nu langs de rand van het platform begint te lopen, fig. 11.5a, zal het platform in de tegengestelde richting gaan roteren. Waarom? Een mogelijke verklaring is dat de voet van de lopende persoon een kracht uitoefent op het platform. Een andere verklaring (en in dit geval ook de meest bruikbare) is dat er behoud van impulsmoment is. Als de man linksom begint te lopen, zal diens impulsmoment verticaal omhoog gericht zijn langs de rotatie-as (we hebben de richting van $\vec{\omega}$ gedefinieerd met de rechterhandregel in paragraaf 10.2). De grootte van het impulsmoment van de persoon zal $L = I\omega = (mR^2)(v/R)$ zijn, waarin v de snelheid van de persoon is (ten opzichte van de aarde, niet van het platform), R de afstand van de persoon tot de rotatie-as, m zijn massa en mR^2 zijn traagheidsmoment als we hem beschouwen als een puntmassa (massa geconcentreerd in een punt). Het platform draait in de tegengestelde richting, zodat het impulsmoment daarvan verticaal omlaag gericht is. Als het initiële totale impulsmoment nul was (persoon en platform in rust), zal het ook nul blijven wanneer de persoon begint te lopen. Dat wil zeggen dat het verticaal omhoog gerichte impulsmoment van de persoon precies gelijk, maar tegengesteld zal zijn aan het verticaal omlaag gerichte impulsmoment van het platform (fig. 11.5b), zodat de totale impulsmomentvector nul blijft. Ook al oefent de persoon een kracht (en een krachtmoment) uit op het platform, het platform oefent een even groot, maar tegengesteld gericht krachtmoment uit op de persoon. Het netto krachtmoment op het *systeem* dat bestaat uit de man en het platform is dus nul (als we de wrijving buiten beschouwing laten) en het totale impulsmoment blijft constant.

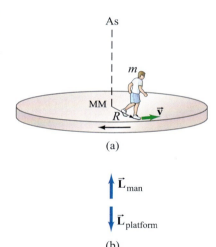

FIGUUR 11.5 (a) Een man staat op een stilstaand cirkelvormig platform en begint dan langs de rand te lopen met een snelheid v. Het platform, waarvan we aannemen dat het gemonteerd is op wrijvingsloze lagers, begint in de tegengestelde richting te draaien, zodat het totale impulsmoment nul blijft, op de manier zoals is weergegeven in de figuur in (b).

---

[1] Bij meer complexe situaties waarbij voorwerpen om een vaste as roteren, zal er een component van $\vec{L}$ langs de richting van $\vec{\omega}$ zijn en de grootte ervan zal gelijk zijn aan $I\vec{\omega}$. Er kunnen echter ook nog andere componenten zijn. Als het totale impulsmoment behouden blijft, zal de component $I\vec{\omega}$ ook behouden blijven. Onze resultaten hier kunnen dus ook gebruikt worden voor een willekeurige rotatie om een vaste as.

Voorbeeld 11.4   Rennen op een cirkelvormig platform

Veronderstel dat een man met een massa van 60 kg aan de rand van een cirkelvormig platform staat dat een diameter van 6,0 m heeft, op wrijvingsloze lagers gemonteerd is en een traagheidsmoment van 1800 kg·m² heeft. Het platform is in eerste instantie in rust, maar wanneer de man langs de rand van het platform begint te rennen met een snelheid van 4,2 m/s (ten opzichte van de aarde), begint het platform in de tegengestelde richting te draaien, zoals is weergegeven in fig. 11.5. Bereken de hoeksnelheid van het platform.

Aanpak   We gebruiken behoud van impulsmoment. Het totale impulsmoment is in eerste instantie nul. Omdat er geen netto krachtmoment is, blijft $\vec{L}$ behouden en zal dus nul blijven, zoals in fig. 11.5. Het impulsmoment van de man is $L_{man} = (mR^2)(v/R)$ in de richting die we positief noemen. Het impulsmoment van het platform is $L_{platform} = -I\omega$.

Oplossing   Behoud van impulsmoment levert

$$L = L_{man} + L_{platform}$$
$$0 = mR^2\left(\frac{v}{R}\right) - I\omega.$$

Dus

$$\omega = \frac{mRv}{I} = \frac{(60\ \text{kg})(3{,}0\ \text{m})(4{,}2\ \text{m/s})}{1800\ \text{kg} \times \text{m}^2} = 0{,}42\ \text{rad/s}.$$

Opmerking   De rotatiefrequentie is $f = \omega/2\pi = 0{,}067$ omw/s en de periode $T = 1/f = 15$ s per omwenteling.

Conceptvoorbeeld 11.5   Tollend fietswiel

Je natuurkundedocent houdt een tollend fietswiel vast terwijl hij op een stilstaande, wrijvingsloze draaitafel staat (fig. 11.6). Wat zal er gebeuren als de docent het fietswiel plotseling kantelt, zodat het in de tegengestelde richting draait?

Antwoord   We definiëren het systeem als de combinatie van de draaitafel, de docent en het fietswiel. Het totale impulsmoment is in eerste instantie $\vec{L}$, verticaal omhoog gericht. Dat is ook het impulsmoment dat het systeem na de verandering moet hebben, omdat $\vec{L}$ behouden blijft wanneer er geen netto krachtmoment is. Dus als het impulsmoment van het wiel, nadat het gekanteld werd, $-\vec{L}$ verticaal omlaag gericht is, zal het impulsmoment van de combinatie van de docent en de draaitafel $+2\vec{L}$ verticaal omhoog zijn. We kunnen veilig voorspellen dat de docent in dezelfde richting zal gaan bewegen als waarin het wiel in eerste instantie draaide.

FIGUUR 11.6   Voorbeeld 11.5.

Opgave A
Wat zou er in voorbeeld 11.5 gebeuren als de docent de as van het wiel maar 90° zou kantelen (zodat hij deze horizontaal houdt)? Hij beweegt dan (a) in dezelfde richting en met dezelfde snelheid als in het voorbeeld; (b) in dezelfde richting, maar langzamer; (c) met dezelfde snelheid maar in de tegengestelde richting als in het voorbeeld.

Opgave B
Bekijk de openingsvraag aan het begin van dit hoofdstuk nog een keer en beantwoord de vraag opnieuw. Probeer uit te leggen, als je antwoord eerst anders was, waarom je antwoord veranderd is.

> **Opgave C**
> Veronderstel dat je aan de rand van een grote vrij draaiende draaitafel staat. Als je naar het middelpunt loopt zal de draaitafel (a) vertragen; (b) versnellen; (c) even snel blijven draaien; (d) een andere snelheid krijgen, die echter afhankelijk is van de loopsnelheid.

11.2 Uitwendig vectorproduct; krachtmoment als een vector

Uitwendig vectorproduct

Om te kunnen werken met de vectoriële aard van het impulsmoment en krachtmomenten in het algemeen, hebben we het *uitwendig vectorproduct* (vaak kortweg *uitwendig product* genoemd) nodig. Het **uitwendig product** van twee vectoren $\vec{A}$ en $\vec{B}$ is gedefinieerd als een andere vector, $\vec{C} = \vec{A} \times \vec{B}$, waarvan de *grootte* gelijk is aan

$$C = |\vec{A} \times \vec{B}| = AB \sin \theta, \tag{11.3a}$$

waarin θ de hoek ($< 180°$) is tussen $\vec{A}$ en $\vec{B}$ en waarvan de richting loodrecht staat op zowel $\vec{A}$ als $\vec{B}$ in de zin van de rechterhandregel, fig. 11.7. De hoek θ wordt gemeten tussen $\vec{A}$ en $\vec{B}$ wanneer de staarten ervan zich in hetzelfde punt bevinden. Volgens de rechterhandregel, zie fig. 11.7, wijs je met de vingers van je rechterhand in de richting van $\vec{A}$, zodanig dat als je je vingers buigt, die in de richting van $\vec{B}$ wijzen. Wanneer je je hand op die manier houdt, wijst je duim in de richting van $\vec{C} = \vec{A} \times \vec{B}$.

Het uitwendig product van twee vectoren, $\vec{A} = A_x \vec{e}_x + A_y \vec{e}_y + A_z \vec{e}_z$, en $\vec{B} = B_x \vec{e}_x + B_y \vec{e}_y + B_z \vec{e}_z$, kan geschreven worden in componenten (zie vraagstuk 26) als

$$\vec{A} \times \vec{B} = \begin{vmatrix} \vec{e}_x & \vec{e}_y & \vec{e}_z \\ A_x & A_y & A_z \\ B_x & B_y & B_z \end{vmatrix} \tag{11.3b}$$

$$= (A_y B_z - A_z B_y)\vec{e}_x + (A_z B_x - A_x B_z)\vec{e}_y + (A_x B_y - A_y B_x)\vec{e}_z. \tag{11.3c}$$

Vgl. 11.3b kan met de determinantregel uitgeschreven worden (wat vgl. 11.3c oplevert). We noemen enkele eigenschappen van het uitwendig product:

$$\vec{A} \times \vec{A} = 0 \tag{11.4a}$$

$$\vec{A} \times \vec{B} = -\vec{B} \times \vec{A} \tag{11.4b}$$

$$\vec{A} \times (\vec{B} + \vec{C}) = (\vec{A} \times \vec{B}) + (\vec{A} \times \vec{C}) \quad \text{[distributieve eigenschap]} \tag{11.4c}$$

$$\frac{d}{dt}(\vec{A} \times \vec{B}) = \frac{d\vec{A}}{dt} \times \vec{B} + \vec{A} \times \frac{d\vec{B}}{dt}. \tag{11.4d}$$

Vgl. 11.4a volgt uit de vgl. 11.3 (omdat $\theta = 0$). En datzelfde geldt voor vgl. 11.4b, omdat de grootte van $\vec{B} \times \vec{A}$ gelijk is aan die van $\vec{A} \times \vec{B}$, maar als gevolg van de rechterhandregel is de richting tegengesteld gericht (zie fig. 11.8). De volgorde van de twee vectoren is dus erg belangrijk. Als je de volgorde verandert, verandert het resultaat. Dat wil zeggen dat de commutatieve eigenschap *niet* geldt voor het uitwendig product $(\vec{A} \times \vec{B} \neq \vec{B} \times \vec{A})$, hoewel deze eigenschap wel geldt voor het inwendig product van twee vectoren en voor het product van scalaire grootheden. Merk op dat in vgl. 11.4d de volgorde van grootheden in de twee producten aan de rechterkant niet verwisseld mag worden (vanwege vgl. 11.4b).

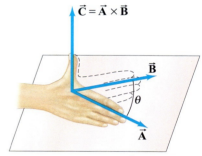

FIGUUR 11.7 De vector $\vec{C} = \vec{A} \times \vec{B}$ staat loodrecht op het vlak waarin $\vec{A}$ en $\vec{B}$ zich bevinden; de richting ervan volgt de rechterhandregel.

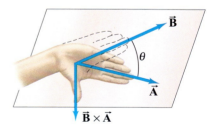

FIGUUR 11.8 De vector $\vec{B} \times \vec{A}$ is gelijk aan $-\vec{A} \times \vec{B}$; vergelijk dit met fig. 11.7.

> **Opgave D**
> Bekijk de vectoren $\vec{A}$ en $\vec{B}$ in het vlak van de pagina, op de manier zoals is weergegeven in fig. 11.9. Welke richting heeft (i) $\vec{A} \cdot \vec{B}$, (ii) $\vec{A} \times \vec{B}$, (iii) $\vec{B} \times \vec{A}$? (a) In de pagina; (b) uit de pagina; (c) tussen $\vec{A}$ en $\vec{B}$; (d) het is een scalaire grootheid en heeft geen richting; (e) het product is nul en heeft geen richting.

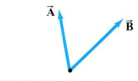

FIGUUR 11.9 Opgave D.

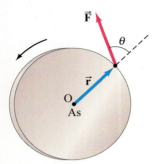

FIGUUR 11.10 Het krachtmoment als gevolg van de kracht $\vec{F}$ (in het vlak van het wiel) zorgt ervoor dat het wiel linksom wil roteren, waardoor $\vec{\omega}$ en $\vec{\alpha}$ een richting vanuit de pagina hebben.

De krachtmomentvector

Krachtmoment is een voorbeeld van een grootheid die uitgedrukt kan worden als een uitwendig product. Dat is gemakkelijk in te zien aan de hand van een eenvoudig voorbeeld: het dunne wiel in fig. 11.10 kan vrij roteren om een as door het middelpunt ervan in O. Op de rand van het wiel werkt een kracht $\vec{F}$, op een punt waarvan de positie ten opzichte van het middelpunt O gegeven is als een positievector $\vec{r}$, op de manier zoals is weergegeven in de figuur. De kracht $\vec{F}$ heeft de neiging om het wiel linksom te laten draaien (als we ervan uitgaan dat het in eerste instantie in rust is). De hoeksnelheid $\vec{\omega}$ zal dus een richting hebben vanuit de pagina naar de lezer toe (volgens de rechterhandregel, paragraaf 10.2). Het krachtmoment als gevolg van $\vec{F}$ zal $\vec{\omega}$ willen vergroten, zodat $\vec{\alpha}$ ook langs de rotatie-as naar buiten gericht is. In hoofdstuk 10 hebben we de relatie tussen de hoekversnelling en een krachtmoment voor een voorwerp dat om een vaste as roteert afgeleid:

$$\Sigma \tau = I\alpha$$

(vgl. 10.14), waarin I het traagheidsmoment is. Deze scalaire vergelijking is het rotationele equivalent van $\Sigma F = ma$ en we zouden er graag een vectorvergelijking van maken, zoals bijvoorbeeld $\Sigma \vec{F} = m\vec{a}$. Om dat te doen voor de situatie in fig. 11.10 moet de richting van $\vec{\tau}$ naar buiten gericht zijn, langs de rotatie-as, omdat $\vec{\alpha}\,(=d\vec{\omega}/dt)$ die richting heeft en de grootte van het krachtmoment moet (zie vgl. 10.10 en fig. 11.10) $\tau = rF_\perp = rF\sin\theta$ zijn. We kunnen dat realiseren door de krachtmomentvector te definiëren als het uitwendig product van $\vec{r}$ en $\vec{F}$:

$$\vec{\tau} = \vec{r} \times \vec{F}. \tag{11.5}$$

Uit de definitie van het uitwendig product (vgl. 11.3a) volgt dat de grootte van $\vec{\tau}$ gelijk zal zijn aan $rF\sin\theta$ en gericht zal zijn langs de as, zoals moet in dit speciale geval.

In de paragrafen 11.3 tot en met 11.5 zullen we zien dat we vgl. 11.5 beschouwen als de *algemene definitie van een krachtmoment* en dat de vectorrelatie $\Sigma\vec{\tau} = I\vec{\alpha}$ algemeen geldig zal zijn. We kunnen daarom stellen dat vgl. 11.5 de algemene definitie van een krachtmoment is. De vergelijking bevat informatie over zowel de grootte als de richting. Merk op dat deze definitie gebruikmaakt van de positievector $\vec{r}$: het krachtmoment wordt dus berekend om een bepaald punt. Welk punt dat is, ligt helemaal aan jezelf.

Voor een puntmassa met massa m waarop een kracht $\vec{F}$ wordt uitgeoefend, definiëren we het krachtmoment om een punt O als

$$\vec{\tau} = \vec{r} \times \vec{F},$$

waarin $\vec{r}$ de positievector van de puntmassa ten opzichte van O is (fig. 11.11). Als we een systeem van puntmassa's hebben (waarvan alle puntmassa's samen bijvoorbeeld een star voorwerp zouden vormen), zal het totale krachtmoment $\vec{\tau}$ op het systeem de som zijn van de krachtmomenten op de afzonderlijke puntmassa's:

$$\vec{\tau} = \Sigma(\vec{r}_i \times \vec{F}_i),$$

waarin $\vec{r}_i$ de positievector is van de i-de puntmassa en $\vec{F}_i$ de nettokracht op de i-de puntmassa.

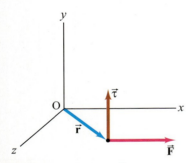

FIGUUR 11.11 $\vec{\tau} = \vec{r} \times \vec{F}$, waarin $\vec{r}$ de positievector is.

Voorbeeld 11.6 Krachtmomentvector

Veronderstel dat de vector $\vec{r}$ zich in het xz-vlak bevindt, fig. 11.11, en gedefinieerd is als $\vec{r} = (1{,}2\text{ m})\vec{e}_x + (1{,}2\text{ m})\vec{e}_z$. Bereken de krachtmomentvector $\vec{\tau}$ als $\vec{F} = (150\text{ N})\vec{e}_x$.

Aanpak We gebruiken de determinantvorm, vgl. 11.3b.

Oplossing $\vec{\tau} = \vec{r} \times \vec{F} = \begin{vmatrix} \vec{e}_x & \vec{e}_y & \vec{e}_z \\ 1{,}2\text{ m} & 0 & 1{,}2\text{m} \\ 150\text{N} & 0 & 0 \end{vmatrix} = 0\vec{e}_x + (180\text{ m}\times\text{N})\vec{e}_y + 0\vec{e}_z.$

Dus τ heeft een grootte van 180 Nm en is gericht langs de positieve y-as.

Opgave E
Als $\vec{F} = 5{,}0$ N$\vec{e}_x$ en $\vec{r} = 2{,}0$ m$\vec{e}_y$, hoe groot is dan $\vec{\tau}$? (a) 10 Nm, (b) -10 Nm, (c) 10 Nm$\vec{e}_z$, (d) -10 Nm$\vec{e}_y$, (e) -10 Nm$\vec{e}_z$.

11.3 Impulsmoment van een puntmassa

De meest algemene manier om de tweede wet van Newton voor de translatiebeweging van een puntmassa (of systeem van puntmassa's) te beschrijven is in termen van de impuls $\vec{p} = m\vec{v}$, zoals in vgl. 9.2 (of 9.5):

$$\Sigma \vec{F} = \frac{d\vec{p}}{dt}.$$

Het rotationele equivalent van impuls is het *impulsmoment*. Omdat de verandering van $\vec{p}$ gerelateerd is aan de nettokracht $\Sigma \vec{F}$, zouden we kunnen verwachten dat de verandering van impulsmoment gerelateerd is aan het netto krachtmoment. In paragraaf 11.1 hebben we inderdaad gezien dat dit geldt voor het speciale geval van een star voorwerp dat om een vaste as roteert. We zullen nu zien dat dit ook het geval is in algemene zin. We bekijken eerst één puntmassa.
Veronderstel dat een puntmassa met massa m een impuls $\vec{p}$ en een positievector $\vec{r}$ heeft ten opzichte van de oorsprong O in een bepaald inertiaalstelsel. In dat geval is de algemene definitie van het **impulsmoment**, $\vec{L}$, van de puntmassa om een punt O gelijk aan het uitwendig vectorproduct van $\vec{r}$ en $\vec{p}$:

$$\vec{L} = \vec{r} \times \vec{p}. \qquad \text{[puntmassa]} \quad (11.6)$$

Impulsmoment is een vectoriële grootheid.[1] De richting ervan staat loodrecht op zowel $\vec{r}$ als $\vec{p}$ volgens de rechterhandregel (fig. 11.12). De grootte ervan is

$$L = rp \sin \theta$$

of

$$L = rp_\perp = r_\perp p$$

waarin θ de hoek is tussen $\vec{r}$ en $\vec{p}$ en $p_\perp (= p \sin \theta)$ en $r_\perp (= r \sin \theta)$ de componenten zijn van $\vec{p}$ en $\vec{r}$, loodrecht op $\vec{r}$, respectievelijk $\vec{p}$.
Maar wat is nu de relatie tussen impulsmoment en krachtmoment voor een puntmassa? Als we de afgeleide van $\vec{L}$ bepalen ten opzichte van de tijd, levert dat

$$\frac{d\vec{L}}{dt} = \frac{d}{dt}(\vec{r} \times \vec{p}) = \frac{d\vec{r}}{dt} \times \vec{p} + \vec{r} \times \frac{d\vec{p}}{dt}.$$

Maar

$$\frac{d\vec{r}}{dt} \times \vec{p} = \vec{v} \times m\vec{v} = m(\vec{v} \times \vec{v}) = 0,$$

omdat $\sin \theta = 0$ in dit geval. Dus geldt dat

$$\frac{d\vec{L}}{dt} = \vec{r} \times \frac{d\vec{p}}{dt}.$$

Als we $\Sigma \vec{F}$ de nettokracht op de puntmassa noemen, is in een inertiaalstelsel $\Sigma \vec{F} = d\vec{p}/dt$ en

$$\vec{r} \times \Sigma \vec{F} = \vec{r} \times \frac{d\vec{p}}{dt} = \frac{d\vec{L}}{dt}.$$

Maar $\vec{r} \times \Sigma \vec{F} = \Sigma \vec{\tau}$ is het netto krachtmoment op de puntmassa. Dus is

$$\Sigma \vec{\tau} = \frac{d\vec{L}}{dt}. \qquad \text{[puntmassa, inertiaalstelsel]} \quad (11.7)$$

De verandering van impulsmoment van een puntmassa in de tijd is gelijk aan het netto krachtmoment dat erop uitgeoefend wordt. Vgl. 11.7 is het rotationele equiva-

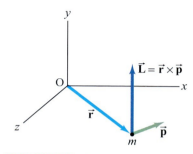

FIGUUR 11.12 De rotationele impuls van een puntmassa met massa m is gedefinieerd als $\vec{L} = \vec{r} \times \vec{p} = \vec{r} \times m\vec{v}$.

[1] Het is in feite een pseudovector; zie de voetnoot in paragraaf 10.2.

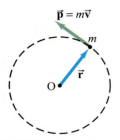

FIGUUR 11.13 Het impulsmoment van een puntmassa met massa m die een cirkelvormige baan beschrijft met een straal $\vec{r}$ en een snelheid $\vec{v}$ is $\vec{L} = \vec{r} \times m\vec{v}$ (voorbeeld 11.7).

lent van de tweede wet van Newton voor een puntmassa, geschreven in de meest algemene vorm. Vgl. 11.7 is alleen geldig in een inertiaalstelsel, omdat alleen in dat geval $\Sigma \vec{F} = d\vec{p}/dt$ is, wat we hebben gebruikt voor het bewijs.

Conceptvoorbeeld 11.7   Het impulsmoment van een puntmassa

Hoe groot is het impulsmoment van een puntmassa met massa m die met een snelheid v linksom een cirkelvormige baan beschrijft met een straal r?

Antwoord De waarde van het impulsmoment hangt af van de keuze van het punt O. We zullen $\vec{L}$ berekenen ten opzichte van het middelpunt van de cirkel, fig. 11.13. In dat geval staat $\vec{r}$ loodrecht op $\vec{p}$ en dus is $L = |\vec{r} \times \vec{p}| = rmv$. Volgens de rechterhandregel staat de richting van $\vec{L}$ loodrecht op het vlak van de cirkel, in de richting van de kijker. Omdat $v = \omega r$ en $I = mr^2$ voor een puntmassa die om een as roteert op een afstand r, kunnen we schrijven dat

$$L = mvr = mr^2 \omega = I\omega$$

11.4 Impulsmoment en krachtmoment voor een systeem van puntmassa's; algemene beweging

Relatie tussen impulsmoment en krachtmoment

Veronderstel een systeem dat bestaat uit n puntmassa's die een impulsmoment $\vec{L}_1, \vec{L}_2, ..., \vec{L}_n$ hebben. Het systeem kan van alles zijn: een star voorwerp, maar bijvoorbeeld ook een losse verzameling puntmassa's waarvan de posities ten opzichte van elkaar veranderlijk zijn. Het totale impulsmoment $\vec{L}$ van het systeem is gedefinieerd als de vectorsom van de impulsmomenten van alle puntmassa's in het systeem:

$$\vec{L} = \sum_{i=1}^{n} \vec{L}_i. \qquad (11.8)$$

Het netto krachtmoment dat op het systeem werkt is de som van de netto krachtmomenten die op alle puntmassa's uitgeoefend worden:

$$\vec{\tau}_{net} = \sum \vec{\tau}_i.$$

Deze som bestaat uit (1) de inwendige krachtmomenten als gevolg van inwendige krachten die de puntmassa's van het systeem uitoefenen op andere puntmassa's in het systeem en (2) de uitwendige krachtmomenten als gevolg van de krachten die uitgeoefend worden door voorwerpen buiten het systeem. Volgens de derde wet van Newton is de kracht die elke puntmassa uitoefent op een andere puntmassa, gelijk en tegengesteld gericht (en gericht volgens dezelfde werklijn) aan de kracht die de andere puntmassa uitoefent op de eerste. De som van alle inwendige krachtmomenten is dus nul en

$$\vec{\tau}_{net} = \sum_i \vec{\tau}_i = \sum \vec{\tau}_{uitw}.$$

Nu bepalen we de tijdsafgeleide van vgl. 11.8 en gebruiken vgl. 11.7 voor elke puntmassa. Dat levert

$$\frac{d\vec{L}}{dt} = \sum_i \frac{d\vec{L}_i}{dt} = \sum \vec{\tau}_{uitw}$$

of

$$\frac{d\vec{L}}{dt} = \sum \vec{\tau}_{uitw}. \qquad \text{[inertiaalstelsel]} \quad (11.9a)$$

De tweede wet van Newton (rotatie, systeem van puntmassa's)

Dit fundamentele resultaat stelt dat de verandering van het totale impulsmoment van een systeem van puntmassa's (of een star voorwerp) in de tijd gelijk is aan het netto uitwendige krachtmoment op het systeem. Dit is het rotationele equivalent van vgl. 9.5, $d\vec{P}/dt = \Sigma \vec{F}_{uitw}$ voor translatiebewegingen. Merk op dat $\vec{L}$ en $\Sigma \vec{\tau}$ berekend moeten worden om dezelfde oorsprong O.

Vgl. 11.9a is geldig wanneer $\vec{L}$ en $\vec{\tau}_{uitw}$ berekend worden ten opzichte van een vast punt in een inertiaalstelsel. (In de afleiding hebben we vgl. 11.7 gebruikt, die alleen in dit geval geldig is.) De vergelijking is ook geldig wanneer $\vec{\tau}_{uitw}$ en $\vec{L}$ berekend worden om een punt dat eenparig in een inertiaalstelsel beweegt, omdat zo'n punt beschouwd kan worden als de oorsprong van een tweede inertiaalstelsel. De vergelijking is echter *niet* algemeen geldig wanneer $\vec{\tau}_{uitw}$ en $\vec{L}$ berekend worden om een punt dat *versnelt*, met uitzondering van een speciaal (en erg belangrijk) geval: wanneer dat punt het massamiddelpunt (MM) van het systeem is:

$$\frac{d\vec{L}_{MM}}{dt} = \sum \vec{\tau}_{MM}. \qquad \text{[zelfs bij versnelling of vertraging]} \quad (11.9b)$$

> De tweede wet van Newton (voor MM, zelfs met versnelling)

Vgl. 11.9b is zonder meer geldig, ongeacht hoe het MM beweegt en $\Sigma\vec{\tau}_{MM}$ is het netto uitwendige krachtmoment om het massamiddelpunt. De afleiding kun je vinden in de optionele paragraaf hieronder.

Omdat vgl. 11.9b geldig is, mogen we de algemene beweging van een systeem van puntmassa's beschrijven op de manier zoals we in hoofdstuk 10 al deden, als een *translatiebeweging* van het massamiddelpunt plus een *rotatiebeweging* om het massamiddelpunt. De vergelijkingen 11.9b en 9.5 $\left(d\vec{P}_{MM}/dt = \Sigma\vec{F}_{uitw}\right)$ leveren de meer algemene uitdrukking van dit principe. (Zie ook paragraaf 9.8.)

*Afleiding van $d\vec{L}_{MM}/dt = \Sigma\vec{\tau}_{MM}$

We kunnen vgl. 11.9b als volgt bewijzen. Veronderstel dat $\vec{r}_i$ de positievector van de *i*-de puntmassa in een inertiaalstelsel is en $\vec{r}_{MM}$ de positievector van het massamiddelpunt van het systeem in dit referentiestelsel. De positie van de *i*-de puntmassa ten opzichte van het MM is $\vec{r}_i^*$ waarin (zie fig. 11.14)

$$\vec{r}_i = \vec{r}_{MM} + \vec{r}_i^*.$$

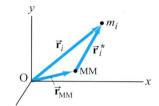

FIGUUR 11.14 De positie van m_i in het inertiaalstelsel is $\vec{r}_i$; ten opzichte van het MM (dat zou kunnen versnellen) is het $\vec{r}_i^*$, waarin $\vec{r}_i = \vec{r}_i^* + \vec{r}_{MM}$ en $\vec{r}_{MM}$ de positie is van het MM in het inertiaalstelsel.

Als we elke term vermenigvuldigen met m_i en de afgeleide van deze vergelijking bepalen, levert dat

$$\vec{p}_i = m_i \frac{d\vec{r}_i}{dt} = m_i \frac{d}{dt}\left(\vec{r}_i^* + \vec{r}_{MM}\right) = m_i\vec{v}_i^* + m_i\vec{v}_{MM} = \vec{p}_i^* + m_i\vec{v}_{MM}.$$

Het impulsmoment ten opzichte van het MM is

$$\vec{L}_{MM} = \sum_i \left(\vec{r}_i^* \times \vec{p}_i^*\right) = \sum_i \vec{r}_i^* \times (\vec{p}_i - m_i\vec{v}_{MM}).$$

De tijdsafgeleide daarvan is

$$\frac{d\vec{L}_{MM}}{dt} = \sum_i \left(\frac{d\vec{r}_i^*}{dt} \times \vec{p}_i^*\right) + \sum_i \left(\vec{r}_i^* \times \frac{d\vec{p}_i^*}{dt}\right).$$

De eerste term aan de rechterkant is $\vec{v}_i^* \times m\vec{v}_i^*$ en is gelijk aan nul, omdat $\vec{v}_i^*$ evenwijdig is aan zichzelf ($\sin\theta = 0$). Dus geldt dat

$$\frac{d\vec{L}_{MM}}{dt} = \sum_i \vec{r}_i^* \times \frac{d}{dt}(\vec{p}_i - m_i\vec{v}_{MM})$$

$$= \sum_i \vec{r}_i^* \times \frac{d\vec{p}_i}{dt} - \left(\sum_i m_i\vec{r}_i^*\right) \times \frac{d\vec{v}_{MM}}{dt}.$$

De tweede term aan de rechterkant is nul, als gevolg van vgl. 9.12, $\Sigma m_i\vec{r}_i^* = M\vec{r}_{MM}^*$, en $\vec{r}_{MM}^* = 0$ per definitie (de positie van het MM bevindt zich ter plaatse van de oorsprong van het MM-referentiestelsel). Daarnaast volgt uit de tweede wet van Newton dat

$$\frac{d\vec{p}_i}{dt} = \vec{F}_i,$$

waarin $\vec{F}_i$ de nettokracht op m_i is. (Merk op dat $d\vec{p}_i^*/dt \neq \vec{F}_i$, omdat het MM zou kunnen versnellen en de tweede wet van Newton niet geldig is in een niet-inertiaalstelsel.) Dus is

$$\frac{d\vec{L}_{\text{MM}}}{dt} = \sum_i \vec{r}_i^{\,*} \times \vec{F}_i = \sum_i (\vec{\tau}_i)_{\text{MM}} = \Sigma\vec{\tau}_{\text{MM}},$$

waarin $\Sigma\vec{\tau}_{\text{MM}}$ het netto uitwendige krachtmoment is op het hele systeem, berekend om het MM. (Volgens de derde wet van Newton elimineert de som van alle $\vec{\tau}_i$ het netto krachtmoment als gevolg van inwendige krachten, zoals we aan het begin van paragraaf 11.4 hebben gezien.) Deze laatste vergelijking is vgl. 11.9b, zodat we het bewijs rond hebben.

■ Samenvatting

Samenvattend is de relatie

$$\sum \vec{\tau}_{\text{uitw}} = \frac{d\vec{L}}{dt}$$

alleen geldig wanneer $\vec{\tau}_{\text{uitw}}$ en $\vec{L}$ berekend worden ten opzichte van ofwel (1) de oorsprong van een inertiaalstelsel of (2) het massamiddelpunt van een systeem van puntmassa's (of van een star voorwerp).

11.5 Impulsmoment en krachtmoment voor een star voorwerp

We zullen nu de rotatie van een star voorwerp om een as bekijken die een vaste richting in de ruimte heeft, en daarbij de algemene principes gebruiken die we zojuist afgeleid hebben.

We gaan de component van het impulsmoment langs de rotatie-as van het roterende voorwerp berekenen. We noemen deze component L_ω, omdat de hoeksnelheid $\vec{\omega}$ langs de rotatie-as gericht is. Voor elke puntmassa van het voorwerp is

$$\vec{L}_i = \vec{r}_i \times \vec{p}_i.$$

We gebruiken ϕ voor de hoek tussen $\vec{L}_i$ en de rotatie-as. (Zie fig. 11.15; ϕ is *niet* de hoek tussen $\vec{r}_i$ en $\vec{p}_i$, die immers 90° is.) De component van $\vec{L}_i$ langs de rotatie-as is in dat geval

$$L_{i\omega} = r_i p_i \cos \phi = m_i v_i r_i \cos \phi,$$

waarin m_i de massa is en v_i de snelheid van de i-de puntmassa. Nu is $v_i = R_i\omega$, waarin ω de hoeksnelheid van het voorwerp is en R_i de loodrechte afstand van m_i tot de rotatie-as. Verder is $R_i = r_i \cos \phi$, zoals te zien is in fig. 11.15, zodat

$$L_{i\omega} = m_i v_i (r_i \cos \phi) = m_i R_i^2 \omega.$$

We bepalen de som over alle puntmassa's:

$$L_\omega = \sum_i L_{i\omega} = \left(\sum_i m_i R_i^2\right)\omega.$$

Maar $\Sigma m_i R_i^2$ is het traagheidsmoment I van het voorwerp om de rotatie-as. De component van het totale impulsmoment langs de rotatie-as is dus

$$L_\omega = I\omega. \tag{11.10}$$

Merk op dat we altijd op vgl. 11.10 uit zouden komen, ongeacht waar we het punt O kiezen (om $\vec{r}_i$ te bepalen), zolang het zich maar op de rotatie-as bevindt. Vgl. 11.10 is gelijk aan vgl. 11.1, die we nu hebben aangetoond, gebruikmakend van de algemene definitie van impulsmoment.

Als het voorwerp om een symmetrie-as door het massamiddelpunt roteert, is L_ω de enige component van $\vec{L}$, zoals we nu zullen aantonen. Voor elke punt aan één zijde van de as zal er een corresponderend punt aan de andere kant van de as zijn. In fig. 11.15 is te zien dat elke $\vec{L}_i$ een component heeft evenwijdig aan de as ($L_{i\omega}$) en een component loodrecht op de as. De componenten evenwijdig aan de as van elk paar punten aan weerszijden van de as werken samen. Maar de componenten loodrecht op de as van punten die tegenover elkaar liggen aan weerszijden van de as hebben dezelfde grootte, maar een tegengestelde richting en heffen elkaar dus op. Voor een

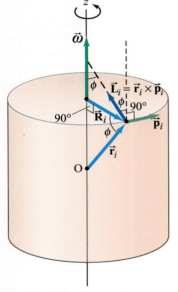

FIGUUR 11.15 $L_\omega = L_z = \Sigma L_{iz}$ berekenen. Merk op dat $\vec{L}_i$ loodrecht staat op $\vec{r}_i$, en $\vec{R}_i$ staat loodrecht op de z-as, dus de drie hoeken ϕ zijn gelijk.

voorwerp dat om een symmetrie-as roteert, is de impulsmomentvector evenwijdig aan de as en dus kunnen we schrijven dat

$$\vec{L} = I\vec{\omega}, \qquad \text{[rotatie-as = symmetrie-as, door MM]} \quad (11.11)$$

waarbij $\vec{L}$ gemeten is ten opzichte van het massamiddelpunt.
De algemene relatie tussen impulsmoment en krachtmoment is vgl. 11.9:

$$\sum \vec{\tau} = \frac{d\vec{L}}{dt}$$

waarin $\Sigma\vec{\tau}$ en $\vec{L}$ berekend zijn om ofwel (1) de oorsprong van een inertiaalstelsel of (2) het massamiddelpunt van het systeem. Dit is een vectorrelatie en moet dus voor elke component geldig zijn. Voor een star voorwerp is de component langs de rotatie-as dus

$$\Sigma \tau_{as} = \frac{dL_\omega}{dt} = \frac{d}{dt}(I\omega) = I\frac{d\omega}{dt} = I\alpha,$$

wat geldt voor een star voorwerp dat om een vaste as ten opzichte van het voorwerp roteert; deze as moet ofwel (1) vast zijn in een inertiaalstelsel of (2) door het MM van het voorwerp gaan. Dit is gelijkwaardig aan vgl. 10.14 en 10.15, die we nu zien als speciale vormen van vgl. 11.9, $\Sigma\vec{\tau} = d\vec{L}/dt$.

Voorbeeld 11.8 Machine van Atwood

Een *machine van Atwood* bestaat uit twee massa's, m_A en m_B, die met elkaar verbonden zijn door een niet-elastisch touw met een verwaarloosbare massa dat over een katrol geslagen is, fig. 11.16. De katrol heeft een straal R_0 en een traagheidsmoment I om de rotatie-as. Bereken de versnelling van de massa's m_A en m_B en vergelijk je resultaat met de situatie waarin het traagheidsmoment van de katrol genegeerd is.

Aanpak Eerst berekenen we het impulsmoment van het systeem en dan passen we de tweede wet van Newton, $\tau = dL/dt$, toe.

Oplossing Het impulsmoment wordt berekend om een as langs de naaf door het middelpunt O van de katrol. De katrol heeft een impulsmoment $I\omega$, waarin $\omega = v/R_0$ en v is de snelheid van m_A en m_B op een willekeurig moment. Het impulsmoment van m_A is $R_0 m_A v$ en dat van m_B is $R_0 m_B v$. Het totale impulsmoment is

$$L = (m_A + m_B)vR_0 + I\frac{v}{R_0}.$$

Het uitwendige krachtmoment op het systeem, berekend om de as O (we kiezen rechtsom als de positieve richting) is

$$\tau = m_B g R_0 - m_A g R_0.$$

(De kracht op de katrol die uitgeoefend wordt door de ondersteuning resulteert niet in een krachtmoment, omdat de arm nul is.) We passen vgl. 11.9a toe:

$$\tau = \frac{dL}{dt}$$

$$(m_B - m_A)gR_0 = (m_A + m_B)R_0\frac{dv}{dt} + \frac{I}{R_0}\frac{dv}{dt}.$$

Aangezien $a = dv/dt$, vinden we dat

$$a = \frac{dv}{dt} = \frac{(m_B - m_A)g}{(m_A + m_B) + I/R_0^2}.$$

Als we I buiten beschouwing zouden laten, is $a = (m_B - m_A)g/(m_B + m_A)$ en zien we dat het systeem als gevolg van het effect van het traagheidsmoment van de katrol vertraagt. Dit is in overeenstemming met wat we verwachten.

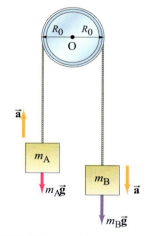

FIGUUR 11.16 Machine van Atwood, voorbeeld 11.8. We hebben dit ook gebruikt in voorbeeld 4.13.

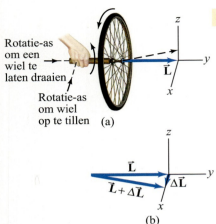

Conceptvoorbeeld 11.9 Fietswiel

Veronderstel dat je een fietswiel vasthoudt aan een handvat in het verlengde van de naaf, zoals in fig. 11.17a. Het wiel draait snel, dus is de richting van het impulsmoment $\vec{L}$ ervan horizontaal gericht. Op een bepaald moment probeer je plotseling de as omhoog te kantelen, op de manier zoals is weergegeven door de stippellijn in fig. 11.17a (het MM beweegt dus verticaal). Je verwacht dat het wiel omhoog beweegt (en dat zou ook gebeuren als het niet zou draaien), maar het zwenkt onverwacht naar rechts! Leg uit hoe dit kan.

Antwoord Om dit schijnbaar vreemde gedrag van het wiel (of van je hand) te verklaren hoeven we alleen maar de relatie $\vec{\tau}_{net} = d\vec{L}/dt$ te gebruiken. In de korte tijd Δt oefen je een netto krachtmoment (om een as door je polsgewricht) uit dat gericht is langs de x-as, loodrecht op $\vec{L}$. De verandering van $\vec{L}$ is dus

$$\Delta \vec{L} \approx \vec{\tau}_{net} \Delta t;$$

dus $\Delta \vec{L}$ moet ook (bij benadering) gericht zijn langs de x-as, omdat $\vec{\tau}_{net}$ dat ook is (fig. 11.17b). Het nieuwe impulsmoment, $\vec{L} + \Delta \vec{L}$, is dus naar rechts gericht, ten opzichte van de as van het wiel, op de manier zoals is weergegeven in fig. 11.17b. Omdat het impulsmoment gericht is langs de as van het wiel, zien we dat de as, die nu gericht is langs $\vec{L} + \Delta \vec{L}$, naar rechts moet bewegen, wat precies overeenkomt met een nauwkeurige waarneming van het experiment.

Hoewel vgl. 11.11, $\vec{L} = I\vec{\omega}$, vaak erg nuttig is, is deze niet algemeen geldig als de rotatie-as niet overeenkomt met een symmetrie-as door het massamiddelpunt. Toch is het mogelijk om aan te tonen dat elk star voorwerp, ongeacht de vorm ervan, drie 'hoofdassen' heeft waarvoor vgl. 11.11 geldig is (maar waar we je hier niet mee zullen vermoeien). We zullen nu een voorbeeld bekijken waarin vgl. 11.11 niet geldig is: het asymmetrische voorwerp in fig. 11.18. Het bestaat uit twee gelijke massa's, m_A en m_B, die bevestigd zijn aan de uiteinden van een starre (massaloze) stang die een hoek ϕ maakt met de rotatie-as. We berekenen het impulsmoment om het MM ter plaatse van punt O. Op het moment dat is weergegeven in de figuur, beweegt m_A in de richting van de kijker en m_B daar vanaf, dus is $\vec{L}_A = \vec{r}_A \times \vec{p}_A$ en $\vec{L}_B = \vec{r}_B \times \vec{p}_B$, zoals is weergegeven in de figuur. Het totale impulsmoment is $\vec{L} = \vec{L}_A + \vec{L}_B$, wat duidelijk *niet* in de richting van $\vec{\omega}$ is, aangezien $\phi \neq 90°$.

FIGUUR 11.17 Wanneer je probeert een roterend fietswiel verticaal omhoog te kantelen, zwenkt het opzij.

Let op
$\vec{L} = I\vec{\omega}$ is niet altijd geldig

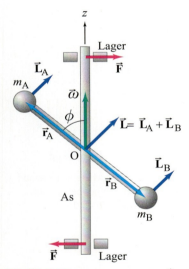

FIGUUR 11.18 In dit systeem zijn $\vec{L}$ en $\vec{\omega}$ niet evenwijdig. Dit is een voorbeeld van rotationele onbalans.

*Rotationele onbalans

Laten we nu nog een stapje verdergaan met het systeem in fig. 11.18. Dit is een mooi voorbeeld van $\Sigma\vec{\tau} = d\vec{L}/dt$. Als het systeem met een constante hoeksnelheid ω draait, zal de grootte van $\vec{L}$ niet veranderen, maar de richting ervan wel. Wanneer de stang en twee massa's om de z-as roteren, roteert $\vec{L}$ ook om de as. Op het moment dat in fig. 11.18 is weergegeven, bevindt $\vec{L}$ zich in het vlak van de pagina. Op een tijdstip dt later, wanneer de stang over een hoek $d\theta = \omega\, dt$ verdraaid is, zal $\vec{L}$ ook verdraaid zijn over een hoek $d\theta$ (en blijft loodrecht op de schuine stang gericht). $\vec{L}$ zal in dat geval een component hebben die in de pagina gericht is. Dus geldt dat $d\vec{L}$ in de pagina gericht is en dus moet $d\vec{L}/dt$ dezelfde richting hebben. Omdat

$$\sum \vec{\tau} = \frac{d\vec{L}}{dt},$$

zien we dat er een netto krachtmoment, gericht in de pagina (op het moment dat in de figuur weergegeven is), uitgeoefend moet worden op de as waarop de stang bevestigd is. Dat krachtmoment wordt geleverd door de lagers (of een ander constructieonderdeel dat het systeem in bedwang houdt) aan de uiteinden van de as. De krachten $\vec{F}$ die door de lagers op de as uitgeoefend worden zijn weergegeven in fig. 11.18. De richting van elke kracht $\vec{F}$ roteert wanneer het systeem roteert, maar ligt altijd in het vlak van $\vec{L}$ en $\vec{\omega}$ voor dit systeem. Als het krachtmoment als gevolg van deze krachten niet aanwezig zou zijn, zou het systeem niet roteren om de vaste as, zoals wel de bedoeling is.

De as heeft de neiging om te bewegen in de richting van $\vec{F}$ en heeft dus de neiging om te slingeren tijdens de rotatie. Dit komt in de praktijk veel voor. Denk bijvoorbeeld aan de trillingen die je in een auto kunt voelen wanneer de wielen ervan niet

Natuurkunde in de praktijk

Balanceren van een autowiel

uitgebalanceerd zijn. Bekijk een autowiel dat symmetrisch is, maar waar een extra massa m_A op de ene velgrand aangebracht is en een even grote massa m_B aan de tegenoverliggende kant op de velgrand, op de manier zoals is weergegeven in fig. 11.19. Vanwege de asymmetrie van m_A en m_B moeten de wiellagers op elk moment een kracht uitoefenen, loodrecht op de as, om het wiel zuiver te laten roteren, zoals in fig. 11.18. Daardoor zullen de lagers overmatig slijten en de inzittenden van de auto zullen een hinderlijke slingering voelen. Wanneer de wielen gebalanceerd zijn roteren ze soepel en zonder slingering. Dit is de reden waarom autowielen en banden dynamisch gebalanceerd moeten worden. Het wiel in fig. 11.19 is wel *statisch* gebalanceerd. Wanneer er gelijke massa's m_C en m_D symmetrisch op de velg aangebracht worden onder m_A en boven m_B, zal het wiel ook dynamisch gebalanceerd zijn ($\vec{L}$ zal evenwijdig zijn aan $\vec{\omega}$ en $\vec{\tau}_{uitw} = 0$).

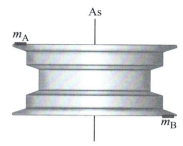

FIGUUR 11.19 Ongebalanceerd autowiel.

Voorbeeld 11.10 Krachtmoment op een ongebalanceerd systeem

Bereken de grootte van het netto krachtmoment τ_{net} dat nodig is om het systeem in fig. 11.18 zuiver te laten draaien.

Aanpak Fig. 11.20 is een bovenaanzicht van de rotatie-as (z-as) van het voorwerp in fig. 11.18, terwijl het roteert. $L \cos \phi$ is de component van $\vec{L}$ loodrecht op de as (naar rechts gericht in fig. 11.18). We kunnen dL bepalen met behulp van fig. 11.20 en gebruiken $\tau_{net} = dL/dt$.

Oplossing In een tijd dt verandert $\vec{L}$ een bepaalde hoeveelheid (fig. 11.20 en vgl. 10.2b)

$$dL = (L \cos \phi)d\theta = L \cos \varphi \, \omega \, dt,$$

waarin $\omega = d\theta/dt$. Dus is

$$\tau_{net} = \frac{dL}{dt} = \omega L \cos \phi.$$

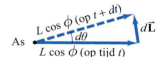

FIGUUR 11.20 De impulsmomentvector is omlaag gericht langs de rotatie-as van het systeem in fig. 11.18 wanneer het een tijd dt roteert.

Nu is $L = L_A + L_B = r_A m_A v_A + r_B m_B v_B = r_A m_A (\omega r_A \sin \phi) + r_B m_B (\omega r_B \sin \phi) = (m_A r_A^2 + m_B r_B^2) \omega \sin \phi$.

Omdat $I = (m_A r_A^2 + m_B r_B^2) \sin^2 \phi$ het traagheidsmoment om de rotatie-as is, geldt dat $L = I\omega/\sin \phi$. Dus

$$\tau_{net} = \omega L \cos \phi = (m_A r_A^2 + m_B r_B^2) \omega^2 \sin \phi \cos \phi = I\omega^2/\tan \phi.$$

De situatie in fig. 11.18 illustreert de bruikbaarheid van de vectoriële aard van krachtmomenten en impulsmomenten. Als we alleen de componenten van het impulsmoment en het krachtmoment langs de rotatie-as bekeken zouden hebben, zouden we het krachtmoment als gevolg van de lagerkrachten niet kunnen berekenen (omdat de krachten $\vec{F}$ ter plaatse van de as werken en daarom geen krachtmoment langs die as veroorzaken). Door gebruik te maken van het concept vectorimpulsmoment beschikken we over een veel krachtiger techniek om vraagstukken te begrijpen en aan te pakken.

11.6 Behoud van impulsmoment

In hoofdstuk 9 hebben we gezien dat de meest algemene vorm van de tweede wet van Newton voor de translatiebeweging van een puntmassa of systeem van puntmassa's

$$\sum \vec{F}_{uitw} = \frac{d\vec{P}}{dt},$$

is, waarin $\vec{P}$ de (lineaire) impuls is, gedefinieerd als $m\vec{v}$ voor een puntmassa of $M\vec{v}_{MM}$ voor een systeem van puntmassa's met een totale massa M waarvan het MM beweegt met een snelheid $\vec{v}_{MM}$, en $\Sigma \vec{F}_{uitw}$ de netto uitwendige kracht is die op de puntmassa of het systeem van puntmassa's werkt. Deze relatie is echter alleen geldig in een inertiaalstelsel.

In dit hoofdstuk hebben we een vergelijkbare relatie gevonden om de algemene rotatie van een systeem van puntmassa's (en starre voorwerpen) te beschrijven

$$\sum \vec{\tau} = \frac{d\vec{L}}{dt},$$

waarin $\Sigma\vec{\tau}$ het netto uitwendige krachtmoment is dat op het systeem werkt en $\vec{L}$ het totale impulsmoment. Deze relatie is geldig wanneer $\Sigma\vec{\tau}$ en $\vec{L}$ berekend worden om een vast punt in een inertiaalstelsel of om het MM van het systeem.

Bij translatiebeweging is, als de nettokracht op het systeem nul is, $d\vec{P}/dt = 0$, waardoor de totale impuls van het systeem constant blijft. Dit is de wet van behoud van impuls. Bij rotatiebeweging geldt, als het netto krachtmoment op het systeem nul is, dat

$$\frac{d\vec{L}}{dt} = 0 \quad \text{en} \quad \vec{L} = \text{constant}. \qquad [\Sigma\vec{\tau} = 0] \quad (11.12)$$

In woorden:

Behoud van impulsmoment

Het totale impulsmoment van een systeem blijft constant als het netto uitwendige krachtmoment dat op het systeem werkt nul is.

Dit is de **wet van behoud van impulsmoment** in volledige vectorvorm. Samen met de wet van behoud van energie en die van behoud van impuls (en andere die we later zullen bespreken) behoort deze wet tot de belangrijkste in de natuurkunde. In paragraaf 11.1 hebben we enkele voorbeelden van deze belangrijke wet toegepast op het speciale geval van een star voorwerp dat om een vaste as roteert. Maar nu hebben we de wet in de algemene vorm. We zullen die nu gaan gebruiken in enkele interessante voorbeelden.

Voorbeeld 11.11 Afleiding van de tweede wet van Kepler (de 'perkenwet')

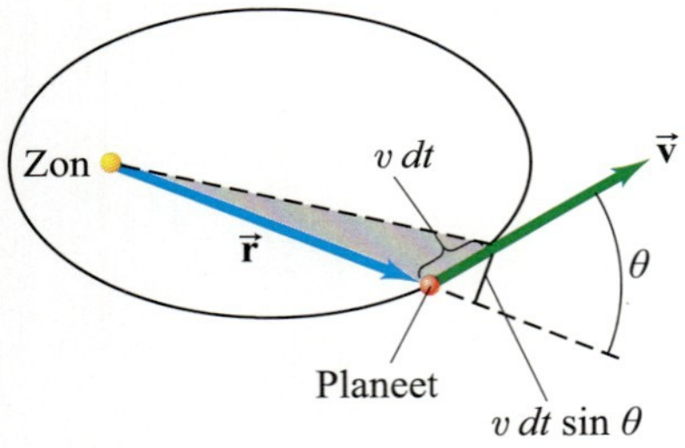

De tweede wet van Kepler stelt dat elke planeet zodanig beweegt dat een lijn tussen de zon en die planeet in gelijke periodes gelijke oppervlakken (ook perken genoemd) bestrijkt (paragraaf 6.5). Gebruik behoud van impulsmoment om dit aan te tonen.

Aanpak We berekenen het impulsmoment van een planeet in termen van het bestreken oppervlak met behulp van fig. 11.21.

Oplossing De planeet beschrijft een ellips op de manier zoals is weergegeven in fig. 11.21. In een tijd dt beweegt de planeet over een afstand $v\,dt$ en bestrijkt een oppervlakte dA die gelijk is aan de oppervlakte van een driehoek met een basis r en een hoogte $v\,dt \sin\theta$ (sterk overdreven weergegeven in fig. 11.21). Dus is

$$dA = \tfrac{1}{2}(r)(v\,dt\,\sin\theta)$$

en

$$\frac{dA}{dt} = \tfrac{1}{2}rv\sin\theta.$$

De grootte van het impulsmoment $\vec{L}$ om de zon is

$$L = |\vec{r} \times m\vec{v}| = mrv\sin\theta,$$

dus

$$\frac{dA}{dt} = \frac{1}{2m}L.$$

Maar L = constant, omdat de zwaartekracht $\vec{F}$ gericht is naar de zon toe, zodat deze geen krachtmoment veroorzaakt (we laten de aantrekking van andere planeten buiten beschouwing). Dus is dA/dt constant, wat we wilden aantonen.

FIGUUR 11.21 De tweede wet van Kepler voor de beweging van planeten (voorbeeld 11.11).

Voorbeeld 11.12 Kogel boort zichzelf in de rand van een cilinder

Een kogel met een massa m die beweegt met een snelheid v boort zichzelf in de rand van een cilindervormig voorwerp met massa M en straal R_0 en blijft daarin vastzitten, op de manier zoals is weergegeven in fig. 11.22. De cilinder, die in

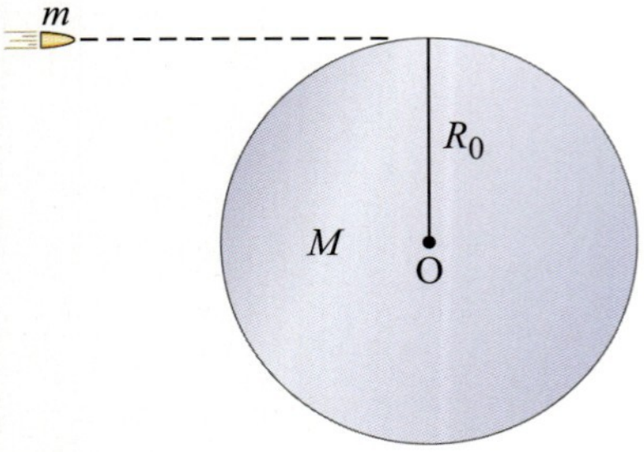

FIGUUR 11.22 De kogel boort zichzelf in een cilinder en blijft vastzitten in de rand (voorbeeld 11.12).

eerste instantie in rust is, begint te roteren om zijn symmetrie-as, die zelf niet beweegt. Veronderstel dat er geen wrijvingskrachtmoment is. Hoe groot is de hoeksnelheid van de cilinder dan na deze botsing? Is er behoud van kinetische energie?

Aanpak We definiëren het systeem dat we bekijken als de combinatie van de kogel en de cilinder, waarop geen netto uitwendig krachtmoment werkt. We mogen dus behoud van impulsmoment gebruiken en we berekenen alle impulsmomenten om het middelpunt O van de cilinder.

Oplossing Omdat de cilinder in eerste instantie in rust is, is het totale impulsmoment om O alleen het impulsmoment van de kogel:

$$L = |\vec{r} \times \vec{p}| = R_0 mv,$$

omdat R_0 de loodrechte afstand van $\vec{p}$ tot O is. Na de botsing roteert de cilinder ($I_{\text{cilinder}} = \frac{1}{2} MR_0^2$) samen met de kogel ($I_{\text{kogel}} = mR_0^2$) die erin tot stilstand gekomen is met een hoeksnelheid ω:

$$L = I\omega = (I_{\text{cilinder}} + mR_0^2)\omega = (\tfrac{1}{2} M + m)R_0^2 \omega.$$

En omdat het impulsmoment behouden blijft, zien we dat ω is

$$\omega = \frac{L}{\left(\tfrac{1}{2}M + m\right)R_0^2} = \frac{mvR_0}{\left(\tfrac{1}{2}M + m\right)R_0^2} = \frac{mv}{\left(\tfrac{1}{2}M + m\right)R_0}.$$

Het impulsmoment blijft behouden bij deze botsing, maar de kinetische energie niet:

$$\begin{aligned}
K_{\text{eind}} - K_{\text{begin}} &= \tfrac{1}{2} I_{\text{cilinder}} \omega^2 + \tfrac{1}{2}(mR_0^2)\omega^2 - \tfrac{1}{2}mv^2 \\
&= \tfrac{1}{2}(\tfrac{1}{2}MR_0^2)\omega^2 + \tfrac{1}{2}(mR_0^2)\omega^2 - \tfrac{1}{2}mv^2 \\
&= \tfrac{1}{2}(\tfrac{1}{2}M + m)\left(\frac{mv}{\tfrac{1}{2}M + m}\right)^2 - \tfrac{1}{2}mv^2 \\
&= -\frac{mM}{2M + 4m} v^2,
\end{aligned}$$

hetgeen negatief is. K_{eind} is dus kleiner dan K_{begin}. Deze energie wordt omgezet in thermische energie als gevolg van de niet-elastische botsing.

Natuurkunde in de praktijk

Een tol

*11.7 De tol en de gyroscoop

De beweging van een sneldraaiende tol, of een gyroscoop, is een interessant voorbeeld van rotatiebeweging en het gebruik van de vectorvergelijking

$$\sum \vec{\tau} = \frac{d\vec{L}}{dt}.$$

Veronderstel een symmetrische tol met massa M die snel om zijn symmetrie-as roteert, zoals in fig. 11.23. De tol balanceert op zijn punt ter plaatse van punt O in een inertiaalstelsel. Als de as van de tol een hoek ϕ maakt met de verticaal (z-as), zal de lengteas van de tol, wanneer deze voorzichtig losgelaten wordt, een kegeloppervlak bestrijken op de manier zoals is weergegeven met de stippellijnen in fig. 11.23. Dit soort beweging, waarbij een krachtmoment een verandering van de richting van de rotatie-as veroorzaakt, wordt **precessie** genoemd. De snelheid waarmee de rotatie-as beweegt om de verticale (z-) as wordt de hoeksnelheid van de precessie genoemd en wordt aangeduid met Ω (de Griekse hoofdletter omega). We zullen nu proberen de oorzaken van deze beweging te doorgronden en Ω te berekenen.

Als de tol niet zou tollen zou die, wanneer hij vrijgelaten wordt, onmiddellijk omvallen als gevolg van de zwaartekracht. Het schijnbare mysterie van een tol is dat die, wanneer hij tolt, niet onmiddellijk omvalt maar tijdens de rotatie een kantelende beweging maakt. Maar als je ernaar kijkt met de concepten impulsmoment en krachtmoment, berekend om het punt O, verdwijnt het mysterie al gauw. Wanneer de tol tolt met hoeksnelheid ω om de symmetrie-as ervan, heeft deze een impulsmoment $\vec{L}$ langs de lengteas, op de manier zoals is weergegeven in fig. 11.23. (Er is ook een

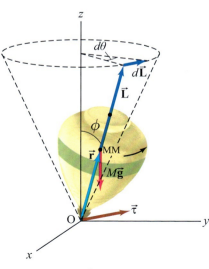

FIGUUR 11.23 Tol.

impulsmoment als gevolg van de precessie, zodat de totale $\vec{L}$ niet exact volgens de as van de tol gericht is; maar als $\Omega \ll \omega$, wat meestal het geval is, kunnen we dit verschil verwaarlozen.) Om het impulsmoment te veranderen is er een krachtmoment nodig. Als er geen krachtmoment op de tol uitgeoefend wordt, zou $\vec{L}$ constant blijven in zowel grootte als richting; de tol zou niet vallen en ook geen precessiebeweging uitvoeren. Maar zelfs de kleinste kanteling zal een netto krachtmoment om O tot gevolg hebben, dat gelijk is aan $\vec{\tau}_{net} = \vec{r} \times M\vec{g}$, waarin $\vec{r}$ de positievector van het massamiddelpunt van de tol ten opzichte van O is en M de massa van de tol. De richting van $\vec{\tau}_{net}$ is loodrecht op zowel $\vec{r}$ als $M\vec{g}$ en, volgens de rechterhandregel, op de manier zoals is weergegeven in fig. 11.23, in het horizontale (xy-) vlak. De verandering van $\vec{L}$ in een tijd dt is

$$d\vec{L} = \vec{\tau}_{net} dt,$$

en is loodrecht op $\vec{L}$ en horizontaal (evenwijdig aan $\vec{\tau}_{net}$), op de manier zoals is weergegeven in fig. 11.23. Omdat $d\vec{L}$ loodrecht staat op $\vec{L}$, verandert de grootte van $\vec{L}$ niet. Alleen de richting van $\vec{L}$ verandert. Omdat $\vec{L}$ gericht is langs de as van de tol, zien we dat deze as in fig. 11.23 naar rechts beweegt. Dat wil zeggen, het bovenste deel van de lengteas van de tol beweegt in een horizontale richting, loodrecht op $\vec{L}$. Dit verklaart waarom de tol een precessiebeweging uitvoert en niet omvalt. De vector $\vec{L}$ en de as van de tol beschrijven samen een horizontale cirkel. Terwijl ze dat doen, roteren $\vec{\tau}_{net}$ en $d\vec{L}$ ook, omdat ze horizontaal en loodrecht op $\vec{L}$ blijven.

Om Ω te bepalen zien we in fig. 11.23 dat de hoek $d\theta$ (die in een horizontaal vlak ligt) gerelateerd is aan dL volgens

$$dL = L \sin \phi \, d\theta,$$

omdat $\vec{L}$ een hoek ϕ maakt met de z-as. De precessiehoeksnelheid is $\Omega = d\theta/dt$ en wordt (omdat $d\theta = dL/L \sin \phi$)

$$\Omega = \frac{1}{L \sin \phi} \frac{dL}{dt} = \frac{\tau}{L \sin \phi}. \qquad \text{tol} \quad (11.13\text{a})$$

Maar $\tau_{net} = |\vec{r} \times M\vec{g}| = rMg \sin \phi$ [omdat $\sin(\pi - \phi) = \sin \phi$], dus kunnen we ook de volgende vergelijking opstellen:

$$\Omega = \frac{Mgr}{L}. \qquad [\text{tol}] \quad (11.13\text{b})$$

De precessiesnelheid is dus niet afhankelijk van de hoek ϕ; maar wel omgekeerd evenredig met het impulsmoment van de tol. Hoe sneller de tol tolt, hoe groter L is en hoe langzamer de tol de precessiebeweging uitvoert.

Op basis van vgl. 11.1 (of vgl. 11.11) kunnen we schrijven dat $L = I\omega$, waarin I en ω het traagheidsmoment, respectievelijk de hoeksnelheid van de tol zijn om de rotatieas. In dat geval wordt vgl. 11.13b voor de precessiehoeksnelheid van de tol

$$\Omega = \frac{Mgr}{I\omega}. \qquad (11.13\text{c})$$

De vergelijkingen 11.13 zijn ook van toepassing op een speelgoedgyroscoop, die bestaat uit een snel tollend wiel dat op een as gemonteerd is (fig. 11.24). Het ene uiteinde van de as is gesteund. Het andere uiteinde van de as is vrij en zal een precessiebeweging uitvoeren als een tol als de tolhoeksnelheid ω groot is in vergelijking met de precessiesnelheid ($\omega \gg \Omega$). Wanneer ω afneemt als gevolg van de wrijving en de luchtweerstand, zal de gyroscoop beginnen te vallen, net zoals een tol doet.

FIGUUR 11.24 Een speelgoedgyroscoop.

*11.8 Roterende referentiestelsels; inertiaalkrachten

Inertiaalstelsels en niet-inertiaalstelsels

Tot nu toe hebben we steeds van buitenaf gekeken naar de beweging van voorwerpen, zoals de cirkelvormige en rotatiebeweging, vanaf een positie die onveranderlijk was. Maar soms is het handig om jezelf (in theorie, niet fysiek) in een referentiestelsel te plaatsen dat roteert. We zullen als voorbeeld nu de beweging van voorwerpen vanuit het standpunt, of referentiekader, van personen bekijken die zich op een roterend platform, zoals een draaimolen, bevinden. Vanuit die positie zien zij de rest van de wereld *aan hen voorbijtrekken*. Maar wat ziet iemand gebeuren die bijvoorbeeld een tennisbal op de vloer van het roterende platform legt (dat we wrijvingsloos veronderstellen). Als het jongetje in fig. 11.25a de bal heel voorzichtig neerlegt, zonder deze een zetje te geven, zal hij deze vanuit rust zien versnellen en naar de rand van het platform zien rollen. Volgens de eerste wet van Newton moet een voorwerp dat in eerste instantie in rust is, in rust blijven als er geen nettokracht op werkt. Maar de waarnemer op het platform ziet dat de bal begint te bewegen, zonder dat er een nettokracht op werkt. Voor de waarnemers op de grond is het allemaal duidelijk: de bal heeft een beginsnelheid wanneer hij losgelaten wordt (omdat het platform beweegt) en hij rolt verder in een rechte lijn, fig. 11.25b, geheel in overeenstemming met de eerste wet van Newton.

Maar wat zullen we doen met het referentiekader van de waarnemer op het roterende platform? Omdat de bal beweegt zonder dat er een nettokracht op werkt, is de eerste wet van Newton, de wet van de traagheid, niet geldig in dit roterende referentiekader. Daarom wordt een dergelijk kader een niet-inertiaalstelsel genoemd. Een inertiaalstelsel (zoals we besproken hebben in hoofdstuk 4) is een stelsel waarin de wet van traagheid, de eerste wet van Newton, geldig is en dus ook de tweede en derde wet van Newton. In een niet-inertiaalstelsel, zoals het roterende platform, is ook de tweede wet van Newton niet geldig. In de hierboven beschreven situatie wordt er geen nettokracht op de bal uitgeoefend, maar toch versnelt de bal ten opzichte van het roterende platform.

■ *Fictieve krachten (inertiaalkrachten)*

Omdat de wetten van Newton niet geldig zijn wanneer waarnemingen uitgevoerd worden ten opzichte van een roterend referentiestelsel, kan het berekenen van bewegingen erg lastig zijn. Maar met een trucje kunnen we in een dergelijk referentiestelsel toch de wetten van Newton gebruiken. De bal op het roterende platform in fig. 11.25a beweegt naar de buitenrand wanneer hij losgelaten wordt (ondanks dat er feitelijk geen kracht op werkt). Bij het trucje dat we gebruiken schrijven we de vergelijking $\Sigma F = ma$ alsof er een kracht met een grootte mv^2/r (of $m\omega^2 r$) op het voorwerp werkt in de richting van de buitenrand van het platform, naast eventuele andere krachten die er zouden kunnen zijn. Deze extra kracht, die we 'centrifugaalkracht' zouden kunnen noemen, omdat deze naar buiten gericht *lijkt* te werken, wordt een **fictieve kracht** of een **schijnkracht** genoemd. Het is een schijnkracht omdat er geen voorwerp is dat deze kracht uitoefent. En gezien vanuit een inertiaalstelsel is het effect helemaal niet waarneembaar. We hebben deze schijnkracht verzonnen om berekeningen te kunnen maken in een niet-inertiaalstelsel en daarbij de tweede wet van Newton, $\Sigma F = ma$, te kunnen gebruiken. De waarnemer in het niet-inertiaalstelsel in fig. 11.25a gebruikt de tweede wet van Newton voor de naar buiten gerichte beweging van de bal door aan te nemen dat er een kracht, die gelijk is aan mv^2/r, op werkt. Dergelijke schijnkrachten worden ook **inertiaalkrachten** genoemd, omdat ze alleen maar bestaan omdat het referentiestelsel niet-inertiaal is.

De aarde zelf roteert om zijn as. Dus zijn de wetten van Newton, strikt genomen, niet geldig op aarde. Het effect van de rotatie van de aarde is echter meestal zo gering dat het buiten beschouwing gelaten kan worden. Deze rotatie heeft echter wel een effect op grote massa's en de stromingen in de oceanen. Het materiaal waaruit de aarde bestaat is, vanwege deze rotatie, iets meer geconcentreerd ter plaatse van de evenaar. De aarde is dus geen perfecte bol, maar is iets meer gewelfd ter plaatse van de evenaar dan bij de polen.

*11.9 Het corioliseffect

In een referentiestelsel dat met een constante hoeksnelheid ω roteert (ten opzichte van een inertiaalstelsel), is er nog een andere schijnkracht, die bekend is als de *corioliskracht*. Deze kracht lijkt alleen te werken op een voorwerp in een roterend referentiestelsel als het voorwerp beweegt ten opzichte van dat roterende referentiestelsel en probeert het voorwerp zijdelings af te buigen. De kracht is ook een gevolg van het feit dat het roterende referentiestelsel niet-inertiaal is en vandaar dat deze kracht een *inertiaalkracht* genoemd wordt. Deze kracht is ook van invloed op het weer.

(a) Roterend referentiestelsel

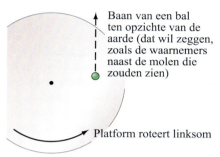

(b) Inertiaalstelsel

FIGUUR 11.25 De baan van een bal die losgelaten wordt op een roterende draaimolen (a) in het referentiestelsel van de draaimolen en (b) in een referentiestelsel op de grond.

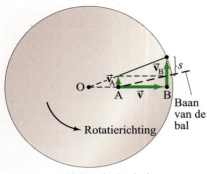

(a) Inertiaalstelsel

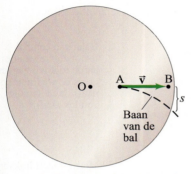

(b) Roterend referentiestelsel

FIGUUR 11.26 De oorzaak van het corioliseffect. Bovenaanzicht van een roterend platform, (a) gezien vanuit een niet-roterend inertiaalstelsel en (b) gezien vanaf het roterende platform als referentiekader.

Om in te zien waar de corioliskracht vandaan komt, kun je je twee mensen, A en B, voorstellen die in rust op een platform staan dat roteert met een hoeksnelheid ω, op de manier zoals is weergegeven in fig. 11.26a. Ze bevinden zich op een afstand r_A, respectievelijk r_B van de rotatie-as (ter plaatse van O). De vrouw (A) gooit een bal met een horizontale snelheid $\vec{v}$ (in haar referentiestelsel) radiaal naar buiten naar de man (B) aan de rand van het platform. In fig. 11.26a bekijken we de situatie vanuit een inertiaalstelsel. De bal heeft in eerste instantie niet alleen de snelheid $\vec{v}$, radiaal naar buiten gericht, maar ook een tangentiale snelheid $\vec{v}_A$ als gevolg van de rotatie van het platform. Uit vgl. 10.4 volgt dat $v_A = r_A \omega$, waarin r_A de radiale afstand van de vrouw tot de rotatie-as ter plaatse van O is. Als de man (B) dezelfde snelheid v_A zou hebben, zou de bal recht op hem afkomen. Maar zijn snelheid is $v_B = r_B \omega$ en is groter dan v_A, omdat $r_B > r_A$. Dus wanneer de bal de buitenrand van het platform bereikt, passeert deze een punt dat de man (B) al gepasseerd is, omdat zijn snelheid in die richting groter is dan die van de bal. De bal zal hem dus links passeren (als hij met zijn gezicht naar het draaipunt staat).

In fig. 11.26b is de situatie weergegeven zoals iemand die ziet die zich op het roterende platform bevindt. Zowel A en B zijn in rust en de bal wordt geworpen met een snelheid $\vec{v}$ in de richting van B. De bal buigt echter naar rechts af, op de manier zoals is weergegeven in de figuur en passeert B zoals we hierboven beschreven. Dit is geen centrifugaal effect, omdat dat radiaal naar buiten werkt. Dit effect werkt zijwaarts, loodrecht gericht op $\vec{v}$, en wordt een **coriolisversnelling** genoemd. Deze wordt veroorzaakt door de corioliskracht, wat een fictieve inertiaalkracht is. De verklaring ervan is te zien in het inertiaalsysteem dat we hierboven beschreven: het is een effect dat zichtbaar is bij een waarneming in een roterend systeem, waarin een punt dat verder van de rotatie-as verwijderd is, een hogere lineaire snelheid heeft. Aan de andere kant kunnen we de beweging, gezien vanuit het roterende systeem, beschrijven met de tweede wet van Newton, $\Sigma\vec{F} = m\vec{a}$, op voorwaarde dat we een term met een 'schijnkracht' toevoegen voor dit corioliseffect.

We zullen nu de grootte van de coriolisversnelling voor het hierboven beschreven eenvoudige geval berekenen. (We veronderstellen dat v groot is en de afstanden klein, zodat we de zwaartekracht buiten beschouwing kunnen laten.) We voeren de berekening uit ten opzichte van het inertiaalstelsel (fig. 11.26a). De bal beweegt in radiale richting naar de buitenkant van het platform over een afstand $r_B - r_A$ met een snelheid v in een korte tijd t:

$$r_B - r_A = vt.$$

In deze korte tijd beweegt de bal ook zijdelings over een afstand s_A:

$$s_A = v_A t.$$

De man op B legt in deze tijd t de volgende afstand af:

$$s_B = v_B t.$$

De bal passeert hem dus op een afstand s (fig. 11.26a) die als volgt beschreven kan worden:

$$s = s_B - s_A = (v_B - v_A)t.$$

Eerder hebben we al gezien dat $v_A = r_A \omega$ en $v_B = r_B \omega$, dus

$$s = (r_B - r_A)\omega t.$$

We substitueren $r_B - r_A = vt$ (zie hierboven):

$$s = \omega v t^2. \tag{11.14}$$

Deze s is gelijk aan de zijdelingse verplaatsing wanneer de beweging waargenomen wordt vanuit het niet-inertiale roterende systeem (fig. 11.26b).

We zien onmiddellijk dat vgl. 11.14 correspondeert met een beweging met een constante versnelling. En in hoofdstuk 2 (vgl. 2.12b), hebben we gezien dat daarvoor geldt dat $y = \frac{1}{2}at^2$ (wanneer de beginsnelheid in de y-richting nul is). Als we vgl. 11.14 schrijven in de vorm $s = \frac{1}{2}a_{Cor}t^2$, zien we dat de coriolisversnelling a_{Cor} gelijk is aan

$$a_{Cor} = 2\omega v. \tag{11.15}$$

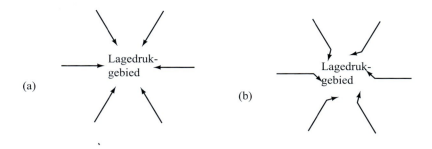

FIGUUR 11.27 (a) Winden (bewegende luchtmassa's) zouden in een rechte lijn bewegen in de richting van lagedrukgebieden als de aarde niet zou draaien. (b) en (c): Omdat de aarde draait, worden de winden op het noordelijk halfrond naar rechts afgebogen (zoals in fig. 11.26), waardoor het lijkt of er een fictieve (coriolis)kracht werkt.

Deze relatie is geldig voor elke willekeurige snelheid in het vlak van de rotatie, loodrecht op de rotatie-as (in fig. 11.26, de as door punt O, loodrecht op de pagina).[1]
Omdat de aarde draait, zijn er op aarde enkele interessante manifestaties van het corioliseffect te zien. Het corioliseffect beïnvloedt de beweging van luchtmassa's en heeft dus invloed op het weer. Wanneer er geen corioliseffect zou zijn, zou de lucht in een rechte lijn naar een lagedrukgebied stromen, op de manier zoals is weergegeven in fig. 11.27a. Maar vanwege het corioliseffect worden de winden, omdat de aarde van west naar oost draait, naar rechts afgebogen op het noordelijk halfrond (fig. 11.27b). Dus om lagedrukgebieden hebben winden de neiging om een draaibeweging tegen de wijzers van de klok in te maken. Op het zuidelijk halfrond gebeurt het omgekeerde. Op het noordelijk halfrond draaien cyclonen linksom en op het zuidelijk halfrond rechtsom. Hetzelfde effect verklaart de oostenwinden in de buurt van de evenaar: elke wind vanuit noordelijke richting naar de evenaar toe, wordt in westelijke richting afgebogen (en lijkt dus uit het oosten te komen).
Het corioliseffect werkt ook op een vallend voorwerp. Een voorwerp dat boven op een hoge toren losgelaten wordt, zal niet precies onder het loslaatpunt neerkomen, maar enigszins oostelijk daarvan. Gezien vanuit een inertiaalstelsel gebeurt dit, omdat het voorwerp boven op de toren een iets grotere snelheid heeft dan het punt op de grond er recht onder.

Samenvatting

Het **impulsmoment** $\vec{L}$ van een star voorwerp dat om een vaste as roteert is

$$L = I\omega. \tag{11.1}$$

De tweede wet van Newton, in termen van impulsmoment, is

$$\Sigma\tau = \frac{dL}{dt}. \tag{11.2}$$

Als het netto krachtmoment op een voorwerp nul is, is dL/dt 0 en is L constant. Dit is de wet van behoud van impulsmoment.
Het **uitwendig product** van twee vectoren $\vec{A}$ en $\vec{B}$ is een andere vector $\vec{C} = \vec{A} \times \vec{B}$, waarvan de grootte $AB\sin\theta$ is en de richting loodrecht staat op zowel $\vec{A}$ als $\vec{B}$ in de richting zoals die bepaald kan worden met behulp van de rechterhandregel.
Het **krachtmoment** $\vec{\tau}$ als gevolg van een kracht $\vec{F}$ is een vectorgrootheid en wordt altijd berekend om een punt O (de oorsprong van een coördinatenstelsel) op de volgende manier:

$$\vec{\tau} = \vec{r} \times \vec{F}, \tag{11.5}$$

waarin $\vec{r}$ de positievector is van het punt waarop de kracht $\vec{F}$ werkt. Impulsmoment is ook een vectoriële grootheid. Bij een puntmassa die een impuls $\vec{p} = m\vec{v}$ heeft, is het impulsmoment $\vec{L}$ om een punt O gelijk aan

$$\vec{L} = \vec{r} \times \vec{p}, \tag{11.6}$$

---

[1] De coriolisversnelling kan geschreven worden in algemene termen van het uitwendig vectorproduct als $\vec{a}_{Cor} = -2\vec{\omega} \times \vec{v}$, waarin $\vec{\omega}$ gericht is langs de rotatie-as; de grootte ervan is $a_{Cor} = 2\omega v_\perp$, waarin $v_\perp$ de component is van de snelheid loodrecht op de rotatie-as. Ook de eerder vermelde centrifugaalversnelling kunnen we, geldig in het meest algemene geval, in vectornotatie schrijven als $\vec{a}_{cent} = -\vec{\omega} \times (\vec{\omega} \times \vec{r})$

waarin $\vec{r}$ de positievector is van de puntmassa ten opzichte van het punt O op een willekeurig moment. Het netto krachtmoment $\Sigma\vec{\tau}$ op een puntmassa is gerelateerd aan het impulsmoment volgens

$$\Sigma\vec{\tau} = \frac{d\vec{L}}{dt}. \tag{11.7}$$

Voor een systeem van puntmassa's is het totale impulsmoment $\vec{L} = \Sigma\vec{L}_i$. Het totale impulsmoment van het systeem is gerelateerd aan het totale netto krachtmoment $\Sigma\vec{\tau}$ op het systeem volgens

$$\Sigma\vec{\tau} = \frac{d\vec{L}}{dt}. \tag{11.9}$$

Deze laatste vergelijking is het vectoriële rotationele equivalent van de tweede wet van Newton. De relatie is geldig wanneer $\vec{L}$ en $\Sigma\vec{\tau}$ berekend worden om een oorsprong (1) die vast is in een inertiaalstelsel of (2) die zich bevindt ter plaatse van het MM van het systeem. Bij een star voorwerp dat om een vaste as roteert, is de component van het impulsmoment om de rotatie-as gelijk aan $L_\omega = I\omega$. Als een voorwerp om een symmetrie-as roteert, is de vectoriële relatie $\vec{L} = I\vec{\omega}$ geldig, maar dit is niet algemeen geldig.

Als het totale netto krachtmoment op een systeem nul is, blijft het totale vectoriële impulsmoment $\vec{L}$ constant. Dit is de belangrijke **wet van behoud van impulsmoment**. Deze wet is geldig voor de vector $\vec{L}$ en dus ook voor elk van de componenten ervan.

Vragen

1. Veronderstel dat op een dag heel veel mensen zouden besluiten naar de evenaar te emigreren. Zou de lengte van de dag (*a*) langer worden als gevolg van behoud van impulsmoment; (*b*) korter worden als gevolg van behoud van impulsmoment; (*c*) korter worden als gevolg van behoud van energie; (*d*) langer worden als gevolg van behoud van energie of (*e*) even lang blijven?
2. Kan de schoonspringster uit fig. 11.2 een salto maken zonder op enige manier te roteren wanneer ze de springplank verlaat?
3. Veronderstel dat je op een draaiende stoel zit met je armen uitgestrekt en in elke hand een massa van 2 kg. Wat gebeurt er als je plotseling de massa's laat vallen? Zal je hoeksnelheid dan toenemen, afnemen of hetzelfde blijven? Licht je antwoord toe.
4. Waarom komt het voorwiel van een motorfiets omhoog wanneer een motorrijder loskomt van de grond bij een sprong en gewoon gas blijft geven (zodat het achterwiel blijft draaien)?
5. Veronderstel dat je aan de rand van een grote vrij draaiende draaitafel staat. Wat gebeurt er als je naar het middelpunt toe loopt?
6. Een speler bij honkbal (de 'shortstop') kan een sprong maken om de bal te vangen en deze in dezelfde sprong weer weggooien. Wanneer hij de bal weggooit, draait het bovenste deel van zijn lichaam. Als je goed kijkt zul je ook zien dat zijn heupen en benen in de tegengestelde richting (fig. 11.28) draaien. Leg uit hoe dit werkt.

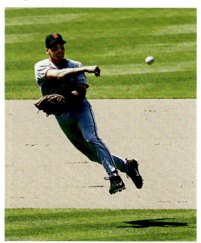

FIGUUR 11.28
Vraagstuk 6. Een speler die in de lucht de bal weggooit.

7. Veronderstel dat de richting van alle componenten van de vectoren $\vec{V}_1$ en $\vec{V}_2$ omgekeerd zouden worden. Welke invloed zou dit hebben op $\vec{V}_1 \times \vec{V}_2$?
8. Noem de vier verschillende voorwaarden waarbij $\vec{V}_1 \times \vec{V}_2 = 0$.
9. Een kracht $\vec{F} = F\vec{e}_x$ wordt uitgeoefend op een voorwerp op een positie $\vec{r} = x\vec{e}_x + y\vec{e}_y + z\vec{e}_z$, waarin de oorsprong zich ter plaatse van het MM bevindt. Hangt het krachtmoment om het MM af van x? Van y? Van z?
10. Een puntmassa beweegt met constante snelheid langs een rechte lijn. Op welke manier verandert het impulsmoment, berekend om een willekeurig punt dat zich niet op de baan bevindt, in de tijd?
11. Is het waar dat als de nettokracht op een systeem nul is, het netto krachtmoment ook nul is? En is, als het netto krachtmoment op een systeem nul is, de nettokracht ook nul? Geef voorbeelden.
12. Leg uit hoe een kind op een schommel steeds hoger kan komen.
13. Beschrijf het benodigde krachtmoment als de persoon in fig. 11.17 de as van het roterende wiel direct omhoog tilt zonder het opzij te laten kantelen.
14. Een astronaut zweeft vrij in een gewichtloze omgeving. Beschrijf hoe de astronaut zijn ledematen kan bewegen om (*a*) zijn lichaam ondersteboven te draaien (*b*) zijn lichaam om de lengteas te draaien.
15. Bespreek op basis van de wet van behoud van impulsmoment waarom een helikopter meer dan één rotor (of propeller) moet hebben. Bespreek een of meerdere manieren waarop de tweede propeller kan werken om de helikopter stabiel te houden.
16. Een wiel roteert vrij met constante hoeksnelheid om een verticale as. Het wiel bevat kleine onderdelen die los kunnen komen en dan weggeschoten worden. Welke invloed heeft het wegschieten van onderdeeltjes op de rotatiesnelheid van het wiel? Is er behoud van impulsmoment? Is er behoud van kinetische energie? Leg uit.
17. Veronderstel de volgende vectorgrootheden: verplaatsing, snelheid, versnelling, impuls, impulsmoment en krachtmoment. (*a*) Welke van deze grootheden zijn onafhankelijk van de keuze van de oorsprong van het coördinatenstelsel? (Bekijk verschillende punten als oorsprong, die echter in rust zijn ten opzichte van elkaar.) (*b*) Welke zijn onafhankelijk van de snelheid van het coördinatenstelsel?

18. Hoe maakt een auto een bocht naar rechts? Waar komt het krachtmoment vandaan dat nodig is om het impulsmoment te veranderen?

*19. De as van de aarde maakt een precessiebeweging met een periode van ongeveer 25.000 jaar. Deze beweging lijkt erg op die van een tollende tol. Leg uit waarom de verdikking van de aarde ter plaatse van de evenaar een krachtmoment veroorzaakt dat op de aarde uitgeoefend wordt door de zon en maan; zie fig. 11.29, waarin de situatie op de kortste dag (of langste nacht) weergegeven is (21 december). Om welke as zou je verwachten dat de aarde tolt als gevolg van het krachtmoment dat uitgeoefend wordt door de zon? Is dat krachtmoment er drie maanden later ook nog? Licht je antwoord toe.

FIGUUR 11.29 Vraagstuk 19. (Niet op schaal.)

*20. Hoe komt het dat op de meeste plekken op aarde het gewicht van een schietlood niet exact in de richting van het middelpunt van de aarde hangt?

*21. In een roterend referentiekader kun je de eerste en tweede wet van Newton toch gebruiken als je een schijnkracht in het leven roept met een grootte $m\omega^2 r$. Welk effect heeft deze aanname op de geldigheid van de derde wet van Newton?

*22. In de oorlog bij de Falkland-eilanden in 1914 schoten de kanonniers van de Engelse marine steeds mis, omdat hun berekeningen gebaseerd waren op scheepsoorlogen die op het noordelijk halfrond uitgevochten waren. De Falkland-eilanden liggen op het zuidelijk halfrond. Leg uit waarom de kanonniers dit probleem hadden.

Vraagstukken

11.1 Impulsmoment

1. (I) Hoe groot is het impulsmoment van een bal van 0,210 kg die aan het eind van een dun touw een cirkelvormige baan beschrijft met een straal van 1,35 m en een hoeksnelheid van 10,4 rad/s?

2. (I) (a) Hoe groot is het impulsmoment van een 2,8 kg zware homogene cilindrische slijpsteen met een straal van 18 cm wanneer die 1300 omw/min maakt? (b) Hoe groot is het benodigde krachtmoment om de slijpsteen tot stilstand te brengen in 6,0 s?

3. (II) Iemand staat met zijn handen in zijn zij op een platform dat roteert met een snelheid van 0,90 omw/s. Dan strekt hij zijn armen horizontaal uit, fig. 11.30, waardoor de rotatiesnelheid afneemt tot 0,70 omw/s. (a) Waarom gebeurt dat? (b) Met welke factor is zijn traagheidsmoment veranderd?

FIGUUR 11.30 Vraagstuk 3.

4. (II) Een kunstrijdster kan haar rotatiesnelheid om haar lengteas in 1,5 s veranderen van 1,0 omw/s naar 2,5 omw/s. Veronderstel dat haar initiële traagheidsmoment 4,6 kg·m² was. Hoe groot is haar uiteindelijke traagheidsmoment? Hoe bewerkstelligt ze fysiek deze verandering?

5. (II) Een schoonspringster (zoals in fig. 11.2) kan haar traagheidsmoment ongeveer een factor 3,5 verlagen door vanuit gestrekte houding te hurken. In gehurkte positie maakt ze 2,0 omwentelingen in 1,5 s. Wat is haar hoeksnelheid (omw/s) wanneer ze haar lichaam strekt?

6. (II) Een homogene horizontale stang met massa M en lengte ℓ roteert met een hoeksnelheid ω om een verticale as door het middelpunt ervan. Aan een uiteinde van de stang is een kleine massa m bevestigd. Bereken het impulsmoment van het systeem om de as.

7. (II) Bereken het impulsmoment van de aarde (a) om de rotatie-as (veronderstel de aarde als een homogene bol) en (b) in zijn baan om de zon (beschouw de aarde als een puntmassa die een cirkelvormige baan beschrijft om de zon). De aarde heeft een massa van $6,0 \cdot 10^{24}$ kg en een straal van $6,4 \cdot 10^6$ m en is $1,5 \cdot 10^8$ km verwijderd van de zon.

8. (II) (a) Hoe groot is het impulsmoment van een kunstrijdster die tolt met 2,8 omw/s met haar armen vlak bij haar lichaam, als je haar modelleert als een homogene cilinder met een hoogte van 1,5 m, een straal van 15 cm en een massa van 48 kg? (b) Hoe groot is het benodigde krachtmoment om haar in 5,0 s tot stilstand te brengen, als ze haar armen *niet* beweegt?

9. (II) Iemand staat op een platform dat in eerste instantie in rust is en vrij kan draaien zonder wrijving. Het traagheidsmoment van de persoon plus het platform is $I_{platform}$. De persoon houdt een tollend fietswiel vast, waarbij de naaf van het wiel horizontaal is. Het wiel heeft een traagheidsmoment I_{wiel} en een hoeksnelheid ω_{wiel}. Hoe groot zal de hoeksnelheid $\omega_{platform}$ zijn als de persoon de as van het wiel zodanig beweegt dat deze (a) verticaal omhoog wijst, (b) een hoek van 60° maakt met de verticaal, (c) verticaal omlaag wijst? (d) Hoe groot zal $\omega_{platform}$ zijn als de persoon met zijn andere arm het wiel tot stilstand brengt in (a)?

10. (II) Een homogene schijf draait met 3,7 omw/s om een wrijvingsloze as. Iemand laat een niet-roterende stang met dezelfde massa als de schijf en een lengte die gelijk is aan de diameter van de schijf op de vrij roterende schijf, fig. 11.31, vallen. De stang komt zodanig op de schijf neer dat hun middelpunten boven elkaar komen te liggen. Hoe groot is de rotatiefrequentie in omw/s van de combinatie?

Hoofdstuk 11 – Impulsmoment; algemene rotatie 347

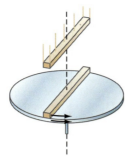

FIGUUR 11.31
Vraagstuk 10.

11. (II) Een vrouw met een massa van 75 kg staat in het midden van een roterend draaimolenplatform dat een straal van 3,0 m en een traagheidsmoment van 920 kgm² heeft. Het platform draait zonder wrijving met een hoeksnelheid van 0,95 rad/s. De vrouw loopt langs een straal van het platform naar de rand. (a) Bereken de hoeksnelheid wanneer de vrouw de rand bereikt. (b) Bereken de rotationele kinetische energie van het systeem dat bestaat uit het platform plus de vrouw voor en na de verplaatsing van de vrouw.

12. (II) Een pottenbakkersschijf roteert om een verticale as door het middelpunt ervan met een frequentie van 1,5 omw/s. De schijf kan beschouwd worden als een homogene schijf met een massa van 5,0 kg en een diameter van 0,40 m. Dan gooit de pottenbakker een homp klei van 2,6 kg in de vorm van een platte schijf met een straal van 8,0 cm op het middelpunt van de roterende schijf. Hoe groot is de frequentie van de pottenbakkersschijf nadat de klei erop terechtgekomen is?

13. (II) Een draaimolen met een diameter van 4,2 m kan vrij draaien met een hoeksnelheid van 0,80 rad/s. Het totale traagheidsmoment ervan is 1760 kg·m². Dan springen er vier mensen, elk met een massa van 65 kg, vanaf de grond op de rand van de draaimolen. Hoe groot is de hoeksnelheid van de draaimolen nu? En hoe groot zou de hoeksnelheid worden als de vier mensen in eerste instantie op de draaimolen stonden en er gelijktijdig, in radiale richting (ten opzichte van de draaimolen), af zouden springen?

14. (II) Een vrouw met massa m staat aan de rand van een massief, cilindrisch platform met massa M en straal R. Op $t = 0$ roteert het platform met verwaarloosbare wrijving met een hoeksnelheid ω_0 om een verticale as door het middelpunt, en begint de vrouw naar het centrum van het platform te lopen met een snelheid v (ten opzichte van het platform). (a) Bereken de hoeksnelheid van het systeem als functie van de tijd. (b) Hoe groot zal de hoeksnelheid zijn op het moment dat de vrouw het middelpunt bereikt?

15. (II) Een niet-roterende cilindrische schijf met een traagheidsmoment I valt op een identieke schijf die roteert met een hoeksnelheid ω. Veronderstel dat er geen uitwendige krachtmomenten zijn. Hoe groot is dan de gemeenschappelijke hoeksnelheid van de twee schijven?

16. (II) Veronderstel dat onze zon op een bepaald moment zou imploderen tot een witte dwergster en daarbij de helft van zijn massa kwijt zou raken om uiteindelijk een straal te krijgen die 1,0% van de oorspronkelijke is. Veronderstel ook dat de massa die verdwijnt geen impulsmoment heeft. Met welke snelheid zou de zon dan gaan roteren? (De periode van de zon is op dit moment ongeveer 30 dagen.) Hoe groot zou de kinetische energie van de zon worden ten opzichte van de kinetische energie die de zon nu heeft?

17. (III) De windsnelheid bij orkanen kan aan de rand oplopen tot wel 120 km/u. Maak een ruwe schatting van (a) de energie en (b) het impulsmoment van zo'n orkaan, als je die beschouwt als een massieve roterende homogene cilinder lucht (dichtheid 1,3 kg/m³) met een straal van 85 km en een hoogte van 4,5 km.

18. (III) Een asteroïde met een massa van $1,0 \cdot 10^5$ kg heeft een snelheid van 35 km/s ten opzichte van de aarde, wanneer hij tangentiaal (dus onder een scherende hoek) de evenaar raakt, in de draairichting van de aarde en in het aardoppervlak blijft steken. Schat met behulp van impulsmoment de procentuele verandering van de hoeksnelheid van de aarde als gevolg van de botsing.

19. (III) Veronderstel dat een persoon van 65 kg op de rand van een draaimolen met een straal van 6,5 m staat die gemonteerd is op wrijvingsloze lagers en een traagheidsmoment heeft van 1850 kg·m². Het draaiende platform is in eerste instantie in rust, maar wanneer de persoon langs de rand begint te rennen met een snelheid van 3,8 m/s (ten opzichte van het platform), begint het platform in de tegengestelde richting te draaien. Bereken de hoeksnelheid van het platform.

11.2 Uitwendig vectorproduct en krachtmoment

20. (I) Vector $\vec{A}$ is gericht langs de negatieve x-as en vector $\vec{B}$ langs de positieve z-as. Hoe groot is de richting van (a) $\vec{A} \times \vec{B}$ en (b) $\vec{B} \times \vec{A}$? (c) Wat is de grootte van $\vec{A} \times \vec{B}$ en $\vec{B} \times \vec{A}$?

21. (I) Toon aan dat (a) $\vec{e}_x \times \vec{e}_x = \vec{e}_y \times \vec{e}_y = \vec{e}_z \times \vec{e}_z = 0$, (b) $\vec{e}_x \times \vec{e}_y = \vec{e}_z$, $\vec{e}_x \times \vec{e}_z = -\vec{e}_y$, en $\vec{e}_y \times \vec{e}_z = \vec{e}_x$.

22. (I) De richtingen van de vectoren $\vec{A}$ en $\vec{B}$ zijn hieronder weergegeven voor verschillende gevallen. Bepaal de richting van $\vec{A} \times \vec{B}$ voor elk van de gevallen. (a) $\vec{A}$ wijst naar het oosten, $\vec{B}$ naar het zuiden, (b) $\vec{A}$ naar het oosten, $\vec{B}$ recht omlaag, (c) $\vec{A}$ recht omhoog, $\vec{B}$ naar het noorden, (d) $\vec{A}$ recht omhoog, $\vec{B}$ recht omlaag.

23. (II) Hoe groot is de hoek θ tussen twee vectoren $\vec{A}$ en $\vec{B}$, als $|\vec{A} \times \vec{B}| = \vec{A} \cdot \vec{B}$?

24. (II) Een puntmassa bevindt zich op $\vec{r} = (4,0\vec{e}_x + 3,5\vec{e}_y + 6,0\vec{e}_z)$ m. Er werkt een kracht $\vec{F} = (9,0\vec{e}_y - 4,0\vec{e}_z)$ N op. Hoe groot is het krachtmoment, berekend om de oorsprong?

25. (II) Veronderstel een puntmassa van een star voorwerp dat om een vaste as roteert. Toon aan dat de tangentiale en radiale vectorcomponenten van de lineaire versnelling gelijk zijn aan: $\vec{a}_{tan} = \vec{\alpha} \times \vec{r}$ en $\vec{a}_R = \vec{\omega} \times \vec{v}$.

26. (II) (a) Toon aan dat het uitwendig product van twee vectoren, $\vec{A} = A_x\vec{e}_x + A_y\vec{e}_y + A_z\vec{e}_z$, en $\vec{B} = B_x\vec{e}_x + B_y\vec{e}_y + B_z\vec{e}_z$, gelijk is aan

$$\vec{A} \times \vec{B} = (A_yB_z - A_zB_y)\vec{e}_x + (A_zB_x - A_xB_z)\vec{e}_y + (A_xB_y - A_yB_x)\vec{e}_z.$$

(b) Toon vervolgens aan dat het uitwendig product geschreven kan worden als

$$\vec{A} \times \vec{B} = \begin{vmatrix} \vec{e}_x & \vec{e}_y & \vec{e}_z \\ A_x & A_y & A_z \\ B_x & B_y & B_z \end{vmatrix},$$

waarin we de regels voor het bepalen van een determinant

gebruiken. (Merk echter op dit niet echt een determinant is, maar een geheugensteuntje.)

27. (II) Een constructeur schat dat onder de meest extreem te verwachten weerscondities, de totale kracht op het verkeersbord boven een snelweg in fig. 11.32 $\vec{F} = (\pm 2,4\vec{e}_x - 4,1\vec{e}_y)$ kN, zal zijn en aangrijpt ter plaatse van het MM. Hoe groot is het krachtmoment dat deze kracht uitoefent om het ankerpunt O?

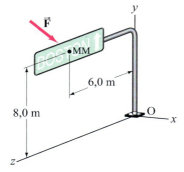

FIGUUR 11.32
Vraagstuk 27.

28. (II) De oorsprong van een coördinatenstelsel bevindt zich ter plaatse van het middelpunt van een wiel dat roteert in het xy-vlak om de as die samenvalt met de z-as. Er werkt een kracht $F = 215$ N in het xy-vlak onder een hoek van $+33,0°$ met de x-as, ter plaatse van het punt $x = 28,0$ cm, $y = 33,5$ cm. Bereken de grootte en de richting van het krachtmoment dat deze kracht om de as uitoefent.

29. (II) Gebruik het resultaat van vraagstuk 26 om (a) het uitwendig product $\vec{A} \times \vec{B}$ te bepalen en (b) de hoek tussen $\vec{A}$ en $\vec{B}$ te bepalen als $\vec{A} = 5,4\vec{e}_x - 3,5\vec{e}_y$ en $\vec{B} = -8,5\vec{e}_x + 5,6\vec{e}_y + 2,0\vec{e}_z$.

30. (III) Toon aan dat de snelheid $\vec{v}$ van een willekeurig punt in een voorwerp dat roteert met een hoeksnelheid ω om een vaste as, geschreven kan worden als $\vec{v} = \vec{\omega} \times \vec{r}$, waarin $\vec{r}$ de positievector is van het punt ten opzichte van een oorsprong O op de rotatie-as. Kan O zich op elke willekeurige plaats op de rotatie-as bevinden? Zal $\vec{v}$ gelijk zijn aan $\vec{\omega} \times \vec{r}$ als O zich niet op de rotatie-as bevindt?

31. (III) $\vec{A}$, $\vec{B}$, en $\vec{C}$ zijn drie vectoren die zich niet in hetzelfde vlak bevinden. Toon aan dat $\vec{A} \times (\vec{B} \times \vec{C}) = \vec{B} \times (\vec{C} \times \vec{A}) = \vec{C} \times (\vec{A} \times \vec{B})$.

11.3 Impulsmoment van een puntmassa

32. (I) Hoe groot zijn de x-, y- en z-component van het impulsmoment van een puntmassa ter plaatse van $\vec{r} = x\vec{e}_x + y\vec{e}_y + z\vec{e}_z$ die een impuls $\vec{p} = p_x\vec{e}_x + p_y\vec{e}_y + p_z\vec{e}_z$ heeft?

33. (I) Toon aan dat de kinetische energie K van een puntmassa m die een cirkelvormige baan beschrijft gelijk is aan $K = L^2/2I$, waarin L het impulsmoment van de puntmassa is en I het traagheidsmoment ervan om het middelpunt van de cirkel.

34. (I) Bereken het impulsmoment van een puntmassa met massa m die met een constante snelheid v beweegt voor de volgende twee gevallen (zie fig. 11.33): (a) om de oorsprong O en (b) om O'.

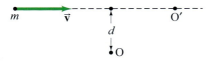

FIGUUR 11.33 Vraagstuk 34.

35. (II) Twee identieke puntmassa's hebben een even groot, maar tegengesteld gericht impulsmoment, $\vec{p}$ en $-\vec{p}$, maar ze bewegen niet langs dezelfde lijn. Toon aan dat het totale impulsmoment van dit systeem niet afhankelijk is van de keuze van de oorsprong.

36. (II) Bereken het impulsmoment van een 75 g zware puntmassa om de oorsprong van een coördinatenstelsel wanneer de puntmassa zich bevindt op $x = 4,4$ m en $y = -6,0$ m en een snelheid heeft van $v = (3,2\vec{e}_x - 8,0\vec{e}_z)$ m/s.

37. (II) Een puntmassa van 3,8 kg bevindt zich op de positie $(x,y,z) = (1,0, 2,0, 3,0)$ m. De puntmassa beweegt met een vectorsnelheid $(-5,0, +2,8, -3,1)$ m/s. Hoe groot is het vectorimpulsmoment van de puntmassa om de oorsprong?

11.4 en 11.5 Impulsmoment en krachtmoment: algemene beweging; starre voorwerpen

38. (II) Een machine van Atwood (fig. 11.16) bestaat uit twee massa's, $m_A = 7,0$ kg en $m_B = 8,2$ kg, die met elkaar verbonden zijn door een touw dat over een vrij draaiende katrol op een vaste as geslagen is. De katrol is een massieve cilinder met een straal $R_0 = 0,40$ m en een massa van 0,80 kg. (a) Bereken de versnelling a van elke massa. (b) Hoe groot zou de fout in a zijn als je het traagheidsmoment van de katrol buiten beschouwing zou laten? Verwaarloos de wrijving in de lagers van de katrol.

39. (II) Vier identieke puntmassa's met massa m zijn op gelijke afstand van elkaar gemonteerd op een dunne stang met lengte ℓ en massa M, waarbij aan elk uiteinde van de stang een massa gemonteerd is. Het systeem wordt geroteerd met hoeksnelheid ω om een as loodrecht op de stang door een van de massa's aan een uiteinde ervan. Bereken (a) de kinetische energie en (b) het impulsmoment van het systeem.

40. (II) Twee lichtgewicht stangen van 24 cm lang zijn loodrecht op een as gemonteerd onder een hoek van 180° ten opzichte van elkaar (fig. 11.34). Aan het uiteinde van elke stang is een massa van 480 g bevestigd. De stangen bevinden zich 42 cm uit elkaar. De as roteert met een hoeksnelheid van 4,5 rad/s. (a) Hoe groot is de component van het totale impulsmoment langs de as? (b) Welke hoek maakt het vectorimpulsmoment met de as? (*Hint*: zoals je weet moet het vectorimpulsmoment berekend worden om *hetzelfde punt* voor *beide* massa's, waarvoor je het MM zou kunnen gebruiken.)

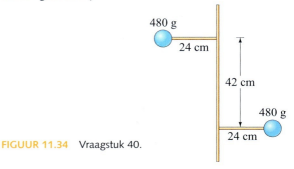

FIGUUR 11.34 Vraagstuk 40.

41. (II) In fig. 11.35 zijn twee massa's weergegeven die met een touw over een katrol met een straal R_0 en een traagheidsmoment I aan elkaar bevestigd zijn. Massa M_A glijdt over een wrijvingsloos oppervlak en M_B hangt vrij aan het touw. Leid een formule af voor (a) het impulsmoment van

het systeem om de katrolas, als functie van de snelheid v van massa M_A of M_B en (b) de versnelling van de massa's.

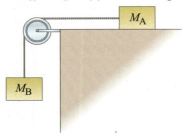

FIGUUR 11.35 Vraagstuk 41.

42. (III) Een dunne stang met lengte ℓ en massa M roteert om een verticale as door het middelpunt met hoeksnelheid ω. De stang maakt een hoek ϕ met de rotatie-as. Bereken de grootte en de richting van $\vec{L}$.

43. (III) Toon aan dat het totale impulsmoment $\vec{L} = \Sigma \vec{r}_i \times \vec{p}_i$ van een systeem van puntmassa's om de oorsprong van een inertiaalstelsel geschreven kan worden als de som van het impulsmoment om het MM, $\vec{L}^*$ (spinimpulsmoment) plus het impulsmoment van het MM om de oorsprong (orbitaal impulsmoment): $\vec{L} = \vec{L}^* + \vec{r}_{MM} \times M\vec{v}_{MM}$. (*Hint:* bekijk de afleiding van vgl. 11.9b.)

*44. (III) Hoe groot is de kracht $\vec{F}$ die uitgeoefend wordt door elke lager in fig. 11.18 (voorbeeld 11.10)? De lagers bevinden zich op een afstand d van punt O. Laat de effecten van de zwaartekracht buiten beschouwing.

*45. (III) Veronderstel in fig. 11.18 dat $m_B = 0$; dat wil zeggen dat er alleen een massa m_A is. De lagers bevinden zich op een afstand d van O. Bereken de krachten F_A en F_B op de bovenste en onderste lager. (*Hint:* kies een andere oorsprong dan O in fig. 11.18, zodanig dat $\vec{L}$ evenwijdig is aan $\vec{\omega}$. Laat de effecten van de zwaartekracht buiten beschouwing.)

*46. (III) Veronderstel in fig. 11.18 dat $m_A = m_B = 0{,}60$ kg, $r_A = r_B = 0{,}30$ m en dat de afstand tussen de lagers 0,23 m is. Bepaal de kracht die elke lager moet uitoefenen op de as als $\phi = 34{,}0°$ en $\omega = 11{,}0$ rad/s.

11.6 Behoud van impulsmoment

47. (II) Een dunne stang met massa M en lengte ℓ is aan een uiteinde verticaal opgehangen aan een wrijvingsloos scharnierpunt. Een stukje kauwgom met massa m botst met een horizontale snelheid v tegen de stang ter plaatse van het MM en blijft daar plakken. Hoe hoog is de maximale verticale verplaatsing van het onderste uiteinde van de stang?

48. (II) Een homogene stok van 1,0 m lang heeft een totale massa van 270 g en scharniert om het middelpunt ervan. Iemand schiet een kogel van 3,0 g precies midden tussen het scharnierpunt en een uiteinde van de stok (fig. 11.36).

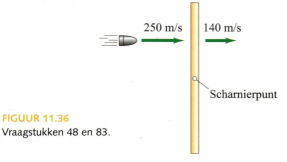

FIGUUR 11.36
Vraagstukken 48 en 83.

De kogel treedt in met een snelheid van 250 m/s en treedt uit met een snelheid van 140 m/s. Met welke hoeksnelheid roteert de stok na de botsing?

49. (II) Veronderstel dat een meteoriet met een massa van $5{,}8 \cdot 10^{10}$ kg op aarde inslaat ter plaatse van de evenaar met een snelheid $v = 2{,}2 \cdot 10^4$ m/s, op de manier zoals is weergegeven in fig. 11.37, en vast komt te zitten in de aardkorst. Met welke factor beïnvloedt deze inslag de rotatiefrequentie van de aarde (1 omw/dag)?

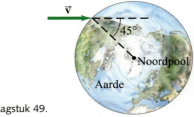

FIGUUR 11.37 Vraagstuk 49.

50. (III) Een balk van 230 kg met een lengte van 2,7 m glijdt zonder roteren in de breedte over een bevroren rivier met een snelheid van 18 m/s (fig. 11.38). Een man met een massa van 65 kg die op het ijs staat, pakt een uiteinde van de balk beet en blijft de balk vasthouden terwijl ze samen over het ijs roteren. Veronderstel dat de beweging wrijvingsloos is. (a) Hoe snel beweegt het massamiddelpunt van het systeem na de botsing? (b) Met welke hoeksnelheid roteert het systeem om het MM ervan?

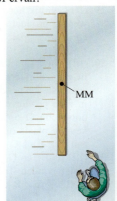

FIGUUR 11.38 Vraagstuk 50.

51. (III) Een dunne stang met massa M en lengte ℓ ligt stil op een wrijvingsloze tafel en wordt dan aangestoten ter plaatse van een punt dat $\ell/4$ verwijderd is van het MM door een bal klei met massa m die een snelheid v heeft (fig. 11.39). De bal blijft aan de stang 'plakken'. Bepaal de translatie- en rotatiebeweging van de stang na de botsing.

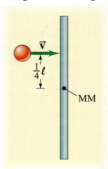

FIGUUR 11.39
Vraagstukken 51 en 84.

52. (III) Op een goed afgesteld biljart ligt een speelbal stil ter plaatse van punt O. De bal wordt vervolgens gespeeld en verliest het contact met de keu met massamiddelpuntsnelheid v_0 en een 'getrokken effect' met hoeksnelheid ω_0 (zie fig. 11.40: de bal roteert tegen de natuurlijke rolrichting in). Terwijl de bal in eerste instantie glijdt, werkt er een kinetische wrijvingskracht. (*a*) Licht toe waarom het impulsmoment van de bal om punt O behouden blijft. (*b*) Gebruik behoud van impulsmoment om de kritische hoeksnelheid ω_C te vinden waarbij als $\omega_0 = \omega_C$, de kinetische wrijving de bal helemaal tot stilstand brengt. (*c*) Als ω_0 10% kleiner is dan ω_C, dat wil zeggen dat $\omega_0 = 0{,}90\,\omega_C$, hoe groot is dan de snelheid van het MM, v_{MM}, wanneer de bal begint te rollen zonder te slippen? (*d*) Als ω_0 10% groter is dan ω_C, dat wil zeggen dat $\omega_0 = 1{,}10\,\omega_C$, hoe groot is dan de snelheid van het MM van de bal, v_{MM}, wanneer de bal begint te rollen zonder te slippen? (*Hint*: de bal heeft twee soorten impulsmoment: een als gevolg van de lineaire snelheid v_{MM} van het MM ten opzichte van punt O en een ander als gevolg van het getrokken effect bij hoeksnelheid ω om het eigen MM. De totale L van de bal om O is de som van deze twee impulsmomenten.)

FIGUUR 11.40 Vraagstuk 52.

*11.7 Tol

* **53.** (II) Een tol met een massa van 220 g die een hoeksnelheid van 15 omw/s heeft, maakt een hoek van 25° met de verticaal en maakt een precessiebeweging met een snelheid van 1,00 omw per 6,5 s. Veronderstel dat het MM van de tol zich 3,5 cm van de tip op de symmetrie-as bevindt. Hoe groot is het traagheidsmoment van de tol?

* **54.** (II) Een speelgoedgyroscoop bestaat uit een schijf van 170 g met een straal van 5,5 cm die gemonteerd is op het middelpunt van een dunne as van 21 cm lang (fig. 11.41). De gyroscoop tolt met 45 omw/s. Een uiteinde van de as rust op een ondersteuning en het andere eind maakt een precessiebeweging horizontaal om de ondersteuning. (*a*) Hoe lang doet de gyroscoop erover om een precessieomwenteling te maken? (*b*) En hoe lang zou dat duren als alle afmetingen van de gyroscoop twee keer zo groot zijn (straal = 11 cm, as = 42 cm)?

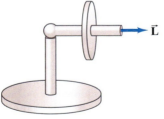

FIGUUR 11.41 Een wiel roteert om een horizontale as die aan een uiteinde ondersteund wordt.

* **55.** (II) Veronderstel dat het massieve wiel in fig. 11.41 een massa van 300 g heeft, roteert met een hoeksnelheid van 85 rad/s, een straal heeft van 6,0 cm en gemonteerd is op het middelpunt van een horizontale dunne as van 25 cm lang. Met welke snelheid maakt de as een precessiebeweging?

* **56.** (II) Een massa die half zo groot is als de massa van het wiel in vraagstuk 55 wordt op het vrije uiteinde van de as geplaatst. Hoe groot is nu de precessiesnelheid? Beschouw de extra massa als een puntmassa.

* **57.** (II) Een fietswiel met een diameter van 65 cm en een massa m draait om de as die bestaat uit twee houten handvatten aan weerszijden van de naaf. Je bindt een touw aan een klein haakje aan het uiteinde van een van de handvatten en geeft het wiel een zet met je hand, zodat het gaat draaien. Wanneer je het roterende wiel loslaat, maakt het een precessiebeweging om de verticale as (in het verlengde van het touw) en valt het niet op de grond (wat het wel zou doen als het niet zou draaien). Schat de snelheid en de richting van de precessiebeweging als het wiel linksom draait met een hoeksnelheid van 2,0 omw/s en de as horizontaal blijft.

11.8 Roterende referentiestelsels

* **58.** (II) Als een zaadje uitgroeit tot een plant in een pot die op de rand van een roterend platform staat, zal de plant onder een hoek naar binnen (in de richting van het draaipunt) groeien. Bereken hoe groot die hoek zal zijn (plaats jezelf in het roterende referentiestelsel) in termen van g, r en ω. Waarom groeit de plant naar binnen en niet naar buiten?

* **59.** (III) $\vec{g}'$ is de effectieve versnelling van de zwaartekracht op een punt op de roterende aarde, en is gelijk aan de vectorsom van de 'werkelijke' waarde $\vec{g}$ plus het effect van het roterende referentiestelsel ($m\omega^2 r$). Zie fig. 11.42. Bereken de grootte en de richting van $\vec{g}'$ ten opzichte van een radiale lijn naar het middelpunt van de aarde (*a*) ter plaatse van de noordpool, (*b*) op 45,0° noorderbreedte en (*c*) op de evenaar. Veronderstel dat g (als ω nul zou zijn) constant 9,80 m/s² is.

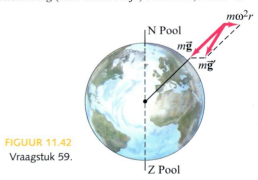

FIGUUR 11.42 Vraagstuk 59.

11.9 Corioliseffect

* **60.** (II) Veronderstel dat de man op B in fig. 11.26 de bal naar de vrouw op A gooit. (*a*) In welke richting ziet iemand in het niet-inertiaalstelsel de bal afbuigen? (*b*) Leid een formule af voor de mate van afbuiging en voor de (coriolis) versnelling in dit geval.

* **61.** (II) Voor welke richtingen van de snelheid zou het corioliseffect op een voorwerp dat op de evenaar van de aarde beweegt nul zijn?

* **62.** (III) We kunnen vgl. 11.14 en 11.15 aanpassen voor gebruik op aarde door alleen te kijken naar de component van $\vec{v}$ die loodrecht staat op de rotatie-as. In fig. 11.43 kunnen we zien dat deze component $v \cos \lambda$ is voor een verticaal vallend voorwerp, waarin λ de noorderbreedte (of zuiderbreedte) van de plaats op aarde is. Hoe ver wordt

een loden kogel die verticaal van een 110 m hoge toren in Florence (44° noorderbreedte) valt door de corioliskracht afgebogen?

*63. (III) Een mier loopt met een constante snelheid over een spaak naar de velg van een roterend wiel dat een constante hoeksnelheid ω heeft om een verticale as. Schrijf een vectorvergelijking voor alle krachten (inclusief inertiaalkrachten) die op de mier werken. Kies de x-as langs de spaak, de y-as loodrecht op de spaak in de richting van de linkerpootjes van de mier en de z-as verticaal omhoog. Het wiel roteert linksom, van bovenaf gezien.

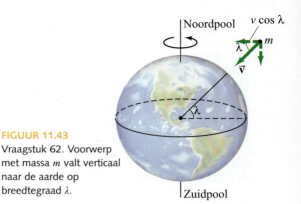

FIGUUR 11.43
Vraagstuk 62. Voorwerp met massa m valt verticaal naar de aarde op breedtegraad λ.

Algemene vraagstukken

64. Een dunne draad is om een cilindrische hoepel met straal R en massa M gewikkeld. Een uiteinde van de draad is vast en de hoepel kan vanuit rust verticaal vallen terwijl de draad afgewikkeld wordt. (a) Bereken het impulsmoment van de hoepel om het MM ervan als functie van de tijd. (b) Hoe groot is de trekkracht in de draad als functie van de tijd?

65. Een puntmassa van 1,00 kg beweegt met een snelheid $\vec{v} = (7,0\vec{e}_x + 6,0\vec{e}_y)$ m/s. (a) Bepaal het impulsmoment $\vec{L}$ ten opzichte van de oorsprong wanneer de puntmassa zich bevindt ter plaatse van $\vec{r} = (2,0\vec{e}_y + 4,0\vec{e}_z)$ m. (b) Ter plaatse van positie $\vec{r}$ wordt een kracht $\vec{F} = 4,0$ N$\vec{e}_x$ op de puntmassa uitgeoefend. Bepaal het krachtmoment ten opzichte van de oorsprong.

66. Een draaimolen met een traagheidsmoment van 1260 kg·m² en een straal van 2,5 m roteert met verwaarloosbare wrijving met 1,70 rad/s. Naast de draaimolen staat een kind dat op een bepaald moment op de rand van de draaimolen springt in de richting van de rotatie-as, waardoor het platform vertraagt tot een hoeksnelheid van 1,25 rad/s. Wat is de massa van het kind?

67. Waarom hebben hoge, maar smalle auto's moeite met de 'elandtest'? Veronderstel dat een voertuig op een vlakke weg een bocht maakt die een straal R heeft. Wanneer de auto op het punt staat om te kantelen komen de banden in de binnenbocht bijna los van de grond, zodat zowel de wrijving als de normaalkracht op deze twee banden nul is. De totale normaalkracht op de banden in de buitenbocht is F_N en de totale wrijvingskracht is F_{wr}. Veronderstel dat het voertuig niet slipt. (a) Analisten hebben een statische stabiliteitfactor SSF = $w/2h$ gedefinieerd, waarin de spoorbreedte van een auto w de afstand is tussen de banden op dezelfde as en h de hoogte is van het MM boven de grond. Toon aan dat de kritische kantelsnelheid gelijk is aan

$$v_C = \sqrt{Rg\left(\frac{w}{2h}\right)}.$$

(*Hint*: bepaal de krachtmomenten om een as door het massamiddelpunt van de auto, evenwijdig aan de bewegingsrichting.) (b) Bereken de verhouding voor bochtstralen in een snelweg voor een standaard personenauto met een SSF van 1,40 en een SUV met een SSF = 1,05 bij een snelheid van 90 km/u.

68. Een bolvormige asteroïde met een straal $r = 123$ m en een massa $M = 2,25 \cdot 10^{10}$ kg roteert om een as met vier omwentelingen per dag. Een ruimteschip koppelt zichzelf aan de zuidpool van deze asteroïde (zoals gedefinieerd door de rotatie-as) en ontsteekt de motor. Daardoor oefent het ruimteschip een kracht F tangentiaal op het oppervlak van de asteroïde uit, op de manier zoals is weergegeven in fig. 11.44. Als $F = 265$ N, hoe lang zal het ruimteschip er dan over doen om de rotatie-as van de asteroïde 10,0° te verdraaien?

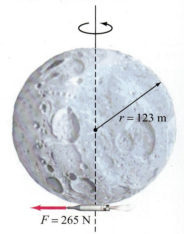

FIGUUR 11.44
Vraagstuk 68.

69. De tijdsafhankelijke positie van een puntvormig voorwerp dat linksom beweegt langs de omtrek van een cirkel (straal R) in het xy-vlak met een constante snelheid v kan beschreven worden met de functie $\vec{r} = \vec{e}_x R \cos \omega t + \vec{e}_y R \sin \omega t$, waarin de constante ω gelijk is aan v/R. Bereken de snelheid $\vec{v}$ en de hoeksnelheid $\vec{\omega}$ van dit voorwerp en toon dan aan dat deze drie vectoren als volgt gerelateerd zijn: $\vec{v} = \vec{\omega} \times \vec{r}$.

70. De positie van een puntmassa met massa m die een spiraalvormige baan beschrijft (zie fig. 11.45) kan beschreven worden met de functie

$$\vec{r} = R\cos\left(\frac{2\pi z}{d}\right)\vec{e}_x + R\sin\left(\frac{2\pi z}{d}\right)\vec{e}_y + z\vec{e}_z,$$

waarin R en d respectievelijk de straal en de spoed van de spiraal zijn en z op de volgende manier in de tijd varieert: $z = v_z t$, waarin v_z de (constante) component van de snelheid in de z-richting is. Bepaal het in de tijd veranderende impulsmoment $\vec{L}$ van de puntmassa om de oorsprong.

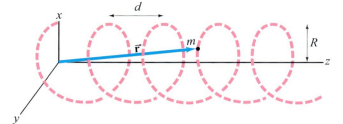

FIGUUR 11.45 Vraagstuk 70.

71. Een jongen rolt een band over een rechte, vlakke weg. De band heeft een massa van 8,0 kg, een straal van 0,32 m en een traagheidsmoment om de centrale symmetrie-as van 0,83 kg·m². De jongen duwt de band voor zich uit met een snelheid van 2,1 m/s en merkt op dat de band 12° naar rechts hangt (fig. 11.46). (a) Welke invloed heeft het netto krachtmoment op de beweging van de band? (b) Vergelijk de verandering van het impulsmoment als gevolg van dit krachtmoment in 0,20 s met de oorspronkelijke grootte van het impulsmoment.

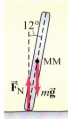

FIGUUR 11.46 Vraagstuk 71.

72. Iemand van 70 kg staat op een minuscuul roterend platform met zijn armen uitgestrekt. (a) Schat het traagheidsmoment van de persoon op basis van de volgende benaderingen: het lichaam (inclusief het hoofd en de benen) is een cilinder met een massa van 60 kg, een straal van 12 cm en een hoogte van 1,70 m en elke arm is een dunne stang met een massa van 5,0 kg, een lengte van 60 cm, bevestigd aan de cilinder. (b) Gebruik dezelfde benaderingen om het traagheidsmoment van de persoon te schatten wanneer hij zijn armen tegen het lichaam drukt. (c) Hoe lang duurt een omwenteling met omlaag gehouden armen als een omwenteling met gestrekte armen 1,5 s duurde? Laat het traagheidsmoment van het lichte platform buiten beschouwing. (d) Bereken de verandering van de kinetische energie wanneer de armen van een verticale in een horizontale positie gebracht worden. (e) Zou je op basis van je antwoord op (d) verwachten dat het meer of minder moeite kost om je armen in een horizontale positie te brengen wanneer het platform stilstaat dan wanneer het roteert?

73. Een waterstroom drijft een schoepenrad (of een turbine) aan met een straal $R = 3,0$ m op de manier zoals is weergegeven in fig. 11.47. Het water komt met een snelheid $v_1 = 7,0$ m/s in het schoepenrad terecht en verlaat dat met een snelheid $v_2 = 3,8$ m/s. (a) Per seconde passeert 85 kg water het schoepenrad. Hoe groot is de snelheid waarmee het water impulsmoment levert aan het schoepenrad? (b) Hoe groot is het krachtmoment dat het water op het schoepenrad uitoefent? (c) Door het water maakt het schoepenrad één omwenteling per 5,5 s. Hoeveel vermogen levert het water aan het wiel?

74. De maan cirkelt zodanig om de aarde dat vanaf de aarde steeds dezelfde kant van de maan zichtbaar is, zodat er een 'dark side of the moon' is die we nooit te zien krijgen. Bereken de verhouding van het spinimpulsmoment van de maan (om de eigen as) en het orbitale impulsmoment. (In het laatste geval kun je de maan als een puntmassa beschouwen die een baan om de aarde beschrijft.)

75. Een puntmassa m versnelt eenparig terwijl deze tegen de wijzers van de klok in beweegt over de omtrek van een cirkel met een straal R: $\vec{r} = \vec{e}_x R \cos\theta + \vec{e}_y R \sin\theta$, waarbij $\theta = \omega_0 t + \frac{1}{2}\alpha t^2$, en de constanten ω_0 en α de beginhoeksnelheid, respectievelijk de beginhoekversnelling zijn. Bereken de tangentiale versnelling $\vec{a}$ van het voorwerp en het krachtmoment dat op het voorwerp werkt met (a) $\vec{\tau} = \vec{r} \times \vec{F}$, (b) $\vec{\tau} = I\vec{\alpha}$.

76. Een projectiel met massa m wordt vanaf de aarde gelanceerd en volgt een baan die beschreven kan worden met de functie $\vec{r} = (v_{x0}t)\vec{e}_x + (v_{y0}t - \frac{1}{2}gt^2)\vec{e}_y$, waarin v_{x0} en v_{y0} de beginsnelheden in de x- en y-richting zijn en g de valversnelling is. De lanceerpositie is de oorsprong. Bereken het krachtmoment dat op het projectiel uitgeoefend wordt om de oorsprong met (a) $\vec{\tau} = \vec{r} \times \vec{F}$, (b) $\vec{\tau} = d\vec{L}/dt$.

77. Het grootste deel van de massa van ons zonnestelsel bevindt zich in de zon en de planeten bezitten nagenoeg het gehele impulsmoment van ons zonnestelsel. Deze waarneming speelt een essentiële rol in theorieën over het ontstaan van ons zonnestelsel. Schat het deel van het totale impulsmoment van ons zonnestelsel dat de planeten bezitten met behulp van een vereenvoudigd model dat alleen de grote buitenste planeten met het grootste impulsmoment bevat. De zon (massa $1,99 \cdot 10^{30}$ kg, straal $6,96 \cdot 10^8$ m) roteert elke 25 dagen om zijn as en de planeten Jupiter, Saturnus, Uranus en Neptunus beschrijven nagenoeg cirkelvormige banen om de zon. De gegevens over hun banen vind je in de onderstaande tabel. Houd geen rekening met de beweging van de planeten om hun eigen as.

Planeet	Gemiddelde afstand tot de zon ($\cdot 10^6$ km)	Omloopperiode (aardejaren)	Massa ($\cdot 10^{25}$ kg)
Jupiter	778	11,9	190
Saturnus	1427	29,5	56,8
Uranus	2870	84,0	8,68
Neptunus	4500	165	10,2

78. Een fietser rijdt met een snelheid $v = 9,2$ m/s over een vlakke weg en maakt een bocht met een straal $r = 12$ m. Op de fiets en de fietser werken de volgende krachten: de normaalkracht ($\vec{F}_N$) en de wrijvingskracht ($\vec{F}_{wr}$) die door de weg uitgeoefend worden op de banden en $m\vec{g}$, het tota-

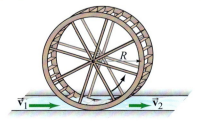

FIGUUR 11.47 Vraagstuk 73.

le gewicht van de fietser en de fiets. Laat de kleine massa van de wielen buiten beschouwing. (a) Leg uit waarom voor de hoek θ die de fiets met de verticaal maakt (fig. 11.48) moet gelden dat $\tan\theta = F_{wr}/F_N$ als de fietser in balans wil blijven. (b) Bereken θ voor de gegeven waarden. (*Hint*: bekijk de cirkelvormige translatiebeweging van de fiets en de fietser.) (c) Veronderstel dat de statische wrijvingscoëfficiënt tussen de banden en de weg $\mu_s = 0{,}65$ is. Hoe groot is de kleinst mogelijke bochtstraal dan?

(a) (b)

FIGUUR 11.48 Vraagstuk 78.

79. Kunstschaatsers voeren bij hun oefening vaak een enkele, dubbele of driedubbele axel uit, waarbij ze opspringen en in de lucht respectievelijk $1\tfrac{1}{2}$, $2\tfrac{1}{2}$ of $3\tfrac{1}{2}$ omwentelingen om hun lengteas maken. Voor zo'n sprong heeft een gemiddelde kunstschaatser ongeveer 0,70 s nodig. Veronderstel dat een schaatser 'open' loskomt van het ijs (dat wil zeggen, met de armen gestrekt van het lichaam af) en dan een traagheidsmoment I_0 en een rotatiefrequentie $f_0 = 1{,}2$ omw/s heeft en deze houding gedurende 0,10 s behoudt. Dan neemt de schaatser een 'gesloten' houding aan (armen dichter bij het lichaam), waardoor het traagheidsmoment I wordt en de schaatser een rotatiefrequentie f krijgt die gedurende 0,50 s behouden blijft. Ten slotte neemt de schaatser weer de 'open' houding aan gedurende 0,10 s en landt dan op het ijs (zie fig. 11.49). (a) Waarom blijft het impulsmoment behouden tijdens de sprong van de schaatser? Laat de luchtweerstand buiten beschouwing. (b) Bereken de minimale rotatiefrequentie f van een kunstrijdster als zij tijdens haar vlucht een enkele, c.q. een driedubbele axel wil uitvoeren. (c) Toon aan dat, volgens dit model, een kunstschaatser zijn/haar traagheidsmoment tijdens het middelste deel van de vlucht met een factor 2 tot 5 moet kunnen verlagen om een enkele, respectievelijk een driedubbele axel uit te kunnen voeren.

80. Een radiomast heeft een massa van 80 kg en is 12 m hoog. De toren is aan de grond verankerd via een flexibele grondplaat en wordt rechtop gehouden door drie tuikabels die in het bovenaanzicht een hoek van 120° met elkaar maken (fig. 11.50). Bij een risicoanalyse moet een constructeur het gedrag van de toren berekenen wanneer een van de tuikabels breekt. In dat geval valt de toren weg van de gebroken kabel, en roteert daarbij om het contactpunt met de grond. Bereken de snelheid van de bovenkant van de toren als functie van de rotatiehoek θ. Begin je analyse met de rotatiebewegingsvergelijking $d\vec{L}/dt = \vec{\tau}_{\text{net}}$. Beschouw de toren als een lange, dunne stang.

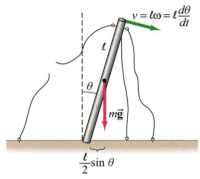

FIGUUR 11.50 Vraagstuk 80.

81. Veronderstel dat een ster met een grootte zoals die van onze zon, maar met een massa die 8,0 maal zo groot is, een beweging om de eigen as beschrijft met een snelheid van 1,0 omwenteling per 9,0 dagen. Hoe groot zou de snelheid van een dergelijke ster worden als deze onder invloed van de eigen zwaartekracht zou imploderen tot een neuronenster met een straal van 12 km en daarbij 3/4 van de eigen massa zou verliezen? Veronderstel dat de ster steeds een homogene bol is. Veronderstel ook dat de massa die verloren gaat in het proces (a) geen impulsmoment heeft of (b) een evenredig deel ($\tfrac{3}{4}$) van het initiële impulsmoment heeft.

82. Een honkbalknuppel heeft een zogenaamde 'sweet spot'. Dat is het punt op de knuppel waar de bal geslagen kan worden met een vrijwel moeiteloze overdracht van energie. Uit een nauwgezette analyse van de honkbaldynamica blijkt dat dit punt zich bevindt op het punt waar een uitgeoefende kracht een pure rotatie van de knuppel om het handvat zou bewerkstelligen. Bereken de plaats van de 'sweet spot' van de knuppel in fig. 11.51. De lineaire soortelijke massa van de knuppel kan bij benadering geschreven worden als $(0{,}61 + 3{,}3x^2)$ kg/m, waarin x een afstand is in meters, gemeten vanaf het uiteinde van het handvat.

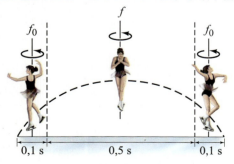

FIGUUR 11.49 Vraagstuk 79.

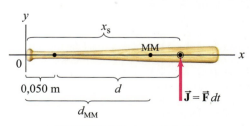

FIGUUR 11.51 Vraagstuk 82.

De hele knuppel is 0,84 m lang. Het gewenste draaipunt moet zich 5,0 cm van het uiteinde bevinden waar de speler de knuppel vasthoudt. (*Hint*: waar bevindt zich het MM van de knuppel?)

*Numeriek/computer

*83. (II) Een homogene stok van 1,00 m lang heeft een totale massa van 330 g en scharniert om het middelpunt ervan. Iemand schiet een kogeltje van 3,0 g door de stok op een afstand x van het scharnierpunt. De kogel raakt de stok met een snelheid van 250 m/s en treedt er aan de andere kant uit met een snelheid van 140 m/s (fig. 11.36). (*a*) Leid een formule af voor de hoeksnelheid van de roterende stok na de botsing als functie van x. (*b*) Maak een grafiek waarin je de hoeksnelheid afzet tegen de afstand x, van $x = 0$ tot $x = 0,50$ m.

*84. (III) In figuur 11.39 is een dunne stang weergegeven die een massa M en een lengte ℓ heeft en stil op een wrijvingsloze tafel ligt. Dan gooit iemand een stuk klei tegen de stang op een afstand x vanaf het MM van de stang. De bal heeft een massa m en een snelheid v. De bal blijft aan de stang 'plakken'. (*a*) Leid een formule af voor de rotatiebeweging van het systeem na de botsing. (*b*) Maak een grafiek van de rotatiebeweging van het systeem als functie van x, van $x = 0$ tot en met $x = \ell/2$, waarbij $M = 450$ g, $m = 15$ g, $\ell = 1,20$ m en $v = 12$ m/s. (*c*) Is de translatiebeweging afhankelijk van x? Licht je antwoord toe.

Antwoorden op de opgaven

A: (*b*).
B: (*a*).
C: (*b*).
D: (i) (*d*); (ii) (*a*); (iii) (*b*).
E: (*e*).

Voor onze gehele gebouwde omgeving, van moderne bruggen tot wolkenkrabbers, hebben architecten en constructeurs de krachten en spanningen binnen deze constructies moeten berekenen. Hun bedoeling is deze constructies statisch te houden, dat wil zeggen, niet in beweging, en in het bijzonder, te voorkomen dat ze instorten of omvallen.

Hoofdstuk 12

Inhoud
12.1 De voorwaarden voor evenwicht
12.2 Staticavraagstukken oplossen
12.3 Stabiliteit en balans
12.4 Elasticiteit; materiaalspanning en vervorming
12.5 Breuk
*12.6 Vakwerken en bruggen
*12.7 Bogen en koepels

Statisch evenwicht; elasticiteit en breuk

Openingsvraag: wat denk jij?

De duikplank in de figuur wordt op twee plekken ondersteund, bij A en bij B. Welke stelling over de krachten die uitgeoefend worden *op* de duikplank in A en B is waar?

(a) $\vec{F}_A$ is omlaag gericht, $\vec{F}_B$ is omhoog gericht en F_B is groter dan F_A.
(b) Beide krachten zijn omhoog gericht en F_B is groter dan F_A.
(c) $\vec{F}_A$ is omlaag gericht, $\vec{F}_B$ is omhoog gericht en F_A is groter dan F_B.
(d) Beide krachten zijn omlaag gericht en ongeveer even groot.
(e) $\vec{F}_B$ is omlaag gericht, $\vec{F}_A$ is omhoog gericht en ze zijn even groot.

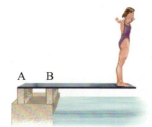

We bekijken nu het speciale geval in de mechanica waarbij de nettokracht en het netto krachtmoment op een voorwerp of systeem van voorwerpen beide nul zijn. In dit geval zijn zowel de lineaire versnelling als de hoekversnelling van het voorwerp of systeem gelijk aan nul. Het voorwerp is ofwel in rust, ofwel beweegt het massamiddelpunt ervan met een constante snelheid. We zullen ons vooral bezighouden met de eerste situatie, waarin het voorwerp of de voorwerpen in rust zijn.
We gaan ontdekken hoe je de krachten (en krachtmomenten) in een constructie kunt berekenen. Te weten hoe en waar deze krachten werken is erg belangrijk voor gebouwen, bruggen en andere constructies (en in het menselijk lichaam).
Statica is de tak van de natuurkunde die zich bezighoudt met de berekening van de krachten die op en in constructies werken die in *evenwicht* zijn. Wanneer het mogelijk is om deze krachten te berekenen (waar we in het eerste deel van dit hoofdstuk mee aan de slag gaan), kunnen we bepalen of constructies de krachten kunnen op-

vangen zonder daarbij al te zeer te vervormen of zelfs te breken. Elk materiaal zal namelijk breken of knikken wanneer het te zwaar belast wordt (fig. 12.1).

12.1 De voorwaarden voor evenwicht

Op de voorwerpen om je heen werkt ten minste één kracht (de zwaartekracht). Als de voorwerpen in rust zijn, geldt dat er ook andere krachten op moeten werken, zodat de nettokracht nul is. Een boek dat in rust op een tafel ligt, ondervindt bijvoorbeeld twee krachten: de verticaal omlaag gerichte zwaartekracht en de normaalkracht die de tafel er verticaal omhoog op uitoefent (fig. 12.2). Omdat het boek in rust is, weten we met behulp van de tweede wet van Newton dat de nettokracht die erop uitgeoefend wordt nul is. De verticaal omhoog gerichte kracht die door de tafel op het boek uitgeoefend wordt, moet dus even groot zijn als de zwaartekracht die verticaal omlaag op het boek werkt. Van zo'n voorwerp wordt gezegd dat het in **evenwicht** is onder invloed van deze twee krachten.
Verwar de twee krachten in fig. 12.2 niet met de even grote, maar tegengesteld gerichte krachten van de derde wet van Newton, die immers op verschillende voorwerpen werken. Hier werken de beide krachten op hetzelfde voorwerp en hun som is nul.

■ De eerste voorwaarde voor evenwicht

Wanneer een voorwerp in rust is, weten we op basis van de tweede wet van Newton dat de som van de krachten die erop werken nul moet zijn. Omdat kracht een vector is, moeten alle vectorcomponenten van de nettokracht nul zijn. Een voorwaarde voor evenwicht is dus dat

$$\Sigma F_x = 0, \quad \Sigma F_y = 0, \quad \Sigma F_z = 0. \tag{12.1}$$

We zullen ons voornamelijk bezig gaan houden met krachten die in een vlak werken, zodat we meestal alleen de x- en de y-component nodig hebben. Het is hierbij belangrijk om op te merken dat als een bepaalde component van een kracht gericht is langs de negatieve x- of y-as, deze een minteken moet hebben. De vergelijkingen 12.1 worden samen de **eerste voorwaarde voor evenwicht** genoemd.

FIGUUR 12.1 Ingestorte luchtbrug in een hotel in Kansas City in 1981. Hoe een eenvoudige natuurkundige berekening het tragische verlies van meer dan 100 mensenlevens had kunnen voorkomen, kun je zien in voorbeeld 12.9.

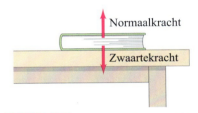

FIGUUR 12.2 Het boek is in evenwicht; de nettokracht erop is nul.

Voorbeeld 12.1 Trekkracht in het ophangkoord van een kroonluchter

Bereken de trekkrachten $\vec{F}_A$ en $\vec{F}_B$ in de twee koorddelen die bevestigd zijn aan het verticale koord waaraan een kroonluchter van 200 kg is bevestigd (fig. 12.3). Laat de massa van de koorden buiten beschouwing.

Aanpak We hebben een vrijlichaamsschema nodig, maar voor welk voorwerp? Als we de kroonluchter kiezen, moet het koord waaraan deze opgehangen is een kracht uitoefenen die gelijk is aan het gewicht van de kroonluchter, $mg = (200 \text{ kg}) (9{,}8 \text{ m/s}^2) = 1960$ N. Maar de krachten $\vec{F}_A$ en $\vec{F}_B$ komen in dit verhaal niet voor. We kiezen daarom het punt waar de drie koorden bij elkaar komen (bijvoorbeeld in een knoop) en eisen dat dit punt in evenwicht is. Het vrijlichaamsschema is weergegeven in fig. 12.3a. De drie krachten $-\vec{F}_A$, $\vec{F}_B$ en de trekkracht in het verticale koord moeten gelijk zijn aan het gewicht van de kroonluchter dat op dit punt werkt. Voor deze knoop kunnen we schrijven dat $\Sigma F_x = 0$ en $\Sigma F_y = 0$, omdat het probleem maar twee dimensies heeft. De richtingen van $\vec{F}_A$ en $\vec{F}_B$ zijn bekend, omdat de trekkracht in een koord alleen gericht kan zijn in de richting van het koord. Als er een kracht in een andere richting aanwezig zou zijn, zou het koord verbuigen, zoals we ook al gezien hebben in hoofdstuk 4. De onbekenden zijn dus de groottes F_A en F_B.

Oplossing Eerst ontbinden we $\vec{F}_A$ in een horizontale (x) en een verticale (y) component. Hoewel we de waarde van F_A niet kennen, kunnen we stellen (zie fig. 12.3b) dat $F_{Ax} = -F_A \cos 60°$ en $F_{Ay} = F_A \sin 60°$. $\vec{F}_B$ heeft alleen een x-component. In de verticale richting hebben we de verticaal omlaag gerichte kracht die uitgeoefend wordt door het verticale koord en die gelijk is aan het gewicht van de kroonluchter = $(200 \text{ kg}) (g)$ en de verticale component van $\vec{F}_A$, verticaal omhoog gericht:

$$\Sigma F_y = 0$$
$$F_A \sin 60° - (200 \text{ kg})(g) = 0$$

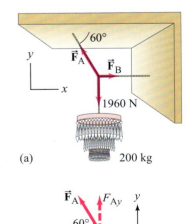

FIGUUR 12.3 Voorbeeld 12.1.

dus

$$F_A = \frac{(200 \text{ kg})g}{\sin 60°} = (231 \text{ kg})g = 2260 \text{ N}.$$

In de horizontale richting is $\Sigma F_x = 0$,

$$\Sigma F_x = F_B - F_A \cos 60° = 0.$$

Dus geldt dat

$$F_B = F_A \cos 60° = (231 \text{ kg})(g)(0{,}500) = (115 \text{ kg})g = 1130 \text{ N}.$$

De groottes van $\vec{F}_A$ en $\vec{F}_B$ zijn bepalend voor de eigenschappen van het te gebruiken koord. In dit geval moet het koord een massa van meer dan 230 kg kunnen dragen.

> **Opgave A**
> In voorbeeld 12.1 moet F_A groter zijn dan het gewicht van de kroonluchter, mg. Waarom?

De tweede voorwaarde voor evenwicht

Hoewel de vergelijkingen 12.1 noodzakelijk zijn, wil een voorwerp in evenwicht zijn, is het niet altijd zo dat deze voorwaarde alleen voldoende is. In fig. 12.4 is een voorwerp weergegeven waarop de nettokracht nul is. Hoewel de twee krachten $\vec{F}$ geen nettokracht op het voorwerp uitoefenen, veroorzaken ze wel een netto krachtmoment dat het voorwerp zal laten roteren. Als we vgl. 10.14 bekijken, $\Sigma \tau = I\alpha$, zien we dat als een voorwerp in rust moet blijven, het netto krachtmoment dat erop uitgeoefend wordt (berekend om een *willekeurige* as) nul moet zijn. Dat is dus de tweede voorwaarde voor evenwicht: de som van de krachtmomenten die op een voorwerp uitgeoefend worden, berekend om een willekeurige as, moet nul zijn:

$$\Sigma \tau = 0. \tag{12.2}$$

Deze voorwaarde garandeert dat de hoekversnelling, α, om een willekeurige as, nul zal zijn. Als het voorwerp in eerste instantie niet roteert ($\omega = 0$), zal het ook niet beginnen te roteren. De vergelijkingen 12.1 en 12.2 zijn de enige eisen waaraan een voorwerp moet voldoen om in evenwicht te zijn. We zullen voornamelijk gevallen bekijken waarin de krachten allemaal in hetzelfde vlak werken (dat we het xy-vlak noemen). In deze gevallen kan het krachtmoment berekend worden om een as loodrecht op het xy-vlak. *De keuze van deze as is vrij.* Als het voorwerp in rust is, geldt dat $\Sigma \tau = 0$ om een willekeurige as. Je kunt dus de as kiezen die voor jou het gemakkelijkst is om je berekening te maken. Maar zodra je de as gekozen hebt, moet je alle krachtmomenten om die as berekenen.

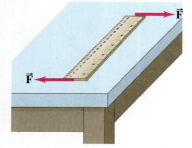

FIGUUR 12.4 Hoewel de nettokracht op de liniaal nul is, zal de liniaal toch bewegen (roteren). Een paar even grote krachten die tegengesteld aan elkaar gericht werken op verschillende punten van een voorwerp (zoals hier is weergegeven in de figuur) wordt een krachtenkoppel genoemd.

 Let op

Je kunt de as voor $\Sigma \tau = 0$ naar eigen inzicht kiezen. Alle krachtmomenten moeten echter om dezelfde as berekend worden.

 Natuurkunde in de praktijk

De hefboom

Conceptvoorbeeld 12.2 Een hefboom

De balk in fig. 12.5 wordt gebruikt als hefboom om een grote steen te verplaatsen. De kleine steen fungeert als draaipunt. De kracht F_P die op het lange uiteinde van de balk uitgeoefend moet worden kan aanzienlijk kleiner zijn dan het gewicht van de steen mg, omdat het de *krachtmomenten* zijn die de rotatie om het draaipunt in evenwicht houden. Welke twee dingen kun je doen als het hefboomeffect niet groot genoeg is en de grote steen niet van zijn plaats komt?

Antwoord   Een manier om de arm van de kracht F_P te vergroten is een stuk buis over het eind van de balk te schuiven en vervolgens te duwen op de buis, in plaats van op de balk. Een andere manier is om het draaipunt dichter bij de grote steen te plaatsen. Daardoor verandert de lange arm R procentueel maar een beetje, maar de korte arm r aanzienlijk en dus verandert de verhouding van R/r behoorlijk. Om de steen te verplaatsen moet het krachtmoment als gevolg van F_P ten minste het krachtmoment als gevolg van mg compenseren; dat wil zeggen, $mgr = F_P R$ en

$$\frac{r}{R} = \frac{F_P}{mg}.$$

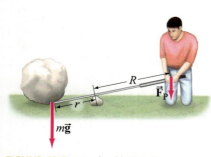

FIGUUR 12.5 Voorbeeld 12.2. Een hefboom kan je kracht 'vermenigvuldigen'.

Als r kleiner wordt, kan het gewicht mg met minder kracht F_P in evenwicht gehouden worden. De verhouding van de belastingkracht en de door jou uitgeoefende kracht (in dit geval mg/F_P) is het mechanische voordeel van het systeem en hier dus gelijk aan R/r. Een hefboom is een 'eenvoudige machine'. In hoofdstuk 4, voorbeeld 4.14, hebben we al kennisgemaakt met een andere eenvoudige machine, de katrol.

> **Opgave B**
> Voor de overzichtelijkheid hebben we de vergelijking in voorbeeld 12.2 geschreven alsof de hefboom en de krachten loodrecht op elkaar stonden. Zou de vergelijking ook geldig zijn voor een hefboom onder een hoek zoals is weergegeven in fig. 12.5?

12.2 Staticavraagstukken oplossen

Het onderwerp statica is een erg belangrijk onderwerp, omdat we daarmee bepaalde krachten op (of in) een constructie kunnen berekenen als enkele krachten die erop werken al bekend zijn. We zullen voornamelijk situaties bekijken waarin alle krachten in een vlak werken, zodat we twee krachtenvergelijkingen (voor de x- en y-component) en een krachtmomentvergelijking kunnen opstellen en dus in totaal met drie vergelijkingen kunnen rekenen. Natuurlijk hoef je die niet alledrie te gebruiken als dat niet nodig is. In een krachtmomentvergelijking wordt een krachtmoment dat de neiging heeft om het voorwerp linksom te roteren over het algemeen een positief krachtmoment genoemd, terwijl een krachtmoment dat de neiging heeft om het voorwerp rechtsom te roteren een negatief krachtmoment genoemd wordt. (Maar je hoeft je daar niet strikt aan te houden, zolang je maar consequent bent.)
Een van de krachten die op voorwerpen werkt is de zwaartekracht. Zoals we gezien hebben in paragraaf 9.8 kunnen we aannemen dat de zwaartekracht op een voorwerp aangrijpt in het zwaartepunt (ZP) of massamiddelpunt (MM), die voor praktische toepassingen met elkaar samenvallen. Bij homogene, symmetrische voorwerpen bevindt het ZP zich in het geometrisch middelpunt. Bij meer complexe voorwerpen kun je het ZP bepalen op de manier zoals beschreven is in paragraaf 9.8.
Er is niet zoiets als een specifieke techniek om staticavraagstukken op te lossen, maar de volgende procedure kan je waarschijnlijk een eind op weg helpen.

Oplossingsstrategie

$\tau > 0$ linksom
$\tau < 0$ rechtsom

Oplossingsstrategie

■ *Statica*

1. Beschouw steeds één voorwerp tegelijk. Maak een nauwkeurig **vrijlichaamsschema** door alle krachten te tekenen die op dat voorwerp werken, inclusief de zwaartekracht, en de punten waar deze krachten aangrijpen. Als je niet zeker weet in welke richting een kracht werkt, kun je gewoon een richting kiezen; als de werkelijke richting tegenovergesteld is, heeft het resultaat van je berekening een minteken.
2. Kies een handig **coördinatenstelsel** en ontbind de krachten in hun componenten.
3. Gebruik letters voor de onbekenden en stel de **evenwichtsvergelijkingen** op voor de **krachten**:

    $\Sigma F_x = 0$ en $\Sigma F_y = 0$,

    op voorwaarde dat alle krachten in een vlak werken.
4. Kies voor de **krachtmomentvergelijking**,

    $\Sigma \tau = 0$,

    een willekeurige as loodrecht op het xy-vlak, zodanig dat de gekozen as de berekening vereenvoudigt. (Je kunt bijvoorbeeld het aantal onbekenden in de uiteindelijke vergelijking verminderen door de as zo te kiezen dat de werklijn van een van de onbekende krachten die as snijdt. In dat geval heeft die kracht geen arm, levert dus geen krachtmoment en komt niet voor in de krachtmomentvergelijking.) Let goed op dat je de arm voor elke kracht goed bepaalt. Geef elk krachtmoment een +- of −-teken om de richting van het krachtmoment aan te duiden. Als positieve krachtmomenten bijvoorbeeld de neiging hebben om het voorwerp linksom te roteren, zijn de krachtmomenten die de neiging hebben om het voorwerp rechtsom te roteren negatief.
5. **Los deze vergelijkingen op** voor de onbekenden. Met drie vergelijkingen kun je maximaal drie onbekenden bepalen. Dat kunnen krachten zijn, maar ook afstanden of hoeken.

Natuurkunde in de praktijk

Een wip in evenwicht houden

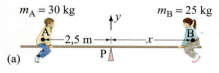

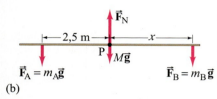

(b)

FIGUUR 12.6 (a) Twee kinderen op een wip, voorbeeld 12.3.
(b) Vrijlichaamsschema van de plank.

Voorbeeld 12.3 Een wip in evenwicht houden

Een plank met een massa $M = 2{,}0$ kg fungeert als een wip voor twee kinderen, op de manier zoals is weergegeven in fig. 12.6a. Kind A heeft een massa van 30 kg en zit op 2,5 m van het scharnierpunt, P (zijn zwaartepunt bevindt zich 2,5 m van het scharnierpunt). Op welke afstand x van het scharnierpunt moet kind B, met een massa van 25 kg, gaan zitten om de wip in evenwicht te houden? Veronderstel dat de plank homogeen is en met het midden op het scharnierpunt ligt.

Aanpak We volgen de hierboven beschreven stappen nauwgezet.

Oplossing

Vrijlichaamsschema. We beschouwen de plank en veronderstellen dat deze zich in een horizontale positie bevindt. Het vrijlichaamsschema ervan is weergegeven in figuur 12.6b. De krachten die op de plank werken zijn de krachten die er verticaal omlaag op uitgeoefend worden door de kinderen, $\vec{F}_A$ en $\vec{F}_B$, de verticaal omhoog gerichte kracht die er door het scharnierpunt op uitgeoefend wordt $\vec{F}_N$, en de zwaartekracht op de plank ($= M\vec{g}$) die aangrijpt op het middelpunt van de plank.

Coördinatenstelsel. We kiezen de positieve y in verticale richting omhoog en x horizontaal naar rechts en de oorsprong in het scharnierpunt.

Krachtenvergelijking. Alle krachten zijn gericht in de y-richting, dus

$$\Sigma F_y = 0$$
$$F_N - m_A g - m_B g - Mg = 0,$$

waarin $F_A = m_A g$ en $F_B = m_B g$, aangezien elk kind in evenwicht is wanneer de wip in balans is.

Krachtmomentvergelijking. We berekenen het krachtmoment om een as door de plank in het scharnierpunt, P. De armen van F_N en van het gewicht van de plank zijn nul, zodat ze geen krachtmoment leveren om punt P. In de krachtmomentvergelijking komen dus alleen de krachten $\vec{F}_A$ en $\vec{F}_B$ voor, die gelijk zijn aan de gewichten van de kinderen. Het krachtmoment dat door elk kind uitgeoefend wordt zal mg maal de betreffende arm zijn, die in dit geval gelijk is aan de afstand van elk kind tot het scharnierpunt. De krachtmomentvergelijking is dus

$$\Sigma \tau = 0$$
$$m_A g(2{,}5 \text{ m}) - m_B gx + Mg(0 \text{ m}) + F_N(0 \text{ m}) = 0$$

of

$$m_A g(2{,}5 \text{ m}) - m_B gx = 0,$$

waarin twee termen weggevallen zijn, omdat de arm ervan nul is.

Oplossen. We lossen de krachtmomentvergelijking voor x op en vinden:

$$x = \frac{m_A}{m_B}(2{,}5 \text{ m}) = \frac{30 \text{ kg}}{25 \text{ kg}}(2{,}5 \text{ m}) = 3{,}0 \text{ m}.$$

Om de wip in evenwicht te houden moet kind B zodanig op de plank gaan zitten dat haar MM zich 3,0 m van het scharnierpunt bevindt. Dit is een logische oplossing: omdat ze lichter is, moet ze verder van het scharnierpunt af gaan zitten dan het zwaardere kind om een even groot krachtmoment te leveren.

Opgave C
We hoefden de krachtenvergelijking niet te gebruiken om voorbeeld 12.3 op te lossen, omdat we de as handig kozen. Gebruik de krachtenvergelijking om de kracht te bepalen die door het scharnierpunt op de balk uitgeoefend wordt.

In fig. 12.7 is een homogene balk weergegeven die overhangt over de ondersteuning, zoals bij een duikplank. Zo'n balk wordt een uitkragende balk genoemd. De krachten die op de balk in fig. 12.7 werken zijn die van de ondersteuningen, $\vec{F}_A$ en $\vec{F}_B$, en de zwaartekracht die aangrijpt in het ZP, 5,0 m rechts van de rechter ondersteuning. Als je de procedure uit het laatste voorbeeld gebruikt en F_A en F_B berekent, en aanneemt dat ze verticaal omhoog gericht zijn op de manier zoals is weergegeven in fig. 12.7, zul je ontdekken dat F_A negatief blijkt te zijn. Als de balk een massa van 1200 kg heeft en een gewicht mg = 12.000 N, dan is F_B = 15.000 N en F_A = −3000 N (zie vraagstuk 9). Wanneer een van de onbekende krachten negatief blijkt te zijn, betekent dit dat de kracht in de tegengestelde richting werkt dan die je aangenomen hebt. Dus in fig. 12.7 werkt $\vec{F}_A$ feitelijk verticaal omlaag. Als je erover nadenkt zul je inderdaad tot de slotsom komen dat de linker ondersteuning verticaal omlaag aan de balk moet trekken (met behulp van bouten, schroeven, bevestigingsmiddelen en/of lijm) als de balk in evenwicht moet blijven; als de linker ondersteuning dat niet zou doen, zou de som van de krachtmomenten om het ZP (of om een punt waar $\vec{F}_B$ werkt) niet nul kunnen zijn.

> **Opgave D**
> Bekijk de openingsvraag aan het begin van dit hoofdstuk nogmaals en beantwoord de vraag opnieuw. Probeer uit te leggen, als je antwoord eerst anders was, waarom je antwoord veranderd is

Natuurkunde in de praktijk

Uitkragende balk

Oplossingsstrategie

Als een kracht negatief blijkt te zijn

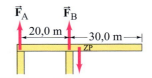

FIGUUR 12.7 Een uitkragende balk. De weergegeven krachtvectoren zijn veronderstellingen: in werkelijkheid kunnen ze best een andere richting hebben.

Natuurkunde in de praktijk

Krachten in spieren en gewrichten

Voorbeeld 12.4 Kracht uitgeoefend door de biceps

Hoeveel kracht moeten de biceps uitoefenen wanneer een persoon een bal van 5,0 kg in zijn hand houdt (*a*) met de arm horizontaal, zoals in fig. 12.8a en (*b*) wanneer de arm een hoek van 45° maakt met de horizontaal, zoals in fig. 12.8b? De biceps zijn verbonden met de onderarm door een pees die 5,0 cm van het ellebooggewricht aangehecht is. Veronderstel dat de massa van de onderarm en de hand samen 2,0 kg bedraagt en hun ZP zich op de plaats bevindt die is weergegeven in de figuur.

Aanpak Het vrijlichaamsschema voor de onderarm is weergegeven in fig. 12.8; de krachten zijn de gewichten van de arm en de bal, de verticaal omhoog gerichte kracht $\vec{F}_{spier}$ die door de spier uitgeoefend wordt en een kracht $\vec{F}_{gewricht}$ die uitgeoefend wordt door het bot in de bovenarm in het gewricht (waarvan aangenomen wordt dat deze allemaal verticaal werken). We willen weten hoe groot $\vec{F}_{spier}$ is. Dat kan het eenvoudigst door de krachtmomentvergelijking te gebruiken en de as te kiezen door het gewricht, zodanig dat $\vec{F}_{gewricht}$ geen krachtmoment levert.

Oplossing (*a*) We berekenen de krachtmomenten om het punt waarin $\vec{F}_{gewricht}$ aangrijpt (zie fig. 12.8a). De vergelijking $\Sigma\tau = 0$ levert

$$(0{,}050 \text{ m})F_{spier} - (0{,}15 \text{ m})(2{,}0 \text{ kg})g - (0{,}35 \text{ m})(5{,}0 \text{ kg})g = 0.$$

We lossen deze vergelijking op voor F_{spier}:

$$F_{spier} = \frac{(0{,}15 \text{ m})(2{,}0 \text{ kg})g + (0{,}35 \text{ m})(5{,}0 \text{ kg})g}{0{,}050 \text{ m}} = (41 \text{ kg})g = 400 \text{ N}.$$

(*b*) De krachtarm, berekend om het gewricht, wordt verminderd met de factor cos 45° voor alle drie de krachten. De krachtmomentvergelijking zal er net zo uitzien als hierboven, maar elke term zal met dezelfde factor verminderd worden, die vervolgens tegen elkaar wegvallen. Het resultaat zal daarom hetzelfde zijn: F_{spier} = 400 N.

Opmerking De benodigde kracht van de spier (400 N) is behoorlijk groot in vergelijking met het gewicht van het op te tillen voorwerp (= mg = 49 N). Het zal duidelijk zijn dat de spieren en gewrichten van het lichaam over het algemeen blootgesteld worden aan behoorlijk grote krachten.

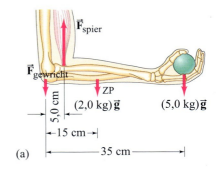

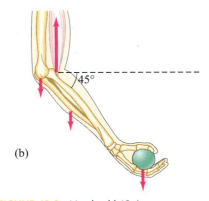

FIGUUR 12.8 Voorbeeld 12.4.

> **Opgave E**
> Hoeveel massa kan de persoon in voorbeeld 12.4 in zijn hand houden met een bicepskracht van 450 N, als de pees op een afstand van 6,0 cm vanaf de elleboog aangehecht zou zijn in plaats van op een afstand van 5,0 cm?

Bij het volgende voorbeeld bekijken we een balk die met een scharnier aan een muur bevestigd is en horizontaal gehouden wordt door een kabel of een touw (fig. 12.9). Het is belangrijk om te bedenken dat een flexibele kabel alleen een kracht kan opnemen in de lengterichting. (Als er een krachtcomponent loodrecht op de kabel zou werken, zou die buigen, omdat de kabel flexibel is.) Maar bij een star apparaat, zoals het scharnier in fig. 12.9, kan de kracht in elke willekeurige richting opgenomen worden en we kunnen de richting alleen bepalen door het vraagstuk op te lossen. Het scharnier wordt verondersteld klein en vrij draaiend te zijn, zodat het geen inwendig krachtmoment (om het middelpunt) op de balk uit kan oefenen.

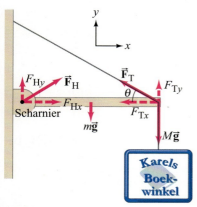

FIGUUR 12.9 Voorbeeld 12.5.

Voorbeeld 12.5 Scharnierende balk en kabel

Een homogene balk van 2,20 m lang met een massa $m = 25{,}0$ kg is met een klein scharnier op een wand bevestigd, op de manier zoals is weergegeven in fig. 12.9. De balk wordt in een horizontale positie gehouden door een kabel die een hoek $\theta = 30{,}0°$ maakt met de balk. Aan het uiteinde hangt een reclamebord met een massa $M = 28{,}0$ kg dat aan een draad opgehangen is. Bereken de componenten van de kracht $\vec{F}_H$ die het (soepel draaiende) scharnier uitoefent op de balk en de trekkracht F_T in de tuikabel.

Aanpak In fig. 12.9 is het vrijlichaamsschema voor de balk getekend, met daarin alle krachten die erop uitgeoefend worden. Ook hebben we er de componenten van $\vec{F}_T$ in aangegeven en een aanname voor $\vec{F}_H$. We hebben drie onbekenden, F_{Hx}, F_{Hy} en F_T (we weten θ) en dus hebben we alle drie de vergelijkingen, $\Sigma F_x = 0$, $\Sigma F_y = 0$, $\Sigma \tau = 0$ nodig.

Oplossing De som van de krachten in de verticale (y-) richting is

$$\Sigma F_y = 0$$
$$F_{Hy} + F_{Ty} - mg - Mg = 0. \quad \text{(i)}$$

In de horizontale (x-) richting is de som van de krachten

$$\Sigma F_x = 0$$
$$F_{Hx} - F_{Tx} = 0. \quad \text{(ii)}$$

Voor de krachtmomentvergelijking kiezen we de as in het punt waar $\vec{F}_T$ en $M\vec{g}$ aangrijpen (zodat de vergelijking maar één onbekende, F_{Hy}, bevat). We noemen de krachtmomenten die de neiging hebben om de balk linksom te roteren positief. De zwaartekracht mg op de (homogene) ligger grijpt aan in het middelpunt, zodat

$$\Sigma \tau = 0$$
$$-(F_{Hy})(2{,}20 \text{ m}) + mg(1{,}10 \text{ m}) = 0.$$

We vinden nu voor F_{Hy}:

$$F_{Hy} = \left(\frac{1{,}10 \text{ m}}{2{,}20 \text{ m}}\right) mg = (0{,}500)(25{,}0 \text{ kg})(9{,}80 \text{ m/s}^2) = 123 \text{ N}. \quad \text{(iii)}$$

En omdat de trekkracht $\vec{F}_T$ in de kabel in de richting van de kabel werkt ($\theta = 30{,}0°$), zien we met behulp van fig. 12.9 dat $\tan \theta = F_{Ty}/F_{Tx}$, of

$$F_{Ty} = F_{Tx} \tan \theta = F_{Tx}(\tan 30{,}0°) = 0{,}577 \, F_{Tx}. \quad \text{(iv)}$$

Vergelijking (i) levert

$$F_{Ty} = (m + M)g - F_{Hy} = (53{,}0 \text{ kg})(9{,}80 \text{ m/s}^2) - 123 \text{ N} = 396 \text{ N};$$

De vergelijkingen (iv) en (ii) leveren

$$F_{Tx} = F_{Ty}/0{,}577 = 687 \text{ N};$$
$$F_{Hx} = F_{Tx} = 687 \text{ N}.$$

De componenten van $\vec{F}_H$ zijn $F_{Hy} = 123$ N en $F_{Hx} = 687$ N. De trekkracht in de kabel is $F_T = \sqrt{F_{Tx}^2 + F_{Ty}^2} = 793$ N.

Alternatieve Oplossing Laten we nu eens kijken wat er gebeurt als we een andere as kiezen om de krachtmomenten te berekenen, bijvoorbeeld door het scharnier. In dat geval is de arm voor F_H gelijk aan nul en wordt de krachtmomentvergelijking ($\Sigma\tau = 0$)

$$-mg(1{,}10 \text{ m}) - Mg(2{,}20 \text{ m}) + F_{Ty}(2{,}20 \text{ m}) = 0.$$

We lossen deze op voor F_{Ty}:

$$F_{Ty} = \frac{m}{2}g + Mg = (12{,}5 \text{ kg} + 28{,}0 \text{ kg})(9{,}80 \text{ m/s}^2) = 397 \text{ N}.$$

Dit levert hetzelfde resultaat, binnen de precisie van onze significante cijfers.

Opmerking Het maakt niet uit welke as je kiest voor $\Sigma\tau = 0$. Je kunt een tweede as kiezen om je resultaat te controleren.

Voorbeeld 12.6 Ladder

Een 5,0 m lange ladder leunt tegen een gladde muur op een hoogte van 4,0 m boven een betonnen vloer, op de manier zoals is weergegeven in fig. 12.10. De ladder is homogeen en heeft een massa $m = 12{,}0$ kg. Veronderstel dat de wand wrijvingsloos is (maar de vloer niet). Bereken de krachten die op ladder uitgeoefend worden door de vloer en door de muur.

Aanpak In fig. 12.10 is het vrijlichaamsschema voor de ladder getekend, met daarin alle krachten die erop uitgeoefend worden. De muur kan alleen een kracht loodrecht op zichzelf uitoefenen, omdat deze wrijvingsloos is. We noemen deze kracht $\vec{F}_{muur}$. De betonnen vloer oefent een kracht $\vec{F}_{vloer}$ uit die zowel een horizontale als een verticale component heeft: F_{vloerx} als gevolg van de wrijving en F_{vloery} als gevolg van de normaalkracht. De zwaartekracht ten slotte oefent een kracht $mg = (12{,}0 \text{ kg})(9{,}80 \text{ m/s}^2) = 118$ N uit op de ladder in het middelpunt, omdat de ladder homogeen is.

Oplossing We gebruiken opnieuw de evenwichtsvoorwaarden, $\Sigma F_x = 0$, $\Sigma F_y = 0$ en $\Sigma\tau = 0$. We hebben ze alledrie nodig, omdat er drie onbekenden zijn: F_{muur}, F_{vloerx} en F_{vloery}. De y-component van de krachtenvergelijking is

$$\Sigma F_y = F_{vloery} - mg = 0,$$

zodat we onmiddellijk weten dat

$$F_{vloery} = mg = 118 \text{ N}.$$

De x-component van de krachtenvergelijking is

$$\Sigma F_x = F_{vloerx} - F_{muur} = 0.$$

Om F_{vloerx} en F_{muur} te bepalen hebben we een krachtmomentvergelijking nodig. Als we de krachtmomenten berekenen om een as door het punt waar de ladder de betonnen vloer raakt zal $\vec{F}_{vloer}$, die op dit punt aangrijpt een arm hebben die gelijk is aan nul en dus geen rol spelen in de vergelijking. De ladder raakt de vloer op een afstand $x_0 = \sqrt{(5{,}0 \text{ m})^2 - (4{,}0 \text{ m})^2} = 3{,}0$ m van de muur (rechthoekige driehoek, $c^2 = a^2 + b^2$). De arm van mg is de helft daarvan, of 1,5 m, en de arm van F_{muur} is 4,0 m, fig. 12.10. Dus kunnen we de volgende vergelijking opstellen

$$\Sigma\tau = (4{,}0 \text{ m})F_{muur} - (1{,}5 \text{ m})mg = 0.$$

Dus geldt dat

$$F_{muur} = \frac{(1{,}5 \text{ m})(12{,}0 \text{ kg})(9{,}8 \text{ m/s}^2)}{4{,}0 \text{ m}} = 44 \text{ N}.$$

De krachtenvergelijking voor de componenten in de x-richting levert dan

$$F_{vloerx} = F_{muur} = 44 \text{ N}$$

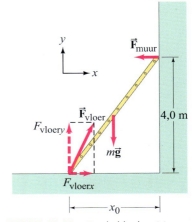

FIGUUR 12.10 Een ladder leunt tegen een muur. Voorbeeld 12.6.

Omdat de componenten van $\vec{F}_{\text{vloer}}$ $F_{\text{vloer}x} = 44$ N en $F_{\text{vloer}y} = 118$ N zijn, is

$$F_{\text{vloer}} = \sqrt{(44\text{ N})^2 + (118\text{ N})^2} = 126\text{ N} \approx 130\text{ N}$$

(afgerond op twee significante cijfers) en werkt onder een hoek met de vloer van

$$\theta = \tan^{-1}(118\text{ N}/44\text{ N}) = 70°.$$

Opmerking De kracht $\vec{F}_{\text{vloer}}$ hoeft *niet* in de lengterichting van de ladder te werken, omdat de ladder star is en niet kan buigen zoals een touw of een kabel.

Opgave F
Waarom kunnen we wel de wrijving van de wand, maar niet die van de vloer buiten beschouwing laten?

12.3 Stabiliteit en balans

Een voorwerp in een statische evenwichtstoestand zal, als het met rust gelaten wordt, geen translatie- of rotatieversnelling ondervinden omdat de som van alle krachten en de som van alle krachtmomenten die erop werken nul zijn. Als het voorwerp echter iets verplaatst wordt, zijn er drie mogelijke gevolgen: (1) het voorwerp keert terug naar de oorspronkelijke plaats (**stabiel evenwicht**); (2) het voorwerp beweegt zelfs verder weg van de oorspronkelijke positie (**instabiel of labiel evenwicht**) of (3) het voorwerp blijft in de nieuwe positie (**neutraal evenwicht**).

Beschouw de volgende voorbeelden. Een bal die vrij opgehangen is aan touwtje, bevindt zich in een stabiel evenwicht. Als de bal naar één kant verplaatst wordt, zal hij terugkeren naar de oorspronkelijke plaats (fig. 12.11a) als gevolg van de nettokracht en het krachtmoment dat erop uitgeoefend wordt. Een potlood dat op de punt balanceert, bevindt zich in een instabiel evenwicht. Als het zwaartepunt zich precies boven de punt bevindt (fig. 12.11b), zullen de nettokracht en het netto krachtmoment erop nul zijn. Maar als het ook maar een heel klein beetje verplaatst wordt, op de manier zoals is weergegeven in de figuur, als gevolg van een minuscule trilling of een zuchtje wind, zal er een krachtmoment op uitgeoefend worden dat ervoor zorgt dat het potlood omvalt in de richting van de oorspronkelijke verplaatsing. Een voorbeeld van een voorwerp in een neutraal evenwicht ten slotte, is een bol die stil op een horizontaal tafelblad ligt. Als de bal iets naar één kant gerold wordt, zal de bal in de nieuwe positie blijven liggen (of aan constante snelheid verder rollen als er geen wrijving of rolweerstand is), aangezien er geen netto krachtmoment op werkt.

In de meeste situaties, zoals bij het ontwerpen van constructies en wanneer het gaat over het menselijk lichaam, zijn we op zoek naar een *stabiele evenwichtstoestand* (ook wel balans genoemd). Over het algemeen zal een voorwerp waarvan het zwaartepunt (ZP) zich onder het ondersteuningspunt bevindt, zoals een bal aan een touwtje, zich in een stabiel evenwicht bevinden. Als het ZP zich boven het ondersteuningsvlak bevindt, wordt het wat lastiger. Bekijk bijvoorbeeld eens de koelkast in fig. 12.12a. Als deze iets gekanteld wordt, zal hij terugkeren naar de oorspronkelijke plaats als gevolg van het krachtmoment dat erop werkt, zoals is weergegeven in fig. 12.12b. Maar als de koelkast te ver gekanteld wordt, fig. 12.12c, zal hij omvallen. Het kritische punt wordt bereikt wanneer het ZP het kantelpunt net passeert. Wanneer het ZP zich aan de ene kant van het kantelpunt bevindt (in fig. 12.12b dus links daarvan), trekt het krachtmoment het voorwerp terug naar het oorspronkelijke ondersteuningsvlak. Als het voorwerp verder kantelt, passeert het ZP het kantelpunt en zorgt het krachtmoment ervoor dat het voorwerp omvalt, fig. 12.12c. *Over het algemeen zal een voorwerp waarvan het zwaartepunt zich boven het ondersteuningsvlak bevindt, zich in een stabiel evenwicht bevinden wanneer de loodlijn uit het zwaartepunt binnen het ondersteuningsvlak valt.* Dit komt doordat de verticaal omhoog gerichte normaalkracht op het voorwerp (die de zwaartekracht in evenwicht houdt) alleen kan worden uitgeoefend binnen het contactoppervlak, dus als de zwaartekracht buiten dit oppervlak werkt, zal er een netto krachtmoment zijn dat het voorwerp laat omvallen.

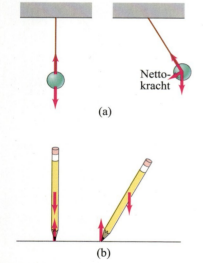

FIGUUR 12.11 (a) Stabiel evenwicht en (b) instabiel evenwicht.

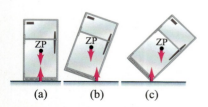

FIGUUR 12.12 Evenwicht van een koelkast op een vlakke vloer.

Stabiliteit is echter een relatief begrip. Een baksteen die op het grootste vlak ligt is veel stabieler dan een baksteen die op het kleinste vlak staat, omdat het bij de eerste veel meer moeite zal kosten om de steen om te laten kantelen. In het extreme geval van het potlood in fig. 12.11b, is het ondersteuningsvlak nagenoeg puntvormig, waardoor zelfs de kleinste verstoring van het evenwicht ervoor zal zorgen dat het potlood omvalt. Over het algemeen kunnen we stellen dat de stabiliteit toeneemt naarmate het ondersteuningsvlak groter is en het ZP zich lager bevindt.

In dat opzicht zijn mensen minder stabiel dan zoogdieren, aangezien die een groter ondersteuningsvlak hebben als gevolg van hun vier poten/benen en meestal ook een lager zwaartepunt hebben. Wanneer je loopt of anderszins beweegt, verplaats je je lichaam voortdurend zodanig dat je ZP zich boven je voeten bevindt. We houden ons hier gelukkig niet steeds bewust mee bezig. Zelfs voor een eenvoudige beweging, zoals een voorwaartse buiging, moet je je heupen naar achter bewegen om ervoor te zorgen dat je ZP zich boven je voeten blijft bevinden. Je kunt dat ook controleren: probeer maar eens je tenen aan te raken wanneer je met je rug en hielen tegen een muur staat. Dat lukt eenvoudigweg niet zonder te vallen. Mensen die zware belastingen dragen, passen hun houding automatisch zodanig aan dat het ZP van de totale massa (van zichzelf en de last) zich boven hun voeten bevindt, fig. 12.13.

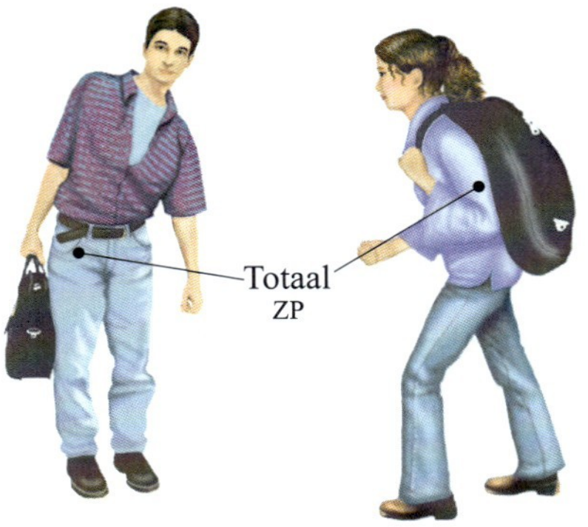

FIGUUR 12.13 Mensen passen hun houding aan wanneer ze een zware belasting moeten dragen om hun stabiliteit te behouden.

12.4 Elasticiteit; materiaalspanning en vervorming

In het eerste deel van dit hoofdstuk hebben we gezien hoe we de krachten op voorwerpen die in evenwicht zijn kunnen berekenen. In dit deel bestuderen we de effecten van deze krachten: elk willekeurig voorwerp verandert van vorm onder invloed van krachten die erop uitgeoefend worden. Als de krachten maar groot genoeg zijn, zal het voorwerp breken of *scheuren*, zoals we zullen zien in paragraaf 12.5.

Elasticiteit en de wet van Hooke

Wanneer er een kracht op een voorwerp uitgeoefend wordt, zoals bij de verticaal opgehangen metalen stang in fig. 12.14, verandert de lengte van dat voorwerp. Als de lengteverandering, $\Delta \ell$, klein is ten opzichte van de lengte van het voorwerp, is uit experimenten gebleken dat $\Delta \ell$ rechtevenredig is met de kracht die op het voorwerp uitgeoefend wordt. Deze evenredigheid, zoals we eerder gezien hebben in paragraaf 7.3, kan geschreven worden als een vergelijking:

$$F = k \Delta \ell. \tag{12.3}$$

Hierin is F de kracht die aan het voorwerp trekt, $\Delta \ell$ de verandering van de lengte van het voorwerp en k een evenredigheidsconstante. Vgl. 12.3, die de **wet van Hooke** genoemd wordt (naar Robert Hooke (1635–1703) die de vergelijking als eerste opstelde) is geldig voor nagenoeg elk willekeurig massief materiaal, maar alleen tot op zekere hoogte.[1] Als de kracht te groot is, rekt het voorwerp verder en zal uiteindelijk breken.

In fig. 12.15 is een typische grafiek weergegeven waarin de uitgeoefende kracht afgezet is tegen de verlenging. Het is gebruikelijk bij dergelijke kracht/vervorming-grafieken de vervorming op de horizontale, en de uitgeoefende kracht op de verticale as te zetten. Dit lijkt verwonderlijk, omdat we de onafhankelijke variabele (de uitgeoefende kracht) op de horizontale as verwachten. De reden hiervoor is de manier waarop typische 'trektesten' uitgevoerd worden: er wordt telkens een bepaalde vervorming opgelegd aan het meetobject, en de bijbehorende vereiste kracht wordt gemeten, zodat de lengteverandering hier de onafhankelijke veranderlijke is.

Tot het punt dat de **evenredigheidsgrens** of **proprotionaliteitsgrens** genoemd wordt, is vgl. 12.3 een goede benadering voor veel gebruikelijke materialen en is de grafiek een rechte lijn. Maar na dit punt wijkt de grafiek af van een rechte lijn en bestaat er

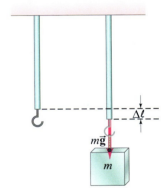

FIGUUR 12.14 De wet van Hooke: $\Delta \ell \propto$ uitgeoefende kracht.

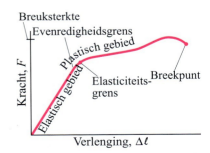

FIGUUR 12.15 Uitgeoefende kracht, afgezet tegen de verlenging voor een gebruikelijk, op trek belast metaal.

---

[1] Het gebruik van de term 'wet' is hier eigenlijk niet correct, omdat de vergelijking in de eerste plaats slechts een benadering is en in de tweede plaats alleen verwijst naar een beperkte verzameling verschijnselen. De meeste natuurkundigen geven er de voorkeur aan om het woord 'wet' alleen te gebruiken voor relaties die dieper, meeromvattend en nauwkeurig zijn, zoals de bewegingswetten van Newton of de wet van behoud van energie.

geen eenvoudige relatie meer tussen F en $\Delta\ell$. Tot een punt verder op de grafiek, de **elasticiteitsgrens**, zal het voorwerp terugkeren naar de oorspronkelijke lengte wanneer de uitgeoefende kracht weggenomen wordt. Het gebied tussen de oorsprong en de elasticiteitsgrens wordt het *elastische gebied* genoemd. Als het voorwerp verder uitgerekt wordt dan de elasticiteitsgrens, komt het in het *plastische gebied* en krijgt dan nooit meer de oorspronkelijke lengte wanneer de uitwendige kracht weggenomen wordt, maar blijft permanent vervormd (zoals je kunt zien als je een paperclip sterk verbuigt). De maximale verlenging wordt bereikt bij het *breekpunt*. De maximale kracht die op een voorwerp uitgeoefend kan worden wordt de **breuksterkte** van het materiaal genoemd (in feite is dit een kracht per oppervlakte-eenheid, zoals we in paragraaf 12.5 zullen zien).

■ Elasticiteitsmodulus (modulus van Young)

De verlenging van een voorwerp, zoals de stang in fig. 12.14, is niet alleen afhankelijk van de kracht die erop uitgeoefend wordt, maar ook van het materiaal waarvan het voorwerp gemaakt is en de afmetingen ervan. We kunnen de constante k in vgl. 12.3 dus in termen van deze factoren beschrijven. Als we staven van hetzelfde materiaal, maar met verschillende lengtes en doorsneden, met elkaar vergelijken, blijkt dat bij dezelfde uitgeoefende kracht, de rek (die we weer klein ten opzichte van de totale lengte veronderstellen) rechtevenredig is met de oorspronkelijke lengte en omgekeerd evenredig met het oppervlak van de doorsnede. Dat wil zeggen dat hoe langer het voorwerp is, hoe meer het zal rekken wanneer er een bepaalde kracht op uitgeoefend wordt en hoe dikker het voorwerp is, hoe minder het langer zal worden. Deze bevindingen kunnen we combineren met vgl. 12.3 tot

$$\Delta\ell = \frac{1}{E}\frac{F}{A}\ell_0, \qquad (12.4)$$

waarin ℓ_0 de oorspronkelijke lengte van het voorwerp is, A het oppervlak van de doorsnede en $\Delta\ell$ de lengteverandering als gevolg van de uitgeoefende kracht F. E is een evenredigheidsconstante die de **elasticiteitsmodulus** of de **modulus van Young** genoemd wordt; de waarde ervan is alleen afhankelijk van het materiaal.[1]

De waarde van de elasticiteitsmodulus is voor verschillende materialen weergegeven in tabel 12.1 (de glijdingsmodulus en de compressiemodulus in deze tabel komen verderop in deze paragraaf aan bod). Omdat E alleen een eigenschap van het materiaal is en onafhankelijk is van de grootte of de vorm van het voorwerp, is vgl. 12.4 veel bruikbaarder voor praktische berekeningen dan vgl. 12.3.

Voorbeeld 12.7 Spanning in een pianosnaar

Een stalen pianosnaar heeft een lengte van 1,60 m en een diameter van 0,20 cm. Hoe groot is de trekkracht in de snaar als deze 0,25 cm rekt wanneer hij gestemd wordt?

Aanpak We veronderstellen dat de wet van Hooke geldig is en gebruiken deze in de vorm van vgl. 12.4, waarbij we in tabel 12.1 E voor staal opzoeken.

Oplossing We lossen de vergelijking op voor F in vgl. 12.4 en merken op dat de doorsnede van de kabel A gelijk is aan $\pi r^2 = (3{,}14)(0{,}0010\text{ m})^2 = 3{,}14\cdot 10^{-6}\text{ m}^2$. In dat geval geldt

$$F = E\frac{\Delta\ell}{\ell_0}A = (2{,}0\times 10^{11}\text{ N/m}^2)\left(\frac{0{,}0025\text{ m}}{1{,}60\text{m}}\right)(3{,}14\times 10^{-6}\text{ m}^2) = 980\text{ N}.$$

Opmerking Door de grote trekkracht in de snaren van een piano moet het frame erg sterk zijn.

---

[1] Het feit dat E in de noemer staat, dus dat $1/E$ de werkelijke evenredigheidsconstante is, is een afspraak. Wanneer we vgl. 12.4 omschrijven tot vgl. 12.5, staat E in de teller.

TABEL 12.1 Elasticiteitsmoduli

Materiaal	Elasticiteitsmodulus, E (N/m²)	Glijdingsmodulus, G (N/m²)	Compressiemodulus, K (N/m²)
Vaste stoffen			
Gietijzer	$100 \cdot 10^9$	$40 \cdot 10^9$	$90 \cdot 10^9$
Staal	$200 \cdot 10^9$	$80 \cdot 10^9$	$140 \cdot 10^9$
Messing	$100 \cdot 10^9$	$35 \cdot 10^9$	$80 \cdot 10^9$
Aluminium	$70 \cdot 10^9$	$25 \cdot 10^9$	$70 \cdot 10^9$
Beton	$20 \cdot 10^9$		
Baksteen	$14 \cdot 10^9$		
Marmer	$50 \cdot 10^9$		$70 \cdot 10^9$
Graniet	$45 \cdot 10^9$		$45 \cdot 10^9$
Hout (vuren)			
(evenwijdig aan de nerf)	$10 \cdot 10^9$		
(loodrecht op de nerf)	$1 \cdot 10^9$		
Nylon	$5 \cdot 10^9$		
Bot (ledemaat)	$15 \cdot 10^9$	$80 \cdot 10^9$	
Vloeistoffen			
Water			$2{,}0 \cdot 10^9$
Alcohol (ethyl)			$1{,}0 \cdot 10^9$
Kwik			$2{,}5 \cdot 10^9$
Gassen[†]			
Lucht, H_2, He, CO_2			$1{,}01 \cdot 10^5$

† Bij normale atmosferische druk; geen temperatuursverandering tijdens het proces.

Opgave G
Twee staaldraden hebben dezelfde lengte en worden met dezelfde trekkracht belast. Draad A heeft echter een tweemaal zo grote diameter dan draad B. Welke van de volgende stellingen is waar? (*a*) Draad B rekt twee keer zo ver uit als draad A. (*b*) Draad B rekt vier zo ver uit als draad A. (*c*) Draad A rekt twee keer zo ver uit als draad B. (*d*) Draad A rekt vier keer zo ver uit als draad B. (*e*) Beide draden rekken even veel uit.

Spanning en vervorming

Uit vgl. 12.4 blijkt dat de verandering van de lengte van een voorwerp rechtevenredig is met het product van de lengte van het voorwerp ℓ_0 en de kracht per oppervlakte-eenheid F/A die erop uitgeoefend wordt. De kracht per oppervlakte-eenheid wordt meestal gedefinieerd als de **spanning**:

$$\text{spanning} = \frac{\text{kracht}}{\text{oppervlak}} = \frac{F}{A},$$

die in SI-eenheden de eenheid N/m² heeft. Op dezelfde manier wordt de vervorming gedefinieerd als de verhouding van de verandering van de lengte ten opzichte van de oorspronkelijke lengte:

$$\text{vervorming} = \frac{\text{verandering in lengte}}{\text{oorspronkelijke lengte}} = \frac{\Delta \ell}{\ell_0},$$

en is dimensieloos (geen eenheden). Vervorming is dus de relatieve verandering van de lengte van het voorwerp en is een maat voor de vormverandering van de stang. Spanning in een materiaal wordt veroorzaakt door uitwendige oorzaken, terwijl vervorming de reactie van het materiaal is op de spanning. We kunnen vgl. 12.4 ook schrijven als

$$\frac{F}{A} = E \frac{\Delta \ell}{\ell_0} \tag{12.5}$$

of

$$E = \frac{F/A}{\Delta \ell / \ell_0} = \frac{\text{spanning}}{\text{vervorming}}.$$

We zien dus dat de vervorming rechtevenredig is met de spanning in het lineaire gebied in fig. 12.15.

■ Trek, druk en afschuiving

De stang in fig. 12.16a wordt door *trek* belast (of ondervindt een **trekspanning**). Er werkt niet alleen een kracht aan de onderzijde van de stang die deze omlaag trekt, maar omdat de stang in evenwicht is, weten we ook dat de ondersteuning aan de bovenkant een gelijke[1] verticaal omhoog gerichte kracht uitoefent op de bovenzijde van de stang, fig. 12.16a. Deze trekspanning bestaat in feite in het hele materiaal. Veronderstel bijvoorbeeld de onderste helft van een opgehangen stang, zoals is weergegeven in fig. 12.16b. Deze onderste helft is in evenwicht, dus moet er een verticaal omhoog gerichte kracht aanwezig zijn om de verticaal omlaag kracht aan de onderzijde in evenwicht te houden. Waardoor wordt deze verticaal omhoog gerichte kracht uitgeoefend? Dit moet de bovenste helft van de stang zijn. We zien dus dat de uitwendige krachten die op een voorwerp uitgeoefend worden, inwendige krachten, of spanning, in het materiaal zelf veroorzaken.

Vormverandering of vervorming als gevolg van trekspanning is maar één vorm van een spanning waaraan materialen blootgesteld kunnen worden. Er zijn twee andere gebruikelijke soorten spanningen: drukspanning en schuifspanning. **Drukspanning** is de exacte tegenpool van trekspanning. In plaats van uitgerekt te worden, wordt het materiaal samengedrukt: de krachten werken naar de binnenzijde van het voorwerp. Kolommen die een gewicht ondersteunen, zoals de kolommen van een Griekse tempel (fig. 12.17), worden belast door druk, of worden blootgesteld aan een drukspanning. De vergelijkingen 12.4 en 12.5 zijn geldig voor zowel druk- als trekbelastingen en de waarden voor de modulus E zijn meestal gelijk.

In fig. 12.18 zie je voorbeelden van trekspanning, drukspanning en nog een derde type, schuifspanning. Een voorwerp dat op **afschuiving** belast wordt, wordt belast met gelijke, maar tegengesteld gerichte krachten *die aangrijpen op* tegenover elkaar liggende zijden. Een eenvoudig voorbeeld hiervan is een boek of een baksteen die vast op een tafelblad bevestigd is en waarop een kracht uitgeoefend wordt evenwijdig aan het oppervlak van het tafelblad. De tafel oefent een even grote, maar tegengesteld gerichte kracht uit op het onderste oppervlak van het boek of de baksteen. Hoewel de afmetingen van het voorwerp niet significant veranderen, verandert de vorm van het voorwerp wel, fig. 12.18c. Om de afschuifhoek te berekenen kunnen we een vergelijking gebruiken die vergelijkbaar is met vgl. 12.4:

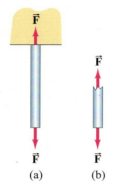

FIGUUR 12.16 Spanning is iets dat bestaat *in* het materiaal.

FIGUUR 12.17 Bij deze Griekse tempel, die 2500 jaar geleden in Agrigento op Sicilië gebouwd werd, kun je de constructie met kolommen en liggers duidelijk zien.

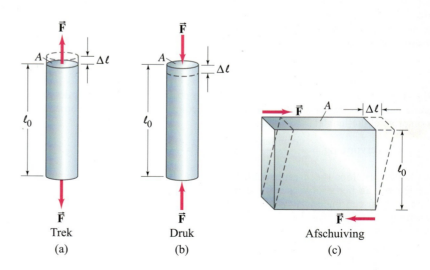

Trek (a)   Druk (b)   Afschuiving (c)

---

[1] Of een grotere kracht, als het gewicht van de stang niet verwaarloosbaar is ten opzichte van F.

$$\Delta\ell = \frac{1}{G}\frac{F}{A}\ell_0, \qquad (12.6)$$

maar $\Delta\ell$, ℓ_0 en A moeten anders geïnterpreteerd worden, zoals te zien is in fig. 12.18c. Merk op dat A het oppervlak is van het vlak *evenwijdig* aan de uitgeoefende kracht (en niet loodrecht daarop, zoals bij trek en druk) en $\Delta\ell$ staat *loodrecht* op ℓ_0. De evenredigheidsconstante G wordt de **glijdingsmodulus** genoemd en is over het algemeen twee tot drie maal zo klein als de elasticiteitsmodulus E (zie tabel 12.1). In fig. 12.19 kun je zien waarom $\Delta\ell \propto \ell_0$: het dikkere boek beweegt meer als gevolg van dezelfde afschuifkracht.

Volumeverandering, compressiemodulus

Als een voorwerp aan alle zijden blootgesteld wordt aan drukkrachten, zal het volume ervan kleiner worden. Een veelvoorkomend voorbeeld daarvan is een voorwerp dat ondergedompeld is in een vloeistof; de vloeistof oefent in alle richtingen een druk uit op het voorwerp, zoals we zullen zien in hoofdstuk 13. *Druk* is gedefinieerd als kracht per oppervlakte-eenheid en is dus het equivalent van spanning. In die situatie is de volumeverandering, ΔV, rechtevenredig met het oorspronkelijke volume, V_0, en de drukverandering, ΔP. Dit betekent dat er een relatie bestaat die een vergelijkbare vorm heeft als vgl. 12.4, maar de evenredigheidsconstante heet bij dit geval de **compressiemodulus** K:

$$\frac{\Delta V}{V_0} = -\frac{1}{K}\Delta P \qquad (12.7)$$

of

$$K = -\frac{\Delta P}{\Delta V/V_0}.$$

Het minteken geeft aan dat het volume *afneemt* wanneer de druk toeneemt.
In tabel 12.1 zijn een aantal waarden voor de compressiemodulus van verschillende materialen weergegeven. Omdat vloeistoffen en gassen geen eigen vorm hebben en een vormverandering dus geen noemenswaardige kracht vereist, is daar alleen de compressiemodulus van toepassing.

12.5 Breuk

Als de spanning op een massief voorwerp te groot wordt, zal het voorwerp scheuren of breken (fig. 12.20). In tabel 12.2 zijn de breuksterktes van een aantal materialen weergegeven bij een trek-, druk- en afschuifbelasting. Deze waarden vertegenwoordigen de maximale kracht per oppervlakte-eenheid, de spanning, die een voorwerp kan weerstaan onder elk van de drie genoemde belastingen. Het zijn echter niet meer dan indicatieve waarden: de werkelijke waarde voor een bepaald voorwerp kan aanzienlijk afwijken. Het is daarom noodzakelijk om een *veiligheidsfactor* van 3 tot zelfs wel 10 te gebruiken: de werkelijke spanningen op een constructie mogen niet meer dan een tiende tot een derde van de waarden in de tabel bedragen. Er zijn ook tabellen met 'toelaatbare spanningen', waarin deze veiligheidsfactoren al verwerkt zijn.

FIGUUR 12.18 De drie soorten spanningen voor starre voorwerpen.

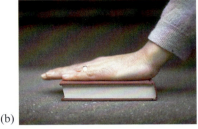

FIGUUR 12.19 Het dikkere boek (a) schuift meer dan het dunnere boek (b) onder invloed van dezelfde uitgeoefende afschuifkracht.

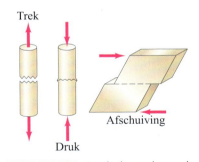

FIGUUR 12.20 Breuk als gevolg van de drie soorten spanningen.

Voorbeeld 12.8 Schatten   Een pianosnaar breken

De stalen pianosnaar die we in voorbeeld 12.7 gezien hebben, was 1,60 m lang en had een diameter van 0,20 cm. Bij welke trekkracht zal deze breken?

Aanpak We stellen de trekspanning F/A gelijk aan de treksterkte van staal die we in tabel 12.2 kunnen vinden.

Oplossing Het oppervlak van de kabel is $A = \pi r^2$, waarin $r = 0{,}10$ cm $= 1{,}0 \cdot 10^{-3}$ m. Uit tabel 12.2 blijkt dat

$$\frac{F}{A} = 500 \times 10^6 \text{ N/m}^2,$$

FIGUUR 12.21 Een balk zakt door, ten minste een klein beetje (maar hier sterk overdreven), door zijn eigen gewicht. De balk verandert dus van vorm: de bovenrand wordt samengedrukt en de onderrand wordt uitgerekt (wordt langer). Er is ook een afschuifspanning aanwezig in de balk.

TABEL 12.2 Breuksterktes van materialen (kracht/oppervlak)

Materiaal	Treksterkte (N/m²)	Druksterkte (N/m²)	Afschuifsterkte (N/m²)
Gietijzer	$170 \cdot 10^6$	$550 \cdot 10^6$	$170 \cdot 10^6$
Staal	$500 \cdot 10^6$	$500 \cdot 10^6$	$250 \cdot 10^6$
Messing	$250 \cdot 10^6$	$250 \cdot 10^6$	$200 \cdot 10^6$
Aluminium	$200 \cdot 10^6$	$200 \cdot 10^6$	$200 \cdot 10^6$
Beton	$2 \cdot 10^6$	$20 \cdot 10^6$	$2 \cdot 10^6$
Baksteen		$35 \cdot 10^6$	
Marmer		$80 \cdot 10^6$	
Graniet		$170 \cdot 10^6$	
Hout (vuren) (evenwijdig aan de nerf)	$40 \cdot 10^6$	$35 \cdot 10^6$	$5 \cdot 10^6$
(loodrecht op de nerf)		$10 \cdot 10^6$	
Nylon	$500 \cdot 10^6$		
Bot (ledemaat)	$130 \cdot 10^6$	$170 \cdot 10^6$	

dus de snaar zal waarschijnlijk breken als de kracht groter wordt dan

$$F = (500 \times 10^6 \text{ N/m}^2)(\pi)(1{,}0 \times 10^{-3} \text{ m})^2 = 1600 \text{ N}.$$

FIGUUR 12.22 Ingegoten stalen staven maken beton sterker.

Zoals te zien is in tabel 12.2, is beton (net als steen en baksteen) redelijk sterk bij drukbelastingen, maar erg zwak wanneer het op trek belast wordt. Beton is dus uitstekend geschikt om toegepast te worden in verticale kolommen die op druk belast worden, maar helemaal niet voor een ligger, omdat het nauwelijks trekkrachten kan opnemen die het gevolg zijn van het onvermijdelijke doorhangen van de onderrand van een balk (zie fig. 12.21).

Gewapend beton, waarbij ijzeren staven in het beton ingebed worden (fig. 12.22), is veel sterker. Maar nog sterker is *voorgespannen beton*, waarin ook ijzeren staven of kabels gebruikt worden, die echter tijdens het gieten en uitharden van het beton opgespannen worden. Nadat het beton uitgehard is, wordt de trekkracht op de staven of de kabels weggenomen, waardoor het beton op druk belast wordt (door de elastische lengteverandering van het ijzer). De hoeveelheid drukspanning wordt vooraf zorgvuldig bepaald, zodat de belastingen die door de ligger in de constructie opgenomen moeten worden, de drukkracht aan de onderrand verminderen, maar nooit zoveel dat het beton op trek belast wordt.

Een tragische instorting

Conceptvoorbeeld 12.9 Een tragische constructiewijziging

Twee loopbruggen boven elkaar zijn opgehangen aan verticale stangen aan de dakconstructie van een hoge lobby in een hotel, fig. 12.23a. De constructeur had in het ontwerp 14 m lange stangen voorgeschreven, maar deze bleken bij het bouwen van de constructie erg onhandelbaar te zijn, waardoor de bouwers besloten de lange stangen te vervangen door twee kortere, op de manier zoals is weergegeven in fig. 12.23b. Bereken de nettokracht die door de stangen op de ondersteunende pen A uitgeoefend wordt bij elke uitvoering (als je ervan uitgaat dat de gebruikte pen steeds even groot is). Veronderstel dat elke verticale stang een massa m van elke loopbrug ondersteunt.

Antwoord De enkele lange verticale stang in fig. 12.23a oefent een verticaal omhoog gerichte kracht uit die gelijk is aan mg op pen A om de massa m van de bovenste loopbrug te ondersteunen. Waarom? Omdat de pen in evenwicht is en de andere kracht die deze kracht compenseert de verticaal omlaag gerichte kracht mg is die erop uitgeoefend wordt door de bovenste loopbrug (fig. 12.23c). Er is dus een schuifspanning op de pin, omdat de stang er aan één kant aan trekt en de loopbrug aan de andere kant. De situatie met de twee kortere stangen om de loopbruggen te ondersteunen (fig. 12.23b) is weergegeven in fig. 12.23d, waarin alleen de verbindingen met de bovenste luchtbrug weergegeven zijn. De onderste stang oefent een kracht mg uit, verticaal omlaag, op de onderste van de twee pennen, omdat deze de

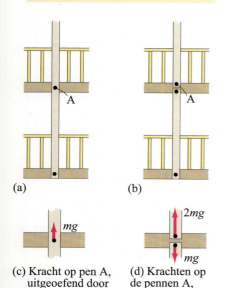

FIGUUR 12.23 Voorbeeld 12.9.

onderste luchtbrug ondersteunt. De bovenste stang oefent een kracht $2mg$ uit op de bovenste pen (A), omdat de bovenste stang de beide luchtbruggen ondersteunt. We zien dus dat de spanning in pen A *verdubbelde* doordat de bouwers besloten de enkele lange stang te vervangen door twee kortere. Wat op het eerste gezicht een eenvoudige, praktische aanpassing van het ontwerp leek, was uiteindelijk de oorzaak van een tragische instorting van de constructie in 1981, waarbij meer dan 100 mensen om het leven kwamen (zie fig. 12.1). Een gevoel voor natuurkunde en de vaardigheid om eenvoudige berekeningen te maken op basis van natuurkundige principes, kan een grote invloed op jouw leven, maar ook op dat van anderen, hebben.

Voorbeeld 12.10 Afschuiving op een balk

Een homogene vurenhouten ligger van 3,6 m lang en een dwarsdoorsnede van 9,5 cm × 14 cm, rust met de uiteinden op twee ondersteuningen, op de manier zoals is weergegeven in fig. 12.24. De massa van de balk is 25 kg. De balk ondersteunt op zijn beurt twee verticale dakondersteuningsbalken die regelmatig verdeeld op de balk geplaatst zijn. Hoe groot kan de maximale belasting, F_L op elke verticale balk zijn, zonder dat de liggende vuren balk bezwijkt? Gebruik een veiligheidsfactor van 5,0.

Aanpak De aanwezige symmetrie vereenvoudigt de berekening. Eerst bepalen we de afschuifsterkte van vurenhout in tabel 12.2 en gebruiken de veiligheidsfactor van 5,0 voor F met $F/A \; \frac{1}{5}$ (afschuifsterkte). Vervolgens gebruiken we $\Sigma\tau = 0$ om F_L te bepalen.

Oplossing Elke ondersteuning oefent een verticaal omhoog gerichte kracht F uit (de constructie is symmetrisch) die maximaal (zie tabel 12.2)

$$F = \frac{1}{5} A (5 \times 10^6 \text{ N/m}^2) = \frac{1}{5} (0{,}095 \text{ m})(0{,}14 \text{ m})(5 \times 10^6 \text{ N/m}^2) = 13.000 \text{ N}.$$

mag worden. Om de maximale belasting F_L te bepalen, berekenen we het krachtmoment om het linker uiteinde van de balk (linksom = positief):

$$\Sigma\tau = -F_L(1{,}2 \text{ m}) - (25 \text{ kg})(9{,}8 \text{ m/s}^2)(1{,}8 \text{ m}) - F_L(2{,}4 \text{ m}) + F(3{,}6 \text{ m}) = 0$$

Elke dakondersteuning mag dus een kracht uitoefenen van

$$F_L = \frac{(13.000 \text{ N})(3{,}6 \text{ m}) - (250 \text{ N})(1{,}8 \text{ m})}{(1{,}2 + 2{,}4)} = 13.000 \text{ N}.$$

De totale dakmassa die de balk kan ondersteunen is $(2)(13.000 \text{ N})/(9{,}8 \text{ m/s}^2) = 2600$ kg.

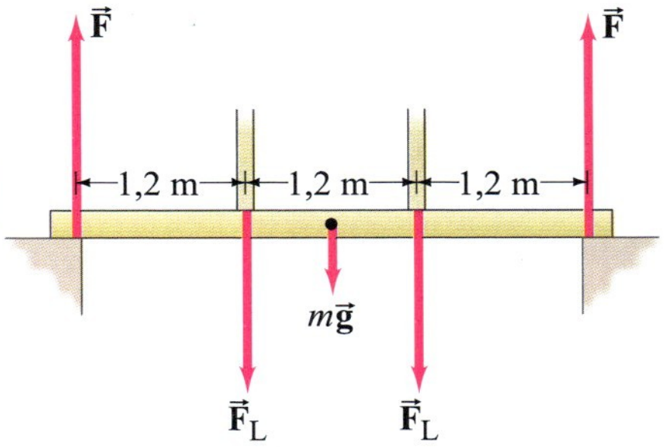

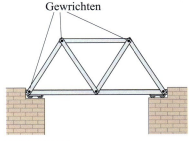

FIGUUR 12.24 Voorbeeld 12.10.

*12.6 Vakwerken en bruggen

Een liggende balk (die meestal een ligger genoemd wordt) wordt gebruikt voor een overspanning, zoals een brug, en wordt daarbij blootgesteld aan alledrie de soorten spanningen die we in fig. 12.21 gezien hebben: druk, trek en afschuiving. Een veelgebruikte constructieve oplossing voor grote overspanningen is het *vakwerk*, waarvan in fig. 12.25 een voorbeeld is weergegeven. De eerste die houten vakwerkbruggen ontwierp was de fameuze architect Andrea Palladio (1518-1580), die bekend was om zijn ontwerpen van openbare gebouwen en villa's. Met de introductie van staal in de negentiende eeuw werd het mogelijk om veel sterkere vakwerken te construeren, hoewel houten vakwerken tot op de dag van vandaag nog veel toegepast worden als ondersteuning van daken voor huizen (fig. 12.26).

In essentie is een **vakwerkconstructie** een verzameling stangen of staven, die aan hun uiteinden met pennen of klinknagels aan elkaar bevestigd zijn, altijd in de vorm van driehoeken. (Driehoeken zijn relatief stabiel in vergelijking tot rechthoeken, omdat deze laatste bij zijdelingse belastingen gemakkelijk vervormen tot een parallellogram en daardoor bezwijken.) De plaats waar de staven met een pen aan elkaar bevestigd worden, wordt een **knoop** genoemd.

FIGUUR 12.25 Een vakwerkbrug.

FIGUUR 12.26 Een vakwerkdakconstructie.

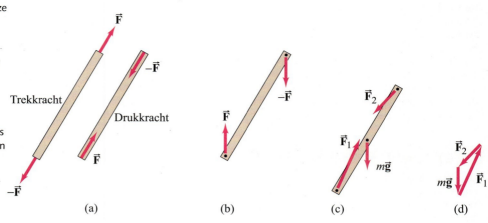

FIGUUR 12.27 (a) Elke massaloze steunbalk (of staaf) van een vakwerkconstructie neemt ofwel een trekkracht of een drukkracht op. (b) De twee even grote, maar tegengesteld gerichte krachten moet dezelfde werklijn hebben, omdat er anders een netto krachtmoment zou zijn. (c) Echte vakwerkstaven hebben massa, dus de krachten $\vec{F}_1$ en $\vec{F}_2$ in de knopen van de constructie werken niet exact in de richting van de staaf. (d) Vectordiagram voor (c).

Bij het maken van berekeningen aan vakwerken is het uitgangspunt dat elke vakwerkstaaf alleen op druk of alleen op trek belast wordt en dat de krachten in de lengte van elke staaf werken, fig. 12.27a. Dit is een ideale voorstelling van zaken en alleen geldig als een staaf geen massa heeft en geen gewicht ondersteunt. Alleen in dat geval werken er slechts twee krachten op de staaf, aan de uiteinden, op de manier zoals is weergegeven in fig. 12.27a. Als de staaf in evenwicht is, moeten deze twee krachten even groot en tegengesteld gericht zijn $(\Sigma \vec{F} = 0)$. Maar zouden ze ook niet onder een hoek kunnen werken, zoals in fig. 12.27b? Het antwoord is nee, omdat in dat geval $\Sigma \vec{\tau}$ niet nul zou zijn. De twee krachten *moeten* in de richting van de staaf werken als die in evenwicht is. Maar in een praktische toepassing heeft een staaf wel een massa en werken er drie krachten op, zoals is weergegeven in fig. 12.27c, en werken $\vec{F}_1$ en $\vec{F}_2$ niet in de richting van de steunbalk. In het vectordiagram in fig. 12.27d is $\Sigma \vec{F} = \vec{F}_1 + \vec{F}_2 + m\vec{g} = 0$. Zie je waarom $\vec{F}_1$ en $\vec{F}_2$ allebei naar één kant van de staaf gericht zijn? (Bepaal $\Sigma \tau$ om elk uiteinde.)

Bekijk nu nog eens de balk in voorbeeld 12.5, fig. 12.9. De kracht $\vec{F}_H$ op de pen is *niet* gericht in het verlengde van de balk, maar werkt onder een hoek omhoog. Als de balk geen massa zou hebben, moet volgens vgl. (iii) in voorbeeld 12.5 waarin $m = 0$, $F_{Hy} = 0$ zijn en $\vec{F}_H$ gericht zijn langs de ligger.

De aanname dat de krachten in elke staaf van een vakwerk eenduidig zijn (ofwel trek, ofwel druk) in de richting van de staaf is echter nog steeds erg handig wanneer de belastingen alleen aangrijpen in de knopen en veel groter zijn dan het gewicht van de staven zelf.

Natuurkunde in de praktijk

Een vakwerkbrug

Oplossingsstrategie

De knopenmethode

Voorbeeld 12.11 Een vakwerkbrug

Bereken de trek- of drukkracht in alle staven van de vakwerkbrug in fig. 12.28a. De brug is 64 m lang en ondersteunt een homogeen vlak betonnen wegdek met een totale massa van $1{,}40 \cdot 10^6$ kg. Gebruik de **knopenmethode**, waarvoor je (1) een vrijlichaamsschema van het vakwerk als geheel moet tekenen en (2) een vrijlichaamsschema voor elk van de pennen (knopen) en stel $\Sigma \vec{F} = 0$ voor elke pen. Laat de massa van de staven buiten beschouwing. Veronderstel dat alle driehoeken gelijkzijdig zijn.

Aanpak Elke brug bestaat uit twee vakwerken, een aan elke kant van de weg. Beschouw maar één vakwerk, fig. 12.28a, dat de helft van het gewicht van de weg ondersteunt. Het vakwerk ondersteunt dus een totale massa $M = 7{,}0 \cdot 10^5$ kg. Eerst tekenen we een vrijlichaamsschema voor het vakwerk als geheel, waarbij we veronderstellen dat dit gedragen wordt door ondersteuningen die verticaal omhoog gerichte krachten $\vec{F}_1$ en $\vec{F}_2$ uitoefenen, fig. 12.28b. We veronderstellen dat de massa van de weg geconcentreerd is in het middelpunt, in pen C, op de manier zoals is weergegeven in de figuur. Vanwege de symmetrie kunnen we zien dat beide uiteinden de helft van het gewicht ondersteunen [je kunt ook een krachtmomentvergelijking opstellen om bijvoorbeeld punt A: $(F_2)(\ell) - Mg(\ell/2) = 0$], dus

$$F_1 = F_2 = \tfrac{1}{2}Mg.$$

Oplossing We bekijken pen A en passen daar $\Sigma \vec{F} = 0$ op toe. We labelen de krachten op pen A als gevolg van elke steunbalk met twee indexen: we gebruiken dus $\vec{F}_{AB}$ voor de kracht die door staaf AB uitgeoefend wordt en $\vec{F}_{AC}$ voor de kracht die door staaf AC uitgeoefend wordt. $\vec{F}_{AB}$ en $\vec{F}_{AC}$ zijn gericht langs die staven. Maar omdat we niet weten of de krachten trek- of drukkrachten zijn, zouden we vier verschillende vrijlichaamsschema's kunnen tekenen, zoals in fig. 12.28c. Alleen in het meest linkse vrijlichaamsschema kan $\Sigma \vec{F} = 0$, zijn, dus weten we onmiddellijk de richtingen van $\vec{F}_{AB}$ en $\vec{F}_{AC}$.[1]
Deze krachten werken op de pen. De kracht die pen A uitoefent op staaf AB is tegengesteld gericht aan $\vec{F}_{AB}$ (de derde wet van Newton), dus staaf AB wordt op druk belast en staaf AC op trek. We kunnen nu de groottes berekenen van $\vec{F}_{AB}$ en $\vec{F}_{AC}$. In pen A:

$$\Sigma F_x = F_{AC} - F_{AB} \cos 60° = 0$$

$$\Sigma F_y = F_1 - F_{AB} \sin 60° = 0.$$

Dus geldt dat

$$F_{AB} = \frac{F_1}{\sin 60°} = \frac{\tfrac{1}{2}Mg}{\tfrac{1}{2}\sqrt{3}} = \frac{1}{\sqrt{3}}Mg,$$

wat gelijk is aan $(7{,}0 \times 10^5 \text{ kg})(9{,}8 \text{ m/s}^2)/\sqrt{3} = 4{,}0 \times 10^6$ N; en

$$F_{AC} = F_{AB} \cos 60° = \frac{1}{2\sqrt{3}} Mg.$$

Vervolgens bekijken we pen B, waarvoor het vrijlichaamsschema weergegeven is in fig. 12.28d. Overtuig jezelf ervan dat als $\vec{F}_{BD}$ of $\vec{F}_{BC}$ tegengesteld gericht zouden zijn, $\Sigma \vec{F}$ niet nul zou kunnen zijn; merk op dat $\vec{F}_{BA} = -\vec{F}_{AB}$ (en $F_{BA} = F_{AB}$), omdat we nu kijken naar het andere uiteinde van staaf AB. We zien dat BC ook op trek belast wordt en BD op druk. (De krachten op de staven zijn immers tegengesteld aan de krachten op de pen, waarvoor we het vrijlichaamsschema getekend hebben.) We stellen $\Sigma \vec{F} = 0$:

$$\Sigma F_x = F_{BA} \cos 60° + F_{BC} \cos 60° - F_{BD} = 0$$

$$\Sigma F_y = F_{BA} \sin 60° - F_{BC} \sin 60° = 0.$$

In dat geval geldt, omdat $F_{BA} = F_{AB}$, dat

$$F_{BC} = F_{AB} = \frac{1}{\sqrt{3}} Mg,$$

en

$$F_{BD} = F_{AB} \cos 60° + F_{BC} \cos 60° = \frac{1}{\sqrt{3}} Mg \left(\tfrac{1}{2}\right) + \frac{1}{\sqrt{3}} Mg \left(\tfrac{1}{2}\right) = \frac{1}{\sqrt{3}} Mg.$$

Hiermee hebben we alle vragen beantwoord. Als gevolg van de symmetrie is $F_{DE} = F_{AB}$, $F_{CE} = F_{AC}$ en $F_{CD} = F_{BC}$.

Opmerking Als controle kun je ΣF_x en ΣF_y berekenen voor pen C om te zien of die gelijk zijn aan nul. In fig. 12.28e is het vrijlichaamsschema weergegeven.

In voorbeeld 12.11 is de belasting van de weg geconcentreerd in het middelpunt, C. Maar veronderstel nu eens dat er een zware vrachtwagen op de brug staat, halverwege staaf AC, zoals is weergegeven in fig. 12.29a. De staaf AC zakt door onder deze belasting, zodat er een schuifspanning in staaf AC zal ontstaan. In fig. 12.29b zijn de krachten weergegeven die op staaf AC uitgeoefend worden: het gewicht van de vrachtwagen $m\vec{g}$, en de krachten $\vec{F}_A$ en $\vec{F}_C$ die de pennen A en C op de staaf uitoefenen. [Merk op dat $\vec{F}_1$ niet weergegeven wordt, omdat dit een kracht is (uitgeoefend door de uitwendige ondersteuningen) die op pen A werkt, niet op staaf AC.] De krachten die de pennen A en C op staaf AC uitoefenen, zullen niet alleen in de richting van de staaf werken, maar ook verticale componenten hebben die loodrecht op

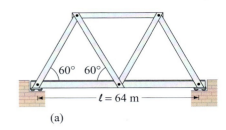

(a)

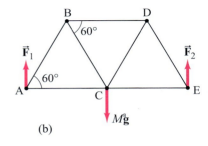

(b)

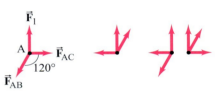

(c) Pen A (verschillende aannames)

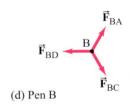

(d) Pen B

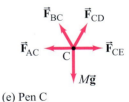

(e) Pen C

FIGUUR 12.28 Voorbeeld 12.11.
(a) Een vakwerkbrug.
Vrijlichaamsschema's:
(b) voor het hele vakwerk,
(c) voor pen A (verschillende aannames),
(d) voor pen B en
(e) voor pen C.

---

[1] Als we de richting van een kracht verkeerd zouden tekenen, zouden we bij de berekening tot de ontdekking komen dat die kracht negatief is.

FIGUUR 12.29 (a) Vakwerk met vrachtwagen met een massa m die geconcentreerd is in het middelpunt van staaf AC. (b) Krachten op staaf AC.

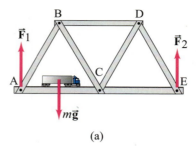

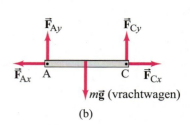

(a) (b)

FIGUUR 12.30 Hangbruggen (de Brooklyn bridge en de Manhattan bridge, New York).

de staaf staan om het gewicht van de vrachtwagen, $m\vec{g}$, in evenwicht te houden. Deze krachten veroorzaken schuifspanningen. De andere staven die geen gewicht ondersteunen, worden zuiver op trek of druk belast. In de vraagstukken 53 en 54 kom je deze situatie tegen en je kunt de krachten $\vec{F}_A$ en $\vec{F}_C$ snel berekenen met behulp van krachtmomentvergelijkingen voor de staaf.

Als bruggen erg groot zijn, worden de vakwerkconstructies te zwaar. Een oplossing voor dat probleem is om hangende bruggen te bouwen, waarbij de belasting opgevangen wordt door relatief lichte kabels die op trek belast worden. Deze kabels ondersteunen het wegdek met behulp van dicht bij elkaar eraan bevestigde verticale kabels die op hun beurt weer aan het wegdek bevestigd zijn, op de manier zoals is weergegeven in fig. 12.30 en op de foto op de eerste pagina van dit hoofdstuk.

 Natuurkunde in de praktijk

Hangbrug

Voorbeeld 12.12 Hangbrug

Bepaal de vorm van de kabel tussen de twee torens van een hangbrug (zoals in fig. 12.30), als het gewicht van het wegdek gelijkmatig verdeeld is over de lengte ervan. Laat het gewicht van de kabel buiten beschouwing.

Aanpak We kiezen $x = 0$ en $y = 0$ in het middelpunt van de overspanning, op de manier zoals is weergegeven in fig. 12.31. $\vec{F}_{T0}$ is de trekkracht in de kabel in $x = 0$; deze werkt horizontaal, op de manier zoals is weergegeven in de figuur. F_T is de trekkracht in de kabel op een plaats waarvan de horizontale coördinaat x is, zoals is weergegeven in de figuur. Dit kabeldeel ondersteunt een stuk wegdek waarvan het gewicht w rechtevenredig is met de afstand x, omdat het wegdek homogeen is. Dus geldt,

$$w = \lambda x$$

waarin λ het gewicht per eenheid van lengte is

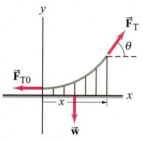

FIGUUR 12.31 Voorbeeld 12.12.

Oplossing We stellen $\Sigma \vec{F} = 0$:

$$\Sigma F_x = F_T \cos\theta - F_{T0} = 0$$
$$\Sigma F_y = F_T \sin\theta - w = 0.$$

We delen twee vergelijkingen door elkaar,

$$\tan\theta = \frac{w}{F_{T0}} = \frac{\lambda x}{F_{T0}}.$$

De richtingscoëfficiënt van de kromme (de kabel) is op een willekeurig punt

$$\frac{dy}{dx} = \tan\theta$$

of

$$\frac{dy}{dx} = \frac{\lambda}{F_{T0}} x.$$

We integreren dit resultaat:

$$\int dy = \frac{\lambda}{F_{T0}} \int x\, dx$$
$$y = Ax^2 + B$$

waarin A gelijk is aan $\lambda/(2F_{T0})$ en B een integratieconstante is. Dit is precies de vergelijking van een parabool.

Opmerking Echte bruggen worden gebouwd met kabels die wel degelijk een massa hebben, dus de vorm van de kabels benadert slechts die van een parabool. De benadering is echter behoorlijk nauwkeurig.

FIGUUR 12.32 Ronde bogen in het Forum Romanum. De boog op de achtergrond is de triomfboog van Titus.

FIGUUR 12.33 Hier wordt een boog gebruikt om een kloof aan de kust van Californië te overbruggen.

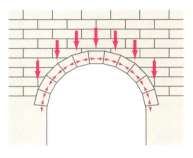

FIGUUR 12.34 Bouwstenen in een ronde boog (zie fig. 12.32) worden voornamelijk op druk belast.

*12.7 Bogen en koepels

Constructeurs en architecten kunnen op verschillende manieren een overspanning vormgeven, zoals bijvoorbeeld met liggers, vakwerken en hangbruggen. In deze paragraaf bespreken we twee andere constructies: bogen en koepels.

De halfcirkelvormige **boog** (fig. 12.32 en 12.33) werd 2000 jaar geleden door de Romeinen geïntroduceerd. Deze boog was niet alleen fraai, maar het was ook een enorme technologische innovatie. Het voordeel van deze halfcirkelvormige boog is dat, als deze goed geconstrueerd is, de wigvormige stenen voornamelijk op druk belast worden, ook wanneer de belasting zwaar is door bijvoorbeeld een wand of een dakconstructie van een kathedraal. Omdat de stenen tegen elkaar aan gedrukt worden, worden ze voornamelijk op druk belast (zie fig. 12.34). Merk echter wel op dat de boog zowel horizontale als verticale krachten op de ondersteuningen overbrengt. Een ronde boog die uit een groot aantal zorgvuldig uitgehakte stenen bestaat, kan een erg grote afstand overspannen. Om de horizontale componenten van de krachten af te steunen, zijn behoorlijk grote zijdelingse ondersteuningen nodig (bijvoorbeeld in de vorm van steunberen of luchtbogen).

De spitsboog ontstond omstreeks 1100 na Christus en werd het kenmerk van de grote gotische kathedralen. Ook dit was een belangrijke technische innovatie en werd in eerste instantie gebruikt om zware constructies, zoals de toren en het middenschipdak van een kathedraal te ondersteunen. De bouwers realiseerden zich dat de krachten als gevolg van het gewicht, doordat de boog spits was, meer in verticale richting opgevangen konden worden, waardoor er minder horizontale steunberen nodig waren. De spitsboog verminderde de belasting op de muren, waardoor er grotere openingen gemaakt konden worden en er daardoor meer licht naar binnen kon treden. Doordat de buitenmuren minder ondersteund hoefden te worden, konden de steunberen lichter uitgevoerd worden in de vorm van luchtbogen (fig. 12.35).

Het is in de praktijk behoorlijk lastig om een nauwkeurige analyse van een steenboog te maken. Maar als we een paar vereenvoudigingen toepassen kunnen we aantonen waarom de horizontale component van de kracht op de basis van een spitsboog kleiner is dan die op een rondboog. In fig. 12.36 zijn een rondboog en een spitsboog weergegeven, elk met een overspanning van 8,0 m. De hoogte van de ronde boog is dus 4,0 m. Die van de spitsboog is groter en is in dit geval 8,0 m. Elke boog onder-

Natuurkunde in de praktijk

Architectuur: liggers, bogen en koepels

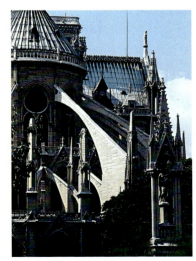

FIGUUR 12.35 Luchtbogen (tegen de Notre Dame in Parijs).

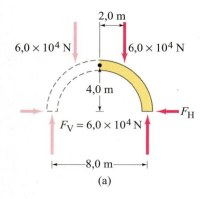

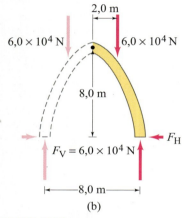

FIGUUR 12.36 (a) Krachten in een ronde boog, in vergelijking met (b) die in een spitsboog.

steunt een gewicht van $12{,}0 \cdot 10^4$ N ($= 12.000$ kg $\cdot g$) die we voor het gemak in twee delen gesplitst hebben (elk $6{,}0 \cdot 10^4$ N) die op de twee helften van elke boog werken op de manier zoals is weergegeven in de figuur. Voor evenwicht moet elk van de ondersteuningen een verticaal omhoog gerichte kracht van $6{,}0 \cdot 10^4$ N uitoefenen. Omdat er ook een momentenevenwicht moet zijn, moet elke ondersteuning ook een horizontale kracht, F_H, uitoefenen op de basis van de boog. Het is deze kracht die we willen berekenen. We bekijken alleen de rechter helft van elke boog. We stellen het totale krachtmoment om het hoogste punt van de boog als gevolg van de krachten die op die helft uitgeoefend worden gelijk aan nul. Voor de ronde boog is de krachtmomentvergelijking ($\Sigma \tau = 0$) (zie fig. 12.36a)

$$(4{,}0 \text{ m})(6{,}0 \times 10^4 \text{ N}) - (2{,}0 \text{ m})(6{,}0 \times 10^4 \text{ N}) - (4{,}0 \text{ m})(F_H) = 0.$$

Dus is $F_H = 3{,}0 \cdot 10^4$ N bij de rondboog. De krachtmomentvergelijking voor de spitsboog is (zie fig. 12.36b)

$$(4{,}0 \text{ m})(6{,}0 \times 10^4 \text{ N}) - (2{,}0 \text{ m})(6{,}0 \times 10^4 \text{ N}) - (8{,}0 \text{ m})(F_H) = 0.$$

F_H is in dit geval $1{,}5 \cdot 10^4$ N, ofwel slechts de helft van de horizontale kracht bij de rondboog! Op basis van deze berekening kunnen we zien dat de kracht die de steunberen moeten leveren voor een spitsboog kleiner is, omdat de boog hoger is en deze kracht daardoor een langere arm heeft. Hoe steiler de boog, hoe geringer de horizontale component van de kracht hoeft te zijn. Het gevolg daarvan is dat de kracht die uitgeoefend wordt op de basis van de boog steeds meer het ideaal van zuiver verticaal zal benaderen.

Een boog overspant een tweedimensionale ruimte. Een **koepel**, die in feite een om een verticale as geroteerde boog is, overspant een driedimensionale ruimte. De Romeinen bouwden de eerste grote koepels. Ze bouwden hun bogen als halve bollen en sommige daarvan bestaan nog steeds. Een imposant voorbeeld is de koepel van het Pantheon in Rome (fig. 12.37), die 2000 jaar geleden gebouwd werd.

Veertien eeuwen later werd er in Florence een nieuwe kathedraal gebouwd. Deze moest een koepel hebben met een diameter van 43 m om die van het Pantheon te evenaren. Maar ze wisten niet hoe ze dat voor elkaar moesten krijgen. De nieuwe koepel moest op een ronde basis komen te staan, maar er mochten geen uitwendige ondersteuningen zijn. Filippo Brunelleschi (1377-1446) ontwierp een puntige koepel (fig. 12.38), omdat deze, net zoals een spitsboog, een kleinere zijdelingse kracht uitoefent op de basis ervan. Een koepel is echter, net zoals een boog, pas stabiel wanneer alle stenen op hun plaats zitten. Om de kleinere koepels tijdens de bouw te ondersteunen, werden houten hulpframes gebouwd. Maar er waren geen bomen voorhanden die groot en sterk genoeg waren om de benodigde ruimte van 43 m te overspannen. Brunelleschi besloot daarom om te proberen de koepel in horizontale lagen te bouwen, die steeds aan de laag daaronder bevestigd werden en deze op die manier op hun plaats hielden tot de laatste steen van de cirkel geplaatst was. Elke gesloten ring was in dat geval sterk genoeg om de volgende laag te ondersteunen. Het was een indrukwekkende prestatie. Pas in de twintigste eeuw werden er koepels gebouwd met een grotere diameter en de grootste tot nu toe is de Superdome in New Orleans, die in 1975 voltooid werd. De koepel heeft een diameter van 200 m en is gemaakt met behulp van stalen vakwerken en beton.

FIGUUR 12.37 Interieur van het Pantheon in Rome, dat bijna 2000 jaar geleden gebouwd werd. Dit schilderij, waarin de geweldige koepel en de centrale lichtopening daarin zichtbaar zijn, werd omstreeks 1740 vervaardigd door Panini. De grandeur van deze ruimte komt op dit schilderij veel beter tot zijn recht dan op een foto.

FIGUUR 12.38 De skyline van Florence met de koepel van Brunelleschi op de kathedraal.

Samenvatting

Een voorwerp dat in rust is, heet in **evenwicht** te zijn. Het vakgebied dat zich bezighoudt met het bepalen van de krachten binnen een constructie die in rust is, wordt de **statica** genoemd.

Een voorwerp dat in evenwicht is, voldoet aan de volgende twee voorwaarden: (1) de vectorsom van alle krachten die erop werken moet nul zijn en (2) de som van alle krachtmomenten (berekend om een willekeurige as) moet ook nul zijn. Voor een tweedimensionaal vraagstuk kunnen we stellen dat

$$\Sigma F_x = 0, \quad \Sigma F_y = 0, \quad \Sigma \tau = 0. \quad (12.1, 12.2)$$

Het is belangrijk bij het oplossen van staticavraagstukken om de evenwichtsvoorwaarden steeds maar op één voorwerp tegelijk toe te passen.

Een voorwerp dat zich in een statisch evenwicht bevindt, kan zich in een (a) **stabiel**, (b) **onstabiel** (labiel) of (c) **neutraal evenwicht** bevinden, afhankelijk van of een geringe verplaatsing er toe leidt dat het voorwerp (a) terugkeert naar de oorspronkelijke positie, (b) zich verwijdert van de oorspronkelijke positie of (c) blijft liggen in de nieuwe positie. Een voorwerp dat zich in een stabiel evenwicht bevindt wordt ook wel in **balans** genoemd.

De **wet van Hooke** is van toepassing op veel elastische vaste stoffen en stelt dat de lengteverandering van een voorwerp rechtevenredig is met de erop uitgeoefende kracht:

$$F = k\Delta\ell. \quad (12.3)$$

Als de kracht te groot is, zal het voorwerp de **elasticiteitsgrens** ervan overschrijden, waardoor het niet langer meer de oorspronkelijke vorm terug zal krijgen wanneer de belasting weggenomen wordt. Als de kracht nog groter wordt, kan het materiaal zwaarder belast worden dan de **breuksterkte**, zodat het voorwerp zal **breken**. De kracht per oppervlakte-eenheid op een voorwerp wordt de **spanning** genoemd, en de resulterende relatieve lengteverandering de **vervorming**. De belasting van een voorwerp levert in het voorwerp een spanning op, die behoort tot een van de volgende drie soorten: **druk**, **trek** of **afschuiving**. De verhouding van de spanning tot de vervorming wordt de **elasticiteitsmodulus** van het materiaal genoemd. De elasticiteitmodulus geldt voor druk- en trekspanningen; de **glijdingsmodulus** voor afschuiving. De **compressiemodulus** kan gebruikt worden bij een voorwerp waarvan het volume verandert als gevolg van een druk op alle zijden. Al deze drie moduli zijn voor een bepaald materiaal constant wanneer het materiaal vervormd wordt binnen het elastische gebied.

Vragen

1. Beschrijf verschillende situaties waarin een voorwerp niet in evenwicht is, ondanks dat de nettokracht erop nul is.
2. Een bungeejumper komt heel even tot stilstand op het laagste punt van zijn sprong en veert dan terug omhoog. Is de bungeejumper op dat moment in evenwicht? Licht je antwoord toe.
3. Je kunt het zwaartepunt van een meetlat vinden door die op je middelvingers te balanceren en vervolgens je vingers langzaam naar elkaar toe te bewegen. De meetlat zal in eerste instantie meer op de ene vinger rusten en dan op de ander, maar uiteindelijk komen je vingers bij elkaar in het zwaartepunt. Waarom werkt dit zo?
4. De weegschaal bij de dokter heeft armen waarover gewichten verschoven kunnen worden om je gewicht te bepalen, fig. 12.39. Deze gewichten zijn veel lichter dan jijzelf. Hoe werkt dit?

FIGUUR 12.39 Vraagstuk 4.

5. In fig. 12.40a is een muurtje weergegeven om een border. De grond kan, zeker wanneer die nat is, een aanzienlijke kracht F op het muurtje uitoefenen. (a) Welke kracht levert het krachtmoment om het muurtje rechtop te houden? (b) Verklaar waarom het muurtje in fig. 12.40b waarschijnlijk minder snel zal wijken dan het muurtje in fig. 12.40a.

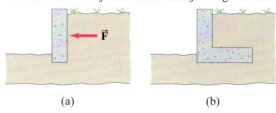

FIGUUR 12.40 Vraagstuk 5.

6. Is het mogelijk dat de som van de krachtmomenten op een voorwerp nul is terwijl de nettokracht op het voorwerp niet nul is? Licht je antwoord toe.
7. Een ladder staat tegen een muur onder een hoek van 60° met de grond. Wanneer zal de ladder het eerst gaan slippen: wanneer iemand bovenaan de ladder staat of wanneer iemand onderaan de ladder staat? Licht je antwoord toe.
8. Een homogene meetlat van 1 m wordt ondersteund in de 25 cm-markering en is dan in evenwicht wanneer er een steen met een massa van 1 kg aan bevestigd wordt in de 0 cm-streep (op de manier zoals is weergegeven in fig. 12.41). Is de massa van de meetlat groter dan, gelijk aan of kleiner dan de massa van de steen? Licht je redenering toe.

FIGUUR 12.41 Vraagstuk 8.

9. Waarom heb je de neiging om achterover de buigen als je een zware last moet dragen?
10. In fig. 12.42 is een kegel weergegeven. Leg uit hoe je de kegel op een vlakke tafel moet leggen zodat deze zich (a) in een stabiel evenwicht bevindt, (b) in een instabiel evenwicht bevindt, (c) in een neutraal evenwicht bevindt.

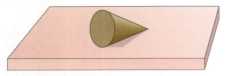

FIGUUR 12.42   Vraagstuk 10.

11. Ga met je gezicht naar de rand van een open deur staan. Plaats je voeten ver uit elkaar en hou je neus en je buik tegen de rand van de deur. Probeer nu op je tenen te gaan staan. Waarom lukt dat niet?
12. Waarom is het niet mogelijk om rechtop in een stoel te zitten en je benen op te tillen zonder dat je eerst naar voren buigt?
13. Waarom is het moeilijker om sit-ups te doen wanneer je knieën gebogen zijn dan wanneer je benen gestrekt zijn?
14. Welke van de baksteenconstructies, (a) of (b) in fig. 12.43, is naar alle waarschijnlijkheid het stabielst? Waarom?
15. Geef aan in wat voor evenwicht elke bal in fig. 12.44 zich bevindt.
16. Is de elasticiteitsmodulus van een bungee-elastiek kleiner of groter dan die van een gewoon touw?
17. Bekijk hoe een schaar zijn weg baant door een stuk karton. In het Engels wordt voor een schaar soms het woord 'shears' gebruikt. 'Shears' verwijst naar een 'shear force' of afschuifkracht. Beschrijft dit goed de uitgeoefende kracht? Licht je antwoord toe.
18. Materialen zoals gewoon beton en steen zijn erg zwak wanneer ze op trek of afschuiving belast worden. Zou het slim zijn om een dergelijk materiaal te gebruiken voor een van de ondersteuningen van de uitkragende balk in fig. 12.7? Zo ja, welke van de twee? Motiveer je antwoord.

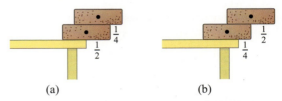

FIGUUR 12.43   Vraagstuk 14. De stippen markeren het ZP van elke baksteen. De delen $\frac{1}{4}$ en $\frac{1}{2}$ geven aan welk deel van elke baksteen zich boven de ondersteuning bevindt.

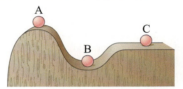

FIGUUR 12.44   Vraagstuk 15.

Vraagstukken

12.1 en 12.2   Evenwicht

1. (I) Op een jong boompje worden drie krachten uitgeoefend om het overeind te houden, op de manier zoals is weergegeven in fig. 12.45. $\vec{F}_A = 385$ N en $\vec{F}_B = 475$ N. Bereken de grootte en richting van $\vec{F}_C$.

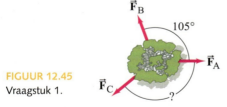

FIGUUR 12.45   Vraagstuk 1.

2. (I) Welke kracht, F_{spier}, moet de strekspier in de bovenarm op de onderarm uitoefenen om een massa van 7,3 kg omhoog te houden (fig. 12.46)? Veronderstel dat de onderarm een massa van 2,3 kg heeft en het ZP ervan zich op 12,0 cm van het elleboogewricht bevindt.

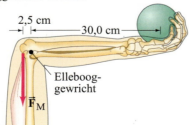

FIGUUR 12.46   Vraagstuk 2.

3. (I) Bereken de massa m die nodig is om het been in fig. 12.47 omhoog te houden. Veronderstel dat het been (met gips) een massa heeft van 15,0 kg en dat het ZP ervan zich op 35,0 cm van het heupgewricht bevindt en de band op 78,0 cm.

FIGUUR 12.47   Vraagstuk 3

4. (I) Een torenkraan (fig. 12.48a) moet altijd zorgvuldig gebalanceerd worden, om te voorkomen dat er een netto krachtmoment ontstaat dat de neiging heeft de kraan te laten omvallen. Een bepaalde kraan op een bouwplaats moet een last van 2800 kg verplaatsen. De afmetingen van de kraan zijn weergegeven in fig. 12.48b. (a) Waar moet het tegengewicht van de kraan (massa 9500 kg) geplaatst worden wanneer de belasting loskomt van de grond? (Merk op dat het tegengewicht meestal automatisch verplaatst wordt met behulp van sensoren en motoren op basis van de belasting.) (b) Bereken de maximale belasting die met dit tegengewicht gehesen kan worden wanneer het zo ver moge-

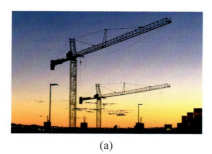

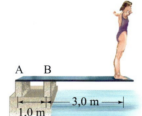

FIGUUR 12.48 Vraagstuk 4.

lijk van de toren af geplaatst is. Laat de massa van de giek buiten beschouwing.

5. (II) Bereken de krachten F_A en F_B die de ondersteuningen uitoefenen op de duikplank in fig. 12.49 wanneer iemand van 52 kg op het uiteinde van de plank staat. (a) Laat het gewicht van de plank buiten beschouwing. (b) Houd rekening met de massa van de plank (28 kg). Veronderstel dat het ZP zich in het middelpunt ervan bevindt.

FIGUUR 12.49 Vraagstuk 5.

6. (II) Twee touwen dragen een kroonluchter, op de manier die weergegeven is in fig. 12.3, maar het bovenste touw maakt een hoek van 45° met het plafond. De touwen kunnen een kracht van 1660 N opnemen zonder te breken. Hoeveel mag de kroonluchter maximaal wegen?

7. (II) De twee bomen in fig. 12.50 staan 6,6 m uit elkaar. Een kampeerder probeert zijn rugzak buiten het bereik van de beren te hijsen. Bereken de grootte van de kracht $\vec{F}$ die hij verticaal omlaag moet uitoefenen om zijn rugzak van 19 kg omhoog te houden, zodanig dat het touw in het midden (a) 1,5 m, (b) 0,15 m doorzakt.

8. (II) Een horizontale ligger van 110 kg wordt aan weerskanten ondersteund. Op een kwart van de lengte staat een piano van 320 kg. Hoe groot is de verticale kracht op de ondersteuningen?

9. (II) Bereken F_A en F_B voor de homogene uitkragende balk in fig. 12.7 die een massa heeft van 1200 kg.

10. (II) Een volwassene van 75 kg zit op het eind van een 9,0 m lange plank. Zijn zoon, die 25 kg weegt, zit op het andere uiteinde. (a) Waar moet de plank tussen de twee ondersteund worden om hen in evenwicht te laten zijn, als je de massa van de plank buiten beschouwing laat? (b) Bepaal de positie van de ondersteuning als de plank homogeen is en een massa van 15 kg heeft.

11. (II) Bepaal de trekkracht in de twee touwen in fig. 12.51. Laat de massa van de touwen buiten beschouwing en veronderstel dat de hoek θ 33° en de massa m 190 kg is.

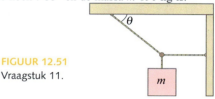

FIGUUR 12.51 Vraagstuk 11.

12. (II) Bepaal de trekkracht in de twee kabels waaraan het verkeerslicht in fig. 12.52 opgehangen is.

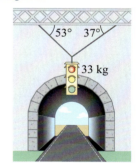

FIGUUR 12.52 Vraagstuk 12.

13. (II) Hoe dicht bij de rand van deze tafel van 24,0 kg (fig. 12.53) kan iemand van 66,0 kg zitten, zonder dat de tafel kantelt?

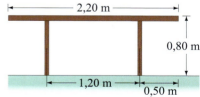

FIGUUR 12.53 Vraagstuk 13.

14. (II) De benodigde kracht om de kurk uit de hals van een wijnfles te trekken ligt ongeveer tussen 200 en 400 N. In fig. 12.54 is een kelnersmes weergegeven. In welk bereik moet de kracht F liggen die op dit apparaat uitgeoefend moet worden?

15. (II) Bereken F_A en F_B voor de ligger in fig. 12.55. De verticale krachten omlaag stellen de gewichten van apparatuur op de balk voor. Veronderstel dat de balk homogeen is en een massa van 280 kg heeft.

FIGUUR 12.50 Vraagstukken 7 en 83.

Hoofdstuk 12 – Statisch evenwicht; elasticiteit en breuk **379**

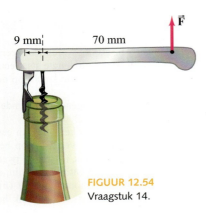

FIGUUR 12.54 Vraagstuk 14.

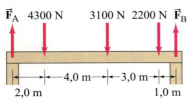

FIGUUR 12.55 Vraagstuk 15.

16. (II) (a) Bereken de grootte van de kracht F_{spier} die de driehoeksspier moet uitoefenen om de arm in fig. 12.56 horizontaal gestrekt te houden. De totale massa van de arm is 3,3 kg. (b) Bereken de grootte van de kracht $F_{gewricht}$ die het schoudergewricht op de bovenarm moet uitoefenen en de hoek (met de horizontaal) waaronder deze werkt.

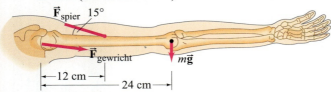

FIGUUR 12.56 Vraagstukken 16 en 17.

17. (II) Veronderstel dat de hand in vraagstuk 16 een massa van 8,5 kg vasthoudt. Welke kracht F_{spier} moet de driehoeksspier dan uitoefenen, als de afstand van het voorwerp in de hand tot het schoudergewricht 52 cm is?

18. (II) Drie kinderen proberen een wip in evenwicht te houden die precies in het midden op een steen scharniert en eigenlijk een erg lichte plank van 3,2 m lang is (fig. 12.57). Twee van de kinderen zijn al op de wip geklommen. De jongen A heeft een massa van 45 kg en jongen B heeft een massa van 35 kg. Waar moet het meisje C, dat een massa van 25 kg heeft, gaan zitten om de wip in evenwicht te houden?

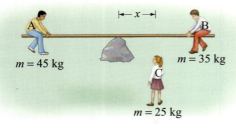

FIGUUR 12.57 Vraagstuk 18.

19. (II) De achillespees is bevestigd aan de achterkant van de voet, op de manier zoals is weergegeven in fig. 12.58. Iemand reikt omhoog en gaat daarbij op de bal van zijn voet staan. Schat de trekkracht F_T in de achillespees (die omhoog trekt) en de verticaal omlaag gerichte kracht F_B die uitgeoefend wordt door het scheenbeen op de voet. Veronderstel dat de persoon een massa van 72 kg heeft en dat D tweemaal zo lang is als d.

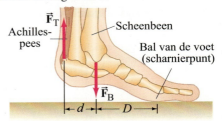

FIGUUR 12.58 Vraagstuk 19.

20. (II) Een uithangbord van een winkel weegt 215 N en hangt aan een homogene balk met een gewicht van 155 N, op de manier zoals is weergegeven in fig. 12.59. Bepaal de trekkracht in de tuidraad en de horizontale en verticale kracht die door het scharnier uitgeoefend wordt op de balk.

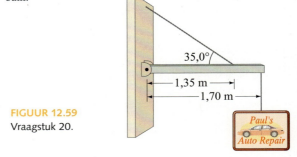

FIGUUR 12.59 Vraagstuk 20.

21. (II) Een verkeerslicht hangt aan een paal, zoals is weergegeven in fig. 12.60. De homogene aluminium paal AB is 7,20 m lang en heeft een massa van 12,0 kg. De massa van het verkeerslicht is 21,5 kg. Bepaal (a) de trekkracht in de horizontale, massaloze kabel CD en (b) de verticale en horizontale component van de kracht die uitgeoefend wordt door het scharnierpunt A op de aluminium paal.

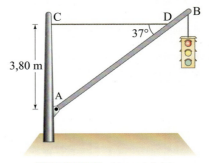

FIGUUR 12.60 Vraagstuk 21.

22. (II) Een homogene stalen ligger heeft een massa van 940 kg. Boven op de ligger is een identiek soort ligger geplaatst, die echter maar half zo lang is (fig. 12.61). Hoe groot is de verticale ondersteuningskracht in de uiteinden?

380 Vraagstukken

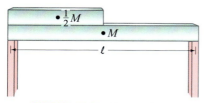

FIGUUR 12.61 Vraagstuk 22.

23. (II) Twee staaldraden worden vanaf de top van een paal van 2,6 m omlaag gespannen om een volleybalnet rechtop te houden. De twee staaldraden worden allebei op 2,0 m van de paal en 2,0 m uit elkaar in de grond verankerd (fig. 12.62). De trekkracht in elke draad is 115 N. Hoe groot is de trekkracht in het net, als je ervan uitgaat dat het horizontaal hangt en vastgemaakt is aan de bovenkant van de paal?

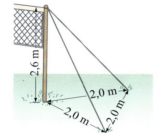

FIGUUR 12.62 Vraagstuk 23.

24. (II) Tegen een schuurdeur met een breedte van 2,6 m wordt onder een hoek van 45° een grote plaat hout geplaatst met een massa van 62,0 kg. Hoe groot moet de horizontale kracht zijn die iemand achter de deur (op de rand van de deur) moet uitoefenen om deze te openen? Veronderstel dat de wrijving tussen de deur en de plaat verwaarloosbaar is, maar dat de plank stevig op de grond rust.
25. (II) Herhaal vraagstuk 24, maar nu voor het geval dat de wrijvingscoëfficiënt tussen de plaat en de deur 0,45 is.
26. (II) Een laken dat 0,75 kg weegt hangt aan een massaloze waslijn, op de manier zoals is weergegeven in fig. 12.63. De waslijn aan weerszijden van het laken maakt een hoek van 3,5° met de horizontaal. Bereken de trekkracht in de waslijn aan weerszijden van het laken. Waarom is de trekkracht zoveel groter dan het gewicht van het laken?

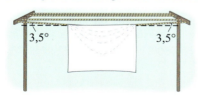

FIGUUR 12.63 Vraagstuk 26.

27. (II) Een uniforme stang AB met lengte 5,0 m en massa $M = 3,8$ kg is scharnierend bevestigd in A en wordt in evenwicht gehouden door een licht touw, op de manier zoals is weergegeven in fig. 12.64. Aan de stang hangt een last $W = 22$ N op een afstand x, zodanig dat de trekkracht in het touw 85 N is. (a) Teken een vrijlichaamsschema voor de stang. (b) Bereken de verticale en horizontale kracht op de stang die uitgeoefend wordt door het scharnier. (c) Bepaal x met behulp van een krachtmomentvergelijking.

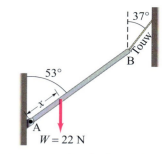

FIGUUR 12.64 Vraagstuk 27.

28. (III) Een persoon van 56,0 kg staat in fig. 12.65 op 2,0 m van de onderkant van het huishoudtrapje. Bepaal (a) de trekkracht in de horizontale spandraad die halverwege het trapje gemonteerd is, (b) de normaalkracht die de grond uitoefent op elk van de poten van het trapje en (c) de kracht (grootte en richting) die de linkerkant van het trapje uitoefent op de rechterkant in het scharnier. Laat de massa van het trapje buiten beschouwing en veronderstel dat de grond wrijvingsloos is. (*Hint*: teken vrijlichaamsschema's voor elk deel van het trapje.)

FIGUUR 12.65 Vraagstuk 28.

29. (III) Een deur van 2,30 m bij 1,30 m heeft een massa van 13,0 kg. Het bovenste scharnier (0,40 m van de bovenkant van de deur) en het onderste scharnier (0,40 m van de onderkant van de deur) ondersteunen elk de helft van het gewicht van de deur (fig. 12.66). Veronderstel dat het zwaartepunt overeenkomt met het geometrische middelpunt van de deur en bereken dan de horizontale en verticale krachtcomponenten die door elk scharnier op de deur uitgeoefend worden.

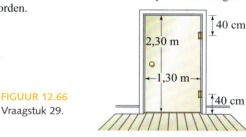

FIGUUR 12.66 Vraagstuk 29.

30. (III) Een kubusvormig krat met ribben $r = 2,0$ m is topzwaar: het ZP ervan bevindt zich 18 cm boven het werkelijke middelpunt. Hoe steil is de helling waarop het krat kan blijven staan zonder te kantelen? Wat zou je antwoord zijn als het krat met een constante snelheid over de helling omlaag zou glijden zonder te kantelen? (*Hint*: de normaalkracht zou aangrijpen op de onderste hoek.)
31. (III) Een koelkast is ongeveer een homogene, rechthoekige en massieve balk van 1,9 m × 1,0 m × 0,75 m (H × B × D). De koelkast staat rechtop op een vrachtwagen met een van de zijkanten naar voren gericht (in de rijrichting) en kan niet glijden over de laadvloer. Hoe snel kan de vrachtwagen optrekken zonder de koelkast om te laten vallen? (*Hint*: de normaalkracht zou aangrijpen op een van de hoeken.)

32. (III) Een homogene ladder met massa m en lengte ℓ leunt onder een hoek θ met de grond tegen een wrijvingsloze wand, fig. 12.67. De statische wrijvingscoëfficiënt tussen de ladder en de grond is μ_s. Leid een formule af voor de minimale hoek waarbij de ladder niet zal gaan glijden.

FIGUUR 12.67
Vraagstuk 32.

12.3 Stabiliteit en balans

33. (II) De scheve toren van Pisa is 55 m hoog en heeft een diameter van ongeveer 7,0 m. De top ervan staat 4,5 m uit het lood. Bevindt de toren zich in een stabiel evenwicht? Zo ja, hoeveel verder kan de toren nog zakken zonder onstabiel te worden? Veronderstel dat de toren homogeen is.

12.4 Elasticiteit; materiaalspanning en vervorming

34. (I) Een nylondraad van de bespanning van een tennisracket wordt op trek belast door een kracht van 275 N. De draad heeft een diameter van 1,00 mm. Hoeveel rekt de draad als deze een ontspannen lengte van 30,0 cm heeft?

35. (I) Een marmeren kolom met een dwarsdoorsnede van 1,4 m² ondersteunt een massa van 25.000 kg. (a) Hoe groot is de spanning in de kolom? (b) Hoe groot is de vervorming ervan?

36. (I) Hoeveel wordt de kolom in vraagstuk 35 korter als deze 8,6 m hoog is?

37. (I) Een reclamebord (massa 1700 kg) is bevestigd aan het uiteinde van een verticale stalen balk met een dwarsdoorsnede van 0,012 m². (a) Hoe groot is de spanning in de balk? (b) Hoe groot is de vervorming van de balk? (c) De balk is 9,50 m lang. Hoeveel wordt deze langer? (Laat de massa van de balk zelf buiten beschouwing.)

38. (II) Hoe groot is de benodigde druk om het volume van een blok ijzer 0,10% te verkleinen? Geef je antwoord in N/m² en vergelijk dit met de atmosferische druk ($1,0 \cdot 10^5$ N/m²).

39. (II) Een pees van 15 cm lang rekt 3,7 mm als gevolg van een belasting van 13,4 N. De pees is ongeveer rond en heeft een gemiddelde diameter van 8,5 mm. Bereken de elasticiteitsmodulus van deze pees.

40. (II) Op een diepte van 2000 m in de oceaan is de druk ongeveer 200 keer de atmosferische druk (1 atm = $1,0 \cdot 10^5$ N/m²). Met welk percentage verandert het volume van een ijzeren bathysfeer op die diepte?

41. (III) Een paal steekt horizontaal uit de gevel van een winkel. Aan de paal hangt een reclamebord van 6,1 kg dat op 2,2 m van de gevel aan de paal bevestigd is (fig. 12.68). (a) Hoe groot is het krachtmoment als gevolg van het bord om het punt waar de

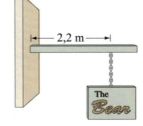

FIGUUR 12.68
Vraagstuk 41.

paal bij de gevel komt? (b) Als de paal niet valt, moet er een ander krachtmoment op uitgeoefend worden om deze in evenwicht te houden. Waar wordt dit krachtmoment door uitgeoefend? Gebruik een schets om te laten zien hoe dit krachtmoment moet werken. (c) Treedt er druk, trek en/of afschuiving op in (b)?

12.5 Breuk

42. (I) Het menselijk dijbeen heeft een minimale effectieve dwarsdoorsnede van ongeveer 3,0 cm² (= $3,0 \cdot 10^{-4}$ m²). Hoeveel drukkracht kan het opvangen zonder te breken?

43. (II) (a) Hoe groot is de maximale trekkracht in een nylonbespanning van een tennisracket als deze een diameter van 1,00 mm heeft? (b) Als je een strakkere bespanning wilt, moet je dan dunnere of dikkere draad gebruiken om te voorkomen dat deze breekt? Waarom? Waardoor breekt een bespanning bij het spelen?

44. (II) Op het uiteinde van een 22 cm lang bot wordt een drukkracht van $3,3 \cdot 10^4$ N uitgeoefend. Het bot heeft een dwarsdoorsnede van 3,6 cm². (a) Zal het bot breken en (b) zo nee, hoeveel wordt het korter?

45. (II) (a) Hoe groot is de minimale dwarsdoorsnede van een verticale staalkabel waaraan een kroonluchter van 270 kg opgehangen wordt? Gebruik een veiligheidsfactor van 7,0. (b) Hoeveel wordt de kabel langer als deze in eerste instantie 7,5 m lang is?

46. (II) Veronderstel dat de ondersteuningen van de homogene uitkragende balk in fig. 12.69 (m = 2900 kg) van hout gemaakt zijn. Bereken de minimale dwarsdoorsnede van de ondersteuningen als je een veiligheidsfactor van 9,0 moet gebruiken.

47. (II) Twee ijzeren platen worden met behulp van een ijzeren bout aan elkaar bevestigd. De bout moet een afschuifkracht van maximaal 3300 N op kunnen nemen. Bereken de mini-

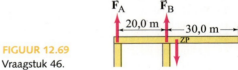

FIGUUR 12.69
Vraagstuk 46.

male diameter van de bout, gebaseerd op een veiligheidsfactor van 7,0.

48. (III) Voor een lift wordt een staalkabel gebruikt. De totale (belaste) massa van de lift mag niet groter worden dan 3100 kg. De maximale versnelling van de lift is 1,2 m/s². Bereken de minimale diameter van de te gebruiken kabel. Gebruik een veiligheidsfactor van 8,0.

*12.6 Vakwerken en bruggen

*49. (II) Een zware last Mg = 66,0 kN hangt in punt E aan de vakwerkconstructie, zie fig. 12.70. (a) Gebruik een kracht-

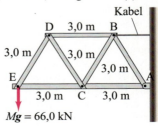

FIGUUR 12.70 Vraagstuk 49.

momentvergelijking voor de vakwerkconstructie als geheel om de trekkracht F_T in de steunkabel te berekenen en bepaal dan de kracht $\vec{F}_A$ in de vakwerkstaaf in pen A. (b) Bereken de kracht in elke staaf van het vakwerk. Laat het eigen gewicht van de staven buiten beschouwing (dit is gering in vergelijking met de belasting).

* **50.** (II) In fig. 12.71 is een eenvoudige vakwerkconstructie weergegeven die in het midden (C) belast wordt met een kracht van $1{,}35 \cdot 10^4$ N. (a) Bereken de kracht in elke staaf in de pennen A, B, C en D en (b) bepaal welke staven op trek en welke op druk belast worden (laat de massa ervan buiten beschouwing).

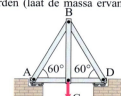

FIGUUR 12.71 Vraagstuk 50.

* **51.** (II) (a) Welke minimale dwarsdoorsnede moeten de staven in voorbeeld 12.11 hebben als ze van staal zijn (en allemaal dezelfde vorm hebben) en er een veiligheidsfactor van 7,0 gebruikt moet worden? (b) Schat de dwarsdoorsnede van de staven nogmaals wanneer er op een bepaald moment 60 vrachtwagens tegelijk op de brug moeten kunnen rijden die gemiddeld een massa van $1{,}3 \cdot 10^4$ kg hebben.
* **52.** (II) Bekijk voorbeeld 12.11 nog eens, maar veronderstel nu dat het wegdek gelijkmatig verdeeld is, zodat de helft van de massa ervan, M (= $7{,}0 \cdot 10^5$ kg) in het middelpunt aangrijpt en $\tfrac{1}{4}M$ op elke ondersteuning. (Beschouw de brug als twee overspanningen, AC en CE, waardoor het middelpunt twee uiteinden van twee overspanningen ondersteunt). Bereken de grootte van de kracht in elke vakwerkstaaf en vergelijk je antwoord met die in voorbeeld 12.11.
* **53.** (III) De vakwerkconstructie in fig. 12.72 ondersteunt een spoorbrug. Bereken de druk- of trekkracht in elke staaf als een locomotief van 53 ton (1 ton = 10^3 kg) op een kwart van de overspanning tot stilstand komt. Laat de massa's van de rails en de vakwerkconstructie buiten beschouwing en gebruik de helft van de massa van de trein, omdat er twee vakwerken zijn (een aan weerszijden van de trein). Veronderstel dat alle driehoeken gelijkzijdig zijn. (*Hint*: zie fig. 12.29.)
* **54.** (III) Veronderstel dat op de brug in voorbeeld 12.11 een

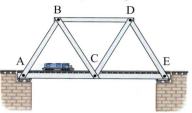

FIGUUR 12.72 Vraagstuk 53.

vrachtwagen van 23 ton ($m = 23 \cdot 10^3$ kg) staat, waarvan het MM zich op 22 m vanaf punt A bevindt. Bepaal de grootte van de kracht en het soort spanning in elke staaf. (*Hint*: zie fig. 12.29.)

* **55.** (III) Bereken voor de zogenoemde 'Pratt-ligger' in fig. 12.73 de kracht op elke staaf en geef aan of dit een druk- of een trekkracht is. Veronderstel dat de vakwerkconstructie belast is op de manier zoals is weergegeven in de figuur en druk je resultaten uit in termen van F. De verticale hoogte is a en elk van de vier onderste horizontale staven heeft ook de lengte a.

*12.7 Bogen en koepels

* **56.** (II) Hoe hoog moet een spitsboog zijn om 8,0 m te overspannen als deze slechts eenderde van de horizontale kracht op de basis uitoefent van de kracht die een rondboog zou uitoefenen?

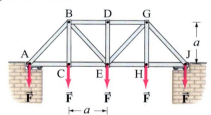

FIGUUR 12.73 Vraagstuk 55.

Algemene vraagstukken

57. De mobile in fig. 12.74 is in evenwicht. Voorwerp B heeft een massa van 0,748 kg. Bereken de massa's van de voorwerpen A, C en D. (Laat het gewicht van de ophangstokjes buiten beschouwing.)

58. Een strak gespannen evenwichtskoord is 36 m lang. Wanneer een koorddanser van 60,0 kg in het midden van het koord staat, zakt het daar 2,1 m door. Hoe groot is de trekkracht in de kabel? Is het mogelijk om de trekkracht in de kabel zodanig te verhogen dat deze niet doorzakt?

59. Hoe groot moet de horizontale kracht F minimaal zijn om een wiel met straal R en massa M een trapje met een hoogte h op te trekken, zoals is weergegeven in fig. 12.75 ($R > h$)? (a) Veronderstel dat de kracht bovenaan het wiel uitgeoefend wordt, op de manier zoals is weergegeven in de figuur. (b) Veronderstel dat de kracht uitgeoefend wordt op de naaf van het wiel.

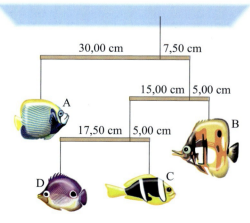

FIGUUR 12.74 Vraagstuk 57.

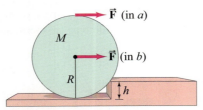

FIGUUR 12.75 Vraagstuk 59.

60. Een ronde tafel van 28,0 kg staat op drie tafelpoten, die op gelijke afstanden van elkaar aan de rand van het tafelblad bevestigd zijn. Hoe groot moet de massa van een voorwerp minimaal zijn om, wanneer het op de rand van de tafel geplaatst wordt, de tafel om te laten vallen?

61. Wanneer een plank in een sleuf in een verticale ondersteuning geplaatst wordt, op de manier zoals is weergegeven in fig. 12.76, oefent de ondersteuning een krachtmoment uit op de plank. (*a*) Teken een vrijlichaamsschema voor de plank met daarin drie verticale krachten (twee die uitgeoefend worden door de ondersteuning. Leg uit.). Bereken vervolgens (*b*) de grootte van de drie krachten en (*c*) het krachtmoment dat uitgeoefend wordt door de ondersteuning (om het linker uiteinde van de plank).

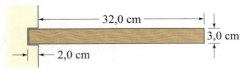

FIGUUR 12.76 Vraagstuk 61.

62. Er moet een gebouw van 50 verdiepingen gebouwd worden. Het moet 180,0 m hoog worden en een basis hebben van 46,0 m bij 76,0 m. De totale massa van het gebouw zal ongeveer $1,8 \cdot 10^7$ kg worden en het gewicht dus ongeveer $1,8 \cdot 10^8$ N. Veronderstel dat een windstoot met een snelheid van 200 km/u een kracht uitoefent van 950 N/m² op de gevel met een breedte van 76,0 m (fig. 12.77). Bereken het krachtmoment om het potentiële kantelpunt, de hoek van het gebouw (waarin $\vec{F}_E$ werkt zoals is weergegeven in fig. 12.77) en bepaal dan of het gebouw om zal waaien. Veronderstel dat de totale kracht van de wind aangrijpt in het middelpunt van het gebouw en dat het gebouw niet verankerd is. (*Hint*: $\vec{F}_E$ in fig. 12.77 is de kracht die de aarde op het gebouw zou uitoefenen op het moment dat het gebouw net begint te kantelen.)

63. Het zwaartepunt van een beladen vrachtwagen hangt sterk af van de manier waarop de vrachtwagen beladen is. Veronderstel dat een vrachtwagen 4,0 m hoog is en 2,4 m breed is en dat het ZP ervan zich 2,2 m boven de grond bevindt. Hoe steil kan een zijwaartse helling zijn waarop de vrachtwagen geparkeerd kan worden zonder te kantelen (fig. 12.78)?

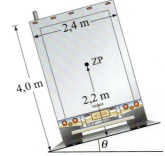

FIGUUR 12.78 Vraagstuk 63.

64. Bekijk in fig. 12.79 het meest rechtse deel (de noordkant) van de Golden Gatebrug, dat een lengte d_1 van 343 m heeft. Veronderstel dat het ZP van deze overspanning zich halverwege tussen de toren en de verankering bevindt. Bepaal F_{T1} en F_{T2} (die werken op de meest noordelijke kabel) in termen van mg, het gewicht van de meest noordelijke overspanning en bereken de torenhoogte h die nodig is voor evenwicht. Veronderstel dat het wegdek volledig ondersteund wordt door de kabels en laat de massa van de kabels en de verticale draden buiten beschouwing. (*Hint*: F_{T3} werkt niet op dit deel.)

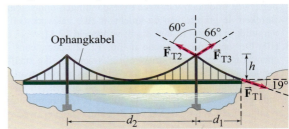

FIGUUR 12.79 Vraagstukken 64 en 65.

65. Veronderstel dat een hangbrug met een overspanning, zoals de Golden Gatebrug in San Francisco, de symmetrische vorm heeft zoals in fig. 12.79 is weergegeven. Veronderstel ook dat de massa van het wegdek gelijkmatig verdeeld is over de lengte van de brug en dat elk segment van de ophangkabel alleen het wegdek rechtstreeks eronder ondersteunt. De uiteinden van de kabel zijn alleen in de grond verankerd, en niet in het wegdek. Hoe moet de verhouding van d_2 en d_1 zijn als de kabel geen netto horizontale kracht op de torens mag uitoefenen? Negeer de massa van de kabels en het feit dat het wegdek niet zuiver horizontaal is.

66. Wanneer een massa van 25 kg in het midden van een strakgespannen aluminium kabel opgehangen wordt, zakt de kabel door en maakt een hoek van 3° met de horizontaal, op de manier zoals is weergegeven in fig. 12.80. Bereken de straal van de kabel.

FIGUUR 12.77 De krachten als gevolg van een windbelasting op een gebouw ($\vec{F}_A$), de zwaartekracht ($m\vec{g}$), en de kracht $\vec{F}_E$ die de aarde op het gebouw uitoefent als het op het punt staat om te kantelen.
Vraagstuk 62.

FIGUUR 12.80 Vraagstuk 66.

67. De krachten die op een vliegtuig met een massa van $77 \cdot 10^3$ kg werken, zijn weergegeven in fig. 12.81. Het vliegtuig vliegt met een constante snelheid. De stuwkracht van de motor, $F_T = 5{,}0 \cdot 10^5$ N en heeft een werklijn die zich 1,6 m onder het MM bevindt. Bereken de weerstandskracht F_D en de afstand van de werklijn ervan boven het MM. Veronderstel dat zowel $\vec{F}_D$ als $\vec{F}_T$ horizontaal werken. ($\vec{F}_L$ is de 'liftkracht' op de vleugel.)

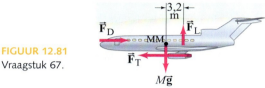

FIGUUR 12.81 Vraagstuk 67.

68. Een homogene flexibele staalkabel met een gewicht mg wordt tussen twee punten opgehangen op de manier zoals is weergegeven in fig. 12.82, waarin $\theta = 56°$. Bereken de trekkracht in de kabel (a) op het laagste punt en (b) in de bevestigingen. (c) In welke richting werkt de trekkracht in al deze gevallen?

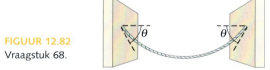

FIGUUR 12.82 Vraagstuk 68.

69. Een 20,0 m lange homogene ligger met een massa van 650 N rust op de muren A en B, op de manier zoals is weergegeven in fig. 12.83. (a) Bepaal het maximale gewicht van een persoon die naar het uiteinde D kan lopen zonder dat de ligger kantelt. Bepaal de krachten die de muren A en B uitoefenen op de ligger wanneer de persoon zich bevindt bij: (b) D; (c) op een punt 2,0 m rechts van B; (d) 2,0 m rechts van A.

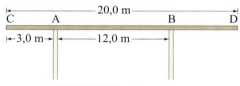

FIGUUR 12.83 Vraagstuk 69.

70. Een kubus met ribben ℓ ligt stil op een ruwe vloer. Hij wordt belast met een continue horizontale trekkracht F, die uitgeoefend wordt op een afstand h boven de vloer, op de manier zoals is weergegeven in fig. 12.84. Wanneer F vergroot wordt zal het blok ofwel beginnen te kantelen ofwel beginnen te glijden. Bereken de statische wrijvingscoëffi-

ciënt μ_s, zodanig dat (a) het blok begint te glijden; (b) het blok begint te kantelen. (*Hint*: waar zal de normaalkracht op het blok aangrijpen wanneer het begint te kantelen?)

71. Een schilder van 65,0 kg staat op een homogene steiger van 25 kg die van bovenaf opgehangen is aan touwen (fig. 12.85). Op de steiger staat een 4,0 kg zware bus verf, zoals is weergegeven in de figuur. Kan de schilder veilig tot aan beide uiteinden van de steiger lopen? Zo niet, aan welk van de uiteinden is dat gevaarlijk en hoe dicht kan hij wel veilig de uiteinden benaderen?

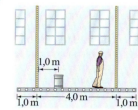

FIGUUR 12.85 Vraagstuk 71.

72. Een man die push-ups doet stopt even in de positie zoals te zien in fig. 12.86. Zijn massa $m = 68$ kg. Bereken de normaalkracht die door de vloer uitgeoefend wordt op (a) elke hand; (b) elke voet.

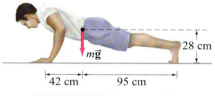

FIGUUR 12.86 Vraagstuk 72.

73. Een bol van 23 kg ligt stil tussen twee gladde vlakken, op de manier zoals is weergegeven in de figuur in fig. 12.87. Bereken de grootte van de kracht die door elk vlak op de bol uitgeoefend wordt.

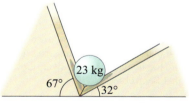

FIGUUR 12.87 Vraagstuk 73.

74. Een bal met een massa van 15,0 kg is met behulp van touw A aan het plafond bevestigd. Met touw B wordt zowel een zijdelingse als een verticale kracht op de bal uitgeoefend. De hoek van A met de verticaal is 22° en B maakt een hoek van 53° met de verticaal (fig. 12.88). Bereken de trekkrachten in de touwen A en B.

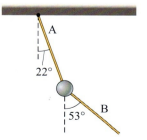

FIGUUR 12.88 Vraagstuk 74.

75. Het is bekend dat parachutisten een sprong met een haperende parachute overleefd hebben doordat ze in een diepe laag sneeuw landden. Veronderstel dat een parachutist van 75 kg de grond raakt met een contactoppervlak van 0,30 m² en een snelheid van 55 m/s en dat de breuksterkte van lichaamweefsel $5 \cdot 10^5$ N/m² is. Veronderstel ook dat de persoon op een diepte van 1,0 m in de sneeuw tot stilstand komt. Toon aan dat de parachutist ontsnapt is aan ernstig letsel.
76. Een verticale staalkabel met een diameter van 2,3 mm rekt 0,030% wanneer er een massa aan opgehangen wordt. Hoe groot was die massa?
77. Een aanhangwagen van 2500 kg is gekoppeld aan een stilstaande pick-up in punt B, fig. 12.89. Bereken de normaalkracht die door de weg op de achterbanden in A uitgeoefend wordt en de verticale kracht die door de ondersteuning B op de aanhangwagen wordt uitgeoefend.

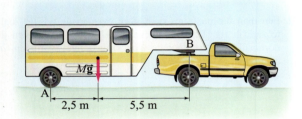

FIGUUR 12.89 Vraagstuk 77.

78. Het dak van een lokaal van 9,0 × 10,0 m heeft een totale massa van 13.600 kg. Het dak wordt ondersteund door verticaal opgestelde houten balken van ongeveer 4,0 cm × 9,0 cm die op gelijke afstanden op de zijden van 10,0 m zijn geplaatst. Hoeveel ondersteuningen zijn er aan elke kant nodig en hoe ver moeten ze uit elkaar geplaatst worden? Veronderstel dat de balken alleen op druk belast worden en gebruik een veiligheidsfactor van 12.
79. Een voorwerp van 25 kg wordt opgetild aan een 1,15 mm dik nylonkoord dat gespannen is over twee 3,00 m hoge palen die 4,0 m uit elkaar staan, zoals is weergegeven in fig. 12.90. Hoe hoog zal het voorwerp boven de grond zijn wanneer het koord breekt?

FIGUUR 12.90 Vraagstuk 79.

80. Een homogene 6,0 m lange ladder met een massa van 16,0 kg rust tegen een gladde wand (dus de kracht die door de wand uitgeoefend wordt, $\vec{F}_W$, staat loodrecht op de wand). De ladder maakt een hoek van 20,0° met de verticale wand en de vloer is ruw. Bereken de minimale statische wrijvingscoëfficiënt onderaan de ladder als er iemand van 76,0 kg op driekwart (van onderaf gemeten) van de ladder staat en de ladder niet wegglijdt.
81. De lengte van een homogene verticale kolom die gemaakt is van een willekeurig materiaal is beperkt door het feit dat deze, als de lengte maar lang genoeg is, onder het eigen gewicht bezwijkt. Deze lengte is echter onafhankelijk van de dwarsdoorsnede (waarom?). Bereken deze hoogte voor (a) staal (dichtheid $7,8 \cdot 10^3$ kg/m³) en (b) graniet (dichtheid $2,7 \cdot 10^3$ kg/m³).
82. Een treinlocomotief van 95 ton begint op $t = 0$ over een 280 m lange brug te rijden. De brug is een homogene ligger met een massa van 23 ton en de trein rijdt met een constante snelheid van 80,0 km/u. Hoe groot zijn de verticale krachten, $F_A(t)$ en $F_B(t)$, op de twee ondersteuningen aan de uiteinden van de brug als functie van tijd tijdens het passeren van de trein?
83. Een rugzak van 23,0 kg wordt midden tussen twee bomen opgehangen aan een licht touw, zoals in fig. 12.50. Een beer grijpt de rugzak en trekt die verticaal omlaag met een constante kracht, zodat elk deel van het touw een hoek van 27° met de horizontaal maakt. Zonder dat de beer trok was de hoek 15°; de trekkracht in het touw terwijl de beer trekt is twee keer zo groot als toen hij dat niet deed. Bereken de kracht die de beer op de rugzak uitoefent.
84. Een homogene ligger met massa M en lengte ℓ is scharnierend bevestigd aan een wand, op de manier zoals is weergegeven in fig. 12.91. Hij wordt horizontaal gehouden door een kabel die een hoek θ met de ligger maakt. Dan wordt een massa m op de ligger geplaatst op een afstand x van de wand. Deze afstand kan variëren. Bepaal, als functie van x, (a) de trekkracht in de kabel en (b) de componenten van de kracht die door de ligger op het scharnier uitgeoefend wordt.

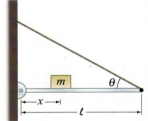

FIGUUR 12.91
Vraagstuk 84.

85. Twee identieke homogene liggers worden op een vloer symmetrisch tegen elkaar aan geplaatst (fig. 12.92), waarbij de onderlinge wrijvingscoëfficiënt μ_s 0,50 is. Hoe groot mag de hoek tussen de liggers en de vloer zijn om de liggers niet te laten vallen?

FIGUUR 12.92
Vraagstuk 85.

86. Iemand kan maximaal een massa $m = 35$ kg in een hand dragen wanneer de boven- en onderarm een hoek van 105° met elkaar maken, zoals is weergegeven in fig. 12.93. Hoe groot is de maximale kracht F_{max} die de biceps uitoefent op de onderarm? Veronderstel dat de onderarm en de hand een totale massa van 2,0 kg hebben, het ZP zich 15 cm van de elleboog bevindt en dat de biceps 5,0 cm van de elleboog aangehecht is.

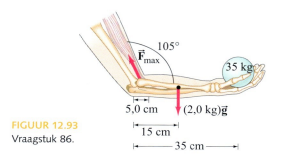

FIGUUR 12.93
Vraagstuk 86.

87. (*a*) Schat de grootte van de kracht $\vec{F}_{spier}$ die de spieren op de rug uit moeten oefenen om het bovenlichaam te ondersteunen wanneer iemand zich voorover bukt. Gebruik het model in fig. 12.94b. (*b*) Schat de grootte en de richting van de kracht $\vec{F}_V$ die op de vijfde lendenwervel werkt (en uitgeoefend wordt door de wervelkolom eronder).

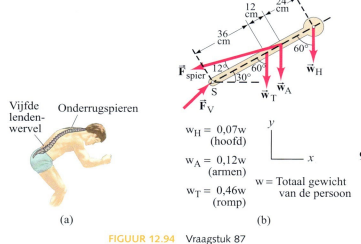

FIGUUR 12.94 Vraagstuk 87

88. Een stang van het vierkante frame in fig. 12.95 is voorzien van een draadspanner waarmee de stang op trek of druk belast kan worden (afhankelijk van de draairichting van de spanner). De draadspanner wordt zo verdraaid dat in stang AB een drukkracht F ontstaat. Bepaal de krachten in de andere stangen. Laat de massa van de stangen buiten beschouwing en veronderstel dat de diagonale stangen elkaar zonder wrijving kruisen. (*Hint*: maak gebruik van de symmetrie van de situatie.)

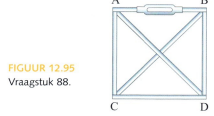

FIGUUR 12.95
Vraagstuk 88.

89. Een stalen stang met een straal $R = 15$ cm en een lengte ℓ_0 staat rechtop op een stabiel oppervlak. Dan stapt een man van 65 kg op de stang. (*a*) Bereken de procentuele afname van de lengte van de stang. (*b*) Wanneer een metaal samengedrukt wordt, beweegt elk atoom zich dichter naar het naburige atoom toe en wel over exact dezelfde relatieve afstand. De afstand tussen ijzeratomen in staal is gewoonlijk $2{,}0 \cdot 10^{-10}$ m. Hoeveel moet deze atoomafstand veranderen om de benodigde normaalkracht te genereren om de man te dragen? (*Opmerking*: aangrenzende atomen stoten elkaar af en deze afstoting veroorzaakt de normaalkracht.)

90. Een sleutelaar wil de motor, die 280 kg weegt, uit zijn auto tillen. Om dat te doen heeft hij bedacht om een touw aan de motor te bevestigen, het touw over een 6,0 m daarboven hangende tak te slaan en het vrije uiteinde dan aan de bumper te knopen (fig. 12.96) Wanneer de sleutelaar op een huishoudtrapje klimt en in horizontale richting aan het midden van het touw trekt, komt de motor los uit het motorcompartiment van de auto. (*a*) Hoeveel kracht moet de sleutelaar uitoefenen om de motor 0,50 m boven de motorsteunen uit te tillen? (*b*) Hoe groot is het mechanische voordeel van het systeem?

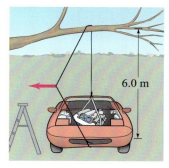

FIGUUR 12.96
Vraagstuk 90.

91. Een 2,0 m hoge doos met een grondvlak van 1,0 m × 1,0 m wordt verplaatst over een ruwe vloer, op de manier zoals is weergegeven in fig. 12.97. De homogene doos weegt 250 N en heeft een statische wrijvingscoëfficiënt met de vloer van 0,60. Welke kracht moet minimaal op de doos uitgeoefend worden om deze te laten glijden? Wat is de maximale hoogte h boven de vloer waarop deze kracht uitgeoefend kan worden zonder dat de doos kantelt? Merk op dat als de doos kantelt, de normaalkracht en de wrijvingskracht aangrijpen op de onderste hoek.

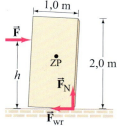

FIGUUR 12.97
Vraagstuk 91.

92. Je bent op een piratenschip beland en moet nu 'je voeten spoelen' (fig. 12.98). Uiteindelijk kom je op het punt C terecht. De plank is in A aan het dek gespijkerd en rust op de ondersteuning op een afstand van 0,75 m van A. Het massamiddelpunt van de homogene plank bevindt zich in punt B. Jouw massa is 65 kg en de massa van de plank is 45 kg. Hoe groot is de minimale verticaal omlaag gerichte kracht die de spijkers op de plank moeten uitoefenen om jou niet in het water terecht te laten komen?

93. Een homogene bol met gewicht mg en straal r_0 is aan een wand bevestigd met een touw dat een lengte ℓ heeft. Het touw is aan de wand bevestigd op een afstand h boven het

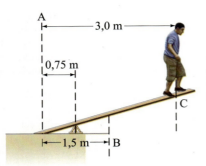

FIGUUR 12.98 Vraagstuk 92.

contactpunt van de bol, op de manier zoals is weergegeven in fig. 12.99. Het touw maakt een hoek θ ten opzichte van de wand en het verlengde ervan snijdt niet het middelpunt van de bal. De statische wrijvingscoëfficiënt tussen de wand en bol is μ. (*a*) Bereken de grootte van de wrijvingskracht op de bol die door de wand uitgeoefend wordt. (*Hint*: door de as slim te kiezen wordt de berekening aanmerkelijk eenvoudiger.) (*b*) Veronderstel dat de bol op het punt staat om te gaan glijden. Leid een uitdrukking af voor μ in termen van h en θ.

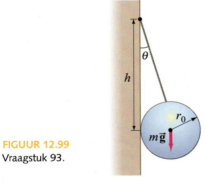

FIGUUR 12.99 Vraagstuk 93.

*94. Gebruik de knopenmethode om de kracht in elke staaf van het vakwerk in fig. 12.100 te berekenen. Geef voor elke staaf aan of die op trek of op druk belast wordt.

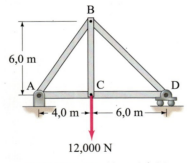

FIGUUR 12.100 Vraagstuk 94.

95. Een homogene ladder met massa m en lengte ℓ leunt onder een hoek θ tegen een wand, fig. 12.101. De statische wrijvingscoëfficiënten tussen de ladder en de grond enerzijds en tussen de ladder en de wand anderzijds zijn respectievelijk μ_G en μ_W. De ladder zal beginnen te glijden als de statische wrijvingskrachten als gevolg van de grond en als gevolg van de wand hun maximale waarden bereiken. (*a*) Toon aan dat de ladder stabiel zal zijn als $\theta \geq \theta_{min}$, waarin de minimale hoek θ_{min} gegeven is door

$$\tan \theta_{min} = \frac{1}{2\mu_G}(1 - \mu_G \mu_W).$$

(*b*) Vraagstukken met leunende ladders worden vaak geanalyseerd met de schijnbaar onrealistische aanname dat de wand wrijvingsloos is (zie voorbeeld 12.6). Je wilt graag weten hoe groot de fout is die ontstaat door de aanname dat de wand wrijvingsloos is, terwijl dat in werkelijkheid niet zo is. Gebruik de relatie in (*a*) en bereken daarmee de werkelijke waarde van θ_{min} voor een wand met wrijving. Neem hierbij $\mu_G = \mu_W = 0{,}40$. Bereken vervolgens bij benadering de waarde van θ_{min} voor het model met de wrijvingsloze wand door voor $\mu_G = 0{,}40$ en $\mu_W = 0$ te kiezen. Bereken ten slotte de procentuele afwijking van de benaderingswaarde van θ_{min} ten opzichte van de werkelijke waarde.

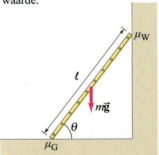

FIGUUR 12.101 Vraagstuk 95.

96. Bij het klimmen in bergen wordt een techniek gebruikt die de 'Tyrolienne' genoemd wordt. Daarbij wordt een touw aan beide uiteinden verankerd (aan rotsen of aan bomen) aan weerszijden van een diepe kloof. Een klimmer steekt vervolgens de afgrond over aan een lus over het touw op de manier zoals is weergegeven in fig. 12.102. Deze techniek genereert enorme krachten in het touw en de verankeringen en dus is een basisbegrip van de natuurkunde van vitaal belang voor de veiligheid. Een gebruikelijk klimtouw kan een trekkracht van ongeveer 29 kN opnemen zonder te breken en meestal verdient het aanbeveling om een veiligheidsfactor van 10 aan te houden. De lengte van het touw dat gebruikt wordt voor de Tyrolienne moet zodanig zijn dat het enigszins kan doorzakken om in het aanbevolen veiligheidsbereik te blijven. Veronderstel dat een klimmer van 75 kg zich in het midden van een Tyrolienne bevindt waarmee een 25 m brede kloof overspannen wordt. (*a*) Hoe ver x moet het touw doorzakken om binnen het aanbevolen veiligheidsbereik te blijven? (*b*) Als de ka-

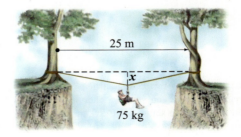

FIGUUR 12.102 Vraagstuk 96.

beloverspanning niet goed gemaakt is zal het touw maar een kwart van de afstand in (*a*) doorzakken. Bereken in dat geval de trekkracht in het touw. Zal het touw breken?

*Numeriek/computer

*97. (III) Een metalen cilinder heeft een oorspronkelijke diameter van 1,00 cm en een lengte van 5,00 cm. Op een exemplaar wordt een trekproef uitgevoerd en de meetgegevens zijn weergegeven in de tabel. (*a*) Maak een grafiek waarin de spanning in het proefstuk afgezet wordt tegen de vervorming. (*b*) Bekijk alleen het elastische gebied en bepaal de richtingscoëfficiënt van de best passende rechte lijn. Bepaal daarna de elasticiteitsmodulus van het metaal.

Belasting (kN)	Verlenging (cm)
0	0
1,50	0,0005
4,60	0,0015
8,00	0,0025
11,00	0,0035
11,70	0,0050
11,80	0,0080
12,00	0,0200
16,60	0,0400
20,00	0,1000
21,50	0,2800
19,50	0,4000
18,50	0,4600

*98. (III) Twee veren zijn met behulp van een touw aan elkaar bevestigd, op de manier zoals is weergegeven in fig. 12.103. De lengte van AB is 4,0 m en AC = BC. De veerconstante van elke veer $k = 20,0$ N/m. In C werkt een kracht F verticaal omlaag op het touw. Teken θ als functie van F van $\theta = 0$ tot $75°$, als de veren ontspannen zijn als θ nul is.

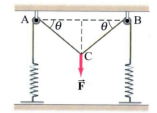

FIGUUR 12.103 Vraagstuk 98.

Antwoorden op de opgaven

A: F_A moet ook een component hebben om de zijdelingse kracht F_B in evenwicht te houden.
B: Ja: $\cos \theta$ (de hoek die de balk met de grond maakt) komt aan weerszijden van de vergelijking voor en valt dan weg.
C: $F_N = m_A g + m_B g + Mg = 560$ N.
D: (*a*).
E: 7,0 kg.
F: de statische wrijving op de betonnen vloer ($= F_{\text{vloer}x}$) is essentieel, aangezien de ladder anders zou wegglijden. Bovenaan kan de ladder bewegen en dus hoeft daar geen grote statische wrijvingkracht aanwezig te zijn.
G: (*b*).

Duikers en vissen ondervinden een opwaartse kracht ($\vec{F}_B$) die hun gewicht $m\vec{g}$ in evenwicht houdt. De opwaartse kracht is gelijk aan het gewicht van het verplaatste volume (wet van Archimedes) en ontstaat doordat de druk toeneemt met de diepte in de vloeistof. Zeedieren hebben een dichtheid die erg dicht in de buurt ligt van de dichtheid van water, waardoor hun gewicht nagenoeg gelijk is aan de opwaartse kracht. Mensen hebben een dichtheid die iets minder is dan die van water en dus kunnen ze drijven. Wanneer vloeistoffen stromen treden er interessante effecten op, omdat de druk in de vloeistof lager is waar de vloeistofsnelheid hoger is (wet van Bernoulli).

Hoofdstuk 13

Inhoud
- 13.1 Fasen van materie
- 13.2 Dichtheid en soortelijk gewicht
- 13.3 Druk in vloeistoffen
- 13.4 Atmosferische druk en manometerdruk
- 13.5 De wet van Pascal
- 13.6 Meten van druk; manometers en de barometer
- 13.7 Opwaartse kracht en de wet van Archimedes
- 13.8 Vloeistoffen in beweging; debiet en de continuïteitsvergelijking
- 13.9 De wet van Bernoulli
- 13.10 Toepassingen van de wet van Bernoulli: Torricelli, vliegtuigen, honkballen, TIA
- *13.11 Viscositeit
- *13.12 Stromen in buizen: de wet van Poiseuille, bloedsomloop
- *13.13 Oppervlaktespanning en capillaire werking
- *13.14 Pompen en het menselijk hart

Vloeistoffen

Openingsvragen: wat denk jij?

1. In welk vat is de druk op de bodem het grootst? Veronderstel dat elk vat hetzelfde volume water bevat.

   (a) (b) (c) (d) (e) De drukken zijn gelijk.

2. Twee ballonnen zijn dichtgeknoopt en hangen ongeveer 3 cm uit elkaar. Wat zal er gebeuren als je tussen de ballonnen blaast (niet *tegen* de ballonnen, maar in de opening ertussen)?
   (a) Niets.
   (b) De ballonnen bewegen naar elkaar toe.
   (c) De ballonnen bewegen van elkaar af.

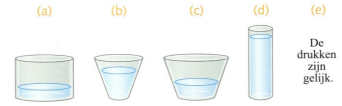

In de vorige hoofdstukken hebben we steeds gekeken naar voorwerpen die massief waren en namen we ook aan dat ze hun vorm grotendeels behielden. Ook hebben we voorwerpen soms als puntmassa's beschouwd. We zullen ons nu gaan bezighouden met materialen die erg vervormbaar zijn en kunnen stromen. Dergelijke stoffen, fluïda genoemd, kunnen zowel vloeistoffen als gassen zijn. We zullen zowel vloeistoffen in rust (vloeistofstatica) als vloeistoffen in beweging (vloeistofdynamica) bekijken.

13.1 Fasen van materie

De drie meest voorkomende **fasen** van materie zijn vast, vloeibaar en gasvormig. We kunnen deze drie fasen als volgt van elkaar onderscheiden. Een **vaste** stof behoudt een bepaalde vorm en een bepaalde grootte; zelfs wanneer een vaste stof belast wordt met een grote kracht, zal deze niet gemakkelijk van vorm of volume veranderen. Een **vloeistof** heeft geen bepaalde vorm, maar neemt de vorm aan van het vat waarin deze zich bevindt. Maar net als een vaste stof kan een vloeistof niet gemakkelijk samengedrukt worden en het volume ervan kan alleen significant veranderd worden door een erg grote kracht. Net als een vloeistof heeft ook een **gas** geen bepaalde vorm of een bepaald volume, maar het zal uitzetten om het vat waarin het geplaatst is te vullen. Wanneer er bijvoorbeeld lucht in een autoband gepompt wordt, zal de lucht niet alleen naar onderin de band stromen (zoals een vloeistof wel zou doen), maar het hele volume van de band vullen. Omdat vloeistoffen en gassen geen bepaalde vorm hebben, hebben ze de eigenschap dat ze kunnen stromen. Dat is dan ook de reden dat ze beide wel fluïda genoemd worden.

Het is niet altijd even gemakkelijk om de fase van materie te bepalen. Hoe zou je boter bijvoorbeeld classificeren? Daarnaast is er nog een vierde fase, de **plasmafase**, die alleen bij erg hoge temperaturen optreedt en bestaat uit geïoniseerde atomen (waarbij de elektronen gescheiden zijn van de kernen). Sommige wetenschappers zijn van mening dat zogenaamde colloïden (mengsels van minuscule deeltjes in een vloeistof) ook beschouwd zouden moeten worden als een afzonderlijke fase. **Vloeibare kristallen**, die gebruikt worden in tv- en computerschermen, rekenmachines, digitale horloges enzovoort, kunnen beschouwd worden als een fase tussen de vaste en vloeibare fase. We zullen ons echter beperken tot de drie gebruikelijke fasen.

13.2 Dichtheid en soortelijk gewicht

Soms hoor je wel eens zeggen dat ijzer 'zwaarder' is dan hout. Dit kan natuurlijk niet waar zijn, omdat een groot houtblok uiteraard meer weegt dan een ijzeren spijker. Wat wel correct is, is om te zeggen dat ijzer *een grotere dichtheid heeft* dan hout.

De **dichtheid**, ρ, van een stof (ρ is de kleine Griekse letter rho) is gedefinieerd als de massa ervan per eenheid van volume:

$$\rho = \frac{m}{V}, \qquad (13.1)$$

waarin m de massa is van een hoeveelheid stof en V het volume. Dichtheid is een kenmerkende eigenschap van een willekeurige pure stof. Voorwerpen die gemaakt zijn van een bepaalde pure stof, zoals goud, kunnen een willekeurige grootte of massa hebben, maar de dichtheid van elk van de voorwerpen zal gelijk zijn.

Soms zullen we gebruikmaken van het concept dichtheid, vgl. 13.1, om de massa van een voorwerp te schrijven als

$$m = \rho V,$$

en het gewicht van een voorwerp als

$$mg = \rho V g.$$

De SI-eenheid voor de dichtheid is kg/m^3. Soms wordt de dichtheid ook wel gegeven in g/cm^3. Merk op dat aangezien $1 \text{ kg/m}^3 = 1000 \text{ g}/(100 \text{ cm})^3 = 10^3 \text{ g}/10^6 \text{ cm}^3 = 10^{-3} \text{ g/cm}^3$, een dichtheid in g/cm^3 vermenigvuldigd moet worden met 1000 om deze om te zetten in kg/m^3. De dichtheid van aluminium is dus $\rho = 2,70 \text{ g/cm}^3$, wat overeenkomt met 2700 kg/m^3. In tabel 13.1 zijn de dichtheden van een aantal stoffen opgesomd. Ook de temperatuur en de atmosferische druk is in deze tabel aangegeven, omdat die effect hebben op de dichtheid van substanties (hoewel het effect gering is voor vloeistoffen en vaste stoffen). Merk op dat lucht een dichtheid heeft die ruwweg 1000 keer kleiner is dan die van water.

TABEL 13.1 Dichtheden van verschillende stoffen[†]

Stof	Dichtheid, ρ (kg/m³)
Vaste stoffen	
Aluminium	$2{,}70 \cdot 10^3$
IJzer en staal	$7{,}8 \cdot 10^3$
Koper	$8{,}9 \cdot 10^3$
Lood	$11{,}3 \cdot 10^3$
Goud	$19{,}3 \cdot 10^3$
Beton	$2{,}3 \cdot 10^3$
Graniet	$2{,}7 \cdot 10^3$
Hout (vuren)	$0{,}3 - 0{,}9 \cdot 10^3$
Glas, normaal	$2{,}4 - 2{,}8 \cdot 10^3$
IJs (H₂O)	$0{,}917 \cdot 10^3$
Bot	$1{,}7 - 2{,}0 \cdot 10^3$
Vloeistoffen	
Water (4°C)	$1{,}00 \cdot 10^3$
Bloed, plasma	$1{,}03 \cdot 10^3$
Bloed, volbloed	$1{,}05 \cdot 10^3$
Zeewater	$1{,}025 \cdot 10^3$
Kwik	$13{,}6 \cdot 10^3$
Ethylalcohol	$0{,}79 \cdot 10^3$
Benzine	$0{,}68 \cdot 10^3$
Gassen	
Lucht	1,29
Helium	0,179
Kooldioxide	1,98
Stoom (water, 100°C)	0,598

[†] Dichtheden bij 0°C en 1 atm druk, tenzij anders aangegeven.

Voorbeeld 13.1 Massa, bekend volume en dichtheid

Hoe groot is de massa van een massieve ijzeren sloopbal met een straal van 18 cm?

Aanpak Eerst gebruiken we de standaardformule $V = \frac{4}{3}\pi r^3$ (zie achter in het boek) om het volume van de bol te bepalen. Vervolgens gebruiken we vgl. 13.1 en tabel 13.1 om de massa m te berekenen.

Oplossing Het volume van de bol is

$$V = \tfrac{4}{3}\pi r^3 = \tfrac{4}{3}(3,14)(0,18 \text{ m})^3 = 0,024 \text{ m}^3.$$

In tabel 13.1 zien we dat de dichtheid van ijzer $\rho = 7800$ kg/m^3, dus vgl. 13.1 levert

$$m = \rho V = (7800 \text{ kg/m}^3)(0,024 \text{ m}^3) = 190 \text{ kg}.$$

Het **soortelijk gewicht** van een stof is gedefinieerd als de verhouding van de dichtheid van die stof tot de dichtheid van water bij 4,0°C. Omdat het soortelijk gewicht een verhouding is, is dit een getal zonder dimensies of eenheden. De dichtheid van water is 1,00 g/cm^3 = 1,00 · 10^3 kg/m^3, dus het soortelijk gewicht van een willekeurige stof zal numeriek gelijk zijn aan de dichtheid ervan in g/cm^3 of 10^{-3} maal de dichtheid in kg/m^3. In tabel 13.1 kun je bijvoorbeeld zien dat het soortelijk gewicht van lood 11,3 is en dat van alcohol 0,79.

De concepten dichtheid en soortelijk gewicht zijn met name nuttig bij het bestuderen van fluïda, omdat we niet altijd te maken hebben met een bepaald volume of een bepaalde massa.

13.3 Druk in vloeistoffen

Er is een verband tussen druk en kracht, maar het zijn duidelijk twee verschillende dingen. Druk is gedefinieerd als kracht per oppervlakte-eenheid; als F de grootte van de kracht is die loodrecht werkt op een oppervlak A:

$$\text{druk} = P = \frac{F}{A}. \tag{13.2}$$

Let op

Druk is een scalaire grootheid, geen vector.

Hoewel kracht een vector is, is druk een scalaire grootheid. Druk heeft dus alleen een grootte. De SI-eenheid van druk is N/m^2. Deze eenheid heeft de officiële naam **pascal** (Pa), genoemd naar de Franse wetenschapper Blaise Pascal (zie paragraaf 13.5); 1 Pa = 1 N/m^2. Voor het gemak zullen we echter vaak de eenheid N/m^2 gebruiken. In paragraaf 13.6 bespreken we nog een aantal andere eenheden voor druk en de omrekenfactoren daartussen (zie ook de tabel voor in dit boek).

Voorbeeld 13.2 Een druk berekenen

De twee voeten van een man van 60 kg hebben samen een oppervlakte van 500 cm^2. (*a*) Bereken de druk die de twee voeten op de grond uitoefenen. (*b*) Hoe groot zal de druk worden als de man op één been gaat staan?

Aanpak Veronderstel dat de man in rust is. In dat geval drukt de grond tegen de man met een kracht die gelijk is aan zijn gewicht mg en oefent hij dus een kracht mg uit op het stuk grond waarop zijn voeten staan of zijn voet staat. Omdat 1 cm^2 = (10^{-2} m)^2 = 10^{-4} m^2, is 500 cm^2 = 0,050 m^2.

Oplossing (*a*) De druk die op de grond uitgeoefend wordt door de twee voeten is

$$P = \frac{F}{A} = \frac{mg}{A} = \frac{(60 \text{ kg})(9{,}8 \text{ m/s}^2)}{(0{,}050 \text{ m}^2)} = 12 \times 10^3 \text{ N/m}^2.$$

(*b*) Als de man op één been gaat staan blijft de kracht gelijk aan zijn gewicht, maar het oppervlak waarop die kracht uitgeoefend wordt is maar de helft. De druk zal dus twee keer zo groot zijn: 24 · 10^3 N/m^2.

Druk is met name handig als je te maken krijgt met vloeistoffen. Uit proefondervindelijk onderzoek is gebleken dat *een vloeistof druk uitoefent in alle richtingen*. Zwemmers en duikers kennen dit uit eigen ervaring: het water drukt op alle delen van hun lichaam. Op elke willekeurige diepte in een stilstaande vloeistof is de druk in alle richtingen gelijk. Je kunt gemakkelijk inzien waarom dat zo is. Veronderstel een minuscule kubus vloeistof (fig. 13.1) die zo klein is dat we deze als een punt kunnen beschouwen en we daardoor ook de zwaartekracht erop kunnen verwaarlozen. De druk op een zijde van de kubus moet dan gelijk zijn aan de druk op de tegenoverliggende zijde. Als dat niet het geval zou zijn, zou er een nettokracht op de kubus werken, waardoor die zou gaan bewegen. Als de vloeistof niet stroomt, moeten de drukken dus wel gelijk zijn in alle richtingen.

Bij een vloeistof in rust werkt de kracht als gevolg van de vloeistofdruk altijd *loodrecht* op een willekeurig vast oppervlak dat eraan raakt. Als er een component van de kracht evenwijdig aan het oppervlak zou zijn, op de manier zoals is weergegeven in fig. 13.2, zou het oppervlak volgens de derde wet van Newton een reactiekracht uitoefenen op de vloeistof die ook een component evenwijdig aan het oppervlak zou hebben. Door de aanwezigheid van een dergelijke component zou de vloeistof gaan stromen, wat strijdig is met onze aanname dat de vloeistof in rust is. De kracht als gevolg van de druk in een vloeistof in rust is dus altijd loodrecht op het oppervlak van het voorwerp gericht.

Laten we nu eens kijken hoe de druk in een vloeistof met een homogene dichtheid varieert met de diepte. Veronderstel een punt op een diepte h onder de oppervlakte van de vloeistof, op de manier zoals is weergegeven in fig. 13.3 (de oppervlakte van de vloeistof bevindt zich dus op een hoogte h boven dit punt). De druk als gevolg van de vloeistof op deze diepte h wordt veroorzaakt door het gewicht van de vloeistofkolom erboven. De kracht als gevolg van het gewicht van de vloeistof op het oppervlak A is dus

$$F = mg = (\rho V)g = \rho Ahg,$$

waarin Ah het volume van de vloeistofkolom is, ρ de dichtheid van de vloeistof (die we constant veronderstellen) en g de versnelling van de zwaartekracht. De druk P als gevolg van het gewicht van de vloeistof is in dat geval

$$P = \frac{F}{A} = \frac{\rho Ahg}{A}$$

$$P = \rho gh. \qquad \text{[vloeistof]} \quad (13.3)$$

Merk op dat de oppervlakte A geen invloed heeft op de druk op een bepaalde diepte. De vloeistofdruk is rechtevenredig met de dichtheid van de vloeistof en de diepte in de vloeistof. Algemeen gesteld is de druk op gelijke dieptes in een homogene vloeistof overal gelijk.

> **Opgave A**
> Bekijk de openingsvraag aan het begin van dit hoofdstuk nog een keer en beantwoord de vraag opnieuw. Probeer uit te leggen waarom je antwoord eerst eventueel anders was.

Met behulp van vgl. 13.3 weten we hoe groot de druk is op een diepte h in de vloeistof, als gevolg van de vloeistof zelf. Maar hoe groot zal de druk zijn als er ook een druk uitgeoefend wordt op het oppervlak van de vloeistof, zoals de druk van de atmosfeer of een zuiger die de vloeistof omlaag drukt? En hoe zit het als de dichtheid van de vloeistof niet constant is? Gassen zijn goed samendrukbaar, zodat de dichtheid daarvan aanmerkelijk kan variëren met de diepte. Ook vloeistoffen kunnen samengedrukt worden, hoewel de verandering van de dichtheid ervan vaak verwaarloosbaar is. (In de diepe troggen van de oceaan mag dat echter niet, omdat de dichtheid van het water op de bodem door het enorme gewicht van de waterkolom erboven wel aanzienlijk groter is.) Om deze verandering in dergelijke, en andere, gevallen te kwantificeren, zullen we bekijken hoe de druk in een vloeistof varieert met de diepte.

We kunnen fig. 13.4 gebruiken om de druk op een willekeurige hoogte y boven een bepaald referentiepunt te berekenen (bijvoorbeeld de bodem van een oceaan of die

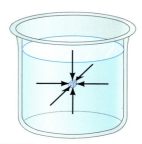

FIGUUR 13.1 De druk is in elke richting gelijk in een stilstaande vloeistof op een bepaalde diepte. Als dit niet het geval is, is de vloeistof in beweging.

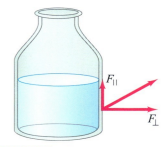

FIGUUR 13.2 Als er een krachtcomponent evenwijdig aan het vaste oppervlak van de fles zou zijn, zou de vloeistof als reactie daarop bewegen. Bij een vloeistof in rust is $F_\parallel = 0$.

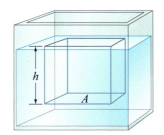

FIGUUR 13.3 De druk berekenen op een diepte h in een vloeistof.

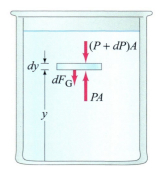

FIGUUR 13.4 Krachten op een vlak 'plakje' vloeistof om de druk P op een hoogte y in de vloeistof te bepalen.

Hoofdstuk 13 – Vloeistoffen

van een tank of zwembad).[1] In deze vloeistof bekijken we op een hoogte y een minuscuul plakje vloeistof met een oppervlakte A en een oneindig kleine dikte dy, op de manier zoals is weergegeven in de figuur. Veronderstel dat de druk aan de onderkant van het plakje omhoog gericht is (op een hoogte y) en een grootte P heeft. De druk omlaag op de bovenkant van het plakje (op een hoogte $y + dy$) noemen we $P + dP$. De vloeistofdruk die op het plakje werkt, oefent dus een omhoog gerichte kracht uit die gelijk is aan PA en een omlaag gerichte kracht $(P + dP)A$. De enige andere kracht die verticaal op het plakje werkt is de (oneindig kleine) zwaartekracht dF_G, die op het plakje met massa dm gelijk is aan

$$dF_G = (dm)g = \rho g\, dV = \rho g A\, dy,$$

waarin ρ de dichtheid van de vloeistof is op de hoogte y. Omdat verondersteld wordt dat de vloeistof in rust is, is het plakje in evenwicht en moet de nettokracht erop nul zijn. Dus geldt

$$PA - (P + dP)A - \rho g A\, dy = 0,$$

wat we kunnen vereenvoudigen tot

$$\frac{dP}{dy} = -\rho g. \tag{13.4}$$

Uit deze relatie kunnen we opmaken hoe de druk in de vloeistof varieert met de hoogte boven een willekeurig referentiepunt. Het minteken geeft aan dat de druk afneemt, naarmate de hoogte toeneemt, of dat de druk toeneemt naarmate de diepte toeneemt (en de hoogte dus afneemt).
Als de druk op een hoogte y_1 in de vloeistof gelijk is aan P_1 en op een hoogte y_2 gelijk aan P_2, kunnen we vgl. 13.4 integreren:

$$\int_{P_1}^{P_2} dP = -\int_{y_1}^{y_2} \rho g\, dy$$

$$P_2 - P_1 = -\int_{y_1}^{y_2} \rho g\, dy \tag{13.5}$$

waarbij we aannemen dat ρ een functie is van de hoogte y: $\rho = \rho(y)$. Dit is een algemene relatie die we nu zullen toepassen op twee speciale gevallen: (1) druk in vloeistoffen met een homogene dichtheid en (2) drukfluctuaties in de atmosfeer van de aarde.
Bij vloeistoffen waarin de variatie in de dichtheid genegeerd kan worden, is ρ constant en vgl. 13.5 gemakkelijk te integreren:

$$P_2 - P_1 = -\rho g(y_2 - y_1) \tag{13.6a}$$

In de alledaagse situatie waarin een vloeistof zich in een open vat bevindt, bijvoorbeeld water in een glas, een zwembad, een meer of de oceaan, is er een oppervlak dat blootgesteld wordt aan de atmosfeer. Voor het gemak zullen we afstanden meten ten opzichte van dit oppervlak. Dat wil zeggen, we noemen h de *diepte* in de vloeistof, waarin $h = y_2 - y_1$ op de manier zoals is weergegeven in fig. 13.5. Als we de positie aan het oppervlak y_2 noemen, is P_2 de atmosferische druk, P_0, aan het oppervlak. Met behulp van vgl. 13.6a kunnen we bepalen dat de druk P ($= P_1$) op een diepte h in de vloeistof gelijk is aan

$$P = P_0 + \rho g h. \qquad [h \text{ is de diepte in de vloeistof}] \quad (13.6b)$$

Merk op dat vgl. 13.6b eenvoudigweg de vloeistofdruk is (vgl. 13.3) plus de druk P_0 als gevolg van atmosfeer erboven.

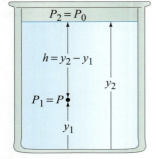

FIGUUR 13.5 Druk op een diepte $h = (y_2 - y_1)$ in een vloeistof met een dichtheid ρ is $P = P_0 + \rho g h$, waarin P_0 de uitwendige druk aan het oppervlak van de vloeistof is.

Voorbeeld 13.3 Kraandruk

Het wateroppervlak in een opslagtank bevindt zich 30 m boven de keukenkraan in een huis, fig. 13.6. Bereken het verschil in de waterdruk tussen de keukenkraan en het wateroppervlak in de tank.

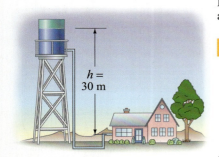

FIGUUR 13.6 Voorbeeld 13.3.

[1] We meten y positief omhoog, in tegenstelling tot wat we in vgl. 13.3 deden met de diepte (waarbij we de richting omlaag als positief kozen).

Aanpak Water is nagenoeg niet samendrukbaar, dus is ρ constant, zelfs als we voor h 30 m gebruiken in vgl. 13.6b. Alleen de hoogte h is van belang; we kunnen de 'route' van de leidingen en de bochten buiten beschouwing laten.

Oplossing We veronderstellen dat de atmosferische druk aan het wateroppervlak in de opslagtank gelijk is aan die bij de uitloop van de keukenkraan. Het waterdrukverschil tussen de uitloop van de keukenkraan en het wateroppervlak in de tank is dus

$$\Delta P = \rho g h = (1{,}0 \cdot 10^3 \text{ kg/m}^3)(9{,}8 \text{ m/s}^2)(30 \text{ m}) = 2{,}9 \cdot 10^5 \text{ N/m}^2.$$

Opmerking De hoogte h wordt soms het **drukniveau** genoemd. In dit voorbeeld is het drukniveau 30 m in de keukenkraan. De erg verschillende diameters van de tank en de uitloop van de keukenkraan hebben geen invloed op het resultaat: alleen de druk is van belang.

Voorbeeld 13.4   Kracht op een wand van een aquarium

Bereken de kracht als gevolg van de waterdruk die uitgeoefend wordt op een raam van 1,0 m × 3,0 m in een zeeaquarium waarvan de bovenrand zich 1,0 m onder het wateroppervlak bevindt, fig. 13.7.

Aanpak Op een diepte h is de druk als gevolg van het water gegeven door vgl. 13.6b. We verdelen het raam in een groot aantal kleine stripjes met een lengte $\ell = 3{,}0$ m en een breedte dy, op de manier zoals is weergegeven in fig. 13.7. We kiezen een coördinatenstelsel met $y = 0$ aan het wateroppervlak en de positieve y-richting verticaal omlaag. (Door deze keuze verandert het minteken in vgl. 13.6a in een plusteken; je kunt ook vgl. 13.6b gebruiken met $y = h$.) De kracht als gevolg van de waterdruk op elke strip is $dF = PdA = \rho g y \ell \, dy$.

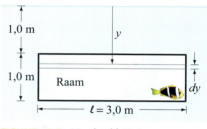

FIGUUR 13.7   Voorbeeld 13.4.

Oplossing De totale kracht op het raam is gelijk aan de integraal:

$$\int_{y_1=1{,}0\text{ m}}^{y_2=2{,}0\text{ m}} \rho g y \ell \, dy = \tfrac{1}{2}\rho g \ell \left(y_2^2 - y_1^2\right)$$

$$= \tfrac{1}{2}(1000 \text{ kg/m}^3)(9{,}8 \text{ m/s}^2)(3{,}0 \text{ m})[(2{,}0 \text{ m})^2 - (1{,}0 \text{ m})^2] = 44 \cdot 10^3 \text{ N}.$$

Opmerking Om het antwoord te controleren kunnen we een schatting maken: vermenigvuldig de oppervlakte van het raam (3,0 m²) met de druk op het midden van het raam ($h = 1{,}5$ m) met behulp van vgl. 13.3, $P = \rho g h = (1000 \text{ kg/m}^3)(9{,}8 \text{ m/s}^2)(1{,}5 \text{ m}) \approx 1{,}5 \cdot 10^4 \text{ N/m}^2$. $F = PA \approx (1{,}5 \cdot 10^4 \text{ N/m}^2)(3{,}0 \text{ m})(1{,}0 \text{ m}) \approx 4{,}5 \cdot 10^4$ N. Dat klopt goed!

> **Opgave B**
> Een dam houdt een meer tegen dat ter plaatse van de dam 85 m diep is. Veronderstel dat het meer 20 km lang is. Hoeveel dikker moet de dam in dat geval zijn dan wanneer het meer kleiner, bijvoorbeeld 1,0 km lang, zou zijn?

We zullen nu vgl. 13.4 of 13.5 toepassen op gassen. De dichtheid van gassen is gewoonlijk erg klein, dus het drukverschil op verschillende hoogtes kan over het algemeen genegeerd worden als $y_2 - y_1$ niet groot is (dat is de reden waarom we in voorbeeld 13.3 het verschil in de luchtdruk tussen de keukenkraan en de bovenkant van de opslagtank buiten beschouwing konden laten). In de meeste gewone gascontainers kunnen we aannemen dat de druk overal gelijk is. Als $y_2 - y_1$ echter erg groot is, kunnen we daar niet van uitgaan. Een interessant voorbeeld is de lucht van de atmosfeer van de aarde, die op zeeniveau ongeveer $1{,}013 \cdot 10^5$ N/m² is en langzaam afneemt naarmate de afstand tot de zeespiegel groter wordt.

Voorbeeld 13.5   Effect van de hoogte op de atmosferische druk

(a) Bereken de drukverandering in de atmosfeer van de aarde als functie van de hoogte y boven zeeniveau, als je ervan uit mag gaan dat g constant is en dat de dichtheid van de lucht recht evenredig is met de druk. (Deze laatste aanname is niet echt nauwkeurig, omdat met name de temperatuur en andere weersinvloeden een belangrijke rol spelen.) (b) Op welke hoogte is de luchtdruk gelijk aan de helft van de druk op zeeniveau?

Aanpak We beginnen met vgl. 13.4 en integreren die vanaf het oppervlak van de aarde, $y = 0$ en $P = P_0$ tot een hoogte y waarop de druk P is. In (b) kiezen we P zodanig dat deze gelijk is aan $\tfrac{1}{2}P_0$.

Oplossing (a) We nemen aan dat ρ rechtevenredig is met P, dus kunnen we schrijven dat

$$\frac{\rho}{\rho_0} = \frac{P}{P_0},$$

waarin $P_0 = 1{,}013 \cdot 10^5$ N/m² de atmosferische druk is op zeeniveau is en $\rho_0 = 1{,}29$ kg/m³ de dichtheid van lucht op zeeniveau bij 0°C (tabel 13.1). Voor de drukverandering met de hoogte, vgl. 13.4, hebben we

$$\frac{dP}{dy} = -\rho g = -P\left(\frac{\rho_0}{P_0}\right)g, \text{ dus}$$

$$\frac{dP}{P} = -\frac{\rho_0}{P_0} g \, dy.$$

We integreren dit resultaat van $y = 0$ (aardoppervlak) en $P = P_0$ tot de hoogte y waarop de druk P is:

$$\int_{P_0}^{P} \frac{dP}{P} = -\frac{\rho_0}{P_0} g \int_0^y dy$$

$$\ln \frac{P}{P_0} = -\frac{\rho_0}{P_0} gy,$$

omdat $\ln P - \ln P_0 = \ln(P/P_0)$. In dat geval geldt

$$P = P_0 e^{-(\rho_0 g / P_0) y}.$$

Dus vinden we, gebaseerd op onze aannames, dat de luchtdruk in onze atmosfeer ongeveer exponentieel afneemt met de hoogte.

Opmerking De atmosfeer heeft geen exact te onderscheiden bovenste oppervlak, dus is er geen natuurlijk referentiepunt waar we de diepte in de atmosfeer kunnen meten, zoals we wel kunnen doen voor een vloeistof.

(b) De constante $(\rho_0 g / P_0)$ heeft de waarde

$$\frac{\rho_0 g}{P_0} = \frac{(1{,}29 \text{ kg/m}^3)(9{,}80 \text{ m/s}^2)}{(1{,}013 \times 10^5 \text{ N/m}^2)} = 1{,}25 \times 10^{-4} \text{m}^{-1}.$$

We stellen P nu gelijk aan $\tfrac{1}{2}P_0$ in de uitdrukking die we in (a) hebben afgeleid, zodat

$$\tfrac{1}{2} = e^{-1{,}25 \cdot 10^{-4} \text{m}^{-1} y}$$

of, door de natuurlijke logaritmen te nemen van beide zijden,

$$\ln \tfrac{1}{2} = (-1{,}25 \cdot 10^{-4} \text{ m}^{-1})y$$

dus is (aangezien $\ln \tfrac{1}{2} = -\ln 2$, appendix A.7, vgl. ii)

$$y = (\ln 2{,}00)/(1{,}25 \cdot 10^{-4} \text{ m}^{-1}) = 5550 \text{ m}.$$

Dus op een hoogte van ongeveer 5500 m is de atmosferische druk de helft geworden van die op zeeniveau. Het is dan ook niet verbazingwekkend dat bergbeklimmers vaak zuurstofflessen gebruiken op grote hoogtes.

13.4 Atmosferische druk en manometerdruk

■ *Atmosferische druk*

De druk van de lucht op een bepaalde plaats op aarde varieert enigszins als gevolg van de weersomstandigheden. Op zeeniveau is de druk van de atmosfeer gemiddeld

$1,013 \cdot 10^5$ N/m². Met deze waarde kunnen we een veelgebruikte eenheid van druk definiëren, de atmosfeer (afgekort tot atm):

   1 atm = $1,013 \cdot 10^5$ N/m² = 101,3 kPa.

Een andere eenheid van druk die soms gebruikt wordt (door meteorologen en op weerkaarten) is de bar, die gedefinieerd is als

   1 bar = $1,000 \cdot 10^5$ N/m².

De standaard atmosferische druk is dus iets meer dan 1 bar, om precies te zijn 1013 millibar.

De druk als gevolg van het gewicht van de atmosfeer wordt uitgeoefend op alle voorwerpen die ondergedompeld zijn in deze immense zee van lucht, dus ook op je lichaam. Hoe weerstaat het menselijk lichaam de enorme druk op het oppervlak ervan? Het antwoord is dat levende cellen een inwendige druk in stand houden die nagenoeg gelijk is aan de uitwendige druk, net zoals de druk in een ballon nagenoeg gelijk is aan de druk van de atmosfeer op de buitenkant ervan. Een autoband kan, vanwege de stijfheid ervan, inwendige drukken in stand houden die veel groter zijn dan de uitwendige druk.

Natuurkunde in de praktijk
Druk op levende cellen

Conceptvoorbeeld 13.6 Vinger houdt water in een rietje

Je plaatst een rietje met lengte ℓ in een diep glas water. Dan plaats je een vinger op de bovenste opening van het rietje, waardoor je het beetje lucht boven de waterkolom in het rietje opsluit en ervoor zorgt dat er geen lucht in of uit het rietje kan gaan. Daarna til je het rietje uit het water. Je zult zien dat het rietje gevuld blijft met (het grootste deel van) het water (zie fig. 13.8a). Heeft de lucht in de ruimte tussen je vinger en de bovenkant van het water een druk P die groter is dan, gelijk is aan of kleiner is dan de atmosferische druk P_0 buiten het rietje?

Antwoord Bekijk de krachten op de waterkolom (fig. 13.8b). De atmosferische druk buiten het rietje drukt omhoog tegen de onderkant van de waterkolom in het rietje, de zwaartekracht trekt het water omlaag en de luchtdruk boven de waterkolom in het rietje drukt omlaag op het water. Omdat het water in evenwicht is, moet de omhoog gerichte kracht als gevolg van de atmosferische druk P_0 de twee omlaag gerichte krachten in evenwicht houden. De enige manier waarop dit kan is wanneer de luchtdruk in het rietje *kleiner is dan* de atmosferische druk buiten het rietje. (Wanneer je het rietje in eerste instantie uit het glas water haalt, zie je dat er een klein beetje water aan de onderkant van het rietje ontsnapt. Daardoor neemt het volume van de ingesloten luchtkolom onder je vinger toe en de dichtheid daarvan dus af.)

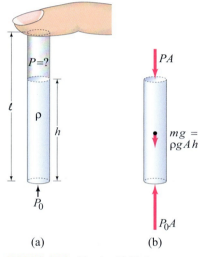

FIGUUR 13.8 Voorbeeld 13.6.

■ *Manometerdruk*

Het is belangrijk dat de druk die je op de bandspanningsmeter afleest, en de druk op de meeste andere manometers, de druk boven de atmosferische druk is. Dit wordt de **manometerdruk** genoemd. Om de **absolute druk**, P, te bepalen, moet je dus nog de atmosferische druk, P_0, optellen bij de manometerdruk, $P_{manometer}$:

   $P = P_0 + P_{manometer}$.

Als een manometer een druk aangeeft van 220 kPa, is de absolute druk binnen de band 220 kPa + 101 kPa = 321 kPa, wat ongeveer overeenkomt met 3,2 atm (2,2 atm manometerdruk).

13.5 De wet van Pascal

De atmosfeer van de aarde oefent een druk uit op alle voorwerpen die ermee in contact zijn, inclusief andere fluïda. De uitwendige druk op een vloeistof wordt in die vloeistof overgebracht. Volgens vgl. 13.3 is de druk als gevolg van het water op een diepte van 100 m onder het wateroppervlak van een meer $P = \rho g h = (1000$ kg/m³$)(9,8$ m/s²$)(100$ m$) = 9,8 \cdot 10^5$ N/m², ofwel 9,7 atm. De totale druk op dit punt is echter de druk van het water plus de druk van de lucht erboven. De totale druk is dus (als het oppervlak van het meer zich op zeeniveau bevindt) 9,7 atm + 1,0 atm = 10,7

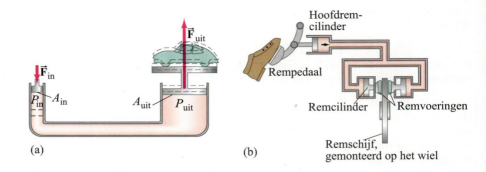

FIGUUR 13.9 Toepassingen van de wet van Pascal: (a) hydraulische lift; (b) hydraulisch bediende remmen in een auto.

atm. Dit is maar een voorbeeld van een algemene wetmatigheid die toegeschreven wordt aan de Franse filosoof en wetenschapper Blaise Pascal (1623-1662). De **wet van Pascal** stelt dat *als er een uitwendige druk op een vloeistof in een vat uitgeoefend wordt, de druk op elk punt in de vloeistof toeneemt met de uitgeoefende druk.*

In een aantal praktische apparaten wordt gebruikgemaakt van de wet van Pascal. Een voorbeeld is de hydraulische lift in fig. 13.9a, waarbij een kleine invoerkracht wordt gebruikt om een grote uitvoerkracht uit te oefenen door de oppervlakte van de uitvoerzuiger groter te maken dan de oppervlakte van de invoerzuiger. Om te zien hoe dit werkt, veronderstellen we dat de invoer- en uitvoerzuiger zich op dezelfde hoogte (ten minste ongeveer) bevinden. Door de uitwendige invoerkracht F_{in} zal, volgens de wet van Pascal, de druk in de hele vloeistof toenemen. Dus geldt dat op hetzelfde niveau (zie fig. 13.9a),

$$P_{uit} = P_{in},$$

waarbij de invoergrootheden voorgesteld worden door de index 'in' en de uitvoergrootheden door de index 'uit'. Omdat $P = F/A$, kunnen we deze vergelijking ook schrijven als

$$\frac{F_{uit}}{A_{uit}} = \frac{F_{in}}{A_{in}},$$

of

$$\frac{F_{uit}}{F_{in}} = \frac{A_{uit}}{A_{in}}.$$

De verhouding F_{uit}/F_{in} wordt het **mechanische voordeel** van de hydraulische lift genoemd en is gelijk aan de verhouding tussen de oppervlakten. Als de oppervlakte van de uitvoerzuiger bijvoorbeeld 20 keer zo groot is als die van de invoercilinder, zal de kracht vermenigvuldigd worden met een factor 20. Met een kracht van 2000 N zou het dus mogelijk zijn om een auto van 40.000 N omhoog te tillen.

In fig. 13.9b is het remsysteem van een auto weergegeven. Wanneer de chauffeur op de rem trapt, neemt de druk in de hoofdremcilinder toe. Deze druktoename treedt in alle remvloeistof op, waardoor de remvoeringen tegen de remschijf worden gedrukt, die gemonteerd is op het wiel van de auto.

> **Natuurkunde in de praktijk**
> *Hydraulische lift*

> **Natuurkunde in de praktijk**
> *Hydraulische remmen*

13.6 Meten van druk; manometers en de barometer

In het verleden zijn er talloze instrumenten uitgevonden om druk te meten. In fig. 13.10 hebben we er een paar weergegeven. De eenvoudigste is de *open-buismanometer* (fig 13.10a) die bestaat uit een U-vormig gebogen buis die gevuld is met een vloeistof, meestal kwik of water. De druk P wordt gemeten aan de hand van het verschil in de hoogte Δh van de twee vloeistofniveaus:

$$P = P_0 + \rho g \, \Delta h,$$

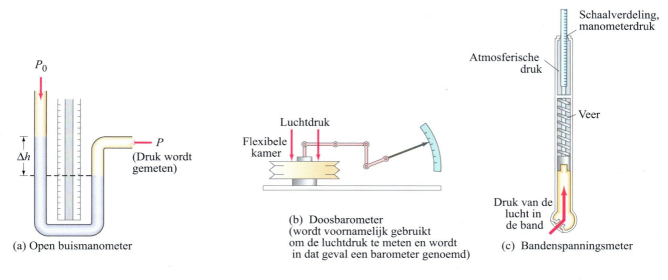

FIGUUR 13.10 Drukmeters: (a) open-buismanometer, (b) doosbarometer en (c) gebruikelijke bandenspanningsmeter.

waarin P_0 de atmosferische druk is (die werkt op de vloeistofkolom in het linker deel van de buis) en ρ de dichtheid van de vloeistof. Merk op dat de grootheid $\rho g \, \Delta h$ de manometerdruk is: de drukhoeveelheid die P hoger is dan de atmosferische druk P_0. Als het vloeistofniveau in het linker deel van de buis lager zou zijn dan het vloeistofniveau in het rechter deel van de buis, zou P lager moeten zijn dan de atmosferische druk (en Δh zou negatief zijn).

In plaats van het product $\rho g \, \Delta h$ te berekenen, wordt soms alleen de verandering van de hoogte, Δh, aangegeven. Drukken worden soms aangegeven in millimeters kwik (mm Hg) of millimeters water (mm H_2O). De eenheid mm Hg komt overeen met een druk van 133 N/m², omdat $\rho g \, \Delta h$ voor 1 mm = $1{,}0 \cdot 10^{-3}$ m kwik gelijk is aan

$$\rho g \, \Delta h = (13{,}6 \cdot 10^3 \text{ kg/m}^3)(9{,}80 \text{ m/s}^2)(1{,}00 \cdot 10^{-3} \text{ m}) = 1{,}33 \cdot 10^2 \text{ N/m}^2.$$

De eenheid mm Hg wordt ook wel de '**torr**' genoemd, naar Evangelista Torricelli (1608-1647), een student van Galilei die de barometer uitvond (zie hierna).
In tabel 13.2 vind je een aantal omrekenfactoren tussen de verschillende drukeenheden. Het is belangrijk om alleen de N/m² = Pa, de correcte SI-eenheid, te gebruiken in berekeningen waarbij de andere grootheden in SI-eenheden gegeven zijn.

Oplossingsstrategie

Gebruik in berekeningen altijd SI-eenheden: 1 Pa = 1 N/m².

TABEL 13.2 Omrekenfactoren tussen verschillende drukeenheden

In termen van 1 Pa = 1 N/m²	1 atm in verschillende eenheden
1 atm = 1,013 · 10⁵ N/m²	1 atm = 1,013 · 10⁵ N/m²
= 1,013 · 10⁵ Pa = 101,3 kPa	
1 bar = 1,000 · 10⁵ N/m²	1 atm = 1,013 bar
1 dyne/cm² = 0,1 N/m²	1 atm = 1,013 · 10⁶ dyne/cm²
1 psi = 6,90 · 10³ N/m²	1 atm = 14,7 psi
1 lb/ft² = 47,9 N/m²	1 atm = 2,12 · 10³ lb/ft²
1 cm Hg = 1,33 · 10³ N/m²	1 atm = 76,0 cm Hg
1 mm Hg = 133 N/m²	1 atm = 760 mm Hg
1 torr = 133 N/m²	1 atm = 760 torr
1 mm H₂O (4°C) = 9,80 N/m²	1 atm = 1,03 · 10⁴ mm H₂O (4°C)

Een ander type drukmeter is de doosbarometer (fig. 13.10b), waarbij de wijzer verbonden is met de bewegende zijde van een dunne, vacuüm gepompte metalen kamer. In een elektronische meter kan de druk uitgeoefend worden op een dun metalen membraan, waarbij de vervorming daarvan door een transducer omgezet wordt in

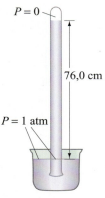

FIGUUR 13.11
De kwikbarometer, die uitgevonden werd door Torricelli, is hier weergegeven in een situatie waarbij de luchtdruk gelijk is aan de standaard atmosferische druk, 76,0 cm Hg.

FIGUUR 13.12 Een waterbarometer: een met water gevulde buis wordt in een bak met water geplaatst, waarbij het bovenste uiteinde van de buis gesloten blijft. Wanneer vervolgens de onderkant van de buis opengemaakt wordt, zal er een beetje water uit stromen, waardoor er een vacuüm ontstaat tussen het oppervlak van de waterkolom en het gesloten uiteinde. Waarom? Omdat de luchtdruk geen waterkolom kan ondersteunen met een hoogte van meer dan 10 m.

een elektrisch signaal. In fig. 13.10c is een gebruikelijke bandenspanningsmeter weergegeven.

De atmosferische druk kan ook gemeten worden met behulp van een aangepaste kwikmanometer met een gesloten uiteinde: de zogenoemde **kwikbarometer** (fig. 13.11). De glazen buis wordt helemaal gevuld met kwik en vervolgens omgekeerd in een kwikvat geplaatst. Als de buis lang genoeg is, zal het kwikniveau dalen en zal er erboven een vacuüm ontstaan, omdat de atmosferische druk alleen maar een kwikkolom van ongeveer 76 cm hoog kan ondersteunen (exact 76,0 cm bij de standaard atmosferische druk). Dat wil zeggen dat een kwikkolom van 76 cm hoog dezelfde druk als de atmosfeer uitoefent:[1]

$$P = \rho g \Delta h$$
$$= (13,6 \cdot 10^3 \text{ kg/m}^3)(9,80 \text{ m/s}^2)(0,760 \text{ m}) = 1,013 \cdot 10^5 \text{ N/m}^2 = 1,00 \text{ atm.}$$

Voor een waterkolom kunnen we een vergelijkbare berekening maken, waaruit zal blijken dat de waterkolom 10,3 m hoog zal zijn in een buis die aan een uiteinde afgesloten is (fig. 13.12). Hoe goed een vacuümpomp ook is, hij zal nooit water over een grotere hoogte dan ongeveer 10 m kunnen oppompen met behulp van de normale atmosferische druk. Om met een vacuümpomp water uit diepe mijnschachten op te pompen moeten meerdere pompen gebruikt worden die elk steeds een hoogte van ongeveer 10 m kunnen overbruggen. Galilei bestudeerde dit probleem en zijn student Torricelli was de eerste die het verklaarde. Waar het om gaat is dat de pomp niet echt water opzuigt: de pomp vermindert alleen de druk bovenin de buis. De atmosferische luchtdruk *drukt* het water omhoog in de buis als bovenin de buis een lage druk heerst (vacuüm), op dezelfde manier als de luchtdruk het kwik 76 cm omhoog drukt in een barometer. (Perspompen (paragraaf 13.14) die vanaf de bodem vloeistoffen omhoog drukken kunnen een hogere druk uitoefenen en dus water meer dan 10 m oppompen.)

Conceptvoorbeeld 13.7 Zuiging

Een student stelt voor om astronauten bij het werken aan de buitenzijde van de romp van het ruimteveer schoenen met zuignappen te laten gebruiken. Nu je net dit hoofdstuk bestudeerd hebt, wijs je hem op de onbetrouwbaarheid van dit plan. Hoe zit dat?

Antwoord De werking van zuignappen berust op het wegdrukken van de lucht onder de zuignap. Wat de zuignap op zijn plaats houdt is de luchtdruk van de omgeving. (Dit kan een aanzienlijke kracht zijn op aarde.) Een zuignap met een diameter van 10 cm heeft een oppervlakte van $7,9 \cdot 10^{-3}$ m^2. De kracht van de atmosfeer daarop is $(7,9 \cdot 10^{-3}$ m$^2)(1,0 \cdot 10^5$ N/m$^2) \approx 800$ N! Maar in de ruimte is er geen luchtdruk om de zuignap tegen de romp van het ruimteschip te drukken.

Sommigen nemen ten onrechte aan dat zuiging iets is dat we zelf actief doen. Intuïtief denken velen bijvoorbeeld dat je limonade opzuigt door een rietje. Maar in werkelijkheid verlaag je de druk bovenin het rietje en de atmosfeer *drukt* de limonade je mond in; de maximale lengte van een verticaal gehouden rietje is bijgevolg 'slechts' een tiental meter.

13.7 Opwaartse kracht en de wet van Archimedes

Voorwerpen die ondergedompeld worden in een vloeistof lijken minder te wegen dan wanneer ze zich buiten de vloeistof bevinden. Een grote steen die je nauwelijks op zou kunnen tillen van de grond kan vaak gemakkelijk van de bodem van een riviertje getild worden. Wanneer de steen door het oppervlak van het water gaat, lijkt hij ineens veel zwaarder te zijn. Veel voorwerpen, zoals hout, blijven drijven op water. Dit zijn twee voorbeelden van *opwaartse kracht*. In beide voorbeelden werkt de zwaartekracht omlaag. Maar daarnaast is er ook nog een omhoog gerichte *opwaartse kracht* die uitgeoefend wordt door de vloeistof. De opwaartse kracht op vissen en duikers

---

[1] Deze berekening bevestigt wat er in tabel 13.2 staat: 1 atm = 76,0 cm Hg.

(zoals in de foto aan het begin van dit hoofdstuk) houdt de omlaag gerichte zwaartekracht in evenwicht en stelt hen in staat om te drijven.

De opwaartse kracht ontstaat doordat de druk in een vloeistof toeneemt met de diepte. De omhoog gerichte druk aan de onderzijde van een ondergedompeld voorwerp is dus groter dan de omlaag gerichte druk op de bovenzijde ervan. Om dit effect te zien kun je je een cilinder voorstellen met een hoogte Δh, waarvan zowel het boven- als het ondervlak een oppervlakte A hebben, die helemaal ondergedompeld is in een vloeistof met een dichtheid ρ_v, op de manier zoals is weergegeven in fig. 13.13. De vloeistof oefent een druk $P_1 = \rho_v g h_1$ uit op het bovenvlak van de cilinder (vgl. 13.3). De kracht als gevolg van deze druk op de bovenzijde van de cilinder is $F_1 = P_1 A = \rho_v g h_1 A$ en is omlaag gericht. Op dezelfde manier oefent de vloeistof een verticaal omhoog gerichte kracht uit op de onderzijde van de cilinder die gelijk is aan $F_2 = P_2 A = \rho_v g h_2 A$. De nettokracht op de cilinder als gevolg van de vloeistofdruk, dus de **opwaartse kracht** $\vec{F}_B$, werkt verticaal omhoog en heeft een grootte

$$F_B = F_2, -F_1 = \rho_v g A(h_2, -h_1)$$
$$= \rho_v g A \Delta h$$
$$= \rho_v V g$$
$$= m_v g,$$

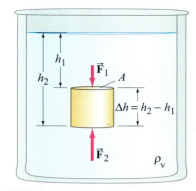

FIGUUR 13.13 Bepalen van de opwaartse kracht.

waarin $V = A\Delta h$ het volume van de cilinder is, het product $\rho_v V$ de massa van de verplaatste vloeistof en $\rho_v V g = m_v g$ het gewicht van de vloeistof met een even groot volume als de cilinder. De opwaartse kracht op de cilinder is dus gelijk aan het gewicht van de door de cilinder verplaatste vloeistof.

Dit resultaat is altijd geldig, ongeacht de vorm van het voorwerp. De ontdekking van deze wetmatigheid wordt toegeschreven aan Archimedes (287?-212 v.Chr.) en wordt daarom de **wet van Archimedes** genoemd: *de opwaartse kracht op een voorwerp dat ondergedompeld is in een vloeistof is gelijk aan het gewicht van de door dat voorwerp verplaatste vloeistof.*

Met de term 'verplaatste vloeistof' bedoelen we het vloeistofvolume dat gelijk is aan het ondergedompelde volume van het voorwerp (of dat deel van het volume van het voorwerp dat ondergedompeld is). Als het voorwerp in een tot de rand gevuld vat geplaatst wordt, is het water dat over de rand stroomt het watervolume dat door het voorwerp verplaatst wordt.

We kunnen de wet van Archimedes in algemene zin afleiden met behulp van de volgende eenvoudige, maar elegante redenering. Het onregelmatig gevormde voorwerp D in fig. 13.14a ondervindt de zwaartekracht (het gewicht ervan, $m\vec{g}$, omlaag) en de opwaartse kracht, $\vec{F}_B$, omhoog. We willen weten hoe groot F_B is. Om dat te doen veronderstellen we een voorwerp (D' in fig. 13.14b) dat uitsluitend bestaat uit de vloeistof en dezelfde vorm en grootte heeft als het oorspronkelijke voorwerp en zich op dezelfde diepte bevindt. Je zou je dit voorwerp van vloeistof kunnen voorstellen als een vorm water die van de rest van de vloeistof gescheiden is door een imaginair membraan. De opwaartse kracht F_B op dit voorwerp van vloeistof zal exact gelijk zijn aan de opwaartse kracht op het oorspronkelijke voorwerp, omdat de omringende vloeistof, die F_B uitoefent, exact dezelfde vorm heeft. Dit voorwerp van vloeistof D' is in evenwicht (de vloeistof als geheel is in rust). Dus is $F_B = m'g$, waarin $m'g$ het gewicht is van het voorwerp van vloeistof. De opwaartse kracht F_B is dus gelijk aan het gewicht van het voorwerp van vloeistof dat een volume heeft dat gelijk is aan het volume van het oorspronkelijke ondergedompelde voorwerp, wat de wet van Archimedes is.

Archimedes deed zijn ontdekking tijdens experimenten. In de laatste twee paragrafen hebben we aangetoond dat de wet van Archimedes afgeleid kan worden uit de wetten van Newton.

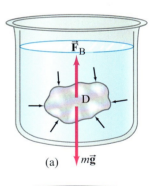

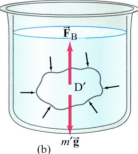

FIGUUR 13.14 Wet van Archimedes.

Conceptvoorbeeld 13.8 Twee bakken water

Veronderstel twee identieke vaten water die tot de rand gevuld zijn. Het ene vat bevat alleen water en in het andere drijft een stuk hout. Welk vat heeft het grootste gewicht?

Hoofdstuk 13 – Vloeistoffen **401**

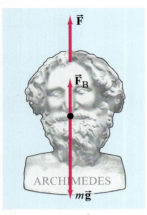

FIGUUR 13.15 Voorbeeld 13.9. De benodigde kracht om het borstbeeld op te tillen is $\vec{F}$.

Antwoord Beide vaten wegen even veel. De wet van Archimedes stelt immers dat het hout een volume water verplaatst met een gewicht dat even groot is als het gewicht van het hout. Er zal een beetje water over de rand van de bak stromen, maar volgens de wet van Archimedes heeft het gemorste water hetzelfde gewicht als het gewicht van het houten voorwerp; de bakken hebben dus hetzelfde gewicht.

Voorbeeld 13.9 Een borstbeeld bergen

Op de bodem van de zee ligt een antiek borstbeeld van 70 kg. Het heeft een volume van $3{,}0 \cdot 10^4$ cm^3. Hoeveel kracht is er nodig om het te bergen?

Aanpak De kracht F die nodig is om het borstbeeld naar het oppervlak te hijsen is gelijk aan het gewicht van het borstbeeld, mg min de opwaartse kracht F_B. In fig. 13.15 is het vrijlichaamsschema weergegeven.

Oplossing De opwaartse kracht op het borstbeeld door het water is gelijk aan het gewicht van $3{,}0 \cdot 10^4$ cm^3 = $3{,}0 \cdot 10^{-2}$ m^3 water (zeewater heeft een dichtheid $\rho = 1{,}025 \cdot 10^3$ kg/m^3):

$$F_B = m_{H_2O}g = \rho_{H_2O}Vg$$
$$= (1{,}025 \cdot 10^3 \text{ kg/m}^3)(3{,}0 \cdot 10^{-2} \text{ m}^3)(9{,}8 \text{ m/s}^2)$$
$$= 3{,}0 \cdot 10^2 \text{ N}.$$

Het gewicht van het borstbeeld is $mg = (70 \text{ kg})(9{,}8 \text{ m/s}^2) = 6{,}9 \cdot 10^2$ N. De benodigde kracht F om het borstbeeld te bergen is dus 690 N − 300 N = 390 N. Het lijkt alsof het borstbeeld een massa heeft van maar (390 N)/(9,8 m/s^2) = 40 kg.

Opmerking De kracht F = 390 N is hier de kracht die nodig is om het borstbeeld zonder versnelling onder water op te hijsen. Als het borstbeeld echter *uit* het water komt, neemt de benodigde kracht F toe tot uiteindelijk 690 N wanneer het volledig uit het water gekomen is.

Het verhaal gaat dat Archimedes zijn wet in bad ontdekte terwijl hij bedacht hoe hij erachter zou kunnen komen of de nieuwe kroon van de koning helemaal van goud was of niet. Goud heeft een soortelijk gewicht dat groter is dan dat van de meeste metalen (19,3), maar het is niet gemakkelijk om de dichtheid te bepalen van het materiaal van onregelmatig gevormde voorwerpen. Het is weliswaar eenvoudig om de massa ervan te bepalen, maar voor het volume is dit veel lastiger. Als het voorwerp echter in de lucht gewogen wordt (= w) en vervolgens onder water gewogen wordt (= w'), kan de dichtheid bepaald worden met behulp van de wet van Archimedes, zoals je in het volgende voorbeeld kunt zien. De grootheid w' wordt het *schijnbare gewicht* in water genoemd en is datgene wat een weegschaal aangeeft wanneer het voorwerp ondergedompeld in water (zie fig. 13.16) gewogen wordt; w' is gelijk aan het werkelijke gewicht ($w = mg$) min de opwaartse kracht.

FIGUUR 13.16 (a) Een weegschaal geeft de massa van een voorwerp in lucht aan, in dit geval van de kroon uit voorbeeld 13.10. Alle voorwerpen zijn in rust, dus de trekkracht F_T in het koord is gelijk aan het gewicht w van het voorwerp: $F_T = mg$. We hebben het vrijlichaamsschema van de kroon weergegeven en F_T is de oorzaak van de uitlezing van de weegschaal (die gelijk is aan de netto verticale kracht op de unster, volgens de derde wet van Newton). (b) Als de kroon ondergedompeld is, werkt er nog een kracht op, namelijk de opwaartse kracht F_B. De nettokracht is nul, dus is $F'_T + F_B = mg (= w)$. De uitlezing van de unster is nu $m' = 13{,}4$ kg, waarin m' gerelateerd is aan het effectieve gewicht volgens $w' = m'g$. Dus is $F'_T = w' = w - F_B$.

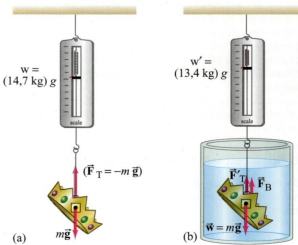

Voorbeeld 13.10 Archimedes: is de kroon echt van goud?

Wanneer een kroon met een massa van 14,7 kg ondergedompeld wordt in water, geeft een nauwkeurige unster een massa aan van slechts 13,4 kg. Is de kroon van goud?

Aanpak Als de kroon van goud is, moeten de dichtheid en het soortelijk gewicht ervan erg hoog zijn. Goud heeft een sg = 19,3 (zie paragraaf 13.2 en tabel 13.1). We bepalen het soortelijk gewicht met behulp van de wet van Archimedes en de twee vrijlichaamsschema's in fig. 13.16.

Oplossing Het schijnbare gewicht van het ondergedompelde voorwerp (de kroon) is w' (de uitlezing van de unster), de kracht die trekt aan de haak van de unster. Volgens de derde wet van Newton is w' gelijk aan de kracht F'_T die de unster uitoefent op de kroon in fig. 13.16b. De som van de krachten op de kroon is nul, dus is w' gelijk aan het werkelijke gewicht w ($= mg$) min de opwaartse kracht F_B:

$$w' = F'_T = w - F_B$$

dus

$$w - w' = F_B.$$

We noemen nu het volume van het volledig ondergedompelde voorwerp V en de dichtheid van het voorwerp ρ_{voorwerp} (dus $\rho_{\text{voorwerp}}V$ is de massa ervan) en de dichtheid van de vloeistof noemen we $\rho_{\text{vloeistof}}$ (in dit geval water). In dat geval is $(\rho_{\text{vloeistof}}V)g$ het gewicht van de verplaatste vloeistof ($= F_B$). Dus kunnen we ook schrijven dat

$$w = mg = \rho_{\text{voorwerp}}Vg$$
$$w - w' = F_B = \rho_{\text{vloeistof}}Vg.$$

We delen de twee vergelijkingen door elkaar:

$$\frac{w}{w - w'} = \frac{\rho_{\text{voorwerp}}Vg}{\rho_{\text{vloeistof}}Vg} = \frac{\rho_{\text{voorwerp}}}{\rho_{\text{vloeistof}}}.$$

We zien dat $w/(w - w')$ gelijk is aan het soortelijk gewicht van het voorwerp als het voorwerp ondergedompeld is in water ($\rho_{\text{vloeistof}} = 1,00 \cdot 10^3$ kg/m^3). Dus geldt dat

$$\frac{\rho_{\text{voorwerp}}}{\rho_{\text{H}_2\text{O}}} = \frac{w}{w - w'} = \frac{(14,7 \text{ kg})g}{(14,7 \text{ kg} - 13,4 \text{ kg})g} = \frac{14,7 \text{ kg}}{1,3 \text{ kg}} = 11,3.$$

Dit komt overeen met een dichtheid van 11.300 kg/m^3. De kroon is niet van goud, maar lijkt van lood gemaakt te zijn (zie tabel 13.1).

De wet van Archimedes is ook van toepassing op voorwerpen die drijven, zoals hout. *Over het algemeen drijft een voorwerp op een vloeistof als de dichtheid ervan (ρ_{voorwerp}) geringer is dan die van de vloeistof ($\rho_{\text{vloeistof}}$).* Dit is gemakkelijk te zien in fig. 13.17a, waarin een ondergedompeld stuk hout een netto verticale omhoog gerichte kracht zal ondervinden en naar het oppervlak zal drijven als $F_B > mg$; dat wil zeggen, als $\rho_{\text{vloeistof}}Vg > \rho_{\text{voorwerp}}Vg$ of $\rho_{\text{vloeistof}} > \rho_{\text{voorwerp}}$. Wanneer er een evenwicht is, dus wanneer het voorwerp drijft, zal de opwaartse kracht op het voorwerp even groot zijn als het gewicht van het voorwerp. Een blok hout met een soortelijk gewicht van 0,60 en een volume van 2,0 m^3 heeft bijvoorbeeld een massa $m = \rho_{\text{voorwerp}}V = (0,60 \cdot 10^3 \text{ kg/m}^3)(2,0 \text{ m}^3) = 1200$ kg. Als het blok helemaal ondergedompeld is, zal het een massa water verplaatsen $m_{\text{vloeistof}} = \rho_{\text{vloeistof}}V = (1000 \text{ kg/m}^3)(2,0 \text{ m}^3) = 2000$ kg. De opwaartse kracht op het blok zal dus groter zijn dan het gewicht daarvan, waardoor het naar het oppervlak zal drijven (fig. 13.17). Het blok bereikt een evenwicht wanneer het 1200 kg water verplaatst, wat betekent dat 1,2 m^3 van het volume van het blok ondergedompeld is. Deze 1,2 m^3 komt overeen met 60% van het volume van het houtblok (1,2/2,0 = 0,60), dus 60% van het blok bevindt zich onder water.

In het algemeen geldt dat een voorwerp drijft als $F_B = mg$, wat we ook als volgt kunnen schrijven (zie fig. 13.18):

$$F_B = mg$$

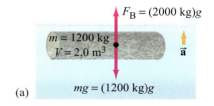

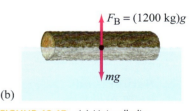

FIGUUR 13.17 (a) Het volledig ondergedompelde blok hout versnelt verticaal omhoog, omdat $F_B > mg$. Het bereikt een evenwicht (b) wanneer $\Sigma F = 0$, dus als $F_B = mg = (1200 \text{ kg})g$. Dus wordt er 1200 kg, of 1,2 m^3, water verplaatst.

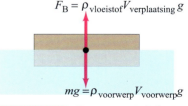

FIGUUR 13.18 Een voorwerp drijft in evenwicht: $F_B = mg$.

$$\rho_{\text{vloeistof}} V_{\text{verplaatsing}} g = \rho_{\text{voorwerp}} V_{\text{voorwerp}} g,$$

waarin V_{voorwerp} het gehele volume van het voorwerp is en $V_{\text{verplaatsing}}$ het vloeistofvolume dat verplaatst wordt (= het ondergedompelde volume). Dus geldt dat

$$\frac{V_{\text{verplaatsing}}}{V_{\text{voorwerp}}} = \frac{\rho_{\text{voorwerp}}}{\rho_{\text{vloeistof}}}.$$

Dat wil zeggen dat het deel van het voorwerp dat ondergedompeld is gelijk is aan de verhouding van de dichtheid van het voorwerp en die van de vloeistof. Als de vloeistof water is, is deze breuk gelijk aan het soortelijk gewicht van het voorwerp.

Voorbeeld 13.11 Kalibreren van een hydrometer

Een **hydrometer** is een eenvoudig instrument om het soortelijk gewicht van een vloeistof te meten aan de hand van de mate waarin een voorwerp in de vloeistof zinkt. Een bepaalde hydrometer (fig. 13.19) bestaat uit een glazen buis die aan de onderkant verzwaard is, een lengte van 25,0 cm heeft en een dwarsdoorsnede van 2,00 cm². De massa van de hydrometer is 45,0 g. Op welke afstand van het onderste uiteinde moet de markering 1,000 geplaatst worden?

Aanpak De hydrometer zal in water drijven als de dichtheid ρ ervan kleiner is dan $\rho_{\text{water}} = 1{,}000$ g/cm³, de dichtheid van water. Het deel van de hydrometer dat ondergedompeld is ($V_{\text{verplaatsing}}/V_{\text{totaal}}$), is gelijk aan de dichtheidverhouding ρ/ρ_{water}.

Oplossing De hydrometer heeft een eigen dichtheid

$$\rho = \frac{m}{V} = \frac{45{,}0\,g}{(2{,}00\text{ cm}^2)(25{,}0\text{ cm})} = 0{,}900\text{ g/cm}^3.$$

Wanneer hij in het water geplaatst wordt zal er een evenwicht ontstaan wanneer 0,900 van het volume ervan ondergedompeld is. Omdat de dwarsdoorsnede homogeen is, zal (0,900)(25,0 cm) = 22,5 cm van de lengte ondergedompeld worden. De relatieve dichtheid van water is per definitie 1,000; de markering moet dus op 22,5 cm van het verzwaarde uiteinde geplaatst worden.

FIGUUR 13.19 Een hydrometer. Voorbeeld 13.11.

Opgave C
Geven de markeringen op de hydrometer in voorbeeld 13.11 boven de 1,000-markering hogere of lagere dichtheidwaarden van de vloeistof aan waarin de meter ondergedompeld is?

Natuurkunde in de praktijk

Continentale drift, platentektoniek

De wet van Archimedes wordt ook toegepast in de geologie. Volgens de theorieën over platentektoniek en continentale drift drijven de continenten op een 'vloeistofzee' van licht vervormbaar gesteente (mantelgesteente). Al met erg eenvoudige modellen is het mogelijk om enkele interessante berekeningen uit te voeren, wat we in de vraagstukken aan het eind van het hoofdstuk ook zullen gaan doen.

Ook lucht is een vloeistof (of tenminste een fluïdum) en kan dus ook een opwaartse kracht uitoefenen. Gewone voorwerpen wegen minder in lucht dan wanneer ze zich in een vacuüm bevinden. Maar omdat de dichtheid van lucht zo klein is, is het effect voor gewone vaste stoffen erg gering. Er zijn echter voorwerpen die *drijven* in de lucht, zoals een met helium gevulde ballon, omdat de dichtheid van helium kleiner is dan de dichtheid van lucht.

Opgave D
Welk van de volgende voorwerpen zal, wanneer het ondergedompeld wordt in water, de grootste opwaartse kracht ondervinden? (*a*) Een met 1 kg helium gevulde ballon; (*b*) 1 kg hout; (*c*) 1 kg ijs; (*d*) 1 kg ijzer; (*e*) geen verschil.

Opgave E
Welk van de volgende voorwerpen zal, wanneer het ondergedompeld wordt in water, de grootste opwaartse kracht ondervinden? (a) Een met helium gevulde ballon met een volume van 1 m³; (b) 1 m³ hout; (c) 1 m³ ijs; (d) 1 m³ ijzer; (e) geen verschil.

Voorbeeld 13.12 Een met helium gevulde ballon

Hoe groot moet het volume V van een met helium gevulde ballon zijn om een last van 180 kg (inclusief het gewicht van de lege ballon) op te tillen?

Aanpak De opwaartse kracht op de ballon, F_B, is gelijk aan het gewicht van de verplaatste lucht en moet ten minste gelijk zijn aan het gewicht van het helium plus het gewicht van de ballon en de last (fig. 13.20). In tabel 13.1 vinden we de dichtheid van helium, namelijk 0,179 kg/m³.

Oplossing De opwaartse kracht moet minimaal een waarde hebben van

$$F_B = (m_{He} + 180 \text{ kg})g.$$

Deze vergelijking kan met behulp van de wet van Archimedes ook geschreven worden in termen van de dichtheid:

$$\rho_{lucht} Vg = (\rho_{He}V + 180 \text{ kg})g.$$

V wordt dan

$$V = \frac{180 \text{ kg}}{\rho_{lucht} - \rho_{He}} = \frac{180 \text{ kg}}{(1{,}29 \text{ kg/m}^3 - 0{,}179 \text{ kg/m}^3)} = 160 \text{ m}^3.$$

Opmerking Dit is het minimale volume aan het oppervlak van de aarde, waar $\rho_{lucht} = 1{,}29$ kg/m³. Om tot een grotere hoogte te komen is een groter volume nodig, aangezien de dichtheid van lucht afneemt met de hoogte.

FIGUUR 13.20 Voorbeeld 13.12.

13.8 Vloeistoffen in beweging; debiet en de continuïteitsvergelijking

We zullen nu onze aandacht verplaatsen naar vloeistoffen in beweging, de **vloeistofdynamica**, of (met name als de vloeistof water is) de **hydrodynamica**. De studie van luchtstromingen noemen we daarentegen de aerodynamica.
We kunnen twee belangrijke soorten vloeistofstromingen onderscheiden. Als de stroming glad is, zodat aangrenzende lagen vloeistof zonder elkaar te verstoren over elkaar glijden, wordt de stroming **laminair** genoemd.[1] Bij een laminaire stroming volgt elk deeltje een vloeiende baan, een **stroomlijn**, en deze paden kruisen elkaar niet

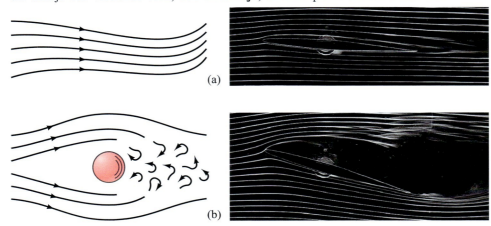

FIGUUR 13.21 (a) Laminaire stroming; (b) turbulente stroming. Op de foto's is de luchtstroom om een vliegtuigvleugel weergegeven (meer daarover in paragraaf 13.10).

[1] Het woord *laminair* betekent 'in lagen'.

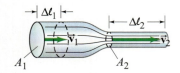

FIGUUR 13.22 Vloeistofstroming door een buis met een variërende diameter.

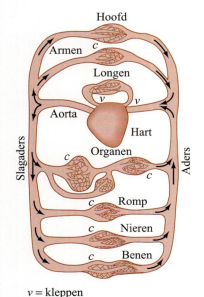

v = kleppen
c = haarvaten

FIGUUR 13.23 De menselijke bloedsomloop.

Bloedsomloop

(fig. 13.21a). Boven een bepaalde snelheid wordt de stroming turbulent. Een **turbulente stroming** is herkenbaar door willekeurige, kleine, draaikolkachtige cirkelpatronen die *wervelstromen* of *wervelingen* genoemd worden (fig. 13.21b). Wervelingen absorberen een heleboel energie en hoewel er ook bij een laminaire stroming een zekere hoeveelheid inwendige wrijving aanwezig is (de **viscositeit**), is deze veel groter wanneer de stroming turbulent is. Met een paar minuscule druppeltjes inkt of kleurstof kun je snel zien of de stroming van een bewegende vloeistof laminair of turbulent is.

Laten we eens kijken naar de laminaire stroming van een vloeistof door een gesloten buis of leiding, zoals is weergegeven in fig. 13.22. Eerst bepalen we hoe de snelheid van de vloeistof verandert wanneer de grootte van de buis verandert. Het **massadebiet** is gedefinieerd als de massa Δm van een vloeistof die een bepaald punt per eenheid van tijd Δt passeert:

$$\text{massadebiet} = \frac{\Delta m}{\Delta t}.$$

In fig. 13.22 is het volume vloeistof dat punt 1 passeert (dat wil zeggen, een oppervlak A_1) in een periode Δt gelijk aan $A_1 \Delta \ell_1$, waarin $\Delta \ell_1$ de afstand is die de vloeistof aflegt in de tijd Δt. Omdat de snelheid van de vloeistof bij passage van punt 1 gelijk is aan $v_1 = \Delta \ell_1 / \Delta t$, is het massadebiet door oppervlak A_1[1]

$$\frac{\Delta m_1}{\Delta t} = \frac{\rho_1 \Delta V_1}{\Delta t} = \frac{\rho_1 A_1 \Delta l_1}{\Delta t} = \rho_1 A_1 v_1,$$

waarin $\Delta V_1 = A_1 \Delta \ell_1$ het volume is met massa Δm_1 en ρ_1 de dichtheid van de vloeistof. Op dezelfde manier is in punt 2 (door oppervlakte A_2) de stromingssnelheid gelijk aan $\rho_2 A_2 v_2$. Omdat er geen vloeistof aan de zijden in- of uitstroomt, moeten de debieten door A_1 en A_2 even groot zijn. Dus omdat

$$\frac{\Delta m_1}{\Delta t} = \frac{\Delta m_2}{\Delta t},$$

geldt dat

$$\rho_1 A_1 v_1 = \rho_2 A_2 v_2. \qquad (13.7a)$$

Dit wordt de **continuïteitsvergelijking** genoemd.

Als de vloeistof niet samendrukbaar is (en ρ dus niet verandert met de druk), wat een uitstekende benadering is voor vloeistoffen onder de meeste omstandigheden (en soms ook voor gassen), is ρ_1 gelijk aan ρ_2 en wordt de continuïteitsvergelijking

$$A_1 v_1 = A_2 v_2. \qquad [\rho = \text{constant}] \quad (13.7b)$$

Het product Av stelt het *volumedebiet* voor (vloeistofvolume dat een bepaald punt per seconde passeert), omdat $\Delta V / \Delta t = A \Delta \ell / \Delta t = Av$, dat in SI-eenheden de eenheid m³/s heeft. Uit vgl. 13.7b weten we dat waar de dwarsdoorsnede groot is, de snelheid klein is en waar de dwarsdoorsnede klein is, de snelheid groot is. Dat dit een zinnige constatering is, kun je zien als je naar een rivier kijkt. Een rivier stroomt langzaam waar deze breed is, maar bij een sluis of andere vernauwing neemt de snelheid van het water toe.

Voorbeeld 13.13   Schatten   Bloedsomloop

In het menselijk lichaam stroomt het bloed van het hart in de aorta, van waaruit het verder stroomt naar de grote slagaders. Deze vertakken weer verder in de kleine slagaders (arteriolen), die op hun beurt weer vertakken in ontelbare minuscule haarvaten, fig. 13.23. Het bloed keert terug naar het hart via de aders. De straal van de aorta is ongeveer 1,2 cm en het bloed passeert dit vat met een snelheid van ongeveer 40 cm/s. Een gemiddeld haarvat heeft een straal van ongeveer $4 \cdot 10^{-4}$ cm en

---

[1] Als er geen viscositeit zou zijn, zou de snelheid in elk punt van een dwarsdoorsnede van de buis gelijk zijn. Echte vloeistoffen hebben echter een viscositeit (stroperigheid) en deze inwendige wrijving zorgt ervoor dat verschillende lagen vloeistof met verschillende snelheden stromen. In dit geval stellen v_1 en v_2 de gemiddelde snelheden in elke dwarsdoorsnede voor.

het bloed stroomt daardoor met een snelheid van ongeveer $5 \cdot 10^{-4}$ m/s. Schat het aantal haarvaten in het menselijk lichaam.

Aanpak We veronderstellen dat de dichtheid van het bloed niet significant verandert van de aorta naar de haarvaten. Volgens de continuïteitsvergelijking moet het volumedebiet in de aorta gelijk zijn aan het volumedebiet door *alle* haarvaten. De totale dwarsdoorsnede van alle haarvaten is de dwarsdoorsnede van een haarvat, vermenigvuldigd met het totale aantal, N, haarvaten.

Oplossing Veronderstel dat A_1 de dwarsdoorsnede van de aorta is en A_2 de dwarsdoorsnede van *alle* haarvaten waar het bloed door stroomt. In dat geval is $A_2 = N\pi r^2_{\text{haarvat}}$, waarin $r_{\text{haarvat}} \approx 4 \cdot 10^{-4}$ cm is, de geschatte gemiddelde straal van een haarvat. De continuïteitsvergelijking (vgl. 13.7b) levert

$$v_2 A_2 = v_1 A_1$$
$$v_2 N\pi r^2_{\text{haarvat}} = v_1 \pi r^2_{\text{aorta}}$$

Dus

$$N = \frac{v_1}{v_2} \frac{r^2_{\text{aorta}}}{r^2_{\text{haarvat}}} = \left(\frac{0{,}40 \text{ m/s}}{5 \times 10^{-4} \text{ m/s}}\right) \left(\frac{1{,}2 \times 10^{-2} \text{ m}}{4 \times 10^{-6} \text{ m}}\right)^2 \approx 7 \times 10^9,$$

of in de orde van 10 miljard haarvaten.

Natuurkunde in de praktijk

Verwarmingskanaal

Voorbeeld 13.14 Verwarmingskanaal naar een ruimte

Hoe groot moet de dwarsdoorsnede van een verwarmingskanaal zijn als de lucht die een snelheid van 3,0 m/s heeft elke 15 minuten de lucht in een ruimte van 300 m³ moet verversen? Veronderstel dat de dichtheid van de lucht constant blijft.

Aanpak We passen de continuïteitsvergelijking met constante dichtheid, vgl. 13.7b, toe op de lucht die door het kanaal stroomt (punt 1 in fig. 13.24) en vervolgens in de ruimte (punt 2) terechtkomt. Het volumedebiet in de ruimte is gelijk aan het volume van de ruimte, gedeeld door de verversingstijd van 15 minuten.

Oplossing Veronderstel de ruimte als een groter kanaal, fig. 13.24, en bedenk dat er een volume lucht door getransporteerd moet worden (punt 2 moet passeren) dat even groot is als het volume van de ruimte in $t = 15$ min $= 900$ s. We gebruiken vervolgens dezelfde redenering als die we gebruikt hebben om te komen tot vgl. 13.7a (waarbij we Δt veranderen in t), zodat we kunnen stellen dat $v_2 = \ell_2/t$ en $A_2 v_2 = A_2 \ell_2/t = V_2/t$, waarin V_2 het volume van de ruimte is. De continuïteitsvergelijking wordt dan $A_1 v_1 = A_2 v_2 = V_2/t$ en

$$A_1 = \frac{V_2}{v_1 t} = \frac{300 \text{ m}^3}{(3{,}0 \text{ m/s})(900 \text{ s})} = 0{,}11 \text{ m}^2.$$

Als het kanaal vierkant is uitgevoerd, zal het ribben hebben met een lengte $\ell = \sqrt{A} = 0{,}33$ m, of 33 cm. Een rechthoekig kanaal van bijvoorbeeld 20 cm × 55 cm zal ook voldoen.

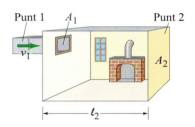

FIGUUR 13.24 Voorbeeld 13.14.

13.9 De wet van Bernoulli

Heb jij je ooit afgevraagd waarom een vliegtuig kan vliegen of hoe een zeilboot tegen de wind in kan varen? Dit zijn voorbeelden van een principe dat Daniel Bernoulli (1700-1782) bestudeerde met betrekking tot vloeistoffen in beweging. In essentie stelt de **wet van Bernoulli** dat *waar de snelheid van een vloeistof hoog is, de druk laag is, en waar de snelheid laag is, de druk hoog is*. Als bijvoorbeeld de druk in de vloeistof in de punten 1 en 2 in fig. 13.22 gemeten wordt, zal blijken dat de druk in punt 2 lager en de snelheid groter zal zijn dan in punt 1, waar de snelheid lager is. Op het eerste gezicht kan dit vreemd lijken: je zou misschien verwachten dat de grotere snelheid in punt 2 gepaard gaat met een hogere druk. Maar dat kan helemaal niet. Want als de druk in de vloeistof bij punt 2 hoger zou zijn dan bij punt 1, zou deze hogere druk de vloeistof vertragen, terwijl het omgekeerde het geval is: de snel-

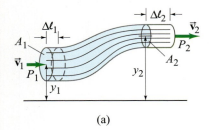

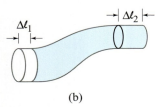

FIGUUR 13.25 Vloeistofstroming voor de afleiding van de wet van Bernoulli.

heid neemt toe tussen punt 1 en punt 2. De druk bij punt 2 moet dus lager zijn dan bij punt 1, aangezien feitelijk vastgesteld werd dat de vloeistof versnelt.

Voor de duidelijkheid: een sneller stromende vloeistof *zou* een grotere kracht uitoefenen op een obstakel dat zich in de stromingsbaan bevindt. Maar dat is niet wat we bedoelen met de druk in een vloeistof (en er zijn ook geen obstakels in deze situatie). We bekijken immers een laminaire stroming. De vloeistofdruk wordt uitgeoefend op de wand van een buis of leiding of op materiaal waarlangs de vloeistof passeert.

Bernoulli ontwikkelde een vergelijking die dit principe kwantitatief beschrijft. Om deze wet van Bernoulli af te leiden, zullen we aannemen dat de stroming continu en laminair is, dat de vloeistof niet samendrukbaar is en dat de viscositeit zo klein is dat we die buiten beschouwing kunnen laten. Om de afleiding algemeen te houden, nemen we ook aan dat de vloeistof in een buis stroomt waarvan de veranderlijke dwarsdoorsnede ook varieert in hoogte boven een bepaald referentieniveau, fig. 13.25. We bekijken het volume vloeistof dat in kleur is weergegeven en berekenen de arbeid die verricht moet worden om dit volume van de positie in fig. 13.25a naar die in fig. 13.25b te verplaatsen. Hierbij zal de vloeistof die oppervlak A_1 instroomt een afstand $\Delta \ell_1$ afleggen en daardoor de vloeistof in oppervlak A_2 dwingen om een afstand $\Delta \ell_2$ verder te stromen. De vloeistof links van oppervlak A_1 oefent een druk P_1 uit op het volume vloeistof dat we bekijken en verricht een hoeveelheid arbeid

$$W_1 = F_1 \Delta \ell_1 = P_1 A_1 \Delta \ell_1.$$

In oppervlak A_2 is de verrichte arbeid op de dwarsdoorsnede vloeistof die we bekijken gelijk aan

$$W_2 = -P_2 A_2 \Delta \ell_2.$$

Het minteken is noodzakelijk, omdat de krachten die op de vloeistof uitgeoefend worden tegengesteld gericht zijn aan de beweging (de in kleur weergegeven vloeistof verricht arbeid op de vloeistof rechts van punt 2). Ook de zwaartekracht verricht arbeid op de vloeistof. Het netto effect van het proces dat in fig. 13.25 weergegeven is, is dat een massa m met een volume $A_1 \Delta \ell_1$ (= $A_2 \Delta \ell_2$, omdat de vloeistof niet samendrukbaar is) verplaatst wordt van punt 1 naar punt 2. De door de zwaartekracht verrichte arbeid is dus

$$W_3 = -mg(y_2 - y_1),$$

waarin y_1 en y_2 de hoogtes zijn van de middens van de buis boven een bepaald referentieniveau. In de situatie in fig. 13.25 is deze term negatief, omdat de beweging omhoog gericht is tegen de kracht van de zwaartekracht in. De nettoarbeid W die op de vloeistof verricht wordt is dus

$$W = W_1 + W_2 + W_3$$
$$W = P_1 A_1 \Delta \ell_1 - P_2 A_2 \Delta \ell_2 - mgy_2 + mgy_1.$$

Volgens het principe van arbeid en energie (paragraaf 7.4) is de netto verrichte arbeid op een systeem gelijk aan de verandering van de kinetische energie ervan. Dus is

$$\tfrac{1}{2}mv_2^2 - \tfrac{1}{2}mv_1^2 = P_1 A_1 \Delta \ell_1 - P_2 A_2 \Delta \ell_2 - mgy_2 + mgy_1.$$

De massa m heeft een volume $A_1 \Delta \ell_1 = A_2 \Delta \ell_2$ voor een onsamendrukbare vloeistof. We kunnen dus $m = \rho A_1 \Delta \ell_1 = \rho A_2 \Delta \ell_2$ substitueren en vervolgens delen door $A_1 \Delta \ell_1 = A_2 \Delta \ell_2$:

$$\tfrac{1}{2}\rho v_2^2 - \tfrac{1}{2}\rho v_1^2 = P_1 - P_2 - \rho g y_2 + \rho g y_1,$$

Dit kunnen we herschikken tot

$$P_1 + \tfrac{1}{2}\rho v_1^2 + \rho g y_1 = P_2 + \tfrac{1}{2}\rho v_2^2 + \rho g y_2. \tag{13.8}$$

Dit is de **wet van Bernoulli**. Omdat de punten 1 en 2 willekeurige punten in een stromingsbuis kunnen zijn, kan de wet van Bernoulli ook geschreven worden als

$$P + \tfrac{1}{2}\rho v^2 + \rho g y = \text{constant}$$

op elk punt in de vloeistof, waarin y de hoogte is van het middelpunt van de buis boven een vast referentieniveau. [Merk op dat als er geen stroming is ($v_1 = v_2 = 0$), vgl. 13.8 vereenvoudigt tot de hydrostatische vergelijking, vgl. 13.6a: $P_2 - P_1 = -\rho g (y_2 - y_1)$.]

> Wet van Bernoulli

De wet van Bernoulli is een vorm van de wet van behoud van energie, omdat we die afgeleid hebben met behulp van het principe van arbeid en energie.

> **Opgave F**
> Hoe verandert de druk van water tegen de wand als het in een horizontale buis van een breder stuk naar een smaller stuk stroomt?

Voorbeeld 13.15 Stroming en druk in een centraleverwarmingssysteem

Het water van een cv-systeem stroomt door het hele huis. Veronderstel dat het water in de kelder met een snelheid van 0,50 m/s door een leiding met een binnendiameter van 4,0 cm gepompt wordt. Hoe groot zullen dan de stromingssnelheid en druk zijn in een leiding met een binnendiameter van 2,6 cm op de eerste verdieping die zich 5,0 meter hoger bevindt? Veronderstel dat de leidingen niet vertakken.

Aanpak We gebruiken de continuïteitsvergelijking met een constante dichtheid om de stromingssnelheid op de eerste verdieping te berekenen en de wet van Bernoulli om de druk te bepalen.

Oplossing We nemen v_2 in de continuïteitsvergelijking, vgl. 13.7, voor de stromingssnelheid op de eerste verdieping en v_1 voor de stromingssnelheid in de kelder. Aangezien de oppervlakken rechtevenredig zijn met het kwadraat van de stralen ($A = \pi r^2$), vinden we

$$v_2 = \frac{v_1 A_1}{A_2} = \frac{v_1 \pi r_1^2}{\pi r_2^2} = (0{,}50 \text{ m/s}) \frac{(0{,}020 \text{ m})^2}{(0{,}013 \text{ m})^2} = 1{,}2 \text{ m/s}.$$

Om de druk op de eerste verdieping te bepalen gebruiken we de wet van Bernoulli (vgl. 13.8):

$$\begin{aligned}P_2 &= P_1 + \rho g(y_1 - y_2) + \tfrac{1}{2}\rho(v_1^2 - v_2^2) \\ &= (3{,}0 \cdot 10^5 \text{ N/m}^2) + (1{,}0 \cdot 10^3 \text{ kg/m}^3)(9{,}8 \text{ m/s}^2)(-5{,}0 \text{ m}) \\ &\quad + \tfrac{1}{2}(1{,}0 \cdot 10^3 \text{ kg/m}^3)[(0{,}50 \text{ m/s})^2 - (1{,}2 \text{ m/s})^2] \\ &= (3{,}0 \cdot 10^5 \text{ N/m}^2) - (4{,}9 \cdot 10^4 \text{ N/m}^2) - (6{,}0 \cdot 10^2 \text{ N/m}^2) \\ &= 2{,}5 \cdot 10^5 \text{ N/m}^2 = 2{,}5 \text{ atm}.\end{aligned}$$

Opmerking De snelheidsterm draagt in dit geval maar weinig bij.

13.10 Toepassingen van de wet van Bernoulli: Torricelli, vliegtuigen, honkballen, TIA

De wet van Bernoulli kan in veel situaties toegepast worden. Je kunt er bijvoorbeeld de snelheid, v_1, van een vloeistof die uit een tapkraantje onderin een reservoir stroomt mee berekenen, fig. 13.26. We kiezen punt 2 in vgl. 13.8 in het oppervlak van de vloeistof. Als we aannemen dat de diameter van het reservoir groot is in vergelijking met die van het tapkraantje, zal v_2 nagenoeg nul zijn. De punten 1 (het tapkraantje) en 2 (het oppervlak bovenin het reservoir) staan in open verbinding met de atmosfeer, dus de druk in beide punten is gelijk aan de atmosferische druk: $P_1 = P_2$. In dat geval wordt de wet van Bernoulli

$$\tfrac{1}{2}\rho v_1^2 + \rho g y_1 = \rho g y_2$$

of

$$v_1 = \sqrt{2g(y_2 - y_1)}. \tag{13.9}$$

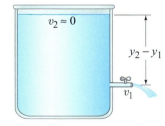

FIGUUR 13.26 De wet van Torricelli: $v_1 = \sqrt{2g(y_2 - y_1)}$.

Dit resultaat wordt de **wet van Torricelli** genoemd. Hoewel deze wetmatigheid nu beschouwd wordt als een speciaal geval van de wet van Bernoulli, werd deze een eeuw eerder ontdekt door Evangelista Torricelli. Als we vgl. 13.9 goed bekijken, zien we dat de vloeistof het tapkraantje verlaat met dezelfde snelheid die een vrij vallend

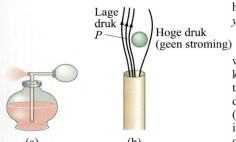

FIGUUR 13.27 Voorbeelden van de wet van Bernoulli: (a) verstuiver, (b) tafeltennisballetje in een luchtstroom.

voorwerp zou krijgen als dat van dezelfde hoogte wordt losgelaten. Dit is natuurlijk ook logisch, aangezien de wet van Bernoulli steunt op behoud van energie.
Een ander speciaal geval van de wet van Bernoulli ontstaat wanneer een vloeistof horizontaal stroomt zonder dat de hoogte ervan significant verandert, dus wanneer $y_1 = y_2$. In dat geval wordt vgl. 13.8

$$P_1 + \tfrac{1}{2}\rho v_1^2 = P_2 + \tfrac{1}{2}\rho v_2^2, \tag{13.10}$$

waaruit blijkt dat waar de snelheid hoog is, de druk laag is en omgekeerd. Dit verklaart enkele alledaagse verschijnselen, waarvan we er een paar in de figuren 13.27 tot en met 13.32 hebben weergegeven. De druk in de lucht die met hoge snelheid door het uiteinde van een verticale buis van een parfumverstuiver geblazen wordt (fig. 13.27a) is lager dan de normale luchtdruk die op het oppervlak van de vloeistof in het flesje werkt. De atmosferische druk in het flesje drukt het parfum omhoog door de buis, omdat aan het bovenste uiteinde ervan de luchtdruk lager is. Een tafeltennisballetje kan blijven zweven boven een luchtstraal (op sommige stofzuigers kun je de slang ook zo aansluiten dat je er lucht mee kunt blazen), fig. 13.27b; als de bal de luchtstraal wil verlaten zal de hogere luchtdruk buiten de luchtstraal het balletje weer terug in de straal duwen.

> **Opgave G**
> Bekijk openingsvraag 2 aan het begin van dit hoofdstuk nog een keer en beantwoord de vraag opnieuw. Probeer uit te leggen waarom je antwoord eerst anders was. Overtuig jezelf: probeer het.

Vliegtuigvleugels en dynamische lift

Vliegtuigen ondervinden een 'lift'-kracht op hun vleugels, waardoor ze in de lucht blijven als ze voldoende snel bewegen ten opzichte van de lucht en de vleugels onder een kleine hoek verticaal omhoog gekanteld zijn (de zogenoemde 'angle of attack') zoals in fig. 13.28, waarin de laminaire luchtstromingen om een vleugel weergeven zijn. (We bevinden ons in het referentiestelsel van de vleugel, alsof we op de vleugel zitten.) De verticale kanteling omhoog, in combinatie met het afgeronde bovenvlak van de vleugel, zorgt ervoor dat de laminaire stromingen omhoog gedwongen worden en boven de vleugel verdichten. Het oppervlak voor de luchtstroom tussen twee willekeurige laminaire stromingen wordt kleiner wanneer de laminaire stromingen dichter bij elkaar komen. In dat geval zegt de continuïteitsvergelijking ($A_1v_1 = A_2v_2$) dat de luchtsnelheid boven de vleugel toeneemt waar de laminaire stromingen dichter op elkaar gedwongen worden. (Zie ook de hogere concentratie laminaire stromingen in een verjonging van een buis, fig. 13.22, die aangeven dat de snelheid hoger is in de verjonging.) Omdat de luchtsnelheid boven de vleugel groter is dan eronder, is de druk boven de vleugel lager dan de druk onder de vleugel. Dit is een toepassing van de wet van Bernoulli. (Aangezien de wet van Bernoulli geen rekening houdt met de samendrukbaarheid van het fluïdum (vloeistof of gas), is deze wet kwantitatief niet toepasbaar op gassen, maar het principe blijft wel geldig.) Daardoor is er dus een netto verticaal omhoog gerichte kracht op de vleugel die **dynamische lift** genoemd wordt. In experimenten is aangetoond dat de snelheid van de lucht boven de vleugel twee keer zo hoog kan zijn dan de snelheid van de lucht onder de vleugel. (De wrijving tussen de lucht en de vleugel oefent een *weerstandskracht* uit op de achterzijde van de vleugel, die door de motoren van het vliegtuig overwonnen moet worden.)
Een vlakke vleugel of een vleugel met een symmetrische dwarsdoorsnede zal alleen lift ondervinden zolang de voorkant van de vleugel opwaarts gekanteld is (invalshoek of 'angle of attack'). De vleugel in fig. 13.28 kan zelfs een lift ondervinden wanneer de invalshoek nul is, omdat het afgeronde bovenvlak ervan de lucht omhoog afbuigt en daardoor de laminaire stromingen naar elkaar toe dwingt. Vliegtuigen kunnen zelfs ondersteboven vliegen en toch een lift ondervinden als de invalshoek voldoende groot is om de laminaire stromingen omhoog te dwingen, dichter naar elkaar toe.
In de figuur zijn alleen de laminaire stromingen weergegeven. Als de invalshoek echter groter is dan ongeveer 15° zal turbulentie ontstaan (fig. 13.21b) waardoor de weerstandskracht groter en de lift kleiner wordt. Daardoor zal de vleugel 'overtrekken' en het vliegtuig dalen.

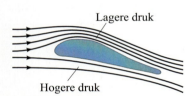

FIGUUR 13.28 Lift op een vliegtuigvleugel. We bevinden ons in het referentiestelsel van de vleugel en zien de luchtstroom passeren.

Natuurkunde in de praktijk

Vliegtuigen en dynamische lift

Vanuit een ander standpunt betekent de omhoog gerichte kanteling van een vleugel dat de lucht die horizontaal beweegt voor de vleugel omlaag afgebogen wordt. De verandering van de impuls van de terugstuiterende luchtmoleculen resulteert in een omhoog gerichte kracht op de vleugel (derde wet van Newton).

■ Zeilboten

Een zeilboot kan *tegen* de wind in varen door gebruik te maken van het Bernoulli-effect en de zeilen onder een hoek te zetten, op de manier zoals is weergegeven in fig. 13.29. De lucht beweegt snel over het bollende voorste oppervlak van het zeil en de relatief stilstaande lucht achter het zeil oefent een grotere druk uit op het zeil. Daardoor ontstaat een nettokracht op het zeil, $\vec{F}_{wind}$. Deze kracht zou de neiging hebben om de boot zijwaarts te bewegen, maar de kiel die in het water steekt voorkomt dat: het water oefent een kracht ($\vec{F}_{water}$) op de kiel uit, nagenoeg loodrecht op de kiel. De resultante van deze twee krachten ($\vec{F}_R$) heeft een richting die nagenoeg overeenkomt met de richting zoals is weergegeven in de figuur.

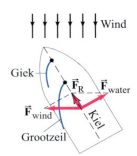

FIGUUR 13.29 Zeilboot die tegen de wind in zeilt.

■ Gebogen baan van een honkbal

Waarom een draaiend geworpen honkbal (of tennisbal) een kromme baan beschrijft kan ook verklaard worden met de wet van Bernoulli. Om dat zo eenvoudig mogelijk te doen, kun je je voorstellen dat je je in het referentiestelsel van de bal bevindt en dat de lucht voorbij stroomt (op dezelfde manier als we gezien hebben bij de vliegtuigvleugel). Veronderstel dat de bal, van bovenaf gezien, linksom roteert, fig. 13.30. In dat geval wordt een dunne laag lucht (de grenslaag) om de bal meegetrokken. We kijken bovenop de bal en bij punt A in fig. 13.30 wordt deze grenslaag afgeremd door de aanstromende lucht. Bij punt B zijn de stroomrichting van de lucht en de draairichting van de bal gelijk gericht, waardoor de snelheid van de grenslaag vergroot wordt en bij B dus groter is dan bij A. De hogere snelheid bij B betekent dat de druk daar lager is dan bij A, waardoor er een nettokracht in de richting van B zal zijn. De bal draait dus naar links weg (gezien vanuit het standpunt van de werper).

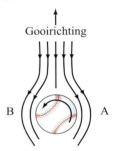

FIGUUR 13.30 Bovenaanzicht van een geworpen honkbal. We bevinden ons in het referentiestelsel van de honkbal en de lucht stroomt voorbij.

■ Bloedtekort naar de hersenen – TIA

In de geneeskunde kan een TIA (transient ischemic attack, in het Nederlands ook VIA: voorbijgaande ischemische aanval) verklaard worden met behulp van de wet van Bernoulli. Een TIA is een tijdelijke vermindering van de bloedtoevoer naar de hersenen. Iemand die een TIA krijgt kan symptomen als duizeligheid, dubbelzien, hoofdpijn en zwakte van de ledematen ervaren. Een TIA ontstaat als volgt. Bloed stroomt gewoonlijk aan de achterzijde van het hoofd via de twee vertebrale slagaders naar de hersenen, aan weerszijden van de nek, die bij elkaar komen in de basilaire slagader net onder de hersenen, op de manier zoals is weergegeven in fig. 13.31. De vertebrale slagaders zijn verbonden met de ondersleutelbeenslagaders, zoals is weergegeven in de figuur, voordat deze naar de armen lopen. Wanneer iemand zijn arm plotseling en krachtig aanspant, neemt de bloedstroom toe om tegemoet te komen aan de behoeften van de armspieren. Als de ondersleutelbeenslagader echter aan één kant van het lichaam gedeeltelijk geblokkeerd is, zoals bijvoorbeeld door aderverkalking (waarbij de slagaders verharden), zal de bloedsnelheid aan die kant hoger moeten zijn om de benodigde hoeveelheid bloed te kunnen leveren. (Denk aan de continuïteitsvergelijking: een kleiner oppervlak betekent een grotere snelheid voor hetzelfde debiet, vgl. 13.7.) De hogere bloedsnelheid door de opening naar de vertebrale slagader resulteert in een lagere druk (wet van Bernoulli). Het bloed dat in de vertebrale slagader aan de 'goede' kant met normale druk omhoog stroomt kan *omlaag gezogen* worden in de andere vertebrale slagader door de lage druk die daar heerst, waardoor het de hersenen niet bereikt. Daardoor wordt de bloedtoevoer naar de hersenen verminderd.

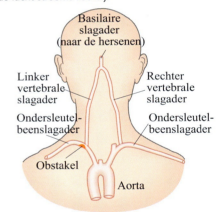

FIGUUR 13.31 Achterzijde van het hoofd en de schouders met de slagaders naar de hersenen en de armen. Hoge bloedsnelheid na het obstakel in de linker ondersleutelbeenslagader veroorzaakt een lage druk in de linker vertebrale slagader, waardoor een omgekeerde bloedstroom (omlaag) kan ontstaan, met een TIA als gevolg.

■ Andere toepassingen

Een **venturibuis** is in wezen een buis met een vernauwing (de keel). Een stromende vloeistof versnelt bij het passeren van de vernauwing, waardoor de druk in de keel lager is. Een *venturimeter*, fig. 13.32, wordt gebruikt om de stromingssnelheid van gassen en vloeistoffen te meten, onder andere de bloedsnelheid in slagaders.

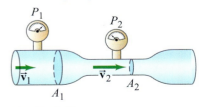

FIGUUR 13.32 Venturimeter.

Waarom stijgt rook op in een schoorsteen? Dat komt voor een deel doordat warme lucht opstijgt (omdat die minder dicht is). Maar ook de wet van Bernoulli speelt een rol. Wanneer de wind over de schoorsteen waait, is de druk daar geringer dan in het huis. De lucht en rook worden daardoor de schoorsteen uit gedrukt door de hogere druk binnenshuis. Zelfs op een schijnbaar windstille nacht is er meestal voldoende luchtstroming aan de monding van een schoorsteen om de stroming van de rook omhoog te versterken.

De wet van Bernoulli houdt geen rekening met de effecten van wrijving (viscositeit) en de samendrukbaarheid van de vloeistof. We kunnen de energie die omgezet wordt in inwendige (of potentiële) energie als gevolg van druk en in thermische energie door wrijving wel inpassen door termen toe te voegen aan vgl. 13.8. Deze termen zijn lastig theoretisch te berekenen en worden gewoonlijk empirisch bepaald. Ze hebben geen significante invloed op de verklaring voor de hierboven beschreven verschijnselen.

*13.11 Viscositeit

Echte vloeistoffen hebben een bepaalde hoeveelheid inwendige wrijving die **viscositeit** genoemd wordt, zoals we ook al gezien hebben in paragraaf 13.8. Viscositeit is een eigenschap van zowel vloeistoffen als gassen en is in wezen een wrijvingskracht tussen aangrenzende lagen vloeistof wanneer de lagen over elkaar bewegen. In vloeistoffen wordt de viscositeit veroorzaakt door de elektrische cohesiekrachten tussen de moleculen. Gassen hebben een viscositeit door de botsingen tussen de moleculen onderling.

De viscositeit van verschillende vloeistoffen kan kwantitatief uitgedrukt worden met behulp van een *viscositeitscoëfficiënt*, η (de Griekse kleine letter eta), die een maat is voor de stroperigheid en op de volgende manier gedefinieerd is. Tussen twee vlakke platen wordt een dunne laag vloeistof aangebracht. De ene plaat is stationair en de andere wordt in beweging gebracht, fig. 13.33. De vloeistof die in contact staat met beide platen wordt tegen het oppervlak ervan gehouden door de adhesiekracht tussen de moleculen van de vloeistof en die van de plaat. De bovenste laag van de vloeistof beweegt dus met dezelfde snelheid v als de bovenste plaat, terwijl de vloeistof tegen de stationaire plaat stil blijft staan. De stationaire laag vloeistof vertraagt de stroming van de laag net erboven, die op zijn beurt weer de laag daar net boven vertraagt enzovoort. De snelheid varieert dus continu van 0 tot v, op de manier zoals is weergegeven in de figuur. De toename van de snelheid gedeeld door de afstand waarover deze veranderd wordt kan gelijkgesteld worden aan v/ℓ en wordt de *snelheidgradiënt* genoemd. Om de bovenste plaat te bewegen is een kracht nodig. Je kunt dat zelf ondervinden door een vlak plaatje over een plasje limonadesiroop op een tafel te bewegen. Voor een bepaalde vloeistof blijkt dat de benodigde kracht, F, recht evenredig is met de vloeistofoppervlakte die contact maakt met elke plaat, A, en ook dat de snelheid v omgekeerd evenredig is met de afstand ℓ tussen de platen: $F \propto vA/\ell$. Voor verschillende vloeistoffen geldt dat hoe viskeuzer de vloeistof is, hoe groter de benodigde kracht moet zijn. De evenredigheidsconstante voor deze vergelijking is gedefinieerd als de viscositeitscoëfficiënt, η:

$$F = \eta A \frac{v}{\ell}. \tag{13.11}$$

Als we de vergelijking omschrijven naar η vinden we dat $\eta = F\ell/vA$. De SI-eenheid voor η is $N \cdot s/m^2 = Pa \cdot s$ (pascalseconde). In het cgs-systeem is de eenheid de $dyne \cdot s/cm^2$, die een *poise* (P) genoemd wordt. Viscositeiten worden vaak aangegeven in centipoise (1 cP = 10^{-2} P = 10^{-3} Pa·s). In tabel 13.3 vind je de viscositeitscoëfficiënten voor verschillende vloeistoffen. Zoals je ziet is ook de temperatuur aangegeven, omdat die een grote invloed heeft op de viscositeit. De viscositeit van vloeistoffen zoals motorolie neemt bijvoorbeeld snel af naarmate de temperatuur toeneemt.[1]

FIGUUR 13.33 Bepalen van de viscositeit.

TABEL 13.3 Viscositeitscoëfficiënt

Vloeistof (temperatuur in °C)	Viscositeitscoëfficiënt, η (Pa·s)[†]
Water (0°)	$1,8 \cdot 10^{-3}$
(20°)	$1,0 \cdot 10^{-3}$
(100°)	$0,3 \cdot 10^{-3}$
Volbloed (37°)	$\approx 4 \cdot 10^{-3}$
Bloedplasma (37°)	$\approx 1,5 \cdot 10^{-3}$
Ethylalcohol (20°)	$1,2 \cdot 10^{-3}$
Motorolie (30°) (SAE 10)	$200 \cdot 10^{-3}$
Glycerine (20°)	$1500 \cdot 10^{-3}$
Lucht (20°)	$0,018 \cdot 10^{-3}$
Waterstof (0°)	$0,009 \cdot 10^{-3}$
Waterdamp (100°)	$0,013 \cdot 10^{-3}$

[†] Pa·s = 10 P = 1000 cP.

---

[1] De Society of Automotive Engineers (SAE) kent getallen toe aan de viscositeit van oliën: SAE 30 is viskeuzer dan SAE 10. Multigrade oliën, zoals 20W50, zijn ontworpen om een bepaalde viscositeit te behouden wanneer de temperatuur toeneemt; 20W50 betekent dat de olie in koude toestand de viscositeit van een SAE 20-olie heeft, maar in warme toestand die van een SAE 50-olie.

*13.12 Stromen in buizen: de wet van Poiseuille, bloedsomloop

Als een vloeistof geen viscositeit zou hebben, zou deze door een horizontale buis of leiding kunnen stromen zonder dat er een kracht op uitgeoefend zou moeten worden. De viscositeit zorgt voor wrijving (tussen vloeistoflagen die met iets verschillende snelheden bewegen), dus moet er een drukverschil zijn tussen de uiteinden van een horizontale buis om een vloeistofstroom van een willekeurige echte vloeistof te laten stromen, ongeacht of dat nu water of olie in een buis is of bloed in de vaten van het menselijk lichaam.

De Franse wetenschapper J.L. Poiseuille (1799-1869), die geïnteresseerd was in de natuurkunde van de bloedcirculatie (en die zijn naam gaf aan de eenheid poise), bepaalde hoe de variabelen de stromingssnelheid van een niet-samendrukbare vloeistof beïnvloeden die laminair stromen in een cilindrische buis. Het resultaat van zijn onderzoekingen, dat bekend staat als de *wet van Poiseuille*, is:

$$Q = \frac{\pi R^4 (P_1 - P_2)}{8\eta \ell}, \tag{13.12}$$

waarin R de binnenstraal van de buis is, ℓ de buislengte, $P_1 - P_2$ het drukverschil tussen de uiteinden, η de viscositeitscoëfficiënt en Q het volumedebiet (volume vloeistof dat per tijdseenheid een bepaald punt passeert en in SI-eenheden de eenheid m³/s heeft). Vgl. 13.12 is alleen geldig voor laminaire stromingen.

De wet van Poiseuille vertelt ons dat de stromingssnelheid Q recht evenredig is met de 'drukgradiënt', $(P_1 - P_2)/\ell$, en omgekeerd evenredig is met de viscositeit van de vloeistof. Dit is in overeenstemming met wat we zouden verwachten. Het is misschien verrassend, maar Q is ook afhankelijk van de *vierde* macht van de straal van de buis. Dat betekent dat voor dezelfde drukgradiënt, bij een halvering van de straal van de buis, het debiet Q een factor 16 afneemt! Het debiet, of de benodigde druk om een bepaald debiet te realiseren, wordt sterk beïnvloed door slechts een geringe verandering van de straal van de buis.

Een interessant voorbeeld van deze R^4-afhankelijkheid is de *bloedsomloop* in het menselijk lichaam. De wet van Poiseuille is alleen geldig voor de laminaire stroming van een niet-samendrukbare vloeistof. Hij kan dus niet exact zijn voor bloed, dat niet zonder turbulentie stroomt en bloedcellen bevat (waarvan de diameter ongeveer gelijk is aan die van een haarvat). Toch is de wet van Poiseuille goed bruikbaar voor een eerste benadering. Omdat de straal van slagaders kleiner wordt als gevolg van aderverkalking (de wanden ervan worden dikker en verharden) en cholesterolafzettingen, moet de drukgradiënt groter worden om hetzelfde debiet te blijven houden. Als de straal tot de helft verkleint, moet het hart de druk met een factor van ongeveer $2^4 = 16$ vergroten om hetzelfde bloeddebiet te kunnen blijven leveren. Het hart moet in dat geval dus veel harder werken, maar zal desondanks toch niet in staat zijn om het oorspronkelijke debiet te blijven leveren. Een hoge bloeddruk is dus een aanwijzing dat het hart harder werkt en dat het bloeddebiet kleiner geworden is.

Natuurkunde in de praktijk

Bloedsomloop

*13.13 Oppervlaktespanning en capillaire werking

Het *oppervlak* van een vloeistof in rust gedraagt zich erg interessant, zo ongeveer als een uitgerekt membraan dat op trek belast wordt. Een druppel water die aan een druppende kraan hangt of 's ochtends vroeg als dauw aan een takje (fig. 13.34), neemt een nagenoeg bolvormige vorm aan alsof het een minuscule ballon is gevuld met water. Het is mogelijk om een stalen speld op het wateroppervlak te laten drijven, hoewel die een grotere dichtheid heeft dan het water. Het oppervlak van een vloeistof werkt alsof het op trek belast is en deze trekspanning, die gericht is langs het oppervlak, wordt veroorzaakt door de aantrekkingskracht tussen de watermoleculen. Dit effect wordt oppervlaktespanning genoemd. Er is een grootheid gedefinieerd, de *oppervlaktespanning*, die aangeduid wordt met γ (de Griekse kleine letter gamma). Deze grootheid is de kracht F per lengte-eenheid ℓ die loodrecht op een willekeurige lijn of snede in een vloeistofoppervlak werkt en de neiging heeft om het oppervlak te sluiten:

$$\gamma = \frac{F}{\ell}. \tag{13.13}$$

FIGUUR 13.34 Bolvormige waterdruppels, dauw op een grasspriet.

FIGUUR 13.35 U-vormige draadconstructie met een vloeistoffilm om de oppervlaktespanning te meten ($\gamma = F/2\ell$).

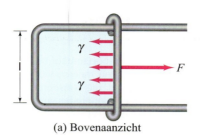
(a) Bovenaanzicht

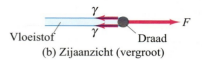
(b) Zijaanzicht (vergroot)

TABEL 13.4 Oppervlaktespanning van enkele stoffen

Stof (temperatuur in °C)	Oppervlaktespanning (N/m)
Kwik (20°)	0,44
Bloed, volbloed (37°)	0,058
Bloedplasma (37°)	0,073
Ethylalcohol (20°)	0,023
Water (0°)	0,076
(20°)	0,072
(100°)	0,059
Benzine (20°)	0,029
Zeepoplossing (20°)	≈ 0,025
Zuurstof (−193°C)	0,016

Om in te zien hoe dit werkt kun je de U-vormige draadconstructie in fig. 13.35 bekijken die een dunne vloeistoffilm omsluit. Als gevolg van de oppervlaktespanning is er een kracht F nodig om de beweegbare draad te verplaatsen en op die manier het oppervlak van de vloeistof te vergroten. De door de constructie omsloten vloeistof is een dunne film die een voor- en een achterkant heeft. De totale lengte van het oppervlak dat vergroot wordt is 2ℓ en de oppervlaktespanning is $\gamma = F/2\ell$. Een dergelijke, uiterst nauwkeurige constructie kan gebruikt worden om de oppervlaktespanning te meten van verschillende vloeistoffen. De oppervlaktespanning van water is 0,072 N/m bij 20°C. In tabel 13.4 zijn de waarden voor verschillende stoffen opgesomd. Merk op dat de temperatuur een aanzienlijk effect heeft op de oppervlaktespanning. Door de oppervlaktespanning kunnen bepaalde insecten (fig. 13.36) over water lopen en voorwerpen met een grotere dichtheid dan water, zoals een stalen speld, op het oppervlak blijven drijven. In fig. 13.37a is weergegeven hoe de oppervlaktespanning het gewicht w van een voorwerp kan afsteunen. In werkelijkheid zinkt het voorwerp een stukje in de vloeistof, dus w is het 'effectieve gewicht' van het voorwerp: het werkelijke gewicht min de opwaartse oppervlakte spanningskracht.

FIGUUR 13.36 Een schaatsenrijder.

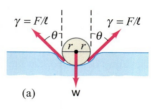
(a)

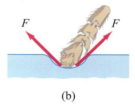
(b)

FIGUUR 13.37 Oppervlaktespanning op (a) een bol en (b) een pootje van een insect. Voorbeeld 13.16.

Voorbeeld 13.16 Schatten Insect loopt over water

Het uiteinde van een pootje van een insect is ongeveer bolvormig en heeft een straal van ongeveer $2,0 \cdot 10^{-5}$ m. De massa van het diertje, 0,0030 g, wordt gelijkmatig gedragen door de zes pootjes. Schat de hoek θ (zie fig. 13.37) die een pootje van een insect met het wateroppervlak maakt. Veronderstel dat de watertemperatuur 20°C is.

Aanpak Omdat het insect in evenwicht is, moet de omhoog gerichte oppervlaktespanningkracht gelijk zijn aan de zwaartekracht verticaal omlaag op elk pootje. We laten de opwaartse kracht (wet van Archimedes) voor deze schatting buiten beschouwing.

Oplossing Voor elk pootje veronderstellen we dat de oppervlaktespanningkracht werkt om een cirkel met een straal r, onder een hoek θ, op de manier zoals is weergegeven in fig. 13.37a. Alleen de verticale component, $\gamma \ell \cos \theta$, werkt om het gewicht mg in evenwicht te houden. We stellen de lengte ℓ in vgl. 13.13 dus gelijk aan de omtrek van de cirkel, $\ell \approx 2\pi r$. In dat geval is de netto omhoog gerichte kracht als gevolg van de oppervlaktespanning gelijk aan $F_y \approx (\gamma \cos \theta)\ell \approx 2\pi r \gamma \cos \theta$. We stellen deze kracht gelijk aan een zesde deel van het gewicht van het insect, omdat het dier zes pootjes heeft:

$$2\pi r \gamma \cos \theta \approx \tfrac{1}{6} mg$$
$$(6,28)(2,0 \times 10^{-5} \text{ m})(0,072 \text{ N/m}) \cos \theta \approx \tfrac{1}{6}(3,0 \times 10^{-6} \text{ kg})(9,8 \text{ m/s}^2)$$
$$\cos \theta \approx \frac{0,49}{0,90} = 0,54.$$

Dus $\theta \approx 57°$. Als cos θ groter geweest zou zijn dan 1, zou de oppervlaktespanning niet groot genoeg geweest zijn om het gewicht van het insect af te steunen.

Opmerking Bij onze schatting hebben we de opwaartse kracht (wet van Archimedes) buiten beschouwing gelaten en verschillen tussen de straal van de uiteinden van de poten van het insect en de indrukking van het wateroppervlak genegeerd.

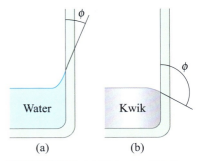

FIGUUR 13.38 (a) Water maakt het oppervlak van een glas nat, terwijl (b) kwik het glas niet 'bevochtigt'.

Zepen en reinigingsmiddelen verlagen de oppervlaktespanning van water. Dit is een pluspunt bij wassen en schoonmaken, omdat de hoge oppervlaktespanning van zuiver water voorkomt dat het gemakkelijk tussen de materiaalvezels en in minuscule holtes kan komen. Stoffen die de oppervlaktespanning van een vloeistof verlagen worden *oppervlakte-actieve stoffen* genoemd.

De oppervlaktespanning speelt ook een rol bij een ander interessant verschijnsel, de capillaire werking. Zoals je waarschijnlijk zelf wel eens gezien zult hebben komt water een beetje omhoog aan de rand van een glas, zoals is weergegeven in fig. 13.38a. Het water maakt het glas nat. Kwik wordt echter iets omlaag gedrukt bij de wand van een glas, fig. 13.38b, en het kwikoppervlak raakt het glas daardoor niet (ten minste niet op de hoogte van het kwikoppervlak, maar wel daaronder). Of een vloeistof een vast oppervlak raakt of niet kan bepaald worden aan de hand van de relatieve sterkte van de cohesiekrachten tussen de moleculen van de vloeistof in vergelijking tot de adhesiekrachten tussen de moleculen van de vloeistof en die van het vat waarin de vloeistof zit. *Cohesie* heeft betrekking op de krachten tussen moleculen van dezelfde soort en *adhesie* heeft betrekking op de krachten tussen moleculen van verschillende soorten. Water maakt het glas nat, omdat de watermoleculen sterker aangetrokken worden door de glasmoleculen dan door de andere watermoleculen. Het tegengestelde geldt voor kwik: de cohesiekrachten zijn sterker dan de adhesiekrachten.

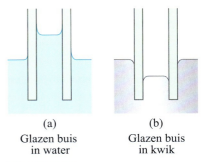

(a) Glazen buis in water (b) Glazen buis in kwik

FIGUUR 13.39 Capillaire werking.

In buizen met een erg kleine diameter kunnen vloeistoffen stijgen of dalen ten opzichte van het niveau van de omringende vloeistof. Dit verschijnsel wordt **capillariteit** of **capillaire werking** genoemd en dergelijke dunne buizen noemt men **capillairen**. Of de vloeistof stijgt of daalt (fig. 13.39) hangt af van de relatieve sterkte van de adhesie- en cohesiekrachten. Water zal dus stijgen, maar kwik zal dalen. De werkelijke stijging of daling hangt af van de oppervlaktespanning: de spanning die ervoor zorgt dat het oppervlak van de vloeistof niet breekt.

*13.14 Pompen en het menselijk hart

We besluiten dit hoofdstuk met een beknopte bespreking van pompen, ook van het hart. Pompen kunnen in categorieën onderverdeeld worden, op basis van hun functie. Een *vacuümpomp* wordt ontworpen om de druk (meestal die van lucht) in een bepaald vat te verlagen. Een *perspomp* daarentegen is een pomp die bedoeld is om de druk te verhogen, bijvoorbeeld om een vloeistof op te voeren (zoals water uit een bron) of om een vloeistof door een buis te persen. Fig. 13.40 illustreert het principe van een eenvoudige heen en weer bewegende pomp. Dit zou van vacuümpomp kunnen zijn. In dat geval zou de aanvoer aangesloten zijn op het vat dat leeggezogen moet worden. In sommige perspompen wordt een vergelijkbaar mechanisme gebruikt en dan wordt de vloeistof onder een grotere druk via de retourleiding afgevoerd.

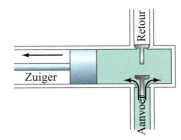

FIGUUR 13.40 Eén soort pomp: de aanvoerklep opent en lucht (of verpompte vloeistof) vult de lege ruimte wanneer de zuiger naar links beweegt. Wanneer de zuiger naar rechts beweegt (niet weergeven), opent de retourklep en wordt de vloeistof naar buiten geperst.

Een centrifugaalpomp (fig. 13.41) of een willekeurige perspomp kan gebruikt worden als *circulatiepomp* om vloeistof in een gesloten stelsel rond te pompen (bijvoorbeeld een koelwatercircuit of oliecircuit in een automotor).

Het hart van een mens (en ook dat van dieren) is in wezen een circulatiepomp. De werking van het menselijke hart is weergegeven in fig. 13.42. Er zijn feitelijk twee afzonderlijke bloedsomlopen. De langere brengt bloed via de slagaders naar de verschillende onderdelen van het lichaam, waardoor zuurstof naar lichaamsweefsels getransporteerd wordt en kooldioxide via de aders afgevoerd wordt naar het hart. Dit bloed wordt vervolgens naar de longen (de tweede bloedsomloop) gepompt, waar de kooldioxide losgelaten en zuurstof ingenomen wordt. Het zuurstofrijke bloed wordt dan weer naar het hart gepompt, om van daar weer naar de lichaamsweefsels gepompt te worden.

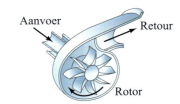

FIGUUR 13.41 Centrifugaalpomp: de roterende bladen drukken vloeistof door de retourleiding. Dit soort pomp wordt gebruikt in stofzuigers en waterpompen in auto's.

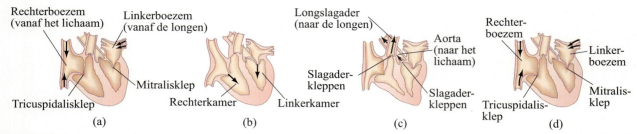

FIGUUR 13.42 (a) In de diastole fase ontspant het hart tussen twee slagen. Bloed komt in het hart; de beide kamers worden snel gevuld. (b) Wanneer de kamers samentrekken begint de systole of pompfase. Door de samentrekking wordt het bloed door de mitralisklep en de tricuspidalisklep in de kamer gedrukt. (c) De samentrekking van de kamer dwingt het bloed door de slagaderkleppen in de longslagader naar de longen en naar de aorta (de grootste lichaamsslagader), die de slagaders voedt die door het hele lichaam lopen. (d) Wanneer het hart ontspant sluiten de slagaderkleppen, stroomt er opnieuw bloed in de boezems en het hele proces wordt herhaald.

Samenvatting

De drie meest voorkomende fasen van materie zijn **vast**, **vloeibaar** en **gasvormig**.
Vloeistoffen en gassen worden allemaal vloeistoffen (**fluïda**) genoemd, in die zin dat ze kunnen stromen. De **dichtheid** van een materiaal is gedefinieerd als de hoeveelheid massa per eenheid van volume:

$$\rho = \frac{m}{V}. \tag{13.1}$$

Het **soortelijk gewicht** is de verhouding van de dichtheid van het materiaal en de dichtheid van water (bij 4°C).
Druk is gedefinieerd als kracht per oppervlakte-eenheid:

$$P = \frac{F}{A}. \tag{13.2}$$

De druk P op een diepte h in een vloeistof is

$$P = \rho g h, \tag{13.3}$$

waarin ρ de dichtheid van de vloeistof is en g de valversnelling. Als de dichtheid van een vloeistof niet homogeen is, varieert de druk P met de hoogte y volgens

$$\frac{dP}{dy} = -\rho g. \tag{13.4}$$

De **wet van Pascal** stelt dat een uitwendige druk die uitgeoefend wordt op een vloeistof in een vat door de hele vloeistof doorgegeven wordt.
Druk kan gemeten worden met behulp van een manometer of een ander meetinstrument. Voor het meten van de atmosferische druk wordt een **barometer** gebruikt. De standaard **atmosferische druk** (gemiddeld op zeeniveau) is $1{,}013 \cdot 10^5$ N/m². **Manometerdruk** is de totale (absolute) druk min de atmosferische druk.

De **wet van Archimedes** stelt dat een voorwerp dat geheel of gedeeltelijk ondergedompeld is in een vloeistof een opwaartse kracht ondervindt die gelijk is aan het gewicht van de verplaatste vloeistof ($F_B = m_{\text{vloeistof}} g = \rho_{\text{vloeistof}} V_{\text{verplaatsing}} g$).

Een vloeistofstroming kan **laminair** zijn, waarbij de lagen vloeistof soepel en regelmatige **stroomlijnen** beschrijven, of **turbulent**, waarbij de stroming niet soepel en regelmatig is maar onregelmatig gevormde draaikolken vertoont.
De vloeistofsnelheid is de massa of het volume vloeistof dat per tijdseenheid een bepaald punt passeert. De **continuïteitsvergelijking** stelt dat voor een niet-samendrukbare vloeistof die in een gesloten buis stroomt, het product van de stroomsnelheid en de dwarsdoorsnede van de buis constant blijft:

$$Av = \text{constant}. \tag{13.7b}$$

De **wet van Bernoulli** stelt dat waar de snelheid van een vloeistof hoog is, de druk in de vloeistof laag is, en waar de snelheid laag is, de druk hoog is. Voor een continue laminaire stroming van een niet-samendrukbare en niet-viskeuze vloeistof is de **wet van Bernoulli**, die gebaseerd is op de wet van behoud van energie

$$P_1 + \tfrac{1}{2}\rho v_1^2 + \rho g y_1 = P_2 + \tfrac{1}{2}\rho v_2^2 + \rho g y_2, \tag{13.8}$$

voor twee punten in de stroming.

(*__Viscositeit__ heeft te maken met wrijving binnen een vloeistof en is in wezen een wrijvingskracht tussen aangrenzende vloeistoflagen terwijl die over elkaar heen bewegen.)
(*Vloeistofoppervlakken blijven intact alsof ze op trek belast zijn (**oppervlaktespanning**), waardoor druppels gevormd kunnen worden en voorwerpen zoals spelden en insecten op het oppervlak kunnen blijven 'staan'.)

Vragen

1. Een materiaal heeft een hogere dichtheid dan een ander materiaal. Moeten de moleculen van het eerste materiaal zwaarder zijn dan die van het tweede? Motiveer je antwoord.

2. Reizigers die uit het vliegtuig gestapt zijn ontdekken soms dat flesjes in hun bagage tijdens een vlucht gelekt hebben. Waardoor zou dat veroorzaakt kunnen zijn?

3. De drie vaten in fig. 13.43 zijn gevuld met water tot dezelfde hoogte en hebben onderaan dezelfde oppervlakte; de waterdruk en de totale kracht op de onderkant van elk

van de vaten is dus gelijk. De vaten bevatten echter niet een gelijk gewicht aan water. Leg deze 'hydrostatische paradox' uit.

FIGUUR 13.43
Vraagstuk 3.

4. Ervaar wat er gebeurt wanneer je een speld en het stompe uiteinde van een pen met dezelfde kracht tegen je huid drukt. Bedenk wat ervoor zorgt dat je huid beschadigt of niet: de gebruikte nettokracht of de druk.
5. In een metalen blik met een inhoud van ongeveer 5 liter wordt een kleine hoeveelheid water gekookt. Als het water kookt wordt het blik van het vuur genomen en een deksel op het blik geschroefd. Wanneer het blik afkoelt, deukt het in. Leg uit hoe dit kan.
6. Waarom moet het manchet bij het meten van je bloeddruk ter hoogte van je hart geplaatst worden?
7. Een ijsblokje drijft in een glas water dat tot de rand gevuld is. Wat kun je zeggen over de dichtheid van ijs? Zal het glas overstromen wanneer het ijs smelt? Motiveer je antwoord.
8. Zal een ijsblokje drijven in een glas zuivere alcohol? Waarom, of waarom niet?
9. Een ondergedompeld blikje Coca-Cola zal zinken, maar een blikje Diet Coke zal blijven drijven. (Probeer het maar.) Leg uit waarom dit zo is.
10. Waarom zinken stalen schepen niet?
11. Leg uit hoe de buis in fig. 13.44, een zogenoemde **sifon**, vloeistof van een hoger geplaatst vat naar een lager geplaatst vat kan transporteren hoewel de vloeistof onderweg moet stijgen. (Merk op dat de buis in eerste instantie gevuld moet zijn met vloeistof.)

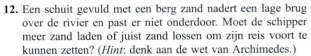

FIGUUR 13.44
Vraagstuk 11.
Een sifon.

12. Een schuit gevuld met een berg zand nadert een lage brug over de rivier en past er niet onderdoor. Moet de schipper meer zand laden of juist zand lossen om zijn reis voort te kunnen zetten? (*Hint*: denk aan de wet van Archimedes.)
13. Leg uit waarom met helium of waterstof gevulde weerballonnen die gebruikt worden om atmosferische condities op grote hoogte te meten, losgelaten worden terwijl ze maar voor 10 - 20% gevuld zijn.
14. Een roeiboot drijft in een zwembad en het waterniveau wordt op de rand van het zwembad aangegeven. Veronderstel de volgende situaties en geef aan of het waterniveau zal stijgen, dalen of gelijk zal blijven. (*a*) De boot wordt uit het water gehaald. (*b*) In de boot in het water ligt een stalen anker dat uit de boot op de kant gelegd wordt. (*c*) Het stalen anker wordt uit de boot gehaald en in het zwembad gegooid.
15. Zal een lege ballon precies hetzelfde schijnbare gewicht hebben op een weegschaal als een ballon die met lucht gevuld is? Motiveer je antwoord.
16. Waarom drijf je in zout water hoger dan in zoet water?
17. Hoe zullen twee velletjes papier gaan bewegen als je ze ongeveer 5 cm uit elkaar verticaal ophangt (fig. 13.45) en er tussendoor blaast? Controleer je antwoord door het te proberen. Motiveer je antwoord.

FIGUUR 13.45
Vraagstuk 17.

18. Waarom wordt een waterstraal die uit de uitloop van een kraan stroomt dunner naarmate het water verder valt (fig. 13.46)?

FIGUUR 13.46
Vraag 18. Water uit een kraanuitloop.

19. Kinderen wordt op het hart gedrukt om niet te dicht bij de rand van het perron te gaan staan wanneer er een trein voorbijraast, omdat ze anders onder de trein gezogen kunnen worden. Is dat mogelijk? Motiveer je antwoord.
20. Een grote styrofoam beker wordt gevuld met water. Dan prikt iemand vlak bij de bodem van de beker twee gaatjes in de wand, waardoor het water in de beker weg begint te stromen. Zal het water uit de gaten blijven stromen wanneer de beker vrij valt? Licht je antwoord toe.
21. Waarom stijgen vliegtuigen meestal op tegen de wind in?
22. Twee schepen die evenwijdig naast elkaar varen lopen het risico om tegen elkaar te botsen. Waarom?
23. Waarom bolt de canvaskap van een open auto wanneer de auto met hoge snelheid rijdt? (*Hint*: de voorruit buigt de lucht omhoog af, waardoor de laminaire stromen dichter op elkaar gedrukt worden.)
24. Tijdens een tornado of orkaan wordt soms het dak van een huis geblazen (of getrokken). Leg uit hoe dit kan met behulp van de wet van Bernoulli.

Vraagstukken

13.2 Dichtheid en soortelijk gewicht

1. (I) Het volume van de granieten monoliet El Capitan in het Yosemite National Park (fig. 13.47) is ongeveer 10^8 m^3. Hoe groot is de massa van deze monoliet bij benadering?

FIGUUR 13.47 Vraagstuk 1.

2. (I) Hoe groot is bij benadering de massa van lucht in een woonkamer van 5,6 m × 3,8 m × 2,8 m?
3. (I) Veronderstel dat je een goudstaaf in je rugzak zou willen smokkelen die 56 cm × 28 cm × 22 cm groot is. Hoeveel massa zou je op je rug moeten dragen?
4. (I) Schrijf je massa op en schat dan je volume. (*Hint*: omdat je kunt zwemmen aan of net onder het wateroppervlak in een zwembad, kun je een aardig idee hebben van je dichtheid.)
5. (II) Een fles heeft een massa van 35,00 g wanneer die leeg is en een massa van 98,44 g wanneer deze gevuld is met water. Wanneer de fles gevuld wordt met een andere vloeistof, wordt de massa 89,22 g. Hoe groot is het soortelijk gewicht van deze andere vloeistof?
6. II) Iemand voegt 5,0 l antivriesoplossing (soortelijk gewicht = 0,80) toe aan 4,0 l water om 9,0 l mengsel te maken. Hoe groot is het soortelijk gewicht van het mengsel?
7. (III) De aarde is geen homogene bol, maar heeft gebieden met wisselende dichtheden. Veronderstel een eenvoudig model van de aarde die opgedeeld is in drie gebieden: een binnenkern, een buitenkern en een mantel. Elk gebied heeft een eigen, unieke constante dichtheid (de gemiddelde dichtheid van dat gebied in de echte aarde):

Gebied	Straal (km)	Dichtheid (kg/m^3)
Binnenkern	0 - 1220	13.000
Buitenkern	1220 - 3480	11.100
Mantel	3480 - 6371	4.400

(*a*) Gebruik dit model om de gemiddelde dichtheid van de hele aarde te voorspellen. (*b*) De gemeten straal van de aarde is 6371 km en de massa ervan is $5{,}98 \cdot 10^{24}$ kg. Gebruik deze gegevens om de werkelijke gemiddelde dichtheid van de aarde te berekenen en vergelijk dit resultaat (als een procentueel verschil) met de dichtheid die je zelf in (*a*) bepaald hebt.

13.3 tot en met 13.6 Druk; de wet van Pascal

8. (I) Schat de benodigde druk om een waterkolom even hoog op te pompen als de top van een eik van 35 m hoog.
9. (I) Schat de druk die uitgeoefend wordt op een vloer door (*a*) een spitse tafelpoot (van een tafel van 66 kg met vier poten) die een oppervlakte heeft van 0,020 cm^2 en (*b*) door een 1300 kg zware olifant die op één poot staat (oppervlakte = 800 cm^2).
10. (I) Hoe groot is het verschil in bloeddruk (mm Hg) tussen de bovenkant van het hoofd en de onderkant van de voeten van iemand van 1,70 m die rechtop staat?
11. (II) Hoe hoog zou het niveau staan in een alcoholbarometer bij normale atmosferische druk?
12. (II) In een film ontsnapt Tarzan aan zijn achtervolgers door onder water, ademend door een lang dun rietje, te wachten tot ze verder trekken. Veronderstel dat het maximale drukverschil dat zijn longen aankunnen waarbij hij nog steeds kan ademhalen 85 mm Hg is. Bereken de grootste diepte waarop hij zich heeft kunnen verschuilen.
13. (II) De maximale manometerdruk in een hydraulische lift is 17,0 atm. Wat is de massa van het zwaarste voertuig dat met de lift opgetild kan worden als de uitgaande leiding een diameter heeft van 22,5 cm?
14. (II) De manometerdruk in alle vier de banden van een auto is 240 kPa. Schat de massa van de auto als elke band een contactoppervlak met de grond heeft van 220 cm^2.
15. (II)(*a*) Bereken de totale kracht en de absolute druk op de bodem van een zwembad van 28,0 m bij 8,5 m met een homogene diepte van 1,8 m. (*b*) Hoe groot zal de druk tegen de *zijwand* van het zwembad zijn ter hoogte van de bodem?
16. (II) Een huis onderaan een heuvel gebruikt water uit een volle watertank die 5,0 m diep is en met het huis verbonden is door een leiding van 110 m lang die een hoek van 58° maakt met de horizontaal (fig. 13.48). (*a*) Bereken de waterdruk in het huis. (*b*) Hoe hoog kan het water wegspuiten als het verticaal uit een gebroken leiding voor het huis zou ontsnappen?

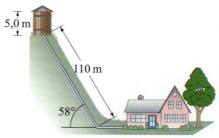

FIGUUR 13.48 Vraagstuk 16.

17. (II) In een U-vormige buis die aan beide uiteinden open is wordt eerst water en dan olie (die niet mengt met water) gegoten. Er ontstaat een evenwicht op de manier zoals is weergegeven in fig. 13.49. Hoe groot is de dichtheid van de olie? (*Hint*: de druk in A en B is gelijk. Waarom?)
18. (II) Bij het uitwerken van zijn wet toonde Pascal indrukwekkend aan hoe kracht vermenigvuldigd kan worden met

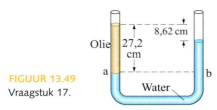

FIGUUR 13.49
Vraagstuk 17.

vloeistofdruk. Hij plaatste een lange dunne buis met een straal $r = 0{,}30$ cm verticaal in een wijnvat met een straal $R = 21$ cm, fig. 13.50. Hij ontdekte dat het met water gevulde vat barstte wanneer de buis tot een hoogte van 12 m gevuld werd. Bereken (a) de massa van het water in de buis en (b) de nettokracht die door het water in het vat uitgeoefend wordt op het deksel, net voordat het vat scheurt.

FIGUUR 13.50
Vraagstuk 18
(niet op schaal).

19. (II) Hoe groot is de normale druk van de atmosfeer op de top van de Mount Everest op 8850 m boven de zeespiegel?
20. (II) Een hydraulische pers voor het samenpersen van poedermonsters heeft een grote cilinder met een diameter van 10,0 cm en een kleine cilinder met een diameter van 2,0 cm (fig. 13.51). Aan de kleine cilinder is een hefboom bevestigd, op de manier zoals is weergegeven in de figuur. Het monster dat op de grote cilinder geplaatst wordt, heeft een oppervlakte van 4,0 cm². Hoe groot is de druk op het monster als op de hefboom een kracht van 350 N uitgeoefend wordt?

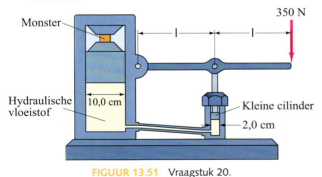

FIGUUR 13.51   Vraagstuk 20.

21. (II) Een open kwikbuismanometer wordt gebruikt om de druk in een zuurstoftank te meten. De atmosferische druk 1040 mbar. Hoe groot is de absolute druk (in Pa) in de tank als de hoogte van het kwik in de open buis (a) 21,0 cm hoger, (b) 5,2 cm lager is dan het kwik in de buis die aangesloten is op de tank?
22. (III) Een beker vloeistof versnelt vanuit rust op een horizontaal oppervlak met een versnelling a naar rechts. (a) Toon aan dat het oppervlak van de vloeistof een hoek $\theta = \tan^{-1}(a/g)$ maakt met de horizontaal. (b) Welke rand van het wateroppervlak staat hoger? (c) Hoe varieert de druk met de diepte onder het oppervlak?
23. (III) Een dam met een constante breedte b houdt water tegen met een diepte h. (a) Toon met integreren aan dat de totale kracht van het water op de dam gelijk is aan $F = \frac{1}{2}\rho g h^2 b$. (b) Toon aan dat het krachtmoment om de basis van de dam als gevolg van deze kracht een arm heeft die gelijk is aan $h/3$. (c) Veronderstel dat de dam een uniforme dikte d en hoogte h heeft. Hoe dik moet de dam dan minimaal zijn om niet om te vallen? Moest je in dit laatste deel rekening houden met de atmosferische druk? Motiveer je antwoord.
24. (III) Schat de dichtheid van het water op een diepte van 5,4 km. (Zie tabel 12.1 en paragraaf 12.4 over de compressiemodulus.) Hoe groot is het procentuele verschil tussen de dichtheid op die diepte en de dichtheid aan het oppervlak?
25. (III) Een cilindrische emmer met vloeistof (dichtheid ρ) wordt om zijn verticale symmetrie-as geroteerd. De hoeksnelheid is ω. Toon aan dat de druk op een afstand r van de rotatie-as gelijk is aan

$$P = P_0 + \tfrac{1}{2}\rho\omega_2 r_2,$$

waarin P_0 de druk is in $r = 0$.

13.7 Opwaartse kracht en de wet van Archimedes

26. (I) Welk deel van een stuk ijzer zal ondergedompeld worden wanneer het drijft in kwik?
27. (I) Een geoloog ontdekt een maansteen die een massa heeft van 9,28 kg en een schijnbare massa van 6,18 kg wanneer die ondergedompeld is in water. Hoe groot is de dichtheid van de (niet-poreuze) steen?
28. (II) Een kraan hijst de 16.000 kg zware stalen romp van een gezonken schip uit het water. Bepaal (a) de trekkracht in de kraankabel wanneer de romp volledig ondergedompeld is in het water en (b) de trekkracht wanneer de romp volledig uit het water gehesen is.
29. (II) Een bolvormige ballon heeft een straal van 7,35 m en is gevuld met helium. Welke massa kan deze ballon hijsen als de huid en de constructie van de ballon samen een massa hebben van 930 kg? Laat de opwaartse kracht op de last zelf buiten beschouwing.
30. (II) Iemand van 74 kg heeft een schijnbare massa van 54 kg (als gevolg van de opwaartse kracht) wanneer hij tot zijn heupen in het water staat. Schat de massa van elk been. Veronderstel dat het lichaam een sg heeft van 1,00.
31. (II) Om welk metaal (zie tabel 13.1) gaat het waarschijnlijk als een monster een massa heeft van 63,5 g in lucht en een schijnbare massa van 55,4 g wanneer het ondergedompeld is in water?
32. (II) Bereken de werkelijk massa (in vacuüm) van een stuk aluminium dat een schijnbare massa van 3,0000 kg heeft in lucht.
33. (II) Omdat benzine een kleinere dichtheid heeft dan water, zullen vaten benzine in water blijven drijven. Veronderstel dat een vat van 230 l helemaal gevuld is met benzine. Welk volume staal kan dan gebruikt worden om het vat te maken als het met benzine gevulde vat moet blijven drijven in zoet water?

34. (II) Een duikster en haar uitrusting verplaatsen een volume van 65,0 l en hebben een totale massa van 68,0 kg. (a) Hoe groot is de opwaartse kracht op de duikster in zeewater? (b) Zal de duikster zinken of blijven drijven?
35. (II) Het soortelijk gewicht van ijs is 0,917 en dat van zeewater 1,025. Hoeveel procent van een ijsberg bevindt zich boven het wateroppervlak?
36. (II) De wet van Archimedes kan niet alleen gebruikt worden om het soortelijk gewicht van een voorwerp te berekenen met behulp van een bekende vloeistof (voorbeeld 13.10); ook het omgekeerde is mogelijk. (a) Een aluminium bal van 3,80 kg heeft bijvoorbeeld een schijnbare massa van 2,10 kg wanneer deze ondergedompeld wordt in een bepaalde vloeistof. Bereken de dichtheid van de vloeistof. (b) Leid een formule af om de dichtheid van een vloeistof met deze procedure te bepalen.
37. (II)(a) Toon aan dat de opwaartse kracht F_B op een gedeeltelijk ondergedompeld voorwerp, bijvoorbeeld een schip, aangrijpt in het zwaartepunt van de vloeistof voordat die werd verplaatst. Dit punt wordt het middelpunt van de waterverplaatsing genoemd. (b) Waar moet het middelpunt van de waterverplaatsing zich bevinden, boven, onder of in het zwaartepunt, om ervoor te zorgen dat het schip zich in een stabiel evenwicht bevindt? Motiveer je antwoord. (Zie fig. 13.52.)

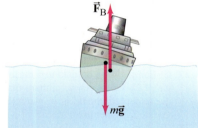

FIGUUR 13.52
Vraagstuk 37.

38. (II) Een kubus met ribben van 10,0 cm die gemaakt is van een onbekend materiaal drijft net aan de oppervlakte tussen water en olie. De olie heeft een dichtheid van 810 kg/m³. Veronderstel dat de kubus voor 72% in het water drijft en voor 28% in de olie. Hoe groot is de massa van de kubus en hoe groot is de opwaartse kracht op de kubus?
39. (II) Hoeveel met helium gevulde ballonnen zouden er nodig zijn om iemand op te hijsen? Veronderstel dat de persoon een massa van 75 kg heeft en elke met helium gevulde ballon bolvormig is en een diameter heeft van 33 cm. Verwaarloos de massa van de lege ballonnen en de benodigde touwen.
40. (II) Een duikfles verplaatst, wanneer deze volledig ondergedompeld is, 15,7 l zeewater. De fles zelf heeft een massa van 14,0 kg en bevat 3,00 kg lucht wanneer hij helemaal gevuld is. Veronderstel dat er alleen een gewicht en een opwaartse kracht op werken. Bereken de nettokracht (grootte en richting) op de volledig ondergedompelde fles aan het begin van een duik (wanneer de fles helemaal gevuld is met lucht) en aan het eind van een duik (wanneer de fles geen lucht meer bevat).
41. (III) Als een voorwerp in water drijft, kan de dichtheid ervan bepaald worden door er een verzwaring op aan te brengen zodat het voorwerp en de verzwaring ondergedompeld zijn. Toon aan dat het soortelijk gewicht $w/(w_1 - w_2)$ is, waarin w het gewicht is van het voorwerp in lucht, w_1 het schijnbare gewicht wanneer de verzwaring er aan bevestigd is en alleen de verzwaring ondergedompeld is en w_2 het schijnbare gewicht wanneer zowel het voorwerp als de verzwaring ondergedompeld zijn.
42. (III) Een stuk hout van 3,25 kg (sg = 0,50) drijft in water. Welke massa moet een stuk lood dat met een touwtje aan het stuk hout gebonden wordt minimaal hebben om de combinatie te laten zinken?

13.8 tot en met 13.10   Vloeistofstromen, de wet van Bernoulli

43. (I) Een luchtkanaal met een straal van 15 cm wordt gebruikt om elke 12 minuten de lucht te verversen in een ruimte van 8,2 m × 5,0 m × 3,5 m. Hoe snel stroomt de lucht in het kanaal?
44. (I) Gebruik de gegevens in voorbeeld 13.13 en bereken de gemiddelde snelheid van de bloedsomloop in de grote slagaders van het lichaam die een totale dwarsdoorsnede hebben van ongeveer 2,0 cm².
45. (I) Hoe snel stroomt water uit een opening aan de onderkant van een erg brede en 5,3 m diepe opslagtank die gevuld is met water? Laat de viscositeit buiten beschouwing.
46. (II) Een aquarium is 36 cm breed, 1,0 m lang en 0,60 m hoog. Het filter moet al het water elke 4,0 uur filteren. Hoe groot moet de stromingssnelheid in een aanvoerbuis voor het filter zijn, als die een diameter van 3,0 cm heeft?
47. (II) Hoe groot is de benodigde manometerdruk in een hoofdwaterleiding als een brandspuit water tot een hoogte van 18 m moet kunnen spuiten?
48. (II) Een tuinslang met een binnendiameter van 16 mm wordt gebruikt om een rond zwembad te vullen dat een diameter heeft van 6,1 m. Hoe lang zal het duren om het zwembad tot een hoogte van 1,2 m te vullen als het water met 0,40 m/s door de slang stroomt?
49. (II) Een storm met een snelheid van 180 km/u giert over het platte dak van een huis, waardoor dit van het huis loskomt. Schat het gewicht van het dak als het huis 6,2 m × 12,4 m meet. Veronderstel dat het dak niet vastgespijkerd is.
50. (II) Een horizontale buis met een diameter van 6,0 cm verjongt geleidelijk tot 4,5 cm. Wanneer er water door deze buis stroomt met een bepaalde snelheid, is de manometerdruk in deze twee stukken respectievelijk 32,0 kPa en 24,0 kPa. Hoe groot is het volumedebiet?
51. (II) Schat de luchtdruk in een orkaan van de vijfde categorie, als de windsnelheid 300 km/u is (fig. 13.53).

FIGUUR 13.53   Vraagstuk 51.

52. (II) Hoe groot is de lift (in Newton) als gevolg van de wet van Bernoulli op een vleugel met een oppervlakte van 88

m² als de lucht over het boven- en ondervlak raast met een snelheid van respectievelijk 280 m/s en 150 m/s?

53. (II) Toon aan dat het benodigde vermogen om een vloeistof door een buis met een homogene dwarsdoorsnede te drukken gelijk is aan het volumedebiet, Q maal het drukverschil, $P_1 - P_2$.

54. (II) Water met een manometerdruk van 3,8 atm op straatniveau stroomt in een kantoorgebouw met een snelheid van 0,68 m/s door een buis met een diameter van 5,0 cm. De buis verjongt tot een diameter van 2,8 cm op de bovenste verdieping, 18 m boven de straat (fig. 13.54), waar iemand de kraan open heeft laten staan. Bereken de stromingssnelheid en de manometerdruk in de buis op de bovenste verdieping. Veronderstel dat buis geen vertakkingen heeft en laat de viscositeit buiten beschouwing.

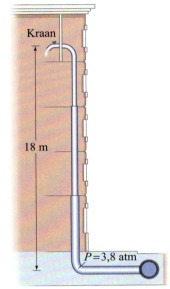

FIGUUR 13.54
Vraagstuk 54.

55. (II) Houd in fig. 13.55 rekening met de snelheid waarmee het vloeistofoppervlak van de tank daalt en toon voor dat geval aan dat de snelheid waarmee de vloeistof de opening onderaan verlaat gelijk is aan

$$v_1 = \sqrt{\frac{2gh}{(1 - A_1^2/A_2^2)}},$$

waarin $h = y_2 - y_1$ en A_1 en A_2 de dwarsdoorsnedes van respectievelijk de opening en het oppervlak van het vat zijn. Veronderstel dat $A_1 \ll A_2$, zodat de stroming nagenoeg continu en laminair is.

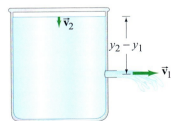

FIGUUR 13.55
Vraagstukken 55, 56, 58 en 59.

56. (II) Veronderstel dat het vloeistofoppervlak in het vat in fig. 13.55 blootgesteld wordt aan een uitwendige manometerdruk P_2. (a) Leid een formule af voor de snelheid, v_1 waarmee de vloeistof uit de opening stroomt tegen de atmosferische druk, P_0, in. Veronderstel dat de snelheid van het vloeistofoppervlak, v_2, ongeveer nul is. (b) Veronderstel dat $P_2 = 0,85$ atm en $y_2 - y_1 = 2,4$ m. Bepaal dan v_1 voor water.

57. (II) Je bent bezig het gazon te sproeien met de tuinslang. Om verder te komen met de straal, besluit je je vinger op het uiteinde van de slang te drukken. Je richt de slang onder dezelfde hoek als eerder en het water komt vier keer zo ver. Welk deel van de slangopening heb je met je vinger afgesloten?

58. (III) Veronderstel dat de opening in het vat in fig. 13.55 op een hoogte h_1 boven de onderkant zit en het vloeistofoppervlak op een hoogte h_2 boven de onderkant staat. Het vat rust op de grond. (a) Op welke horizontale afstand van de onderkant van het vat zal de vloeistof de grond raken? (b) Op welke andere hoogte, h_1' kan een opening gemaakt worden, zodanig dat de uitstromende vloeistof hetzelfde 'bereik' heeft? Veronderstel $v_2 \approx 0$.

59. (III) (a) Toon in fig. 13.55 aan dat de wet van Bernoulli voorspelt dat het vloeistofniveau $h = y_2 - y_1$ daalt met een snelheid

$$\frac{dh}{dt} = -\sqrt{\frac{2ghA_1^2}{A_2^2 - A_1^2}},$$

waarin A_1 en A_2 de oppervlaktes van de onderste opening en het bovenste oppervlak zijn en je mag aannemen dat $A_1 \ll A_2$ en de viscositeit verwaarloosbaar is. (b) Bepaal met integreren h als functie van de tijd. Ga ervan uit dat $h = h_0$ op $t = 0$. (c) Hoe lang zou het duren om een 10,6 cm hoge cilinder waarin 1,3 l water zit leeg te maken als de opening zich in de bodem bevindt en een diameter heeft van 0,50 cm?

60. (III) (a) Toon aan dat de stromingssnelheid die gemeten wordt met een venturimeter (zie fig. 13.32) gedefinieerd kan worden met de relatie

$$v_1 = A_2 \sqrt{\frac{2(P_1 - P_2)}{\rho(A_1^2 - A_2^2)}}.$$

(b) Een venturimeter meet de stroming van water en heeft een grootste diameter van 3,0 cm en een keeldiameter van 1,0 cm. Het gemeten drukverschil is 18 mm Hg. Hoe groot is de snelheid van het water dat de keel van de venturi binnentreedt?

61. (III) *Stuwkracht van een raket*. (a) Gebruik de wet van Bernoulli en de continuïteitsvergelijking om aan te tonen dat de uitstootsnelheid van de aandrijfgassen van een raket gelijk is aan

$$v = \sqrt{2(P - P_0)/\rho},$$

waarin ρ de dichtheid van het gas is, P de druk van het gas in de raket en P_0 de atmosferische druk net buiten de uitlaatopening. Veronderstel dat de gasdichtheid ongeveer constant blijft en dat het oppervlak van de uitlaatopening, A_0, veel kleiner is dan de dwarsdoorsnede, A, van het inwendige van de raket (die je als een grote cilinder mag beschouwen). Veronderstel ook dat de gassnelheid niet zo hoog is dat er turbulentie of niet-continue stromingen optreden. (b) Toon aan dat de stuwkracht op de raket als gevolg van de uitgestoten gassen gelijk is aan

$$F = 2A_0(P - P_0).$$

62. (III) Een brandslang oefent een kracht uit op de brandweerman die hem vasthoudt. Dat komt doordat het water in de slang versnelt op weg naar het spuitstuk. Hoeveel kracht is er nodig om een slang met een diameter van 7,0 cm in bedwang te houden die 450 l/min levert door een spuitstuk met een diameter van 0,75 cm?

*13.11 Viscositeit

*63. (II) Een viscositeitmeter bestaat uit twee concentrische cilinders die respectievelijk een diameter van 10,20 cm en 10,60 cm hebben. Een vloeistof vult de ruimte tussen de twee cilinders op tot een diepte van 12,0 cm. De buitenste cilinder is vast en een krachtmoment van 0,024 Nm houdt de binnenste cilinder in beweging met een continue rotatiesnelheid van 57 omw/min. Hoe groot is de viscositeit van de vloeistof?

*64. (III) Een lange verticale holle buis met een binnendiameter van 1,00 cm wordt gevuld met SAE10-motorolie. Dan laat iemand een stang met een diameter van 0,900 cm, een lengte van 30,0 cm en een massa van 150 g verticaal door de olie in de buis vallen. Hoe groot is de maximale snelheid die de stang in zijn val bereikt?

*13.12 Stroming in buizen; de wet van Poiseuille

*65. (I) Motorolie (ga uit van SAE 10, tabel 13.3) stroomt door een 8,6 cm lange buis met een diameter van 1,80 mm. Hoe groot is het benodigde drukverschil om een debiet van 6,2 ml/min in stand te houden?

*66. (I) Een tuinman vindt dat het te lang duurt om een tuin te besproeien met zijn tuinslang die een diameter heeft van 3/8 inch. Hoeveel tijdwinst (in procenten) kan de tuinman boeken door de slang te vervangen door een slang van 5/8 inch? Veronderstel dat er verder niets verandert.

*67. (II) Welke diameter moet een 15,5 m lang luchtkanaal hebben als het ventilatie- en verwarmingssysteem de lucht in een ruimte van 8,0 m × 14,0 m × 4,0 m elke 12,0 minuten moet kunnen verversen? Veronderstel dat de pomp een manometerdruk van $0{,}710 \cdot 10^{-3}$ atm kan leveren.

*68. (II) Hoe groot moet het drukverschil zijn tussen de twee uiteinden van een leidingsegment van 1,9 km lang zijn dat een diameter heeft van 29 cm, als dit olie ($\rho = 950$ kg/m^3, $\eta = 0{,}20$ Pa·s) moet transporteren met een debiet van 650 cm^3/s?

*69. (II) De wet van Poiseuille geldt niet als de stromingsssnelheid zo hoog is dat er turbulentie optreedt. Turbulentie ontstaat wanneer het **Reynoldsgetal**, Re, hoger wordt dan ongeveer 2000. Re is gedefinieerd als

$$Re = \frac{2\bar{v}r\rho}{\eta},$$

waarin v_{gem} de gemiddelde snelheid van de vloeistof is, ρ de dichtheid ervan, η de viscositeit en r de straal van de buis waarin de vloeistof stroomt. (*a*) Bepaal of het bloed dat door de aorta stroomt laminair of turbulent stroomt wanneer de gemiddelde snelheid van bloed in de aorta ($r = 0{,}80$ cm) tijdens de rustperiode van het hart ongeveer 35 cm/s is. (*b*) Tijdens sporten verdubbelt de stoomsnelheid van het bloed van een sporter. Bereken het Reynoldsgetal in dit geval en bepaal of de stroming laminair of turbulent is.

*70. (II) Veronderstel dat de drukgradiënt constant is en de bloedsomloop 85% minder wordt. Met welke factor is de diameter van een bloedvat dan afgenomen?

*71. (III) Een patiënt heeft een bloedtransfusie nodig. Het bloed moet door een buisje stromen dat de naald in het bloedvat verbindt met een bloedzak die opgehangen is boven de patiënt (fig. 13.56). De binnendiameter van de 25 mm lange naald is 0,80 mm en het benodigde debiet is 2,0 cm^3 bloed per minuut. Hoe hoog h moet de bloedzak boven de naald opgehangen worden? Zoek ρ en η op in de tabellen. Veronderstel dat de bloeddruk 78 Torr boven de atmosferische druk is.

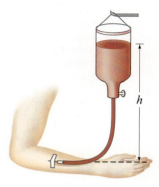

FIGUUR 13.56
Vraagstukken 71 en 79.

*13.13 Oppervlaktespanning en capillaire werking

*72. (I) De benodigde kracht F om de draad in fig. 13.35 te verplaatsen is $3{,}4 \cdot 10^{-3}$ N. Bereken de oppervlaktespanning γ van de ingesloten vloeistof. Veronderstel dat $\ell = 0{,}070$ m.

*73. (I) Bereken de benodigde kracht om de draad in fig. 13.35 te verplaatsen als deze ondergedompeld is in een zeepoplossing en de draad 24,5 cm lang is.

*74. (II) De oppervlaktespanning van een vloeistof kan bepaald worden door de kracht F te meten die nodig is om een platina ring met een straal r net op te tillen van het oppervlak van de vloeistof. (*a*) Bepaal een formule voor γ in termen van F en r. (*b*) Bij 30°C is $F = 5{,}80 \cdot 10^{-3}$ N en $r = 2{,}8$ cm. Bereken γ voor de onderzochte vloeistof.

*75. (III) Schat de diameter van een stalen naald die net op water kan blijven drijven als gevolg van de oppervlaktespanning.

*76. (III) Toon aan dat binnen een zeepbel een druk ΔP aanwezig moet zijn boven de druk buiten de zeepbel die gelijk is aan $\Delta P = 4\gamma/r$, waarin r de straal is van de zeepbel en γ de oppervlaktespanning. (*Hint*: denk aan de zeepbel als twee halve bollen die op elkaar passen en bedenk ook dat de zeepbel twee oppervlakken heeft. Merk op dat dit resultaat geldt voor elke willekeurige soort membraan, waarin 2γ de trekkracht per eenheid van lengte is in dat membraan.)

*77. (III) Een veelvoorkomend effect van oppervlaktespanning is de mogelijkheid van een vloeistof om te stijgen in een dunne buis als gevolg van de zogenaamde capillaire werking. Toon aan dat in een nauwe buis met een straal r die in een vloeistof geplaatst is met een dichtheid ρ en een oppervlaktespanning γ, de vloeistof in de buis een hoogte $h = 2\gamma/\rho g r$ zal bereiken boven het vloeistofniveau buiten de buis, waarin g de versnelling van de zwaartekracht is. Veronderstel dat de vloeistof de capillaire buis 'nat maakt' (het vloeistofoppervlak is verticaal binnen in de buis).

Algemene vraagstukken

78. Op de plunjer van een injectiespuit wordt een kracht van 2,8 N uitgeoefend. De diameter van de plunjer is 1,3 cm en die van de naald 0,20 mm. (*a*) Met welke kracht verlaat de vloeistof de naald? (*b*) Met welke kracht moet de plunjer ingedrukt worden om de vloeistof in een bloedvat te drukken waarin de manometerdruk 75 mm Hg is? Geef je antwoord voor het moment dat de vloeistof begint te bewegen.

79. Intraveneuze infusen worden vaak aangebracht door gebruik te maken van de zwaartekracht, op de manier zoals is weergegeven in fig. 13.56. Veronderstel dat de vloeistof een dichtheid van 1,00 g/cm³ heeft. Op welke hoogte h moet de bloedzak gehangen worden om ervoor te zorgen dat de vloeistofdruk (*a*) 55 mm Hg is en (*b*) 650 mm H_2O is? (*c*) Als de bloeddruk 78 mm Hg is boven de atmosferische druk, hoe hoog moet de bloedzak dan opgehangen worden zodat de vloeistof nog net het bloedvat in stroomt?

80. Een beker water rust op een elektronische weegschaal die 998,0 g aangeeft. Dan wordt een massieve koperen bol met een diameter van 2,6 cm aan een touwtje ondergedompeld in het water, maar zonder dat de bol de bodem raakt. Hoe groot is de trekkracht in het touwtje en wat geeft de weegschaal aan?

81. Schat het verschil in de luchtdruk op de top en die onderaan de Empire State Building in New York City. Het gebouw is 380 m hoog en staat op zeeniveau. Druk je antwoord uit als een percentage van de atmosferische druk op zeeniveau.

82. Een hydraulische lift wordt gebruikt om een auto van 920 kg 42 cm van de grond op te tillen. De diameter van de drukkende zuiger is 18 cm en de invoerkracht is 350 N. (*a*) Hoe groot is de oppervlakte van de aandrijvende zuiger? (*b*) Hoeveel arbeid wordt verricht doordat de auto 42 cm opgetild wordt? (*c*) De aandrijvende zuiger beweegt elke slag 13 cm. Hoeveel gaat de auto per slag omhoog? (*d*) Hoeveel slagen zijn er nodig om de auto 42 cm omhoog te krijgen? (*e*) Toon aan dat er behoud van energie is.

83. Wanneer je veel stijgt of daalt terwijl je in een auto rijdt, 'ploppen' je oren. Dat komt doordat de druk achter je trommelvliezen genivelleerd wordt met de buitenlucht. Veronderstel dat dit niet zou gebeuren. Hoe groot zou de kracht op een trommelvlies bij benadering zijn als je een hoogteverschil van 950 m overbrugt? Het trommelvlies heeft een oppervlakte van 0,20 cm².

84. Giraffen zijn een wonder van cardiovasculaire techniek. Bereken het verschil in druk (in atmosfeer) dat de bloedvaten in de kop van een giraffe moeten kunnen opvangen wanneer deze zijn kop helemaal omlaagbrengt om iets te drinken. Een gemiddelde giraffe is ongeveer 6 m hoog.

85. Veronderstel dat iemand de druk in zijn longen kan verlagen tot −75 mm Hg manometerdruk. Over welke hoogte kan deze persoon dan water opzuigen door een rietje?

86. In vliegtuigen mag de minimale luchtdruk in het passagierscompartiment slechts zo laag worden als die op een hoogte van 2400 m, om te voorkomen dat schadelijke gezondheidseffecten bij passagiers optreden als gevolg van zuurstofgebrek. Schat deze minimumdruk (in atm).

87. In een eenvoudig model (fig. 13.57) is een continent voorgesteld als een blok (dichtheid ≈ 2800 kg/m³) dat drijft op mantelgesteente (dichtheid ≈ 3300 kg/m³). Veronderstel dat het continent 35 km dik is (de gemiddelde dikte van de continentale korst van de aarde) en schat dan de hoogte van het continent boven het omringende gesteente.

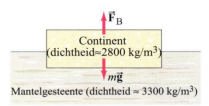

FIGUUR 13.57 Vraagstuk 87.

88. Een schip dat zoetwater transporteert naar een woestijneiland in het Caribische gebied heeft een horizontale dwarsdoorsnede van 2240 m² in de waterlijn. Wanneer het helemaal gelost is, ligt het 8,50 m hoger in de zee. Hoeveel kubieke meter water heeft het schip afgeleverd?

89. Tijdens hoogtewisselingen, met name bij afdalen, kunnen volumeveranderingen van de lucht in het middenoor pijn veroorzaken tot de druk in het middenoor en de druk van de buitenlucht genivelleerd worden. (*a*) Als een afdaling met een snelheid van 7,0 m/s of sneller oorpijn veroorzaakt, hoe groot is dan de maximale snelheid waarmee de atmosferische druk afneemt (dus dP/dt) die de meeste mensen zonder problemen kunnen verdragen? (*b*) In hoeveel tijd mag een lift in een gebouw van 350 m hoog van de bovenste verdieping naar de begane grond afdalen, als je uitgaat van je resultaat uit (*a*)?

90. Een vlot bestaat uit 12 boomstammen die aan elkaar gebonden zijn. Elke stam heeft een diameter van 45 cm en een lengte van 6,1 m. Hoeveel mensen kan het vlot dragen voordat ze natte voeten krijgen, als de gemiddelde persoon een massa van 68 kg heeft? Vergeet *niet* rekening te houden met het gewicht van de boomstammen. Veronderstel dat het soortelijk gewicht van hout 0,60 is.

91. Schat de totale massa van de atmosfeer van de aarde aan de hand van de bekende waarde van de atmosferische druk op zeeniveau.

92. Bij elke hartslag wordt ongeveer 70 cm³ bloed uit het hart gedrukt met een gemiddelde druk van 105 mm Hg. Bereken het vermogen dat het hart levert, in Watt, als je ervan uitgaat dat het 70 slagen per minuut maakt.

93. Vier sproeikoppen in een tuin worden aangesloten op een leiding met een diameter van 1,9 cm. Het water verlaat de koppen onder een hoek van 35° met de horizontaal en bestrijkt een gebied met een straal van 7,0 m. (*a*) Hoe groot is de snelheid van het water dat uit een sproeikop komt? (Veronderstel dat de luchtweerstand nul is.) (*b*) De spuitopening van elke kop heeft een diameter van 3,0 mm. Hoeveel liter water kunnen deze vier koppen per seconde sproeien? (*c*) Hoe snel stroomt het water in de aanvoerleiding met de diameter van 1,9 cm?

94. Een emmer water wordt opwaarts versneld met 1,8 g. Hoe groot is de opwaartse kracht op een blok graniet van 3,0 kg (sg = 2,7) die ondergedompeld is in het water? Zal de steen drijven? Waarom, of waarom niet?

95. De waterstraal van een kraan wordt dunner naarmate deze verder van de uitloop verwijderd is (fig. 13.58). Leid een vergelijking af voor de diameter van de waterstraal als functie van de afstand y tot de uitloop als bekend is dat het water een snelheid v_0 heeft bij het verlaten van de uitloop die een diameter d heeft.

FIGUUR 13.58
Vraagstuk 95. Water uit een kraanuitloop.

96. Je moet het water uit een verstopte gootsteen hevelen. De gootsteen heeft een oppervlakte van 0,38 m² en bevat 4,0 cm water. Je aftapslang komt tot 45 cm boven de bodem van de gootsteen en hangt dan 85 cm omlaag, op de manier zoals is weergegeven in fig. 13.59. De aftapslang heeft een diameter van 2,0 cm. (*a*) Veronderstel dat de waterspiegel in de gootsteen nagenoeg stilstaat. Schat de snelheid waarmee het water in de emmer terechtkomt. (*b*) Schat hoe lang het duurt om de gootsteen helemaal te legen.

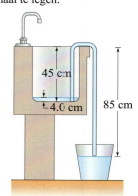

FIGUUR 13.59
Vraagstuk 96. Leg uit hoe de buis in fig. 13.44, **een zogenoemde sifon**, vloeistof van een hoger geplaatst vat naar een lager geplaatst vat kan transporteren hoewel de vloeistof onderweg moet stijgen. (Merk op dat de buis in eerste instantie gevuld moet zijn met vloeistof.)

97. Een vliegtuig heeft een massa van $1,7 \cdot 10^6$ kg en de luchtstroom langs de onderkant van de vleugels heeft een snelheid van 95 m/s. Veronderstel dat de vleugels een oppervlakte van 1200 m² hebben. Hoe snel moet de lucht dan langs de bovenkant van de vleugels stromen om het vliegtuig in de lucht te houden?

98. Een drinkwaterfonteintje spuit water ongeveer 14 cm omhoog uit een spuitstuk dat een diameter van 0,60 cm heeft. De pomp onderin het apparaat (1,1 m onder het spuitstuk) perst water in een opvoerleiding met een binnendiameter van 1,2 cm die uitmondt in het spuitstuk. Welke manometerdruk moet de pomp leveren? Laat de viscositeit buiten beschouwing; je antwoord zal dus een te lage schatting opleveren.

99. Een orkaan met een snelheid van 200 km/u blaast tegen de etalageruit van een winkel. Schat de kracht op de ruit van 2,0 m × 3,0 m als gevolg van het verschil in de luchtdruk voor en achter de ruit. Veronderstel dat de winkel luchtdicht is en de druk binnen 1,0 atm blijft. (Dit is de reden waarom je een gebouw niet moet afsluiten wanneer er een orkaan verwacht wordt.)

100. Bloed van een dier wordt in een fles gegoten die vervolgens afgesloten en ondersteboven opgehangen wordt. Vervolgens wordt de fles met een slang aangesloten op een 3,8 cm lange naald die zich 1,30 m lager bevindt en een binnendiameter heeft van 0,40 mm. Het bloed stroomt door de naald met een snelheid van 4,1 cm³/min. Hoe groot is de viscositeit van dit bloed?

101. Op een vrij zwevende met helium gevulde ballon werken in wezen drie krachten: de zwaartekracht, de luchtweerstand (of weerstandskracht) en een opwaartse kracht. Veronderstel een bolvormige met helium gevulde ballon met een straal $r = 15$ cm die verticaal opstijgt in lucht van 0°C. De massa van de lege ballon zelf is $m = 2,8$ g. Bij alle snelheden v, behalve de erg lage snelheden, is de stroming van de lucht om de opstijgende ballon turbulent en de weerstandskracht F_D is een functie

$$F_D = \tfrac{1}{2} C_D \rho_{\text{lucht}} \pi r^2 v^2$$

waarin de constante $C_D = 0,47$ de 'weerstandscoëfficiënt' is voor een gladde bol met een straal r. Als deze ballon vanuit rust losgelaten wordt, zal hij erg snel versnellen (in enkele tienden van een seconde) naar de eindsnelheid v_{eind}. Op dat moment is de opwaartse kracht gelijk, maar tegengesteld gericht aan de weerstandskracht en het totale gewicht van de ballon. We nemen aan dat de versnelling van de ballon in een verwaarloosbaar kleine tijd en over een verwaarloosbaar kleine afstand plaatsvindt. Hoe lang doet de losgelaten ballon er over om op te stijgen tot een hoogte $h = 12$ m?

***102.** Door het ophopen van cholesterol wordt de diameter van een slagader 15% kleiner. Met welk percentage zal de snelheid van de bloedsomloop verminderen als we uitgaan van hetzelfde drukverschil?

103. Om het percentage lichaamsvet te bepalen in een menselijk lichaam wordt een model met twee componenten gebruikt. In dit model is de aanname dat een fractie f (< 1) van de totale massa van het lichaam m bestaat uit vet met een dichtheid van 0,90 g/cm³ en dat de resterende massa van het lichaam bestaat uit vetloos weefsel met een dichtheid van 1,10 g/cm³. Toon aan dat wanneer het soortelijk gewicht van het hele lichaam gelijk is aan x, dat het percentage lichaamsvet ($= f \times 100$) als volgt berekend kan worden

$$\% \text{ lichaamsvet} = \frac{495}{X} - 450.$$

***Numeriek/computer**

***104.** (III) De luchtdruk neemt af met de hoogte. Hieronder is een aantal luchtdrukken weergegeven op verschillende hoogtes.

Hoogte (m)	Druk (kPa)
0	101,3
1000	89,88
2000	79,50
3000	70,12
4000	61,66
5000	54,05
6000	47,22
7000	41,11
8000	35,65
9000	30,80
10.000	26,50

(a) Bereken de best passende vierkantsvergelijking die aangeeft hoe de luchtdruk verandert met de hoogte. (b) Bereken de best passende exponentiaalvergelijking die de verandering van de luchtdruk met de hoogte beschrijft. (c) Gebruik beide resultaten om de luchtdruk te bepalen op de top van de K2, op 8611 m hoogte, en bereken het procentuele verschil.

Antwoorden op de opgaven

A: (d).
B: Gelijk. De druk is afhankelijk van de diepte, niet van de lengte.
C: Lager.
D: (a).
E: (e).
F: Neemt af.
G: (b).

Een voorwerp dat aan een schroefveer bevestigd is kan een trillende of oscillerende beweging uitvoeren. Veel soorten trillingsbewegingen zijn sinusoïdaal in de tijd, of nagenoeg sinusoïdaal, en worden enkelvoudig harmonische bewegingen genoemd. Werkelijk bestaande systemen hebben normaal gesproken op zijn minst enige wrijving, waardoor de beweging wordt gedempt. De hier getoonde veer van een auto heeft een schokbreker (geel) die het rijden comfortabeler maakt door de trillingen te dempen. Wordt er van buitenaf een sinusoïdaal veranderende kracht uitgeoefend op een systeem dat in trilling kan komen, dan treedt er resonantie op als de uitgeoefende kracht de natuurlijke trillingsfrequentie heeft of daar in de buurt komt.

Hoofdstuk 14

Trillingen

Inhoud

14.1 Trillingen van een veer
14.2 Enkelvoudige harmonische beweging
14.3 Energie in de enkelvoudige harmonische oscillator
14.4 Verband tussen enkelvoudige harmonische beweging en eenparige cirkelbeweging
14.5 De enkelvoudige slinger
*14.6 De fysische slinger en de torsieslinger
14.7 Gedempte harmonische beweging
14.8 Gedwongen trillingen; resonantie

Openingsvraag: wat denk jij?

Een enkelvoudige slinger bestaat uit een gewicht met massa m (het 'slingergewicht'), dat aan het uiteinde hangt van een dun koord met lengte ℓ en verwaarloosbare massa. Het slingergewicht wordt zover opzij getrokken dat het koord een hoek van 5,0° maakt met de verticaal; losgelaten beweegt de slinger heen en weer met een frequentie f. Als de slinger nu echter tot 10,0° zou worden opgetrokken, dan zou zijn frequentie

(a) twee keer zo groot worden.
(b) gehalveerd worden.
(c) gelijk blijven, of bijna gelijk.
(d) bijna, maar niet helemaal twee keer zo groot worden.
(e) iets meer dan half zo groot worden.

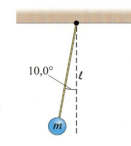

Veel voorwerpen trillen of oscilleren, zoals een voorwerp aan het uiteinde van een veer, het balanswiel van een ouderwets horloge, een slinger, een stevig aangedrukte plastic liniaal die uitsteekt over de rand van de tafel en voorzichtig in trilling wordt gebracht, de snaren van een gitaar of die van een piano. Spinnen bemerken de aanwezigheid van een prooi doordat hun web trilt, auto's veren op en neer als zij over een hobbel rijden en bruggen trillen wanneer zware vrachtwagens passeren of wanneer er stevige wind staat. Het is zelfs zo dat de meeste vaste lichamen elastisch zijn (zie hoofdstuk 12) en trillen (al is het maar kort) als zij een impuls krijgen. Radio en televisie werken bij de gratie van elektrische trillingen. Op atomair niveau trillen atomen binnen een molecuul en de atomen van vaste stoffen trillen rond een betrekkelijk vaste plaats. Omdat de trillingsbeweging zo algemeen voorkomt in het dagelijks leven en opduikt in zoveel verschillende gebieden van de natuurkunde, is deze van groot belang. Mechanische trillingen worden volledig beschreven door de newtoniaanse mechanica.

14.1 Trillingen van een veer

Als een voorwerp steeds langs dezelfde weg heen en weer **trilt** of **oscilleert**, waarbij iedere trilling evenveel tijd in beslag neemt, dan spreken we van een **periodieke** beweging. In de eenvoudigste vorm wordt de periodieke beweging gerepresenteerd door een voorwerp dat een trilling uitvoert aan het uiteinde van een schroefveer. Omdat veel andere soorten trillingsbewegingen sterk lijken op dit systeem, zullen we het in detail bekijken. We nemen aan dat de massa van de veer mag worden verwaarloosd, en dat de veer zoals aangegeven in fig. 14.1a horizontaal gemonteerd is, zodat het voorwerp met massa m zonder wrijving over het horizontale oppervlak glijdt. Iedere veer heeft van zichzelf een lengte waarbij hij geen kracht uitoefent op de massa m. De plaats van de massa op dit punt wordt de **evenwichtsstand** genoemd. Wordt het voorwerp naar links bewogen, waarbij de veer wordt ingedrukt, of naar rechts, waarbij hij wordt uitgerekt, dan oefent de veer een kracht uit op de massa in de richting waarin de massa terugkeert naar de evenwichtsstand; deze wordt daarom een *terugdrijvende kracht* genoemd. We bekijken nu de normale situatie waarin we mogen aannemen dat de terugdrijvende kracht F recht evenredig is met de uitwijking x waarover de veer is uitgerekt (fig. 14.1b) of ingedrukt (fig. 14.1c) ten opzichte van de evenwichtsstand:

$$F = -kx. \qquad \text{[door de veer uitgeoefende kracht]} \quad (14.1)$$

Merk op dat de evenwichtsstand gekozen is bij $x = 0$ en dat het minteken in vgl. 14.1 aangeeft dat de terugdrijvende kracht altijd werkt in de richting die tegenovergesteld is aan die van de uitwijking x. Kiezen we de positieve richting in fig. 14.1 bijvoorbeeld naar rechts, dan is x positief als de veer wordt uitgerekt (fig. 14.1b), terwijl de richting van de terugdrijvende kracht naar links is (de negatieve richting). Als de veer wordt ingedrukt is x negatief (naar links), terwijl de kracht F naar rechts gericht is (fig. 14.1c).

Vgl. 14.1, vaak ook de wet van Hooke genoemd (paragrafen 7.3, 8.2 en 12.4), geldt alleen als de veer niet zo ver wordt ingedrukt dat de windingen elkaar bijna raken of voorbij het elastische gebied wordt uitgerekt (zie fig. 12.15). De wet van Hooke gaat niet alleen op voor veren, maar ook voor andere trillende vaste lichamen; hij is dus breed toepasbaar ook al is hij alleen geldig over een bepaald bereik van waarden van F en x.

De evenredigheidsconstante k in vgl. 14.1 wordt de *veerconstante* genoemd van de betreffende veer, of ook wel de *veerstijfheidsconstante*. Om de veer over een afstand x uit te rekken moet men op het vrije uiteinde van de veer een (externe) kracht uitoefenen met een grootte minimaal gelijk aan

$$F_{\text{ext}} = +kx. \qquad \text{[externe kracht op veer]}$$

Hoe hoger de waarde van k, hoe groter de kracht die nodig is om de veer een zekere afstand uit te rekken. Oftewel, hoe stijver de veer, hoe groter de veerconstante k.

Merk op dat de kracht F in vgl. 14.1 *geen* constante is, maar afhangt van de plaats. Daarom is de versnelling van de massa m niet constant, en kunnen we de in hoofdstuk 2 afgeleide vergelijkingen voor constante versnelling *niet* gebruiken.

Laten we eens kijken wat er gebeurt als, zoals voorgesteld in fig. 14.2a, onze uniforme veer aanvankelijk ingedrukt is over een afstand $x = -A$ en dan losgelaten wordt op het wrijvingsloze oppervlak. De veer oefent een kracht uit op de massa waardoor die naar de evenwichtsstand wordt geduwd. Maar omdat de massa traagheid heeft schiet deze met een flinke snelheid de evenwichtsstand voorbij. Het is zelfs zo dat terwijl op het punt waar de massa de evenwichtsstand bereikt de kracht afneemt tot nul, de snelheid ervan juist een maximum bereikt, v_{max} (fig. 14.2b). Terwijl het voorwerp verder naar rechts beweegt wordt het afgeremd door de kracht, waarna het een ogenblik tot stilstand komt bij $x = A$ (fig. 14.2c). Vervolgens begint het terug te bewegen in de tegenovergestelde richting en versnelt het tot het evenwichtspunt wordt gepasseerd (fig. 14.2d), waarna het afremt tot het een snelheid nul bereikt op het oorspronkelijke beginpunt, $x = -A$ (fig. 14.2e). Dan herhaalt het voorwerp de beweging, waarbij het heen en weer gaat tussen $x = A$ en $x = -A$.

Opgave A

Een voorwerp voert een trilling uit en beweegt heen en weer. Welke van de volgende beweringen zijn waar op een zeker moment tijdens de beweging? (*a*)

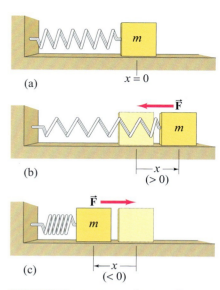

FIGUUR 14.1 Een massa die een trilling uitvoert aan het uiteinde van een uniforme veer.

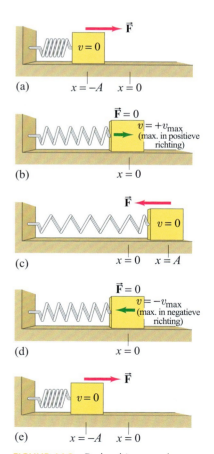

FIGUUR 14.2 De kracht op, en de snelheid van, een massa in verschillende stadia van zijn trillingscyclus, op een wrijvingsloos oppervlak.

Het voorwerp kan een snelheid nul hebben, en tegelijkertijd een versnelling ongelijk aan nul. (b) Het voorwerp kan een snelheid nul hebben, en tegelijkertijd ook een versnelling gelijk aan nul. (c) Het voorwerp kan een versnelling nul hebben, en tegelijkertijd een snelheid ongelijk aan nul. (d) Het voorwerp kan een snelheid ongelijk aan nul hebben, en tegelijkertijd een versnelling ongelijk aan nul.

Opgave B
Een massa voert een trilling uit op een wrijvingsloos oppervlak aan het uiteinde van een horizontale veer. Waar is de versnelling van de massa nul (zie fig. 14.2)? (a) Bij $x = -A$; (b) bij $x = 0$; (c) bij $x = +A$; (d) zowel bij $x = -A$ als bij $x = +A$; (e) nergens.

Om trillingsbeweging te kunnen behandelen, moeten we eerst een paar termen definiëren. De afstand x van het gewicht tot het evenwichtspunt, op elk moment in de tijd, heet de **uitwijking**. De grootte van de maximale uitwijking – de grootste afstand tot het evenwichtspunt – wordt de **amplitude**, A, genoemd. Een **cyclus** houdt een complete heen-en-terugbeweging in, van een willekeurig beginpunt tot datzelfde punt, zeg van $x = -A$ naar $x = A$ en weer terug naar $x = -A$. De **periode**, T_0, is gedefinieerd als de tijd die het kost om een volledige cyclus te doorlopen. Ten slotte is de **frequentie** het aantal doorlopen cycli per seconde. De frequentie wordt gewoonlijk gespecificeerd in hertz (Hz), waarbij 1 Hz = 1 cyclus per seconde (s^{-1}). Het is op grond van de definities eenvoudig in te zien dat frequentie en periode omgekeerd evenredig zijn met elkaar, zoals we al eerder hebben gezien (vgl. 5.2 en 10.8):

$$f_0 = \frac{1}{T_0} \quad \text{en} \quad T_0 = \frac{1}{f_0}; \tag{14.2}$$

Is bijvoorbeeld de frequentie 5 cycli per seconde, dan duurt iedere cyclus 1/5 s.

De trilling van een verticaal opgehangen veer verschilt niet wezenlijk van die van een horizontale veer. Door de zwaartekracht zal de evenwichtslengte van een verticale veer met een massa m aan het uiteinde groter zijn dan die van dezelfde veer horizontaal, zoals getoond in fig. 14.3. De veer is in evenwicht als $\Sigma F = 0 = mg - kx_0$, dus de veer wordt een extra stuk $x_0 = mg/k$ uitgerekt om in evenwicht te komen. Wordt x gemeten vanuit deze nieuwe evenwichtsstand, dan kan vgl. 14.1 zonder meer worden gebruikt, met dezelfde waarde voor k.

⚠ Let op
Meet bij een verticale veer de uitwijking (x of y) vanuit de verticale evenwichtsstand.

Opgave C
Als een voorwerp trilt met een frequentie van 1,25 Hz, dan voert het 100 trillingen uit in (a) 12,5 s, (b) 125 s, (c) 80 s, (d) 8,0 s.

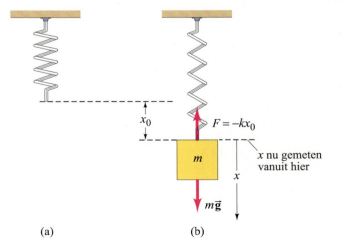

FIGUUR 14.3 (a) Vrij bewegende veer, verticaal opgehangen. (b) Massa m bevestigd aan de veer in nieuwe evenwichtspositie, die bereikt wordt als $\Sigma F = 0 = mg - kx_0$.

Voorbeeld 14.1 Autoveren

Als een gezin van vier personen met een totale massa van 200 kg in een auto van 1200 kg stapt, dan worden de veren 3,0 cm ingedrukt. (a) Wat is de veerconstante van de veren van de auto (fig. 14.4), aangenomen dat deze beschouwd kunnen worden als een enkele veer? (b) Hoe ver zakt de auto als hij wordt beladen met 300 kg in plaats van 200 kg?

Aanpak We gebruiken de wet van Hooke: het gewicht van de mensen, mg, veroorzaakt een uitwijking van 3,0 cm.

Oplossing (a) De toegevoegde kracht van $(200 \text{ kg})(9,8 \text{ m/s}^2) = 1960$ N veroorzaakt dat de veren $3,0 \cdot 10^{-2}$ m verder samendrukken. De veerconstante is daarom (vgl. 14.2) gelijk aan:

$$k = \frac{F}{x} = \frac{1960 \text{ N}}{3,0 \times 10^{-2} \text{ m}} = 6,5 \times 10^4 \text{ N/m}.$$

(b) Als de auto beladen wordt met 300 kg, dan levert de wet van Hooke op

$$x = \frac{F}{k} = \frac{(300 \text{ kg})(9,8 \text{ m/s}^2)}{(6,5 \times 10^4 \text{ N/m})} = 4,5 \times 10^{-2} \text{ m},$$

oftewel 4,5 cm.

FIGUUR 14.4 Foto van een veer van een auto. (Ook zichtbaar is de schokbreker, in blauw, zie paragraaf 14.7.)

Opmerking We hadden in (b) x ook kunnen bepalen zonder eerst k te berekenen: omdat x evenredig is met F zal, als 200 kg de veer 3,0 cm samendrukt, een 1,5 keer zo grote kracht de veer 1,5 keer zo veel samendrukken, oftewel 4,5 cm.

14.2 Enkelvoudige harmonische beweging

Van ieder trillend systeem waarvoor geldt dat de netto terugdrijvende kracht recht evenredig is met de negatieve waarde van de uitwijking (zoals in vgl. 14.1, $F = -kx$) wordt gezegd dat het een **enkelvoudige harmonische beweging** (EHB) uitvoert. Een dergelijk systeem wordt vaak een **enkelvoudige harmonische oscillator** (EHO) genoemd. We zagen in hoofdstuk 12 (paragraaf 12.4) dat de meeste vaste materialen uitgerekt of samengedrukt kunnen worden en daarbij voldoen aan vgl. 14.1 zolang de uitwijking niet te groot wordt. Hierdoor zijn vele natuurlijke trillingen enkelvoudig harmonisch of komen daarbij in de buurt.

Opgave D
Welke van de volgende uitdrukkingen representeert een enkelvoudige harmonische oscillator: (a) $F = -0,5x^2$, (b) $F = -2,3y$, (c) $F = 8,6x$, (d) $F = -4\theta$?

Laten we nu de plaats x bepalen als functie van de tijd voor een massa bevestigd aan het uiteinde van een normale veer met veerconstante k. Dit doen we door gebruik te maken van de tweede wet van Newton, $F = ma$. Omdat de versnelling gegeven wordt door $a = d^2x/dt^2$, geldt

$$ma = \Sigma F$$

$$m\frac{d^2x}{dt^2} = -kx,$$

waarin m de massa[1] is van het voorwerp dat in trilling is. Als we dit anders opschrijven krijgen we

---

[1] In het geval van een massa m' aan het uiteinde van een veer trilt de veer zelf ook mee en daarom moet op zijn minst een deel van de massa van de veer worden meegenomen. Er kan worden aangetoond – zie de opgaven – dat bij benadering eenderde van de massa van de veer, m_v, meegeteld moet worden, zodat nu in onze vergelijking geldt $m = m' + \tfrac{1}{3}m_v$. Vaak echter is m_v klein genoeg om te kunnen worden verwaarloosd.

$$\frac{d^2x}{dt^2} + \frac{k}{m}x = 0, \qquad \text{[EHB]} \quad (14.3)$$

wat bekend staat als de **bewegingsvergelijking** voor de enkelvoudige harmonische oscillator. In de wiskunde heet dit een *differentiaalvergelijking*, omdat er afgeleiden in voorkomen. We willen bepalen welke functie van de tijd, $x(t)$, aan deze vergelijking voldoet. We zouden een idee van de oplossing kunnen krijgen door te bedenken dat als er een pen bevestigd zou zijn aan een voorwerp dat een trilling uitvoert (fig. 14.5) en een strook papier daar met een vaste snelheid onderdoor bewoog, de pen de getoonde kromme zou tekenen. Gezien de vorm van deze kromme lijkt het er sterk op dat het een sinusvormige of **sinusoïdale** functie (zoals de cosinus of sinus) van de tijd zou kunnen zijn en dat de hoogte gegeven wordt door de amplitude A. Laten we maar eens gokken dat de algemene oplossing van vgl. 14.3 in onderstaande vorm geschreven kan worden

$$x = A\cos(\omega t + \phi) \qquad (14.4)$$

waar we een constante ϕ toevoegen aan het argument voor de algemene geldigheid.[1] Laten we nu deze mogelijke oplossing invullen in vgl. 14.3 en kijken of deze echt klopt. We moeten de $x = x(t)$ tweemaal differentiëren:

$$\frac{dx}{dt} = \frac{d}{dt}[A\cos(\omega t + \phi)] = -\omega A \sin(\omega t + \phi)$$

$$\frac{d^2x}{dt^2} = -\omega^2 A \cos(\omega t + \phi).$$

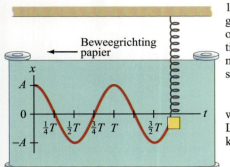

FIGUUR 14.5 Sinusoïdale aard van EHB als functie van de tijd. In dit geval $x = A \cos(2\pi t/T)$.

We vullen nu de laatste uitkomst in in vgl. 14.3, samen met vgl. 14.4 voor x:

$$\frac{d^2x}{dt^2} + \frac{k}{m}x = 0$$

$$-\omega^2 A \cos(\omega t + \phi) + \frac{k}{m} A \cos(\omega t + \phi) = 0$$

oftewel

$$\left(\frac{k}{m} - \omega^2\right) A \cos(\omega t + \phi) = 0$$

Onze oplossing, vgl. 14.4, voldoet inderdaad aan de bewegingsvergelijking (vgl. 14.3), voor elk willekeurig tijdstip t, maar alleen als $(k/m - \omega^2) = 0$. Dus

$$\omega^2 = \frac{k}{m}, \qquad (14.5)$$

Vgl. 14.4 is de algemene oplossing van vgl. 14.3. Deze bevat twee willekeurige constanten A en ϕ, iets wat we hadden kunnen verwachten omdat de tweede afgeleide in vgl. 14.3 impliceert dat er twee integraties nodig zijn, die elk een constante opleveren. Deze zijn alleen in wiskundige zin 'willekeurig', waarmee wordt bedoeld dat zij elke waarde mogen hebben om nog steeds te voldoen aan de differentiaalvergelijking van vgl. 14.3. In werkelijk bestaande fysische situaties worden A en ϕ echter bepaald door de **beginvoorwaarden**. Stel bijvoorbeeld dat het voorwerp begint bij de maximale uitwijking ervan en vanuit rust wordt losgelaten. Dit is in feite het geval zoals getoond in fig. 14.5, waarvoor geldt $x = A \cos(\omega t)$. Laten we dit eens controleren: we weten dat $v = 0$ op $t = 0$, waarbij

$$v = \frac{dx}{dt} = \frac{d}{dt}[A\cos(\omega t + \phi)] = -\omega A \sin(\omega t + \phi) = 0, \qquad (\text{op } t = 0)$$

Wil v gelijk aan nul zijn op $t = 0$ dan moet $\sin(\omega t + \phi) = \sin(0 + \phi)$ nul zijn, zoals bij $\phi = 0$ het geval is (ϕ kan ook π, 2π enzovoort zijn). Voor $\phi = 0$ geldt

$$x = A \cos \omega t,$$

---

[1] Een andere mogelijkheid om de oplossing te beschrijven is de combinatie $x = a \cos \omega t + b \sin \omega t$, waar a en b constanten zijn. Dit komt op hetzelfde neer als vgl. 14.4, wat is in te zien door de goniometrische identiteit $\cos(A \pm B) = \cos A \cos B \pm \sin A \sin B$ toe te passen.

zoals we hadden verwacht. We zien onmiddellijk dat A de amplitude van de beweging is en dat deze aanvankelijk bepaald wordt door de afstand die de massa m uit de evenwichtsstand wordt getrokken alvorens hem los te laten.

Neem een ander interessant geval: op $t = 0$ bevindt de massa m zich bij $x = 0$ en wordt hij aangestoten, waardoor hij een beginsnelheid krijgt in de richting van toenemende waarden voor x. Dan geldt op $t = 0$ ook $x = 0$, en kunnen we schrijven $x = A \cos(\omega t + \phi) = A \cos \phi = 0$, wat alleen mogelijk is als $\phi = \pm \pi/2$ (of $\pm 90°$). Of ϕ nu $+\pi/2$ is of $-\pi/2$ hangt af van $v = dx/dt = -\omega A \sin(\omega t + \phi) = -\omega A \sin \phi$ op $t = 0$, waarvan we weten dat deze positief is $(v > 0$ op $t = 0)$; het wordt $\phi = -\pi/2$ omdat $\sin(-90°) = -1$. Onze oplossing voor dit geval is dus

$$x = A \cos(\omega t - \pi/2)$$
$$= A \sin \omega t,$$

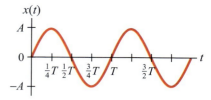

FIGUUR 14.6 Speciaal geval van EHB waarbij de massa m op $t = 0$ start in de evenwichtspositie $x = 0$ en een beginsnelheid heeft in de richting van positieve waarden van x $(v > 0$ op $t = 0)$.

waarbij we gebruik hebben gemaakt van $\cos(\theta - \pi/2) = \sin \theta$. De oplossing is in dit geval een pure sinusgolf (fig. 14.6) met nog steeds A als amplitude.

Er zijn nog veel meer situaties mogelijk, bijvoorbeeld die uit fig. 14.7. De constante ϕ, die de **fasehoek** wordt genoemd, vertelt ons hoe lang na (of voor) $t = 0$ de piek bij $x = A$ wordt bereikt. Merk op dat de waarde van ϕ geen invloed heeft op de vorm van de kromme van $x(t)$ en alleen de uitwijking op een ander willekeurig tijdstip, bijvoorbeeld $t = 0$, bepaalt. Een enkelvoudige harmonische beweging is dus altijd *sinusoïdaal*. De enkelvoudige harmonische beweging wordt zelfs *gedefinieerd* als een beweging die puur sinusoïdaal is.

Omdat het trillende voorwerp zijn beweging herhaalt na een tijd gelijk aan een periode T, moet het op $t = T$ op dezelfde plaats zijn en in dezelfde richting bewegen als op $t = 0$. Omdat een sinus- of cosinusfunctie zichzelf iedere 2π radialen herhaalt, moet volgens vgl. 14.4 gelden

$$\omega T = 2\pi$$

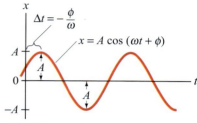

FIGUUR 14.7 Een weergave van $x = A \cos(\omega t + \phi)$ in het geval dat $\phi < 0$.

Dus

$$\omega = \frac{2\pi}{T} = 2\pi f,$$

waarin f de frequentie van de beweging is. Strikt genomen noemen we ω de **hoekfrequentie** (eenheid rad/s), dit ter onderscheiding van de frequentie f (eenheid s^{-1} = Hz); soms wordt de toevoeging 'hoek' echter weggelaten en moeten we het symbool ω of f nader specificeren. Omdat $\omega = 2\pi f = 2\pi/T$ kunnen we vgl. 14.4 schrijven als

$$x = A \cos\left(\frac{2\pi t}{T} + \phi\right) \tag{14.6a}$$

oftewel

$$x = A \cos(2\pi f t + \phi). \tag{14.6b}$$

Omdat $\omega = 2\pi f = \sqrt{(k/m)}$ (vgl. 14.5), geldt ook dat

$$f = \frac{1}{2\pi}\sqrt{\frac{k}{m}}, \tag{14.7a}$$

$$T = 2\pi\sqrt{\frac{m}{k}}. \tag{14.7b}$$

Merk op dat de *frequentie en periode niet afhangen van de amplitude*. Het veranderen van de amplitude van een enkelvoudige harmonische oscillator heeft geen invloed op de frequentie ervan. Vgl. 14.7a vertelt ons dat hoe groter de massa van het voorwerp is, hoe lager de frequentie is; en hoe stijver de veer is, hoe hoger de frequentie is. Dit kan kloppen aangezien een grotere massa meer traagheid betekent en daarom een tragere reactie (en versnelling); en een grotere k betekent een grotere kracht en daarom een snellere reactie. De frequentie f (vgl. 14.7a) waarbij de EHO van nature trilt wordt zijn **natuurlijke frequentie** of **eigenfrequentie** genoemd (dit ter onderscheid van een frequentie waarop hij door een kracht van buitenaf zou kunnen worden gedwongen te trillen, zoals wordt behandeld in paragraaf 14.8). De en-

Natuurkunde in de praktijk
Autoveren

kelvoudige harmonische oscillator is belangrijk in de natuurkunde omdat altijd wanneer we een netto terugdrijvende kracht hebben die evenredig is met de uitwijking ($F = -kx$), iets wat op zijn minst een goede benadering is voor een scala van systemen, de beweging enkelvoudig harmonisch, dat wil zeggen sinusoïdaal, moet zijn.

Voorbeeld 14.2 Nogmaals de veren van een auto

Bepaal de periode en frequentie van de auto uit voorbeeld 14.1a nadat hij over een hobbel gereden is. Neem aan dat de schokbrekers slecht werken, zodat de auto werkelijk op en neer gaat trillen.

Aanpak In de vergelijkingen 14.7 substitueren we $m = 1400$ kg en $k = 6{,}5 \cdot 10^4$ N/m uit voorbeeld 14.1a.

Oplossing Uit vgl. 14.7b volgt

$$T = 2\pi\sqrt{\frac{m}{k}} = 2\pi\sqrt{\frac{1400 \text{ kg}}{6.5 \times 10^4 \text{ N/m}}} = 0{,}92 \text{ s},$$

oftewel iets minder dan een seconde. De frequentie $f = 1/T = 1{,}09$ Hz.

Opgave E
Met hoeveel zou je de massa aan het uiteinde van een veer moeten veranderen om de periode van zijn trillingen te halveren? (*a*) Onveranderd laten; (*b*) verdubbelen; (*c*) verviervoudigen; (*d*) halveren; (*e*) vier keer zo klein maken.

Opgave F
De plaats van een EHO wordt gegeven door $x = (0{,}80 \text{ m})\cos(3{,}14t - 0{,}25)$. De frequentie is (*a*) 3,14 Hz, (*b*) 1,0 Hz, (*c*) 0,50 Hz, (*d*) 9,88 Hz, (*e*) 19,8 Hz.

We gaan nu door met onze analyse van de enkelvoudige harmonische oscillator. De snelheid en versnelling van het trillende voorwerp kunnen worden bepaald door differentiëren van vgl. 14.4, $x = A\cos(\omega t + \phi)$:

$$v = \frac{dx}{dt} = -\omega A \sin(\omega t + \phi) \tag{14.8a}$$

$$a = \frac{d^2x}{dt^2} = \frac{dv}{dt} = -\omega^2 A \cos(\omega t + \phi). \tag{14.8b}$$

De snelheid en versnelling van een EHO variëren eveneens op een sinusoïdale manier. In fig. 14.8 geven we de uitwijking, snelheid en versnelling van een EHO weer als functie van de tijd voor het geval dat $\phi = 0$. Zoals te zien is bereikt de snelheid zijn maximale grootte

$$v_{\max} = \omega A = \sqrt{\frac{k}{m}}A \tag{14.9a}$$

op het moment dat het trillende voorwerp door de evenwichtsstand gaat, $x = 0$. En de snelheid is nul op punten met maximale uitwijking, $x = \pm A$. Dit is in overeenstemming met onze bespreking van fig. 14.2. Zo blijkt ook dat de versnelling zijn maximale grootte

$$a_{\max} = \omega^2 A = \frac{k}{m}A \tag{14.9b}$$

bereikt bij $x = \pm A$; en a is nul bij $x = 0$, zoals we verwachten, omdat $ma = F = -kx$.

Voor het algemene geval waarin $\phi \neq 0$ kunnen we de constanten A en ϕ uitdrukken in de beginwaarden van x, v en a door $t = 0$ in te vullen in vgl. 14.4, 14.8 en 14.9:

$$x_0 = x(0) = A\cos\phi$$

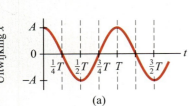
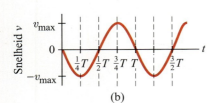
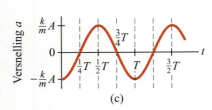

FIGUUR 14.8 Uitwijking x, snelheid dx/dt, en versnelling d^2x/dt^2, van een enkelvoudig harmonische oscillator voor het geval dat $\phi = 0$.

$$v_0 = v(0) = -\omega A \sin \phi = -v_{max} \sin \phi$$
$$a_0 = a(0) = -\omega^2 A \cos \phi = -a_{max} \cos \phi.$$

Voorbeeld 14.3 Een trillende vloer

Een grote motor in een fabriek laat de vloer trillen met een frequentie van 10 Hz. De amplitude van de beweging van de vloer in de buurt van de motor is ongeveer 3,0 mm. Geef een schatting van de maximumversnelling van de vloer in de buurt van de motor.

Aanpak Aangenomen dat de beweging van de vloer ruwweg een EHB is, dan kunnen we met behulp van vgl. 14.9b een schatting maken van de maximale versnelling.

Oplossing Gegeven $\omega = 2\pi f = (2\pi)(10 \text{ s}^{-1}) = 62{,}8$ rad/s, dan volgt hieruit met vgl. 14.9b

$$a_{max} = \omega^2 A = (62{,}8 \text{ rad/s})^2 (0{,}0030 \text{ m}) = 12 \text{ m/s}^2.$$

Opmerking De maximale versnelling is iets groter dan g, dus wanneer de vloer naar beneden toe versnelt, zullen voorwerpen die zich op de vloer bevinden heel even echt los van de grond komen, met als gevolg geluidsoverlast en ernstige slijtage.

Natuurkunde in de praktijk

Ongewenste trillingen van de vloer

Voorbeeld 14.4 Luidspreker

De conus van een luidspreker (fig. 14.9) trilt in een EHB met een frequentie van 262 Hz (de 'centrale C' ofwel de lage 'do'). De amplitude van het midden van de conus is $A = 1{,}5 \cdot 10^{-4}$ m en op $t = 0$ is $x = A$. (a) Welke vergelijking beschrijft de beweging van het midden van de conus? (b) Geef de snelheid en versnelling als functie van de tijd. (c) Wat is de plaats van de conus op $t = 1{,}00$ ms $(= 1{,}00 \cdot 10^{-3}$ s)?

Aanpak De beweging begint (op $t = 0$) met de maximale uitwijking van de conus ($x = A$ op $t = 0$). We gebruiken daarom de cosinusfunctie, $x = A \cos \omega t$, met $\phi = 0$.

Oplossing (a) De amplitude $A = 1{,}5 \cdot 10^{-4}$ m en

$$\omega = 2\pi f = (6{,}28 \text{ rad})(262 \text{ s}^{-1}) = 1650 \text{ rad/s}.$$

De beweging wordt beschreven door

$$x = A \cos \omega t = (1{,}5 \cdot 10^{-4} \text{ m}) \cos(1650 t),$$

met t in seconden.

FIGUUR 14.9 Voorbeeld 14.4. Een luidsprekerconus.

(b) De maximale snelheid, berekend met vgl. 14.9a, is

$$v_{max} = \omega A = (1650 \text{ rad/s})(1{,}5 \cdot 10^{-4} \text{ m}) = 0{,}25 \text{ m/s},$$

dus

$$v = -(0{,}25 \text{ m/s}) \sin(1650 t).$$

Uit vgl. 14.9b volgt dat de maximale versnelling gelijk is aan $a_{max} = \omega^2 A = (1650 \text{ rad/s})^2 (1{,}5 \cdot 10^{-4}$ m$) = 410$ m/s^2, meer dan 40 g. Dus

$$a = -(410 \text{ m/s}^2) \cos(1650 t).$$

(c) Op $t = 1{,}00 \cdot 10^{-3}$ s is

$$x = A \cos \omega t = (1{,}5 \cdot 10^{-4} \text{ m}) \cos[(1650 \text{ rad/s})(1{,}00 \cdot 10^{-3} \text{ s})]$$
$$= (1{,}5 \cdot 10^{-4} \text{ m}) \cos(1{,}65 \text{ rad}) = -1{,}2 \cdot 10^{-5} \text{ m}.$$

Opmerking Zorg ervoor dat je rekenmachine in RAD-mode staat ingesteld, en niet in DEG-mode, want het gaat hier om berekeningen waarbij het argument van de cos-functie in radialen uitgedrukt is.

 Let op

Let altijd goed op of je rekenmachine op het juiste soort hoeken staat ingesteld.

Hoofdstuk 14 – Trillingen

Voorbeeld 14.5 Berekeningen aan veren

Als er aan een veer voorzichtig een massa van 0,300 kg wordt bevestigd, zoals in fig. 14.3b, rekt deze 0,150 m uit. Vervolgens wordt de veer horizontaal opgesteld, waarbij de massa van 0,300 kg op een wrijvingsloze tafel rust zoals in fig. 14.2. Er wordt zodanig tegen de massa geduwd dat de veer vanaf het evenwichtspunt gerekend 0,100 m wordt samengedrukt, waarna hij vanuit rust wordt losgelaten. Bepaal: (a) de veerconstante k en de hoekfrequentie ω; (b) de amplitude A van de horizontale trilling; (c) de maximale waarde van de snelheid v_{max}; (d) de maximale waarde van de versnelling a_{max} van de massa; (e) de periode T en de frequentie f; (f) de uitwijking x als functie van de tijd; en (g) de snelheid op $t = 0,150$ s.

Aanpak In het geval van de massa van 0,300 kg die in rust onder de veer hangt zoals in fig. 14.3b passen we de tweede wet van Newton toe voor het bepalen van de verticale krachten: $\Sigma F = 0 = mg - kx_0$, dus $k = mg/x_0$. Van de horizontale trillingen is de amplitude gegeven, en de andere grootheden kunnen worden gevonden met behulp van vgl. 14.4, 14.5, 14.7 en 14.9. We kiezen de positieve x-richting naar rechts.

Oplossing (a) Onder de 0,300 kg zware last rekt de veer 0,150 m uit, dus

$$k = \frac{F}{x_0} = \frac{mg}{x_0} = \frac{(0,300 \text{ kg})(9,80 \text{ m/s}^2)}{0,150 \text{ m}} = 19,6 \text{ N/m}.$$

Uit vgl. 14.5 volgt

$$\omega = \sqrt{\frac{k}{m}} = \sqrt{\frac{19,6 \text{ N/m}}{0,300 \text{ kg}}} = 8,08 \text{ s}^{-1}.$$

(b) De veer is nu in een horizontale stand (op een tafel). Hij wordt vanuit de evenwichtstoestand 0,100 m samengedrukt en krijgt geen beginsnelheid mee, dus $A = 0,100$ m.

(c) Uit vgl. 14.9a volgt de maximale waarde van de snelheid

$$v_{max} = \omega A = (8,08 \text{ s}^{-1})(0,100 \text{ m}) = 0,808 \text{ m/s}.$$

(d) Aangezien $F = ma$ treedt de maximale versnelling daar op waar de kracht het grootst is, dat wil zeggen, bij $x = \pm A = \pm 0,100$ m. De grootte van a_{max} is dus

$$a_{max} = \frac{F}{m} = \frac{kA}{m} = \frac{(19,6 \text{ N/m})(0,100 \text{ m})}{0,300 \text{ kg}} = 6,53 \text{ m/s}^2.$$

(Dit resultaat had ook rechtstreeks uit vgl. 14.9b kunnen worden berekend, maar het is vaak nuttig om terug te gaan naar de basis zoals we hier hebben gedaan.)

(e) Uit vgl. 14.7b en 14.2 volgt

$$T = 2\pi\sqrt{\frac{m}{k}} = 2\pi\sqrt{\frac{0,300 \text{ kg}}{19,6 \text{ N/m}}} = 0,777 \text{ s}$$

$$f = \frac{1}{T} = 1,29 \text{ Hz}.$$

(f) De beweging begint op een punt van maximale samendrukking. Kiezen we de positieve x-richting naar rechts in fig. 14.2, dan geldt op $t = 0$ dat $x = -A = -0,100$ m. We hebben dus een sinusoïdale kromme nodig die zijn maximaal negatieve waarde heeft op $t = 0$; dit is gewoon min een cosinus:

$$x = -A \cos \omega t.$$

Om dit in de vorm van vgl. 14.4 te schrijven (zonder minteken) bedenken we dat $\cos \theta = -\cos(\theta - \pi)$. Na het invullen van getalwaarden en als we bedenken dat $-\cos \theta = \cos(\pi - \theta) = \cos(\theta - \pi)$, dan vinden we

$$x = -(0,100 \text{ m}) \cos 8,08t = (0,100 \text{ m}) \cos(8,08t - \pi),$$

waarin t wordt uitgedrukt in seconden en x in meter. Merk op dat de fasehoek (vgl. 14.4) gelijk is aan $\phi = -\pi$ of $\phi = -180°$.

(g) De snelheid op elk willekeurig moment t is dx/dt (zie ook onderdeel c):

$$v = dx/dt = A\omega \sin \omega t = (0{,}808 \text{ m/s}) \sin 8{,}08t.$$

Op $t = 0{,}150$ s is $v = (0{,}808 \text{ m/s}) \sin(1{,}21 \text{ rad}) = 0{,}756$ m/s, en wel naar rechts (+).

Voorbeeld 14.6 Aangeduwde veer

Veronderstel dat de veer uit voorbeeld 14.5 vanuit de evenwichtstoestand 0,100 m wordt ingedrukt ($x_0 = -0{,}100$ m), maar ook een duwtje krijgt om een snelheid in de $+x$-richting te ontwikkelen van $v_0 = 0{,}400$ m/s. Bepaal (a) de fasehoek ϕ, (b) de amplitude A, en (c) de uitwijking x als functie van de tijd, $x(t)$.

Aanpak We gebruiken vgl. 14.8a om voor $t = 0$ te schrijven $v_0 = -\omega A \sin \phi$, en vgl. 14.4 voor $x_0 = A \cos \phi$. Combineren we deze twee, dan kunnen we ϕ bepalen. We bepalen A door nog eens vgl. 14.4 te gebruiken voor $t = 0$. Uit voorbeeld 14.5 weten we dat $\omega = 8{,}08$ s^{-1}.

Oplossing (a) We combineren vgl. 14.8a en 14.4 voor $t = 0$ en berekenen de tangens:

$$\tan \phi = \frac{\sin \phi}{\cos \phi} = \frac{(v_0/-\omega A)}{(x_0/A)} = -\frac{v_0}{\omega x_0} = \frac{0{,}400 \text{ m/s}}{(8{,}08 \text{ s}^{-1})(-0{,}100 \text{ m})} = 0{,}495.$$

Op een rekenmachine lezen we de bijbehorende hoek af als 26,3°, maar we zien aan deze vergelijking dat zowel de sinus als de cosinus negatief zijn, dus ligt de hoek die we zoeken in het derde kwadrant. Dus

$$\phi = 26{,}3° + 180° = 206{,}3° = 3{,}60 \text{ rad}.$$

(b) Door nogmaals vgl. 14.4 te gebruiken voor $t = 0$, zoals aangegeven in de aanpak hiervoor, vinden we

$$A = \frac{x_0}{\cos \phi} = \frac{(-0{,}100 \text{ m})}{\cos(3{,}60 \text{ rad})} = 0{,}112 \text{ m}.$$

(c) $x = A \cos(\omega t + \phi) = (0{,}112 \text{ m})\cos(8{,}08t + 3{,}60).$

14.3 Energie in de enkelvoudige harmonische oscillator

Wanneer krachten niet constant zijn, zoals hier het geval is bij de enkelvoudige harmonische beweging, dan is het, zoals we reeds zagen in hoofdstuk 7 en 8, vaak handig en lonend om de energie-aanpak te gebruiken.

Voor een enkelvoudige harmonische oscillator, zoals bijvoorbeeld een massa m die trilt aan uiteinde van een massaloze veer, wordt de terugdrijvende kracht gegeven door

$$F = -kx.$$

Zoals we in hoofdstuk 8 hebben gezien, wordt de potentiële energie U gegeven door

$$U = -\int F dx = \tfrac{1}{2}kx^2,$$

waarbij we de integratieconstante gelijk aan nul hebben gesteld, dus $U = 0$ bij $x = 0$ (de evenwichtsstand).

De totale mechanische energie is de som van de kinetische en potentiële energie:

$$E = \tfrac{1}{2}mv^2 + \tfrac{1}{2}kx^2,$$

waarin v de snelheid is van de massa m wanneer deze een afstand x van de evenwichtsstand verwijderd is. EHB kan alleen optreden als er geen wrijving is, dus wanneer de totale mechanische energie E constant blijft. Tijdens het heen en weer trillen van de massa verandert de energie voortdurend van potentiële energie naar kinetische energie, en terug (fig. 14.10). In de extreme punten $x = A$ en $x = -A$ is alle energie als potentiële energie opgeslagen in de veer (waarbij het niet uitmaakt of de veer nu

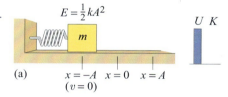
(a)

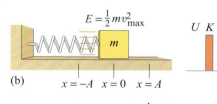
(b)

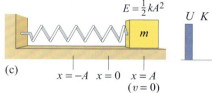
(c)

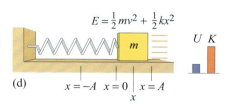
(d)

FIGUUR 14.10 Verandering van energie van potentiële energie naar kinetische energie en terug tijdens het trillen van de veer. De staafdiagrammen voor de energie (aan de rechterkant) zijn uitgelegd in paragraaf 8.4.

samengedrukt of uitgerekt wordt tot de volle amplitude). In deze extreme punten komt de massa heel even tot stilstand als hij van richting verandert, dus $v = 0$ en:

$$E = \tfrac{1}{2}m(0)^2 + \tfrac{1}{2}kA^2 = \tfrac{1}{2}kA^2. \tag{14.10a}$$

De totale mechanische energie van een enkelvoudige harmonische oscillator is dus evenredig met het kwadraat van de amplitude. In de evenwichtsstand, $x = 0$, is alle energie kinetisch:

$$E = \tfrac{1}{2}mv^2 + \tfrac{1}{2}k(0)^2 = \tfrac{1}{2}mv_{max}^2, \tag{14.10b}$$

waar v_{max} de maximale snelheid is van de beweging. Op punten hiertussen is de energie deels kinetisch, deels potentieel, en op grond van het behoud van energie geldt

$$E = \tfrac{1}{2}mv^2 + \tfrac{1}{2}kx^2. \tag{14.10c}$$

We kunnen expliciet nagaan dat vgl. 14.10a en b juist zijn door vgl. 14.4 en 14.8a in te vullen in deze laatste relatie:

$$E = \tfrac{1}{2}m\omega^2 A^2 \sin^2(\omega t + \phi) + \tfrac{1}{2}kA^2 \cos^2(\omega t + \phi).$$

Door substitutie van $\omega^2 = k/m$, oftewel $kA^2 = m\omega^2 A^2 = mv_{max}^2$, en door gebruik te maken van de belangrijke goniometrische identiteit $\sin^2(\omega t + \phi) + \cos^2(\omega t + \phi) = 1$ komen we uit op vgl. 14.10a en b:

$$E = \tfrac{1}{2}kA^2 = \tfrac{1}{2}mv_{max}^2.$$

(Merk op dat we kunnen controleren of dit wel klopt met wat we eerder hebben gevonden door deze vergelijking op te lossen voor v_{max}, waarna we inderdaad vgl. 14.9a krijgen.)

We kunnen nu een vergelijking opstellen voor de snelheid v als functie van x door vgl. 14.10c op te lossen naar v:

$$v = \pm\sqrt{\frac{k}{m}(A^2 - x^2)} \tag{14.11a}$$

of, omdat $v_{max} = A\sqrt{k/m}$,

$$v = \pm v_{max}\sqrt{1 - \frac{x^2}{A^2}} \tag{14.11b}$$

We zien opnieuw dat v een maximum heeft bij $x = 0$, en nul is bij $x = \pm A$.
De potentiële energie, $U = \tfrac{1}{2}kx^2$, is weergegeven in fig. 14.11 (zie ook paragraaf 8.9). De bovenste horizontale lijn staat voor een bepaalde waarde van de totale energie, $E = \tfrac{1}{2}kA^2$. De afstand tussen de E-lijn en de kromme voor U representeert de kinetische energie K, en de beweging is begrensd tot waarden van x tussen $-A$ en $+A$. Deze resultaten zijn, uiteraard, in lijn met onze volledige oplossing in de vorige paragraaf.
Behoud van energie gebruiken is een handige manier om v te vinden als x is gegeven bijvoorbeeld, of andersom, zonder dat je de tijd t nodig hebt.

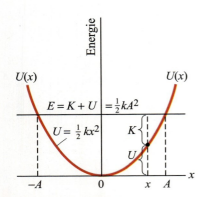

FIGUUR 14.11 Grafiek van de potentiële energie, $U = \tfrac{1}{2}kx^2$. $K + U = E =$ constant voor elk punt x waarvoor geldt dat $-A \leq x \leq A$. Voor een willekeurige positie x zijn de waarden van K en U aangegeven.

> **Voorbeeld 14.7 Energieberekeningen**
>
> Bepaal voor de enkelvoudige harmonische trilling van voorbeeld 14.5 (*a*) de totale energie, (*b*) de kinetische en potentiële energie als functie van de tijd, (*c*) de snelheid wanneer de massa 0,050 m uit de evenwichtsstand is, (*d*) de kinetische en potentiële energie op de halve amplitude ($x = \pm A/2$).
>
> **Aanpak** We passen behoud van energie toe op het massa-veersysteem, vgl. 14.10 en 14.11.
>
> **Oplossing** (*a*) Uit voorbeeld 14.5 weten we dat $k = 19{,}6$ N/m en $A = 0{,}100$ m, dus de totale energie uit vgl. 14.10a is
>
> $$E = \tfrac{1}{2}kA^2 = \tfrac{1}{2}(19{,}6 \text{ N/m})(0{,}100 \text{ m})^2 = 9{,}80 \cdot 10^{-2} \text{ J}.$$
>
> (*b*) Uit de onderdelen (*f*) en (*g*) van voorbeeld 14.5 weten we dat $x = -(0{,}100 \text{ m})\cos 8{,}08t$ en ook dat $v = (0{,}808 \text{ m/s})\sin 8{,}08t$, dus
>
> $$U = \tfrac{1}{2}kx^2 = \tfrac{1}{2}(19{,}6 \text{ N/m})(0{,}100 \text{ m})^2 \cos^2 8{,}08t = (9{,}80 \cdot 10^{-2} \text{ J})\cos^2 8{,}08t$$
>
> $$K = \tfrac{1}{2}mv^2 = \tfrac{1}{2}(0{,}300 \text{ kg})(0{,}808 \text{ m/s})^2 \sin^2 8{,}08t = (9{,}80 \cdot 10^{-2} \text{ J})\sin^2 8{,}08t.$$

(c) We maken gebruik van vgl. 14.11b en vinden

$$v = v_{\max}\sqrt{1 - x^2/A^2} = (0{,}808 \text{ m/s})\sqrt{1 - \left(\tfrac{1}{2}\right)^2} = 0{,}70 \text{ m/s}.$$

(d) In $x = A/2 = 0{,}050$ m geldt

$$U = \tfrac{1}{2}kx^2 = \tfrac{1}{2}(19{,}6 \text{ N/m})(0{,}050 \text{ m})^2 = 2{,}5 \cdot 10^{-2} \text{ J}$$
$$K = E - U = 7{,}3 \cdot 10^{-2} \text{ J}.$$

Conceptvoorbeeld 14.8 Het verdubbelen van de amplitude

Veronderstel dat de veer in fig. 14.10 twee keer zo ver wordt uitgerekt (tot $x = 2A$). Wat gebeurt er met (a) de energie in het systeem, (b) de maximale snelheid van de massa in trilling, en (c) de maximale versnelling van de massa?

Antwoord (a) Uit vgl.14.10a weten we dat de totale energie evenredig is met het kwadraat van de amplitude A, dus twee keer zo veel uitrekken verviervoudigt de energie ($2^2 = 4$). Misschien ben je het hier niet mee eens. 'Ik heb arbeid verricht om de veer uit te rekken van $x = 0$ tot $x = A$. Dan kost het mij toch evenveel arbeid om hem van A tot $2A$ uit te rekken?' Toch niet. De kracht die je uitoefent is evenredig met de uitwijking x, dus je verricht voor de tweede uitwijking, van $x = A$ tot $2A$, meer arbeid dan voor de eerste uitwijking ($x = 0$ tot A). (b) Uit vgl. 14.10b kunnen we opmaken dat wanneer de energie is verviervoudigd, de maximale snelheid verdubbeld moet zijn. $\left[v_{\max} \propto \sqrt{E} \propto A.\right]$ (c) Omdat de kracht twee keer zo groot is als we de veer twee keer zo ver uitrekken, is de versnelling ook twee keer zo groot: $a \propto F \propto x$.

Opgave G

Neem nu aan dat de veer in fig. 14.10 wordt samengedrukt tot $x = -A$, maar een duwtje naar rechts krijgt waardoor de beginsnelheid van de massa m gelijk wordt aan v_0. Welk effect heeft dit duwtje op (a) de energie in het systeem, (b) de maximale snelheid, en (c) de maximale versnelling?

14.4 Verband tussen enkelvoudige harmonische beweging en eenparige cirkelbeweging

Er is een eenvoudig verband tussen de enkelvoudige harmonische beweging en een deeltje dat met constante snelheid in een cirkel ronddraait, oftewel een eenparige cirkelbeweging uitvoert. Veronderstel een massa m die zoals getoond in fig. 14.12 boven op een tafel met snelheid v_M ronddraait in een cirkel met straal A. Van bovenaf gezien is deze beweging een cirkel. Echter, iemand die deze beweging van de zijkant van de tafel gadeslaat ziet een oscillerende, heen en weer gaande beweging. Zoals we zullen zien, komt deze beweging precies overeen met de EHB. Wat deze toeschouwer ziet, en tevens waar wij in geïnteresseerd zijn, is de projectie van de cirkelbeweging op de x-as in fig. 14.12. Om in te zien dat deze beweging overeenkomt met de EHB, berekenen we de x-component van de snelheid v_M, met v zoals aangegeven in fig. 14.12. De in fig. 14.12 aangegeven driehoeken zijn gelijkvormig, dus

$$\frac{v}{v_M} = \frac{\sqrt{A^2 - x^2}}{A}$$

oftewel

$$v = v_M\sqrt{1 - \frac{x^2}{A^2}}.$$

Dit is exact gelijk aan de vergelijking voor de snelheid van een massa die in EHB heen en weer beweegt, vgl. 14.11b, met $v_M = v_{\max}$. We kunnen uit fig. 14.12 ook aflezen dat als de hoekverdraaiing op $t = 0$ gelijk is aan ϕ, het deeltje na verloop van een tijd t over een hoek $\theta = \omega t$ verdraaid zal zijn, zodat

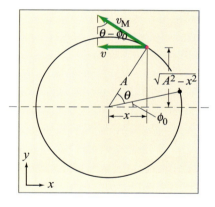

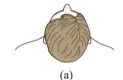

(a)

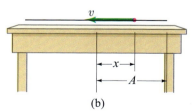

(b)

FIGUUR 14.12 Analyse van de enkelvoudige harmonische beweging als zijaanzicht (b) van een cirkelvormige beweging (a).

$$x = A \cos(\theta + \phi) = A \cos(\omega t + \phi).$$

Maar wat is hier de betekenis van ω? De lineaire snelheid v_M van ons deeltje dat een ronddraaiende beweging ondergaat, hangt samen met ω volgens $v_M = \omega A$, waar A de straal van de cirkel is (zie vgl. 10.4, $v = R\omega$). Voor een volledige omwenteling is een tijd T nodig, dus weten we ook dat $v_M = 2\pi A/T$, waarin $2\pi A$ de omtrek van de cirkel is. Dus

$$\omega = \frac{v_M}{A} = \frac{2\pi A/T}{A} = 2\pi/T = 2\pi f$$

waarin T de tijd is die nodig is voor één omwenteling en f de frequentie. Dit komt precies overeen met de heen en weer gaande beweging van een enkelvoudige harmonische oscillator. De projectie van een in een cirkel ronddraaiend deeltje op de x-as maakt dus dezelfde beweging als een voorwerp in EHB. We mogen zelfs zeggen dat de projectie van een cirkelbeweging op een rechte lijn een enkelvoudige harmonische beweging is.

Ook de projectie van een eenparige cirkelbeweging op de y-as is enkelvoudig harmonisch. De eenparige cirkelbeweging kan gezien worden als twee enkelvoudige harmonische bewegingen die loodrecht op elkaar staan.

14.5 De enkelvoudige slinger

Een **enkelvoudige slinger** bestaat uit een klein voorwerp (het slingergewicht) dat is opgehangen aan het uiteinde van een koord met een laag eigen gewicht, zie fig. 14.13. We gaan ervan uit dat het koord niet uitrekt en dat de massa ervan verwaarloosd mag worden ten opzichte van die van het slingergewicht. De beweging van een enkelvoudige slinger die met verwaarloosbare wrijving heen en weer beweegt lijkt sterk op de enkelvoudige harmonische beweging: de slinger beweegt heen en weer langs de boog van een cirkel, met gelijke amplitude aan weerszijden van de evenwichtsstand en met maximale snelheid als hij door de evenwichtsstand gaat (daar waar hij in rust verticaal zou hangen). Maar ondergaat hij werkelijk een EHB? Dat wil zeggen, is de terugdrijvende kracht evenredig met zijn uitwijking? Laten we dat eens onderzoeken.

De uitwijking van de slinger langs de boog wordt gegeven door $x = \ell\theta$, waarbij θ de hoek is (in radialen) die het koord maakt met de verticaal, en ℓ de lengte van het koord (fig. 14.14). Indien de terugdrijvende kracht evenredig is met x of met θ, dan moet de beweging enkelvoudig harmonisch zijn. De terugdrijvende kracht is de nettokracht op het slingergewicht, die gelijk is aan de component van het gewicht mg die raakt aan de boog (dit is de kracht in de bewegingsrichting):

$$F = -mg \sin\theta,$$

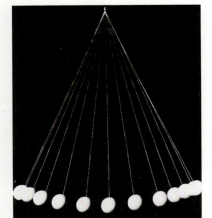

FIGUUR 14.13 Een heen en weer bewegende slinger, op vaste tijdsintervallen gefotografeerd met behulp van stroboscooplicht.

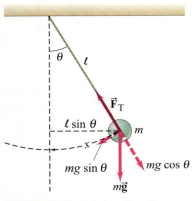

FIGUUR 14.14 Enkelvoudige slinger

waarin g de versnelling van de zwaartekracht is. Het minteken betekent hier, net als in vgl. 14.1, dat de kracht een richting heeft die tegenovergesteld is aan de hoekverdraaiing θ. Omdat F evenredig is met de sinus van θ en niet met θ zelf, is deze beweging *geen* EHB. Voor kleine θ echter geldt dat $\sin\theta$ vrijwel gelijk is aan θ wanneer de laatste uitgedrukt wordt in radialen. Dit wordt duidelijk als je kijkt naar de reeksontwikkeling[1] van $\sin\theta$ (of door raadplegen van de goniometrietabel in appendix A), of door in fig. 14.14 eenvoudigweg op te merken dat, voor kleine θ, de booglengte x ($= \ell\theta$) vrijwel gelijk is aan de koorde ($\ell \sin\theta$) die aangegeven wordt door een stippellijn. Voor hoeken kleiner dan 15° is het verschil tussen θ (in radialen) en $\sin\theta$ minder dan 1%. Daarom geldt voor kleine hoeken in een zeer goede benadering

$$F = -mg \sin\theta \approx -mg\theta.$$

Invullen van $x = \ell\theta$, oftewel $\theta = x/\ell$, levert

$$F \approx -\frac{mg}{\ell}x.$$

Omdat deze vergelijking in overeenstemming is met de wet van Hooke, $F = -kx$, is deze beweging voor kleine uitwijkingen dus in wezen enkelvoudig harmonisch. De krachtsconstante is $k = mg/\ell$.

[1] $\sin\theta = \theta - \frac{\theta^3}{3!} + \frac{\theta^5}{5!} - \frac{\theta^7}{7!} + \ldots$

We kunnen daarom schrijven

$$\theta = \theta_{\max} \cos(\omega t + \phi)$$

waarin $\theta_{\max}$ de maximale hoekverdraaiing is en $\omega = 2\pi f = 2\pi/T$. We gebruiken vgl. 14.5 om ω te bepalen, waarbij we mg/ℓ substitueren voor k, dat wil zeggen[1] $\omega = \sqrt{k/m} = \sqrt{(mg/\ell)/m}$, oftewel

$$\omega = \sqrt{\frac{g}{\ell}}. \qquad \text{[voor kleine } \theta\text{]} \quad (14.12a)$$

De frequentie f is dan gelijk aan

$$f = \frac{\omega}{2\pi} = \frac{1}{2\pi}\sqrt{\frac{g}{\ell}}, \qquad \text{[voor kleine } \theta\text{]} \quad (14.12b)$$

en de periode T is

$$T = \frac{1}{f} = 2\pi\sqrt{\frac{\ell}{g}}. \qquad \text{[voor kleine } \theta\text{]} \quad (14.12c)$$

De massa m van het slingergewicht komt niet voor in deze formules voor T en f. We komen dus uit bij het verrassende resultaat dat de periode en de frequentie van een enkelvoudige slinger niet afhangen van de massa van het slingergewicht. Misschien is dit je wel eens opgevallen als je na elkaar een klein en een groot kind duwde op dezelfde schommel.

We lezen uit vgl. 14.12c ook af dat de periode van een slinger niet afhangt van de amplitude (zoals bij elke EHB, zie paragraaf 14.2), zolang de amplitude θ maar klein is. Van Galileo wordt beweerd dat hij dit feit voor het eerst opmerkte terwijl hij keek naar een heen en weer zwaaiende lamp in de kathedraal in Pisa (fig. 14.15). Deze ontdekking leidde tot de uitvinding van het slingeruurwerk, de eerste echt nauwkeurige klok, die eeuwenlang de standaard werd.

Omdat een slinger niet *exact* een EHB uitvoert hangt de periode een klein beetje af van de amplitude, en dat effect wordt sterker bij hogere amplitudes. De nauwkeurigheid van een slingeruurwerk zou, na vele slingerbewegingen, aangetast worden door de afname van de amplitude als gevolg van wrijving. De veer van een slingeruurwerk (of het zakkende gewicht in een grootvaders klok) levert echter energie die de wrijving compenseert en de amplitude constant houdt, zodat de tijdsbepaling nauwkeurig blijft.

FIGUUR 14.15 Van de heen en weer zwaaiende beweging van deze lamp, die aan een zeer lang koord is opgehangen aan het plafond van de kathedraal van Pisa, wordt beweerd dat hij door Galileo is geobserveerd en als inspiratiebron heeft gediend voor de conclusie dat de periode van een slinger niet afhankelijk is van de amplitude.

 Natuurkunde in de praktijk

Slingeruurwerk

> **Opgave H**
> Als een enkelvoudige slinger wordt meegenomen van zeeniveau naar de top van een hoge berg en onder dezelfde hoek van 5° wordt losgelaten, dan zou hij op de top van de berg (*a*) iets langzamer slingeren, (*b*) iets sneller slingeren, (*c*) met exact dezelfde frequentie slingeren, (*d*) helemaal niet slingeren – hij zou tot stilstand komen, (*e*) geen van deze antwoorden is juist.

> **Opgave I**
> Ga terug naar de openingsvraag aan het begin van dit hoofdstuk en beantwoord deze nogmaals. Probeer te verklaren waarom je die de eerste keer misschien anders beantwoord hebt.

> **Voorbeeld 14.9   Het meten van g**
>
> Een geoloog gebruikt een enkelvoudige slinger met een voldoende kleine amplitude die een lengte heeft van 37,10 cm en op een bepaalde plaats ergens op aarde een frequentie heeft van 0,8190 Hz. Hoe groot is de valversnelling op die plaats?

---

[1] Pas op dat je niet denkt dat $\omega = d\theta/dt$ zoals bij ronddraaiende beweging. Hier is θ de hoek van de slinger op ieder moment (fig. 14.14), maar we gebruiken ω dit keer *niet* als de snelheid waarmee deze hoek θ verandert, maar als een constante die gerelateerd is aan de periode, $\omega = 2\pi f = \sqrt{g/\ell}$.

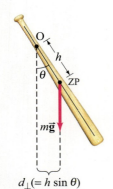

FIGUUR 14.16 Een fysische slinger opgehangen in punt O.

Aanpak We kunnen de lengte ℓ en de frequentie f van de slinger invullen in vgl. 14.12b, die onze onbekende, g, bevat.

Oplossing We lossen vgl. 14.12b op voor g en vinden

$$g = (2\pi f)^2 \ell = (6{,}283 \cdot 0{,}8190 \text{ s}^{-1})^2 (0{,}3710 \text{ m}) = 9{,}824 \text{ m/s}^2.$$

> **Opgave J**
> (a) Geef een schatting van de lengte van een enkelvoudige slinger die per seconde één slingerbeweging heen en terug maakt. (b) Wat zou de periode zijn van een 1,0 m lange slinger?

*14.6 De fysische slinger en de torsieslinger

De fysische slinger

De term fysische slinger is van toepassing op elk willekeurig voorwerp van enige afmeting dat heen en weer slingert, dit in tegenstelling tot de nogal geïdealiseerde enkelvoudige slinger waar alle massa verondersteld wordt geconcentreerd te zijn in het zeer kleine slingergewicht. Een voorbeeld van een fysische slinger is een honkbalknuppel die is opgehangen in punt O, zoals aangegeven in fig. 14.16. De zwaartekracht grijpt aan in het massamiddelpunt van het voorwerp dat een afstand h verwijderd ligt van het draaipunt O. De fysische slinger kan het beste worden onderzocht gebruikmakend van de vergelijkingen voor rotatie. Het krachtmoment van een fysische slinger, berekend in punt O, is

$$\tau = -mgh \sin\theta.$$

De tweede wet van Newton toegepast op een rotatiebeweging, vgl. 10.14, zegt dat

$$\Sigma\tau = I\alpha = I\frac{d^2\theta}{dt^2},$$

waarin I het traagheidsmoment van het voorwerp is voor beweging rond het draaipunt en $\alpha = d^2\theta/dt^2$ de hoekversnelling is. Dus geldt

$$I\frac{d^2\theta}{dt^2} = -mgh \sin\theta$$

oftewel

$$\frac{d^2\theta}{dt^2} + \frac{mgh}{I}\sin\theta = 0,$$

waarin I is berekend rond een as door punt O. Voor kleine hoekverdraaiingen geldt $\sin\theta \approx \theta$, dus mogen we schrijven

$$\frac{d^2\theta}{dt^2} + \left(\frac{mgh}{I}\right)\theta = 0. \qquad \text{[voor kleine hoekverdraaiingen]} \qquad (14.13)$$

Dit is precies gelijk aan de vergelijking voor EHB, vgl. 14.3, behalve dan dat x vervangen is door θ en k/m door mgh/I. h is hierbij de afstand tussen het draaipunt O en het massamiddelpunt, *niet* de lengte van het voorwerp. Een fysche slinger ondergaat dus voor kleine hoekverdraaiingen een EHB, gegeven door

$$\theta = \theta_{\max}\cos(\omega t + \phi),$$

waarin $\theta_{\max}$ de maximale hoekverdraaiing is en $\omega = 2\pi/T$. De periode T is (zie vgl. 14.7b, met m/k vervangen door I/mgh):

$$T = 2\pi\sqrt{\frac{I}{mgh}}. \qquad \text{[voor kleine hoekverdraaiingen]} \qquad (14.14)$$

Voorbeeld 14.10 Meting van het traagheidsmoment

Het traagheidsmoment van een voorwerp rond iedere willekeurige as is eenvoudig te bepalen door de periode van de trilling rond die as te meten. (*a*) Stel je een niet-uniforme 1,0 kg zware stok voor die op 42 cm vanaf een uiteinde in evenwicht gehouden kan worden. Als hij vrij kan draaien rond dat uiteinde (fig. 14.17) slingert hij met een periode van 1,6 s. Wat is het traagheidsmoment rond dit uiteinde? (*b*) Wat is zijn traagheidsmoment rond een as, loodrecht op de stok en door het massamiddelpunt ervan?

Aanpak We vullen de gegevens in in vgl. 14.14 en lossen deze op voor I. Voor (*b*) maken we gebruik van de stelling van Steiner (paragraaf 10.7).

Oplossing (*a*) Gegeven $T = 1{,}6$ s, en $h = 0{,}42$ m, levert vgl. 14.14

$$I = mghT^2/4\pi^2 = 0{,}27 \text{ kg} \cdot \text{m}^2.$$

(*b*) We maken gebruik van de stelling van Steiner, vgl. 10.17. Het massamiddelpunt, MM, ligt daar waar de stok in evenwicht kon worden gebracht, 42 cm vanaf het uiteinde, dus

$$I_{MM} = I - mh^2 = 0{,}27 \text{ kg} \cdot \text{m}^2 - (1{,}0 \text{ kg})(0{,}42 \text{ m})^2 = 0{,}09 \text{ kg} \cdot \text{m}^2.$$

Opmerking Aangezien een voorwerp niet rond zijn MM heen en weer kan slingeren, kunnen we zijn I_{MM} niet rechtstreeks meten, maar wel bepalen met behulp van de stelling van Steiner.

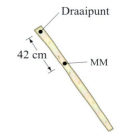

FIGUUR 14.17 Voorbeeld 14-10.

De torsieslinger

Een ander type trillingsbeweging is die van een **torsieslinger**, waarbij een schijf (fig. 14.18) of een staaf (zoals in het apparaat van Cavendish, zie fig. 6.3) is opgehangen aan een draad. Het twisten (torderen) van de draad fungeert als elastische kracht. In dit geval is de beweging een EHB omdat de terugdrijvende kracht nagenoeg evenredig is met de hoekverdraaiing,

$$\tau = -K\theta,$$

waar K een constante is die afhangt van de stugheid van de draad. Dan geldt

$$\omega = \sqrt{K/I}.$$

Hier geldt niet de beperking dat de hoek klein moet zijn, zoals bij de fysische slinger het geval is (waar de zwaartekracht in het spel is), zolang de draad zich maar lineair gedraagt in overeenstemming met de wet van Hooke.

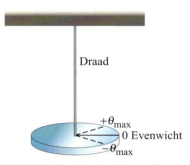

FIGUUR 14.18 Een torsieslinger. De schijf draait in EHB heen en weer tussen θ_{max} en $-\theta_{max}$.

14.7 Gedempte harmonische beweging

In de praktijk neemt de amplitude van iedere trillende veer of zwaaiende slinger langzaam af in de tijd tot uiteindelijk de trillingen geheel verdwijnen. Fig. 14.19 laat een typisch voorbeeld zien van de uitwijking als functie van de tijd. Dit wordt een **gedempte harmonische beweging** genoemd. De demping[1] is gewoonlijk het gevolg van de weerstand van de lucht of de interne wrijving van het trillende systeem. Dat energie wordt gedissipeerd (omgezet in thermische energie) uit zich in een afnemende amplitude van de trilling.

Maar als trillende systemen in de natuur normaal gesproken altijd gedempt zijn, waarom praten we dan überhaupt nog over (ongedempte) enkelvoudige harmonische beweging? Het antwoord op deze vraag is dat er met de EHB zoveel makkelijker kan worden gerekend. En als de demping niet te groot is kunnen de trillingen voorgesteld worden als een enkelvoudige harmonische beweging waarop de demping wordt gesuperponeerd, zoals aangegeven met de stippellijnen in fig. 14.19. Ofschoon demping de trillingsfrequentie wel iets verandert, is het effect gewoonlijk gering, mits de demping maar klein is. Laten we dit eens nader bekijken.

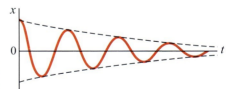

FIGUUR 14.19 Gedempte harmonische beweging. De doorgetrokken rode kromme lijn geeft een cosinus weer, vermenigvuldigd met een dalende exponentiële functie (de stippellijnen).

---

[1] Dempen' betekent verzwakken, weerhouden of uitdoven, zoals in 'het geluid dempen'.

De dempende kracht, die afhankelijk is van de snelheid van de trilling van het object, werkt de beweging tegen. In een aantal eenvoudige gevallen kan de demping benaderd worden als een kracht die rechtstreeks evenredig is met de snelheid:

$$F_{\text{demping}} = -bv,$$

waarin b een constante is.[1] Voor een massa die een trilling uitvoert aan het uiteinde van een veer wordt de terugdrijvende kracht gegeven door $F = -kx$, dus wordt de tweede wet van Newton ($ma = \Sigma F$) in dit geval

$$ma = -kx - bv.$$

We brengen nu alle termen naar de linkerkant van de vergelijking, substitueren $v = dx/dt$, en $a = d^2x/dt^2$, om uit te komen op

$$m\frac{d^2x}{dt^2} + b\frac{dx}{dt} + kx = 0, \tag{14.15}$$

de bewegingsvergelijking. Om deze vergelijking op te lossen raden we een oplossing en controleren we vervolgens of die werkt. Als de dempingsconstante b klein is, dan lijkt de grafiek van x als functie van t op die in fig. 14.19, die lijkt op een cosinusfunctie vermenigvuldigd met een factor (voorgesteld door de doorgetrokken lijnen) die afneemt in de tijd. Een eenvoudige functie die dit doet is de exponentiële functie, $e^{-\gamma t}$, en de oplossing waarvan we zullen bekijken of deze voldoet aan vgl. 14.15 is

$$x = Ae^{-\gamma t} \cos \omega' t, \tag{14.16}$$

waarin wordt verondersteld dat A, γ en ω' constanten zijn, en dat $x = A$ op $t = 0$. We hebben de hoekfrequentie hier ω' genoemd (en niet ω) omdat deze niet dezelfde is als de ω voor EHB zonder demping ($\omega = \sqrt{(k/m)}$).
Als we vgl. 14.16 invullen in vgl. 14.15 (wat we in de facultatieve subparagraaf hierna doen), dan zien we dat vgl. 14.16 inderdaad een oplossing is als γ and ω' de volgende waarden hebben

$$\gamma = \frac{b}{2m} \tag{14.17}$$

$$\omega' = \sqrt{\frac{k}{m} - \frac{b^2}{4m^2}}. \tag{14.18}$$

Dus voor een (licht) gedempte oscillator wordt x als functie van de tijd t gegeven door

$$x = Ae^{(-b/2m)t} \cos \omega' t. \tag{14.19}$$

Er kan uiteraard een faseconstante ϕ worden toegevoegd aan het argument van de cosinus in vgl. 14.19. Zoals het er nu staat met $\phi = 0$ zal het duidelijk zijn dat de constante A in vgl. 14.19 eenvoudigweg de beginuitwijking is, dus op $t = 0$ is $x = A$. De frequentie f' is

$$f' = \frac{\omega'}{2\pi} = \frac{1}{2\pi}\sqrt{\frac{k}{m} - \frac{b^2}{4m^2}}. \tag{14.20}$$

De frequentie is lager, en de periode langer, dan bij een ongedempte EHB. (In de praktijk verschilt ω' bij lichte demping vaak maar heel weinig van $\omega_0 = \sqrt{k/m}$.) Dit sluit aan bij onze verwachting dat demping de beweging vertraagt. Voor het geval dat er geen demping is ($b = 0$), reduceert vgl. 14.20 netjes tot vgl. 14.17a. De constante $\gamma = b/2m$ is een maat voor de snelheid waarmee trillingen afnemen tot nul (fig. 14.19). De tijd $t_L = 2m/b$ is de tijd waarbinnen de trillingen afnemen tot $1/e$ maal hun oorspronkelijke amplitude; t_L wordt de 'gemiddelde levensduur' van de trillingen genoemd. Merk op dat hoe groter b is, hoe sneller de trillingen uitsterven. De oplossing, vgl. 14.19, is niet geldig als b zo groot is dat

$$b^2 > 4mk$$

omdat in dat geval ω' (vgl. 14.18) imaginair zou worden. In dat geval raakt het systeem in het geheel niet in trilling, maar keert het direct terug naar de evenwichtsstand, zoals we nu zullen behandelen.

---

[1] Dergelijke snelheidsafhankelijke krachten werden behandeld in paragraaf 5.6.

In fig. 14.20 worden drie veelvoorkomende gevallen van *zwaar gedempte* systemen weergegeven. Kromme C stelt de situatie voor waarin de demping zo groot is ($b^2 \gg 4mk$) dat het lange tijd duurt voor de evenwichtsstand bereikt wordt: het systeem is **overkritisch gedempt**. Kromme A representeert een **onderkritisch gedempte** situatie, waarin het systeem meerdere keren heen en weer zwaait voor het tot rust komt ($b^2 < 4mk$), wat overeenkomt met een steviger gedempte versie van vgl. 14.19. Kromme B komt overeen met **kritische demping**: $b^2 = 4mk$; in dit geval wordt de evenwichtsstand het snelst bereikt. Deze termen stammen allemaal uit de praktische toepassing van gedempte systemen, zoals mechanismen om deuren te sluiten en **schokbrekers** in een auto (fig. 14.21), die meestal worden ontworpen om kritische demping te geven. Maar als ze slijten wordt de demping geleidelijk onderkritisch: een deur slaat dan (slecht gedempt) met een klap dicht en een auto deint verschillende keren op en neer als hij over een hobbel rijdt.

In veel systemen, zoals klokken en horloges, is het de trillingsbeweging waar het om gaat en moet de demping geminimaliseerd worden. In andere systemen, zoals bij de veren van een auto, zijn trillingen juist een probleem en is een juiste mate van demping nodig (bijvoorbeeld kritisch). Voor allerhande toepassingen is een juiste hoeveelheid demping een vereiste. Grote gebouwen, bijvoorbeeld in Californië, worden tegenwoordig bij de bouw, of naderhand, uitgerust met enorme dempers om de schade bij aardbevingen te verminderen.

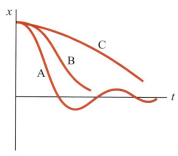

FIGUUR 14.20 Onderkritisch gedempte (A), kritisch gedempte (B), en overkritisch gedempte (C) beweging.

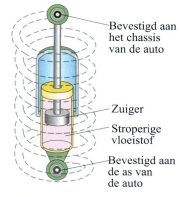

FIGUUR 14.21 Veer en schokbreker van een auto bieden een zodanige demping dat de auto niet eindeloos op en neer gaat deinen.

Voorbeeld 14.11 Enkelvoudige slinger met demping

Een enkelvoudige slinger heeft een lengte van 1,0 m (fig. 14.22). Hij wordt aan het slingeren gebracht met een kleine uitwijking. Na 5,0 minuten is de amplitude nog maar 50 procent van wat hij in het begin was. (*a*) Welke waarde heeft de γ van deze beweging? (*b*) Met welke factor wijkt de frequentie f' af van f, de ongedempte frequentie?

Aanpak We nemen aan dat de dempende kracht evenredig is met de hoeksnelheid, $d\theta/dt$. De bewegingsvergelijking voor gedempte harmonische beweging is

$$x = Ae^{-\gamma t} \cos \omega' t, \quad \text{waarin} \quad \gamma = \frac{b}{2m} \quad \text{en} \quad \omega' = \sqrt{\frac{k}{m} - \frac{b^2}{4m^2}},$$

voor beweging van een massa aan het uiteinde van een veer. In paragraaf 14.5 hebben we gezien dat voor de enkelvoudige slinger zonder demping geldt

$$F = -mg\theta$$

voor kleine θ. Omdat $F = ma$, waarin a kan worden uitgedrukt in de hoekversnelling $\alpha = d^2\theta/dt^2$ als $a = \ell\alpha = \ell d^2\theta/dt^2$, geldt $F = m\ell d^2\theta/dt^2$ en

$$\ell \frac{d^2\theta}{dt^2} + g\theta = 0.$$

Introduceren we een dempingsterm, $b(d\theta/dt)$, dan krijgen we

$$\ell \frac{d^2\theta}{dt^2} + b\frac{d\theta}{dt} + g\theta = 0,$$

wat hetzelfde is als vgl. 14.15 met x vervangen door θ, en m en k vervangen door ℓ en g.

Oplossing (*a*) We vergelijken vgl. 14.15 met onze vergelijking hiervoor en zien dat de vergelijking $x = Ae^{-\gamma t} \cos \omega' t$ overgaat in een vergelijking in θ met

$$\gamma = \frac{b}{2\ell} \quad \text{en} \quad \omega' = \sqrt{\frac{g}{\ell} - \frac{b^2}{4\ell^2}}.$$

Voor $t = 0$ herschrijven we vgl. 14.16, waarbij we x vervangen door θ:

$$\theta_0 = Ae^{-\gamma \cdot 0} \cos \omega' \cdot 0 = A.$$

Op $t = 5{,}0$ min $= 300$ s is de amplitude gegeven door vgl. 14.16 afgenomen tot $0{,}50\,A$, dus

$$0{,}50\,A = Ae^{-\gamma(300\ \text{s})}.$$

Hieruit lossen we γ op en vinden $\gamma = \ln 2{,}0/(300\ \text{s}) = 2{,}3 \cdot 10^{-3}\ \text{s}^{-1}$.

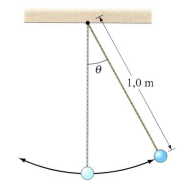

FIGUUR 14.22 Voorbeeld 14.11.

(b) We weten dat $\ell = 1{,}0$ m, dus $b = 2\gamma\ell = 2(2{,}3 \cdot 10^{-3}\ \text{s}^{-1})(1{,}0\ \text{m}) = 4{,}6 \cdot 10^{-3}$ m/s. Dus is $(b^2/4\ell^2)$ veel kleiner dan $g/\ell\ (= 9{,}8\ \text{s}^{-2})$, en blijft de hoekfrequentie van deze beweging vrijwel gelijk aan die van de ongedempte beweging. Specifieker gezegd (zie vgl. 14.20),

$$f' = \frac{1}{2\pi}\sqrt{\frac{g}{\ell}\left[1 - \frac{\ell}{g}\left(\frac{b^2}{4\ell^2}\right)\right]^{\frac{1}{2}}} \approx \frac{1}{2\pi}\sqrt{\frac{g}{\ell}}\left[1 - \frac{1}{2}\frac{\ell}{g}\left(\frac{b^2}{4\ell^2}\right)\right]$$

waar we gebruik hebben gemaakt van de binomiaalreeksontwikkeling voor de vierkantswortel tussen de rechte haken. Met $f = (1/2\pi)\sqrt{g/\ell}$ (vgl. 14.12b), volgt hieruit

$$\frac{f - f'}{f} \approx \frac{1}{2}\frac{\ell}{g}\left(\frac{b^2}{4\ell^2}\right) = 2{,}7 \times 10^{-7}.$$

Hieruit volgt dat f' minder dan een miljoenste afwijkt van f.

■ *Bewijs dat $x = Ae^{-\gamma t}\cos\omega' t$ een oplossing is

We beginnen met vgl. 14.16 en kijken of deze een oplossing is van vgl. 14.15. Eerst nemen we de eerste en tweede afgeleiden

$$\frac{dx}{dt} = -\gamma A e^{-\gamma t}\cos\omega' t - \omega' A e^{-\gamma t}\sin\omega' t$$

$$\frac{d^2 x}{dt^2} = \gamma^2 A e^{-\gamma t}\cos\omega' t + \gamma A\omega' e^{-\gamma t}\sin\omega' t + \omega'\gamma A e^{-\gamma t}\sin\omega' t - \omega'^2 A e^{-\gamma t}\cos\omega' t.$$

Vervolgens substitueren we deze vergelijkingen in vgl. 14.15 en herschikken de termen om uit te komen op

$$A e^{-\gamma t}[(m\gamma^2 - m\omega'^2 - b\gamma + k)\cos\omega' t + (2\omega'\gamma m - b\omega')\sin\omega' t] = 0. \quad \text{(i)}$$

Het linkerlid van deze vergelijking moet voor ieder tijdstip t gelijk zijn aan nul, maar dit kan alleen voor bepaalde waarden van γ en ω'. Om γ en ω' te bepalen kiezen we twee waarden van t waaruit ze gemakkelijk te berekenen zijn. Op $t = 0$ is $\sin\omega' t = 0$, en dus reduceert bovenstaande vergelijking tot $A(m\gamma^2 - m\omega'^2 - b\gamma + k) = 0$, wat betekent[1] dat

$$m\gamma^2 - m\omega'^2 - b\gamma + k = 0. \quad \text{(ii)}$$

Op $t = \pi/2\omega'$ is $\cos\omega' t = 0$ dus kan vgl. (i) alleen gelden als

$$2\gamma m - b = 0. \quad \text{(iii)}$$

Uit vgl. (iii) volgt

$$\gamma = \frac{b}{2m}$$

en uit vgl. (ii)

$$\omega' = \sqrt{\gamma^2 - \frac{b\gamma}{m} + \frac{k}{m}} = \sqrt{\frac{k}{m} - \frac{b^2}{4m^2}}.$$

We zien dus dat vgl. 14.16 een oplossing is van de bewegingsvergelijking voor de gedempte harmonische oscillator mits γ en ω' deze specifieke waarden hebben, dezelfde als reeds gegeven in vgl. 14.17 and 14.18.

14.8 Gedwongen trillingen; resonantie

Wanneer een systeem dat kan trillen in beweging wordt gebracht, dan gaat het trillen met zijn eigenfrequentie (vgl. 14.7a en 14.12b). Op een systeem kan echter ook een

---

[1] Hier zou ook aan voldaan worden door $A = 0$, maar dit levert de triviale en niet interessante oplossing $x = 0$ voor alle t op, dat wil zeggen, geen trilling.

uitwendige kracht uitgeoefend worden die zelf een bepaalde frequentie heeft; in dat geval spreken we van een **gedwongen trilling**.
We zouden bijvoorbeeld het voorwerp aan de veer in fig. 14.1 met een frequentie f heen en weer kunnen trekken. Het gewicht trilt dan met de frequentie f van de uitwendige kracht, zelfs als deze frequentie verschilt van de **eigenfrequentie** van de veer, die we hier zullen aangeven met f_0, waarvoor geldt (zie vgl. 14.5 en 14.7a)

$$\omega_0 = 2\pi f_0 = \sqrt{\frac{k}{m}}.$$

Bij een gedwongen trilling blijkt de amplitude van de trilling, en dus de energie die overgedragen wordt aan het oscillerende systeem, afhankelijk te zijn zowel van het verschil tussen f en f_0, als van de hoeveelheid demping, en een maximum te bereiken als de frequentie van de uitwendige kracht gelijk is aan de eigenfrequentie van het systeem, dat wil zeggen als $f = f_0$. In fig. 14.23 is een grafiek getekend van de amplitude als functie van de uitwendige frequentie f. De krommen A en B stellen respectievelijk lichte en zware demping voor. Zolang de demping niet te sterk is, kan de amplitude groot worden als de aandrijvende frequentie f in de buurt komt van de eigenfrequentie, $f \approx f_0$. Is de demping zwak, dan wordt de toename in amplitude in de buurt van $f = f_0$ erg groot (vaak zelfs immens groot). Dit effect staat bekend als **resonantie**. De eigenfrequentie f_0 van een systeem wordt de **resonantiefrequentie** genoemd.

Een eenvoudig voorbeeld van resonantie is het duwen van een kind op een schommel. Een schommel heeft, net als elke slinger, een eigenfrequentie die afhankelijk is van zijn lengte ℓ. Als je de schommel duwt met een willekeurig gekozen frequentie, dan beweegt hij onregelmatig heen en weer en bereikt geen grote amplitude. Duw je echter met een frequentie die gelijk is aan de eigenfrequentie van de schommel, dan gaat de amplitude sterk omhoog. Bij resonantie is betrekkelijk weinig inspanning nodig om een grote amplitude te bereiken.

Van de beroemde tenor Enrico Caruso werd gezegd dat hij, door uit volle borst een noot met precies de juiste toonhoogte te zingen, een kristallen wijnglas kon laten versplinteren (hoewel zijn vrouw – bang voor haar glaswerk? – dat altijd ontkend heeft). Dit is een voorbeeld van resonantie, omdat de uitgezonden geluidsgolven van de stem het glas in een gedwongen trilling brengen. Bij resonantie kan de amplitude van de resulterende trilling van het wijnglas zo groot worden dat de elasticiteitsgrenzen van het glas worden overschreden en het breekt (fig. 14.24).

Aangezien materiële voorwerpen over het algemeen elastisch zijn, is resonantie in tal van situaties een belangrijk verschijnsel. Resonantie is met name van belang bij de constructie van bouwwerken, hoewel men de mogelijke effecten niet altijd kan voorzien. Zo gaat bijvoorbeeld het verhaal dat een spoorbrug zou zijn ingestort doordat een deuk in de omtrek van een van de wielen van een passerende trein de brug in een resonante trilling bracht. Het is zelfs zo dat marcherende soldaten met opzet hun regelmatig stappen onderbreken als zij een brug oversteken, om het risico te vermijden dat hun ritmische mars overeenkomt met een resonantiefrequentie van de brug. De beroemde instorting van de Tacoma Narrows Bridge (fig. 14.25a) in 1940 was het gevolg van harde windstoten die de overspanning in een trillingsbeweging met grote amplitude brachten. Het instorten van de snelweg bij Oakland tijdens de aardbeving in Californië in 1989 (fig. 14.25b) had te maken met de resonante trilling van een deel dat op een modderige ondergrond was gebouwd die trillingen met die frequentie goed doorgaf.

We zullen verderop belangrijke voorbeelden van resonantie tegenkomen. Ook zullen we zien dat trillende voorwerpen vaak niet één, maar meerdere resonantiefrequenties hebben.

■ *De bewegingsvergelijking en de oplossing ervan*

We behandelen nu de bewegingsvergelijking voor een gedwongen trilling, en de oplossing ervan. We gaan ervan uit dat de uitwendig uitgeoefende kracht sinusoïdaal is en kan worden beschreven door

$$F_{\text{uitw}} = F_0 \cos \omega t,$$

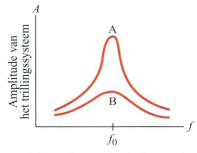

Uitwendig opgelegde frequentie f

FIGUUR 14.23 Resonantie voor licht gedempte (A) en zwaar gedempte (B) systemen. (Zie fig. 14.26 voor een meer gedetailleerde grafiek.)

FIGUUR 14.24 Dit wijnglas breekt wanneer het op de toon van een trompet in resonantie gaat trillen.

(a)

(b)

FIGUUR 14.25 (a) Trillingen met grote amplitude, als gevolg van windstoten, leidden tot het instorten van de Tacoma Narrows Bridge (1940). (b) Een snelweg in Californië stortte in 1989 in als gevolg van een aardbeving.

waar $\omega = 2\pi f$ de hoekfrequentie is die uitwendig wordt opgelegd aan de oscillator (het voorwerp dat in trilling gebracht wordt). De bewegingsvergelijking (met demping) is dan

$$ma = -kx - bv + F_0 \cos \omega t.$$

Dit kan worden geschreven als

$$m\frac{d^2x}{dt^2} + b\frac{dx}{dt} + kx = F_0 \cos \omega t. \tag{14.21}$$

De uitwendig uitgeoefende kracht, in het rechterlid van deze vergelijking, is de enige term waarin noch x, noch een van de afgeleiden daarvan voorkomen. Bij opgave 68 wordt je gevraagd om door middel van rechtstreeks substitueren te laten zien dat

$$x = A \sin(\omega t + \phi) \tag{14.22}$$

een oplossing is van vgl. 14.21, waarin

$$A = \frac{F_0}{m\sqrt{(\omega^2 - \omega_0^2)^2 + b^2\omega^2/m^2}} \tag{14.23}$$

en

$$\phi = \tan^{-1}\frac{\omega_0^2 - \omega^2}{\omega(b/m)}. \tag{14.24}$$

De algemene oplossing van vgl. 14.21 bestaat om precies te zijn uit vgl. 14.22 aangevuld met een tweede term, van de vorm van vgl. 14.19, voor de natuurlijke gedempte beweging van de oscillator; deze tweede term neemt echter af met de tijd en nadert tot nul, waardoor in veel gevallen kan worden volstaan met vgl. 14.22.

De amplitude van de gedwongen harmonische beweging, A_o, hangt sterk af van het verschil tussen de uitwendig opgelegde frequentie en de eigenfrequentie. Een grafiek van A_0 (vgl. 14.23) als functie van de opgelegde frequentie ω, is getekend in fig. 14.26 (een meer gedetailleerde versie van fig. 14.23) voor drie specifieke waarden van de dempingsconstante b. Kromme A ($b = 1/6 m\omega_0$) representeert lichte demping, kromme B ($b = \frac{1}{2} m\omega_0$) vrij zware demping, en kromme C ($b = \sqrt{2m\omega_0}$) stelt een overkritisch gedempte beweging voor. Zolang de demping niet te hoog is kan de amplitude groot worden als de opgelegde frequentie in de buurt komt van de eigenfrequentie, $\omega \approx \omega_0$. In het geval van lage demping is de toename van de amplitude bij $\omega = \omega_0$ zeer groot en spreken we, zoals we al eerder zagen, van *resonantie*.

De eigenfrequentie f_0 ($= \omega_0/2\pi$) van een systeem wordt de *resonantiefrequentie* genoemd.[1] Als $b = 0$ dan treedt resonantie op bij $\omega = \omega_0$ en de resonantiepiek (van A_0) wordt oneindig hoog; in een dergelijk geval vindt er een continue overdracht van energie naar het systeem plaats en wordt daarvan niets gedissipeerd. Voor werkelijk bestaande systemen is b nooit precies gelijk aan nul, en heeft de resonantiepiek een eindige hoogte. De piek treedt niet precies op bij $\omega = \omega_0$ (vanwege de term $b^2\omega^2/m^2$ in de noemer van vgl. 14.23), maar wel vlakbij ω_0, tenzij de demping erg hoog is. Is de demping hoog, dan is er bijna of helemaal geen sprake van een piek (kromme C in fig. 14.26).

■ *Q-waarde*

De hoogte en breedte van een resonantiepiek wordt vaak gespecificeerd door de **kwaliteitsfactor** of **Q-waarde**, gedefinieerd als

$$Q = \frac{m\omega_0}{b}. \tag{14.25}$$

In fig. 14.26 heeft kromme A een $Q = 6$, kromme B een $Q = 2$, en kromme C een $Q = 1/\sqrt{2}$. Hoe kleiner de dempingsconstante b, hoe groter de Q-waarde wordt en hoe hoger de resonantiepiek. De waarde van Q is ook een maat voor de breedte van de

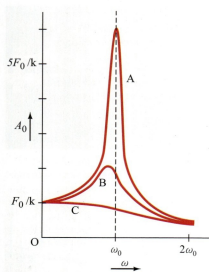

FIGUUR 14.26 Amplitude van een gedwongen harmonische oscillator als functie van ω. Krommen A, B en C corresponderen met respectievelijk licht, zwaar en overkritisch gedempte systemen ($Q = m\omega_0/b = 6, 2, 0{,}71$).

---

[1] Soms wordt de resonantiefrequentie gedefinieerd als de feitelijke waarde van ω waar de amplitude haar maximale waarde heeft, maar deze hangt enigszins af van de dempingsconstante. Maar uitgezonderd het geval van zeer zware demping ligt de waarde altijd vrij dicht bij ω_0.

piek. We kunnen zien hoe dit komt: laat ω_1 en ω_2 de frequenties zijn waar het kwadraat van de amplitude gelijk is aan de helft van de maximale waarde (we gebruiken het kwadraat omdat het vermogen dat overgedragen wordt aan het systeem evenredig is met A_0^2); in dat geval wordt het verband tussen $\Delta\omega = \omega_1 - \omega_2$, ook wel de breedte van de resonantiepiek genoemd, en Q gegeven door

$$\frac{\Delta\omega}{\omega_0} = \frac{1}{Q}. \qquad (14.26)$$

Deze betrekking is alleen nauwkeurig in het geval van lichte demping. Hoe groter de waarde van Q, hoe smaller de resonantiepiek in verhouding tot zijn hoogte. Een grote waarde van Q staat dus voor een systeem van hoge kwaliteit, met een hoge, smalle resonantiepiek. De hoge kwaliteit slaat dan op de aard van de resonantiepiek, niet noodzakelijk op de mechanische constructie: systemen als luidsprekers of hangbruggen moeten juist geen al te hoge Q-waarde hebben!

Samenvatting

Een voorwerp dat trilt (oscilleert) ondergaat een **enkelvoudige harmonische beweging** (EHB) als de terugdrijvende kracht evenredig is met de uitwijking:

$$F = -kx. \qquad (14.1)$$

De maximale uitwijking vanuit de evenwichtstoestand heet de **amplitude.**
De **periode**, T, is de tijd die nodig is voor een complete cyclus (heen en weer), en de **frequentie** is het aantal cycli per seconde; het verband tussen deze twee is

$$f = \frac{1}{T} \qquad (14.2)$$

De periode van de trilling van een massa m aan het uiteinde van een ideale massaloze veer wordt gegeven door

$$T = 2\pi\sqrt{\frac{m}{k}}. \qquad (14.7b)$$

De EHB is **sinusoïdaal**, wat inhoudt dat de uitwijking als functie van de tijd een sinus- of cosinuskromme volgt. De algemene oplossing kan geschreven worden als

$$x = A\cos(\omega t + \phi) \qquad (14.4)$$

waarin A de amplitude is, ϕ de **fasehoek**, en

$$\omega = 2\pi f = \sqrt{\frac{k}{m}}. \qquad (14.5)$$

De waarden van A en ϕ zijn afhankelijk van de **beginvoorwaarden** (x en v op $t = 0$).

Tijdens een EHB wisselt de totale energie $E = \frac{1}{2}mv^2 + \frac{1}{2}kx^2$ voortdurend van potentiële naar kinetische energie en weer terug.
Een **enkelvoudige slinger** met lengte ℓ benadert de EHB als zijn amplitude klein is en de wrijving verwaarloosd mag worden. Voor kleine amplitudes wordt de periode gegeven door

$$T = 2\pi\sqrt{\frac{\ell}{g}}, \qquad (14.12c)$$

met g de versnelling van de zwaartekracht.
Als er wrijving optreedt (dat is voor alle echte veren en slingers het geval), dan spreekt men van een **gedempte** beweging. De maximale uitwijking neemt af met de tijd, en de mechanische energie wordt uiteindelijk geheel omgezet in thermische energie. Als de wrijving groot is en er dus geen trillingen op kunnen treden, dan heet het systeem **overkritisch gedempt**. Als de wrijving klein genoeg is om trillingen mogelijk te maken, dan is het systeem **onderkritisch gedempt** en de uitwijking wordt dan gegeven door

$$x = Ae^{-\gamma t}\cos\omega' t, \qquad (14.16)$$

waarin γ en ω' constanten zijn. Voor een **kritisch gedempt** systeem geldt dat er geen trillingen optreden en dat het de minste tijd kost om de evenwichtstoestand te bereiken. Als een oscillerende kracht wordt uitgeoefend op een systeem dat kan trillen, dan kan de amplitude van de trilling erg groot worden als de uitgeoefende kracht in de buurt komt van de **eigenfrequentie** (of **resonantiefrequentie**) van de oscillator; dit wordt **resonantie** genoemd.

Vragen

1. Geef enkele voorbeelden uit het dagelijks leven van trillende voorwerpen. Welke daarvan vertonen een EHB, of een benadering ervan?
2. Wordt de versnelling van een enkelvoudige harmonische oscillator wel eens gelijk aan nul? Zo ja, waar?
3. Leg uit waarom de beweging van een zuiger in een automotor bij benadering enkelvoudig harmonisch is.
4. Werkelijk bestaande veren hebben een zekere massa. Zullen de werkelijke periode en frequentie hoger of lager zijn dan zou volgen uit de vergelijkingen voor een voorwerp dat een trilling uitvoert aan het uiteinde van een geïdealiseerde massaloze veer? Licht je antwoord toe.
5. Hoe zou je de maximale snelheid van een enkelvoudige harmonische oscillator (EHO) kunnen verdubbelen?

6. Een forel van 5 kg wordt bevestigd aan de haak van een verticaal opgehangen veerweegschaal en vervolgens losgelaten. Beschrijf wat de schaal als functie van de tijd aangeeft.
7. Als een slingeruurwerk op zeeniveau nauwkeurig loopt, zal het dan voor of achter gaan lopen als het naar grote hoogte gebracht wordt? Waarom?
8. Een schommel gemaakt van een autoband hangt aan een boomtak en reikt bijna tot aan de grond (fig. 14.27). Hoe zou je de hoogte van de tak kunnen schatten met alleen een chronometer?

FIGUUR 14.27   Vraag 8.

9. Wanneer wijzen voor een enkelvoudige harmonische oscillator de vectoren van uitwijking en snelheid in dezelfde richting (of is dat nooit het geval)? Wanneer wijzen de vectoren van uitwijking en versnelling in dezelfde richting?
10. Een massa van 100 g hangt aan een lang koord en vormt zo een slinger. Het gewicht wordt een klein stukje opzij getrokken en losgelaten vanuit rust. De benodigde tijd om heen en weer te slingeren wordt nauwkeurig gemeten als 2,00 s. Als de massa van 100 g wordt vervangen door een massa van 200 g, die over dezelfde afstand opzij wordt getrokken en vanuit rust wordt losgelaten, dan wordt deze tijd (a) 1,0 s, (b) 1,41 s, (c) 2,0 s, (d) 2,82 s, (e) 4,0 s.
11. Twee voorwerpen van gelijke massa worden naast elkaar bevestigd aan afzonderlijke, identieke veren. Aan een van de voorwerpen wordt zodanig getrokken dat de ene veer 20 cm wordt uitgerekt en de andere slechts 10 cm. De voorwerpen worden gelijktijdig losgelaten. Welk voorwerp bereikt het eerst de evenwichtsstand?
12. Veert een auto sneller op zijn veren op en neer wanneer hij leeg is of wanneer hij volgeladen is?
13. Wat is bij benadering de periode van de stappen waarmee jij loopt?
14. Wat gebeurt er met de periode van een speeltuinschommel als je daarop vanuit zittende positie rechtop gaat staan?
15. Een dunne uniforme staaf met massa m wordt aan een uiteinde opgehangen en slingert heen en weer met een frequentie f. Als aan het andere uiteinde een klein bolletje met massa $2m$ wordt bevestigd, gaat dan de frequentie omhoog of omlaag? Licht je antwoord toe.
16. Een stemvork met een eigenfrequentie van 264 Hz staat op een tafel vooraan in een kamer. Achterin de kamer zijn twee stemvorken opgesteld, een met eigenfrequentie 260 Hz en een met 420 Hz. Aanvankelijk zijn ze beide in rust, maar als de stemvork vooraan in de kamer in trilling wordt gebracht, begint de stemvork van 260Hz spontaan mee te trillen terwijl de stemvork van 420 Hz dat niet doet. Leg uit waarom.
17. Waarom kun je het water in een pan alleen maar heen en weer laten klotsen als je de pan met een bepaalde frequentie heen en weer schudt?
18. Geef meerdere voorbeelden van resonantie uit het leven van alledag.
19. Is gerammel in een auto wel eens een resonantieverschijnsel? Licht je antwoord toe.
20. Over de jaren heen konden gebouwen uit steeds lichtere materialen worden gebouwd. Wat is de invloed hiervan geweest op de natuurlijke trillingsfrequenties van gebouwen, en op de problemen met resonantie als gevolg van passerende vrachtwagens, vliegtuigen, of door de wind en andere natuurlijke oorzaken van trillingen?

Vraagstukken

14.1 en 14.2 Enkelvoudige harmonische beweging

1. (I) Als een deeltje een EHB met een amplitude van 0,18 m ondergaat, wat is dan de totale afstand waarover het zich verplaatst in één periode van de trilling?
2. (I) Een elastisch koord is 65 cm lang als er een gewicht van 75 N aan hangt en 85 cm lang als er een gewicht van 180 N aan hangt. Wat is de veerconstante k van dit elastische koord?
3. (I) Als de bestuurder van 68 kg achter het stuur plaatsneemt, worden de veren van een 1500 kg zware auto 5,0 mm ingedrukt. Wat zal de trillingsfrequentie worden als de auto over een hobbel rijdt? Verwaarloos demping.
4. (I) (a) Hoe luidt de vergelijking die de beweging beschrijft van een gewicht aan het uiteinde van een veer die 8,8 cm vanaf de evenwichtsstand wordt uitgerekt en dan vanuit rust wordt losgelaten, en waarvan de periode 0,66 s is? (b) Hoe groot is de uitwijking na 1,8 s?
5. (II) Geef een schatting van de stijfheid van de veer in de springstok van een kind als het kind een massa heeft van 35 kg en iedere 2,0 seconden op en neer springt.
6. (II) Als er een vis van 2,4 kg aan de weeghaak van een visser hangt, rekt deze 3,6 cm uit. (a) Hoe groot is de veerconstante en (b) wat zijn de amplitude en de trillingsfrequentie als de vis 2,5 cm naar beneden wordt getrokken en vervolgens wordt losgelaten zodat hij op en neer gaat bewegen?
7. (II) Hoge gebouwen worden zo ontworpen dat ze heen en weer kunnen bewegen op de wind. Zo beweegt de top van de 110 verdiepingen hoge Sears Tower bij een windsnelheid van 100 km per uur horizontaal heen en weer met een amplitude van 15 cm. Het gebouw zwaait heen en weer

met zijn eigenfrequentie, met een periode van 7,0 s. Ga uit van EHB en bereken de maximale horizontale snelheid en versnelling zoals die worden ervaren door een medewerkster van Sears terwijl zij achter haar bureau zit te werken op de bovenste verdieping. Bereken de maximale versnelling als percentage van de valversnelling.

8. (II) Maak een tabel die de plaats x van het gewicht in fig. 14.2 geeft op de volgende tijden $t = 0, \frac{1}{4}T, \frac{1}{2}T, \frac{3}{4}T, T, \frac{5}{4}T$, waarin T de periode van de trilling is. Teken deze zes punten in een grafiek van x als functie van t. Trek nu een vloeiende kromme door deze punten. Lijkt, op basis van deze beperkte gegevens, je kromme op een cosinus- of sinusgolf?

9. (II) Een klein vliegje met een massa van 0,25 g is gevangen in een spinnenweb. Het web trilt met een overheersende frequentie van 4,0 Hz. (a) Welke waarde heeft de effectieve veerconstante k van het web? (b) Met welke frequentie zou je verwachten dat het web gaat trillen als er een insect van 0,50 g in gevangen zou zitten?

10. (II) Een massa m aan het uiteinde van een veer trilt met een frequentie van 0,83 Hz. Wordt er een massa van 680 g toegevoegd aan m, dan is de frequentie 0,60 Hz. Welke waarde heeft m?

11. (II) Een uniforme liniaal met massa M en lengte 1,25 m wordt met een uiteinde aan een scharnierpunt opgehangen en horizontaal gehouden door middel van een veer met veerconstante k die bevestigd is aan het andere uiteinde (fig. 14.28). Welke frequentie heeft de trilling, als de liniaal licht op en neer beweegt? (*Hint:* stel een momentvergelijking op rond het scharnierpunt.)

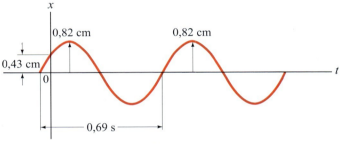

FIGUUR 14.28
Vraagstuk 11.

12. (II) Een blok balsahout met een massa van 55 g drijft op een meer en dobbert op en neer met een frequentie van 3,0 Hz. (a) Welke waarde heeft de effectieve veerconstante van het water? (b) Een gedeeltelijk gevulde waterfles met een massa van 0,25 kg en bijna dezelfde afmetingen en vorm als het blok balsahout wordt in het water gegooid. Met welke frequentie verwacht je dat de fles op en neer dobbert? Ga uit van EHB.

13. (II) Fig. 14.29 toont twee voorbeelden van EHB, aangegeven met A en B. Wat is, voor elk ervan (a) de amplitude, (b) de frequentie, en (c) de periode? (d) Schrijf de vergelijkingen op voor zowel A als B, in de vorm van een sinus of cosinus.

14. (II) Bepaal de faseconstante ϕ in vgl. 14.4 als op $t = 0$ het trillende gewicht de volgende plaats heeft (a) $x = -A$, (b) $x = 0$, (c) $x = A$, (d) $x = \frac{1}{2}A$, (e) $x = -\frac{1}{2}A$, (f) $x = A/\sqrt{2}$.

15. (II) Als onderaan een verticale veer met een veerconstante van 305 N/m een massa van 0,260 kg wordt gehangen, trilt de veer op en neer met een amplitude van 28,0 cm. De massa gaat op $t = 0$ met een positieve snelheid door de evenwichtsstand ($v = 0$). (a) Hoe luidt de vergelijking die deze beweging beschrijft als functie van de tijd? (b) Op welke tijdstippen zal de veer het langst en op welke het kortst zijn?

16. (II) In fig. 14.30 is een grafiek getekend waarin de uitwijking tegen de tijd is uitgezet van een kleine massa m aan het uiteinde van een veer. Op $t = 0$ is $x = 0,43$ cm. (a) Als gegeven is dat $m = 9,5$ g bereken dan de veerconstante k. (b) Geef de vergelijking voor de uitwijking x als functie van de tijd.

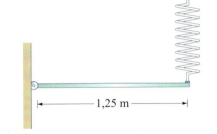

FIGUUR 14.30   Vraagstuk 16.

17. (II) De plaats van een EHO als functie van de tijd wordt gegeven door $x = 3,8 \cos(5\pi t/4 + \pi/6)$ met t in seconden en x in meter. Bepaal (a) de periode en frequentie, (b) de plaats en snelheid op $t = 0$, en (c) de snelheid en versnelling op $t = 2,0$ s.

18. (II) Een stemvork trilt met een frequentie van 441 Hz en beide uiteinden bewegen heen en weer tot 1,5 mm van hun evenwichtsstand. Bereken (a) de maximale snelheid en (b) de maximale versnelling aan elk uiteinde.

19. (II) Een voorwerp met onbekende massa m wordt opgehangen aan een verticale veer met onbekende veerconstante k, en uit waarnemingen is gebleken dat als het voorwerp in rust is de veer 14 cm is uitgerekt. Het voorwerp krijgt een lichte opwaartse duw en voert een EHB uit. Bepaal de periode T van deze trilling.

20. (II) Een massa van 1,25 kg rekt een verticale veer 0,215 m uit. Als de veer nog eens 0,130 m extra wordt uitgerekt en losgelaten, hoe lang duurt het dan om de (nieuwe) evenwichtsstand weer te bereiken?

21. (II) Stel je twee voorwerpen voor, A en B, die beide een EHB ondergaan, maar met verschillende frequenties, zoals beschreven door de vergelijkingen $x_A = (2,0 \text{ m}) \sin(2,0t)$ en $x_B = (5,0 \text{ m}) \sin(3,0t)$, met t in seconden. Vind de eerste drie tijdstippen na $t = 0$ waarop beide voorwerpen gelijktijdig door de oorsprong gaan.

22. (II) Een voorwerp van 1,60 kg beweegt eens in de 0,55 s op en neer aan een verticaal opgehangen lichte veer. (a) Schrijf de vergelijking op voor de plaats y (positieve richting naar boven) als functie van de tijd, onder de aanname dat de veer in het begin 16 cm was ingedrukt vanuit

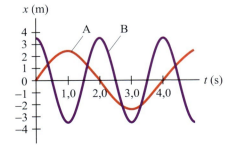

FIGUUR 14.29
Vraagstuk 13.

de evenwichtsstand (waar $y = 0$), en toen werd losgelaten. (b) Hoe lang zal het duren voor de evenwichtsstand voor de eerste keer wordt bereikt? (c) Hoe groot zal de maximale snelheid zijn? (d) Hoe groot zal de maximale versnelling zijn, en waar wordt die voor het eerst bereikt?

23. (II) Een bungeejumper met een massa van 65,0 kg springt van een hoge brug. Nadat hij zijn laagste punt bereikt, veert hij in 43,0 s tijd acht keer op en neer. Uiteindelijk komt hij tot rust op 25,0 m onder het niveau van de brug. Maak een schatting van de veerconstante en de niet-uitgerekte lengte van het bungeekoord, uitgaande van EHB.

24. (II) Een blok met massa m wordt opgehangen aan twee identieke evenwijdige verticale veren, elk met veerconstante k (fig. 14.31). Wat is de frequentie van de verticale trilling?

FIGUUR 14.31 Vraagstuk 24.

25. (III) Een massa m is op twee verschillende manieren verbonden met twee veren, met veerconstanten k_1 en k_2, zoals getoond in fig. 14.32a en b. Laat zien dat de periode voor de configuratie getoond in (a) gegeven wordt door

$$T = 2\pi\sqrt{m\left(\frac{1}{k_1} + \frac{1}{k_2}\right)}$$

en voor die in (b) door

$$T = 2\pi\sqrt{\frac{m}{k_1 + k_2}}.$$

Verwaarloos wrijving.

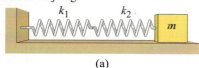

(a)

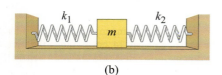

(b)

FIGUUR 14.32 Vraagstuk 25.

26. (III) Een massa m is in rust aan het uiteinde van een veer met veerconstante k. Op $t = 0$ krijgt de massa een stoot J met een hamer. Geef de formule voor de daaropvolgende beweging in termen van m, k, J en t.

14.3 Energie in de EHB

27. (I) Een massa van 1,15 kg trilt volgens de vergelijking $x = 0,650 \cos 7,40t$, met x in meter en t in seconden. Bepaal (a) de amplitude, (b) de frequentie, (c) de totale energie, en (d) de kinetische energie en potentiële energie wanneer $x = 0,260$ m.

28. (I) (a) Bij welke uitwijking van een EHO is de energie voor de helft kinetische en voor de helft potentiële energie? (b) Welk deel van de totale energie van een EHO is kinetische en welk deel potentiële energie wanneer de uitwijking eenderde is van de amplitude?

29. (II) Teken een grafiek zoals fig. 14.11 voor een horizontale veer waarvan de veerconstante 95 N/m is, en waaraan aan het uiteinde een massa bevestigd is van 55 g. Ga ervan uit dat de veer zijn beweging is begonnen met een amplitude van 2,0 cm. Verwaarloos de massa van de veer en elke wrijving met het horizontale oppervlak. Gebruik je grafiek om een schatting te maken van (a) de potentiële energie, (b) de kinetische energie, en (c) de snelheid van de massa, voor $x = 1,5$ cm.

30. (II) Een massa van 0,35 kg aan het uiteinde van een veer gaat 2,5 keer per seconde heen en weer met een amplitude van 0,15 m. Bepaal (a) de snelheid waarmee de massa de evenwichtsstand passeert, (b) de snelheid als de massa een uitwijking heeft van 0,10 m ten opzichte van de evenwichtsstand, (c) de totale energie van het systeem, en (d) de vergelijking die de beweging van de massa beschrijft, aangenomen dat x zijn maximale waarde had op $t = 0$.

31. (II) Om de veer van een speelgoedpistool 0,175 m in te drukken en vervolgens een 0,160 kg zware bal te 'laden' is een kracht van 95,0 N nodig. Met welke snelheid zal de bal het pistool verlaten als dit horizontaal wordt afgevuurd?

32. (II) Een kogel van 0,0125 kg raakt een 0,240 kg zwaar blok dat is bevestigd aan een gefixeerde horizontale veer met een veerconstante $2,25 \cdot 10^3$ N/m, en brengt het blok in een trilling met een amplitude van 12,4 cm. Wat was de beginsnelheid van de kogel als de kogel na de inslag blijft vastzitten in het blok?

33. (II) Als de ene trilling 5,0 keer zoveel energie heeft als een tweede met gelijke frequentie en massa, wat is dan de verhouding tussen hun amplitudes?

34. (II) Een massa van 240 g voert een trilling uit op een horizontaal wrijvingsloos oppervlak met een frequentie van 3,0 Hz en een amplitude van 4,5 cm. (a) Welke waarde heeft de effectieve veerconstante voor deze beweging? (b) Hoeveel energie is er nodig bij deze beweging?

35. (II) Een massa aan het uiteinde van een horizontale veer voert een trilling uit op een horizontaal wrijvingsloos oppervlak; het andere uiteinde van de veer zit vast aan een muur. Om de veer 0,13 m in te drukken moet er 3,6 J aan arbeid worden verricht. Als de veer wordt ingedrukt en dan vanuit rust wordt losgelaten, ondergaat hij een maximale versnelling van 15 m/s². Bepaal de waarde van (a) de veerconstante en (b) de massa.

36. (II) Een voorwerp met massa 2,7 kg voert een enkelvoudige harmonische beweging uit, bevestigd aan een veer met veerconstante $k = 280$ N/m. Wanneer het 0,020 m verwijderd is van zijn evenwichtsstand beweegt het voorwerp met een snelheid van 0,55 m/s. (a) Bereken de amplitude van de beweging. (b) Bereken de maximale snelheid die het voorwerp bereikt.

37. (II) Politieagente Astrid bedacht de volgende methode om de uittreedsnelheid van kogels uit de loop van een geweer te meten (fig. 14.33). Zij vuurt een kogel af op een houten blok van 4,648 kg dat op een glad oppervlak rust en is bevestigd aan een veer met veerconstante $k = 142,7$ N/m. De kogel, waarvan de massa 7,870 g bedraagt, blijft in het houten blok zitten. Ze meet de maximale afstand waarover de veer door het blok wordt ingedrukt als 9,460 cm. Wat was de snelheid v van de kogel?

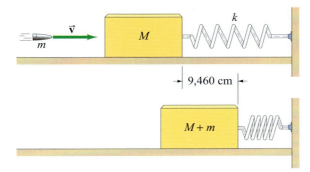

FIGUUR 14.33 Vraagstuk 37.

38. (II) Bereken de uitwijking x als functie van de tijd voor de enkelvoudige harmonische oscillator, gebruikmakend van de wet van behoud van energie, vgl. 14.10. (*Hint*: integreer vgl. 14.11a met $v = dx/dt$.)

39. (II) Een massa van 785 g aan het uiteinde van een horizontale veer ($k = 184$ N/m) die op $t = 0$ in rust is, krijgt een klap met een hamer die hem een beginsnelheid geeft van 2,26 m/s. Bepaal (*a*) de periode en frequentie van de beweging, (*b*) de amplitude, (*c*) de maximale versnelling, (*d*) de plaats als functie van de tijd, (*e*) de totale energie, en (*f*) de kinetische energie als $x = 0{,}40A$ waarin A de amplitude is.

40. (II) De veer van het afschietmechanisme van een flipperkast wordt 6,0 cm ingedrukt om een bal langs een helling van 15° omhoog te schieten. De bal heeft massa $m = 25$ g en straal $r = 1{,}0$ cm. Ga ervan uit dat de bal bij het verlaten van het afschietmechanisme rolt en niet glijdt. Als hij bij het lanceren een snelheid krijgt van 3,0 m/s, wat is dan de veerconstante van de veer van het afschietmechanisme?

14.5 De enkelvoudige slinger

41. (I) Een slinger heeft op aarde een periode van 1,35 sec. Wat is zijn periode op Mars, waar de valversnelling gelijk is aan ongeveer 0,37 maal die van de aarde?

42. (I) Een slinger voert 32 trillingen uit in exact 50 s. Wat is (*a*) zijn periode en (*b*) zijn frequentie?

43. (II) Een enkelvoudige slinger is 0,30 m lang. Hij wordt op $t = 0$ vanuit rust onder een hoek van 13° losgelaten. Als je de wrijving verwaarloost, wat zal dan de hoekverdraaiing van de slinger zijn op (*a*) $t = 0{,}35$ s, (*b*) $t = 3{,}45$ s, en (*c*) $t = 6{,}00$ s?

44. (II) Wat is de periode van een 53 cm lange enkelvoudige slinger (*a*) op aarde, en (*b*) als hij zich in een lift in vrije val bevindt?

45. (II) Een enkelvoudige slinger voert een trilling uit met een amplitude van 10,0°. Welk deel van de tijd bevindt hij zich tussen +5,0° en −5,0°? Ga uit van EHB.

46. (II) De slinger van je grootvaders klok heeft een lengte van 0,9930 m. Als de klok 26 s per dag achterloopt, met hoeveel moet je de lengte van de slinger dan veranderen wil je de klok correct laten lopen?

47. (II) Leid een formule af voor de maximale snelheid v_{max} van het slingergewicht van een enkelvoudige slinger uitgedrukt in g, de lengte ℓ, en de maximale slingerhoek θ_{max}.

*14.6 De fysische slinger en de torsieslinger

*__48.__ (II) Een slinger bestaat uit een klein slingergewicht met massa M aan een uniform koord met massa m en lengte ℓ. (*a*) Gebruik de benadering voor kleine hoeken om een formule te bepalen voor de periode. (*b*) Hoe groot zou de relatieve fout zijn als je de formule voor een enkelvoudige slinger zou gebruiken, vgl. 14.12c?

*__49.__ (II) Het balanswiel van een horloge, een dunne ring met straal 0,95 cm, voert een trilling uit met een frequentie van 3,10 Hz. Als een krachtmoment van $1{,}1 \cdot 10^{-5}$ m·N het wiel 45° laat draaien, bereken dan de massa van het balanswiel.

*__50.__ (II) Het menselijk been kan vergeleken worden met een fysische slinger, met een zodanige 'natuurlijke' slingerperiode dat lopen het gemakkelijkst gaat. Beschouw het been als twee stangen die bij de knie star aan elkaar zijn bevestigd; de as voor het been is het heupgewricht. De lengte van de twee stangen is ongeveer gelijk, 55 cm. De bovenste stang heeft een massa van 7,0 kg en de onderste stang heeft een massa van 4,0 kg. (*a*) Bereken de periode van de natuurlijke slingerbeweging van het systeem. (*b*) Controleer je antwoord door op een stoel te gaan staan en de tijd te meten voor een of meer volledige van-achteren-naar-voren-bewegingen met je been. Het effect van een korter been is een kleinere slingerperiode, wat een snellere 'natuurlijke' tred mogelijk maakt.

*__51.__ (II) (*a*) Bepaal de bewegingsvergelijking (voor θ als functie van de tijd) voor een torsieslinger als in fig. 14.18, en laat zien dat de beweging enkelvoudig harmonisch is. (*b*) Laat zien dat de periode T gegeven wordt door $T = 2\pi\sqrt{I/K}$. (Het balanswiel van een mechanisch horloge is een voorbeeld van een torsieslinger waar het terugdrijvende krachtmoment wordt geleverd door een schroefveer.)

*__52.__ (II) Een studente wil een liniaal van een meter lengte als slinger gebruiken. Zij is van plan een klein gat te boren door de liniaal om deze op te hangen aan een gladde pin die vastzit aan de muur (fig. 14.34). Waar in de liniaal zou zij het gat moeten boren om de kleinst mogelijke periode te verkrijgen? Wat is de kortste trillingsperiode die zij op deze manier met een liniaal van een meter lang kan bereiken?

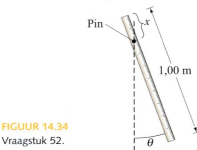

FIGUUR 14.34
Vraagstuk 52.

*__53.__ (II) Een liniaal van een meter lengte wordt in het midden opgehangen aan een dunne draad (fig. 14.35a). Hij wordt verdraaid en komt in trilling met een periode van 5,0 s. De liniaal wordt nu afgezaagd op een lengte van 70,0 cm. Dit deel wordt opnieuw in het midden gebalanceerd en in tril-

FIGUUR 14.35 Vraagstuk 53.

ling gebracht (fig. 14.35b). Wat zal nu de periode zijn van de trilling?

*54. (II) Een ronde aluminium schijf, met diameter 12,5 cm en massa 375 g, wordt bevestigd op een verticale as met zeer weinig wrijving (fig. 14.36). Een uiteinde van een vlakke spiraalveer wordt bevestigd aan de schijf, en het andere uiteinde aan de voet van het apparaat. De schijf wordt in roterende trilling gebracht en de frequentie is 0,331 Hz. Wat is de torsieveerconstante K ($\tau = -K\theta$)?

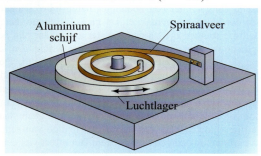

FIGUUR 14.36 Vraagstuk 54.

*55. (II) Door een ronde schijf multiplex met straal 20,0 cm en massa 2,20 kg is een klein gat geboord op 2,00 cm van de rand (fig. 14.37). De schijf wordt aan de muur opgehangen door middel van een metalen pen door het gat en wordt als slinger gebruikt. Wat is de periode van deze slinger voor trillingen van kleine amplitude?

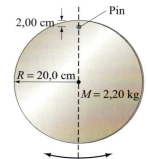

FIGUUR 14.37 Vraagstuk 55.

14.7 Demping

56. (II) Een blok met een massa van 0,835 kg voert een trilling uit aan het uiteinde van een veer waarvan de veerconstante gelijk is aan $k = 41,0$ N/m. De massa beweegt in een vloeistof die een tegenwerkende kracht $F = -bv$ geeft, waarin $b = 0,662$ N·s/m. (a) Wat is de periode van de beweging? (b) Wat is de relatieve afname in amplitude per cyclus? (c) Schrijf de uitwijking als functie van de tijd op als $x = 0$ op $t = 0$, en $x = 0,120$ m op $t = 1,00$ s.

57. (II) Maak een schatting hoe de dempingsconstante van de schokbrekers van een auto verandert als ze oud worden en de auto drie keer op en neer veert als hij over een snelheidsdrempel rijdt.

58. (II) Een fysische slinger bestaat uit een 85 cm lange, uniforme houten lat met massa 240 g die vlakbij een uiteinde is opgehangen aan een spijker (fig. 14.38). De beweging wordt gedempt door de wrijving in het draaipunt; de dempingskracht is bij benadering evenredig met $d\theta/dt$. De lat wordt in trilling gebracht door hem 15° uit zijn evenwichtsstand te brengen en dan los te laten. Na 8,0 s is de amplitude van de trilling afgenomen tot 5,5°. Als de hoekverdraaiing geschreven kan worden als $\theta = Ae^{-\gamma t} \cos \omega' t$, bepaal dan (a) γ (b) bij benadering de periode van de beweging, en (c) hoe lang het duurt voor de amplitude afgenomen is tot $\frac{1}{2}$ van de oorspronkelijke waarde.

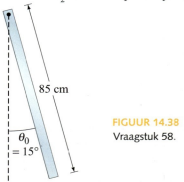

FIGUUR 14.38 Vraagstuk 58.

59. (II) Een gedempte harmonische oscillator verliest per cyclus 6,0 procent van zijn mechanische energie. (a) Met welk percentage wijkt zijn frequentie af van de eigenfrequentie $f_0 = (1/2\pi)\sqrt{k/m}$? (b) Na hoeveel perioden zal de amplitude afgenomen zijn tot $1/e$ van zijn oorspronkelijke waarde?

60. (II) Een verticale veer met veerconstante 115 N/m draagt een gewicht met een massa van 75 g. Het gewicht voert een trilling uit in een buis gevuld met een vloeistof. Als het gewicht in het begin een amplitude krijgt van 5,0 cm, dan neemt men waar dat na 3,5 s de amplitude 2,0 cm is. Schat de dempingsconstante b. Verwaarloos de krachten ten gevolge van opwaartse druk.

61. (III) (a) Laat zien dat voor een licht gedempte harmonische oscillator de totale mechanische energie $E = \frac{1}{2}mv^2 + \frac{1}{2}kx^2$ als functie van de tijd gelijk is aan

$$E = \tfrac{1}{2}kA^2 e^{-(b/m)t} = E_0 e^{-(b/m)t},$$

waarin E_0 de totale mechanische energie is op $t = 0$. (Neem aan dat $\omega' \gg b/2m$.) (b) Laat zien dat het procentuele verlies aan energie per periode gegeven wordt door

$$\frac{\Delta E}{E} = \frac{2\pi b}{m\omega_0} = \frac{2\pi}{Q},$$

waarin $\omega_0 = \sqrt{k/m}$ en waar $Q = m\omega_0/b$ de **kwaliteitsfactor** of de **Q-waarde** van het systeem wordt genoemd. Een hogere Q-waarde betekent dat het systeem de trillingen langer kan volhouden.

62. (III) Een zweefwagentje op een luchtrail is met veren verbonden met beide uiteinden van de rail (fig. 14.39). Beide veren hebben dezelfde veerconstante k, en het zweefwagentje heeft massa M. (a) Bepaal, aangenomen dat er geen demping is, de frequentie van de trillingen, als $k = 125$ N/m en $M = 215$ g. (b) Uit waarnemingen blijkt dat na 55 trillingen de amplitude van de trillingen is afgenomen tot de helft van de beginwaarde. Gebruik vgl. 14.16 om een schatting te geven van de waarde van γ. (c) Hoeveel tijd kost het de amplitude om af te nemen tot een vierde van de beginwaarde?

FIGUUR 14.39 Vraagstuk 62.

14.8 Gedwongen trillingen; resonantie

63. (II) (a) Wat is, voor een gedwongen trilling bij resonantie ($\omega = \omega_0$), de waarde van de fasehoek ϕ_0 in vgl. 14.22? (b) En wat is dan de uitwijking op een tijdstip waarop de aandrijvende kracht F_{uitw} een maximum heeft, en op een tijdstip waarop $F_{uitw} = 0$? (c) Wat is in dit geval de fasehoek (in graden) tussen de aandrijvende kracht en de uitwijking?

64. (II) Differentieer vgl. 14.23 om aan te tonen dat de amplitude bij resonantie piekt bij

$$\omega = \sqrt{\omega_0^2 - \frac{b^2}{2m^2}}.$$

65. (II) Een auto van 1150 kg heeft veren met $k = 16.000$ N/m. Een van de autobanden is niet juist uitgebalanceerd, waardoor de auto aan een zijde een klein beetje extra massa heeft en de auto bij bepaalde snelheden gaat schudden. Als de straal van de banden 42 cm is, bij welke snelheid zal het wiel dan het meest schudden?

*66. (II) Teken voor $Q = 6{,}0$ een nauwkeurige resonantiekromme, van $\omega = 0$ tot $\omega = 2\omega_0$.

*67. (II) De amplitude van een aangedreven harmonische oscillator bereikt een waarde van 23,7 F_0/m bij een resonantiefrequentie van 382 Hz. Wat is de Q-waarde van dit systeem?

68. (III) Laat door middel van directe substitutie zien dat vgl. 14.22, samen met vgl. 14.23 en 14.24, een oplossing is van de bewegingsvergelijking (vgl. 14.21) voor de gedwongen oscillator. (*Hint:* als je sin ϕ_0 en cos ϕ_0 zoekt en je weet tan ϕ_0, teken dan een rechthoekige driehoek.)

*69. (III) Stel je een enkelvoudige slinger (met een puntmassa als slingergewicht) met een lengte van 0,50 m en een Q van 350 voor. (a) Hoe lang duurt het voor de amplitude (die klein verondersteld wordt) met tweederde is afgenomen? (b) Als de amplitude 2,0 cm is en het slingergewicht heeft een massa van 0,27 kg, wat is dan de aanvangswaarde voor het tempo van energieverlies van de slinger in watt? (c) Als we resonantie willen bewerkstelligen met een sinusoïdale drijvende kracht, hoe dicht moet de frequentie van de drijvende kracht dan bij de eigenfrequentie van de slinger liggen (neem $\Delta f = f - f_0$)?

Algemene vraagstukken

70. Iemand van 62 kg springt uit een raam in een vangnet van de brandweer, waardoor dit net 1,1 m uitrekt. Neem aan dat het vangnet zich gedraagt als een normale veer. (a) Bereken hoeveel het net zou uitrekken als dezelfde persoon er in zou liggen. (b) Hoeveel zou het net uitrekken als deze persoon vanaf 38 m hoogte was gesprongen?

71. Een energieabsorberende bumper van een auto heeft een veerconstante van 430 kN/m. Bereken de maximale samendrukking van de bumper als de auto, met massa 1300 kg, met een snelheid van 2,0 m/s (ongeveer 7 km per uur) tegen een muur botst. Neem aan dat de rest van de auto hierbij niet vervormt.

72. De lengte van een enkelvoudige slinger is 0,63 m, het slingergewicht heeft een massa van 295 g, en de slinger wordt onder een hoek van 15° met de verticaal losgelaten. (a) Met welke frequentie gaat hij trillen? (b) Wat is de snelheid van het slingergewicht als het het laagste punt van de slingerbeweging passeert? Ga uit van EHB. (c) Aangenomen dat er geen verliezen zijn, hoeveel bedraagt dan de totale energie die in deze trilling is opgeslagen?

73. Een enkelvoudige slinger voert een trilling uit met frequentie f. Wat wordt de frequentie als de hele slinger met 0,50 g versnelt (a) naar boven, en (b) naar beneden?

74. (I) Een massa van 0,650 kg voert een trilling uit en beweegt volgens de vergelijking x = 0,25 sin(5,50t), met x in meter en t in seconden. Bepaal (a) de amplitude, (b) de frequentie, (c) de totale energie, en (d) de kinetische energie en potentiële energie wanneer $x = 15$ cm.

75. (a) Een hijskraan op het autokerkhof heeft een 1350 kg zware auto opgetakeld. De staalkabel van de hijskraan is 20,0 m lang en heeft een diameter van 6,4 mm. Als de auto aan het uiteinde van de kabel heen en weer gaat trillen, wat is dan de periode van die beweging? Raadpleeg tabel 12.1. (b) Bij welke amplitude van heen en weer bewegen zal de kabel het waarschijnlijk begeven? (Zie tabel 12.2, en ga ervan uit dat de wet van Hooke de hele tijd blijft gelden tot aan het punt van afbreken.)

76. Een zuurstofatoom op een bepaalde plek binnen een DNA-molecuul kan in enkelvoudige harmonische beweging gebracht worden wanneer het belicht wordt met infrarood licht. Het zuurstofatoom zit met een op een veer gelijkende chemische binding vast aan een fosforatoom, dat star is verbonden met de ruggengraat van het DNA-molecuul. De frequentie waarmee het zuurstofatoom gaat trillen is $f = 3{,}7 \cdot 10^{13}$ Hz. Wordt het zuurstofatoom op deze plaats vervangen door een zwavelatoom, dan blijft de veerconstante van de binding onveranderd (zwavel staat pal onder zuurstof in het periodiek systeem van de elementen). Geef een voorspelling wat de frequentie zal zijn voor een DNA-molecuul na de vervanging door zwavel.

77. Een 'secondeslinger' heeft een periode van exact 2,000 s. Dat wil zeggen dat elke zwaai heen of terug 1,000 s duurt. Wat is de lengte van een secondeslinger in Austin in Texas, waar $g = 9{,}793$ m/s^2? Wordt de slinger verplaatst naar Parijs waar $g = 9{,}809$ m/s^2, met hoeveel millimeter moeten we de slinger dan langer maken? Wat is de lengte van een secondeslinger op de maan, waar $g = 1{,}62$ m/s^2?

78. Een 320 kg zwaar houten vlot drijft op een meer. Als er een man van 75 kg op het vlot gaat staan zakt het 3,5 cm dieper weg in het water. Stapt hij er vanaf dan gaat het vlot een tijdje op en neer. (a) Wat is de frequentie van deze trilling? (b) Wat is de totale trillingsenergie (verwaarloos de demping)?

79. Bij welke uitwijking vanuit de evenwichtsstand heeft de snelheid van een EHO de helft van de maximale waarde?

80. Een duikplank trilt op en neer met een enkelvoudige harmonische beweging van 2,5 cycli per seconde. Wat is de maximale amplitude waarmee het uiteinde van de duikplank mag trillen voor een steen die daar neergelegd is (zie fig. 14.40) het contact met de plank verliest bij het trillen?

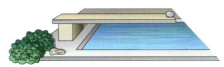

FIGUUR 14.40 Vraagstuk 80.

81. Een rechthoekig blok hout drijft op een rimpelloos meer. Laat zien dat, als de wrijving verwaarloosd wordt, het blok in EHB op en neer zal gaan als het voorzichtig dieper in het water geduwd en dan losgelaten wordt. Bepaal ook een vergelijking voor de veerconstante.

82. Een auto van 950 kg raakt met een snelheid van 25 m/s een enorme veer (fig. 14.41), waardoor de veer 5,0 m wordt ingedrukt. (a) Hoe groot is de veerconstante van de veer? (b) Hoe lang is de auto in contact met de veer voor hij weer wegschiet in de tegenovergestelde richting?

FIGUUR 14.41 Vraagstuk 82.

83. Een 1,60 kg zware tafel staat op vier veren. Een klont boetseerklei van 0,80 kg wordt boven de tafel gehouden en losgelaten zodat deze de tafel raakt met een snelheid van 1,65 m/s (fig. 14.42). De botsing van de klei met de tafel is inelastisch, en de tafel en klei trillen samen op en neer. Na lange tijd komt de tafel tot rust op 6,0 cm onder zijn oorspronkelijke positie. (a) Welke waarde heeft de effectieve veerconstante van alle vier de veren bij elkaar? (b) Wat is de maximale amplitude waarmee het platform een trilling uitvoert?

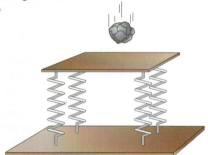

FIGUUR 14.42 Vraagstuk 83.

84. In sommige tweeatomige moleculen kan de kracht die het ene atoom op het andere uitoefent benaderd worden door $F = -C/r^2 + D/r^3$, waarin r de atoomafstand is en C en D positieve constanten zijn. (a) Teken in een grafiek F als functie van r, van $r = 0{,}8D/C$ tot $r = 4D/C$. (b) Laat zien dat er evenwicht optreedt bij $r = r_0 = D/C$. (c) Laat $\Delta r = r - r_0$ een geringe uitwijking uit de evenwichtsstand zijn, waarbij $\Delta r \ll r_0$. Laat zien dat voor dergelijk kleine uitwijkingen de beweging bij benadering enkelvoudig harmonisch is, en (d) bepaal de veerconstante. (e) Wat is de periode van deze beweging? (Hint: ga ervan uit dat een van de atomen in rust is en blijft.)

85. Een gewicht bevestigd aan het uiteinde van een veer wordt uitgetrokken tot een afstand x_0 uit de evenwichtsstand en dan losgelaten. Bij welke afstand gerekend vanuit de evenwichtsstand zal het (a) een snelheid hebben gelijk aan de helft van zijn maximale snelheid, en (b) een versnelling hebben gelijk aan de helft van zijn maximale versnelling?

86. Het kooldioxidemolecuul is uitgestrekt langs een rechte lijn. Het gedrag van de koolstof-zuurstofbinding in dit molecuul is sterk vergelijkbaar met dat van veren. Fig. 14.43 geeft een mogelijke manier aan waarop de zuurstofatomen in dit molecuul een trilling kunnen uitvoeren: de zuurstofatomen bewegen zich regelmatig en symmetrisch van binnen naar buiten en weer terug, terwijl het koolstofatoom in rust blijft. Elk van de zuurstofatomen gedraagt zich zoals een enkelvoudige harmonische oscillator met een massa gelijk aan de massa van een zuurstofatoom. Uit waarnemingen blijkt dat deze trilling plaatsvindt met een frequentie van $f = 2{,}83 \cdot 10^{13}$ Hz. Wat is de veerconstante van de koolstof-zuurstofbinding?

FIGUUR 14.43 Vraagstuk 86, het CO_2-molecuul.

87. Stel je voor dat er een rond gat met een doorsnede van 10 cm is geboord dwars door het midden van de aarde (fig. 14.44). Aan een kant van het gat laat je een appel in het gat vallen. Laat zien dat, als je aanneemt dat de aarde een constante dichtheid heeft, de resulterende beweging van de appel enkelvoudig harmonisch is. Hoe lang duurt het voor de appel terug is? Neem aan dat we alle wrijvingseffecten kunnen verwaarlozen. (*Hint:* zie appendix D.)

FIGUUR 14.44 Vraagstuk 87.

88. Een dunne, rechte, uniforme staaf met lengte $\ell = 1{,}00$ m en massa $m = 215$ g hangt met een uiteinde aan een draaipunt. (a) Wat is zijn periode voor trillingen met kleine amplitude? (b) Wat is de lengte van een enkelvoudige slinger die dezelfde periode zal hebben?

89. Een gewicht met massa m wordt voorzichtig aan het uiteinde van een vrij hangende veer bevestigd. Het gewicht valt dan 32,0 cm alvorens het tot stilstand komt en weer omhoog begint te gaan. Wat is de frequentie van de trilling?

90. Een kind met massa m zit bovenop een rechthoekige plaat met massa $M = 35$ kg, die op zijn beurt op de wrijvingsloze horizontale vloer van een pizzeria rust. De plaat zit vast aan een horizontale veer met veerconstante $k = 430$ N/m (waarvan het andere eind is bevestigd aan een onbe-

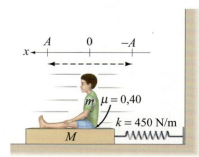

FIGUUR 14.45 Vraagstuk 90.

weegbare muur, zie fig. 14.45). De coëfficiënt voor statische wrijving tussen het kind en de bovenkant van de plaat is $\mu = 0,40$. Het is de bedoeling van de eigenaar van de pizzeria dat als de plaat en het kind (zonder ten opzichte van elkaar te verschuiven) uit de evenwichtsstand worden bewogen en losgelaten, zij een EHB uitvoeren met amplitude $A = 0,50$ m. Zou er een beperking moeten worden gesteld aan het gewicht voor deze attractie? Zo ja, welke?

91. Schat de effectieve veerconstante van een trampoline.
92. In paragraaf 14.5 wordt de trilling van een enkelvoudige slinger (fig. 14.46) beschouwd als een beweging langs een rechte lijn over de booglengte x en geanalyseerd met $F = ma$. Het is ook mogelijk de beweging van de slinger te zien als draaibeweging rond zijn ophangpunt en een analyse te doen gebruikmakend van $\tau = I\alpha$. Voer deze alternatieve analyse uit en laat zien dat

$$\theta(t) = \theta_{\max} \cos\left(\sqrt{\frac{g}{\ell}}\,t + \phi\right),$$

waarin $\theta(t)$ de hoekverdraaiing van de slinger ten opzichte van de verticaal is op tijdstip t, zolang de maximale waarde ervan kleiner blijft dan ongeveer $15°$.

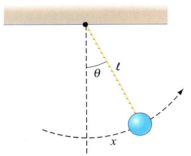

FIGUUR 14.46 Vraagstuk 92.

Numeriek/computer

*93. (II) Een massa m op een wrijvingsloos oppervlak is bevestigd aan een veer met veerconstante k, zoals getoond in fig. 14.47. Uit waarnemingen blijkt dat dit massaveersysteem een enkelvoudige harmonische beweging uitvoert met periode T. De massa m wordt verschillende keren veranderd en de corresponderende periode T wordt voor elk geval opnieuw gemeten, wat de volgende gegevenstabel oplevert:

Massa m (kg)	Periode T (s)
0,5	0,445
1,0	0,520
2,0	0,630
3,0	0,723
4,5	0,844

(a) Laat, uitgaande van vgl. 14.7b, zien waarom een grafiek van T^2 uitgezet tegen m naar verwachting een rechte lijn oplevert. Hoe kan k worden bepaald uit de helling van deze rechte lijn? Wat is naar verwachting het snijpunt van de lijn met de y-as? (b) Gebruik de gegevens in de tabel om een grafiek te tekenen van T^2 tegen m en laat zien dat deze grafiek een rechte lijn oplevert. Bepaal de helling en het snijpunt met de y-as (niet gelijk aan nul). (c) Laat zien dat er op grond van de theorie in onze grafiek een snijpunt met de y-as verwacht mag worden dat niet nul is, als we in vgl. 14.7b niet eenvoudigweg m gebruiken, maar $m + m_0$, waarin m_0 een constante is. Dat wil zeggen, herhaal punt (a) maar gebruik nu $m + m_0$ voor de massa in vgl. 14.7b. Gebruik vervolgens de resultaten van deze analyse om uit de helling van je grafiek en het snijpunt met de y-as k te bepalen. (d) Geef een fysische interpretatie van m_0, een extra massa die met de aan de veer vastgemaakte massa m lijkt mee te trillen.

*94. (III) *Demping evenredig met v^2.* Stel dat de oscillator uit voorbeeld 14.5 wordt gedempt door een kracht die evenredig is met het kwadraat van de snelheid, $F_{\text{demping}} = -cv^2$, waarin $c = 0,275$ kg/m een constante is. Voer een numerieke integratie[1] uit van de differentiaalvergelijking voor $t = 0$ tot $t = 2,00$ s, met een nauwkeurigheid van 2 procent, en geef je resultaten weer in een grafiek.

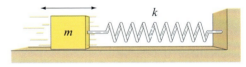

FIGUUR 14.47 Vraagstuk 93.

Antwoorden op de opgaven

A: (*a*), (*c*), (*d*).
B: (*b*).
C: (*c*).
D: (*b*), (*d*).
E: (*e*).
F: (*c*).
G: Worden allemaal groter.
H: (*a*).
I: (*c*).
J: (*a*) 25 cm; (*b*) 2,0 s.

---

[1] Zie paragraaf 2.9.

Hoofdstuk 15

Golven, zoals deze watergolven, verspreiden zich vanaf een bron naar buiten. In dit geval is de bron een kleine plek in het water die enigszins op en neer beweegt nadat er een steentje in is gegooid (foto links). Andere soorten golven zijn golven in een touw of een snaar, die eveneens worden geproduceerd door een trilling. Golven bewegen van hun bron af, maar we bestuderen ook golven die stil lijken te staan ('staande golven'). Golven weerkaatsen en ze kunnen met elkaar interfereren wanneer ze tegelijkertijd door hetzelfde punt gaan.

Inhoud

- 15.1 Eigenschappen van de golfbeweging
- 15.2 Typen golven: transversale en longitudinale golven
- 15.3 Energietransport door golven
- 15.4 Wiskundige voorstelling van een lopende golf
- *15.5 De golfvergelijking
- 15.6 Het superpositiebeginsel
- 15.7 Reflectie en transmissie
- 15.8 Interferentie
- 15.9 Staande golven; resonantie
- *15.10 Breking
- *15.11 Buiging

Golfbeweging

Openingsvraag: wat denk jij?

Je gooit een steen in een vijver en de watergolven verspreiden zich in cirkels naar buiten.

(a) De golven nemen het water mee naar buiten, vanaf de plaats waar het steentje het water raakte. Dat bewegende water neemt energie mee naar buiten.

(b) De golven laten alleen het water op en neer gaan. Vanaf de plaats van het steentje wordt geen energie naar buiten gebracht.

(c) De golven laten alleen het water op en neer gaan, maar de golven nemen wel energie mee naar buiten, van de plaats waar het steentje het water raakte vandaan.

Wanneer je een steen in een meer of een plas gooit, vormen zich cirkelvormige golven die naar buiten bewegen, zoals te zien is in de foto's hierboven. Ook gaan er golven lopen in een touw dat vlak op een tafel ligt, als je één uiteinde heen en weer beweegt, zoals weergegeven in fig. 15.1. Watergolven en golven in een touw zijn twee bekende voorbeelden van **mechanische golven**, die zich voortplanten als trillingen

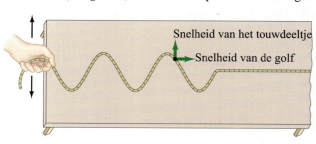

FIGUUR 15.1 Golf langs een touw. De golf loopt langs het touw naar rechts. Deeltjes van het koord trillen op het tafelblad heen en weer.

van materie. In de latere hoofdstukken bespreken we ook andere typen golven, waaronder elektromagnetische golven en licht.

Als je ooit golven van de zee naar de kust hebt zien bewegen voordat ze breken, heb je je wellicht afgevraagd of de golven water van ver weg naar het strand met zich meedroegen. Dat is niet zo.[1]
Watergolven bewegen met een bepaalde snelheid. Maar elk deeltje (of molecuul) van het water zelf trilt rond een evenwichtspunt. Dit is goed te zien door te kijken naar bladeren op een vijver als er golven voorbijkomen. De bladeren (of een kurk) worden niet meegenomen door de golven, maar trillen alleen rond een evenwichtspunt omdat dit de beweging van het water zelf is.

> **Conceptvoorbeeld 15.1 Golfsnelheid versus deeltjessnelheid**
>
> Is de snelheid van een golf langs een touw dezelfde als de snelheid van een deeltje van het touw? (Zie fig. 15.1.)
>
> **Antwoord** Nee. De twee snelheden verschillen, zowel in grootte als in richting. De golf aan het touw van fig. 15.1 beweegt over de tafel naar rechts, maar elk deel van het touw trilt uitsluitend heen en weer over de tafel. (Het touw beweegt duidelijk niet in de richting van de golf.)

Golven kunnen zich over grote afstanden verplaatsen, maar de beweging van het medium (het water of het touw) is beperkt tot een trilling rond een evenwichtspunt zoals in een enkelvoudige harmonische beweging. Hoewel een golf geen materie is, kan het golfpatroon zich wel verplaatsen in de materie. Een golf bestaat uit trillingen die zich verplaatsen zonder materie met zich mee te nemen.
Golven brengen wel energie over van de ene plaats naar de andere. Zo krijgt bijvoorbeeld een watergolf energie van een steen die in het water wordt gegooid, of van de wind boven het water. De energie wordt door de golven getransporteerd naar de kust. De bewegende hand in fig. 15.1 brengt energie over aan het touw, die vervolgens langs het touw wordt getransporteerd en kan worden overgedragen naar een voorwerp aan het andere uiteinde. Alle vormen van zich verplaatsende golven transporteren energie.

> **Opgave A**
> Ga terug naar de openingsvraag aan het begin van dit hoofdstuk, en beantwoord die nogmaals. Probeer te verklaren waarom je die de eerste keer misschien anders hebt beantwoord.

15.1 Eigenschappen van de golfbeweging

Laten we eens iets nauwkeuriger kijken hoe een golf is gevormd en hoe het komt dat hij zich verplaatst. We bekijken eerst één golfbult, oftewel een **puls**. Een enkelvoudige puls in een touw kan worden gevormd door de hand snel op en neer te bewegen, fig. 15.2. De hand trekt het ene uiteinde van het touw omhoog. Omdat het eindstuk van het touw vastzit aan de rest, ondervindt ook dit stuk een opwaartse kracht en begint het naar boven te bewegen. Naarmate het touw steeds verder omhoog beweegt, beweegt de golftop zich langs het touw naar rechts. Intussen is het eindstuk van het touw weer teruggekeerd in zijn oorspronkelijke positie in de hand. Als elk opeenvolgend stukje touw zijn top bereikt, wordt het weer naar beneden getrokken door de spanning uit het aangrenzende stukje touw. Dus is de bron van een lopende golfpuls een verstoring, en zijn het de cohesiekrachten tussen aangrenzende stukken touw die ervoor zorgen dat de puls zich verplaatst. Golven in andere media worden op dezelfde manier gecreëerd en planten zich op dezelfde manier voort. Een indrukwek-

---

[1] Verwar dit niet met het 'breken' van zeegolven, wat zich voordoet wanneer een golf in ondiep water de bodem raakt en daardoor niet langer een enkelvoudige golf is.

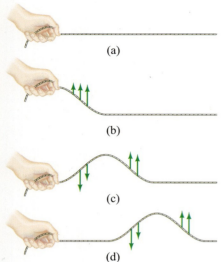

FIGUUR 15.2 Beweging van een golfpuls naar rechts. Pijlen geven de snelheid van de touwdeeltjes aan.

kend voorbeeld van een golfpuls is een tsunami of vloedgolf die gecreëerd wordt door een aardbeving in de aardkorst onder de oceaan. De knal die je hoort wanneer een deur wordt dichtgeslagen, is een puls van een geluidsgolf.

Een **continue** of **periodieke golf**, zoals die in fig. 15.1, heeft als bron een verstoring die continu is en trilt; dat wil zeggen, de bron is een *trilling* oftewel een *oscillatie*. In fig. 15.1 brengt een hand een uiteinde van het touw in trilling. Watergolven kunnen worden geproduceerd door een willekeurig trillend voorwerp aan het oppervlak, zoals je hand; of het water zelf wordt aan het trillen gebracht wanneer de wind eroverheen blaast of er een steen in gegooid wordt. Een trillende stemvork of trommelvlies veroorzaakt geluidsgolven in de lucht. En we zullen later zien dat oscillerende elektrische ladingen aanleiding geven tot lichtgolven. Sterker nog: vrijwel elk trillend voorwerp zendt golven uit.

De bron van elke golf is dus een trilling. En het is een *trilling* die zich naar buiten toe voortplant en zo de golf doet ontstaan. Als de bron sinusoïdaal trilt in een enkelvoudige harmonische beweging, dan zal de golf zelf (mits het medium perfect elastisch is) zowel in de ruimte als in de tijd een sinusvorm hebben. (1) In de ruimte: als je op een zeker moment een foto van de golf in de ruimte zou nemen, zou de golf de vorm van een sinus of cosinus als functie van de plaats hebben. (2) In de tijd: als je de beweging van het medium op één plaats over een lange tijdsperiode bekijkt (bijvoorbeeld als je tussen twee dicht bij elkaar staande paaltjes op een pier of door de patrijspoort van een boot naar watergolven kijkt), dan zal de op-en-neerbeweging van dat kleine watersegment een enkelvoudige harmonische beweging zijn. Het water gaat sinusoïdaal op en neer in de tijd.

Enkele van de belangrijkste grootheden die worden gebruikt voor het beschrijven van een periodieke sinusoïdale golf zijn weergegeven in fig. 15.3. De hoge punten in een golf worden *toppen* genoemd, de lage punten *dalen*. De **amplitude**, A, is de maximale hoogte van een top, of diepte van een dal, ten opzichte van het normale niveau (oftewel het evenwichtsniveau). De totale schommeling van een top naar een dal is gelijk aan tweemaal de amplitude. De afstand tussen twee opeenvolgende toppen wordt de **golflengte** genoemd en aangeduid met λ (de Griekse letter lambda). De golflengte is ook gelijk aan de afstand tussen *elk* tweetal opeenvolgende identieke punten in de golf. De **frequentie**, f, is het aantal toppen (of volledige cycli) die een gegeven punt per tijdseenheid passeren. De **periode**, T, is gelijk aan $1/f$ en is de tijd tussen het passeren van twee opeenvolgende golftoppen in hetzelfde punt in de ruimte.

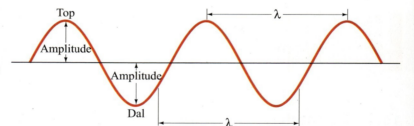

FIGUUR 15.3 Kenmerken van een continue golf met één frequentie die zich door de ruimte beweegt.

De **golfsnelheid** is de snelheid waarmee de golftoppen (of een willekeurig ander deel van de golfvorm) zich voortbewegen. De golfsnelheid moet worden onderscheiden van de snelheid van een deeltje van het medium zelf, zoals we hebben gezien in voorbeeld 15.1.

Een golftop legt een afstand van één golflengte, λ, af in een tijd gelijk aan één periode, T. Dus is de golfsnelheid gelijk aan $v = \lambda/T$. En dus, omdat $1/T = f$, geldt

$$v = \lambda f. \tag{15.1}$$

Een voorbeeld: stel een golf heeft een golflengte van 5 m en een frequentie van 3 Hz. Omdat er per seconde drie golftoppen door een punt gaan, en deze toppen 5 m van elkaar liggen, moet de eerste top (of elk ander deel van de golf) gedurende 1 s een afstand van 15 m afleggen. Dus is de golfsnelheid 15 m/s.

Opgave B
Aan het eind van een pier zie je een watergolf voorbijkomen, met circa 0,5 s tussentijd tussen de golftoppen. Dus is (*a*) de frequentie 0,5 Hz, (*b*) de snelheid 0,5 m/s, (*c*) de golflengte 0,5 m, (*d*) de periode 0,5 s.

15.2 Typen golven: transversale en longitudinale golven

Wanneer een golf zich langs een touw verplaatst, bijvoorbeeld van links naar rechts zoals in fig. 15.1, dan gaan de deeltjes van het touw op en neer trillen in een richting transversaal (dat wil zeggen, loodrecht) op de beweging van de golf zelf. Een dergelijke golf wordt een **transversale golf** genoemd (fig. 15.4a). Er is nog een ander type golf, dat bekend staat als een **longitudinale golf.** Bij een longitudinale golf is de trilling van de deeltjes van het medium in de *lengterichting* van de beweging van de golf. Longitudinale golven zijn gemakkelijk te maken met een uitgerekte veer of spiraal door een uiteinde afwisselend in te drukken en uit te rekken. Dit is te zien in fig. 15.4b en kan worden vergeleken met de transversale golf in fig. 15.4a.

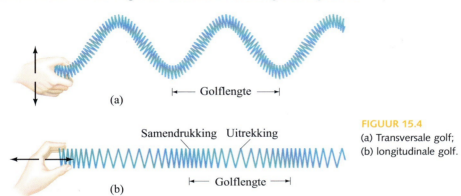

FIGUUR 15.4
(a) Transversale golf;
(b) longitudinale golf.

Langs de veer planten zich een reeks samendrukkingen en uitrekkingen voort. De *samendrukkingen* zijn die gebieden waar de windingen zich tijdelijk dichter bij elkaar bevinden. *De uitrekkingen* (soms ook *verdunningen* genoemd) zijn de stukken waar de windingen tijdelijk verder van elkaar verwijderd zijn. Samendrukkingen en uitrekkingen corresponderen met de toppen en dalen van een transversale golf.
Een belangrijk voorbeeld van een longitudinale golf is een geluidsgolf in lucht. Bij een trillend trommelvel bijvoorbeeld wordt de lucht waarmee het in contact is beurtelings samengedrukt en verdund, waardoor er een longitudinale, naar buiten lopende golf wordt geproduceerd, zoals weergegeven in fig. 15.5.
Net als in het geval van transversale golven oscilleert elk gedeelte van het medium waardoor een longitudinale golf loopt over een zeer kleine afstand, terwijl de golf zelf grote afstanden kan afleggen. Golflengte, frequentie en golfsnelheid hebben alle een betekenis voor een longitudinale golf. De golflengte is de afstand tussen opeenvolgende samendrukkingen (of tussen opeenvolgende uitrekkingen) en de frequentie is het aantal samendrukkingen die per seconde een gegeven punt passeren. De golfsnelheid is de snelheid waarmee elke samendrukking lijkt te bewegen. Deze is gelijk aan het product van golflengte en frequentie, $v = \lambda f$ (vgl. 15.1).
Een longitudinale golf kan grafisch worden voorgesteld door een grafiek te tekenen van de dichtheid van luchtmoleculen (of windingen van een spiraal) als functie van de plaats op een bepaald moment, zoals weergegeven in fig. 15.6. Een dergelijke grafische voorstelling maakt het aanschouwelijker wat er gebeurt. Merk op dat de grafiek veel lijkt op een transversale golf.

FIGUUR 15.5 Productie van een geluidsgolf, die longitudinaal is, weergegeven op twee tijdstippen met ongeveer een halve periode ($T/2$) ertussen.

FIGUUR 15.6
(a) Een longitudinale golf met (b) zijn grafische representatie op een bepaald tijdstip.

Snelheid van transversale golven

De snelheid van een golf hangt af van de eigenschappen van het medium waarin hij loopt. De snelheid van een transversale golf, bijvoorbeeld in een uitgerekte snaar of touw, hangt af van de spanning in het touw, F_T, en van de massa per eenheidslengte van het touw, μ, (de Griekse letter mu, die hier gelijk is aan $\mu = m/\ell$). Voor golven met een kleine amplitude geldt de betrekking

$$v = \sqrt{\frac{F_T}{\mu}}. \quad \text{[transversale golf in een touw]} \quad (15.2)$$

Alvorens een afleiding van deze formule te geven, is het zinvol om op te merken dat deze in elk geval kwalitatief in overeenstemming is met de newtoniaanse mechanica. Dat wil zeggen: we verwachten dat de spanning in de teller staat en de massa per lengte-eenheid in de noemer. Waarom? Bij een grotere spanning verwachten we dat de snelheid groter is omdat elk segment van het touw in nauwer contact met het naburige segment is. En, naarmate de massa per lengte-eenheid groter is, heeft het touw meer traagheid en zal de golf zich naar verwachting langzamer voortplanten.

> **Opgave C**
> Een golf begint aan het linkeruiteinde van een lang touw (zie fig. 15.1) wanneer iemand het touw heen en weer schudt met een frequentie van 2,0 Hz. De golf lijkt met een snelheid van 4,0 m/s naar rechts te bewegen. Als de frequentie wordt verhoogd van 2,0 tot 3,0 Hz, is de nieuwe golfsnelheid (a) 1,0 m/s, (b) 2,0 m/s, (c) 4,0 m/s, (d) 8,0 m/s, (e) 16,0 m/s.

Van vgl. 15.2 kunnen we een simpele afleiding geven met behulp van een eenvoudig model van een touw onder een spanning F_T zoals weergegeven in fig. 15.7a. Het touw wordt door de kracht F_y met een snelheid v' omhooggetrokken. Zoals te zien is in fig. 15.7b bewegen alle punten van het touw links van punt C naar boven met snelheid v', en zijn de punten rechts ervan nog steeds in rust. De voortplantingssnelheid, v, van deze golfpuls is de snelheid van punt C, het voorste punt van de puls. Punt C beweegt in een tijd t een afstand vt naar rechts, terwijl het eind van het touw een afstand $v't$ naar boven beweegt. Door gelijkvormige driehoeken te bekijken kunnen we de volgende benaderende betrekking afleiden

$$\frac{F_T}{F_y} = \frac{vt}{v't} = \frac{v}{v'},$$

die nauwkeurig is voor kleine verplaatsingen ($v't \ll vt$) zodat F_T niet noemenswaardig verandert. Zoals we in hoofdstuk 9 hebben gezien, is de stoot die aan een voorwerp wordt gegeven, gelijk aan de verandering in impuls. Gedurende de tijd t is de totale stoot naar boven gelijk aan $F_y t = (v'/v)F_T t$. De impulsverandering in het touw, Δp, is gelijk aan de massa van het omhoog bewegende touw maal de snelheid. Omdat het omhoog bewegende touwsegment een massa heeft die gelijk is aan de massa per lengte-eenheid μ maal de lengte vt, geldt

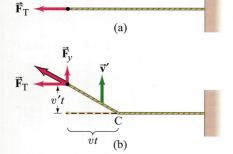

FIGUUR 15.7 Vectordiagram van een enkelvoudige golfpuls in een touw voor de afleiding van vgl. 15.2. De vector die in (b) de resultante is van $\vec{F}_T + \vec{F}_y$ moet langs het touw gericht zijn omdat het touw flexibel is. (Diagram is niet op schaal: we veronderstellen $v' \ll v$; omwille van de duidelijkheid is de hoek naar boven van het touw overdreven weergegeven.)

$$F_y t = \Delta p$$

$$\frac{v'}{v} F_T t = (\mu v t) v'.$$

Als we dit oplossen naar v, vinden we $v = \sqrt{F_T/\mu}$, vgl. 15.2. Hoewel deze betrekking was afgeleid voor een speciaal geval, is ze ook geldig voor willekeurige andere golfvormen omdat andere vormen beschouwd kunnen worden als opgebouwd uit veel van dergelijke kleine lengtes. Maar ze is uitsluitend geldig voor kleine verplaatsingen (net als onze afleiding). Het experiment is in overeenstemming met het resultaat dat is afgeleid uit de newtoniaanse mechanica.

Voorbeeld 15.2 Puls aan een touwtje

Tussen twee palen is een 80,0 m lange koperdraad met een diameter van 2,10 mm gespannen. Een vogel landt in het midden van de draad en stuurt in beide richtingen een kleine golfpuls. De pulsen reflecteren aan de uiteinden en komen 0,750 s na zijn landing weer terug op de plaats van de vogel. Bepaal de spanning in de draad.

Aanpak Uit vgl. 15.2 weten we dat de spanning is gegeven door $F_T = \mu v^2$. De snelheid v is de afstand gedeeld door de tijd. De massa per lengte-eenheid μ wordt berekend uit de dichtheid van koper en de afmetingen van de draad.

Oplossing Elke golfpuls legt de 40,0 m naar de paal en terug (= 80,0 m) af in 0,750 s. Dus is de snelheid $v = (80{,}0 \text{ m})/(0{,}750 \text{ s}) = 107$ m/s. Voor de dichtheid van koper (tabel 13.1) nemen we $8{,}90 \cdot 10^3$ kg/m^3. Het volume van koper in de draad is de oppervlakte van de dwarsdoorsnede πr^2 maal de lengte ℓ, en de massa van de draad is het volume maal de dichtheid: $m = \rho(\pi r^2)\ell$ voor een draad met straal r en lengte ℓ. Dan is $\mu = m/\ell$ gelijk aan

$$\mu = \rho \pi r^2 \ell / \ell = \rho \pi r^2 = (8{,}90 \times 10^3 \text{ kg/m}^3) \pi (1{,}05 \times 10^{-3} \text{ m})^2 = 0{,}0308 \text{ kg/m}.$$

De spanning is dus $F_T = \mu v^2 = (0{,}0308 \text{ kg/m})(107 \text{ m/s})^2 = 353$ N.

■ Snelheid van longitudinale golven

De snelheid van een longitudinale golf heeft een vorm die vergelijkbaar is met die van een transversale golf aan een touw (vgl. 15.2); dat wil zeggen:

$$v = \sqrt{\frac{\text{elastische krachtsfactor}}{\text{traagheidsfactor}}}.$$

In het bijzonder geldt voor een lopende longitudinale golf in een massieve staaf,

$$v = \sqrt{\frac{E}{\rho}}, \qquad \text{[longitudinale golf in een lange staaf]} \quad (15.3)$$

waarin E de elasticiteitsmodulus (paragraaf 12.4) van het materiaal is en ρ de dichtheid. Voor een lopende longitudinale golf in een vloeistof of een gas geldt

$$v = \sqrt{\frac{K}{\rho}}, \qquad \text{[longitudinale golf in een vloeistof]} \quad (15.4)$$

waarin K de compressiemodulus is (paragraaf 12.4) en ρ opnieuw de dichtheid.

Voorbeeld 15.3 Echolocatie

Echolocatie is een vorm van zintuiglijke waarneming die wordt gebruikt door dieren zoals vleermuizen, tandwalvissen en dolfijnen. Het dier zendt een geluidspuls uit (een longitudinale golf) die, na weerkaatsing oftewel reflectie door voorwerpen, terugkeert en door het dier wordt waargenomen. Echolocatiegolven kunnen frequenties van circa 100.000 Hz hebben. (*a*) Schat de golflengte van de echolocatie-

Natuurkunde in de praktijk

Ruimtegevoel van dieren, met behulp van geluidsgolven

golf van een zeedier. (b) Als een obstakel 100 m van het dier verwijderd is, hoe lang duurt het dan voordat een door het dier uitgezonden golf na reflectie wordt gedetecteerd?

Aanpak We berekenen eerst de snelheid van longitudinale (geluids)golven in zeewater, met behulp van vgl. 15.4 en de tabellen 12.1 en 13.1. De golflengte is $\lambda = v/f$.

Oplossing (a) De snelheid van longitudinale golven in zeewater, dat een iets hogere dichtheid heeft dan zuiver water, is

$$v = \sqrt{\frac{K}{\rho}} = \sqrt{\frac{2{,}0 \times 10^9 \text{ N/m}^2}{1{,}025 \times 10^3 \text{ kg/m}^3}} = 1{,}4 \times 10^3 \text{ m/s}.$$

Vervolgens vinden we met behulp van vgl. 15.1

$$\lambda = \frac{v}{f} = \frac{(1{,}4 \times 10^3 \text{ m/s})}{(1{,}0 \times 10^5 \text{ Hz})} = 14 \text{ mm}.$$

(b) De tijd die nodig is voor de heen-en-terugweg tussen het dier en het voorwerp is

$$t = \frac{\text{afstand}}{\text{snelheid}} = \frac{2(100 \text{ m})}{1{,}4 \times 10^3 \text{ m/s}} = 0{,}14 \text{ s}.$$

Opmerking Verderop zullen we zien dat golven uitsluitend kunnen worden gebruikt voor het lokaliseren (of opsporen) van voorwerpen als de golflengte vergelijkbaar is of kleiner dan het voorwerp. Een dolfijn kan dus voorwerpen lokaliseren in de orde van grootte van een centimeter of groter.

*Bepaling van de snelheid van een golf in een vloeistof

We gaan nu vgl. 15.4 afleiden. Beschouw een golfpuls die zich voortbeweegt in een vloeistof in een lange buis, zodat de golfbeweging eendimensionaal is. In de buis wordt een zuiger geplaatst en de buis wordt gevuld met een vloeistof die, op $t = 0$, een uniforme dichtheid ρ en een uniforme druk P_0 heeft, zoals in fig. 15.8a. Op een zeker moment wordt de zuiger abrupt in beweging gebracht, naar rechts met snelheid v', waardoor de vloeistof ervoor wordt samengedrukt. In de (korte) tijd t beweegt de zuiger over een afstand $v't$. De samengedrukte vloeistof zelf beweegt eveneens met snelheid v', maar het voorste gedeelte van het samengedrukte gebied beweegt naar rechts met de karakteristieke snelheid v van de drukgolven in die vloeistof; we nemen aan dat de golfsnelheid v veel groter is dan de zuigersnelheid v'. De voorkant van de drukgolf (die zich op $t = 0$ op het zuigeroppervlak bevond) beweegt dus in de tijd t over een afstand vt, zoals te zien is in fig. 15.8b. Laat de druk in de samengedrukte vloeistof $P_0 + \Delta P$ zijn, wat ΔP hoger is dan in de niet-samengedrukte vloeistof. Om de zuiger naar rechts te bewegen is een externe kracht $(P_0 + \Delta P)S$, werkend naar rechts, nodig, waarbij S de oppervlakte van de dwarsdoorsnede van de buis is. De nettokracht op het samengedrukte gebied van de vloeistof is

$$F_{\text{net}} = (P_0 + \Delta P)S - P_0 S = S\, \Delta P$$

omdat de niet-samengedrukte vloeistof een kracht $P_0 S$ aan de voorkant naar links uitoefent. Dus is de stoot die aan de samengedrukte vloeistof wordt gegeven en die gelijk is aan de verandering in impuls, gelijk aan

$$F_{\text{net}} t = \Delta m v'$$
$$S\, \Delta P t = (\rho S v t) v',$$

waarin $(\rho S v t)$ staat voor de massa van de vloeistof die de snelheid v' gekregen heeft (de samengedrukte vloeistof verplaatst zich over een afstand vt, fig. 15.8, dus is het verplaatste volume Svt). Dus geldt

$$\Delta P = \rho v v'$$

Uit de definitie van de compressiemodulus, K (vgl. 12.7), volgt

$$K = -\frac{\Delta P}{\Delta V / V_0} = -\frac{\rho v v'}{\Delta V / V_0},$$

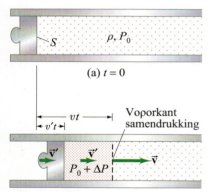

FIGUUR 15.8 Bepalen van de snelheid van een eendimensionale longitudinale golf in een vloeistof in een lange smalle buis.

waarin $\Delta V/V_0$ de relatieve volumeverandering als gevolg van de samendrukking is. Het oorspronkelijke volume van de gecomprimeerde vloeistof is $V_0 = Svt$ (zie fig. 15.8), dat is samengedrukt met een hoeveelheid $\Delta V = -Sv't$ (fig. 15.8b). Dus geldt

$$K = -\frac{\rho v v'}{\Delta V/V_0} = -\rho v v' \left(\frac{Svt}{-Sv't}\right) = \rho v^2,$$

en dus

$$v = \sqrt{\frac{K}{\rho}},$$

wat datgene is wat we wilden bewijzen, vgl. 15.4.
De afleiding of vgl. 15.3 gaat ongeveer op dezelfde manier, maar houdt rekening met de uitzetting van de zijden van een staaf, wanneer het uiteinde van de staaf wordt samengedrukt.

■ Andere golven

Bij een **aardbeving** worden zowel transversale als longitudinale golven geproduceerd. De transversale golven die door de aarde lopen worden S-golven genoemd (naar S voor shear: afschuiving) oftewel *schuifgolven*, en de longitudinale golven worden P-golven genoemd (naar P voor pressure: druk) oftewel *drukgolven*. Zowel longitudinale als transversale golven kunnen door een vaste stof lopen, omdat de atomen en moleculen rond hun betrekkelijk vaste posities in een willekeurige richting kunnen trillen. Maar in een vloeistof kunnen uitsluitend longitudinale golven zich voortplanten, omdat een transversale beweging geen herstelkracht zou ondervinden aangezien een vloeistof gemakkelijk te vervormen is. Dit feit werd door geofysici aangegrepen om te concluderen dat een gedeelte van de kern van de aarde vloeibaar moet zijn: na een aardbeving worden er diametraal door de aarde longitudinale golven gedetecteerd, maar geen transversale.

Naast deze twee typen golven die door de aarde (of een andere stof) kunnen lopen, bestaan er ook *oppervlaktegolven* die langs de grens tussen twee materialen lopen. Een golf op het water is in werkelijkheid een oppervlaktegolf die op de grens tussen water en lucht loopt. De beweging van elk waterdeeltje aan het oppervlak is cirkelvormig of elliptisch (fig. 15.9), dus is het een combinatie van transversale en longitudinale bewegingen. Onder het oppervlak is er ook een transversale plus een longitudinale golfbeweging, zoals weergegeven. Op de bodem is de beweging uitsluitend longitudinaal. (Wanneer een golf de kust nadert, sleept het water langs de bodem en wordt afgeremd, terwijl de toppen met een hogere snelheid bewegen (fig. 15.10) en over de toppen stromen.)

Oppervlaktegolven ontstaan ook op aarde bij het optreden van een aardbeving. De golven die langs het oppervlak lopen zijn de hoofdverantwoordelijken voor de schade die door aardbevingen wordt veroorzaakt.

Golven die langs een lijn in één dimensie lopen, zoals transversale golven in een uitgerekte snaar, of longitudinale golven in een staaf of een met vloeistof gevulde buis, zijn *lineaire* oftewel *eendimensionale golven*. Oppervlaktegolven, zoals de watergolven op de foto's aan het begin van dit hoofdstuk, zijn *tweedimensionale golven*. Ten slotte zijn golven die zich vanuit een bron in alle richtingen verplaatsen, zoals geluid uit een luidspreker of aardbevingsgolven door de aarde, *driedimensionale golven*.

Natuurkunde in de praktijk

Golven bij een aardbeving

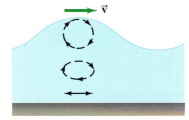

FIGUUR 15.9 Een watergolf is een voorbeeld van een *oppervlaktegolf*, een combinatie van transversale en longitudinale golfbewegingen.

15.3 Energietransport door golven

Golven transporteren energie van de ene plaats naar de andere. Als golven zich verplaatsen door een medium, wordt de energie in de vorm van trillingsenergie overgedragen van het ene deeltje op het andere. Bij een sinusoïdale golf met frequentie f bewegen de deeltjes, als een golf passeert, volgens een enkelvoudige harmonische beweging (hoofdstuk 14) en heeft elk deeltje energie $E = \frac{1}{2}kA^2$, waarin A de maximale verplaatsing (amplitude) van de beweging is, ofwel transversaal ofwel longitudinaal (vgl. 14.10a). Met behulp van vgl. 14.7a kunnen we schrijven $k = 4\pi^2 mf^2$, waarbij m de massa van een deeltje (of van een klein volume) van het medium is. Dus is de energie, in termen van de frequentie f en de amplitude A,

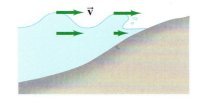

FIGUUR 15.10 De breking van een golf. De groene pijlen stellen de lokale snelheid van de watermoleculen voor.

$$E = \tfrac{1}{2}kA^2 = 2\pi^2 mf^2 A^2.$$

Voor driedimensionale lopende golven in een elastisch medium, is de massa $m = \rho V$, waarbij ρ de dichtheid van het medium is en V het volume van een klein schijfje van het medium. Het volume $V = S\ell$, waarin S de oppervlakte van de dwarsdoorsnede is waardoor de golf loopt (fig. 15.11), en we kunnen ℓ schrijven als de afstand die een golf aflegt in een tijd t, omdat $\ell = vt$, waarin v de snelheid van de golf is. Dus geldt $m = \rho V = \rho S \ell = \rho S v t$ en

$$E = 2\pi^2 \rho S v t f^2 A^2. \tag{15.5}$$

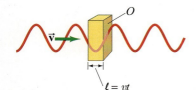

FIGUUR 15.11 Berekening van de energie die wordt overgebracht door een lopende golf met snelheid v.

Uit deze vergelijking kunnen we het belangrijke resultaat afleiden dat de energie die door een golf wordt getransporteerd evenredig is met het kwadraat van de amplitude en met het kwadraat van de frequentie. De gemiddelde snelheid waarmee de energie wordt overgebracht, is het gemiddeld vermogen $\overline{P}$:

$$\overline{P} = \frac{E}{t} = 2\pi^2 \rho S v f^2 A^2. \tag{15.6}$$

Ten slotte is de **intensiteit**, I, van een golf gedefinieerd als het gemiddeld vermogen dat wordt overgebracht door een eenheidsoppervlak heen loodrecht op de richting van de energiestroom:

$$I = \frac{\overline{P}}{S} = 2\pi^2 v \rho f^2 A^2. \tag{15.7}$$

Als een golf vanuit de bron in alle richtingen stroomt, is het een driedimensionale golf. Voorbeelden zijn geluid dat zich verplaatst in de open lucht, aardbevingsgolven en lichtgolven. Als het medium isotroop is (in alle richtingen gelijk), is de golf vanuit een puntbron een *bolvormige golf* (fig. 15.12). Als de golf naar buiten loopt, wordt de energie die hij meedraagt verspreid over een steeds groter oppervlak, omdat de oppervlakte van een bol met straal r gelijk is aan $4\pi r^2$. Dus is de intensiteit van een golf gelijk aan

$$I = \frac{\overline{P}}{S} = \frac{\overline{P}}{4\pi r^2}.$$

Als het uitgaande vermogen P constant is, dan neemt de intensiteit af met het kwadraat van de afstand tot de bron:

$$I \propto \frac{1}{r^2}. \qquad \text{[bolvormige golf]} \tag{15.8a}$$

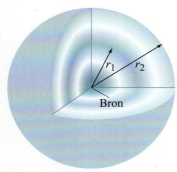

FIGUUR 15.12 Een uitgaande golf vanaf een puntbron is bolvormig. Er zijn twee verschillende toppen (of samendrukkingen) te zien, met straal r_1 en r_2.

Als we twee punten op afstanden r_1 en r_2 van de bron beschouwen, zoals in fig. 15.12, dan geldt $I_1 = \overline{P}/4\pi r_1^2$ en $I_2 = \overline{P}/4\pi r_2^2$, dus

$$\frac{I_2}{I_1} = \frac{\overline{P}/4\pi r_2^2}{\overline{P}/4\pi r_1^2} = \frac{r_1^2}{r_2^2}. \tag{15.8b}$$

Wanneer dus bijvoorbeeld de afstand wordt verdubbeld ($r_2/r_1 = 2$), wordt de intensiteit gereduceerd tot een kwart van de eerdere waarde: $I_2/I_1 = (\tfrac{1}{2})^2 = \tfrac{1}{4}$.

De amplitude van een golf neemt eveneens af met de afstand. Omdat de intensiteit evenredig is met het kwadraat van de amplitude (vgl. 15.7), $I \propto A^2$, moet de amplitude A afnemen met $1/r$, zodat I evenredig kan zijn aan $1/r^2$ (vgl. 15.8a). Dus geldt

$$A \propto \frac{1}{r}.$$

Om dit direct in te zien uit vgl. 15.6, bekijken we nogmaals twee verschillende afstanden vanaf de bron, r_1 en r_2. Voor een constant uitgaand vermogen moet $S_1 A_1^2 = S_2 A_2^2$, waarin A_1 en A_2 de amplitudes van de golf zijn voor respectievelijk r_1 en r_2. Omdat $S_1 = 4\pi r_1^2$ en $S_2 = 4\pi r_2^2$, geldt $(A_1^2 r_1^2) = (A_2^2 r_2^2)$, oftewel

$$\frac{A_2}{A_1} = \frac{r_1}{r_2}.$$

Wanneer de golf tweemaal zo ver van de bron verwijderd is, is de amplitude half zo groot enzovoort (bij verwaarlozing van demping als gevolg van wrijving).

Voorbeeld 15.4 De intensiteit van een aardbeving.

De intensiteit van een P-golf die door de aarde loopt en op 100 km afstand van de bron wordt gedetecteerd is $1{,}0 \cdot 10^6$ W/m². Wat is de intensiteit van die golf als die op 400 km van de bron wordt gedetecteerd?

Aanpak We nemen aan dat de golf bolvormig is, dus neemt de intensiteit af met het kwadraat van de afstand tot de bron.

Oplossing Op 400 km is de afstand vier keer zo groot als op 100 km, dus is de intensiteit $\left(\frac{1}{4}\right)^2 = \frac{1}{16}$ van de waarde op 100 km, oftewel $(1{,}0 \cdot 10^6$ W/m²$)/16 = 6{,}3 \cdot 10^4$ W/m².

Opmerking Rechtstreeks toepassen van vgl. 15.8b levert
$$I_2 = I_1 r_1^2/r_2^2 = (1{,}0 \times 10^6 \text{ W/m}^2)(100 \text{ km})^2/(400 \text{ km})^2 = 6{,}3 \times 10^4 \text{ W/m}^2.$$

De situatie ligt anders bij een eendimensionale golf, zoals een transversale golf in een snaar of een longitudinale golfpuls in een dunne uniforme metalen staaf. De oppervlakte blijft constant, dus blijft de amplitude A eveneens constant (bij verwaarlozing van wrijving). De amplitude en intensiteit nemen dus niet af met de afstand.
In de praktijk is er meestal wel demping door wrijving en wordt een deel van de energie omgezet in thermische energie. De amplitude en intensiteit van een eendimensionale golf nemen dus af met de afstand tot de bron. Voor een driedimensionale golf zal de afname groter zijn dan hiervoor besproken, hoewel het effect van demping vaak klein kan zijn.

15.4 Wiskundige voorstelling van een lopende golf

Laten we nu eens kijken naar een eendimensionale golf langs de x as. Dit zou bijvoorbeeld een transversale golf in een touw kunnen zijn of een longitudinale golf in een staaf of in een buis met vloeistof. Laten we aannemen dat de golf een sinusvorm heeft met een bepaalde golflengte λ en frequentie f. Stel dat op $t = 0$ de golfvorm wordt gegeven door

$$D(x) = A \sin \frac{2\pi}{\lambda} x, \tag{15.9}$$

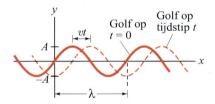

FIGUUR 15.13   Een lopende golf. In een tijd t verplaatst de golf zich over een afstand vt.

zoals weergegeven door de doorgetrokken kromme in fig. 15.13; $D(x)$ is de **verplaatsing**[1] van de golf (zowel voor een longitudinale als een transversale golf) op plaats x, en A is de **amplitude** (maximale verplaatsing) van de golf.
Deze betrekking levert een vorm op die zichzelf iedere golflengte herhaalt, wat nodig is om de verplaatsing hetzelfde te laten zijn op $x = 0$, $x = \lambda$, $x = 2\lambda$ enzovoort (omdat $\sin 4\pi = \sin 2\pi = \sin 0$).
Veronderstel nu eens dat de golf met snelheid v naar rechts beweegt. Dan is na enige tijd elk deel van de golf (ja zelfs de hele 'golfvorm') over een afstand vt naar rechts verschoven; zie de gestippelde kromme in fig. 15.13. Beschouw een willekeurig punt in de golf op $t = 0$: bijvoorbeeld een top op een of andere plaats x. Na een tijd t zal die top een afstand vt hebben afgelegd, zodat de nieuwe plaats een afstand vt groter is dan zijn oude plaats. Om ditzelfde punt in de golfvorm te beschrijven, moet het argument van de sinusfunctie hetzelfde zijn, dus vervangen we x in vgl. 15.9 door $(x - vt)$:

$$D(x,t) = A \sin\left[\frac{2\pi}{\lambda}(x - vt)\right]. \tag{15.10a}$$

> *Eendimensionale golf bewegend in positieve x-richting*

Anders gezegd: als je meerijdt op een golftop blijft het argument van de sinusfunctie, $(2\pi/\lambda)(x - vt)$, hetzelfde ($= \pi/2$, $5\pi/2$ enzovoort); als t toeneemt, moet x in hetzelfde tempo toenemen zodat $(x - vt)$ constant blijft.

---

[1] Sommige boeken gebruiken $y(x)$ in plaats van $D(x)$. Om verwarring te voorkomen reserveren we y (en z) voor de plaatscoördinaten van golven in twee of drie dimensies. Onze $D(x)$ kan staan voor druk (in longitudinale golven), plaatsverandering (transversale mechanische golven), of, zoals we verderop zullen zien, elektrische of magnetische velden (bij elektromagnetische golven).

Vgl. 15.10a is de wiskundige voorstelling van een sinusoïdale golf die langs de x-as naar rechts beweegt (toenemende x). Deze levert de verplaatsing $D(x,t)$ van de golf op een willekeurig gekozen punt x op een willekeurig tijdstip t op. De functie $D(x,t)$ beschrijft een kromme die de feitelijke vorm van de golf in de ruimte op tijdstip t beschrijft. Omdat $v = \lambda f$ (vgl. 15.1) kunnen we vgl. 15.10a op andere manieren schrijven die vaak handig zijn:

$$D(x,t) = A \sin\left(\frac{2\pi x}{\lambda} - \frac{2\pi t}{T}\right), \tag{15.10b}$$

> **Eendimensionale golf bewegend in positieve x-richting**

waarin $T = 1/f = \lambda/v$ de periode is, en

$$D(x,t) = A \sin(kx - \omega t), \tag{15.10c}$$

waarin $\omega = 2\pi f = 2\pi/T$ de hoekfrequentie is en

$$k = \frac{2\pi}{\lambda} \tag{15.11}$$

> ⚠ **Let op**
> Verwar het golfgetal k niet met de veerconstante k

het **golfgetal** wordt genoemd. Verwar het golfgetal k niet met de veerconstante k; het zijn twee totaal verschillende grootheden. Alle drie de vormen, vgl. 15.10a, b en c, zijn equivalent; vgl. 15.10c is het eenvoudigst om op te schrijven en wordt waarschijnlijk het meest gebruikt. De grootheid $(kx - \omega t)$ en zijn equivalent in de andere twee vergelijkingen wordt de **fase** van de golf genoemd. De snelheid v van de golf wordt vaak de **fasesnelheid** genoemd, omdat deze de snelheid van de fase (of de vorm) van de golf beschrijft en kan worden uitgedrukt in ω en k:

$$v = \lambda f = \left(\frac{2\pi}{k}\right)\left(\frac{\omega}{2\pi}\right) = \frac{\omega}{k}. \tag{15.12}$$

Bij een golf die langs de x-as naar links beweegt (afnemende waarden van x), beginnen we weer met vgl. 15.9 en merken op dat de snelheid nu gelijk is aan $-v$. Een bepaald punt op de golf verandert in een tijd t van plaats met $-vt$, dus moet x in vgl. 15.9 worden vervangen door $(x + vt)$. Daarom geldt voor een golf die met snelheid v naar links beweegt,

$$D(x,t) = A \sin\left[\frac{2\pi}{\lambda}(x + vt)\right] \tag{15.13a}$$

> **Eendimensionale golf bewegend in negatieve x-richting**

$$= A \sin\left(\frac{2\pi x}{\lambda} + \frac{2\pi t}{T}\right) \tag{15.13b}$$

$$= A \sin(kx + \omega t). \tag{15.13c}$$

Met andere woorden: in vgl. 15.10 vervangen we gewoon v door $-v$.
Laten we eens kijken naar vgl. 15.13c (of, om het even, naar vgl. 15.10c). Op $t = 0$ geldt

$$D(x, 0) = A \sin kx,$$

wat datgene is waarmee we begonnen zijn, een sinusoïdale golfvorm. Als we de golfvorm in de ruimte op een bepaald later tijdstip t_1 bekijken, dan vinden we

$$D(x, t_1) = A \sin(kx + \omega t_1).$$

Dat wil zeggen: als we op $t = t_1$ een foto van de golf zouden nemen, zouden we een sinusgolf met een constante fase ωt_1 zien. Voor vaste $t = t_1$ heeft de golf dus een sinusvorm in de ruimte. Beschouwen we daarentegen een vast punt in de ruimte, bijvoorbeeld $x = 0$, dan kunnen we zien hoe de golf varieert in de tijd:

$$D(0, t) = A \sin \omega t$$

waarbij we gebruik hebben gemaakt van vgl. 15.13c. Dit is precies de vergelijking voor de enkelvoudige harmonische beweging (paragraaf 14.2). Voor elke andere vaste waarde van x, bijvoorbeeld $x = x_1$, geldt $D = A \sin(\omega t + kx_1)$; het verschil is slechts een faseconstante kx_1. Dus ondergaat de verplaatsing op elk vast punt in de ruimte de trillingen van de enkelvoudige harmonische beweging in de tijd. De vergelijkingen 15.10 en 15.13 combineren beide aspecten in de voorstelling voor een **lopende sinusoïdale golf** (ook wel **harmonische golf** genoemd).

Het argument van de sinus in vgl. 15.10 en 15.13 kan in het algemeen een fasehoek ϕ bevatten; in dat geval gaat vgl. 15.10c over in

$$D(x,t) = A \sin(kx - \omega t + \phi),$$

waarmee de uitdrukking is aangepast aan de plaats van de golf op $t = 0$, $x = 0$, net zoals in paragraaf 14.2 (zie fig. 14.7). Als de verplaatsing nul is op $t = 0$, $x = 0$, zoals in fig. 14.6 (of fig. 15.13), dan geldt $\phi = 0$.

Laten we nu eens gaan kijken naar een algemene golf (of golfpuls) met een willekeurige vorm. Als de wrijvingsverliezen klein zijn, blijkt uit experimenten dat de golf tijdens zijn beweging zijn vorm behoudt. We kunnen op dezelfde manier redeneren als na vgl. 15.9. Stel dat onze golf op $t = 0$ een of andere vorm heeft, gegeven door

$$D(x, 0) = D(x)$$

waarin $D(x)$ de verplaatsing van de golf op plaats x is, die niet sinusoïdaal hoeft te zijn. Op een later tijdstip, als de golf langs de x-as naar rechts beweegt, zal de golf dezelfde vorm hebben, maar zullen alle delen verschoven zijn over een afstand vt, waarin v de fasesnelheid van de golf is. Om de amplitude op tijdstip t te krijgen moeten we dus x vervangen door $x - vt$:

$$D(x, t) = D(x - vt) \tag{15.14}$$

Evenzo moeten we als de golf naar links beweegt, x vervangen door $x + vt$, dus

$$D(x, t) = D(x + vt) \tag{15.15}$$

Dus moet elke golf die langs de x-as loopt van de vorm zijn van vgl. 15.14 of 15.15.

> **Opgave D**
> Een golf is gegeven door $D(x,t) = (5,0 \text{ mm}) \sin(2,0x - 20,0t)$ met x in meter en t in seconden. Wat is de snelheid van de golf? (a) 10 m/s, (b) 0,10 m/s, (c) 40 m/s, (d) 0,005 m/s, (e) $2,5 \cdot 10^{-4}$ m/s.

Voorbeeld 15.5 Een lopende golf

Het linker uiteinde van een lang horizontaal uitgerekt touw oscilleert transversaal volgens een enkelvoudige harmonische beweging met frequentie $f = 250$ Hz en amplitude 2,6 cm. Het touw staat onder een spanning van 140 N en heeft een lineaire dichtheid $\mu = 0,12$ kg/m. Op $t = 0$ heeft het uiteinde van het touw een verplaatsing naar boven van 1,6 cm en beweegt het naar beneden (fig. 15.14). Bepaal (a) de golflengte van de geproduceerde golven en (b) de vergelijking voor de lopende golf.

Aanpak We bepalen eerst de fasesnelheid van de transversale golf uit vgl. 15.2; vervolgens $\lambda = v/f$. In (b) moeten we de fase ϕ bepalen met behulp van de beginvoorwaarden.

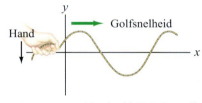

FIGUUR 15.14 Voorbeeld 15.5. De golf op $t = 0$ (de hand wijst naar beneden). Niet op schaal.

Oplossing (a) De golfsnelheid is

$$v = \sqrt{\frac{F_T}{\mu}} = \sqrt{\frac{140 \text{ N}}{0,12 \text{ kg/m}}} = 34 \text{ m/s}.$$

Dus geldt

$$\lambda = \frac{v}{f} = \frac{34 \text{ m/s}}{250 \text{ Hz}} = 0,14 \text{ m} \quad \text{oftewel 14 cm.}$$

(b) Neem aan het linkeruiteinde van het touw $x = 0$. In tegenstelling tot vgl. 15.9, 15.10 en 15.13 is de fase van de golf op $t = 0$ is in het algemeen niet nul. De algemene vorm voor een naar rechts lopende golf is

$$D(x, t) = A \sin(kx - \omega t + \phi),$$

waarin ϕ de fasehoek is. In ons geval is de amplitude $A = 2,6$ cm; en op $t = 0$, $x = 0$, is gegeven $D = 1,6$ cm. Dus geldt

$$1,6 = 2,6 \sin \phi,$$

dus $\phi = \sin^{-1}(1{,}6/2{,}6) = 38° = 0{,}66$ rad. Ook geldt $\omega = 2\pi f = 1570$ s^{-1} en $k = 2\pi/\lambda = 2\pi/0{,}14$ m $= 45$ m^{-1}. Dus

$$D = (0{,}026 \text{ m}) \sin[(45 \text{ m}^{-1})x - (1570 \text{ s})t + 0{,}66],$$

wat we eenvoudiger kunnen schrijven als

$$D = 0{,}026 \sin(45x - 1570t + 0{,}66),$$

waar we wel duidelijk bij moeten vermelden dat D en x in meter zijn en t in seconden.

*15.5 De golfvergelijking

Veel typen golven voldoen aan een belangrijke algemene vergelijking die het equivalent is van de tweede wet van Newton voor de beweging van deeltjes. Deze 'bewegingsvergelijking voor een golf' wordt de **golfvergelijking** genoemd en we leiden deze af voor lopende golven langs een uitgerekte horizontale snaar.

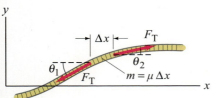

FIGUUR 15.15 Afleiding van de golfvergelijking uit de tweede wet van Newton: een snaarsegment onder spanning F_T.

We nemen aan dat de amplitude van de golf klein is vergeleken met de golflengte zodat van elk punt in de snaar verondersteld kan worden dat het uitsluitend verticaal beweegt en dat de spanning in de snaar, F_T, tijdens een trilling niet varieert. We passen de tweede wet van Newton, $\Sigma F = ma$, toe op de verticale beweging van een klein stukje van de snaar, zoals te zien is in fig. 15.15. De amplitude van de golf is klein, dus zijn de hoeken θ_1 en θ_2 met het horizontale vlak eveneens klein. De lengte van dit stuk is dan bij benadering gelijk aan Δx, en de massa aan $\mu \Delta x$, waarbij μ gelijk is aan de massa per lengte-eenheid van de snaar. De netto verticale kracht op dit stuk snaar is $F_T \sin \theta_2 - F_T \sin \theta_1$. Dus levert de tweede wet van Newton toegepast op de verticale y-richting

$$\Sigma F_y = ma_y$$

$$F_T \sin \theta_2 - F_T \sin \theta_1 = (\mu \, \Delta x)\frac{\partial^2 D}{\partial t^2}. \quad \text{(i)}$$

We hebben de versnelling als $a_y = \partial^2 D/\partial t^2$ geschreven omdat de beweging uitsluitend verticaal is, en we gebruiken de partiële afgeleide omdat de verplaatsing D zowel een functie van x als van t is. Omdat de hoeken θ_1 en θ_2 klein verondersteld worden, geldt $\sin \theta \approx \tan \theta$ en $\tan \theta$ is in elk punt gelijk aan de helling s van de snaar:

$$\sin \theta \approx \tan \theta = \frac{\partial D}{\partial x} = s.$$

Dus gaat vergelijking (i) die we hiervoor hebben afgeleid over in

$$F_T(s_2 - s_1) = \mu \, \Delta x \frac{\partial^2 D}{\partial t^2}$$

oftewel

$$F_T \frac{\Delta s}{\Delta x} = \mu \frac{\partial^2 D}{\partial t^2}, \quad \text{(ii)}$$

waarin $\Delta s = s_2 - s_1$ het verschil in helling is tussen de twee uiteinden van het kleine stukje snaar. We nemen nu de limiet voor $\Delta x \to 0$, zodat

$$F_T \lim_{\Delta x \to 0} \frac{\Delta s}{\Delta x} = F_T \frac{\partial s}{\partial x}$$

$$= F_T \frac{\partial}{\partial x}\left(\frac{\partial D}{\partial x}\right) = F_T \frac{\partial^2 D}{\partial x^2}$$

omdat, zoals we eerder schreven, de helling $s = \partial D/\partial x$. Substitueren we dit in vergelijking (ii) hiervoor, dan vinden we

$$F_T \frac{\partial^2 D}{\partial x^2} = \mu \frac{\partial^2 D}{\partial t^2}$$

oftewel

$$\frac{\partial^2 D}{\partial x^2} = \frac{\mu}{F_\text{T}} \frac{\partial^2 D}{\partial t^2}.$$

Eerder in dit hoofdstuk (vgl. 15.2) hebben we gezien dat de snelheid van golven in een snaar wordt gegeven door $v = \sqrt{F_\text{T}/\mu}$, dus kunnen we deze laatste vergelijking schrijven als

$$\frac{\partial^2 D}{\partial x^2} = \frac{1}{v^2} \frac{\partial^2 D}{\partial t^2}. \tag{15.16}$$

Dit is de **eendimensionale golfvergelijking**, die niet alleen golven met een kleine amplitude in een uitgerekte snaar beschrijft, maar ook longitudinale golven met een kleine amplitude (zoals geluidsgolven) in gassen, vloeistoffen en elastische vaste stoffen; in het laatste geval is D gelijk aan de drukvariatie. In dit geval is de golfvergelijking een direct gevolg van de tweede wet van Newton, toegepast op een continu elastisch medium. De golfvergelijking beschrijft ook elektromagnetische golven waarbij D staat voor het elektrische of magnetische veld, zoals we zullen zien in hoofdstuk 31. Vgl. 15.16 geldt uitsluitend voor lopende golven in één dimensie. Voor golven die zich in drie dimensies verspreiden is de golfvergelijking hetzelfde, met de toevoeging van $\partial^2 D/\partial y^2$ en $\partial^2 D/\partial z^2$ in het linkerlid van vgl. 15.16.

De golfvergelijking is een *lineaire* vergelijking: in elke term met D komt uitsluitend de eerste macht van D voor. Er zijn geen termen met D^2, of $D(\partial D/\partial x)$ en dergelijke, waarin D meer dan tweemaal voorkomt. Dus, als $D_1(x, t)$ en $D_2(x, t)$ twee verschillende oplossingen van de golfvergelijking zijn, dan is de lineaire combinatie

$$D_3(x, t) = aD_1(x, t) + bD_2(x, t),$$

met a en b constanten, ook een oplossing. Dit is gemakkelijk in te zien door dit rechtstreeks in te vullen in de golfvergelijking. Dit is de essentie van het *superpositiebeginsel*, wat we zullen bespreken in de volgende paragraaf. In wezen komt het erop neer dat als twee golven tegelijkertijd hetzelfde gebied in de ruimte passeren, dat dan de feitelijke verplaatsing gelijk is aan de som van de afzonderlijke verplaatsingen. Bij golven in een snaar, of bij geluidsgolven, geldt dit uitsluitend voor golven met een kleine amplitude. Als de amplitude niet klein genoeg is, kunnen de vergelijkingen voor golfvoortplanting niet-lineair worden, waardoor het superpositiebeginsel niet langer geldt en er gecompliceerdere effecten kunnen optreden.

> **Voorbeeld 15.6** *Oplossing* **van de golfvergelijking**
>
> Ga na dat de sinusoïdale golf van vgl. 15.10c, $D(x, t) = A \sin(kx - \omega t)$ voldoet aan de golfvergelijking.
>
> **Aanpak** We substitueren vgl. 15.10c in de golfvergelijking, vgl. 15.16.
>
> **Oplossing** We bepalen de tweede afgeleide van uitdrukking 15.10c naar t:
>
> $$\frac{\partial D}{\partial t} = -\omega A \cos(kx - \omega t)$$
>
> $$\frac{\partial^2 D}{\partial t^2} = -\omega^2 A \sin(kx - \omega t).$$
>
> De eerste en tweede afgeleide naar x zijn
>
> $$\frac{\partial D}{\partial x} = kA \cos(kx - \omega t)$$
>
> $$\frac{\partial^2 D}{\partial x^2} = -k^2 A \sin(kx - \omega t).$$
>
> Als we nu de tweede afgeleiden door elkaar delen, vinden we
>
> $$\frac{\partial^2 D/\partial t^2}{\partial^2 D/\partial x^2} = \frac{-\omega^2 A \sin(kx - \omega t)}{-k^2 A \sin(kx - \omega t)} = \frac{\omega^2}{k^2}.$$
>
> Uit vgl. 15.12 weten we dat $\omega^2/k^2 = v^2$, dus zien we dat vgl. 15.10 inderdaad voldoet aan de golfvergelijking (vgl. 15.16).

15.6 Het superpositiebeginsel

Wanneer twee of meer golven tegelijkertijd hetzelfde gebied in de ruimte passeren, blijkt dat voor veel golven *de feitelijke verplaatsing gelijk is aan de vectorsom* (of *algebraïsche som*) van de *afzonderlijke verplaatsingen*. Dit wordt het **superpositiebeginsel** genoemd. Het is geldig voor mechanische golven zolang de verplaatsingen niet te groot zijn en er een lineair verband is tussen de verplaatsing en de terugdrijvende kracht van het oscillerende medium.[1] Als bijvoorbeeld de amplitude van een mechanische golf zo groot is dat deze zich verder uitstrekt dan het elasticiteitsgebied van het medium en de wet van Hooke niet langer opgaat, dan is het superpositiebeginsel niet langer nauwkeurig.[2] We zullen voornamelijk systemen bekijken waarvan verondersteld kan worden dat het superpositiebeginsel geldt.

Een van de resultaten van het superpositiebeginsel is dat als twee golven hetzelfde gebied in de ruimte passeren, ze onafhankelijk van elkaar blijven bewegen. Je hebt misschien wel eens gezien dat de rimpelingen in een wateroppervlak (tweedimensionale golven), die gevormd worden door twee stenen die op verschillende plaatsen het water raken, door elkaar heen lopen.

Fig. 15.16 toont een voorbeeld van het superpositiebeginsel. In dit geval gaat het om drie golven in een uitgerekte snaar, die elk een andere uitwijking en frequentie hebben. Op elk tijdstip, zoals het hier weergegeven moment, is de feitelijke uitwijking op elke plaats x de algebraïsche som van de amplitude van de drie golven op die plaats. De feitelijke golf is geen enkelvoudige sinusoïdale golf en wordt een *samengestelde golf* genoemd. (De amplitudes in fig. 15.16 zijn overdreven getekend.)

Het kan worden aangetoond dat elke samengestelde golf kan worden beschouwd als de samenstelling van een aantal enkelvoudige sinusoïdale golven met verschillende amplitudes, golflengtes en frequenties. Dit staat bekend als de *stelling van Fourier*. Een willekeurige periodieke golf met periode T kan worden voorgesteld als een som van zuiver sinusoïdale termen waarvan de frequenties gehele veelvouden van $f = 1/T$ zijn, een zogeheten *fourierreeks*. Als de golf niet periodiek is, gaat de som over in een integraal (een *fourierintegraal*). Hoewel we hier niet op de details zullen ingaan, zien we het belang van het beschouwen van sinusoïdale golven (en de enkelvoudige harmonische beweging): omdat elke andere golfvorm kan worden beschouwd als een som van dergelijke zuiver sinusoïdale golven.

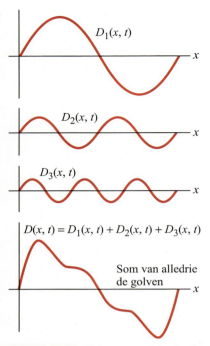

FIGUUR 15.16 Het superpositiebeginsel voor eendimensionale golven. Samengestelde golf gevormd door drie sinusoïdale golven met verschillende uitwijkingen en frequenties (f_0, $2f_0$, $3f_0$) op een zeker tijdstip. De verplaatsing (of uitwijking) van de samengestelde golf is op elk punt in de ruimte en op elk tijdstip gelijk aan de algebraïsche som van de verplaatsingen van de afzonderlijke golven. De uitwijkingen zijn overdreven getekend; wil het superpositiebeginsel gelden, dan moeten ze klein zijn in vergelijking met de golflengtes.

 Natuurkunde in de praktijk

Blokgolf

Conceptvoorbeeld 15.7 Een blokgolf maken

Op $t = 0$ zijn drie golven gegeven door $D_1 = A \cos kx$, $D_2 = +\frac{1}{3}A \cos 3kx$ en $D_3 = \frac{1}{5}A \cos 5kx$, waarin $A = 1{,}0$ m en $k = 10$ m^{-1}. Teken een grafiek van de som van de drie golven van $x = -0{,}4$ m tot $+0{,}4$ m. (Deze drie golven zijn de eerste drie termen uit de fourierreeks van een 'blokgolf'.)

Antwoord De eerste golf, D_1, heeft een amplitude van 1,0 m en een golflengte $\lambda = 2\pi/k = (2\pi/10)$ m = 0,628 m. De tweede golf, D_2, heeft een amplitude van 0,33 m en golflengte $\lambda = 2\pi/3k = (2\pi/30)$ m = 0,209 m. De derde golf, D_3, heeft een amplitude van 0,20 m en golflengte $\lambda = 2\pi/5k = (2\pi/50)$ m = 0,126 m. Elke golf is getekend in fig. 15.17a. De som van de drie golven is getekend in fig. 15.17b. De som begint te lijken op een 'blokgolf', de blauwe lijn in fig. 15.17b.

Wanneer de terugdrijvende kracht niet precies evenredig is aan de verplaatsing voor mechanische golven in een of ander continu medium, hangt de snelheid van sinusoïdale golven af van de frequentie. De frequentieafhankelijkheid van de snelheid wordt **dispersie** genoemd. De verschillende sinusoïdale golven waaruit een samengestelde golf is opgebouwd, zullen zich in een dergelijk geval met iets verschillende snelheden voortplanten. Als gevolg hiervan zal een samengestelde golf als hij zich door een 'dispersief' medium voortplant, van vorm veranderen. Een zuivere sinusgolf zal onder deze omstandigheden echter niet van vorm veranderen, tenzij door de invloed

---

[1] Voor elektromagnetische golven in vacuüm, hoofdstuk 31, is het superpositiebeginsel altijd geldig.

[2] Intermodulatievervorming in stereoapparatuur is een voorbeeld van een situatie waarin het superpositiebeginsel niet geldt wanneer twee frequenties in de elektronica niet lineair combineren.

van wrijvings- of dissipatiekrachten. Als er geen dispersie (of wrijving) is, verandert zelfs een samengestelde lineaire golf niet van vorm.

15.7 Reflectie en transmissie

Wanneer een golf tegen een obstakel komt of het eind bereikt van het medium waarin hij zich voortbeweegt, wordt op zijn minst een deel van de golf weerkaatst, oftewel gereflecteerd. Je hebt vermoedelijk wel eens watergolven zien reflecteren tegen een rots of tegen de zijkant van een zwembad. En misschien heb je al eens een schreeuw horen weerkaatsen tegen een afgelegen rots: dat is wat we een 'echo' noemen.
Een golfpuls die zich langs een touw beweegt, wordt gereflecteerd zoals in fig. 15.18. De gereflecteerde puls keert omgekeerd terug zoals in fig. 15.18a als het uiteinde van het touw vast is; hij keert op dezelfde manier terug als het uiteinde vrij is, zoals in fig. 15.18b. Wanneer het uiteinde vastzit aan een steun, zoals in fig. 15.18a, oefent de puls die dat vaste eind bereikt een kracht (naar boven) uit op de steun. De steun oefent een even grote, maar tegengestelde kracht naar beneden uit op het touw (derde wet van Newton). Door deze kracht naar beneden op het touw wordt de omgekeerde gereflecteerde puls 'gegenereerd'.
Beschouw vervolgens een puls die zich langs een touw beweegt dat bestaat uit een licht en een zwaar stuk, zoals in fig. 15.19. Wanneer de golfpuls de grens tussen de twee stukken bereikt, wordt een deel van de puls gereflecteerd en een deel doorgelaten, zoals weergegeven. Naarmate het tweede stuk van het touw zwaarder is, wordt er minder energie doorgelaten. (Wanneer het tweede stuk een muur of een vaste steun is, wordt er zeer weinig doorgelaten en wordt het meeste gereflecteerd, zoals in fig.

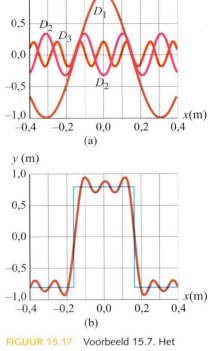

FIGUUR 15.17 Voorbeeld 15.7. Het maken van een blokgolf.

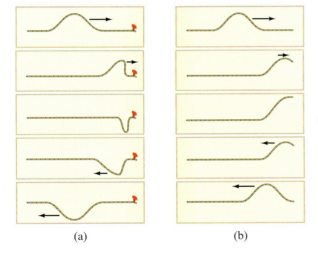

FIGUUR 15.18 Reflectie van een golfpuls in een touw op een tafel. (a) Het uiteinde van het touw zit vast aan een pin. (b) Het uiteinde van het touw kan vrij bewegen.

15.18a.) Bij een periodieke golf verandert de frequentie van de doorgelaten golf niet op de rand omdat het randpunt met die frequentie trilt. Heeft de doorgelaten golf een lagere snelheid, dan is ook de golflengte kleiner ($\lambda = v/f$).
Bij een twee- of driedimensionale golf, zoals een watergolf, zijn we geïnteresseerd in de **golffronten**, waarmee we alle punten op de golf bedoelen die de golftop vormen (wat we aan de kust meestal gewoon een 'golf' noemen). Een lijn in de bewegingsrichting, loodrecht op het golffront, wordt een **straal** genoemd, zoals in fig. 15.20. Golffronten ver van de bron hebben vrijwel al hun kromming verloren (fig. 15.20b) en zijn vrijwel recht, zoals vaak het geval is bij oceaangolven; ze worden dan **vlakke** golven genoemd.
Bij reflectie van een twee- of driedimensionale vlakke golf, zoals in fig. 15.21, is de hoek die de inkomende of *invallende golf* maakt met het reflecterende oppervlak gelijk aan de hoek die door de teruggekaatste of gereflecteerde golf wordt gemaakt. Dit is de **wet van terugkaatsing**:

de hoek van terugkaatsing is gelijk aan de hoek van inval.

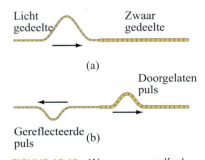

FIGUUR 15.19 Wanneer een golfpuls langs een dun touw naar rechts beweegt, dan (a) bereikt het een discontinuïteit op de plaats waar het touw dikker en zwaarder wordt en vervolgens wordt hij deels gereflecteerd en deels doorgelaten (b).

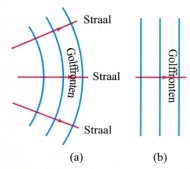

FIGUUR 15.20 Stralen, die de bewegingsrichting aangeven, staan altijd loodrecht op de golffronten (golftoppen). (a) Cirkelvormige of bolvormige golven in de buurt van de bron. (b) Ver van de bron zijn de golffronten vrijwel recht of vlak, en worden dan vlakke golven genoemd.

De 'hoek van inval' is gedefinieerd als de hoek (θ_i) die de invallende straal maakt met de normaal op het reflecterende oppervlak (of die het golffront maakt met een raaklijn aan het oppervlak), en de 'hoek van reflectie' is de overeenkomstige hoek (θ_r) voor de gereflecteerde golf.

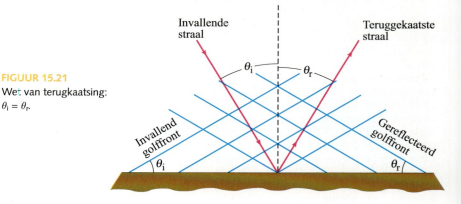

FIGUUR 15.21 Wet van terugkaatsing: $\theta_i = \theta_r$.

15.8 Interferentie

Interferentie is wat er gebeurt wanneer er twee golven tegelijkertijd hetzelfde gebied in de ruimte passeren. Beschouw bijvoorbeeld twee golfpulsen in een touw die naar elkaar toe bewegen zoals in fig. 15.22. In fig. 15.22a hebben de twee pulsen dezelfde amplitude, maar een is een top en de ander een dal; in fig. 15.22b zijn het beide toppen. In beide gevallen komen de golven elkaar tegen en lopen ze recht door elkaar heen. In het gebied waar ze overlappen, is de resulterende verplaatsing echter gelijk aan de *algebraïsche som van hun afzonderlijke verplaatsingen* (een top wordt beschouwd als een positieve en een dal als een negatieve verplaatsing). Dit is opnieuw een voorbeeld van het superpositiebeginsel. In fig. 15.22a hebben de twee golven op het moment van passeren tegengestelde verplaatsingen, die optellen tot nul. Het resultaat wordt **destructieve interferentie genoemd** (soms ook wel uitdoving genoemd). In fig. 15.22b produceren de twee pulsen op het moment van overlappen een resulterende verplaatsing die groter is dan de verplaatsing van elke afzonderlijke puls, en is het resultaat **constructieve interferentie**.

(Je vraagt je misschien af waar de energie is op het moment van destructieve interferentie in fig. 15.22a; het touw kan recht zijn op dat moment, maar de middelste delen ervan bewegen nog steeds naar boven of naar beneden.)

Wanneer er gelijktijdig twee stenen in een vijver worden gegooid, interfereren de twee reeksen cirkelvormige golven met elkaar, zoals te zien is in fig. 15.23a. In sommige overlapgebieden komen de toppen van de ene golf de toppen van de andere golf herhaaldelijk tegen (en hetzelfde geldt voor de dalen, fig. 15.23b). In deze punten treedt constructieve interferentie op en oscilleert het water voortdurend op en neer met een grotere amplitude dan die van elk van de afzonderlijke golven. In andere gebieden komt destructieve interferentie voor op die plaatsen waar het water de hele tijd niet op en neer beweegt. Op deze plekken komen de toppen van de ene golf de

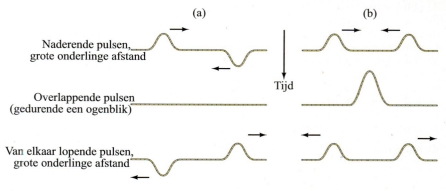

FIGUUR 15.22 Twee elkaar passerende golfpulsen. Waar ze overlappen treedt interferentie op: (a) destructieve, en (b) constructieve.

FIGUUR 15.23 (a) Interferentie van watergolven. (b) Constructieve interferentie doet zich voor op plaatsen waar het maximum van de ene golf (een top) het maximum van de andere golf tegenkomt, en destructieve interferentie ('vlak water') op plaatsen waar het maximum van de ene golf (een top) het minimum van de andere golf (een dal) tegenkomt.

dalen van de andere tegen, en omgekeerd. In fig. 15.24a zijn grafieken getekend van de verplaatsing van twee identieke golven en hun som als functie van de tijd, voor het geval van constructieve interferentie. Bij constructieve interferentie (fig. 15.24a), zijn de twee golven **in fase**. In punten waar destructieve interferentie optreedt (fig. 15.24b) komen toppen van de ene golf herhaaldelijk dalen van de andere golf tegen en zijn de twee golven **uit fase** met een halve golflengte oftewel 180°. De toppen van de ene golf komen een halve golflengte na de toppen van de andere golf. De relatieve fase van de twee watergolven in fig. 15.23 ligt in de meeste gebieden tussen deze twee extremen, wat resulteert in *gedeeltelijke* destructieve interferentie, zoals te zien is in fig. 15.24c. Als de amplitudes van twee interfererende golven niet gelijk zijn, treedt volledige destructieve interferentie (zoals in fig. 15.24b) niet op.

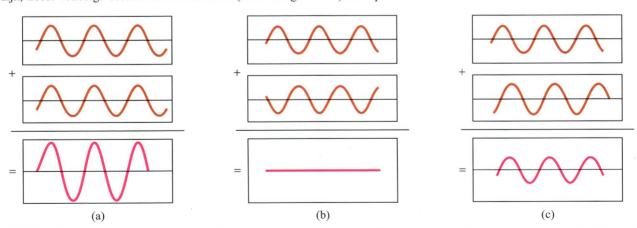

FIGUUR 15.24 Grafieken van twee identieke golven en hun som als functie van de tijd op drie verschillende plaatsen. In (a) interfereren de twee golven constructief met elkaar, in (b) destructief, en in (c) gedeeltelijk destructief.

15.9 Staande golven; resonantie

Als je een uiteinde van een touw schudt en het andere uiteinde zit vast, dan zal er een continue golf naar het vaste uiteinde lopen en omgekeerd worden gereflecteerd, zoals we gezien hebben in fig. 15.18a. Als je het touw continu laat trillen, zullen er golven in beide richtingen gaan lopen en zal de golf die vanaf je hand door het touw

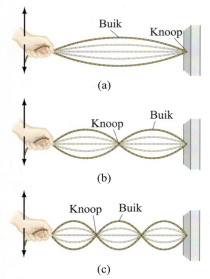

FIGUUR 15.25 Staande golven corresponderend met drie resonantiefrequenties.

loopt, interfereren met de gereflecteerde golf die de andere kant op loopt. Meestal levert dit een chaotisch geheel op. Maar als je het touw met precies de goede frequentie laat trillen, zullen de twee lopende golven zodanig interfereren dat er een **staande golf** met een grote amplitude ontstaat, zoals in fig. 15.25. Dit wordt een 'staande golf' genoemd, omdat hij zich niet lijkt te verplaatsen. Het touw lijkt gewoon te bestaan uit stukken die in een vast patroon op en neer trillen. De punten van destructieve interferentie, waar het touw de hele tijd stilstaat, worden **knopen** genoemd. Punten van constructieve interferentie, waar het touw trilt met maximale amplitude, worden **buiken** genoemd. De knopen en buiken blijven bij een bepaalde frequentie steeds op dezelfde plaatsen.

Staande golven kunnen bij meer dan één frequentie voorkomen. De laagste trillingsfrequentie die een staande golf oplevert, levert het patroon op in fig. 15.25a. De staande golven uit fig. 15.25b en 15.25c zijn geproduceerd bij exact tweemaal, respectievelijk driemaal de laagste frequentie, ervan uitgaande dat de spanning in het touw hetzelfde is. Het touw kan ook trillen met vier lussen (vier buiken) tegen vier maal de laagste frequentie enzovoort.

De frequenties waarbij staande golven worden geproduceerd zijn de **eigenfrequenties** of **resonantiefrequenties** van het touw, waarvan de verschillende staande-golfpatronen in fig. 15.25 verschillende 'resonantietoestanden van de trilling' voorstellen. Een staande golf in een touw is het resultaat van de interferentie van twee golven die in tegengestelde richtingen lopen. Een staande golf kan ook worden beschouwd als een trillend voorwerp in resonantie. Staande golven representeren hetzelfde verschijnsel als de resonantie van een trillende veer of een slinger, wat we hebben besproken in hoofdstuk 14. Een veer of een slinger heeft echter slechts één resonantiefrequentie, terwijl het touw een oneindig aantal resonantiefrequenties heeft, elk een geheel veelvoud van de laagste resonantiefrequentie.

Beschouw een uitgerekte snaar tussen twee steunen die wordt getokkeld als een gitaar of een vioolsnaar, fig. 15.26a. In beide richtingen zullen er golven met een grote variatie in frequenties langs de snaar lopen, aan de uiteinden gereflecteerd worden en in de tegenovergestelde richting teruglopen. Het merendeel van deze golven interfereert met elkaar en dooft snel uit. Daarentegen zullen de golven die corresponderen met de resonantiefrequenties blijven bestaan. Omdat ze vast zijn, zullen de uiteinden van de snaar knopen zijn. Er kunnen ook nog andere knopen zijn. Enkele van de mogelijke resonantietoestanden van de trilling (staande golven) zijn weergegeven in fig. 15.26b. In het algemeen zal de beweging een combinatie van deze verschillende resonantietoestanden zijn, maar zijn alleen die frequenties aanwezig die overeenkomen met een resonantiefrequentie.

Om de resonantiefrequenties te bepalen merken we eerst op dat er een eenvoudig verband is tussen de golflengtes van de staande golven en de lengte ℓ van de snaar. De laagste frequentie, ook wel de **grondfrequentie** genoemd, correspondeert met één buik (of lus). En zoals te zien is in fig. 15.26b correspondeert de gehele lengte

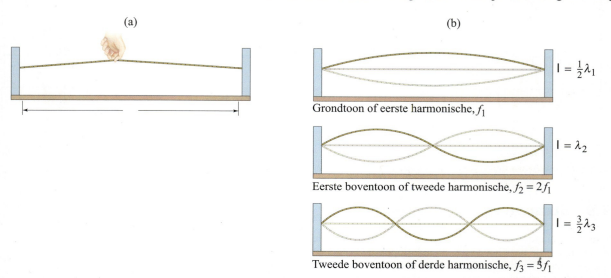

FIGUUR 15.26 (a) Een snaar wordt getokkeld. (b) Alleen staande golven die corresponderen met resonantiefrequenties blijven lang bestaan.

met een halve golflengte. Dus geldt $\ell = \frac{1}{2}\lambda_1$, waarin λ_1 de golflengte van de grondfrequentie is. De andere eigenfrequenties worden **boventonen** genoemd; voor een trillende snaar zijn dit de gehele veelvouden van de grondfrequentie, die ook **harmonischen** worden genoemd, waarbij de grondfrequentie de **eerste** harmonische wordt genoemd.[1] De volgende trillingstoestand na de grondfrequentie heeft twee lussen en wordt de **tweede harmonische** (of eerste boventoon) genoemd, zie fig. 15.26b. De lengte van de snaar ℓ bij de tweede harmonische komt overeen met één hele golflengte: $\ell = \lambda_2$. Voor de derde en vierde harmonische geldt respectievelijk $\ell = \frac{3}{2}\lambda_3$, en $\ell = 2\lambda_4$ enzovoort. In het algemeen kunnen we schrijven

$$\ell = \frac{n\lambda_n}{2}, \quad \text{waarin } n = 1, 2, 3, \ldots$$

Het gehele getal n geeft het nummer van de harmonische aan: $n = 1$ voor de grondfrequentie, $n = 2$ voor de tweede harmonische enzovoort. We lossen op naar λ_n en vinden

$$\lambda_n = \frac{2\ell}{n}, \quad n = 1, 2, 3\ldots \qquad \text{[snaar aan beide uiteinden vast]} \quad (15.17a)$$

Om de frequentie van elke trilling te bepalen gebruiken we vgl. 15.1, $f = v/\lambda$ en zien we dat

$$f_n = \frac{v}{\lambda_n} = n\frac{v}{2\ell} = nf_1, \quad n = 1, 2, 3\ldots, \qquad (15.17b)$$

waarin $f_1 = v/\lambda_1 = v/2\ell$ de grondfrequentie is. We zien dat iedere resonantiefrequentie gelijk is aan een geheel veelvoud van de grondfrequentie.
Omdat een staande golf equivalent is met twee lopende golven in tegengestelde richtingen, heeft het begrip golfsnelheid nog steeds betekenis en wordt gegeven door vgl. 15.2 in termen van de spanning F_T in de snaar en de massa per eenheidslengte ($\mu = m/\ell$). Dat wil zeggen: voor lopende golven in beide richtingen geldt $v = \sqrt{F_T/\mu}$.

Voorbeeld 15.8 Pianosnaar

Een pianosnaar is 1,10 m lang en heeft een massa van 9,00 g. (*a*) Hoeveel spanning moet er op de snaar staan om hem te laten trillen met een grondfrequentie van 131 Hz? (*b*) Wat zijn de frequenties van de eerste vier harmonischen?

Aanpak Om de spanning te bepalen moeten we de golfsnelheid berekenen met vgl. 15.1 ($v = \lambda f$), en vervolgens vgl. 15.2 gebruiken en deze oplossen naar F_T.

Oplossing (*a*) De golflengte van de grondfrequentie is $\lambda = 2\ell = 2,20$ m (vgl. 15.17a met $n = 1$). De snelheid van de golf in de snaar is $v = \lambda f = (2,20 \text{ m})(131 \text{ s}^{-1}) = 288$ m/s. Dus geldt (vgl. 15.2)

$$F_T = \mu v^2 = \frac{m}{\ell} v^2 = \left(\frac{9,00 \times 10^{-3} \text{ kg}}{1,10 \text{m}}\right)(288 \text{ m/s})^2 = 679 \text{ N}.$$

(*b*) De frequenties van de tweede, derde en vierde harmonische zijn twee, drie en vier maal de grondfrequentie: respectievelijk 262, 393 en 524 Hz.

Opmerking De snelheid van de golf in de snaar is *niet* hetzelfde als de snelheid van de geluidsgolf die de pianosnaar in de lucht produceert (zoals we zullen zien in hoofdstuk 16).

Een staande golf lijkt op zijn plaats te blijven staan (en een lopende golf lijkt te bewegen). De term 'staande' golf heeft ook betekenis vanuit energieoogpunt bekeken. Omdat de snaar in de knopen in rust is, stroomt er geen energie voorbij deze punten. Dus wordt de energie niet langs de snaar getransporteerd, maar blijft op zijn plaats in de snaar 'staan'.

---

[1] De term 'harmonische' stamt uit de muziek, omdat dergelijke gehele veelvouden van frequenties 'harmoniëren'.

Staande golven worden niet alleen geproduceerd in snaren, maar ook in elk voorwerp dat vastgeklemd zit, zoals een trommelvel of een metalen of houten voorwerp. De resonantiefrequenties hangen af van de afmetingen van het voorwerp; net als bij een snaar hangen ze af van de lengte. Grotere voorwerpen hebben lagere resonantiefrequenties dan kleine voorwerpen. Alle muziekinstrumenten, van snaarinstrumenten tot blaasinstrumenten (waarin een luchtkolom trilt als een staande golf) en drums en andere slagwerkinstrumenten, zijn voor het produceren van hun karakteristieke muzikale geluiden afhankelijk van staande golven, zoals we zullen zien in hoofdstuk 16.

■ Wiskundige voorstelling van een staande golf

Zoals we gezien hebben, kan een staande golf worden beschouwd als bestaande uit twee lopende golven die in tegenovergestelde richtingen bewegen. Deze kunnen worden geschreven als (zie vgl. 15.10c en 15.13c):

$$D_1(x, t) = A \sin(kx - \omega t) \quad \text{en} \quad D_2(x, t) = A \sin(kx + \omega t)$$

omdat, aangenomen dat er geen demping is, zowel de amplitudes als de frequenties en de golflengtes gelijk zijn. De som van deze twee lopende golven levert een staande golf op, die wiskundig kan worden uitgedrukt als

$$D = D_1 + D_2 = A[\sin(kx - \omega t) + \sin(kx + \omega t)].$$

Vanwege de goniometrische identiteit $\sin \theta_1 + \sin \theta_2 = 2 \sin \frac{1}{2}(\theta_1 + \theta_2) \cos \frac{1}{2}(\theta_1 - \theta_2)$, kunnen we dit herschrijven als

$$D = 2A \sin kx \cos \omega t. \tag{15.18}$$

Als we aan het linker uiteinde van de snaar $x = 0$ nemen, dan bevindt het rechter uiteinde zich bij $x = \ell$, waarbij ℓ de lengte van de snaar is. Omdat de snaar aan twee uiteinden vastzit (fig. 15.26) moet $D(x, t)$ in $x = 0$ en $x = \ell$ gelijk zijn aan 0. Vgl. 15.18 voldoet reeds aan de eerste voorwaarde ($D = 0$ in $x = 0$) en voldoet aan de tweede voorwaarde als $\sin k\ell = 0$, wat inhoudt dat

$$k\ell = \pi, 2\pi, 3\pi, \ldots, n\pi, \ldots$$

met n een geheel getal. Omdat $k = 2\pi/\lambda$ is $\lambda = 2\ell/n$, wat precies gelijk is aan vgl. 15.17a. Vgl. 15.18, met de voorwaarde $\lambda = 2\ell/n$, is de wiskundige voorstelling van een staande golf. We zien dat een deeltje op een willekeurige plaats x trilt volgens een enkelvoudige harmonische beweging (vanwege de factor $\cos \omega t$). Alle deeltjes van de snaar trillen met dezelfde frequentie $f = \omega/2\pi$, maar de amplitude hangt af van x en is gelijk aan $2A \sin kx$. (Vergelijk dit met een lopende golf waarvoor alle deeltjes trillen met dezelfde amplitude.) De amplitude heeft een maximum, gelijk aan $2A$, wanneer $kx = \pi/2, 3\pi/2, 5\pi/2$ enzovoort, dat wil zeggen voor

$$x = \frac{\lambda}{4}, \frac{3\lambda}{4}, \frac{5\lambda}{4}, \ldots$$

Dit zijn natuurlijk de plaatsen van de buiken (zie fig. 15.26).

Voorbeeld 15.9 Golfvormen

Twee golven lopen in tegenovergestelde richtingen in een snaar die op $x = 0$ vastzit, en worden beschreven door de functies

$$D_1 = (0{,}20 \text{ m}) \sin(2{,}0x - 4{,}0t) \quad \text{en} \quad D_2 = (0{,}20 \text{ m}) \sin(2{,}0x + 4{,}0t)$$

(met x in m, t in s), en ze leveren een patroon van een staande golf op. Bepaal (a) de functie voor de staande golf, (b) de maximale amplitude op $x = 0{,}45$ m, (c) de plaats waar het andere uiteinde is bevestigd ($x > 0$), (d) de maximale amplitude en waar die voorkomt.

Aanpak We tellen de twee golven op met behulp van het superpositiebeginsel. De gegeven golven hebben de vorm die we gebruikten om vgl. 15.18 te verkrijgen, die we dus kunnen gebruiken.

Oplossing (a) De twee golven zijn van de vorm $D = A \sin(kx \pm \omega t)$, dus

$$k = 2{,}0 \text{ m}^{-1} \quad \text{en} \quad \omega = 4{,}0 \text{ s}^{-1}.$$

Deze combineren tot een staande golf van de vorm van vgl. 15.18:

$$D = 2A \sin kx \cos \omega t = (0{,}40 \text{ m}) \sin(2{,}0x) \cos(4{,}0t),$$

met x in meter en t in seconden.

(b) Op $x = 0{,}45$ m,

$$D = (0{,}40 \text{ m}) \sin(0{,}90) \cos(4{,}0t) = (0{,}31 \text{ m}) \cos(4{,}0t).$$

De maximale amplitude in dit punt is $D = 0{,}31$ m en wordt bereikt wanneer cos $(4{,}0t) = 1$.

(c) Deze golven vormen een staande-golfpatroon, dus moeten beide uiteinden van de snaar knopen zijn. Knopen komen elke halve golflengte voor, en voor onze snaar is dat

$$\frac{\lambda}{2} = \frac{1}{2}\frac{2\pi}{k} = \frac{\pi}{2{,}0} \text{ m} = 1{,}57 \text{ m}.$$

Als de snaar slechts één lus bevat, zou zijn lengte $\ell = 1{,}57$ m zijn. Maar zonder verdere informatie zou de snaar tweemaal zo lang kunnen zijn, $\ell = 3{,}14$ m, of elk ander geheel aantal malen 1,57 m, wat nog steeds een staande-golfpatroon zou opleveren, zoals in fig. 15.27.

(d) De knopen komen voor in $x = 0$, $x = 1{,}57$ m, en als de snaar langer is dan $\ell = 1{,}57$ m, in $x = 3{,}14$ m en 4,71 m enzovoort. De maximale amplitude (buik) is 0,40 m (uit deel (b) hiervoor) en komt voor halverwege tussen de knopen. Voor $\ell = 1{,}57$ m, is er slechts één buik, in $x = 0{,}79$ m.

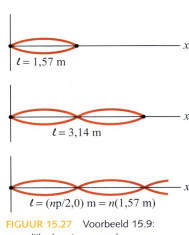

FIGUUR 15.27 Voorbeeld 15.9: mogelijke lengten voor de snaar

*15.10 Breking[1]

Wanneer een willekeurige golf tegen een rand aan komt, wordt een deel van de energie gereflecteerd en een deel doorgelaten of geabsorbeerd. Wanneer een twee- of driedimensionale golf die in een bepaald medium loopt de grens passeert naar een medium waar zijn snelheid anders is, kan de doorgelaten golf in een andere richting bewegen dan de invallende golf, zoals te zien is in fig. 15.28. Dit verschijnsel staat bekend als **breking**. Een voorbeeld hiervan is een watergolf; in ondiep water neemt de snelheid af en breken de golven, zoals weergegeven in fig. 15.29 hierna. (Wanneer de golfsnelheid geleidelijk verandert, zoals in fig. 15.29, zonder een scherpe grens, veranderen de golven geleidelijk van richting.)

In fig. 15.28 is de snelheid van de golf in medium 2 kleiner dan in medium 1. In dit geval breekt de golf zodanig dat hij meer evenwijdig aan de grens loopt. Dat wil zeggen: de hoek van *breking*, θ_r, is kleiner dan de *hoek van inval*, θ_i. Om in te zien waarom dit zo is en om een kwantitatief verband tussen θ_r en θ_i af te leiden, moet je je elk golffront proberen voor te stellen als een rij soldaten. De soldaten marcheren vanaf stevige grond (medium 1) in de modder (medium 2) en worden dus na de grens afgeremd. De soldaten die de modder als eerste bereiken worden afgeremd, en de rij wordt afgebogen, zoals te zien is in fig. 15.30a. Laten we eens kijken naar het golffront A (of rij soldaten) in fig. 15.30b. In dezelfde tijd t waarin A zich verplaatst over een afstand $\ell_1 = v_1 t$ zien we dat A_2 een afstand $\ell_2 = v_2 t$ aflegt. De twee rechthoekige driehoeken in fig. 15.30b, respectievelijk geel en groen gekleurd, hebben de zijde a gemeenschappelijk. Dus geldt

$$\sin \theta_1 = \frac{\ell_1}{a} = \frac{v_1 t}{a}$$

omdat a de schuine zijde is, en

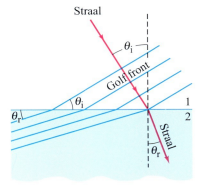

FIGUUR 15.28 Breking van golven aan een grens.

FIGUUR 15.29 Bij het naderen van de kust gaan watergolven geleidelijk breken, naarmate hun snelheid afneemt. Er is geen duidelijke grens, zoals in fig. 15.28, omdat de golfsnelheid geleidelijk verandert.

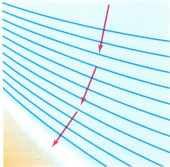

---

[1] De stof van deze paragraaf en de volgende wordt uitgebreider behandeld in de hoofdstukken 32 t/m 35 over optica in deel II.

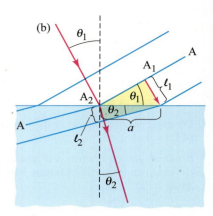

FIGUUR 15.30 (a) Soldatenanalogie voor het afleiden van de (b) brekingswet voor golven.

$$\sin\theta_2 = \frac{\ell_2}{a} = \frac{v_2 t}{a}.$$

Door deze twee vergelijkingen op elkaar te delen vinden we de **brekingswet (in de optica beter bekend als de wet van Snellius)**:

$$\frac{\sin\theta_2}{\sin\theta_1} = \frac{v_2}{v_1}. \tag{15.19}$$

Omdat θ_1 de hoek van inval is (θ_i) en θ_2 de hoek van breking (θ_r), geeft vgl. 15.19 het kwantitatieve verband tussen deze twee hoeken. Als de golf in de tegenovergestelde richting zou lopen, zou de geometrie niet veranderen; alleen θ_1 en θ_2 zouden van rol verwisselen: θ_1 zou de hoek van breking zijn en θ_2 de hoek van inval. Het is dus duidelijk dat als de golf in een medium terechtkomt waar hij sneller kan bewegen, hij de tegenovergestelde kant op breekt, $\theta_r > \theta_i$. Uit vgl. 15.19 zien we dat als de snelheid toeneemt, de hoek toeneemt, en omgekeerd. Bij het passeren van steenlagen met verschillende dichtheden breken aardbevingsgolven binnen de aarde, op dezelfde manier als watergolven (en daarom veranderen de snelheden). Ook lichtgolven breken, en wanneer we licht behandelen, zal vgl. 15.19 goed van pas komen.

Natuurkunde in de praktijk

Breking van aardbevingsgolven

Voorbeeld 15.10   Breking van een aardbevingsgolf

Een P-golf passeert een grens in het gesteente waarbij zijn snelheid toeneemt van 6,5 km/s tot 8,0 km/s. Als hij de grens raakt onder 30°, wat is dan de hoek van breking?

Aanpak   We passen de brekingswet toe, vgl. 15.19, $\sin\theta_2/\sin\theta_1 = v_2/v_1$

Oplossing   Omdat $\sin 30° = 0{,}50$, volgt uit vgl. 15.19

$$\sin\theta_2 = \frac{(8{,}0 \text{ m/s})}{(6{,}5 \text{ m/s})}(0{,}50) = 0{,}62.$$

Dus $\theta_2 = \sin^{-1}(0{,}62) = 38°$.

Opmerking   Let goed op bij hoeken van inval en breking. Zoals we besproken hebben in paragraaf 15.7 (fig. 15.21), zijn dit de hoeken tussen het golffront en de grenslijn, of (equivalent hiermee) tussen de straal (richting van de golfbeweging) en de lijn loodrecht op de grens. Kijk goed naar fig. 15.30b.

*15.11 Buiging

Als golven zich verplaatsen, gaan ze zich verspreiden. Wanneer ze een obstakel tegenkomen, buigen ze er enigszins omheen en gaan door in het gebied erachter, zoals te zien is in fig. 15.31 voor watergolven. Dit verschijnsel wordt **buiging** of **diffractie** genoemd.

De mate van buiging hangt af van de golflengte van de golf en de afmetingen van het obstakel, zoals weergegeven in fig. 15.32. Als de golflengte veel groter is dan het voorwerp, zoals bij de grashalmen van fig. 15.32a, gaat de golf er vrijwel gewoon langs alsof ze er niet zijn. Bij grotere voorwerpen, zoals in (b) en (c), is er meer een 'schaduwgebied' achter het obstakel waar we niet verwachten dat de golven daar zullen doordringen: toch doen ze dit wel, in elk geval enigszins. Merk ten slotte op dat bij (d), waar het obstakel hetzelfde is als bij (c) maar de golflengte groter, er meer buiging is dan in het schaduwgebied. Als regel zal er *alleen een schaduwgebied van betekenis zijn als de golflengte kleiner is dan de afmeting van het voorwerp*. Deze regel is ook van toepassing op *reflectie* vanaf een obstakel. Er wordt zeer weinig van een golf gereflecteerd tenzij de golflengte kleiner is dan de afmeting van het obstakel. Een ruwe richtlijn voor de mate van buiging is

$$\theta(\text{in radialen}) \approx \frac{\lambda}{\ell},$$

waarin θ ruwweg gelijk is aan de hoekverspreiding van golven nadat ze een opening of een obstakel ter breedte ℓ gepasseerd zijn.

Dat golven rond obstakels kunnen buigen en zo energie overbrengen naar gebieden achter obstakels, is iets totaal anders dan de energie die wordt overgebracht door materiële deeltjes. Een duidelijk voorbeeld is het volgende: als je aan de ene kant van de hoek van een gebouw staat, kun je niet worden geraakt door een bal die van de andere kant wordt gegooid, maar je kunt wel een schreeuw of een ander geluid horen omdat de geluidsgolven worden afgebogen aan de randen van het gebouw.

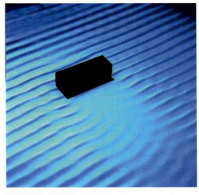

FIGUUR 15.31 Verstrooiing van golven. De golven komen linksboven binnen. Merk op hoe de golven, terwijl ze het obstakel passeren, eromheen buigen, in het 'schaduwgebied' achter het obstakel.

(a) Watergolven langs grashalmen

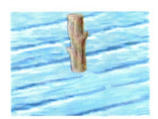
(b) Stok in het water

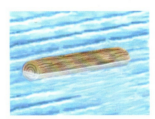
(c) Golven met korte golflengten langs een blok

(d) Golven met lange golflengten langs een blok

FIGUUR 15.32 Watergolven passeren voorwerpen van verschillende afmetingen. Merk op dat naarmate de golflengte in vergelijking tot de afmetingen van het voorwerp groter is, er meer verstrooiing is in het 'schaduwgebied'.

Samenvatting

Trillende voorwerpen gedragen zich als bronnen van **golven** die zich vanaf de bron naar buiten verplaatsen. Voorbeelden hiervan zijn watergolven en golven in een snaar. De golf kan een **puls** zijn (één golftop) of een continue golf (veel toppen en dalen).

De **golflengte** van een continue golf is de afstand tussen twee opeenvolgende toppen (of een willekeurig tweetal identieke punten op de golfvorm).

De **frequentie** is het aantal volledige golflengtes (of toppen) die een gegeven punt per tijdseenheid passeren.

De **golfsnelheid** (hoe snel een top zich verplaatst) is gelijk aan het product van de golflengte en de frequentie,

$$v = \lambda f. \quad (15.1)$$

De **amplitude** van een golf is de maximumhoogte van een top, of de maximumdiepte van een dal, ten opzichte van het normale niveau (of evenwichtsniveau).

Bij een **transversale golf** zijn de trillingen loodrecht op de richting waarin de golf loopt. Een voorbeeld is een golf in een snaar.

Bij een **longitudinale golf** zijn de trillingen in de richting van (evenwijdig aan) de bewegingsrichting; een voorbeeld hiervan is geluid.

De snelheid van zowel longitudinale als transversale golven in materie is evenredig met de vierkantswortel van een elastische-krachtsfactor gedeeld door een traagheidsfactor (of dichtheid).

Golven kunnen energie van de ene plaats naar de andere overbrengen zonder dat er materie wordt overgedragen. De **intensiteit** van een golf (energie die per tijdseenheid door een eenheidsoppervlak wordt overgebracht) is evenredig met het kwadraat van de amplitude van de golf.

Voor een golf die in drie dimensies vanaf een puntbron naar buiten loopt, neemt de intensiteit (met verwaarlozing van demping) af met het kwadraat van de afstand tot de bron,

$$I \propto \frac{1}{r^2}. \quad (15.8a)$$

De amplitude neemt lineair af met de afstand tot de bron. Een eendimensionale transversale golf die in een medium langs de x-as naar rechts loopt (toenemende x) kan worden voorgesteld door een formule voor de verplaatsing van het medium vanuit evenwicht in elk punt x als functie van de tijd als

$$D(x,t) = A \sin\left[\left(\frac{2\pi}{\lambda}\right)(x - vt)\right] \quad (15.10a)$$

$$= A \sin(kx - \omega t) \quad (15.10c)$$

waarin

$$k = \frac{2\pi}{\lambda} \quad (15.11)$$

en

$$\omega = 2\pi f.$$

Als een golf zich verplaatst in de richting van afnemende waarden van x, dan is

$$D(x, t) = A \sin(kx + \omega t), \quad (15.13c)$$

(*Golven kunnen worden beschreven door de **golfvergelijking**; in één dimensie is deze $\partial^2 D/\partial x^2 = (1/v^2)\partial^2 D/\partial t^2$, vgl. 15.16.)

Wanneer twee of meer golven tegelijkertijd hetzelfde gebied in de ruimte passeren, zal de verplaatsing op een willekeurig punt gelijk zijn aan de vectorsom van de verplaatsing van de afzonderlijke golven. Dit is het **superpositiebeginsel**. Het is geldig voor mechanische golven als de amplitudes zo klein zijn dat de terugdrijvende kracht van het medium evenredig is met de verplaatsing.

Golven reflecteren tegen voorwerpen in hun baan. Wanneer het **golffront** van een twee- of driedimensionale golf een voorwerp raakt, is de hoek van *terugkaatsing* gelijk aan de hoek van *inval*: de wet van terugkaatsing of reflectie. Wanneer een golf een grens tussen twee materialen raakt waarin hij zich kan verplaatsen, wordt een deel van de golf gereflecteerd en een deel doorgelaten.

Wanneer twee golven tegelijkertijd hetzelfde gebied in de ruimte passeren, dan **interfereren** ze. Op grond van het superpositiebeginsel is de resulterende verplaatsing in een willekeurig punt en op een willekeurig tijdstip de som van de afzonderlijke verplaatsingen. Dit kan resulteren in **constructieve interferentie**, **destructieve interferentie** of iets ertussenin, afhankelijk van de amplitudes en relatieve fasen van de golven.

Golven in een touw van vaste lengte interfereren met golven die aan het eind zijn geflecteerd en in de tegenovergestelde richting teruglopen. Bij bepaalde frequenties kunnen er **staande golven** ontstaan waarbij de golven in plaats van te lopen, stil lijken te staan. Het touw (of ander medium) trilt als geheel. Dit is een resonantieverschijnsel, en de frequenties waarbij staande golven optreden worden **resonantiefrequenties** genoemd. De punten met destructieve interferentie (geen trilling) worden **knopen** genoemd. Punten met constructieve interferentie (maximale trillingsamplitude) worden **buiken** genoemd. In een touw met lengte ℓ dat aan beide uiteinden vastzit, worden de golflengtes van staande golven gegeven door

$$\lambda_n = 2\ell/n \quad (15.17a)$$

met n een geheel getal.

(*Bij de overgang van het ene naar het andere medium kunnen golven van richting veranderen, oftewel **breken**, wanneer hun snelheid verandert. De richting waarin de golven gebroken worden, wordt gegeven door de **brekingswet** of **wet van Snellius**. Als lopende golven obstakels tegenkomen, verspreiden ze zich, oftewel ze worden **afgebogen**. Een ruwe richtlijn voor de mate van buiging is $\theta \approx \lambda/\ell$, waarin λ de golflengte is en ℓ de breedte van een opening of obstakel. Er is alleen dan een schaduwgebied van betekenis als de golflengte kleiner is dan de afmeting van het voorwerp.)

Vragen

1. Is de frequentie van een enkelvoudige periodieke golf gelijk aan de frequentie van zijn bron? Waarom of waarom niet?
2. Verklaar het verschil tussen de snelheid van een transversale golf die door een touw loopt en de snelheid van een klein stukje van het touw.
3. Je vindt het een uitdaging om in woeste golven vanaf een boot op een hogere boot te klimmen. Als de klim varieert van 2,5 m tot 4,3 m, wat is dan de amplitude van de golf? Neem aan dat de middelpunten van de twee boten een halve golflengte van elkaar verwijderd zijn.
4. Wat voor type golven zullen er volgens jou door een horizontale metalen staaf heen lopen als je tegen het uiteinde slaat (a) verticaal van boven en (b) horizontaal evenwijdig aan de lengte?
5. Bij een toename van de temperatuur neemt de dichtheid van de lucht af, maar de compressiemodulus K is vrijwel onafhankelijk van de temperatuur. Hoe denk jij dat de snelheid van geluidsgolven in lucht varieert met de temperatuur?
6. Beschrijf hoe je de snelheid van watergolven over het oppervlak van een vijver zou kunnen schatten.
7. De snelheid van het geluid is in de meeste vaste stoffen iets groter dan in lucht, maar toch hebben vaste stoffen een veel grotere dichtheid (10^3 tot 10^4 maal zo groot). Leg uit waarom.
8. Geef twee redenen waarom cirkelvormige watergolven afnemen in amplitude als ze van de bron vandaan lopen.
9. Twee lineaire golven hebben dezelfde amplitude en snelheid, en zijn ook in andere opzichten identiek, behalve dat de golflengte van de ene de helft is van die van de andere. Welke draagt meer energie over? En met welke factor?
10. Zal elke functie van $(x - vt)$ (zie vgl. 15.14) een golfbeweging voorstellen? Waarom of waarom niet? Zo niet, geef een voorbeeld.
11. Wanneer een sinusoïdale golf de grens tussen twee stukken touw passeert, zoals in fig. 15.19, verandert de frequentie niet (hoewel de golflengte en de snelheid wel veranderen). Leg uit waarom.
12. Als een sinusoïdale golf in een touw dat uit twee stukken bestaat (fig. 15.19) na reflectie andersom terugloopt, heeft de doorgelaten golf dan een langere of kortere golflengte?
13. Blijft bij interferentie tussen twee golven de energie altijd behouden? Licht je antwoord toe.
14. Als een snaar trilt als een staande golf in drie segmenten, zijn er dan plekken die je met het lemmet van een mes zou kunnen aanraken zonder de beweging te verstoren?

15. Wanneer er een staande golf in een snaar is, heffen de trillingen van invallende en gereflecteerde golven elkaar op in de knopen. Betekent dit dat er energie verloren is gegaan? Licht je antwoord toe.
16. Kan de amplitude van de staande golven in fig. 15.25 groter zijn dan de amplitude van de trillingen waardoor ze zijn veroorzaakt (op en neer bewegen van de hand)?
17. Wanneer een touw in trilling wordt gebracht zoals in fig. 15.25, handmatig of met een mechanische oscillator, zijn de 'knopen' niet helemaal echte knopen (in rust). Licht je antwoord toe. (*Hint*: houd rekening met demping en de energiestroom vanaf je hand of de oscillator.)

* 18. AM-radiosignalen zijn gewoonlijk achter een heuvel nog wel te horen, maar FM-signalen meestal niet. Dat wil zeggen dat AM-signalen meer afbuigen dan FM-signalen. Leg uit waarom. (Zoals we zullen zien worden radiosignalen overgebracht door elektromagnetische golven waarvan de golflengte voor AM gewoonlijk 200 tot 600 m is; bij FM is dit circa 3 m.)
* 19. Als we zouden weten dat energie van de ene plaats naar de andere werd overgebracht, hoe zouden we dan kunnen bepalen of de energie werd overgedragen door deeltjes (materiële voorwerpen) of door golven?

Vraagstukken

15.1 en 15.2 Eigenschappen van golven

1. (I) Een visser merkt op dat er iedere 3,0 s een golftop zijn voor anker liggende boot passeert. Hij meet dat de afstand tussen twee toppen 8,0 m is. Hoe snel lopen de golven?
2. (I) Een geluidsgolf in de lucht heeft een frequentie van 262 Hz en beweegt met een snelheid van 343 m/s. Hoe ver zijn de golftoppen (samendrukkingen) van elkaar verwijderd?
3. (I) Bereken de snelheid van longitudinale golven in (*a*) water, (*b*) graniet en (*c*) staal.
4. (I) AM-radiosignalen hebben frequenties tussen 550 kHz en 1600 kHz (kilohertz) en bewegen met een snelheid van $3,0 \cdot 10^8$ m/s. Wat zijn de golflengtes van deze signalen? Bij FM variëren de frequenties van 88 MHz tot 108 MHz (megahertz) en bewegen de golven met dezelfde snelheid. Wat zijn de golflengtes?
5. (I) Bepaal de golflengte van een geluidsgolf van 5800 Hz in een ijzeren staaf.
6. (II) Een touw met een massa van 0,65 kg is uitgerekt tussen twee steunen op een afstand van 8,0 m. Als de spanning in het touw 140 N is, hoe lang doet een puls er dan over om van de ene steun naar de andere te komen?
7. (II) Een touw met een massa van 0,40 kg is uitgerekt tussen twee steunen op een afstand van 7,8 m. Wanneer er met een hamer op een van de steunen wordt geslagen, gaat er een transversale golf langs het touw lopen die in 0,85 s de andere steun bereikt. Wat is de spanning in het touw?
8. (II) Een zeeman slaat net onder het wateroppervlak op de zijkant van zijn schip. De echo van de golf die tegen de er recht onder gelegen zeebodem weerkaatst, hoort hij 2,8 s later. Hoe diep is de zee op dit punt?
9. (II) Een skigondel is verbonden met een heuveltop via een staalkabel met een lengte van 660 m en een diameter van 1,5 cm. Als de gondel aan het eind van zijn lijn komt, komt hij tegen de halte tot stilstand en stuurt een golfpuls langs de kabel. Men constateert dat de puls er 17 s over deed om terug te keren. (*a*) Wat is de snelheid van de puls? (*b*) Wat is de spanning in het touw?
10. (II) P- en S-golven van een aardbeving bewegen met verschillende snelheden en dit verschil helpt bij het lokaliseren van het 'epicentrum' van de aardbeving (waar de verstoring plaatsvond). (*a*) Uitgaande van doorsnee snelheden van 8,5 km/s en 5,5 km/s voor respectievelijk P- en S-golven, hoe ver weg vond dan de aardbeving plaats als een bepaald seismisch station meet dat er tussen de aankomst van deze twee typen golven 1,7 min zit? (*b*) Is één seismisch station voldoende om de plaats van het epicentrum te bepalen? Licht je antwoord toe.
11. (II) De golf in een snaar zoals in fig. 15.33 beweegt naar rechts met een snelheid van 1,10 m/s. (*a*) Teken de vorm van de snaar 1,00 s later en geef aan welke delen van de snaar op dat moment naar boven en welke naar beneden bewegen. (*b*) Geef een schatting van de verticale snelheid van punt A in de snaar op het moment dat in de figuur getekend is.

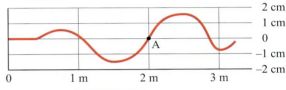

FIGUUR 15.33 Vraagstuk 11.

12. (II) Een bal van 5,0 kg hangt aan een staaldraad van 1,00 mm doorsnee met een lengte van 5,00 m. Wat zou de snelheid van een golf in de staaldraad zijn?
13. (II) Twee kinderen sturen signalen langs een touw met een totale massa van 0,50 kg dat tussen twee blikjes is gebonden. Op het touw staat een spanning van 35 N. Trillingen in de snaar doen er 0,50 s over om van het ene kind naar het andere te gaan. Hoe ver staan de kinderen van elkaar af?
* 14. (II) **Dimensieanalyse.** Golven aan het oppervlak van een oceaan zijn nauwelijks afhankelijk van de eigenschappen van water zoals dichtheid of oppervlaktespanning. De voornaamste 'terugkeerkracht' voor het opgehoopte water in de golftoppen wordt veroorzaakt door de aantrekkingskracht van de aarde. Dus hangt de snelheid v (in m/s) van oceaangolven af van de valversnelling g. Het is aannemelijk om te veronderstellen dat v ook zou kunnen afhangen van de waterdiepte h en de golflengte van de golf λ. Neem aan dat de golfsnelheid is gegeven door de uitdrukking $v = C g^\alpha h^\beta \lambda^\gamma$, waarin α, β, γ en C dimensieloze getallen zijn. (*a*) In diep water is het diepste water niet van invloed op de beweging van golven aan het oppervlak. Dus moet v onafhankelijk zijn van de diepte h (dat wil zeggen, $\beta = 0$). Leid, uitsluitend met behulp van dimensieanalyse (paragraaf 1.7) de formule af voor de snelheid van oppervlaktegolven in diep water. (*b*) Experimenteel is aangetoond dat in ondiep water de snelheid van oppervlaktegolven onafhankelijk is van de golflengte (dat wil zeggen, $\gamma = 0$). Leid, uitsluitend met behulp van dimensieanalyse, de formule af voor de snelheid van golven in ondiep water.

15.3 Energietransport door golven

15. (I) Twee aardbevingsgolven met dezelfde frequentie lopen door hetzelfde gedeelte van de aarde, maar een ervan brengt 3,0 keer zoveel energie over. Wat is de verhouding tussen de amplitudes van de twee golven?

16. (II) Wat is de verhouding tussen (a) de intensiteiten en (b) de amplitudes van een P-golf die door de aarde loopt en op twee punten op respectievelijk 15 en 45 km afstand van de bron wordt gedetecteerd?

17. (II) Toon aan dat bij verwaarlozing van demping de amplitude A van cirkelvormige watergolven afneemt met de vierkantswortel uit de afstand r tot de bron: $A \propto 1/\sqrt{r}$.

18. (II) De intensiteit van een aardbevingsgolf die door de aarde loopt wordt, op een afstand van 48 km van de bron, gemeten op $3,0 \cdot 10^6$ J/m² · s. (a) Wat was de intensiteit bij het passeren van een punt op slechts 1,0 km van de bron? (b) Welk vermogen meten we door een oppervlakte van 2,0 m² op 1,0 km afstand van de bron?

19. (II) Een kleine staaldraad met een diameter van 1,0 mm is aangesloten op een oscillator en staat onder een spanning van 7,5 N. De frequentie van de oscillator is 60,0 Hz en er wordt waargenomen dat de amplitude van de golf in de staaldraad 0,50 cm is. (a) Wat is het uitgangsvermogen van de oscillator, ervan uitgaande dat de golf niet wordt gereflecteerd? (b) Als het uitgangsvermogen constant blijft, maar de frequentie wordt verdubbeld, wat is dan de amplitude van de golf?

20. (II) Toon aan dat de intensiteit van een golf gelijk is aan het product van de energiedichtheid (energie per eenheidsvolume) en de golfsnelheid.

21. (II) (a) Toon aan dat de gemiddelde snelheid waarmee energie langs een touw wordt getransporteerd door een mechanische golf met frequentie f en amplitude A gelijk is aan

$$\overline{P} = 2\pi^2 \mu v f^2 A^2,$$

waarin v de snelheid van de golf is en μ de massa per lengte-eenheid van het touw. (b) Als de spanning in het touw $F_T = 135$ N is en het een massa per lengte-eenheid van $\mu = 0,10$ kg/m heeft, welk vermogen is er dan nodig om transversale golven van 120 Hz en een amplitude van 2,0 cm te versturen?

15.4 Wiskundige voorstelling van een lopende golf

22. (I) Een transversale golf in een draad is gegeven door $D(x, t) = 0,015 \sin(25x - 1200t)$ met D en x in meter en t in seconden. (a) Geef een uitdrukking voor een golf met dezelfde amplitude, golflengte en frequentie, die in tegenovergestelde richting loopt. (b) Wat is de snelheid van beide golven?

23. (I) Stel dat op $t = 0$ een golfvorm wordt voorgesteld door $D = A \sin(2\pi x/\lambda + \phi)$; dat wil zeggen, dat hij verschilt van vgl. 15.9 met een constante fasefactor ϕ. Wat zal dan de vergelijking zijn voor een golf die langs de x-as loopt als functie van x en t?

24. (II) Een transversale lopende golf in een touw wordt voorgesteld door $D = 0,22 \sin(5,6x + 34t)$ met D en x in meter en t in seconden. Bepaal voor deze golf (a) de golflengte, (b) de frequentie, (c) de snelheid (grootte en richting), (d) amplitude en (e) maximale en minimale snelheid van de touwdeeltjes.

25. (II) Beschouw het punt $x = 1,00$ m in het touw uit voorbeeld 15.5. Bepaal (a) de maximumsnelheid van dit punt, en (b) de maximale versnelling. (c) Wat is de snelheid en versnelling op $t = 2,50$ s?

26. (II) Een transversale golf in een touw is gegeven door $D(x, t) = 0,12 \sin(3,0x - 15,0t)$, met D en x in m en t in s. Wat zijn op $t = 0,20$ s de verplaatsing en de snelheid in het punt van het touw waar $x = 0,60$ m?

27. (II) Een transversale golfpuls loopt langs een snaar naar rechts met een snelheid van $v = 2,0$ m/s. Op $t = 0$ wordt de vorm van de puls gegeven door de functie $D = 0,45 \cos(2,6x + 1,2)$, met D en x in meter. (a) Teken een grafiek van D als functie van x op $t = 0$. (b) Bepaal een formule voor de golfpuls op een willekeurig tijdstip t, aangenomen dat er geen wrijvingsverliezen zijn. (c) Teken een grafiek van $D(x,t)$ als functie van x op $t = 1,0$ s. (d) Maak (b) en (c) nogmaals, maar nu voor een naar links bewegende puls. Teken, om ze goed te kunnen vergelijken, alledrie de grafieken in hetzelfde assenstelsel.

28. (II) Een longitudinale golf van 524 Hz heeft in lucht een snelheid van 345 m/s. Wat is de golflengte? (b) Hoe lang duurt het om de fase in een bepaald punt in de ruimte met 90° te laten veranderen? (c) Wat is op een vast moment het faseverschil (in graden) tussen twee punten met een onderlinge afstand van 4,4 cm in de bewegingsrichting van de golf?

29. (II) Geef de vergelijking voor de golf uit vraagstuk 28, als deze naar rechts loopt, een amplitude van 0,020 cm heeft, en $D = -0,020$ cm op $t = 0$ en $x = 0$.

30. (II) Een sinusoïdale golf die langs een snaar in de negatieve x-richting loopt, heeft amplitude 1,00 cm, golflengte 3,00 cm en frequentie 245 Hz. Op $t = 0$ heeft het snaardeeltje op $x = 0$ een verplaatsing $D = 0,80$ cm boven de oorsprong en beweegt het naar boven. (a) Schets de vorm van de golf op $t = 0$ en (b) bepaal de functie van x en t die de golf beschrijft.

*15.5 De golfvergelijking

*__31.__ (II) Ga na of de functie $D = A \sin kx \cos \omega t$ een oplossing is van de golfvergelijking.

*__32.__ (II) Toon door rechtstreekse substitutie aan dat de volgende functies voldoen aan de golfvergelijking: (a) $D(x,t) = A \ln(x + vt)$, (b) $D(x,t) = (x - vt)^4$.

*__33.__ (II) Toon aan dat de golfvormen van vgl. 15.13 en 15.15 voldoen aan de golfvergelijking, vgl. 15.16.

*__34.__ (II) Twee lineaire golven worden voorgesteld door respectievelijk $D_1 = f_1(x,t)$ en $D_2 = f_2(x,t)$. Als beide golven voldoen aan de golfvergelijking (vgl. 15.16), toon dan aan dat dat ook geldt voor elke willekeurige combinatie $D = C_1 D_1 + C_2 D_2$, waarin C_1 en C_2 constanten zijn.

*__35.__ (II) Voldoet de functie $D(x,t) = e^{-(kx-\omega t)^2}$ aan de golfvergelijking? Waarom of waarom niet?

*__36.__ (II) Bij het afleiden van vgl. 15.2, $v = \sqrt{F_T/\mu}$, voor de snelheid van een transversale golf in een snaar, werd aangenomen dat de amplitude A van de golf veel kleiner was dan zijn golflengte λ. Toon, uitgaande van een sinusoïdale golfvorm $D = A \sin(kx - \omega t)$, via de partiële afgeleide $v' = \partial D/\partial t$ aan dat de aanname $A \ll \lambda$ impliceert dat de maximale transversale snelheid $v'_{\max}$ van de snaar zelf veel kleiner is dan de golfsnelheid. Als $A = \lambda/100$ bepaal dan de verhouding $v'_{\max}/v$.

15.7 Reflectie en transmissie

37. (II) Een touw bestaat uit twee stukken met lineaire dichtheden van 0,10 kg/m en 0,20 kg/m, zoals in fig. 15.34. Een invallende golf, gegeven door $D = (0{,}050 \text{ m})\sin(7{,}5x - 12{,}0t)$, met x in meter en t in seconden, loopt door het lichtste stuk touw. (a) Wat is de golflengte in het lichtste gedeelte van het touw? (b) Wat is de spanning in het touw? (c) Wat is de golflengte wanneer de golf in het zwaarste gedeelte loopt?

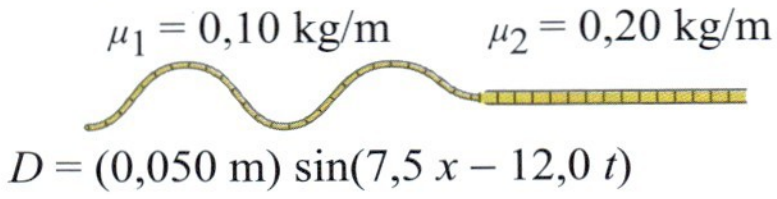

$\mu_1 = 0{,}10$ kg/m $\qquad \mu_2 = 0{,}20$ kg/m

$D = (0{,}050$ m$) \sin(7{,}5\,x - 12{,}0\,t)$

FIGUUR 15.34 Vraagstuk 37.

38. (II) Beschouw een sinusoïdale golf die langs het tweedelige touw van fig. 15.19 loopt. Bepaal een formule (a) voor de verhouding van de snelheden van de golf in de twee stukken, v_Z/v_L en (b) voor de verhouding van de golflengtes in de twee stukken. (In beide stukken is de frequentie hetzelfde. Waarom?) (c) Is de golflengte het langst in het zwaarste of in het lichtste touw?

39. (II) Bij het in kaart brengen van diepliggende oliehoudende lagen wordt vaak gebruikgemaakt van seismische reflectie. Bij deze techniek reflecteert een aan het aardoppervlak gegenereerde seismische golf (bijvoorbeeld door een explosie of een vallend gewicht) tegen de laag onder de oppervlakte en wordt gedetecteerd bij de terugkeer op grondniveau. Door op grondniveau op diverse locaties ten opzichte van de bron detectoren te plaatsen, en de variaties in de reistijden van de bron tot de detector te meten, kan de diepte van de laag onder de oppervlakte worden bepaald. (a) Neem aan dat er op grondniveau een detector wordt geplaatst op een afstand x van een seismische golfbron en dat er op diepte D een horizontale grens is tussen een overhangende rots en een olielaag onder de oppervlakte op diepte D (fig. 15.35a). Bepaal een uitdrukking voor de tijd t die de gereflecteerde golf erover doet om van de bron naar de detector te komen, ervan uitgaande dat de seismische golf zich voortplant met een constante snelheid v. (b) Stel dat er verschillende detectoren op een rij worden geplaatst, op verschillende afstanden x van de bron zoals in fig. 15.35b. Zo kunnen, wanneer er een seismische golf wordt gegenereerd, de verschillende reistijden t naar elke detector worden gemeten. Leg uit, beginnend met je resultaat uit onderdeel (a), hoe een grafiek van t^2 als functie van x^2 kan worden gebruikt voor het bepalen van D.

40. (III) Een touw dat is uitgerekt met een spanning F bestaat uit twee stukken (zoals in fig. 15.19) met lineaire dichtheden μ_1 en μ_2. Neem voor $x = 0$ het punt (een knoop) waar ze aan elkaar gemaakt zijn, waarbij μ_1 de dichtheid is van het linkertouw en μ_2 van het rechtertouw. Een sinusoïdale golf, $D = A\sin[k_1(x - v_1 t)]$, begint in het linkeruiteinde van het touw. Wanneer deze de knoop bereikt, wordt een deel ervan gereflecteerd en een deel ervan doorgelaten. Laat de vergelijking van de gereflecteerde golf $D_R = A_R \sin[k_1(x + v_1 t)]$ zijn en die voor de doorgelaten golf $D_T = A_T \sin[k_2(x - v_2 t)]$. Omdat de frequentie in beide stukken dezelfde moet zijn, geldt $\omega_1 = \omega_2$, oftewel $k_1 v_1 = k_2 v_2$. (a) Omdat het touw continu is, heeft een punt op infinitesimale afstand links van de knoop op elk moment dezelfde verplaatsing (als gevolg van invallende plus gereflecteerde golven) als een punt net rechts van de knoop (als gevolg van de doorgelaten golf). Je moet dus aantonen dat $A = A_T + A_R$. (b) Aangenomen dat de helling, $(\partial D/\partial x)$, van het touw net links van de knoop gelijk is aan de helling net rechts van de knoop, toon dan aan dat de amplitude van de gereflecteerde golf gegeven is door

$$A_R = \left(\frac{v_1 - v_2}{v_1 + v_2}\right) A = \left(\frac{k_2 - k_1}{k_2 + k_1}\right) A.$$

(c) Wat is A_T uitgedrukt in A?

15.8 Interferentie

41. (I) De twee pulsen uit fig. 15.36 bewegen naar elkaar toe. (a) Schets de vorm van de snaar op het moment dat ze precies overlappen. (b) Schets de vorm van de snaar enkele tellen later. (c) In fig. 15.22a is, op het moment dat de pulsen elkaar passeren, de snaar recht. Wat is er gebeurd met de energie op dit moment?

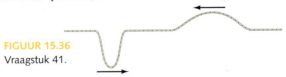

FIGUUR 15.36 Vraagstuk 41.

42. (II) Stel dat twee lineaire golven met gelijke amplitude en gelijke frequentie bij bewegen door hetzelfde medium een faseverschil ϕ hebben. Ze kunnen worden voorgesteld door

$$D_1 = A \sin(kx - \omega t)$$
$$D_2 = A \sin(kx - \omega t + \phi).$$

(a) Gebruik de goniometrische identiteit $\sin\theta_1 + \sin\theta_2 = 2 \sin\tfrac{1}{2}(\theta_1 + \theta_2) \cos\tfrac{1}{2}(\theta_1 + \theta_2)$ om te laten zien dat de resulterende golf wordt gegeven door

$$D = \left(2A \cos\frac{\phi}{2}\right) \sin\left(kx - \omega t + \frac{\phi}{2}\right).$$

(b) Wat is de amplitude van deze resulterende golf? Is de golf zuiver sinusoïdaal, of niet? (c) Laat zien dat construc-

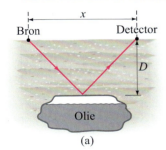

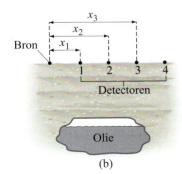

FIGUUR 15.35 Vraagstuk 39.

tieve interferentie optreedt als $\phi = 0$, 2π, 4π enzovoort, en destructieve interferentie als $\phi = \pi$, 3π, 5π enzovoort. (d) Beschrijf de resulterende golf, door een vergelijking en in woorden, als $\phi = \pi/2$.

15.9 Staande golven; resonantie

43. (I) Niet aangeraakt trilt een vioolsnaar met 441 Hz. Met welke frequentie gaat hij trillen als hij op eenderde van de afstand tot het eind wordt aangeraakt? (Dat wil zeggen: als slechts tweederde van de snaar trilt als een staande golf.)

44. (I) Als een vioolsnaar trilt met als grondfrequentie 294 Hz, wat zijn dan de frequenties van de eerste vier harmonischen?

45. (I) Bij een aardbeving werd opgemerkt dat een voetgangersbrug iedere 1,5 s op en neer trilde volgens een één-luspatroon (grondpatroon van een staande golf). Welke andere mogelijke resonante perioden van beweging zijn er voor deze brug? Wat zijn de bijbehorende frequenties?

46. (I) Een bepaalde snaar resoneert in vier lussen bij een frequentie van 280 Hz. Noem ten minste drie andere frequenties waarbij hij zal resoneren.

47. (II) Een touw met een lengte van 1,0 m bestaat uit twee stukken van gelijke lengte met massadichtheden van 0,50 kg/m en 1,00 kg/m. De spanning in het gehele touw is constant. De uiteinden van het touw worden zodanig in trilling gebracht dat er een staande golf in het touw ontstaat met één knoop waar de twee stukken aan elkaar vastzitten. Wat is de verhouding tussen de trillingsfrequenties?

48. (II) De snelheid van golven in een snaar is 96 m/s. Als de frequentie van staande golven 445 Hz is, wat is dan de afstand tussen de twee aangrenzende knopen?

49. (II) Als twee opeenvolgende harmonischen van een trillende snaar 240 Hz en 320 Hz zijn, wat is dan de grondfrequentie?

50. (II) Een gitaarsnaar is 90,0 cm lang en heeft een massa van 3,16 g. De afstand van de kam naar het onderstuk ($= \ell$) is 60,0 cm en de snaar staat onder een spanning van 520 N. Wat zijn de frequenties van de grondtoon en de eerste twee boventonen?

51. (II) Laat zien dat de frequentie van staande golven in een touw met lengte ℓ en massadichtheid μ, dat is uitgerekt tot een spanning F_T, wordt gegeven door

$$f = \frac{n}{2\ell}\sqrt{\frac{F_T}{\mu}}$$

met n een geheel getal.

52. (II) Een uiteinde van een horizontale snaar met een massadichtheid van $6,6 \cdot 10^{-4}$ kg/m is bevestigd aan een mechanische 120-Hz oscillator met kleine amplitude. De snaar loopt over een katrol op een afstand van 1,50 m en aan dit uiteinde worden massa's gehangen, zoals in fig. 15.37. Welke massa m moet er vanaf dit uiteinde aan de snaar

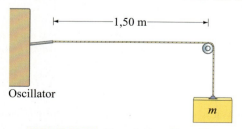

FIGUUR 15.37 Vraagstukken 52 en 53.

worden gehangen voor het produceren van (a) één lus, (b) twee lussen en (c) vijf lussen van een staande golf? Neem aan dat het snaaruiteinde bij de oscillator een knoop is, wat bijna waar is.

53. (II) In vraagstuk 52, fig. 15.37, kan de lengte van de snaar worden aangepast door de katrol te verplaatsen. Als de massa van het hangende gewicht constant wordt gehouden op 0,070 kg, hoeveel verschillende staande-golfpatronen kunnen er dan tussen 10 cm en 1,5 m worden gerealiseerd?

54. (II) De verplaatsing van een staande golf in een snaar wordt gegeven door $D = 2,4\sin(0,60x)\cos(42t)$, met x en D in centimeter en t in seconden. (a) Wat is de afstand (in cm) tussen de knopen? (b) Geef de amplitude, frequentie en snelheid van elk van de samenstellende golven. (c) Bepaal de snelheid van een deeltje in de snaar op $x = 3,20$ cm wanneer $t = 2,5$ s.

55. (II) De verplaatsing van een transversale golf in een touw wordt voorgesteld door $D_1 = 4,2\sin(0,84x - 47t + 2,1)$, met D_1 en x in cm en t in s. (a) Leid een vergelijking af die een golf voorstelt die, wanneer hij in tegenovergestelde richting loopt, opgeteld bij deze golf, een staande golf oplevert. (b) Wat is de vergelijking die de staande golf beschrijft?

56. (II) Wanneer je het water in een tobbe met de juiste frequentie heen en weer beweegt, gaat het water aan elk uiteinde afwisselend op en neer, en blijft het in het midden betrekkelijk kalm. Stel dat de frequentie om een dergelijke staande golf in een 45 cm brede tobbe 0,85 Hz is. Wat is de snelheid van de watergolf?

57. (II) Een bepaalde vioolsnaar klinkt met een frequentie van 294 Hz. Als de spanning met 15 procent wordt vergroot, wat wordt dan de nieuwe frequentie?

58. (II) Twee lopende golven worden beschreven door de functies

$$D_1 = A\sin(kx - \omega t)$$
$$D_2 = A\sin(kx + \omega t),$$

met $A = 0,15$ m, $k = 3,5$ m^{-1} en $\omega = 1,8$ s^{-1}. (a) Teken een grafiek van deze twee golven van $x = 0$ tot een punt x (> 0) die een hele golflengte bevat. Neem $t = 1,0$ s. (b) Teken de som van de twee golven en geef in de grafiek de knopen en buiken aan, en vergelijk dit met de analytische (wiskundige) voorstelling.

59. (II) Teken de twee golven uit vraagstuk 58 en hun som, als functie van de tijd van $t = 0$ tot $t = T$ (één periode). Neem (a) $x = 0$ en (b) $x = \lambda/4$. Interpreteer je resultaten.

60. (II) Een staande golf in een 1,64 m lange horizontale snaar laat, wanneer de snaar op 120 Hz trilt, drie lussen zien. De maximale uitwijkingsvariatie van de snaar (van boven tot onder) in het midden van elke lus is 8,00 cm. (a) Wat is de functie die de staande golf beschrijft? (b) Wat zijn de functies die de twee golven met gelijke amplitude beschrijven, die in tegenovergestelde richtingen lopen en samen de staande golf vormen?

61. (II) Bij een elektrische gitaar zet een 'toonopnemer' onder elke snaar de trillingen van de snaar rechtstreeks om in een elektrisch signaal. Als een toonopnemer op 16,25 cm van een van de vaste uiteinden van een 65,00 cm lange snaar wordt geplaatst, welke van de harmonischen van $n = 1$ tot $n = 12$ zal dan niet worden opgepikt door deze toonopnemer?

62. (II) Een 65 cm lange gitaarsnaar is aan beide uiteinden vast. In het frequentiebereik tussen 1,0 en 2,0 kHz blijkt de snaar

uitsluitend te resoneren bij de frequenties 1,2, 1,5 en 1,8 kHz. Wat is de snelheid van lopende golven in deze snaar?

63. (II) Twee lopende golven met tegenovergestelde richting, gegeven door $D_1 = (5,0 \text{ mm}) \cos[(2,0 \text{ m}^{-1})x - (3,0 \text{ rad/s})t]$ en $D_2 = (5,0 \text{ mm}) \cos[2,0 \text{ m}^{-1})x + (3,0 \text{ rad/s})t]$ vormen een staande golf. Bepaal de plaats van de knopen langs de x-as.

64. (II) Een draad bestaat uit een aluminium gedeelte met lengte $\ell_1 = 0,600$ m en massa per lengte-eenheid $\mu_1 = 2,70$ g/m verbonden met een stalen gedeelte met lengte $\ell_2 = 0,882$ m en massa per lengte-eenheid $\mu_2 = 7,80$ g/m. Deze samengestelde draad is aan beide uiteinden vast en wordt op een uniforme spanning van 135 N gehouden. Bepaal de staande golf met de laagste frequentie die in deze draad kan voorkomen, aangenomen dat er op het verbindingspunt tussen aluminium en staal een knoop zit. Hoeveel knopen (inclusief de twee aan de uiteinden) heeft deze staande golf?

*15.10 Breking

*65. (I) Een P-golf met een snelheid van 8,0 km/s passeert binnen de aarde de grens tussen twee soorten materiaal. Als hij de grens nadert onder een invalshoek van 52° en de brekingshoek 31° is, wat is dan de snelheid in het tweede medium?

*66. (I) Watergolven naderen een 'onderwaterplateau' waar de snelheid verandert van 2,8 m/s tot 2,5 m/s. Als de invallende golftoppen een hoek van 35° maken met het plateau, wat is dan de brekingshoek?

*67. (II) Een geluidsgolf loopt in warme lucht (25 °C) wanneer hij bij een laag van koudere (–15 °C), dichtere lucht terechtkomt. Als de geluidsgolf de overgang naar koude lucht onder een hoek van 33° raakt, wat is dan de brekingshoek? De snelheid van het geluid als functie van de temperatuur kan worden benaderd door $v = (331 + 0,60T)$ m/s, met T in °C.

*68. (II) Voor elk type golf die een grens bereikt waarna hij sneller gaat bewegen, is er een maximale hoek θ_{iM} van inval waarvoor er nog een doorgelaten gebroken golf is. Deze maximale invalshoek correspondeert met een brekingshoek van 90°. Als $\theta_i > \theta_{iM}$ wordt de gehele golf op de grens gereflecteerd en is er geen gebroken golf, omdat dit zou corresponderen met $\sin \theta_r > 1$ (waarin θ_r de brekingshoek is), wat onmogelijk is. Dit verschijnsel staat bekend als *totale interne reflectie* en is heel belangrijk in de moderne optica. (*a*) Bepaal met behulp van de brekingswet (vgl. 15.19b) een formule voor θ_{iM}. Hoe ver van de oever moet een visser staan (fig. 15.38) zodat een forel niet wordt afgeschrikt door zijn stem? De snelheid van het geluid is in lucht ongeveer 343 m/s en in water 1440 m/s.

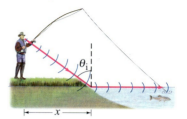

FIGUUR 15.38 Vraagstuk 68b.

*69. (II) Een longitudinale aardbevingsgolf raakt een grens tussen twee typen gesteente onder een hoek van 38°. Als de golf de grens passeert, verandert de specifieke massadichtheid van het gesteente van 3,6 tot 2,8 g/cm³. Aangenomen dat de elasticiteitsmodulus voor beide typen gesteente gelijk is, bepaal dan de brekingshoek.

*15.11 Buiging

*70. (II) Een satellietschotel heeft een diameter van ongeveer 0,5 m. Volgens de gebruikershandleiding moet de schotel worden gericht in de richting van de satelliet, maar is aan beide zijden een fout van circa 2° toegestaan zonder verlies van ontvangst. Schat de golflengte van de elektromagnetische golven (snelheid = $3 \cdot 10^8$ m/s) die door de schotel worden ontvangen.

Algemene vraagstukken

71. Een lopende sinusoïdale golf heeft een frequentie van 880 Hz en fasesnelheid 440 m/s. (*a*) Bepaal op een zeker tijdstip t de afstand tussen twee locaties die correspondeert met een faseverschil van $\pi/6$ rad. (*b*) Hoeveel verandert de fase op een vaste locatie gedurende een tijdsinterval van $1,0 \cdot 10^{-4}$ s?

72. Wanneer je in precies het goede tempo van ongeveer één stap per seconde met een kop koffie loopt (diameter 8 cm), klotst de koffie steeds hoger in je kop totdat die uiteindelijk over je kopje heen gaat, zoals in fig. 15.39. Schat de snelheid van de golven in de koffie.

73. Twee massieve staven hebben dezelfde compressiemodulus maar de ene is 2,5 maal zo dicht als de andere. In welke staaf zal de snelheid van de longitudinale golven groter zijn, en met welke factor?

74. Twee lopende golven langs een uitgerekte snaar hebben dezelfde frequentie, maar de ene transporteert 2,5 maal het vermogen van de andere. Wat is de verhouding tussen de amplitudes van de twee golven?

75. Volgens waarnemingen legt een vlieg op het oppervlak van een vijver tijdens het passeren van een golf in totaal een verticale afstand van 0,10 m af, van het laagste tot het hoogste punt. (*a*) Wat is de amplitude van de golf? (*b*) Als de amplitude toeneemt tot 0,15 m, met welke factor verandert dan de maximale kinetische energie van de vlieg?

FIGUUR 15.39 Vraagstuk 72.

76. Een gitaarsnaar wordt verondersteld te trillen met 247 Hz, maar blijkt bij metingen in werkelijkheid te trillen met 255 Hz. Met welk percentage moet de spanning in de snaar worden veranderd om de gitaar te stemmen en de juiste frequentie te krijgen?

77. Een oppervlaktegolf als gevolg van een aardbeving kan worden benaderd door een sinusoïdale transversale golf. Uitgaande van een frequentie van 0,60 Hz (karakteristiek voor aardbevingen, die feitelijk een combinatie van frequenties omvatten), welke amplitude is dan nodig zodat voorwerpen los van de grond komen? (*Hint:* stel de versnelling $a > g$.)

78. Een uniform touw met lengte ℓ en massa m wordt verticaal aan een steunpunt opgehangen. (*a*) Toon aan dat de snelheid van transversale golven in dit touw $\sqrt{gh}$ is, waarin h de hoogte boven het laagste uiteinde is. (*b*) Hoe lang doet een puls erover om van het ene uiteinde omhoog naar het andere te komen?

79. Een transversale golfpuls beweegt naar rechts langs een snaar met een snelheid $v = 2,4$ m/s. Op $t = 0$ wordt de vorm van de puls gegeven door de functie

$$D = \frac{4{,}0\text{ m}^3}{x^2 + 2{,}0\text{ m}^2},$$

met D en x in meter. (*a*) Teken een grafiek van D als functie van x op $t = 0$ van $x = -10$ m tot $x = +10$ m. (*b*) Bepaal een formule voor de golfpuls op een willekeurig tijdstip t, aangenomen dat er geen wrijvingsverliezen zijn. (*c*) Teken een grafiek van $D(x, t)$ als functie van x op $t = 1{,}00$ s. (*d*) Maak (*b*) en (*c*) nogmaals, maar nu voor een naar links bewegende puls.

80. (*a*) Laat zien dat als de spanning in een uitgerekte snaar wordt veranderd met een kleine hoeveelheid ΔF_T, de frequentie van de grondtoon verandert met $\Delta f = \frac{1}{2}(\Delta F_T/F_T)f$. (*b*) Met welk percentage moet de spanning in een pianosnaar worden vergroot of verkleind om de frequentie te laten toenemen van 436 tot 442 Hz? (*c*) Is de formule in onderdeel (*a*) ook van toepassing op de boventonen?

81. Twee snaren van een muziekinstrument worden zodanig gestemd dat ze spelen met 392 Hz (G of 'sol') en 494 Hz (B of 'si'). (*a*) Wat zijn de frequenties van de eerste twee boventonen voor elke snaar? (*b*) Als de twee snaren dezelfde lengte hebben en onder dezelfde spanning staan, wat is dan de verhouding van hun massa's (m_G/m_B)? (*c*) Als de twee snaren in plaats daarvan dezelfde massa per lengte-eenheid hebben en onder dezelfde spanning staan, wat is dan de verhouding van hun lengtes (ℓ_G/ℓ_B)? (*d*) Als hun massa's en lengtes gelijk zijn, wat is dan de verhouding van de spanningen in de twee snaren?

82. De rimpels in een bepaalde groef 10,8 cm van het middelpunt van een langspeelplaat van 33 toeren hebben een golflengte van 1,55 mm. Wat is de frequentie van het uitgezonden geluid?

83. Een 10,0 m lange draad met een massa van 152 g wordt uitgerekt onder een spanning van 255 N. Aan het ene uiteinde wordt een puls gegenereerd en 20,0 ms later wordt een tweede puls gegenereerd aan het tegenovergestelde uiteinde. Waar zullen de twee pulsen elkaar voor het eerst tegenkomen?

84. Een golf met een frequentie van 220 Hz en een golflengte van 10,0 cm loopt langs een touw. De maximumsnelheid van deeltjes in het touw is gelijk aan de golfsnelheid. Wat is de amplitude van de golf?

85. Een snaar kan een 'vrij' uiteinde hebben als dat uiteinde is bevestigd aan een ring die zonder wrijving langs een verticale paal kan glijden (zie fig. 15.40). Bepaal de golflengtes van de resonante trillingen van een dergelijke snaar met één vast en één vrij uiteinde.

FIGUUR 15.40 Vraagstuk 85.

86. Bij een viaduct over een snelweg werd waargenomen dat het trilde als één volledige lus ($1/2 \lambda$) toen een kleine aardbeving de grond verticaal deed trillen met 3,0 Hz. De verkeersorganisatie liet een ondersteuning aanbrengen in het midden van het viaduct, waardoor het aan de grond werd verankerd zoals in fig. 15.41. Welke resonantiefrequentie zou je nu voor het viaduct verwachten? Van aardbevingen is bekend dat ze boven de 5 of 6 Hz zelden sterk schudden. Zijn de aanpassingen een verbetering? Licht je antwoord toe.

FIGUUR 15.41 Vraagstuk 86.

87. In fig.15.42 is op twee tijdstippen de golfvorm te zien van een sinusoïdale, naar rechts lopende golf. Wat is de wiskundige voorstelling van deze golf?

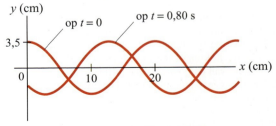

FIGUUR 15.42 Vraagstuk 87.

88. Maak een schatting van het gemiddeld vermogen van een watergolf wanneer deze de borst raakt van een volwassene die vlakbij de kust in het water staat. Neem aan dat de am-

plitude van de golf 0,50 m is, de golflengte 2,5 m en de periode 4,0 s.

89. Een tsunami met een golflengte van 215 km en snelheid 550 km/u verplaatst zich over de Stille Oceaan. Als hij Hawaii nadert, zien mensen een ongewone afname van de zeespiegel in de havens. Hoeveel tijd hebben zij, bij benadering, om zich in veiligheid te brengen? (Door gebrek aan kennis en het niet herkennen van waarschuwingssignalen zijn mensen gestorven tijdens tsunami's, sommigen omdat ze naar de kust gingen om gestrande vissen en boten te zien.)

90. Twee golfpulsen lopen in tegenovergestelde richtingen met dezelfde snelheid van 7,0 cm/s zoals te zien in fig. 15.43. Op $t = 0$ zijn de voorste punten van de twee pulsen 15 cm van elkaar verwijderd. Schets de golfpulsen op $t = 1,0$, $2,0$ en $3,0$ s.

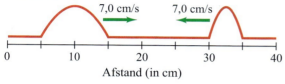

FIGUUR 15.43 Vraagstuk 90.

91. Toon aan dat voor een bolvormige golf die uniform beweegt vanaf een puntbron, de verplaatsing kan worden voorgesteld door

$$D = \left(\frac{A}{r}\right) \sin(kr - \omega t),$$

waarin r de radiale afstand tot de bron is en A een constante.

92. Welke geluidsfrequentie zou een golflengte hebben met dezelfde afmeting als een 1,0 m breed raam? (De geluidssnelheid bij 20°C is 344 m/s.) Welke frequenties zouden door het raam worden afgebogen?

*Numeriek/computer

*93. (II) Beschouw een golf die wordt gegenereerd door de periodieke trilling van een bron en gegeven is door de uitdrukking $D(x,t) = A \sin^2 k(x - ct)$, waarin x staat voor de plaats (in meter), t voor de tijd (in seconden) en c een positieve constante is. We nemen $A = 5,0$ m en $c = 0,50$ m/s. Gebruik een spreadsheetprogramma om een grafiek te maken met drie krommen van $D(x, t)$ van $x = -5,0$ m tot $+5,0$ m in stappen van 0,050 m op de tijdstippen $t = 0,0$, $1,0$ en $2,0$ s. Bepaal de snelheid, de bewegingsrichting, de periode en de golflengte van de golf.

*94. (II) De verplaatsing van een klokvormige golfpuls wordt beschreven door een uitdrukking met een exponentiële functie:

$$D(x, t) = Ae^{-\alpha(x - vt)^2}$$

waarin de constanten $A = 10,0$ m, $\alpha = 2,0$ m^{-2} en $v = 3,0$ m/s. (a) Gebruik een grafische rekenmachine of een computerprogramma om $D(x, t)$ te tekenen in het bereik $-10,0$ m $\leq x \leq +10,0$ m, op elk van de drie tijdstippen $t = 0$, $t = 1,0$ en $t = 2,0$ s. Is de verschuiving van de golfpulsvorm langs de x-as die uit deze drie grafieken naar voren komt, in overeenstemming met wat je bij een toename van de tijd met 1,0 s zou verwachten? (b) Maak onderdeel (a) nogmaals, maar neem aan dat $D(x,t) = Ae^{-\alpha(x + vt)^2}$.

Antwoorden op de opgaven

A: (c).
B: (d).
C: (c).
D: (a).

'Als muziek het voedsel van de natuurkunde is, speel dan maar door.' (Zie Shakespeare, Twelfth Night, regel 1.) Voor het produceren van hun harmonieuze geluiden zijn snaarinstrumenten afhankelijk van transversale staande golven in hun snaren. Het geluid van blaasinstrumenten is afkomstig van longitudinale staande golven in een luchtkolom. Slaginstrumenten creëren meer gecompliceerde staande golven. Naast het onderzoeken van geluidsbronnen bestuderen we ook de decibelschaal van de geluidssterkte, interferentie van geluidsgolven en ritme, het dopplereffect, schokgolven en sonische knallen, en echografie.

Hoofdstuk 16

Inhoud
- 16.1 Eigenschappen van geluid
- 16.2 Wiskundige voorstelling van longitudinale golven
- 16.3 Intensiteit van geluid: decibel
- 16.4 Geluidsbronnen: trillende snaren en luchtkolommen
- *16.5 Geluidskwaliteit en ruis; superpositie
- 16.6 Interferentie van geluidsgolven; zweving
- 16.7 Dopplereffect
- *16.8 Schokgolven en de sonische knal
- *16.9 Toepassingen: Sonar, ultrageluid en medische echografie

Geluid

Openingsvraag: wat denk jij?

Een pianist speelt de 'middelste C' (de noot 'do'). Het geluid wordt gemaakt door de trilling van de pianosnaar en naar buiten voortgeplant als een trilling van de lucht (die je oor kan bereiken). Als we de trilling in de snaar vergelijken met de trilling in de lucht, welke van de volgende uitspraken is dan waar?

(a) De trilling in de snaar en de trilling in de lucht hebben dezelfde golflengte.
(b) Ze hebben dezelfde frequentie.
(c) Ze hebben dezelfde snelheid.
(d) Noch de golflengte, noch de frequentie, noch de snelheid zijn in de lucht hetzelfde als in de snaar.

Geluid houdt verband met ons gehoor en dus ook met de fysiologie van onze oren en de psychologie van onze hersenen, die zorgen voor de interpretatie van de gewaarwordingen die onze oren bereiken. De term *geluid* staat ook voor de fysieke gewaarwording die onze oren stimuleert, namelijk longitudinale golven. Bij elk geluid onderscheiden we drie aspecten. Op de eerste plaats moet een geluid een *bron* hebben; net als bij elke mechanische golf is de bron van een geluidsgolf een trillend voorwerp. Op de tweede plaats wordt de energie vanuit de bron overgebracht in de vorm van longitudinale *geluidsgolven*. En op de derde plaats wordt het geluid *gedetecteerd* door een oor of door een microfoon. We beginnen dit hoofdstuk met het behandelen van enkele aspecten van geluidsgolven.

16.1 Eigenschappen van geluid

In hoofdstuk 15, fig. 15.5 hebben we gezien hoe een trillend trommelvel een geluidsgolf in de lucht produceert. Bij geluidsgolven denken we gewoonlijk aan door de lucht lopende golven, omdat het normaal gesproken de trillingen van lucht zijn waardoor onze trommelvliezen gaan trillen. Geluidsgolven kunnen echter ook in andere materialen lopen.

Twee stenen die onder water tegen elkaar worden geslagen, kunnen worden gehoord door een zwemmer onder de oppervlakte, omdat de trillingen door het water naar het oor worden overgebracht. Wanneer je je oor plat tegen de grond drukt, kun je een naderende trein of vrachtwagen horen. In dit geval is er geen echt contact tussen de grond en je trommelvlies, maar wordt de door de grond uitgezonden golf toch een geluidsgolf genoemd; de trillingen brengen immers het buitenoor en de lucht erbinnen in trilling. Als er geen materie aanwezig is, kan geluid zich niet voortplanten. Zo kan bijvoorbeeld een rinkelende bel binnen een vacuüm gepompt vat niet worden gehoord, en kan geluid zich ook niet voortplanten door de lege gebieden in de verre ruimte.

De **geluidssnelheid** verschilt van materiaal tot materiaal. In lucht van 0°C en 1 atm beweegt geluid met een snelheid van 331 m/s. In vgl. 15.4 ($v = \sqrt{K/\rho}$) zagen we al dat de snelheid afhangt van de compressiemodulus, K, en de dichtheid, ρ, van het materiaal. Dus is in helium, waarvan de dichtheid veel kleiner is dan die van lucht maar de elasticiteitsmodulus weinig verschilt, de geluidssnelheid veel groter dan in lucht (ongeveer driemaal zo groot). In vloeistoffen en vaste stoffen, die veel minder samendrukbaar zijn en dus veel grotere elasticiteitsmoduli hebben, is de snelheid nog groter. De snelheid van geluid in diverse materialen is gegeven in tabel 16.1. De waarden zijn enigszins temperatuurafhankelijk, maar dit speelt voornamelijk bij gassen. Om een voorbeeld te geven: in lucht bij normale temperaturen (omgevingstemperatuur), neemt de snelheid per graad Celsius temperatuurstijging met circa 0,60 m/s toe:

$$v \approx (331 + 0{,}60T) \text{ m/s,} \qquad \text{[geluidssnelheid in lucht]}$$

met T de temperatuur in °C. Tenzij anders vermeld zullen we er in dit hoofdstuk van uitgaan dat $T = 20°C$, dus dat[1] $v = [331 + (0{,}60)(20)]$ m/s $= 343$ m/s.

TABEL 16.1 Geluidssnelheid in diverse materialen (20°C en 1 atm).

Materiaal	Snelheid (m/s)
Lucht	343
Lucht (0 °C)	331
Helium	1005
Waterstof	1300
Water	1440
Zeewater	1560
IJzer en staal	≈ 5000
Glas	≈ 4500
Aluminium	≈ 5100
Hardhout	≈ 4000
Beton	≈ 3000

Conceptvoorbeeld 16.1 — Afstand tot blikseminslag

Een vuistregel voor het vaststellen van de afstand tot een blikseminslag is 'een kilometer voor iedere drie seconden voordat de donder wordt gehoord'. Leg uit waarom dit klopt. Maak gebruik van het feit dat de lichtsnelheid zo hoog is ($3 \cdot 10^8$ m/s, bijna een miljoen keer zo snel als het geluid) dat de tijd die het licht erover doet om ons te bereiken te verwaarlozen is in vergelijking met die van het geluid.

Antwoord De geluidssnelheid in lucht is ongeveer 340 m/s, dus legt de donder de afstand af in 1000 m/340 m/s ≈ 3 seconden.

Natuurkunde in de praktijk

Hoe ver is de bliksem?

Opgave A
Wat zou de regel in voorbeeld 16.1 zijn in termen van Engelse mijlen (1 mijl is ongeveer 1600 m)?

Bij elk geluid zijn er twee aspecten die voor de menselijke luisteraar onmiddellijk duidelijk zijn: 'volume' en 'toonhoogte'. Elk ervan verwijst naar een gewaarwording in het bewustzijn van de luisteraar. Met elk van deze subjectieve gewaarwordingen correspondeert een fysisch meetbare grootheid. **Volume** houdt verband met de intensiteit (energie die per tijdseenheid door een eenheidsoppervlak gaat) in de geluidsgolf; dit zullen we bespreken in paragraaf 16.3.

De **toonhoogte** van een geluid geeft aan of het geluid hoog klinkt, zoals het geluid van een piccolo of viool, of laag, zoals het geluid van een basdrum of basgitaar. De fysieke grootheid die de toonhoogte bepaalt, is de frequentie, zoals voor het eerst op-

---

[1] We behandelen de 20°C ('kamertemperatuur') als nauwkeurig tot op twee significante cijfers.

gemerkt door Galilei. Hoe lager de frequentie, hoe lager de toonhoogte; hoe hoger de frequentie, hoe hoger de toonhoogte.[1]

De beste mensenoren kunnen reageren op frequenties van circa 20 Hz tot bijna 20.000 Hz. (Bedenk weer even dat 1 Hz 1 cyclus per seconde is.) Dit frequentiebereik wordt het **hoorbare bereik** genoemd. Deze grenzen variëren enigszins van persoon tot persoon. Een algemene trend is dat naarmate mensen ouder worden, het vermogen om hoge frequenties te horen afneemt, en de hogefrequentiegrens 10.000 Hz of lager kan zijn.

Geluidsgolven waarvan de frequenties buiten het hoorbare bereik liggen kunnen het oor bereiken, maar in het algemeen zijn we ons er niet van bewust. Frequenties boven de 20.000 Hz worden **ultrasoon** genoemd (verwar dit niet met *supersoon*, dat wordt gebruikt voor een voorwerp dat sneller dan de geluidssnelheid beweegt). Veel dieren kunnen ultrasone frequenties horen; honden bijvoorbeeld kunnen geluiden tot 50.000 Hz horen, en vleermuizen kunnen frequenties tot 100.000 Hz detecteren. Ultrasone golven hebben veel nuttige toepassingen in de geneeskunde en andere vakgebieden, waar we verderop in dit hoofdstuk op terugkomen.

Let op

Verwar ultrasoon (hoogfrequent) geluid niet met supersonisch (voorwerpen met hoge snelheid).

Natuurkunde in de praktijk

Camera met autofocus

Voorbeeld 16.2 Autofocus met geluidsgolven

Oudere camera's met autofocus bepalen de afstand door het uitzenden van een puls met een zeer hoogfrequent (ultrasoon) geluid dat naar het te fotograferen voorwerp beweegt, en bevatten een sensor die het gereflecteerde geluid detecteert, zoals te zien is in fig. 16.1. Bereken, om een idee te krijgen van de tijdgevoeligheid van de detector, de reistijd van de puls voor een voorwerp (*a*) op 1,0 m afstand, en (*b*) op 20 m afstand.

Aanpak Als we aannemen dat de temperatuur circa 20°C is, dan is de geluidssnelheid 343 m/s. Uit deze snelheid v en de totale afstand d heen en terug in beide gevallen, kunnen we de tijd bepalen ($v = d/t$).

Oplossing (*a*) De puls legt een afstand af van 1,0 m naar het voorwerp toe en 1,0 m terug, in totaal 2,0 m. We lossen t op in $v = d/t$:

$$t = \frac{d}{v} = \frac{2{,}0 \text{ m}}{343 \text{m/s}} = 0{,}0058 \text{ s} = 5{,}8 \text{ ms}.$$

(*b*) De totale afstand is nu 2×20 m = 40 m, dus

$$t = \frac{40 \text{ m}}{343 \text{m/s}} = 0{,}12 \text{ s} = 120 \text{ ms}.$$

Opmerking Modernere autofocuscamera's maken in plaats van ultrageluid gebruik van infrarood licht ($v = 3 \cdot 10^8$ m/s) en/of een rij digitale sensoren die verschillen in lichtintensiteit tussen aangrenzende receptoren detecteren als de lens automatisch heen en terug wordt bewogen, waardoor de lenspositie wordt gekozen die het maximale intensiteitsverschil (de scherpste focus) biedt.

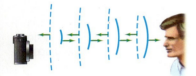

FIGUUR 16.1 Voorbeeld 16.2. Camera met autofocus verstuurt een ultrasone puls. De doorgetrokken lijnen stellen het golffront voor van de uitgaande golf die naar rechts beweegt; stippellijnen stellen het golffront voor van de puls die van het gezicht van de persoon wordt gereflecteerd en terugkeert naar de camera. Met behulp van de tijdinformatie kan het cameramechanisme de lens zodanig aanpassen dat deze scherpstelt op de juiste afstand.

Geluidsgolven waarvan de frequenties beneden het hoorbare bereik liggen (dat wil zeggen, beneden 20 Hz) worden **infrasoon** genoemd. Bronnen van infrasone golven zijn onder andere aardbevingen, donder, vulkanen en golven die worden geproduceerd door trillende zware machines. Deze laatste bron is met name een probleem voor degenen die ermee werken, omdat infrasone golven (hoewel onhoorbaar) toch het menselijk lichaam kunnen beschadigen. Deze laagfrequente golven gaan resoneren in het lichaam, wat beweging en irritatie van de lichaamsorganen tot gevolg heeft.

---

[1] Hoewel de toonhoogte voornamelijk wordt bepaald door de frequentie, hangt deze ook in enige mate af van het volume. Zo kan een heel hard geluid lager in toonhoogte lijken dan een zacht geluid met dezelfde frequentie.

16.2 Wiskundige voorstelling van longitudinale golven

In paragraaf 15.4 hebben we gezien dat een eendimensionale sinusoïdale lopende golf langs de x-as kan worden voorgesteld door de betrekking (vgl. 15.10c)

$$D = A \sin(kx - \omega t) \tag{16.1}$$

waarin D de verplaatsing van de golf op plaats x en tijd t is, en A de *amplitude* (maximumwaarde). Het verband tussen het golfgetal k en de golflengte λ is gegeven door $k = 2\pi/\lambda$ en $\omega = 2\pi f$, waarin f de frequentie is. Bij een transversale golf (zoals een golf in een snaar) staat de verplaatsing D loodrecht op de voortplantingsrichting van de golf langs de x-as. Maar bij een longitudinale golf is de verplaatsing *D in de richting van de golfvoortplanting*. Dat wil zeggen: D is evenwijdig aan de x-as en stelt de verplaatsing voor van een klein volume-element van het medium vanuit zijn evenwichtsstand.

Longitudinale golven (geluidsgolven) kunnen, in plaats van vanuit het gezichtspunt van verplaatsing, ook worden bekeken vanuit het gezichtspunt van drukvariaties. Longitudinale golven worden daarom ook vaak **drukgolven** genoemd. De drukvariatie is meestal gemakkelijker te meten dan de verplaatsing (zie voorbeeld 16.7). Zoals te zien is in fig. 16.2 is in een 'golfcompressie' (waarin de moleculen het dichtst bij elkaar zijn), de druk hoger dan normaal, terwijl bij een expansie (of verdunning) de druk lager dan normaal is. Fig. 16.3 toont een grafische voorstelling van een geluidsgolf in lucht als functie van (a) verplaatsing en (b) druk. Merk op dat de verplaatsingsgolf een kwart golflengte, oftewel 90° ($\pi/2$ rad), uit fase is met de drukgolf: waar de druk een maximum of een minimum heeft, is de verplaatsing vanuit evenwicht gelijk aan nul; en waar de drukvariatie nul is, is de verplaatsing een maximum of een minimum.

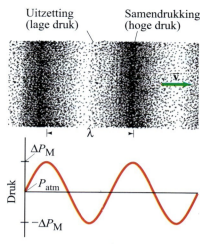

FIGUUR 16.2 Longitudinale, naar rechts bewegende geluidsgolf, en de grafische representatie ervan in termen van druk.

▮ Afleiding van de drukgolf

We gaan nu de wiskundige voorstelling afleiden van de drukvariatie in een lopende longitudinale golf. Uit de definitie van de compressiemodulus, K (vgl. 12.7) volgt

$$\Delta P = -K(\Delta V/V),$$

waarin ΔP het drukverschil is met de normale druk P_0 (geen golf aanwezig) en $-K(\Delta V/V)$ de relatieve volumeverandering van het medium als gevolg van de drukverandering ΔP. Het minteken wil zeggen dat bij een toename van de druk het volume afneemt ($\Delta V < 0$). Beschouw nu een laag vloeistof waar de longitudinale golf doorheen gaat (fig. 16.4). Als deze laag dikte Δx heeft en oppervlakte S, dan is het volume $V = S\Delta x$. Als gevolg van de drukvariatie in de golf zal het volume veranderen met $\Delta V = S\Delta D$, waarin ΔD de verandering is in de dikte van deze laag als deze wordt samengedrukt of uitzet. (Bedenk dat D de verplaatsing van het medium voorstelt.) Dus geldt

$$\Delta P = -K \frac{S \Delta D}{S \Delta x}.$$

Om precies te zijn: we nemen de limiet voor $\Delta x \to 0$, dus vinden we

$$\Delta P = -K \frac{\partial D}{\partial x}, \tag{16.2}$$

waar we de notatie met de partiële afgeleide gebruiken omdat D een functie van zowel x als t is. Als de verplaatsing D sinusoïdaal is zoals gegeven door vgl. 16.1, dan volgt uit vgl. 16.2 dat

$$\Delta P = -(KAk) \cos(kx - \omega t). \tag{16.3}$$

(Hier is A de verplaatsingsamplitude, niet de oppervlakte die is aangegeven met S.) Dus varieert ook de druk sinusoïdaal, maar deze is 90° uit fase met de verplaatsing oftewel

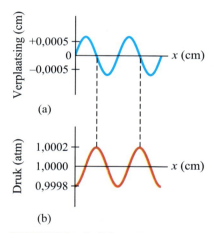

FIGUUR 16.3 Grafiek van een geluidsgolf in de ruimte op een gegeven moment in termen van (a) verplaatsing, en (b) druk.

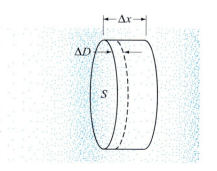

FIGUUR 16.4 Longitudinale golf in een naar rechts bewegende vloeistof. Een dunne laag vloeistof, in een dunne cilinder met oppervlakte S en dikte Δx ondergaat een volumeverandering als gevolg van een drukvariatie bij het passeren van de golf. Op het weergegeven moment zal de druk toenemen als de golf naar rechts beweegt, dus zal de dikte van deze laag afnemen, met een hoeveelheid ΔD.

een kwart golflengte, zoals in fig. 16.3. De grootheid KAk wordt de **drukamplitude**, ΔP_M, genoemd. Deze representeert de maximum- en minimumwaarde waarmee de druk varieert ten opzichte van de normale omgevingsdruk. We kunnen dus schrijven

$$\Delta P = -\Delta P_M \cos(kx - \omega t), \tag{16.4}$$

waaruit volgt, met behulp van $v = \sqrt{K/\rho}$ (vgl. 15.4), en $k = \omega/v = 2\pi f/v$ (vgl. 15.12), dat

$$\begin{aligned}\Delta P_M &= KAk \\ &= \rho v^2 Ak \\ &= 2\pi \rho v A f.\end{aligned} \tag{16.5}$$

16.3 Intensiteit van geluid: decibel

Volume is een gewaarwording in het bewustzijn van een mens, die verband houdt met een fysisch meetbare grootheid, de **intensiteit** van de golf. Intensiteit is gedefinieerd als de energie die door een golf wordt getransporteerd per tijdseenheid door een eenheidsoppervlak loodrecht op de energiestroom. Zoals we in hoofdstuk 15 hebben gezien, is de intensiteit evenredig aan het kwadraat van de amplitude van de golf. Intensiteit heeft als eenheid het vermogen per oppervlakte-eenheid, oftewel watt/meter^2 (W/m^2). Het menselijk oor kan geluiden detecteren met een intensiteit tussen 10^{-12} W/m^2 en 1 W/m^2 (en zelfs nog hoger, hoewel het dan pijn gaat doen). Dit is een ongelooflijk groot intensiteitsbereik, met een factor 10^{12} tussen de kleinste en grootste waarde. Vermoedelijk vanwege dit grote bereik is dat wat wij als volume ervaren, niet recht evenredig met de intensiteit. Om een geluid te produceren dat tweemaal zo hard klinkt, is een geluidsgolf nodig met een ongeveer tien maal zo grote intensiteit. In grote lijnen gaat dit op voor elk geluidsniveau voor frequenties rond het midden van het hoorbare bereik (rond 1 kHz). Om een voorbeeld te geven: een geluidsgolf met een intensiteit van 10^{-2} W/m^2 klinkt voor de gemiddelde mens ongeveer tweemaal zo hard als een geluidsgolf met intensiteit 10^{-3} W/m^2 en vier maal zo hard als 10^{-4} W/m^2.

▪ Geluidssterkte

Vanwege dit verband tussen de subjectieve gewaarwording van volume en de fysisch meetbare grootheid 'intensiteit' worden intensiteitsniveaus gewoonlijk gespecificeerd op een logarithmische schaal. De eenheid op deze schaal is een **bel**, genoemd naar de uitvinder Alexander Graham Bell, of, veel gebruikelijker, de **decibel** (dB), gelijk aan 10^{-1} bel (10 dB = 1 bel). De **geluidssterkte**, β, van elk geluid is gedefinieerd in termen van de intensiteit I, als

$$\beta(\text{in dB}) = 10 \log \frac{I}{I_0}, \tag{16.6}$$

waarin I_0 de intensiteit is van een gekozen referentieniveau en de logaritme grondtal 10 heeft. Voor I_0 wordt gewoonlijk de minimaal voor een goed oor nog hoorbare intensiteit genomen: de 'gehoorgrens', die gelijk is aan $I_0 = 1{,}0 \cdot 10^{-12}$ W/m^2. Dus zal bijvoorbeeld de geluidssterkte van een geluid met intensiteit $I = 1{,}0 \cdot 10^{-10}$ W/m^2 gelijk zijn aan

$$\beta = 10 \log \left(\frac{1{,}0 \times 10^{-10} \text{ W/m}^2}{1{,}0 \times 10^{-12} \text{ W/m}^2}\right) = 10 \log 100 = 20 \text{ dB},$$

omdat log 100 gelijk is aan 2,0. (Appendix A bevat een kort overzicht van logaritmen.) Merk op dat de geluidssterkte op de gehoorgrens 0 dB is. Dat wil zeggen: $\beta = 10 \log 10^{-12}/10^{-12} = 10 \log 1 = 0$ omdat log 1 = 0. Merk ook op dat een toename in intensiteit met een factor 10 correspondeert met een toename in geluidssterkte van 10 dB en toename in intensiteit met een factor 100 correspondeert met een toename in geluidssterkte van 20 dB. Dus is een geluid van 50 dB 100 maal zo intens als een geluid van 30 dB enzovoort. Tabel 16.2 geeft een overzicht van de intensiteiten en geluidssterktes van een aantal alledaagse geluiden.

Natuurkunde in de praktijk

Groot bereik van het menselijk gehoor

⚠ Let op

0 dB wil niet zeggen dat de intensiteit nul is.

TABEL 16.2 Intensiteit van verschillende geluiden

Geluidsbron	Geluidssterkte (dB)	Intensiteit (W/m^2)
Straaljager op 30 m	140	100
Pijngrens	120	1
Luid popconcert	120	1
Sirene op 30 m	100	$1 \cdot 10^{-2}$
Vrachtwagenverkeer	90	$1 \cdot 10^{-3}$
Druk straatverkeer	80	$1 \cdot 10^{-4}$
Lawaaiig restaurant	70	$1 \cdot 10^{-5}$
Gepraat, op 50 cm	65	$3 \cdot 10^{-6}$
Radio die zacht staat	40	$1 \cdot 10^{-8}$
Gefluister	30	$1 \cdot 10^{-9}$
Ruisende bladeren	10	$1 \cdot 10^{-11}$
Gehoorgrens	0	$1 \cdot 10^{-12}$

Voorbeeld 16.3 Geluidsintensiteit op straat

Op een drukke straathoek is de geluidssterkte 75 dB. Wat is daar de intensiteit van het geluid?

Aanpak We moeten vgl. 16.6 oplossen naar de intensiteit I, daarbij bedenkend dat $I_0 = 1{,}0 \cdot 10^{-12}$ W/m².

Oplossing Uit vgl. 16.6 weten we dat

$$\log \frac{I}{I_0} = \frac{\beta}{10},$$

dus

$$\frac{I}{I_0} = 10^{\beta/10}.$$

Voor $\beta = 75$ volgt dus

$$I = I_0 10^{\beta/10} = \left(1{,}0 \times 10^{-12} \text{ W/m}^2\right)\left(10^{7{,}5}\right) = 3{,}2 \times 10^{-5} \text{ W/m}^2.$$

Opmerking Bedenk dat $x = \log y$ gelijkwaardig is met $y = 10^x$ (appendix A).

Natuurkunde in de praktijk

Luidsprekerrespons ($\pm$ 3 dB)

Voorbeeld 16.4 Luidsprekerrespons

Een luidspreker van hoge kwaliteit zou volgens de advertentie op vol volume frequenties van 30 Hz tot 18.000 Hz reproduceren, met een uniforme geluidssterkte ± 3 dB. Dat wil zeggen, binnen dit frequentiebereik varieert de uitgangsgeluidssterkte bij een gegeven ingangssignaal niet meer dan 3 dB. Met welke factor verandert de intensiteit bij de maximale verandering van 3 dB in de uitgangsgeluidssterkte?

Aanpak Laten we de gemiddelde intensiteit I_1 noemen en het gemiddelde geluidsniveau β_1. Dan correspondeert de maximale intensiteit, I_2, met een sterkte van $\beta_2 = \beta_1 + 3$ dB. Vervolgens gebruiken we de relatie tussen intensiteit en geluidssterkte, vgl. 16.6.

Oplossing Vgl. 16.6 levert

$$\beta_2 - \beta_1 = 10 \log \frac{I_2}{I_0} - 10 \log \frac{I_1}{I_0}$$

$$3 \text{ dB} = 10 \left(\log \frac{I_2}{I_0} - \log \frac{I_1}{I_0} \right)$$

$$= 10 \log \frac{I_2}{I_1}$$

omdat $(\log a - \log b) = \log a/b$ (zie appendix A). Deze laatste vergelijking levert

$$\log \frac{I_2}{I_1} = 0{,}30,$$

oftewel

$$\frac{I_2}{I_1} = 10^{0{,}30} = 2{,}0.$$

Dus ± 3 dB correspondeert met een verdubbeling of halvering van de intensiteit.

Het is zinvol om op te merken dat een verschil in geluidssterkte van 3 dB (wat, zoals we net gezien hebben, correspondeert met een verdubbeling van de intensiteit) overeenkomt met slechts een zeer kleine verandering in de subjectieve gewaarwording van het klaarblijkelijke geluidsvolume. De gemiddelde mens kan feitelijk slechts een verschil in geluidsniveau van slechts ongeveer 1 à 2 dB onderscheiden.

Opgave B
Als een toename van 3 dB neerkomt op 'tweemaal de intensiteit', hoe zit het dan een toename van 6 dB?

Conceptvoorbeeld 16.5   Trompetspelers

Een trompetspeler speelt met een geluidssterkte van 75 dB. Drie even hard spelende trompetspelers vallen in. Wat is de nieuwe geluidssterkte?

Antwoord   De intensiteit van vier trompetten is vier maal de intensiteit van één trompet (= I_1) oftewel $4I_1$. De geluidssterkte van de vier trompetten zou gelijk zijn aan

$$\beta = 10 \log \frac{4I_1}{I_0} = 10 \log 4 + 10 \log \frac{I_1}{I_0}$$
$$= 6{,}0 \text{ dB} + 75 \text{ dB} = 81 \text{ dB}.$$

Opgave C
Uit tabel 16.2 zien we dat een gewoon gesprek correspondeert met een geluidssterkte van circa 65 dB. Als twee mensen tegelijkertijd praten, is de geluidssterkte (a) 65 dB, (b) 68 dB, (c) 75 dB, (d) 130 dB, (e) 62 dB.

Gewoonlijk neemt het volume of de intensiteit van een geluid af naarmate je verder van de geluidsbron afgaat. In binnenruimten verandert dit effect vanwege de reflecties tegen de muren. Bij een bron in de open lucht echter, waarbij het geluid vrij alle kanten op kan stralen, neemt de intensiteit omgekeerd evenredig af met het kwadraat van de de afstand,

$$I \propto \frac{1}{r^2},$$

zoals we hebben gezien in paragraaf 15.3. Over grote afstanden neemt de intensiteit sneller af dan $1/r^2$ omdat een deel van de energie wordt omgezet in de onregelmatige beweging van de luchtmoleculen. Dit verlies doet zich vaker voor bij hogere frequenties, dus zal elk geluid van 'gemengde' frequenties op een afstand minder helder klinken.

Natuurkunde in de praktijk
Vliegtuiglawaai

Voorbeeld 16.6   Vliegtuiglawaai

De geluidssterkte gemeten op 30 m afstand van een vliegtuig is 140 dB. Wat is de geluidssterkte op 300 m? (Verwaarloos reflecties vanaf de grond en absorptie in de lucht.)

Aanpak   Bij de gegeven geluidssterkte kunnen we de intensiteit op 30 m afstand bepalen met behulp van vgl. 16.6. Omdat de intensiteit, bij verwaarlozing van reflecties, omgekeerd evenredig afneemt met het kwadraat van de afstand, kunnen we I bepalen op 300 m afstand en nogmaals vgl. 16.6 toepassen voor het verkrijgen van de geluidssterkte.

Oplossing   De intensiteit I op 30 m afstand is

$$140 \text{ dB} = 10 \log \left(\frac{I}{10^{-12} \text{ W/m}^2} \right)$$

oftewel

$$14 = \log \left(\frac{I}{10^{-12} \text{ W/m}^2} \right).$$

We verheffen het getal 10 tot de macht van hetgeen in beide leden van deze vergelijking staat (bedenk dat $10^{\log x} = x$), en dit levert

$$10^{14} = \frac{I}{10^{-12} \text{ W/m}^2},$$

dus $I = (10^{14})(10^{-12} \text{ W/m}^2) = 10^2 \text{ W/m}^2$. Op 300 m afstand, tien keer zo ver, is de intensiteit 1/100 maal zo groot, oftewel 1 W/m². Dus is de geluidssterkte

$$\beta = 10 \log\left(\frac{1 \text{ W/m}^2}{10^{-12} \text{ W/m}^2}\right) = 120 \text{ dB}.$$

Zelfs op 300 m afstand komt het geluid in de buurt van de pijngrens. Om die reden draagt luchthavenpersoneel oorbeschermers om hun oren te beschermen tegen gehoorschade (fig. 16.5)

Opmerking Er is ook een eenvoudiger aanpak waarvoor vgl. 16.6 niet nodig is. Omdat de intensiteit afneemt met het kwadraat van de afstand, neemt de intensiteit bij een 10 maal zo grote afstand af met $\left(\frac{1}{10}\right)^2 = \frac{1}{100}$. We kunnen gebruikmaken van het resultaat dat 10 dB correspondeert met een intensiteitsverandering met een factor 10 (zie de tekst net voor voorbeeld 16.3). Dus komt een intensiteitsverandering met een factor 100 overeen met een toename in geluidssterkte van 20 dB. Dit bevestigt ons eerdere resultaat: 140 dB − 20 dB = 120 dB.

FIGUUR 16.5 Voorbeeld 16.6. Luchthavenmedewerker met geluiddempende oorbeschermers.

■ Verband tussen intensiteit en amplitude

Zoals we gezien hebben in hoofdstuk 15, is de intensiteit I van een golf evenredig met het kwadraat van de amplitude van de golf. We kunnen daarom ook een kwantitatief verband aangeven tussen de intensiteit I en de geluidssterkte β, zoals het volgende voorbeeld laat zien.

Natuurkunde in de praktijk

Ongelooflijke gevoeligheid van het oor

Voorbeeld 16.7 Een hele kleine verplaatsing

(a) Bereken de verplaatsing van luchtmoleculen voor een geluid met een frequentie van 1000 Hz op de gehoorgrens. (b) Bepaal de maximale drukvariatie in een dergelijke geluidsgolf.

Aanpak In paragraaf 15.3 hebben we een verband afgeleid tussen de intensiteit I en de verplaatsingsamplitude A van een golf, vgl. 15.7. We willen, bij gegeven intensiteit, de amplitude van de trilling van luchtmoleculen bepalen. De druk wordt gevonden uit vgl. 16.5.

Oplossing (a) Op de gehoorgrens geldt $I = 1,0 \cdot 10^{-12}$ W/m² (tabel 16.2). We berekenen de amplitude A met behulp van vgl. 15.7

$$A = \frac{1}{\pi f}\sqrt{\frac{I}{2\rho v}}$$

$$= \frac{1}{(3{,}14)(1{,}0 \times 10^3 \text{ s}^{-1})}\sqrt{\frac{1{,}0 \times 10^{-12} \text{ W/m}^2}{(2)(1{,}29 \text{ kg/m}^3)(343 \text{ m/s})}}$$

$$= 1{,}1 \times 10^{-11} \text{ m},$$

waar we voor de dichtheid van lucht 1,29 kg/m³ hebben genomen en voor de geluidssnelheid in lucht (uitgaande van 20°C) 343 m/s.

Opmerking We zien hoe ongelooflijk gevoelig het menselijk oor is: het kan verplaatsingen van luchtmoleculen detecteren die kleiner zijn dan de diameter van atomen (circa 10^{-10} m).

(b) Nu hebben we te maken met geluid als een drukgolf (paragraaf 16.2). Uit vgl. 16.5 weten we dat

$$\Delta P_M = 2\pi \rho v A f$$
$$= 2\pi(1{,}29 \text{ kg/m}^3)(343 \text{ m/s})(1{,}1 \cdot 10^{-11} \text{ m})(1{,}0 \cdot 10^3 \text{ s}^{-1}) = 3{,}1 \cdot 10^{-5} \text{ Pa}.$$

Ook nu zien we dat het menselijk oor ongelooflijk gevoelig is.

Door vgl. 15.7 en 16.5 te combineren kunnen we de intensiteit uitdrukken in de drukamplitude, ΔP_M:

$$I = 2\pi^2 v\rho f^2 A^2 = 2\pi^2 v\rho f^2 \left(\frac{\Delta P_M}{2\pi \rho v f}\right)^2$$

$$I = \frac{(\Delta P_M)^2}{2v\rho}. \tag{16.7}$$

Wanneer de intensiteit wordt uitgedrukt in de drukamplitude, hangt deze niet af van de frequentie.

De respons van het oor

Het oor is niet voor alle frequenties even gevoelig. Om bij geluiden met verschillende frequenties hetzelfde volume te horen, zijn verschillende intensiteiten nodig. Onderzoeken waarbij het gemiddelde over grote aantallen mensen werd bekeken, hebben de krommen opgeleverd uit fig. 16.6. In deze grafiek stelt elke kromme geluiden voor die even hard lijken te zijn. Het nummer bij elke kromme stelt het **volume** voor (de eenheid hiervan is de *foon*), wat numeriek gelijk is aan de geluidssterkte in dB bij 1000 Hz. Om een voorbeeld te geven: de kromme met nummer 40 stelt geluiden voor die door een gemiddeld persoon worden gehoord alsof ze hetzelfde volume hebben als een geluid van 1000 Hz met een geluidssterkte van 40 dB. Aan deze 40-foon-kromme lezen we af dat een toon van 100 Hz op een niveau van circa 62 dB moet zijn om even hard te worden ervaren als een 1000 Hz-toon van slechts 40 dB.

De laagste kromme in fig. 16.6 (met nummer 0) stelt de geluidssterkte als functie van de frequentie voor op de *gehoorgrens*, het zachtste geluid dat met een zeer goed oor nog net hoorbaar is. Merk op dat het oor het gevoeligst is voor geluiden met een frequentie tussen 2000 en 4000 Hz, die veel voorkomen in spraak en muziek. Merk ook op dat een geluid van 1000 Hz hoorbaar is op een niveau van 0 dB, maar een geluid van 100 Hz een niveau van 40 dB moet hebben om hoorbaar te zijn. De laagste kromme in fig. 16.6, met de tekst 120 foon, representeert de *pijngrens*. Geluiden boven dit niveau kunnen echt worden gevoeld en pijn veroorzaken.

Fig. 16.6 laat zien dat onze oren bij lagere geluidssterktes minder gevoelig zijn voor de hoge en lage frequenties vergeleken met de middenfrequenties. Het 'loudness'-knopje op sommige stereo-installaties is bedoeld om deze ongevoeligheid bij laag volume te compenseren. Als het volume lager wordt gezet, zorgt dit knopje voor het versterken van de hoge en lage frequenties ten opzichte van de middenfrequenties zodat het geluid een meer 'normaal klinkende' frequentiebalans krijgt. Veel luisteraars vinden het geluid echter aangenamer of natuurlijker zonder de loudness.

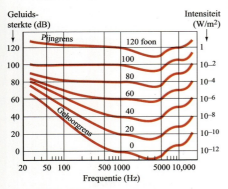

FIGUUR 16.6 Gevoeligheid van het menselijk oor als functie van de frequentie (zie tekst). Merk op dat de frequentieschaal 'logaritmisch' is om een breed bereik aan frequenties te dekken.

16.4 Geluidsbronnen: trillende snaren en luchtkolommen

De bron van elk geluid is een trillend voorwerp. Vrijwel elk voorwerp kan trillen en derhalve een geluidsbron zijn. We bespreken nu enkele eenvoudige geluidsbronnen, in het bijzonder muziekinstrumenten. Bij klassieke muziekinstrumenten wordt de bron in trilling gebracht door strijken, tokkelen, buigen of blazen. Er worden staande golven geproduceerd en de bron trilt met zijn natuurlijke resonantiefrequenties. De trillingsbron is in contact met de lucht (of een ander medium) en duwt hier tegenaan om naar buiten lopende geluidsgolven te produceren. De frequenties van de golven zijn dezelfde als die van de bron, maar de snelheid en de golflengtes kunnen verschillen. Een trommelvel heeft een uitgerekt membraan dat trilt. Xylofoons en marimba's hebben metalen of houten staven die in trilling kunnen worden gebracht. Bellen, cymbalen en gongen maken eveneens gebruik van trillend metaal. Veel instrumenten maken gebruik van trillende snaren, zoals de viool, de gitaar en de piano, of maken gebruik van trillende luchtkolommen, zoals de fluit, de trompet en het pijporgel. We hebben al gezien dat de toonhoogte van een zuivere klank wordt bepaald door de frequentie. Tabel 16.3 geeft een overzicht van karakteristieke frequenties voor muzieknoten op de 'chromatische toonladder' voor het octaaf beginnend met de middelste C (de noot 'do'). Merk op dat één octaaf overeenkomt met een verdubbeling van de frequentie. Om een voorbeeld te geven: de middelste C heeft een frequentie van 262 Hz, terwijl C' (de C boven

TABEL 16.3 Chromatische toonladder†

Toon	Frequentie (in Hz)	Benaming
C	262	do
C# of D♭	277	do kruis
D	294	re
D# of E♭	311	re kruis
E	330	mi
F	349	fa
F# of G♭	370	fa kruis
G	392	sol
G# of A♭	415	sol kruis
A	440	la
A# of B♭	466	la kruis
B	494	si
C'	524	do

†Er is slechts één octaaf opgenomen.

de middelste C) tweemaal die frequentie heeft, 524 Hz. (De middelste C is de C of 'do'-noot in het midden van een pianoklavier.)

Merkwaardig genoeg is een vast telefoontoestel een uitstekende toonhoogtereferentie: de kiestoon heeft een frequentie van 440 Hz, wat overeenkomt met de algemeen aanvaarde frequentie voor de 'la'-noot of A (tabel 16.3).

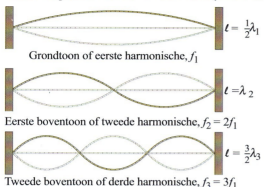

FIGUUR 16.7 Staande golven in een snaar: alleen de laagste drie frequenties zijn weergegeven.

Snaarinstrumenten

In hoofdstuk 15, fig. 15.26b hebben we gezien hoe staande golven tot stand komen in een snaar, en we laten dit hier nogmaals zien in fig. 16.7. Dergelijke staande golven vormen de basis voor alle snaarinstrumenten. De toonhoogte wordt normaal gesproken bepaald door de laagste resonantiefrequentie, de **grondtoon**, die correspondeert met uitsluitend knopen aan de uiteinden. De op en neer trillende snaar als geheel komt overeen met een halve golflengte, zoals weergegeven bovenaan fig. 16.7, dus is de golflengte van de grondtoon van de snaar gelijk aan tweemaal de lengte van de snaar. De grondfrequentie is dus $f_1 = v/\lambda = v/2\ell$, waarin v de snelheid van de golf in de snaar is (*niet* in de lucht). De mogelijke frequenties voor staande golven in een uitgerekte snaar zijn gehele veelvouden van de grondfrequentie:

$$f_n = nf_1 = n\frac{v}{2\ell}, \quad n = 1, 2, 3, \ldots$$

waarin $n = 1$ staat voor de grondtoon en $n = 2, 3, \ldots$ voor de boventonen. Alle staande golven, $n = 1, 2, 3, \ldots$, worden harmonischen genoemd,[1] zoals we gezien hebben in paragraaf 15.9.

Wanneer een vinger op de snaar van een gitaar of viool wordt geplaatst, wordt de effectieve lengte van de snaar verkort. Dus is de grondfrequentie, en dus de toonhoogte, hoger omdat de golflengte van de grondtoon korter is (fig. 16.8). De snaren van een gitaar of viool hebben allemaal dezelfde lengte. Ze klinken met verschillende toonhoogten omdat de snaren een verschillende massa per lengte-eenheid, μ, hebben, wat de snelheid in de snaar beïnvloedt, volgens vgl. 15.2,

$$v = \sqrt{F_T/\mu}. \qquad \text{[gespannen snaar]}$$

De snelheid in een zwaardere snaar is dus kleiner en de frequentie bij dezelfde golflengte zal lager zijn. Ook de spanning F_T kan verschillen. Het aanpassen van de spanning is het middel om de toonhoogte van iedere snaar te stemmen. Bij piano's en harpen zijn de snaren van verschillende lengte. Bij de lagere noten zijn de snaren niet alleen langer, maar ook zwaarder, en de reden hiervoor blijkt uit het volgende voorbeeld.

Natuurkunde in de praktijk

Snaarinstrumenten

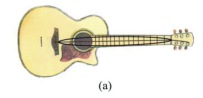
(a)

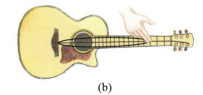
(b)

FIGUUR 16.8 De golflengte van (a) een niet-ingedrukte snaar is langer dan die van (b) een ingedrukte snaar. De frequentie van de ingedrukte snaar is dus hoger. Deze gitaar heeft slechts één snaar, en uitsluitend de eenvoudigste staande golf, de grondtoon, is weergegeven.

---

[1] Wanneer de resonantiefrequenties boven de grondtoon (dat wil zeggen: de boventonen) gehele veelvouden van de grondfrequentie zijn, zoals hier het geval is, worden ze harmonischen genoemd. Zijn de boventonen echter geen gehele veelvouden van de grondtoon, zoals in het geval van een trillend trommelvel, dan zijn het geen harmonischen.

Voorbeeld 16.8 Pianosnaren

De hoogste toets op een piano komt overeen met een frequentie van circa 150 maal die van de laagste toets. Als de snaar voor de hoogste noot 5,0 cm lang is, hoe lang zou dan de snaar voor de laagste noot moeten zijn als deze dezelfde massa per lengte-eenheid zou hebben en onder dezelfde spanning zou staan?

Aanpak Omdat $v = \sqrt{F_T/\mu}$, zou de snelheid in elke snaar hetzelfde zijn. De frequentie is dus omgekeerd evenredig met de lengte van de snaar ($f = v/\lambda = v/2\ell$).

Oplossing Voor de grondfrequenties van elke snaar kunnen we de volgende verhouding opschrijven

$$\frac{\ell_L}{\ell_H} = \frac{f_H}{f_L},$$

waarin de indexen L en H slaan op respectievelijk de laagste en de hoogste noot. Dus is $\ell_L = \ell_H(f_H/f_L) = (5{,}0 \text{ cm})(150) = 750$ cm, oftewel 7,5 m. Dit zou absurd lang zijn voor een piano.

Opmerking De langere snaren van een lagere frequentie worden zwaarder gemaakt, door een grotere massa per lengte-eenheid te gebruiken, dus zelfs op vleugels zijn de snaren minder dan 3 m lang.

⚠ **Let op**

De snelheid van een staande golf in een snaar ≠ de snelheid van een geluidsgolf in lucht.

Opgave D

Twee snaren hebben dezelfde lengte en spanning, maar een ervan is zwaarder dan de andere. Welke brengt de hoogste noot voort?

Voorbeeld 16.9 Frequenties en golflengtes op de viool

Een 0,32 m lange vioolsnaar is gestemd op het spelen van de A boven de middelste C op 440 Hz. (*a*) Wat is de golflengte van de grondtrilling van de snaar, en (*b*) wat zijn de frequentie en de golflengte van de geproduceerde geluidsgolf? (*c*) Waarom is er een verschil?

Aanpak De golflengte van de grondtrilling van de snaar is gelijk aan tweemaal de lengte van de snaar (fig. 16.7) Als de snaar trilt, duwt deze tegen de lucht aan, die daardoor gedwongen wordt om met dezelfde frequentie te trillen als de snaar.

Oplossing (*a*) Uit fig. 16.7 volgt dat de golflengte van de grondtrilling gelijk is aan

$$\lambda = 2\ell = 2(0{,}32 \text{ m}) = 0{,}64 \text{ m} = 64 \text{ cm}.$$

Dit is de golflengte van de staande golf in de snaar.

(*b*) De geluidsgolf die in de lucht naar buiten beweegt (en onze oren bereikt) heeft dezelfde frequentie, 440 Hz. De golflengte hiervan is

$$\lambda = \frac{v}{f} = \frac{343 \text{ m/s}}{440 \text{ Hz}} = 0{,}78 \text{ m} = 78 \text{ cm},$$

waarin v de geluidssnelheid in lucht is (uitgaande van 20°C), paragraaf 16.1.

(*c*) De golflengte van de geluidsgolf is een andere dan die van de staande golf in de snaar omdat de geluidssnelheid in lucht (343 m/s bij 20°C) verschilt van de snelheid van de golf in de snaar ($f\lambda = (440 \text{ Hz}) \cdot (0{,}64 \text{ m}) = 280$ m/s), wat afhangt van de spanning in de snaar en de massa per lengte-eenheid.

Opmerking De frequenties in de snaar en in de lucht zijn gelijk: de snaar en de lucht zijn in contact, en de snaar 'dwingt' de lucht om met dezelfde frequentie te trillen. Maar de golflengtes zijn verschillend omdat de golfsnelheid in de snaar anders is dan die in lucht.

(a) (b)

FIGUUR 16.9
(a) Piano, met klankbord waaraan de snaren zijn bevestigd; (b) klankkast (gitaar).

Snaarinstrumenten zouden niet erg hard klinken als ze het bij het produceren van geluidsgolven alleen van hun trillende snaren zouden moeten hebben, omdat de snaren te dun zijn om lucht samen te drukken en uit te zetten. Snaarinstrumenten maken daarom gebruik van een mechanische versterker die bekendstaat als een *klankbord* (piano) of *klankkast* (gitaar, viool), die het geluid versterkt door een groter oppervlak in contact met de lucht te brengen (fig. 16.9). Wanneer de snaren in trilling worden gebracht, wordt het klankbord of de klankkast eveneens in trilling gebracht. Omdat hiervan een veel groter oppervlak in contact met de lucht is, kan er een intensere geluidsgolf worden geproduceerd. Op een elektrische gitaar is de klankkast minder belangrijk omdat de trillingen van de snaren elektronisch worden versterkt.

Blaasinstrumenten

Instrumenten zoals de houten en koperen blaasinstrumenten en het pijporgel produceren geluid door de trillingen van staande golven in een luchtkolom binnen een buis (fig. 16.10). Staande golven kunnen voorkomen in de lucht van elke holte, maar de aanwezige frequenties zijn gecompliceerd, behalve voor enkele zeer eenvoudige vormen zoals de uniforme, smalle buis van een fluit of een orgelpijp. Bij sommige instrumenten helpt een trillend riet of de trillende lip van de speler om de trillingen van de luchtkolom tot stand te brengen. Bij andere wordt een luchtstroom tegen één kant van de opening of mondstuk gericht, wat leidt tot turbulentie die de trillingen in gang zet. Ongeacht de bron, zorgt de storing ervoor dat de lucht in de buis met een verscheidenheid aan frequenties gaat trillen, maar alleen frequenties die overeenkomen met staande golven zullen blijven bestaan.

Voor een snaar met twee vaste uiteinden, zoals in fig. 16.7, hebben we gezien dat de staande golven knopen hebben (geen beweging) bij de twee uiteinden, en één of meer buiken (grote trillingsamplitude) ertussenin. Een knoop scheidt opeenvolgende buiken. De staande golf met de laagste frequentie, de *grondgolf*, komt overeen met één buik. Zoals we in paragraaf 15.9 hebben gezien, worden de staande golven met hogere frequenties **boventonen** of **harmonischen** genoemd. Specifieker gezegd: de eerste harmonische is de grondgolf, de tweede harmonische (= eerste boventoon) heeft tweemaal de frequentie van de grondgolf enzovoort.

FIGUUR 16.10 Blaasinstrumenten: fluit (links) en klarinet.

De situatie is vergelijkbaar met een luchtkolom in een buis met uniforme diameter, maar we moeten niet vergeten dat het in dit geval de lucht zelf is die trilt. We kunnen de golven ofwel beschrijven in termen van de stroming van de lucht (dat wil zeggen, in termen van de *verplaatsing* van de lucht) ofwel in termen van de *druk* van de lucht (zie fig. 16.2 and 16.3). In termen van verplaatsing is de lucht aan het gesloten uiteinde van een buis een verplaatsingsknoop omdat de lucht hier niet vrij kan bewegen, terwijl er in de buurt van het open uiteinde van een buis een buik zal zijn omdat de lucht vrij in en uit kan bewegen. De lucht binnen de buis trilt in de vorm van longitudinale staande golven. De mogelijke trillingstoestanden voor een buis met twee open uiteinden (een **open buis**) zijn grafisch weergegeven in fig. 16.11. Ze zijn weergegeven voor een buis die aan het ene uiteinde open is maar aan het andere uit-

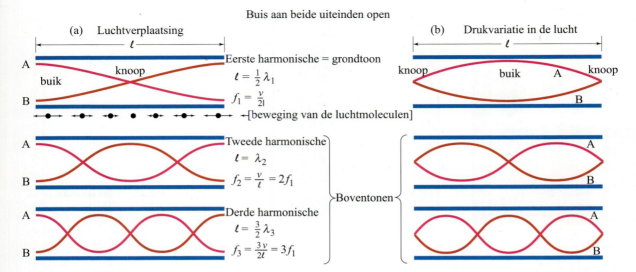

FIGUUR 16.11 Grafieken van de drie eenvoudigste trillingstoestanden (staande golven) voor een uniforme buis met twee open uiteinden ('open buis'). De grafieken van deze eenvoudigste trillingstoestanden zijn getekend in (a), links, in termen van de beweging van de lucht (verplaatsing), en in (b), rechts, in termen van luchtdruk. Elke grafiek toont de golfvorm op twee tijdstippen, A en B, met een halve periode ertussen. Voor één geval, de grondtoon, is de feitelijke beweging van moleculen weergegeven net onder de buis in de linkerbovenhoek.

Natuurkunde in de praktijk

Blaasinstrumenten

einde gesloten (een **gesloten buis**) in fig. 16.12. (Een aan *beide* zijden gesloten buis, zonder enige verbinding met de lucht erbuiten, zou als instrument nutteloos zijn.) De grafieken in deel (a) van elke figuur (links) stellen de verplaatsing van de amplitude van de trillende lucht in de buis. Merk op dat dit grafieken zijn en dat de luchtmoleculen zelf *horizontaal* trillen, evenwijdig aan de buislengte, zoals weergegeven door de pijltjes in het bovenste diagram van fig. 16.11a (links). De exacte plaats van de buik in de buurt van het open einde van een buis hangt af van de diameter van de buis, maar als de diameter klein is vergeleken met de lengte, wat meestal het geval is, treedt de buik zeer dicht bij het uiteinde op, zoals weergegeven. We nemen aan dat dit in het nu volgende het geval is. (De plaats van de buik kan ook enigszins afhangen van de golflengte en andere factoren.)

Laten we de open buis eens meer in detail bekijken, in fig. 16.11a, die een orgelpijp of een fluit voorstelt. Een open buis heeft aan beide uiteinden verplaatsingsbuiken omdat de lucht aan de open uiteinden vrij kan bewegen. Om überhaupt een staande golf mogelijk te maken, moet er binnen een open buis ten minste één knoop zijn. Eén knoop komt overeen met de *grondfrequentie* van de buis. Omdat de afstand tussen twee opeenvolgende knopen, of tussen twee opeenvolgende buiken gelijk is aan $\frac{1}{2}\lambda$, is er voor het eenvoudigste geval van de grondfrequentie een halve golflengte binnen de lengte van de buis (bovenste tekening in fig. 16.11a $\ell = \frac{1}{2}\lambda$, oftewel $\lambda = 2\ell$. De grondfrequentie is dus $f_1 = v/\lambda = v/2\ell$, waarin v de geluidssnelheid van de golf in de lucht is (de lucht in de buis). De staande golf met twee knopen is de *eerste boventoon* of *tweede harmonische* en heeft de helft van de golflengte ($\ell = \lambda$) en tweemaal de frequentie van de grondtoon. In een uniforme open buis is de frequentie van elke boventoon een geheel veelvoud van de grondfrequentie, zoals weergegeven in fig. 16.11a. Dit is precies wat gevonden wordt voor een snaar.

Bij een gesloten buis, zoals in fig. 16.12a, die een orgelpijp zou kunnen voorstellen, is er altijd een verplaatsingsknoop aan het gesloten uiteinde (omdat de lucht niet vrij kan bewegen) en een buik aan het open uiteinde (waar de lucht wel vrij kan bewegen). Omdat de afstand tussen een knoop en de dichtstbijzijnde buik $\frac{1}{4}\lambda$ is, zien we dat de grondtoon in een gesloten buis overeenkomt met slechts een vierde van een golflengte binnen de lengte van de buis: $\ell = \lambda/4$ en $\lambda = 4\ell$. De grondfrequentie is dus $f_1 = v/4\ell$, oftewel de helft van die voor een open pijp met dezelfde lengte. Er is nog een ander verschil, omdat, zoals we kunnen zien uit fig. 16.12a, in een gesloten buis uitsluitend de oneven harmonischen aanwezig zijn: de boventonen hebben frequenties die gelijk zijn aan 3, 5, 7,... maal de grondfrequentie. Op geen enkele manier kunnen golven met 2, 4, 6,... maal de grondfrequentie aan het ene uiteinde een knoop hebben en aan het andere uiteinde een buik, en dus kunnen er in een gesloten buis geen dergelijke staande golven bestaan.

Een andere manier om de trillingen in een uniforme buis te analyseren, is het beschouwen van een beschrijving in termen van de *druk* van de lucht, zoals weergegeven in deel (b) van fig. 16.11 en 16.12 (rechts). Op plaatsen waar de lucht in een golf

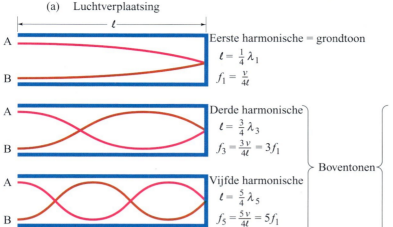
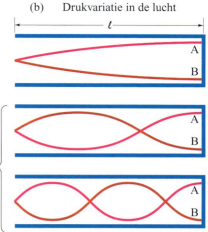

FIGUUR 16.12 Trillingstoestanden (staande golven) voor een buis met één gesloten uiteinde ('gesloten buis'). Zie bijschrift bij fig. 16.11.

is samengedrukt, is de druk hoger, terwijl bij een uitzetting van een golf (oftewel verdunning), de druk lager is dan normaal. Het open uiteinde van een buis staat in open verbinding met de atmosfeer. De drukvariatie aan een open uiteinde moet dus een *knoop* zijn: de druk varieert niet, maar blijft gelijk aan de druk van de atmosfeer buiten de buis. Als een buis een gesloten uiteinde heeft, kan de druk bij dat gesloten uiteinde wel variëren en boven of onder de druk in de atmosfeer uitkomen. Dus is er aan het gesloten uiteinde van een buis een *drukbuik*. Ook binnen de buis kunnen drukknopen en drukbuiken voorkomen. Sommige van de mogelijke trillingstoestanden in termen van druk voor een open buis zijn weergegeven in fig. 16.11b, voor een gesloten buis zijn ze weergegeven in fig. 16.12b.

Voorbeeld 16.10 Orgelpijpen

Wat is de grondfrequentie en wat zijn de eerste drie boventonen voor een 26 cm lange orgelpijp op 20 °C als deze (*a*) open, en (*b*) gesloten is?

Aanpak Al onze berekeningen kunnen worden gebaseerd op fig. 16.11a and 16.12a.

Oplossing (*a*) Voor de open pijp, fig. 16.11a, is de grondfrequentie gelijk aan

$$f_1 = \frac{v}{2\ell} = \frac{343 \text{ m/s}}{2(0{,}26 \text{ m})} = 660 \text{ Hz}.$$

De snelheid v is de geluidssnelheid in lucht (de trillende lucht in de pijp). De boventonen omvatten alle harmonischen: 1320 Hz, 1980 Hz, 2640 Hz enzovoort.

(*b*) Voor een gesloten pijp, fig. 16.12a, is de grondfrequentie

$$f_1 = \frac{v}{4\ell} = \frac{343 \text{ m/s}}{4(0{,}26 \text{ m})} = 330 \text{ Hz}.$$

Er komen uitsluitend oneven harmonischen voor: de eerste drie boventonen zijn 990 Hz, 1650 Hz en 2310 Hz.

Opmerking De gesloten pijp doet 330 Hz klinken, wat, volgens tabel 16.3, de E boven de middelste C is, terwijl de open pijp met dezelfde lengte 660 Hz speelt, een octaaf hoger.

Pijporgels gebruiken zowel open als gesloten pijpen, met lengtes van enkele centimeters tot 5 m of langer. Een fluit fungeert als een open buis, omdat deze niet alleen open is op de plaats waar je erin blaast, maar ook aan het andere uiteinde. De verschillende noten van een fluit worden verkregen door het verkorten van de lengte van de trillende luchtkolom, door het openstellen van de gaten in de fluit (zodat er bij het gat een verplaatsingsbuik kan ontstaan). Hoe korter de lengte van de trillende luchtkolom, des te hoger de grondfrequentie.

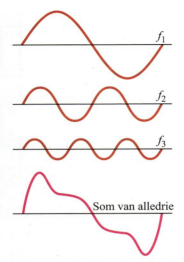

FIGUUR 16.13 In elk punt worden de golfvormen van de grondtoon en van de eerste twee boventonen toegevoegd om tot de 'som' of samengestelde golfvorm te komen.

Voorbeeld 16.11   Fluit

Een fluit is zodanig ontworpen dat hij met alle gaten bedekt de middelste C (262 Hz) als de grondfrequentie speelt. Hoe lang moet bij benadering de afstand zijn van het mondstuk tot het andere uiteinde van de fluit? (Dit kan slechts bij benadering worden berekend omdat de buik niet precies bij het mondstuk optreedt.) Ga uit van een temperatuur van 20°C.

Aanpak   Wanneer alle gaten bedekt zijn, is de lengte van de trillende luchtkolom de volledige lengte. De geluidssnelheid in lucht bij 20°C is 343 m/s. Omdat een fluit aan beide uiteinden open is, gebruiken we fig. 16.11: er is een verband tussen de grondfrequentie f_1 en de lengte ℓ van de trillende luchtkolom, $f_1 = v/2\ell$.

Oplossing   Lossen we op naar ℓ, dan vinden we

$$l = \frac{v}{2f} = \frac{343 \text{ m/s}}{2(262 \text{ s}^{-1})} = 0{,}655 \text{ m} \approx 0{,}66 \text{ m}.$$

Opgave E
Om in te zien waarom bespelers van blaasinstrumenten hun instrumenten 'opwarmen' (zodat ze gestemd zijn), moet je eens de grondfrequentie van de fluit uit voorbeeld 16.11 bekijken, wanneer alle gaten bedekt zijn en de temperatuur 10°C is in plaats van 20°C.

Opgave F
Ga terug naar de openingsvraag aan het begin van dit hoofdstuk, en beantwoord die nogmaals. Probeer te verklaren waarom je die de eerste keer misschien anders beantwoord hebt.

*16.5   Geluidskwaliteit en ruis; superpositie

Wanneer we een geluid horen, met name bij muziek, zijn we ons bewust van het volume, de toonhoogte en ook van een derde aspect dat *timbre* of 'kwaliteit' wordt genoemd. Om een voorbeeld te geven: wanneer een piano en vervolgens een fluit een noot met hetzelfde volume en dezelfde toonhoogte spelen (bijvoorbeeld de middelste C), dan is er een duidelijk verschil in het algehele geluid. We zouden altijd het verschil horen tussen het geluid van een piano en dat van een fluit. Dit is wat wordt bedoeld met het timbre of de *kwaliteit* van een geluid. Bij muziekinstrumenten spreekt men ook wel van de term *klankkleur*.

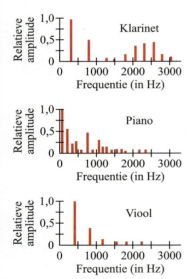

FIGUUR 16.14 Geluidsspectra voor verschillende instrumenten. De spectra veranderen wanneer de instrumenten verschillende noten spelen. Bij de klarinet ligt het wat gecompliceerd: deze gedraagt zich bij lagere frequenties als een gesloten buis, die uitsluitend oneven harmonischen heeft, maar bij hogere frequenties komen alle harmonischen voor, net als bij een open buis.

Net als bij volume en toonhoogte is er ook een verband tussen kwaliteit en fysisch meetbare grootheden. De kwaliteit van een geluid hangt af van de aanwezigheid van boventonen: hun aantal en de relatieve amplitudes. In het algemeen zijn bij het spelen van een noot op een muziekinstrument zowel de grondtoon als de boventonen tegelijkertijd aanwezig. In fig.16.13 is te zien hoe het *superpositiebeginsel* (paragraaf 15.6) van toepassing is op drie golfvormen, in dit geval de grondgolf en de eerste twee boventonen (met bepaalde amplitudes): ze tellen in elk punt bij elkaar op tot een samengestelde *golfvorm*. Normaal gesproken zijn er meer dan twee boventonen aanwezig. (Elke samengestelde golf kan worden geschreven als een superpositie van sinusoïdale golven met passende amplitudes, golflengtes en frequenties (zie paragraaf 15.6). Een dergelijke analyse wordt een *fourieranalyse* genoemd.

De relatieve amplitudes van de boventonen voor een gegeven noot verschillen per muziekinstrument, wat elk instrument zijn karakteristieke kwaliteit of timbre geeft. Een staafdiagram met de relatieve amplitudes van de harmonischen voor een bepaalde noot die door een muziekinstrument worden geproduceerd, wordt een *klankspectrum* genoemd. Enkele typische voorbeelden voor verschillende muziekinstrumenten zijn te zien in fig. 16.14. De grondtoon heeft de grootste amplitude en de frequentie is datgene wat als de toonhoogte wordt gehoord.

De geluidskwaliteit wordt sterk beïnvloed door de manier waarop een instrument wordt bespeeld. Het tokkelen van een vioolsnaar maakt bijvoorbeeld een heel ander geluid dan het strijken met een strijkstok. Het klankspectrum helemaal aan het begin (of aan het eind) van een noot (zoals wanneer een hamer een pianosnaar raakt) kan sterk verschillen van de daaropvolgende aangehouden toon. Ook dit is van invloed op de subjectieve toonkwaliteit van een instrument.

Een normaal geluid, zoals dat van twee stenen die tegen elkaar worden geslagen, is een geluid met een zekere kwaliteit, maar een heldere toonhoogte is niet te onderscheiden. Een dergelijk geluid is een samenstel van veel frequenties die weinig met elkaar in verband staan. Een geluidsspectrum van dat geluid zou geen discrete lijnen laten zien, zoals die van fig. 16.14. In plaats daarvan zou het een continu, of vrijwel continu, frequentiespectrum laten zien. Een dergelijk geluid noemen we 'ruis' in vergelijking met de harmonieuzere geluiden die frequenties bevatten die gewoon een geheel veelvoud zijn van de grondfrequentie.

16.6 Interferentie van geluidsgolven; zweving

Interferentie in de ruimte

In paragraaf 15.8 hebben we gezien dat wanneer twee golven tegelijkertijd hetzelfde gebied in de ruimte passeren, ze met elkaar interfereren. Interferentie treedt ook op bij geluidsgolven.

Beschouw twee grote luidsprekers, A en B, op een afstand d van elkaar in een concertzaal zoals in fig. 16.15. Laten we aannemen dat de twee luidsprekers geluidsgolven met dezelfde frequentie uitzenden en dat ze in fase zijn: dat wil zeggen: wanneer de ene luidspreker een samendrukking vormt, doet de andere dat ook. (We verwaarlozen reflecties van muren, vloer enzovoort.) De kromme lijnen in het diagram representeren de toppen van de geluidsgolven van elke luidspreker op een of ander tijdstip. We moeten bedenken dat voor een geluidsgolf een top neerkomt op een samendrukking in de lucht, terwijl een dal, dat zich tussen twee toppen bevindt, een verdunning is. Een menselijk oor of een detector in een punt zoals C, dat tot beide luidsprekers dezelfde afstand heeft, zal een hard geluid waarnemen omdat de interferentie constructief is: twee toppen komen op hetzelfde moment aan, twee dalen volgen een moment later. Daarentegen zal in een punt zoals D in het diagram weinig of geen geluid worden gehoord, omdat er destructieve interferentie optreedt: samendrukkingen van de ene golf komen verdunningen van de andere tegen en omgekeerd (zie fig. 15.24 en de verwante behandeling van watergolven in paragraaf 15.8).

Een analyse van deze situatie is misschien helderder als we de golfvormen grafisch weergeven zoals in fig. 16.16. In fig. 16.16a is te zien dat in punt C constructieve interferentie optreedt omdat beide golven bij hun aankomst in C gelijktijdig toppen en gelijktijdig dalen hebben. In fig. 16.16b zien we dat, om punt D te bereiken, de golf uit luidspreker B een grotere afstand moet afleggen dan de golf uit A. Dus blijft de golf uit B achter bij die uit A. In dit diagram is punt E zodanig gekozen dat de afstand ED gelijk is aan AD. Dus zien we dat als de afstand BE exact gelijk is aan de helft van de golflengte van het geluid, de twee golven exact uit fase zijn wanneer ze D bereiken, waardoor er destructieve interferentie optreedt. Dit is dus het criterium voor het bepalen in welke punten destructieve interferentie optreedt: destructieve interferentie treedt op in elk punt waar de afstand tot de ene luidspreker een halve golflengte groter is dan de afstand tot de andere luidspreker. Merk op dat als deze extra afstand (BE in fig. 16.16b) gelijk is aan een hele golflengte (of 2, 3, ... golflengtes), de twee golven in fase zijn en er *constructieve interferentie* optreedt. Als de afstand BE gelijk is aan $\frac{1}{2}$, $1\frac{1}{2}$, $2\frac{1}{2}$, ... golflengtes, treedt er *destructieve interferentie* op.

Het is belangrijk om je te realiseren dat iemand in punt D in fig. 16.15 of 16.16 helemaal niets hoort (of vrijwel niets), terwijl er toch geluid uit beide luidsprekers komt. Het is zelfs zo dat wanneer een van de luidsprekers wordt uitgezet, het geluid uit de andere luidspreker duidelijk te horen is.

Als een luidspreker een hele reeks frequenties uitzendt, zullen in een zeker punt uitsluitend specifieke golflengtes destructief met elkaar interfereren.

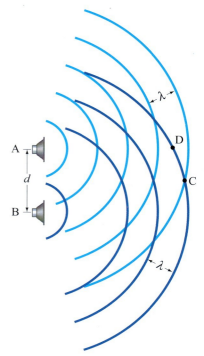

FIGUUR 16.15 Geluidsgolven uit twee luidsprekers interfereren.

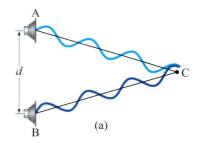

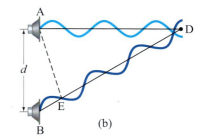

FIGUUR 16.16 Geluidsgolven van één frequentie uit luidsprekers A en B (zie fig. 16.15) interfereren constructief in C en destructief in D. (Hier zijn de grafische voorstellingen weergegeven, niet de feitelijke longitudinale geluidsgolven.)

Voorbeeld 16.12 Interferentie van luidsprekers

Twee luidsprekers staan 1,00 m uit elkaar. Iemand staat op 4,00 m van de ene luidspreker. Hoe ver moet hij van de tweede luidspreker af staan om destructieve interferentie te kunnen waarnemen wanneer de luidsprekers een geluid van 1150 Hz uitzenden? Ga uit van een temperatuur van 20°C.

Aanpak Om destructieve interferentie te kunnen waarnemen moet de persoon een halve golflengte dichter of verder bij de ene luidspreker zijn dan bij de andere (dat wil zeggen: op een afstand van 4,00 m $\pm \lambda/2$). Omdat we f en v kennen, kunnen we λ bepalen.

Oplossing De geluidssnelheid bij 20°C is 343 m/s, dus is de golflengte van dit geluid gelijk aan (vgl. 15.1)

$$\lambda = \frac{v}{f} = \frac{343 \text{ m/s}}{1150 \text{ Hz}} = 0{,}30 \text{ m}.$$

Destructieve interferentie kan alleen dan optreden als iemand een halve golflengte verder van de ene luidspreker verwijderd is dan van de andere, oftewel 0,15 m. Dus moet hij 3,85 m oftewel 4,15 m van de tweede luidspreker verwijderd zijn.

Opmerking Als de luidsprekers minder dan 0,15 m van elkaar verwijderd zijn, dan is er geen enkel punt dat 0,15 m verder van de ene luidspreker verwijderd is dan van de andere, en is er dus geen punt waar destructieve interferentie zou kunnen optreden.

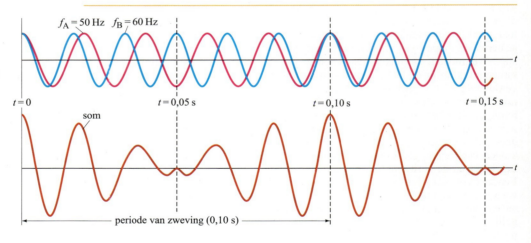

FIGUUR 16.17
Zwevingen treden op als gevolg van de superpositie van twee geluidsgolven met nauwelijks verschillende frequentie.

Zweving: interferentie in de tijd

We hebben gekeken naar interferentie van geluidsgolven die plaatsvindt in de ruimte. Een interessant en belangrijk voorbeeld van interferentie in de tijd is het verschijnsel dat bekendstaat als **zweving**: als twee geluidsbronnen (bijvoorbeeld twee stemvorken) vrijwel maar niet exact dezelfde frequentie hebben, kunnen geluidsgolven van de twee bronnen met elkaar interfereren. De geluidssterkte op een bepaalde plaats neemt afwisselend toe en af in de tijd, omdat de twee golven soms in en soms uit fase zijn als gevolg van hun verschillende golflengtes. Dergelijke intensiteitsveranderingen met regelmatige tussenpozen worden zwevingen genoemd.

Beschouw, om te zien hoe zwevingen ontstaan, twee geluidsgolven met gelijke amplitude en respectievelijke frequenties $f_A = 50$ Hz en $f_B = 60$ Hz. In 1,00 s voert de eerste bron 50 trillingen uit, terwijl de tweede er 60 uitvoert. We onderzoeken nu de golven in één punt in de ruimte op gelijke afstand van de twee bronnen. De golfvormen van elke golf als functie van de tijd, op een vaste plaats, zijn te zien in de bovenste grafiek van fig. 16.17; de rode lijn stelt de 50 Hz-golf voor en de blauwe lijn de 60 Hz-golf. De onderste grafiek in fig. 16.17 toont de som van de twee golven als functie van de tijd. Hierin is te zien dat op het tijdstip $t = 0$ de twee golven in fase zijn en constructief interfereren. Omdat de twee golven met verschillende snelheden trillen, zijn ze op het tijdstip $t = 0{,}05$ s volledig uit fase en interfereren ze destructief. Op $t = 0{,}10$ s zijn ze weer in fase en is de resulterende amplitude opnieuw groot. Dus is de resulterende amplitude iedere 0,10 s groot en neemt daar tussenin drastisch af. Dit stijgen en dalen van de intensiteit is wat wordt gehoord als zwevingen.[1]

In dit geval zit er steeds 0,10 s tussen de zwevingen. Dat wil zeggen: de **zwevingsfrequentie** is tien per seconde, oftewel 10 Hz. We zullen nu laten zien dat dit resultaat, namelijk dat de zwevingsfrequentie gelijk is aan het frequentieverschil tussen de twee golven, ook algemeen geldt.

We stellen de twee golven, met frequenties f_1 en f_2, in een vast punt in de ruimte voor door

$$D_1 = A \sin 2\pi f_1 t$$

en

$$D_2 = A \sin 2\pi f_2 t.$$

Op grond van het superpositiebeginsel is de resulterende verplaatsing

$$D = D_1 + D_2 = A(\sin 2\pi f_1 t + \sin 2\pi f_2 t).$$

Met behulp van de goniometrische identiteit $\sin \theta_1 + \sin \theta_2 = 2\sin \frac{\theta_1 + \theta_2}{2} \cos \frac{\theta_1 - \theta_2}{2}$ vinden we

$$D = \left[2A \cos 2\pi \left(\frac{f_1 - f_2}{2}\right) t\right] \sin 2\pi \left(\frac{f_1 + f_2}{2}\right) t. \qquad (16.8)$$

Vgl. 16.8 kunnen we als volgt interpreteren. De superpositie van de twee golven resulteert in een golf die trilt met de gemiddelde frequentie van de twee componenten, $(f_1 + f_2)/2$. Deze trilling heeft een amplitude gegeven door de uitdrukking tussen haakjes, en deze amplitude varieert in de tijd, van nul tot een maximum van $2A$ (de som van de afzonderlijke amplitudes), met een frequentie van $(f_1 - f_2)/2$. Een zweving treedt op wanneer $\cos 2\pi[(f_1 - f_2)/2]t$ gelijk is aan +1 of −1 (zie fig. 16.17); dat wil zeggen, er zijn twee zwevingen per cyclus, dus is de zwevingsfrequentie gelijk aan tweemaal $(f_1 - f_2)/2$, wat precies gelijk is aan $f_1 - f_2$, het verschil in frequentie tussen de samenstellende golven.

Het verschijnsel zweving kan voorkomen bij elk type golf en is een zeer gevoelige methode voor het vergelijken van frequenties. Zo luistert een pianostemmer bij het stemmen van een piano naar de zwevingen die worden geproduceerd tussen zijn standaard stemvork en een bepaalde snaar in de piano; hij weet dat deze zuiver is als de zwevingen verdwijnen. De leden van een orkest stemmen door te luisteren naar zwevingen tussen hun instrumenten en een standaardtoon (gewoonlijk de A boven de middelste C, bij 440 Hz), aangeslagen op een piano of gespeeld door een hobo. Bij zwevingsfrequenties onder de 20 Hz of daaromtrent wordt dit verschijnsel ervaren als een modulatie van de intensiteit (een wisselen tussen hard en zacht), en bij hogere zwevingsfrequenties als een afzonderlijke lage toon (hoorbaar als de tonen krachtig genoeg zijn).

Natuurkunde in de praktijk

Stemmen van een piano

Voorbeeld 16.13   Zwevingen

Een stemvork produceert een aanhoudende toon van 400 Hz. Wanneer deze stemvork wordt aangeslagen en in de buurt van een trillende gitaarsnaar wordt gehouden, worden er twintig zwevingen in vijf seconden geteld. Wat zijn de mogelijke frequenties die door de gitaarsnaar worden geproduceerd?

Aanpak Zwevingen kunnen zich alleen voordoen als de snaar trilt met een frequentie die, met een of andere zwevingsfrequentie, verschilt van 400 Hz.

Oplossing De zwevingsfrequentie is

$$f_{\text{zweving}} = 20 \text{ trillingen}/5 \text{ s} = 4 \text{ Hz}.$$

Dit is het verschil tussen de frequenties van de twee golven. Omdat gegeven is dat de frequentie van de ene golf gelijk is aan 400 Hz, moet de andere ofwel 404 Hz ofwel 396 Hz zijn.

---

[1] Zwevingen worden ook gehoord als de amplitudes niet gelijk zijn, mits het verschil in amplitude niet te groot is.

16.7 Dopplereffect

Misschien heb je weleens gemerkt dat de toonhoogte van de sirene van een snelle brandweerauto abrupt daalt op het moment dat hij jou voorbijrijdt. Of de verandering in toonhoogte van een toeterende claxon op een snelle auto die jou passeert. De toonhoogte van het motorlawaai van een raceauto verandert als de auto een waarnemer passeert. Wanneer een geluidsbron naar een waarnemer toe beweegt, is de toonhoogte die de waarnemer hoort hoger dan wanneer de bron in rust is; en wanneer de bron zich verwijdert van de waarnemer, is de toonhoogte lager. Dit verschijnsel staat bekend als het **dopplereffect**[1] en treedt op bij alle typen golven.

Laten we nu eens kijken waarom het dopplereffect optreedt en het verschil berekenen tussen de waargenomen frequenties en de bronfrequenties wanneer er tussen de bron en de waarnemer een relatieve beweging is.

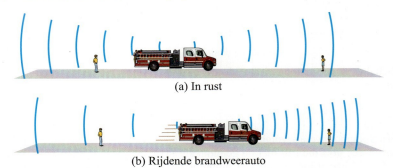

(a) In rust

(b) Rijdende brandweerauto

FIGUUR 16.18 (a) Beide waarnemers op het trottoir horen dezelfde frequentie van een brandweerauto in rust. (b) Dopplereffect: de waarnemer waar de brandweerauto naar toe beweegt, hoort een geluid met een hogere, en een waarnemer achter de brandweerauto een geluid met een lagere frequentie.

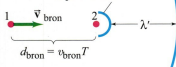

(a) Vaste geluidsbron

(b) Bewegende bron

FIGUUR 16.19 Bepaling van de frequentieverschuiving bij het dopplereffect (zie tekst). De rode punt is de bron.

Beschouw de sirene van een brandweerauto in rust, die een geluid met een bepaalde frequentie in alle richtingen uitzendt, zoals te zien in fig. 16.18a. De geluidsgolven bewegen met de geluidssnelheid in lucht, v_{geluid}, die onafhankelijk is van de snelheid van de bron of van de waarnemer. Als onze bron, de brandweerauto, beweegt, zendt de sirene geluid uit met dezelfde frequentie als in rust. De golffronten van het geluid die hij uitzendt, liggen echter dichter bij elkaar dan wanneer de brandweerauto in rust is, zoals weergegeven in fig. 16.18b. Dit komt omdat de brandweerauto al rijdend de eerder uitgezonden golffronten 'achtervolgt', en iedere golftop dichter bij de vorige uitzendt. Dus zal een waarnemer op het trottoir vóór de brandweerauto per seconde meer passerende golftoppen waarnemen, dus is de gehoorde frequentie hoger. De uitgezonden golffronten achter de brandweerauto daarentegen, liggen verder uit elkaar dan wanneer de brandweerauto in rust is, omdat de brandweerauto daarvan weg rijdt. Daarom zijn er minder golffronten die een waarnemer achter de bewegende brandweerauto passeren (fig. 16.18b) en is de waargenomen toonhoogte lager.

We kunnen de waargenomen frequentieverschuiving berekenen door gebruik te maken van fig. 16.19, en we nemen aan dat de lucht (of ander medium) in ons referentiestelsel in rust is. (De stilstaande waarnemer staat rechts.) In fig. 16.19a is de in rust zijnde geluidsbron weergegeven als een rode punt. Hierin zijn twee opeenvolgende golftoppen te zien, waarvan de tweede net is uitgezonden en dus nog steeds in de buurt van de bron is. De afstand tussen deze toppen is λ, de golflengte. Als de frequentie van de bron f is, dan is de tijd tussen het uitzenden van golftoppen gelijk aan

$$T = \frac{1}{f} = \frac{\lambda}{v_{geluid}}.$$

In fig. 16.19b beweegt de bron met een snelheid v_{bron} in de richting van de waarnemer. In een tijd T (zoals zojuist gedefinieerd), heeft de eerste golf een afstand $d = v_{geluid}T = \lambda$ afgelegd waarin v_{geluid} de snelheid van de geluidsgolf in lucht is (deze

[1] Naar J.C. Doppler (1830-1853), Oostenrijks wis- en natuurkundige.

blijft hetzelfde, ongeacht of de geluidsbron beweegt). In dezelfde tijd heeft de bron een afstand $d_\text{bron} = v_\text{bron}T$ afgelegd. Dus zal de afstand tussen opeenvolgende golftoppen, de golflengte λ' die de waarnemer zal horen, gelijk zijn aan

$$\begin{aligned}\lambda' &= d - d_\text{bron} \\ &= \lambda - v_\text{bron} T \\ &= \lambda - v_\text{bron} \frac{\lambda}{v_\text{geluid}} \\ &= \lambda\left(1 - \frac{v_\text{bron}}{v_\text{geluid}}\right).\end{aligned}$$

Aan beide kanten van deze vergelijking trekken we λ af en we vinden dat de verschuiving in golflengte, $\Delta\lambda$, gelijk is aan

$$\Delta\lambda = \lambda' - \lambda = -\lambda\frac{v_\text{bron}}{v_\text{geluid}}.$$

Dus is de verschuiving in golflengte recht evenredig met de bronsnelheid v_bron. De frequentie f' die door onze stilstaande waarnemer op de grond wordt gehoord, wordt gegeven door

$$f' = \frac{v_\text{geluid}}{\lambda'} = \frac{v_\text{geluid}}{\lambda\left(1 - \dfrac{v_\text{bron}}{v_\text{geluid}}\right)}.$$

Omdat $v_\text{geluid}/\lambda = f$, geldt

$$f' = \frac{f}{\left(1 - \dfrac{v_\text{bron}}{v_\text{geluid}}\right)}. \qquad \begin{bmatrix}\text{bron beweegt in de richting} \\ \text{van de stationaire waarnemer}\end{bmatrix} \quad (16.9\text{a})$$

Omdat de noemer kleiner is dan 1, is de waargenomen frequentie groter dan de bronfrequentie f. Dat wil zeggen, $f' > f$. Om een voorbeeld te geven: als een bron in rust een geluid met een frequentie van 400 Hz uitzendt, dan zal een stilstaande waarnemer als de bron naar hem toe beweegt met een snelheid van 30 m/s (bij 20°C) een frequentie horen van

$$f' = \frac{400\text{ Hz}}{1 - \dfrac{30\text{ m/s}}{343\text{m/s}}} = 438\text{ Hz}.$$

Beschouw nu een bron die *van* de stilstaande waarnemer *af* beweegt met een snelheid v_bron. Gebruikmakend van dezelfde argumenten als eerder zal in de uitdrukking voor de golflengte λ' die door onze waarnemer wordt ervaren (tweede vergelijking op deze bladzijde) het minteken voor d_bron veranderen in een plusteken:

$$\begin{aligned}\lambda' &= d + d_\text{bron} \\ &= \lambda\left(1 + \frac{v_\text{bron}}{v_\text{geluid}}\right).\end{aligned}$$

Het verschil tussen de waargenomen en de uitgezonden golflengtes is $\Delta\lambda = \lambda' - \lambda = +\lambda(v_\text{bron}/v_\text{geluid})$. De waargenomen frequentie van de golf, $f' = v_\text{geluid}/\lambda'$, is gelijk aan

$$f' = \frac{f}{\left(1 + \dfrac{v_\text{bron}}{v_\text{geluid}}\right)}. \qquad \begin{bmatrix}\text{bron beweegt van de} \\ \text{stationaire waarnemer af}\end{bmatrix} \quad (16.9\text{b})$$

Als een bron die op 400 Hz uitzendt, met 30 m/s van een vaste waarnemer af beweegt, hoort de waarnemer een frequentie $f' = [400\text{ Hz})/(1 + (30\text{ m/s})/(343\text{ m/s})] = 368$ Hz.

Het dopplereffect treedt ook op wanneer de bron in rust is en de waarnemer in beweging. Als de waarnemer naar de bron *toe* beweegt, is de gehoorde toonhoogte hoger dan die van de uitgezonden bronfrequentie. Als de waarnemer *van de bron af* beweegt, is de gehoorde toonhoogte lager. Kwantitatief gezien is er verschil in de fre-

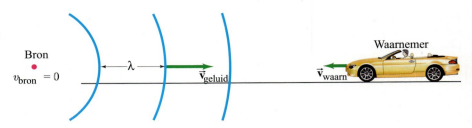

FIGUUR 16.20 Waarnemer die met een snelheid v_waarn naar een stationaire bron beweegt, detecteert golftoppen die met een snelheid $v' = v_\text{geluid} + v_\text{waarn}$ passeren, waarin v_geluid de snelheid van geluidsgolven in lucht is.

quentieverandering met het geval van een bewegende bron. Bij een vaste bron en een bewegende waarnemer blijft de afstand tussen golftoppen, de golflengte λ, onveranderd. Maar de snelheid van de toppen ten opzichte van de waarnemer is *wel* veranderd. Als de waarnemer zich naar de bron toe beweegt, zoals in fig. 16.20, kan de snelheid v' van de golven ten opzichte van de waarnemer eenvoudig worden bepaald door snelheden bij elkaar op te tellen: $v' = v_\text{geluid} + v_\text{waarn}$, waarin v_geluid de geluidssnelheid in lucht is (we nemen aan dat de lucht stilstaat) en v_waarn de snelheid van de waarnemer. Dus is de gehoorde frequentie

$$f' = \frac{v'}{\lambda} = \frac{v_\text{geluid} + v_\text{waarn}}{\lambda}.$$

Omdat $\lambda = v_\text{geluid}/f$, geldt

$$f' = \frac{(v_\text{geluid} + v_\text{waarn})f}{v_\text{geluid}},$$

oftewel

$$\boxed{f' = \left(1 + \frac{v_\text{waarn}}{v_\text{geluid}}\right)f.} \qquad \begin{bmatrix}\text{waarnemer beweegt}\\\text{naar de bron toe}\end{bmatrix} \quad (16.10\text{a})$$

Als de waarnemer van de bron af beweegt, is de relatieve snelheid $v' = v_\text{geluid} - v_\text{waarn}$, dus

$$f' = \left(1 - \frac{v_\text{waarn}}{v_\text{geluid}}\right)f. \qquad \begin{bmatrix}\text{waarnemer beweegt zich}\\\text{van de stationaire bron af}\end{bmatrix} \quad (16.10\text{b})$$

Voorbeeld 16.14 Een bewegende sirene

De sirene van een politieauto in rust zendt voornamelijk uit op een frequentie van 1600 Hz. Welke frequentie zul je horen als je in rust bent en de politieauto met 25,0 m/s (*a*) naar je toe beweegt, en (*b*) van je af beweegt?

Aanpak De waarnemer is vast, en de bron beweegt, dus gebruiken we vgl. 16.9. De frequentie die jij (de waarnemer) hoort, is de uitgezonden frequentie f gedeeld door de factor $(1 \pm v_\text{bron}/v_\text{geluid})$, waarbij v_bron de snelheid van de politieauto is. Gebruik het minteken wanneer de auto naar je toe beweegt (levert een hogere frequentie op); gebruik het plusteken wanneer de auto van je af beweegt (lagere frequentie).

Oplossing (*a*) De auto beweegt naar je toe, dus (vgl. 16.9a)

$$f' = \frac{f}{\left(1 - \dfrac{v_\text{bron}}{v_\text{geluid}}\right)} = \frac{1600\ \text{Hz}}{\left(1 - \dfrac{25{,}0\ \text{m/s}}{343\ \text{m/s}}\right)} = 1726\ \text{Hz} \approx 1730\ \text{Hz}.$$

(*b*) De auto beweegt van je af, dus (vgl. 16.9b)

$$f' = \frac{f}{\left(1 + \dfrac{v_\text{bron}}{v_\text{geluid}}\right)} = \frac{1600\ \text{Hz}}{\left(1 + \dfrac{25{,}0\ \text{m/s}}{343\ \text{m/s}}\right)} = 1491\ \text{Hz} \approx 1490\ \text{Hz}.$$

Opgave G
Stel dat de politieauto uit voorbeeld 16.14 in rust is en uitzendt op 1600 Hz.

Welke frequentie zou je dan horen als je met 25,0 m/s (*a*) ernaar toe zou bewegen, en (*b*) ervan af zou bewegen?

Wanneer een geluidsgolf wordt gereflecteerd door een bewegend obstakel, zal de frequentie van de gereflecteerde golf, vanwege het dopplereffect, verschillen van die van de invallende golf. Dit is te zien in het volgende voorbeeld.

Voorbeeld 16.15 Twee dopplerverschuivingen

Een geluidsgolf van 5000 Hz wordt uitgezonden door een stilstaande bron. Deze geluidsgolf reflecteert tegen een voorwerp dat met 3,50 m/s naar de bron toe beweegt (fig. 16.21). Wat is de frequentie van de golf die door het bewegende voorwerp wordt gereflecteerd zoals gedetecteerd door een detector in rust in de buurt van de bron?

Aanpak In deze situatie zijn er eigenlijk twee dopplerverschuivingen. Bij de eerste fungeert het bewegende voorwerp als een waarnemer die naar de bron toe beweegt met snelheid $v_{waarn} = 3{,}50$ m/s (fig. 16.21a). Het voorwerp 'detecteert' op die manier een geluidsgolf met frequentie (vgl. 16.10a) $f' = f[1 + (v_{waarn}/v_{geluid})]$. Bij de tweede verschuiving is de reflectie van de golf door het bewegende voorwerp equivalent met de situatie waarin het voorwerp de golf opnieuw uitzendt en effectief fungeert als een bewegende bron met snelheid $v_{bron} = 3{,}50$ m/s (fig. 16.21b). De uiteindelijk gedetecteerde frequentie, f'' wordt gegeven door $f'' = f'/(1 - v_{bron}/v_{geluid})$, vgl. 16.9a).

Oplossing De frequentie die door het bewegende voorwerp wordt 'gedetecteerd' is (vgl. 16.10a):

$$f' = \left(1 + \frac{v_{waarn}}{v_{geluid}}\right)f = \left(1 + \frac{3{,}50 \text{ m/s}}{343 \text{ m/s}}\right)(5000 \text{ Hz}) = 5051 \text{ Hz}.$$

Het bewegende voorwerp 'verzendt' (reflecteert) nu een geluid met frequentie (vgl. 16.9a)

$$f'' = \frac{f'}{\left(1 - \dfrac{v_{bron}}{v_{geluid}}\right)} = \frac{5051 \text{ Hz}}{\left(1 - \dfrac{3{,}50 \text{ m/s}}{343 \text{ m/s}}\right)} = 5103 \text{ Hz}.$$

Dus verschuift de frequentie met 103 Hz.

Opmerking Vleermuizen gebruiken deze techniek om de omgeving in zich op te nemen. Het is ook het principe achter dopplerradar, zoals snelheidsmeters voor voertuigen en andere voorwerpen.

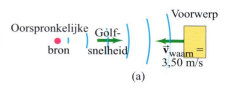

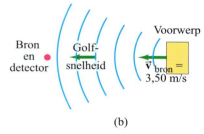

FIGUUR 16.21 Voorbeeld 16.15.

Wanneer de invallende en de gereflecteerde golf uit voorbeeld 16.15 (bijvoorbeeld elektronisch) worden gemengd, interfereren ze met elkaar en worden er zwevingen geproduceerd. De zwevingsfrequentie is gelijk aan het verschil tussen de twee frequenties, 103 Hz. Deze dopplertechniek wordt gebruikt bij diverse medische toepassingen, gewoonlijk met ultrasone golven in het megahertz-frequentiegebied. Om een voorbeeld te geven: ultrasone golven die door rode bloedcellen worden gereflecteerd kunnen worden gebruikt om de snelheid van de bloedstroom, en zo de bloeddruk, te bepalen. De techniek kan echter ook worden toegepast om de beweging van de borst van een jonge foetus te detecteren en zijn hartslag te volgen.

Voor het gemak kunnen we vgl. 16.9 en 16.10 schrijven als één vergelijking die alle gevallen dekt met zowel een bewegende bron als een bewegende waarnemer:

$$f' = f\left(\frac{v_{geluid} \pm v_{waarn}}{v_{geluid} \mp v_{bron}}\right). \qquad \begin{bmatrix} \text{bewegende bron en} \\ \text{bewegende waarnemer} \end{bmatrix} \quad (16.11)$$

Om het juiste teken te krijgen moet je denken aan je eigen ervaring dat de frequentie hoger is wanneer waarnemer en bron elkaar naderen, en lager wanneer ze van elkaar af bewegen. Dus zijn de bovenste tekens in de noemer en de teller van toepassing als de bron en/of de waarnemer naar elkaar toe bewegen; de onderste tekens zijn van toepassing als ze van elkaar af bewegen.

Natuurkunde in de praktijk

Bloedstroommeter en andere medische toepassingen

Oplossingsstrategie

Let op de tekens.

> **Opgave H**
> Hoe snel zou een bron een waarnemer moeten naderen als de waargenomen frequentie één octaaf boven de geproduceerde frequentie moet liggen (dat wil zeggen, tweemaal zo groot is)? (a) $\frac{1}{2}v_{geluid}$, (b) v_{geluid}, (c) $2v_{geluid}$, (d) $4v_{geluid}$.

Natuurkunde in de praktijk
Dopplereffect voor elektromagnetische golven en weersvoorspelling

Natuurkunde in de praktijk
Roodverschuiving in de kosmologie

Het dopplereffect voor licht

Het dopplereffect komt ook voor bij ander type golven. Licht en andere typen elektromagnetische golven (zoals radar) vertonen het dopplereffect: hoewel de formules voor de frequentieverschuiving niet identiek zijn aan vgl. 16.9 en 16.10, zoals besproken wordt in hoofdstuk 44, is het effect vergelijkbaar. Een belangrijke toepassing is weersvoorspelling met behulp van radar. De tijdsvertraging tussen de emissie van radarpulsen en hun ontvangst na reflectie door regendruppels levert de plaats van de neerslag op. Meten van de dopplerverschuiving in de frequentie (zoals in voorbeeld 16.15) levert informatie op over hoe snel de storm zich verplaatst en in welke richting.

Een andere belangrijke toepassing is sterrenkunde, waarin de snelheden van afgelegen sterrenstelsels kunnen worden bepaald uit de dopplerverschuiving. Licht van afgelegen sterrenstelsels verschuift naar lagere frequenties, wat erop wijst dat de sterrenstelsels van ons af bewegen. Dit wordt de **roodverschuiving** genoemd, omdat rood de laagste frequentie van zichtbaar licht heeft. Hoe groter de frequentieverschuiving, des te groter de recessiesnelheid (de snelheid van ons weg). Het is gebleken dat hoe verder de sterrenstelsels van ons weg zijn, hoe sneller ze van ons af bewegen. Deze waarneming is de basis voor het idee dat het heelal uitdijt, en is een van de fundamenten voor het idee dat het heelal begonnen is als een grote explosie, die de bijnaam 'oerknal' gekregen heeft (deel II hoofdstuk 44).

*16.8 Schokgolven en de sonische knal

Van een voorwerp zoals een vliegtuig dat sneller beweegt dan de geluidssnelheid wordt gezegd dat het een **supersonische snelheid** heeft. Een dergelijke snelheid wordt vaak uitgedrukt in een aantal malen het **Mach**-getal,[1] wat gedefinieerd is als de verhouding van de snelheid van het voorwerp tot de geluidssnelheid in het omringende medium.

Een voorbeeld: een vliegtuig dat met 600 m/s hoog in de atmosfeer vliegt, waar de geluidssnelheid slechts 300 m/s is, heeft een snelheid van Mach 2.

(a) $v_{voorw} = 0$

(b) $v_{voorw} < v_{geluid}$

(c) $v_{voorw} = v_{geluid}$

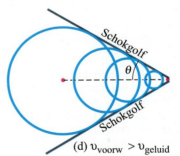
(d) $v_{voorw} > v_{geluid}$

FIGUUR 16.22 Geluidsgolven uitgezonden door een voorwerp (a) in rust of (b, c en d) in beweging. (b) Als de snelheid van het voorwerp kleiner is dan de geluidssnelheid, treedt het dopplereffect op; (d) als de snelheid groter is dan de geluidssnelheid, wordt een schokgolf geproduceerd.

Wanneer een geluidsbron beweegt met subsonische snelheden (lager dan de geluidssnelheid), verandert de toonhoogte, gehoord door een vaste waarnemer, zoals we al eerder gezien hebben (het dopplereffect); zie ook fig. 16.22a en b. Beweegt een geluidsbron echter sneller dan de geluidssnelheid, dan treedt er een overweldigend effect op dat bekend staat als een **schokgolf**. Wat er feitelijk gebeurt is dat de golven

---

[1] Naar de Oostenrijkse natuurkundige Ernst Mach (1838-1916).

die de bron produceert, door de bron zelf worden ingehaald. Zoals te zien is in fig. 16.22c, gaan, wanneer de bron met de geluidssnelheid beweegt, de door de bron uitgezonden golffronten zich ervoor in voorwaartse richting 'opstapelen'. Wanneer het voorwerp sneller beweegt, met een supersonische snelheid, stapelen de golffronten zich zijdelings op, zoals te zien in fig. 16.22d. De verschillende golftoppen overlappen elkaar en vormen één zeer grote top: de schokgolf. Achter deze zeer grote top volgt meestal een zeer groot dal. Een schokgolf is in wezen het resultaat van constructieve interferentie van een groot aantal golffronten. Een schokgolf in lucht is analoog aan de boeggolf van een boot die sneller vaart dan de snelheid van de watergolven die hij produceert, zoals in fig. 16.23.

Wanneer een vliegtuig met supersonische snelheden vliegt, vormen het lawaai dat het maakt en de verstoring van de lucht een schokgolf die een enorme hoeveelheid geluidsenergie bevat. Wanneer de schokgolf een luisteraar passeert, wordt hij gehoord als een luide *sonische knal*. Een sonische knal duurt slechts een fractie van een seconde, maar de energie die erbij vrijkomt, is vaak voldoende om ruiten te breken en andere schade te veroorzaken. In feite is een sonische knal opgebouwd uit twee of meer knallen omdat er zowel aan de voor- en achterkant als aan de vleugels en andere delen van het vliegtuig grote golven kunnen worden gevormd (fig. 16.24). Ook boeggolven van een boot zijn meervoudige golven, zoals te zien is in fig. 16.23.

Wanneer een vliegtuig de geluidssnelheid nadert, komt het aan de voorkant een barrière van geluidsgolven tegen (zie fig. 16.22c). Om boven de geluidssnelheid uit te komen, heeft het vliegtuig extra stuwkracht nodig om deze 'geluidsbarrière' te doorbreken. Dit wordt het 'doorbreken van de geluidsbarrière' genoemd. Als er eenmaal een supersonische snelheid is bereikt, vormt deze barrière niet langer een belemmering voor de beweging. Ten onrechte wordt soms gedacht dat een sonische knal uitsluitend wordt geproduceerd op het moment dat een vliegtuig de geluidsbarrière doorbreekt. In werkelijkheid volgt een schokgolf het vliegtuig op alle momenten dat het met supersonische snelheden vliegt. Enkele waarnemers in een rij op de grond zullen bij het passeren van de schokgolf elk een luide 'knal' horen, zoals in fig. 16.24. De schokgolf bestaat uit een kegel met de top in het vliegtuig. De hoek van deze conus, θ, (zie fig. 16.22d), wordt gegeven door

$$\sin \theta = \frac{v_{\text{geluid}}}{v_{\text{voorw}}}, \tag{16.12}$$

waarin v_{voorw} de snelheid is van het voorwerp (het vliegtuig) en v_{geluid} de geluidssnelheid in het medium. (Het bewijs hiervan komt aan bod als opgave in vraagstuk 75.)

FIGUUR 16.23 Boeggolven van een boot.

Natuurkunde in de praktijk

Sonische knal

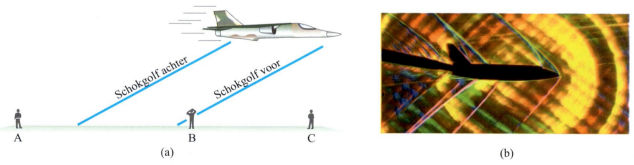

FIGUUR 16.24 (a) De dubbele sonische knal is al gehoord door persoon A links. De voorste schokgolf wordt op dat moment gehoord door persoon B in het midden, en zal kort daarna worden gehoord door persoon C rechts. (b) Speciale foto van een supersonisch vliegtuig dat in de lucht geproduceerde schokgolven laat zien. (Door de verschillende delen van het vliegtuig worden een aantal dicht bij elkaar liggende schokgolven geproduceerd.)

*16.9 Toepassingen: Sonar, ultrageluid en medische echografie

Natuurkunde in de praktijk
Sonar: dieptebepaling, bodempeilingen

■ *Sonar*

Geluidsreflectie wordt veel toegepast om afstand te bepalen. De **sonartechniek**[1] of pulsechotechniek wordt veel gebruikt om voorwerpen onder water te lokaliseren.
Een zender stuurt een geluidspuls door het water en een detector ontvangt korte tijd later de reflectie ervan, oftewel een echo. Dit tijdsinterval wordt zorgvuldig gemeten en hieruit kan de afstand tot het reflecterende voorwerp worden bepaald omdat de geluidssnelheid in water bekend is. Op deze manier kunnen de diepte van de zee en de locatie van riffen, gezonken schepen, onderzeeërs of scholen vissen worden bepaald. Op een dergelijke manier kan ook de inwendige structuur van de aarde worden bestudeerd door het detecteren van reflecties van golven die door de aarde lopen en waarvan de bron een opzettelijke explosie was ('peilingen' genoemd). Een analyse van golven die door de verschillende structuren en grenslagen binnen de aarde worden gereflecteerd, brengt karakteristieke patronen aan het licht die ook nutig zijn bij het onderzoek naar olie en mineralen.

Sonar maakt in het algemeen gebruik van **ultrasone** frequenties: dat wil zeggen, golven waarvan de frequenties hoger zijn dan 20 kHz, buiten het bereik van menselijke waarneming. Bij sonar liggen de frequenties meestal in het bereik van 20 kHz tot 100 kHz. Een van de redenen voor het gebruik van ultrageluidsgolven, naast het feit dat ze onhoorbaar zijn, is dat er bij kortere golflengtes minder buiging is (paragraaf 15.11), dus verspreidt de straal zich minder en kunnen kleinere voorwerpen worden gedetecteerd.

■ *Ultrageluid en medische echografie*

De diagnostische toepassing van ultrageluid in de geneeskunde, in de vorm van echo's (soms ook *sonogrammen* genoemd), is een belangrijke en interessante toepassing van fysische principes. Er wordt gebruikgemaakt van een **pulsechotechniek**, wat veel lijkt op sonar, met dit verschil dat de gebruikte frequenties in het bereik van 1 tot 10 MHz liggen (1 MHz = 10^6 Hz). Een geluidspuls met hoge frequentie wordt door het lichaam gestuurd, en vervolgens worden de reflecties tegen grensvlakken of overgangen tussen organen en andere structuren, en kwetsuren in het lichaam gedetecteerd. Tumoren en andere abnormale gezwellen of vochtophopingen kunnen worden onderscheiden; de werking van hartkleppen en de ontwikkeling van een foetus kunnen worden onderzocht; ook kan er informatie worden verkregen over de verschillende organen van het lichaam, zoals de hersenen, hart, lever en nieren. Hoewel ultrageluid röntgenstralen niet kan vervangen, is het voor bepaalde typen diagnose een beter hulpmiddel. Sommige weefsel- en vloeistoftypen zijn op röntgenfoto's niet zichtbaar, maar ultrageluidsgolven worden gereflecteerd tegen hun grenzen. 'Real-time' echo's zijn een soort film van een gedeelte van het inwendige van het lichaam. De pulsechotechniek voor medische echografie werkt als volgt. Een transducer, die een elektrische puls omzet in een geluidspuls, zendt een korte ultrageluidspuls uit. Bij elke overgang in het lichaam wordt een deel van de puls gereflecteerd in de vorm van echo's, en het grootste gedeelte van de puls gaat (gewoonlijk) door, zie fig. 16.25a. De detectie van gereflecteerde pulsen door dezelfde transducer kan vervolgens worden weergegeven op een beeldscherm. De tijd die verstrijkt vanaf het moment dat de puls wordt uitgezonden tot wanneer elke reflectie (echo) is ontvangen, is evenredig met de afstand tot het reflecterende oppervlak. Om een voorbeeld te geven: als de afstand van de transducer tot de ruggenwervel 25 cm is, legt de puls heen en weer een afstand van 2 × 25 cm = 0,50 m af. De geluidssnelheid in menselijk weefsel is circa 1540 m/s (in de buurt van die van zeewater), dus is de tijd die ervoor nodig is, gelijk aan

$$t = \frac{d}{v} = \frac{(0{,}50 \text{ m})}{(1540 \text{ m/s})} = 320 \mu s.$$

Natuurkunde in de praktijk
Ultrageluid en medische echografie

---
[1] Sonar staat voor 'sound navigation ranging'.

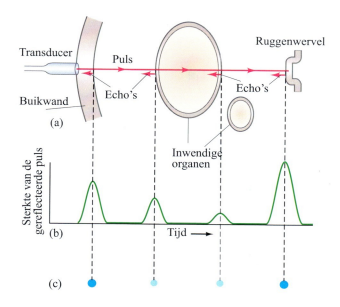

FIGUUR 16.25 (a) Ultrageluidspuls gaat door de ingewanden en reflecteert tegen de oppervlakken in zijn baan. (b) Na ontvangst door de transducer (zowel zender als ontvanger van het ultrageluid) worden de gereflecteerde pulsen getekend als functie van de tijd. De verticale stippellijnen geven aan welke gereflecteerde pulsen bij welk oppervlak horen. (c) Puntenweergave voor dezelfde echo's: de helderheid van elke punt is een maat voor de signaalsterkte.

De *sterkte* van een gereflecteerde puls hangt voornamelijk af van het verschil in dichtheid tussen de twee materialen aan beide kanten van de overgang en kan worden weergegeven als een puls of een punt (fig. 16.25b en c). Elk echopunt (fig. 16.25c) kan worden voorgesteld als een punt waarvan de plaats wordt gegeven door de tijdsvertraging en waarvan de helderheid afhangt van de sterkte van de echo.
Uit deze punten bij een reeks scans kan vervolgens een tweedimensionaal beeld worden gevormd. De transducer wordt verschoven of er wordt een reeks transducers gebruikt, die elk vanaf hun eigen plaats een puls uitzenden en echo's terug ontvangen, zoals weergegeven in fig. 16.26a. Elk spoor kan worden getekend, met de juiste tussenruimten ertussen, om zo een beeld op een monitorscherm te vormen, zoals in fig. 16.26b. In fig. 16.26 zijn slechts tien lijnen getekend, dus is het beeld grof. Meer lijnen geven een preciezer beeld.[1] In fig 16.27 is een echografie te zien.

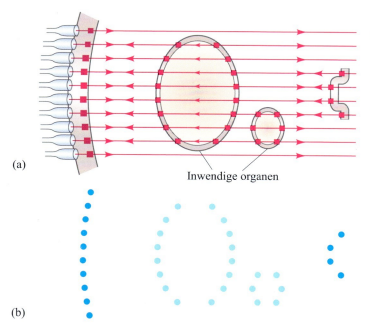

FIGUUR 16.26 (a) Door de transducer te verschuiven of een rij transducers te gebruiken worden tien sporen door de baarmoeder getrokken. (b) De echo's worden getekend als punten zodat ze het beeld opleveren. Dichter bij elkaar geplaatste sporen zouden een gedetailleerder beeld opleveren.

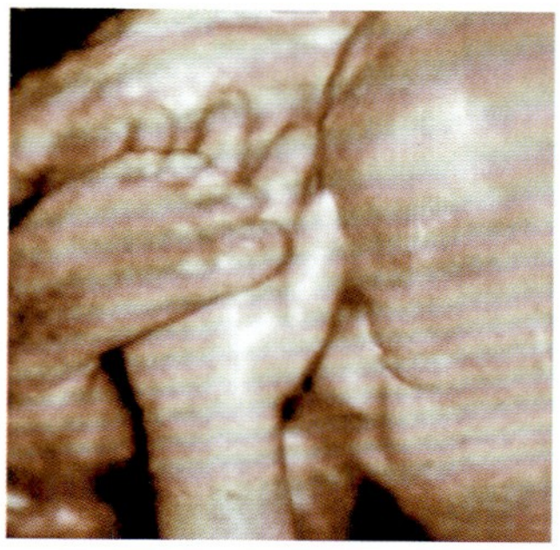

FIGUUR 16.27 Echografie van een menselijke foetus binnen de baarmoeder.

[1] *Radar* in de luchtvaart is gebaseerd op een vergelijkbare pulsechotechniek met dit verschil dat hier gebruik wordt gemaakt van elektromagnetische golven, die, net als licht, bewegen met een snelheid van $3 \cdot 10^8$ m/s.

Samenvatting

Geluid beweegt als een longitudinale golf in lucht en andere materialen. In lucht neemt de snelheid toe met de temperatuur; bij 20°C is deze ongeveer 343 m/s.

De **toonhoogte** van een zuivere klank wordt bepaald door de frequentie; hoe hoger de frequentie, hoe hoger de toonhoogte.

Het **hoorbare frequentiebereik** ligt voor mensen ruwweg tussen 20 Hz en 20.000 Hz (1 Hz = 1 cyclus per seconde).

Er is een verband tussen het **volume** of de **intensiteit** van een geluid en het kwadraat van de amplitude van de golf. Omdat het menselijk oor geluidsintensiteiten kan detecteren van 10^{-12} W/m² tot meer dan 1 W/m², worden geluidsniveaus gespecificeerd op een logaritmische schaal. De **geluidssterkte** β, uitgedrukt in decibel, is gedefinieerd in termen van de intensiteit I

$$\beta(\text{in dB}) = 10 \log\left(\frac{I}{I_0}\right), \qquad (16.6)$$

waarin voor de referentie-intensiteit I_0 meestal 10^{-12} W/m² wordt genomen.

Klassieke muziekinstrumenten zijn eenvoudige geluidsbronnen waarin *staande golven* worden geproduceerd.

De snaren van een snaarinstrument kunnen trillen als een geheel, met uitsluitend knopen aan de uiteinden; de frequentie waarbij deze staande golf optreedt wordt de **grondfrequentie** genoemd. De grondfrequentie correspondeert met een golflengte die gelijk is aan tweemaal de lengte van de snaar. De snaar kan ook trillen bij hogere frequenties, die **boventonen** of **harmonischen** worden genoemd, waarbij er een of meer extra knopen zijn. De frequentie van iedere harmonische is een geheel veelvoud van de grondfrequentie.

Bij blaasinstrumenten worden staande golven tot stand gebracht in de luchtkolom binnen de buis.

De trillende lucht in een **open buis** (aan beide zijden open) heeft verplaatsingsbuiken aan beide uiteinden. De grondfrequentie correspondeert met een golflengte die gelijk is aan tweemaal de lengte van de buis. $\lambda_1 = 2\ell$. De harmonischen hebben frequenties die gelijk zijn aan 1, 2, 3, 4,... maal de grondfrequentie, net als bij snaren.

Bij een **gesloten buis** (aan één uiteinde gesloten), correspondeert de grondfrequentie met een golflengte die gelijk is aan viermaal de lengte van de buis. Er zijn uitsluitend oneven harmonischen aanwezig, gelijk aan 1, 3, 5, 7, ... maal de fundamentele frequentie.

Geluidsgolven uit verschillende bronnen kunnen met elkaar interfereren. Als twee geluiden slechts weinig van elkaar verschillen, kunnen er **zwevingen** worden gehoord met een frequentie die gelijk is aan het verschil tussen de frequenties van de twee bronnen.

Het **dopplereffect** is de verandering in toonhoogte als gevolg van de beweging van ofwel de bron ofwel de waarnemer. Als de bron en de waarnemer elkaar naderen, is de waargenomen toonhoogte hoger; als ze van elkaar af bewegen, is deze lager.

(Schokgolven en een sonische knal doen zich voor wanneer een voorwerp beweegt met een supersonische snelheid: sneller dan de geluidssnelheid. Geluidsgolven met een ultrasone frequentie (hoger dan 20 kHz) worden in veel toepassingen gebruikt, waaronder sonar en medische echografie.)

Vragen

1. Wat is het bewijs dat geluid als een golf beweegt?
2. Wat is het bewijs dat geluid een vorm van energie is?
3. Kinderen spelen soms met een zelfgemaakte 'telefoon' door een touw aan de bodems van twee papieren bekers vast te maken. Wanneer het touw wordt uitgerekt en een van de kinderen in de ene beker praat, kan het geluid worden gehoord bij de andere beker (fig. 16.28). Leg duidelijk uit hoe de geluidsgolf van de ene beker naar de andere komt.

FIGUUR 16.28 Vraag 3.

4. Wanneer een geluidsgolf van lucht naar water gaat, verwacht je dan dat de frequentie of de golflengte verandert?
5. Welk bewijs kun je geven dat de geluidssnelheid in lucht niet noemenswaardig afhangt van de frequentie?
6. De stem van iemand die helium heeft ingeademd, klinkt erg hoog. Waarom?
7. Wat is de belangrijkste reden dat de geluidssnelheid in waterstof groter is dan die in lucht?
8. Twee stemvorken trillen met dezelfde amplitude, maar de ene heeft een tweemaal zo hoge frequentie als de andere. Is er een die een intenser geluid geeft, en zo ja, welke?
9. Hoe beïnvloedt de luchttemperatuur in een kamer de toonhoogte van orgelpijpen?
10. Leg uit hoe een buis kan worden gebruikt als filter om de amplitude van geluiden in verschillende frequentiebereiken te reduceren. (Een voorbeeld is de knalpot van een auto.)
11. Waarom staan de frets op een gitaar (fig. 16.29) dichter bij elkaar naarmate je langs de hals naar boven gaat naar de brug?

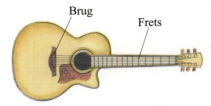

FIGUUR 16.29 Vraag 11.

12. Een lawaaiige auto nadert je van achter een gebouw. In eerste instantie hoor je hem wel aankomen, maar kun je hem niet zien. Wanneer hij tevoorschijn komt en je hem wel ziet, is het geluid plotseling 'helderder': je hoort meer hoogfrequent lawaai. Leg uit waarom. (*Hint:* zie paragraaf 15.11 over buiging.)

13. Van staande golven kan worden gezegd dat ze het gevolg zijn van 'interferentie in de ruimte', terwijl zwevingen het gevolg kunnen zijn van 'interferentie in de tijd'. Leg uit waarom.
14. Als in fig. 16.15 de frequentie van de luidsprekers wordt verlaagd, komen de punten D en C (waar destructieve en constructieve interferentie optreden) dan verder van elkaar af of dichter bij elkaar liggen?
15. Traditionele gehoorbeschermingsmethoden voor mensen die in omgevingen met zeer hoge geluidsniveaus werken, bestonden voornamelijk uit pogingen om de geluidsniveaus te blokkeren of te reduceren. Bij een betrekkelijk nieuwe technologie worden koptelefoons gedragen die het omgevingslawaai niet blokkeren. In plaats daarvan wordt een apparaat gebruikt dat het lawaai detecteert, het elektronisch inverteert en vervolgens doorgeeft aan de koptelefoons *bovenop* het omgevingslawaai. Hoe zou het toevoegen van *meer* lawaai de geluidssterktes die de oren bereiken, kunnen reduceren?
16. Beschouw de twee golven uit fig. 16.30. Elke golf kan worden gezien als een superpositie van twee geluidsgolven met enigszins verschillende frequenties, zoals in fig. 16.17. Bij welke van de golven, (*a*) of (*b*), liggen de frequenties van de twee componenten het verst uit elkaar? Licht je antwoord toe.
17. Is er een dopplerverschuiving als de bron en de waarnemer met dezelfde snelheid in dezelfde richting bewegen? Licht je antwoord toe.
18. Als het waait, zal dit dan invloed hebben op de frequentie van het geluid dat wordt gehoord door iemand die in rust is ten opzichte van de bron? Verandert de golflengte of de snelheid?
19. In fig.16.31 zijn verschillende standen te zien van een kind op een schommel die in de richting beweegt van iemand die in de buurt staat en op een fluitje blaast. In welke stand van A tot en met E zal het kind de hoogste frequentie van het geluid van het fluitje horen? Licht je redenering toe.
20. Hoeveel octaven vallen er bij benadering binnen het hoorbaar bereik van een mens?
21. Bij een racebaan kun je de snelheid van de auto's schatten door gewoon te luisteren naar het verschil in toonhoogte tussen naderende en wegrijdende auto's. Stel dat het geluid van een bepaalde auto bij het passeren op het rechte stuk een hele octaaf lager wordt (halvering van de frequentie). Hoe snel rijdt de auto?

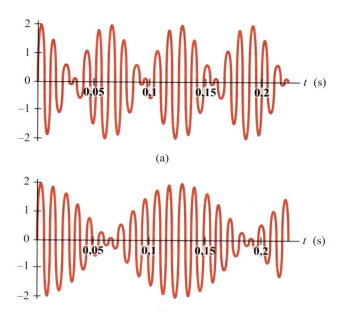

FIGUUR 16.30 Vraag 16.

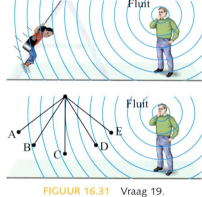

FIGUUR 16.31 Vraag 19.

Vraagstukken

(Ga, tenzij anders vermeld, uit van $T = 20°C$ en $v_{geluid} = 343$ m/s in lucht.)

16.1 Eigenschappen van geluid

1. (I) Heidi bepaalt de lengte van een meer door te luisteren naar de echo van haar schreeuw, die weerkaatst tegen een rots aan de overkant van het meer. Zij hoort de echo 2,0 s nadat ze heeft geroepen. Schat de lengte van het meer.
2. (I) Een zeeman slaat net onder het wateroppervlak op de zijkant van zijn schip. Hij hoort de echo van de onderliggende oceaanbodem 2,5 s later. Hoe diep is de oceaan op dit punt? Neem aan dat de geluidssnelheid in zeewater 1560 m/s is (tabel 16.1) en niet noemenswaardig afhangt van de diepte.
3. (I) (*a*) Bereken de golflengtes in lucht bij 20°C voor geluiden in het maximale bereik van het menselijk gehoor, 20 tot 20.000 Hz. (*b*) Wat is de golflengte van een ultrasone golf van 15 MHz?
4. (I) Op een warme zomerdag (27°C), doet een echo er 4,70 s over om van een rots aan de overkant van een meer terug te keren. Op een winterdag kost dit 5,20 s. Wat is de temperatuur op de winterdag?
5. (II) Via de sonartechniek in voorbeeld 16.2 kan een *bewegingssensor* de afstand d tot een voorwerp herhaaldelijk nauwkeurig meten. Er wordt een korte ultrasone puls uitge-

zonden die reflecteert tegen alle voorwerpen die hij tegenkomt, waardoor echopulsen ontstaan als deze reflecties bij de sensor aankomen. De sensor meet het tijdsinterval t tussen het uitzenden van de oorspronkelijke puls en de aankomst van de eerste echo. (*a*) Het kleinste tijdsinterval t dat met grote nauwkeurigheid kan worden gemeten is 1,0 ms. Wat is de kleinste afstand (bij 20°C) die met de bewegingssensor kan worden gemeten? (*b*) Als de bewegingssensor iedere seconde 15 afstandsmetingen doet (dat wil zeggen, iedere seconde met gelijkmatige tussenpozen 15 geluidspulsen uitzendt), moet de meting van t gebeuren binnen het tijdsinterval tussen het uitzenden van opeenvolgende pulsen. Wat is de grootste afstand (bij 20°C) die met de bewegingssensor kan worden gemeten? (*c*) Neem aan dat gedurende een proef de temperatuur in het laboratorium toeneemt van 20°C tot 23°C. Welk foutpercentage introduceert dit in de afstandsmetingen van de bewegingssensor?

6. (II) Een vissersboot drijft op een mistige dag op de oceaan, net boven een school tonijn. Onverwachts heeft een motor van een andere boot op 1,35 km afstand een terugslag (fig. 16.32). Hoeveel tijd is er verstreken voordat de terugslag wordt gehoord (*a*) door de vissen, en (*b*) door de vissers?

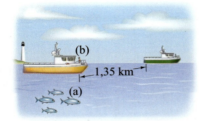

FIGUUR 16.32
Vraagstuk 6.

7. (II) Een steen wordt losgelaten vanaf een rotspunt. De plons wanneer hij in het water terechtkomt, wordt 3.0 s later gehoord. Hoe hoog is de rots?

8. (II) Iemand die zijn oor tegen de grond houdt, ziet een enorme steen op het betonnen wegdek vallen. Even later zijn er twee geluiden van de botsing te horen: één beweegt in de lucht en de ander in het beton, en er zit 0,75 s tussen. Wat was de afstand tot de botsing? Zie tabel 16.1.

9. (II) Bereken de procentuele fout over een afstand van 1000 meter met de '3-secondenregel' voor het schatten van de afstand tot een bliksemslag bij een temperatuur van (*a*) 30°C, en (*b*) 10°C.

16.2 Wiskundige voorstelling van golven

10. (I) De drukamplitude van een geluidsgolf in lucht ($\rho = 1{,}29$ kg/m^3) bij 0°C is $3{,}0 \cdot 10^{-3}$ Pa. Wat is de verplaatsingsamplitude als de frequentie (*a*) 150 Hz en (*b*) 15 kHz is?

11. (I) Wat moet de drukamplitude in een geluidsgolf in lucht (0°C) zijn als de luchtmoleculen een maximale verplaatsing ondergaan die gelijk is aan de diameter van een zuurstofmolecuul, circa $3{,}0 \cdot 10^{-10}$ m? Ga uit van een geluidsgolffrequentie van (*a*) 55 Hz en (*b*) 5,5 kHz.

12. (II) Schrijf een uitdrukking die voor de golven uit vraagstuk 11 de drukvariatie beschrijft als functie van x en t.

13. (II) De drukvariatie in een geluidsgolf is gegeven door
$$\Delta P = 0{,}0035 \sin(0{,}38\pi x - 1350\pi t),$$
met P in pascal, x in meter en t in seconden. Bepaal (*a*) de golflengte, (*b*) de frequentie, (*c*) de snelheid en (*d*) de verplaatsingsamplitude van de golf. Neem aan dat de dichtheid van het medium gelijk is aan $\rho = 2{,}3 \cdot 10^3$ kg/m^3.

16.3 Intensiteit van geluid: decibel

14. (I) Wat is de intensiteit van geluid op de pijngrens van 120 dB? Vergelijk dit met gefluister op 20 dB.

15. (I) Wat is de geluidssterkte van een geluid met intensiteit $2{,}0 \cdot 10^{-6}$ W/m^2?

16. (I) Wat zijn de laagste en hoogste frequenties die een oor kan waarnemen bij een geluidssterkte van 40 dB? (Zie fig. 16.6.)

17. (II) Je gehoor biedt plaats aan een breed bereik van geluidssterktes. Wat is de verhouding van de hoogste tot de laagste intensiteit bij (*a*) 100 Hz, (*b*) 5000 Hz? (Zie fig. 16.6.)

18. (II) Je probeert een keuze te maken uit twee nieuwe stereoversterkers. Een wordt geschat op 100 W per kanaal en de andere op 150 W per kanaal. Hoeveel sterker, uitgedrukt in decibel, zal de krachtigste versterker zijn wanneer beide geluid op de maximale sterkte produceren?

19. (II) Bij een pijnlijk hard concert beweegt een geluidsgolf van 120 dB van een luidspreker af met 343 m/s. Hoeveel geluidsgolfenergie bevindt zich in elke 1,0 cm^3 volume aan lucht in het gebied rond deze luidspreker?

20. (II) Als twee voetzoekers die op een bepaalde plaats tegelijkertijd worden afgevuurd, een geluidssterkte van 95 dB produceren, wat is dan de geluidssterkte als slechts één ervan explodeert?

21. (II) Iemand die op een bepaalde afstand van een vliegtuig met vier even lawaaiige straalmotoren staat, ondervindt een geluidssterkte van 130 dB. Welke geluidssterkte zou hij ondervinden als de piloot op één na alle motoren zou stoppen?

22. (II) Van een cassetterecorder wordt beweerd dat hij een signaal-ruisverhouding van 62 dB heeft, terwijl dit voor een cd-speler 98 dB is. Wat is de verhouding van intensiteiten van het signaal tot de achtergrondruis voor elk apparaat?

23. (II) (*a*) Schat het uitgangsvermogen van geluid van iemand die een normaal gesprek voert. Gebruik tabel 16.2. Neem aan dat het geluid zich ruwweg verspreidt volgens een bol met de mond als middelpunt. (*b*) Hoeveel mensen denk je dat er nodig zijn om bij elkaar een geluidsvermogen van 75 W aan gewone conversatie te produceren? (*Hint:* tel intensiteiten bij elkaar op, geen dB's.)

24. (II) Een geluidsgolf van 50 dB komt op een trommelvlies met een oppervlakte van $5{,}0 \cdot 10^{-5}$ m^2. (*a*) Hoeveel energie per seconde ontvangt het trommelvlies? (*b*) Hoe lang zou het bij deze snelheid duren voordat het trommelvlies een totale energie van 1,0 J heeft ontvangen?

25. (II) Een dure versterker A wordt geschat op 250 W, terwijl een goedkopere versterker B wordt geschat op 45 W. Neem (zeer ten onrechte) aan dat alle vermogen door een luidspreker in geluid omgezet wordt. (*a*) Schat de geluidssterkte in decibel die je zou verwachten op een punt op 3,5 m van een luidspreker die beurtelings op elke versterker wordt aangesloten. (*b*) Zal de dure versterker tweemaal zo hard klinken als de goedkope?

26. (II) Bij een popconcert registreerde een dB-meter op 2,2 meter voor het podium 130 dB. (*a*) Wat was het uitgangsvermogen van de luidspreker, uitgaande van uniform bolvormige verspreiding van het geluid en verwaarlozing van absorptie in de lucht? (*b*) Op welke afstand zou de geluidssterkte de enigszins aanvaardbare waarde van 85 dB hebben?

27. (II) Het omhulsel van een vuurpijl ontploft 100 m boven de grond, wat een kleurrijk schouwspel van vonken oplevert. Hoeveel groter is de geluidssterkte van de explosie voor iemand die op een punt recht onder de explosie staat dan voor iemand op een horizontale afstand van 200 m (fig. 16.33)?

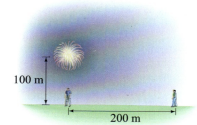

FIGUUR 16.33
Vraagstuk 27.

28. (II) De amplitude van een geluidsgolf wordt 2,5 keer zo groot wordt gemaakt. (*a*) Met welke factor neemt de intensiteit toe? (*b*) Met hoeveel dB neemt de geluidssterkte toe?

29. (II) Twee geluidsgolven hebben dezelfde verplaatsingsamplitudes, maar de ene heeft een 2,6 maal zo grote frequentie als de andere. (*a*) Welke heeft de grootste drukamplitude en wat is de verschilfactor? (*b*) Wat is de verhouding van de intensiteiten?

30. (II) Wat zou de geluidssterkte zijn (in dB) van een geluidsgolf in lucht die correspondeert met een verplaatsingsamplitude van trillende luchtmoleculen van 0,13 mm bij 380 Hz?

31. (II) (*a*) Bereken de maximale verplaatsing van luchtmoleculen bij het passeren van een geluidsgolf van 330 Hz met een intensiteit op de pijngrens (120 dB). (*b*) Wat is de drukamplitude in deze golf?

32. (II) Een straaljager zendt per seconde $5,0 \cdot 10^5$ J aan geluidsenergie uit. (*a*) Wat is de geluidssterkte op 25 m afstand? Lucht absorbeert geluid als functie van de afstand met circa 7,0 dB/km; bereken wat de geluidssterkte is op (*b*) 1,00 km en (*c*) 7,50 km afstand van deze straaljager, rekening houdend met absorptie door de lucht.

16.4 Geluidsbronnen: snaren en luchtkolommen

33. (I) Hoe lang zou je een basklarinet schatten, aangenomen dat deze is gemodelleerd als een gesloten buis en dat de laagste noot die hij kan spelen een D des is, waarvan de frequentie 69,3 Hz is?

34. (I) De A-snaar op een viool heeft een grondfrequentie van 440 Hz. De lengte van het trillende gedeelte is 32 cm, en de massa ervan 0,35 g. Onder welke spanning moet de snaar worden gezet?

35. (I) Een orgelpijp is 124 cm lang. Bepaal de grondfrequentie en de eerste drie hoorbare boventonen als de pijp (*a*) aan één uiteinde gesloten is, en (*b*) aan beide uiteinden open is.

36. (I) (*a*) Welke resonantiefrequentie zou je verwachten van blazen langs de bovenkant van een leeg frisdrankflesje van 21 cm lang, als je aanneemt dat het een gesloten buis is? (*b*) Hoe zou dat veranderen als het voor eenderde gevuld was met frisdrank?

37. (I) Als je een pijporgel zou moeten bouwen met openbuispijpen die het bereik van het menselijk gehoor overspannen (20 Hz tot 20 kHz), wat zou dan het vereiste bereik van de lengtes van de pijpen zijn?

38. (II) Geef een schatting van de frequentie van het 'geluid van de oceaan' wanneer je een schelp van 20 cm tegen je oor houdt (fig. 16.34).

FIGUUR 16.34
Vraagstuk 38.

39. (II) Een niet-ingedrukte gitaarsnaar is 0,73 m lang en is gestemd op het spelen van de E boven de middelste C (330 Hz). (*a*) Hoe ver van het eind van deze snaar moet een fret (en je vinger) worden geplaatst om de A boven de middelste C (440 Hz) te spelen? (*b*) Wat is de golflengte in de snaar van deze 440 Hz-golf? (*c*) Wat zijn de frequentie en de golflengte van de geluidsgolf die door deze getokkelde snaar in de lucht wordt geproduceerd bij 25°C?

40. (II) (*a*) Bepaal de lengte van een open orgelpijp die de middelste C (262 Hz) uitzendt bij een temperatuur van 15°C. (*b*) Wat zijn de golflengtes en de frequentie van de staande golf met grondfrequentie in de buis? (*c*) Wat zijn λ en f in de lopende golf die in de lucht erbuiten wordt geproduceerd?

41. (II) Een orgel is zuiver gestemd bij 22,0°C. Met welk percentage zal de frequentie afwijken bij 5,0°C?

42. (II) Hoe ver van het mondstuk moet het gat in voorbeeld 16.11 zitten om onbedekt de F boven de middelste C op 349 Hz te laten klinken?

43. (II) Een bugel is niets anders dan een buis van vaste lengte die zich gedraagt alsof hij aan beide uiteinden open is. Een bugelspeler kan er door zijn lippen op de juiste manier te tuiten en met de juiste luchtdruk te blazen, voor zorgen dat een harmonische (anders dan de grondfrequentie) van de luchtkolom binnen de buis hard klinkt. Voor standaard militaire wijsjes zoals *Taps* en *Reveille* zijn slechts vier muzieknoten nodig: G4 (392 Hz), C5 (523 Hz), E5 (659 Hz) en G5 (784 Hz). (*a*) Bij een bepaalde lengte ℓ zal een bugel een reeks van vier opeenvolgende harmonischen hebben waarvan de frequenties vrijwel gelijk zijn aan die die horen bij de noten G4, C5, E5 en G5. Bepaal deze ℓ. (*b*) Welke harmonische is elk van de (benaderde) noten G4, C5, E5 en G5 voor de bugel?

44. (II) Een bepaalde orgelpijp kan resoneren bij 264 Hz, 440 Hz en 616 Hz, maar niet bij andere frequenties ertussenin. (*a*) Laat zien waarom dit een open of een gesloten pijp is. (*b*) Wat is de grondfrequentie van deze pijp?

45. (II) Wanneer een gitarist op een fret drukt, wordt de lengte van het trillende gedeelte van de snaar verkort, waardoor de grondfrequentie van de snaar wordt verhoogd (zie fig. 16.35). De spanning in de snaar en de massa per eenheidslengte blijven onveranderd. Als de niet-aangeraakte lengte

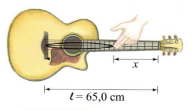

FIGUUR 16.35 Vraagstuk 45.

van de snaar $\ell = 65{,}0$ cm is, bepaal dan de plaatsen van de eerste zes frets, als iedere fret de toonhoogte van de grondtoon met één halve toon verhoogt ten opzichte van de aangrenzende fret. Op de chromatische toonladder is de verhouding tussen frequenties van aangrenzende (halve) tonen $2^{1/12}$.

46. (II) Een uniforme smalle buis van 1,80 m lang is aan beide uiteinden open. Hij resoneert bij twee opeenvolgende harmonischen met frequenties 275 Hz en 330 Hz. Wat is (a) de grondfrequentie, en (b) de geluidssnelheid in het gas in de buis?

47. (II) Een buis in lucht bij 23,0°C is zodanig ontworpen dat hij twee opeenvolgende harmonischen produceert bij respectievelijk 240 en 280 Hz. Hoe lang moet de pijp zijn, en is deze open of gesloten?

48. (II) Hoeveel boventonen zijn aanwezig binnen het hoorbare bereik voor een 2,48 m lange orgelpijp bij 20°C (a) als deze open is, en (b) als deze gesloten is?

49. (II) Bepaal de grondfrequentie en de frequenties van de eerste boventoon voor een 8,0 m lange gang waarvan alle deuren dicht zijn. Modelleer de gang als een buis met twee gesloten uiteinden.

50. (II) In een *kwartsoscillator*, die wordt gebruikt als een stabiele klok in elektronische apparaten, wordt een transversale staande geluidsgolf (afschuivingsgolf) opgewekt over de dikte d van een kwartsschijf, waarvan de frequentie elektronisch wordt gedetecteerd. De evenwijdige kanten van de schijf zijn niet ondersteund en gedragen zich dus, wanneer de geluidsgolf ertegen reflecteert, als 'vrije uiteinden' (zie fig. 16.36). Als de oscillator ontworpen is om met de eerste harmonische te werken, bepaal dan de vereiste schijfdikte als $f = 12{,}0$ MHz. De dichtheid en de afschuifmodulus van kwarts zijn $\rho = 2650$ kg/m^3 en $G = 2{,}95 \cdot 10^{10}$ N/m^2.

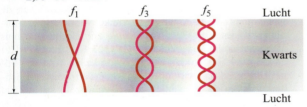

FIGUUR 16.36 Vraagstuk 50.

51. (III) De menselijke gehoorgang is bij benadering 2,5 cm lang. Hij is open aan de buitenkant en aan het andere uiteinde, bij het trommelvlies, gesloten. Geef een schatting van de frequenties (in het hoorbare bereik) van de staande golven in de gehoorgang. Wat is het verband tussen je antwoord en de informatie in de grafiek van fig. 16.6?

*16.5 Geluidskwaliteit, superpositie

*52. (II) Wat zijn bij benadering de intensiteiten van de eerste twee boventonen van een viool vergeleken met de grondtoon? Hoeveel decibel zachter dan de grondtoon zijn de eerste en tweede boventonen? (Zie fig. 16.14.)

16.6 Interferentie; zwevingen

53. (I) Een pianostemmer hoort bij het stemmen van twee snaren, waarvan er één een toon van 370 Hz heeft, om de 2,0 s een zweving. Wat is het frequentieverschil met de andere snaar?

54. (I) Wat is de zwevingsfrequentie als de middelste C (262 Hz) en C# (277 Hz) tegelijk worden gespeeld? Wat als elk ervan twee octaven lager wordt gespeeld (elke frequentie gereduceerd met een factor 4)?

55. (II) Bij stemmen met een stemvork van 350 Hz produceert een gitaarsnaar 4 zwevingen per seconde en bij een stemvork van 355 Hz 9 zwevingen per seconde. Wat is de trillingsfrequentie van de snaar? Licht je redenering toe.

56. (II) De twee geluidsbronnen in fig. 16.15 zijn naar elkaar toe gericht en zenden geluid uit met dezelfde amplitude en dezelfde frequentie (294 Hz) maar 180° uit fase. Bij welke minimale scheiding van de twee luidsprekers zal er een punt zijn waarop (a) er volledige constructieve interferentie optreedt en (b) volledige destructieve interferentie optreedt? (Ga uit van $T = 20°C$.)

57. (II) Hoeveel zwevingen zullen er worden gehoord als twee identieke fluiten, elk 0,66 m lang, proberen de middelste C (262 Hz) te spelen, maar één een temperatuur heeft van 5,0°C en de ander 28°C?

58. (II) Twee luidsprekers worden 3,00 m uit elkaar gezet, zoals in fig. 16.37. Ze zenden beide geluid uit van 494 Hz, in fase. Op 3,20 m afstand van een punt halverwege de twee luidsprekers wordt een microfoon geplaatst; hier wordt een intensiteitsmaximum geregistreerd. (a) Hoe ver moet de microfoon naar rechts worden verschoven om het eerste intensiteitsminimum te bepalen? (b) Stel dat de luidsprekers opnieuw worden aangesloten zodat de geluiden van 494 Hz die ze uitzenden, exact uit fase zijn. Wat zijn nu de plaatsen van het intensiteitsmaximum en -minimum?

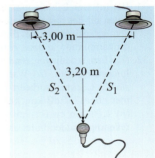

FIGUUR 16.37
Vraagstuk 58.

59. (II) Van twee pianosnaren wordt verondersteld dat ze trillen met 220 Hz, maar een pianostemmer hoort als ze gelijktijdig worden bespeeld, iedere 2,0 s drie zwevingen. (a) Als er een trilt met 220,0 Hz, wat is dan de frequentie van de andere (is er slechts één antwoord)? (b) Hoeveel (procentueel) moet de spanning worden vergroot of verkleind om ze op elkaar af te stemmen?

60. (II) Een bron zendt geluid uit met golflengtes van 2,64 m en 2,72 m in lucht. (a) Hoeveel zwevingen per seconde worden er gehoord? (Neem aan dat $T = 20°C$.) (b) Hoe ver liggen de plaatsen met maximale intensiteit van elkaar af?

16.7 Dopplereffect

61. (I) De overheersende frequentie van de sirene van een bepaalde brandweerauto is 1350 Hz wanneer de auto in rust is. Welke frequentie detecteer je als je met een snelheid van 30,0 m/s (a) naar de brandweerauto toe beweegt, en (b) ervan af beweegt?

62. (I) Een vleermuis in rust zendt ultrasone geluidsgolven uit op 50,0 kHz en ontvangt ze terug van een voorwerp dat er met 30,0 m/s recht vandaan beweegt. Wat is de ontvangen geluidssterkte?

63. (II) (a) Vergelijk de frequentieverschuiving als een bron van 2300 Hz met 18 m/s naar je toe beweegt en als je er met 18 m/s naartoe beweegt. Zijn de twee frequenties exact hetzelfde? Is het verschil erg klein? (b) Doe deze berekening nogmaals, maar nu voor (b) 160 m/s en (c) 320 m/s. Wat kun je concluderen over de asymmetrie van de dopplerformules? (d) Toon aan dat bij lage snelheden (ten opzichte van de geluidssnelheid), de twee formules (naderende bron en naderende detector) hetzelfde resultaat opleveren.

64. (II) Twee auto's zijn uitgerust met dezelfde ééntonige claxon. Wanneer een van de auto's in rust is en de ander er met 15 m/s naar toe beweegt, hoort de bestuurder in rust een zwevingsfrequentie van 4,5 Hz. Wat is de frequentie die door de claxons wordt uitgezonden? (Ga uit van $T = 20°C$.)

65. (II) Een politieauto met een sirene met een frequentie van 1280 Hz rijdt met 120,0 km/u. (a) Welke frequenties hoort een waarnemer aan de kant van de weg als de auto nadert en als hij zich verwijdert? (b) Welke frequenties zijn te horen in een auto die met 90,0 km/u in de tegenovergestelde richting rijdt voor en na het passeren van de politieauto? (c) De politieauto passeert een auto die met 80,0 km/u in dezelfde richting rijdt. Welke twee frequenties zijn in deze auto te horen?

66. (II) Een vleermuis vliegt naar een muur met een snelheid van 7,0 m/s. Tijdens zijn vlucht zendt de vleermuis een ultrasone geluidsgolf met een frequentie van 30,0 kHz uit. Met welke frequentie hoort de vleermuis de gereflecteerde golf?

67. (II) Bij een van de oorspronkelijke dopplerexperimenten werd in een open trein op een tuba gespeeld met een frequentie van 75 Hz, en werd dezelfde toon gespeeld op een identieke tuba die in rust was op het station. Welke zwevingsfrequentie was er in het station te horen als de trein het station naderde met een snelheid van 12,0 m/s?

68. (II) Als een op een auto gemonteerde luidspreker een lied uitzendt, met welke snelheid (km/u) moet de automobilist dan naar een stilstaande luisteraar toe bewegen zodat de luisteraar het lied hoort waarbij elke muzieknoot een halve toon is opgeschoven ten opzichte van het lied zoals het door de automobilist wordt gehoord? Op de chromatische toonladder is de verhouding van frequenties van aangrenzende halve tonen $2^{1/12}$.

69. (II) Een golf aan het oceaanoppervlak met golflengte 44 m beweegt naar het oosten met een snelheid van 18 m/s ten opzichte van de oceaanbodem. Als een motorboot met 15 m/s (ten opzichte van de oceaanbodem) over dit stuk oceaanoppervlak beweegt, hoe vaak komt de boot dan een golftop tegen, als de boot (a) naar het westen, en (b) naar het oosten vaart?

70. (III) Een fabrieksfluit zendt geluid uit met een frequentie van 720 Hz. Wanneer de windsnelheid 15,0 m/s uit het noorden is, welke frequentie horen waarnemerrs dan die (a) in rust zijn, (b) naar het noorden gaan, (b) pal naar het zuiden gaan, (c) pal naar het oosten gaan, en (d) pal naar het westen gaan ten opzichte van de fluit? Welke frequentie wordt gehoord door een fietser die met 12,0 m/s (e) naar het noorden of (f) naar het westen, naar de fluit toe rijdt? Ga uit van $T = 20°C$.

71. (III) Het dopplereffect bij ultrasone golven met een frequentie van $2,25 \cdot 10^6$ Hz wordt gebruikt om de hartslag van een foetus te volgen. Er wordt een (maximale) zwevingsfrequentie van 260 Hz waargenomen. Aangenomen dat de geluidssnelheid in weefsel $1,54 \cdot 10^3$ m/s is, bereken dan de maximale snelheid van het oppervlak van het kloppende hart.

*16.8 Schokgolven; sonische knal

***72.** (II) Een vliegtuig vliegt met Mach 2, terwijl de geluidssnelheid 310 m/s is. (a) Wat is de hoek die de schokgolf maakt met de bewegingsrichting van het vliegtuig? (b) Als het vliegtuig op een hoogte van 6500 m vliegt en recht over iemand heen vliegt, hoe lang duurt het dan voor deze persoon de schokgolf hoort?

***73.** (II) Een ruimtesonde gaat de ijle atmosfeer van een planeet binnen waar de geluidssnelheid slechts 45 m/s is. (a) Wat is het Mach-getal van de sonde als zijn snelheid 15.000 km/u is? (b) Wat is de hoek van de schokgolf ten opzichte van de bewegingsrichting?

***74.** (II) Een meteoriet die met 8800 m/s beweegt, klapt op de oceaan. Bepaal de hoek van de schokgolf die hij produceert (a) in de lucht net voordat hij in de de oceaan terechtkomt, en (b) in het water net nadat hij in de oceaan terecht is gekomen. (Ga uit van $T = 20°C$.)

***75.** (II) Toon aan dat de hoek θ die de sonische knal maakt met de baan van een supersonisch voorwerp wordt gegeven door vgl. 16.12.

***76.** (II) Je kijkt recht omhoog en ziet een vliegtuig exact 1,25 km boven de grond vliegen dat sneller gaat dan de geluidssnelheid. Tegen de tijd dat je de sonische knal hoort, heeft het vliegtuig een horizontale afstand van 2,0 km afgelegd. Zie fig. 16.38. Bepaal (a) de hoek van de schokconus, θ, en (b) de snelheid van het vliegtuig (het Mach-getal). Ga uit van een geluidssnelheid van 330 m/s.

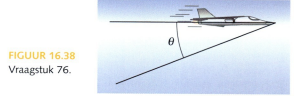

FIGUUR 16.38
Vraagstuk 76.

***77.** (II) Een supersonische straaljager met een snelheid van Mach 2,2 op een hoogte van 9500 m vliegt recht over een waarnemer op de grond. Waar zal het vliegtuig zich bevinden ten opzichte van de waarnemer wanneer die de sonische knal hoort? (Zie fig. 16.39.)

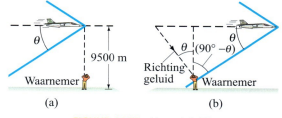

FIGUUR 16.39 Vraagstuk 77.

Algemene vraagstukken

78. Een vissersboot gebruikt een sonarapparaat dat geluidspulsen van 20.000 Hz vanaf de bodem van de boot naar beneden stuurt en vervolgens de echo's detecteert. Als de maximumdiepte waarvoor het toestel gemaakt is 75 m is, wat is dan de minimale tijd tussen pulsen (in zoet water)?

79. Een wetenschapsmuseum heeft als bezienswaardigheid een zogeheten regenpijporgel. Het bestaat uit een groot aantal kunststof buizen van verschillende lengtes, die aan beide uiteinden open zijn. (a) Als de buizen 3,0 m, 2,5 m, 2,0 m, 1,5 m en 1,0 m lang zijn, welke frequenties worden dan gehoord als een bezoeker zijn oor tegen het uiteinde van de buizen houdt? (b) Waarom werkt dit instrument op een lawaaiige dag beter dan op een rustige?

80. Eén mug op een afstand van 5,0 m van een mens maakt een geluid dat dicht bij de dempel van het menselijk gehoor ligt (0 dB). Wat is de geluidssterkte van honderd van dergelijke muggen?

81. Wat is de resulterende geluidssterkte wanneer een geluid van 82 dB en een geluid van 89 dB gelijktijdig worden gehoord?

82. De geluidssterkte op 9,00 m afstand van een luidspreker die in de open lucht staat, is 115 dB. Wat is het akoestisch uitgangsvermogen (W) van de luidspreker, aangenomen dat die in alle richtingen evenveel uitstraalt?

83. Het uitgangsvermogen van een stereoversterker wordt geschat op 175 W bij 1000 Hz. Bij 15 kHz daalt het uitgangsvermogen met 12 dB. Wat is het uitgangsvemogen in watt bij 15 kHz?

84. Mensen die met straaljagers werken dragen standaard gehoorbeschermers over hun oren. Neem aan dat de geluidssterkte van een straaljagermotor, op een afstand van 30 m, 130 dB is, en dat het gemiddelde menselijk oor een effectieve straal van 2,0 cm heeft. Wat zou het vermogen zijn dat door een onbeschermd oor wordt opgevangen op een afstand van 30 m van een straaljagermotor?

85. In audio- en communicatiesystemen, wordt de *versterking* β, gedefinieerd als

$$\beta = 10 \log\left(\frac{P_{uit}}{P_{in}}\right),$$

waarin P_{in} en P_{uit} respectievelijk het ingangs- en uitgangsvermogen van het systeem zijn. Een bepaalde stereoversterker heeft bij een ingangsvermogen van 1,0 mW een uitgangsvermogen van 125 W. Wat is de versterking in dB?

86. Bij grote concerten wordt de zang vaak versterkt door luidsprekers weergegeven. De menselijke hersenen kunnen geluiden binnen 50 ms van het oorspronkelijke geluid interpreteren alsof ze van dezelfde bron afkomstig zijn. Als dus het geluid van een luidspreker als eerste bij een luisteraar is, klinkt het alsof de luidspreker de geluidsbron is. Omgekeerd, als de zanger als eerste wordt gehoord en het geluid van de luidspreker binnen 50 ms aan het geluid wordt toegevoegd, lijkt het geluid van de zanger te komen, die nu harder lijkt te zingen. De tweede situatie is wat men wil. Omdat het signaal naar de luidspreker beweegt met de lichtsnelheid ($3 \cdot 10^8$ m/s), wat veel sneller is dan de geluidssnelheid, wordt er aan het signaal naar de versterker een vertraging toegevoegd. Hoeveel vertraging moet er worden toegevoegd als de luidspreker 3,0 m achter de zanger staat en we willen dat het geluid 30 ms na dat van de zanger arriveert?

87. Gitaarsnaren zijn gewoonlijk verkrijgbaar in een aantal verschillende diameters, zodat gitaristen hun instrumenten kunnen stemmen met de door hun gewenste snaarspanning. Zo is een nylon hoge-E-snaar verkrijgbaar in een model voor lage en hoge spanning met een diameter van respectievelijk 0,699 mm en 0,724 mm. Maak, uitgaande van de gelijke dichtheid ρ van nylon voor beide modellen, een (verhoudingsgewijze) vergelijking tussen de spanning in een gestemde snaar met hoge en een met lage spanning.

88. De hoge-E-snaar van een gitaar is aan beide uiteinden vast en heeft een lengte $\ell = 65,0$ cm en grondfrequentie $f_1 = 329,6$ Hz. Op een akoestische gitaar heeft deze snaar standaard een diameter van 0,33 mm en is gewoonlijk gemaakt van koper (7760 kg/m^3), terwijl op een elektrische gitaar de diameter 0,25 mm is en er met nikkel bedekt staal wordt gebruikt (7990 kg/m^3). Vergelijk (verhoudingsgewijs) de hoge-E-snaarspanning op een akoestische en een elektrische gitaar.

89. De A-snaar van een viool is 32 cm lang tussen vaste punten, heeft een grondfrequentie van 440 Hz en een massa per lengte-eenheid van $7,2 \cdot 10^{-4}$ kg/m. (a) Wat zijn de golfsnelheid en de spanning in de snaar? (b) Wat is de lengte van de buis van een simpel blaasinstrument (bijvoorbeeld een orgelpijp) dat aan een uiteinde gesloten is en waarvan de grondfrequentie eveneens 440 Hz is als de geluidssnelheid 343 m/s in lucht is? (c) Wat is de frequentie van de eerste boventoon van elk instrument?

90. Een stemvork wordt in trilling gebracht boven een verticale met water gevulde buis (fig. 16.40). Men laat de waterspiegel langzaam dalen. Ondertussen kan men de lucht in de buis boven de waterspiegel horen resoneren met de stemvork wanneer de afstand van de opening van de buis tot de waterspiegel 0,125 m is, en opnieuw bij 0,395 m. Wat is de frequentie van de stemvork?

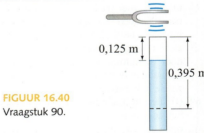

FIGUUR 16.40
Vraagstuk 90.

91. Twee identieke buizen, elk met één uiteinde gesloten, hebben een grondfrequentie van 349 Hz bij 25,0°C. In een van de buizen wordt de luchttemperatuur verhoogd tot 30,0°C. Als de twee buizen tegelijkertijd geluid maken, wat is dan de resulterende zwevingsfrequentie?

92. Elke snaar op een viool is gestemd op een frequentie die gelijk is aan $1\frac{1}{2}$ maal die van de aangrenzende snaar. De vier snaren van gelijke lengte worden even strak aangespannen; wat moet de massa per lengte-eenheid van elke snaar zijn ten opzichte van die van de snaar met de laagste frequentie?

93. De diameter D van een buis heeft invloed op de knoop aan het open uiteinde van een buis. De correctie bij het uit-

einde kan ruw worden benaderd door aan de effectieve lengte van de buis $D/3$ toe te voegen. Wat zijn de eerste vier harmonischen bij een gesloten buis met lengte 0,60 m en diameter 3,0 cm, rekening houdend met de correctie bij het uiteinde?

94. Iemand hoort een zuivere toon in het bereik van 500 tot 1000 Hz, afkomstig van twee bronnen. Het geluid is het hardst in de punten die even ver van beide bronnen af liggen. Om de frequentie exact te bepalen loopt iemand rond en ontdekt dat de geluidssterkte minimaal is in een punt dat 0,36 m verder van de ene bron af ligt dan van de andere. Wat is de frequentie van het geluid?

95. De frequentie van de fluit van een naderende stoomtrein is 552 Hz. Nadat deze jou gepasseerd is, is de gemeten frequentie 486 Hz. Hoe snel reed de trein (uitgaande van constante snelheid)?

96. Twee treinen zenden een fluitsignaal van 516 Hz uit. Een van de treinen staat stil. Bij het naderen van de andere trein hoort de conducteur op de stilstaande trein een zwevingsfrequentie van 3,5 Hz. Wat is de snelheid van de bewegende trein?

97. Twee luidsprekers staan tegenover elkaar op een lorrie die met 10,0 m/s een stilstaande waarnemer passeert, zoals weergegeven in fig. 16.41. Als de luidsprekers identieke geluidsfrequenties van 348 Hz weergeven, wat is dan de zwevingsfrequentie die de waarnemer hoort wanneer hij (a) luistert vanuit A, vóór de lorrie, (b) tussen de luidsprekers, in B, staat en (c) de luidsprekers hoort wanneer ze hem gepasseerd hebben, in C?

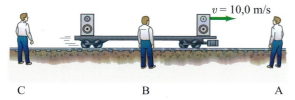

FIGUUR 16.41 Vraagstuk 97.

98. Twee open orgelpijpen die tegelijkertijd geluid maken, produceren een zwevingsfrequentie van 8,0 Hz. De kortste is 2,40 m lang. Hoe lang is de andere?

99. Een vleermuis vliegt naar een mot met een snelheid van 7,5 m/s, terwijl de mot met een snelheid van 5,0 m/s naar de vleermuis vliegt. De vleermuis zendt een geluidsgolf uit van 51,35 kHz. Wat is de frequentie van de golf die door de vleermuis wordt gedetecteerd nadat de golf tegen de mot is gereflecteerd?

100. Als de de snelheid van de bloedstroom in de aorta normaal gesproken ongeveer 0,32 m/s is, welke zwevingsfrequentie zou je dan verwachten als ultrageluidsgolven van 3,80 MHz langs de stroom werden gestuurd en gereflecteerd door de rode bloedcellen? Neem aan dat de golven bewegen met een snelheid van $1,54 \cdot 10^3$ m/s.

101. Bij het naderen van een mot zendt een vleermuis een reeks hoogfrequente geluidspulsen uit. De pulsen komen bij benadering met tussenpozen van 70,0 ms, en elk ervan duurt circa 3,0 ms. Op welke afstand kan de mot door de vleermuis worden gedetecteerd, zodanig dat de echo van de ene puls is teruggekeerd voordat de volgende puls wordt uitgezonden?

102. (a) Gebruik de binomiaalreeksontwikkeling om te laten zien dat vgl. 16.9a en 16.10a bij een kleine relatieve snelheid tussen bron en waarnemer in wezen aan elkaar gelijk zijn. (b) Welk foutpercentage zou er resulteren als in plaats van vgl. 16.9 vgl. 16.10a zou worden gebruikt voor een relatieve snelheid van 18,0 m/s?

103. Aan weerszijden van een lange gang staan twee luidsprekers naar elkaar gericht. Ze zijn aangesloten op dezelfde bron die een zuivere toon van 282 Hz produceert. Iemand loopt van de ene luidspreker naar de andere met een snelheid van 1,4 m/s. Welke 'zwevingsfrequentie' hoort hij?

104. Een *dopplerbloedstroommeter* wordt gebruikt om de snelheid van de bloedstroom te meten. Op de huid worden zend- en ontvangstelementen geplaatst, zoals te zien in fig. 16.42. Er worden standaardgeluidsfrequenties van circa 5,0 MHz gebruikt, die een redelijke kans hebben om tegen rode bloedcellen gereflecteerd te worden. Door te meten wat de frequentie is van de gereflecteerde golven, die een dopplerverschuiving ondervinden omdat de rode bloedcellen zich verplaatsen, kan de snelheid van de bloedstroom worden afgeleid. De 'normale' bloedstroomsnelheid is circa 0,1 m/s. Stel dat een ader gedeeltelijk is vernauwd, zodat de snelheid van de bloedstroom is verhoogd en de bloedstroommeter een dopplerverschuiving van 780 Hz meet. Wat is de snelheid van de bloedstroom in het vernauwde gebied? De effectieve hoek tussen de geluidsgolven (zowel uitgezonden als gereflecteerde golven) en de richting van de bloedstroom is 45°. Neem aan dat de geluidssnelheid in weefsel 1540 m/s is.

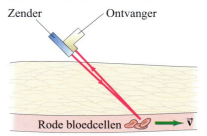

FIGUUR 16.42 Vraagstuk 104.

105. In een meer waarin de snelheid van de watergolf 2,2 km/u is, vormt het kielzog van een speedboot een hoek van 15°. Wat is de snelheid van de boot?

106. Een bron van geluidsgolven (golflengte λ) bevindt zich op een afstand tot een detector. Geluid bereikt de detector zowel rechtstreeks als door te reflecteren tegen een obstakel, zoals weergegeven in fig. 16.43. Het obstakel heeft een even grote afstand tot de bron als tot de detector. Wanneer het obstakel zich een afstand d rechts van de zichtlijn tussen

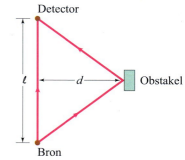

FIGUUR 16.43
Vraagstuk 106.

bron en detector bevindt, zoals weergegeven, arriveren de twee golven in fase. Hoeveel verder naar rechts moet het obstakel worden opgeschoven om de twee golven met een fase van een halve golflengte uit fase te laten zijn, zodat er destructieve interferentie optreedt? (Neem aan $\lambda \ll \ell, d$).

107. Een indrukwekkende demonstratie, die de 'zingende staven' wordt genoemd, houdt in dat iemand een lange aluminium staaf in de hand houdt, dicht bij het middelpunt van de staaf. Met de andere hand wordt op de staaf geslagen. Met enige oefening lukt het om de staaf te laten 'zingen', oftewel een heldere, luide klank te laten voortbrengen. Wat is bij een staaf van 75 cm (a) de grondfrequentie van het geluid? (b) Wat is de golflengte in de staaf, en (c) wat is de golflengte van het geluid in lucht bij 20°C?

108. Neem aan dat de maximale verplaatsing van de luchtmoleculen in een geluidsgolf ongeveer gelijk is aan die van de conus van de luidspreker die het geluid produceert (zie fig. 16.44). Geef een schatting van de verplaatsing van een luidsprekerconus voor een tamelijk hard geluid (105 dB) van (a) 8,0 kHz en (b) 35 Hz.

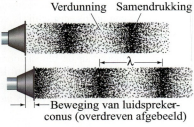

FIGUUR 16.44 Vraagstuk 108.

*Numeriek/computer

109. (III)* De manier waarop een snaar wordt getokkeld bepaalt de combinatie van harmonische amplitudes in de resulterende golf. Beschouw een snaar van exact 1/2 m lang met twee vaste uiteinden in $x = 0,0$ en $x = 1/2$ m. De eerste vijf harmonischen van deze snaar hebben golflengtes $\lambda_1 = 1,0$ m, $\lambda_2 = \frac{1}{2}$ m, $\lambda_3 = \frac{1}{3}$ m, $\lambda_4 = \frac{1}{4}$ m en $\lambda_5 = \frac{1}{5}$ m. Op grond van de stelling van Fourier kan elke vorm van deze snaar worden gevormd als een som van harmonischen, waarbij elke harmonische zijn eigen unieke amplitude A heeft. We beperken de som tot de eerste vijf harmonischen in de uitdrukking

$$D(x) = A_1 \sin\left(\frac{2\pi}{\lambda_1}x\right) + A_2 \sin\left(\frac{2\pi}{\lambda_2}x\right) + A_3 \sin\left(\frac{2\pi}{\lambda_3}x\right) + A_4 \sin\left(\frac{2\pi}{\lambda_4}x\right) + A_5 \sin\left(\frac{2\pi}{\lambda_5}x\right),$$

waarin D de verplaatsing van de snaar is op tijdstip $t = 0$. Stel je voor dat je deze snaar tokkelt in zijn middelpunt (fig. 16.45a) of in een punt op tweederde van het linkeruiteinde (fig. 16.45b). Laat met behulp van een grafische rekenmachine of een computerprogramma zien dat de hiervoor genoemde uitdrukking een tamelijk nauwkeurige voorstelling van de vorm geeft in: (a) fig. 16.45a, als $A_1 = 1,00$, $A_2 = 0,00$, $A_3 = -0,11$, $A_4 = 0,00$, en $A_5 = 0,040$; en in (b) fig. 16.45b, als $A_1 = 0,87$, $A_2 = -0,22$, $A_3 = 0,00$, $A_4 = 0,054$, en $A_5 = -0,035$.

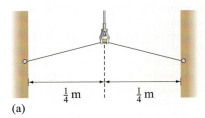

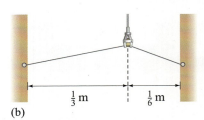

FIGUUR 16.45 Vraagstuk 109.

Antwoorden op de opgaven

A: 1 mijl voor iedere 5 s voordat de donder wordt gehoord.
B: viermaal zo intens.
C: (b).
D: De lichtste.
E: 257 Hz
F: (b).
G: (a) 1717 Hz, (b) 1483 Hz.
H: (a).

Door de lucht binnen een heteluchtballon te verhitten, stijgt de temperatuur van de lucht, waardoor deze gaat uitzetten en lucht door de opening aan de onderkant naar buiten stroomt. De verminderde hoeveelheid lucht binnenin betekent dat de dichtheid daar lager is dan in de buitenlucht, waardoor er een netto opwaartse kracht op de ballon werkt. In dit hoofdstuk bestuderen we de temperatuur en de effecten ervan op de materie: thermische expansie en de gaswetten.

Temperatuur, thermische expansie en de ideale gaswet

Hoofdstuk 17

Openingsvraag: Wat denk jij?

Een heteluchtballon, die aan één kant open is (zie de foto's hierboven), stijgt op wanneer de lucht erbinnen door een vlam wordt verwarmd. Geldt voor de volgende eigenschappen dat ze wat betreft de lucht binnen de ballon hoger, lager of gelijk zijn aan de lucht buiten de ballon?
(i) Temperatuur
(ii) Druk
(iii) Dichtheid

In de komende vier hoofdstukken, hoofdstuk 17 tot en met 20, bestuderen we temperatuur, warmteleer en thermodynamica, en de kinetische gastheorie. We zullen het vaak hebben over een **systeem**, waarmee we een bepaald voorwerp of bepaalde verzameling voorwerpen bedoelen; al het andere in het heelal wordt de 'omgeving' genoemd. De toestand van een bepaald systeem (zoals een gas in een vat) kunnen we zowel vanuit een microscopisch als vanuit een macroscopisch standpunt bekijken. Bij een **microscopische** beschrijving zouden we rekening moeten houden met de details van de beweging van alle atomen of moleculen waaruit het systeem is opgebouwd, waardoor het erg ingewikkeld zou kunnen worden. Een **macroscopische** beschrijving wordt gegeven in termen van grootheden die rechtstreeks door onze zintuigen en instrumenten kunnen worden waargenomen, zoals volume, massa, druk en temperatuur.

De beschrijving van processen in termen van macroscopische grootheden is het terrein van de **thermodynamica**. Grootheden die kunnen worden gebruikt om de toe-

Inhoud
17.1 Atoomtheorie van de materie
17.2 Temperatuur en thermometers
17.3 Thermisch evenwicht en de nulde hoofdwet van de thermodynamica
17.4 Thermische expansie
*17.5 Thermische spanningen
17.6 De gaswetten en absolute temperatuur
17.7 De ideale gaswet
17.8 Het oplossen van vraagstukken rond de ideale gaswet
17.9 De ideale gaswet in termen van moleculen: het getal van Avogadro
*17.10 De temperatuurschaal voor een ideaal gas: een standaard

stand van een systeem te beschrijven worden **toestandsvariabelen** genoemd. Zo zijn er voor het beschrijven van een zuiver gas in een vat drie toestandsvariabelen nodig; gewoonlijk zijn dit het volume, de druk en de temperatuur. Voor de beschrijving van complexere systemen zijn meer dan drie toestandsvariabelen nodig.

In dit hoofdstuk ligt de nadruk op het begrip temperatuur. We beginnen echter met een korte bespreking van de theorie dat materie is opgebouwd uit atomen en dat deze atomen permanent willekeurig bewegen. Deze theorie wordt *kinetische theorie* genoemd (als je Grieks hebt gehad, herinner je je misschien dat 'kinéo' het Griekse woord is voor 'in beweging brengen'), iets waar we uitgebreider op terugkomen in hoofdstuk 18.

17.1 Atoomtheorie van de materie

Het idee dat materie is opgebouwd uit atomen stamt al uit de tijd van de oude Grieken. De Griekse filosoof Democritus dacht dat als een zuivere stof, bijvoorbeeld een stuk ijzer, in steeds kleinere stukken zou worden gesneden, er uiteindelijk een kleinste stukje van die stof over zou blijven dat niet verder zou kunnen worden verdeeld. Dit kleinste stukje werd een **atoom** genoemd, wat in het Grieks 'ondeelbaar' betekent.[1]

Tegenwoordig is de atoomtheorie algemeen geaccepteerd. Het experimentele bewijsmateriaal ten gunste van deze theorie stamt voornamelijk uit de achttiende, negentiende en twintigste eeuw, en veel ervan werd verkregen uit de analyse van chemische reacties.

We zullen het vaak hebben over de relatieve massa's van afzonderlijke atomen en moleculen, die we respectievelijk de **atoommassa** en **molecuulmassa** zullen noemen.[2]

Deze zijn gebaseerd op het willekeurig toekennen van een atomaire massa van 12,0000 dalton (Da) aan het veelvuldig voorkomende koolstofatoom, ^{12}C. Uitgedrukt in kilogram:

$$1 \text{ Da} = 1{,}6605 \cdot 10^{-27} \text{ kg}.$$

De dalton wordt ook wel de atomaire massa-eenheid genoemd, met symbool u (1 Da = 1 u). De atoommassa van waterstof is 1,0078 Da en de waarden voor andere atomen zijn overeenkomstig hun vermelding in het periodiek systeem te vinden achter in dit boek en ook in appendix F. De molecuulmassa van een verbinding is de som van de atoommassa's van de atomen waaruit de moleculen van die verbinding zijn opgebouwd.[3]

De massa van zowel protonen als neutronen (beide samenstellende delen van atomen) is vrijwel (maar niet helemaal) gelijk aan 1 Da.

Een belangrijk stuk bewijsmateriaal voor de atoomtheorie is de zogeheten **Brownse beweging**, genoemd naar de bioloog Robert Brown, die deze beweging in 1827 ontdekt heeft. Terwijl hij onder zijn microscoop kleine stuifmeelkorrels gesuspendeerd in water observeerde, merkte Brown op dat deze langs zigzagwegen bewogen (fig. 17.1), hoewel het water volkomen onbeweeglijk leek. De atoomtheorie biedt een eenvoudige verklaring voor de Brownse beweging als de verder redelijke aanname wordt gemaakt dat de atomen van elke stof continu in beweging zijn. In dat geval worden de kleine stuifmeelkorrels van Brown heen en weer geduwd door het krachtige spervuur van snel bewegende watermoleculen.

In 1905 onderzocht Albert Einstein de Brownse beweging vanuit een theoretisch gezichtspunt en kon uit de experimentele gegevens bij benadering de afmetingen en de massa's van atomen en moleculen vaststellen. Zijn berekeningen wezen uit dat de diameter van een doorsnee atoom ongeveer 10^{-10} m bedraagt.

FIGUUR 17.1 Baan van een minuscuul deeltje (bijvoorbeeld een stuifmeelkorrel) gesuspendeerd in water. De rechte lijnen verbinden de waargenomen plaatsen van het deeltje na even grote tussenpozen.

---

[1] Tegenwoordig beschouwen we het atoom niet meer als ondeelbaar, maar als opgebouwd uit een kern (bestaande uit protonen en neutronen) en elektronen.

[2] Voor deze grootheden worden soms de termen *atoomgewicht* en *molecuulgewicht* gebruikt, maar strikt genomen vergelijken we massa's.

[3] Een *element* is een stof, zoals goud, ijzer of koper, die niet op chemische wijze kan worden opgesplitst in meer elementaire stoffen. *Verbindingen* zijn stoffen die zijn opgebouwd uit elementen, en daarin kunnen worden gesplitst; voorbeelden van verbindingen zijn kooldioxide en water. Het kleinste deel van een element is een atoom; het kleinste deel van een verbinding is een molecuul. Moleculen zijn opgebouwd uit atomen; een watermolecuul bijvoorbeeld, is opgebouwd uit twee atomen waterstof en één atoom zuurstof; de scheikundige formule is H_2O.

Aan het begin van hoofdstuk 13 hebben we op basis van **macroscopische** eigenschappen een karakterisering gegeven van de drie bekende fasen (of toestanden) van de materie: vast, vloeibaar en gas. Laten we nu eens bekijken hoe deze drie fasen van de materie verschillen, vanuit atomair of microscopisch standpunt gezien. Het is duidelijk dat atomen en moleculen aantrekkende krachten op elkaar moeten uitoefenen. Hoe anders zou een baksteen of een blok aluminium als één geheel bij elkaar gehouden worden? De aantrekkende krachten tussen moleculen zijn een soort elektrische krachten (meer hierover is te vinden in deel II). Wanneer moleculen te dicht bij elkaar komen, moet de kracht ertussen een afstotende kracht worden (elektrische afstoting tussen de buitenste elektronen), want hoe anders zou materie meer ruimte kunnen innemen dan alleen de atoomkernen en elektronen op een hoopje? Hierdoor behouden moleculen een minimale afstand tot elkaar. In vaste stof zijn de aantrekkende krachten zo sterk, dat de atomen of moleculen slechts weinig bewegen (enkel trillen) rond betrekkelijk vaste plaatsen, vaak gerangschikt in een zogeheten kristalrooster, zoals in fig. 17.2a. In een vloeistof bewegen de atomen of moleculen sneller, of de onderlinge krachten zijn zwakker, zodat ze voldoende vrijheid hebben om elkaar te passeren, zoals in fig. 17.2b. In een gas zijn de krachten zo zwak, of de snelheden zo hoog, dat de moleculen zelfs niet dicht bij elkaar blijven. Ze bewegen razendsnel alle kanten op, zoals in fig. 17.2c, en vullen elke ruimte, terwijl ze af en toe op elkaar botsen. Gemiddeld genomen zijn de snelheden in een gas zo hoog, dat wanneer twee moleculen botsen, de aantrekkende kracht niet sterk genoeg is om ze dicht bij elkaar te houden, zodat ze alle kanten op vliegen.

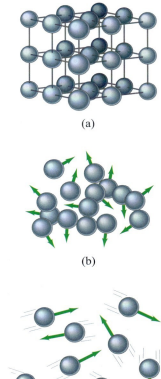

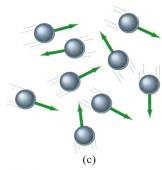

Voorbeeld 17.1   Schatten   Afstand tussen atomen

De dichtheid van koper is $8,9 \cdot 10^3$ kg/m^3 en ieder koperatoom heeft een massa van 63 Da. Geef een schatting van de gemiddelde afstand tussen de middelpunten van naburige koperatomen.

Aanpak   We beschouwen een koperen kubus met ribben van 1 m. Uit de gegeven dichtheid ρ kunnen we de massa m berekenen van een kubus met volume $V = 1$ m^3 ($m = \rho V$). We delen dit door de massa van één atoom (63 Da) en vinden zo het aantal atomen in 1 m^3. We nemen aan dat de atomen op een uniforme manier zijn gerangschikt; het aantal atomen binnen een lengte van 1 m noemen we N. Dan is het aantal atomen in 1 m^3 gelijk aan $(N)(N)(N) = N^3$.

Oplossing   De massa van 1 koperatoom is 63 Da = $63 \cdot 1{,}66 \cdot 10^{-27}$ kg = $1{,}05 \cdot 10^{-25}$ kg. Dit betekent dat een koperen kubus met ribben van 1 m

$$\frac{8{,}9 \times 10^3 \text{ kg/m}^3}{1{,}05 \times 10^{-25} \text{ kg/atoom}} = 8{,}5 \times 10^{28} \text{ atomen/m}^3.$$

bevat. Het volume van een kubus met ribbe ℓ is $V = \ell^3$, dus bevat een zijde van de 1 m lange kubus $(8{,}5 \cdot 10^{28})^{\frac{1}{3}} = 4{,}4 \cdot 10^9$ atomen. De afstand tussen twee naburige atomen is

$$\frac{1 \text{ m}}{4{,}4 \times 10^9 \text{ atomen}} = 2{,}3 \times 10^{-10} \text{ m}.$$

Opmerking   Let goed op de eenheden. Hoewel 'atomen' geen eenheid is, is het handig om dit er wel bij te zetten, zodat je zeker weet dat je de juiste berekening maakt.

FIGUUR 17.2 Rangschikkingen van atomen in (a) een kristalrooster (vaste stof), (b) een vloeistof, en (c) een gas.

17.2   Temperatuur en thermometers

In het dagelijks leven is de **temperatuur** een maat voor hoe heet of koud iets is. We zeggen dat een hete oven een hoge, en het ijs van een bevroren meer een lage temperatuur heeft.

Veel eigenschappen van de materie veranderen met de temperatuur. Zo gaan de meeste materialen bij een temperatuurstijging uitzetten.[1] Een hete ijzeren staaf is lan-

---

[1] De meeste materialen zetten uit bij temperatuurverhoging, maar dat geldt niet voor alle materialen. Water tussen 0°C to 4°C krimpt bij een temperatuurverhoging (zie paragraaf 17.4).

FIGUUR 17.3 Expansieverbinding op een brug.

FIGUUR 17.4 Deze thermometers, vervaardigd door de Accademia del Cimento (1657-1667) in Florence, Italië, behoren tot de eerste bekende thermometers. Net als veel van de huidige thermometers bevatten deze gevoelige en voortreffelijke instrumenten alcohol, waaraan soms kleurstof is toegevoegd.

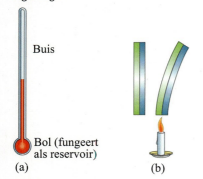

FIGUUR 17.5 (a) Kwik (of alcohol) in een glazen thermometer; (b) bimetalen strip.

ger dan een koude. Betonnen wegen en trottoirs zetten enigszins uit en krimpen afhankelijk van de temperatuur, reden waarom er om de zoveel meter samendrukbare uitzetvoegen of expansieverbindingen (fig. 17.3) worden geplaatst. De elektrische weerstand van de materie hangt af van de temperatuur (deel II, hoofdstuk 23). Dit geldt ook voor de zichtbare kleur die wordt uitgestraald door voorwerpen op hoge temperatuur: je hebt wellicht wel eens gemerkt dat een heet verwarmingselement van een elektrische kachel rood opgloeit.

Bij hogere temperaturen gloeien vaste stoffen, zoals ijzer, oranje of zelfs wit op. Het licht van een gewone witgloeiende gloeilamp is afkomstig van een zeer hete wolfraamdraad. De oppervlaktetemperaturen van de zon en de andere sterren kunnen worden afgemeten aan de overheersende kleur (preciezer geformuleerd: aan de golflengtes) van het licht dat ze uitzenden.

Instrumenten voor het meten van temperatuur worden **thermometers** genoemd. Er zijn allerlei soorten thermometers, maar hun werking is altijd gebaseerd op een of andere temperatuurafhankelijke eigenschap van de materie. Veel bekende soorten thermometers zijn gebaseerd op de uitzetting van een materiaal bij een stijging van de temperatuur. Het eerste idee voor een thermometer, bedacht door Galilei, maakt gebruik van de uitzetting van een gas. Tegenwoordig bestaan de meeste thermometers uit een holle glazen buis, gevuld met kwik of met alcohol vermengd met een rode kleurstof, net zoals de eerste bruikbare thermometers (fig. 17.4).

Binnen een gewone vloeistof-in-glasthermometer zet de vloeistof bij temperatuurstijging meer uit dan het glas, dus stijgt het vloeistofpeil in de buis (fig. 17.5a). Hoewel ook metalen uitzetten met de temperatuur, is de lengteverandering van bijvoorbeeld een metalen staaf in het algemeen te gering om bij normale temperatuurveranderingen te kunnen worden gemeten. Er kan echter wel een nuttige thermometer worden gemaakt door twee ongelijksoortige metalen met elkaar te verbinden, die verschillende uitzettingscoëfficiënten hebben (fig. 17.5b). Wanneer de temperatuur wordt verhoogd, zorgen de verschillen in uitzetting ervoor dat de bimetalen strip gaat buigen. Vaak heeft de bimetalen strip de vorm van een spoel, waarvan het ene uiteinde vast is en het andere uiteinde bevestigd is aan een wijzer, zoals in fig. 17.6. Dit type thermometer wordt gebruikt als gewone luchtthermometer, oventhermometer, automatische uitschakelaar in koffiezetapparaten en binnenthermostaat voor het bepalen of de verwarming of airconditioning aan moet gaan. Zeer nauwkeurige thermometers maken gebruik van elektrische eigenschappen (deel II, hoofdstuk 25), zoals weerstandsthermometers, thermokoppels en thermistors (temperatuurgevoelige weerstanden), vaak met een digitale uitlezing.

Temperatuurschalen

Om de temperatuur kwantitatief te kunnen meten, moet er een of andere numerieke schaal worden gedefinieerd. Tegenwoordig is de meest gebruikelijke schaal de **Celsiusschaal**, soms ook de **honderddelige** schaal genoemd. In de Verenigde Staten wordt ook veel gewerkt met de **Fahrenheitschaal**. Bij wetenschappelijk werk is de belangrijkste schaal de absolute schaal, oftewel de kelvinschaal, die verderop in dit hoofdstuk wordt besproken.

Een manier om een temperatuurschaal te definiëren is het toekennen van willekeurige waarden aan twee eenvoudig te reproduceren temperaturen. Voor zowel de Celsius- als de Fahrenheitschalen worden deze twee vaste punten gekozen als respectievelijk het vriespunt en het kookpunt[1] van water, beide bij de standaard atmosferische druk. Op de Celsiusschaal wordt voor het vriespunt van water 0°C ('nul graden Celsius') gekozen en het kookpunt op 100°C. Op de Fahrenheitschaal is het vriespunt gedefinieerd als 32°F en het kookpunt op 212°F. Een bruikbare thermometer wordt gekalibreerd door deze in zorgvuldig geprepareerde omgevingen bij elk van de twee temperaturen te plaatsen en de plaats van de vloeistof of de wijzer te markeren. Op een

---

[1] Het vriespunt van een stof is gedefinieerd als de temperatuur waarbij de vaste en de vloeistoffasen in evenwicht naast elkaar bestaan: dat wil zeggen, zonder enige netto verandering van vloeistof in vaste stof of omgekeerd. Het is experimenteel aangetoond dat er bij een gegeven druk slechts één zo'n temperatuur is. Op dezelfde manier is het kookpunt gedefinieerd als die temperatuur waarbij vloeistof en gas in evenwicht naast elkaar bestaan. Omdat deze punten afhangen van de druk, moet de druk erbij worden vermeld (gewoonlijk 1 atm).

Celsiusschaal wordt de afstand tussen de twee markeringen verdeeld in honderd gelijke intervallen die elk een graad tussen 0°C en 100°C voorstellen (vandaar de naam 'honderddelige schaal'). Bij een Fahrenheitschaal krijgen de twee punten de waarden 32°F en 212°F mee, en wordt de afstand ertussen verdeeld in 180 gelijke intervallen. Bij temperaturen onder het vriespunt van water en boven het kookpunt van water kunnen de schalen worden uitgebreid met dezelfde gelijke intervallen. Thermometers kunnen vanwege hun eigen beperkingen uitsluitend worden gebruikt binnen een beperkt temperatuurbereik. Zo gaat het vloeibare kwik in een kwikthermometer op een bepaald punt stollen (bij ongeveer −38,8°C), waaronder de thermometer onbruikbaar wordt. Een thermometer wordt ook onbruikbaar boven temperaturen waarin de vloeistof, zoals alcohol, verdampt. Voor zeer lage of zeer hoge temperaturen zijn speciale thermometers nodig, waarvan we er verderop een aantal zullen vermelden.

Iedere temperatuur op de Celsiusschaal komt overeen met een bepaalde temperatuur op de Fahrenheitschaal, zoals te zien is in fig. 17.7. Deze schalen zijn gemakkelijk in elkaar om te zetten door te onthouden dat 0°C overeenkomt met 32°F en dat een bereik van 100 graden op de Celsiusschaal overeenkomt met een bereik van 180 graden op de Fahrenheitschaal. Dus komt één graad Fahrenheit (1°F) overeen met 100/180 = 5/9 van één graad Celsius (1°C). Dat wil zeggen: 1°F = 5/9°C. (Merk op dat wanneer we naar een specifieke temperatuur verwijzen, we het hebben over 'graden Celsius', zoals in 20°C; maar dat wanneer we het hebben over een *temperatuurverandering* of een *temperatuurinterval*, we het woord Celsius meestal weglaten en het alleen hebben over graden, zoals in 'het is vandaag 2 graden kouder dan gisteren'). De omzetting tussen de twee temperatuurschalen is te schrijven als

$$T(°C) = \tfrac{5}{9}[T(°F) - 32]$$

oftewel

$$T(°F) = \tfrac{9}{5}T(°C) + 32.$$

In plaats van te proberen deze betrekkingen uit je hoofd te leren (je haalt ze gemakkelijk door elkaar), kun je beter onthouden dat 0°C = 32°F en dat een verandering van 5°C gelijkstaat aan een verandering van 9°F.

FIGUUR 17.6 Foto van een thermometer met een opgerolde bimetalen strip.

Voorbeeld 17.2 Temperatuur opnemen

De normale lichaamstemperatuur is 98,6°F. Wat is dit op de Celsiusschaal?

Aanpak We herinneren ons dat 0°C = 32°F en 5°C temperatuurverschil overeenkomt met een temperatuurverschil van 9°F.

Oplossing We bepalen eerst het verband tussen de gegeven temperatuur met het vriespunt van water (0°C). Dat wil zeggen, 98,6°F is 98,6 − 32,0 = 66,6°F boven het vriespunt van water. Omdat iedere iedere °F temperatuurverschil gelijk is aan 5/9°C temperatuurverschil, komt dit overeen met 66,6 × $\tfrac{5}{9}$ = 37,0 graden Celsius boven het vriespunt. Het vriespunt is 0°C, dus is de temperatuur 37,0°C.

Opgave A
Bepaal de temperatuur waarbij beide schalen dezelfde numerieke waarde te zien geven ($T_C = T_F$).

Over een breed temperatuurbereik zetten verschillende materialen niet op dezelfde manier uit. Als gevolg hiervan zullen verschillende thermometers, ook als we ze precies zo kalibreren als hiervoor beschreven, niet exact overeenkomen. Vanwege de manier van kalibreren zullen ze overeenkomen bij 0°C en bij 100°C. Maar vanwege de verschillende uitzettingseigenschappen kan het zijn dat ze bij tussenliggende temperaturen niet exact overeenkomen (bedenk dat we de thermometerschaal willekeurig hebben ingedeeld in honderd gelijke stukken tussen 0°C en 100°C). Dus zou een zorgvuldig gekalibreerde kwikthermometer 52,0°C kunnen registreren, terwijl een zorgvuldig gekalibreerde thermometer van een ander type 52,6°C aangeeft. Ook kunnen er aanzienlijke verschillen zijn onder de 0°C en boven de 100°C.

Vanwege dergelijke discrepanties moet één of andere standaardthermometer zo worden gekozen dat alle temperaturen exact kunnen worden gedefinieerd. De voor dit

 Let op

Temperaturen zijn in elkaar om te zetten door te onthouden dat 0°C = 32°F en dat een temperatuursverandering van 5°C gelijk is aan een verandering van 9°F.

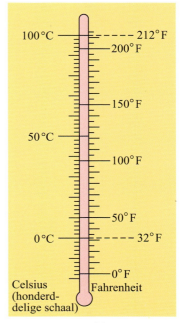

FIGUUR 17.7 Vergelijking tussen Celsius- en Fahrenheitschalen.

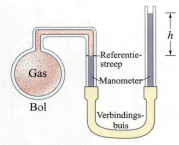

FIGUUR 17.8 Gasthermometer met constant volume.

doel gekozen standaard is de **gasthermometer met constant volume**. Zoals te zien is in het schema van fig. 17.8, bestaat deze thermometer uit een bol gevuld met een verdund gas, dat via een dunne buis verbonden is met een kwikmanometer (zie paragraaf 13.6). Het volume van het gas wordt constant gehouden door de rechterbuis van de manometer zo te verhogen of te verlagen totdat het kwik in de linkerbuis overeenkomt met de referentiestreep. Een verhoging in temperatuur veroorzaakt een evenredige toename in druk in de bol. Om het volume constant te houden moet de buis dus hoger worden opgetild. De hoogte van het kwik in de rechterkolom is dus een maat voor de temperatuur. Als we de gasdruk in de bol naar nul laten gaan, geeft deze thermometer voor alle gassen dezelfde resultaten. De resulterende schaal dient als basis voor de standaardtemperatuurschaal (paragraaf 17.10).

17.3 Thermisch evenwicht en de nulde hoofdwet van de thermodynamica

We weten allemaal dat als twee voorwerpen met verschillende temperaturen met elkaar in thermisch contact worden gebracht (wat inhoudt dat de thermische energie van het ene voorwerp kan worden overgebracht op het andere), de twee voorwerpen uiteindelijk dezelfde temperatuur zullen bereiken. Dit wordt een **thermisch evenwicht** genoemd. Om een voorbeeld te geven: je legt een koortsthermometer in je mond, totdat die in thermisch evenwicht is met de omgeving, en vervolgens lees je hem af. Van twee voorwerpen wordt gezegd dat ze in thermisch evenwicht zijn als er, bij thermisch contact, geen netto energiestromen van het ene voorwerp naar het andere gaan en hun temperaturen niet veranderen. Uit experimenten is gebleken dat als twee systemen in thermisch evenwicht zijn met een derde systeem, dat ze dan in thermisch evenwicht met elkaar zijn.

Dit postulaat wordt de **nulde hoofdwet van de thermodynamica** genoemd. Deze wet dankt zijn ongebruikelijke benaming aan het feit dat wetenschappers er pas bij het uitwerken van de indrukwekkende eerste en tweede hoofdwet van de thermodynamica (zie hoofdstuk 19 en 20), achter kwamen dat dit ogenschijnlijk voor de hand liggende postulaat eerst moest worden vermeld.

Temperatuur is een eigenschap van een systeem die bepaalt of het systeem in thermisch evenwicht zal zijn met andere systemen. Wanneer twee systemen in thermisch evenwicht zijn, zijn hun temperaturen per definitie aan elkaar gelijk, en zal er onderling geen netto thermische energie worden uitgewisseld. Dit is consistent met ons gewone temperatuurbegrip, omdat wanneer een heet en een koud voorwerp met elkaar in contact komen, ze uiteindelijk op dezelfde temperatuur uitkomen. Dus is het belang van de nulde hoofdwet dat deze een bruikbare definitie van temperatuur mogelijk maakt.

17.4 Thermische expansie

De meeste stoffen zetten uit, of expanderen, bij verhitting en krimpen bij afkoeling. De mate van uitzetten of krimpen is echter afhankelijk van het materiaal.

Lineaire expansie

Uit experimenten is gebleken dat de verandering in lengte $\Delta \ell$ van vrijwel alle vaste stoffen tot op een goede benadering recht evenredig is met de verandering in temperatuur ΔT, zolang ΔT niet te groot is. De verandering in lengte is ook evenredig met de oorspronkelijke lengte van het voorwerp, ℓ_0. Dat wil zeggen: bij dezelfde temperatuurstijging zal een 4 m lange ijzeren staaf tweemaal zoveel in lengte toenemen als een 2 m lange ijzeren staaf. Een dergelijke evenredigheid is te schrijven als een vergelijking:

$$\Delta \ell = \alpha \ell_0 \Delta T, \tag{17.1a}$$

waarin α de evenredigheidsconstante is die de *lineaire uitzettingscoëfficiënt* voor het bewuste materiaal wordt genoemd en als eenheid (°C)$^{-1}$ heeft. We schrijven $\ell = \ell_0 + \Delta \ell$, fig. 17.9, en herschrijven deze vergelijking als $\ell = \ell_0 + \Delta \ell = \ell_0 + \alpha \ell_0 \Delta T$, oftewel

$$\ell = \ell_0(1 + \alpha \Delta T), \qquad (17.1\text{b})$$

waarin ℓ_0 de beginlengte bij temperatuur T_0 is, en ℓ de lengte na verhitting of afkoeling tot een temperatuur T. Als de temperatuurverandering $\Delta T = T - T_0$ negatief is, dan is $\Delta \ell = \ell - \ell_0$ eveneens negatief; als de temperatuur daalt, neemt de lengte af. De waarden van α voor verschillende materialen bij 20°C zijn weergegeven in tabel 17.1. In werkelijkheid is α enigszins temperatuurafhankelijk (reden waarom thermometers die van verschillende materialen zijn gemaakt niet precies overeenkomen). Als het temperatuurbereik echter niet al te groot is, kan de variatie meestal worden verwaarloosd.

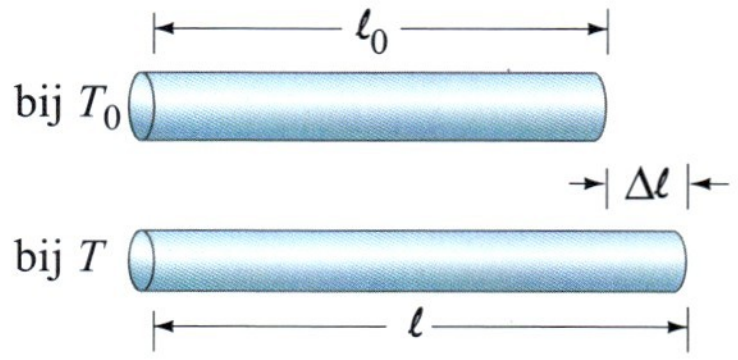

FIGUUR 17.9 Een dunne staaf met lengte ℓ_0 op temperatuur T_0 wordt verhit tot een nieuwe uniforme temperatuur T en krijgt lengte ℓ, waarin $\ell = \ell_0 + \Delta \ell$.

TABEL 17.1 Uitzettingscoëfficiënten, rond 20°C.

Materiaal	Lineaire uitzettingscoëfficiënt, α (°C)$^{-1}$	Volume-uitzettingscoëfficiënt, β (°C)$^{-1}$
Vaste stoffen		
Aluminium	$25 \cdot 10^{-6}$	$75 \cdot 10^{-6}$
Messing	$19 \cdot 10^{-6}$	$56 \cdot 10^{-6}$
Koper	$17 \cdot 10^{-6}$	$50 \cdot 10^{-6}$
Goud	$14 \cdot 10^{-6}$	$42 \cdot 10^{-6}$
IJzer of staal	$12 \cdot 10^{-6}$	$35 \cdot 10^{-6}$
Lood	$29 \cdot 10^{-6}$	$87 \cdot 10^{-6}$
Glas (Pyrex®)	$3 \cdot 10^{-6}$	$9 \cdot 10^{-6}$
Glas (gewoon)	$9 \cdot 10^{-6}$	$27 \cdot 10^{-6}$
Kwarts	$0{,}4 \cdot 10^{-6}$	$1 \cdot 10^{-6}$
Beton en baksteen	$\approx 12 \cdot 10^{-6}$	$\approx 36 \cdot 10^{-6}$
Marmer	$1{,}4 - 3{,}5 \cdot 10^{-6}$	$4\text{-}10 \cdot 10^{-6}$
Vloeistoffen		
Benzine		$950 \cdot 10^{-6}$
Kwik		$180 \cdot 10^{-6}$
Ethylalcohol		$1100 \cdot 10^{-6}$
Glycerine		$500 \cdot 10^{-6}$
Water		$210 \cdot 10^{-6}$
Gassen		
Lucht (en de meeste andere gassen bij atmosferische druk)		$3400 \cdot 10^{-6}$

Natuurkunde in de praktijk

Uitzetting in structuren

Voorbeeld 17.3 Uitzetting van een brug

De stalen onderlaag van een hangbrug is bij 20°C 200 m lang. Als de uiterste temperaturen waaraan hij zou kunnen worden blootgesteld −30°C tot +40°C zijn, hoe sterk kan de brug dan krimpen en uitzetten?

Aanpak We nemen aan dat de onderlaag van de brug lineair uitzet en krimpt met de temperatuur, zoals gegeven door vgl. 17.1a;

Oplossing Uit tabel 17.1 weten we dat voor staal $\alpha = 12 \cdot 10^{-6}$ (°C)$^{-1}$. De lengtetoename bij 40°C is

$$\Delta \ell = \alpha \ell_0 \Delta T = (12 \cdot 10^{-6}/°C)(200 \text{ m})(40°C - 20°C) = 4{,}8 \cdot 10^{-2} \text{ m},$$

oftewel 4,8 cm. Wanneer de temperatuur daalt tot −30°C, is $\Delta T = -50°C$. Dan is

$$\Delta \ell = (12 \cdot 10^{-6}/°C)(200 \text{ m})(-50°C) = -12{,}0 \cdot 10^{-2} \text{ m},$$

oftewel een afname in lengte van 12 cm. Het totale bereik dat de uitzettingsverbindingen moeten kunnen bevatten is 12 cm + 4,8 cm $\approx$ 17 cm (fig. 17.3).

FIGUUR 17.10 Voorbeeld 17.4.

Conceptvoorbeeld 17.4 Zetten gaten uit of krimpen ze?

Als je een dunne, ronde ring (fig. 17.10a) in de oven verhit, wordt het gat in de ring dan groter of kleiner?

Antwoord Je bent misschien geneigd te denken dat het metaal uitzet in het gat, waardoor het gat kleiner wordt. Maar zo simpel is het niet. Stel dat de ring een dichte schijf is, zoals een munt (fig. 17.10b). Teken er met een pen een cirkel op, zoals weergegeven. Wanneer het metaal uitzet, zal het materiaal binnen de cirkel uitzetten, tegelijk met de rest van het metaal; dus zet de cirkel uit. Door het metaal te snijden waar de cirkel te zien is, zien we dat de diameter van het gat in fig. 17.10a groter wordt.

Voorbeeld 17.5 Ring aan een staaf

Een ijzeren ring moet nauwsluitend om een cilindrische ijzeren staaf passen. Bij 20°C is de diameter van de staaf 6,445 cm en de binnendiameter van de ring 6,420 cm. Om over de staaf te kunnen glijden moet de ring circa 0,008 cm groter zijn dan de diameter van de staaf. Tot welke temperatuur moet de ring worden verhit om het gat zo groot te laten zijn dat de ring over de stang glijdt?

Aanpak Het gat in de ring moet worden vergroot van een diameter van 6,420 cm tot 6,445 cm + 0,008 cm = 6,453 cm. De ring moet worden verhit omdat de diameter van het gat toeneemt met de temperatuur (voorbeeld 17.4).

Oplossing We lossen ΔT op in vgl. 17.1a en vinden

$$\Delta T = \frac{\Delta \ell}{\alpha \ell_0} = \frac{6{,}453 \text{ cm} - 6{,}420 \text{ cm}}{(12 \times 10^{-6}/°\text{C})(6{,}420 \text{ cm})} = 430°\text{C}.$$

De temperatuur moet dus in elk geval worden verhoogd tot $T = (20°\text{C} + 430°\text{C}) = 450°\text{C}$.

Opmerking Vergeet bij het maken van vraagstukken niet om de laatste stap te zetten, namelijk het erbij optellen van de begintemperatuur (hier 20°C).

Openen van een vastzittend deksel

Conceptvoorbeeld 17.6 Openen van een strak vastzittend potdeksel

Wanneer het deksel van een glazen pot erg vast zit, kan het helpen om het deksel een tijdje onder heet water te houden (fig. 17.11). Waarom?

Antwoord Het kan zijn dat het deksel door het hete water eerder wordt verwarmd dan het glas en dus eerder uitzet. Maar zelfs als dit niet het geval is, zetten metalen in het algemeen meer uit dan glas bij dezelfde temperatuurverandering (α is groter, zie tabel 17.1).

Opmerking Als je een hardgekookt ei onmiddellijk na het koken in koud water legt, is het gemakkelijker te pellen: de verschillende thermische uitzettingen van de schil en het ei zorgen dat het ei van de schil loslaat.

Een hardgekookt ei pellen

■ Volume-expansie

De *volumeverandering* van een materiaal die een temperatuurverandering ondergaat, wordt gegeven door een betrekking die vergelijkbaar is met vgl. 17.1a, namelijk

$$\Delta V = \beta V_0 \Delta T, \tag{17.2}$$

waarin ΔT de temperatuurverandering, V_0 het oorspronkelijke volume, ΔV de volumeverandering, en β de *volume-uitzettingscoëfficiënt* is. De eenheid van β is (°C)$^{-1}$. De waarden van β voor de verschillende materialen zijn gegeven in tabel 17.1. Merk op dat β voor vaste stoffen gewoonlijk bij benadering gelijk is aan 3α. Beschouw om in te zien waarom, een balkvormig stuk vast materiaal met lengte ℓ_0, breedte W_0 en hoogte H_0. Wanneer de temperatuur wordt veranderd met ΔT, verandert het volume van $V_0 = \ell_0 W_0 H_0$ in

FIGUUR 17.11 Voorbeeld 17.6.

$$V = \ell_0(1 + \alpha\Delta T)W_0(1 + \alpha\Delta T)H_0(1 + \alpha\Delta T),$$

met behulp van vgl. 17.1b en aannemend dat α in alle richtingen gelijk is (dit is niet voor alle materialen het geval!). Dus geldt:

$$\Delta V = V - V_0 = V_0(1 + \alpha\Delta T)^3 - V_0 = V_0[3\alpha\Delta T + 3(\alpha\Delta T)^2 + (\alpha\Delta T)^3].$$

Als de hoeveelheid uitzetting veel kleiner is dan de oorspronkelijke omvang van het voorwerp, dan is $\alpha\Delta T \ll 1$ en kunnen we alles verwaarlozen op de eerste term na en vinden we

$$\Delta V \approx (3\alpha)V_0\Delta T.$$

Dit is vgl. 17.2 met $\beta \approx 3\alpha$. Voor vaste stoffen die niet isotroop (in alle richtingen dezelfde eigenschappen) zijn, geldt de relatie $\beta \approx 3\alpha$ niet. Merk op dat lineaire uitzetting geen betekenis heeft voor vloeistoffen en gassen omdat ze geen vaste vorm hebben.

Opgave B
Een lange dunne balk van aluminium bij $0°C$ is 1,0 m lang en heeft een volume van $1,0000 \cdot 10^{-3}$ m^3. Bij verhitting tot $100°C$ wordt de lengte van de staaf 1,0025 m. Wat is benaderend het volume van de balk bij $100°C$?
(a) $1,0000 \cdot 10^{-3}$ m^3; (b) $1,0025 \cdot 10^{-3}$ m^3; (c) $1,0050 \cdot 10^{-3}$ m^3;
(d) $1,0075 \cdot 10^{-3}$ m^3; (e) $2,5625 \cdot 10^{-3}$ m^3.

De vergelijkingen 17.1 en 17.2 zijn alleen nauwkeurig als $\Delta\ell$ (of ΔV) klein is in vergelijking met ℓ_0 (of V_0). Dit is met name van belang voor vloeistoffen en zelfs nog meer voor gassen vanwege de grote waarden van β. Bovendien is β voor gassen sterk temperatuurafhankelijk. Dus moeten gassen op een meer geschikte manier worden behandeld; dit wordt besproken in paragraaf 17.6 en verder.

Voorbeeld 17.7 Benzinetank in de zon

De stalen benzinetank van 70 liter van een auto is bij $20°C$ gevuld. De auto staat in de zon en de tank bereikt een temperatuur van $40°C$. Hoeveel benzine verwacht je dat er uit de tank stroomt?

Aanpak   Zowel de benzine als de tank zetten uit bij temperatuursverhoging, en we nemen aan dat ze dit lineair doen zoals beschreven door vgl. 17.2. Het volume aan overstromende benzine is gelijk aan de volumetoename van de benzine min de toename van volume in de tank.

Oplossing   De benzine zet uit met

$$\Delta V = \beta V_0 \Delta T = (950 \cdot 10^{-6}/°C)(70 \text{ l})(40°C - 20°C) = 1,3 \text{ l}.$$

Ook de tank zet uit. We kunnen de tank zien als een stalen omhulsel dat volume-uitzetting ondergaat ($\beta \approx 3\alpha = 36 \cdot 10^{-6}/°C$). Als de tank massief zou zijn, zou de toplaag (het omhulsel) op dezelfde manier uitzetten. Dus neemt de tank in volume toe met

$$\Delta V = (36 \cdot 10^{-6}/°C)(70 \text{ l})(40°C - 20°C) = 0,050 \text{ l},$$

dus heeft uitzetting van de tank weinig effect. Er kan meer dan een liter benzine uit stromen.

Opmerking   Wil je een paar eurocenten besparen? Benzine betaal je per volume, dus moet je je benzinetank vullen wanneer het koud is en de benzine dichter: meer moleculen voor dezelfde prijs. Je moet de tank echter niet helemaal vullen.

Natuurkunde in de praktijk

Overstroming van een gastank

■ Anomaal gedrag van water onder $4°C$

Zolang er geen faseverandering optreedt, zetten de meeste stoffen bij een temperatuurverhoging min of meer uniform uit. Water volgt echter niet het gebruikelijke patroon. Als water bij $0°C$ wordt verwarmd, neemt het zelfs in volume *af* totdat het $4°C$ bereikt. Boven de $4°C$ gedraagt water zich normaal en zet bij temperatuurverhoging

FIGUUR 17.12 Gedrag van water als functie van de temperatuur rond 4°C. (a) Volume van 1,00000 g water als functie van de temperatuur. (b) Dichtheid als functie van de temperatuur. (Let op de onderbrekingen in de assen.)

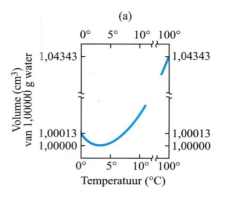
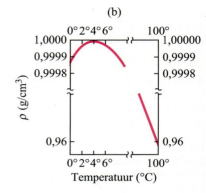

Natuurkunde in de praktijk

Leven onder ijs

uit in volume, zie fig. 17.12. Water heeft dus zijn grootste dichtheid bij 4°C. Door dit anomale gedrag van water hebben planten en dieren in het water meer kans om koude winters te overleven. Wanneer het water in een meer of rivier boven de 4°C komt en door contact met koude lucht begint af te koelen, zinkt het water aan de oppervlakte vanwege de grotere dichtheid. Het wordt vervangen door warmer water dat van onderen af naar boven stroomt. Deze vermenging gaat door totdat de temperatuur 4°C bereikt. Als het oppervlaktewater verder afkoelt, blijft het aan de oppervlakte omdat het minder dicht is dan het water van 4°C eronder. Vervolgens bevriest water aan de oppervlakte, en blijft het ijs aan de oppervlakte omdat ijs (massadichtheid = 0,917 kg/dm^3) minder dicht is dan water. Het water op de bodem blijft vloeibaar tenzij het zo koud is dat al het water gaat bevriezen. Als water zich zou gedragen zoals de meeste stoffen en bij afkoeling dichter zou worden, zou het water op de bodem van een meer het eerst bevriezen. Meren zouden gemakkelijker dichtvriezen omdat de circulatie warmer water naar de oppervlakte brengt, waardoor het efficiënt wordt afgekoeld. Door het volledig dichtvriezen van een meer zou er ernstige schade aan het leven van planten en dieren ontstaan. Vanwege het ongebruikelijke gedrag van water onder de 4°C gebeurt het zelden dat een dergelijk groot volume aan water ineens bevriest, en dit wordt ook tegengegaan door de ijslaag aan de oppervlakte, die als isolator fungeert, zodat de warmtestroom vanuit het koude water naar de lucht erboven wordt verminderd. Zonder deze merkwaardige, maar wonderbaarlijke eigenschap van water zou leven op de planeet zoals wij dat kennen, niet mogelijk zijn geweest.

Niet alleen zet water uit bij afkoeling van 4°C tot 0°C, het zet zelfs nog meer uit als het tot ijs bevriest. Dit is de oorzaak dat ijsklontjes en ijsbergen in water drijven en pijpen breken wanneer water erbinnen bevriest.

*17.5 Thermische spanningen

In veel situaties, zoals bij gebouwen en wegen, zijn de uiteinden van een balk of plaat materiaal star vastgemaakt, waardoor uitzetting en inkrimping sterk wordt beperkt. Als de temperatuur verandert, zouden er druk- of rekspanningen, zogeheten *thermische spanningen,* kunnen optreden. De grootte van dergelijke spanningen kan worden berekend met behulp van de elasticiteitsmodulus, die behandeld is in hoofdstuk 12. Voor het berekenen van de interne spanning stellen we ons voor dat dit proces in twee stappen verloopt: (1) de balk probeert uit te zetten (of te krimpen) met een lengte gegeven door vgl. 17.1; (2) de vaste stof in contact met de balk oefent een kracht uit om deze samen te drukken (of uit te zetten), waardoor hij de oorspronkelijke lengte houdt. De gewenste kracht F is gegeven door vgl. 12.4:

$$\Delta \ell = \frac{1}{E}\frac{F}{A}\ell_0,$$

waarin E de elasticiteitsmodulus is voor het materiaal. Voor het berekenen van de interne spanning, F/A, stellen we $\Delta \ell$ in vgl. 17.1a gelijk aan $\Delta \ell$ in de vergelijking hiervóór en vinden

$$\alpha \ell_0 \Delta T = \frac{1}{E}\frac{F}{A}\ell_0.$$

Dus is de spanning

$$\frac{F}{A} = \alpha E \Delta T.$$

Voorbeeld 17.8 Spanning in beton op een hete zomerdag

Een snelweg is gemaakt van blokken beton van 10 m lang, die achter elkaar zijn geplaatst zonder tussenruimte voor uitzetting. Als de blokken bij een temperatuur van 10°C werden geplaatst, welke drukspanning zou er dan optreden als de temperatuur 40°C bereikte? Het contactoppervlak tussen elk tweetal blokken is 0,20 m². Zal er breuk optreden?

Aanpak We gebruiken de uitdrukking voor de spanning F/A, die we zojuist hebben afgeleid en bepalen de waarde van E uit tabel 12.1. Om te zien of er breuk optreedt, vergelijken we deze spanning met de druksterkte van beton uit tabel 12.2.

Oplossing

$$\frac{F}{A} = \alpha E \Delta T = (12 \times 10^{-6}/°C)(20 \times 10^9 \text{N/m}^2)(30°C) = 7{,}2 \times 10^6 \text{ N/m}^2.$$

Deze spanning is niet veel minder dan de uiterste spanning van beton onder druk (tabel 12.2) en is groter dan die voor spanning en afschuiving. Als het beton niet perfect aansluitend gelegd is, zal een deel van de kracht werken als afschuiving en is er grote kans op breuk. Dit is de reden dat er bij betonnen trottoirs, snelwegen en bruggen zachte tussenmaterialen of expansieverbindingen worden gebruikt (fig. 17.3).

Natuurkunde in de praktijk

Wegdek van snelwegen

Opgave C
Hoeveel ruimte zou je nodig hebben tussen de 10 m lange betonblokken als je een temperatuurbereik zou verwachten van −18°C tot 43°C?

17.6 De gaswetten en de absolute temperatuur

Vgl. 17.2 is niet erg nuttig voor de beschrijving van de uitzetting van een gas, gedeeltelijk omdat de uitzetting zo groot kan zijn en gedeeltelijk omdat gassen elk vat waar ze in zitten vullen. Vgl. 17.2 is dan ook alleen maar van belang als de druk constant wordt gehouden. Het volume van een gas hangt sterk af van zowel de druk als de temperatuur. Het is daarom zinvol om een verband af te leiden tussen het volume, de druk, de temperatuur en de massa van een gas. Een dergelijk verband wordt een **toestandsvergelijking** genoemd. (Met het woord *toestand* bedoelen we de fysische toestand van het systeem.) Als de toestand van een systeem wordt veranderd, zullen we altijd wachten totdat de druk en temperatuur overal dezelfde waarden hebben bereikt. We beschouwen dus uitsluitend **evenwichtstoestanden** van een systeem wanneer de variabelen waardoor het wordt beschreven (zoals temperatuur en druk) in het gehele systeem hetzelfde zijn en niet veranderen in de tijd. We merken ook op dat de resultaten van deze paragraaf uitsluitend nauwkeurig zijn voor gassen die niet te dicht zijn (de druk is niet te hoog, in de orde van één atmosfeer of minder) en niet te dicht bij het punt van vloeibaar worden (kookpunt).

Voor een gegeven hoeveelheid gas is experimenteel aangetoond dat, in een goede benadering, *het volume van een gas omgekeerd evenredig is aan de erop toegepaste druk wanneer de temperatuur constant* wordt gehouden. Dat wil zeggen:

$$V \propto \frac{1}{P}, \qquad [\text{constante } T]$$

waarin P de absolute druk is (*niet* de 'manometerdruk', zie paragraaf 13.4). Om een voorbeeld te geven: als de druk op een gas wordt verdubbeld, wordt het volume gereduceerd tot de helft van het oorspronkelijke volume. Deze betrekking staat bekend als de **wet van Boyle**, naar Robert Boyle (1627-1691), die dit als eerste stelde op basis van zijn eigen experimenten. In fig. 17.13 is een grafiek te zien van P als functie van V bij een vaste temperatuur T. De wet van Boyle kan ook worden geschreven als

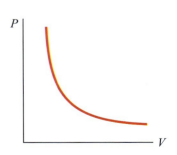

FIGUUR 17.13 Druk als functie van het volume van een vaste hoeveelheid gas bij constante temperatuur, waaraan de omgekeerde evenredigheid te zien is zoals gegeven door de wet van Boyle: als de druk afneemt, neemt het volume toe.

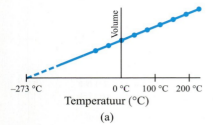

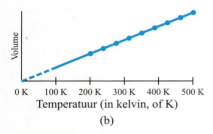

FIGUUR 17.14 Volume van een vaste hoeveelheid gas als functie van (a) de temperatuur in graden Celsius, en (b) de temperatuur in kelvin, wanneer de druk constant wordt gehouden.

$$PV = \text{constant}. \qquad [\text{constante } T]$$

Dat wil zeggen, bij constante temperatuur zal, als ofwel de druk ofwel het volume van een vaste hoeveelheid gas mag variëren, de andere variabele ook veranderen, zodat het product PV constant blijft.

Temperatuur is ook van invloed op het volume van een gas, maar pas een eeuw na Boyle's werk werd een kwantitatief verband tussen V en T ontdekt. De Fransman Jacques Charles (1746-1823) ontdekte dat wanneer de druk niet te hoog is en constant wordt gehouden, het volume van een gas vrijwel lineair toeneemt met de temperatuur, zoals weergegeven in fig. 17.14a. Alle gassen worden echter vloeibaar bij lage temperaturen (zuurstof wordt bijvoorbeeld vloeibaar bij $-183\,°C$), dus kan de grafiek niet worden uitgebreid voorbij het vloeibaarheidspunt. Toch is de grafiek in wezen een rechte lijn en als deze wordt geëxtrapoleerd naar lagere temperaturen, zoals weergegeven door de stippellijn, snijdt deze de as bij ongeveer $-273\,°C$.

Een dergelijke grafiek kan worden getekend voor een willekeurig gas, en bij het doortrekken van de rechte lijn komen we altijd uit bij $-273\,°C$ bij volume nul. Dit lijkt te impliceren dat als een gas zou kunnen worden afgekoeld tot $-273\,°C$, het volume nul zou hebben, en bij lagere temperaturen een negatief volume, wat onzinnig is. Een mogelijke redenering is dat $-273\,°C$ de laagst mogelijke temperatuur is; veel andere recentere experimenten lijken erop te wijzen dat dit zo is. Deze temperatuur wordt het **absolute nulpunt** van temperatuur genoemd. De waarde ervan is bepaald op $-273{,}15\,°C$.

Het absolute nulpunt vormt de basis van een temperatuurschaal die bekendstaat als de **absolute schaal** of de **kelvinschaal** en die in de wetenschap zeer veel wordt gebruikt. Op deze schaal wordt de temperatuur aangegeven in *kelvin* (K) zonder het gradenteken. De intervallen zijn dezelfde als bij de Celsiusschaal, maar voor de nul op deze schaal (0 K) wordt de absolute nul gekozen. Dus ligt het vriespunt van (0°C) bij 273,15 K, en het kookpunt van water bij 373,15 K. In feite kan elke temperatuur op de Celsiusschaal worden omgezet in kelvin door er 273,15 bij op te tellen:

$$T(K) = T(°C) + 273{,}15.$$

Laten we nu eens kijken naar fig. 17.14b, waar de grafiek van het volume van een gas als functie van de absolute temperatuur een rechte lijn door de oorsprong is. Dus is bij goede benadering *het volume van een gegeven hoeveelheid gas recht evenredig met de absolute temperatuur, wanneer de druk constant wordt gehouden*. Dit staat bekend als de **wet van Charles**, en kan worden geschreven als

$$V \propto T. \qquad [\text{constante } P]$$

Een derde gaswet, bekend als de **wet van Gay-Lussac**, naar Joseph Gay-Lussac (1778-1850), stelt dat *bij constant volume, de absolute druk van een gas recht evenredig is met de absolute temperatuur*:

$$P \propto T. \qquad [\text{constante } V]$$

De wetten van Boyle, Charles en Gay-Lussac zijn niet echt wetten in de zin zoals we die term tegenwoordig gebruiken (exact, diepgaand, breed geldig). Het zijn eigenlijk slechts benaderingen die voor echte gassen alleen maar geldig zijn zolang als de druk en de dichtheid van het gas niet te hoog zijn en het gas niet te dicht bij het punt van vloeibaar worden komt (condensatie). Van oudsher zijn deze drie betrekkingen echter met de term *wet* aangegeven, dus moeten we dit wel overnemen.

> **Conceptvoorbeeld 17.9 Waarom je geen gesloten glazen pot in een kampvuur mag gooien**
>
> Wat kan er gebeuren als je een lege glazen pot, met het deksel er vast op, in het vuur gooit, en waarom?
>
> **Antwoord** De binnenkant van de pot is niet leeg, maar gevuld met lucht. Doordat het vuur de lucht binnenin verwarmt, stijgt de temperatuur. Het volume van de glazen pot verandert slechts weinig als gevolg van de verhitting. Op grond van de wet van Gay-Lussac kan de druk P van de lucht binnen de pot enorm toenemen, voldoende om de pot te laten exploderen, waardoor stukjes glas alle kanten op vliegen.

17.7 De ideale gaswet

De gaswetten van Boyle, Charles en Gay-Lussac werden verkegen door middel van een zeer nuttige wetenschappelijke techniek: namelijk het constant houden van één of meer variabelen om duidelijk te kunnen zien wat de effecten op één variabele zijn als gevolg van verandering in een andere. Deze wetten kunnen vervolgens worden gecombineerd tot één meer algemene betrekking tussen de absolute druk, het absolute volume en de absolute temperatuur van een vaste hoeveelheid gas:

$$PV \propto T.$$

Deze betrekking geeft aan hoe elk van de grootheden P, V of T zal veranderen bij een verandering in de twee andere grootheden. Wanneer een van de grootheden T, P of V constant wordt gehouden reduceert deze betrekking tot respectievelijk de wet van Boyle, de wet van Charles of de wet van Gay-Lussac.
Ten slotte moeten we rekening houden met het effect van de hoeveelheid gas die aanwezig is. Iedereen die wel eens een ballon heeft opgeblazen, weet dat hoe meer lucht er in de ballon wordt geperst, des te groter hij wordt (fig. 17.15). Zorgvuldige experimenten tonen ook aan dat bij constante temperatuur en druk, het volume V van een ingesloten gas recht evenredig toeneemt met de massa m van het aanwezige gas. Dus schrijven we

$$PV \propto mT.$$

FIGUUR 17.15 Bij het opblazen van een ballon wordt er meer lucht (meer luchtmoleculen) in de ballon gestopt, waardoor het volume wordt vergroot. De druk is vrijwel constant (atmosferisch), op het kleine effect van de elasticiteit van de ballon na.

Deze eigenschap kan worden uitgedrukt in een vergelijking door een evenredigheidsconstante toe te voegen. Experimenteel is aangetoond dat deze constante voor elk gas een andere waarde heeft. De evenredigheidsconstante blijkt echter wel hetzelfde te zijn voor alle gassen als we, in plaats van de massa m, het aantal *mol* nemen.
Eén **mol** is gedefinieerd als de hoeveelheid stof die evenveel atomen of moleculen bevat als precies 12 gram koolstof-12 (waarvan de atoommassa exact 12 Da bedraagt). Een eenvoudiger maar gelijkwaardige definitie is de volgende: 1 mol is de hoeveelheid stof waarvan de massa in gram numeriek gelijk is aan de molecuulmassa (zie paragraaf 17.1) van de stof. Om een voorbeeld te geven: de molecuulmassa van waterstofgas (H_2) is 2,0 Da (omdat elk molecuul twee atomen waterstof bevat met een atoommassa van 1,0 Da). Dus heeft 1 mol H_2 een massa van 2,0 g. Evenzo heeft 1 mol neongas een massa van 20 g, en 1 mol CO_2 een massa van $(12 + (2 \times 16)) = 44$ g, omdat zuurstof een atoommassa van 16 heeft (zie de tabel van het periodiek systeem achter in dit boek). De mol is de officiële eenheid van hoeveelheid stof in het SI-systeem. In het algemeen is het aantal mol, n, in een monster van een zuivere stof gelijk aan de massa van het monster in gram gedeeld door de molecuulmassa in gram per mol:

$$n \text{ (mol)} = \text{massa (gram)/molecuulmassa (g/mol)}.$$

Zo is bijvoorbeeld het aantal mol in 132 g CO_2 (molecuulmassa 44 Da)

$$n = \frac{132 \text{ g}}{44 \text{ g/mol}} = 3{,}0 \text{ mol}.$$

We kunnen nu de hierboven besproken eigenschap ($PV \propto mT$) uitdrukken in een vergelijking:

$$PV = nRT, \tag{17.3}$$

De ideale gaswet

waarin n het aantal mol is en R de evenredigheidsconstante. R wordt de **universele gasconstante** genoemd, omdat experimenteel is aangetoond dat de waarde ervan gelijk is voor alle gassen. De waarde van R, in verschillende eenhedencombinaties (alleen de eerste is de juiste SI-eenheid), is

$$R = 8{,}314 \text{ J/(mol} \cdot \text{K)}$$
$$= 0{,}0821 \text{ (L} \cdot \text{atm)/(mol} \cdot \text{K)} = 1{,}99 \text{ calorieën/(mol} \cdot \text{K)}.[1]$$

Vgl. 17.3 wordt de **ideale gaswet**, oftewel de **toestandsvergelijking voor een ideaal gas** genoemd. We gebruiken de term 'ideaal' omdat echte gassen niet exact voldoen

---

[1] Calorieën worden gedefinieerd in paragraaf 19.1; soms kan het handig zijn om R in calorieën uit te drukken.

Let op
Druk de temperatuur T altijd uit in kelvin en de druk P in absolute druk (niet de manometerdruk).

aan vgl. 17.3, met name bij hoge druk (en dichtheid) of wanneer het gas in de buurt van het punt van vloeibaar worden (= kookpunt) is. Echter bij drukken van minder dan circa een atmosfeer en met een temperatuur T die niet te dicht bij het punt van vloeibaar worden van het gas ligt, is vgl. 17.3 behoorlijk nauwkeurig en nuttig voor echte gassen.

Bedenk altijd dat bij het gebruik van de ideale gaswet de temperaturen moeten worden gegeven in kelvin (K) en dat de druk P altijd gelijk moet zijn aan de *absolute* druk, niet de manometerdruk (paragraaf 13.4).

> **Opgave D**
> Ga terug naar de openingsvraag aan het begin van dit hoofdstuk en beantwoord die nogmaals. Probeer te verklaren waarom je die de eerste keer misschien anders beantwoord hebt.

> **Opgave E**
> Een stalen bol is gevuld met ideaal gas bij 27,0°C en 1,00 atm absolute druk. Als er geen gas kan ontsnappen en de temperatuur wordt verhoogd naar 127°C, wat wordt dan de nieuwe druk? (a) 1,33 atm; (b) 0,75 atm; (c) 4,7 atm; (d) 0,21 atm; (e) 1,00 atm.

17.8 Het oplossen van vraagstukken rond de ideale gaswet

De ideale gaswet is een zeer nuttig hulpmiddel, en we beschouwen nu enkele voorbeelden. We zullen het vaak hebben over 'normale omstandigheden' of standaard temperatuur en druk (STP), waarmee we bedoelen:

$$T = 273 \text{ K } (0°C) \text{ en } P = 1{,}00 \text{ atm} = 1{,}013 \cdot 10^5 \text{ N/m}^2 = 101{,}3 \text{ kPa}.$$

> **Voorbeeld 17.10   Volume van één mol bij STP**
>
> Bepaal het volume van 1,00 mol gas, aangenomen dat dit zich bij STP gedraagt als een ideaal gas.
>
> **Aanpak**   We gebruiken de ideale gaswet en lossen V hieruit op.
>
> **Oplossing**   We berekenen V uit vgl. 17.3:
>
> $$V = \frac{nRT}{P} = \frac{(1{,}00 \text{ mol})(8{,}314 \text{ J/mol} \times \text{K})(273 \text{ K})}{(1{,}013 \times 10^5 \text{ N/m}^2)} = 22{,}4 \times 10^{-3} \text{ m}^3.$$
>
> Omdat 1 liter (l) = 1000 cm^3 = 1,00 · 10^{-3} m^3, heeft 1,00 mol van een willekeurig (ideaal) gas bij STP een volume V van 22,4 l.
>
> Probeer de waarde van 22,4 l voor het volume van 1 mol van een ideaal gas bij STP te onthouden, omdat dit soms de berekening eenvoudiger maakt.

Oplossingsstrategie
1 mol gas bij STP heeft een volume V van 22,4 l.

> **Opgave F**
> Wat is het volume van 1,00 mol ideaal gas bij 546 K (= 2 × 273 K) en 2,0 atm absolute druk? (a) 11,2 l, (b) 22,4 l, (c) 44,8 l, (d) 67,2 l, (e) 89,6 l.

> **Voorbeeld 17.11   Heliumballon**
>
> Een heliumballon, die perfect bolvormig verondersteld wordt, heeft een straal van 18,0 cm. Bij kamertemperatuur (20°C), is de interne druk gelijk aan 1,05 atm. Bepaal het aantal mol helium in de ballon en de massa van helium die nodig is om de ballon op te blazen tot deze waarden.

Aanpak Omdat omdat P en T gegeven zijn, kunnen we de ideale gaswet gebruiken om n te vinden, en we kunnen V bepalen uit de gegeven straal.

Oplossing We bepalen V uit de formule voor het volume van een bol:

$$V = \tfrac{4}{3}\pi r^3$$
$$= \tfrac{4}{3}\pi (0{,}180 \text{ m})^3 = 0{,}0244 \text{ m}^3.$$

De druk is gegeven als 1,05 atm = $1{,}064 \cdot 10^5$ N/m². De temperatuur moet worden uitgedrukt in kelvin, dus veranderen we 20°C in (20 + 273) K = 293 K. Ten slotte gebruiken we de waarde $R = 8{,}314$ J/(mol·K) omdat we SI-eenheden gebruiken. Dus geldt

$$n = \frac{PV}{RT} = \frac{(1{,}064 \times 10^5 \text{ N/m}^2)(0{,}0244 \text{ m}^3)}{(8{,}314 \text{ J/mol} \times \text{K})(293 \text{ K})} = 1{,}066 \text{ mol}.$$

De massa van het helium (massa = 4,00 g/mol zoals gegeven in het periodiek systeem of appendix F) kan worden verkregen uit

$$\text{massa} = n \times \text{moleculmassa} = (1{,}066 \text{ mol})(4{,}00 \text{ g/mol})$$
$$= 4{,}26 \text{ g oftewel } 4{,}26 \cdot 10^{-3} \text{ kg}.$$

Voorbeeld 17.12 *Schatten* **Massa van lucht in een ruimte**

Geef een schatting van de massa van lucht bij STP in een ruimte waarvan de afmetingen 5 m × 3 m × 2,5 m zijn.

Aanpak Eerst bepalen we het aantal mol n bij het gegeven volume. Om de totale massa te krijgen, vermenigvuldigen we dit met de massa van één mol.

Oplossing Uit voorbeeld 17.10 weten we dat 1 mol van een gas bij 0°C een volume heeft van 22,4 l. Het volume in de kamer is 5 m × 3 m × 2,5 m, dus

$$n = \frac{(5 \text{ m})(3 \text{m})(2{,}5 \text{ m})}{22{,}4 \times 10^{-3} \text{ m}^3} \approx 1700 \text{ mol}.$$

Lucht is een mengsel van circa 20 procent zuurstof (O_2) en 80 procent stikstof (N_2). De moleculmassa's zijn respectievelijk 2 × 16 Da = 32 Da en 2 × 14 Da = 28 Da, wat een gemiddelde oplevert van ongeveer 29 Da. Dus heeft 1 mol lucht een massa van circa 29 g = 0,029 kg, dus heeft onze ruimte een massa lucht van

$$m \approx (1700 \text{ mol})(0{,}029 \text{ kg/mol}) \approx 50 \text{ kg}.$$

Opmerking Dat is dus bijna evenveel als het gewicht van een volwassen mens!

Natuurkunde in de praktijk

Massa (en gewicht) van de lucht in een ruimte

Opgave G
Zou er bij 20°C (*a*) meer, (*b*) minder, of (*c*) dezelfde massa aan lucht in een ruimte zijn dan bij 0°C? Neem hierbij aan dat er een raam openstaat, zodat er lucht in en uit de kamer kan.

Volume wordt meestal opgegeven in liter en druk in atmosfeer. In plaats van dit om te zetten naar SI-eenheden, kunnen we de waarde van R uit paragraaf 17.7 gebruiken, 0,0821 l·atm/mol·K.

In veel situaties is het helemaal niet nodig om de waarde van R te gebruiken. Zo hebben veel vraagstukken betrekking op een verandering in de druk, de temperatuur of het volume van een vaste hoeveelheid gas. In dit geval geldt $PV/T = nR$ = constant, omdat n en R constant blijven. Laten we nu P_1, V_1 en T_1 de beginwaarden zijn, en P_2, V_2 en T_2 de waarden na de verandering, dan kunnen we schrijven

$$\frac{P_1 V_1}{T_1} = \frac{P_2 V_2}{T_2}.$$

Oplossingsstrategie

De breukvorm van de ideale gaswet benutten

Als we een van de vijf grootheden in deze vergelijking kennen, kunnen we de zesde oplossen. Of, als een van deze drie variabelen constant is, $V_1 = V_2$, of $P_1 = P_2$, $T_1 = T_2$, dan kunnen we deze vergelijking gebruiken om, als de andere drie grootheden gegeven zijn, de ene onbekende op te lossen.

Natuurkunde in de praktijk

Druk in een hete band

FIGUUR 17.16 Voorbeeld 17.13.

Voorbeeld 17.13 Koude banden nakijken

Een autoband wordt gevuld (fig. 17.16) tot een manometerdruk van 200 kPa bij 10°C. Na een rit van 100 km stijgt de temperatuur in de band tot 40°C. Wat is nu de druk binnen de band?

Aanpak   We weten niet wat het aantal mol van een gas, of wat het volume van de band is, maar we nemen aan dat deze beide constant blijven. We gebruiken de breukvorm van de ideale gaswet.

Oplossing   Omdat $V_1 = V_2$ geldt

$$\frac{P_1}{T_1} = \frac{P_2}{T_2}.$$

Dit is gelijk aan de wet van Gay-Lussac. Omdat de gegeven druk de manometerdruk is (paragraaf 13.4), moeten we atmosferische druk (101 kPa) toevoegen om de absolute druk te vinden $P_1 = (200 \text{ kPa} + 101 \text{ kPa}) = 301$ kPa. We zetten de temperaturen om naar kelvin door er 273 bij op te tellen en berekenen P_2:

$$P_2 = P_1 \left(\frac{T_2}{T_1}\right) = (3{,}01 \times 10^5 \text{ Pa}) \left(\frac{313 \text{ K}}{283 \text{ K}}\right) = 333 \text{ kPa}.$$

Na aftrekken van de atmosferische druk vinden we voor de resulterende manometerdruk 232 kPa, een toename van 16 procent. Dit voorbeeld laat zien waarom handleidingen voor auto's aanraden om de bandenspanning te controleren als de banden koud zijn.

17.9 De ideale gaswet in termen van moleculen: het getal van Avogadro

Het feit dat de gasconstante, R, voor alle gassen dezelfde waarde heeft, is een prachtig voorbeeld van de eenvoud van de natuur. Dit werd, hoewel in een iets andere vorm, ontdekt door de Italiaanse wetenschapper Amedeo Avogadro (1776-1856). Avogadro stelde dat *gelijke volumes aan gas bij dezelfde druk en temperatuur gelijke aantallen moleculen* bevatten. Dit wordt soms ook wel de **hypothese van Avogadro** genoemd. Dat dit consistent is met het feit dat R hetzelfde is voor alle gassen, is als volgt in te zien. Uit vgl. 17.3, $PV = nRT$, weten we dat voor hetzelfde aantal mol, n, en dezelfde druk en temperatuur, zolang R gelijk blijft, het volume voor alle gassen hetzelfde blijft. Op de tweede plaats is het aantal moleculen in 1 mol hetzelfde voor alle gassen.[1]

Dus is de hypothese van Avogadro equivalent met het feit dat R voor alle gassen gelijk is. Het aantal moleculen in één mol zuivere stof staat bekend als het **getal van Avogadro**, N_A. Hoewel Avogadro dit begrip introduceerde, was hij niet in staat om feitelijk de waarde van N_A te bepalen. Echte nauwkeurige metingen werden pas uitgevoerd in de twintigste eeuw.

Er is een aantal methoden bedacht om N_A te meten, en tegenwoordig is de geaccepteerde waarde

Het getal van Avogadro

$$N_A = 6{,}02 \cdot 10^{23} \qquad \text{[moleculen/mol]}.$$

Omdat het totaal aantal moleculen, N, in een gas gelijk is aan het aantal per mol maal het aantal mol ($N = nN_A$), kan de ideale gaswet, vgl. 17.3 worden uitgedrukt in het aantal aanwezige moleculen:

$$PV = nRT = \frac{N}{N_A} RT,$$

---

[1] Zo is bijvoorbeeld de moleculmassa van waterstofgas 2,0 atomaire massa eenheden (Da), terwijl die van zuurstof 32,0 Da is. Dus heeft 1 mol H_2 een massa van 0,0020 kg en 1 mol O_2 een massa van 0,0320 kg. Het aantal moleculen in een mol is gelijk aan de totale massa M van een mol gedeeld door de massa m van één molecuul; omdat op grond van de definitie van een mol deze verhouding (M/m) voor alle gassen gelijk is, moet elk gas hetzelfde aantal moleculen bevatten.

oftewel

$$PV = NkT, \qquad (17.4)$$

> *De ideale gaswet (in termen van moleculen)*

waarin $k = R/N_A$ de constante van Boltzmann is en de waarde

$$k = \frac{R}{N_A} = \frac{8{,}314 \text{ J/mol} \times \text{K}}{6{,}02 \times 10^{23}/\text{mol}} = 1{,}38 \times 10^{-23} \text{ J/K}.$$

heeft.

Voorbeeld 17.14 Massa van het waterstofatoom

Bepaal met behulp van het getal van Avogadro de massa van een waterstofatoom.

Aanpak De massa van één atoom is gelijk aan de massa van 1 mol gedeeld door het aantal atomen in 1 mol, N_A.

Oplossing Eén mol waterstofatomen (atoommassa = 1,008 Da, paragraaf 17.1 of appendix F) heeft een massa van $1{,}008 \cdot 10^{-3}$ kg en bevat $6{,}02 \cdot 10^{23}$ atomen. Dus heeft één atoom een massa

$$m = \frac{1{,}008 \times 10^{-3} \text{ kg}}{6{,}02 \times 10^{23}}$$
$$= 1{,}67 \times 10^{-27} \text{ kg}.$$

Voorbeeld 17.15 *Schatten* Hoeveel moleculen gaan er in één adem?

Geef een schatting van het aantal moleculen dat je met 1,0 l inademt.

Aanpak We bepalen welk gedeelte van een mol gelijk is aan 1,0 l door uit te gaan van het resultaat van voorbeeld 17.10, dat 1 mol bij STP een volume heeft van 22,4 l, en vermenigvuldigen dat vervolgens met N_A om het aantal moleculen in dit aantal mol te krijgen.

Natuurkunde in de praktijk

Moleculen in een adem

Oplossing Eén mol komt bij STP overeen met 22,4 l, dus is 1,0 l lucht gelijk aan (1,0 l)/(22,4 l/mol) = 0,045 mol. Dus bevat 1,0 l lucht

$$(0{,}045 \text{ mol})(6{,}02 \cdot 10^{23} \text{ moleculen/mol}) \approx 3 \cdot 10^{22} \text{ moleculen}.$$

*17.10 Temperatuurschaal voor een ideaal gas: een standaard

Het is belangrijk om een zeer precies gedefinieerde temperatuurschaal te hebben, zodat metingen van de temperatuur die in verschillende laboratoria zijn gedaan, nauwkeurig kunnen worden vergeleken. We bespreken een dergelijke schaal die door de algemene wetenschappelijke gemeenschap geaccepteerd is.
De standaardthermometer voor deze schaal is de gasthermometer met constant volume uit paragraaf 17.2. De schaal zelf wordt de **ideale gas-temperatuurschaal** genoemd, omdat ze gebaseerd is op de eigenschap van een ideaal gas dat de druk recht evenredig is met de absolute temperatuur (de wet van Gay-Lussac). Een echt gas, dat in elke echte gasthermometer met constant volume zou worden gebruikt, komt bij lage dichtheid in de buurt van dit ideaal. Met andere woorden, de temperatuur is in elk punt in de ruimte *gedefinieerd* als evenredig aan de druk in het (vrijwel) ideale gas dat gebruikt wordt in de thermometer. Om een schaal in te stellen hebben we twee vaste punten nodig. Eén vast punt is $P = 0$ bij $T = 0$ K. Voor het tweede vaste punt wordt het **tripelpunt** van water genomen, het punt waarop de vaste, vloeibare en gasfase van water naast elkaar in evenwicht kunnen bestaan. Dit punt treedt alleen op bij een unieke temperatuur en druk,[1] en kan in verschillende laboratoria met grote

---

[1] Vloeibaar water en stoom kunnen (op het kookpunt) naast elkaar bestaan in een temperatuurbereik dat afhangt van de druk. Wanneer de druk lager is, kookt water bij een lagere temperatuur, zoals hoog in de bergen. Het tripelpunt is een nauwkeuriger te reproduceren vast punt dan het vriespunt of het kookpunt van water bij bijvoorbeeld 1 atm. Zie voor een verdere bespreking paragraaf 18.3.

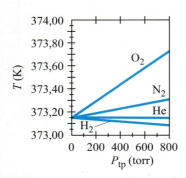

FIGUUR 17.17 Voor verschillende gassen zijn de grafieken getekend van de temperatuuruitlezingen van een gasthermometer met constant volume voor het kookpunt van water bij 1,00 atm, als functie van de gasdruk in de thermometer bij het tripelpunt (P_{tp}). Merk op dat als de hoeveelheid gas in de thermometer wordt verminderd, zodat $P_{tp} \rightarrow 0$, alle gassen dezelfde uitlezing geven, 373,15 K. Voor drukken beneden de 0,10 atm (76 torr), is de getoonde variatie minder dan 0,07 K.

precisie worden gereproduceerd. De druk bij het tripelpunt van water is 4,58 torr (611,73 Pa) en de temperatuur is 0,01°C. Deze temperatuur correspondeert met 273,16 K, omdat het absolute nulpunt circa –273,15°C is. Het tripelpunt is nu dus eigenlijk *gedefinieerd* als exact gelijk aan 273,16 K.

Vervolgens wordt de absolute temperatuur, oftewel de kelvin-temperatuur T in elk punt gedefinieerd, met behulp van een gasthermometer met constant volume voor een ideaal gas, zoals

$$T = (273{,}16 \text{ K})\left(\frac{P}{P_{tp}}\right). \qquad \text{[ideaal gas; constant volume]} \quad (17.5a)$$

In deze betrekking is P_{tp} de druk van het gas in de thermometer op de tripelpunttemperatuur van water, en is P de druk in de thermometer op het punt waarop T wordt bepaald. Merk op dat als we in deze betrekking $P = P_{tp}$ stellen, dat dan inderdaad T = 273,16 K.

De definitie van temperatuur, vgl. 17.5a, met een gasthermometer met constant volume gevuld met echt gas is slechts een benadering omdat blijkt dat de resultaten voor de temperatuur verschillen afhankelijk van het type gas dat in de thermometer is gebruikt. Temperaturen die op deze manier worden bepaald kunnen ook sterk afhangen van de hoeveelheid gas in de bol van de thermometer: wanneer bijvoorbeeld het gas zuurstof is en P_{tp} = 1000 torr, dan levert de definitie vgl. 17.5a als kookpunt van water bij 1,00 atm 373,87 K (dit volgt uit experimenten en kun je niet zomaar uit de vergelijking berekenen). Als de hoeveelheid zuurstof in de bol wordt verminderd zodat het tripelpunt P_{tp} = 500 torr, volgt uit vgl. 17.5a dat het kookpunt van water gelijk is aan 373,51 K. Als er in plaats daarvan H$_2$-gas wordt gebruikt, zijn de overeenkomstige waarden 373,07 K en 373,11 K (zie fig. 17.17). Maar veronderstel nu eens dat we een bepaald echt gas gebruiken en een serie metingen doen waarbij de hoeveelheid gas in de thermometerbol steeds verder wordt verminderd, zodat P_{tp} steeds kleiner wordt. Experimenteel is aangetoond dat een extrapolatie van dergelijke gegevens naar P_{tp} = 0 altijd *dezelfde waarde* voor een gegeven systeem oplevert (zoals T = 373,15 K voor het kookpunt van water bij 1,00 atm), zoals weergegeven in fig. 17.17. Dus is de temperatuur T op een willekeurig punt in de ruimte, bepaald met behulp van een gasthermometer met constant volume die een echt gas bevat, gedefinieerd met behulp van dit limietproces:

$$T = (273{,}16 \text{ K}) \lim_{P_{tp} \to 0} \left(\frac{P}{P_{tp}}\right). \qquad \text{[constant volume]} \quad (17.5b)$$

Dit definieert de **temperatuurschaal voor de ideale gaswet**. Een van de grote voordelen van deze schaal is dat de waarde voor T niet afhangt van het gebruikte soort gas. De schaal hangt echter wel af van de eigenschappen van gassen in het algemeen. Helium heeft het laagste condensatiepunt van alle gassen; bij zeer lage drukken wordt het vloeibaar bij circa 1 K, dus kunnen temperaturen daaronder op deze schaal niet worden gedefinieerd.

Samenvatting

De atoomtheorie stelt dat alle materie is opgebouwd uit kleine entiteiten die **atomen** worden genoemd en gewoonlijk een diameter van de orde van 10^{-10} m hebben.

Voor **atoom- en molecuulmassa's** wordt een schaal gehanteerd waarbij aan gewoon koolstof (^{12}C) willekeurig de waarde 12,0000 Da (dalton, oftewel atomaire massa eenheden) is toegekend.

Het onderscheid tussen vaste stoffen, vloeistoffen en gassen is terug te voeren op de sterkte van de onderlinge aantrekkingskrachten en de gemiddelde snelheden van atomen en moleculen.

Temperatuur is een maat voor hoe heet of koud iets is. De temperatuur wordt gemeten met een thermometer, waarop de temperatuur wordt uitgedrukt in graden **Celsius** (°C), graden **Fahrenheit** (°F), of in **kelvin** (K). Twee standaardpunten op iedere schaal zijn het vriespunt van water (0°C, 32°F, 273,15 K) en het kookpunt van water (100°C, 212°F, 373,15 K). Een verandering van één kelvin in temperatuur is gelijk aan een verandering van één graad Celsius of 1,8 graden Fahrenheit. Het verband tussen kelvins en graden Celsius wordt gegeven door $T(\text{K}) = T(°\text{C}) + 273{,}15$.

De lengteverandering van een vaste stof bij een temperatuurverandering met een waarde ΔT is recht evenredig aan de temperatuurverandering en aan zijn oorspronkelijke lengte ℓ_0. Dat wil zeggen:

$$\Delta \ell = \alpha \ell_0 \Delta T \quad (17.1\text{a})$$

waarin α de *lineaire uitzettingscoëfficiënt* is.
De volumeverandering van de meeste vaste stoffen, vloeistoffen en gassen is evenredig aan de temperatuurverandering en aan het oorspronkelijke volume V_0:

$$\Delta V = \beta V_0 \Delta T. \quad (17.2)$$

De *volume-uitzettingscoëfficiënt*, β, is voor uniforme vaste stoffen bij benadering gelijk aan 3α.
Water is een bijzonder geval, omdat in het temperatuurbereik tussen 0°C en 4°C het volume niet, zoals bij de meeste andere materialen, toeneemt, maar afneemt bij temperatuurstijgingen.
De **ideale gaswet** oftewel de **toestandsvergelijking voor een ideaal gas**, geeft het verband aan tussen de druk P, het volume V en de temperatuur T (in kelvin) van n mol gas door de vergelijking

$$PV = nRT, \quad (17.3)$$

waarin $R = 8{,}314$ J/mol·K voor alle gassen is. Echte gassen voldoen vrij nauwkeurig aan de ideale gaswet, mits niet bij te hoge druk of in de buurt van hun punt van vloeibaar worden.
Eén **mol** is de hoeveelheid stof waarvan de massa in gram numeriek gelijk is aan de molecuulmassa (zie paragraaf 17.1) van de stof.
Het **getal van Avogadro**, $N_A = 6{,}02 \cdot 10^{23}$, is het aantal atomen of moleculen in 1 mol van elke willekeurige substantie.
De ideale gaswet kan worden uitgedrukt in het aantal moleculen N in het gas als

$$PV = NkT, \quad (17.4)$$

waarin $k = R/N_A = 1{,}38 \cdot 10^{-23}$ J/K de constante van Boltzmann is.

Vragen

1. Wat heeft meer atomen: 1 kg ijzer of 1 kg aluminium? Zie de tabel van het periodiek systeem of appendix F.
2. Noem verschillende eigenschappen van materialen die zouden kunnen worden gebruikt om een thermometer te maken.
3. Wat is meer, 1°C of 1°F?
4. Als systeem A in evenwicht is met systeem B, maar B is niet in evenwicht met systeem C, wat kun je dan zeggen over de temperaturen van A, B en C?
5. Veronderstel dat systeem C noch in evenwicht is met systeem A, noch met systeem B. Impliceert dit dat A en B niet met elkaar in evenwicht zijn? Wat kun je hieruit afleiden met betrekking tot de temperaturen van A, B en C?
6. Moet in de betrekking $\Delta \ell = \alpha \ell_0 \Delta T$ voor ℓ_0 de beginlengte worden genomen, de uiteindelijke lengte of maakt het niet uit?
7. Een platte bimetalen strip bestaat uit twee vastgeklonken strips, een van aluminium en een van ijzer. Bij verhitting zal de strip buigen. Welk metaal bevindt zich aan de buitenkant van de kromming? Waarom?
8. Lange stoompijpen met vaste uiteinden hebben vaak een gedeelte in de vorm van een U. Waarom?
9. Een vlakke uniforme loden cilinder drijft in kwik van 0°C. Zal het lood bij temperatuurverhoging hoger of lager gaan drijven?
10. Fig. 17.18 toont een diagram van een eenvoudige **thermostaat** die wordt gebruikt voor het regelen van een oven (of ander verwarmings- of koelingssysteem). De bimetalen strip bestaat uit twee lagen van verschillende metalen. De elektrische schakelaar (bevestigd aan de bimetalen strip) is een glazen vat gevuld met vloeibaar kwik dat elektriciteit geleidt wanneer het kan stromen en beide contactpunten raakt. Leg uit hoe dit toestel de oven regelt en hoe het kan worden ingesteld op verschillende temperaturen.
11. Leg uit waarom het verstandig is om bij het afkoelen van een oververhitte motor het water altijd langzaam toe te voegen, en alleen met een lopende motor.
12. De dimensie van de uitzettingscoëfficiënt α wordt uitgedrukt in (°C)$^{-1}$; er komt dus geen lengte-eenheid, zoals de meter, in voor. Zou de uitzettingscoëfficiënt veranderen als we in plaats van meters millimeters zouden gebruiken?
13. Wanneer een koude kwikthermometer eerst in een teil met warm water wordt gedompeld, gaat het kwik eerst een beetje dalen en vervolgens stijgen. Licht je antwoord toe.
14. De voornaamste verdienste van pyrexglas is dat de lineaire uitzettingscoëfficiënt veel kleiner is dan die van gewoon glas (tabel 17.1). Leg uit waarom dit de hittebestendigheid van pyrex verhoogt.
15. Zal een ouderwetse koekoeksklok, die nauwkeurig is bij 20°C, op een warme dag (30°C) sneller of langzamer lopen? De klok gebruikt een slinger die bevestigd is aan een lange dunne koperen staaf.
16. Bij bevriezing van een blik frisdrank gaan de bodem en het deksel zo ver bol staan dat het blik omvalt. Wat is er gebeurd?
17. Waarom zou je verwachten dat een alcoholthermometer nauwkeuriger is dan een kwikthermometer?
18. Zal bij een temperatuurverhoging van 20°C tot 40°C de opwaartse kracht op een in water ondergedompelde aluminium bol toenemen, afnemen of gelijk blijven?
19. Als voor de massa van een atoom $6{,}7 \cdot 10^{-27}$ kg wordt gemeten, welk atoom is dat dan volgens jou?

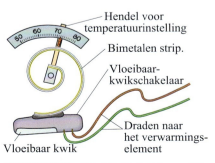

FIGUUR 17.18 Een thermostaat (vraag 10).

20. Maakt het vanuit praktisch oogpunt echt uit welk gas er in een gasthermometer met constant volume wordt gebruikt? Zo ja, leg uit waarom. (*Hint:* zie fig. 17.17.)
21. Een schip dat in zeewater van 4°C was ingeladen, zeilde vervolgens een rivier met zoet water op waar het in een storm zonk. Leg uit waarom een schip eerder in zoet water zinkt dan op open zee. (*Hint:* beschouw de opwaartse kracht als gevolg van water.)

Vraagstukken

17.1 Atoomtheorie
1. (I) Hoe verhoudt zich het aantal atomen in een gouden ring van 21,5 g tot het aantal in een zilveren ring met dezelfde massa?
2. (I) Uit hoeveel atomen bestaat een koperen munt van 3,4 g?

17.2 Temperatuur en thermometers
3. (I) (*a*) Voor 'kamertemperatuur' wordt vaak 20°C genomen. Wat is dit op de Fahrenheitschaal? (*b*) De temperatuur van de gloeidraad in een gloeilamp is circa 1900°C. Wat is dit uitgedrukt in Fahrenheit?
4. (I) De hoogste en laagste geregistreerde buitentemperaturen zijn respectievelijk 58 °C in de Libische woestijn en −54°C in Antarctica. Wat zijn deze temperaturen uitgedrukt in Fahrenheit?
5. (I) Volgens een koortsthermometer heb je 39,4°C koorts. (*a*) Hoeveel is dit in graden Fahrenheit?
6. (II) In een alcoholthermometer heeft de alcoholkolom bij 0,0°C een lengte van 11,82 cm en bij 100,0°C een lengte van 21,85 cm. Wat is de temperatuur als de kolom een lengte heeft van (*a*) 18,70 cm, en (*b*) 14,60 cm?

17.4 Thermische uitzetting
7. (I) De Eiffeltoren (fig. 17.19) is een smeedijzeren constructie van circa 300 m hoog. Geef een schatting hoe de hoogte verandert tussen januari (gemiddelde temperatuur van 2°C) en juli (gemiddelde temperatuur van 25°C). Negeer de hoeken van de ijzeren balken en behandel de toren als een verticale balk.
8. (I) Een betonnen snelweg is opgebouwd uit platen van 12 m lang (bij 20°C). Hoe breed moeten de expansieverbindingen tussen de platen zijn (bij 15°C) om kromtrekken te voorkomen als de temperatuur varieert van −30°C tot +50°C?

FIGUUR 17.19
Vraagstuk 7.
De Eiffeltoren in Parijs.

9. (I) Super Invar™, een legering van ijzer en nikkel, is een sterk materiaal met een zeer lage thermische uitzettingscoëfficiënt ($0,20 \cdot 10^{-6}$/°C). Een 1,6 m lang tafelblad van deze legering wordt gebruikt voor gevoelige lasermetingen waarvoor zeer hoge toleranties zijn vereist. Hoeveel zal het blad van deze legering in de lengte uitzetten als de temperatuur 5,0°C stijgt? Vergelijk dit met stalen tafelbladen.
10. (II) Tot welke temperatuur moet je een koperen staaf verhitten zodat deze 1,0 procent langer is dan bij 25°C?
11. (II) De dichtheid van water bij 4°C is $1,00 \cdot 10^3$ kg/m³. Wat is de dichtheid van water bij 94°C? Ga uit van een constante volume-uitzettingscoëfficiënt.
12. (II) Op een zekere breedtegraad heeft oceaanwater in de zogeheten 'gemengde laag' (vanaf het oppervlak tot aan een diepte van circa 50 m) als gevolg van de vermenging van golven overal vrijwel dezelfde temperatuur. Neem aan dat vanwege de opwarming van de aarde de temperatuur van de 'gemengde laag' overal met 0,5°C is toegenomen, terwijl de temperatuur van de dieper gelegen gedeelten van de oceaan onveranderd blijft. Geef een schatting van de hieruit voortvloeiende verhoging van de zeespiegel. De oceaan bedekt circa 70 procent van het aardoppervlak.
13. (II) Om te zorgen dat klinknagels stevig vastzitten, worden er klinknagels gebruikt die iets groter zijn dan het gat waar ze in moeten; vervolgens worden ze, alvorens ze in het gat aan te brengen, afgekoeld (gewoonlijk in droog ijs, dit is vast CO_2). Een stalen klinknagel van 1,872 cm doorsnee bij 20°C wordt in een gat van 1,870 cm diameter in een metaal °geplaatst. Tot welke temperatuur moet de klinknagel worden afgekoeld om in het gat te passen?
14. (II) Een uniforme rechthoekige plaat met lengte ℓ en breedte b heeft een lineaire uitzettingscoëfficiënt α. Toon aan dat, als we zeer kleine hoeveelheden negeren, de verandering in oppervlak van de plaat als gevolg van een temperatuursverandering ΔT gelijk is aan $\Delta O = 2\alpha \ell w \Delta T$. Zie fig. 17.20.
15. (II) Een aluminium bol heeft een diameter van 8,75 cm. Wat is de volumeverandering als hij wordt verhit van 30°C tot 180°C?
16. (II) Bij een doorsnee auto circuleert er bij een temperatuur van 93°C 17 l koelvloeistof door het koelsysteem van de motor. Neem aan dat de koelvloeistof onder normale om-

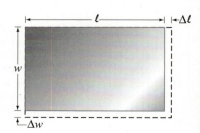

FIGUUR 17.20
Vraagstuk 14.
Verhitting van een rechthoekige plaat.

standigheden het volume van 3,5 l van de aluminium radiator en de 13,5 l aan interne holtes binnen de stalen motor vult. Wanneer een auto oververhit raakt, zetten de radiator, de motor en het koelsysteem uit en vangt een klein reservoir bij de radiator alle overtollige koelvloeistof op. Geef een schatting hoeveel koelvloeistof naar het reservoir overstroomt als het systeem wordt verhit van 93°C tot 105°C. Beschouw de radiator en de motor als holle omhulsels van respectievelijk aluminium en staal. De volume uitzettingscoëfficiënt voor koelvloeistof is $\beta = 410 \cdot 10^{-6}/°C$.

17. (II) Bij 20°C kan met 55,50 ml een vat tot de rand worden gevuld. Wanneer het vat en het water worden verhit tot 60°C, gaat er 0,35 g water verloren, (a) Wat is de volume-uitzettingscoëfficiënt van het vat? (b) Van welk materiaal is deze container waarschijnlijk gemaakt? De dichtheid van water bij 60°C is 0,98324 g/ml.

18. (II) (a) Een koperen pen wordt in een ijzeren ring geplaatst. Bij 15°C is de diameter van de pen 8,753 cm en die van de ring 8,743 cm. Op welke gemeenschappelijke temperatuur moeten ze beide worden gebracht om te passen? (b) En op welke temperatuur als de pen van ijzer en de ring van koper zouden zijn?

19. (II) Als een vloeistof in een lang nauw vat feitelijk slechts in één richting kan uitzetten, toon dan aan dat de effectieve lineaire uitzettingscoëfficiënt gelijk is aan de volume-uitzettingscoëfficiënt β.

20. (II) (a) Toon aan dat de verandering van de dichtheid ρ van een stof, bij een temperatuurverandering met ΔT, wordt gegeven door $\Delta \rho = -\beta \rho \Delta T$. (b) Wat is de relatieve dichtheidsverandering van een loden bol waarvan de temperatuur afneemt van 25°C tot −55°C?

21. (II) Wijnflessen zijn nooit helemaal tot de rand gevuld: in de cilindrisch gevormde hals van de glazen fles wordt een klein volume lucht open gelaten (binnendiameter $d = 18,5$ mm) vanwege de tamelijk grote thermische uitzettingscoëfficiënt van wijn. De afstand H tussen het oppervlak van de vloeibare inhoud en de onderkant van de kurk wordt de 'halsruimte' genoemd (fig. 17.21), en is gewoonlijk 1,5 cm voor een fles van 750 ml gevuld bij 20°C. Vanwege de alcoholische inhoud is de volume-uitzettingscoëfficiënt van wijn ongeveer tweemaal die van water; de thermische uitzetting van glas kan worden genegeerd. Geef een schatting voor H als de fles wordt bewaard bij (a) 10°C, (b) 30°C.

22. (III) (a) Bepaal een formule voor de oppervlakteverandering van een uniforme massieve bol van straal r met lineaire uitzettingscoëfficiënt α (constant verondersteld) bij een temperatuursverandering met ΔT. Wat is de oppervlaktetoename van een massieve ijzeren bol met straal 60,0 cm als de temperatuur wordt verhoogd van 15°C naar 275°C?

23. (III) De slinger in een ouderwetse koekoeksklok is gemaakt van koper en houdt bij 17°C perfect de tijd bij. Hoeveel tijd wordt er in een jaar tijd gewonnen of verloren als de klok op 28°C wordt gehouden? (Ga uit van het verband tussen frequentie en lengte van een enkelvoudige slinger.)

24. (III) Een massief aluminium clindervormig wiel van 0,41 m draait wrijvingsloos rond zijn as met hoeksnelheid $\omega = 32,8$ rad/s. Als de temperatuur vervolgens wordt verhoogd van 20,0°C tot 95,0°C, wat is dan de relatieve verandering van ω?

*17.5 Thermische spanningen

*25. (I) Een aluminium staaf heeft de gewenste lengte bij 18°C. Hoeveel spanning is er nodig om de staaf op die lengte te houden als de temperatuur wordt verhoogd naar 35°C?

*26. (II) (a) Een horizontale stalen I-balk met een dwarsdoorsnede van 0,041 m² is star verbonden met twee verticale stalen draagbalken. Als de balk werd geïnstalleerd bij 25°C, welke spanning wordt er in de balk ontwikkeld wanneer de temperatuur daalt tot −25°C, en we aannemen dat de verticale balken niet vervormen? (b) Wordt de breuksterkte van het staal overschreden? (c) Welke spanning wordt ontwikkeld als de balk van beton is en een dwarsdoorsnede van 0,13 m² heeft? Zal de balk breken?

*27. (III) Een vat met een diameter van 134,122 cm bij 20°C wordt omsloten door een ijzeren band. De cirkelvormige band heeft een binnendiameter van 134,110 cm bij 20°C. De band is 9,4 cm breed en 0,65 cm dik. (a) Tot welke temperatuur moet de band worden verhit zodat hij om het vat past? (b) Wat is de spanning in de band wanneer hij afkoelt tot 20°C?

17.6 Gaswetten en absolute temperatuur

28. (I) Wat zijn de volgende temperaturen op de kelvinschaal: (a) 66°C, (b) 92°F, (c) −55°C, (d) 5500°C?

29. (I) Wat is de temperatuur van het absolute nulpunt uitgedrukt in graden Fahrenheit?

30. (II) De doorsnee temperaturen in het inwendige van de aarde en van de zon zijn respectievelijk circa 4000°C en $15 \cdot 10^6$°C. (a) Wat zijn deze temperaturen in kelvin? (b) Welk foutpercentage wordt er in elk van beide gevallen gemaakt als iemand vergeet om°C te veranderen in K?

17.7 en 17.8 De ideale gaswet

31. (I) 3,80 m³ van een gas bevindt zich aanvankelijk bij STP. Als het gas onder een druk van 3,20 atm wordt geplaatst, stijgt de temperatuur tot 38,0°C. Wat is het nieuwe volume van het gas?

32. (I) In een interne verbrandingsmotor wordt lucht bij atmosferische druk en een temperatuur van circa 20°C in de cilinder samengeperst tot 1/8 van het oorspronkelijke volume (compressieverhouding = 8,0). Geef een schatting van de temperatuur van de samengeperste lucht, aangenomen dat de druk 40 atm bereikt.

33. (II) Bereken met behulp van de ideale gaswet de dichtheid van stikstof bij STP.

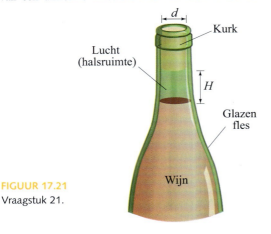

FIGUUR 17.21
Vraagstuk 21.

34. (II) Als 14,00 mol heliumgas bij 10,0°C en een manometerdruk van 0,350 atm. is, bereken dan (a) het volume van heliumgas onder deze omstandigheden, en (b) de temperatuur als het gas wordt samengeperst tot exact het halve volume met een manometerdruk van 1,00 atm..

35. (II) In een met een stop afgesloten reageerbuis bevindt zich 25,0 cm^3 lucht bij een druk van 1,00 atm en een temperatuur van 18°C. De cilindrisch gevormde stop bovenaan de reageerbuis heeft een diameter van 1,50 cm en zal van de reageerbuis af springen als er een netto opwaartse kracht van 10,0 N op wordt toegepast. Tot welke temperatuur zou men de ingesloten lucht moeten verhitten om de stop eraf te laten knallen? Neem aan dat de lucht in de omgeving van de reageerbuis altijd een druk van 1,00 atm heeft.

36. (II) Een opslagtank bevat 21,6 kg stikstofgas (N_2) bij een absolute druk van 3,85 atm. Wat zal de druk zijn als, bij gelijkblijvende temperatuur, de stikstof wordt vervangen door een gelijke massa CO_2?

37. (II) Een opslagtank bij STP bevat 28,5 kg stikstofgas (N_2). (a) Wat is het volume van de tank? (b) Wat is de druk als er nog eens 25,0 kg stikstofgas wordt toegevoegd zonder de temperatuur te veranderen?

38. (II) Een duikerstank wordt bij een buitentemperatuur van 29°C gevuld met lucht van 204 atm. Vervolgens springt een duiker de zee in en na een poosje de diepten te hebben verkend, controleert hij de tankdruk en constateert dat deze slechts 194 atm. is. Aangenomen dat de duiker een verwaarloosbare hoeveelheid lucht uit de tank heeft binnengekregen, wat is dan de temperatuur van het oceaanwater?

39. (II) Wat is de druk binnen een vat van 38,0 l gevuld met 105,0 kg argongas van 20,0°C?

40. (II) Een tank bevat 30,0 kg zuurstofgas bij een manometerdruk van 8,20 atm. Als de zuurstof bij gelijkblijvende temperatuur wordt vervangen door helium, hoeveel kilogram is er dan daarvan nodig om een manometerdruk van 7,00 atm te produceren?

41. (II) In een verzegeld metalen vat bevindt zich een gas van 20,0°C en 1,00 atm. Tot welke temperatuur moet het gas worden verhit om de druk te verdubbelen tot 2,00 atm? (Negeer de uitzetting van het vat.)

42. (II) Een band is gevuld met lucht van 15°C bij een manometerdruk van 250 kPa. Als de band een temperatuur van 38°C bereikt, welke fractie van de oorspronkelijk aanwezige lucht moet dan worden verwijderd om de oorspronkelijke druk van 250 kPa te behouden?

43. (II) Als 61,5 l zuurstof bij 18,0°C en een absolute druk van 2,45 atm wordt samengeperst tot 48,8 l en tegelijkertijd de temperatuur wordt verhoogd tot 56,0°C, wat is dan de nieuwe druk?

44. (II) Een kind laat op zeeniveau en bij 20,0°C een heliumballon schieten. Wanneer deze een hoogte van 3600 m bereikt, waar een temperatuur heerst van 5,0°C en een druk van slechts 0,68 atm, hoe verhoudt zich dan het volume van de ballon tot dat op zeeniveau?

45. (II) Een afgesloten metalen container is bestand tegen een drukverschil van 0,50 atm. Aanvankelijk is de container gevuld met een ideaal gas bij 18°C en 1,0 atm. Tot welke temperatuur kun je de container afkoelen voordat hij uit elkaar springt? (Negeer alle veranderingen in het volume van de container als gevolg van thermische uitzetting.)

46. (II) Je koopt een 'luchtdichte' zak chips die op zeeniveau zijn verpakt, om op te eten tijdens een vliegreis. Wanneer je de chips uit je bagage haalt, merk je dat de zak behoorlijk is 'opgebold'. In cabines van vliegtuigen heerst gewoonlijk een druk van 0,75 atm. Aangenomen dat de temperatuur binnen een vliegtuig ongeveer gelijk is aan die in een chipsfabriek, met welk percentage is de zak dan 'opgebold' in vergelijking tot het moment van verpakken?

47. (II) Een doorsnee duikerstank bevat bij volledige lading 12 l lucht van 204 atm. Neem aan dat een 'lege' tank lucht van 34 atm bevat en op zeeniveau is aangesloten op een luchtcompressor. De luchtcompressor haalt lucht uit de atmosfeer, comprimeert deze tot hoge druk, en pompt deze samengeperste lucht vervolgens in de duikerstank. Als de (gemiddelde) instroom van lucht uit de atmosfeer in de luchttoevoer van de compressor is 290 l/min is, hoe lang duurt het dan om de duikerstank volledig te laden? Neem aan dat de tank tijdens het vulproces op dezelfde temperatuur blijft als de omringende lucht.

48. (III) Een afgesloten vat met 4,0 mol gas wordt samengeperst, waardoor het volume afneemt van 0,020 m^3 tot 0,018 m^3. Gedurende dit proces neemt de temperatuur met 9,0 K af, terwijl de druk met 450 Pa toeneemt. Wat was de oorspronkelijke druk en temperatuur van het gas in het vat?

49. (III) Vergelijk de waarde voor de dichtheid van waterdamp bij exact 100°C en 1 atm (tabel 13.1) met de waarde die door de ideale gaswet wordt voorspeld. Waarom zou je een verschil verwachten?

50. (III) Een luchtbel op de bodem van een meer van 37,0 m diep heeft een volume van 1,00 cm^3. Als de temperatuur op de bodem 5,5°C is en op de top 18,5°C, wat is dan het volume van de bel net voordat hij het oppervlak bereikt?

17.9 De ideale gaswet in termen van moleculen; het getal van Avogadro

51. (I) Bereken het aantal moleculen/m^3 in een ideaal gas bij STP.

52. (I) Hoeveel mol water gaat er in 1,000 l bij STP? Hoeveel moleculen?

53. (II) Wat is de druk in een gebied in de ruimte met 1 molecuul/cm^3 en een temperatuur van 3 K?

54. (II) Geef voor alle oceanen ter wereld een schatting van het aantal (a) mol en (b) moleculen water. Neem aan dat water 75 procent van de aarde bedekt met een gemiddelde diepte van 3 km.

55. (II) De laagst bereikbare druk met de beste beschikbare vacuümtechnieken bedraagt circa 10^{-12} N/m^2. Hoeveel moleculen bevinden zich bij deze druk en bij 0°C in 1 cm^3?

56. (II) Is een gas voornamelijk lege ruimte? Controleer dit door aan te nemen dat de ruimtelijke uitgebreidheid van gewone gasmoleculen ongeveer $\ell_0 = 0,3$ nm is zodat één gasmolecuul bij benadering een volume gelijk aan ℓ_0^3 heeft. Veronderstel STP.

57. (III) Maak een schatting van het aantal moleculen in de lucht die je bij elke ademhaling binnenkrijgt (2,0 l), die zich ook in de laatste ademtocht van Galilei bevonden. (Hint: neem aan dat de atmosfeer circa 10 km hoog is en constante dichtheid heeft.)

*17.10 Temperatuurschaal voor een ideaal gas

*58. (I) Wat is in een gasthermometer met constant volume de grensverhouding van de druk bij het kookpunt van water bij 1 atm tot die bij het tripelpunt? (Houd vijf significante cijfers bij.)

*59. (I) Op het kookpunt van zwavel (444,6°C) is de druk in een gasthermometer met constant volume 187 torr. Geef een schatting van (a) de druk in de thermometer bij het tripelpunt van water, (b) de temperatuur wanneer de druk in de thermometer gelijk is aan 118 torr.

*60. (II) Gebruik fig. 17.17 om de onnauwkeurigheid te bepalen van een gasthermometer met constant volume op basis van zuurstof als deze op het kookpunt van water van 1 atm een druk $P = 268$ torr aangeeft. Druk je antwoord uit (a) in kelvin en (b) als percentage.

*61. (III) Een gasthermometer met constant volume wordt gebruikt om de temperatuur van het smeltpunt van een stof te bepalen. Bij deze temperatuur is de druk in de thermometer 218 torr; bij het tripelpunt van water is de druk 286 torr. Men laat nu een kleine hoeveelheid gas uit de thermometerbol ontsnappen, zodat de druk bij het tripelpunt van water 163 torr wordt. Bij het smeltpunt van de stof is de druk 128 torr. Geef een zo nauwkeurig mogelijke schatting van de smeltpunttemperatuur van de stof.

Algemene vraagstukken

62. Een pyrex maatbeker was gekalibreerd bij normale kamertemperatuur. Hoe groot zal de fout zijn die wordt gemaakt bij een recept dat 350 ml koud water aangeeft, als het water en de maatbeker in plaats van op kamertemperatuur 95°C heet zijn? Verwaarloos de uitzetting van het glas.

63. Een nauwkeurige stalen rolmaat is gekalibreerd op 15°C. Zal deze bij 36°C (a) een te hoge of te lage aflezing geven, en (b) wat is het foutpercentage?

64. Een kubusvormige doos met volume $6,15 \cdot 10^{-2}$ m^3 is gevuld met lucht bij atmosferische druk en bij 15°C. De doos wordt gesloten en verhit tot 185°C. Wat is de nettokracht op elke kant van de doos?

65. De manometerdruk in een cilinder met heliumgas is aanvankelijk 32 atm. Nadat er een aantal ballonnen zijn opgeblazen, is de manometerdruk gedaald tot 5 atm. Welke fractie van de oorspronkelijke hoeveelheid gas is in de cilinder achtergebleven?

66. Als de temperatuur van een staaf met oorspronkelijke lengte ℓ_1 wordt verhoogd van T_1 tot T_2, bepaal dan een formule voor de nieuwe lengte ℓ_2 uitgedrukt in T_1, T_2 en α. Neem aan dat (a) α = constant, (b) α een willekeurige functie van de temperatuur is, en (c) $\alpha = \alpha_0 + bT$, met α_0 en b constanten.

67. Als een diepzeeduiker op 8,0 m onder het wateroppervlak zijn longen vult tot de volledige capaciteit van 5,5 l, tot welk volume zouden zijn longen dan uitzetten als hij snel naar de oppervlakte zou gaan? Is dit verstandig?

68. (a) Gebruik de ideale gaswet om te laten zien dat voor een ideaal gas bij constante druk de volume-uitzettingscoëfficiënt gelijk is aan $\beta = 1/T$, waarin T de temperatuur in kelvin is. (a) Vergelijk dit met tabel 17.1 voor gassen bij $T = 293$ K. (b) Toon aan dat de compressiemodulus K (paragraaf 12.4) voor een ideaal gas dat op constante temperatuur wordt gehouden, gelijk is aan de druk P.

69. Een huis heeft een inhoud van 870 m^3. (a) Wat is de totale massa aan lucht binnen het huis bij 15°C? (b) Als de temperatuur daalt tot -15°C, hoeveel massa aan lucht gaat er dan het huis in of uit?

70. Neem aan dat in een ander heelal de wetten van de natuurkunde sterk verschillen van de onze en dat 'ideale' gassen zich als volgt gedragen: (i) Bij constante temperatuur is de druk omgekeerd evenredig aan het kwadraat van het volume. (ii) Bij constante druk is het volume omgekeerd evenredig met het kwadraat van de temperatuur. (iii) Bij 273,15 K en een druk van 1,00 atm blijkt 1,00 mol van een ideaal gas 22,4 l in te nemen. Formuleer de ideale gaswet voor dit andere heelal, met inbegrip van de waarde van de gasconstante R.

71. Een ijzeren kubus drijft in een kom van vloeibaar kwik bij 0°C. (a) Als de temperatuur wordt verhoogd tot 25°C, zal de kubus dan hoger of lager in de kwik drijven? (b) Met welk percentage zal de fractie van het ondergedompelde volume veranderen?

72. (a) De pyrex buis van een kwikthermometer heeft een binnendiameter van 0,140 mm. De bol heeft een volume van 0,275 cm^3. Hoe ver zal de kwikkolom opschuiven wanneer de temperatuur verandert van 10,5°C tot 33,0°C? Houd hierbij rekening met de uitzetting van het pyrexglas. (b) Bepaal een formule voor de lengteverandering van de kwikkolom uitgedrukt in relevante variabelen. Verwaarloos het volume van de buis in vergelijking tot dat van de bol.

73. Gebruik de bekende waarde van de atmosferische druk aan het aardoppervlak om een schatting te geven van het totaal aantal luchtmoleculen in de atmosfeer van de aarde.

74. Geef een schatting van het verschilpercentage in de dichtheid van ijzer bij STP, en wanneer het zich diep in de aarde bevindt bij een temperatuur van 2000°C en een druk van 5000 atm. Neem aan dat de compressiemodulus ($90 \cdot 10^9$ N/m^2) en de volume-uitzettingscoëfficiënt niet afhangen van de temperatuur en dezelfde waarden hebben als bij STP.

75. Wat is de gemiddelde afstand tussen stikstofmoleculen bij STP?

76. Een heliumballon, die perfect bolvormig verondersteld wordt, heeft een straal van 22,0 cm. Bij kamertemperatuur (20°C) is de interne druk gelijk aan 1,06 atm. Bepaal het aantal mol helium in de ballon en de massa van helium die nodig is om de ballon op te blazen tot deze waarden.

77. Een standaard zuurstofcilinder in een ziekenhuis heeft een manometerdruk van 2000 psi (13.800 kPa) en een volume van 14 l (0,014 m^3) bij $T = 295$ K. Hoe lang zal de cilinder meegaan als de uitstroomsnelheid, gemeten bij atmosferische druk, constant is, 2,4 l/min?

78. Een koperen schroefdeksel zit bij 15°C strak vast om een glazen pot. Om de pot makkelijker open te maken, kan deze in een bak met warm water worden gezet. Hierna zijn de temperaturen van het deksel en de pot beide 75°C. De binnendiameter van het deksel is 8,0 cm. Bepaal de grootte van de opening (verschil in straal) die uit deze procedure volgt.

79. De dichtheid van benzine bij 0°C is $0,68 \cdot 10^3$ kg/m^3. (a) Wat is de dichtheid op een tropische dag, bij 35°C? (b) Wat is de procentuele dichtheidsverandering?

80. Een heliumballon heeft op zeeniveau, waar de druk P_0 en de dichtheid van de lucht ρ_0 is, een volume V_0 en een temperatuur T_0. De ballon wordt losgelaten en zweeft in de lucht op hoogte y met temperatuur T_1. (a) Toon aan dat het

door de ballon ingenomen volume gelijk is aan $V = V_0(T_1/T_0)e^{+cy}$ waarin $c = \rho_0 g/P_0 = 1,25 \cdot 10^{-4}$ m^{-1}. (b) Laat zien dat de opwaartse kracht niet afhangt van de hoogte y. Neem aan dat het buitenmateriaal van de ballon de heliumdruk op een constante factor van 1,05 maal de buitendruk houdt. (*Hint:* neem aan dat de druk als functie van de hoogte gegeven is door $P = P_0 e^{-cy}$, zoals in voorbeeld 13.5, hoofdstuk 13.)

81. Een lengtestandaard, geïntroduceerd in de negentiende eeuw, was een platinastaaf met twee zeer nauwkeurige merktekens die aangaven wat exact als één meter gedefinieerd was. Als deze standaardstaaf tot op 1,0 µm nauwkeurig had moeten zijn, hoe zorgvuldig zouden de conservators dan de temperatuur moeten bewaken? De lineaire uitzettingscoëfficiënt is $9 \cdot 10^{-6}$ (°C)$^{-1}$.

82. Een volledig geladen duikerstank heeft een druk van 180 atm bij 20°C. Het volume van de tank is 11,3 l. (*a*) Wat zou het volume van de lucht zijn bij 1,00 atm en bij dezelfde temperatuur? (*b*) Alvorens het water in te gaan, verbruikt een mens bij iedere ademhaling 2,0 l aan lucht en haalt 12 maal per minuut adem. Hoe lang gaat de tank mee bij een dergelijke ademhaling? (*c*) Hoe lang zou de tank meegaan op een diepte van 20,0 m in zeewater bij een temperatuur van 10°C, aangenomen dat de ademhalingssnelheid niet verandert?

83. Een thermostaat, bedoeld voor een stoomomgeving, bevat een bimetalen strip van koper en staal, aan de uiteinden bevestigd met klinknagels. Elk van de metalen is 2,0 mm dik. Bij 20°C is de strip 10,0 cm lang en recht. Bepaal de kromtestraal r van het bimetaal bij 100°C. Zie fig. 17.22.

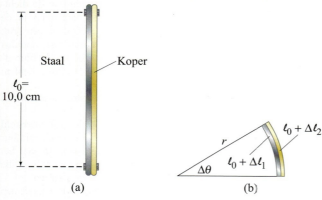

FIGUUR 17.22 Vraagstuk 83.

84. Bij een temperatuur van −15°C tussen twee elektriciteitsmasten zakt een koperdraad 50,0 cm door. Geef een schatting van de hoeveelheid doorzakking wanneer de temperatuur +35°C is. (*Hint:* er kan een schatting worden gemaakt door aan te nemen dat de vorm van de draad bij benadering een cirkelboog is; lastige vergelijkingen kunnen soms worden opgelost door waarden te gokken.)

85. Als snorkelaars vlak onder het wateroppervlak zwemmen, halen ze adem via korte buisvormige 'snorkels'. Eén uiteinde van de snorkel is bevestigd aan de mond van de snorkelaar terwijl het andere boven het wateroppervlak uitsteekt. Jammer genoeg kunnen snorkels geen ademhaling op enige diepte ondersteunen: men zegt dat een doorsnee snorkelaar lager dan 30 cm diepte niet meer door een snorkel kan ademhalen. Wat is, uitgaande van deze bewering, bij benadering de relatieve verandering in een doorsnee menselijk longvolume bij het inademen? Neem aan dat bij evenwicht de luchtdruk in de longen van een snorkelaar overeenkomt met de druk van het omringende water.

*Numeriek/computer

*86. (II) Een thermokoppel bestaat uit een contact tussen twee verschillende typen materialen dat een temperatuursafhankelijk spanningsverschil produceert. Bij verschillende temperaturen werden de volgende spanningsverschillen geregistreerd:

Temperatuur (°C)	50	100	200	300
Spanningsverschil (mV)	1,41	2,96	5,90	8,92

Gebruik een spreadsheet om te zien welke derdegraadsfunctie het dichtst in de buurt komt bij de gegevens en bepaal de temperatuur wanneer het thermokoppel 3,21 mV produceert. Bepaal een tweede waarde van de temperatuur door bij de gegevens een geschikte tweedegraadsfunctie te zoeken.

*87. (III) Je hebt een flesje met een onbekende vloeistof die octaan (benzine), water, glycerine of ethylalcohol zou kunnen zijn. Je probeert te bepalen welke stof het is door te bestuderen hoe het volume verandert met de temperatuur. Je vult een pyrex maatbeker tot 100,00 ml met de vloeistof op een moment dat de vloeistof en de cilinder op 0,000°C zijn. Je verhoogt de temperatuur met stappen van vijf graden, en laat de maatbeker en vloeistof op elke temperatuur een evenwicht bereiken. Je leest bij elke temperatuur de volumes af op de maatbeker, wat de volgende lijst oplevert. Houd hierbij rekening met de uitzetting van de pyrex maatbeker. Zet de gegevens in een grafiek, zo mogelijk met behulp van een spreadsheetprogramma, bepaal de richtingscoëfficiënt van de lijn en bepaal daarmee de effectieve (gecombineerde) volume-uitzettingscoëfficiënt β. Bepaal vervolgens β voor de vloeistof, waaraan je kunt zien welke vloeistof er in de fles zit.

Temperatuur (°C)	Gemeten volume (aangegeven ml)
0,000	100,00
5,000	100,24
10,000	100,50
15,000	100,72
20,000	100,96
25,000	101,26
30,000	101,48
35,000	101,71
40,000	101,97
45,000	102,20
50,000	102,46

Antwoorden op de opgaven

A: −40°.
B: (*d*).
C: 8 mm.
D: (i) Hoger, (ii) hetzelfde, (iii) lager.
E: (*a*).
F: (*b*).
G: (*b*) Minder.

In dit winterlandschap in Yellowstone Park, zien we de drie toestanden van de materie voor water: vloeistof, vaste stof (sneeuw en ijs), en gas (stoom). In dit hoofdstuk onderzoeken we de microscopische theorie van materie, door deze te beschouwen als opgebouwd uit atomen of moleculen die altijd in beweging zijn; dit noemen we kinetische theorie. We zullen zien dat de temperatuur van een gas rechtstreeks verband houdt met de gemiddelde kinetische energie van de moleculen. We beschouwen ideale gassen, maar we zullen ook kijken naar echte gassen en het verloop van de faseovergangen, zoals verdamping, dampdruk en vochtigheid.

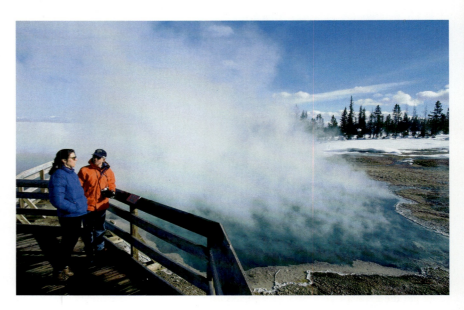

Hoofdstuk 18

Kinetische gastheorie

Inhoud

18.1 De ideale gaswet en de moleculaire interpretatie van de temperatuur

18.2 Snelheidsverdeling van moleculen

18.3 Echte gassen en fase-overgangen

18.4 Dampdruk en vochtigheidsgraad

*18.5 De Van der Waals-toestandsvergelijking

*18.6 Gemiddelde vrije weglengte

*18.7 Diffusie

■ Openingsvraag: wat denk jij?

De gebruikelijke snelheid van een luchtmolecuul bij kamertemperatuur (20°C) is
(a) vrijwel nul (< 10 km/u).
(b) in de orde van 10 km/u.
(c) in de orde van 100 km/u.
(d) in de orde van 1000 km/u.
(e) vrijwel gelijk aan de lichtsnelheid.

De analyse van materie in termen van voortdurend random bewegende atomen wordt de **kinetische theorie** genoemd. We onderzoeken nu de eigenschappen van een gas vanuit het standpunt van de kinetische theorie, die gebaseerd is op de wetten van de klassieke mechanica. Maar het toepassen van de wetten van Newton op elk van het grote aantal moleculen in een gas (bij STP) gaat de capaciteit van elke huidige computer te boven. In plaats daarvan gebruiken we een statistische aanpak en bepalen gemiddelden van bepaalde grootheden, die overeenkomen met macroscopische variabelen. We eisen natuurlijk dat onze microscopische beschrijving overeenkomt met de macroscopische eigenschappen van gassen; anders zou onze theorie weinig nut hebben. Het allerbelangrijkste is dat we uitkomen op een belangrijke betrekking tussen de gemiddelde kinetische energie van moleculen in een gas en de absolute temperatuur.

18.1 De ideale gaswet en de moleculaire interpretatie van de temperatuur

We gaan een aantal aannames doen over de moleculen in een gas. Deze aannames gaan uit van een vereenvoudigd beeld van een gas, maar desondanks komen de resultaten die ze voorspellen bij lage druk en ver van het punt van vloeibaar worden, goed overeen met de essentiële eigenschappen van echte gassen. Onder deze omstandigheden gedragen echte gassen zich vrijwel volgens de ideale gaswet, en het gas dat we nu beschrijven wordt een **ideaal gas** genoemd.

De aannames, die de basispostulaten van de kinetische theorie voor een ideaal gas vormen, zijn:

1. Er is een groot aantal moleculen, N, elk met massa m, die met verschillende snelheden in willekeurige richtingen bewegen. Deze aanname is in overeenstemming met onze waarneming dat een gas de ruimte eromheen vult, en dat het, in het geval van lucht op aarde, alleen door de zwaartekracht verhinderd wordt om te ontsnappen.
2. De moleculen hebben, gemiddeld genomen, een grote afstand tot elkaar. Dat wil zeggen: hun gemiddelde afstand is veel groter dan de diameter van elk molecuul.
3. Aangenomen wordt dat de moleculen voldoen aan de wetten van de klassieke mechanica, en dat ze alleen bij een botsing een wisselwerking met elkaar hebben. Hoewel moleculen tussen de botsingen door zwakke aantrekkende krachten op elkaar uitoefenen, is de potentiële energie die met deze krachten wordt geassocieerd klein vergeleken met de kinetische energie, en we zullen deze voorlopig dan ook verwaarlozen.
4. Botsingen met een ander molecuul of met de wand van het vat worden verondersteld perfect elastisch te zijn, net zoals de botsingen van perfect elastische biljartballen (hoofdstuk 9). We nemen aan dat de botsingen zelf van zeer korte duur zijn in vergelijking tot de tijd ertussen. Dus kunnen we de potentiële energie die de botsingen met zich meebrengen, verwaarlozen ten opzichte van de kinetische energie tussen de botsingen.

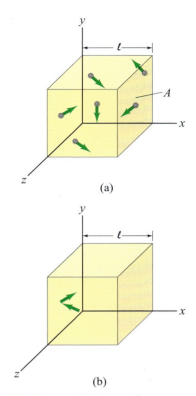

FIGUUR 18.1 (a) Bewegende gasmoleculen in een rechthoekig vat. (b) Pijlen geven de impuls aan van één molecuul als die het terugkaatst tegen de achterwand.

Er is meteen te zien hoe dit kinetisch beeld van een gas de wet van Boyle verklaart (paragraaf 17.6). De druk die op een wand van een vat met gas wordt uitgeoefend, wordt veroorzaakt door het constante bombardement van moleculen. Als het volume wordt gereduceerd, bijvoorbeeld tot de helft, komen de moleculen dichter op elkaar te zitten en zullen per seconde tweemaal zoveel moleculen de wand raken. Op grond van de wet van Boyle verwachten we dus dat de druk tweemaal zo groot is.

Laten we nu eens op basis van een kinetische theorie een kwantitatieve berekening maken van de druk die een gas uitoefent op het vat. We stellen ons de moleculen voor binnen een rechthoekig vat (in rust) waarvan de uiteinden een oppervlakte A hebben en waarvan de lengte ℓ is, zoals te zien is in fig. 18.1a. De druk die door het gas op de wanden van het vat wordt uitgeoefend, is, volgens ons model, een gevolg van de botsingen van de moleculen met de wanden. Laten we ons concentreren op de wand, met oppervlakte A, aan het linkeruiteinde van het vat en kijken wat er gebeurt wanneer een molecuul de wand raakt, zoals in fig. 18.1b. Dit molecuul oefent een kracht uit op de wand, en op grond van de derde wet van Newton oefent de wand een gelijke en tegengestelde reactiekracht uit op het molecuul. Op grond van de tweede wet van Newton is de grootte van deze kracht op het molecuul gelijk aan de impulsverandering van het molecuul, $F = dp/dt$ (vgl. 9.2). Ervan uitgaande dat de botsing elastisch is, verandert alleen de x-component van de impuls van het molecule, van $-mv_x$ (bewegend in de negatieve x-richting) tot $+mv_x$. Dus is de verandering in de impuls van het molecuul, $\Delta(mv)$, de eind- min de beginimpuls, voor één botsing gelijk aan

$$\Delta(mv) = mv_x - (-mv_x) = 2mv_x.$$

Dit molecuul zal vaak botsen met de muur, met tussenpozen van Δt, de tijd die het molecuul nodig heeft om in het vat een afstand (x-component) heen en terug af te leggen, dat wil zeggen 2ℓ. Dus is $2\ell = v_x \Delta t$, oftewel

$$\Delta t = \frac{2\ell}{v_x}.$$

De tijd Δt tussen de botsingen is erg kort, dus is het aantal botsingen per seconde erg groot. Dus is de gemiddelde kracht (gemiddeld over veel botsingen) gelijk aan de impulsverandering gedurende één botsing gedeeld door de tijd tussen botsingen (de tweede wet van Newton):

$$F = \frac{\Delta(mv)}{\Delta t} = \frac{2mv_x}{2\ell/v_x} = \frac{mv_x^2}{\ell}. \qquad \text{(als gevolg van een molecuul)}$$

Op zijn weg heen en terug door het vat kan het molecuul botsen met de boven- en zijkanten van het vat, maar hierdoor wordt de x-component van de impuls niet gewij-

Hoofdstuk 18 – Kinetische gastheorie 549

zigd en blijft ons resultaat onveranderd. Het kan ook botsen met andere moleculen, waardoor zijn v_x verandert. Elk verlies (of winst) aan impuls komt echter ten goede aan (of gaat ten koste van) de impuls van andere moleculen, en omdat we uiteindelijk sommeren over alle moleculen, wordt dit effect meegerekend. Ons eerdere resultaat blijft dus onveranderd.

De feitelijke kracht als gevolg van één molecuul fluctueert, maar omdat elke seconde een groot aantal moleculen de wand raakt, is de kracht gemiddeld genomen vrijwel constant. Om de kracht als gevolg van *alle* moleculen in het vat te berekenen, moeten we de bijdragen van alle moleculen bij elkaar optellen. De nettokracht op de wand is

$$F = \frac{m}{\ell}\left(v_{x1}^2 + v_{x2}^2 + \cdots + v_{xN}^2\right),$$

waarin de v_{x1} de snelheid v_x voor molecule 1 is (we kennen willekeurig aan elk molecuul een getal toe) en vervolgens wordt de som genomen over het totaal aantal moleculen N in de container. De gemiddelde waarde van de x-component van de snelheid is

$$\overline{v_x^2} = \frac{v_{x1}^2 + v_{x2}^2 + \cdots + v_{xN}^2}{N}, \tag{18.1}$$

waarin de streep erboven (¯) staat voor 'gemiddeld'. We kunnen de kracht dus schrijven als

$$F = \frac{m}{\ell} N \overline{v_x^2}.$$

We weten dat voor elke vector geldt dat het kwadraat van de grootte ervan gelijk is aan de som van de kwadraten van de componenten (stelling van Pythagoras). Dus geldt voor elke snelheid v, $v^2 = v_x^2 + v_y^2 + v_z^2$. Door gemiddelden te nemen, vinden we

$$\overline{v^2} = \overline{v_x^2} + \overline{v_y^2} + \overline{v_z^2}.$$

Omdat de snelheden van de moleculen in ons gas willekeurig worden verondersteld, is er geen voorkeursrichting. Dus geldt

$$\overline{v_x^2} = \overline{v_y^2} = \overline{v_z^2}.$$

Combineren we deze laatste twee betrekkingen, dan vinden we

$$\overline{v^2} = 3\overline{v_x^2}.$$

Dit substitueren we in de vergelijking voor de nettokracht F:

$$F = \frac{m}{\ell} N \frac{\overline{v^2}}{3}.$$

De druk op de wand is dan

$$P = \frac{F}{A} = \frac{1}{3}\frac{Nm\overline{v^2}}{A\ell}$$

oftewel

$$P = \frac{1}{3}\frac{Nm\overline{v^2}}{V}, \tag{18.2}$$

met $V = \ell A$ het volume van het vat. Dit is het resultaat waar we naar op zoek waren: de druk die door een gas wordt uitgeoefend op een vat, uitgedrukt in moleculaire eigenschappen. Door aan beide kanten van vergelijking 18.2 te vermenigvuldigen met V en het rechterlid anders te rangschikken ontstaat een meer bekende vorm:

$$PV = \tfrac{2}{3}N\left(\tfrac{1}{2}m\overline{v^2}\right). \tag{18.3}$$

De grootheid $m\overline{v^2}$ is de gemiddelde kinetische energie $\overline{K}$ van de moleculen in het gas. Als we vgl. 18.3 vergelijken met vgl. 17.4, de ideale gaswet $PV = NkT$, zien we dat ze aan elkaar gelijk zijn als

$$\tfrac{2}{3}(\tfrac{1}{2}m\overline{v^2}) = kT,$$

oftewel

$$\overline{K} = \tfrac{1}{2}m\overline{v^2} = \tfrac{3}{2}kT.$$ [ideaal gas] (**18.4**)

> *Verband tussen temperatuur en gemiddelde kinetische energie van moleculen*

Uit deze vergelijking blijkt dat

de gemiddelde translatie-energie van willekeurig bewegende moleculen in een ideaal gas recht evenredig is met de absolute temperatuur van het gas.

Op grond van de kinetische theorie zullen de moleculen bij een hoge temperatuur gemiddeld genomen sneller bewegen. Deze betrekking is een van de triomfen van de kinetische theorie.

Voorbeeld 18.1 Moleculaire kinetische energie

Wat is de gemiddelde translatie-energie van moleculen in een ideaal gas bij 37°C?

Aanpak We gebruiken de absolute temperatuur in vgl. 18.4.

Oplossing We rekenen 37°C om naar 310 K en voegen dit in in vgl. 18.4.

$$\overline{K} = \tfrac{3}{2}kT = \tfrac{3}{2}(1{,}38 \times 10^{-23} \text{ J/K})(310 \text{ K}) = 6{,}42 \times 10^{-21} \text{ J}.$$

Opmerking Een mol moleculen zou een translatie-energie hebben van $(6{,}42 \cdot 10^{-21} \text{ J})(6{,}02 \cdot 10^{23}) = 3860$ J, wat gelijk is aan de kinetische energie van een steen van 1 kg die beweegt met een snelheid van bijna 90 m/s.

Opgave A
Welke uitspraak is waar voor zuurstof en helium: (*a*) de heliummoleculen bewegen gemiddeld sneller dan de zuurstofmoleculen; (*b*) beide soorten moleculen bewegen met dezelfde snelheid; (*c*) de zuurstofmoleculen zullen, gemiddeld genomen, sneller bewegen dan de heliummoleculen; (*d*) de kinetische energie van het helium zal groter zijn dan die van de zuurstof; (*e*) geen van deze mogelijkheden.

Vgl. 18.4 is niet alleen geldig voor gassen, maar tot op zekere hoogte ook voor vloeistoffen en vaste stoffen. Het resultaat van voorbeeld 18.1 zou van toepassing zijn op moleculen binnen levende cellen bij lichaamstemperatuur (37°C).
We kunnen vgl. 18.4 gebruiken om te berekenen hoe snel moleculen gemiddeld bewegen. Merk op dat het gemiddelde in vgl. 18.1 tot en met 18.4 wordt genomen over het *kwadraat* van de snelheid. De vierkantswortel uit $\overline{v^2}$ wordt de **effectieve waarde** van de snelheid, v_eff *genoemd* (ook wel v_rms, waarbij rms staat voor *root mean square*: de wortel uit het gemiddelde van het kwadraat van de snelheid):

$$v_\text{eff} = \sqrt{\overline{v^2}} = \sqrt{\frac{3kT}{m}}.$$ (**18.5**)

Voorbeeld 18.2 Snelheden van de luchtmoleculen

Wat is de effectieve snelheid van luchtmoleculen (O_2 en N_2) bij kamertemperatuur (20°C)?

Aanpak Om v_eff te bepalen hebben we massa's nodig van O_2- en N_2-moleculen en moeten we vervolgens vgl. 18.5 afzonderlijk toepassen op zuurstof en stikstof, omdat ze verschillende massa's hebben.

Oplossing De massa's van één molecuul O_2 (molecuulmassa = 32 Da) en N_2 (molecuulmassa = 28 Da) zijn (1 Da = $1{,}66 \cdot 10^{-27}$ kg)

$$m(O_2) = (32)(1{,}66 \cdot 10^{-27} \text{ kg}) = 5{,}3 \cdot 10^{-26} \text{ kg},$$
$$m(N_2) = (28)(1{,}66 \cdot 10^{-27}) \text{ kg} = 4{,}6 \cdot 10^{-26} \text{ kg}.$$

Voor zuurstof geldt dus

$$v_{\text{eff}} = \sqrt{\frac{3kT}{m}} = \sqrt{\frac{(3)(1,38 \times 10^{-23} \text{ J/K})(293 \text{ K})}{(5,3 \times 10^{-26} \text{ kg})}} = 480 \text{ m/s},$$

en voor stikstof is het resultaat $v_{\text{eff}} = 510$ m/s. Deze snelheden zijn hoger dan 1700 km/u, en bij 20°C groter dan de geluidssnelheid, 340 m/s (zie hoofdstuk 16).

Opmerking De berekende snelheid v_{eff} is uitsluitend een grootte. De *snelheidsvector* van moleculen middelt uit tot nul: de snelheidsvector heeft een richting, en er bewegen evenveel moleculen naar rechts als naar links, evenveel naar boven als naar beneden, en evenveel naar voor als naar achter.

Opgave B
Ga nu terug naar de openingsvraag aan het begin van dit hoofdstuk, en geef het juiste antwoord. Probeer te verklaren waarom je die de eerste keer misschien anders beantwoord hebt.

Opgave C
Als je het volume van een gas verdubbelt, terwijl de druk en het aantal mol constant blijven, wordt de effectieve snelheid van de moleculen (*a*) verdubbeld, (*b*) verviervoudigd, (*c*) vergroot met een factor $\sqrt{2}$, (*d*) gehalveerd, (*e*) vier maal zo klein.

Opgave D
Met welke factor moet de absolute temperatuur veranderen om v_{eff} te verdubbelen? (*a*) $\sqrt{2}$, (*b*) 2, (*c*) $2\sqrt{2}$, (*d*) 4, (*e*) 16.

Conceptvoorbeeld 18.3 Minder gas in de tank

Voor het vullen van ballonnen wordt gebruikgemaakt van een tank met helium. Naarmate er meer ballonnen met helium zijn gevuld, neemt het aantal resterende heliumatomen in de tank af. Wat is de invloed hiervan op de effectieve snelheid van de resterende moleculen in de tank?

Antwoord De effectieve snelheid wordt gegeven door vgl. 18.5:

$$v_{\text{eff}} = \sqrt{3kT/m}.$$

Het enige wat dus van belang is, is de temperatuur, niet de druk P of het aantal mol n. Als de tank op een constante temperatuur (omgevingstemperatuur) blijft, dan blijft de effectieve snelheid constant, hoewel de druk van helium in de tank afneemt.

Bij een verzameling moleculen is de **gemiddelde snelheid** gelijk aan het gemiddelde van de grootes van de snelheden; $\bar{v}$ is in het algemeen niet gelijk aan v_{eff}. Het volgende voorbeeld laat het verschil zien tussen de gemiddelde snelheid en de effectieve snelheid.

Voorbeeld 18.4 Gemiddelde en effectieve snelheid

Acht deeltjes hebben de volgende snelheden, gegeven in m/s: 1,0, 6,0, 4,0, 2,0, 6,0, 3,0, 2,0, 5,0. Bereken (*a*) de gemiddelde snelheid en (*b*) de effectieve snelheid.

Aanpak Bij (*a*) tellen we de snelheden op en delen we door $N = 8$. Bij (*b*) kwadrateren we elke snelheid, tellen de kwadraten bij elkaar op, delen door $N = 8$, en nemen de vierkantswortel.

Oplossing (*a*) De gemiddelde snelheid is

$$\bar{v} = \frac{1,0 + 6,0 + 4,0 + 2,0 + 6,0 + 3,0 + 2,0 + 5,0}{8} = 3,6 \text{ m/s}.$$

(b) De effectieve snelheid is (vgl. 18.1)

$$v_{\text{eff}} = \sqrt{\frac{(1,0)^2+(6,0)^2+(4,0)^2+(2,0)^2+(6,0)^2+(3,0)^2+(2,0)^2+(5,0)^2}{8}} \text{ m/s}$$

$$= 4,0 \text{ m/s}.$$

Aan dit voorbeeld zien we dat v en v_{eff} niet noodzakelijk gelijk hoeven te zijn. In werkelijkheid is er bij een ideaal gas een verschil van circa 8 procent tussen beide snelheden. In de volgende paragraaf zullen we zien hoe we $\overline{v}$ voor een ideaal gas moeten berekenen. De formule voor het berekenen van v_{eff} hadden we al (vgl. 18.5).

*Kinetische energie in de buurt van het absolute nulpunt

Vgl. 18.4, $\overline{K} = \tfrac{3}{2}kT$, impliceert dat als de temperatuur het absolute nulpunt nadert, de kinetische energie van de moleculen naar nul gaat. Volgens de moderne kwantumtheorie is dit echter niet het geval. In plaats daarvan nadert, als de temperatuur het absolute nulpunt nadert, de kinetische energie tot een zeer kleine positieve minimumwaarde. Hoewel alle echte gassen in de buurt van 0 K vloeibaar of vast worden, houdt moleculaire beweging niet op, zelfs niet bij het absolute nulpunt.

18.2 Snelheidsverdeling van moleculen

De Maxwell-vergelijking

De moleculen in een gas bewegen op een random manier, wat wil zeggen dat sommige moleculen een lagere, en andere een hogere snelheid hebben dan het gemiddelde. In 1859 leidde James Clerk Maxwell (1831-1879) een formule af voor de verdeling van snelheden in een gas met N moleculen. We geven hier geen afleiding, maar vermelden alleen zijn resultaat:

$$f(v) = 4\pi N \left(\frac{m}{2\pi kT}\right)^{\frac{3}{2}} v^2 e^{\frac{-mv^2}{2kT}} \quad (18.6)$$

waarin $f(v)$ de **Maxwell-snelheidsverdeling** is, die getekend is in fig. 18.2. De grootheid $f(v)dv$ stelt het aantal moleculen voor met een snelheid tussen v en $v + dv$. Merk op dat $f(v)$ niet het aantal moleculen met snelheid v is; $f(v)$ moet worden vermenigvuldigd met dv om het aantal moleculen aan te geven (het aantal moleculen is afhankelijk van de 'breedte' of het bereik van de meegerekende 'snelheden', dv). In de formule voor $f(v)$ is m de massa van één molecuul, T de absolute temperatuur, en k de constante van Boltzmann. Omdat N het aantal moleculen in het gas is, moeten we, wanneer we sommeren over alle moleculen in het gas, op N uitkomen. Dus moet gelden

$$\int_0^\infty f(v)dv = N.$$

(In vraagstuk 22 wordt gevraagd om aan te tonen dat dit inderdaad geldt.)
Experimenten om de verdeling van snelheden in echte gassen te bepalen, die begonnen in de jaren 1920, bevestigden dat voor gassen (bij een niet te hoge druk) de Maxwell-verdeling en het recht evenredig verband tussen gemiddelde kinetische energie en de absolute temperatuur, vgl. 18.4, gelden.
De Maxwell-verdeling voor een bepaald gas hangt uitsluitend af van de absolute temperatuur. Fig. 18.3 toont de verdelingen voor twee verschillende temperaturen. Omdat v_{eff} toeneemt met de temperatuur, verschuift de hele verdeling bij hogere temperaturen naar rechts.
Fig. 18.3 illustreert hoe kinetische theorie kan worden gebruikt om te verklaren waarom veel chemische reacties, waaronder die in biologische cellen, sneller plaatsvinden bij toenemende temperatuur. De meeste chemische reacties vinden plaats in een vloeibare oplossing, en de moleculen in een vloeistof hebben een snelheidsverdeling die in de buurt komt van de Maxwell-verdeling. Twee moleculen kunnen chemisch uitsluitend reageren als hun kinetische energie groot genoeg is om, bij een botsing, elkaar

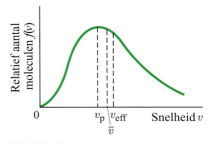

FIGUUR 18.2 Verdeling van snelheden van moleculen in een ideaal gas. Merk op dat $\overline{v}$ en v_{eff} niet op de top van de kromme staan. Dit komt omdat de kromme scheef naar rechts is: ze is niet symmetrisch. De snelheid op de top van de kromme is de 'meest waarschijnlijke snelheid', v_{p}.

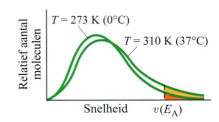

FIGUUR 18.3 Verdeling van moleculsnelheden bij twee verschillende temperaturen.

 **Natuurkunde in de praktijk**

Chemische reacties kunnen afhangen van de temperatuur

voldoende dicht te benaderen. De minimaal benodigde energie wordt de *activeringsenergie* E_A genoemd; deze heeft voor elke chemische reactie een specifieke waarde. De moleculaire snelheid die voor een bepaalde reactie correspondeert met een kinetische energie van E_A is aangegeven in fig. 18.3. Het relatieve aantal moleculen met energie groter dan deze waarde wordt gegeven door de oppervlakte onder de kromme rechts van $v(E_A)$, zoals aangegeven in fig. 18.3 met de twee verschillende kleuren. We zien dat het aantal moleculen met kinetische energieën boven E_A ook bij een kleine temperatuurstijging al sterk toeneemt. De snelheid waarmee een chemische reactie plaatsvindt, is evenredig met het aantal moleculen met energie groter dan E_A, en dus zien we waarom reactiesnelheden bij temperatuurverhoging snel toenemen.

■ *Berekeningen met de Maxwell-verdeling

Laten we eens kijken hoe de Maxwell-verdeling kan worden gebruikt om enkele interessante grootheden te berekenen.

Voorbeeld 18.5 $\overline{v}$ en v_p

Bepaal formules voor (*a*) de gemiddelde snelheid, $\overline{v}$, en (*b*) de meest waarschijnlijke snelheid, v_p, van moleculen in een ideaal gas bij temperatuur *T*.

Aanpak (*a*) De gemiddelde waarde van een grootheid kan worden bepaald door elke mogelijke waarde van de grootheid (hier de snelheid) te vermenigvuldigen met het aantal moleculen met die waarde, en deze waarden vervolgens op te tellen en door *N* te delen (het totale aantal moleculen). Bij (*b*) willen we bepalen waar de kromme van fig. 18.2 helling nul heeft; dus stellen we $df/dv = 0$.

Oplossing (*a*) We hebben te maken met een continue snelheidsverdeling (vgl. 18.6), dus gaat de som over de snelheden over in een integraal over het product van *v* en het aantal $f(v)\,dv$ met snelheid *v*:

$$\overline{v} = \frac{\int_0^\infty vf(v)dv}{N} = 4\pi\left(\frac{m}{2\pi kT}\right)^{\frac{3}{2}}\int_0^\infty v^3 e^{-\frac{1}{2}\frac{mv^2}{kT}}dv.$$

We kunnen partieel integreren of de bepaalde integraal opzoeken in de tabel, en vinden dan

$$\overline{v} = 4\pi\left(\frac{m}{2\pi kT}\right)^{\frac{3}{2}}\left(\frac{2k^2T^2}{m^2}\right) = \sqrt{\frac{8}{\pi}\frac{kT}{m}} \approx 1,60\sqrt{\frac{kT}{m}}.$$

(*b*) De *meest waarschijnlijke snelheid* is de snelheid die het vaakst voorkomt, en is dus de snelheid waar $f(v)$ de maximumwaarde heeft. Op het maximum van de kromme is de richtingscoëfficiënt nul: $df(v)/dv = 0$. Door de afgeleide te nemen van vgl. 18.6 vinden we

$$\frac{df(v)}{dv} = 4\pi N\left(\frac{m}{2\pi kT}\right)^{\frac{3}{2}}\left(2ve^{-\frac{mv^2}{2kT}} - \frac{2mv^3}{2kT}e^{-\frac{mv^2}{2kT}}\right) = 0.$$

Als we hieruit *v* oplossen, vinden we

$$v_P = \sqrt{\frac{2kT}{m}} \approx 1,41\sqrt{\frac{kT}{m}}.$$

(Een andere oplossing is $v = 0$, maar dit correspondeert met een minimum, niet met een maximum.)

> *Meest waarschijnlijke snelheid, v_p*

> *Gemiddelde snelheid, $\overline{v}$*

Kort samengevat:

$$v_P = \sqrt{2\frac{kT}{m}} \approx 1,41\sqrt{\frac{kT}{m}}. \tag{18.7a}$$

$$\overline{v} = \sqrt{\frac{8}{\pi}\frac{kT}{m}} \approx 1,60\sqrt{\frac{kT}{m}} \tag{18.7b}$$

en uit vgl. 18.5

$$v_{\text{eff}} = \sqrt{3\frac{kT}{m}} \approx 1{,}73\sqrt{\frac{kT}{m}}.$$

Effectieve snelheid, v_{eff}

Al deze snelheden staan aangegeven in fig. 18.2. Uit vgl. 18.6 en fig. 18.2 is het heel duidelijk dat de snelheden van moleculen in een gas variëren van nul tot een aantal malen de gemiddelde snelheid, maar voor zover uit de grafiek valt af te lezen, hebben de meeste moleculen snelheden die niet al te veel afwijken van het gemiddelde. Minder dan 1 procent van de moleculen beweegt sneller dan vier maal v_{eff}.

18.3 Echte gassen en faseovergangen

De ideale gaswet

$$PV = NkT$$

is een nauwkeurige beschrijving van het gedrag van een echt gas zolang de druk niet te hoog is en zolang de temperatuur ver boven het punt van vloeibaar worden verwijderd blijft. Maar wat gebeurt er wanneer er aan deze criteria niet is voldaan? Eerst bespreken we het gedrag van een echt gas, en vervolgens onderzoeken we hoe kinetische theorie ons kan helpen om dit gedrag te begrijpen.

Laten we eens gaan kijken naar een grafiek van de druk voor een bepaalde hoeveelheid gas, uitgezet tegen het volume. In een dergelijk 'PV-diagram', fig. 18.4, stelt elk punt een evenwichtstoestand van de gegeven stof voor. In de verschillende krommen (aangegeven met A, B, C en D) is, voor verschillende waarden van de temperatuur, te zien hoe de druk varieert, als het volume verandert bij constante temperatuur. De gestippelde kromme A' stelt het gedrag voor van een gas zoals voorspeld door de ideale gaswet; dat wil zeggen, PV = constant (de kromme is dan een hyperbool). De doorgetrokken kromme A stelt het gedrag voor van een echt gas bij dezelfde temperatuur. Merk op dat bij hoge druk het volume van een echt gas kleiner is dan voorspeld wordt door de ideale gaswet. De krommen B en C in fig. 18.4 stellen het gas voor bij steeds lagere temperaturen, en we zien dat het gedrag zelfs nog sterker afwijkt van de krommen voorspeld door de ideale gaswet (bijvoorbeeld B'), en de afwijking is groter naarmate het gas dichter bij het punt van vloeibaar worden komt.

Dit is te verklaren doordat bij hogere druk de moleculen zich dichter bij elkaar bevinden. En, met name bij lagere temperaturen, is de potentiële energie behorend bij de aantrekkende krachten tussen de moleculen (die we tot dusver hebben verwaarloosd) niet langer te verwaarlozen vergeleken met de nu verminderde kinetische energie van de moleculen. Deze aantrekkende krachten zijn geneigd de moleculen dichter naar elkaar toe te trekken, zodat bij een gegeven druk het volume kleiner is dan op grond van de ideale gaswet zou worden verwacht, zoals in fig. 18.4 te zien is. Bij nog lagere temperaturen zorgen deze krachten voor vloeibaar worden, en komen de moleculen zeer dicht op elkaar te zitten. Paragraaf 18.5 gaat uitgebreider in op het effect van deze aantrekkende krachten tussen moleculen, evenals het effect van het volume dat de moleculen zelf innemen.

Kromme D stelt de situatie voor waarin de stof vloeibaar wordt. Bij lage druk in kromme D (rechts in fig. 18.4), is de stof een gas en neemt een groot volume in. Als de druk wordt verhoogd, wordt het volume verlaagd totdat punt b is bereikt. Voorbij b neemt het volume af zonder verandering in de druk; de stof gaat geleidelijk over van de gas- in de vloeistoffase. Op punt a is alle stof veranderd in vloeistof. Verdere verhoging van de druk leidt slechts tot een lichte volumeverkleining (vloeistoffen zijn vrijwel onsamendrukbaar) zodat de kromme links zeer steil is, zoals weergegeven. Het gekleurde gebied onder de stippellijn stelt het gebied voor waar de gas- en de vloeistoffase naast elkaar bestaan.

De kromme C in fig. 18.4 stelt het gedrag van de stof voor bij zijn **kritische temperatuur**; het punt c (het enige punt waar de kromme C horizontaal is) wordt het **kritische punt** genoemd. Bij temperaturen lager dan de kritische temperatuur zal een gas bij voldoende hoge druk overgaan in de vloeistoffase (dit is tevens de definitie van kritische temperatuur). Boven de kritische temperatuur kan geen enkele druk meer het gas van fase doen veranderen en vloeibaar laten worden. De kritische temperaturen voor diverse gassen zijn gegeven in tabel 18.1. Wetenschappers hebben jarenlang tevergeefs geprobeerd om zuurstof vloeibaar te maken. Pas na de ontdekking van het gedrag van stoffen in de buurt van het kritische punt besefte men dat zuurstof alleen

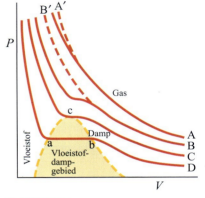

FIGUUR 18.4 PV-diagram voor een bestaande stof. De krommen A, B, C en D stellen dezelfde stof voor bij verschillende temperaturen $T_A > T_B > T_C > T_D$.

TABEL 18.1 Kritische temperaturen en drukken

Stof	Kritische temperatuur		Kritische druk (atm)
	°C	K	
Water	374	647	218
CO_2	31	304	72,8
Zuurstof	−118	155	50
Stikstof	−147	126	33,5
Waterstof	−239,9	33,3	12,8
Helium	−267,9	5,3	2,3

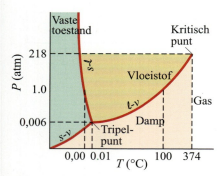

FIGUUR 18.5 Fasediagram voor water (merk op dat de schalen niet lineair zijn).

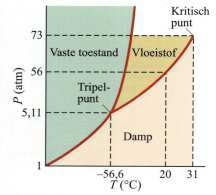

FIGUUR 18.6 Fasediagram voor kooldioxide.

Natuurkunde in de praktijk

Vloeibare kristallen

vloeibaar kan worden gemaakt door afkoeling beneden de kritische temperatuur van −118°C.
Vaak wordt er onderscheid gemaakt tussen de termen 'gas' en 'damp': een stof beneden de kritische temperatuur in de gastoestand wordt een **damp** genoemd; een stof boven de kritische temperatuur wordt het een **gas** genoemd.
Het gedrag van een stof kan niet alleen worden weergegeven in een PV-diagram, maar ook in een PT-diagram. Een PT-diagram, vaak ook een **fasediagram** genoemd, is met name handig voor het vergelijken van de verschillende fasen van een stof als functie van de temperatuur. Fig. 18.5 is het fasediagram voor water. De kromme met bijschrift ℓ-v stelt die punten voor waar de vloeistof- en dampfasen in evenwicht zijn: het is dus een grafiek van het kookpunt als functie van de druk. Merk op dat de kromme op de juiste manier weergeeft dat bij een druk van 1 atm het kookpunt bij 100°C ligt en dat het kookpunt bij een lagere druk wordt verlaagd. De kromme s-ℓ stelt de punten voor waar de vaste en de vloeibare fase naast elkaar in evenwicht bestaan en is dus een grafiek van het vriespunt als functie van de druk. Bij 1 atm is het vriespunt van water 0°C, zoals weergegeven. Merk ook op in fig. 18.5 dat bij een druk van 1 atm de stof in de vloeistoffase is als de temperatuur tussen de 0°C en 100°C ligt, maar in de vaste fase of dampfase als de temperatuur onder de 0°C of boven 100°C ligt. De kromme met het bijschrift s-v is het *sublimatiepunt* uitgezet tegen de druk. **Sublimatie** is het proces waarbij bij lage drukken een vaste stof meteen overgaat naar de dampfase zonder de vloeistoffase te passeren. Bij water treedt sublimatie op als de druk van waterdamp minder is dan 0,0060 atm. Kooldioxide, dat in de vaste fase droog ijs wordt genoemd, sublimeert zelfs bij atmosferische druk (fig. 18.6).
Het snijpunt van de drie krommen (in fig. 18.5) is het **tripelpunt**. Bij water ligt dit punt bij $T = 273{,}16$ K en $P = 6{,}03 \cdot 10^{-3}$ atm. Dit tripelpunt is het enige punt waarbij de drie fasen naast elkaar in evenwicht kunnen bestaan. Omdat het tripelpunt overeenkomt met een unieke waarde van temperatuur en druk, is het nauwkeurig te reproduceren en wordt het vaak gebruikt als referentiepunt. Zo wordt bijvoorbeeld de standaard van temperatuur gewoonlijk, in plaats van 273,15 K bij het vriespunt van water van 1 atm, gespecificeerd als exact 273,16 K bij het tripelpunt van water.
Merk op dat de vast/vloeistof-kromme (s-ℓ) van water naar linksboven helt. Dit is alleen het geval voor stoffen die *uitzetten* bij bevriezing: bij een hogere druk is er een lagere temperatuur nodig om de vloeistof te laten bevriezen. Het is gebruikelijker dat stoffen bij bevriezing samentrekken en dat de s-ℓ-kromme naar rechts helt, zoals weergegeven voor kooldioxide (CO_2) in fig. 18.6.
De faseovergangen die we hebben besproken zijn de gebruikelijke overgangen. Sommige stoffen kunnen echter in de vaste fase in verschillende vormen voorkomen. Een overgang van de ene fase naar de andere vindt plaats bij een bepaalde temperatuur en druk, net zoals gewone faseovergangen. Zo zijn onder zeer hoge druk ten minste acht vormen van ijs waargenomen. Gewoon helium kent twee aparte vloeistoffasen, helium I en helium II genoemd. Deze bestaan uitsluitend bij temperaturen binnen enkele graden van het absolute nulpunt. Helium II heeft enkele ongebruikelijke eigenschappen, die worden aangeduid met de term **superfluïditeit**. Het heeft viscositeit nul en vertoont merkwaardige kenmerken zoals het omhoogkruipen langs de wanden van een open vat. Ook interessant zijn **vloeibare kristallen** (deze worden gebruikt in tv- en computermonitors, zie deel II paragraaf 35.11), die kunnen worden beschouwd als een tussenfase tussen vaste stof en vloeistof.

18.4 Dampdruk en vochtigheidsgraad

■ Verdamping

Als een glas water 's nachts buiten is blijven staan, zal de waterspiegel tegen de ochtend zijn gedaald. We zeggen dat het water is verdampt, wat wil zeggen dat een deel van het water is overgegaan naar de damp- of gasfase.
Dit **verdampingsproces** kan worden verklaard op basis van de kinetische theorie. De moleculen in een vloeistof bewegen langs elkaar met verschillende snelheden; de snelheidsverdeling is bij benadering gelijk aan de Maxwell-verdeling. Er zijn sterke aantrekkende krachten tussen deze moleculen, wat ze in de vloeistoffase dicht bij elkaar houdt. Een molecuul vlak bij het vloeistofoppervlak kan, vanwege zijn snelheid,

de vloeistof tijdelijk verlaten. Maar net zoals een steen die in de lucht wordt gegooid terugkeert naar de aarde, zo kunnen de aantrekkende krachten van de andere moleculen het zwervende molecuul terugtrekken naar het vloeistofoppervlak; dat wil zeggen als zijn snelheid niet te groot is. Een molecuul met een voldoende hoge snelheid zal echter volledig uit de vloeistof ontsnappen (zoals een voorwerp dat de aarde met een voldoende hoge snelheid verlaat, paragraaf 8.7), en deel gaan uitmaken van de gasfase. Alleen die moleculen met kinetische energie boven een bepaalde waarde kunnen naar de gasfase ontsnappen. We hebben al gezien dat de kinetische theorie voorspelt dat het relatief aantal moleculen met kinetische energie boven een bepaalde waarde (zoals E_A in fig. 18.3) toeneemt met de temperatuur. Dit is in overeenstemming met de bekende waarneming dat de verdampingssnelheid hoger is bij hogere temperaturen.

Omdat het de snelste moleculen zijn die van het oppervlak ontsnappen, is de gemiddelde snelheid van de resterende moleculen lager. Wanneer de gemiddelde snelheid lager is, is ook de absolute temperatuur lager. Dus voorspelt de kinetische theorie dat *verdamping een afkoelingsproces* is. Je hebt dit effect ongetwijfeld wel eens gemerkt als je uit een warme douche stapte en het koud kreeg doordat het water op je lichaam begon te verdampen; en nadat je je op een warme dag in het zweet hebt gewerkt, krijg je het bij het kleinste briesje al koud door verdamping.

■ Dampdruk

Normaal gesproken bevat lucht waterdamp (water in de gasfase), dat voornamelijk afkomstig is van verdamping. Om dit proces iets meer in detail te bekijken, beschouwen we een gesloten vat dat gedeeltelijk gevuld is met water (of een andere vloeistof) en waaruit de lucht is verwijderd (fig. 18.7). De snelst bewegende moleculen verdampen snel naar de lege ruimte boven het vloeistofoppervlak. Terwijl ze kriskras bewegen, raken sommige van deze moleculen het vloeistofoppervlak, en gaan weer deel uitmaken van de vloeistoffase: dit wordt **condensatie** genoemd. Het aantal moleculen in de damp neemt toe, totdat er een punt wordt bereikt waarbij het aantal moleculen dat in een bepaald tijdsinterval naar de vloeistof terugkeert, gelijk is aan het aantal moleculen dat de vloeistof in datzelfde tijdsinterval verlaat. In dat geval is er evenwicht, en wordt de ruimte boven het vloeistofoppervlak *verzadigd* genoemd. De druk van de damp bij verzadiging wordt de **verzadigde dampdruk** genoemd (of soms ook gewoonweg de dampdruk).

De verzadigde dampdruk hangt niet af van het volume van het vat. Als het volume boven de vloeistof plotseling zou worden verkleind, zou de dichtheid van de moleculen in de dampfase tijdelijk toenemen. Per seconde zouden dan meer moleculen het vloeistofoppervlak raken. Er zou een nettostroom van moleculen terug naar de vloeistoffase ontstaan, totdat er opnieuw evenwicht zou zijn bereikt, en dit zou optreden bij dezelfde waarde van de verzadigde dampdruk, zolang de temperatuur niet veranderde.

Voor elke stof is de verzadigde dampdruk afhankelijk van de temperatuur. Bij hogere temperaturen zijn er meer moleculen met voldoende kinetische energie om uit het vloeistofoppervlak te ontsnappen naar de dampfase. Dus zal het evenwicht worden bereikt bij een hogere druk. De verzadigde dampdruk van water bij verschillende temperaturen is weergegeven in tabel 18.2. Merk op dat zelfs vloeistoffen, bijvoorbeeld ijs, een meetbare verzadigde dampdruk hebben.

Onder normale omstandigheden vindt verdamping vanuit een vloeistof niet plaats naar een vacuüm, maar naar de lucht boven de vloeistof. Dit geeft geen wezenlijke veranderingen in de eerdere bespreking over fig. 18.7. Het evenwicht zal nog steeds worden bereikt wanneer er voldoende moleculen in de gasfase zijn, zodat het aantal dat de vloeistof in gaat gelijk is aan het aantal dat eruit gaat. De concentratie van bepaalde moleculen (zoals water) in de gasfase wordt niet beïnvloed door de lucht, hoewel luchtmoleculen de tijd voor het bereiken van evenwicht wel kunnen verlengen. Evenwicht treedt dus op bij dezelfde waarde van de verzadigde dampdruk alsof de lucht er niet was.

Als het vat groot is of niet gesloten, kan het gebeuren dat alle vloeistof is verdampt voordat verzadiging is bereikt. En als het vat niet verzegeld is, zoals een kamer in je huis, is het niet waarschijnlijk dat de lucht verzadigd zal raken met waterdamp (tenzij het buiten regent).

Natuurkunde in de praktijk

Verdamping leidt tot afkoeling.

FIGUUR 18.7 Boven een vloeistof in een gesloten vat ontstaat waterdamp.

TABEL 18.2 Verzadigde dampdruk van water

Temperatuur (°C)	torr (= mm Hg)	Pa (= N/m²)
−50	0,030	4,0
−10	1,95	$2{,}60 \cdot 10^2$
0	4,58	$6{,}11 \cdot 10^2$
5	6,54	$8{,}72 \cdot 10^2$
10	9,21	$1{,}23 \cdot 10^3$
15	12,8	$1{,}71 \cdot 10^3$
20	17,5	$2{,}33 \cdot 10^3$
25	23,8	$3{,}17 \cdot 10^3$
30	31,8	$4{,}24 \cdot 10^3$
40	55,3	$7{,}37 \cdot 10^3$
50	92,5	$1{,}23 \cdot 10^4$
60	149	$1{,}99 \cdot 10^4$
70†	234	$3{,}12 \cdot 10^4$
80	355	$4{,}73 \cdot 10^4$
90	526	$7{,}01 \cdot 10^4$
100‡	760	$1{,}01 \cdot 10^5$
120	1489	$1{,}99 \cdot 10^5$
150	3570	$4{,}76 \cdot 10^5$

†Kookpunt op de top van de Mt. Everest
‡Kookpunt op zeeniveau.

FIGUUR 18.8 Koken: bellen waterdamp stijgen op van de bodem (waar de temperatuur het hoogst is).

Koken

De verzadigde dampdruk van een vloeistof neemt toe met de temperatuur. Wanneer de temperatuur wordt verhoogd tot het punt waarop de verzadigde dampdruk bij die temperatuur gelijk wordt aan de externe druk, gaat de vloeistof **koken** (fig. 18.8). Als het kookpunt wordt benaderd, ontstaan er kleine bellen in de vloeistof, die een aanwijzing zijn dat er een verandering van de vloeistof- naar de gasfase optreedt. Als de dampdruk in de bellen echter kleiner is dan de externe druk, worden de bellen onmiddellijk kapot gedrukt. Bij temperatuurverhoging wordt de verzadigde dampdruk binnen een bel uiteindelijk groter of gelijk aan de externe druk. De bel zal niet in elkaar klappen maar kan stijgen naar het oppervlak. Het kookproces is dus begonnen. *Een vloeistof kookt wanneer de verzadigde dampdruk gelijk is aan de externe druk.* Bij water treedt dit op bij een druk van 1 atm (760 torr of $1,013 \cdot 10^5$ Pa) bij 100°C, zoals is af te lezen uit tabel 18.2.

Het kookpunt van een vloeistof hangt duidelijk af van de externe druk. Op grote hoogte ligt het kookpunt van water iets lager dan op zeeniveau omdat de luchtdruk daar lager is. Zo is op de top van de Mount Everest (8850 m) de luchtdruk ongeveer eenderde van die op zeespiegelniveau, en uit tabel 18.2 lezen we af dat water daar kookt bij circa 70°C. Het bereiden van voedsel door het te koken kost op grote hoogte echter meer tijd, omdat de temperatuur lager ligt. Snelkookpannen daarentegen verminderen de kooktijd, omdat ze een druk van wel 2 atm opbouwen, waardoor er hogere kooktemperaturen kunnen worden bereikt.

Partiële druk en luchtvochtigheidsgraad

Wanneer we spreken van droog of vochtig weer, hebben we het in feite over de hoeveelheid waterdamp in de lucht. In een gas zoals lucht, dat een mengsel is van verschillende typen gassen, is de totale druk gelijk aan de som van de *partiële drukken* van elk aanwezig gas.[1] Met de **partiële druk** bedoelen we de druk die elk gas zou uitoefenen als het als enige aanwezig was. De partiële druk van water in de lucht kan variëren van nul tot een maximum gelijk aan de verzadigde dampdruk van water bij de gegeven temperatuur. Bij 20°C kan de partiële druk van water niet groter zijn dan 2,33 kPa (zie tabel 18.2). De **relatieve vochtigheid** is gedefinieerd als de verhouding bij een gegeven temperatuur tussen de partiële dampdruk van water en de verzadigde dampdruk. Deze wordt meestal uitgedrukt in een percentage:

$$\text{Relatieve vochtigheid} = \frac{\text{gedeeltelijke dampdruk van H}_2\text{O}}{\text{verzadigde dampdruk van H}_2\text{O}} \times 100\%$$

Wanneer de relatieve vochtigheid in de buurt van de 100 procent komt, bevat de lucht dus vrijwel alle waterdamp die lucht kan bevatten.

Voorbeeld 18.6 Relatieve vochtigheid

Op een bijzonder hete dag is de temperatuur 30°C en de partiële waterdruk in de lucht is gelijk aan 2,80 kPa. Wat is de relatieve vochtigheid?

Aanpak Uit tabel 18.2 lezen we de verzadigde dampdruk af: voor water van 30°C is deze 4,24 kPa.

Oplossing De relatieve vochtigheid is dus

$$\frac{2,80 \text{ kPa}}{4,24 \text{ kPa}} \times 100\% = 66\%.$$

Vochtigheid en comfort

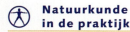

Het weer

Mensen zijn gevoelig voor vochtigheid. Een relatieve vochtigheid van 40 tot 50 procent is in het algemeen optimaal voor zowel gezondheid als comfort. Een hoge vochtigheid, met name op een warme dag, vermindert de verdamping van vocht van de huid, een van de vitale mechanismen van het lichaam voor het regelen van de li-

---

[1] Zo bestaat lucht bijvoorbeeld voor 78 procent (naar volume gerekend) uit stikstof en voor 21 procent uit zuurstof, en veel kleinere hoeveelheden waterdamp, argon en andere gassen. Bij een luchtdruk van 1 atm oefent zuurstof een partiële druk uit van 0,21 atm en stikstof een druk van 0,78 atm.

chaamstemperatuur. Zeer lage vochtigheid daarentegen kan de huid en slijmvliezen uitdrogen.

Lucht is verzadigd met waterdamp wanneer de partiële druk van water in de lucht gelijk is aan de verzadigde dampdruk bij die temperatuur. Als de partiële waterdruk groter is dan de verzadigde dampdruk, wordt de lucht **superverzadigd** of **supergesatureerd** genoemd. Deze situatie kan zich voordoen bij een temperatuurafname. Stel bijvoorbeeld dat de temperatuur 30°C is en de partiële waterdruk 2,80 kPa is, wat, zoals we in voorbeeld 18.6 hebben gezien, overeenkomt met een vochtigheidsgraad van 66 procent. Stel nu dat de temperatuur daalt tot bijvoorbeeld 20°C, zoals 's nachts zou kunnen gebeuren. Uit tabel 18.2 lezen we af dat de verzadigde dampdruk van water bij 20°C gelijk is aan 2,33 kPa. Hieruit volgt dat de relatieve vochtigheid groter zou zijn dan 100 procent, en de superverzadigde lucht niet zoveel water kan bevatten. Het overtollige water kan condenseren en de vorm van dauw, nevel of regen aannemen (fig. 18.9).

Wanneer lucht met daarin een zekere hoeveelheid water afkoelt, wordt een temperatuur bereikt waarbij de partiële waterdruk gelijk is aan de verzadigde dampdruk. Dit wordt het **dauwpunt** genoemd. De meting van het dauwpunt is het nauwkeurigste middel om de relatieve vochtigheid te bepalen. Eén methode maakt gebruik van een glanzend metaaloppervlak in contact met de lucht, dat geleidelijk wordt afgekoeld. De temperatuur waarbij er vochtigheid aan het oppervlak verschijnt is het dauwpunt, en de partiële waterdruk kan worden verkregen uit tabellen voor de verzadigde dampdruk. Als bijvoorbeeld op zekere dag de temperatuur 20°C is en het dauwpunt 5°C, dan is de partiële waterdruk (tabel 18.2) in de lucht van 20°C gelijk aan 0,872 kPa, terwijl de verzadigde dampdruk gelijk is aan 17,5 torr; dus is de relatieve vochtigheid gelijk aan 0,872/2,33 = 37 procent.

FIGUUR 18.9 Nevel- of mistvorming rond een kasteel waar de temperatuur tot onder het dauwpunt is gedaald.

> **Opgave E**
> Als de lucht 's middags opwarmt, hoe zou dan de relatieve vochtigheid veranderen als er geen verdere verdamping zou zijn? Deze zou (a) afnemen, (b) toenemen, (c) gelijk blijven.

Conceptvoorbeeld 18.7 Droogte in de winter

Waarom lijkt de lucht binnen verwarmde gebouwen op een koude winterdag erg droog?

Antwoord Stel dat op een dag met −10°C de relatieve vochtigheid 50 procent is. Uit tabel 18.2 is af te lezen dat de partiële waterdruk in de lucht circa 0,13 kPa bedraagt. Als deze lucht naar binnen stroomt en wordt verwarmd tot +20°C, is de relatieve vochtigheid (0,13 kPa)/(2,33 kPa) = 5,6 procent. Als de buitenlucht zou worden verzadigd tot een partiële druk van 0,26 kPa, zou de relatieve vochtigheid binnen nog altijd een lage 11 procent zijn.

*18.5 De Van der Waals-toestandsvergelijking

In paragraaf 18.3 hebben we besproken hoe echte gassen in gedrag afwijken van het ideale gas, met name bij hoge dichtheden of wanneer ze bijna condenseren naar een vloeistof. We zouden graag meer inzicht krijgen in deze afwijkingen door ze vanuit een microscopisch (moleculair) standpunt te bekijken. De Nederlandse Nobelprijswinnaar J.D. van der Waals (1837-1923) analyseerde dit vraagstuk en leidde in 1873 een toestandsvergelijking af die echte gassen nauwkeuriger beschrijft dan de ideale gaswet. Zijn analyse is gebaseerd op de kinetische theorie, maar houdt ook rekening met: (1) de eindige afmeting van moleculen (voorheen negeerden we het feitelijke volume van de moleculen zelf in vergelijking met het totale volume van het vat, en deze aanname is steeds minder te handhaven naarmate de moleculen dichter op elkaar komen te zitten); (2) het bereik van de krachten tussen moleculen kan groter zijn dan de afmeting van de moleculen (eerder namen we aan dat intermoleculaire krachten uitsluitend werkten bij botsingen, wanneer de moleculen met elkaar 'in contact' zijn). Laten we nu deze analyse eens bekijken en de Van der Waals-toestandsvergelijking afleiden.

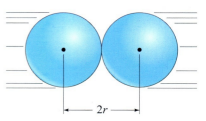

FIGUUR 18.10 Botsende moleculen met straal r.

Neem aan dat de moleculen in een gas bolvormig zijn met straal r. Als we aannemen dat deze moleculen zich gedragen als harde bollen, dan botsen twee moleculen en weerkaatsen ze tegen elkaar als de afstand tussen hun middelpunten (fig. 18.10) zo klein wordt als $2r$. Dus is het feitelijke volume waarin de moleculen zich kunnen bewegen iets kleiner dan het volume V van het vat dat het gas bevat. De hoeveelheid 'niet-beschikbaar volume' is afhankelijk van het aantal moleculen en hun afmetingen. Laat b het 'niet-beschikbare volume per mol' van het gas voorstellen.

Dus kunnen we in de ideale gaswet V vervangen door $(V - nb)$, waarin n het aantal mol is, en vinden we

$$P(V - nb) = nRT.$$

Delen we door n, dan krijgen we

$$P\left(\frac{V}{n} - b\right) = RT. \tag{18.8}$$

Deze betrekking (soms ook de **Clausius-toestandsvergelijking**) genoemd, voorspelt dat bij een gegeven temperatuur T en volume V, de druk P groter zal zijn dan voor een ideaal gas. Dit is logisch omdat het verminderde 'beschikbare' volume betekent dat het aantal botsingen met de wanden is toegenomen.

Vervolgens beschouwen we de effecten van aantrekkende intermoleculaire krachten, die verantwoordelijk zijn voor het bij lagere temperaturen vasthouden van moleculen in de vloeibare en vaste toestanden. Deze krachten zijn elektrisch van aard en hoewel ze zelfs werken wanneer moleculen elkaar niet raken, nemen we aan dat het bereik ervan klein is; dat wil zeggen, ze werken voornamelijk tussen dichtstbijzijnde buren. Moleculen aan de rand van het gas, op weg naar een wand van het vat, worden vertraagd door een nettokracht die ze terug het gas in trekt. Dus zullen deze moleculen minder kracht en minder druk op de wand uitoefenen dan als er geen aantrekkende krachten waren. De verminderde druk zal evenredig zijn met de dichtheid van moleculen in de laag met gas aan het oppervlak, en eveneens evenredig aan de dichtheid in de volgende laag, die de naar binnen gerichte kracht uitoefent.[1]

Dus verwachten we dat de druk wordt verminderd met een factor die evenredig is met de dichtheid in het kwadraat $(n/V)^2$, hier geschreven als mol per volume. Als de druk P wordt gegeven door vgl. 18.8, dan moeten we hier een hoeveelheid $a(n/V)^2$ van aftrekken, waarbij a een evenredigheidsconstante is. Dus geldt

$$P = \frac{RT}{(V/n) - b} - \frac{a}{(V/n)^2}$$

oftewel

$$\left(P + \frac{a}{(V/n)^2}\right)\left(\frac{V}{n} - b\right) = RT, \tag{18.9}$$

de **Van der Waals-toestandsvergelijking**.

De constanten a en b in de van der Waals-vergelijking zijn voor elk gas verschillend en worden bepaald door met behulp van de experimentele gegevens voor elk gas de beste overeenkomst met vgl. 18.9 te bepalen. Voor CO_2-gas wordt de beste benadering verkregen voor $a = 0{,}36$ N·m^4/mol^2 en $b = 4{,}3 \cdot 10^{-5}$ m^3/mol. Fig. 18.11 toont een karakteristiek PV-diagram dat volgt uit vgl. 18.9 (een 'van der Waals-gas') voor vier verschillende temperaturen, met gedetailleerd bijschrift; dit diagram moet worden vergeleken met fig. 18.4 voor echte gassen.

Noch de Van der Waals-toestandsvergelijking noch de vele andere toestandsvergelijkingen die zijn voorgesteld zijn nauwkeurig voor alle gassen onder alle omstandigheden. Toch is vgl. 18.9 een zeer nuttig verband. En omdat deze afleiding in veel situaties erg nauwkeurig is, geeft deze ons meer inzicht in de aard van gassen op microscopisch niveau. Merk op dat bij lage dichtheden geldt $a/(V/n)^2 \ll P$ en $b \ll V/n$, zodat de Van der Waals-toestandsvergelijking reduceert tot de toestandsvergelijking voor een ideaal gas, $PV = nRT$.

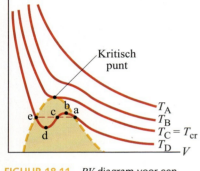

FIGUUR 18.11 PV-diagram voor een van der Waals-gas, weergegeven voor vier verschillende temperaturen. Voor T_A, T_B, en T_C (T_C wordt gelijk gekozen aan de kritische temperatuur), passen de krommen zeer goed bij de experimentele gegevens voor de meeste gassen. De kromme met het bijschrift T_D, een temperatuur beneden het kritische punt, loopt door het vloeistof-dampgebied. Het maximum (punt b) en minimum (punt d) lijken overblijfselen te zijn, omdat we gewoonlijk constante druk zien, zoals aangegeven door de horizontale stippellijn (en fig. 18-4). Voor sterk superverzadigde dampen of supergekoelde vloeistoffen zijn echter respectievelijk de stukken ab en ed waargenomen. (Het stuk bd zou onstabiel zijn en is niet waargenomen.)

---

[1] Dit is vergelijkbaar met de zwaartekracht waarbij de kracht op massa m_1 als gevolg van massa m_2 evenredig is met het product van de massa's (de universele zwaartekrachtwet van Newton, hoofdstuk 6).

*18.6 Gemiddelde vrije weglengte

Als gasmoleculen echte puntdeeltjes zouden zijn, zouden ze geen dwarsdoorsnede hebben en nooit op elkaar botsen. Als je een parfumflesje zou openen, zou je het meteen in de hele kamer kunnen ruiken, omdat moleculen honderden meters per seconde afleggen. In werkelijkheid duurt het even voor je de geur gewaarwordt en, op grond van de kinetische theorie, moet dit het gevolg zijn van botsingen van moleculen met niet-nulafmetingen.

Als we de baan van een bepaald molecuul zouden moeten volgen, zouden we een zigzagbaan verwachten zoals in fig. 18.12. Tussen elke botsing zou het molecuul bewegen volgens een rechte lijn. (Dit is niet helemaal waar als we rekening houden met de kleine intermoleculaire krachten die tussen de botsingen optreden.) Een belangrijke parameter voor een zekere situatie is de **gemiddelde vrije weglengte**, die gedefinieerd is als de gemiddelde afstand die een molecuul tussen botsingen aflegt. We zouden verwachten dat naarmate de gasdichtheid hoger is, en de moleculen groter zijn, de vrije weglengte kleiner zou zijn. We bepalen nu de aard van deze relatie voor een ideaal gas.

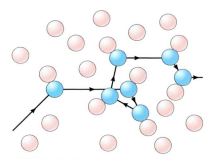

FIGUUR 18.12 Zigzagbaan van een molecuul in botsing met andere moleculen.

Stel dat ons gas is samengesteld uit moleculen die harde bollen met straal r zijn. Een botsing treedt op wanneer de middelpunten binnen een afstand $2r$ van elkaar komen. Laten we eens een molecuul volgen dat zich langs een rechte lijn beweegt. In fig. 18.13 stelt de stippellijn de baan van het deeltje voor als er geen botsingen zijn. Ook is een cilinder met straal $2r$ weergegeven. Als het middelpunt van een ander molecuul binnen deze cilinder ligt, zal er een botsing optreden. (Natuurlijk zou bij een botsing zowel de baan van het deeltje als onze denkbeeldige cilinder van richting veranderen, maar ons resultaat zal niet veranderen als we voor berekeningsdoeleinden een zigzagcilinder ombuigen tot een rechte.) Neem aan dat ons molecuul een gemiddeld molecuul is, dat met gemiddelde snelheid v in het gas beweegt. Laten we er voor het moment van uitgaan dat de andere moleculen niet bewegen, en dat de concentratie van moleculen (aantal per eenheidsvolume) N/V is. Dan is het aantal moleculen met middelpunten binnen de cilinder van fig. 18.13 N/V maal het volume van deze cilinder; dit stelt ook het aantal botsingen voor. In een tijd Δt legt ons molecuul een afstand $\overline{v}\Delta t$ af, dus is de lengte van de cilinder $\overline{v}\Delta t$ en het volume $\pi(2r)^2 \overline{v}\Delta t$. Dus is het aantal botsingen binnen een tijd Δt gelijk aan $(N/V)\pi(2r)^2 \overline{v}\Delta t$. We definiëren de **gemiddelde vrije weglengte**, ℓ_M, als de gemiddelde afstand tussen botsingen. Deze afstand is gelijk aan de afstand ($\overline{v}\Delta t$) die wordt afgelegd in een tijd Δt gedeeld door het aantal botsingen in een tijd Δt:

$$\ell_M = \frac{\overline{v}\Delta t}{(N/V)\pi(2r)^2 \overline{v}\Delta t} = \frac{1}{4\pi r^2 (N/V)}. \quad (18.10a)$$

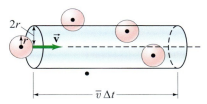

FIGUUR 18.13 Molecuul links beweegt naar rechts met snelheid v. Het botst met elk molecuul waarvan het middelpunt zich binnen de cilinder met straal $2r$ bevindt.

We zien dus dat ℓ_M omgekeerd evenredig is aan de dwarsdoorsnede ($=\pi r^2$) van de moleculen en aan hun concentratie (aantal/volume), N/V. Vgl. 18.10a is niet helemaal juist omdat we hebben aangenomen dat de andere moleculen allemaal in rust zijn. In werkelijkheid zijn ze in beweging en moet het aantal botsingen in een tijd Δt afhangen van de *relatieve* snelheid van de botsende moleculen en niet van $\overline{v}$. Het aantal botsingen per seconde is dus $(N/V)\pi(2r)^2 v_{rel}\Delta t$ (in plaats van $(N/V)\pi(2r)^2 \overline{v}\Delta t$), waarbij v_{rel} de gemiddelde relatieve snelheid van botsende moleculen is. Een zorgvuldige berekening (die we hier niet uitvoeren) laat zien dat voor een Maxwell-verdeling van snelheden $v_{rel} = \sqrt{2}\overline{v}$. De vrije weglengte is dus

$$\ell_M = \frac{1}{4\pi\sqrt{2}r^2(N/V)}. \quad (18.10b)$$

Gemiddelde vrije weglengte

Voorbeeld 18.8 Schatten Gemiddelde vrije weglengte van luchtmoleculen bij STP

Geef een schatting van de gemiddelde vrije weglengte van luchtmoleculen bij STP, standaardtemperatuur en druk (0°C en 1 atm). De diameter van O_2- en N_2-moleculen is circa $3 \cdot 10^{-10}$ m.

Aanpak In voorbeeld 17.10 hebben we gezien dat 1 mol van een ideaal gas bij STP een volume van $22{,}4 \cdot 10^{-3}$ m^3 inneemt. We kunnen dus N/V bepalen en vgl. 18.10b toepassen.

Oplossing

$$\frac{N}{V} = \frac{6{,}02 \times 10^{23} \text{ moleculen}}{22{,}4 \times 10^{-3} \text{ m}^3} = 2{,}69 \times 10^{25} \text{ moleculen/m}^3.$$

Dus

$$\ell_M = \frac{1}{4\pi\sqrt{2}(1{,}5 \times 10^{-10} \text{ m})^2(2{,}7 \times 10^{25} \text{ m}^{-3})} \approx 9 \times 10^{-8} \text{ m}.$$

Opmerking Dit is ongeveer 300 maal de diameter van een luchtmolecuul.

Bij zeer lage dichtheden, zoals in een vacuüm gepompt vat, verliest het begrip vrije weglengte zijn betekenis omdat botsingen met de wanden vaker voorkomen dan botsingen met andere moleculen. Zo zou bijvoorbeeld in een kubusvormige doos met ribben van 20 cm die lucht van 10^{-5} Pa ($\approx 10^{-10}$ atm) bevat, de gemiddelde vrije weglengte circa 900 m zijn, wat betekent dat er veel meer botsingen met de wanden plaatsvinden dan met andere moleculen. (Merk op dat de doos desondanks 10^{12} moleculen bevat.) Als in het begrip gemiddelde vrije weglengte ook de botsing met de wanden zou worden meegerekend, zou deze dichter bij de 0,2 m liggen dan bij de 900 m die berekend is uit vgl. 18.10b.

*18.7 Diffusie

Als je voorzichtig een paar druppels voedselkleurstof aan een glas water toevoegt, zoals in fig. 18.14, zul je zien dat de kleur zich door het water verspreidt. Het proces kan enige tijd duren (ervan uitgaande dat je het glas niet schudt), maar uiteindelijk zal het water overal dezelfde kleur krijgen. Deze vermenging, die bekendstaat als **diffusie**, vindt plaats vanwege de willekeurige beweging van de moleculen. Diffusie komt ook voor bij gassen. Bekende voorbeelden zijn parfum en rook (of kookluchtjes) die zich verspreiden in lucht, hoewel convectie (bewegende luchtstromen) vaak een grotere rol spelen bij het verspreiden van geuren dan diffusie. Diffusie hangt af van de concentratie, waarmee we het aantal moleculen of mol per eenheidsvolume bedoelen. In het algemeen *beweegt de diffunderende stof van een gebied met hoge concentratie naar een gebied met lage concentratie.*

FIGUUR 18.14 Enkele druppels voedselkleurstof (a) worden toegevoegd aan water, (b) verspreiden zich langzaam door het water en (c) geven uiteindelijk een egale kleuring.

(a) (b) (c)

FIGUUR 18.15 Diffusie treedt op vanuit een gebied van hoge concentratie naar een met lage concentratie (er is slechts één type molecuul weergegeven).

Gebied 1: concentratie = C_1 ←Δx→ Gebied 2: concentratie = C_2

Diffusie is gemakkelijk te begrijpen door uit te gaan van de kinetische theorie en de willekeurige beweging van moleculen. Beschouw een buis met dwarsdoorsnede A die links moleculen in een hogere concentratie bevat dan rechts, fig. 18.15. We nemen aan dat de moleculen random bewegen. Toch zal er een nettostroom van moleculen naar rechts zijn. Om in te zien waarom dit zo is, beschouwen we een klein deel van de buis met lengte Δx, zoals weergegeven. Als gevolg van de willekeurige beweging wordt dit centrale gebied doorkruist door moleculen uit zowel gebied 1 als gebied 2. Naarmate er zich meer moleculen in een gebied bevinden, zullen er meer een gegeven oppervlak raken of een grens passeren. Omdat er in gebied 1 een hogere concentratie moleculen is dan in gebied 2, zullen er meer moleculen uit gebied 1 het centrale gedeelte doorkruisen dan uit gebied 2. Er is dus een nettostroom van moleculen van links naar rechts, van hoge concentratie naar lage concentratie. De nettostroom wordt alleen dan gelijk aan nul wanneer de concentraties aan elkaar gelijk geworden zijn.

Je zou verwachten dat hoe groter het verschil in concentratie, des te groter de doorstroomsnelheid. Feitelijk is de diffusiesnelheid J (aantal moleculen of molen of kg per seconde) recht evenredig met het verschil in concentratie per eenheidsafstand, $(C_1 - C_2)/\Delta x$ (wat de **concentratiegradiënt** wordt genoemd) en met de oppervlakte van de dwarsdoorsnede, A (zie fig. 18.15):

$$J = DA \frac{C_1 - C_2}{\Delta x},$$

of in termen van afgeleiden,

$$J = DA \frac{dC}{dx}. \qquad (18.11)$$

D is een evenredigheidsconstante die de **diffusieconstante** wordt genoemd. Vgl. 18.11 staat bekend als de **diffusievergelijking**, oftewel de **wet van Fick**. Als de concentraties gegeven zijn in mol/m^3, is J het aantal mol dat per seconde een gegeven punt passeert. Worden de concentraties gegeven in kg/m^3, dan is J de massa die per seconde een bepaald punt passeert (kg/s). De lengte Δx is gegeven in meter. De waarde van D voor een aantal stoffen is weergegeven in tabel 18.3.

TABEL 18.3 Diffusieconstanten, D (20 °C, 1 atm)

Diffunderende moleculen	Medium	D (m^2/s)
H$_2$	Lucht	$6,3 \cdot 10^{-5}$
O$_2$	Lucht	$1,8 \cdot 10^{-5}$
O$_2$	Water	$100 \cdot 10^{-11}$
Bloed hemoglobine	Water	$6,9 \cdot 10^{-11}$
Glycine (een aminozuur)	Water	$95 \cdot 10^{-11}$
DNA (massa $6 \cdot 10^6$ Da)	Water	$0,13 \cdot 10^{-11}$

Voorbeeld 18.9 *Schatten* **Diffusie van ammonia in lucht**

Om een idee te krijgen van de tijd die nodig is voor diffusie, geef een schatting van hoe lang het duurt voor ammonia (NH$_3$ opgelost in water) na het openen van een flesje op 10 cm afstand wordt waargenomen, aangenomen dat er alleen diffusie optreedt.

Aanpak Dit is een orde-van-grootteberekening. De diffusiesnelheid J kan gelijk worden gesteld aan het aantal moleculen N dat zich in een tijd t verspreidt door een oppervlakte A: $J = N/t$. Dan is de tijd $t = N/J$, waarbij J is gegeven door vgl. 18.11. We zullen enige aannames en ruwe benaderingen over concentraties moeten doen om vgl. 18.11 te kunnen gebruiken.

Oplossing Uit vgl. 18.11 vinden we

$$t = \frac{N}{J} = \frac{N}{DA} \frac{\Delta x}{\Delta C}.$$

De gemiddelde concentratie (halverwege tussen flesje en neus) kan worden benaderd door $\overline{C} \approx N/V$, waarbij V het volume is waarbinnen de moleculen bewegen, dat ruwweg van de orde $V \approx A\Delta x$ is, met $\Delta x = 10$ cm $= 0{,}10$ m. We substitueren $N = \overline{C}V = \overline{C}A\Delta x$ in bovenstaande vergelijking:

$$t \approx \frac{(\overline{C}A\,\Delta x)\Delta x}{DA\,\Delta C} = \frac{\overline{C}}{\Delta C}\frac{(\Delta x)^2}{D}.$$

De concentratie van ammonia is hoog in de buurt van het flesje (c) en laag in de buurt van de detecterende neus (≈ 0), dus $\overline{C} \approx C/2 \approx \Delta C/2$, oftewel $(\overline{C}/\Delta C) \approx \tfrac{1}{2}$. Omdat NH$_3$-moleculen een afmeting hebben die ergens tussen die van H$_2$ en O$_2$ ligt, kunnen we uit tabel 18.3 schatten dat $D \approx 4 \cdot 10^{-5}$ m^2/s. Dus geldt

$$t \approx \tfrac{1}{2}\frac{(0{,}10\text{ m})^2}{(4 \times 10^{-5}\text{ m}^2/\text{s})} \approx 100\text{ s},$$

oftewel een minuut of twee.

Opmerking Afgaande op ervaring lijkt dit lang, wat een aanwijzing is dat bij het verspreiden van geuren luchtstromen (convectie) belangrijker zijn dan diffusie.

Natuurkunde in de praktijk

Diffusietijd

Conceptvoorbeeld 18.10 Gekleurde ringen op een papieren zakdoek

Een meisje kleurt met een bruine stift een kleine plek op een natte papieren zakdoek. Naderhand ontdekt ze dat er in plaats van een bruine vlek concentrisch gekleurde ringen rond de gekleurde plek zijn ontstaan. Wat is er gebeurd?

Antwoord De inkt in een bruine stift is samengesteld uit verschillende inkten die, met elkaar gemengd, bruin opleveren. Deze inkten diffunderen elk met verschillende snelheden door de natte papieren zakdoek. Na een tijdje zijn de inkten zover gediffundeerd dat de verschillen in afgelegde afstanden groot genoeg zijn om de verschillende kleuren te onderscheiden. Scheikundigen en biochemici gebruiken een vergelijkbare techniek, die *chromatografie* wordt genoemd, om stoffen te scheiden op basis van hun diffusiesnelheden door een medium.

Natuurkunde in de praktijk
Chromatografie

Samenvatting

Op grond van de **kinetische theorie** van gassen, die gebaseerd is op het idee dat een gas is samengesteld uit snel en willekeurig bewegende moleculen, is de gemiddelde kinetische energie van de moleculen evenredig met de kelvintemperatuur T:

$$\overline{K} = \tfrac{1}{2}m\overline{v^2} = \tfrac{3}{2}kT. \qquad (18.4)$$

waarin k de constante van Boltzmann is.

Op elk moment bestaat er een brede verdeling van moleculaire snelheden binnen een gas. De **Maxwell-snelheidsverdeling** is afgeleid uit eenvoudige aannames uit de kinetische theorie en stemt goed overeen met experimentele waarnemingen bij gassen onder niet te hoge druk.

Het gedrag van echte gassen onder hoge druk, en/of in de buurt van het punt van vloeibaar worden, wijkt af van de ideale gaswet als gevolg van de eindige afmetingen van moleculen en de aantrekkende krachten tussen moleculen.

Beneden de **kritische temperatuur** kan een gas overgaan in vloeistof als er voldoende druk wordt toegepast; is de temperatuur echter hoger dan de kritische temperatuur, dan kan geen enkele druk een vloeistof laten vormen.

Het **tripelpunt** van een stof is de unieke temperatuur en druk waarbij alle drie de fasen (vast, vloeistof en gas) naast elkaar in evenwicht kunnen voorkomen. Vanwege de nauwkeurige reproduceerbaarheid wordt het tripelpunt van water vaak als referentiepunt genomen.

Verdamping van een vloeistof ontstaat doordat de snelst bewegende moleculen aan het oppervlak ontsnappen. Omdat de gemiddelde molecuulsnelheid na het ontsnappen van de snelste moleculen is afgenomen, daalt de temperatuur bij verdamping.

Verzadigde dampdruk is de druk van de damp boven een vloeistof wanneer de twee fasen in evenwicht zijn. De dampdruk van een stof (zoals water) hangt sterk af van de temperatuur en wordt gelijk aan de atmosferische druk op het kookpunt.

Relatieve vochtigheid van lucht op een gegeven plaats is de verhouding tussen de partiële druk van waterdamp in de lucht tot de verzadigde dampdruk bij die temperatuur; deze wordt meestal uitgedrukt als een percentage.

(*In de **Van der Waals-toestandsvergelijking** is rekening gehouden met het eindige volume van moleculen en de aantrekkende krachten tussen moleculen, om zo het gedrag van echte gassen beter te kunnen beschrijven.)

(*De **gemiddelde vrije weglengte** is de gemiddelde afstand die een molecuul aflegt tussen botsingen met andere moleculen.)

(***Diffusie** is het proces waarbij moleculen van een stof (gemiddeld genomen) van het ene gebied naar het andere bewegen vanwege een verschil in concentratie van die stof.)

Vragen

1. Waarom komt de afmeting van de verschillende moleculen niet voor in de ideale gaswet?
2. Wanneer een gas snel wordt samengedrukt (bijvoorbeeld door het indrukken van een zuiger), stijgt de temperatuur. Wanneer een gas uitzet tegen een zuiger, koelt het af. Verklaar deze temperatuurveranderingen met behulp van de kinetische theorie, en merk vooral op wat er met de impuls van de moleculen gebeurt wanneer ze de bewegende zuiger raken.
3. In paragraaf 18.1 namen we aan dat de gasmoleculen perfect elastische botsingen met de wanden van het vat uitvoeren. Deze aanname is niet nodig zolang als de wanden dezelfde temperatuur als het gas hebben. Waarom?
4. Leg in woorden uit hoe de wet van Charles volgt uit de kinetische theorie en wat het verband is tussen de gemiddelde kinetische energie en de absolute temperatuur.
5. Leg in woorden uit hoe de wet van Gay-Lussac volgt uit de kinetische theorie.
6. Als je hoger in de atmosfeer van de aarde komt, neemt de verhouding van N_2-moleculen tot die van O_2-moleculen toe. Waarom?
7. Kun je de temperatuur van een vacuüm bepalen?
8. Is temperatuur een macroscopische of een microscopische variabele?
9. Leg uit waarom de top van de kromme voor 310 K in fig. 18.3 niet zo hoog ligt als voor 273 K. (Neem aan dat het totale aantal moleculen voor beide gelijk is.)

10. De ontsnappingssnelheid voor de aarde is de minimale snelheid die een voorwerp moet hebben om de aarde te verlaten en nooit terug te keren. (*a*) De ontsnappingssnelheid voor de maan is ongeveer een vijfde van die van de aarde als gevolg van de kleinere massa van de maan; leg uit waarom de maan bijna geen atmosfeer heeft. (*b*) Als er zich ooit waterstof in de atmosfeer van de aarde heeft bevonden, waarom zou dit dan waarschijnlijk zijn ontsnapt?

11. Als een vat met gas in rust is, moet de gemiddelde snelheid van de moleculen nul zijn. Toch is de gemiddelde snelheidsvector niet gelijk aan nul. Leg uit waarom.

12. Als de druk in een gas wordt verdubbeld, terwijl het volume constant wordt gehouden, met welke factor veranderen dan (*a*) v_{eff} en (*b*) $\overline{v}$?

13. Uit welke alledaagse waarneming zou je kunnen afleiden dat niet alle moleculen in een materiaal dezelfde snelheid hebben?

14. We hebben gezien dat de verzadigde dampdruk van een vloeistof (bijvoorbeeld water) niet afhangt van de externe druk. De temperatuur van het kookpunt is echter wel afhankelijk van de externe druk. Is er een tegenspraak? Leg uit waarom.

15. Bij kamertemperatuur verdampt alcohol sneller dan water. Wat kun je hieruit afleiden over de moleculaire eigenschappen van de ene stof ten opzichte van de andere?

16. Leg uit waarom bij dezelfde temperatuur een vochtige warme dag veel minder goed te verdragen is dan een droge warme dag.

17. Is het mogelijk om water bij kamertemperatuur (20°C) te koken zonder het te verhitten? Leg uit waarom.

18. Wat houdt het eigenlijk in als we zeggen dat zuurstof kookt bij −183°C?

19. Bij 0°C wordt er een stuk dunne draad over een blok ijs (of over een ijsklontje) gelegd en worden er aan de uiteinden van de draad gewichten bevestigd. Geconstateerd wordt dat de draad door het ijsklontje snijdt, maar een massieve blok ijs achterlaat. Dit proces wordt *regelatie* genoemd. Leg uit hoe dit in zijn werk gaat door af te leiden hoe het vriespunt van water afhangt van de druk.

20. Beschouw twee dagen waarop de luchttemperatuur hetzelfde is, maar de vochtigheid verschilt. Wat heeft bij dezelfde temperatuur de grootste dichtheid, de droge lucht of de vochtige lucht? Licht je antwoord toe.

21. (*a*) Waarom wordt voedsel in een snelkookpan sneller gaar? (*b*) Waarom hebben pasta en rijst op grote hoogte een langere kooktijd nodig? (*c*) Is het moeilijker om op grote hoogte water te koken?

22. Wat is het verschil tussen een gas en een damp?

23. (*a*) Kan bij geschikte temperaturen en drukken ijs worden gesmolten door druk toe te passen? (*b*) Kan bij geschikte temperaturen en drukken kooldioxide worden gesmolten?

24. Waarom blijft droog ijs bij kamertemperatuur niet lang bestaan?

25. Onder welke voorwaarden kan vloeibaar CO_2 bestaan? Wees specifiek. Kan het bestaan als een vloeistof bij normale kamertemperatuur?

26. Waarom lijkt uitgeademde lucht in de winter een wit wolkje (fig. 18.16)?

FIGUUR 18.16
Vraag 26.

*27. Leg uit waarom geluidsgolven alleen in een gas kunnen lopen als hun golflengte iets langer is dan de gemiddelde vrije weglengte.

*28. Noem verschillende manieren om de gemiddelde vrije weglengte in een gas te verminderen.

Vraagstukken

18.1 Moleculaire interpretatie van de temperatuur

1. (I) (*a*) Wat is bij STP de gemiddelde translatie-energie van een zuurstofmolecuul? (*b*) Wat is de totale translatie-energie van 1,0 mol O_2 bij 25°C?

2. (I) Bereken de effectieve snelheid van heliumatomen dicht bij het oppervlak van de zon bij een temperatuur van circa 6000 K.

3. (I) Met welke factor zal de effectieve snelheid van gasmoleculen toenemen als de temperatuur wordt verhoogd van 0°C tot 180°C?

4. (I) Een gas heeft een temperatuur van 20°C. Tot welke temperatuur moet het worden verhit om de effectieve snelheid van de moleculen te verdrievoudigen?

5. (I) Welke snelheid zou een paperclip van 1,0 g hebben als hij dezelfde kinetische energie zou hebben als een molecuul bij 15°C?

6. (I) Een monster van 1,0 mol waterstofgas heeft een temperatuur van 27°C. (*a*) Wat is de totale kinetische energie van alle gasmoleculen in de steekproef? (*b*) Hoe snel zou iemand van 65 kg moeten rennen om dezelfde kinetische energie te hebben?

7. (I) Twaalf moleculen hebben de volgende snelheden, gegeven in willekeurige eenheden: 6,0, 2,0, 4,0, 6,0, 0,0, 4,0, 1,0, 8,0, 5,0, 3,0, 7,0 en 8,0. Bereken (*a*) de gemiddelde snelheid en (*b*) de effectieve snelheid.

8. (II) De effectieve snelheid van moleculen in een gas bij 20,0°C moet worden verhoogd met 2,0 procent. Tot welke temperatuur moet het gas worden verhit?

9. (II) Als de druk in een gas wordt verdrievoudigd terwijl het volume constant wordt gehouden, met welke factor verandert v_{eff} dan?

10. (II) Toon aan dat de effectieve snelheid van moleculen in een gas wordt gegeven door $v_{\text{eff}} = \sqrt{3P/\rho}$, waarbij P de druk is in het gas en ρ de gasdichtheid.

11. (II) Laat zien dat voor een mengsel van twee gassen bij dezelfde temperatuur de verhouding tussen de effectieve snelheden gelijk is aan de omgekeerde verhouding van de wortels uit hun moleculaire massa's.

12. (II) Wat is de effectieve snelheid van stikstofmoleculen gevat in een volume van 8,5 m³ bij 3,1 atm als de totale hoeveelheid stikstof 1800 mol bedraagt?

13. (II) (a) Laat zien dat voor een ideaal gas bij temperatuur T

$$\frac{dv_{\text{eff}}}{dT} = \frac{1}{2}\frac{v_{\text{eff}}}{T},$$

en toon met behulp van de benadering $\Delta v_{\text{rms}} \approx \frac{dv_{\text{eff}}}{dT}\Delta T$, aan dat

$$\frac{\Delta v_{\text{eff}}}{v_{\text{eff}}} \approx \frac{1}{2}\frac{\Delta T}{T}.$$

(b) Als de gemiddelde luchttemperatuur verandert van $-5°$C in de winter tot $25°$C in de zomer, geef dan een schatting van het veranderingspercentage in de effectieve snelheid van moleculen tussen deze seizoenen.

14. (II) Wat is bij STP de gemiddelde afstand tussen zuurstofmoleculen?

15. (II) Twee isotopen van uranium, ^{235}U en ^{238}U (de superscripts staan voor de atoommassa's), kunnen worden gescheiden door een gasdiffusieproces door ze te combineren met fluor om de gasverbinding UF_6 te maken. Bereken voor de twee isotopen de verhouding tussen de effectieve snelheden van de moleculen, bij constante T. Maak voor de massa's gebruik van appendix F.

16. (II) Kunnen er in een ideaal gas gebiedjes met vacuüm blijven bestaan? Neem aan dat een kamer is gevuld met lucht van $20°$C en dat ergens in de kamer een klein bolvormig gebied met straal 1 cm al zijn luchtmoleculen verliest. Geef een schatting hoe lang het duurt voor de lucht dit vacuümgebied opnieuw heeft gevuld. Neem aan dat de atoommassa van lucht 29 Da is.

17. (II) Bereken (a) de effectieve snelheid van een stikstofmolecuul bij $0°$C en (b) bepaal hoe vaak het gemiddeld genomen per seconde in een kamer van 5,0 m lang heen en weer beweegt, aangenomen dat het zeer weinig botst met andere moleculen.

18. (III) Geef een schatting van het aantal luchtmoleculen dat in een doorsnee kamer terugkaatst van de wand, uitgaande van een ideaal gas van N moleculen gevat in een kubusvormige ruimte met ribben van lengte ℓ (bij een temperatuur T en druk P). (a) Laat zien dat de frequentie waarmee gasmoleculen een wand raken gelijk is aan

$$f = \frac{\overline{v_x}}{2}\frac{P}{kT}\ell^2$$

waarbij $\overline{v_x}$ de gemiddelde x-component van de snelheid van het molecuul is. (b) Toon aan dat de vergelijking vervolgens kan worden geschreven als

$$f \approx \frac{P\ell^2}{\sqrt{4mkT}}$$

waarin m de massa van een gasmolecuul is. (c) Neem aan dat een kubusvormige met lucht gevulde ruimte op zeeniveau een temperatuur van $20°$C heeft en ribben met lengte $\ell = 3$ m. Bepaal f.

18.2 Verdeling van moleculaire snelheden

19. (I) Als je de massa van de moleculen in een gas verdubbelt, is het dan mogelijk de temperatuur zodanig te veranderen dat de snelheidsverdeling niet verandert? Zo ja, wat moet je met de temperatuur doen?

20. (I) In een groep van 25 deeltjes komen de volgende snelheden voor: twee deeltjes hebben snelheid 10 m/s, zeven hebben een snelheid van 15 m/s, vier hebben een snelheid van 20 m/s, drie van 25 m/s, zes van 30 m/s, één van 35 m/s en twee van 40 m/s. Bepaal (a) de gemiddelde snelheid, (b) de effectieve snelheid, en (c) de meest waarschijnlijke snelheid.

21. (II) Een gas bestaande uit 15.200 moleculen, elk met massa $2,00 \cdot 10^{-26}$ kg, heeft de volgende snelheidsverdeling die enigszins lijkt op de Maxwell-verdeling:

Aantal moleculen	Snelheid (m/s)
1600	220
4100	440
4700	660
3100	880
1300	1100
400	1320

(a) Bepaal voor deze snelheidsverdeling v_{eff}. (b) Gegeven je waarde voor v_{eff}, welke (effectieve) temperatuur zou je dan toekennen aan dit gas? (c) Bepaal de gemiddelde snelheid v van deze verdeling en gebruik deze waarde om een (effectieve) temperatuur aan het gas toe te kennen. Is de temperatuur die je hier gevonden hebt consistent met de temperatuur die je bij onderdeel (b) hebt bepaald?

22. (III) Laat, uitgaande van de Maxwell-snelheidsverdeling, zien dat vgl. 18.6 (a)

$$\int_0^\infty f(v)dv = N,$$

en (b)

$$\int_0^\infty v^2 f(v)dv/N = 3kT/m.$$

18.3 Echte gassen

23. (I) In welke fase komt CO_2 voor als de druk 30 atm is en de temperatuur $30°$C (fig. 18.6)?

24. (I) (a) In welke fasen kan CO_2 voorkomen bij atmosferische druk? (b) Bij welke druk- en temperatuurbereiken kan CO_2 een vloeistof zijn? Zie fig. 18.6.

25. (I) In welke fase is water wanneer de druk 0,01 atm is en de temperatuur (a) $90°$C, (b) $-20°$C is?

26. (II) Je hebt een watermonster en bent in staat temperatuur en druk naar believen in te stellen. (a) Beschrijf met behulp van fig. 18.5 de faseovergangen die je zou zien als je begonnen was met een temperatuur van $85°$C, een druk van 180 atm en bij gelijkblijvende temperatuur de druk had teruggebracht tot 0,004 atm. (b) Herhaal onderdeel (a) met een temperatuur van $0,0°$C. Neem aan dat je het systeem lang genoeg onder dezelfde omstandigheden houdt om het te stabiliseren alvorens verdere veranderingen aan te brengen.

18.4 Dampdruk en vochtigheidsgraad

27. (I) Wat is de partiële druk van waterdamp bij $30°$C bij een relatieve vochtigheid van 85 procent?

28. (I) Wat is de partiële druk van water op een dag dat de temperatuur 25°C is en de relatieve vochtigheid 55 procent?
29. (I) Wat is de luchtdruk op een plek waar het water kookt bij 80°C?
30. (II) Wat is het dauwpunt bij een vochtigheid van 75 procent op een dag met een temperatuur van 25°C?
31. (II) Als de luchtdruk op een bepaalde plaats in de bergen 0,75 atm is, geef dan een schatting van de temperatuur waarbij het water kookt.
32. (II) Wat is de massa van water in een afgesloten ruimte van 5,0 m × 6,0 m × 2,4 m bij een temperatuur van 24,0°C en een relatieve vochtigheid van 65 procent?
33. (II) Wat is bij benadering de druk in een snelkookpan als het water kookt bij een temperatuur van 120°C? Neem aan dat er tijdens het verwarmingsproces, dat begon op 12°C, geen lucht ontsnapt.
34. (II) Als de vochtigheid in een ruimte met een volume van 440 m³ bij 25°C gelijk is aan 65 procent, hoeveel massa aan water kan er dan nog steeds uit een open pan verdampen?
35. (II) Een **snelkookpan** is een afgesloten pan die ontworpen is voor het koken van voedsel met stoom afkomstig van kokend water met iets boven de 100°C. De snelkookpan in fig. 18.17 gebruikt een gewicht met massa m om bij een bepaalde druk stoom te laten ontsnappen door een klein gat (met diameter d) in het deksel van de pan. Als d = 3,0 mm, wat zou m dan moeten zijn om voedsel te bereiden bij 120°C? Neem aan dat de atmosferische druk buiten de pan gelijk is aan $1,01 \cdot 10^5$ Pa.

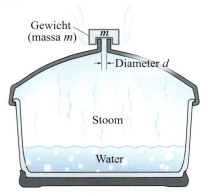

FIGUUR 18.17 Vraagstuk 35.

36. (II) Bij het gebruik van een kwikbarometer (paragraaf 13.6) wordt meestal uitgegaan van een dampdruk nul voor kwik. Bij kamertemperatuur is de dampdruk van kwik circa 0,0015 mm Hg. Op zeeniveau is de hoogte h van kwik in een barometer ongeveer 760 mm. (*a*) Als de dampdruk van kwik wordt verwaarloosd, is de werkelijke atmosferische druk dan hoger of lager dan de waarde die de barometer aangeeft? (*b*) Wat is het foutpercentage? (*c*) Wat is het foutpercentage als je een waterbarometer gebruikt en de verzadigde dampdruk van water bij STP verwaarloost?
37. (II) Als de vochtigheid bij 30,0°C 45 procent is, wat is dan het dauwpunt? Gebruik lineaire interpolatie om de temperatuur van het dauwpunt te bepalen tot op de dichtstbijzijnde graad.
38. (III) Lucht op zijn dauwpunt van 5°C wordt een gebouw in geblazen en daar verwarmd tot 20°C. Wat is de relatieve vochtigheid bij deze temperatuur? Ga uit van een constante druk van 1,0 atm. Houd rekening met de uitzetting van de lucht.
39. (III) Wat is het wiskundig verband tussen het kookpunt van water en atmosferische druk? (*a*) Teken met behulp van de gegevens uit tabel 18.2 ln P als functie van $1/T$ in het bereik van 50°C tot 150°C, met P de verzadigde dampdruk van water (Pa) en T de temperatuur op de kelvinschaal. Laat zien dat dit een rechte lijn oplevert en bepaal de richtingscoëfficiënt en het snijpunt met de y-as van de lijn. (*b*) Toon aan dat je resultaat impliceert dat

$$P = Be^{-A/T}$$

waarin A en B constanten zijn. Gebruik de richtingscoëfficiënt en het snijpunt met de y-as uit je grafiek om te laten zien dat $A \approx 5000$ K en $B \approx 7 \cdot 10^{10}$ Pa.

*18.5 Van der Waals-toestandsvergelijking

*40. (II) In de Van der Waals-toestandsvergelijking stelt de constante b de hoeveelheid 'niet-beschikbaar volume' voor dat wordt ingenomen door de moleculen zelf. Dus wordt V vervangen door $(V - nb)$ met n het aantal mol. Voor zuurstof is b gelijk aan circa $3,2 \cdot 10^{-5}$ m³/mol. Geef een schatting van de diameter van een zuurstofmolecuul.
*41. (II) Voor zuurstof stemt de Van der Waals-toestandsvergelijking het best overeen met experimenten als $a = 0,14$ N·m⁴/mol² en $b = 3,2 \cdot 10^{-5}$ m³/mol. Bepaal de druk in 1,0 mol zuurstof bij 0°C en een volume van 0,70 l, berekend met (*a*) de Van der Waals-vergelijking, (*b*) de ideale gaswet.
*42. (III) Een monster van 0,5 mol zuurstof bevindt zich in een grote cilinder met aan één uiteinde een beweegbare zuiger zodat het gas kan worden samengedrukt. De begindruk is groot genoeg zodat er geen noemenswaard verschil is tussen de druk op grond van de ideale gaswet en die op grond van de Van der Waals-vergelijking. Als het gas langzaam wordt samengedrukt bij constante temperatuur (neem 300 K), bij welk volume geeft de Van der Waals-vergelijking dan een druk die 5 procent afwijkt van de druk volgens de ideale gaswet? Neem $a = 0,14$ N·m⁴/mol² en $b = 3,2 \cdot 10^{-5}$ m³/mol.
*43. (III) (*a*) Toon aan dat uit de Van der Waals-toestandsvergelijking volgt dat de kritische temperatuur en druk worden gegeven door

$$T_{kr} = \frac{8a}{27bR}, \qquad P_{kr} = \frac{a}{27b^2}.$$

(*Hint*: gebruik het feit dat de PV-kromme een buigpunt heeft bij het kritische punt zodat de eerste en tweede afgeleiden nul zijn.) (*b*) Bepaal a en b voor CO_2 uit de gemeten waarden van $T_{kr} = 304$ K en $P_{kr} = 72,8$ atm.
*44. (III) Hoe goed beschrijft de ideale gaswet de samengeperste lucht in een duikerstank? (*a*) Om een doorsnee duikerstank te vullen gaat er ongeveer 2300 l lucht van 1,0 atm in een luchtcompressor, die het gas samenperst tot het inwendige volume van 12 l van de tank. Als het vulproces plaatsvindt bij 20°C, toon dan aan dat een tank 96 mol lucht bevat. (*b*) Neem aan dat de tank 96 mol lucht van 20°C bevat. Gebruik de ideale gaswet om de luchtdruk binnen de tank te voorspellen. (*c*) Gebruik de Van der Waals-toestandsvergelijking om de luchtdruk binnen de tank te voorspellen. Voor lucht zijn de Van der Waals-constanten $a = 0,1373$ N·m⁴/mol² en $b = 3,72 \cdot 10^{-5}$ m³/mol.

(d) Als we de Van der Waals-druk als de echte luchtdruk nemen, toon dan aan dat de ideale gaswet een druk voorspelt met een fout van slechts circa 3 procent.

*18.6 Gemiddelde vrije weglengte

*45. (II) Bij welke druk ongeveer zou de gemiddelde vrije weglengte van luchtmoleculen gelijk zijn aan (a) 0,10 m, (b) de diameter van luchtmoleculen, $\approx 3 \cdot 10^{-10}$ m? Neem $T = 20°C$.

*46. (II) Beneden een zekere drempeldruk bevinden de luchtmoleculen (0,3 nm doorsnee) binnen een onderzoeksvacuümkamer zich in het 'botsingsvrij regime', wat inhoudt dat een bepaald luchtmolecuul evenveel kans heeft om het vat te doorkruisen en te botsen met de tegenovergelegen wand als om te botsen met een ander molecuul. Geef een schatting van de drempelwaarde van de druk bij 20°C voor een vacuümkamer met een zijde van 1,0 m.

*47. (II) Er wordt een kleine hoeveelheid waterstofgas in de lucht losgelaten. Als de lucht een druk van 1,0 atm heeft en een temperatuur van 15°C geef dan een schatting voor de gemiddelde vrije weglengte van een H_2-molecuul. Welke aannames doe je?

*48. (II) (a) De gemiddelde vrije weglengte van CO_2-moleculen bij STP wordt gemeten op circa $5,6 \cdot 10^{-8}$ m. Geef een schatting van de diameter van een CO_2-molecuul. (b) Doe hetzelfde voor heliumgas waarvoor $\ell_M \approx 25 \cdot 10^{-8}$ m bij STP.

*49. (II) (a) Toon aan dat het aantal botsingen van een molecuul per seconde, de *botsingsfrequentie*, wordt gegeven door $f = \bar{v}/\ell_M$ en dus $f = 4\sqrt{2}\pi r^2 \bar{v} N/V$. (b) Wat is de botsingsfrequentie voor N_2-moleculen in lucht van $T = 20°C$ en $P = 1,0 \cdot 10^{-2}$ atm?

*50. (II) In voorbeeld 18.8 hebben we gezien dat de gemiddelde vrije weglengte van luchtmoleculen bij STP, ℓ_M, ongeveer $9 \cdot 10^{-8}$ m is. Geef een schatting van de botsingsfrequentie, het aantal botsingen per tijdseenheid.

*51. (II) Een kubusvormige doos met zijden van 2,4 m wordt vacuüm gepompt zodat de luchtdruk binnenin 10^{-4} Pa is. Geef een schatting hoeveel botsingen moleculen onderling hebben in verhouding tot het aantal botsingen op een wand (bij 0°C).

*52. (III) Geef een schatting van de maximaal toegestane druk in een 32 cm lange kathodestraalbuis (een klassieke televisiebeeldbuis) als 98% van alle elektronen het scherm moeten raken zonder eerst een luchtmolecuul te raken.

*18.7 Diffusie

*53. (I) Hoe lang zou het na het openen van het flesje bij benadering duren voor de ammonia van voorbeeld 18.9 op 1,0 m afstand kan worden gedetecteerd? Wat suggereert dit over het relatieve belang van diffusie en convectie voor het overdragen van geuren?

*54. (II) Geef een schatting van de tijd die een glycinemolecuul (zie tabel 18.3) nodig heeft om in water van 20°C over een afstand van 15 μm te diffunderen als de concentratie ervan over die afstand varieert van 1,00 mol/m^3 tot 0,50 mol/m^3? Vergelijk deze 'snelheid' met de effectieve (thermische) snelheid. De moleculmassa van glycine is circa 75 Da.

*55. (II) Zuurstof diffundeert van het huidoppervlak van insecten naar het inwendige door kleine buisjes die tracheeën worden genoemd. Een gemiddelde trachee is circa 2 mm lang en heeft een dwarsdoorsnede van $2 \cdot 10^{-9}$ m^2. Aangenomen dat de zuurstofconcentratie binnenin de helft is van die in de atmosfeer, (a) toon aan dat de concentratie van zuurstof in de lucht (neem aan dat die voor 21 procent bestaat uit zuurstof) bij 20°C ongeveer 8,7 mol/m^3 is, en (b) bereken de diffusiesnelheid J, en (c) geef een schatting van de gemiddelde tijd voor een molecuul om te diffunderen. Neem aan dat de diffusieconstante gelijk is aan $1 \cdot 10^{-5}$ m^2/s.

Algemene vraagstukken

56. Om de Maxwell-verdeling een valide beschrijving van een ideaal gas te laten zijn en er een zinvolle temperatuur aan toe te kunnen kennen, moet een monster ervan ten minste $N = 10^6$ moleculen bevatten. Wat is voor een ideaal gas bij STP de kleinste lengteschaal ℓ (volume $V = \ell^3$) waarvoor een valabele temperatuur kan worden toegekend?

57. In de ruimte is de dichtheid van de materie ongeveer één atoom per cm^3 (dit zijn voornamelijk waterstofatomen) en is de temperatuur circa 2,7 K. Bereken de effectieve snelheid van deze waterstofatomen, en de druk (in atmosfeer).

58. Bereken bij benadering de totale translatie-energie van alle moleculen in een *E.coli*-bacterie met massa $2,0 \cdot 10^{-15}$ kg bij 37°C. Neem aan dat 70 procent van de cel, naar gewicht gerekend, water is en dat de andere moleculen een gemiddelde moleculmassa van de orde van 10^5 Da hebben.

59. (a) Geef een schatting van de effectieve snelheid van een aminozuur met een moleculmassa van 89 Da, in een levende cel bij 37°C. (b) Wat zou bij 37°C de effectieve snelheid zijn van een proteïne met moleculmassa 85.000 Da?

60. De ontsnappingssnelheid van de aarde is $1,12 \cdot 10^4$ m/s, zodat een gasmolecuul dat van de aarde af beweegt in de buurt van de uiterste grens van de atmosfeer van de aarde, bij deze snelheid in staat is om aan het zwaartekrachtveld van de aarde te ontsnappen en in de ruimte verloren te gaan. Bij welke temperatuur is de gemiddelde snelheid van (a) zuurstofmoleculen, en (b) heliumatomen gelijk aan $1,12 \cdot 10^4$ m/s? (c) Kun je verklaren waarom onze atmosfeer wel zuurstof bevat maar geen helium?

61. Het tweede postulaat van de kinetische theorie is dat de moleculen, gemiddeld genomen, ver van elkaar verwijderd zijn. Dat wil zeggen: hun gemiddelde afstand is veel groter dan de diameter van elk molecuul. Is dit een redelijke aanname? Bereken, om dit te controleren, de gemiddelde afstand tussen moleculen van een gas bij STP, en vergelijk dit met de diameter van een doorsnee gasmolecuul, circa 0,3 nm. Als de moleculen de diameter van een pingpongbal hadden, pakweg 4 cm, wat zou dan gemiddeld genomen de afstand zijn tot de volgende pingpongbal?

62. Een monster van vloeibaar cesium wordt in een oven verhit tot 400°C en de resulterende damp wordt gebruikt voor de productie van een atoomstraal. Het volume van de oven is 55 cm^3, de dampdruk van Cs bij 400°C is 2260 Pa, en de diameter van cesiumatomen in de damp is 0,33 nm. (a) Bereken de gemiddelde snelheid van de cesiumatomen in de damp. (b) Bepaal het aantal botsingen per seconde van één Cs-atoom met andere cesiumatomen. (c) Bepaal het totaal aantal botsingen per seconde tussen alle cesiumatomen in

de damp. Merk op dat er voor een botsing twee Cs-atomen nodig zijn en neem aan dat de ideale gaswet geldt.

63. Beschouw een vat van 1,00 m hoog gevuld met zuurstof bij een temperatuur van 20°C. Vergelijk de gravitationele potentiële energie van een molecuul bovenaan het vat (aangenomen dat de potentiële energie op de bodem gelijk is aan nul) met de gemiddelde kinetische energie van de moleculen. Is het redelijk om de potentiële energie te verwaarlozen?

64. In streken met een vochtig klimaat zijn mensen constant bezig met het *ontvochtigen* van hun kelders om bederf en schimmels tegen te gaan. Als de kelder in een huis (op 20°C gehouden) een vloeroppervlak van 115 m^2 heeft en een plafondhoogte van 2,8 m, wat is dan de watermassa die eruit moet worden verwijderd om de vochtigheid te laten dalen van 95 procent tot het meer aanvaardbare niveau van 40 procent?

65. Aangenomen dat een doorsnee stikstof- of zuurstofmolecuul een diameter van 0,3 nm heeft, welk percentage van de ruimte waarin je zit wordt dan ingenomen door het volume van de moleculen?

66. Een duikerstank heeft een volume van 3100 cm^3. Voor zeer diepe duiken is de tank gevuld met 50 procent (naar volume gerekend) zuivere zuurstof en 50 procent zuivere helium. (*a*) Hoeveel moleculen zitten er van elk type in de tank als deze bij 20°C gevuld is tot een manometerdruk van 12 atm? (*b*) Wat is de verhouding van de gemiddelde kinetische energieën van de twee typen moleculen? (*c*) Wat is de verhouding tussen de effectieve snelheden van de twee typen moleculen?

67. Een ruimtevaartuig dat terugkeert van de maan komt met een snelheid van circa 42.000 km/u de dampkring binnen. Moleculen (neem aan stikstofmoleculen) raken de neus van het vaartuig met een bepaalde snelheid. Met welke temperatuur komt deze overeen? (Vanwege deze hoge temperatuur moet de neus van een ruimtevaartuig gemaakt zijn van speciale materialen; feitelijk verdampt een deel ervan, en dit is te zien als een felle gloed als het vaartuig weer de dampkring binnenkomt.)

68. Bij kamertemperatuur is er voor het verdampen van 1,00 g water circa $2,45 \cdot 10^3$ J nodig. Geef een schatting van de gemiddelde snelheid van de verdampende moleculen. Welk veelvoud van v_{eff} (bij 20°C) voor watermoleculen is dit? (Neem aan dat vgl. 18.4 opgaat.)

69. Bereken de totale dampdruk van water in de lucht op de volgende twee dagen: (*a*) een hete zomerdag met een temperatuur van 30°C en een relatieve vochtigheid van 65 procent; (*b*) een koude winterdag met een temperatuur van 5°C en een relatieve luchtvochtigheid van 75 procent.

*70. Bij 300 K neemt een monster van 8,50 mol gasvormig kooldioxide een volume van 0,220 m^3 in. Bereken de gasdruk, eerst door uit te gaan van de ideale gaswet, en vervolgens door gebruik te maken van de Van der Waals-toestandsvergelijking. (De waarden voor *a* en *b* zijn gegeven in paragraaf 18.5.) Binnen dit bereik van druk en volume is de Van der Waals-vergelijking erg nauwkeurig. Welk foutpercentage hanteerde je bij je aanname van het ideale-gaswetgedrag?

*71. De dichtheid van atomen, voornamelijk waterstofatomen, in interstellaire ruimte is circa één per kubieke centimeter. Geef een schatting van de gemiddelde vrije weglengte van de waterstofatomen, uitgaande van een atoomdiameter van 10^{-10} m.

*72. Leid met behulp van de ideale gaswet een uitdrukking af voor de gemiddelde vrije weglengte ℓ_M waarin in plaats van (N/V) druk en temperatuur voorkomen. Gebruik deze uitdrukking om de gemiddelde vrije weglengte te vinden voor stikstofmoleculen bij een druk van 7,5 atm en 300 K.

73. Een sauna heeft 8,5 m^3 aan luchtvolume en de temperatuur is 90°C. De lucht is perfect droog. Hoeveel water (in kg) moet er worden verdampt als we de relatieve vochtigheid willen verhogen van 0 tot 10 procent? (Zie tabel 18.2.)

74. Een 0,50 kg zwaar deksel van een vuilnisbak wordt tegen de zwaartekracht in omhoog gehouden door er van onderaf tennisballen tegenaan te gooien. Hoeveel tennisballen per seconde moeten er elastisch weerkaatsen tegen het deksel, aangenomen dat ze een massa van 0,060 kg hebben en met een snelheid van 12 m/s omhoog worden gegooid?

*75. Geluidsgolven in een gas kunnen zich uitsluitend voortplanten als de gasmoleculen op elkaar botsen in een tijdschaal kleiner dan de periode van de geluidsgolf. Dus is de hoogst mogelijke frequentie f_{max} voor een geluidsgolf in een gas bij benadering gelijk aan de inverse van de gemiddelde botsingstijd tussen moleculen. Veronderstel dat een gas, samengesteld uit moleculen met massa m en straal r, druk P en temperatuur T heeft. (*a*) Laat zien dat

$$f_{max} \approx 16 Pr^2 \sqrt{\frac{\pi}{mkT}}.$$

(*b*) Bepaal f_{max} voor lucht van 20°C op zeespiegelniveau. Hoeveel maal groter is f_{max} dan de hoogste frequentie in het menselijk gehoorbereik (20 kHz)?

*Numeriek/computer

*76. (II) Gebruik een spreadsheetprogramma voor het berekenen en grafisch weergeven van de fractie van moleculen in elk van de 50 m/s snelheidsintervallen van 100 m/s tot 5000 m/s als $T = 300$ K.

*77. (II) Maak gebruik van numerieke integratie (paragraaf 2.9) om een schatting te geven (binnen 2 procent) van de fractie van moleculen in lucht van 1,00 atm en 20°C met een snelheid die groter is dan 1,5 maal de meest waarschijnlijke snelheid.

*78. (II) Voor zuurstof zijn de Van der Waals-constanten $a = 0,14$ N·m^4/mol^2 en $b = 3,2 \cdot 10^{-5}$ m^3/mol. Teken met behulp van deze waarden zes krommen van druk als functie van het volume van $V = 2 \cdot 10^{-5}$ m^3 tot $2,0 \cdot 10^{-4}$ m^3, voor 1 mol zuurstof bij temperaturen van 80 K, 100 K, 120 K, 130 K, 150 K en 170 K. Bepaal uit de grafieken bij benadering de kritische temperatuur voor zuurstof.

Antwoorden op de opgaven

A: (*a*).
B: (*d*).
C: (*c*).
D: (*d*).
E: (*b*).

Wanneer het koud is, dienen warme kleren als isolatoren om het warmteverlies van het lichaam naar de omgeving door geleiding en convectie te verminderen. De stralingswarmte van een kampvuur kan jou en je kleren opwarmen. Vuur kan ook rechtstreeks energie overbrengen door warmteconvectie en -geleiding naar wat je aan het koken bent. Warmte, is net als arbeid, een vorm van energieoverdracht. Warmte is gedefinieerd als een overdracht van energie als gevolg van een temperatuursverschil. Arbeid is een overdracht van energie door mechanische middelen, niet als gevolg van een temperatuursverschil. De eerste wet van de thermodynamica legt een verband tussen die twee in een

algemene uitspraak over behoud van energie: de warmte Q die aan een systeem wordt toegevoegd verminderd met de netto hoeveelheid arbeid W die door het systeem wordt verricht, is gelijk aan de verandering in inwendige energie E_{inw} van het systeem: $\Delta E_{inw} = Q - W$. De inwendige energie E_{inw} is de som van alle energieën van de moleculen van het systeem.

Hoofdstuk

19

Warmte en de eerste hoofdwet van de thermodynamica

Inhoud
- 19.1 Warmte als energie-overdracht
- 19.2 Inwendige energie
- 19.3 Soortelijke warmte
- 19.4 Calorimetrie: het oplossen van vraagstukken
- 19.5 Latente warmte
- 19.6 De eerste hoofdwet van de thermodynamica
- 19.7 Toepassingen van de eerste hoofdwet van de thermodynamica; het berekenen van de arbeid
- 19.8 Molaire soortelijke warmtes voor gassen en de equipartitie van energie
- 19.9 Adiabatische expansie van een gas
- 19.10 Warmteoverdracht: geleiding, convectie en straling

Openingsvraag: wat denk jij?

Een hete ijzeren kubus van 5 kg (60°C) wordt in thermisch contact gebracht met een koude ijzeren kubus van 10 kg (15°C). Welke uitspraak is waar:

(a) De warmte stroomt spontaan van de warme kubus naar de koude totdat beide dezelfde warmte-inhoud hebben.
(b) De warmte stroomt spontaan van de warme kubus naar de koude totdat beide kubussen dezelfde temperatuur hebben.
(c) De warmte kan spontaan van de warme kubus naar de koude stromen, maar ook spontaan van de koude naar de warme kubus stromen.
(d) De warmte kan nooit van een koud voorwerp of gebied naar een warm voorwerp of gebied stromen.
(e) Warmte stroomt van de grotere kubus naar de kleinere omdat de grotere meer inwendige energie heeft.

Wanneer een pan met koud water op een brander of op een fornuis wordt geplaatst, neemt de temperatuur van het water toe. We zeggen dat de warmte van de hete brander naar het koude water 'stroomt'. Wanneer twee voorwerpen bij verschillende temperaturen met elkaar in contact worden gebracht, stroomt de warmte spontaan van het hete naar het koude voorwerp. De spontane warmtestroom is zodanig gericht dat hij de temperaturen dichter bij elkaar brengt. Als de twee voorwerpen zo lang met elkaar in contact blijven dat hun temperaturen aan elkaar gelijk worden, wordt gezegd dat de voorwerpen in thermisch evenwicht met elkaar zijn en dat er tussen hen geen verdere warmtestroom is. Om een voorbeeld te geven: wanneer een koortsthermometer net in je mond is gestopt, stroomt de warmte van je mond naar de thermometer. Wanneer de thermometer in je mond dezelfde temperatuur bereikt als de binnenkant van je mond, zijn de thermometer en je mond in evenwicht en stroomt er geen warmte meer.

Warmte en temperatuur worden vaak door elkaar gehaald. Het zijn zeer verschillende begrippen, waar we duidelijk onderscheid tussen zullen maken. We beginnen dit hoofdstuk met het definiëren en gebruiken van het begrip warmte. We beginnen ook met onze behandeling van de thermodynamica, wat de naam was die we gaven aan het bestuderen van processen waarbij energie werd overgedragen als warmte en als arbeid.

19.1 Warmte als energieoverdracht

In het dagelijks leven gebruiken we de term 'warmte' alsof we weten wat we bedoelen. Deze term wordt vaak echter inconsequent gebruikt, dus is het voor ons belangrijk om warmte duidelijk te definiëren en de verschijnselen en concepten die verband houden met warmte te verklaren.

Warmte is geen vloeistof.

We hebben het vaak over de warmtestroom: warmte stroomt van de pit van een gasfornuis naar een pan soep, van de zon naar de aarde en van iemands mond naar een koortsthermometer. Warmte stroomt spontaan van een voorwerp met hogere temperatuur naar een voorwerp met lagere temperatuur. In een achttiende-eeuws model van warmte werd de warmtestroom ook beschouwd als een beweging van een vloeibare substantie die *caloric* werd genoemd. De caloricvloeistof werd echter nooit waargenomen. In de negentiende eeuw werd ontdekt dat de verschillende verschijnselen die te maken hebben met warmte op een consistente manier kunnen worden beschreven met behulp van een nieuw model, dat we zo dadelijk zullen behandelen; hierin wordt warmte beschouwd als een soort arbeid. Om te beginnen merken we op dat een bekende eenheid voor warmte, die tegenwoordig nog steeds in gebruik is, naar de caloricvloeistof is genoemd. Deze eenheid wordt de **calorie** (cal) genoemd en is gedefinieerd als *de hoeveelheid warmte die nodig is om de temperatuur van 1 gram water met 1 graad Celsius te laten stijgen.* (Om precies te zijn is het specifieke temperatuurbereik van $14,5°C$ tot $15,5°C$ opgegeven omdat de vereiste warmte in zeer lichte mate temperatuurafhankelijk is. Binnen het bereik van 0 tot $100°C$ is het verschil minder dan 1 procent, en voor de meeste doeleinden zullen we dit verschil verwaarlozen.) In plaats van de calorie wordt meestal de **kilocalorie** (kcal) gebruikt, die gelijk is aan 1000 calorieën. Dus is *1 kcal is de warmte die nodig is om de temperatuur van 1 kg water met $1°C$ te laten stijgen.* Vaak wordt een kilocalorie een **Calorie** genoemd (met een hoofdletter C); deze Calorie (of de kJ) wordt gebruikt om de energiewaarde van voedsel aan te geven. In het Britse eenhedensysteem wordt warmte gemeten in Britse thermische eenheden (Btu). Eén Btu is gedefinieerd als de warmte die nodig is om de temperatuur van 1 lb water met $1°F$ te laten stijgen. Het is af te leiden (vraagstuk 4) dat 1 Btu = 0,252 kcal = 1056 J.

Het idee dat warmte verwant is aan energieoverdracht werd in de achttiende eeuw onderzocht door een aantal wetenschappers, met name door een Engelse brouwer, James Prescott Joule (1818–1889). Een van Joule's experimenten is (in vereenvoudigde vorm) weergegeven in fig. 19.1. Het vallende gewicht zorgt ervoor dat het schoepwiel gaat draaien. De wrijving tussen het water en het schoepwiel zorgt ervoor dat de temperatuur van het water licht gaat stijgen (door Joule zelfs nauwelijks te meten). In dit experiment en bij vele andere (sommige met betrekking tot elektrische energie), bepaalde Joule dat een zekere hoeveelheid verrichte arbeid altijd equivalent was aan een bepaalde hoeveelheid warmte-invoer. Kwantitatief gezien bleek 4,186 joule (J) aan arbeid equivalent te zijn aan 1 calorie (cal) aan warmte. Dit staat bekend als het **mechanische equivalent van warmte:**

$$4,186 \text{ J} = 1 \text{ cal};$$
$$4,186 \text{ kJ} = 1 \text{ kcal}.$$

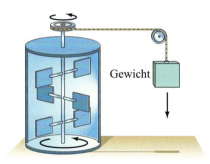

FIGUUR 19.1 Het experiment van Joule op het mechanische equivalent van warmte.

Let op

Warmte is overgedragen energie vanwege een ΔT

Als gevolg van deze en andere experimenten interpreteerden wetenschappers warmte niet langer als een stof, maar ook niet helemaal als een vorm van energie. In plaats daarvan is warmte een vorm van *overdracht van energie:* wanneer warmte van een heet voorwerp naar een koud voorwerp stroomt, wordt er energie overgedragen van het hete naar het koude voorwerp. Dus is **warmte** *energie die wordt overgedragen van het ene voorwerp naar het andere vanwege een verschil in temperatuur.* In SI-eenheden is de eenheid voor warmte, net zoals voor elke andere vorm van energie, de joule. Toch worden calorieën en kcal nog steeds gebruikt. Tegenwoordig is de calorie *gedefinieerd* in termen van de joule (via het hiervoor genoemde mechanische equivalent van warmte), en niet in de eerder gegeven eigenschappen van water. Het laatste is nog steeds handig om te onthouden: 1 cal verhoogt de temperatuur van 1 g water met 1°C, oftewel 1 kcal verhoogt de temperatuur van 1 kg water met 1°C.

Joule's resultaat was cruciaal omdat dit het arbeid-energieprincipe uitbreidde naar processen waarbij warmte een rol speelt. Het leidde ook tot het instellen van de wet van behoud van energie, die we verderop in dit hoofdstuk zullen bespreken.

Natuurkunde in de praktijk

Calorieën eraf trimmen

> **Voorbeeld 19.1   Schatten   De extra calorieën eraf trimmen**
>
> Stel dat je alle goede raad in de wind slaat en te veel ijs en cake eet in de orde van 500 kilocalorieën. Om dit te compenseren, wil je een hiermee gelijkwaardige hoeveelheid arbeid verrichten door te gaan traplopen of bergbeklimmen. Wat is de totale hoogte die je moet klimmen?
>
> **Aanpak**   De arbeid W die je bij het klimmen moet verrichten is gelijk aan de verandering in gravitationele potentiële energie: $W = \Delta PE = mgh$, waarin h de geklommen verticale hoogte is. Benader in deze schatting je eigen massa door $m \approx 60$ kg.
>
> **Oplossing**   500 kcal is in joule gelijk aan
>
> $$(500 \text{ kcal})(4{,}186 \cdot 10^3 \text{ J/kcal}) = 2{,}1 \cdot 10^6 \text{ J}.$$
>
> De arbeid die moet worden verricht voor het klimmen van een verticale hoogte h is $W = mgh$. We lossen h hieruit op:
>
> $$h = \frac{W}{mg} = \frac{2{,}1 \times 10^6 \text{ J}}{(60 \text{ kg})(9{,}80 \text{ m/s}^2)} = 3600 \text{ m}.$$
>
> Dit is een enorm hoogteverschil.
>
> **Opmerking**   Het menselijk lichaam zet energie uit voedsel niet 100 procent efficiënt om: dit komt eerder in de buurt van een efficiëntie van 20 procent. Zoals we in het volgende hoofdstuk zullen bespreken wordt er altijd enige energie 'verspild', zodat je feitelijk slechts $(0{,}2)(3600 \text{ m}) \approx 700$ m hoeft te klimmen, wat een veel aanvaardbaarder hoogte is.

19.2   Inwendige energie

De som van de energieën van alle moleculen in een voorwerp wordt de **inwendige energie** genoemd. (Soms wordt hiervoor ook de term **thermische energie** gebruikt.) We introduceren nu het begrip inwendige energie omdat hiermee ideeën over warmte gemakkelijker zijn te verduidelijken.

■ *Onderscheid tussen warmte, inwendige energie en temperatuur*

Let op

Maak onderscheid tussen warmte, inwendige energie en temperatuur.

Met behulp van de kinetische theorie kunnen we een duidelijk onderscheid maken tussen temperatuur, warmte en inwendige energie. Temperatuur (in kelvin) is een maat voor de *gemiddelde* kinetische energie van afzonderlijke moleculen. Inwendige energie is de *totale* energie van alle moleculen binnen het voorwerp. (Dus twee ijzeren staven met gelijke massa kunnen dezelfde temperatuur hebben, maar twee van die staven hebben twee keer zoveel inwendige energie als één.) Warmte ten slotte, is een *overdracht* van energie van het ene voorwerp naar het andere vanwege een verschil in temperatuur.

Merk op dat de richting van de warmtestroom tussen twee voorwerpen afhangt van hun temperaturen en niet van de hoeveelheid inwendige energie van elk voorwerp. Als dus 50 g water van 30°C in contact wordt gebracht (of gemengd) met 200 g water van 25°C, stroomt de warmte *van* het water van 30°C *naar* het water van 25°C, hoewel de inwendige energie van het water van 25°C veel groter is omdat er zoveel meer van is.

 Let op

De richting van de warmtestroom hangt af van de temperatuur (en niet van de hoeveelheid inwendige energie).

> **Opgave A**
> Ga terug naar de openingsvraag aan het begin van dit hoofdstuk, en beantwoord die nogmaals. Probeer te verklaren waarom je die de eerste keer misschien anders beantwoord hebt.

Inwendige energie van een ideaal gas

Laten we eens de inwendige energie berekenen van n mol van een ideaal eenatomig gas (één atoom per molecuul). De inwendige energie, E_{inw}, is de som van de translatie-energieën van alle atomen.[1] Deze som is gelijk aan de gemiddelde kinetische energie per molecuul maal het totaal aantal moleculen, N:

$$E_{\text{inw}} = N(\tfrac{1}{2}m\overline{v^2}).$$

Met behulp van vgl. 18.4, $\overline{K} = \tfrac{1}{2}m\overline{v^2} = \tfrac{3}{2}kT$, kunnen we dit schrijven als

$$E_{\text{inw}} = \tfrac{3}{2}NkT \tag{19.1a}$$

oftewel (zie paragraaf 17.9)

$$E_{\text{inw}} = \tfrac{3}{2}nRT, \qquad \text{[ideaal eenatomig gas]} \tag{19.1b}$$

waarin n het aantal mol is. Dus hangt de inwendige energie van een ideaal gas uitsluitend af van de temperatuur en het aantal mol gas.

Als de gasmoleculen meer dan één atoom bevatten, dan moet er ook rekening worden gehouden met de rotatie- en trillingsenergie van de moleculen (fig. 19.2). Bij gegeven temperatuur zal de inwendige energie groter zijn dan voor een eenatomig gas, maar het zal voor een ideaal gas nog steeds uitsluitend een functie van de temperatuur zijn.

De inwendige energie van echte gassen hangt voornamelijk af van de temperatuur, maar echte gassen wijken in gedrag af van ideaal gas in die zin dat hun inwendige energie ook enigszins afhangt van druk en volume (als gevolg van atomaire potentiële energie).

De inwendige energie van vloeistoffen en vaste stoffen is tamelijk gecompliceerd, omdat hierin ook elektrische potentiële energie is opgenomen die verband houdt met de krachten (oftewel 'chemische bindingen') tussen atomen en moleculen.

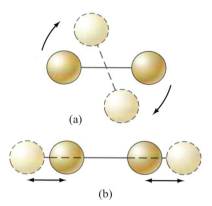

FIGUUR 19.2 Naast translatie-energie kunnen moleculen (a) rotatie-energie en (b) trillingsenergie hebben (zowel kinetische als potentiële).

TABEL 19.1 Soortelijke warmtes (tenzij anders vermeld bij 1 atm constante druk en 20°C)

Soortelijke warmte Stof	kcal/kg·°C (= cal/g·°C)	J/kg·°C
Aluminium	0,22	900
Alcohol (ethyl)	0,58	2400
Koper	0,093	390
Glas	0,20	840
IJzer of staal	0,11	450
Lood	0,031	130
Marmer	0,21	860
Kwik	0,033	140
Zilver	0,056	230
Hout	0,4	1700
Water		
IJs (-5°C)	0,50	2100
Vloeibaar (15°C)	1,00	4186
Stoom (110°C)	0,48	2010
Menselijk lichaam (gemiddeld)	0,83	3470
Proteïne	0,4	1700

19.3 Soortelijke warmte

Als warmte naar een voorwerp stroomt, neemt de temperatuur van het voorwerp toe (aangenomen dat er geen faseovergang plaatsvindt). Maar hoe stijgt de temperatuur? Dat hangt ervan af. Al in de achttiende eeuw hadden experimentatoren onderkend dat de hoeveelheid warmte Q die nodig is om de temperatuur van een bepaald materiaal te verwarmen, evenredig is met de massa m van het aanwezige materiaal en de temperatuurverandering ΔT. Deze opmerkelijke eenvoud in de natuur kan worden uitgedrukt in de vergelijking

$$Q = mc\Delta T \tag{19.2}$$

waarin c een karakteristieke grootheid van het materiaal is die de **soortelijke warmte** wordt genoemd. Omdat $c = Q/(m\Delta T)$, is soortelijke warmte gespecificeerd in eenheden J/(kg·°C) (de juiste SI-eenheid) of kcal/(kg·°C). Voor water van 15°C en een constante druk van 1 atm geldt $c = 4{,}19 \cdot 10^3$ J/(kg·°C) oftewel 1,00 kcal/(kg·°C),

---

[1] In sommige boeken wordt voor de inwendige energie het symbool U gebruikt. Het gebruik van E_{inw} voorkomt verwarring met U, die staat voor de potentiële energie (hoofdstuk 8).

omdat volgens de definitie van de calorie en de joule er 1 kcal warmte nodig is om de temperatuur van 1 kg water met 1°C te laten stijgen. Tabel 19.1 geeft de waarden van soortelijke warmten voor andere vaste stoffen en vloeistoffen bij 20°C. De waarden van c voor vaste stoffen en vloeistoffen hangen in enige mate af van de temperatuur (en in geringe mate ook van de druk), maar voor temperatuurveranderingen die niet al te groot zijn, kan c vaak constant worden beschouwd.[1] Bij gassen ligt dit gecompliceerder; die worden behandeld in paragraaf 19.8.

Voorbeeld 19.2 Het verband tussen overgebrachte warmte en soortelijke warmte

(*a*) Hoeveel warmte moet er worden toegevoerd om de temperatuur van een leeg ijzeren vat van 20 kg te laten stijgen van 10°C tot 90°C? (*b*) En hoeveel als het vat gevuld is met 20 kg water?

Aanpak We passen vgl. 19.2 toe op de verschillende materialen.

Oplossing (*a*) Ons systeem is uitsluitend het ijzeren vat. Uit tabel 19.1 volgt dat de soortelijke warmte van ijzer 450 J/(kg·°C) is. De temperatuurverandering is (90°C − 10°C) = 80°C. Dus geldt:

$$Q = mc\Delta T = (20 \text{ kg})(450 \text{ J/(kg}\cdot\text{°C)})(80\text{°C}) = 7{,}2 \cdot 10^5 \text{ J} = 720 \text{ kJ}.$$

(*b*) Ons systeem is het vat plus het water. Voor het water alleen zou

$$Q = mc\Delta T = (20 \text{ kg})(4186 \text{ J/(kg}\cdot\text{°C)})(80\text{°C}) = 6{,}7 \cdot 10^6 \text{ J} = 6700 \text{ kJ}$$

zijn, oftewel bijna tien maal zoveel als voor een gelijke massa aan ijzer nodig is. Het totaal voor het vat plus het water is 720 kJ + 6700 kJ = 7420 kJ.

Opmerking In (*b*) ondergingen het ijzeren vat en het water dezelfde temperatuurverandering $\Delta T = 80°C$, maar hun soortelijke warmten zijn verschillend.

Natuurkunde in de praktijk

Praktische effecten van de soortelijke warmte van water

Als het ijzeren vat bij onderdeel (*a*) van voorbeeld 19.2 zou zijn *afgekoeld* van 90°C tot 10°C, zou 720 kJ aan warmte *uit* het ijzer zijn gestroomd. Met andere woorden, vgl. 19.2 is geldig voor zowel in- als uitgaande warmtestromen, met een overeenkomstige toe- of afname in temperatuur. Bij onderdeel (*b*) hebben we gezien dat er voor een temperatuurverandering van water ongeveer tien maal zoveel warmte nodig is als voor dezelfde temperatuurverandering bij ijzer. Water heeft een van de hoogste soortelijke warmtes van alle stoffen, waardoor het een ideale stof is voor centraleverwarmingssystemen en andere toepassingen waarbij voor een bepaalde warmteoverdracht een minimale daling in temperatuur nodig is. Het is ook de waterinhoud waardoor we bij een warme appeltaart door de warmteoverdracht niet onze mond verbranden aan de bodem maar aan de appels.

19.4 Calorimetrie: het oplossen van vraagstukken

Bij het bespreken van warmte en thermodynamica zullen we het vaak hebben over specifieke systemen. Zoals reeds genoemd in eerdere hoofdstukken, is een **systeem** een voorwerp of verzameling objecten die we willen bekijken. Al het andere in het heelal zullen we aanduiden als de 'omgeving' of de 'omgevingen'. Er zijn verschillende categorieën systemen. Een **gesloten systeem** is een systeem waar geen massa in en uit gaat (maar er kan wel energie worden uitgewisseld met de omgeving). In een **open** systeem kan massa in- en uitgaan (evenals energie). Veel (geïdealiseerde) systemen die we in de natuurkunde bestuderen, zijn gesloten systemen. Maar veel systemen, waaronder planten en dieren, zijn open systemen omdat ze materialen (voedsel, zuurstof en afvalproducten) uitwisselen met de omgeving. Een gesloten

---

[1] Om rekening te houden met de afhankelijkheid van c van T, kunnen we vgl. 19.2 schrijven in differentiële vorm: $dQ = mc(T)\,dT$, waarin $c(T)$ betekent dat $c(T)$ een functie van de temperatuur T is. Dan is de warmte Q die nodig is voor de temperatuurverandering van T_1 naar T_2 gelijk aan $Q = \int_{T_1}^{T_2} mc(T)\,dT$.

systeem wordt als **geïsoleerd** beschouwd als er geen energie in enige vorm zijn grenzen passeert; anders is het niet geïsoleerd.

Wanneer verschillende delen van een geïsoleerd systeem verschillende temperaturen hebben, zal warmte (er wordt energie overgedragen) van het deel met hogere temperatuur naar het deel met lagere temperatuur stromen; dat wil zeggen: binnen het systeem. Als het systeem echt geïsoleerd is, wordt er geen energie naar binnen of naar buiten overgedragen. Dus speelt het *behoud van energie* voor ons opnieuw een belangrijke rol: de warmte die door het ene deel van het systeem verloren gaat is gelijk aan de warmte die door het andere deel wordt gewonnen:

verloren warmte = gewonnen warmte,

oftewel

energie uit één deel = energie in een ander deel.

Deze eenvoudige verbanden zijn erg nuttig, maar hangen af van de (vaak zeer goede) benadering dat het gehele systeem geïsoleerd is (er vindt geen andere energieoverdracht plaats). Laten we eens een voorbeeld bekijken.

Voorbeeld 19.3 Thee koelt af in een kopje

Als 200 cm³ thee bij 95°C wordt geschonken in een glazen kopje van 150 g, aanvankelijk op 25°C (fig. 19.3), wat is dan de gemeenschappelijke eindtemperatuur T van de thee en het kopje wanneer evenwicht is bereikt, aangenomen dat er geen warmte naar de omgeving stroomt?

Aanpak We passen behoud van energie toe op ons systeem van thee plus theekopje, waarvan we aannemen dat het geïsoleerd is: alle warmte die de thee verlaat stroomt in het kopje. Om het verband tussen de warmtestroom en de temperatuurverandering te meten, maken we gebruik van de soortelijke-warmtevergelijking, vgl. 19.2.

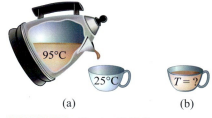

(a)   (b)

FIGUUR 19.3 Voorbeeld 19.3.

Oplossing Omdat thee voornamelijk bestaat uit water, is de soortelijke warmte ervan 4186 J/(kg·°C) en de massa m is gelijk aan de dichtheid maal het volume V = 200 cm³ = 200·10⁻⁶ m³): $m = \rho V = (1{,}0 \cdot 10^3 \text{ kg/m}^3)(200 \cdot 10^{-6} \text{ m}^3) = 0{,}20$ kg. We gebruiken vgl. 19.2, passen behoud van energie toe en noemen de nog onbekende eindtemperatuur T:

warmte verloren door de thee = warmte gewonnen door het kopje

$$m_{thee} c_{thee}(95°C - T) = m_{kopje} c_{kopje}(T - 25°C).$$

Door getallen in te vullen en gebruik te maken van tabel 19.1 (c_{kopje} = 840 J/(kg·°C) voor glas), kunnen we T oplossen en vinden we

(0,20 kg)(4186 J/(kg·°C))(95°C − T) = (0,15 kg)(840 J/(kg·°C))(T − 25°C)

79.500 J − (837 J/°C)T = (126 J/°C)T − 3150 J

$T = 86°C.$

Door in evenwicht te komen met het kopje daalt de thee 9°C in temperatuur.

Opmerking De temperatuur van het kopje stijgt met 86°C − 25°C = 61°C. De veel grotere verandering in temperatuur (vergeleken met die van theewater) is het gevolg van de veel kleinere soortelijke warmte vergeleken met die van water.

Opmerking In deze berekening is de ΔT (van vgl. 19.2, $Q = mc\Delta T$) in beide leden van onze energievergelijking een positieve grootheid. Links staat de 'verloren warmte' en is ΔT de begintemperatuur min de eindtemperatuur (95°C − T), terwijl rechts de 'gewonnen warmte' staat en ΔT gelijk is aan de eindtemperatuur min de begintemperatuur. Maar bekijk ook eens de volgende alternatieve aanpak.

Alternatieve oplossing We kunnen voor dit voorbeeld (en voor andere voorbeelden) ook een andere aanpak gebruiken. We kunnen schrijven dat de totaal overgedragen warmte van en naar het geïsoleerde systeem gelijk aan nul is:

$\Sigma Q = 0.$

⚠️ **Let op**

Bij het gebruik van verloren warmte = gewonnen warmte, is ΔT aan beide kanten positief.

Oplossingsstrategie

Alternatieve aanpak: $\Sigma Q = 0$

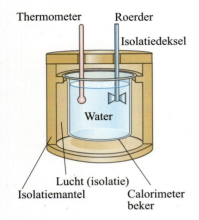

FIGUUR 19.4 Eenvoudige watercalorimeter.

Dan kan elke term worden geschreven als $Q = mc(T_{eind} - T_{begin})$, en is $\Delta T = T_{eind} - T_{begin}$ altijd gelijk aan de eindtemperatuur min de begintemperatuur en kan elke ΔT positief of negatief zijn. In dit voorbeeld:

$$\Sigma Q = m_{kopje}c_{kopje}(T - 25°C) + m_{thee}c_{thee}(T - 95°C) = 0.$$

De tweede term is negatief omdat T minder zal zijn dan 95°C. Oplossen van de vergelijkingen leidt tot hetzelfde resultaat.

De uitwisseling van energie, zoals verduidelijkt in voorbeeld 19.3, is de basis voor een techniek die bekendstaat als de **calorimetrie**, waarbij warmte-uitwisseling kwantitatief wordt gemeten. Voor dergelijke metingen wordt gebruikgemaakt van een **calorimeter**; een eenvoudige watercalorimeter is te zien in fig. 19.4. Het is erg belangrijk dat de calorimeter goed geïsoleerd is zodat er vrijwel geen warmte wordt uitgewisseld met de omgeving. Een belangrijke toepassing van de calorimeter is het bepalen van soortelijke warmtes van stoffen. In de techniek die bekendstaat als de 'methode van mengsels', wordt een monster van een stof verwarmd tot een hoge temperatuur, die nauwkeurig wordt gemeten, en vervolgens snel in het koude water van de calorimeter geplaatst. De warmte die het monster verliest wordt gewonnen door het water en de beker van de calorimeter. Door de eindtemperatuur van het mengsel te meten, kan de soortelijke warmte worden berekend, zoals te zien is in het volgende voorbeeld.

Voorbeeld 19.4 Onbekende soortelijke warmte bepalen met calorimetrie

Een ingenieur wil de soortelijke warmte van een nieuwe metaallegering bepalen. Een monster van 0,150 kg van de legering wordt verwarmd tot 540°C. Dit wordt vervolgens snel geplaatst in 0,400 kg water van 10,0°C in een aluminium calorimeterbeker van 0,200 kg. (De massa van de isolerende mantel is niet van belang omdat we aannemen dat de luchtruimte tussen de mantel en de beker goed isoleert, zodat de temperatuur niet noemenswaardig verandert.) De eindtemperatuur van het systeem is 30,5°C. Bereken de soortelijke warmte van de legering.

Aanpak We passen energiebehoud toe op ons systeem, dat we laten bestaan uit het legeringsmonster, het water en de calorimeterbeker. We nemen aan dat dit systeem geïsoleerd is, zodat de energie die door de warme legering wordt verloren gelijk is aan de energie die wordt gewonnen door het water en de calorimeterbeker.

Oplossing De verloren warmte is gelijk aan de gewonnen warmte:

$$\begin{pmatrix} \text{verloren warmte} \\ \text{door de legering} \end{pmatrix} = \begin{pmatrix} \text{gewonnen warmte} \\ \text{door het water} \end{pmatrix} + \begin{pmatrix} \text{gewonnen warmte} \\ \text{door de calorimeterbeker} \end{pmatrix}$$

$$m_\ell c_\ell \Delta T_\ell = m_w c_w \Delta T_w + m_{cal} c_{cal} \Delta T_{cal}$$

waarbij de indexen ℓ, w en cal verwijzen naar respectievelijk de legering, het water en de calorimeter, en elke $\Delta T > 0$. Wanneer we waarden invullen en tabel 19.1 gebruiken, gaat deze vergelijking over in

$$(0{,}150 \text{ kg})(c_\ell)(540°C - 30{,}5°C) = (0{,}400 \text{ kg})(4186 \text{ J/(kg·°C)})(30{,}5°C - 10{,}0°C)$$
$$+ (0{,}200 \text{ kg})(900 \text{ J/(kg·°C)})(30{,}5°C - 10{,}0°C)$$

$$(76{,}4 \text{ kg°C})c_\ell = (34.300 + 3690) \text{ J}$$

$$c_\ell = 497 \text{ J/(kg°C)}.$$

In deze berekening hebben we alle warmte verwaarloosd die is overgedragen naar de thermometer en de roerder (die wordt gebruikt om het warmtetransport te versnellen en dus het warmteverlies naar buiten toe te verminderen). Hiermee kan rekening worden gehouden door in het rechterlid van de voorgaande vergelijking extra termen toe te voegen, wat resulteert in een kleine correctie op de waarde van c_ℓ.

Zorg ervoor dat je bij alle voorbeelden en vraagstukken van dit type *alle* voorwerpen die warmte winnen of verliezen (voor zover mogelijk) meeneemt. Aan de kant met 'warmteverlies' hebben we hier uitsluitend de hete metaallegering. Aan de kant met 'warmtewinst' hebben we zowel het water als de aluminium calorimeterbeker. Omwille van de eenvoud hebben we zeer kleine massa's verwaarloosd, zoals die van de thermometer en de roerder, omdat die de energiebalans slechts in zeer geringe mate zouden verstoren.

Oplossingsstrategie

Zorg ervoor dat je alle mogelijke bronnen van energieoverdracht meerekent.

19.5 Latente warmte

Wanneer een materiaal overgaat van de vaste naar de vloeibare fase, of van de vloeibare naar de gasfase (zie ook paragraaf 18.3), is er een vaste hoeveelheid energie betrokken bij deze **faseovergang**. Laten we bijvoorbeeld eens bekijken wat er gebeurt wanneer een blok van 1,0 kg ijs van −40°C langzaam wordt verhit totdat alle ijs veranderd is in water, het (vloeibare) water vervolgens wordt verwarmd tot 100°C en verandert in stoom, en vervolgens verhit tot boven 100°C, alles bij een druk van 1 atm. Zoals te zien is in de grafiek van fig. 19.5, begint de verhitting van het ijs bij −40°C, en stijgt de temperatuur met een snelheid van circa 0,5°C/kJ toegevoegde warmte (voor ijs, $c \approx 2$ kJ/(kg·°C)). Wanneer echter 0°C wordt bereikt, stopt de temperatuurstijging ondanks het feit dat er nog steeds warmte wordt toegevoerd. Het ijs verandert geleidelijk in water in de vloeibare toestand, zonder temperatuurverandering. Nadat er bij 0°C ongeveer 165 kJ is toegevoegd, is de helft van het ijs nog steeds ijs en is de helft veranderd in water. Nadat er circa 330 kJ is toegevoegd, is al het ijs veranderd in water, nog steeds bij 0°C. Verdere warmtetoevoer zorgt ervoor dat de temperatuur van het water weer toeneemt, nu met een snelheid van 0,24°C/kJ. Wanneer 100°C is bereikt, blijft de temperatuur weer constant omdat de toegevoegde warmte wordt gebruikt om het vloeibare water in damp (stoom) te laten veranderen. Er is circa 2260 kJ nodig om 1,0 kg water volledig in stoom te laten veranderen, waarna de grafiek weer stijgt, wat aangeeft dat de temperatuur van de stoom toeneemt als er warmte wordt toegevoerd.

De warmte die nodig is om 1,0 kg van een stof van de vaste in de vloeibare toestand te doen overgaan, wordt de **smeltwarmte** genoemd; deze wordt genoteerd met L_F. De smeltwarmte van water is 333 kJ/kg (= $3,33 \cdot 10^5$ J/kg). De warmte die nodig is om een stof van de vloeistof- naar de dampfase te doen overgaan wordt de **verdampingswarmte** genoemd. Voor water is dit 2260 kJ/kg. Bij andere stoffen horen grafieken die vergelijkbaar zijn met fig. 19.5, hoewel de smeltpunt- en kookpunttemperaturen verschillend zijn, net zoals de soortelijke warmtes en smelt- en verdampingswarmtes. In tabel 19.2 worden de waarden gegeven voor de smelt- en verdampingswarmtes, die ook wel **latente warmte** worden genoemd.

De verdampings- en smeltwarmtes staan ook voor de hoeveelheid warmte die uit een stof *vrijkomt* wanneer die overgaat van een gas in een vloeistof, of van een vloeistof

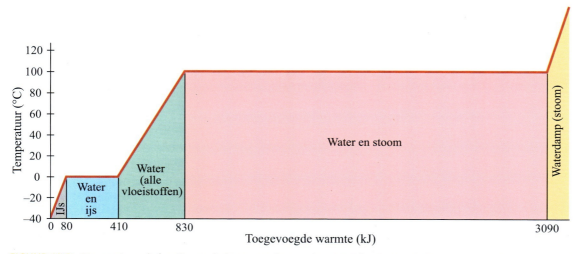

FIGUUR 19.5 Temperatuur als functie van de toegevoegde warmte om 1,0 kg ijs van −40°C te verwarmen tot stoom van boven 100°C.

TABEL 19.2 Latente warmtes (bij 1 atm)

Stof	Smeltpunt (°C)	Smeltwarmte kcal/kg*	Smeltwarmte kJ/kg	Kookpunt (°C)	Verdampingswarmte kcal/kg†	Verdampingswarmte kJ/kg
Zuurstof	−218,8	3,3	14	−183	51	210
Stikstof	−210,0	6,1	26	−195,8	48	200
Ethylalcohol	−114	25	104	78	204	850
Ammonia	−77,8	8,0	33	−33,4	33	137
Water	0	79,7	333	100	539	2260
Lood	327	5,9	25	1750	208	870
Zilver	961	21	88	2193	558	2300
IJzer	1808	69,1	289	3023	1520	6340
Wolfraam	3410	44	184	5900	1150	4800

†Numerieke waarden in kcal/kg zijn gelijk aan die in cal/g.

in een vaste stof. Dus komt er bij de overgang van stoom naar water 2260 kJ/kg vrij en bij de overgang van water naar ijs 333 kJ/kg.

De warmte die nodig is voor een faseovergang hangt niet uitsluitend af van de latente warmte, maar ook van de totale massa van de stof. Dat wil zeggen:

$$Q = mL \tag{19.3}$$

waarin L de latente warmte van het proces en de stof in kwestie is, m de massa van de stof, en Q de warmte die tijdens het proces is toegevoerd of vrijgekomen. Om een voorbeeld te geven, wanneer 5,00 kg water bevriest bij 0°C, komt er (5,00 kg) $(3,33 \cdot 10^5$ J/kg$) = 1,67 \cdot 10^6$ J aan energie vrij.

> **Opgave B**
> Onder een pan met kokend water draai je de vlam van de gaspit hoger. Wat gebeurt er? (*a*) De temperatuur van het water gaat stijgen. (*b*) Er is een lichte afname van het waterverlies door verdamping. (*c*) De hoeveelheid waterverlies door koken neemt toe. (*d*) Er is een duidelijke toename in zowel de snelheid van het koken als de watertemperatuur. (*e*) Geen van deze mogelijkheden.

Bij calorimetrie speelt soms een faseovergang mee, zoals de volgende voorbeelden laten zien. Latente warmtes worden ook vaak gemeten met behulp van calorimetrie.

Voorbeeld 19.5   Zal alle ijs smelten?

Een ijsblok van 0,50 kg wordt bij −10°C in 3,0 kg ijsthee van 20°C gegooid. Welke temperatuur en welke fase zal het uiteindelijke mengsel hebben? De thee kan worden beschouwd als water. Verwaarloos alle warmtestromen naar de omgeving, met inbegrip van het vat.

Oplossingsstrategie

Bepaal eerst de eindtoestand (of geef een schatting)

Aanpak   Voordat we een vergelijking kunnen opschrijven om behoud van energie toe te passen, moeten we eerst nagaan of de eindtoestand geheel uit ijs bestaat, een mengsel is van ijs en water bij 0°C, of geheel uit water bestaat. Om de 3,0 kg water van 20°C af te koelen naar 0°C zou een hoeveelheid energie moeten vrijkomen (vgl. 19.2) van

$$m_w c_w (20°C − 0°C) = (3,0 \text{ kg})(4186 \text{ J/(kg} \cdot °C))(20°C) = 250 \text{ kJ}.$$

Anderzijds is voor het verwarmen van het ijs van −10°C tot 0°C

$$m_{ijs} c_{ijs} (0°C − (−10°C)) = (0,50 \text{ kg})(2100 \text{ J/(kg} \cdot °C))(10°C) = 10,5 \text{ kJ}$$

nodig, en voor de verandering van ijs naar water bij 0°C (vgl. 19.3)

$$m_{ijs} L_F = (0,50 \text{ kg})(333 \text{ kJ/kg}) = 167 \text{ kJ},$$

wat bij elkaar opgeteld 10,5 kJ + 167 kJ = 177,5 kJ is. Dit is onvoldoende energie om de 3,0 kg water bij 20°C af te koelen tot 0°C, dus zien we dat het mengsel eindigt als uitsluitend water, ergens tussen 0°C en 20°C.

Oplossingsstrategie

Bepaal vervolgens de eindtemperatuur

Oplossing Om de eindtemperatuur T te bepalen, passen we energiebehoud toe en schrijven we: warmtewinst = warmteverlies,

$$\begin{pmatrix} \text{warmte om } 0,50\text{ kg} \\ \text{ijs te verwarmen} \\ \text{van } -10°C \\ \text{tot } 0°C \end{pmatrix} + \begin{pmatrix} \text{warmte voor} \\ \text{de overgang} \\ \text{van } 0,50\text{ kg} \\ \text{ijs naar water} \end{pmatrix} + \begin{pmatrix} \text{warmte voor} \\ \text{temperatuurstijging} \\ \text{van } 0,50\text{ kg water} \\ \text{van } 0°C \text{ tot } T \end{pmatrix} = \begin{pmatrix} \text{warmte verloren} \\ \text{door } 3,0\text{ kg afkoeling} \\ \text{van het water van} \\ 20°C \text{ tot } T \end{pmatrix}$$

Met behulp van deze resultaten vinden we

$10,5$ kJ $+ 167$ kJ $+ (0,50$ kg$)(4186$ J/(kg$\cdot$°C$))(T - 0°C)$
$= (3,0$ kg$)(4186$ J/(kg$\cdot$°C$))(20°C - T)$.

Als we T hieruit oplossen, vinden we

$T = 5,0°C$.

Opgave C
Hoeveel ijs van $-10°C$ zou er in voorbeeld 19.5 extra nodig zijn om de thee af te laten koelen tot $0°C$ en net al het ijs te laten smelten?

Oplossingsstrategie

■ Calorimetrie

1. Zorg dat je voldoende informatie hebt om behoud van energie toe te passen. Stel jezelf de vraag: **is het systeem geïsoleerd** (of bijna geïsoleerd, zodat een goede benadering kan worden verkregen)? Weten we alle belangrijke bronnen van energieoverdracht of kunnen we ze berekenen?
2. Pas **behoud van energie** toe:

    verloren warmte = gewonnen warmte

    Voor iedere stof in het systeem verschijnt er ofwel in het linker- ofwel in het rechterlid van de vergelijking een term met betrekking tot warmte (energie). (Een andere mogelijkheid is het gebruik van $\Sigma Q = 0$.)
3. Als er **geen faseovergangen plaatsvinden**, zal elke term in de energiebehoudvergelijking (bij punt 2) van de vorm zijn

    $Q(\text{winst}) = mc(T_{\text{eind}} - T_{\text{begin}})$,

    oftewel

    $Q(\text{verloren}) = mc(T_{\text{begin}} - T_{\text{eind}})$

    waarbij T_{begin} en T_{eind} respectievelijk de begin- en eindtemperaturen van de stof zijn, en m en c respectievelijk de massa en de soortelijke warmte.
4. Als er wel **faseovergangen** plaatsvinden, dan zouden in de energiebehoudvergelijking termen kunnen voorkomen van de vorm $Q = mL$, waarbij L de latente warmte is. Maar *alvorens* we energiebehoud toepassen, bepalen (of schatten) we in welke fase de eindtoestand zal zijn, zoals we ook deden in voorbeeld 19.5 door de verschillende bijdragen voor de warmte Q te berekenen.
5. Zorg ervoor dat elke term aan de juiste kant van de **energievergelijking** terechtkomt (gewonnen warmte of verloren warmte) en dat elke ΔT positief is.
6. Merk op dat wanneer het systeem thermisch **evenwicht** bereikt, de **eindtemperatuur** van elke stof *dezelfde* waarde heeft. Er is één T_{eind}.
7. **Los** je onbekende **op** uit de energievergelijking.

Voorbeeld 19.6 Bepaling van een latente warmte

De soortelijke warmte van vloeibaar kwik is 140 J/(kg$\cdot$°C). Wanneer 1,0 kg vast kwik bij zijn smeltpunt van $-39°C$ geplaatst wordt in een aluminium calorimeter van 0,50 kg gevuld met 1,2 kg water van $20,0°C$, smelt het kwik en wordt voor de eindtemperatuur van de combinatie $16,5°C$ gevonden. Wat is de smeltwarmte van kwik in J/kg?

Aanpak We volgen de oplossingsstrategie die we zojuist hebben besproken.

Oplossing

1. Is het systeem geïsoleerd? Het kwik wordt in een calorimeter geplaatst, die naar we aannemen goed geïsoleerd is. Ons geïsoleerd systeem is de calorimeter, het water en het kwik.

2. **Behoud van energie.** De warmte die door het kwik wordt gewonnen = de warmte die wordt verloren door het water en de calorimeter.

3. en 4. **Faseovergangen.** Er is een faseovergang (van kwik), en we gebruiken vergelijkingen voor de soortelijke warmte. De warmte die door het kwik (Hg) wordt gewonnen, omvat een term voor het smelten van het kwik,

$$Q(\text{smelten vast kwik}) = m_{Hg}L_{Hg},$$

plus een term die de verwarming van het vloeibare kwik van $-39°C$ tot $+16,5°C$ voorstelt:

$$Q(\text{verwarmen vloeibaar kwik}) = m_{Hg}c_{Hg}(16,5°C - (-39°C))$$
$$= (1,0 \text{ kg})(140 \text{ J/(kg} \cdot °C))(55,5°C) = 7770 \text{ J}.$$

Al deze warmte die door het kwik wordt gewonnen wordt verkregen uit het water en de calorimeter, die afkoelen:

$$Q_{cal} + Q_w = m_{cal}c_{cal}(20,0°C - 16,5°C) + m_wc_w(20,0°C - 16,5°C)$$
$$= (0,50 \text{ kg}) (900 \text{ J/(kg} \cdot °C)) (3,5°C)$$
$$+ (1,2 \text{ kg})(4186 \text{ J/(kg} \cdot °C))(3,5°C) = 19.200 \text{ J}.$$

5. **De energievergelijking.** Energiebehoud zegt ons dat de warmte die door het water en de calorimeterbeker wordt verloren gelijk is aan de warmte die gewonnen wordt door het kwik:

$$Q_{cal} + Q_w = Q(\text{smelten vast kwik}) + Q(\text{verwarmen vloeibaar kwik})$$

oftewel

$$19.200 \text{ J} = m_{Hg}L_{Hg} + 7770 \text{ J}.$$

6. **Evenwichtstemperatuur.** Deze is gegeven als $16,5°C$, wat we reeds gebruikt hebben.

7. **Oplossen.** De enige onbekende in onze energievergelijking (punt 5) is L_{Hg}, de latente smeltwarmte van kwik. We lossen deze op en nemen $m_{Hg} = 1,0$ kg:

$$L_{Hg} = \frac{19.200 \text{ J} - 7770 \text{ J}}{1,0 \text{ kg}} = 11.400 \text{ J/kg} \approx 11 \text{ kJ/kg}.$$

waarbij we hebben afgerond tot op twee significante cijfers.

Verdamping

De latente warmte om een vloeistof in een gas te doen veranderen is niet alleen nodig op het kookpunt. Water kan zelfs bij kamertemperatuur overgaan van de vloeistof- naar de gasfase. Dit proces wordt **verdamping** genoemd (zie ook paragraaf 18.4). Bij een temperatuurdaling neemt de waarde van de verdampingswarmte licht toe: bij $20°C$ bijvoorbeeld, is deze 2450 kJ/kg (585 kcal/kg) vergeleken met 2260 kJ/kg (539 kcal/kg) bij $100°C$. Wanneer water verdampt, koelt de resterende vloeistof af, omdat de benodigde energie (de latente verdampingswarmte) uit het water zelf komt; dus moet de inwendige energie ervan, en dus de temperatuur, dalen.[1]

Verdamping van water op de huid is een van de belangrijkste methoden die het lichaam gebruikt om de temperatuur te regelen. Wanneer de temperatuur van het bloed stijgt tot iets boven normaal, detecteert het hypothalamusgebied in de hersenen deze temperatuurstijging en stuurt een signaal naar de zweetklieren om de productie te verhogen. De energie (latente warmte) die nodig is om dit water te verdampen is afkomstig van het lichaam, en dus moet het lichaam afkoelen.

Natuurkunde in de praktijk

Lichaamstemperatuur

---

[1] Op grond van de kinetische theorie is verdamping een afkoelingsproces omdat juist de snelst bewegende moleculen aan het oppervlak ontsnappen. Hierdoor daalt de gemiddelde snelheid van de overgebleven moleculen, dus op grond van vgl. 18.4 ook de temperatuur.

■ *Kinetische theorie van latente warmtes*

Met behulp van de kinetische theorie kunnen we inzien waarom er energie nodig is om een stof te smelten of te verdampen. Op het smeltpunt verhoogt de latente smeltwarmte niet de gemiddelde kinetische energie (en de temperatuur) van de moleculen in de vaste stof, maar wordt in plaats daarvan gebruikt als tegenwicht voor de potentiële energie behorend bij de krachten tussen de moleculen. Dat wil zeggen, er moet arbeid worden verricht tegen deze aantrekkende krachten in om de moleculen los te breken van hun betrekkelijk vaste posities in de vaste stof, zodat ze in de vloeistoffase vrij langs elkaar kunnen bewegen. Ook is er energie nodig om de moleculen die in de vloeistoffase dicht bij elkaar worden gehouden, te laten ontsnappen naar de gasfase. Bij dit proces wordt de ordening van de moleculen veel heftiger verstoord dan bij smelten (de gemiddelde afstand tussen de moleculen neemt sterk toe), en dus is in het algemeen de verdampingswarmte voor een stof veel groter dan de smeltwarmte.

19.6 De eerste hoofdwet van de thermodynamica

Tot nu toe hebben we in dit hoofdstuk inwendige energie en warmte besproken. Maar bij thermodynamische processen speelt vaak ook arbeid een rol.
In hoofdstuk 8 hebben we gezien dat bij de overdracht van energie van het ene voorwerp naar het andere met mechanische middelen, arbeid verricht wordt en in paragraaf 19.1 dat warmte een energieoverdracht is van het ene voorwerp naar een ander met een lagere temperatuur. Dus lijkt warmte veel op arbeid. Om deze van elkaar te onderscheiden wordt *warmte* gedefinieerd als een *energieoverdracht als gevolg van een temperatuurverschil*, terwijl arbeid een energieoverdracht is die niet het gevolg is van een temperatuurverschil.
In paragraaf 19.2 definieerden we de inwendige energie van een systeem als het totaal van alle energieën van de moleculen binnen het systeem. We zouden verwachten dat de inwendige energie van een systeem zou toenemen als er arbeid op wordt verricht of warmte aan toegevoegd. Evenzo zou de interne energie afnemen als er warmte uit het systeem zou stromen of als er door het systeem arbeid zou worden verricht op iets uit de omgeving.
Het is dus redelijk om behoud van energie uit te breiden en een belangrijke wet voor te stellen: de verandering in inwendige energie van een gesloten systeem, ΔE_{inw}, is gelijk aan de energie die aan het systeem wordt toegevoegd verminderd met de hoeveelheid arbeid die het systeem op de omgeving verricht. In vergelijkingsvorm schrijven we

$$\Delta E_{\text{inw}} = Q - W \qquad (19.4)$$

waarin Q de netto *toegevoegde* warmte aan het systeem is en W de netto verrichte arbeid *door* het systeem.[1]
Bij het gebruik van de tekenconventies voor Q en W moeten we zorgvuldig en consistent te werk gaan. Omdat W in vgl. 19.4 de arbeid is die *door* het systeem is verricht, is, als er arbeid op het systeem is verricht, W negatief en zal E_{inw} toenemen. Volgens een soortgelijke redenering is E_{inw} positief voor toegevoegde warmte aan het systeem; dus als er warmte uit het systeem gaat, is Q negatief.
Vgl. 19.4 staat bekend als de **eerste hoofdwet van de thermodynamica**. Het is een van de belangrijkste wetten uit de natuurkunde, en de geldigheid ervan berust op experimenten (zoals die van Joule) waarop geen uitzonderingen zijn waargenomen. Omdat Q en W staan voor energie die naar of vanuit het systeem wordt overgebracht, verandert de inwendige energie overeenkomstig. Dus is de eerste hoofdwet van de thermodynamica een belangrijke en brede formulering van de *wet van behoud van energie*.

Eerste hoofdwet van de thermodynamica

Toegevoegde warmte is +
Verloren warmte is −
Arbeid op systeem is −
Arbeid door systeem is +

---

[1] Deze conventie stamt uit de tijd van de stoommachines: men was geïnteresseerd in de *invoer* van warmte en de *uitvoer* van arbeid, die beide als positief werden gezien. In andere boeken zie je de eerste hoofdwet van de thermodynamica soms geschreven als $\Delta E_{\text{inw}} = Q + W$, waarbij W betrekking heeft op de arbeid die *op* het systeem wordt verricht.

Het is zinvol om op te merken dat de wet van behoud van energie pas aan het eind van de negentiende eeuw is geformuleerd, omdat deze wet afhing van de interpretatie van warmte als vorm van energieoverdracht.

Vgl. 19.4 is van toepassing op een gesloten systeem. Deze vergelijking is ook van toepassing op een open systeem (paragraaf 19.4) als we rekening houden met de verandering in inwendige energie als gevolg van de toe- of afname van de hoeveelheid materie. Bij een geïsoleerd systeem (paragraaf 19.4), wordt er geen arbeid verricht en gaat er geen warmte het systeem in of uit, dus $W = Q = 0$, en dus $\Delta E_{inw} = 0$.

Een systeem is op een zeker moment in een bepaalde toestand en er kan een bepaalde hoeveelheid inwendige energie, E_{inw}, aan worden toegekend. Een systeem 'heeft' echter geen bepaalde hoeveelheid warmte of arbeid. In plaats daarvan leidt arbeid op een systeem (zoals het comprimeren van een gas) of het toevoegen of onttrekken van warmte aan een systeem, tot een *toestandsverandering* van het systeem. Dus spelen arbeid en warmte een rol bij *thermodynamische processen* die het systeem van de ene toestand in de andere kunnen laten overgaan; ze zijn niet kenmerkend voor de toestand zelf. Grootheden die de toestand van een systeem beschrijven, zoals de inwendige energie E_{inw}, de druk P, het volume V, de temperatuur T en de massa m of het aantal mol n, worden toestandsvariabelen genoemd. Q en W zijn *geen* toestandsvariabelen.

Omdat E_{inw} een *toestandsvariabele* is, die alleen afhankelijk is van de toestand van het systeem en niet van de manier waarop het systeem in die toestand gekomen is, kunnen we schrijven

$$\Delta E_{inw} = E_{inw,2} - E_{inw,1} = Q - W$$

waarin $E_{inw,1}$ en $E_{inw,2}$ staan voor de interne toestanden van het systeem in toestanden 1 en 2, en Q en W voor de toegevoegde warmte aan het systeem en de arbeid die door het systeem wordt verricht bij de overgang van toestand 1 naar toestand 2.

Het kan soms handig zijn om de eerste hoofdwet van de thermodynamica in differentiële vorm te schrijven:

$$dE_{inw} = dQ - dW.$$

Hierin stelt dE_{inw} een oneindig kleine verandering in de inwendige energie voor terwijl er een oneindig kleine hoeveelheid warmte dQ aan het systeem wordt toegevoegd en het systeem een oneindig kleine hoeveelheid arbeid dW verricht.[1]

Voorbeeld 19.7 Gebruik van de eerste hoofdwet

Er wordt 2500 J warmte toegevoerd aan een systeem en 1800 J arbeid op het systeem verricht. Wat is de verandering in inwendige energie van het systeem?

Aanpak We passen de eerste hoofdwet van de thermodynamica toe op ons systeem, vgl. 19.4.

Oplossing De aan het systeem toegevoegde warmte is $Q = 2500$ J. De *door* het systeem verrichte arbeid is -1800 J. Waarom het minteken? Omdat 1800 J verricht *op* het systeem (zoals gegeven) gelijk is aan -1800 J verricht *door* het systeem, en we het laatste nodig hebben voor de tekenconventies die we gebruikten in vgl. 19.4. Dus geldt

$$\Delta E_{inw} = 2500 \text{ J} - (-1800 \text{J}) = 2500 \text{ J} + 1800 \text{ J} = 4300 \text{ J}.$$

---

[1] De differentiële vorm van de eerste hoofdwet wordt vaak geschreven als

$$dE_{inw} = \bar{d}Q - \bar{d}W,$$

waarbij de streep boven het differentiaalsymbool wordt gebruikt om ons eraan te herinneren dat W en Q geen functies zijn van de toestandsvariabelen (zoals P, V, T en n). De inwendige energie, E_{inw}, is een functie van de toestandsvariabelen, en dus stelt dE_{inw} de differentiaal voor (die een *exacte differentiaal* wordt genoemd) van een of andere functie E_{inw}. De differentialen $\bar{d}Q$ en $\bar{d}W$ zijn geen exacte differentialen (het zijn niet de differentialen van een of andere wiskundige functie); ze stellen gewoon oneindig kleine hoeveelheden voor. Deze kwestie is verder niet van belang voor dit boek.

Misschien had je intuïtief al gedacht dat de 2500 J en de 1800 J bij elkaar zouden moeten worden opgeteld, omdat ze beide betrekking hebben op energie die wordt toegevoegd aan het systeem. Je ziet dat je gelijk hebt.

> **Opgave D**
> Wat zou de inwendige energieverandering in voorbeeld 19.7 zijn als er 2500 J aan warmte aan het systeem wordt toegevoegd en 1800 J aan arbeid *door* het systeem wordt verricht (dat wil zeggen: als uitvoer)?

*Uitbreiding van de eerste hoofdwet van de thermodynamica

Om de eerste hoofdwet van de thermodynamica in zijn volledige vorm te kunnen beschrijven, beschouwen we een systeem met zowel kinetische energie K (er is beweging) als potentiële energie U. Dan zou de eerste hoofdwet van de thermodynamica deze termen moeten bevatten en geschreven moeten worden als

$$\Delta K + \Delta U + \Delta E_{\text{inw}} = Q - W. \tag{19.5}$$

Voorbeeld 19.8 Kinetische energie omgezet in thermische energie

Een kogel van 3,0 g dringt met een snelheid van 400 m/s een boom binnen en komt er aan de andere kant met een snelheid van 200 m/s weer uit. Waar verloor de kogel kinetische energie en wat was de overgedragen energie?

Aanpak Neem als systeem de kogel en de boom. Er is geen potentiële energie in het spel. Er wordt geen arbeid op (of door) het systeem verricht door externe krachten, noch wordt er warmte toegevoegd omdat geen energie is overgedragen als gevolg van een temperatuurverschil. Dus wordt de kinetische energie omgezet in inwendige energie van de kogel en de boom.

Oplossing Uit de eerste hoofdwet van de thermodynamica zoals gegeven in vgl. 19.5, weten we dat $Q = W = \Delta U = 0$, dus geldt

$$\Delta K + \Delta E_{\text{inw}} = 0$$

oftewel, als we voor de begin- en eindsnelheid de indexen 'begin' en 'eind' gebruiken

$$\Delta E_{\text{inw}} = -\Delta K = -(K_{\text{eind}} - K_{\text{begin}}) = \tfrac{1}{2}m\left(v_{\text{begin}}^2 - v_{\text{eind}}^2\right)$$
$$= \tfrac{1}{2}(3{,}0 \cdot 10^{-3}\text{ kg})((400\text{ m/s})^2 - (200\text{ m/s})^2) = 180\text{ J}.$$

Opmerking De inwendige energie van zowel de kogel als de boom nemen toe, omdat beide een temperatuurstijging ervaren. Als we alleen de kogel als ons systeem hadden gekozen, zou er arbeid op zijn verricht en zou er warmteoverdracht hebben plaatsgevonden.

19.7 Toepassingen van de eerste hoofdwet van de thermodynamica; het berekenen van de arbeid

Laten we in het licht van de eerste hoofdwet van de thermodynamica eens enkele eenvoudige processen analyseren.

Isotherme processen ($\Delta T = 0$)

We beginnen met een geïdealiseerd proces dat wordt uitgevoerd bij constante temperatuur. Een dergelijk proces wordt een **isotherm** proces genoemd (naar de Griekse betekenis 'gelijke temperatuur'). Als het systeem een ideaal gas is, dan geldt $PV = nRT$ (vgl. 17.3), dus voor een vaste hoeveelheid gas die op constante temperatuur wordt gehouden, geldt $PV = $ constant. Dus volgt het proces een kromme zoals AB in het PV-diagram van fig. 19.6, waarin een kromme is getekend voor $PV = $ constant.

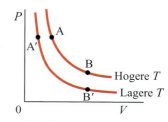

FIGUUR 19.6 PV-diagram voor een ideaal gas dat een isotherm proces ondergaat bij twee verschillende temperaturen.

FIGUUR 19.7 Een ideaal gas in een cilinder met een beweegbare zuiger.

Elk punt op de kromme, zoals punt A, stelt de toestand van het systeem voor op een zeker moment, dat wil zeggen: de druk P en het volume V. Bij een lagere temperatuur zou een ander isotherm proces worden voorgesteld door een kromme zoals A'B' in fig. 19.6 (het product $PV = nRT =$ constant is kleiner wanneer T kleiner is). De krommen in fig. 19.6 worden *isothermen* genoemd.

Laten we aannemen dat het gas is opgesloten in een vat met een beweegbare zuiger, fig. 19.7, en dat het gas in contact is met een **warmtereservoir** (een lichaam waarvan de massa zo groot is dat, in het ideale geval, de temperatuur niet noemenswaardig verandert wanneer er warmte aan het systeem wordt toegevoegd). We nemen ook aan dat het proces van compressie (volumeafname) of expansie (volumetoename) **quasistatisch** ('vrijwel statisch') wordt uitgevoerd, waarbij we extreem traag bedoelen, zodat al het gas vrij beweegt tussen een reeks evenwichtstoestanden, die elk dezelfde constante temperatuur hebben. Als aan het systeem een hoeveelheid warmte Q wordt toegevoegd en de temperatuur constant moet blijven, zal het gas uitzetten en een hoeveelheid arbeid W op de omgeving uitoefenen (het oefent een kracht uit op de zuiger en beweegt deze over een afstand). De temperatuur en de massa worden constant gehouden, dus volgt uit vgl. 19.1 dat de inwendige energie niet verandert: $\Delta E_{\text{inw}} = \frac{3}{2}nR\Delta T = 0$. Dus geldt op grond van de eerste wet van de thermodynamica, vgl. 19.4, $\Delta E_{\text{inw}} = Q - W = 0$, dus $W = Q$: de arbeid die door het gas in een isotherm proces wordt uitgevoerd is gelijk aan de warmte die wordt toegevoegd aan het gas.

■ Adiabatische processen (Q = 0)

Een **adiabatisch** proces is een proces waarbij geen warmte in of uit het systeem kan stromen: $Q = 0$. Deze situatie kan zich voordoen als het systeem zeer goed geïsoleerd is, of het proces zo snel verloopt dat de warmte (die zeer langzaam stroomt) geen tijd heeft om naar binnen of naar buiten te stromen. Een voorbeeld van een proces dat vrijwel adiabatisch is, is de zeer snelle expansie van gassen in een interne verbrandingsmotor. Een langzame adiabatische expansie van een ideaal gas verloopt zoals de kromme AC in fig. 19.8. Omdat $Q = 0$, volgt uit vgl. 19.4 dat $\Delta E_{\text{inw}} = -W$. Dat wil zeggen: als het gas uitzet, neemt de inwendige energie af; dus neemt ook de temperatuur af (omdat $\Delta E_{\text{inw}} = \frac{3}{2}nR\Delta T$). Dit is duidelijk te zien in fig. 19.8, waar het product PV ($= nRT$) in punt C kleiner is dan in punt B (de kromme AB is voor een isotherm proces, waarbij $\Delta E_{\text{inw}} = 0$ en $\Delta T = 0$). Bij de omgekeerde bewerking, een adiabatische compressie (bijvoorbeeld door van C naar A te gaan), wordt er arbeid verricht *op* het gas, en dus neemt de inwendige energie toe en stijgt de temperatuur. In een dieselmotor wordt het brandstof-luchtmengsel snel adiabatisch samengedrukt met een factor 15 of meer; de temperatuurstijging is zo groot dat het mengsel spontaan ontbrandt.

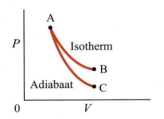

FIGUUR 19.8 PV-diagram voor een adiabatisch (AC) en isotherm (AB) proces op een ideaal gas.

■ Isobare en isovolumetrische processen

Isotherme en adiabatische processen zijn gewoon twee mogelijke processen die zouden kunnen voorkomen. Twee andere eenvoudige thermodynamische processen zijn te zien in de PV-diagrammen van fig. 19.9. (a) Een **isobaar** proces is een proces waarbij de druk constant wordt gehouden, dus wordt het proces voorgesteld door een horizontale rechte lijn in het PV-diagram, fig. 19.9a. (b) een **isovolumetrisch** (oftewel *isochoor*) proces is een proces waarbij het volume niet verandert (fig. 19.9b). Bij deze processen, en bij alle andere, geldt de eerste hoofdwet van de thermodynamica.

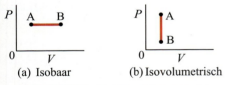

FIGUUR 19.9 (a) Isobare processen (bij gelijke druk). (b) Isovolumetrische processen (bij gelijk volume).

■ Arbeid die wordt uitgevoerd bij volumeveranderingen

Vaak willen we de arbeid berekenen die bij een proces wordt uitgevoerd. Stel dat we een gas hebben in een cilindrisch vat met een beweegbare zuiger (fig. 19.10). We moeten altijd zorgvuldig definiëren wat ons systeem is. In dit geval kiezen we als ons systeem het gas; dus maken de wanden en de zuiger van het vat deel uit van de omgeving. Laten we nu eens berekenen wat de arbeid is die door het gas wordt verricht wanneer het quasistatisch uitzet, zodat P en T op elk moment gedefinieerd zijn voor het systeem.[1]

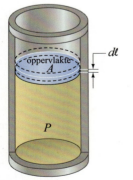

FIGUUR 19.10 De arbeid die door een gas wordt verricht wanneer het volume toeneemt met $dV = A\,dl$ is $dW = P\,dV$.

[1] Als het gas snel uitzet of wordt samengedrukt, kan er turbulentie ontstaan en kan de temperatuur en/of druk afhankelijk worden van de positie in het gas.

Het gas zet uit tegen de zuiger met oppervlakte A. Het gas oefent een kracht $F = PA$ uit op het gas, waarin P de druk in het gas is. De arbeid die door het gas wordt verricht voor een oneindig kleine verplaatsing van de zuiger $d\vec{\ell}$ is

$$dW = \vec{F} \cdot d\vec{\ell} = PA\, d\ell = P\, dV, \qquad (19.6)$$

omdat de oneindig kleine volumetoename gelijk is aan $dV = A\, d\ell$. Als het gas *samengedrukt* zou zijn, zodat $d\vec{\ell}$ naar het gas toe gericht zou zijn, zou het volume afnemen en $dV < 0$. De arbeid die door het gas wordt uitgevoerd, zou in dat geval negatief zijn, wat op hetzelfde neerkomt als zeggen dat er positieve arbeid *op* het gas is verricht, niet door het gas. Bij een eindige volumeverandering van V_A naar V_B zou de door het gas verrichte arbeid W gelijk zijn aan

$$W = \int dW = \int_{V_A}^{V_B} P\, dV. \qquad (19.7)$$

De vergelijkingen 19.6 en 19.7 zijn geldig voor de verrichte arbeid bij een willekeurige volumeverandering (door een gas, een vloeistof of een vaste stof), zolang als het quasistatisch gebeurt.

Om vgl. 19.7 te integreren moeten we weten hoe de druk tijdens het proces varieert, en dit is afhankelijk van het type proces. Laten we eerst eens kijken naar een quasistatische isotherme expansie van een ideaal gas. Dit proces wordt voorgesteld door de kromme tussen de punten A en B in het PV-diagram van fig. 19.11. De arbeid die door het gas in dit proces wordt verricht is, volgens vgl. 19.7, precies het gebied tussen de PV-kromme en de V-as, het gekleurde gebied in fig. 19.11. We kunnen de integraal in vgl. 19.7 voor een ideaal gas berekenen door gebruik te maken van de ideale gaswet, $P = nRT/V$. De arbeid verricht bij constante T is

$$W = \int_{V_A}^{V_B} P\, dV = nRT \int_{V_A}^{V_B} \frac{dV}{V} = nRT \ln\frac{V_B}{V_A}. \quad \begin{bmatrix}\text{isotherm proces;}\\ \text{ideaal gas}\end{bmatrix} \quad (19.8)$$

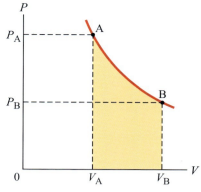

FIGUUR 19.11 Arbeid die verricht is door een ideaal gas in een isotherm proces is gelijk aan de oppervlakte onder de PV kromme. De oppervlakte van het gekleurde gebied is gelijk aan de door het gas verrichte arbeid bij het uitzetten van V_A tot V_B.

Laten we nu eens op een andere manier naar een ideaal gas tussen dezelfde toestanden A en B bekijken. Laten we ditmaal eens de druk in het gas verlagen van P_A tot P_B, zoals aangegeven door de lijn AD in fig. 19.12. (In dit *isovolumetrisch* proces kan de warmte uit het gas stromen zodat de temperatuur ervan daalt.) Laat vervolgens het proces uitzetten van V_A tot V_B bij constante druk ($= P_B$), wat wordt aangegeven door de lijn DB in fig. 19.12. (In dit *isobare* proces, wordt warmte toegevoegd aan het gas om de temperatuur te verhogen.) Bij het isovolumetrisch proces AD wordt geen arbeid verricht, omdat $dV = 0$:

$$W = 0. \qquad \text{[isovolumetrisch proces]}$$

Bij het isobare proces DB blijft de druk constant, dus

$$W = \int_{V_A}^{V_B} P\, dV = P_B(V_B - V_A) = P\Delta V. \quad \text{[isobaar proces]} \quad (19.9a)$$

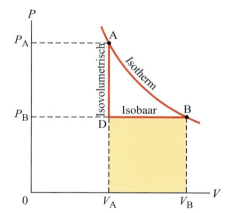

FIGUUR 19.12 Het proces ADB bestaat uit een isovolumetrisch (AD) en een isobaar (DB) proces.

Ook hier wordt de arbeid in het PV-diagram voorgesteld door de oppervlakte onder de kromme (ADB) en de V-as, zoals aangegeven door het gekleurde gebied in fig. 19.12. Met behulp van de ideale gaswet kunnen we ook schrijven

$$W = P_B(V_B - V_A) = nRT_B\left(1 - \frac{V_A}{V_B}\right). \quad \begin{bmatrix}\text{isobaar proces;}\\ \text{ideaal gas}\end{bmatrix} \quad (19.9b)$$

Zoals we aan de gekleurde gebieden in fig. 19.11 en 19.12 kunnen zien, of door getallen in te voeren in vgl. 19.8 en 19.9 (probeer dit voor $V_B = 2V_A$), is de verrichte arbeid bij deze twee processen verschillend. Dit is een algemeen resultaat. *De arbeid die wordt verricht om een systeem van de ene toestand naar de andere over te brengen hangt niet alleen af van de begin- en eindtoestanden maar ook van het type proces (oftewel de 'gevolgde weg').*

Dit resultaat benadrukt opnieuw het feit dat arbeid niet kan worden beschouwd als een eigenschap van een systeem. Hetzelfde geldt voor warmte. De warmte-invoer die nodig is om het gas van toestand A te laten overgaan in toestand B hangt af van het proces; bij het isotherme proces van fig. 19.11 blijkt de warmte-invoer groter te zijn dan bij het proces ADB van fig. 19.12. Algemeen geldt dat *de hoeveelheid toegevoegde of onttrokken warmte bij het overbrengen van een systeem van de ene toestand naar de andere niet alleen afhangt van de begin- en eindtoestand maar ook van de gevolgde weg of het proces.*

Conceptvoorbeeld 19.9 Arbeid bij isotherme en adiabatische processen

In fig. 19.8 hebben we PV-diagrammen gezien voor een gas dat op twee manieren uitzet, isotherm en adiabatisch. Het beginvolume V_A was in beide gevallen hetzelfde, evenals de eindvolumes ($V_B = V_C$). Bij welk proces werd er door het gas de meeste arbeid verricht?

Antwoord Ons systeem is het gas. De meeste arbeid werd verricht door het gas in het isotherm proces, wat we op twee manieren kunnen inzien door te kijken naar fig. 19.8. Op de eerste plaats was de 'gemiddelde' druk gedurende het isotherme proces AB hoger, dus was $W = \overline{P}\Delta V$ groter (ΔV is voor beide processen gelijk). Op de tweede plaats kunnen we de oppervlakte onder elke kromme bekijken: de oppervlakte onder kromme AB, die de verrichte arbeid voorstelt, was groter (omdat de kromme AB hoger ligt in fig. 19.8) dan die onder AC.

> **Opgave E**
> Is de arbeid, die door het gas in proces ADB van fig. 19.12 is verricht, groter dan, kleiner dan, of gelijk aan de verrichte arbeid in het isotherm proces AB?

Voorbeeld 19.10 De eerste hoofdwet bij isobare en isovolumetrische processen

Een ideaal gas wordt bij een constante druk van 2,0 atm langzaam samengedrukt van 10,0 l tot 2,0 l. Dit proces wordt in fig. 19.13 voorgesteld door de lijn van B naar D. (Bij dit proces stroomt er enige warmte uit het gas en daalt de temperatuur.) Vervolgens wordt er warmte toegevoegd aan het gas, waarbij het volume constant blijft, en de druk en de temperatuur mogen stijgen (lijn DA) totdat de temperatuur de oorspronkelijke waarde bereikt ($T_A = T_B$). Bereken (a) de totale hoeveelheid arbeid die door het gas in het proces BDA is verricht, en (b) de totale warmtestroom naar het gas.

Aanpak (a) Alleen bij het compressieproces BD wordt arbeid verricht. Bij het proces DA blijft het volume constant, dus is $\Delta V = 0$ en wordt er geen arbeid verricht. (b) We gebruiken de eerste hoofdwet van de thermodynamica, vgl. 19.4.

Oplossing (a) Tijdens de compressie BD is de druk 2,0 atm = $2(1,01 \cdot 10^5$ N/m$^2)$ en de verrichte arbeid (omdat 1 l = 10^3 cm^3 = 10^{-3} m^3)

$$W = P\Delta V = (2{,}02 \cdot 10^5 \text{ N/m}^2)(2{,}0 \cdot 10^{-3} \text{ m}^3 - 10{,}0 \cdot 10^{-3} \text{m}^3) = -1{,}6 \cdot 10^3 \text{ J}.$$

De totale arbeid die *door* het gas is verricht, is $-1{,}6 \cdot 10^3$ J, waarbij het minteken betekent dat er $+1{,}6 \cdot 10^3$ J arbeid *op* het gas wordt verricht.

(b) Omdat de temperatuur in het begin en aan het eind van het proces BDA gelijk zijn, is er geen verandering in inwendige energie: $\Delta E_{\text{inw}} = 0$. Uit de eerste hoofdwet van de thermodynamica weten we dat

$$0 = \Delta E_{\text{inw}} = Q - W$$

dus is $Q = W = -1{,}6 \cdot 10^3$ J. Omdat Q negatief is, gaat er bij het hele proces, BDA, 1600 J aan warmte verloren.

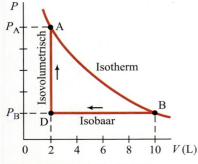

FIGUUR 19.13 Voorbeeld 19.10.

> **Opgave F**
> Als in voorbeeld 19.10 de warmte die het gas bij proces BD verliest gelijk is aan $8{,}4 \cdot 10^3$ J, wat is dan de verandering in inwendige energie van het gas gedurende het proces BD?

Voorbeeld 19.11 Verrichte arbeid in een motor

In een motor zet 0,25 mol van een ideaal eenatomig gas in de cilinder snel en adiabatisch uit tegen de zuiger. Bij dit proces daalt de temperatuur van het gas van 1150 K tot 400 K. Hoeveel arbeid verricht het gas?

Aanpak Als systeem nemen we het gas (de zuiger wordt tot de omgeving gerekend). De druk is niet constant en de variabele waarde ervan is niet gegeven. In plaats daarvan kunnen we de eerste hoofdwet van de thermodynamica gebruiken, omdat we ΔE_{inw} kunnen bepalen uit $Q = 0$ (het proces is adiabatisch).

Oplossing We bepalen ΔE_{inw} uit vgl. 19.1 voor de inwendige energie van een ideaal eenatomig gas, waarbij we eind- en begintoestanden aangeven met de indexen 'eind' en 'begin':

$$\Delta E_{\text{inw}} = E_{\text{inw},1} - E_{\text{inw},2} = \tfrac{3}{2}nR(T_{\text{eind}} - T_{\text{begin}})$$
$$= \tfrac{3}{2}(0{,}25 \text{ mol})(8{,}314 \text{ J/mol} \cdot \text{K})(400 \text{ K} - 1150 \text{ K})$$
$$= -2338 \text{ J}.$$

Vervolgens volgt uit de eerste hoofdwet van de thermodynamica, vgl. 19.4:

$$W = Q - \Delta E_{\text{inw}} = 0 - (-2300 \text{ J}) = 2338 \text{ J}.$$

Tabel 19.3 geeft een kort overzicht van de processen die we hebben besproken.

TABEL 19.3 Eenvoudige thermodynamische processen en de eerste hoofdwet

Proces	Wat is constant:	De eerste hoofdwet voorspelt:
Isotherm	T = constant	$\Delta T = 0$ zorgt dat $\Delta E_{\text{inw}} = 0$, dus $Q = W$
Isobaar	P = constant	$Q = \Delta E_{\text{inw}} + W = \Delta E_{\text{inw}} + P\Delta V$
Isovolumetrisch	V = constant	$\Delta V = 0$ zorgt dat $W = 0$, dus $Q = \Delta E_{\text{inw}}$
Adiabatisch	$Q = 0$	$\Delta E_{\text{inw}} = -W$

Vrije expansie

Eén type adiabatisch proces is een zogeheten **vrije expansie** waarbij een gas adiabatisch kan uitzetten zonder enige arbeid te verrichten. Het apparaat om een vrije expansie weer te geven is te zien in fig. 19.14. Het bestaat uit twee goed geïsoleerde compartimenten (om ervoor te zorgen dat er geen warmte in of uit stroomt) verbonden door een klep of een afsluitkraan. Het ene compartiment is gevuld met gas, het andere is leeg. Wanneer de kraan wordt geopend, zet het gas uit zodat beide compartimenten worden gevuld. Er gaat geen warmte in of uit ($Q = 0$), en er wordt geen arbeid verricht omdat het gas geen ander voorwerp in beweging brengt. Dus geldt $Q = W = 0$ en op grond van de eerste hoofdwet van de thermodynamica, $\Delta E_{\text{inw}} = 0$. *De inwendige energie van een gas verandert niet bij vrije expansie.* Bij een ideaal gas geldt bovendien $\Delta T = 0$, omdat E_{inw} uitsluitend afhangt van T (paragraaf 19.2). Experimenteel wordt de vrije expansie gebruikt om te bepalen of de inwendige energie van *echte gassen* uitsluitend van T afhangt. Het is zeer lastig om deze experimenten nauwkeurig uit te voeren, maar gebleken is dat de temperatuur van een echt gas bij vrije expansie zeer licht daalt. Dus hangt de interne energie van echte gassen, in geringe mate, zowel af van de druk, het volume als van de temperatuur.

Een vrije expansie kan niet in een *PV*-diagram worden getekend, omdat het een snel, en geen quasistatisch proces is. De tussenliggende toestanden zijn geen evenwichtstoestanden, en dus is de druk (en op sommige momenten zelfs het volume) niet duidelijk gedefinieerd.

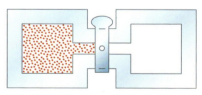

FIGUUR 19.14 Vrije expansie.

19.8 Molaire soortelijke warmtes voor gassen en de equipartitie van energie

In paragraaf 19.3 bespraken we het begrip soortelijke warmte en gebruikten dit bij vaste stoffen en vloeistoffen. In tegenstelling tot bij vaste stoffen en vloeistoffen hangen de waarden van soortelijke warmtes voor gassen veel sterker af van de manier waarop het proces wordt uitgevoerd. Twee belangrijke processen zijn de processen waarbij ofwel het volume ofwel de druk constant wordt gehouden. Daar waar het bij vaste stoffen en vloeistoffen weinig uitmaakt, laat tabel 19.4 zien dat de soortelijke warmtes van gassen bij constant volume (c_V) en bij constante druk (c_P) sterk verschillen.

■ Molaire soortelijke warmtes voor gassen

Het verschil in soortelijke warmtes voor gassen is eenvoudig te verklaren met behulp van de eerste hoofdwet van de thermodynamica en de kinetische theorie. Voor het gemak gebruiken we de **molaire soortelijke warmtes**, C_V en C_P, gedefinieerd als de warmte nodig om 1 mol gas met 1°C te laten stijgen bij respectievelijk constant volume en constante druk. Dan is, in analogie met vgl. 19.2, de warmte Q die nodig is voor het verhitten van de temperatuur van n mol gas bij ΔT:

$$Q = nC_V \Delta T \qquad \text{[constant volume]} \qquad (19.10a)$$

$$Q = nC_P \Delta T. \qquad \text{[constante druk]} \qquad (19.10b)$$

Uit de definitie van molaire soortelijke warmte (of door het vergelijken van vgl. 19.2 en 19.10) volgt duidelijk dat

$$C_V = Mc_V$$

$$C_P = Mc_P$$

waarbij M de molecuulmassa van het gas is ($M = m/n$ in gram/mol). De waarden voor de molaire specifieke warmtes zijn opgenomen in tabel 19.4, en we zien dat de waarden voor gassen met hetzelfde aantal atomen per molecuul vrijwel hetzelfde

TABEL 19.4 Soortelijke warmtes voor gassen bij 15 °C

Gas	Soortelijke warmtes (kJ/kg·K)		Molaire soortelijke warmte (J/mol·K)		$C_P - C_V$ (J/mol·K)	$\gamma = \dfrac{C_P}{C_V}$
	c_V	c_P	C_V	C_P		
Eenatomig						
He	3,14	4,81	12,5	20,8	8,33	1,67
Ne	0,62	1,03	12,5	20,8	8,33	1,67
Tweeatomig						
N_2	0,74	1,04	20,8	29,1	8,33	1,40
O_2	0,65	0,91	21,0	29,4	8,37	1,40
Drieatomig						
CO_2	0,64	0,83	28,5	36,9	8,49	1,30
H_2O (100°C)	1,46	2,02	25,9	34,3	8,37	1,32

zijn.

We gebruiken nu de kinetische theorie en stellen ons voor dat een ideaal gas langzaam wordt verhit via twee verschillende processen: eerst bij constant volume en vervolgens bij constante druk. Bij beide processen laten we de temperatuur toenemen met dezelfde waarde, ΔT. In het proces bij constant volume wordt geen arbeid verricht omdat $\Delta V = 0$. Dus wordt, op grond van de eerste hoofdwet van de thermodynamica, de toegevoegde warmte (die we noteren als Q_V) geheel omgezet in de inwendige energie van het gas:

$$Q_V = \Delta E_{\text{inw}}$$

In het proces dat wordt uitgevoerd bij constante druk, wordt arbeid verricht, en dus draagt de toegevoegde warmte, Q_P, niet alleen bij aan de inwendige energie maar wordt ook gebruikt om arbeid te verrichten, $W = P\Delta V$. Daarom moet er bij dit proces bij constante druk meer warmte worden toegevoegd dan bij het eerste proces bij constant volume. Uit de eerste hoofdwet van de thermodynamica weten we dat voor het proces bij constante druk geldt

$$Q_P = \Delta E_{inw} + P\Delta V.$$

Omdat ΔE_{inw} voor beide processen gelijk is (ΔT werd gelijk gekozen), kunnen we de twee eerdere vergelijkingen combineren:

$$Q_P - Q_V = P\Delta V.$$

Uit de ideale gaswet weten we dat $V = nRT/P$, dus voor een proces bij constante druk geldt $\Delta V = nR\Delta T/P$. Als we dit invullen in de vorige vergelijking en vgl. 19.10, vinden we

$$nC_p\Delta T - nC_V\Delta T = P\left(\frac{nR\Delta T}{P}\right)$$

of, na vereenvoudiging,

$$C_P - C_V = R. \tag{19.11}$$

Omdat de gasconstante $R = 8{,}314$ J/mol·K, is onze voorspelling dat C_P circa 8,31 J/mol·K groter zal zijn dan C_V. Dit ligt inderdaad zeer dicht in de buurt bij wat experimenteel wordt gevonden, zoals te zien is in de op een-na-laatste kolom van tabel 19.4. We berekenen nu de molaire soortelijke warmte van een eenatomig gas met behulp van de kinetische theorie. Bij een proces dat wordt uitgevoerd bij constant volume, wordt geen arbeid verricht; dus volgt uit de eerste wet van de thermodynamica dat als er warmte Q aan het gas wordt toegevoegd, de inwendige energie van het gas verandert met

$$\Delta E_{inw} = Q.$$

Bij een ideaal eenatomig gas is de inwendige energie E_{inw} gelijk aan de totale kinetische energie van alle moleculen,

$$E_{inw} = N\left(\tfrac{1}{2}m\overline{v^2}\right) = \tfrac{3}{2}nRT$$

zoals we gezien hebben in paragraaf 19.2. Dus kunnen we met behulp van vgl. 19.10a $\Delta E_{inw} = Q$ schrijven in de vorm

$$\Delta E_{inw} = \tfrac{3}{2}nR\Delta T = nC_V\Delta T \tag{19.12}$$

oftewel

$$C_V = \tfrac{3}{2}R. \tag{19.13}$$

Omdat $R = 8{,}314$ J/mol·K, voorspelt de kinetische theorie dat $C_V = 12{,}47$ J/mol·K voor een eenatomig gas. Dit ligt zeer dicht bij de experimentele waarden voor eenatomige gassen zoals helium en neon (tabel 19.4). Uit vgl. 19.11 wordt voor C_P een waarde voorspeld van circa 20,79 J/mol·K, eveneens in overeenstemming met experimentele waarnemingen.

■ Equipartitie van energie

De gemeten molaire soortelijke warmtes voor complexere gassen (tabel 19.4), zoals tweeatomige en drieatomige gassen, nemen toe met het aantal atomen per molecuul. Dit is te verklaren door aan te nemen dat de inwendige energie niet alleen uit translatie-energie, maar ook uit andere vormen van energie bestaat. Neem bijvoorbeeld een tweeatomig gas. Zoals te zien is in fig. 19.15, kunnen de twee atomen roteren rond twee verschillende assen (maar rotatie rond een derde as door de twee atomen zou weinig bijdragen aan de energie omdat het traagheidsmoment zo klein is). De moleculen kunnen zowel rotatie- als translatie-energie hebben. Dit kan handig worden beschreven met behulp van het begrip **vrijheidsgraden**, waarbij we het aantal onafhankelijke manieren bedoelen waarop moleculen energie kunnen bezitten. Om een

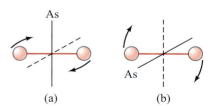

FIGUUR 19.15 Een tweeatomig molecuul kan roteren rond twee verschillende assen.

voorbeeld te geven: een eenatomig gas heeft drie vrijheidsgraden, omdat een atoom een snelheid kan hebben langs de x-as, de y-as en de z-as. Deze worden gezien als drie onafhankelijke bewegingen omdat één van de drie componenten niet van invloed is op de andere. Een tweeatomig molecuul heeft dezelfde drie graden van vrijheid behorende bij de translatie-energie plus twee extra vrijheidsgraden behorende bij rotatie-energie, wat een totaal van vijf vrijheidsgraden oplevert. Een snelle blik op tabel 19.4 leert dat C_V voor tweeatomige gassen ongeveer 5/3 maal zo groot is als die voor een eenatomig gas: dat wil zeggen, in dezelfde verhouding als hun graden van vrijheid. Dit resultaat bracht negentiende-eeuwse natuurkundigen op een belangrijk idee, het **principe van equipartitie van energie**. Dit principe stelt dat energie gelijk wordt verdeeld onder de actieve graden van vrijheid, en in het bijzonder dat elke actieve graad van vrijheid van een molecuul gemiddeld een energie heeft die gelijk is aan $\frac{1}{2}kT$. Dus is de gemiddelde energie van een molecuul van een eenatomig gas gelijk aan $\frac{3}{2}kT$ (wat we al weten) en van een tweeatomig gas $\frac{5}{2}kT$. Dus zou de inwendige energie van een tweeatomig gas gelijk zijn aan $E_{inw} = N(\frac{5}{2}kT) = \frac{5}{2}nRT$, met n het aantal mol.

Op grond van hetzelfde argument dat we gebruikten voor eenatomige gassen, zien we dat voor tweeatomige gassen de molaire soortelijke warmte bij constant volume gelijk is aan $\frac{5}{2}R = 20{,}79$ J/mol·K, in overeenstemming met gemeten waarden. Complexere moleculen hebben zelfs nog meer graden van vrijheid en derhalve grotere molaire soortelijke warmtes.

De situatie bleek echter gecompliceerder te zijn, toen metingen lieten zien dat voor tweeatomige gassen bij zeer lage temperaturen, C_V slechts een waarde van $\frac{3}{2}R$ heeft, alsof moleculen ervan slechts drie graden van vrijheid zouden hebben. En bij zeer hoge temperaturen was C_V ongeveer gelijk aan $\frac{7}{2}R$, alsof er zeven graden van vrijheid waren. De verklaring is dat bij lage temperaturen vrijwel alle moleculen uitsluitend translatie-energie hebben. Dat wil zeggen: er gaat geen energie naar de rotatie-energie, dus zijn er uitsluitend drie graden van vrijheid 'actief'. Daarentegen zijn bij zeer hoge temperaturen alle vijf de graden van vrijheid actief plus twee extra graden. We kunnen de twee nieuwe graden van vrijheid interpreteren als behorende bij de twee trillende atomen alsof ze verbonden waren door een veer, zoals weergegeven in fig. 19.16. Eén graad van vrijheid is afkomstig van de kinetische energie van de trillingsbeweging, en de tweede van de potentiële energie van de trillingsbeweging ($\frac{1}{2}kx^2$). Bij kamertemperatuur zijn deze twee graden van vrijheid blijkbaar niet actief. Zie fig. 19.17.

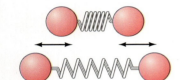

FIGUUR 19.16 Een tweeatomig molecuul kan trillen, alsof de twee atomen verbonden waren door een veer. Natuurlijk zijn ze niet verbonden door een veer; in plaats daarvan oefenen ze krachten op elkaar uit die elektrisch van aard zijn, maar van een vorm die doet denken aan een veerkracht.

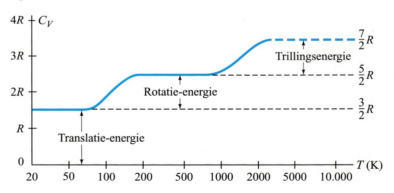

FIGUUR 19.17 Molaire soortelijke warmte C_V als functie van de temperatuur voor waterstofmoleculen (H_2). Bij toename van de temperatuur kan een deel van de translatie-energie via botsingen worden omgezet in rotatie-energie en, bij nog hogere temperaturen, in trillingsenergie. (Opmerking: bij 3200 K valt H_2 uiteen in twee atomen, dus is het laatste deel van de kromme gestippeld getekend.)

Waarom er bij lagere temperaturen minder graden van vrijheid 'actief' waren, werd uiteindelijk verklaard door Einstein met behulp van de kwantumtheorie. (Volgens de kwantumtheorie neemt energie geen continue waarden aan, maar is ze gekwantiseerd: ze kan slechts bepaalde waarden aannemen, en er is een bepaalde minimale energie. De minimale rotatie- en trillingsenergieën zijn hoger dan bij de eenvoudige translatie-energie, dus is er bij lagere temperaturen en lagere translatie-energie, onvoldoende energie om de rotatie- en trillingsenergie op te wekken.) Berekeningen gebaseerd op de kinetische theorie en het principe van equipartitie van energie (met de aanpassingen uit de kwantumtheorie) geven numerieke resultaten die overeenkomen met experimentele waarnemingen.

*Vaste stoffen

Het principe van equipartitie van energie kan ook worden toegepast op vaste stoffen. De molaire soortelijke warmte van elke vaste stof ligt bij elke temperatuur dicht bij $3R$ (24,9 J/mol·K), fig. 19.18. Dit wordt de *Dulong-en-Petit*-waarde genoemd naar de wetenschappers die deze waarde voor het eerst maten in 1819. (Merk op dat tabel 19.1 de soortelijke warmtes per kilogram geeft en niet per mol.) Bij hoge temperaturen heeft elk atoom klaarblijkelijk zes graden van vrijheid, hoewel sommige ervan bij lage temperaturen niet actief zijn. Elk atoom in een vaste stof met een kristalstructuur kan trillen rond zijn evenwichtsstand alsof het met veren met elk van zijn buren was verbonden. Dus kan het drie graden van vrijheid voor kinetische energie hebben en nog drie andere behorende bij de potentiële energie van de trilling in de x-, y- en z-richtingen, wat in overeenstemming is met de gemeten waarden.

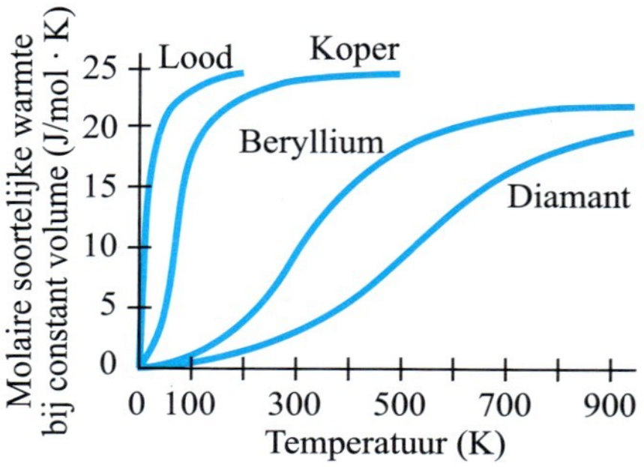

FIGUUR 19.18 Molaire soortelijke warmtes als functie van de temperatuur.

19.9 Adiabatische expansie van een gas

De PV-kromme voor de quasistatische (langzame) adiabatische expansie ($Q = 0$) van een ideaal gas was weergegeven in fig. 19.8 (kromme AC). Deze is wat steiler dan bij een isotherm proces ($\Delta T = 0$), wat erop wijst dat bij dezelfde volumeverandering de verandering in de druk groter zal zijn. Dus moet de temperatuur van het gas tijdens een adiabatische uitzetting dalen. Omgekeerd moet de temperatuur tijdens een adiabatische compressie stijgen.

We kunnen de relatie afleiden tussen de druk P en het volume V van een ideaal gas dat adiabatisch kan uitzetten. We beginnen met de eerste hoofdwet van de thermodynamica, geschreven in differentiële vorm:

$$dE_{\text{inw}} = dQ - dW = -dW = -P\,dV.$$

omdat voor een adiabatisch proces geldt $dQ = 0$. Vgl. 19.12 levert ons een verband op tussen ΔE_{inw} en C_V, die geldig is voor elk ideaal-gasproces omdat E_{inw} voor een ideaal gas uitsluitend een functie is van T. We schrijven dit in differentiële vorm:

$$dE_{\text{inw}} = nC_V\,dT.$$

Wanneer we deze laatste twee vergelijkingen combineren, vinden we

$$nC_V\,dT + P\,dV = 0.$$

Vervolgens nemen we de differentiële vorm van de ideale gaswet, $PV = nRT$, waarbij we P, V en T laten variëren:

$$P\,dV + V\,dP = nR\,dT.$$

Uit deze betrekking lossen we dT op, substitueren dit in de vergelijking hiervóór en vinden

$$nC_V\left(\frac{P\,dV + V\,dP}{nR}\right) + P\,dV = 0$$

of, door te vermenigvuldigen met R en anders te rangschikken:

$$(C_V + R)P\,dV + C_V V\,dP = 0.$$

Uit vgl. 19.11 zien we dat $C_V + R = C_P$, dus

$$C_P P\,dV + C_V V\,dP = 0, \text{ oftewel}$$

$$\frac{C_P}{C_V} P\,dV + V\,dP = 0.$$

We definiëren

$$\gamma = \frac{C_P}{C_V} \qquad (19.14)$$

zodat onze laatste vergelijking overgaat in

$$\frac{dP}{P} + \gamma\frac{dV}{V} = 0.$$

Na integratie gaat dit over in

$$\ln P + \gamma \ln V = \text{constant}.$$

Dit vereenvoudigt (met behulp van de regels voor optelling en vermenigvuldiging van logaritmen) tot

$$PV^\gamma = \text{constant}. \qquad \text{[quasistatisch adiabatisch proces; ideaal gas]} \quad (19.15)$$

Dit is het verband tussen P en V voor een quasistatische adiabatische expansie of contractie. Dit zal erg nuttig blijken als we in het volgende hoofdstuk warmtemotoren gaan bestuderen. Tabel 19.4 (par. 19.8) geeft de waarden van γ voor sommige echte gassen. Fig. 19.8 vergelijkt een adiabatische expansie (vgl. 19.15) in kromme AC met een isotherme expansie ($PV =$ constant) in kromme AB. Het is belangrijk om te onthouden dat de ideale gaswet, $PV = nRT$, ook geldt voor een adiabatische expansie ($PV^\gamma =$ constant); het is duidelijk dat in dit laatste geval PV niet constant is, wat betekent dat T niet constant is.

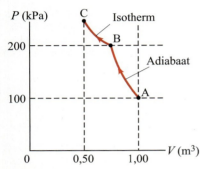

FIGUUR 19.19 Voorbeeld 19.12

Voorbeeld 19.12   Compressie van een ideaal gas

Een ideaal eenatomig gas wordt gecomprimeerd beginnend in punt A in het PV-diagram van fig. 19.19, waarbij $P_A = 100$ kPa, $V_A = 1{,}00$ m³ en $T_A = 300$ K. Het gas wordt eerst adiabatisch gecomprimeerd tot toestand B ($P_B = 200$ kPa). Vervolgens wordt het gas in een isotherm proces verder gecomprimeerd van punt B tot punt C ($V_C = 0{,}50$ m³). (a) Bepaal V_B. (b) Bereken de op het gas verrichte arbeid gedurende het hele proces.

Aanpak   Volume V_B wordt verkregen met behulp van vgl. 19.15. De arbeid die door een gas wordt verricht, wordt gegeven door vgl. 19.7, $W = \int P\,dV$. De arbeid op het gas is het tegengestelde hiervan: $W_{op} = -\int P\,dV$.

Oplossing   Bij het adiabatisch proces blijkt uit vgl. 19.15 dat $PV^\gamma =$ constant. Dus is $PV^\gamma = P_A V_A^\gamma = P_B V_B^\gamma$ waarbij voor een eenatomig gas $\gamma = C_P/C_V = (5/2)/(3/2) = \frac{5}{3}$.

(a) Vgl. 19.15 levert $V_B = V_A(P_A/P_B)^{1/\gamma} = (1{,}00 \text{ m}^3)(100 \text{ kPa}/200 \text{ kPa})^{\frac{3}{5}} = 0{,}66$ m³.

(b) Op elk moment in het adiabatisch proces wordt de druk P gegeven door $P = P_A V_A^\gamma V^{-\gamma}$. De op het gas verrichte arbeid bij de overgang van V_A naar V_B is

$$W_{AB} = -\int_A^B P\,dV = -P_A V_A^\gamma \int_{V_A}^{V_B} V^{-\gamma}\,dV = -P_A V_A^\gamma \left(\frac{1}{-\gamma+1}\right)\left(V_B^{1-\gamma} - V_A^{1-\gamma}\right).$$

Omdat $\gamma = \frac{5}{3}$, is $-\gamma + 1 = 1 - \gamma = -\frac{2}{3}$, dus

$$W_{AB} = -\left(P_A V_A^{\frac{5}{3}}\right)\left(-\frac{3}{2}\right)\left(V_A^{-\frac{2}{3}}\right)\left[\left(\frac{V_B}{V_A}\right)^{-\frac{2}{3}} - 1\right] = +\frac{3}{2}P_A V_A \left[\left(\frac{V_B}{V_A}\right)^{-\frac{2}{3}} - 1\right]$$

$$= +\frac{3}{2}(100 \text{ kPa})(1{,}00 \text{ m}^3)\left[(0{,}66)^{-\frac{2}{3}} - 1\right] = +48 \text{ kJ}.$$

Bij het isotherme proces van B naar C wordt arbeid verricht bij constante temperatuur, dus is op elk moment van het proces de druk gelijk aan $P = nRT_B/V$ en

$$W_{BC} = -\int_B^C P\,dV = -nRT_B \int_{V_B}^{V_C} \frac{dV}{V} = -nRT_B \ln\frac{V_C}{V_B} = -P_B V_B \ln\frac{V_C}{V_B} = +37 \text{ kJ}.$$

De totale arbeid verricht op het gas is 48 kJ + 37 kJ = 85 kJ.

19.10 Warmteoverdracht: geleiding, convectie en straling

Warmteoverdracht van de ene plaats of het ene lichaam naar het andere gebeurt op drie manieren: door *geleiding*, *convectie* en *straling*. We zullen deze stuk voor stuk behandelen; maar in de praktijk kunnen ook twee van deze manieren, of alle drie tegelijkertijd voorkomen. We beginnen met geleiding.

■ *Geleiding*

Wanneer een metalen pook uit een heet vuur wordt gehaald of een zilveren lepel in een hete kop soep wordt geplaatst, wordt het blootgestelde uiteinde van de pook of de lepel eveneens heet, hoewel het niet rechtstreeks in contact is met de warmtebron. We zeggen dat de warmte van het hete naar het koude uiteinde wordt 'geleid'.

Bij veel materialen is warmtegeleiding voor te stellen als iets dat tot stand komt via botsingen tussen moleculen. Als één kant van een voorwerp wordt verwarmd, gaan de moleculen steeds sneller bewegen. Op het moment dat ze botsen met hun langzamer bewegende buren, dragen ze een deel van hun kinetische energie over op deze andere moleculen, die op hun beurt energie overdragen naar moleculen nog verder weg in het voorwerp. In metalen zijn het voornamelijk de botsingen van vrije elektronen die verantwoordelijk zijn voor de geleiding.

Warmtegeleiding van het ene naar het andere punt vindt uitsluitend plaats als er een temperatuurverschil tussen de twee punten bestaat. Het is ook experimenteel vastgesteld dat de snelheid van de warmtestroom door een stof evenredig is met het temperatuurverschil tussen beide kanten. De snelheid van de warmtestroom hangt ook af van de omvang en de vorm van het voorwerp. Laten we, om dit kwantitatief te onderzoeken, eens kijken naar de warmtestroom door een uniforme cilinder, zoals te zien in fig. 19.20. Experimenteel is aangetoond dat de warmtestroom ΔQ per tijdsinterval Δt wordt gegeven door de betrekking

$$\frac{\Delta Q}{\Delta t} = kA\frac{T_1 - T_2}{\ell} \qquad (19.16a)$$

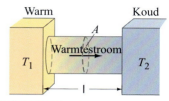

FIGUUR 19.20 Warmtestroom tussen gebieden met temperaturen T_1 en T_2. Als T_1 groter is dan T_2 stroomt de warmte naar rechts; de snelheid wordt dan gegeven door vgl. 19.16a.

waarin A de oppervlakte van de dwarsdoorsnede van het voorwerp is, ℓ de afstand tussen beide kanten van het voorwerp, met respectievelijk temperaturen T_1 en T_2, en k een evenredigheidsconstante die de **thermische conductiviteit** wordt genoemd, die karakteristiek is voor het materiaal. Uit vgl. 19.16a zien we dat de snelheid van de warmtestroom (in J/s) recht evenredig is met de oppervlakte van de dwarsdoorsnede en met de temperatuurgradiënt $(T_1 - T_2)/\ell$.

In sommige gevallen (zoals wanneer k of A niet constant kunnen worden beschouwd) moeten we de limiet van een oneindig dunne laag met dikte dx bekijken. Vgl. 19.16a gaat dan over in

$$\frac{dQ}{dt} = -kA\frac{dT}{dx}, \qquad (19.16b)$$

waarin dT/dx de temperatuurgradiënt[1] is en het minteken er staat omdat de warmtestroom loopt in de richting tegengesteld aan die van de temperatuurgradiënt.

De thermische conductiviteit, k, is voor een aantal stoffen gegeven in tabel 19.5. Stoffen met een grote k geleiden warmte snel en worden goede thermische **geleiders** genoemd. Tot deze categorie behoren de meeste metalen, hoewel er zelfs hier grote variatie is, zoals je merkt wanneer je de uiteinden vasthoudt van een zilveren lepel en een roestvrijstalen lepel die in dezelfde warme kop soep staan. Stoffen waarvoor k klein is, zoals wol, glasvezel, polyurethaan en ganzendons, zijn slechte warmtegeleiders en daarom goede **warmte-isolatoren**.

De verschillen in de waarden van k zijn een verklaring van eenvoudige verschijnselen zoals waarom bij dezelfde temperatuur een tegelvloer veel kouder aanvoelt dan een vloer met een tapijt. Tegels zijn een betere warmtegeleider dan het vloerkleed. Warmte die van je voeten naar het tapijt stroomt wordt niet snel afgevoerd, dus warmt het oppervlak van het tapijt snel op tot de temperatuur van je voeten, wat aangenaam aanvoelt. Tegels daarentegen voeren de warmte snel af en kunnen dus snel meer warmte van je voeten afvoeren, zodat de oppervlaktetemperatuur van je voeten daalt.

TABEL 19.5 Thermische conductiviteit

Stof	Thermische conductiviteit, k	
	$\frac{\text{kcal}}{\text{s} \cdot \text{m} \cdot {}^\circ\text{C}}$	$\frac{\text{J}}{\text{s} \cdot \text{m} \cdot {}^\circ\text{C}}$
Zilver	$10 \cdot 10^{-2}$	420
Koper	$9{,}2 \cdot 10^{-2}$	380
Aluminium	$5{,}0 \cdot 10^{-2}$	200
Staal	$1{,}1 \cdot 10^{-2}$	40
IJs	$5 \cdot 10^{-4}$	2
Glas	$2{,}0 \cdot 10^{-4}$	0,84
Baksteen	$2{,}0 \cdot 10^{-4}$	0,84
Beton	$2{,}0 \cdot 10^{-4}$	0,84
Water	$1{,}4 \cdot 10^{-4}$	0,56
Menselijk weefsel	$0{,}5 \cdot 10^{-4}$	0,2
Hout	$0{,}3 \cdot 10^{-4}$	0,1
Glasvezel	$0{,}12 \cdot 10^{-4}$	0,048
Kurk	$0{,}1 \cdot 10^{-4}$	0,042
Wol	$0{,}1 \cdot 10^{-4}$	0,040
Ganzendons	$0{,}06 \cdot 10^{-4}$	0,025
Polyurethaan	$0{,}06 \cdot 10^{-4}$	0,024
Lucht	$0{,}055 \cdot 10^{-4}$	0,023

---

[1] De vergelijkingen 19.16 zijn zeer goed vergelijkbaar met de diffussievergelijkingen (paragraaf 18.7) en de stroom van vloeistoffen door een pijp (paragraaf 13.12). In die gevallen bleek de stroom van materie evenredig te zijn aan de concentratiegradiënt dC/dx, of de drukgradiënt $(P_1 - P_2)/\ell$. Deze nauwe overeenkomst is een van de redenen dat we spreken over een 'warmtestroom'. Toch moeten we in gedachten houden dat er in het geval van warmte geen materie stroomt, maar dat er energie wordt overgedragen.

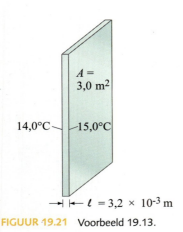

FIGUUR 19.21 Voorbeeld 19.13.

Voorbeeld 19.13 Warmteverlies door ramen

Een belangrijke bron van warmteverlies uit een huis vormen de ramen. Bereken de omvang van de warmtestroom door een glazen ruit van 2,0 m × 1,5 m en die 3,2 mm dik is, als de temperaturen van het binnen- en buitenoppervlak respectievelijk 15,0°C en 14,0°C zijn (fig. 19.21).

Aanpak Warmte stroomt door geleiding via het glas van de hogere binnentemperatuur naar de lagere buitentemperatuur. We gebruiken de warmtegeleidingsvergelijking, vgl. 19.16a.

Oplossing Hier is $A = (2,0 \text{ m})(1,5 \text{ m}) = 3,0 \text{ m}^2$ en $\ell = 3,2 \cdot 10^{-3}$ m. Met behulp van tabel 19.5 voor het bepalen van k vinden we

$$\frac{\Delta Q}{\Delta t} = kA\frac{T_1 - T_2}{l} = \frac{(0,84 \text{ J/s} \times \text{m} \times \text{°C})(3,0 \text{ m}^2)(15,0\text{°C} - 14,0\text{°C})}{(3,2 \times 10^{-3}\text{m})}$$

$$= 790 \text{ J/s}.$$

Bij voorbeeld 19.13 zou je kunnen opmerken dat 15°C voor de woonkamer van een huis aan de lage kant is. De kamer zelf kan zelfs een stuk warmer zijn, en buiten kan het veel kouder zijn dan 14°C. Maar de temperaturen van 15°C en 14°C zijn de temperaturen op de raamoppervlakken, en er is gewoonlijk een aanzienlijke temperatuurdaling van de lucht in de buurt van het raam, zowel aan de binnen- als aan de buitenkant. Dat wil zeggen dat de luchtlaag aan beide zijden van het raam werkt als een isolator, en dat normaal gesproken het grootste deel van de temperatuurdaling tussen de omgeving in en die buiten het huis plaatsvindt via de luchtlaag. Als er een stevige wind staat, zal de lucht buiten een raam constant gevuld zijn met koude lucht; de temperatuurgradiënt langs het glas zal groter zijn en er zal een veel groter warmteverlies zijn. Door de dikte van de luchtlaag te vergroten, zoals door het gebruik van twee glaspanelen gescheiden door een luchtlaag, wordt het warmteverlies sterker teruggebracht dan door het simpelweg vergroten van de glasdikte, omdat de thermische conductiviteit van lucht veel kleiner is dan die van glas.

De isolerende eigenschappen van kleding komen voort uit de isolerende eigenschappen van lucht. Zonder kleding zouden onze lichamen in stilstaande lucht de lucht in contact met de huid opwarmen, waardoor we ons nog steeds redelijk aangenaam zouden voelen omdat lucht een zeer goede isolator is.

Maar omdat de lucht zich verplaatst (er zijn briesjes, er is tocht, en mensen lopen rond), wordt de warme lucht vervangen door koude lucht, waardoor het temperatuurverschil toeneemt en dus ook het warmteverlies van het lichaam. Kleren houden ons warm door de lucht vast te houden zodat die zich niet zo gemakkelijk kan verplaatsen. Het is niet de kleding die ons isoleert, maar de lucht die door de kleding wordt vastgehouden. Ganzendons is een zeer goede isolator omdat zelfs een kleine hoeveelheid ervan al donzig wordt en een grote hoeveelheid lucht vasthoudt.

(Voor praktische doeleinden worden de thermische eigenschappen van bouwmaterialen, met name wanneer ze bestemd zijn voor isolatie, gewoonlijk opgegeven in R-waarden (oftewel 'thermische weerstand'), gedefinieerd voor een gegeven dikte ℓ van het materiaal:

$$R = \ell/k.$$

De R-waarde van een gegeven stuk materiaal combineert de dikte ℓ en de thermische conductiviteit k in één getal. De SI-eenheid van R is $K \cdot m^2/W$. Tabel 19.6 geeft de R-waarden voor enkele veel gebruikte bouwmaterialen. De R-waarden nemen evenredig toe met de dikte van het materiaal: zo heeft bijvoorbeeld 5 cm glasvezel een R-waarde van 1 (wat ook als R-1 wordt genoteerd), terwijl 10 cm R-2 is.

Het omgekeerde van de R-waarde is de thermische geleiding van een materiaal, de U-waarde genoemd: $U = 1/R = k/\ell$ (vroeger werd dit de K-waarde van het materiaal genoemd). Dit is een specificatie die vaak terug te vinden is bij ruiten en andere bouwmaterialen. Typische waarden voor enkel glas, gewoon dubbel glas en superisolerend glas zijn respectievelijk 5,8 W/(m²K), 2,8 W/(m²K) en 1,1 W/(m²K), hetgeen betekent dat voor een gelijke oppervlakte en een gelijk temperatuurverschil, enkel glas meer dan 5 keer meer warmteverlies geeft dan superisolerend glas.

Dubbel glas

Kleren isoleren doordat ze een laag lucht vasthouden

Natuurkunde in de praktijk
R-waarden van thermische isolatie

Convectie

Hoewel vloeistoffen en gassen in het algemeen geen erg goede warmtegeleiders zijn, kunnen ze snel warmte overbrengen door convectie. **Convectie** is het proces waarbij warmte door de massale beweging van de moleculen van de ene plaats naar de andere stroomt. Terwijl geleiding te maken heeft met moleculen (en/of elektronen) die zich slechts over korte afstanden verplaatsen en botsen, heeft convectie te maken met de verplaatsing van grote aantallen moleculen over grote afstanden.

Een heteluchtoven, waarin lucht wordt verwarmd die vervolgens door een ventilator in een ruimte wordt geblazen, is een voorbeeld van *gedwongen convectie*. Er bestaat ook *natuurlijke convectie*, en een bekend voorbeeld is dat hete lucht opstijgt. Zo zet de lucht boven een radiator (of een ander type verwarming) bij verwarming uit (hoofdstuk 17) en neemt dus de dichtheid af. Omdat de dichtheid ervan minder is dan die van de omringende koelere lucht, stijgt deze op, net als een houtblok dat in water wordt ondergedompeld naar boven drijft omdat de dichtheid ervan minder is dan die van water. Warme of koude oceaanstromen, zoals de Warme Golfstroom, zijn voorbeelden van natuurlijke convectie op een mondiale schaal. Een ander voorbeeld is de wind, en het weer in het algemeen wordt in hoge mate beïnvloed door convectieluchtstromen.

Wanneer een pan water wordt verwarmd (fig. 19.22), gaan er convectiestromen lopen als het verwarmde water onder in de pan opstijgt vanwege de verminderde dichtheid. Dat verwarmde water wordt vervangen door koeler water van boven in de pan. Dit principe wordt gebruikt in veel verwarmingssystemen, zoals het heetwaterverwarmingssysteem uit fig. 19.23. Water wordt verwarmd in de ketel, en als de temperatuur stijgt, zet het uit en stijgt op zoals weergegeven. Dit zorgt ervoor dat het water in het verwarmingssysteem gaat circuleren. Vervolgens gaat heet water de radiatoren binnen, wordt warmte via geleiding overgebracht naar de lucht, en stroomt het afgekoelde water weer terug naar de ketel. Het water circuleert dus vanwege convectie; soms worden pompen gebruikt om de circulatie te verbeteren. Als gevolg van convectie wordt ook de lucht in de hele ruimte verwarmd. De lucht die door de radiatoren wordt verwarmd, stijgt op en wordt vervangen door koelere lucht, wat resulteert in koelere luchtstromen, zoals weergegeven door de groene pijlen in fig. 19.23.

Andere typen ketels zijn eveneens afhankelijk van convectie. Heteluchtverwarmingen met roosters (openingen) dicht bij de vloer hebben vaak geen ventilatoren maar zijn afhankelijk van natuurlijke convectie, wat aangenaam kan zijn. Bij andere systemen wordt wel een ventilator gebruikt. In beide gevallen is het belangrijk dat koude lucht terug kan stromen naar de ketel zodat er convectiestromen door de ruimte kunnen lopen als deze gelijkmatig verwarmd moet worden. Convectie is niet altijd de beste keus. Zo komt bijvoorbeeld een groot deel van de warmte van een open haard niet in de kamer terecht, maar gaat door de schoorsteen naar buiten.

Straling

Voor convectie en geleiding is het noodzakelijk dat er materie aanwezig is, die als medium dient om de warmte over te brengen van het warme naar het koude gebied. Maar een derde type warmteoverdracht vindt plaats zonder dat er enig medium aan te pas komt. Alle leven op aarde is afhankelijk van de energieoverdracht van de zon, en deze energie wordt via de lege (of bijna lege) ruimte overgedragen aan de aarde. Deze vorm van energieoverdracht is warmte (omdat de temperatuur van het zonneoppervlak veel hoger (6000 K) is dan het aardoppervlak) en wordt **straling** genoemd. De warmte die we van een open vuur ontvangen is voornamelijk stralingswarmte.

Zoals we in deel II zullen zien, bestaat straling in wezen uit elektromagnetische golven. Op dit punt volstaat het om te zeggen dat straling van de zon bestaat uit zichtbaar licht plus licht van veel andere golflengtes waar het oog niet gevoelig voor is, met inbegrip van infraroodstraling (IR-straling).

Gebleken is dat de hoeveelheid energie die een voorwerp per seconde uitstraalt, evenredig is met de vierde macht van de kelvintemperatuur, T. Dat wil zeggen: een voorwerp straalt bij 2000 K, $2^4 = 16$ maal zoveel uit als bij 1000 K. De hoeveelheid straling is ook evenredig met de oppervlakte A van het uitstralende voorwerp, dus is de snelheid waarmee de energie het voorwerp verlaat, $\Delta Q/\Delta t$, gelijk aan

TABEL 19.6 *R*-waarden

Materiaal	Dikte (cm)	*R*-waarde (K · m²/W)
Glas	0,3	0,18
Baksteen	9	0,1 – 0,18
Gelaagd hout	1,2	0,1
Glasvezel-isolatie	10	2

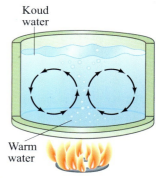

FIGUUR 19.22 Convectiestromen in een pan water op een fornuis.

Convectieverwarming van een huis

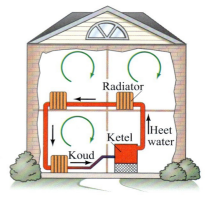

FIGUUR 19.23 Convectie speelt een rol bij het verwarmen van een huis. De cirkelvormige pijlen staan voor de convectieluchtstromen in de kamers.

$$\frac{\Delta Q}{\Delta t} = \varepsilon \sigma A T^4.$$

Dit wordt de **Stefan-Boltzmannvergelijking** genoemd, waarin σ een universele constante is die de **Stefan-Boltzmannconstante** wordt genoemd en de waarde

$$\sigma = 5{,}67 \cdot 10^{-8} \text{ W/m}^2 \cdot \text{K}^4 \text{ heeft.}$$

De factor ε (de Griekse letter epsilon) wordt de **emissiviteit** genoemd en is een getal tussen 0 en 1 dat karakteristiek is voor het oppervlak van het uitstralende materiaal. Zeer zwarte oppervlakken, zoals steenkool, hebben een emissiviteit die dicht bij 1 ligt, terwijl glanzende metaaloppervlakken een emissiviteit hebben die dicht bij nul ligt en dus overeenkomstig weinig straling uitzenden. De waarde is enigszins afhankelijk van de temperatuur van het materiaal.

Niet alleen zenden glanzende oppervlakken minder straling uit, ze absorberen ook minder van de straling die erop valt (het meeste wordt gereflecteerd). Zwarte en zeer donkere voorwerpen zijn goede uitstralers ($\varepsilon \approx 1$), en ze absorberen vrijwel alle straling die erop valt; daarom kun je op een zonnige en warme dag gewoonlijk beter lichtgekleurde kleding dragen dan donkere. **Een goede absorbeerder is dus ook een goede uitstraler.**

Elk voorwerp zendt niet alleen energie uit door straling maar absorbeert ook energie die wordt uitgestraald door andere voorwerpen. Als een voorwerp met emissiviteit ε en oppervlakte A een temperatuur T_1 heeft, straalt het energie uit met een snelheid $\varepsilon \sigma A T_1^4$. Als de omgeving van het voorwerp een temperatuur T_2 heeft, zal de snelheid waarmee de omgeving energie uitstraalt evenredig zijn met T_2^4, en de snelheid waarmee de energie door het voorwerp wordt geabsorbeerd evenredig met T_2^4. De *netto* snelheid van de warmtestroom van het voorwerp wordt gegeven door

$$\frac{\Delta Q}{\Delta t} = \varepsilon \sigma A (T_1^4 - T_2^4), \tag{19.18}$$

waarin A de oppervlakte is van het voorwerp, T_1 de temperatuur en ε de emissiviteit (bij temperatuur T_1) en T_2 de omgevingstemperatuur. Deze vergelijking is consistent met het experimentele feit dat evenwicht tussen het voorwerp en zijn omgeving wordt bereikt wanneer ze op dezelfde temperatuur zijn gekomen. Dat wil zeggen: wanneer $T_1 = T_2$ moet $\Delta Q/\Delta t$ gelijk zijn aan nul, dus moet ε voor emissie en absorptie gelijk zijn. Dit bevestigt het idee dat een goede uitstraler een goede absorbeerder is. Omdat zowel het voorwerp als de omgeving energie uitstralen, is er een netto energieoverdracht van het ene voorwerp naar het andere totdat alles op dezelfde temperatuur is.

Natuurkunde in de praktijk
Het verschil tussen donkere en lichte kleding

Natuurkunde in de praktijk
Verlies van stralingswarmte van het lichaam

Oplossingsstrategie

Gebruik de kelvintemperatuur

Voorbeeld 19.14   *Schatten*   **Afkoeling door straling**

Een atleet zit uitgekleed in een kleedkamer waarvan de donkere muren een temperatuur van 15°C hebben. Schat zijn warmteverlies door straling, uitgaande van een huidtemperatuur van 34°C en $\varepsilon = 0{,}70$. Neem aan dat de oppervlakte van het lichaam dat niet in contact is met de stoel gelijk is aan 1,5 m².

Aanpak   We gebruiken vgl. 19.18, met kelvintemperaturen.

Oplossing   Er geldt

$$\frac{\Delta Q}{\Delta t} = \varepsilon \sigma A (T_1^4 - T_2^4)$$
$$= (0{,}70)(5{,}67 \cdot 10^{-8} \text{ W/m}^2 \cdot \text{K}^4)(1{,}5 \text{ m}^2)[(307 \text{ K})^4 - (288 \text{ K})^4] = 120 \text{ W}.$$

Opmerking   Het 'vermogen' van deze uitrustende atleet is iets meer dan het verbruik van een gloeilamp van 100 Watt.

Een rustend persoon produceert van nature intern warmte met een vermogen van circa 100 W, wat minder is dan het warmteverlies door straling zoals berekend in voorbeeld 19.14. Derhalve zou zijn lichaamstemperatuur dalen, waardoor hij zich heel onbehaaglijk zou gaan voelen. Het lichaam reageert op het extreme warmteverlies door de stofwisseling te versnellen; een manier om dit te doen is het lichaam te laten rillen. Vanzelfsprekend kan kleding veel opvangen. Voorbeeld 19.14 laat zien dat iemand zich onbehaaglijk kan voelen, zelfs als de temperatuur van de lucht bijvoorbeeld 25°C is, wat behoorlijk warm is voor een binnentemperatuur. Als de wanden of de vloer koud zijn, gaat er straling naartoe, ongeacht de temperatuur van de lucht. Het is zelfs zo dat naar schatting straling verantwoordelijk is voor circa 50 procent van het warmteverlies van een zittend persoon in een normale kamer. Kamers zijn het aangenaamst wanneer de wanden en de vloer warm zijn en de lucht niet zo warm is. Vloeren en wanden kunnen worden verwarmd door middel van bijvoorbeeld warmwaterleidingen. Dergelijke verwarmingssystemen worden tegenwoordig steeds meer toegepast, en het is interessant om op te merken dat 2000 jaar geleden de Romeinen, zelfs in huizen in de afgelegen provincie Britannica, hun huizen verwarmden door gebruik te maken van de warmwater- en stoomleidingen in de vloeren.

De verwarming van een voorwerp door straling van de zon kan niet worden berekend met behulp van vgl. 19.18 omdat die vergelijking uitgaat van een uniforme temperatuur, T_2, van de omgeving van het voorwerp, terwijl de zon in wezen een puntbron is. De zon moet dus worden behandeld als een aparte energiebron. De verwarming door de zon wordt dan ook berekend uit het feit dat per seconde en per vierkante meter oppervlak circa 1350 J aan energie de atmosfeer van de aarde raakt onder rechte hoeken met de zonnestralen. Dit getal, 1350 W/m², wordt de **zonneconstante** genoemd. De atmosfeer kan tot circa 70 procent van deze energie absorberen alvorens deze de grond raakt, afhankelijk van het wolkendek. Op een heldere dag raakt circa 1000 W/m² het aardoppervlak. Een voorwerp met emissiviteit ε met een oppervlakte A naar de zon gericht absorbeert energie van de zon met een vermogen, in watt, van ongeveer

$$\frac{\Delta Q}{\Delta t} = (1000 \text{ W/m}^2)\varepsilon A \cos\theta, \quad (19.19)$$

waarin θ de hoek tussen de zonnestralen en een lijn loodrecht op het oppervlak A is (fig. 19.24). Dat wil zeggen: $A \cos\theta$ is de 'effectieve' oppervlakte, onder rechte hoeken met de zonnestralen.

De verklaring voor de **seizoenen** en de poolkappen (zie fig. 19.25) hangt af van deze factor $\cos\theta$ in vgl. 19.19. De seizoenen zijn *niet* het resultaat van hoe dicht de aarde bij de zon staat: op het noordelijk halfrond is het zelfs zomer als de aarde het verst verwijderd is van de zon. Alleen de hoek (dat wil zeggen, θ) is echt van belang. Verder houdt het feit dat de zon de aarde 's middags meer verwarmt dan bij zonsopgang en zonsondergang ook verband met deze factor $\cos\theta$.

Een interessante toepassing van thermische straling in de diagnostische geneeskunde is **thermografie**. Een speciaal instrument (de thermograaf) scant het lichaam, meet op een aantal punten de intensiteit van de straling en vormt een beeld dat lijkt op een röntgenfoto (fig. 19.26). Gebieden met hoge stofwisselingsactiviteit, zoals tumoren, zijn vaak zichtbaar op een thermogram als gevolg van hun hogere temperatuur en derhalve verhoogde straling.

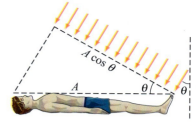

FIGUUR 19.24 Stralingsenergie op een lichaam onder een hoek θ.

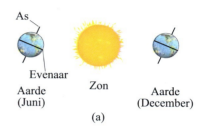

(a)

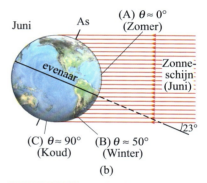

(b)

FIGUUR 19.25 (a) De seizoenen van de aarde ontstaan door de hoek van $23\frac{1}{2}°$ die de aardas maakt met zijn baan rond de zon. (b) Het zonlicht in juni maakt een hoek van circa 23° met de evenaar. Dus is θ in het zuiden van de Verenigde Staten (A) in de buurt van 0° (direct zomerzonlicht), terwijl op het zuidelijk halfrond (B) θ is 50° of 60°, waardoor er minder warmte kan worden geabsorbeerd: dus is het winter. In de buurt van de polen (C) is er nooit sterk direct zonlicht; $\cos\theta$ varieert van circa $\frac{1}{2}$ in de zomer tot 0 in de winter; en met deze geringe verwarming kan zich dus ijs vormen.

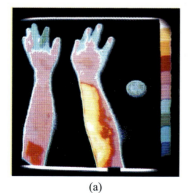
(a)

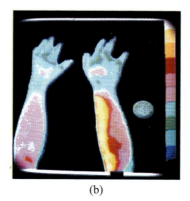
(b)

FIGUUR 19.26 Thermogrammen van de armen en handen van een gezond persoon (a) voor en (b) na het roken van een sigaret, wat een temperatuurdaling laat zien als gevolg van een slechtere bloedsomloop als gevolg van het roken. De thermogrammen hebben kleurcodes die overeenstemmen met de temperatuur; de schaal rechts loopt van blauw (koud) naar wit (heet).

Natuurkunde in de praktijk

Astronomie: de afmeting van een ster

Voorbeeld 19.15 *Schatten* **Straal van een ster**

De reuzenster Betelgeuse zendt stralingsenergie uit met een vermogen dat 10^4 maal zo groot is dan dat van de zon, terwijl de oppervlaktetemperatuur slechts de helft (2900 K) die van de zon is. Schat de straal van Betelgeuse, ervan uitgaande dat voor beide $\varepsilon = 1$. De straal van onze eigen zon is $r_Z = 7 \cdot 10^8$ m.

Aanpak We nemen aan dat zowel Betelgeuse als de zon bolvormig zijn, met boloppervlakte $4\pi r^2$.

Oplossing We lossen A op uit vgl. 19.17:
$$4\pi r^2 = A = \frac{(\Delta Q/\Delta t)}{\varepsilon \sigma T^4}.$$

Dus geldt
$$\frac{r_B^2}{r_Z^2} = \frac{(\Delta Q/\Delta t)_B}{(\Delta Q/\Delta t)_Z} \times \frac{T_Z^4}{T_B^4} = (10^4)(2^4) = 16 \times 10^4.$$

Dus is $r_B = \sqrt{16 \times 10^4} r_Z = (400)(7 \times 10^8 \text{ m}) \approx 3 \times 10^{11}$ m.

Opmerking Als Betelgeuse onze zon was, zou ze ons omhullen (de aarde is 'slechts' $1{,}5 \cdot 10^{11}$ m verwijderd van de zon).

Opgave G
Met een waaier kun je jezelf op een warme dag afkoelen door (*a*) het stralingsvermogen van de huid te vergroten; (*b*) het geleidingsvermogen te vergroten; (*c*) de gemiddelde vrije weglengte van de lucht te verkorten; (*d*) de verdamping van zweet te verhogen; (*e*) geen van deze mogelijkheden.

Samenvatting

Inwendige energie, E_{inw}, staat voor de totale energie van alle moleculen in een voorwerp. Voor een ideaal eenatomig gas geldt

$$E_{inw} = \tfrac{3}{2}NkT = 3/2\, nRT \tag{19.1}$$

waarin N het aantal moleculen is en n het aantal mol.
Warmte is de overdracht van energie tussen voorwerpen vanwege een temperatuurverschil. Warmte wordt dus gemeten in energie-eenheden, zoals joule.
Warmte en inwendige energie worden soms ook uitgedrukt in calorieën of kilocalorieën (kcal), waarbij

1 kcal = 4,186 kJ

de hoeveelheid warmte is, die nodig is om de temperatuur van 1 kg water met 1°C te laten stijgen.
De **soortelijke warmte**, c, van een stof is gedefinieerd als de energie (oftewel de warmte) die nodig is om de temperatuur van één massa-eenheid van de stof met 1 graad te laten toenemen; uitgeschreven als vergelijking:

$$Q = mc\Delta T \tag{19.2}$$

met Q de geabsorbeerde of afgegeven warmte, ΔT is de temperatuurstijging of -daling en m de massa van de stof.
Wanneer er tussen twee delen van een geïsoleerd systeem warmte stroomt, zegt de wet van behoud van energie dat de warmte die door het ene deel van het systeem wordt gewonnen, gelijk is aan de warmte die door het andere deel van het systeem wordt verloren. Dit is de basis van **calorimetrie**, de kwantitatieve meetmethode voor warmte-uitwisseling.

Wanneer een stof zonder temperatuurverandering overgaat naar een andere fase, vindt energie-uitwisseling plaats. De **smeltwarmte** is de warmte die nodig is om 1 kg van een vaste stof te doen overgaan in de vloeistoffase; deze is ook gelijk aan de afgegeven warmte wanneer de stof verandert van vloeistof naar vaste stof. De **verdampingswarmte** is de energie die nodig is om 1 kg van een stof te doen overgaan van de vloeistof- naar de dampfase; het is ook de energie die wordt afgestaan wanneer de stof van damp overgaat naar vloeistof.
De **eerste hoofdwet van de thermodynamica** stelt dat de verandering ΔE_{inw} van een systeem gelijk is aan de warmte die *aan* een systeem wordt *toegevoegd*, Q, verminderd met de netto hoeveelheid arbeid W, die *door* het systeem wordt *verricht*:

$$\Delta E_{inw} = Q - W \tag{19.4}$$

Deze belangrijke wet is een brede herformulering van het behoud van energie en blijkt te gelden voor alle processen.
Twee eenvoudige thermodynamische processen zijn **isotherme processen**, dat wil zeggen uitgevoerd bij constante temperatuur, en **adiabatische processen**, dat wil zeggen dat er geen warmte wordt uitgewisseld. Twee andere processen zijn **isobare processen** (uitgevoerd bij constante druk) en **isovolumetrische processen** (uitgevoerd bij constant volume).
De arbeid die door een gas wordt verricht om het volume te veranderen met dV is $dW = P\, dV$, waarbij P de druk is.
Arbeid en warmte zijn geen functies van de toestand van een systeem (zoals P, V, T, n en E_{inw}), maar hangen af van het ty-

pe proces dat een systeem van de ene toestand in de andere doet overgaan.
Het verband tussen de **molaire soortelijke warmte** van een ideaal gas bij constant volume, C_V, en bij constante druk, C_P, wordt gegeven door

$$C_P - C_V = R. \qquad (19.11)$$

met R de gasconstante. Voor een eenatomig gas geldt $C_V = \frac{3}{2}R$.
Voor ideale gassen samengesteld uit tweeatomige of complexere moleculen, is C_V gelijk aan $\frac{1}{2}R$ maal het aantal **graden van vrijheid** van het molecuul. Tenzij de temperatuur zeer hoog is, zullen sommige graden van vrijheid niet actief zijn en dus niet bijdragen. Op grond van het **principe van equipartitie van energie** wordt energie gelijk verdeeld onder de actieve graden van vrijheid met gemiddeld een hoeveelheid $\frac{1}{2}kT$ per molecuul.
Wanneer een ideaal gas adiabatisch ($Q = 0$) uitzet (of inkrimpt), geldt het verband PV^γ = constant, met

$$\gamma = \frac{C_P}{C_V} \qquad (19.14)$$

Warmteoverdracht van de ene plaats of het ene voorwerp naar het andere gebeurt op drie manieren: geleiding, convectie en straling.
Bij **geleiding** wordt energie via botsingen overgedragen tussen moleculen of elektronen met hogere kinetische energie naar langzamer bewegende buren.
Convectie is de energieoverdracht door de massale verplaatsing van moleculen over aanzienlijke afstanden.
Straling, waarvoor de aanwezigheid van materie niet is vereist, is energieoverdracht door elektromagnetische golven, zoals van de zon.
Alle voorwerpen stralen een hoeveelheid energie uit die evenredig is met de vierde macht van de kelvintemperatuur (T^4) en met de oppervlakte. De uitgestraalde (of geabsorbeerde) energie hangt ook af van de aard van het oppervlak, dat wordt gekarakteriseerd door de emissiviteit, ε, (donkere oppervlakken absorberen en stralen meer uit dan lichtkleurige). Op een heldere dag komt de straling van de zon op het aardoppervlak binnen met een snelheid van circa 1000 W/m².

Vragen

1. Wat gebeurt er met de arbeid op een fles appelsap wanneer deze heftig heen en weer wordt geschud?
2. Wanneer een warm voorwerp een koud voorwerp opwarmt, is er dan een temperatuurstroom tussen de voorwerpen? Zijn de temperatuurveranderingen van de twee voorwerpen gelijk? Licht je antwoord toe.
3. (a) Als twee voorwerpen met verschillende temperaturen met elkaar in contact worden gebracht, is het dan vanzelfsprekend dat de warmte van het voorwerp met de hoogste inwendige energie naar het voorwerp met de laagste inwendige energie stroomt? (b) Is het mogelijk dat er warmte stroomt zelfs als de inwendige energieën van de twee voorwerpen gelijk zijn? Licht je antwoord toe.
4. In warme gebieden waar tropische planten groeien maar de temperatuur in de winter enkele malen kan dalen tot onder het vriespunt, kan de vernietiging van gevoelige planten als gevolg van bevriezing worden teruggebracht door ze 's avonds water te geven. Licht je antwoord toe.
5. De soortelijke warmte van water is tamelijk groot. Leg uit waarom dit water bijzonder geschikt maakt voor verwarmingssystemen (dat wil zeggen: voor warmwaterradiatoren).
6. Waarom blijft water in een veldfles koeler als het stoffen omhulsel van de veldfles vochtig wordt gehouden?
7. Leg uit waarom brandwonden door stoom van 100°C op de huid vaak ernstiger zijn dan brandwonden veroorzaakt door water van 100°C.
8. Leg met behulp van de concepten van latente warmte en inwendige energie uit waarom water bij verdamping afkoelt (de temperatuur ervan daalt).
9. Zullen aardappelen ook sneller koken als het water harder kookt?
10. Zeer hoog in de atmosfeer van de aarde kan de temperatuur 700°C zijn. Toch zal een dier hier eerder doodvriezen dan gebraden worden. Leg uit waarom.
11. Wat gebeurt er met de inwendige energie van waterdamp in de lucht die op de buitenkant van een koud glas water condenseert? Wordt er arbeid verricht of warmte uitgewisseld? Leg uit waarom.
12. Gebruik de wet van behoud van energie om te verklaren waarom de temperatuur van een goed geïsoleerd gas toeneemt bij compressie (bijvoorbeeld door een zuiger aan te duwen), terwijl de temperatuur bij expansie van het gas afneemt.
13. Bij een isotherm proces wordt door een ideaal gas 3700 J aan arbeid verricht. Is dit voldoende informatie om te bepalen hoeveel warmte er aan het systeem is toegevoegd? Zo ja, hoeveel?
14. Onderzoekers bij mislukte poolexpedities wisten te overleven door zichzelf met sneeuw te bedekken. Waarom zouden ze dat doen?
15. Waarom voelt nat zand op het strand koeler aan dan droog zand?
16. Waarom is het bij luchtverwarming van een huis met een verwarmingsketel van belang dat er een ventilatiekanaal is om de lucht terug de ketel in te laten stromen? Wat gebeurt er als dit ventilatiekanaal geblokkeerd is door een boekenkast?
17. Is het mogelijk dat de temperatuur van een systeem constant blijft, hoewel er warmte in en uit stroomt? Zo ja, geef enkele voorbeelden.
18. Leg uit hoe de eerste hoofdwet van de thermodynamica kan worden toegepast op de menselijke stofwisseling. Merk in het bijzonder op dat iemand arbeid W verricht, maar dat er zeer weinig warmte wordt toegevoegd aan het lichaam (er zelfs eerder warmte uitstroomt). Waarom daalt de inwendige energie dan niet drastisch in de tijd?
19. Verklaar in woorden waarom C_P groter is dan C_V.
20. Leg uit waarom bij adiabatische compressie de temperatuur van een gas toeneemt.
21. Een ideaal eenatomig gas kan uitzetten tot tweemaal zijn volume (1) isotherm; (2) adiabatisch; (3) isobaar. Teken elk ervan in een PV-diagram. Bij welk proces is ΔE_{inw} het grootst en bij welk het kleinst? En bij welk proces is W het grootst, en bij welk het kleinst? En bij welk proces is Q het grootst, en bij welk het kleinst?
22. Plafondventilatoren kunnen soms twee kanten op werken, in die zin dat ze in het ene seizoen de lucht naar beneden

blazen en in het andere seizoen omhoog zuigen. Hoe moet je 's zomers de ventilator instellen? En in de winter?

23. Bij slaapzakken en parka's van ganzendons wordt vaak het aantal centimeter *loft* vermeld, dat wil zeggen de feitelijke dikte van het materiaal wanneer het de ruimte krijgt om donzig te worden. Leg uit waarom.

24. Bij de moderne microprocessorchips is bovenop een koelplaat gelijmd die eruitziet als een reeks vinnen. Waarom?

25. Zeebriesjes komen vaak voor op zonnige dagen aan de kust van een groot water. Geef een verklaring hiervoor, ervan uitgaande dat de temperatuur van het land sneller stijgt dan die van het nabijgelegen water.

26. De aarde koelt bij helder weer 's nachts veel sneller af dan wanneer het bewolkt is. Waarom?

27. Leg uit waarom de luchttemperatuur altijd wordt afgelezen op een thermometer in de schaduw.

28. Een te vroeg geboren baby in een couveuse kan gevaarlijk onderkoeld raken zelfs wanneer de luchttemperatuur in de couveuse warm is. Leg uit waarom.

29. De vloer van een huis op een fundering waaronder de lucht kan stromen is vaak kouder dan een vloer die rechtstreeks op de grond rust (zoals een betonnen funderingslaag). Leg uit waarom.

30. Waarom is de binnenkant van een **thermoskan** verzilverd (fig. 19.27), en waarom is er een vacuüm tussen de binnen- en de buitenwand?

31. Een dag van 22°C is warm, terwijl zwemwater van 22°C koud aanvoelt. Waarom?

32. Op het noordelijk halfrond is er voor het verwarmen van een kamer met een raam op het noorden veel meer warmte nodig dan voor een kamer met een raam op het zuiden. Leg uit waarom.

33. Warmteverlies door ramen vindt plaats door de volgende processen: (1) ventilatie rond randen; (2) via de kozijnen,

met name als die van metaal zijn; (3) door de glaspanelen en (4) door straling. (*a*) Wat is (zijn) bij de eerste drie de mechanisme(n): geleiding, convectie of straling? (*b*) Welke van deze warmteverliezen zijn door zware gordijnen te verminderen? Geef een gedetailleerde toelichting.

34. Vroeg op de dag, nadat de zon de helling van een berg heeft bereikt, is er vaak een lichte opwaartse beweging van de lucht. Later op de dag, als de helling in de schaduw is komen te liggen, is er een kleine luchtverplaatsing naar beneden. Leg uit waarom.

35. Een stuk hout in de zon absorbeert meer warmte dan een stuk glanzend metaal. Toch voelt het metaal als je het oppakt warmer aan dan het stuk hout. Leg uit waarom.

36. Een 'nooddeken' is een stuk dun glanzend plasic folie (voorzien van een metaallaag). Leg uit hoe je hiermee onbeweeglijke mensen warm kunt houden.

37. Leg uit waarom dicht bij de oceaan gelegen steden meestal minder extreme temperaturen hebben dan verder landinwaarts gelegen steden met dezelfde breedtegraad.

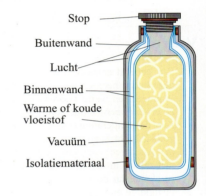

FIGUUR 19.27
Vraag 30.

Vraagstukken

19.1 Warmte als energieoverdracht

1. (I) Tot welke temperatuur zal 8700 J aan warmte 3,0 kg water met een begintemperatuur van 10,0°C verwarmen?

2. (II) Wanneer een duiker in de oceaan springt, lekt er water in de ruimte tussen de huid en het duikerspak, waardoor er een waterlaag van 0,5 mm dik wordt gevormd. Aangenomen dat de totale oppervlakte van het duikerspak dat de duiker bedekt 1,0 m² is en dat het oceaanwater het pak binnengaat bij 10°C en door de duiker wordt opgewarmd tot de huidtemperatuur van 35°C, geef dan een schatting hoeveel energie (uitgedrukt in aantallen snoeprepen van 300 kcal) voor dit verwarmingsproces nodig is.

3. (II) Een gemiddeld actief persoon verbruikt circa 2500 kcal per dag. (*a*) Hoeveel is dit in joule? (*b*) Hoeveel is dit in kilowattuur? (1 kWh is de energie die omgezet wordt wanneer gedurende 1 u een vermogen van 1 kW ontwikkeld wordt, dus 1 kWh = 1 kW · 1 u = 1000 J/s · 3600 s = $3,6 \cdot 10^6$ J) (*c*) Als jouw elektriciteitsbedrijf circa 10 eurocent per kilowattuur rekent, hoeveel zou je energie per dag dan kosten als je die van het elektriciteitsbedrijf zou moeten kopen? Zou je jezelf van een dergelijk bedrag per dag in leven kunnen houden?

4. (II) Een British thermal unit (Btu) is een eenheid van warmte in het Britse systeem van eenheden. Eén Btu is ge-

definieerd als de warmte die nodig is om de temperatuur van 1 lb water met 1°F te laten stijgen. Laat zien dat

$$1 \text{ Btu} = 0{,}252 \text{ kcal} = 1056 \text{ J}.$$

5. (II) Hoeveel joules en kilocalorieën worden gegenereerd wanneer de remmen worden gebruikt om een auto van 1200 kg van een snelheid van 95 km/u tot rust te brengen?

6. (II) Een kleine dompelaar wordt geschat op een vermogen van 350 W. Geef een schatting hoe lang het duurt om een kop soep (ervan uitgaande dat dit 250 ml water is) te verwarmen van 15°C tot 75°C.

19.3 en 19.4 Soortelijke warmte; calorimetrie

7. (I) Een koelsysteem van een auto bevat 18 l water. Hoeveel warmte absorbeert dit als de temperatuur stijgt van 15°C tot 95°C?

8. (I) Wat is de soortelijke warmte van een metaal als er voor het verhitten van 1 kg van het metaal van 18,0°C tot 37,2°C 135 kJ nodig is?

9. (II) (*a*) Hoeveel energie is er nodig om een pan met 1,0 l water van 20°C op 100°C te brengen? (*b*) Hoe lang zou een dergelijke hoeveelheid energie een gloeilamp van 100 W kunnen laten branden?

10. (II) Bij het absorberen van een gelijke hoeveelheid warmte vertonen monsters van koper, aluminium en water dezelfde temperatuurstijging. Wat is de verhouding van hun massa's?

11. (II) Hoe lang doet een percolator met een vermogen van 750 W erover om 0,75 l water met een begintemperatuur van 8,0°C aan de kook te brengen? Neem aan dat het deel van de kan waarin het water wordt verwarmd gemaakt is van 280 g aluminium en dat er geen water wegkookt.

12. (II) Een pas gesmeed heet ijzeren hoefijzer (massa = 0,40 kg) (fig. 19.28) wordt in een ijzeren pot van 0,30 kg met 1,05 l water gegooid, die aanvankelijk een temperatuur van 20,0°C heeft. Als de uiteindelijke evenwichtstemperatuur 25,0°C is, geef dan een schatting van de begintemperatuur van het hete hoefijzer.

FIGUUR 19.28 Vraagstuk 12.

13. (II) Voordat een glazen thermometer van 35,0 g in 135 ml water wordt geplaatst, wijst hij 23,6°C aan. Wanneer het water en de thermometer in evenwicht gekomen zijn, wijst de thermometer 39,2°C aan. Wat was de oorspronkelijke temperatuur van het water? (*Hint:* negeer de massa van de vloeistof binnen de glazen thermometer.) Dit vraagstuk is een voorbeeld van een in de natuurkunde vaak voorkomend probleem, namelijk dat de meting zelf de te meten grootheid beïnvloedt.

14. (II) Geef een schatting van het aantal kilocalorieën dat vrijkomt bij verbranding (oxidatie) van 65 g snoepgoed aan de hand van de volgende metingen (dit is tegelijk de calorieinhoud zoals vermeld op de snoepwikkel). Een monster van 15 g van het snoep wordt geplaatst in een smal aluminium vat met massa 0,325 kg, dat gevuld is met zuurstof. Dit vat wordt geplaatst in 2,00 kg water in een aluminium calorimeterbeker met massa 0,624 kg bij een begintemperatuur van 15,0°C. Het zuurstof-snoepmengsel in het smalle vat wordt aangestoken en de eindtemperatuur van het gehele systeem is 53,5°C.

15. (II) Wanneer een stuk ijzer van 290 g met een temperatuur van 180°C geplaatst wordt in een aluminium calorimeterbeker van 95 g die 250 g glycerine van 10°C bevat, wordt een eindtemperatuur van 38°C gemeten. Geef een schatting van de soortelijke warmte van glycerine.

16. (II) De *warmtecapaciteit*, C, van een voorwerp is gedefinieerd als de hoeveelheid warmte die nodig is om de temperatuur met 1°C te laten stijgen. Dus is er om de temperatuur met ΔT te laten stijgen een hoeveelheid warmte Q nodig, gelijk aan

$$Q = C\Delta T.$$

(*a*) Druk de warmtecapaciteit C uit in de soortelijke warmte, c, van het materiaal. (*b*) Wat is de warmtecapaciteit van 1,0 kg water? (*c*) Van 35 kg water?

17. (II) De 1,20 kg zware kop van een hamer heeft net voordat hij een spijker raakt, een snelheid van 7,5 m/s (fig. 19.29) en wordt tot stilstand gebracht. Geef een schatting van de temperatuurstijging van een ijzeren spijker van 14 g na tien van dergelijke opeenvolgende hamerslagen. Neem aan dat de spijker alle energie absorbeert.

19.5 Latente warmte

18. (I) Hoeveel warmte is er nodig om 26,50 kg zilver met een begintemperatuur van 25°C te laten smelten?

19. (I) Bij inspanning kan iemand in 25 min tijd door verdamping van water op de huid 750 kJ afgeven. Hoeveel water is er dan verloren gegaan?

20. (II) Een ijsklontje van 35 g wordt op zijn smeltpunt in een geïsoleerd vat met vloeibaar stikstof gegooid. Hoeveel stikstof verdampt er als dit op het kookpunt van 77 K is en een latente verdampingswarmte van 200 kJ/kg heeft? Neem voor het gemak aan dat de soortelijke warmte van ijs constant is en gelijk aan de waarde in de buurt van het smeltpunt.

21. (II) Bergbeklimmers op grote hoogten eten geen sneeuw, maar smelten die altijd eerst boven een vuurtje. Bereken, om in te zien waarom, de energie die uit je lichaam wordt geabsorbeerd (*a*) als je 1,0 kg sneeuw van −10°C eet die door jouw lichaam wordt opgewarmd tot een lichaamstemperatuur van 37°C. (*b*) Als je 1,0 kg sneeuw van −10°C met een vuurtje opwarmt en de resulterende 1,0 kg water van 2°C opdrinkt, en die door je lichaam laat opwarmen tot 37°C.

22. (II) Een ijzeren boiler met een massa van 180 kg bevat 730 kg water van 18°C. Een verwarmingselement levert energie met een vermogen van 52.000 kJ/u. Hoe lang duurt het voordat (*a*) het water het kookpunt heeft bereikt, en (*b*) alle water in stoom is veranderd?

23. (II) Bij een wielerwedstrijd op een warme dag drinkt een renner in 3,5 uur tijd 8,0 l water. Als we de benadering maken dat alle energie van de wielrenner wordt gebruikt voor de verdamping van zijn zweet, hoeveel energie heeft hij dan tijdens zijn race verbruikt? (Omdat de efficiëntie van de renner slechts circa 20 procent is, wordt het grootste deel van de verbruikte energie omgezet in warmte, dus zit onze benadering er niet ver naast.)

24. (II) De soortelijke warmte van kwik is 138 J/(kg·°C). Bepaal de latente warmte van het smelten van kwik aan de hand van de volgende volgende calorimetergegevens: 1,00 kg vast kwik wordt op zijn smeltpunt van −39,0°C in een aluminium calorimeter van 0,620 kg geplaatst, die gevuld is met 0,400 kg water van 12,80°C; de resulterende evenwichtstemperatuur is 5,06°C.

25. (II) Op de plaats van een misdrijf merkt de forensisch onderzoeker op dat de 7,2 g loden kogel die in een deurkozijn was blijven steken, klaarblijkelijk op het moment van inslag volledig gesmolten was. Aangenomen dat de kogel werd afgeschoten op kamertemperatuur (20°C), wat berekent de onderzoeker dan als de minimale loopsnelheid van het pistool?

26. (II) Een schaatser van 58 kg komt vanuit een beweging met 7,5 m/s tot stilstand. Aangenomen dat het ijs een tempera-

FIGUUR 19.29 Vraagstuk 17.

tuur van 0°C heeft en dat 50 procent van de warmte die door wrijving wordt gegenereerd wordt geabsorbeerd door het ijs, hoeveel ijs smelt er dan?

19.6 en 19.7 De eerste hoofdwet van de thermodynamica

27. (I) Schets een PV-diagram van het volgende proces: 2,0 l van een ideaal gas wordt bij atmosferische druk bij constante druk afgekoeld tot een volume van 1,0 l, en vervolgens isotherm teruggeëxpandeerd tot 2,0 l, terwijl de druk bij constant volume wordt verhoogd totdat de oorspronkelijke druk is bereikt.

28. (I) Een gas wordt opgesloten in een cilinder voorzien van een lichte wrijvingsloze zuiger; het gas wordt op atmosferische druk gehouden. Wanneer er 5,23 MJ aan warmte aan het gas wordt toegevoegd, blijkt het volume langzaam toe te nemen van 12,0 m^3 tot 18,2 m^3. Bereken (a) de arbeid die door het gas wordt uitgevoerd en (b) de verandering in de inwendige energie van het gas.

29. (II) De druk in een ideaal gas wordt, terwijl het in een vat met vaste wanden wordt bewaard, geleidelijk gehalveerd. Tijdens het proces verliest het gas 365 kJ aan warmte. (a) Hoeveel arbeid werd er tijdens dit proces verricht? (b) Wat was de verandering in inwendige energie van het gas gedurende dit proces?

30. (II) 1,0 l lucht met een (absolute) begindruk van 3,5 atm zet isothermisch uit totdat de druk 1,0 atm is. Vervolgens wordt de lucht bij constante druk samengedrukt tot het beginvolume en ten slotte teruggebracht tot de oorspronkelijke druk door te verhitten bij constant volume. Teken het proces in een PV-diagram met inbegrip van getallen en namen bij de assen.

31. (II) Beschouw het volgende tweestapsproces. Uit een ideaal gas kan bij constant volume warmte wegstromen zodat de druk daalt van 2,2 tot 1,4 atm. Vervolgens zet het gas, bij constante druk, uit van een volume van 5,9 l tot 9,3 l, waarbij de temperatuur zijn oorspronkelijke waarde bereikt. Zie fig. 19.30. Bereken (a) de totale arbeid die door het gas in dit proces wordt verricht, (b) de verandering in inwendige energie van het gas in het proces, en (c) de totale warmtestroom in of uit het gas.

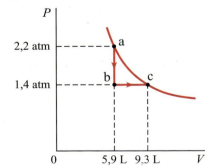

FIGUUR 19.30
Vraagstuk 31.

32. (II) Het PV-diagram in fig. 19.31 toont twee mogelijke toestanden van een systeem dat 1,55 mol van een eenatomig ideaal gas bevat. ($P_1 = P_2 = 455$ N/m^2, $V_1 = 2,00$ m^3, $V_2 = 8,00$ m^3). (a) Teken een grafiek van een isobare expansie van toestand 1 naar toestand 2, en noem dit proces A. (b) Bepaal de arbeid die door het gas wordt verricht en de verandering in de inwendige energie van het gas bij proces A. (c) Teken de grafiek van het tweestapsproces bestaande uit een isotherme expansie van toestand 1 tot het volume V_2, gevolgd door een isovolumetrische temperatuurverhoging naar toestand 2, en noem dit proces B. (d) Bepaal de verandering in de inwendige energie van het gas voor het tweestapsproces B.

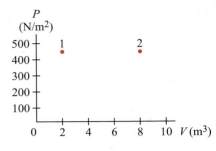

FIGUUR 19.31
Vraagstuk 32.

33. (II) Stel dat 2,60 mol van een ideaal gas met volume $V_1 = 3,50$ m^3 bij een temperatuur $T_1 = 290$ K isotherm kan uitzetten tot $V_2 = 7,00$ m^3 bij $T_2 = 290$ K. Bepaal (a) alle door het gas verrichte arbeid, (b) de aan het gas toegevoerde warmte, en (c) de verandering in de inwendige energie van het gas.

34. (II) In een motor wordt een vrijwel ideaal gas adiabatisch gecomprimeerd tot de helft van het volume. Hierdoor wordt 2850 J arbeid verricht op het gas. (a) Hoeveel warmte stroomt er in of uit het gas? (b) Wat is de verandering in inwendige energie van het gas? (c) Stijgt of daalt de temperatuur?

35. (II) Anderhalf mol van een ideaal eenatomig gas zet adiabatisch uit en verricht hierbij 7500 J aan arbeid. Wat is de temperatuurverandering van het gas gedurende deze expansie?

36. (II) Bepaal (a) de verrichte arbeid, en (b) de verandering in inwendige energie van 1,00 kg water wanneer het allemaal aan de kook wordt gebracht tot stoom van 100°C. Ga uit van een constante druk van 1,00 atm.

37. (II) Hoeveel arbeid wordt er verricht door een pomp bij het geleidelijk isotherm comprimeren van 3,50 l stikstof van 0°C en 1,00 atm tot 1,80 l bij 0°C?

38. (II) Wanneer een gas het pad langs de getekende kromme uit fig. 19.32 van a naar c doorloopt, is de verrichte arbeid door het gas $W = -35$ J en de aan het gas toegevoerde warmte $Q = -63$ J. Langs pad abc is de verrichte arbeid $W = -54$ J. (a) Wat is Q voor pad abc? (b) Als $P_c = 1/2 P_b$, wat is dan W voor pad cda? (c) Wat is Q voor pad cda? (d) Wat is $E_{inw,a} - E_{inw,c}$? (e) Als $E_{inw,d} - E_{inw,c} = 12$ J, wat is dan Q voor pad da?

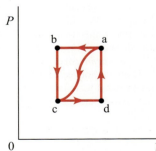

FIGUUR 19.32
Vraagstukken 38, 39 en 40.

39. (III) Als een gas vanuit toestand a in toestand c wordt gebracht via de kromme uit fig. 19.32, komt er 85 J aan warmte vrij uit het systeem en wordt er 55 J arbeid op het systeem verricht. (a) Bepaal de verandering in inwendige energie, $E_{inw,a} - E_{inw,c}$. (b) Wanneer het gas langs het pad

cda wordt gevoerd, is de door het gas verrichte arbeid $W = 38$ J. Hoeveel warmte Q wordt bij het proces cda toegevoegd aan het gas? (c) Als $P_a = 2{,}2P_d$, hoeveel arbeid wordt er dan door het gas verricht in het proces abc? (d) Wat is Q voor pad abc? (e) Als $E_{\text{inw,a}} - E_{\text{inw,b}} = 15$ J, wat is Q dan voor het proces bc? Hier is een overzicht van wat er gegeven is:

$$Q_{a \to c} = -85 \text{ J}$$
$$W_{a \to c} = -55 \text{ J}$$
$$W_{\text{cda}} = 38 \text{ J}$$
$$E_{\text{inw,a}} - E_{\text{inw,b}} = 15 \text{ J}$$
$$P_a = 2{,}2P_d.$$

40. (III) Stel dat een gas met de klok mee de rechthoek uit fig. 19.32 doorloopt, beginnend in b, dan naar a, d, c, en weer eindigend in b. Gebruik de waarden uit vraagstuk 39 en (a) beschrijf iedere tak van het proces, en (b) bereken de nettoarbeid die gedurende de cyclus wordt verricht, (c) bereken de totale verandering van de inwendige energie gedurende de cyclus, en (d) de netto warmtestroom tijdens de cyclus. (e) Welk percentage van de *opgenomen warmte* werd omgezet in bruikbare arbeid, dat wil zeggen: hoe efficiënt is deze 'rechthoekscyclus' (uitgedrukt in een percentage)?

*41. (III) Bepaal de arbeid die wordt verricht door 1,00 mol van een Van der Waals-gas (paragraaf 18.5) wanneer dit isotherm expandeert van volume V_1 tot V_2.

19.8 Moleculaire soortelijke warmte voor gassen; equipartitie van energie

42. (I) Wat is de inwendige energie van 4,50 mol van een ideaal tweeatomig gas bij 645 K, aangenomen dat alle graden van vrijheid actief zijn?
43. (I) Als een verwarming een kamer van 3,5 m × 4,6 m × 3,0 m die lucht van 20°C en 1,0 atm bevat voorziet van $1{,}8 \cdot 10^6$ J/u, hoeveel zal de temperatuur dan in één uur stijgen, aangenomen dat er geen warmte of luchtmassa naar buiten weglekt? Neem aan dat lucht een ideaal tweeatomig gas is met moleculmassa 29.
44. (I) Toon aan dat wanneer de moleculen van een gas n graden van vrijheid hebben, dat dan de theorie voorspelt dat $C_V = \frac{1}{2}nR$ en $C_P = \frac{1}{2}(n+2)R$.
45. (II) Een bepaald eenatomig gas heeft soortelijke warmte $c_V = 0{,}149$ kJ/(kg·°C), die binnen een breed temperatuurbereik weinig verandert. Wat is de atoommassa van dit gas? Welk gas is het?
46. (II) Toon aan dat de arbeid die door n mol van een ideaal gas bij adiabatische expansie wordt verricht, gelijk is aan $W = nC_V(T_1 - T_2)$, met T_1 en T_2 respectievelijk de begin- en eindtemperatuur, en C_V de molaire soortelijke warmte bij constant volume.
47. (II) Een concertzaal van 22.000 m³ is gevuld met 1800 bezoekers. Als er geen ventilatie zou zijn, hoeveel zou de luchttemperatuur in 2,0 u stijgen als gevolg van de stofwisseling van de mensen (70 W per persoon)?
48. (II) De soortelijke warmte bij constant volume van een bepaald gas is 0,762 kJ/(kg·K) bij kamertemperatuur en de moleculmassa is 34. (a) Wat is de soortelijke warmte bij constante druk? (b) Wat is volgens jou de moleculstructuur van dit gas?
49. (II) Een monster van 2,00 mol stikstofgas wordt bij constante druk verhit van 0°C tot 150°C (1,00 atm). Bepaal (a) de verandering in inwendige energie, (b) de door het gas verrichte arbeid (c) de aan het gas toegevoerde warmte.
50. (III) Een monster van 1,00 mol van een ideaal tweeatomig gas bij een druk van 1,00 atm en een temperatuur van 420 K doorloopt een proces waarbij de druk lineair toeneemt met de temperatuur. De eindtemperatuur en druk zijn 720 K en 1,60 atm. Bepaal (a) de verandering in inwendige energie, (b) de door het gas verrichte arbeid en (c) de aan het gas toegevoerde warmte. (Ga uit van vijf actieve graden van vrijheid.)

19.9 Adiabatische expansie van een gas

51. (I) Een monster van 1,0 mol van een ideaal tweeatomig gas, aanvankelijk bij 1,00 atm en 20°C, zet adiabatisch uit tot 1,75 maal het beginvolume. Wat zijn de einddruk en eindtemperatuur van het gas? (Neem aan dat er geen moleculaire trillingen zijn.)
52. (II) Toon met behulp van vgl. 19.6 en 19.15 aan dat de arbeid die verricht wordt door een gas dat geleidelijk adiabatisch expandeert van druk P_1 en volume V_1 naar P_2 en V_2, wordt gegeven door $W = (P_1V_1 - P_2V_2)/(\gamma - 1)$.
53. (II) Een monster van 3,65 mol van een ideaal tweeatomig gas zet adiabatisch uit van een volume van 0,1210 m³ tot 0,750 m³. Aanvankelijk was de druk 1,00 atm. Bepaal (a) de begin- en eindtemperatuur, (b) de verandering in inwendige energie, (c) de door het gas verloren warmte en (d) de *op* het gas verrichte arbeid. (Neem aan dat er geen moleculaire trillingen zijn.)
54. (II) Een ideaal eenatomig gas, bestaande uit 2,8 mol met een volume van 0,086 m³, zet adiabatisch uit. De begin- en eindtemperatuur zijn respectievelijk 25°C en −68°C. Wat is het eindvolume van het gas?
55. (III) Een monster van 1,00 mol van een ideaal eenatomig gas, aanvankelijk onder een druk van 1,00 atm, doorloopt een driestapsproces: (1) het expandeert adiabatisch van $T_1 = 588$ K tot $T_2 = 389$ K; (2) het wordt gecomprimeerd bij constante druk totdat de temperatuur gelijk is aan T_3; (3) het keert via een constant-volumeproces terug naar de oorspronkelijke druk en temperatuur. (a) Teken deze processen in een PV-diagram. (b) Bepaal T_3. (c) Bereken voor elk proces de verandering in inwendige energie, de door het gas verrichte arbeid en de aan het gas toegevoerde warmte, en (d) doe dit ook voor de gehele cyclus.
56. (III) Beschouw een **luchtpakketje** dat naar een andere hoogte y in de atmosfeer van de aarde beweegt (fig. 19.33). Als het pakketje hoogte verliest, krijgt het de druk P van de omringende lucht. Uit vgl. 13.4 weten we dat

$$\frac{dP}{dy} = -\rho g$$

waarbij ρ de hoogteafhankelijke dichtheid van het pakketje is.

Gedurende deze beweging zal het volume van het pakketje veranderen, en, omdat lucht een slechte warmtegeleider is, nemen we aan dat deze expansie of inkrimping adiabatisch zal plaatsvinden. (a) Ga uit van vgl. 19.15, $PV^\gamma = $ constant, en laat zien dat voor een ideaal gas dat een adiabatisch proces ondergaat, $P^{1-\gamma}T^\gamma =$ constant. Toon vervolgens aan dat het verband tussen de druk en de temperatuur van het pakje wordt gegeven door

$$(1-\gamma)\frac{dP}{dy} + \gamma\frac{P}{T}\frac{dT}{dy} = 0$$

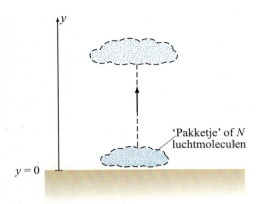

FIGUUR 19.33 Vraagstuk 56.

en dus

$$(1-\gamma)(-\rho g) + \gamma \frac{P}{T}\frac{dT}{dy} = 0.$$

(b) Combineer de ideale gaswet met het resultaat uit onderdeel (a) om aan te tonen dat het verband tussen de verandering in de temperatuur van het pakketje en de hoogteverandering wordt gegeven door

$$\frac{dT}{dy} = \frac{1-\gamma}{\gamma}\frac{mg}{k}$$

met m de gemiddelde massa van een luchtmolecuul en k de constante van Boltzmann. (c) Gebruik het feit dat lucht een tweeatomig gas is met een gemiddelde moleculmassa van 29, en toon aan dat $dT/dy = -9{,}8°C/km$. Deze waarde wordt de **adiabatische gradiënt** voor droge lucht genoemd. (d) In Californië dalen de de overheersende westenwinden af van een van de grootste hoogten (het 4000 m hoge Sierra Nevada) tot een van de grootste diepten (Death Valley, −100 m) van het vasteland van de Verenigde Staten. Als een droge wind op de top van de Sierra Nevada een temperatuur van −5°C heeft, wat is dan de temperatuur van de wind nadat hij is afgedaald tot Death Valley?

19.10 Geleiding, convectie en straling

57. (I) (a) Hoeveel vermogen wordt er uitgestraald door een bol van wolfraam (emissiviteit $\varepsilon = 0{,}35$) met een straal van 16 cm bij een temperatuur van 25°C? (b) Als de bol is opgesloten in een ruimte waarvan de wanden op −5°C worden gehouden, wat is dan de netto energiestroom per seconde uit de bol?

58. (I) Eén uiteinde van een 45 cm lange koperen staaf met een diameter van 2,0 cm wordt op 460°C gehouden, en het andere uiteinde wordt ondergedompeld in water van 22°C. Bereken de warmtegeleiding langs de staaf.

59. (II) Hoe lang doet de zon erover om een blok ijs van 0°C met een vlak horizontaal opervlak van 1,0 m² en dikte 1,0 cm te smelten? Neem aan dat de zonnestralen een hoek van 35° maken met de verticaal en dat de emissiviteit van ijs 0,050 is.

60. (II) *Warmtegeleiding door de huid.* Stel dat 150 W aan warmte door geleiding vanuit de haarvaten van het bloed onder de huid naar het lichaamsoppervlak van 1,5 m² stroomt. Als het temperatuurverschil 0,50°C is, geef dan een schatting van de gemiddelde afstand van de haarvaten tot het huidoppervlak.

61. (II) Een keramische ($\varepsilon = 0{,}70$) en een metalen theepot ($\varepsilon = 0{,}10$) bevatten elk 0,55 l thee van 95°C. (a) Geef een schatting van het warmteverlies van elk, en (b) geef voor elk een schatting van het temperatuurverlies na 30 min. Beschouw uitsluitend straling, en ga uit van een omgevingstemperatuur van 20°C.

62. (II) Een koperen en een aluminium staaf met dezelfde lengte en dwarsdoorsnede worden bij de uiteinden aan elkaar bevestigd (fig. 19.34). Het koperen uiteinde wordt in een oven geplaatst die op een constante temperatuur van 225°C wordt gehouden. Het aluminiumuiteinde wordt in een ijsbad geplaatst dat op een constante temperatuur van 0,0°C wordt gehouden. Bereken de temperatuur op het verbindingspunt van de twee staven.

Koper	Aluminium
225°C $T = ?$	0,0°C

FIGUUR 19.34 Vraagstuk 62.

63. (II) (a) Geef met behulp van de zonneconstante een schatting welk vermogen aan energie de aarde ontvangt van de zon. (b) Neem aan dat de aarde een gelijke hoeveelheid straling terug de ruimte in stuurt (dat wil zeggen: de aarde is in evenwicht). Geef dan, ervan uitgaande dat de aarde een volmaakte uitstraler is ($\varepsilon = 1{,}0$), een schatting van de gemiddelde oppervlaktetemperatuur. (*Hint:* gebruik oppervlakte $A = 4\pi r_E^2$, en leg uit waarom.)

64. (II) Een gloeilamp van 100 W genereert 95 W aan warmte, die wordt gedissipeerd via een glazen bol met een straal van 3,0 cm en een dikte van 0,50 mm. Wat is het temperatuurverschil tussen het binnen- en het buitenoppervlak van de bol?

65. (III) Een binnenthermostaat wordt gewoonlijk ingesteld op 22°C, maar 's nachts voor een periode van negen uur teruggezet naar 12°C. Geef een schatting hoeveel warmte er extra nodig zou zijn (uitgedrukt in een percentage van het dagelijks verbruik) als de thermostaat 's nachts niet zou worden teruggezet. Neem aan dat de buitentemperatuur voor de negen nachtelijke uren gemiddeld 0°C is en voor de rest van de dag 8°C, en dat het warmteverlies van het huis evenredig is met het verschil tussen de binnen- en buitentemperatuur. Om een schatting voor de gegevens te verkrijgen, moet je andere vereenvoudigende aannames maken; geef aan welke dat zijn.

66. (III) Hoe lang duurt het bij benadering voordat 9,5 kg ijs van 0°C smelt wanneer dit in een zorgvuldig verzegelde piepschuim vrieskist van 25 cm × 35 cm × 55 cm wordt geplaatst, waarvan de wanden 1,5 cm dik zijn? Neem aan dat het geleidingsvermogen van piepschuim het dubbele is van dat van lucht en dat de buitentemperatuur 34° C is.

67. (III) Een cilindrische pijp heeft een inwendige straal R_1 en een uitwendige straal R_2. Het inwendige van de pijp bevat heet water met temperatuur T_1. De buitentemperatuur is T_2 ($< T_1$). (a) Toon aan dat het warmteverlies per tijdseenheid voor een stuk pijp met lengte L gelijk is aan

$$\frac{dQ}{dt} = \frac{2\pi k(T_1 - T_2)L}{\ln(R_2/R_1)},$$

met k de thermische conductiviteit van de pijp. (b) Stel de pijp is van staal en $R_1 = 3{,}3$ cm, $R_2 = 4{,}0$ cm en $T_2 = 18°C$. Als de pijp stilstaand water van $T_1 = 71°C$ bevat, wat is dan het temperatuurverlies per tijdseenheid in het begin? (c) Stel dat water van 71°C de pijp verlaat en zich verplaatst met een snelheid van 8,0 cm/s. Wat is dan de temperatuurdaling per afgelegde cm?

68. (III) Stel dat de isolerende eigenschappen van de muur van een huis voornamelijk afkomstig zijn van een laag baksteen van 10,0 cm en een R-3,35 isolatielaag, zoals weergegeven in fig. 19.35. Wat is het totale vermogen aan warmteverlies door een dergelijke muur, als de totale oppervlakte 18 m² en het temperatuurverschil over de dikte van de wand 7°C is?

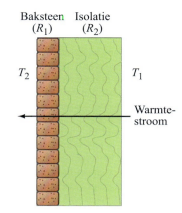

FIGUUR 19.35
Vraagstuk 68. Twee isolatielagen van een muur.

Algemene vraagstukken

69. Een blikje frisdrank kan circa 0,20 kg vloeistof van 5°C bevatten. Het drinken van deze vloeistof kan feitelijk iets van het vet van het lichaam verbruiken, omdat er energie nodig is om de vloeistof op te warmen tot lichaamstemperatuur (37°C). Hoeveel joule moet de drank bevatten opdat deze perfect in balans is met de warmte die nodig is om de drank (in hoofdzaak water) te verwarmen?

70. (a) Bepaal het totale vermogen dat door de zon naar de ruimte wordt uitgestraald, ervan uitgaande dat de zon bij $T = 5500$ K een perfecte uitstraler is. De straal van de zon is $7,0 \cdot 10^8$ m. (b) Bepaal hieruit het vermogen per eenheidsoppervlak dat op aarde arriveert, op een afstand van $1,5 \cdot 10^{11}$ m.

71. Geef, om een idee te krijgen hoeveel thermische energie de oceanen op de wereld bevatten, een schatting van de warmte die vrijkomt wanneer een kubus van oceaanwater met een ribbe van 1 km, 1 K wordt afgekoeld. (Behandel voor deze schatting het oceaanwater als zuiver water.)

72. Een bergbeklimmer draagt een ganzendonzen jas van 3,5 cm dik en met een totale oppervlakte van 0,95 m². De temperatuur aan de oppervlakte van de kleding is −18°C en op de huid 34°C. Bepaal het vermogen van de warmtestroom door de jas (a) ervan uitgaande dat deze droog is en dat de thermische conductiviteit k die van ganzendons is, en (b) ervan uitgaande dat de jas nat is, dus k is de k van water en de jas is in elkaar geklitten tot een dikte van 0,50 cm.

73. Gedurende lichte activiteit kan iemand van 70 kg 200 kcal/u genereren. Geef, ervan uitgaande dat 20 procent hiervan wordt omgezet in nuttige arbeid en de andere 80 procent in warmte, een schatting van de temperatuurstijging van het lichaam na 30 min, als er geen warmte wordt afgestaan aan de omgeving.

74. Geef een schatting van het vermogen waarmee warmte van het inwendige van het lichaam geleid wordt naar het oppervlak. Ga uit van een weefseldikte van 4,0 cm, een huidtemperatuur van 34°C en een inwendige temperatuur van 37°C, en van een uitwendige oppervlakte van 1,5 m². Vergelijk dit met de gemeten waarde van circa 230 W die moet worden gedissipeerd door iemand die lichte arbeid verricht. Dit toont duidelijk de noodzaak aan van convectieve afkoeling door het bloed.

75. Een marathonloopster heeft tijdens een wedstrijd een gemiddelde stofwisselingssnelheid van circa 4000 kJ/u. Als de hardloopster een massa van 55 kg heeft, geef dan een schatting hoeveel vocht zij via verdamping op de huid verliest gedurende een wedstrijd van 2,2 u.

76. Een huis heeft goed geïsoleerde muren van 19,5 cm dik (ga uit van geleiding van lucht) en een oppervlakte van 410 m², een houten dak van 5,5 cm dik en een oppervlakte van 280 m², en onbedekte ramen van 0,65 cm dik en een totale oppervlakte van 33 m². (a) Neem aan dat warmte alleen verloren gaat door geleiding en bereken het vermogen aan warmte dat aan dit huis moet worden geleverd om de binnentemperatuur op 23°C te houden als de buitentemperatuur −15°C is. (b) Als het huis aanvankelijk een temperatuur van 12°C heeft, geef dan een schatting hoeveel warmte er moet worden geleverd om de temperatuur binnen 30 min te laten stijgen tot 23°C. Neem aan dat uitsluitend de lucht moet worden verwarmd en dat het volume gelijk is aan 750 m³. (c) Als aardgas 0,080 per kilogram kost en de verbrandingswarmte $5,4 \cdot 10^7$ J/kg bedraagt, hoe groot zijn dan de maandelijkse kosten om het huis 24 uur per dag zoals in onderdeel (a) te houden, ervan uitgaande dat 90 procent van de geproduceerde warmte wordt gebruikt voor het verwarmen van het huis? Neem de soortelijke warmte van lucht gelijk aan 1,0 kJ/(kg °C).

77. Bij een doorsnee partijtje squash (fig. 19.36), slaan twee mensen een zachte rubberen bal tegen een muur totdat ze er bijna bij neervallen als gevolg van uitdroging en vermoeidheid. Neem aan dat de bal de muur raakt met een snelheid van 22 m/s en weerkaatst met een snelheid van 12 m/s, en dat de kinetische energie die bij het proces verloren gaat, de bal opwarmt. Wat is de temperatuurstijging van de bal na één weerkaatsing? De soortelijke warmte van rubber is circa 1200 J/(kg · °C).

FIGUUR 19.36 Vraagstuk 77.

78. Een fietspomp is een cilinder van 22 cm lang en 3,0 cm doorsnee. De pomp bevat lucht van 20,0°C en 1,0 atm. Als de uitgang onderaan de pomp geblokkeerd is en de hendel zeer snel wordt ingedrukt, waardoor de lucht tot de helft van zijn oorspronkelijke volume wordt gecomprimeerd, hoe heet wordt dan de lucht in de pomp?

79. 250 g water wordt verwarmd in een magnetron. Op zijn maximumstand kan de oven de temperatuur van het vloeibare water in 1 min 45 s (= 105 s) verhitten van 20°C tot 100°C. (a) Met welk vermogen voert de magnetron energie toe aan het vloeibare water? (b) Het toegevoerde vermogen van de magnetron naar het water blijft constant. Bepaal hoeveel gram water wegkookt als de magnetron 2 min aanstaat (in plaats van slechts 1 min 45 s).

80. De temperatuur binnen de aardkorst neemt met elke 30 m diepte circa 1,0°C toe. De thermische conductiviteit van de aardkorst is 0,80 W/(m·°C). (a) Bepaal voor de gehele aarde de hoeveelheid warmte die in 1,0 u wordt overgedragen van het inwendige naar het oppervlak. (b) Vergelijk deze warmte met de hoeveelheid energie die de aarde binnenkrijgt als gevolg van de straling van de zon.

81. Op een meer vormt zich een ijslaag. De temperatuur van de lucht boven de laag is −18°C, die van het water 0°C. Neem aan dat de smeltwarmte van het water dat aan de onderkant van de laag bevriest, door de laag naar de lucht erboven wordt geleid. Hoe lang duurt het om een laag ijs van 15 cm dik te vormen?

82. Bij het ingaan van de dampkring smelt een ijzeren meteoriet. Als de begintemperatuur buiten de dampkring −105°C was, bereken dan de minimale snelheid die de meteoriet moet hebben gehad alvorens de dampkring binnen te gaan.

83. Een diepzeeduiker laat vanaf een diepte van 14,0 m een luchtbel met een diameter van 3,60 cm gaan. Neem aan dat de temperatuur constant 298 K is, en dat de lucht zich gedraagt als een ideaal gas. (a) Hoe groot is de bel wanneer deze aan de oppervlakte komt? (b) Schets een PV-diagram van het proces. (c) Pas de eerste hoofdwet van de thermodynamica toe op de bel, en bepaal de arbeid die de lucht verricht om de bel naar de oppervlakte te brengen, de verandering in zijn inwendige energie, en de toe- of afgevoerde warmte van de lucht in de bel bij het opstijgen. Neem de dichtheid van water gelijk aan 1000 kg/m³.

84. Een zuigercompressor is een apparaat dat lucht comprimeert door een heen-en-weerbeweging in één rechte lijn, zoals een zuiger in een cilinder. Beschouw een zuigercompressor die werkt op 150 omw/min. Tijdens een compressieslag wordt 1,00 mol aan lucht gecomprimeerd. De begintemperatuur van de lucht is 390 K, de motor van de compressor levert een vermogen van 7,5 kW om de lucht te comprimeren, en er wordt warmte afgevoerd met een vermogen van 1,5 kW. Bereken de temperatuurverandering per compressieslag.

85. Bij een kamertemperatuur van 18°C is de temperatuur van het glasoppervlak van een gloeilamp van 75 W 75°C. Maak een schatting van de oppervlaktetemperatuur van een gloeilamp van 150 W met een glazen bol van dezelfde afmeting. Beschouw alleen straling, en ga ervan uit dat 90 procent van de energie wordt uitgezonden in de vorm van warmte.

86. Stel dat 3,0 mol neon (een ideaal eenatomig gas) bij STP langzaam en isotherm wordt gecomprimeerd tot 0,22 maal het oorspronkelijke volume. Vervolgens laat men het gas snel en adiabatisch expanderen tot het oorspronkelijke volume. Bepaal de hoogste en laagste temperaturen en drukken die door het gas worden bereikt, en laat in een PV-diagram zien waar deze waarden voorkomen.

87. Bij zeer lage temperaturen is de molaire soortelijke warmte van veel stoffen evenredig met de derde macht van de absolute temperatuur: $C = k\dfrac{T^3}{T_0^3}$, hetgeen soms ook wel de wet van Debye wordt genoemd. Voor bergzout is $T_0 = 281$ K en $k = 1940$ J/(mol·K). Bepaal de warmte die nodig is om 2,75 mol zout te verwarmen van 22,0 K tot 48,0 K.

88. Een dieselmotor kan starten zonder een ontstekingsplug door adiabatische compressie van lucht tot een temperatuur boven de ontbrandingstemperatuur van de dieselvloeistof, die bij de maximale compressie wordt geïnjecteerd in een cilinder. Neem aan dat de lucht bij 280 K en volume V_1 in de cilinder gaat en adiabatisch wordt gecomprimeerd tot 560°C en volume V_2. Aangenomen dat de lucht zich gedraagt als een ideaal gas waarvan de verhouding C_P tot C_V gelijk is aan 1,4, bereken dan de compressieverhouding V_1/V_2 van de motor.

89. Wanneer $6{,}30 \cdot 10^5$ J aan warmte wordt toegevoerd aan een gas in een cilinder, afgesloten door een lichte wrijvingsloze zuiger, waardoor het gas op atmosferische druk blijft, blijkt het volume toe te nemen van 2,2 m³ tot 4,1 m³. Bereken (a) de arbeid die door het gas wordt uitgevoerd en (b) de verandering in de inwendige energie van het gas. (c) Geef dit proces weer in een PV-diagram.

90. In een koude omgeving kan iemand warmte verliezen door geleiding en straling, met een vermogen van circa 200 W. Geef een schatting hoe lang het duurt voor de lichaamstemperatuur daalt van 36,6°C tot 35,6°C als de stofwisseling tijdens dit proces bijna tot stilstand komt. Ga uit van een massa van 70 kg. (Zie tabel 19.1.)

Numeriek/computer

*91. (II) Stel dat 1,0 mol stoom van 100°C met een volume van 0,50 m³ isotherm uitzet tot een volume van 1,00 m³. Neem aan dat stoom voldoet aan de Van der Waals-vergelijking $(P + n^2a/V^2)(V/n - b) = RT$, vgl. 18.9, met $a = 0{,}55$ N·m⁴/mol² en $b = 3{,}0 \cdot 10^{-5}$ m³/mol. Bepaal met behulp van het verband $dW = P\,dV$ numeriek de totale verrichte arbeid W. Je resultaat mag niet meer dan 2 procent afwijken van het resultaat dat wordt verkregen door integratie van de uitdrukking voor dW.

Antwoorden op de opgaven

A: (b).
B: (c).
C: 0,21 kg.
D: 700 J.
E: Minder.
F: $-6{,}8 \cdot 10^3$ J.
G: (d).

Er zijn tal van toepassingen voor warmtemotoren, zoals in oude stoomtreinen en steenkolencentrales. Stoommotoren produceren stoom die arbeid verricht: op turbines om elektriciteit te genereren, en op een zuiger die een koppeling in beweging brengt om de wielen van een locomotief te laten draaien. Voor elke motor, hoe zorgvuldig ook ontworpen, geldt dat het rendement wordt beperkt door de natuur zoals beschreven in de tweede hoofdwet van de thermodynamica. Deze uiterst belangrijke wet kan het best worden geformuleerd in termen van een grootheid die we de entropie noemen, een fysische grootheid die weinig gelijkenis vertoont met enige andere grootheid. Entropie blijft *niet* behouden, maar moet in plaats daarvan voldoen aan een andere voorwaarde: bij elk echt proces moet de entropie toenemen. Entropie is een maat voor wanorde. De tweede wet van de thermodynamica zegt ons dat als de tijd vooruit loopt, de wanorde in het heelal toeneemt.

We bespreken een aantal praktische zaken met betrekking tot warmtemotoren, warmtepompen, en koeling.

Hoofdstuk 20

De tweede hoofdwet van de thermodynamica

Openingsvraag: wat denk jij?

Met fossiele brandstoffen aangedreven elektriciteitscentrales produceren 'thermische vervuiling'. Een deel van de door de brandstof geproduceerde warmte wordt niet omgezet in elektrische energie. De reden voor deze verspilling is:

(a) Het rendement is hoger als er enige warmte kan ontsnappen.
(b) De technologie heeft nog niet het punt bereikt waarop 100 procent omzetting uit warmte mogelijk is.
(c) Er *moet* altijd enige warmte worden verspild: dit is een fundamentele eigenschap van de natuur bij het omzetten van warmte in nuttige arbeid.
(d) De centrales werken met fossiele en niet met nucleaire brandstoffen.
(e) Geen van deze mogelijkheden.

In dit laatste hoofdstuk over warmte en thermodynamica bespreken we de fameuze tweede hoofdwet van de thermodynamica, het begrip 'entropie' dat uit deze fundamentele wet voortkomt en de formule hiervoor. We bespreken ook warmtemotoren: de motoren die warmte omzetten in arbeid, zoals in elektriciteitscentrales, treinen en motorfietsen: het is hieraan te danken dat men op het idee kwam dat er een nieuwe wet nodig was. Ten slotte gaan we kort in op de derde hoofdwet van de thermodynamica.

Inhoud

20.1 De tweede hoofdwet van de thermodynamica: inleiding
20.2 Warmtemotoren
20.3 Reversibele en irreversibele processen; de carnotmotor
20.4 Koelkasten, airconditioners en warmtepompen
20.5 Entropie
20.6 Entropie en de tweede hoofdwet van de thermodynamica
20.7 Van orde naar wanorde
20.8 Het niet beschikbaar zijn van energie; warmtedood
*20.9 Statistische interpretatie van entropie en de tweede hoofdwet
*20.10 Thermodynamische temperatuur: derde hoofdwet van de thermodynamica
*20.11 Thermische vervuiling, opwarming van de aarde en energiebronnen

20.1 De tweede hoofdwet van de thermodynamica: inleiding

De eerste hoofdwet van de thermodynamica stelt dat energie behouden blijft. Er zijn echter tal van processen waarvan we ons kunnen voorstellen dat energie behouden blijft, maar die zich in de natuur niet voordoen. Om een voorbeeld te geven: wanneer een heet en een koud voorwerp met elkaar in contact worden gebracht, stroomt warmte altijd van het hete naar het koude voorwerp, en nooit spontaan andersom. Als warmte van het koude voorwerp naar het hete zou gaan, zou er nog steeds energiebehoud zijn. Toch gebeurt dit niet spontaan.[1]

Als tweede voorbeeld moet je eens denken aan wat er gebeurt wanneer je een steen laat vallen en deze de grond raakt. De potentiële energie van de steen in de begintoestand wordt tijdens het vallen van de steen omgezet in kinetische energie. Wanneer de steen de grond raakt, wordt deze energie op haar beurt omgezet in inwendige energie van de steen en van de grond in de nabijheid van de botsing; de moleculen bewegen sneller en de temperatuur stijgt iets. Maar heb je ooit het omgekeerde zien gebeuren: een steen in rust op de grond die plotseling omhoog gaat bewegen omdat de thermische energie van de moleculen wordt omgezet in kinetische energie van de steen als geheel? Bij een dergelijk proces zou energie behouden kunnen blijven, maar toch zien we het nooit gebeuren.

Er zijn tal van andere voorbeelden of processen die in de natuur voorkomen, maar waarvan het omgekeerde niet voorkomt. Hier zijn er nog twee. (1) Als je een laagje zout in een pot doet en dit bedekt met een laag peperkorrels van dezelfde grootte, worden alle korrels, wanneer je gaat schudden, grondig gemengd. Maar ongeacht hoe lang je schudt, het mengsel splitst zich niet opnieuw in twee lagen. (2) Koffiekopjes en glazen breken spontaan als je ze laat vallen. Ze worden echter niet spontaan weer heel (fig. 20.1).

FIGUUR 20.1 Heb je ooit een dergelijk proces waargenomen, een gebroken kopje dat spontaan weer heel wordt en zich opricht op een tafel? Bij dit proces gelden de wet van behoud van energie en andere wetten.

(a) Begintoestand. (b) Later: kopje maakt zichzelf weer heel en richt zich op. (c) Nog later: kopje landt weer op tafel.

De eerste hoofdwet van de thermodynamica (behoud van energie) wordt niet geschonden als een van deze processen omgekeerd zou verlopen. Om dit ontbreken van omkeerbaarheid, oftewel *reversibiliteit*, te verklaren formuleerden wetenschappers aan het eind van de negentiende eeuw een nieuw principe dat bekendstaat als de tweede hoofdwet van de thermodynamica.

De **tweede hoofdwet van de thermodynamica** doet een uitspraak over welke processen in de natuur kunnen voorkomen en welke niet. Deze wet kan op verschillende manieren worden geformuleerd, die alle equivalent zijn. Een van de formuleringen, afkomstig van J.E. Clausius (1822-1888), is dat

> *Tweede hoofdwet van de thermodynamica (formulering van Clausius)*

warmte spontaan van een heet naar een koud voorwerp kan stromen; warmte stroomt niet spontaan van een koud naar een heet voorwerp.

Omdat deze uitspraak betrekking heeft op een specifiek proces, is het niet duidelijk hoe deze van toepassing kan zijn op andere processen. Er is een algemenere formulering nodig waarin ook andere mogelijke processen op een duidelijker manier zijn opgenomen. De ontwikkeling van een algemene formulering van de tweede hoofdwet van de thermodynamica was deels gebaseerd op het onderzoek van warmtemotoren. Een **warm-**

---

[1] Met spontaan bedoelen we uit zichzelf zonder enige toevoer van arbeid. (Een koelkast verplaatst warmte van een koude omgeving naar een warmere, maar uitsluitend als de motor werkt: paragraaf 20.4.)

temotor is een willekeurig apparaat dat thermische energie omzet in mechanische arbeid, zoals een stoommotor of een automotor. We onderzoeken nu warmtemotoren, deels vanuit praktisch oogpunt, maar ook om aan te tonen wat het belang ervan is geweest voor het opstellen van de tweede hoofdwet van de thermodynamica.

20.2 Warmtemotoren

Thermische energie is eenvoudig te produceren door het verrichten van arbeid: bijvoorbeeld door je handen stevig langs elkaar te wrijven of door een willekeurig ander wrijvingsproces. Maar het verkrijgen van arbeid uit thermische energie is lastiger, en een praktische manier om dit te doen werd pas ontdekt rond 1700 met de ontwikkeling van de stoommotor.

Het basisidee achter elke warmtemotor is dat de mechanische energie uitsluitend uit thermische energie kan worden verkregen wanneer warmte van een hoge naar een lage temperatuur kan stromen. Bij een dergelijk proces kan een deel van de warmte worden omgezet in mechanische arbeid, zoals schematisch weergegeven in fig. 20.2. We zijn uitsluitend geïnteresseerd in motoren die herhaaldelijk een *cyclus* doorlopen (dat wil zeggen: het systeem keert herhaaldelijk terug naar zijn beginpunt) en dus continu kan blijven lopen. Bij elke cyclus is de verandering in inwendige energie van het systeem gelijk aan $\Delta E_{\text{inw}} = 0$ omdat het systeem terugkeert naar de begintoestand. Dus wordt een warmtetoevoer Q_H bij een hoge temperatuur T_H gedeeltelijk omgezet in arbeid W en gedeeltelijk uitgestoten als warmte Q_L bij een lagere temperatuur T_L (fig. 20.2). Op grond van de wet van behoud van energie geldt $Q_H = W + Q_L$. De hoge en lage temperaturen, T_H en T_L, worden de **werktemperaturen** van de motor genoemd. Houd goed in de gaten dat we nu een nieuwe tekenconventie gebruiken: we nemen nu Q_H, Q_L en W altijd positief. De richting van elke energieoverdracht wordt weergegeven door de pijl in het toepasselijke diagram, zoals fig. 20.2.

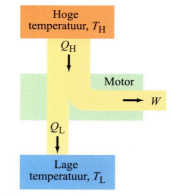

FIGUUR 20.2 Schema voor energieoverdracht voor een warmtemotor.

⚠️ **Let op**

Nieuwe tekenconventie: $Q_H > 0$, $Q_L > 0$, $W > 0$

Natuurkunde in de praktijk

Motoren

■ *Stoommotor en inwendige verbrandingsmotor*

De werking van een stoommotor wordt geïllustreerd in fig. 20.3. Stoommotoren zijn er in twee belangrijke typen, die elk gebruikmaken van stoom die wordt verhit door verbranding van kolen, olie of gas of door kernenergie. In een zuigerwerktuig, fig. 20.3a, komt de verhitte stoom binnen via de inlaatklep en expandeert tegen een zuiger waardoor deze wordt verschoven. Als de zuiger terugkeert naar zijn oorspronkelijke stand, duwt deze de gassen door de uitlaatklep naar buiten. Sterk vergelijkbaar hiermee is een stoomturbine, fig. 20.3b, met dit verschil dat de zuiger is vervangen door een ronddraaiende turbine die veel wegheeft van een schoepenrad met een groot

(a) Zuigerwerktuig

(b) Turbine
(boiler en condensor niet weergegeven)

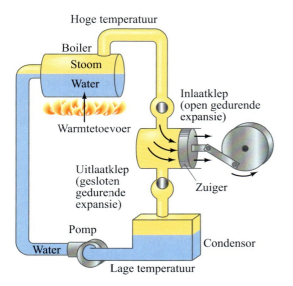
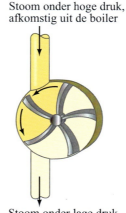

FIGUUR 20.3 Stoommotoren.

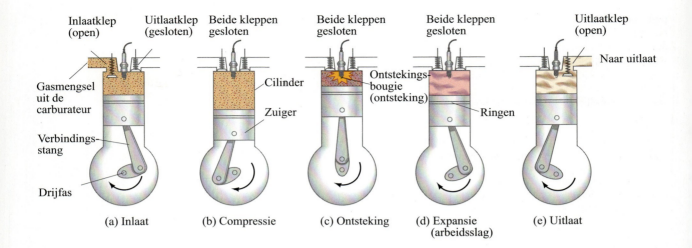

FIGUUR 20.4 Viertaktcyclus van een inwendige verbrandingsmotor: (a) als de zuiger naar beneden gaat, stroomt het benzine-gasmengsel in de cilinder; (b) de zuiger beweegt omhoog en comprimeert het gas; (c) de ontstekingsbougie ontsteekt het sterk gecomprimeerde benzine-luchtmengsel, waardoor de temperatuur hiervan sterkt stijgt; (d) de gassen, nu bij hoge temperatuur en druk, zetten uit tegen de zuiger in de arbeidsslag; (e) de verbrande gassen worden naar buiten geduwd naar de uitlaatpijp; wanneer de zuiger de bovenkant bereikt, sluit de uitlaatklep en gaat de inlaatklep open, en begint de hele cyclus opnieuw. (a), (b), (d) en (e) zijn de vier slagen van de cyclus.

aantal bladen. Tegenwoordig wordt een groot deel van onze elektriciteit opgewekt met behulp van stoomturbines.[1] Het materiaal dat wordt verwarmd en afgekoeld, in dit geval stoom, wordt de **werkzame stof** genoemd.

Bij een inwendige verbrandingsmotor (die in de meeste auto's wordt gebruikt), wordt de hoge temperatuur bereikt door het verbranden van een mengsel van benzine en lucht in de cilinder zelf (ontstoken door de ontstekingsbougie), zoals beschreven in fig. 20.4.

■ *Waarom is er een ΔT nodig om een warmtemotor aan te sturen?*

Laten we om in te zien waarom er een *temperatuurverschil* nodig is om een motor te laten draaien, kijken naar de stoommotor. Veronderstel eens dat er bij het zuigerwerktuig geen condensor of pomp zou zijn (fig. 20.3a), en dat de stoom binnen het gehele systeem dezelfde temperatuur zou hebben. Dit zou betekenen dat de druk van het gas dat naar buiten gaat even groot is als bij binnenkomst. Dus moet er, hoewel er bij expansie arbeid door het gas *op* de zuiger wordt uitgeoefend, een even grote hoeveelheid arbeid *door* de zuiger worden uitgeoefend om de stoom door de uitlaat te persen; dus zou er geen nettoarbeid worden verricht. In een echte motor wordt het uitgaande gas afgekoeld tot een lagere temperatuur en gecondenseerd zodat de druk bij de uitlaat lager is dan bij de inlaat. Dus moet de zuiger weliswaar arbeid verrichten om het gas uit de zuiger te drijven, maar minder dan de arbeid die het gas tijdens de binnenkomst op de zuiger uitoefent. Dus kan er een netto hoeveelheid arbeid worden verkregen, maar uitsluitend als er een temperatuurverschil aanwezig is. Evenzo zou in een gasturbine, wanneer het gas niet zou worden afgekoeld, de druk aan beide zijden van de bladen gelijk zijn. Door het gas aan de uitlaatkant te koelen wordt de druk aan de achterkant van het blad minder, waardoor de turbine gaat draaien.

■ *Rendement en de tweede hoofdwet*

Het **rendement**, e, van een warmtemotor kan worden gedefinieerd als de verhouding tussen de arbeid die hij verricht, W, tot de toegevoerde warmte bij de hoge temperatuur, Q_H (fig. 20.2):

---

[1] Zelfs kerncentrales maken gebruik van stoomturbines; de nucleaire brandstof (uranium) dient voornamelijk als brandstof voor het verhitten van de stoom.

$$e = \frac{W}{Q_H}.$$

Dit is een zinvolle definitie omdat W de uitvoer is (dat wat je uit de machine haalt), terwijl Q_H datgene is wat je erin stopt en waarvoor je betaalt aan verbrande brandstof. Omdat de energie behouden blijft, moet de toegevoerde warmte Q_H gelijk zijn aan de verrichte arbeid plus de uitgaande warmtestroom bij de lage temperatuur (Q_L):

$$Q_H = W + Q_L.$$

Dus geldt $W = Q_H - Q_L$, en is het rendement van een motor gelijk aan

$$e = \frac{W}{Q_H} \tag{20.1a}$$

$$= \frac{Q_H - Q_L}{Q_H} = 1 - \frac{Q_L}{Q_H}. \tag{20.1b}$$

Om het rendement uit te drukken als een percentage vermenigvuldigen we vgl. 20.1 met 100. Merk op dat e alleen dan gelijk kan zijn aan 1,0 (oftewel 100 procent) als Q_L nul zou zijn: dat wil zeggen als er geen warmte zou worden afgestaan aan de omgeving.

Voorbeeld 20.1 Rendement van een auto

Een automotor heeft een rendement van 20 procent en produceert per seconde gemiddeld 23.000 J aan mechanische arbeid. (*a*) Hoeveel warmtetoevoer is er vereist, en (*b*) hoeveel overtollige warmte wordt er bij deze motor per seconde afgegeven?

Aanpak Bij een gegeven $W = 23.000$ J per seconde en een rendement $e = 0,20$ willen we zowel de warmtetoevoer Q_H als de warmte-uitstroom Q_L bepalen. We gebruiken de verschillende vormen van de definitie van rendement, vgl. 20.1, om eerst Q_H en vervolgens Q_L te bepalen.

Oplossing (*a*) Uit vgl. 20.1a, $e = W/Q_H$, lossen we Q_H op:

$$Q_H = \frac{W}{e} = \frac{23{,}000 \text{ J}}{0{,}20}$$
$$= 1{,}15 \times 10^5 \text{ J} = 115 \text{ kJ}.$$

Voor de motor is een warmtetoevoer van 115 kJ/s = 115 kW nodig.

(*b*) We gebruiken nu vgl. 20.1b ($e = 1 - Q_L/Q_H$) en lossen Q_L op:

$$Q_L = (1-e)Q_H = (0{,}80)115 \text{ kJ} = 92 \text{ kJ}.$$

De motor staat per seconde 92 kJ/s = 92 kW af aan de omgeving.

Opmerking Van de 115 kJ die per seconde de motor in gaat, verricht slechts 23 kJ nuttige arbeid terwijl 92 kJ wordt verspild door warmteafgifte aan de omgeving.

Opmerking Het vraagstuk was geformuleerd in termen van energie per tijdseenheid. We hadden het evengoed kunnen formuleren in termen van vermogen, omdat 1 J/s = 1 W.

Opgave A
Een adiabatisch proces is gedefinieerd als een proces waarbij geen warmte in of uit het systeem stroomt. Als een ideaal gas adiabatisch uitzet zoals weergegeven in fig. 20.5 (zie ook fig. 19.8), is de verrichte arbeid W bij deze expansie gelijk aan de oppervlakte van het gearceerde gebied onder de grafiek. Het rendement van dit proces zou gelijk zijn aan $e = W/Q$, en dus veel groter dan 100 procent (= omdat $Q = 0$). Is dit een schending van de tweede hoofdwet?

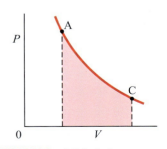

FIGUUR 20.5 Adiabatisch proces, opgave A.

Uit vgl. 20.1b, $e = 1 - Q_L/Q_H$, volgt dat het rendement van een motor groter kan zijn als Q_L klein kan worden gehouden. Uit ervaring met een grote verscheidenheid aan systemen is echter gebleken dat het niet mogelijk is om Q_L tot nul te reduceren. Als Q_L tot nul zou kunnen worden gereduceerd, zouden we een motor met een rendement van 100 procent hebben, zoals afgebeeld in fig. 20.6.

Dat een dergelijke perfecte motor (die continu een cyclus doorloopt) niet mogelijk is, is een andere manier om de tweede hoofdwet van de thermodynamica uit te drukken:

Het is onmogelijk een apparaat te bouwen waarvan het enige effect is dat een gegeven hoeveelheid warmte volledig wordt omgezet in arbeid.

Dit staat bekend als de **Kelvin-Planck-formulering van de tweede hoofdwet van de thermodynamica.**

Anders gezegd: *er kan geen perfecte warmtemotor zijn (met een rendement van 100 procent)*, zoals schematisch weergegeven in fig. 20.6.

Als de tweede hoofdwet niet zou gelden, zodat een perfecte motor zou kunnen worden gebouwd, zouden er enkele opmerkelijke dingen kunnen gebeuren. Om een voorbeeld te geven: als de motor van een schip geen reservoir met lage temperatuur nodig zou hebben om zijn warmte kwijt te kunnen, zou het schip de hele zee kunnen doorkruisen door gebruik te maken van de enorme bronnen aan inwendige energie van het zeewater. Sterker nog, we zouden helemaal geen brandstofproblemen meer hebben!

Tweede hoofdwet van de thermodynamica (Kelvin-Planck-formulering)

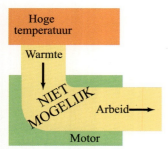

FIGUUR 20.6 Schema van een hypothetische perfecte warmtemotor waarbij alle toegevoerde warmte zou kunnen worden omgezet in arbeid.

20.3 Reversibele en irreversibele processen; de carnotmotor

In het begin van de negentiende eeuw deed de Franse wetenschapper N.L. Sadi Carnot (1796-1832) diepgaand onderzoek naar de omzetting van warmte in mechanische energie. Zijn doel was aanvankelijk om te bepalen hoe het rendement van warmtemotoren zou kunnen worden vergroot, maar zijn studies leidden hem weldra naar het onderzoeken van de grondslagen van de thermodynamica zelf. In 1824 vond Carnot (op papier) een geïdealiseerd type motor uit die we nu de *carnotmotor* noemen. Er is geen echt bestaande carnotmotor, maar als theoretisch idee speelde deze hypothetische motor een belangrijke rol bij de totstandkoming en het begrip van de tweede hoofdwet van de thermodynamica.

■ *Reversibele en irreversibele processen*

Bij de carnotmotor spelen *reversibele processen* een rol, dus alvorens die te behandelen, moeten we bespreken wat bedoeld wordt met reversibele en irreversibele processen. Een **reversibel** proces is een proces dat oneindig langzaam wordt uitgevoerd, zodat het proces kan worden beschouwd als een reeks evenwichtstoestanden en het gehele proces omgekeerd zou kunnen verlopen zonder verandering van de verrichte arbeid of de uitgewisselde warmte. Zo zou bijvoorbeeld een gas (in een cilinder die is afgesloten door een nauwsluitende, beweegbare, maar wrijvingsloze zuiger) op een reversibele manier isotherm kunnen worden gecomprimeerd, mits dit oneindig langzaam gebeurt. Niet alle zeer langzame (quasistatische) processen zijn echter reversibel. Als bijvoorbeeld wrijving een rol speelt (zoals tussen de zojuist genoemde beweegbare zuiger en cilinder), is de verrichte arbeid in de ene richting (van een of andere toestand A naar toestand B) niet gelijk aan het tegengestelde van de verrichte arbeid in de omgekeerde richting (toestand B naar toestand A). Een dergelijk proces wordt niet als reversibel beschouwd. In de praktijk is een perfect reversibel proces niet te realiseren omdat hiervoor een oneindig lange tijd nodig zou zijn; reversibele processen kunnen echter wel willekeurig dicht worden benaderd en uit theoretisch oogpunt zijn ze van groot belang.

Alle echte processen zijn **irreversibel**: ze worden niet oneindig langzaam uitgevoerd. Er zou turbulentie in het gas kunnen zijn, er zou wrijving kunnen zijn enzovoort. Geen enkel proces zou precies omgekeerd kunnen verlopen, omdat de warmte die verloren gaat door wrijving niet uit zichzelf terugkomt, de turbulentie zou verschillen enzovoort. Bij een willekeurig gegeven volume zou het niet altijd mogelijk zijn om een druk P en temperatuur T te definiëren omdat het systeem niet altijd in een evenwichtstoestand zou zijn. Daarom kan een echt irreversibel proces niet worden weergegeven in een *PV*-diagram, behalve wanneer het een ideaal reversibel proces benadert. Een reversibel proces kan (omdat dit een quasistatische reeks evenwichtstoestanden doorloopt) altijd worden weergegeven in een *PV*-diagram; en bij uitvoering in omgekeerde richting doorloopt een reversibel proces in een *PV*-diagram hetzelfde pad. Hoewel alle echte processen irreversibel zijn, zijn reversibele processen conceptueel van belang, net zoals het concept van een ideaal gas dat is.

■ De carnotmotor

Laten we nu eens gaan kijken naar de geïdealiseerde carnotmotor. De **carnotmotor** maakt gebruik van een reversibele cyclus, waarmee we een reeks reversibele processen bedoelen die een bepaalde stof (de *werkzame stof*) vanuit een beginevenwichtstoestand in een aantal andere evenwichtstoestanden brengen en deze weer terugbrengen in dezelfde begintoestand. In het bijzonder maakt de carnotmotor gebruik van de **carnotcyclus**, die is afgebeeld in fig. 20.7, waarbij wordt verondersteld dat de werkzame stof een ideaal gas is. Laten we starten vanuit een bepaalde begintoestand. Het gas kan eerst isotherm expanderen en reversibel, via pad ab, bij temperatuur T_H, wordt er warmte Q_H aan toegevoegd. Vervolgens kan het gas adiabatisch en reversibel expanderen, pad bc; er wordt geen warmte uitgewisseld en de temperatuur van het gas daalt tot T_L. De derde stap is een reversibele, isotherme compressie, pad cd, waarbij er warmte Q_L uit de werkzame stof stroomt. Ten slotte wordt het gas adiabatisch gecomprimeerd, langs pad da, terug naar zijn begintoestand. Een carnotcyclus bestaat dus uit twee isotherme en twee adiabatische processen.

De netto verrichte arbeid door een carnotmotor (of een ander type motor met een reversibele cyclus) is gelijk aan de oppervlakte die wordt ingesloten door de kromme die de cyclus in het *PV*-diagram voorstelt, de kromme abcd in fig. 20.7. (Zie paragraaf 19.7.)

■ Carnotrendement en de tweede hoofdwet van de thermodynamica

Het rendement van een carnotmotor wordt, zoals bij elke warmtemotor, gegeven door de vergelijking

$$e = 1 - \frac{Q_L}{Q_H}. \tag{20.1b}$$

Voor een carnotmotor die een ideaal gas gebruikt kunnen we echter aantonen dat het rendement uitsluitend afhangt van de temperaturen van de warmtereservoirs, T_H en T_L. Bij het eerste isotherme proces ab in fig. 20.7, is de door het gas verrichte arbeid (zie vgl. 19.8) gelijk aan

$$W_{ab} = nRT_H \ln \frac{V_b}{V_a},$$

waarbij *n* gelijk is aan het aantal mol van het ideale gas dat als werkzame stof wordt gebruikt. Omdat bij constante temperatuur de inwendige energie van een ideaal gas niet verandert, zegt de eerste hoofdwet van de thermodynamica dat de aan het gas toegevoegde warmte gelijk is aan de door het gas verrichte arbeid:

$$Q_H = nRT_H \ln \frac{V_b}{V_a}.$$

Evenzo is de door het gas verloren warmte in het isotherme proces cd gelijk aan

$$Q_L = nRT_L \ln \frac{V_c}{V_d}.$$

De banen bc en da zijn adiabatisch, dus volgt uit vgl. 19.15:

$$P_b V_b^\gamma = P_c V_c^\gamma \text{ en } P_d V_d^\gamma = P_a V_a^\gamma,$$

waarbij $\gamma = C_P/C_V$ de verhouding is van de molaire soortelijke warmten (vgl. 19.14). Ook volgt uit de ideale gaswet

$$\frac{P_b V_b}{T_H} = \frac{P_c V_c}{T_L} \text{ en } \frac{P_d V_d}{T_L} = \frac{P_a V_a}{T_H}.$$

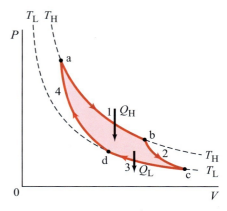

FIGUUR 20.7 De carnotcyclus. Warmtemotoren werken volgens een cyclus, en de cyclus voor de carnotmotor begint in een punt in het bijbehorende *PV*-diagram. (1) Het gas kan eerst isotherm uitzetten, met toevoeging van warmte Q_H, langs het pad ab bij temperatuur T_H. (2) Vervolgens zet het gas adiabatisch uit van b naar c: er wordt geen warmte uitgewisseld maar de temperatuur daalt tot T_L. (3) Vervolgens wordt het gas gecomprimeerd bij constante temperatuur T_L, langs pad cd, en stroomt er warmte Q_L naar buiten. (4) Ten slotte wordt het gas adiabatisch gecomprimeerd, langs pad da, terug naar zijn begintoestand. Er is geen echt bestaande carnotmotor, maar als theoretisch idee speelde dit een belangrijke rol bij de totstandkoming en het begrip van de tweede hoofdwet van de thermodynamica.

Wanneer we deze laatste vergelijkingen termsgewijs invullen in de overeenkomstige vergelijkingen op de regel hierboven, vinden we

$$T_H V_b^{\gamma-1} = T_L V_c^{\gamma-1} \text{ en } T_L V_d^{\gamma-1} = T_H V_a^{\gamma-1}.$$

Vervolgens delen we de linker vergelijking door de rechter en vinden

$$\left(\frac{V_b}{V_a}\right)^{\gamma-1} = \left(\frac{V_c}{V_d}\right)^{\gamma-1}$$

oftewel

$$\frac{V_b}{V_a} = \frac{V_c}{V_d}.$$

Door dit resultaat te substitueren in de vergelijkingen voor Q_H en Q_L vinden we

$$\frac{Q_L}{Q_H} = \frac{T_L}{T_H}. \qquad \text{[carnotcyclus]} \quad (20.2)$$

Dus kan het rendement van een reversibele carnotmotor nu worden geschreven

$$e_{\text{ideaal}} = 1 - \frac{Q_L}{Q_H}$$

oftewel

$$e_{\text{ideaal}} = 1 - \frac{T_L}{T_H}. \qquad \text{[carnotrendement; kelvintemperaturen]} \quad (20.3)$$

De temperaturen T_L en T_H zijn de absolute temperaturen oftewel kelvintemperaturen zoals gemeten op de ideale-gastemperatuurschaal. Dus is het rendement van een carnotmotor alleen afhankelijk van de temperaturen T_L en T_H.

We zouden andere mogelijke reversibele cycli kunnen bekijken die voor een ideale reversibele motor zouden kunnen worden gebruikt. Volgens een stelling zoals geformuleerd door Carnot geldt:

Alle reversibele motoren die tussen dezelfde twee constante temperaturen T_H en T_L werken, hebben hetzelfde rendement. Elke irreversibele motor die tussen dezelfde twee vaste temperaturen werkt, heeft een lager rendement.

Dit staat bekend als de **stelling van Carnot**.[1] Deze stelling zegt ons dat vgl. 20.3, $e_{\text{ideaal}} = 1 - (T_L/T_H)$, van toepassing is op elke ideale reversibele motor met vaste toevoer- en uitlaattemperaturen, T_H en T_L, en dat deze vergelijking een maximaal haalbaar rendement voor een echte (dat wil zeggen, irreversibel) motor voorstelt.

In de praktijk is het rendement van echte motoren altijd lager dan het carnotrendement. Goed ontworpen motoren halen 60 tot 80 procent van het carnotrendement.

Voorbeeld 20.2 Een onzinnige bewering?

Een motorfabrikant doet de volgende beweringen: de warmtetoevoer per seconde aan een motor is 9,0 kJ bij 435 K. De warmte-uitstoot per seconde is 4,0 kJ bij 285 K. Geloof je deze beweringen?

Aanpak Het rendement van de motor kan worden berekend uit de definitie, vgl. 20.1. Dit moet kleiner zijn dan wat maximaal mogelijk is, vgl. 20.3.

Oplossing Het geclaimde rendement van de motor is (vgl. 20.1b)

$$e = 1 - \frac{Q_L}{Q_H} = 1 - \frac{4,0 \text{ kJ}}{9,0 \text{ kJ}} = 0,56,$$

oftewel 56 procent. Het maximaal haalbare rendement wordt gegeven door het carnotrendement, vgl. 20.3:

$$e_{\text{ideaal}} = 1 - \frac{T_L}{T_H} = 1 - \frac{285 \text{ K}}{435 \text{ K}} = 0,34,$$

---

[1] Er kan aangetoond worden dat de stelling van Carnot rechtstreeks volgt uit ofwel de formulering van Clausius of die van Kelvin-Planck van de tweede hoofdwet van de thermodynamica.

oftewel 34 procent. De beweringen van de fabrikant zijn in strijd met de tweede hoofdwet van de thermodynamica en dus ongeloofwaardig.

> **Opgave B**
> Een lopende motor heeft een toevoertemperatuur T_H = 400 K en een uitlaattemperatuur T_L = 300 K. Welke van de volgende rendementen zijn *niet* mogelijk voor de motor? (*a*) 0,10; (*b*) 0,16; (*c*) 0,24; (*d*) 0,30.

Uit vgl. 20.3 blijkt duidelijk dat een motor met een rendement van 100 procent niet mogelijk is. Alleen als de uitlaattemperatuur, T_L, gelijk zou zijn aan het absolute nulpunt zou een rendement van 100 procent te bereiken zijn. Maar het bereiken van het absolute nulpunt is een praktische (evenals een theoretische) onmogelijkheid.[1] Daarom kunnen we stellen, zoals we in paragraaf 20.2 reeds hebben gedaan, dat het

onmogelijk is een apparaat te bouwen waarvan het enige effect is dat een gegeven hoeveelheid warmte volledig wordt omgezet in arbeid.

Zoals we in paragraaf 20.2 hebben gezien, staat dit bekend als de *Kelvin-Planck-formulering van de tweede hoofdwet van de thermodynamica*. Deze zegt dat er geen perfecte warmtemotor (met een rendement van 100 procent) kan zijn zoals schematisch weergegeven in fig. 20.6.

> **Opgave C**
> Ga terug naar de openingsvraag aan het begin van dit hoofdstuk, en beantwoord die nogmaals. Probeer te verklaren waarom je die de eerste keer misschien anders beantwoord hebt.

*De ottocyclus

De werking van een inwendige verbrandingsmotor van een auto (fig. 20.4) kan worden benaderd door een reversibele cyclus die bekendstaat als de *ottocyclus*, waarvan het *PV*-diagram is weergegeven in fig. 20.8. In tegenstelling tot de carnotcyclus zijn de toevoer- en uitlaattemperaturen van de ottocyclus *niet* constant. De processen langs de paden ab en cd zijn adiabatisch en langs de paden bc en da blijft het volume constant. Het gas (benzine-luchtmengsel) komt de cilinder binnen bij punt a en wordt adiabatisch gecomprimeerd (compressieslag) tot aan punt b. Bij b vindt een ontsteking plaats (met behulp van een bougie) en wordt door het verbranden van het gas warmte Q_H toegevoegd aan het systeem bij constant volume (bij een echte motor bij benadering). De temperatuur en druk stijgen en vervolgens, in de arbeidsslag, zet het gas adiabatisch uit. In de uitlaatslag, da, wordt er warmte Q_L afgestaan aan de omgeving (bij een echte motor verlaat het gas de motor en wordt vervangen door een nieuw mengsel van lucht en brandstof).

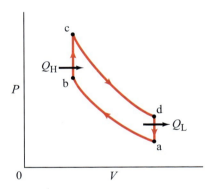

FIGUUR 20.8 De ottocyclus.

Voorbeeld 20.3 De ottocyclus

(*a*) Toon aan dat voor een ideaal gas als werkzame stof het rendement van een ottocyclusmotor gelijk is aan

$$e = 1 - \left(\frac{V_a}{V_b}\right)^{1-\gamma}$$

met γ de verhouding tussen de soortelijke warmten ($\gamma = C_P/C_V$, vgl. 19.14) en V_a/V_b de *compressieverhouding*. (*b*) Bereken het rendement voor een compressieverhouding $V_a/V_b = 8,0$ uitgaande van een tweeatomig gas zoals O_2 en N_2.

Aanpak We gebruiken de oorspronkelijke definitie van rendement en de resultaten uit hoofdstuk 19 voor constant volume en adiabatische processen (paragrafen 19.8 en 19.9).

---

[1] Dit resultaat staat bekend als de *derde hoofdwet van de thermodynamica*, zoals wordt besproken in paragraaf 20.10.

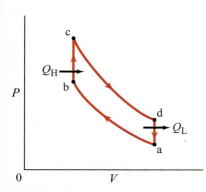

FIGUUR 20.8 (herhaald voor voorbeeld 20.3) De ottocyclus.

Oplossing In de ideale ottocyclus vindt de warmteuitwisseling plaats bij constant volume, dus volgt uit vgl. 19.10a:

$$Q_H = nC_V(T_c - T_b) \text{ en } Q_L = nC_V(T_d - T_a).$$

En vervolgens uit vgl. 20.1b,

$$e = 1 - \frac{Q_L}{Q_H} = 1 - \left[\frac{T_d - T_a}{T_c - T_b}\right].$$

Om dit uit te drukken in de compressieverhouding V_a/V_b gebruiken we het resultaat uit paragraaf 19.9, vgl. 19.15, PV^γ =constant gedurende de adiabatische processen ab en cd. Dus geldt

$$P_a V_a^\gamma = P_b V_b^\gamma \text{ en } P_c V_c^\gamma = P_d V_d^\gamma.$$

We gebruiken de ideale gaswet, $P = nRT/V$, en substitueren P in deze twee vergelijkingen

$$T_a V_a^{\gamma-1} = T_b V_b^{\gamma-1} \text{ and } T_c V_c^{\gamma-1} = T_d V_d^{\gamma-1}$$

Dan is het rendement (zie boven) gelijk aan

$$e = 1 - \left[\frac{T_d - T_a}{T_c - T_b}\right] = 1 - \left[\frac{T_c(V_c/V_d)^{\gamma-1} - T_b(V_b/V_a)^{\gamma-1}}{T_c - T_b}\right].$$

Maar de processen bc en da verlopen bij constant volume, dus $V_c = V_b$ en $V_d = V_a$.

Dus geldt $V_c/V_d = V_b/V_a$ en

$$e = 1 - \left[\frac{(V_b/V_a)^{\gamma-1}(T_c - T_b)}{T_c - T_b}\right] = 1 - \left(\frac{V_b}{V_a}\right)^{\gamma-1} = 1 - \left(\frac{V_a}{V_b}\right)^{1-\gamma}.$$

(b) Voor tweeatomige moleculen (paragraaf 19.8), geldt $\gamma = C_P/C_V = 1{,}4$ dus

$$e = 1 - (8{,}0)^{1-\gamma} = 1 - (8{,}0)^{-0{,}4} = 0{,}56.$$

Voor echte motoren is een dergelijk hoog rendement onhaalbaar, omdat ze de ottocyclus niet perfect volgen, plus dat er effecten zijn te wijten aan wrijving, turbulentie, warmteverlies en onvolledige verbranding van de gassen.

20.4 Koelkasten, airconditioners en warmtepompen

De werking van koelkasten, airconditioners en warmtepompen is precies omgekeerd aan die van een warmtemotor. Elk van deze apparaten brengt warmte van een koude naar een warme omgeving. Zoals schematisch weergegeven in fig. 20.9, wordt door het verrichten van arbeid W warmte afgevoerd van een gebied met lage temperatuur T_L (zoals binnen in een koelkast), en wordt er een grotere hoeveelheid warmte uitgestoten bij een hoge temperatuur T_H (de kamer). Vaak kun je voelen dat er onder een koelkast hete lucht wordt uitgeblazen. De arbeid W wordt gewoonlijk verricht door een elektromotor die een vloeistof comprimeert, zoals afgebeeld in fig. 20.10.

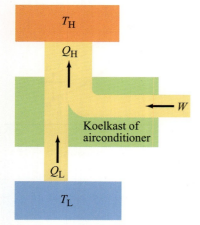

FIGUUR 20.9 Schema voor de energieoverdracht van een koelkast en een airconditioner.

Een perfecte **koelkast** (een waarbij er geen arbeid hoeft te worden verricht om warmte van het gebied met de lage temperatuur naar het gebied met de hoge temperatuur te brengen) is niet mogelijk. Dit is de **Clausiusformulering van de tweede hoofdwet van de thermodynamica**, reeds genoemd in paragraaf 20.1, die formeel luidt:

De tweede hoofdwet van de thermodynamica (formulering van Clausius)

Het is niet mogelijk om een apparaat te bouwen waarvan het enige effect is om warmte van een systeem met een temperatuur T_L over te brengen naar een tweede systeem met een hogere temperatuur T_H.

Om warmte van een voorwerp (of systeem) met een lage temperatuur naar een voorwerp (of systeem) met hoge temperatuur te laten stromen, moet er arbeid worden verricht. Dus *kan er geen perfecte koelkast bestaan*.

De **prestatiecoëfficiënt** (COP: 'coefficient of performance') van een koelkast is gedefinieerd als de warmte Q_L die wordt afgevoerd van het gebied met de lage tempe-

Natuurkunde in de praktijk

Koelkast

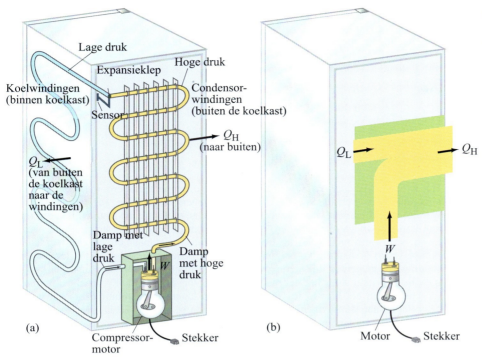

FIGUUR 20.10 (a) Standaard koelkastsysteem. De elektrische compressormotor perst een gas bij hoge druk door een warmtewisselaar (condensor) aan de achterwand van de koelkast waar Q_H wordt afgegeven en het gas afkoelt tot een vloeistof. De vloeistof stroomt van een gebied met hoge druk, via een klep, naar buizen met lage druk aan de binnenwanden van de koelkast. De vloeistof verdampt bij deze lagere druk en absorbeert zo de warmte (Q_L) van de binnenkant van de koelkast. De vloeistof stroomt terug naar de compressor waar de cyclus opnieuw begint, (b) Schema zoals fig. 20.9.

ratuur (binnen een koelkast) gedeeld door de verrichte arbeid W om de warmte af te voeren (fig. 20.9 of 20.10b):

$$\text{COP} = \frac{Q_L}{W}. \qquad \text{[koelkast en airconditioner]} \quad (20.4a)$$

Dit is een zinvolle definitie omdat hoe meer warmte Q_L bij een gegeven hoeveelheid arbeid van de binnenkant van de koelkast kan worden afgevoerd, des te beter de werking (het rendement) van de koelkast. Energie blijft behouden, dus kunnen we op grond van de eerste hoofdwet van de thermodynamica schrijven (zie fig. 20.9 of 20.10b) $Q_L + W = Q_H$, oftewel $W = Q_H - Q_L$. Vgl. 20.4a gaat dan over in

$$\text{COP} = \frac{Q_L}{W} = \frac{Q_L}{Q_H - Q_L}. \qquad \text{[koelkast, airconditioner]} \quad (20.4b)$$

Voor een ideale koelkast (geen perfecte, wat onmogelijk is), is het beste wat we kunnen bereiken

$$\text{COP}_{\text{ideaal}} = \frac{T_L}{T_H - T_L}, \qquad \text{[koelkast, airconditioner]} \quad (20.4c)$$

analoog aan de ideale carnotmotor (vgl. 20.2 en 20.3).

Een **airconditioner** werkt in grote lijnen op dezelfde manier als een koelkast, hoewel de feitelijke constructiedetails verschillen: een airconditioner voert warmte Q_L af uit een kamer of een gebouw met een lage temperatuur, en voert warmte Q_H toe aan de buitenomgeving met een hogere temperatuur. De vergelijkingen 20.4 beschrijven ook de prestatiecoëfficiënt voor een airconditioner.

 Natuurkunde in de praktijk

Airconditioner

Voorbeeld 20.4 IJs maken

Een diepvries heeft een COP van 3,8 en gebruikt 200 W aan vermogen. Hoe lang duurt het voor deze verder lege diepvries een ijsblokjesvorm gevuld met 600 g water van 0°C bevriest?

Aanpak In vgl. 20.4b is Q_L de warmte die uit het water moet worden afgevoerd om het ijs te laten worden. Om Q_L te bepalen gebruiken we de latente smeltwarmte L van water en vgl. 19.3 $Q = mL$.

Oplossing Uit tabel 19.2 weten we dat $L = 333$ kJ/kg. Dus is $Q = mL =(0{,}600$ kg$)(3{,}33 \cdot 10^5$ J/kg$) = 2{,}0 \cdot 10^5$ J de totale energie die van het water moet worden afgevoerd. De diepvries verricht arbeid met een vermogen van 200 W = 200 J/s = W/t, met W de arbeid die verricht wordt in t seconden. We lossen t hieruit op: $t = W/(200$ J/s$)$. Voor W gebruiken we vgl. 20.4a: $W = Q_L/\text{COP}$. Dus is

$$t = \frac{W}{200 \text{ J/s}} = \frac{Q_L/\text{COP}}{200 \text{ J/s}}$$
$$= \frac{(2{,}0 \times 10^5 \text{ J})/(3{,}8)}{200 \text{ J/s}} = 260 \text{ s}.$$

oftewel ongeveer $4\tfrac{1}{2}$ min.

Natuurkunde in de praktijk

Warmtepomp

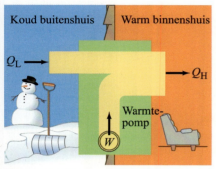

FIGUUR 20.11 Een warmtepomp gebruikt een elektromotor om warmte van de koude buiten naar de warmte binnenshuis te 'pompen'.

Let op

Warmtepompen en airconditioners hebben verschillende COP-definities.

Het is natuurlijk dat warmte van hoge naar lage temperatuur stroomt. Koelkasten en airconditioners verrichten arbeid om het tegenovergestelde te bewerkstelligen: warmte van koud naar warm laten stromen. We zouden kunnen zeggen dat ze warmte van koude naar warme gebieden 'pompen', tegen de natuurlijke neiging van warmte in om van warm naar koud te stromen, net zoals water naar boven kan worden gepompt, tegen de natuurlijke neiging in om naar beneden te stromen. De term **warmtepomp** wordt gewoonlijk gereserveerd voor een apparaat dat een huis kan verwarmen in de winter door het gebruik van een motor die arbeid W verricht om warmte Q_L van buiten het huis af te voeren waar een lagere temperatuur heerst en warmte Q_H aflevert aan de warmere omgeving binnenshuis; zie fig. 20.11. Net zoals bij een koelkast is er binnen en buiten een warmtewisselaar (windingen van de koelkast) en een compressormotor. De werking is vergelijkbaar met die van een koelkast of airconditioner; maar het doel van een warmtepomp is niet om te koelen (warmte afvoeren), maar verwarmen (warmte leveren). Derhalve is de prestatiecoëfficiënt voor een warmtepomp anders gedefinieerd dan voor een airconditioner, omdat nu de warmte Q_H die aan de ruimte binnenshuis wordt geleverd van belang is:

$$\text{COP} = \frac{Q_H}{W}. \qquad \text{[warmtepomp]} \quad (20.5)$$

De COP is noodzakelijkerwijs groter dan 1. De meeste warmtepompen kunnen worden 'omgekeerd' en in de zomer als airconditioners worden gebruikt.

Voorbeeld 20.5   Warmtepomp

Een warmtepomp heeft een prestatiecoëfficiënt van 3,0 en wordt geschat op een vermogen van 1500 W. (*a*) Hoeveel warmte kan deze per seconde toevoegen aan een ruimte? (*b*) Als de warmtepomp zou worden omgekeerd om in de zomer als airconditioner te dienen, wat zou je dan als prestatiecoëfficiënt verwachten, aangenomen dat voor het overige alles hetzelfde blijft?

Aanpak We gebruiken de definities van de prestatiecoëfficiënt, die voor de twee apparaten in (*a*) en (*b*) verschillen.

Oplossing (*a*) Voor de warmtepomp gebruiken we vgl. 20.5, en, omdat ons apparaat per seconde 1500 J aan arbeid verricht, kan het warmte in de ruimte laten stromen met een energie van

$$Q_H = \text{COP} \times W = 3{,}0 \; 1500 \text{ J} = 4500 \text{ J}$$

per seconde, oftewel een vermogen van 4500 W.

(*b*) Als het apparaat 's zomers omgekeerd wordt gebruikt, kan het de warmte Q_L binnenshuis afvoeren en 1500 J aan arbeid per seconde verrichten om vervolgens $Q_H = 4500$ J per seconde aan de warme omgeving buitenshuis af te staan. De energie blijft behouden, dus is $Q_L + W = Q_H$ (zie fig. 20.11, maar met binnenshuis en buitenshuis verwisseld). Dus geldt

$$Q_L = Q_H - W = 4500 \text{ J} - 1500 \text{ J} = 3000 \text{ J}.$$

De prestatiecoëfficiënt als airconditioner zou dus gelijk zijn aan (vgl. 20.4a)

$$\text{COP} = \frac{Q_L}{W} = \frac{3000 \text{ J}}{1500 \text{ J}} = 2{,}0.$$

20.5 Entropie

Tot dusver hebben we de tweede hoofdwet van de thermodynamica geformuleerd voor specifieke situaties. Wat we feitelijk nodig hebben is een algemene formulering van de tweede hoofdwet die in alle situaties geldt, met inbegrip van de eerder in dit hoofdstuk besproken situaties die niet in de natuur worden waargenomen, hoewel ze niet in strijd zijn met de eerste hoofdwet van de thermodynamica. Pas in de tweede helft van de negentiende eeuw werd er eindelijk een algemene formulering gevonden voor de tweede hoofdwet van de thermodynamica – namelijk door deze uit te drukken in een grootheid die de **entropie** wordt genoemd, rond 1860 geïntroduceerd door Clausius. In paragraaf 20.7 zullen we zien dat entropie kan worden geïnterpreteerd als een maat voor de wanorde van een systeem.

Wanneer we te maken hebben met entropie, is het, net als bij potentiële energie, niet de totale waarde die van belang is, maar de *verandering*. Volgens Clausius is de verandering in entropie S van een systeem, bij *toevoeging* van een hoeveelheid warmte Q bij een reversibel proces bij constante temperatuur, gegeven door

$$\Delta S = \frac{Q}{T},$$

met T de temperatuur in kelvin.

Als de temperatuur niet constant is, definiëren we de entropie S door de betrekking

$$dS = \frac{dQ}{T}.$$

Vervolgens is de verandering in entropie van een systeem, reversibel genomen tussen twee toestanden a en b, gegeven door[1]

$$\Delta S = S_b - S_a = \int_a^b dS = \int_a^b \frac{dQ}{T}. \qquad \text{[reversibel proces]} \quad (20.8)$$

Een zorgvuldige analyse (zie hierna) laat zien dat wanneer een systeem door een reversibel proces van de ene toestand in de andere wordt gebracht, de entropieverandering niet afhangt van het soort proces. Dat wil zeggen: $\Delta S = S_b - S_a$ hangt uitsluitend af van de begintoestanden a en b van het systeem. Derhalve is entropie (in tegenstelling tot warmte) een *toestandsvariabele*. Elk systeem in een bepaalde toestand heeft een temperatuur, een volume, een druk en ook een bepaalde waarde van de entropie. Het is gemakkelijk in te zien waarom entropie een toestandsvariabele voor een carnotcyclus is. In vgl. 20.2 zagen we dat $Q_L/Q_H = T_L/T_H$, wat we kunnen herschrijven als

$$\frac{Q_L}{T_L} = \frac{Q_H}{T_H}.$$

In het PV-diagram voor een carnotcyclus, fig. 20.7 is de entropieverandering voor de overgang $\Delta S = Q/T$ bij de overgang van toestand a naar toestand c langs pad abc (= $Q_H/T_H + 0$) gelijk aan die langs het pad adc. Dat wil zeggen: de verandering in entropie is onafhankelijk van het pad en hangt uitsluitend af van de begin- en eindtoestanden van het systeem.

■ *Aantonen dat entropie een toestandsvariabele is*

Bij het bestuderen van de carnotcyclus vonden we (vgl. 20.2) dat $Q_L/Q_H = T_L/T_H$. We herschrijven dit als

$$\frac{Q_H}{T_H} = \frac{Q_L}{T_L}.$$

In deze betrekking zijn zowel Q_H als Q_L positief. Maar laten we nu eens even terugdenken aan onze oorspronkelijke conventie zoals gebruikt in de eerste hoofdwet (paragraaf 19.6), dat Q positief is wanneer dit een warmtestroom naar het systeem voor-

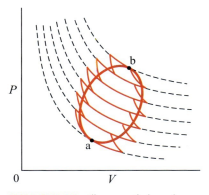

FIGUUR 20.12 Elke reversibele cyclus kan worden benaderd door een reeks carnotcycli. (De stippellijnen stellen isothermen voor.)

---

[1] Vgl. 20.8 zegt niets over de absolute waarde van S; ze laat alleen zien wat de verandering in S is. Dit is goed te vergelijken met de potentiële energie (hoofdstuk 8). Er is echter een formulering van de zogenoemde *derde wet van de thermodynamica* (zie ook paragraaf 20.10), die stelt dat als $T \to 0$, dat dan ook $S \to 0$.

stelt (als Q_H), en negatief bij een warmtestroom uit het systeem (als $-Q_L$). De betrekking wordt dus

$$\frac{Q_H}{T_H} + \frac{Q_L}{T_L} = 0. \qquad \text{[carnotcyclus]} \quad (20.9)$$

Beschouw nu een *willekeurige* reversibele cyclus, zoals voorgesteld door de gladde (ovaalvormige) kromme in fig. 20.12. Elke reversibele cyclus kan worden benaderd door een reeks carnotcycli. Fig. 20.12 toont er slechts zes (bij elk ervan zijn de isothermen (stippellijnen) verbonden door adiabatische paden) en de benadering wordt steeds beter naarmate we het aantal carnotcycli verhogen. Vgl. 20.9 is geldig voor elk van deze cycli, dus kunnen we voor de som van al deze cycli schrijven

$$\Sigma \frac{Q}{T} = 0. \qquad \text{[carnotcycli]} \quad (20.10)$$

Merk echter op dat de warmteafvoer Q_L van de ene cyclus de grens eronder passeert en bij benadering gelijk is aan het tegengestelde van de warmtetoevoer, Q_H, van de cyclus eronder (echte gelijkheid treedt op bij het nemen van de limiet over een oneindig aantal oneindig dunne carnotcycli). Dus vallen de warmtestromen van de binnenste paden van al deze carnotcycli tegen elkaar weg, dus is de netto warmteoverdracht en de verrichte arbeid voor de reeks carnotcycli even groot als voor de oorspronkelijke cyclus. Dus is in de limiet van oneindig veel carnotcycli, vgl. 20.10 van toepassing op een willekeurige reversibele cyclus. In dit geval gaat vgl. 20.10 over in

$$\oint \frac{dQ}{T} = 0, \qquad \text{[reversibele cyclus]} \quad (20.11)$$

waarin dQ een oneindig kleine warmtestroom voorstelt.[1]

Het symbool $\oint$ wil zeggen dat de integraal langs een gesloten pad wordt genomen (het is een zogenoemde kringintegraal); de integraal kan in een willekeurig punt van het pad beginnen, zoals in punt a of punt b in fig. 20.12, en in beide richtingen verder lopen. Als we de cyclus van fig. 20.12 in twee delen verdelen zoals aangegeven in fig. 20.13, dan vinden we

$$\int_a^b \frac{dQ}{T}\bigg|_I + \int_a^b \frac{dQ}{T}\bigg|_{II} = 0.$$

De eerste term is de integraal van punt a naar punt b langs pad I in fig. 20.13, en de tweede term is de integraal vanaf b terug naar a langs pad II. Als pad II omgekeerd wordt doorlopen gaat dQ in elk punt over in $-dQ$, omdat het pad reversibel is. Dus is

$$\int_a^b \frac{dQ}{T}\bigg|_I = \int_a^b \frac{dQ}{T}\bigg|_{II}. \qquad \text{[reversibele paden]} \quad (20.12)$$

De integraal van dQ/T tussen een willekeurig tweetal evenwichtstoestanden, a en b, hangt niet af van het pad van het proces. Door de entropie te definiëren als $dS = dQ/T$ (vgl. 20.7), zien we uit vgl. 20.12 dat de verandering in entropie tussen elk tweetal toestanden langs een reversibel pad *onafhankelijk is van het pad tussen twee punten a en b*. Dus is *entropie een toestandsvariabele*: de waarde ervan hangt uitsluitend af van de toestand van het systeem, en niet van het proces of hoe de entropie eerder tot stand gekomen is.[2] Hierin verschilt de entropie duidelijk van Q en W, die *geen* toestandsvariabelen zijn; de waarden daarvan hangen af van de uitgevoerde processen.

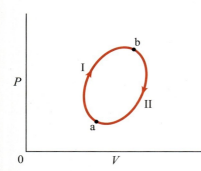

FIGUUR 20.13 De integraal, $\oint$, van de entropie voor een reversibele cyclus is gelijk aan nul. Dus is het verschil in entropie tussen de toestanden a en b, $S_b - S_a = \int_a^b$, voor pad I en pad II gelijk.

---

[1] dQ wordt vaak ook geschreven als $\bar{d}$: zie voetnoot aan het eind van paragraaf 19.6.

[2] Echte processen zijn irreversibel. Omdat entropie een toestandsvariabele is, kan de verandering in entropie ΔS voor een irreversibel proces worden bepaald door het berekenen van ΔS voor een reversibel proces tussen dezelfde twee toestanden.

20.6 Entropie en de tweede hoofdwet van de thermodynamica

We hebben een nieuwe grootheid gedefinieerd, de entropie S, die kan worden gebruikt voor het beschrijven van de toestand van het systeem, samen met P, T, V, E_{inw} en n. Maar wat is het verband tussen deze tamelijk abstracte grootheid en de tweede hoofdwet van de thermodynamica? Om dit te beantwoorden bekijken we enkele voorbeelden waarin we ingaan op de entropieveranderingen tijdens bepaalde processen. We merken echter eerst op dat vgl. 20.8 alleen kan worden toegepast op reversibele processen. Maar hoe kunnen we dan $\Delta S = S_b - S_a$ berekenen voor een echt en dus irreversibel proces? Wat we kunnen doen is het volgende: we bedenken een ander *reversibel* proces dat het systeem van de ene in de andere toestand over voert, en berekenen ΔS voor dit reversibele proces. Dit zal gelijk zijn aan ΔS voor het irreversibele proces omdat ΔS uitsluitend afhangt van de begin- en eindtoestanden van het systeem.

Als de temperatuur gedurende een proces varieert, kan de sommatie van de warmtestroom over de veranderende temperatuur vaak worden berekend met een wiskundige berekening of met een computer. Als de temperatuursverandering echter niet al te groot is, kan er een redelijke benadering worden gemaakt door de gemiddelde waarde van de temperatuur te nemen, zoals aangegeven in het volgende voorbeeld.

Voorbeeld 20.6 *Schatten* Entropieverandering bij het mengen van water

Een hoeveelheid van 50,0 kg water bij 20,00°C wordt gemengd met 50,0 kg water bij 24,00°C. Geef een schatting van de verandering in entropie.

Aanpak De eindtemperatuur van het mengsel zal 22,00°C zijn, omdat we begonnen zijn met gelijke hoeveelheden water. Voor het bepalen van de warmteoverdracht maken we gebruik van de soortelijke warmte van water en de methoden van de calorimetrie (paragrafen 19.3 en 19.4). Vervolgens maken we aan de hand van de gemiddelde temperatuur van elk watermonster een schatting voor de entropieverandering ($\Delta Q/T$).

Oplossing Bij de afkoeling van 24°C tot 22°C stroomt een hoeveelheid warmte

$$Q = mc\Delta T = (50{,}0 \text{ kg})(4186 \text{ J/(kg} \cdot {}^\circ\text{C)})(2{,}00{}^\circ\text{C}) = 4{,}186 \cdot 10^5 \text{ J},$$

uit het warme water, en deze warmte stroomt naar het koude water als dit opwarmt van 20°C tot 22°C. De totale entropieverandering, ΔS, zal gelijk zijn aan de som van de veranderingen in de entropie van het warme water, ΔS_W, en die van het koude water, ΔS_K:

$$\Delta S = \Delta S_W + \Delta S_K.$$

We schatten de entropieveranderingen door te schrijven $\Delta S = Q/T$, waarbij T een 'gemiddelde' temperatuur voor elk proces is, wat een redelijke schatting zou moeten opleveren omdat de temperatuurverandering klein is. Voor het warme water nemen we een gemiddelde temperatuur van 23°C (296 K), en voor het koude water een gemiddelde temperatuur van 21°C (294 K). Dus is

$$\Delta S_W \approx -\frac{4{,}186 \times 10^5 \text{ J}}{296 \text{ K}} = -1414 \text{ J/K}$$

wat negatief is omdat de warmte naar buiten stroomt, terwijl aan het koude water warmte wordt toegevoegd:

$$\Delta S_K \approx \frac{4{,}186 \times 10^5 \text{ J}}{296 \text{ K}} = 1424 \text{ J/K}.$$

De entropie van het warme water (S_H) neemt af omdat de warmte uit het warme water stroomt. De toename van de entropie van het koude water (S_K) is echter groter dan deze afname. De totale entropieverandering is

$$\Delta S = \Delta S_W + \Delta S_K \approx -1414 \text{ J/K} + 1424 \text{ J/K} = 10 \text{ J/K}.$$

We zien dat hoewel de entropie van een deel van het systeem is afgenomen, de entropie van het andere deel met een grotere hoeveelheid is toegenomen, zodat de netto verandering in entropie van het hele systeem positief is.

We kunnen nu aantonen dat in het algemeen voor een geïsoleerd systeem van twee voorwerpen geldt dat de warmtestroom van een voorwerp met hoge temperatuur (T_H) naar een voorwerp met lage temperatuur (T_L) altijd resulteert in een toename van de totale entropie. De twee voorwerpen bereiken uiteindelijk een of andere temperatuur ertussenin, T_M. De warmte die door het warme voorwerp wordt verloren ($Q_H = -Q$, met Q positief) is gelijk aan de gewonnen warmte door het koude voorwerp ($Q_L = Q$), zodat de totale entropieverandering gelijk is aan

$$\Delta S = \Delta S_W + \Delta S_L = -\frac{Q}{T_{HM}} + \frac{Q}{T_{LM}},$$

waarbij T_{HM} een of andere tussenliggende temperatuur tussen T_H en T_M voor het warme voorwerp is als dit afkoelt van T_H tot T_M, en T_{LM} de tegenhanger voor het koude voorwerp. Omdat gedurende het gehele proces de temperatuur van het warme voorwerp hoger is dan die van het koude voorwerp, geldt $T_{HM} > T_{LM}$. Dus geldt

$$\Delta S = Q\left(\frac{1}{T_{LM}} - \frac{1}{T_{HM}}\right) > 0.$$

Het ene voorwerp neemt in entropie af, terwijl het andere aan entropie wint, maar de *totale* verandering is positief.

Voorbeeld 20.7 Entropieveranderingen bij vrije expansie

Beschouw de *adiabatische vrije expansie* van n mol van een ideaal gas van volume V_1 naar volume V_2, waarbij $V_2 > V_1$, zoals besproken in paragraaf 19.7, fig. 19.14. Bereken de verandering in entropie (*a*) van het gas en (*b*) van de omringende omgeving. (*c*) Bereken ΔS voor 1,00 mol, met $V_2 = 2,00\ V_1$.

Aanpak In paragraaf 19.7 hebben we het geval beschouwd van een gas dat zich aanvankelijk bevindt in een afgesloten vat met volume V_1, en door het openen van een klep adiabatisch uitzet in een leeg vat. Het totale volume van de twee vaten is V_2. Het apparaat als geheel is thermisch geïsoleerd van de omgeving, dus stroomt er geen warmte naar het gas, $Q = 0$. Het gas verricht geen arbeid, $W = 0$, dus is er geen verandering in interne energie, $\Delta E_{inw} = 0$, en zijn de temperaturen van de begin- en eindtoestanden gelijk, $T_2 = T_1 = T$. Het proces vindt zeer snel plaats en is derhalve irreversibel. Dus kunnen we vgl. 20.8 niet toepassen op dit proces. In plaats daarvan moeten we denken aan een reversibel proces dat het gas bij gelijkblijvende temperatuur van volume V_1 in V_2 brengt, en vgl. 20.8 op dit reversibele proces toepassen om ΔS te krijgen. Wat we nodig hebben is een reversibel isotherm proces; bij een dergelijk proces verandert de inwendige energie niet, dus volgt uit de eerste hoofdwet:

$$dQ = dW = P\,dV.$$

Oplossing (*a*) Voor het gas geldt:

$$\Delta S_{gas} = \int \frac{dQ}{T} = \frac{1}{T}\int_{V_1}^{V_2} P\,dV.$$

Uit de ideale gaswet volgt dat $P = nRT/V$, dus

$$\Delta S_{gas} = \frac{nRT}{T}\int_{V_1}^{V_2}\frac{dV}{V} = nR\ln\frac{V_2}{V_1}.$$

Omdat $V_2 > V_1$, is $\Delta S_{gas} > 0$.

(*b*) Omdat er geen warmte wordt overgedragen aan de omringende omgeving, heeft dit proces geen toestandsverandering van de omgeving tot gevolg. Dus geldt $\Delta S_{omg} = 0$. Merk op dat de totale entropieverandering, $\Delta S_{gas} + \Delta S_{omg}$, groter is dan nul.

(*c*) Omdat $n = 1,00$ en $V_2 = 2,00\ V_1$, geldt $\Delta S_{gas} = R\ln 2,00 = 5,76$ J/K.

Voorbeeld 20.8 Warmteoverdracht

Een roodgloeiend stuk ijzer van 2,00 kg met een temperatuur van $T_1 = 880$ K wordt in een groot meer met een temperatuur $T_2 = 280$ K gegooid. Neem aan dat het meer zo groot is dat de temperatuurstijging ervan te verwaarlozen is. Bepaal de entropieverandering (a) van het ijzer en (b) van de omringende omgeving (het meer).

Aanpak Het proces is irreversibel, maar er vindt dezelfde entropieverandering plaats als bij een reversibel proces, en we gebruiken het begrip soortelijke warmte, vgl. 19.2.

Oplossing (a) We nemen aan dat de soortelijke warmte van het ijzer constant is en gelijk aan $c = 450$ J/kg·K. Dan geldt $dQ = mc\,dT$ en in een quasistatisch reversibel proces

$$\Delta S_{\text{ijzer}} = \int \frac{dQ}{T} = mc \int_{T_1}^{T_2} \frac{dT}{T} = mc\ln\frac{T_2}{T_1} = -mc\ln\frac{T_1}{T_2}.$$

Na het invullen van getallen vinden we

$$\Delta S_{\text{ijzer}} = -(2{,}00\text{ kg})(450\text{ J/kg}\cdot\text{K})\ln\frac{880\text{K}}{280\text{K}} = -1030\text{ J/K}.$$

(b) De begin- en eindtemperaturen van het meer zijn gelijk, $T = 280$ K. Het meer ontvangt van het ijzer een hoeveelheid warmte

$$Q = mc(T_2 - T_1) = (2{,}00\text{ kg})(450\text{ J/kg}\cdot\text{K})(880\text{ K} - 280\text{ K}) = 540\text{ kJ}.$$

Strikt genomen is dit een irreversibel proces (voor het bereiken van evenwicht wordt het meer lokaal opgewarmd), maar het is equivalent met een reversibele isotherme overdracht van een hoeveelheid warmte $Q = 540$ kJ bij een temperatuur $T = 280$ K. Dus geldt

$$\Delta S_{\text{omg}} = \frac{540\text{ kJ}}{280\text{ K}} = 1930\text{ J/K}.$$

Dus is, hoewel de entropie van het ijzer afneemt, de *totale* entropieverandering van het ijzer plus de omgeving positief: 1930 J/K − 1030 J/K = 900 J/K.

Opgave D
Een blok ijs van 1,00 kg en 0 °C smelt zeer langzaam en gaat over in water van 0 °C. Neem aan dat het ijs in contact staat met een warmtereservoir met een temperatuur die slechts infinitesimaal groter is dan 0 °C. Bepaal de entropieverandering van (a) het blok ijs en (b) het warmtereservoir.

Bij elk van deze voorbeelden bleef de entropie van ons systeem plus die van de omgeving constant of nam toe. Voor elk *reversibel* proces, zoals dat in opgave D, is de totale entropieverandering gelijk aan nul. In het algemeen is dit als volgt in te zien: elk reversibel proces kan worden beschouwd als een reeks quasistatische isotherme warmteoverdrachtprocessen ΔQ tussen een systeem en de omgeving, waartussen slechts een oneindig klein temperatuurverschil bestaat. Dus is de entropieverandering van ofwel het systeem of de omgeving gelijk aan $\Delta Q/T$, en die van de andere $-\Delta Q/T$, dus is het totaal gelijk aan

$$\Delta S = \Delta S_{\text{syst}} + \Delta S_{\text{omg}} = 0. \qquad \text{[willekeurig reversibel proces]}$$

In de voorbeelden 20.6, 20.7 en 20.8 hebben we gezien dat de totale entropie van het systeem plus de omgeving toeneemt. Sterker nog, gebleken is dat voor alle (irreversibele) processen de totale entropie toeneemt. Er zijn geen uitzonderingen gevonden. We komen zo tot de volgende, *algemene formulering van de tweede hoofdwet van de thermodynamica*:

De entropie van een geïsoleerd systeem neemt nooit af. De entropie blijft ofwel constant (reversibele processen), of neemt toe (irreversibele processen).

Omdat alle echte processen irreversibel zijn, kunnen we de tweede hoofdwet ook formuleren als:

Bij elk natuurlijk proces neemt de totale entropie van een systeem en die van zijn omgeving toe:

$$\Delta S = \Delta S_{syst} + \Delta S_{omg} > 0. \tag{20.13}$$

> *De tweede hoofdwet van de thermodynamica (algemene formulering)*

Hoewel bij een proces de entropie van een deel van het heelal kan afnemen (zie de voorbeelden hiervoor), neemt de entropie van een ander deel van het heelal altijd met een grotere hoeveelheid toe, dus neemt de totale entropie altijd toe.

Nu we uiteindelijk een kwantitatieve algemene formulering van de tweede hoofdwet van de thermodynamica hebben, kunnen we zien dat het een ongebruikelijke wet is. Deze wet verschilt aanzienlijk van andere wetten uit de natuurkunde, meestal gelijkheden (zoals $F = ma$) of behoudswetten (zoals de wet van behoud van energie en de wet van behoud van impuls). De tweede hoofdwet van de thermodynamica introduceert een nieuwe grootheid, de entropie, S, maar zegt ons niet dat deze behouden blijft. Integendeel. Bij natuurlijke processen blijft entropie niet behouden. Entropie neemt altijd toe in de tijd.

■ *De 'pijl van de tijd'*

De tweede hoofdwet van de thermodynamica doet een uitspraak over welke processen in de natuur worden waargenomen en welke niet. Of, anders geformuleerd: deze wet doet een uitspraak over in welke *richting* processen verlopen. Bij het omgekeerde van elk van de processen in de laatste paar voorbeelden zou de entropie afnemen; we nemen ze dus ook nooit waar. We zien bijvoorbeeld nooit warmte spontaan van een koud naar een warm voorwerp stromen, het omgekeerde van voorbeeld 20.8. Ook zien we nooit een gas dat zich spontaan comprimeert tot een kleiner volume, het omgekeerde van voorbeeld 20.7 (gassen zetten altijd uit om een vat te vullen). Noch zien we thermische energie worden omgezet in kinetische energie van een steen zodat de steen spontaan van de grond komt. Elk van deze processen zou in overeenstemming zijn met de eerste hoofdwet van de thermodynamica (behoud van energie). Ze zijn echter niet in overeenstemming met de tweede hoofdwet van de thermodynamica, de reden dat we de tweede hoofdwet nodig hebben. Als je een film zou bekijken die achterstevoren zou worden afgedraaid, zou je dit meteen door hebben omdat je vreemde gebeurtenissen zou zien, zoals stenen die spontaan van de grond kwamen, of lucht uit de atmosfeer die snel een lege ballon gaat vullen (het omgekeerde van vrije expansie). Bij het bekijken van een film of een video kunnen we een nagemaakte omkering van de tijd altijd herkennen door te observeren of de entropie toe- of afneemt. Om die reden wordt de entropie ook wel de **pijl van de tijd** genoemd, omdat entropie ons kan aangeven in welke richting de tijd gaat.

20.7 Van orde naar wanorde

Het begrip entropie, zoals we dit tot dusver hebben besproken, lijkt misschien tamelijk abstract. We kunnen dit echter in verband brengen met de bekendere begrippen *orde* en *wanorde*. De entropie van een systeem kan zelfs worden beschouwd als een *maat voor de wanorde van het systeem*. Derhalve kan de tweede hoofdwet van de thermodynamica eenvoudig worden geformuleerd als:

> *De tweede hoofdwet van de thermodynamica (algemene formulering)*

Natuurlijke processen neigen naar een toestand van grotere wanorde.

Wat we precies met wanorde bedoelen is misschien niet altijd duidelijk, dus bekijken we nu enkele voorbeelden. Sommige ervan tonen ons hoe deze zeer algemene formulering van de tweede hoofdwet ook geldig is buiten het gebied dat wij gewoonlijk als thermodynamica beschouwen.

Laten we eens kijken naar de eenvoudige processen zoals genoemd in paragraaf 20.1. In het eerste voorbeeld is een pot met afzonderlijke lagen zout en peper ordelijker dan een waarin het zout en de peper helemaal gemengd zijn. Door een pot met verschillende lagen te schudden ontstaat een mengsel, en hoe vaak je ook schudt, je kunt de lagen niet terugkrijgen. Het natuurlijke proces verloopt van een toestand van relatieve orde (lagen) naar een van relatieve wanorde (een mengsel), niet omgekeerd.

Dat wil zeggen: de wanorde neemt toe. In het volgende voorbeeld is een gave koffiekop een 'ordelijker' en nuttiger voorwerp dan de scherven van een gebroken kop. Kopjes breken wanneer ze vallen, maar ze worden niet spontaan uit zichzelf weer heel (zoals verbeeld in fig. 20.1). Ook in dit geval is het normale verloop van de gebeurtenissen een toename van wanorde.

Laten we eens enkele processen bekijken waarvoor we de entropieverandering al hebben berekend, en we zullen zien dat een toename van de entropie resulteert in een toename in wanorde (of omgekeerd). Wanneer ijs smelt en overgaat in water van 0°C, neemt de entropie van het water toe (opgave D). Intuïtief kunnen we water in vaste toestand, ijs, al ordelijker beschouwen dan de minder geordende vloeistoftoestand waarin het overal naar toe kan stromen. Deze verandering van orde naar wanorde is duidelijker te zien vanuit het moleculaire gezichtspunt: de ordelijke rangschikking van watermoleculen in een ijskristal is veranderd in de enigszins willekeurige beweging van de moleculen in de vloeistoftoestand.

Wanneer een warm voorwerp in contact wordt gebracht met een koud voorwerp, stroomt warmte van de hoge temperatuur naar de lage totdat de twee voorwerpen dezelfde tussenliggende temperatuur hebben bereikt. In het begin van het proces onderscheiden we twee klassen van moleculen: die met een hoge gemiddelde kinetische energie (het hete voorwerp), en die met een lage gemiddelde kinetische energie (het koude voorwerp). Na het proces waarin de warmte stroomt behoren alle moleculen tot één klasse met dezelfde gemiddelde kinetische energie. We hebben niet langer de meer ordelijke rangschikking van moleculen in twee klassen. Orde is overgegaan in wanorde. Bovendien kunnen de afzonderlijke warme en koude voorwerpen dienen als de gebieden met hoge en lage temperatuur van een warmtemotor, en dus worden gebruikt om nuttige arbeid te verrichten. Maar als de twee voorwerpen eenmaal met elkaar in contact zijn gekomen en dezelfde temperatuur hebben bereikt, kan er geen arbeid worden verricht. De wanorde is toegenomen, omdat aan een systeem met het vermogen om arbeid te verrichten een hogere mate van orde moet worden toegeschreven dan aan een systeem dat geen arbeid meer kan verrichten.

Wanneer een steen op de grond valt, wordt zijn macroscopische kinetische energie omgezet in thermische energie. Thermische energie wordt geassocieerd met de wanordelijke willekeurige beweging van de moleculen, maar de moleculen in de vallende steen hebben allemaal, naast hun eigen willekeurige snelheden, dezelfde neerwaarts gerichte snelheid. Daarom wordt, wanneer de steen de grond raakt, de meer ordelijke kinetische energie van de steen als geheel omgezet in thermische energie. Bij dit proces neemt, net zoals bij alle processen die in de natuur voorkomen, de wanorde toe.

■ *Biologische evolutie

Een interessant voorbeeld van de entropietoename houdt verband met biologische evolutie en de groei van organismen. Het is duidelijk dat een mens een zeer geordend organisme is. De evolutietheorie beschrijft het proces vanaf de eerste macromoleculen en de simpele levensvormen tot de *homo sapiens*: een proces van toenemende orde. Dus is ook de ontwikkeling van een mens van een enkele cel tot een volwassene een proces van toenemende orde. Zijn deze processen in strijd met de tweede hoofdwet van de thermodynamica? Nee, dat zijn ze niet. Bij de processen van evolutie en groei en ook tijdens hun volwassen leven van een mens, worden afvalproducten afgescheiden. Deze kleine moleculen die overblijven als gevolg van de stofwisseling zijn eenvoudige moleculen zonder veel orde. Dus vertegenwoordigen ze een betrekkelijk hoge mate van wanorde oftewel entropie. De totale entropie van de moleculen die tijdens de processen van evolutie en groei door organismen worden uitgestoten is groter dan de afname in entropie die de orde van een groeiend mens of een evoluerende soort met zich meebrengt.

Natuurkunde in de praktijk

Biologische evolutie en ontwikkeling

20.8 Het niet beschikbaar zijn van energie; warmtedood

Bij het proces van warmtegeleiding van een warm voorwerp naar een koud voorwerp, hebben we gezien dat de entropie toeneemt en orde overgaat in wanorde. De afzonderlijke warme en koude voorwerpen zouden kunnen dienen als gebieden met hoge en lage temperatuur van een warmtemotor, en dus kunnen worden gebruikt om nuttige arbeid te verrichten. Maar als de twee voorwerpen eenmaal met elkaar in contact zijn gekomen en dezelfde uniforme temperatuur hebben bereikt, kan hier geen arbeid uit worden verkregen. Met betrekking tot het vermogen om nuttige arbeid te verrichten, is in dit proces orde overgegaan in wanorde.

Hetzelfde kan worden gezegd over een vallende steen die tot rust komt na op de grond gekomen te zijn. Voordat deze de grond bereikt, kan alle kinetische energie van de steen gebruikt worden om nuttige arbeid te verrichten. Maar als de kinetische energie van de steen eenmaal is omgezet in thermische energie, is het niet langer mogelijk om nuttige arbeid te verrichten.

Beide voorbeelden illustreren een ander belangrijk aspect van de tweede hoofdwet van de thermodynamica:

Bij elk natuurlijk proces is er altijd enige energie die niet beschikbaar is voor nuttige arbeid.

Bij geen enkel proces gaat er ooit energie verloren (deze blijft altijd behouden). Wel wordt de energie minder bruikbaar: ze kan minder nuttige arbeid verrichten. Naarmate de tijd verstrijkt, raakt de energie in zekere zin **gedegradeerd**; ze gaat van meer ordelijke vormen (zoals mechanisch) uiteindelijk over naar de meest wanordelijke vorm, interne of thermische energie. Entropie speelt hier een rol omdat bij elk proces de hoeveelheid energie die niet beschikbaar komt voor arbeid evenredig is met de entropieverandering.[1]

Een natuurlijke uitkomst van de degradatie van energie is de voorspelling dat met het verstrijken van de tijd het heelal een toestand van maximale wanorde zal bereiken. Materie zou een uniform mengsel worden, en warmte zou van gebieden met een hoge temperatuur naar die met een lage temperatuur stromen, totdat het hele heelal dezelfde temperatuur heeft. Er zou dan geen arbeid meer kunnen worden verricht. Alle energie van het heelal zou zijn gedegradeerd tot thermische energie. Deze voorspelling, de **warmtedood** van het heelal genoemd, is veel besproken, maar zou zeer ver in de toekomst liggen. Het is een gecompliceerd onderwerp en sommige wetenschappers vragen zich af of een thermodynamische modellering van het heelal wel mogelijk is en wel kan kloppen.

*20.9 Statistische interpretatie van entropie en de tweede hoofdwet

De begrippen entropie en wanorde worden duidelijker met het gebruik van een statistische analyse of waarschijnlijkheidsanalyse van de moleculaire toestand van een systeem. Deze statistische aanpak, die voor het eerst werd toegepast tegen het eind van de negentiende eeuw door Ludwig Boltzmann (1844-1906), maakt een duidelijk onderscheid tussen de 'macrotoestand' en de 'microtoestand' van een systeem. De **microtoestand** van een systeem wordt gespecificeerd door het opgeven van de plaats en snelheid van elk deeltje (of elk molecuul). De **macrotoestand** van een systeem wordt gespecificeerd door het opgeven van de macroscopische eigenschappen van het systeem: de temperatuur, de druk, het aantal mol enzovoort. In werkelijkheid kennen we alleen de macrotoestand van een systeem. We kunnen onmogelijk de snelheid en de plaats van elk van het grote aantal moleculen in een systeem op een zeker moment kennen. Desondanks kunnen we ons een groot aantal verschillende microtoestanden voorstellen die kunnen corresponderen met *dezelfde* macrotoestand.

Laten we eens een heel eenvoudig voorbeeld bekijken. Stel dat je herhaaldelijk vier munten in je hand schudt en ze op tafel legt. Het specificeren van het aantal malen kop of munt na een bepaalde worp is de macrotoestand van dit systeem. Het bij elke munt specificeren of het kop of munt is, is de microtoestand van het systeem. In de volgende tabel zien we hoeveel microtoestanden er met elke macrotoestand corresponderen:

---

[1] Aangetoond kan worden dat de hoeveelheid energie die niet beschikbaar komt voor het verrichten van nuttige arbeid gelijk is aan $T_L \Delta S$, waarin T_L de laagst beschikbare temperatuur is en ΔS de totale toename in entropie gedurende het proces.

Macrotoestand	Mogelijke microtoestanden (K = kop, M = munt)	Aantal microtoestanden
4 kop	KKKK	1
3 kop, 1 munt	KKKM, KKMK, KMKK, MKKK	4
2 kop, 2 munt	KKMM, KMKM, MKKM, KMMK, MKMK, MMKK	6
1 kop, 3 munt	MMMK, MMKM, MKMM, KMMM	4
4 munt	MMMM	1

Een elementaire aanname achter de statistische aanpak is dat *elke microtoestand even waarschijnlijk is*. Dus correspondeert het aantal microtoestanden dat dezelfde macrotoestand oplevert met de relatieve kans dat die macrotoestand optreedt. Bij het opgooien van vier munten is de meest waarschijnlijke macrotoestand die van tweemaal kop en tweemaal munt; van de in totaal zestien mogelijke microtoestanden corresponderen er zes met tweemaal kop en tweemaal munt, dus is de kans op het gooien van tweemaal kop en tweemaal munt gelijk aan 6 uit 16, dus 38 procent. De kans op het gooien van eenmaal kop en driemaal munt is 4 uit 16, oftewel 25 procent. De kans op viermaal kop is slechts 1 op 16, oftewel 6 procent. Als je de munten zestien keer zou opgooien, zou het kunnen gebeuren dat er niet exact zes keer tweemaal kop en tweemaal munt verschijnt, of exact één keer viermaal munt. De genoemde waarden zijn slechts kansen of gemiddelden. Maar als je 1600 keer zou gooien, zou het aantal keren tweemaal kop en tweemaal munt heel dicht bij de 38 procent liggen. Naarmate het aantal pogingen groter is, liggen de percentages dichter bij de berekende kansen.

> **Opgave E**
> Wat is in de tabel hiervoor de kans op ten minste tweemaal kop? (a) $\frac{1}{2}$; (b) $\frac{1}{16}$ (c) $\frac{1}{8}$ (d) $\frac{3}{8}$ (e) $\frac{11}{16}$.

Als we meer munten opgooien (bijvoorbeeld honderd tegelijk) wordt de relatieve kans van het gooien van uitsluitend kop (of uitsluitend munt) drastisch verkleind. Er is slechts één microtoestand die correspondeert met allemaal kop. Bij 99 maal kop en 1 keer munt zijn er 100 microtoestanden omdat elk van de munten de ene keer munt kan zijn. De relatieve waarschijnlijkheden voor andere macrotoestanden zijn gegeven in tabel 20.1. Er zijn circa $1{,}3 \cdot 10^{30}$ microtoestanden mogelijk.[1] Dus is de relatieve kans op allemaal kop 1 op 10^{30}, uiterst onwaarschijnlijk dus! De kans op 50 maal kop en 50 maal munt (zie tabel 20.1) is $(1{,}0 \cdot 10^{29})/1{,}3 \cdot 10^{30} = 0{,}08$ oftewel 8 procent. De kans op alles tussen 45 en 55 maal kop is meer dan 70 procent.

Zo zien we dat als het aantal munten toeneemt, de kans op het krijgen van de meest ordelijke rangschikking (allemaal kop of allemaal munt) zeer gering wordt. De minst ordelijke rangschikking (half kop, half munt) is de meest waarschijnlijke, en de kans om binnen pakweg 5 procent van de meest waarschijnlijke rangschikking te zijn, neemt sterk toe naarmate het aantal munten toeneemt. Dezelfde ideeën kunnen worden toegepast op de moleculen van een systeem. Om een voorbeeld te geven: de meest waarschijnlijke toestand van een gas (bijvoorbeeld de lucht in een ruimte) is er een waarbij de moleculen de hele ruimte vullen en willekeurig bewegen; dit komt overeen met de Maxwell-verdeling, fig. 20.14a (zie ook paragraaf 18.2). Anderzijds is de zeer ordelijke rangschikking van alle moleculen die zich in één hoek van de ruimte bevinden en allemaal met dezelfde snelheid bewegen (fig. 20.14b) uiterst onwaarschijnlijk.

Uit deze voorbeelden blijkt duidelijk dat de kans rechtstreeks verband houdt met wanordelijkheid en dus met entropie. Dat wil zeggen: de meest waarschijnlijke toestand is er een met de grootste entropie of de grootste wanorde en willekeurigheid. Boltzmann toonde aan, consistent met de definitie van Clausius ($dS = dQ/T$), dat de entropie van een systeem in een gegeven (macro)toestand kan worden geschreven als

$$S = k \ln W, \tag{20.14}$$

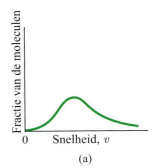
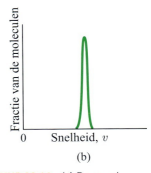

FIGUUR 20.14 (a) De meest waarschijnlijke verdeling van moleculaire snelheden in een gas (Maxwell verdeling); (b) ordelijke maar zeer onwaarschijnlijke snelheidsverdeling waarbij alle moleculen vrijwel dezelfde snelheid hebben.

[1] Elke munt heeft twee mogelijkheden, kop of munt. Dus is het mogelijk aantal microtoestanden $2 \times 2 \times 2 \times \ldots = 2^{100} = 1{,}27 \cdot 10^{30}$.

TABEL 20.1 Kansen voor verschillende macrotoestanden bij honderd of meer keer opgooien van een munt

Macrotoestand Kop	Munt	Aantal microtoestanden	Kans
100	0	1	$7{,}9 \cdot 10^{-31}$
99	1	$1{,}0 \cdot 10^2$	$7{,}9 \cdot 10^{-31}$
90	10	$1{,}7 \cdot 10^{13}$	$1{,}4 \cdot 10^{-17}$
80	20	$5{,}4 \cdot 10^{20}$	$4{,}2 \cdot 10^{-10}$
60	40	$1{,}4 \cdot 10^{28}$	0,01
55	45	$6{,}1 \cdot 10^{28}$	0,05
50	50	$1{,}0 \cdot 10^{29}$	0,08
45	55	$6{,}1 \cdot 10^{28}$	0,05
40	60	$1{,}4 \cdot 10^{28}$	0,01
20	80	$5{,}4 \cdot 10^{20}$	$4{,}2 \cdot 10^{-10}$
10	90	$1{,}7 \cdot 10^{13}$	$1{,}4 \cdot 10^{-17}$
1	99	$1{,}0 \cdot 10^2$	$7{,}9 \cdot 10^{-29}$
0	100	1	$7{,}9 \cdot 10^{-31}$

waarbij k de constante van Boltzmann is ($k = R/N_A = 1{,}38 \cdot 10^{-23}$ J/K) en W het aantal microtoestanden die corresponderen met de gegeven macrotoestand. Dat wil zeggen: W is evenredig met de kans op het optreden van die toestand. W wordt de **thermodynamische waarschijnlijkheid** genoemd.

Voorbeeld 20.9 Vrije expansie: statistische bepaling van entropie

Gebruik vgl. 20.14 om de verandering in entropie te bepalen voor de adiabatische *vrije expansie* van een gas, een berekening die we macroscopisch hebben uitgevoerd in voorbeeld 20.7. Neem aan dat W, het aantal microtoestanden voor elke macrotoestand, het aantal mogelijke plaatsen binnen het gasvolume is.

Aanpak We gaan uit van 1 mol, $n = 1$, en een aantal moleculen gelijk aan $N = nN_A = N_A$. Net als in voorbeeld 20.7 verdubbelen we het volume. Hierdoor verdubbelt ook het aantal mogelijke plaatsen voor elk molecuul.

Oplossing Wanneer het volume wordt verdubbeld, krijgt elk molecuul tweemaal zoveel plaatsen (microtoestanden) tot zijn beschikking. Bij twee moleculen neemt het totaal aantal microtoestanden toe met $2 \times 2 = 2^2$. Bij N_A moleculen neemt het totaal aantal microtoestanden toe met een factor $2 \times 2 \times 2 \times \cdots = 2^{N_A}$.

Dat wil zeggen:

$$\frac{W_2}{W_1} = 2^{N_A}.$$

Uit vgl. 20.14 weten we dat de verandering in entropie gelijk is aan

$$\Delta S = S_2 - S_1 = k(\ln W_2 - \ln W_1)$$
$$= k \ln \frac{W_2}{W_1} = k \ln 2^{N_A} = kN_A \ln 2 = R \ln 2$$

hetzelfde resultaat dat we gevonden hebben in voorbeeld 20.7.

In termen van kansen reduceert de tweede hoofdwet van de thermodynamica (die zegt dat bij elk proces de entropie toeneemt) tot de uitspraak dat die processen optreden die het meest waarschijnlijk zijn. De tweede hoofdwet wordt zo een triviale uitspraak. Er is nu echter een extra element bijgekomen. De tweede hoofdwet in termen van kansen *verbiedt* geen afname van de entropie. Ze zegt alleen maar dat de kans zeer klein is. Het is niet onmogelijk dat zout en peper zich spontaan in lagen zouden kunnen scheiden, of dat een gebroken theekopje zichzelf weer heel zou kunnen maken. Het is zelfs mogelijk dat een meer op een warme zomerdag zou kunnen bevriezen (dat wil zeggen, dat warmte uit het koude meer naar de warmere omgeving zou kunnen stromen). De kans dat dergelijke gebeurtenissen zich voordoen, is echter uiterst klein. Bij onze muntvoorbeelden zagen we dat het verhogen van het aantal munten van 4 tot 100 de kans op grote afwijkingen van de gemiddelde, of meest waarschijnlijke rangschikking, drastisch reduceerde. Bij gewone systemen hebben we niet te maken met honderd moleculen, maar met ongelofelijk grote aantallen: alleen al 1 mol bevat $6 \cdot 10^{23}$ moleculen. Dus is de kans op een afwijking ver van het gemiddelde ongelofelijk klein. Er is bijvoorbeeld berekend dat de kans dat een steen op de grond 1 J aan thermische energie omzet in mechanische energie en omhoog gaat, veel kleiner is dan de kans dat een groep willekeurig typende apen toevallig het complete oeuvre van Shakespeare op papier zet.

*20.10 Thermodynamische temperatuur: derde hoofdwet van de thermodynamica

In paragraaf 20.3 hebben we gezien dat bij een carnotcyclus de verhouding van de geabsorbeerde warmte Q_H uit het reservoir met hoge temperatuur en de uitgestoten warmte Q_L van het reservoir met lage temperatuur rechtstreeks verband houdt met de verhouding van de temperaturen van de twee reservoirs (vgl. 20.2)

$$\frac{Q_L}{Q_H} = \frac{T_L}{T_H}.$$

Dit resultaat is geldig voor elke reversibele motor en hangt niet af van de werkzame stof. Het kan dus dienen als de basis voor de **kelvinschaal** oftewel de **thermodynamische temperatuurschaal**.

We gebruiken deze relatie en de ideale-gastemperatuurschaal (paragraaf 17.10) voor het completeren van de definitie van de thermodynamische schaal: we kennen aan het tripelpunt van water de waarde $T_{tp} = 273{,}16$ K toe, zodat

$$T = (273{,}16 \text{ K}) \left(\frac{Q}{Q_{tp}} \right),$$

waarin Q en Q_{tp} de warmtehoeveelheden zijn, die zijn uitgewisseld door een carnotmotor met reservoirs op temperaturen T en T_{tp}. Binnen het geldigheidsgebied van de ideale-gasschaal valt deze dus samen met de thermodynamische schaal.

Zeer lage temperaturen zijn lastig experimenteel te realiseren. Hoe dichter de temperatuur bij het absolute nulpunt ligt, des te lastiger is het om de temperatuur verder te reduceren, en algemeen wordt aangenomen dat *het niet mogelijk is om in een willekeurig aantal processtappen het absolute nulpunt te bereiken*. Deze laatste stelling is een manier voor het formuleren[1] van de **derde hoofdwet van de thermodynamica**. Omdat het maximale rendement dat een willekeurige warmtemotor kan hebben, het carnotrendement is

$$e = 1 - \frac{T_L}{T_H},$$

en omdat T_L nooit nul kan zijn, zien we dat een warmtemotor met een rendement van 100 procent niet mogelijk is.

*20.11 Thermische vervuiling, opwarming van de aarde en energiebronnen

Bij veel van de energie die we in het dagelijks leven gebruiken (van motorvoertuigen tot veel van de elektriciteit die wordt geproduceerd door elektriciteitscentrales) wordt gebruikgemaakt van een warmtemotor. Bij elektriciteit die wordt geproduceerd door vallend water bij dammen, door windmolens of door zonnecellen (fig. 20.15a) wordt geen gebruik gemaakt van een warmtemotor. Meer dan 80 procent van de elektrische energie die in de wereld wordt geproduceerd, wordt gegenereerd door centrales die worden gestookt met fossiele brandstoffen (kolen, olie of gas, zie fig. 20.15b), waarbij gebruik wordt gemaakt van een warmtemotor (feitelijk van een stoommotor). Bij elektriciteitscentrales drijft de stoom de turbines en generatoren aan (fig. 20.16) waar-

---

[1] Zie ook de voetnoot aan het begin van paragraaf 20.5.

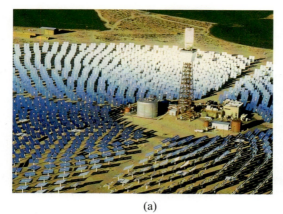

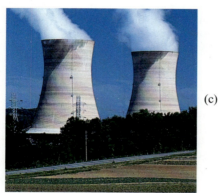

FIGUUR 20.15 (a) Bij een installatie voor zonne-energie richt een reeks spiegels het zonlicht op een boiler om stoom te produceren.
(b) Een stoomcentrale op fossiele brandstoffen (deze maakt gebruik van afvalproducten uit de landbouw, biomassa).
(c) Grote koeltorens bij een elektriciteitscentrale.

van de uitvoer elektrische energie is. De verschillende manieren om de turbine aan te drijven worden kort besproken in tabel 20.2, samen met enkele voor- en nadelen van elke methode. Zelfs kerncentrales gebruiken nucleaire brandstof om een stoommotor te laten draaien.

De warmte-uitvoer Q_L van iedere warmtemotor, van elektriciteitscentrales tot auto's, wordt **thermische vervuiling** genoemd omdat deze warmte (Q_L) moet worden geabsorbeerd door de omgeving zoals door water uit rivieren en meren, of door de lucht met behulp van grote koeltorens (zie fig. 20.15c). Wanneer water de koelvloeistof is, verhoogt deze warmte de temperatuur van het water, wat de natuurlijke ecologie van het waterleven verstoort (voornamelijk omdat warmer water minder zuurstof bevat). In het geval van de koeltorens voor lucht verhoogt de warmte-uitvoer Q_L de temperatuur van de atmosfeer, wat invloed heeft op het weer.

Luchtvervuiling, waarmee we doelen op de chemische stoffen die vrijkomen bij de verbranding van fossiele brandstoffen in auto's, energiecentrales en industriële ovens, geeft aanleiding tot smog en andere problemen. Een andere veel besproken kwestie is de opbouw van CO_2 in de atmosfeer van de aarde als gevolg van de verbranding van fossiele brandstoffen. CO_2 absorbeert een deel van de infraroodstraling die de aarde van nature uitzendt (paragraaf 19.10) en draagt zo bij aan de **opwarming van de aarde**. Beperken van het gebruik van fossiele brandstoffen kan helpen deze problemen op te lossen.

Thermische vervuiling is echter onvermijdelijk. Technici kunnen proberen om motoren te ontwerpen en te bouwen die een hoger rendement hebben, maar ze kunnen niet boven het carnotrendement komen en moeten ermee leven dat T_L in het gunstigste geval de omgevingstemperatuur van water of lucht is. Uit de tweede hoofdwet van de thermodynamica weten we de beperking die door de natuur wordt opgelegd. Wat we, in het licht van de tweede hoofdwet van de thermodynamica, kunnen doen is minder energie gebruiken en zuinig omgaan met onze brandstofvoorraden.

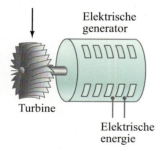

FIGUUR 20.16 Mechanische energie wordt met behulp van een turbine en een generator omgezet in elektrische energie.

TABEL 20.2 Bronnen voor elektrische energie

Vormen van elektrische-energie productie	procentuele productie (bij benadering)		Voordelen	Nadelen
	Verenigde Staten	Wereld		
Centrales op fossiele brandstoffen: steenkool, olie of aardgas om water te koken, produceren stoom onder hoge druk die een turbine of een generator aanstuurt (fig. 20.3b, 20.16); gebruikt warmtemotor.	71	66	We weten hoe we ze moeten bouwen; momenteel nog betrekkelijk goedkoop.	Luchtvervuiling; thermische vervuiling; beperkt rendement; schade aan het land door de ontginning van ruwe materialen (mijnbouw); opwarming van de aarde; ongelukken zoals olievlekken op zee; beperkte brandstofvoorraad (schattingen lopen uiteen van enkele decennia tot enkele eeuwen).
Kernenergie: Splitsing: kernen van uranium- of plutoniumatomen worden gesplitst ('kernsplitsing') waarbij energie vrijkomt (deel II, hoofdstuk 42) die stoom verhit; gebruikt warmtemotor.	20	16	Gewoonlijk vrijwel geen luchtvervuiling; draagt minder bij aan de opwarming van de aarde; betrekkelijk goedkoop.	Thermische vervuiling; bij ongelukken kan schadelijke radioactiviteit vrijkomen; problemen bij de opslag van radioactief afval; mogelijk misbruik van nucleair materiaal door terroristen; beperkte brandstofvoorraad.
Fusie: er komt energie vrij wanneer isotopen van waterstof (of andere kleine kernen) combineren of 'versmelten' (deel II, hoofdstuk 42).	0	0	Betrekkelijk 'schoon'; enorme brandstofvoorraad (waterstof in watermoleculen in oceanen); draagt minder bij aan de opwarming van de aarde;	Nog niet uitvoerbaar.
Hydro-elektriciteit: vallend water brengt onderaan een dam turbines aan het draaien.	7	16	Geen warmtemotor nodig; geen lucht-, water-, of thermische vervuiling; betrekkelijk goedkoop, hoog rendement; dammen kunnen overstroming tegengaan.	Reservoirs achter dammen overstromen zowel natuur als bewoond land; dammen blokkeren de trek stroomopwaarts van zalmen en andere vissoorten om zich voort te planten; voor nieuwe dammen blijven slechts enkele locaties over; droogte.
Geothermische energie: natuurlijke stoom van binnenin de aarde komt aan de oppervlakte (warme bronnen, geisers, vulkanen); of langsstromend koud water dat in contact komt met heet, droog gesteente wordt verwarmd tot stoom.	<1	<1	Geen warmtemotor nodig; weinig luchtvervuiling; goed rendement; betrekkelijk goedkoop en 'schoon'.	Weinig geschikte locaties; kleine productie; minerale inhoud van gebruikt warm water kan vervuild raken.
Windenergie: 3 kW tot 5 MW windmolens (wieken tot 50 m breed) drijven een generator aan.	<1	<1	Geen warmtemotor; geen lucht-, water- of thermische vervuiling; betrekkelijk goedkoop.	Grote rijen windmolens kunnen het weer beïnvloeden en ontsieren het landschap; ze zijn gevaarlijk voor trekvogels; de wind is niet altijd krachtig.

TABEL 20.2 (vervolg)

Vormen van elektrische-energie productie	procentuele productie (bij benadering)		Voordelen	Nadelen
	Verenigde Staten	Wereld		
Zonne-energie:	<1	<1		Ruimtegebrek; er kan een noodvoorziening nodig zijn; betrekkelijk duur; minder effectief wanneer het bewolkt is.
Actieve zonneverwarming: zonnepanelen op het dak absorberen de zonnestralen, die water in buizen verwarmen voor het verwarmen van ruimtes en warmwatervoorziening.			Geen warmtemotor nodig; geen lucht-, water- of thermische vervuiling; onbeperkte brandstofvoorraad.	
Passieve zonneverwarming: bouwkundige constructies: ramen langs de zuidkant, ramen aan de schaduwkant om de zonnestralen in de zomer buiten te houden.			Geen warmtemotor nodig; geen lucht- of thermische vervuiling; betrekkelijk goedkoop.	Vrijwel geen, maar er zijn ook andere methoden nodig.
Zonnecellen (fotovoltaïsche cellen): zetten zonlicht direct om in elektriciteit zonder gebruik van een warmtepomp.			Geen warmtemotor; thermische, lucht- en watervervuiling zeer gering; goed rendement (> 30 procent, wordt nog beter).	Duur; chemische vervuiling bij fabricage; groot landoppervlak nodig omdat de zonne-energie niet geconcentreerd wordt.

Oplossingsstrategie

Thermodynamica

1. Definieer het **systeem** waarmee je te maken hebt; onderscheid het te bestuderen systeem van de omgeving.
2. Let op de **tekens** die horen bij **arbeid** en **warmte**. In de eerste hoofdwet is de *door* het systeem verrichte arbeid positief; arbeid verricht *op* het systeem is negatief. Aan het systeem *toegevoegde* warmte is positief, maar van het systeem *afgevoerde* warmte is negatief. Bij warmtemotoren beschouwen we meestal de warmtetoevoer, de warmte-uitstoot en de verrichte arbeid als positief.
3. Let op de gebruikte **eenheden** voor arbeid en warmte; arbeid wordt meestal uitgedrukt in joules en warmte in calorieën, kilocalorieën of in joules. Wees consequent: kies binnen een vraagstuk steeds voor dezelfde eenheid.
4. Universele **temperaturen** worden uitgedrukt in kelvin *temperatuurverschillen* kunnen worden uitgedrukt in °C of K.
5. Het **rendement** (oftewel de prestatiecoëfficiënt) is een verhouding tussen twee vormen van energieoverdracht: gewoonlijk uitvoer gedeeld door benodigde invoer. Het rendement (maar *niet* de prestatiecoëfficiënt) is in waarde altijd kleiner dan 1, en wordt dus vaak gegeven in de vorm van een percentage.
6. De **entropie** van een systeem neemt toe bij de toevoer van warmte aan een systeem, en neemt af bij het afvoeren van warmte. Als er warmte wordt overgedragen van systeem A naar systeem B, is de verandering in entropie van A negatief en de verandering in entropie van B positief.

Samenvatting

Een **warmtemotor** is een apparaat voor het, door middel van een warmtestroom, omzetten van thermische energie in nuttige arbeid.

Het **rendement** van een warmtemotor is gedefinieerd als de verhouding van de door de motor verrichte arbeid W tot de toegevoerde warmte Q_H. Op grond van de wet van behoud van energie is de uitvoer aan arbeid gelijk aan $Q_H - Q_L$, waarbij Q_L gelijk is aan de warmte die wordt afgestaan aan de omgeving; dus is het rendement

$$e = \frac{W}{Q_H} = 1 - \frac{Q_L}{Q_H}.$$

De (geïdealiseerde) carnotmotor doorloopt twee isotherme en twee adiabatische processen in een reversibele cyclus. Voor een **carnotmotor** en voor elke andere reversibele motor die tussen twee temperaturen, T_H en T_L (in kelvin) werkt, is het rendement

$$e_{\text{ideaal}} = 1 - \frac{T_L}{T_H}.$$

Irreversibele (echte) motoren hebben altijd een lager rendement dan deze waarde.

De werking van **koelkasten** en **airconditioners** is het omgekeerde van die van een warmtemotor: er wordt arbeid verricht om warmte aan een koel gebied te onttrekken en deze af te staan aan een gebied met een hoge temperatuur. De prestatiecoëfficiënt (COP) voor beide apparaten is

$$\text{COP} = \frac{Q_L}{W}, \quad \text{[koelkast of airconditioner]} \quad (20.4a)$$

waarbij W de verrichte arbeid is om de warmte Q_L af te voeren van het gebied met de lage temperatuur.

Een **warmtepomp** verricht arbeid W om warmte Q_L van de koude buitenshuis af te voeren en warmte Q_H te leveren om binnenshuis te verwarmen. De prestatiecoëfficiënt van een warmtepomp is

$$\text{COP} = \frac{Q_H}{W}. \quad \text{[warmtepomp]} \quad (20.5)$$

De tweede hoofdwet van de thermodynamica kan op verschillende equivalente manieren worden geformuleerd:

(a) Warmte stroomt spontaan van een heet naar een koud voorwerp, maar niet andersom.
(b) Een warmtemotor met een rendement van 100 procent bestaat niet: dat wil zeggen, geen enkele warmtemotor is in staat een bepaalde hoeveelheid warmte volledig om te zetten in arbeid.
(c) Natuurlijke processen neigen naar een toestand van grotere wanorde oftewel grotere **entropie**.

Formulering (c) is de meest algemene formulering van de tweede hoofdwet van de thermodynamica en kan als volgt worden geherformuleerd: bij elk natuurlijk proces neemt de som van de entropie S van een systeem en die van zijn omgeving toe:

$$\Delta S > 0. \quad (20.13)$$

Entropie, een toestandsvariabele, is een kwantitatieve maat voor de wanorde van een systeem. De entropieverandering van een systeem gedurende een reversibel proces wordt gegeven door $\Delta S = \int dQ/T$.

De tweede hoofdwet van de thermodynamica zegt ons in welke richting processen geneigd zijn te verlopen; daarom wordt entropie ook wel 'de pijl van de tijd' genoemd.

Naarmate de tijd verstrijkt, degradeert energie tot minder bruikbare vormen: dat wil zeggen, er is minder energie beschikbaar om nuttige arbeid te verrichten.

(*Alle warmtemotoren zorgen voor **thermische vervuiling** omdat ze warmte uitstoten naar de omgeving.)

Vragen

1. Kan mechanische energie ooit volledig worden omgezet in warmte of in inwendige energie? Kan het omgekeerde gebeuren? Leg in beide gevallen, als je antwoord nee is, uit waarom niet; als je antwoord ja is, geef dan enkele voorbeelden.
2. Kun je in de winter een keuken verwarmen door de ovendeur open te laten? Kun je de keuken op een warme zomerdag koeler maken door de deur van de koelkast open te laten? Licht je antwoord toe.
3. Zou een definitie van het rendement van een warmtemotor als $e = W/Q_L$ zinvol zijn? Licht je antwoord toe.
4. Wat speelt de rol van het gebied met hoge, en wat met lage temperatuur in (a) een interne verbrandingsmotor, en (b) een stoommotor? Zijn dit, strikt genomen, warmtereservoirs?
5. Wat geeft een grotere verbetering in het rendement van een carnotmotor, een temperatuurstijging van $10°C$ in het reservoir met hoge temperatuur, of een temperatuurdaling van $10°C$ in het reservoir met lage temperatuur? Licht je antwoord toe.
6. De zee bevat een geweldige hoeveelheid thermische (inwendige) energie. Waarom is het in het algemeen niet mogelijk om deze energie nuttige arbeid te laten verrichten?
7. Bespreek de factoren die verhinderen dat echte motoren carnotrendement bereiken.
8. De expansieklep in een koelsysteem, fig. 20.10, is cruciaal voor het afkoelen van de vloeistof. Leg uit hoe de koeling in zijn werk gaat.
9. Beschrijf een proces in de natuur dat vrijwel omkeerbaar is.
10. (a) Beschrijf hoe warmte reversibel aan een systeem kan worden toegevoegd. (b) Zou je een gaspit kunnen gebruiken om een systeem reversibel te verwarmen? Licht je antwoord toe.
11. Stel dat een gas uitzet tot tweemaal het oorspronkelijke volume (a) adiabatisch, (b) isotherm. Welk proces zou dan resulteren in een grotere entropieverandering? Licht je antwoord toe.
12. Geef drie voorbeelden, andere dan in dit hoofdstuk, van natuurlijk optredende processen waarbij orde overgaat in

wanorde. Bespreek de waarneembaarheid van het omgekeerde proces.
13. Wat heeft volgens jou de grootste entropie, 1 kg massief ijzer of 1 kg vloeibaar ijzer? Waarom?
14. (a) Wat gebeurt er als je de stop van een fles met chloorgas eraf haalt? (b) Komt het omgekeerde proces ooit voor? Waarom of waarom niet? (c) Kun je twee andere voorbeelden van irreversibiliteit bedenken?
15. Je moet een machine testen die door de ontwerper ervan een 'binnenhuis-airconditioner' wordt genoemd: een grote kast, in het midden van de kamer, met een kabel naar een stroomvoorziening. Wanneer de machine wordt aangezet, voel je er een stroom koude lucht uit komen. Hoe weet je dat deze machine de kamer niet kan koelen?
16. Bedenk verschillende processen (andere dan de reeds genoemde) die voldoen aan de eerste hoofdwet van de thermodynamica, maar die, als ze zich werkelijk zouden voordoen, in strijd zouden zijn met de tweede hoofdwet.
17. Stel dat er een heleboel vellen papier over de vloer verspreid liggen; vervolgens stapel je ze netjes op. Is dit in strijd met de tweede hoofdwet van de thermodynamica? Licht je antwoord toe.

18. De eerste hoofdwet van de thermodynamica wordt soms fantasievol geformuleerd als 'Je krijgt niets voor niets', en de tweede hoofdwet als 'Zelfs een gelijkspel is niet mogelijk'. Leg uit hoe deze uitspraken equivalent kunnen zijn aan de formele stellingen.
19. Onder voortdurend roeren wordt er zeer langzaam (quasistatisch) poedermelk aan water toegevoegd. Is dit een reversibel proces? Licht je antwoord toe.
20. Twee identieke systemen worden van een toestand overgevoerd in een andere door twee verschillende *irreversibele* processen. Zal de entropieverandering voor het systeem voor elk proces hetzelfde zijn? Voor de omgeving? Geef een goed doordacht en volledig antwoord.
21. Gezegd kan worden dat de *totale entropieverandering gedurende een proces een maat is voor de irreversibiliteit van het proces*. Bespreek waarom dit zo is, beginnend met het feit dat voor een reversibel proces $\Delta S_{totaal} = \Delta S_{systeem} + \Delta S_{omgeving} = 0$.
22. Geef argumenten, andere dan het principe van entropietoename, om aan te tonen dat voor een adiabatisch proces $\Delta S = 0$ als dit reversibel verloopt en $\Delta S > 0$ als het irreversibel verloopt.

Vraagstukken

20.2 Warmtemotoren

1. (I) Bij het verrichten van 2600 J aan nuttige arbeid stoot een warmtemotor 7800 J aan warmte uit. Wat is het rendement van deze motor?
2. (I) Een bepaalde elektriciteitscentrale levert 580 MW aan elektrisch vermogen. Geef een schatting van de warmteafgifte per seconde, aangenomen dat de centrale een rendement van 35 procent heeft.
3. (II) Een doorsnee compacte auto ondervindt bij 90 km/u een totale luchtweerstand van circa 350 N. Als de auto bij deze snelheid elke 15 kilometer 1 liter benzine nodig heeft, en een liter benzine bij verbranding circa $3{,}2 \cdot 10^7$ J uitstoot, wat is dan het rendement van de auto?
4. (II) Een viercilinder benzinemotor heeft een rendement van 0,22 en levert 180 J aan arbeid per cyclus per cilinder. De motor slaat aan bij 25 cycli per seconde. (a) Bepaal de verrichte arbeid per seconde. (b) Wat is de totale warmtetoevoer vanaf de benzinetank per seconde? (c) Als de energie-inhoud van benzine 33 MJ per liter is, hoe lang gaat dan 1 liter mee?
5. (II) Bij de verbranding van benzine in een auto komt circa 33 MJ/l vrij. Als een auto bij een snelheid van 95 km/u gemiddeld 10 km/l rijdt, waarvoor 19 kW nodig is, wat is dan onder deze omstandigheden het rendement van de motor?
6. (II) Fig. 20.17 is een *PV*-diagram voor een reversibele warmtemotor waarin zich 1,0 mol argon, een vrijwel ideaal eenatomig gas bevindt, aanvankelijk bij STP (punt a). De punten b en c bevinden zich op een isotherm bij T = 423 K. Proces ab verloopt bij constant volume, proces ac bij constante druk. (a) Loopt het pad van de uitgevoerde cyclus met de wijzers van de klok mee of ertegenin? (b) Wat is het rendement van deze motor?
7. (III) De werking van een *dieselmotor* kan worden geïdealiseerd door de cyclus uit fig. 20.18. Tijdens de inlaatslag wordt er lucht in de cilinder gelaten (geen onderdeel van

de geïdealiseerde cyclus). De lucht wordt adiabatisch gecomprimeerd, pad ab. In punt b wordt in de cilinder dieselbrandstof geïnjecteerd, die onmiddellijk verbrandt omdat de temperatuur zeer hoog is. De verbranding gaat zeer langzaam en gedurende het eerste gedeelte van de arbeidsslag zet het gas uit met een (vrijwel) constante druk, pad bc. Na verbranding verloopt de rest van de arbeidsslag adiabatisch, pad cd. Pad da correspondeert met de uitlaatslag. (a) Toon aan dat voor een quasistatische reversibele motor die deze cylus doorloopt en een ideaal gas gebruikt, het ideale rendement gelijk is aan

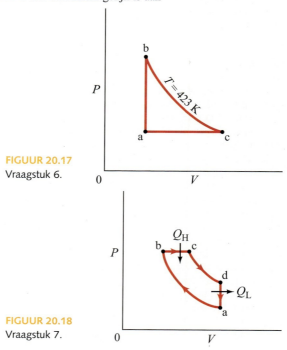

FIGUUR 20.17
Vraagstuk 6.

FIGUUR 20.18
Vraagstuk 7.

$$e = 1 - \frac{(V_a/V_c)^{-\gamma} - (V_a/V_b)^{-\gamma}}{\gamma \left[(V_a/V_c)^{-1} - (V_a/V_b)^{-1} \right]},$$

waarin V_a/V_b de 'compressieverhouding' is, V_a/V_c de 'expansieverhouding', en γ gedefinieerd is door vgl. 19.14. (b) Als $V_a/V_b = 16$ en $V_a/V_c = 4,5$, bereken dan het rendement, ervan uitgaande dat het gas tweeatomig is (zoals N_2 en O_2) en ideaal.

20.3 De carnotmotor

8. (I) Wat is het maximumrendement van een warmtemotor met werktemperaturen van 550°C en 365°C?

9. (I) Het is niet noodzakelijk dat de hete omgeving van een warmtemotor warmer is dan de omgevingstemperatuur. Vloeibare stikstof (77 K) is ongeveer even goedkoop als flessenwater. Wat zou het rendement zijn van een motor die gebruik zou maken van warmte die zou worden overgedragen van lucht bij kamertemperatuur (293 K) naar de vloeibare stikstof 'brandstof' (fig. 20.19)?

FIGUUR 20.19 Vraagstuk 9.

10. (II) Een warmtemotor stoot zijn warmte uit bij 340°C en heeft een carnotrendement van 38 procent. Welke uitlaattemperatuur zou deze motor in staat stellen om een carnotrendement van 45 procent te bereiken?

11. (II) (a) Toon aan dat de door een carnotmotor verrichte arbeid gelijk is aan de oppervlakte die wordt ingesloten door de carnotcyclus in een PV-diagram, fig. 20.7. (Zie paragraaf 19.7.) (b) Generaliseer dit naar een willekeurige reversibele cyclus.

12. (II) De werktemperaturen van een carnotmotor zijn 210°C en 45°C. Het uitgangsvermogen van de motor is 950 W. Bereken het vermogen van de uitgaande warmte.

13. (II) Een kerncentrale opereert op 65 procent van zijn maximale theoretische rendement (carnotrendement) tussen temperaturen van 660°C en 330°C. Als de centrale elektrische energie produceert met een vermogen van 1,2 GW, hoe groot is dan de warmte-uitstoot per uur?

14. (II) Een carnotmotor verricht arbeid met een vermogen van 520 kW met een warmtetoevoer van 3,98 MJ per seconde. Als de temperatuur van de warmtebron 560°C is, bij welke temperatuur wordt dan de overtollige warmte uitgestoten?

15. (II) Neem aan dat een wandelaar van 65 kg voor zijn dagelijkse verbranding 16 MJ aan energie nodig heeft. Voer de maximale hoogte in die hij in één dag kan klimmen, als hij uitsluitend die hoeveelheid energie tot zijn beschikking heeft. Voor een ruwe schatting kun je de wandelaar beschouwen als een geïsoleerde warmtemotor, werkend tussen de inwendige temperatuur van 37°C en de omringende luchttemperatuur van 20°C.

16. (II) Een bepaalde auto verricht, terwijl hij met een constante snelheid van 20,0 m/s over een vlakke weg rijdt, arbeid met een vermogen van 7,0 kJ/s. Dit is de arbeid die wordt verricht tegen de wrijving. De auto kan met deze snelheid circa 17 km op 1 l benzine rijden. Wat is de minimumwaarde voor T_H als T_L gelijk is aan 25°C? De beschikbare energie uit 1 l benzine is $3,2 \cdot 10^7$ J.

17. (II) Een warmtemotor maakt gebruik van een warmtebron bij 580°C en heeft een carnotrendement van 32 procent. Wat moet de temperatuur van de warmtebron zijn om het rendement te verhogen tot 38 procent?

18. (II) De werkzame stof van een bepaalde carnotmotor is 1,0 mol van een ideaal eenatomig gas. Gedurende het isotherme expansiegedeelte van de cyclus van de motor verdubbelt het volume van het gas, terwijl gedurende de adiabatische expansie het volume toeneemt met een factor 5,7. In elke cyclus is de opbrengst aan verrichte arbeid gelijk aan 920 J. Bereken de temperaturen van de twee reservoirs waartussen deze motor werkt.

19. (III) Een carnotcyclus, zoals weergegeven in fig. 20.7, voldoet aan de volgende voorwaarden: $V_a = 7,5$ l, $V_b = 15,0$ l, $T_H = 470°C$ en $T_L = 260°C$. Het gebruikte gas in de cyclus is 0,50 mol van een tweeatomig gas, $\gamma = 1,4$. Bereken (a) de drukken bij a en bij b; (b) de volumes bij c en bij d. (c) Wat is de verrichte arbeid langs proces ab? (d) Wat is het warmteverlies langs proces cd? (e) Bereken de netto verrichte arbeid langs de gehele cyclus. (f) Wat is het rendement van de cyclus, met de definitie $e = W/Q_H$? Toon aan dat dit hetzelfde is als de waarde die volgt uit vgl. 20.3.

20. (III) Eén mol eenatomig gas doorloopt een carnotcyclus met $T_H = 350°C$ en $T_L = 210°C$. De begindruk is 8,8 atm. Gedurende de isotherme expansie verdubbelt het volume. (a) Bepaal de waarden van de druk en het volume in de punten a, b, c en d (zie fig. 20.7). (b) Bepaal voor elk segment van de cyclus Q, W en ΔE_{inw}. (c) Bereken het rendement van de cyclus met behulp van vgl. 20.1 en 20.3.

*21. (III) In een motor die de ottocyclus benadert (fig. 20.8), moet aan het eind van de adiabatische compressie van de cilinder de benzinedamp worden aangestoken door een vonk van een ontstekingsbougie. De ontbrandingstemperatuur van benzine met een octaangehalte van 87 is circa 430°C. Bepaal, aangenomen dat het werkzame gas tweeatomig is en de cilinder binnengaat bij 25°C, de maximale compressieverhouding van de motor.

20.4 Koelkasten, airconditioners en warmtepompen

22. (I) Als een ideale koelkast de inhoud bewaart bij 3,0°C bij een kamertemperatuur van 22°C, wat is dan de prestatiecoëfficiënt?

23. (I) De lage temperatuur van de koelwinding van een diepvries is −15°C en de afvoertemperatuur is 33°C. Wat is de maximale theoretische prestatiecoëfficiënt?

24. (II) Een ideale (carnot)motor heeft een rendement van 38 procent. Als het mogelijk zou zijn om deze omgekeerd te laten lopen en als een warmtepomp te laten werken, wat zou dan de prestatiecoëfficiënt zijn?

25. (II) Een ideale warmtepomp wordt gebruikt om de binnentemperatuur van een huis op $T_{binnen} = 22°C$ te houden bij een buitentemperatuur van T_{buiten}. Neem aan dat de warm-

tepomp in werking arbeid verricht met een vermogen van 1500 W. Neem ook aan dat het huis warmte verliest door geleiding via de muren en andere oppervlakken met een vermogen van (650 W/°C)($T_{binnen} - T_{buiten}$). (a) Bij welke buitentemperatuur zou de warmtepomp altijd moeten werken om het huis op een binnentemperatuur van 22°C te houden? (b) Als de buitentemperatuur 8°C is, welk percentage van de tijd zou de warmtepomp dan moeten werken om het huis op een binnentemperatuur van 22°C te houden?

26. (II) De koelkast van een restaurant heeft een prestatiecoëfficiënt van 5,0. Als de temperatuur in de keuken buiten de koelkast 32°C is, wat is dan de laagste temperatuur die binnen de koelkast zou kunnen worden verkregen als deze ideaal was?

27. (II) Een warmtepomp wordt gebruikt om een huis warm te houden, op 22°C. Hoeveel arbeid moet de pomp verrichten om 3100 J aan warmte aan het huis te leveren als de buitentemperatuur gelijk is aan (a) 0°C, (b) −15°C? Ga uit van ideaal (carnot)gedrag.

28. (II) (a) Gegeven dat de prestatiecoëfficiënt van een koelkast gedefinieerd is als (vgl. 20.4a)

$$\text{COP} = \frac{Q_L}{W},$$

toon dan aan dat voor een ideale (carnot)koelkast

$$\text{COP}_{ideaal} = \frac{T_L}{T_H - T_L}.$$

(b) Druk de COP uit in het rendement e van de reversibele warmtemotor die wordt verkregen door de koelkast omgekeerd te laten werken. (c) Wat is de prestatiecoëfficiënt voor een ideale koelkast die een vriesvak op −18°C houdt terwijl de temperatuur van de condenser 24°C is?

29. (II) Een 'carnotkoelkast' (het omgekeerde van een carnotmotor) absorbeert warmte van het vriesvak bij een temperatuur van −17°C en geeft deze af naar de kamer met een temperatuur van 25°C. Hoeveel arbeid moet er worden verricht door de koelkast om 0,40 kg water van 25°C om te zetten in ijs van −17°C? (b) Als het uitgangsvermogen van de compressor 180 W is, wat is dan de minimale tijd die nodig is om 0,40 kg water van 25°C te nemen en dit te bevriezen bij 0°C?

30. (II) Een centrale warmtepomp die werkt als een airconditioner haalt per uur 34,8 MJ weg uit een gebouw en opereert tussen de temperaturen 24°C en 38°C. (a) Als de prestatiecoëfficiënt 0,20 maal die van een carnotairconditioner is, wat is dan de effectieve prestatiecoëfficiënt?(b) Wat is het vereiste vermogen (kW) van de compressormotor?

31. (II) Welk volume aan water van 0°C kan een diepvries in 1 uur omzetten in ijsblokjes, als de prestatiecoëfficiënt van de koeleenheid 7,0 is en het ingangsvermogen 1,2 kW?

20.5 en 20.6 Entropie

32. (I) Wat is de entropieverandering van 250 g stoom van 100°C wanneer die condenseert tot water van 100°C?

33. (I) Een doos van 7,5 kg met een beginsnelheid van 4,0 m/s glijdt over een ruw tafeloppervlak en komt tot stilstand. Geef een schatting van de totale entropieverandering van het heelal. Veronderstel dat alle voorwerpen op kamertemperatuur zijn (293 K).

34. (I) Wat is de entropieverandering van 1,00 m³ water van 0°C wanneer dit bevriest tot ijs van 0°C?

35. (II) Als 1,00 m³ water van 0°C wordt bevroren en afgekoeld tot −10°C doordat het in contact is met een grote hoeveelheid ijs van −10°C, geef dan de schatting van de totale entropieverandering van het proces.

36. (II) Als 0,45 kg water van 100°C door een reversibel proces verandert in stoom van 100°C, bepaal dan de entropieverandering van (a) het water, (b) de omgeving, en (c) van het heelal als geheel. (d) Hoe zou je je antwoorden anders omschrijven als het proces irreversibel zou zijn?

37. (II) Een aluminiumstaaf geleidt 39,8 J/s vanaf een warmtebron die op 225°C wordt gehouden, naar een groot waterbekken van 22°C. Bereken de snelheid waarmee de entropie in dit proces toeneemt.

38. (II) Een stuk aluminium van 2,8 kg wordt bij 43,0°C geplaatst in 1,0 kg water in een styrofoam-vat bij kamertemperatuur (20°C). Geef een schatting van de netto entropieverandering van het systeem.

39. (II) Een ideaal gas zet isotherm uit ($T = 410$ K) van een volume van 2,50 l en een druk van 7,5 atm tot een druk van 1,0 atm. Wat is de entropieverandering voor dit proces?

40. (II) Wanneer 2,0 kg water bij 12,0°C wordt vermengd met 3,0 kg water bij 38,0°C in een goedgeïsoleerd vat, wat is dan de entropieverandering van het systeem? (a) Geef een schatting; (b) gebruik de integraal $\Delta S = \int dQ/T$.

41. (II) (a) Een ijsblokje met massa m wordt bij 0°C in een ruimte van 20°C gelegd. De warmte stroomt (van de ruimte naar het ijsblokje) zodat het ijsblokje smelt en het vloeibare water opwarmt tot 20°C. De ruimte is zo groot dat de temperatuur ervan de gehele tijd vrijwel 20°C blijft. Bereken de entropieverandering voor het systeem (water + ruimte) als gevolg van dit proces. Zal dit proces zich in de praktijk voordoen? (b) Een massa m aan vloeibaar water wordt bij 20°C in een grote ruimte van 20°C gegoten. De warmte stroomt (van het water naar de ruimte) zodat het vloeibare water afkoelt tot 0°C en vervolgens bevriest tot een ijsklontje van 0°C. De ruimte is zo groot dat de temperatuur ervan de gehele tijd 20°C blijft. Bereken de entropieverandering voor het systeem (water + ruimte) als gevolg van dit proces. Zal dit proces zich in de praktijk voordoen?

42. (II) De temperatuur van 2,0 mol van een ideaal tweeatomig gas loopt bij constant volume van 25°C tot 55°C. Wat is de entropieverandering? Gebruik $\Delta S = \int dQ/T$.

43. (II) Bereken de entropieverandering van 1,00 kg water bij verhitting van 0°C tot 75°C. (a) Geef een schatting; (b) gebruik de integraal $\Delta S = \int dQ/T$. (c) Verandert de entropie van de omgeving? Zo ja, hoeveel?

44. (II) Een ideaal gas van n mol doorloopt het reversibele proces zoals weergegeven in het PV-diagram van fig. 20.20. De temperatuur T van het gas in de punten a en b is gelijk. Bepaal de verandering in entropie van het gas als gevolg van dit proces.

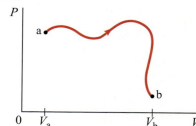

FIGUUR 20.20
Vraagstuk 44.

45. (II) Twee monsters van een ideaal gas hebben aanvankelijk dezelfde temperatuur en druk. Ze worden beide reversibel gecomprimeerd van een volume V tot een volume $V/2$, het ene isotherm en het ander adiabatisch. (a) In welk monster is de uiteindelijke druk groter? (b) Bepaal door integratie de entropieverandering voor elk van beide processen. (c) Wat is voor elk proces de entropieverandering van de omgeving?

46. (II) Een aluminium beker van 150 g bij 15°C wordt gevuld met 215 g water van 100°C. Bepaal (a) de eindtemperatuur van het mengsel, en (b) de totale verandering in entropie als gevolg van het mengproces (gebruik $\Delta S = \int dQ/T$.).

47. (II) (a) Waarom verwacht je dat de totale entropieverandering in een carnotcyclus gelijk aan nul is? (b) Maak een berekening om aan te tonen dat deze nul is.

48. (II) In twee afzonderlijke, even grote vaten met dezelfde temperatuur bevinden zich respectievelijk 1,00 mol stikstof (N_2) en 1,00 mol argon (Ar). Vervolgens worden de vaten verbonden en kunnen de (ideaal veronderstelde) gassen mengen. Wat is de entropieverandering (a) van het systeem en (b) van de omgeving? (c) Maak onderdeel (a) nogmaals, maar neem nu aan dat een van de vaten tweemaal zo groot is als het andere.

49. (II) Thermodynamische processen worden soms, in plaats van in een PV-diagram, weergegeven in een TS-diagram (temperatuur-entropiediagram). Bepaal de helling van een constant-volumeproces in een TS-diagram wanneer een systeem van n mol van een ideaal gas met molaire soortelijke warmte bij constant volume C_V temperatuur T heeft.

50. (III) De soortelijke warmte per mol kalium bij lage temperaturen wordt gegeven door $C_V = aT + bT^3$, met $a = 2,08$ mJ/mol·K^2 en $b = 2,57$ mJ/mol·K^4. Bepaal (door integratie) de entropieverandering van 0,15 mol kalium wanneer de temperatuur ervan wordt verlaagd van 3,0 K tot 1,0 K.

51. (III) Beschouw een ideaal gas van n mol met molaire soortelijke warmtes C_V en C_P (a) Toon aan, beginnend met de eerste hoofdwet, dat wanneer de temperatuur en het volume van dit gas worden veranderd door een reversibel proces, dat dan de verandering in entropie wordt gegeven door

$$dS = nC_V \frac{dT}{T} + nR \frac{dV}{V}.$$

(b) Toon aan dat de uitdrukking in onderdeel (a) kan worden geschreven als

$$dS = nC_V \frac{dP}{P} + nC_P \frac{dV}{V}.$$

(c) Toon met behulp van de uitdrukking uit onderdeel (b) aan, dat als $dS = 0$ voor het reversibele proces (dat wil zeggen: het proces is adiabatisch), dan geldt PV^γ = constant, waarbij $\gamma = C_P/C_V$.

20.8 Het niet beschikbaar zijn van energie

52. (III) Een algemene stelling zegt dat de hoeveelheid energie die niet beschikbaar komt voor het verrichten van nuttige arbeid in elk proces gelijk is aan $T_L \Delta S$, waarbij T_L de laagst beschikbare temperatuur is en ΔS de totale toename in entropie gedurende het proces. Laat zien dat deze stelling geldig is in de specifieke gevallen van (a) een vallende steen die tot stilstand komt wanneer hij de grond raakt; (b) de vrije adiabatische expansie van een ideaal gas; en (c) de geleiding van warmte, Q, van een reservoir met een hoge temperatuur (T_H) naar een reservoir met een lage temperatuur (T_L). (Hint: gebruik bij (c) de vergelijking met een carnotmotor.)

53. (III) Bepaal de beschikbare hoeveelheid arbeid in een blok koper van 3,5 kg bij 490 K als de omgevingstemperatuur 290 K bedraagt. Gebruik de resultaten van vraagstuk 52.

*20.9 Statistische interpretatie van entropie

*54. (I) Gebruik vgl. 20.14 om de entropie te bepalen van elk van de vijf macrotoestanden uit de eerste tabel in paragraaf 20.9.

*55. (II) Stel dat je herhaaldelijk zes munten in je hand schudt en ze op de grond gooit. Construeer een tabel die het aantal microtoestanden laat zien dat overeenkomt met elke macrotoestand. Wat is de kans op het krijgen van (a) driemaal kop en driemaal munt en (b) zes maal kop?

*56. (II) Bereken de relatieve kansen bij het gooien van twee dobbelstenen van een totaal aantal ogen van (a) 7, (b) 11, (c) 4.

*57. (II) (a) Stel dat je vier munten hebt, allemaal met de muntzijde naar boven. Je legt ze nu anders neer zodat er tweemaal kop en tweemaal munt boven ligt. Wat was de verandering in entropie van de munten? (b) Stel je systeem bestaat uit de honderd munten van tabel 20.1; wat is de verandering in entropie van de munten als ze aanvankelijk willekeurig door elkaar liggen, 50 maal kop en 50 maal munt, en je ze zo rangschikt dat alle 100 met de kopzijde boven liggen? (c) Vergelijk deze entropieveranderingen met gewone thermodynamische entropieveranderingen, zoals de voorbeelden 20.6, 20.7 en 20.8.

*58. (III) Beschouw een op een geïsoleerd gas lijkend systeem bestaande uit een doos die $N = 10$ onderscheidbare atomen bevat, elk bewegend met dezelfde snelheid v. Het aantal unieke manieren waarop deze atomen kunnen worden gerangschikt zodat er zich N_L atomen in de linkerhelft van de doos en N_R atomen in de rechterhelft van de doos bevinden is gegeven door $N!/(N_L!N_R!)$ waarbij, bijvoorbeeld 4! (spreek uit 'vier faculteit') = $4 \cdot 3 \cdot 2 \cdot 1$ (de enige uitzondering is dat 0! = 1). Definieer elke unieke rangschikking van atomen binnen de doos als zijnde een microtoestand van dit systeem. Stel je nu de volgende twee mogelijke macrotoestanden voor: toestand A waarin alle atomen zich in de linkerhelft van de doos bevinden en geen enkele in de rechterhelft; en toestand B waarbij de verdeling uniform is (dat wil zeggen: in elke helft bevinden zich evenveel atomen). Zie fig. 20.21. (a) Veronderstel dat het systeem aanvankelijk in toestand A is en, op een later tijdstip, in toestand B blijkt te zijn. Bepaal de entropieverandering van het systeem. Kan dit proces zich in werkelijkheid

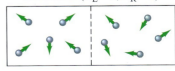

FIGUUR 20.21
Vraagstuk 58.

voordoen? (b) Veronderstel dat het systeem aanvankelijk in toestand B is en, op een later tijdstip, in toestand A blijkt te zijn. Bepaal de entropieverandering van het systeem. Kan dit proces zich in werkelijkheid voordoen?

*20.11 Energiebronnen

*59. (II) Energie kan worden opgeslagen voor gebruik tijdens een piek in de vraag door bij weinig vraag water naar een hoog reservoir te pompen en dit, wanneer het nodig is, weg te laten stromen om turbines aan te drijven. Stel dat er 's nachts gedurende 10 uur water omhoog wordt gepompt naar een meer 135 m boven de turbines, met een snelheid van $1,35 \cdot 10^5$ kg/s. (a) Hoeveel energie (kWh) is er nodig om dit elke nacht te doen? (b) Als gedurende een dag van 14 uur al deze energie wordt vrijgegeven, met een rendement van 75 procent, wat is dan het gemiddeld uitgangsvermogen?

FIGUUR 20.22 Vraagstuk 60.

*60. (II) Zonnecellen (fig. 20.22) kunnen per vierkante meter oppervlak circa 120 W aan elektriciteit produceren, mits ze direct naar de zon gericht zijn. Hoe groot moet het oppervlak zijn om een huis dat 12 kWh/dag nodig heeft van energie te voorzien? Zou dit op het dak van een gemiddeld huis passen? (Neem aan dat de zon ongeveer negen uur per dag schijnt.)

*61. (II) Water is opgeslagen in een door een dam gecreëerd stuwmeer (fig. 20.23). Bij de dam is de waterdiepte 38 m, en door hydro-elektrische turbines wordt onderaan de dam een constante stroomsnelheid van 32 m³/s aangehouden. Hoeveel elektrisch vermogen kan er worden geproduceerd?

FIGUUR 20.23 Vraagstuk 61.

Algemene vraagstukken

62. Het idee is wel eens geopperd dat er een warmtemotor zou kunnen worden ontwikkeld door gebruik te maken van het temperatuurverschil tussen water aan de oppervlakte van de zee en water op honderden meters diepte. In de tropen zouden de temperaturen respectievelijk 27°C en 4°C kunnen bedragen. (a) Wat is het maximale rendement dat een dergelijke motor zou kunnen hebben? (b) Waarom zou een dergelijke motor ondanks het lage rendement haalbaar zijn? (c) Kun je je enige ongunstige omgevingseffecten voorstellen die zich zouden kunnen voordoen?

63. Een warmtemotor laat een tweeatomig gas de cyclus van fig. 20.24 doorlopen. (a) Bepaal met behulp van de ideale gaswet hoeveel mol gas deze motor bevat. (b) Bepaal de temperatuur bij punt c. (c) Bereken de warmtetoevoer aan het gas gedurende het constant-volumeproces van punt b naar punt c. (d) Bereken de door het gas verrichte arbeid gedurende het isotherme proces van punt a naar punt b. (e) Bereken de door het gas verrichte arbeid gedurende het adiabatische proces van punt c naar punt a. (f) Bepaal het rendement van de motor. (g) Wat is het maximaal haalbare rendement voor een motor die tussen T_a en T_c werkt?

64. Een aluminium beker van 126,5 g wordt bij 18,00°C gevuld met 132,5 g water van 46,25°C. Na enkele minuten is er evenwicht bereikt. Bepaal (a) de eindtemperatuur, en (b) de totale entropieverandering.

65. (a) Bij een elektriciteitscentrale op stoom werken stoommotoren paarsgewijs, waarbij de warmte-uitvoer van de ene bij benadering gelijk is aan de warmtetoevoer van de andere machine. De werktemperaturen van de eerste zijn 710°C en 430°C, en van de tweede 415°C en 270°C. (a) Als de verbrandingswarmte van kolen $2,8 \cdot 10^7$ J/kg is, in welk tempo moeten de kolen dan worden verbrand om 950 MW aan vermogen te leveren? Neem aan dat het ren-

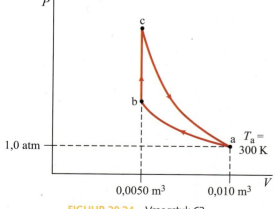

FIGUUR 20.24 Vraagstuk 63.

dement van de motoren 65 procent van het ideale (carnot rendement bedraagt. (b) De centrale wordt gekoeld met water. Als de watertemperatuur niet meer dan 5,5°C mag stijgen, geef dan een schatting van de hoeveelheid water die er per uur door de centrale moet stromen.

66. Koeleenheden kunnen worden uitgedrukt in 'tonnen'. Een airconditioningsysteem van 1 ton kan voldoende energie afvoeren om in één dag van 24 uur 1 Britse ton (2000 Britse pond = 909 kg) aan water van 0°C om te zetten in ijs van 0°C. Als, op een dag met een temperatuur van 35°C, de binnentemperatuur van een huis op 22°C wordt gehouden door een airconditioningssysteem van 5 ton continu te laten werken, wat zijn dan de kosten per uur van deze koeling voor de huiseigenaar? Neem aan dat de arbeid die door de koeleenheid wordt verricht wordt aangedreven door elektriciteit die 0,10 per kWh kost en dat de prestatiecoëfficiënt gelijk is aan 15 procent van die van een ideale koelkast. 1 kWh = 3,60 · 10^6 J.

67. Een elektriciteitscentrale met een rendement van 35 procent levert 920 MW aan elektrisch vermogen. Er worden koeltorens gebruikt om de warmte-uitstoot af te voeren. (a) Als de luchttemperatuur (aanvankelijk 15°C) 7,0°C mag stijgen, geef dan een schatting van het volume aan lucht (km^3) dat per dag wordt verwarmd. Zal het lokale klimaat merkbaar worden beïnvloed? (b) Als de verwarmde lucht een laag van 150 m dik zou vormen, geef dan een schatting van de grootte van het oppervlak dat bij een continu werkende centrale zou worden bedekt. Neem aan dat de lucht een dichtheid heeft van 1,2 kg/m^3 en dat de soortelijke warmte bij constante druk gelijk is aan circa 1,0 kJ/(kg · °C).

68. (a) Wat is de prestatiecoëfficiënt van een ideale warmtepomp die warmte afvoert van de buitenlucht van 11°C en warmte afgeeft aan lucht binnenshuis met een temperatuur van 24°C? (b) Als deze warmtepomp een elektrisch vermogen heeft van 1400 W, wat is dan de maximale warmte die hij per uur aan je huis kan leveren?

69. Een bepaalde warmtemotor laat een ideaal eenatomig gas een cyclus doorlopen zoals de rechthoek in het PV-diagram van fig. 20.25. (a) Bepaal het rendement van deze motor. Laat Q_H en Q_L de totale warmtetoevoer en warmte-uitstoot zijn gedurende één cyclus van deze motor. (b) Vergelijk (door te kijken naar de verhouding) het rendement van deze motor met die van een carnotmotor die tussen T_H en T_L werkt, waarbij T_H en T_L respectievelijk de hoogste en de laagste bereikte temperaturen zijn.

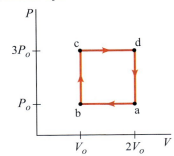

FIGUUR 20.25
Vraagstuk 69.

70. Een automotor met een uitgangsvermogen van 116 kW heeft een rendement van 15 procent. Neem aan dat de watertemperatuur van de motor van 95°C de lage temperatuur is van het (uitlaat)reservoir en 495°C de hoge 'inlaat'-temperatuur (de temperatuur van het ontploffende gas-luchtmengsel). (a) Wat is de verhouding van zijn rendement ten opzichte van het maximaal haalbare (carnot)rendement? (b) Geef een schatting van het vermogen dat nodig is om de auto in beweging te brengen, en van de hoeveelheid warmte die in 1,0 u wordt uitgestoten in de lucht.

71. Stel dat een elektriciteitscentrale die stoomturbines gebruikt, 850 MW aan vermogen levert. De stoom gaat oververhit op 625 K in de turbines en geeft zijn ongebruikte warmte af aan rivierwater bij 285 K. Neem aan dat de turbine werkt als een ideale carnotmotor. (a) Als het stroomdebiet van de rivier 34 m^3/s is, geef dan een schatting van de gemiddelde temperatuurstijging van het rivierwater dat direct van de centrale naar beneden stroomt. (b) Wat is de entropietoename per kilogram van het naar beneden stromende rivierwater in J/kg · K?

72. 1,00 mol van een ideaal eenatomig gas bij STP ondergaat eerst een isotherme expansie zodat het volume bij b 2,5 maal het volume bij a is (fig. 20.26). Vervolgens wordt er warmte onttrokken bij constant volume zodat de druk daalt. Ten slotte wordt het gas adiabatisch gecomprimeerd, terug naar zijn oorspronkelijke toestand. (a) Bereken de drukken bij b en bij c. (b) Bepaal de temperatuur bij c. (c) Bepaal voor elk proces de verrichte arbeid, de warmtetoevoer, de toegevoerde of onttrokken warmte en de entropieverandering. (d) Wat is het rendement van deze cyclus?

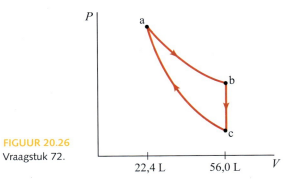

FIGUUR 20.26
Vraagstuk 72.

73. Twee auto's van 1100 kg rijden met 75 km/u in tegengestelde richting wanneer ze botsen en tot stilstand komen. Geef een schatting van de entropieverandering van het heelal als gevolg van deze botsing. (Ga uit van T = 15°C.)

74. De verbranding van 1,0 kg vet resulteert in circa 3,7 · 10^7 J aan inwendige energie in het lichaam. (a) Hoeveel vet verbrandt het lichaam om de lichaamstemperatuur op peil te houden van iemand die in bed blijft en een verbranding heeft van gemiddeld 95 W? (b) Hoe lang duurt het om op deze manier 1,0 kg vet te verbranden, ervan uitgaande dat er geen voedselopname plaatsvindt?

75. Een koeleenheid voor een nieuwe diepvries heeft een binnenoppervlak van 6,0 m^2, en is begrensd door wanden van 12 cm dik met een thermische geleidbaarheid van 0,050 W/m · K. In een ruimte met een temperatuur van 20°C moet de binnenkant op −10°C worden gehouden. De motor voor de koeleenheid mag maximaal 15 procent van de tijd aan staan. Welk vermogen moet de koelmotor minimaal hebben?

76. Een ideale airconditioner houdt de temperatuur binnen een ruimte op 21°C terwijl de buitentemperatuur 32°C bedraagt. Als door de ramen van een ruimte 3,3 kW aan vermogen in de vorm van directe straling van de zon binnenkomt, hoeveel elektrisch vermogen zou er dan worden bespaard als de ramen zouden worden verduisterd zodat slechts 500 W zou worden doorgelaten?

77. De *stirlingcyclus,* zoals weergegeven in fig. 20.27, is nuttig voor het beschrijven van zowel externe verbrandingsmotoren als systemen op zonne-energie. Bepaal het rendement van de cyclus in termen van de weergegeven parameters, aangenomen dat de werkzame stof een eenatomig gas is. De processen ab en cd zijn isotherm, terwijl bc en da processen met constant volume zijn. Hoe verhoudt dit zich tot het carnotrendement?

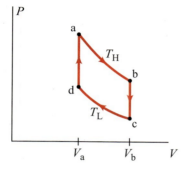

FIGUUR 20.27
Vraagstuk 77.

78. Een gasturbine werkt volgens de *braytoncyclus,* die is afgebeeld in het *PV*-diagram van fig. 20.28. Bij proces ab ondergaat het lucht-brandstofmengsel een adiabatische compressie. Dit wordt gevolgd, in proces bc, door een isobare verhitting (bij contante druk), door middel van verbranding. Proces cd is een adiabatische expansie met uitstoot van de producten naar de atmosfeer. De terugkeerstap, da, vindt plaats bij constante druk. Als het werkzame gas zich gedraagt als een ideaal gas, toon dan aan dat het rendement van de braytoncyclus gelijk is aan

$$e = 1 - \left(\frac{P_b}{P_a}\right)^{\frac{1-\gamma}{\gamma}}.$$

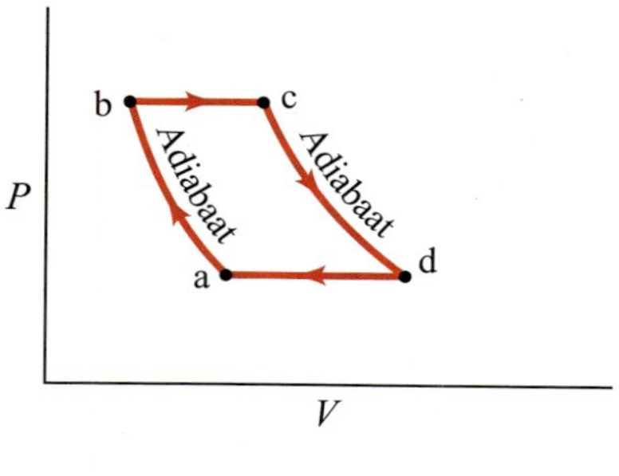

FIGUUR 20.28
Vraagstuk 78.

79. Thermodynamische processen kunnen niet alleen worden voorgesteld door *PV*-en *PT*-diagrammen; een ander nuttig diagram is een *TS*-diagram (temperatuur-entropiediagram). (*a*) Teken een *TS*-diagram voor een carnotcyclus. (*b*) Wat stelt de oppervlakte binnen de kromme voor?

80. Een aluminium blikje met verwaarloosbare warmtecapaciteit is gevuld met 450 g water van 0°C en wordt vervolgens in thermisch in contact gebracht met een soortgelijk blikje gevuld met 450 g water van 50°C. Bepaal de entropieverandering van het systeem als er geen warmteuitwisseling plaatsvindt met de omgeving. Gebruik $\Delta S = \int dQ/T$.

81. Een ontvochtiger is in wezen een 'koelkast waarvan de deur open staat'. De vochtige lucht wordt naar binnen geblazen door een ventilator en langs een koude winding geleid met een temperatuur die lager ligt dan het dauwpunt, en een deel van het water in de lucht condenseert. Hierna wordt het water afgevoerd, wordt de lucht weer opgewarmd tot zijn oorspronkelijke temperatuur en weer de kamer in geleid. In een goed ontworpen ontvochtiger wordt de warmte uitgewisseld tussen de inkomende en uitgaande lucht. Dus is de warmte die door de koelwinding wordt afgevoerd grotendeels afkomstig van de condensatie van waterdamp tot vloeistof. Geef een schatting hoeveel water er in 1,0 u wordt afgevoerd door de ideale ontvochtiger, als de temperatuur van de ruimte 25°C is, het water condenseert bij 8°C, en de ontvochtiger 650 W aan elektrisch vermogen verbruikt.

*82. Een kom bevat een groot aantal rode, oranje en groene snoepjes. Je moet een rijtje maken van drie snoepjes. (*a*) Construeer een tabel die het aantal microtoestanden laat zien die corresponderen met elke macrotoestand. Bepaal vervolgens de kans op (*b*) drie rode snoepjes, en (*c*) twee groene, één oranje snoepje.

*Numeriek/computer

*83. (II) Bij lage temperaturen is de soortelijke warmte van diamant afhankelijk van de absolute temperatuur T in overeenstemming met de Debye-vergelijking $C_V = 1{,}88 \cdot 10^3 (T/T_D)^3$ J·mol^{-1}·K^{-1}, waarbij $T_D = 2230$ K de Debye-temperatuur voor diamant is. Gebruik een rekenblad en numerieke integratie om de entropieverandering te bepalen van 1,00 mol diamant wanneer deze bij constant volume wordt verwarmd van 4 K tot 40 K. Je resultaat mag niet meer dan 2% afwijken van het resultaat dat wordt verkregen door het integreren van de uitdrukking voor dS. (*Hint: $dS = nC_V dT/T$, waarbij n gelijk is aan het aantal mol.*)

Antwoorden op de opgaven

A: Nee. Voor één op zichzelf staand proces heeft het begrip rendement geen betekenis. Rendement is uitsluitend gedefinieerd voor cyclische processen die terugkeren naar de begintoestand.

B: (*d*).

C: (*c*).

D: 1220 J/K; −1220 J/K. (Merk op dat de *totale* entropieverandering, $\Delta S_{ijs} + \Delta S_{reservoir}$ gelijk is aan nul.)

E: (*e*).

Appendix A

Wiskundige formules

A.1 Wortelformule

Als $ax^2 + bx + c = 0$

dan is $x = \dfrac{-b \pm \sqrt{b^2 - 4ac}}{2a}$

A.2 Binomiaalreeksontwikkeling

$$(1 \pm x)^n = 1 \pm nx + \frac{n(n-1)}{2!}x^2 \pm \frac{n(n-1)(n-2)}{3!}x^3 + \ldots$$

$$(x+y)^n = x^n\left(1 + \frac{y}{x}\right)^n = x^n\left(1 + n\frac{y}{x} + \frac{n(n-1)}{2!}\frac{y^2}{x^2} + \ldots\right)$$

A.3 Overige reeksontwikkelingen

$$e^x = 1 + x + \frac{x^2}{2!} + \frac{x^3}{3!} + \ldots$$

$$\ln(1+x) = x - \frac{x^2}{2} + \frac{x^3}{3} - \frac{x^4}{4} + \ldots$$

$$\sin\theta = \theta - \frac{\theta^3}{3!} + \frac{\theta^5}{5!} - \ldots$$

$$\cos\theta = 1 - \frac{\theta^2}{2!} + \frac{\theta^4}{4!}$$

$$\tan\theta = \theta + \frac{\theta^3}{3} + \frac{2}{15}\theta^5 + \ldots \; |\theta| < \frac{\pi}{2}$$

Algemeen geldt: $f(x) = f(0) + \left(\dfrac{df}{dx}\right)_0 x + \left(\dfrac{d^2f}{dx^2}\right)_0 \dfrac{x^2}{2!} + \ldots$

A.4 Exponenten

$(a^n)(a^m) = a^{n+m}$, $\quad\quad \dfrac{1}{a^n} = a^{-n}$

$(a^n)(b^n) = (ab)^n$, $\quad\quad a^n a^{-n} = a^0 = 1$

$(a^n)^m = a^{nm}$, $\quad\quad a^{\frac{1}{2}} = \sqrt{a}$

A.5 Oppervlakte en volume

Object	Oppervlakte	Volume
Cirkel, straal r	πr^2	-
Bol, straal r	$4\pi r^2$	$(\frac{4}{3})\pi r^3$
Rechte cilinder, cirkelvormige doorsnede, straal r, hoogte h	$2\pi r^2 + 2\pi r h$	$\pi r^2 h$
Rechte kegel, cirkelvormige doorsnede, straal r, hoogte h	$\pi r^2 + \pi r \sqrt{(r^2 + h^2)}$	$(\frac{1}{3})\pi r^2 h$

A.6 Meetkunde van het platte vlak

1. *Gelijke hoeken:*

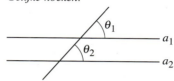

FIGUUR A.1 Als lijn a_1 evenwijdig is aan lijn a_2, dan is $\theta_1 = \theta_2$.

2. *Gelijke hoeken:*

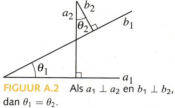

FIGUUR A.2 Als $a_1 \perp a_2$ en $b_1 \perp b_2$, dan $\theta_1 = \theta_2$.

3. De som van de hoeken van elke vlakke driehoek is 180°.
4. *Stelling van Pythagoras:*

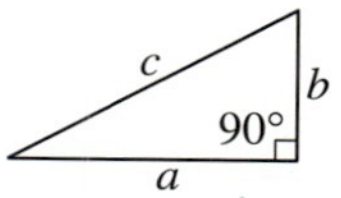

FIGUUR A.3

In elke rechthoekige driehoek (een van de hoeken = 90°) met zijden a, b, en c geldt:

$$a^2 + b^2 = c^2$$

waarin c de lengte is van de schuine zijde (de zijde tegenover de hoek van 90°).

5. *Gelijkvormige driehoeken:* Men noemt twee driehoeken gelijkvormig als beide driehoeken even grote hoeken hebben (in fig. A.4: $\theta_1 = \Phi_1$, $\theta_2 = \Phi_2$ en $\theta_3 = \Phi_3$). Gelijkvormige driehoeken hoeven niet even groot of gelijk georiënteerd te zijn.
   (*a*) Twee driehoeken zijn gelijkvormig als twee hoeken, ongeacht welke, gelijk zijn. (Omdat de som van de hoeken van een driehoek 180° is, moet ook de derde hoek van beide dan gelijk zijn.)
   (*b*) De verhoudingen tussen de lengtes van met elkaar overeenstemmende zijden van twee gelijkvormige driehoeken zijn gelijk (fig. A.4):

   $$\frac{a_1}{b_1} = \frac{a_2}{b_2} = \frac{a_3}{b_3}.$$

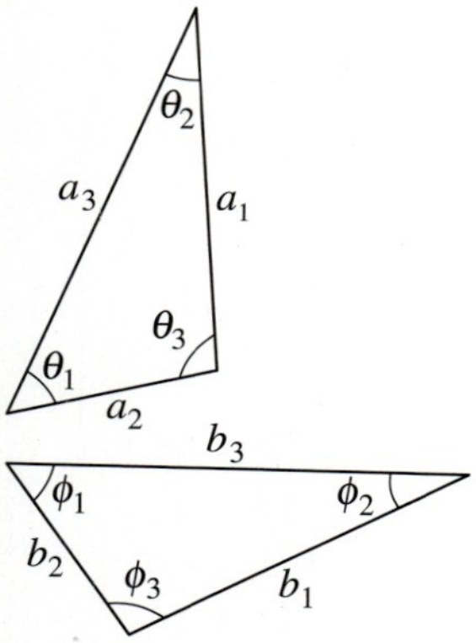

6. *Congruente driehoeken:* Twee driehoeken zijn congruent als de een precies bovenop de andere past. Dat wil zeggen, het zijn gelijkvormige driehoeken en ze hebben bovendien dezelfde afmetingen. Twee driehoeken zijn congruent als een van de volgende beweringen waar is:
   (*a*) De drie met elkaar overeenkomende zijden zijn alle even lang.
   (*b*) Twee zijden en de ingesloten hoek zijn gelijk ('zijde-hoek-zijde').
   (*c*) Twee hoeken en de verbindende zijde zijn gelijk ('hoek-zijde-hoek').

FIGUUR A.4

A.7 Logaritmen

Logaritmen zijn als volgt gedefinieerd:

als $y = A^x$, dan is $x = \log_A y$.

De logaritme met grondtal A van een getal y is dus dat getal, waarmee A tot de macht verheven het getal y weer oplevert. Voor de **gewone logaritme** is het grondtal gelijk aan 10, dus

als $y = 10^x$, dan is $x = \log y$.

Als het om de gewone logaritme gaat, wordt het subscript 10 in $\log_{10}$ meestal weggelaten. Een ander belangrijk grondtal is het exponentiële grondtal $e = 2{,}718...$, een getal waarvan de waarde in de natuur verankerd ligt. Dergelijke logaritmen worden **natuurlijke logaritmen** genoemd en als ln geschreven. Dus geldt,

als $y = e^x$, dan $x = \ln y$.

Voor een willekeurig getal y wordt het verband tussen de twee typen logaritme gegeven door

$\ln y = 2{,}3026 \log y$.

Hier volgen een paar eenvoudige regels voor logaritmen:

$\log(ab) = \log a + \log b$, (**i**)

wat zo is omdat als $a = 10^n$ en $b = 10^m$, dan $ab = 10^{n+m}$. Volgens de definitie van de logaritme geldt $\log a = n$ en $\log b = m$, en $\log(ab) = n + m$; dus $\log(ab) = n + m = \log a + \log b$. Op eenzelfde manier kunnen we bewijzen dat

$\log\left(\dfrac{a}{b}\right) = \log a - \log b$ (**ii**)

en

$\log a^n = n \log a$. (**iii**)

Deze drie regels gelden voor ieder soort logaritme.

Als je niet de beschikking hebt over een rekenmachine die logaritmen kan berekenen, dan kun je ook gewoon een **logaritmentabel** gebruiken, zoals de beknopte tabel die hier wordt getoond (tabel A.1); het getal N waarvan we de log willen weten wordt hier in twee cijfers gegeven. Het eerste cijfer staat in de verticale kolom aan de linkerkant, het tweede cijfer is de decimaal in de horizontale rij aan de bovenkant. Zo lezen we bijvoorbeeld uit tabel A.1 af dat $\log 1{,}0 = 0{,}000$, $\log 1{,}1 = 0{,}041$, en $\log 4{,}1 = 0{,}613$. De decimale komma is weggelaten in tabel A.1. De tabel geeft de waarden van de logaritme voor getallen tussen 1,0 en 9,9. Voor grotere of kleinere getallen passen we de hiervoor genoemde regel (i) toe: $\log(ab) = \log a + \log b$. Een voorbeeld: $\log(380) = \log(3{,}8 \cdot 10^2) = \log(3{,}8) + \log(10^2)$. Uit de tabel lezen we af dat $\log(3{,}8) = 0{,}580$, en eerdergenoemde regel (iii) zegt dat $\log(10^2) = 2 \log(10) = 2$, omdat $\log(10) = 1$. (Dit volgt uit de definitie van de logaritme: als $10 = 10^1$, dan is $1 = \log(10)$.) Dus geldt:

$\log(380) = \log(3{,}8) + \log(10^2)$
$= 0{,}580 + 2$
$= 2{,}580.$

Evenzo:

$\log(0{,}081) = \log(8{,}1) + \log(10^{-2})$
$= 0{,}908 - 2$
$= -1{,}092.$

TABEL A.1 Beknopte tabel van gewone logaritmen

N	0,0	0,1	0,2	0,3	0,4	0,5	0,6	0,7	0,8	0,9
1	000	041	079	114	146	176	204	230	255	279
2	301	322	342	362	380	398	415	431	447	462
3	477	491	505	519	531	544	556	568	580	591
4	602	613	623	633	643	653	663	672	681	690
5	699	708	716	724	732	740	748	756	763	771
6	778	785	792	799	806	813	820	826	833	839
7	845	851	857	863	869	875	881	886	892	898
8	903	908	914	919	924	929	935	940	944	949
9	954	959	964	968	973	978	982	987	991	996

Het omgekeerde proces, het vinden van het getal N waarvan de log gelijk is aan 2,670 bijvoorbeeld, heet 'het bepalen van de **inverse logaritme**'. We doen dit door de waarde 2,670 in twee delen te splitsen, met de splitsing op de plaats van de decimale komma:

$$\log N = 2{,}670 = 2 + 0{,}670$$
$$= \log (10^2) + 0{,}670.$$

We kijken nu in tabel A.1 welk getal een logaritme heeft van 0,670; dat is er niet, en daarom moeten we **interpoleren**: we zien dat log 4,6 = 0,663 en log 4,7 = 0,672. Het getal dat wij zoeken ligt dus tussen 4,6 en 4,7 in, en dichter bij de laatste, op 7/9 van de afstand. We kunnen hieruit afleiden dat log 4,68 = 0,670. Dus

$$\log N = 2 + 0{,}670$$
$$= \log (10^2) + \log (4{,}68) = \log (4{,}68 \cdot 10^2),$$

dus $N = 4{,}68 \cdot 10^2 = 468$.

Als de gegeven logaritme negatief is, zeg -2,180, dan gaan we als volgt te werk:

$$\log N = -2{,}180 = -3 + 0{,}820$$
$$= \log 10^{-3} + \log 6{,}6 = \log 6{,}6 \cdot 10^{-3},$$

dus $N = 6{,}6 \cdot 10^{-3}$. Merk op dat we bij onze gegeven logaritme de eerstvolgende hogere gehele waarde (3 in dit geval) optelden, om uit te komen op een geheel getal plus een decimaal getal tussen 0 en 1,0 waarvan de inverse logaritme opgezocht kan worden in de tabel.

■ A.8 Vectoren

De *optelling van vectoren* wordt behandeld in de paragrafen 3.2 tot en met 3.5.
De *vermenigvuldiging van vectoren* wordt behandeld in de paragrafen 3.3, 7.2 en 11.2.

■ A.9 Goniometrische functies en identiteiten

De goniometrische functies zijn als volgt gedefinieerd (zie fig. A.5, met o = tegenoverliggende zijde, a = aanliggende zijde, en h = hypotenusa (schuine zijde). Getalswaarden worden gegeven in tabel A.2):

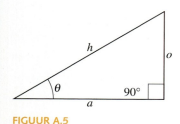

FIGUUR A.5

$$\sin \theta = \frac{o}{h}, \qquad \csc \theta = \frac{1}{\sin \theta} = \frac{h}{o}$$
$$\cos \theta = \frac{a}{h}, \qquad \sec \theta = \frac{1}{\cos \theta} = \frac{h}{a}$$
$$\tan \theta = \frac{o}{a} = \frac{\sin \theta}{\cos \theta}, \quad \cot \theta = \frac{1}{\tan \theta} = \frac{a}{o}$$

en bedenk dat

$$a^2 + o^2 = h^2 \qquad \text{(Stelling van Pythagoras)}.$$

Figuur A.6 laat zien welk teken (+ of –) de cosinus, sinus en tangens aannemen voor hoeken θ in de vier kwadranten (0° tot 360°). Merk op dat hoeken, zoals aangegeven, tegen de klok in vanaf de x-as worden gemeten; negatieve hoeken worden *van onder* de x-as en met de klok mee gemeten, bijvoorbeeld –30° = +330°, enzovoort. Hieronder volgt een aantal handige identiteiten zoals die gelden voor de goniometrische functies:

$$\sin^2 \theta + \cos^2 \theta = 1$$
$$\sec^2 \theta - \tan^2 \theta = 1, \; \operatorname{cosec}^2 \theta - \cot^2 \theta = 1$$
$$\sin 2\theta = 2 \sin \theta \cos \theta$$
$$\cos 2\theta = \cos^2 \theta - \sin^2 \theta = 2 \cos^2 \theta - 1 = 1 - 2 \sin^2 \theta$$

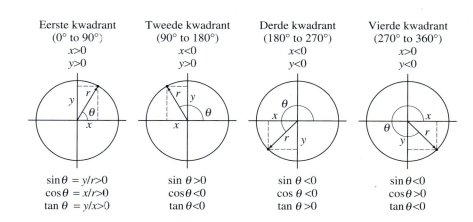

FIGUUR A.6

$$\tan 2\theta = \frac{2\tan\theta}{1-\tan^2\theta}$$

$$\sin(A \pm B) = \sin A \cos B \pm \cos A \sin B$$

$$\cos(A \pm B) = \cos A \cos B \mp \sin A \sin B$$

$$\tan(A \pm B) = \frac{\tan A \pm \tan B}{1 \mp \tan A \tan B}$$

$$\sin(180° - \theta) = \sin\theta$$

$$\cos(180° - \theta) = -\cos\theta$$

$$\sin(90° - \theta) = \cos\theta$$

$$\cos(90° - \theta) = \sin\theta$$

$$\sin(-\theta) = -\sin\theta$$

$$\cos(-\theta) = \cos\theta$$

$$\tan(-\theta) = -\tan\theta$$

$$\sin\tfrac{1}{2}\theta = \sqrt{\frac{1-\cos\theta}{2}},\ \cos\tfrac{1}{2}\theta = \sqrt{\frac{1+\cos\theta}{2}},\ \tan\tfrac{1}{2}\theta = \sqrt{\frac{1-\cos\theta}{1+\cos\theta}}$$

$$\sin A \pm \sin B = 2\left(\frac{\sin A \pm B}{2}\right)\cos\left(\frac{A \mp B}{2}\right).$$

Voor iedere driehoek geldt (zie fig. A.7):

$$\frac{\sin\alpha}{a} = \frac{\sin\beta}{b} = \frac{\sin\gamma}{c} \qquad \text{(sinusregel)}$$

$$c^2 = a^2 + b^2 - 2ab\cos\gamma. \qquad \text{(cosinusregel)}$$

De waarden van sinus, cosinus en tangens staan vermeld in tabel A.2.

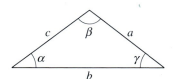

FIGUUR A.7

TABEL A.2 Goniometrische tabel: numerieke waarden van sin, cos en tan

Hoek in graden	Hoek in radialen	sinus	cosinus	tangens	Hoek in graden	Hoek in radialen	sinus	cosinus	tangens
0°	0,000	0,000	1,000	0,000					
1°	0,017	0,017	1,000	0,017	46°	0,803	0,719	0,695	1,036
2°	0,035	0,035	0,999	0,035	47°	0,820	0,731	0,682	1,072
3°	0,052	0,052	0,999	0,052	48°	0,838	0,743	0,669	1,111
4°	0,070	0,070	0,998	0,070	49°	0,855	0,755	0,656	1,150
5°	0,087	0,087	0,996	0,087	50°	0,873	0,766	0,643	1,192
6°	0,105	0,105	0,995	0,105	51°	0,890	0,777	0,629	1,235
7°	0,122	0,122	0,993	0,123	52°	0,908	0,788	0,616	1,280
8°	0,140	0,139	0,990	0,141	53°	0,925	0,799	0,602	1,327
9°	0,157	0,156	0,988	0,158	54°	0,942	0,809	0,588	1,376
10°	0,175	0,174	0,985	0,176	55°	0,960	0,819	0,574	1,428
11°	0,192	0,191	0,982	0,194	56°	0,977	0,829	0,559	1,483
12°	0,209	0,208	0,978	0,213	57°	0,995	0,839	0,545	1,540
13°	0,227	0,225	0,974	0,231	58°	1,012	0,848	0,530	1,600
14°	0,244	0,242	0,970	0,249	59°	1,030	0,857	0,515	1,664
15°	0,262	0,259	0,966	0,268	60°	1,047	0,866	0,500	1,732
16°	0,279	0,276	0,961	0,287	61°	1,065	0,875	0,485	1,804
17°	0,297	0,292	0,956	0,306	62°	1,082	0,883	0,469	1,881
18°	0,314	0,309	0,951	0,325	63°	1,100	0,891	0,454	1,963
19°	0,332	0,326	0,946	0,344	64°	1,117	0,899	0,438	2,050
20°	0,349	0,342	0,940	0,364	65°	1,134	0,906	0,423	2,145
21°	0,367	0,358	0,934	0,384	66°	1,152	0,914	0,407	2,246
22°	0,384	0,375	0,927	0,404	67°	1,169	0,921	0,391	2,356
23°	0,401	0,391	0,921	0,424	68°	1,187	0,927	0,375	2,475
24°	0,419	0,407	0,914	0,445	69°	1,204	0,934	0,358	2,605
25°	0,436	0,423	0,906	0,466	70°	1,222	0,940	0,342	2,747
26°	0,454	0,438	0,899	0,488	71°	1,239	0,946	0,326	2,904
27°	0,471	0,454	0,891	0,510	72°	1,257	0,951	0,309	3,078
28°	0,489	0,469	0,883	0,532	73°	1,274	0,956	0,292	3,271
29°	0,506	0,485	0,875	0,554	74°	1,292	0,961	0,276	3,487
30°	0,524	0,500	0,866	0,577	75°	1,309	0,966	0,259	3,732
31°	0,541	0,515	0,857	0,601	76°	1,326	0,970	0,242	4,011
32°	0,559	0,530	0,848	0,625	77°	1,344	0,974	0,225	4,331
33°	0,576	0,545	0,839	0,649	78°	1,361	0,978	0,208	4,705
34°	0,593	0,559	0,829	0,675	79°	1,379	0,982	0,191	5,145
35°	0,611	0,574	0,819	0,700	80°	1,396	0,985	0,174	5,671
36°	0,628	0,588	0,809	0,727	81°	1,414	0,988	0,156	6,314
37°	0,646	0,602	0,799	0,754	82°	1,431	0,990	0,139	7,115
38°	0,663	0,616	0,788	0,781	83°	1,449	0,993	0,122	8,144
39°	0,681	0,629	0,777	0,810	84°	1,466	0,995	0,105	9,514
40°	0,698	0,643	0,766	0,839	85°	1,484	0,996	0,087	11,43
41°	0,716	0,656	0,755	0,869	86°	1,501	0,998	0,070	14,301
42°	0,733	0,669	0,743	0,900	87°	1,518	0,999	0,052	19,081
43°	0,750	0,682	0,731	0,933	88°	1,536	0,999	0,035	28,636
44°	0,768	0,695	0,719	0,966	89°	1,553	1,000	0,017	57,290
45°	0,785	0,707	0,707	1,000	90°	1,571	1,000	0,000	∞

Wiskundige formules

Appendix B

Afgeleiden en integralen

■ B.1 Afgeleiden: algemene regels

(Zie ook paragraaf 2.3.)

$$\frac{dx}{dx} = 1$$

$$\frac{d}{dx}[af(x)] = a\frac{df}{dx} \quad (a = \text{constant})$$

$$\frac{d}{dx}[f(x) + g(x)] = \frac{df}{dx} + \frac{dg}{dx}$$

$$\frac{d}{dx}[f(x)g(x)] = \frac{df}{dx}g + f\frac{dg}{dx}$$

$$\frac{d}{dx}[f(y)] = \frac{df}{dy}\frac{dy}{dx} \quad \text{(kettingregel)}$$

$$\frac{dx}{dy} = \frac{1}{\left(\dfrac{dy}{dx}\right)} \quad \text{als } \frac{dy}{dx} \neq 0.$$

■ B.2 Afgeleiden: standaardfuncties

$$\frac{da}{dx} = 0 \quad (a = \text{constant})$$

$$\frac{d}{dx}x^n = nx^{n-1}$$

$$\frac{d}{dx}\sin ax = a\cos ax$$

$$\frac{d}{dx}\cos ax = -a\sin ax$$

$$\frac{d}{dx}\tan ax = a\sec^2 ax$$

$$\frac{d}{dx}\ln ax = \frac{1}{x}$$

$$\frac{d}{dx}e^{ax} = ae^{ax}$$

B.3 Onbepaalde integralen: algemene regels

(Zie ook paragraaf 7.3.)

$$\int dx = x$$

$$\int af(x)dx = a\int f(x)dx \quad (a = \text{constant})$$

$$\int [f(x) + g(x)]dx = \int f(x)dx + \int g(x)dx$$

$$\int u\,dv = uv - \int v\,du \quad \text{(partiële integratie)}$$

B.4 Onbepaalde integralen: standaardfuncties

(Bij het rechterlid van elk van de volgende vergelijkingen mag een willekeurige constante worden opgeteld.)

$$\int a\,dx = ax \quad (a = \text{constant})$$

$$\int x^m dx = \frac{1}{m+1}x^{m+1} \quad (m \neq -1)$$

$$\int \sin ax\,dx = -\frac{1}{a}\cos ax$$

$$\int \cos ax\,dx = \frac{1}{a}\sin ax$$

$$\int \tan ax\,dx = \frac{1}{a}\ln|\sec ax|$$

$$\int \frac{1}{x}dx = \ln x$$

$$\int e^{ax}dx = \frac{1}{a}e^{ax}$$

$$\int \frac{dx}{x^2 + a^2} = \frac{1}{a}\tan^{-1}\frac{x}{a}$$

$$\int \frac{dx}{x^2 - a^2} = \frac{1}{2a}\ln\left(\frac{x-a}{x+a}\right)(x^2 > a^2)$$

$$= -\frac{1}{2a}\ln\left(\frac{a+x}{a-x}\right)(x^2 < a^2)$$

$$\int \frac{dx}{\sqrt{x^2 \pm a^2}} = \ln\left(x + \sqrt{x^2 \pm a^2}\right)$$

$$\int \frac{dx}{\sqrt{a^2 - x^2}} = \sin^{-1}\left(\frac{x}{a}\right) = -\cos^{-1}\left(\frac{x}{a}\right) \quad \text{Als } x^2 \leq a^2$$

$$\int \frac{dx}{(x^2 \pm a^2)^{\frac{3}{2}}} = \frac{\pm x}{a^2\sqrt{x^2 \pm a^2}}$$

$$\int \frac{x\,dx}{(x^2 \pm a^2)^{\frac{3}{2}}} = \frac{-1}{\sqrt{x^2 \pm a^2}}$$

$$\int \sin^2 ax\,dx = \frac{x}{2} - \frac{\sin 2ax}{4a}$$

$$\int xe^{-ax}dx = -\frac{e^{-ax}}{a^2}(ax+1)$$

$$\int x^2 e^{-ax}dx = -\frac{e^{-ax}}{a^3}(a^2x^2 + 2ax + 2)$$

B.5 Enkele bepaalde integralen

$$\int_0^\infty x^n e^{-ax} dx = \frac{n!}{a^{n+1}},$$

$$\int_0^\infty e^{-ax^2} dx = \sqrt{\frac{\pi}{4a}},$$

$$\int_0^\infty x e^{-ax^2} dx = \frac{1}{2a},$$

$$\int_0^\infty x^2 e^{-ax^2} dx = \sqrt{\frac{\pi}{16a^3}}$$

$$\int_0^\infty x^3 e^{-ax^2} dx = \frac{1}{2a^2}$$

$$\int_0^\infty x^{2n} e^{-ax^2} dx = \frac{1.3.5...(2n-1)}{2^{n+1} a^n} \sqrt{\frac{\pi}{a}}$$

Appendix C

Meer over dimensieanalyse

Een belangrijke toepassing van de dimensieanalyse (paragraaf 1.7) is het bepalen van de *vorm* van een vergelijking: op welke manier de ene grootheid afhangt van de andere. Laten we, om een concreet voorbeeld te geven, eens proberen een uitdrukking te vinden voor de periode T van een enkelvoudige slinger. Eerst proberen we uit te vinden waarvan T afhankelijk zou kunnen zijn, en we stellen een lijst op van deze variabelen. T zou kunnen afhangen van de lengte van de slinger ℓ, van de massa m van het slingergewicht, van de hoekverdraaiing θ van de slingerbeweging, en van de waarde van de valversnelling, g. T zou verder nog afhankelijk kunnen zijn van de luchtweerstand (we kunnen de viscositeit van de lucht gebruiken als maat hiervoor), de aantrekking door de zwaartekracht van de maan, enzovoort; de alledaagse praktijk leert ons echter dat de zwaartekracht van de aarde de belangrijkste kracht is in dit verband, reden waarom we andere mogelijke krachten verwaarlozen. Laten we dus maar eens aannemen dat T een functie is van l, m, θ en g, en dat elk van deze factoren, of een of andere macht ervan, vertegenwoordigd is:

$$T = C\ell^w m^x \theta^y g^z.$$

C is een dimensieloze constante, en w, x, y en z zijn exponenten die we te weten willen komen. We schrijven nu de dimensierelatie (paragraaf 1.7) op voor deze relatie:

$$[T] = [L]^w [M]^x [L/T^2]^z.$$

Omdat θ geen dimensie heeft (een radiaal is een lengte gedeeld door een lengte, zie vgl. 10.1a) komt deze hierin niet voor. We vereenvoudigen dit tot

$$[T] = [L]^{w+z}[M]^x[T]^{-2z}$$

Om de dimensies te laten kloppen moet gelden

$$1 = -2z$$
$$0 = w + z$$
$$0 = x.$$

We lossen deze vergelijkingen op en vinden $z = -\frac{1}{2}$, $w = \frac{1}{2}$, en $x = 0$. De vergelijking die wij zoeken, luidt dus:

$$T = C\sqrt{(\ell/g)}\, f(\theta), \tag{C.1}$$

waarin $f(\theta)$ een of andere functie van θ is die we met deze techniek niet kunnen bepalen. De dimensieloze constante C kunnen we op deze manier net zo min bepalen. (Om C en f te bepalen zouden we een analyse moeten uitvoeren zoals in hoofdstuk 14, waarbij de wetten van Newton gebruikt werden en aangetoond werd dat $C = 2\pi$ en $f \approx 1$ voor kleine θ.) Maar kijk eens wat we *wel* hebben gevonden, ons slechts baserend op consistentie in dimensie. We hebben de vorm van de uitdrukking gevonden die de periode van een enkelvoudige slinger koppelt aan de belangrijkste variabelen voor deze situatie, ℓ en g (zie vgl. 14.12c), en zagen dat deze niet afhangt van de massa m.

Hoe hebben we dat gedaan? En hoe bruikbaar is deze techniek? In feite hebben we onze intuïtie moeten gebruiken om te bepalen welke variabelen belangrijk waren en welke niet. Dit is niet altijd eenvoudig en het vergt vaak een hoop inzicht. Wat bruikbaarheid aangaat, het laatste resultaat in ons voorbeeld had ook bereikt kunnen worden met behulp van de wetten van Newton, zoals in hoofdstuk 14. Maar in veel fysische situaties is een dergelijke afleiding uit andere wetten niet mogelijk. In die situaties kan dimensieanalyse een belangrijk hulpmiddel zijn.

Uiteindelijk moet elke uitdrukking die afgeleid is door middel van dimensieanalyse (of op welke andere manier dan ook) experimenteel getoetst worden. Zo kunnen we bijvoorbeeld voor onze afleiding van vgl. C.1 de periodes van twee slingers met verschillende lengte ℓ_1 en ℓ_2 met elkaar vergelijken, bij gelijke amplitude (θ). Op grond van vgl. C.1, zouden we verwachten

$$\frac{T_1}{T_2} = \frac{C\sqrt{\ell_1/g}\,f(\theta)}{C\sqrt{\ell_2/g}\,f(\theta)} = \sqrt{\frac{\ell_1}{\ell_2}}.$$

Omdat C en $f(\theta)$ gelijk zijn voor beide slingers vallen ze tegen elkaar weg, zodat we experimenteel kunnen bepalen of de verhouding tussen de periodes inderdaad gelijk is aan die van de wortels uit de lengten. Deze vergelijking met het experiment toetst onze afleiding - althans voor een deel; C en $f(\theta)$ zouden met verdere experimenten bepaald kunnen worden.

Appendix D

De zwaartekracht bij een bolvormig verdeelde massa

In hoofdstuk 6 hebben we gesteld dat de zwaartekracht die wordt uitgeoefend door, of op, een uniform bolvormig lichaam zich gedraagt alsof alle massa van de bol geconcentreerd is in het centrum van de bol, gesteld dat het andere lichaam (dat de kracht tegelijk uitoefent en ondervindt) zich buiten de bol bevindt. Met andere woorden, de zwaartekracht die een uniform bolvormig lichaam uitoefent op een deeltje erbuiten is

$$F = G\frac{mM}{r^2},$$ (m buiten bol met massa M)

met m de massa van het deeltje, M de massa van de bol, en r de afstand van m tot het centrum van de bol. We zullen dit resultaat nu gaan afleiden. Hierbij zullen we gebruik maken van de begrippen infinitesimaal kleine hoeveelheden en integratie.

We beschouwen eerst een zeer dunne, uniforme bolvormige schil (net een dunwandige basketbal) met massa M, waarvan de dikte d klein is vergeleken met de straal R (fig. D.1). De kracht op een deeltje met massa m op een afstand r van het centrum van de schil kan worden berekend door de vectorsom te nemen van de krachten ten gevolge van alle deeltjes van de schil. We stellen ons de schil voor als opgedeeld in dunne, (infinitesimaal) kleine cirkelvormige stroken, zodanig dat alle punten op een strook dezelfde afstand hebben tot ons deeltje m. Een van deze cirkelvormige stroken, gemerkt AB, is getekend in fig. D.1. Deze heeft een breedte $R\,d\theta$, een dikte d en een straal $R \sin \theta$. De kracht op ons deeltje m ten gevolge van een klein stukje van de strook bij punt A wordt voorgesteld door de vector $\vec{F}_A$, zoals aangegeven. De kracht ten gevolge van een klein stukje van de strook bij punt B, diametraal tegenover A gelegen, is de kracht $\vec{F}_B$. We nemen nu aan dat de twee stukken bij A en B gelijke massa hebben, zodat $F_A = F_B$. De horizontale componenten van $\vec{F}_A$ en $\vec{F}_B$ zijn elk gelijk aan

$$F_A \cos \phi$$

en wijzen vanuit m naar het centrum van de schil. De verticale componenten van $\vec{F}_A$ en $\vec{F}_B$ zijn even groot en wijzen in tegengestelde richting, en heffen elkaar dus op. Omdat er voor elk punt op de strook een corresponderend punt diametraal ertegenover te vinden is (net als bij A en B) zien we dat de netto kracht ten gevolge van de gehele strook in de richting van het centrum van de schil wijst. De grootte ervan bedraagt

$$dF = G\frac{m\,dM}{\ell^2}\cos \phi,$$

waarbij dM de massa van de gehele cirkelvormige strook is en ℓ de afstand van alle punten op de strook tot m, zoals aangegeven. We schrijven dM in termen van de dichtheid ρ; met dichtheid bedoelen we de massa per volume-eenheid (paragraaf 13.2). Dan is $dM = \rho\,dV$, waar dV het volume van de strook is, gelijk aan $(2\pi R \sin \theta)(d)(R\,d\theta)$. En de kracht dF ten gevolge van de getekende cirkelvormige strook is dan

$$dF = G\frac{m\rho 2\pi R^2 t \sin\theta\, d\theta}{\ell^2}\cos\phi.$$

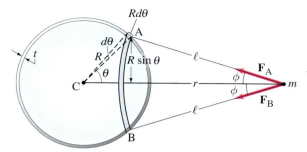

FIGUUR D.1 Berekening van de zwaartekracht op een deeltje met massa m ten gevolge van een uniforme bolvormige schil met straal R en massa M.

Om de totale kracht F te bepalen die de gehele schil uitoefent op het deeltje m, moeten we integreren over alle cirkelvormige stroken: dat wil zeggen we, we integreren

$$dF = G\frac{m\rho 2\pi R^2 t \sin\theta\, d\theta}{\ell^2}\cos\phi. \tag{D.1}$$

van $\theta = 0°$ tot $\theta = 180°$. Onze uitdrukking voor dF bevat echter ℓ en ϕ, die functies zijn van θ. Uit fig. D.1 maken we op dat

$$\ell \cos\phi = r - R\cos\theta.$$

Verder kunnen we op grond van de cosinusregel voor driehoek CmA opschrijven:

$$\cos\theta = \frac{r^2 + R^2 - \ell^2}{2rR}. \tag{D.2}$$

Met deze twee uitdrukkingen kunnen we ons aantal van drie variabelen (ℓ, θ, ϕ) terugbrengen tot slechts één, waarvoor we ℓ kiezen. We doen nu twee dingen met vgl. D.2: (1) we vullen deze in in de hiervoor genoemde uitdrukking voor $\ell \cos\Phi$:

$$\cos\phi = \frac{1}{\ell}(r - R\cos\theta) = \frac{r^2 + \ell^2 - R^2}{2r\ell}.$$

en (2) we nemen de afgeleide in beide leden van vgl. D.2 (omdat $\sin\theta\, d\theta$ voorkomt in de uitdrukking voor dF, vgl. D.1), waarbij we ervan uitgaan dat bij het sommeren over de stroken r en R constant zijn:

$$-\sin\theta\, d\theta = -\frac{2\ell d\ell}{2rR} \quad \text{oftewel} \quad \sin\theta\, d\theta = \frac{\ell d\ell}{rR}.$$

We vullen dit in in vgl. D.1 voor dF en komen uit op

$$dF = Gm\rho\pi d\frac{R}{r^2}\left(1 + \frac{r^2 - R^2}{\ell^2}\right)d\ell.$$

We gaan nu integreren om de netto kracht op onze dunne schil met straal R te bepalen. Om over alle stroken (θ van $0°$ tot $180°$) te integreren moeten we integreren van $\ell = r - R$ tot $\ell = r + R$ (zie fig. D.1). Dus geldt,

$$F = Gm\rho\pi d\frac{R}{r^2}\left[\ell - \frac{r^2 - R^2}{\ell}\right]_{\ell=r-R}^{\ell=r+R}$$
$$= Gm\rho\pi d\frac{R}{r^2}(4R).$$

Het volume V van de bolvormige schil is gelijk aan de oppervlakte ervan ($4\pi R^2$) maal de dikte d. De massa is dus $M = \rho V = \rho 4\pi R^2 d$, zodat uiteindelijk

$$F = G\frac{mM}{r^2}. \qquad \left(\begin{array}{l}\text{deeltje met massa } m \text{ buiten een dunne}\\ \text{uniforme bolvormige schil met massa } M\end{array}\right)$$

Uit dit resultaat lezen we af hoe groot de kracht is die een dunne schil uitoefent op een deeltje met massa m dat zich op een afstand r van het centrum van de schil en *buiten* de schil bevindt. We zien dat deze kracht gelijk is aan die tussen m en een deeltje met massa M in het centrum van de schil. Met andere woorden, we mogen, als het gaat om het berekenen van de zwaartekracht uitgeoefend op of door een uniforme bolvormige schil, de hele massa ervan geconcentreerd denken in het centrum van de schil.

Wat we hebben afgeleid voor een schil geldt ook voor een massieve bol, omdat een massieve bol opgebouwd gedacht kan worden uit vele concentrische schillen, van $R = 0$ tot $R = R_0$, waar R_0 de straal van de massieve bol is. Waarom? Omdat als iedere schil een massa dM heeft we voor iedere schil kunnen schrijven $dF = Gm\,dM/r^2$, met r de afstand tussen het middelpunt C en massa m, en die is voor alle schillen gelijk. De totale kracht is dan gelijk aan de som of integraal over dM, wat de totale massa M oplevert. Dus het resultaat

$$F = G\frac{mM}{r^2}. \qquad \begin{pmatrix}\text{deeltje met massa } m \text{ buiten} \\ \text{massieve bol met massa } M\end{pmatrix} \quad \textbf{(D.3)}$$

is geldig voor een massieve bol met massa M, ook al varieert de dichtheid met de afstand tot het centrum. (Dit is niet geldig als de dichtheid varieert binnen elk van de schillen, dat wil zeggen als deze niet alleen van R afhankelijk is.) We mogen dus veronderstellen dat de zwaartekracht die wordt uitgeoefend op of door bolvormige lichamen, met inbegrip van nagenoeg bolvormige lichamen als de aarde, zon en maan, zich gedraagt alsof de lichamen puntdeeltjes waren.

Dit resultaat, vgl. D.3, geldt alleen als de massa m zich buiten de bol bevindt. Laten we nu eens kijken naar een puntmassa m die zich binnen de bolvormige schil van fig. D.1 bevindt. In dat geval zou r kleiner zijn dan R, en de integratie over ℓ zou lopen van $\ell = R - r$ tot $\ell = R + r$, dus

$$\left[\ell - \frac{r^2 - R^2}{\ell}\right]_{R-r}^{R+r} = 0.$$

De kracht op elke willekeurige massa binnen de schil zou dus nul zijn. Deze uitkomst heeft met name belang voor de elektrostatische kracht, die eveneens een omgekeerde kwadraatwet volgt. Voor de zwaartekracht zien we dat voor punten binnen een massieve bol, zeg 1000 km onder het aardoppervlak, uitsluitend de massa tot aan de betreffende straal een bijdrage levert aan de netto kracht. De schillen hierbuiten leveren een netto bijdrage van nul aan het zwaartekrachteffect.

De hier behaalde resultaten kunnen ook worden bereikt door gebruik te maken van het zwaartekrachtanalogon van de Wet van Gauss voor de elektrostatica (hoofdstuk 22).

Appendix E

Vergelijkingen van Maxwell in differentiaalvorm

De vergelijkingen van Maxwell kunnen worden geschreven in een andere vorm die vaak gemakkelijker te hanteren is dan die van vgl. 31-5. Dit materiaal wordt meestal behandeld in studievakken in de latere leerjaren, maar wordt hier toegevoegd omwille van de volledigheid.

We geven hier, zonder bewijs, twee stellingen zoals die worden afgeleid in studieboeken vectoranalyse. De eerste wordt de **stelling van Gauss**, ook wel **divergentiestelling**, genoemd. Deze legt een verband tussen de integraal van een willekeurige vector $\vec{F}$ over een oppervlak en een volume-integraal over het door dat oppervlak ingesloten volume:

$$\oint_{\text{Oppervlak } A} \vec{F} \cdot d\vec{A} = \int_{\text{Volume } V} \vec{\nabla} \cdot \vec{F} \, dV.$$

De operator $\vec{\nabla}$ is de **nabla-operator**, in Cartesische coördinaten gedefinieerd als

$$\vec{\nabla} = \vec{e}_x \frac{\partial}{\partial x} + \vec{e}_y \frac{\partial}{\partial y} + \vec{e}_z \frac{\partial}{\partial z}.$$

De grootheid

$$\vec{\nabla} \cdot \vec{F} = \frac{\partial F_x}{\partial x} + \frac{\partial F_y}{\partial y} + \frac{\partial F_z}{\partial z}$$

wordt de **divergentie** van $\vec{F}$ genoemd. De tweede stelling is de **stelling van Stokes**, die een verband legt tussen een lijnintegraal over een gesloten pad en een oppervlakte-integraal over ieder willekeurig door dat pad ingesloten oppervlak:

$$\oint_{\text{Lijn}} \vec{F} \cdot d\vec{\ell} = \int_{\text{Oppervlak } A} \vec{\nabla} \times \vec{F} \cdot d\vec{A}.$$

De grootheid $\vec{\nabla} \times \vec{F}$ wordt de **rotatie** (of rotor) van $\vec{F}$ genoemd. (Zie paragraaf 11.2 over het vectorproduct.) We gaan deze twee stellingen nu toepassen om de differentiaalvorm van de vergelijkingen van Maxwell voor de vrije ruimte af te leiden. We passen de stelling van Gauss toe op vgl. 31.5a uit deel II (wet van Gauss):

$$\oint_A \vec{E} \cdot d\vec{A} = \int \vec{\nabla} \cdot \vec{E} \, dV = \frac{Q}{\varepsilon_0}$$

De lading Q in deze vergelijking kan geschreven worden als een volume-integraal over de ladingsdichtheid ρ: $Q = \int \rho \, dV$. Dus geldt

$$\int \vec{\nabla} \cdot \vec{E} \, dV = \frac{1}{\varepsilon_0} \int \rho \, dV.$$

Aan beide zijden staat een volume-integraal over hetzelfde volume, en aangezien dit voor *elk willekeurig* volume waar moet zijn, ongeacht de grootte of vorm, moet het integrandum links gelijk zijn aan dat rechts.

$$\vec{\nabla} \cdot \vec{E} = \frac{\rho}{\varepsilon_0}. \tag{E.1}$$

Dit is de differentiaalvorm van de wet van Gauss. De tweede van de vergelijkingen van Maxwell, $\oint \vec{B} \cdot d\vec{A} = 0$, behandelen we op dezelfde manier, en we komen uit op

$$\vec{\nabla} \cdot \vec{B} = 0. \tag{E.2}$$

Vervolgens passen we de stelling van Stokes toe op de derde van de vergelijkingen van Maxwell,

$$\oint \vec{E} \cdot d\vec{\ell} = \int \vec{\nabla} \times \vec{E} \cdot d\vec{A} = -\frac{d\Phi_B}{dt}$$

Aangezien de magnetische flux $\Phi_B = \int \vec{B} \cdot d\vec{A}$, komen we uit op

$$\int \vec{\nabla} \times \vec{E} \cdot d\vec{A} = -\frac{\partial}{\partial t} \int \vec{B} \cdot d\vec{A}$$

waar we de partiële afgeleide $\partial \vec{B}/\partial t$, gebruiken omdat B ook afhankelijk kan zijn van de plaats. Dit zijn oppervlakte-integralen over hetzelfde oppervlak, en aangezien dit waar moet zijn voor iedere willekeurig oppervlak, zelfs als dit heel klein is, moet gelden

$$\vec{\nabla} \times \vec{E} = -\frac{\partial \vec{B}}{\partial t}. \tag{E.3}$$

Dit is de derde van de vergelijkingen van Maxwell in differentiaalvorm. Ten slotte passen we op de laatste van de vergelijkingen van Maxwell

$$\oint \vec{B} \cdot d\vec{\ell} = \mu_0 I + \mu \varepsilon_0 \frac{d\Phi_E}{dt},$$

de stelling van Stokes toe en schrijven $\Phi_E = \int \vec{E} \cdot d\vec{A}$;

$$\int \vec{\nabla} \times \vec{B} \cdot d\vec{A} = \mu_0 I + \mu_0 \varepsilon_0 \frac{\partial}{\partial t} \int \vec{E} \cdot d\vec{A}.$$

De geleidingsstroom I kan met behulp van vgl. 25.12 uit deel II worden uitgedrukt in de stroomdichtheid $\vec{j}$:

$$I = \int \vec{j} \cdot d\vec{A}.$$

De vierde vergelijking van Maxwell wordt dan:

$$\int \vec{\nabla} \times \vec{B} \cdot d\vec{A} = \mu_0 \int \vec{j} \cdot d\vec{A} + \mu_0 \varepsilon_0 \frac{\partial}{\partial t} \int \vec{E} \cdot d\vec{A}.$$

Wil dit waar zijn voor iedere willekeurig oppervlak A, ongeacht de grootte of vorm ervan, dan moet het integrandum links gelijk zijn aan het integrandum rechts:

$$\vec{\nabla} \times \vec{B} = \mu_0 \vec{j} + \mu_0 \varepsilon_0 \frac{\partial \vec{E}}{\partial t}. \tag{E.4}$$

De vergelijkingen E.1 t/m E.4 zijn de vergelijkingen van Maxwell in differentiaalvorm voor de vrije ruimte. Ze staan vermeld in tabel E.1.

TABEL E.1 Vergelijkingen van Maxwell in de vrije ruimte

Integraalvorm	Differentiaalvorm
$\oint \vec{E} \cdot d\vec{A} = \dfrac{Q}{\varepsilon_0}$	$\vec{\nabla} \cdot \vec{E} = \dfrac{\rho}{\varepsilon_0}$
$\oint \vec{B} \cdot d\vec{A} = 0$	$\vec{\nabla} \cdot \vec{B} = 0$
$\oint \vec{E} \cdot d\vec{\ell} = -\dfrac{d\Phi_B}{dt}$	$\vec{\nabla} \times \vec{E} = -\dfrac{\partial \vec{B}}{\partial t}$
$\oint \vec{B} \cdot d\vec{\ell} = \mu_0 I + \mu \varepsilon_0 \dfrac{d\Phi_E}{dt}$	$\vec{\nabla} \times \vec{B} = \mu_0 \vec{j} + \mu_0 \varepsilon_0 \dfrac{\partial \vec{E}}{\partial t}$

$\vec{\nabla}$ staat voor de *nabla-operator* $\vec{\nabla} = \mathbf{e}_x \frac{\partial}{\partial x} + \mathbf{e}_y \frac{\partial}{\partial y} + \mathbf{e}_z \frac{\partial}{\partial z}$ in Cartesische coördinaten.

Appendix F

Isotopen: een selectie

(1) Atoomnummer Z	(2) Element	(3) Symbool	(4) Atoommassagetal A	(5) Atoommassa†	(6) % voorkomen (of type radioactief verval‡)	(7) Halfwaardetijd (indien radioactief)
0	(Neutron)	n	1	1,008665	β^-	10,23 minuten
1	Waterstof	H	1	1,007825	99,9885%	
	Deuterium	d of D	2	2,014102	0,0115%	
	Tritium	t of T	3	3,016049	β^-	12,33 jaar
2	Helium	He	3	3,016029	0,000137%	
			4	4,002603	99,999863%	
3	Lithium	Li	6	6,015123	7,59%	
			7	7,016005	92,41%	
4	Beryllium	Be	7	7,016930	ε, γ	53,22 dagen
			9	9,012182	100%	
5	Boor	B	10	10,012937	19,9%	
			11	11,009305	80,1%	
6	Koolstof	C	11	11,011434	β^+, ε	20,39 minuten
			12	12,000000	98,93%	
			13	13,003355	1,07%	
			14	14,003242	β^-	5730 jaar
7	Stikstof	N	13	13,005739	β^+, ε	9,965 minuten
			14	14,003074	99,632%	
			15	15,000109	0,368%	
8	Zuurstof	O	15	15,003066	β^+, ε	122,24 s
			16	15,994915	99,757%	
			18	17,999161	0,205%	
9	Fluor	F	19	18,998403	100%	
10	Neon	Ne	20	19,992440	90,48%	
			22	21,991385	9,25%	
11	Natrium	Na	22	21,994436	$\beta^+, \varepsilon, \gamma$	2,6027 jaar
			23	22,989769	100%	
			24	23,990963	β^-, γ	14,959 uur
12	Magnesium	Mg	24	23,985042	78,99%	
13	Aluminum	Al	27	26,981539	100%	
14	Silicium	Si	28	27,976927	92,2297%	
			31	30,975363	β^-, γ	157,3 minuten
15	Fosfor	P	31	30,973762	100%	
			32	31,973907	β^-	14,262 dagen
16	Zwavel	S	32	31,972071	94,9%	
			35	34,969032	β^-	87,51 dagen
17	Chloor	Cl	35	34,968853	75,78%	
			37	36,965903	24,22%	
18	Argon	Ar	40	39,962383	99,600%	

(1) Atoomnummer Z	(2) Element	(3) Symbool	(4) Atoommassagetal A	(5) Atoommassa†	(6) % voorkomen (of type radioactief verval‡)	(7) Halfwaardetijd (indien radioactief)
19	Kalium	K	39	38,963707	93,258%	
			40	39,963998	0,0117% $\beta^-, \varepsilon, \gamma, \beta^+$	1,248 10^9 jaar
20	Calcium	Ca	40	39,962591	96,94%	
21	Scandium	Sc	45	44,955912	100%	
22	Titanium	Ti	48	47,947946	73,72%	
23	Vanadium	V	51	50,943960	99,750%	
24	Chroom	Cr	52	51,940508	83,89%	
25	Mangaan	Mn	55	54,938045	100%	
26	IJzer	Fe	56	55,934938	91,75%	
27	Kobalt	Co	59	58,933195	100%	
			60	59,933817	β^-, γ	5,2711 jaar
28	Nikkel	Ni	58	57,935343	68,077%	
			60	59,930786	26,223%	
29	Koper	Cu	63	62,929598	69,17%	
			65	64,927790	30,83%	
30	Zink	Zn	64	63,929142	48,6%	
			66	65,926033	27,9%	
31	Gallium	Ga	69	68,925574	60,108%	
32	Germanium	Ge	72	71,922076	27,5%	
			74	73,921178	36,3%	
33	Arsenicum	As	75	74,921596	100%	
34	Seleen	Se	80	79,916521	49,6%	
35	Broom	Br	79	78,918337	50,69%	
36	Krypton	Kr	84	83,911507	57,00%	
37	Rubidium	Rb	85	84,911790	72,17%	
38	Strontium	Sr	86	85,909260	9,86%	
			88	87,905612	82,58%	
			90	89,907738	β^-	28,79 jaar
39	Yttrium	Y	89	88,905848	100%	
40	Zirkonium	Zr	90	89,904704	51,4%	
41	Niobium	Nb	93	92,906378	100%	
42	Molybdeen	Mo	98	97,905408	24,1%	
43	Technetium	Tc	98	97,907216	β^-, γ	4,2 · 10^6 jaar
44	Ruthenium	Ru	102	101,904349	31,55%	
45	Rhodium	Rh	103	102,905504	100%	
46	Palladium	Pd	106	105,903486	27,33%	
47	Zilver	Ag	107	106,905097	51,839%	
			109	108,904752	48,161%	
48	Cadmium	Cd	114	113,903359	28,7%	
49	Indium	In	115	114,903878	95,71%; β^-	4,41 · 10^{14} jaar
50	Tin	Sn	120	119,902195	32,58%	
51	Antimoon	Sb	121	120,903816	57,21%	
52	Tellurium	Te	130	129,906224	34,1%; $\beta^-\beta^-$	>7,9 · 10^{22} jaar
53	Jood	I	127	126,904473	100%	
			131	130,906125	β^-, γ	8,0207 dagen
54	Xenon	Xe	132	131,904154	26,89%	
			136	135,907219	8,87%; $\beta-\beta-$	>3,6 · 10^{20} jaar
55	Cesium	Cs	133	132,905452	100%	
56	Barium	Ba	137	136,905827	11,232%	
			138	137,905247	71,70%	
57	Lanthaan	La	139	138,906353	99,910%	

Isotopen: een selectie

(1) Atoom-nummer Z	(2) Element	(3) Symbool	(4) Atoom-massagetal A	(5) Atoom-massa†	(6) % voorkomen (of type radioactief verval‡)	(7) Halfwaardetijd (indien radioactief)
58	Cerium	Ce	140	139,905439	88,45%	
59	Praseodymium	Pr	141	140,907653	100%	
60	Neodymium	Nd	142	141,907723	27,2%	
61	Promethium	Pm	145	144,912749	ε, α	17,7 jaar
62	Samarium	Sm	152	151,919732	26,75%	
63	Europium	Eu	153	152,921230	52,19%	
64	Gadolinium	Gd	158	157,924104	24,84%	
65	Terbium	Tb	159	158,925347	100%	
66	Dysprosium	Dy	164	163,929175	28,2%	
67	Holmium	Ho	165	164,930322	100%	
68	Erbium	Er	166	165,930293	33,6%	
69	Thulium	Tm	169	168,934213	100%	
70	Ytterbium	Yb	174	173,938862	31,8%	
71	Lutetium	Lu	175	174,940772	97,41%	
72	Hafnium	Hf	180	179,946550	35,08%	
73	Tantaal	Ta	181	180,947996	99,988%	
74	Wolfraam	W	184	183,950931	30,64%; α	$>3 \cdot 10^{17}$ jaar
75	Rhenium	Re	187	186,955753	62,60%; β^-	$4,35 \cdot 10^{10}$ jaar
76	Osmium	Os	191	190,960930	β^-, γ	15,4 dagen
			192	191,961481	40,78%	
77	Iridium	Ir	191	190,960594	37,3%	
			193	192,962926	62,7%	
78	Platina	Pt	195	194,964791	33,832%	
79	Goud	Au	197	196,966569	100%	
80	Kwik	Hg	199	198,968280	16,87%	
			202	201,970643	29,9%	
81	Thallium	Tl	205	204,974428	70,476%	
82	Lood	Pb	206	205,974465	24,1%	
			207	206,975897	22,1%	
			208	207,976652	52,4%	
			210	209,984188	β^-, γ, α	22,20 jaar
			211	210,988737	β^-, γ	36,1 minuten
			212	211,991898	β^-, γ	10,64 uur
			214	213,999805	β^-, γ	26,8 minuten
83	Bismut	Bi	209	208,980399	100%	
			211	210,987269	α, γ, β^-	2,14 minuten
84	Polonium	Po	210	209,982874	$\alpha, \gamma, \varepsilon$	138,376 dagen
			214	213,995201	α, γ	164,3 μs
85	Astaat	At	218	218,008694	α, β^-	1,5 s
86	Radon	Rn	222	222,017578	α, γ	3,8235 dagen
87	Francium	Fr	223	223,019736	β^-, γ, α	22,00 minuten
88	Radium	Ra	226	226,025410	α, γ	1600 jaar
89	Actinium	Ac	227	227,027752	β^-, γ, α	21,772 jaar
90	Thorium	Th	228	228,028741	α, γ	1,9116 jaar
			232	232,038055	100%; α, γ	$1,405 \cdot 10^{10}$ jaar
91	Protactinium	Pa	231	231,035884	α, γ	$3,276 \cdot 10^4$ jaar
92	Uranium	U	232	232,037156	α, γ	68,9 jaar
			233	233,039635	α, γ	$1,592 \cdot 10^5$ jaar
			235	235,043930	0,720%; α, γ	$7,04 \cdot 10^8$ jaar
			236	236,045568	α, γ	$2,342 \cdot 10^7$ jaar
			238	238,050788	99,274%; α, γ	$4,468 \cdot 10^9$ jaar
			239	239,054293	β^-, γ	23,45 minuten

(1) Atoom-nummer Z	(2) Element	(3) Symbool	(4) Atoom-massagetal A	(5) Atoom-massa†	(6) % voorkomen (of type radioactief verval‡)	(7) Halfwaardetijd (indien radioactief)
93	Neptunium	Np	237	237,048173	α, γ	$2{,}144 \cdot 10^6$ jaar
			239	239,052939	β^-, γ	2,356 dagen
94	Plutonium	Pu	239	239,052163	α, γ	24.110 jaar
			244	244,064204	α	$8{,}00 \cdot 10^7$ jaar
95	Americium	Am	243	243,061381	α, γ	7370 jaar
96	Curium	Cm	247	247,070354	α, γ	$1{,}56 \cdot 10^7$ jaar
97	Berkelium	Bk	247	247,070307	α, γ	1380 jaar
98	Californium	Cf	251	251,079587	α, γ	898 jaar
99	Einsteinium	Es	252	252,082980	$\alpha, \varepsilon, \gamma$	471,7 dagen
100	Fermium	Fm	257	257,095105	α, γ	100,5 dagen
101	Mendelevium	Md	258	258,098431	α, γ	51,5 dagen
102	Nobelium	No	259	259,10103	α, ε	58 minuten
103	Lawrencium	Lr	262	262,10963	α, ε, splitsing	$\approx$ 4 uur
104	Rutherfordium	Rf	263	263,11255	splitsing	10 minuten
105	Dubnium	Db	262	262,11408	α, splitsing, ε	35 s
106	Seaborgium	Sg	266	266,12210	α, splitsing	$\approx$ 21 s
107	Bohrium	Bh	264	264,12460	α	$\approx$ 0,44 s
108	Hassium	Hs	269	269,13406	α	$\approx$ 10 s
109	Meitnerium	Mt	268	268,13870	α	21 ms
110	Darmstadtium	Ds	271	271,14606	α	$\approx$ 70 ms
111	Roentgenium	Rg	272	272,15360	α	3,8 ms
112		Uub	277	277,16394	α	$\approx$ 0,7 ms

†De in kolom (5) opgegeven massa's zijn die voor het neutrale atoom, met inbegrip van de Z elektronen.
‡ Deel II Hoofdstuk 41 ε = elektronenvangst.
Voorlopig (onbevestigd) bewijs van voorkomen is gerapporteerd voor de elementen 113, 114, 115, 116 en 118.

Isotopen: een selectie

Antwoorden op de vraagstukken met een oneven nummer

Hoofdstuk 1

1. (a) $1,4 \cdot 10^{10}$ jaar;
   (b) $4,4 \cdot 10^{17}$ s.
3. (a) $1,156 \cdot 10^0$;
   (b) $2,18 \cdot 10^1$;
   (c) $6,8 \cdot 10^{-3}$;
   (d) $3,2865 \cdot 10^2$;
   (e) $2,19 \cdot 10^{-1}$;
   (f) $4,44 \cdot 10^2$.
5. 4,6%.
7. $1,00 \cdot 10^5$ s.
9. 0,24 rad.
11. (a) 0,2866 m;
    (b) 0,000085 V;
    (c) 0,00076 kg;
    (d) 0,0000000000600 s;
    (e) 0,0000000000000225 m;
    (f) 2.500.000.000 V.
13. (a) $3,9 \cdot 10^{-9}$ inch;
    (b) $1,0 \cdot 10^8$ atomen.
15. (a) $9,46 \cdot 10^{15}$ m;
    (b) $6,31 \cdot 10^4$ AU;
    (c) 7,20 AU/u.
17. (a) $3,80 \cdot 10^{13}$ m^2;
    (b) 13,4.
19. $6 \cdot 10^5$ boeken.
21. $5 \cdot 10^4$ l.
23. (a) 1800.
25. $5 \cdot 10^4$ m.
27. $6,5 \cdot 10^6$ m.
29. $[M/\ell^3]$.
31. (a) Kan niet;
    (b) kan wel;
    (c) kan wel.
33. $1 \cdot 10^{-5}$ procent, acht significante cijfers.
35. (a) $3,16 \cdot 10^7$ s;
    (b) $3,16 \cdot 10^{16}$ ns;
    (c) $3,17 \cdot 10^{-8}$ jr.
37. $5 \cdot 10^{11}$ l/jr.
39. 9 cm/jr.
41. 10^8 kg/jr.
43. 75 min.
45. $4 \cdot 10^5$ ton.
47. $1 \cdot 10^3$ dagen
49. 210 yd, 190 m.
51. (a) 0,10 nm;
    (b) $1,0 \cdot 10^5$ fm;
    (c) $1,0 \cdot 10^{10}$ Å;
    (d) $9,5 \cdot 10^{25}$ Å.
53. (a) 3%, 3%;
    (b) 0,7%, 0,2%.
55. $8 \cdot 10^{-2}$ m^3.
57. l/m, l/jaar, l.
59. (a) 13,4;
    (b) 49,3.
61. $4 \cdot 10^{51}$ kg.

Hoofdstuk 2

1. 61 m.
3. 0,65 cm/s, nee.
5. 300 m/s, 1 km voor iedere 3 sec.
7. (a) 9,26 m/s;
   (b) 3,1 m/s.
9. (a) 0,3 m/s;
   (b) 1,2 m/s;
   (c) 0,30 m/s;
   (d) 1,4 m/s;
   (e) −0,95 m/s.
11. $2,0 \cdot 10^1$ s.
13. (a) $5,4 \cdot 10^3$ m;
    (b) 72 min.
15. (a) 61 km/u;
    (b) 0.
17. (a) 16 m/s;
    (b) +5 m/s.
19. 6,73 m/s.
21. 5 s.
23. (a) 48 s;
    (b) van 90 s tot 108 s;
    (c) van 0 tot 42 s, 65 s tot 83 s, 90 s tot 108 s;
    (d) van 65 s tot 83 s.
25. (a) 21,2 m/s;
    (b) 2,00 m/s^2.
27. 17,0 m/s^2.
29. (a) m/s, m/s^2;
    (b) $2B$ m/s^2;
    (c) $(A + 10B)$ m/s, $2B$ m/s^2;
    (d) $A - 3Bt^{-4}$.
31. 1,5 m/s^2, 99 m.
33. 240 m/s^2.
35. 4,41 m/s^2, 2,61 s.
37. 45,0 m.
39. (a) 560 m;
    (b) 47 s;
    (c) 23 m, 21 m.
41. (a) 96 m;
    (b) 76 m.
43. 27 m/s.
45. 117 km/u.
47. 0,49 m/s^2.
49. 1,6 s.
51. (a) 20 m;
    (b) 4 s.
53. 1,16 s.
55. 5,18 s.
57. (a) 25 m/s;
    (b) 33 m;
    (c) 1,2 s;
    (d) 5,2 s.
59. (a) 14 m/s;
    (b) vierde verdieping.
61. 1,3 m.
63. 18,8 m/s, 18,1 m.
65. 52 m.
67. 106 m.
69. (a) $\frac{g}{k}(1 - e^{-kt})$;
    (b) $\frac{g}{k}$.
71. 6.
73. 1,3 m.
75. (b) 10 m;
    (c) 40 m.
77. $5,2 \cdot 10^{-2}$ m/s^2.
79. Tussen 4,6 m/s en 5,4 m/s, tussen 5,8 m/s en 6,7 m/s, kleiner bereik van snelheden.
81. (a) 5,39 s;
    (b) 40,3 m/s;

(c) 90,9 m.
83. (a) 8,7 min;
(b) 7,3 min.
85. 2,3.
87. Stoppen.
89. 1,5 palen.
91. 0,44 m/min, 2,9 burgers/min.
93. (a) Daar waar de hellingen gelijk zijn;
(b) fiets A;
(c) waar de twee krommen elkaar snijden; eerste snijpunt: B passeert A; tweede snijpunt: A passeert B;
(d) B tot aan waar de hellingen gelijk zijn, A daarna;
(e) zijn gelijk.
95. (c)

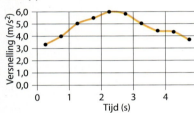

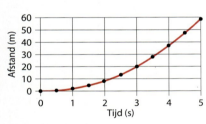

97. (b) 6,8 m.

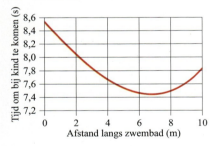

Hoofdstuk 3

1. 286 km, 11° ten zuiden van het westen.

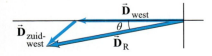

3. 10,1, −39,4°.
5. (a)

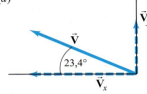

(b) −22,8, 9,85;
(c) 24,8, 23,4° boven de negatieve x-as.
7. (a) 625 km/u, 553 km/u;
(b) 1560 km, 1380 km.
9. (a) 4,2 onder 315°;
(b) $1,0\vec{e}_x - 5,0\vec{e}_y$ of 5,1 onder 280°.
11. (a) $-53,7\vec{e}_x + 1,31\vec{e}_y$ of 53,7 onder 1,4° boven de negatieve x-as;
(b) $-53,7\vec{e}_x - 1,31\vec{e}_y$ of 53,7 onder 1,4° onder de positieve x-as, ze hebben een tegengestelde richting.
13. (a) $-92,5\vec{e}_x - 19,4\vec{e}_y$ of 94,5 onder 11,8° onder de negatieve x-as;
(b) $122\vec{e}_x - 86,6\vec{e}_y$ of 150 onder 35,3° onder de positieve x-as.
15. $(-2450 \text{ m})\vec{e}_x + (3870 \text{ m})\vec{e}_y + (2450 \text{ m})\vec{e}_z$, 5190 m.
17. $(9,60\vec{e}_x - 2,00t\vec{e}_z)$ m/s, $(-2,00\vec{e}_z)$ m/s².
19. Een parabool.
21. (a) $4,0t$ m/s, $3,0t$ m/s;
(b) $5,0t$ m/s;
(c) $(2,0t^2\vec{e}_x + 1,5t^2\vec{e}_y)$ m;
(d) $v_x = 8,0$ m/s, $v_y = 6,0$ m/s, $v = 10,0$ m/s, $\vec{r} = (8,0\vec{e}_x + 6,0\vec{e}_y)$ m.
23. (a) $(3,16\vec{e}_x + 2,78\vec{e}_y)$ cm/s;
(b) 4,21 cm/s onder 41,3°.
25. (a) $(6,0t\vec{e}_x - 18,0t^2\vec{e}_y)$ m/s, $(6,0\vec{e}_x - 36,0t\vec{e}_y)$ m/s²;
(b) $(19\vec{e}_x - 94\vec{e}_y)$ m, $(15\vec{e}_x - 110\vec{e}_y)$ m/s.
27. 414 m onder −65,0°.
29. 44 m, 6,9 m.
31. 18°, 72°.

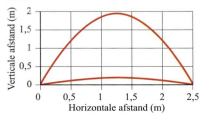

33. 2,26 s.
35. 22,3 m.
37. 39 m.
41. (a) 12 s;
(b) 62 m.
43. 5,5 s.
45. (a) $(2,3\vec{e}_x + 2,5\vec{e}_y)$ m/s;
(b) 5,3 m;
(c) $(2,3\vec{e}_x - 10,2\vec{e}_y)$ m/s.
47. Nee, 0,76 m te laag; tussen de 4,5 m en 34,7 m.
51. $\arctan(gt/v_0)$.
53. (a) 50,0 m;
(b) 6,39 s;
(c) 221 m;
(d) 38,3 m/s onder 25,7°.
55. $\frac{1}{2}\tan^{-1}\left(-\frac{1}{\tan\phi}\right) = \frac{\phi}{2} + \frac{\pi}{4}$.
57. $(10,5 \text{ m/s})\vec{e}_x, (6,5 \text{ m/s})\vec{e}_x$.
59. 1,41 m/s.
61. 23 s, 23 m.
63. (a) 11,2 m/s, 27° boven het horizontale vlak;
(b) 11,2 m/s, 27° onder het horizontale vlak.
65. 6,3° ten westen van het zuiden.
67. (a) 46 m;
(b) 92 s.
69. (a) 1,13 m/s;
(b) 3,20 m/s.
71. 43,6° ten noorden van het oosten.
73. $(66\text{m})\vec{e}_x - (35\text{m})\vec{e}_y - (12 \text{ m})\vec{e}_z$, 76 m, 28° ten zuiden van het oosten, 9° onder het horizontale vlak.
75. 131 km/u, 43,1° ten noorden van het oosten.
77. 7,0 m/s.
79. 1,8 m/s².
81. 1,9 m/s, 2,7 s.
83. (a) $\dfrac{Dv}{(v^2 - u^2)}$;
(b) $\dfrac{D}{\sqrt{v^2 - u^2}}$.
85. 54°.
87. $[(1,5 \text{ m})\vec{e}_x - (2,0t \text{ m})\vec{e}_x]$
$+ [(-3,1 \text{ m})\vec{e}_y + (1,75t^2 \text{ m})\vec{e}_y,$
$(3,5 \text{ m/s}^2)\vec{e}_y$. paraboolvorm.
89. Roei onder een hoek van 24,9° stroomopwaarts en ren 104 m langs de oever, in een totale tijd van 862 seconden.
91. 69,9° naar het noordoosten.
93. (a) 13 m;
(b) 31° onder het horizontale vlak.
95. 3,1 s.
97. (a) 13 m/s, 12 m/s;

(b) 33 m.
99. (a) $x = (3,03t - 0,0265)$ m, 3,03 m/s;
(b) $y = (0,158 - 0,855t + 6,09t^2)$ m, 12,2 m/s^2.

Hoofdstuk 4

1. 77 N.
3. (a) $6,7 \cdot 10^2$ N;
   (b) $1,2 \cdot 10^2$ N;
   (c) $2,5 \cdot 10^2$ N;
   (d) 0.
5. $1,3 \cdot 10^6$ N, 39%, $1,3 \cdot 10^6$ N.
7. $2,1 \cdot 10^2$ N.
9. $m > 1,5$ kg.
11. 89,8 N.
13. 1,8 m/s^2, naar boven.
15. Afdalen met $a \geq 2,2$ m/s^2.
17. -2800 m/s^2, $280g$, $1,9 \cdot 10^5$ N.
19. (a) 7,5 s, 13 s, 7,5 s;
    (b) 12%, 0%, -12%;
    (c) 55%.
21. (a) 3,1 m/s^2;
    (b) 25 m/s;
    (c) 78 s.
23. $3,3 \cdot 10^3$ N.
25. (a) 150 N;
    (b) 14,5 m/s.
27. (a) 47,0 N;
    (b) 17,0 N;
    (c) 0.
29. (a) (b)

31. (a) 1,5 m;
    (b) 11,5 kN, nee.
33. (a) 31 N, 63 N;
    (b) 35 N, 71 N.
35. $6,3 \cdot 10^3$ N, $8,4 \cdot 10^3$ N.
37. (a) 19,0 N onder 237,5°, 1,03 m/s^2 onder 237,5°;
    (b) 14,0 N onder 51,0°, 0,758 m/s^2 onder 51,0°.
39. $\dfrac{5 F_0}{2\,m} t_0^2$.
41. $4,0 \cdot 10^2$ m.
43. 12°.
45. (a) 9,9 N;
    (b) 260 N.
47. (a) $m_E g - F_T = m_E a$;
       $F_T - m_C g = m_C a$;
    (b) 0,68 m/s^2, 10.500 N.

49. (a) 2,8 m;
    (b) 2,5 s
51. (a)

(b) $g\dfrac{m_B}{m_A + m_B}, g\dfrac{m_A m_B}{m_A + m_B}$.

53. $g\dfrac{m_B + \dfrac{B}{\ell_A + B} m_C}{m_A + m_B + m_C}$.

55. $(m + M)g \tan \theta$.
57. 1,52 m/s^2, 18,3 N, 19,8 N.
59. $\dfrac{(m_A + m_B + m_C) m_B}{\sqrt{(m_A^2 - m_B^2)}} g$.
61. (a) $\left(\dfrac{2y}{\ell} - 1\right) g$;
    (b) $\sqrt{2 g y_0 \left(1 - \dfrac{y_0}{\ell}\right)}$;
    (c) $\tfrac{2}{3}\sqrt{g\ell}$.
63. 6,3 N.
65. 2,0 s geen verandering.
67. (a) $g\dfrac{(m_A \sin \theta - m_B)}{(m_A + m_B)}$;
    (b) $m_A \sin \theta > m_B$ (m_A langs het vlak naar beneden),
       $m_A \sin \theta < m_B$ (m_A langs het vlak naar boven).
69. (a) $\dfrac{m_B \sin \theta_B - m_A \sin \theta_A}{m_A + m_B} g$;
    (b) 6,8 kg, 26 N;
    (c) 0,74.
71. 9,9°.
73. (a) $41 \dfrac{\text{N}}{\text{m/s}}$;
    (b) $1,4 \cdot 10^2$ N.
75. (a) $Mg/2$;
    (b) $Mg/2, Mg/2, 3Mg/2, Mg$.
77. $8,7 \cdot 10^2$ N, 72° boven het horizontale vlak.
79. (a) 0,6 m/s^2;
    (b) $1,5 \cdot 10^5$ N.
81. $1,76 \cdot 10^4$ N.
83. $3,8 \cdot 10^2$ N, $7.6 \cdot 10^2$ N.
85. 3,4 m/s.
87. (a) 23 N;
    (b) 3,8 N.

89. (a) $g \sin \theta$, $\sqrt{\dfrac{2\ell}{g \sin \theta}}$, $\sqrt{2\ell g \sin \theta}$, $mg \cos \theta$;
    (b)

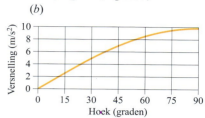

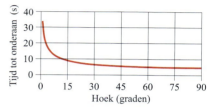

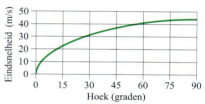

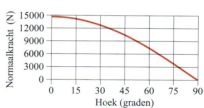

Al deze grafieken zijn consistent met de resultaten voor de limietgevallen.

Hoofdstuk 5

1. 65 N, 0.
3. 0,20.
5. 8,8 m/s^2.
7. $1,0 \cdot 10^2$ N, 0,48.
9. 0,51.
11. 4,2 m.
13. $1,2 \cdot 10^3$ N.
15. (a) 0,67;
    (b) 6,8 m/s;
    (c) 16 m/s.
17. (a) 1,7 m/s^2;
    (b) $4,3 \cdot 10^2$ N;
    (c) 1,7 m/s^2, $2,2 \cdot 10^2$ N.
19. (a) 0,80 m;
    (b) 1,3 s.
21. (a) A zal B meetrekken;

(b) B zal de achterstand op A uit-eindelijk inlopen;
(c) $\mu_A < \mu_B : a = g\left[\dfrac{(m_A + m_B)\sin\theta - (\mu_A m_A + \mu_B m_B)\cos\theta}{(m_A + m_B)}\right]$,
$F_T = g\dfrac{m_A m_B}{(m_A + m_B)}(\mu_B - \mu_A)\cos\theta$,
$\mu_A > \mu_B : a_A = g(\sin\theta - \mu_A\cos\theta)$,
$a_B = g(\sin\theta - \mu_B\cos\theta), F_T = 0$.

23. (a) 5,0 kg;
    (b) 6,7 kg.
25. (a) $\dfrac{v_0^2}{2dg\cos\theta} - \tan\theta$;
    (b) $\mu_s \geq \tan\theta$.
27. (a) 0,22 s;
    (b) 0,16 m.
29. 0,51.
31. (a) 82 N;
    (b) 4,5 m/s².
33. $(M + m)g\dfrac{(\sin\theta + \mu\cos\theta)}{(\cos\theta - \mu\sin\theta)}$.
35. (a) 1,41 m/s²;
    (b) 31,7 N.
37. $\sqrt{rg}$.
39. 30 m.
41. 31 m/s.
43. $0{,}9g$.
45. 9,0 omw/min.
47. (a) $1{,}9 \cdot 10^3$ m;
    (b) $5{,}4 \cdot 10^3$ N;
    (c) $3{,}8 \cdot 10^3$ N.
49. $3{,}0 \cdot 10^2$ N.
51. 0,164.
53. (a) 7960 N;
    (b) 588 N;
    (c) 29,4 m/s.
55. 6,2 m/s.
57. (b) $\vec{v} = (-6{,}0 \text{ m/s})\sin(3{,}0 \text{ rad/s } t)\vec{e}_x$
    $+ (6{,}0 \text{ m/s})\cos(3{,}0 \text{ rad/s } t)\vec{e}_y$
    $\vec{a} = (-18 \text{ m/s}^2)\cos(3{,}0 \text{ rad/s } t)\vec{e}_x$
    $+ (-18 \text{ m/s}^2)\sin(3{,}0 \text{ rad/s } t)\vec{e}_y$;
    (c) $v = 6{,}0$ m/s, $a = 18$ m/s².
59. 17 m/s $\leq v \leq$ 32 m/s.
61. (a) $a_t = (\pi/2)$ m/s², $a_c = 0$;
    (b) $a_t = (\pi/2)$ m/s², $a_c = (\pi^2/8)$ m/s²;
    (c) $a_t = (\pi/2)$ m/s², $a_c = (\pi^2/2)$ m/s².
63. (a) 1,64 m/s;
    (b) 3,45 m/s.
65. m/b.
67. (a) $\dfrac{mg}{b} + \left(v_0 - \dfrac{mg}{b}\right)e^{-\frac{b}{m}t}$;
    (b) $-\dfrac{mg}{b} + \left(v_0 + \dfrac{mg}{b}\right)e^{-\frac{b}{m}t}$.
69. (a) 14 kg/m;

(b) 570 N.
71. $\dfrac{mg}{b}\left[t + \dfrac{m}{b}\left(e^{-\frac{b}{m}t} - 1\right)\right], ge^{-\frac{b}{m}t}$.
75. 10 m.
77. 0,46.
79. 102 N, 0,725.
81. Ja, 14 m/s.
83. 28,3 m/s, 0,410 omw/s.
85. 3500 N, 1900 N.
87. 35°.
89. 132 m.
91. (a) 55 s;
    (b) centripetale component van de normaalkracht.
93. (a) $\theta = \cos^{-1}\dfrac{g}{4\pi^2 rf^2}$;
    (b) 73,6°;
    (c) nee.
95. 82°.
97. (a) 16 m/s;
    (b) 13 m/s.
99. (a) 0,88 m/s²;
    (b) 0,98 m/s².
101. (a) 42,2 m/s;
     (b) 35,6 m, 52,6 m.
103. (a) v (m/s) t (s)

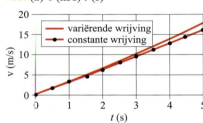

(b) x (m) t (s)

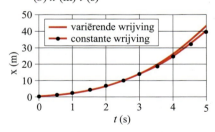

(c) snelheid: −12%, plaats: −6,6%.

Hoofdstuk 6

1. 1610 N.
3. 1,9 m/s².
5. $\tfrac{2}{9}$.
7. $0{,}91g$.
9. $1{,}4 \cdot 10^{-8}$ N onder 45°.
11. $Gm^2\left\{\left[\dfrac{2}{x_0^2} + \dfrac{3x_0}{(x_0^2 + y_0^2)^{3/2}}\right]\vec{e}_x\right.$
$+ \dfrac{4}{y_0^2} + \left.\dfrac{3y_0}{(x_0^2 + y_0^2)^{3/2}}\vec{e}_y\right\}$.
13. $2^{1/3}$ keer groter.
15. Op $3{,}46 \cdot 10^8$ m afstand van het middelpunt van de aarde.
19. (b) g neemt af bij toenemende r;
    (c) ongeveer 9,42 m/s², 9,43 m/s² exact.
21. 9,78 m/s², 0,099° ten zuiden van de lijn naar het middelpunt.
23. $7{,}52 \cdot 10^3$ m/s.
25. 1,7 m/s² naar boven.
27. $7{,}20 \cdot 10^3$ s.
29. (a) 520 N;
    (b) 520 N;
    (c) 690 N;
    (d) 350 N;
    (e) 0.
31. (a) 59 N, naar de maan toe;
    (b) 110 N, van de maan vandaan.
33. (a) Ze voeren een centripetale beweging uit
    (b) $9{,}6 \cdot 10^{29}$ kg.
35. $\sqrt{\dfrac{GM}{\ell}}$.
37. 5070 s, of 84,5 min.
39. 160 jr.
41. $2 \cdot 10^8$ jr.
43. Europa: $671 \cdot 10^3$ km,
    Ganymedes: $1070 \cdot 10^3$ km,
    Callisto: $1880 \cdot 10^3$ km.
45. (a) 180 AU;
    (b) 360 AU;
    (c) 360:1.
47. (a) $\text{Log } T = \tfrac{3}{2}\log r + \tfrac{1}{2}\log\left(\dfrac{4\pi^2}{Gm_J}\right)$,
    helling $= \tfrac{3}{2}$,
    snijpunt met de y-as $= \tfrac{1}{2}\log\left(\dfrac{4\pi^2}{Gm_J}\right)$;
    (b)

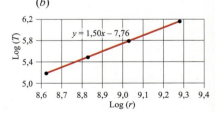

helling = 1,50 zoals voorspeld,
$m_J = 1{,}97 \cdot 10^{27}$ kg.
49. (a) $5{,}95 \cdot 10^{-3}$ m/s²;
    (b) nee, niet meer dan ongeveer 0,06%.
51. $2{,}64 \cdot 10^6$ m.
53. (a) $4{,}38 \cdot 10^7$ m/s²;
    (b) $2{,}8 \cdot 10^9$ N;

(c) $9,4 \cdot 10^3$ m/s.
55. $T_{\text{binnenste}} = 2,0 \cdot 10^4$ s,
$T_{\text{buitenste}} = 7,1 \cdot 10^4$ s.
57. $5,4 \cdot 10^{12}$ m, dit is nog binnen het zonnestelsel, in de buurt van de baan van Pluto.
59. $2,3g$.
61. $7,4 \cdot 10^{36}$ kg, $3,7 \cdot 10^6$ M_{zon}.
65. $1,21 \cdot 10^6$ m.
67. $V_{\text{olieveld}} = 5 \cdot 10^7$ m^3,
$r_{\text{olieveld}} = 200$ m;
$m_{\text{olieveld}} = 4 \cdot 10^{10}$ kg.
69. 8,99 dagen.
71. $0,44r$.
73. (a) 53 N;
(b) $3,1 \cdot 10^{26}$ kg.
77. $1 \cdot 10^{-10}$ m^3/kg·s^2.
79. (a) T^2 (y^2) r^3 (AU^3)

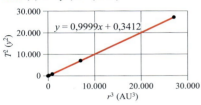

(b) 39,44 AU.

Hoofdstuk 7

1. $7,7 \cdot 10^3$ J.
3. $1,47 \cdot 10^4$ J.
5. 6000 J.
7. $4,5 \cdot 10^5$ J.
9. 590 J.
11. (a) 1700 N;
(b) -6600 J;
(c) 6600 J;
(d) 0.
13. (a) $1,1 \cdot 10^7$ J;
(b) $5,0 \cdot 10^7$ J.
15. -490 J, 0,490 J.
21. $1,5\vec{e}_x - 3,0\vec{e}_y$.
23. (a) 7,1;
(b) -250;
(c) $2,0 \cdot 10^1$.
25. $-1,4\vec{e}_x + 2,0\vec{e}_y$.
27. $52,5°$, $48,0°$, $115°$.
29. $113,4°$ of $301.4°$.
31. (a) $130°$;
(b) Uit het feit dat het inwendig product van de vectoren negatief is, blijkt dat het om een stompe hoek gaat.
35. 0,11 J.

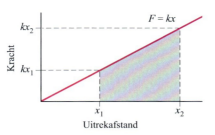

37. $3,0 \cdot 10^3$ J.

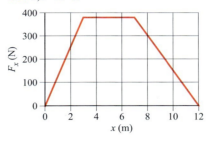

39. 2800 J.
41. 670 J.
43. $\frac{1}{2}kX^2 + \frac{1}{4}aX^4 + (\frac{1}{5})bX^5$.
45. 4,0 J.
47. $\frac{\sqrt{3}\pi RF}{2}$.
49. 72 J.
51. (a) $\sqrt{3}$;
(b) $\frac{1}{4}$.
53. $-4,5 \cdot 10^5$ J.
55. $3,0 \cdot 10^2$ N.
57. (a) $\sqrt{\frac{Fx}{m}}$;
(b) $\sqrt{\frac{3Fx}{4m}}$.
59. $8,3 \cdot 10^4$ N/m.
61. 1400 J.
63. (a) 640 J;
(b) -470 J;
(c) 0;
(d) 4,3 m/s.
65. 27 m/s.
67. (a) $\frac{1}{2}mv_2^2\left(1 + 2\frac{v_1}{v_2}\right)$;
(b) $\frac{1}{2}mv_2^2$;
(c) $\frac{1}{2}mv_2^2\left(1 + 2\frac{v_1}{v_2}\right)$;
met de aarde als referentiestelsel, $\frac{1}{2}mv_2^2$ ten opzichte van de trein;
(d) de bal beweegt zich over verschillende afstanden in de twee referentiestelsels bij het gooien.
69. (a) $2,04 \cdot 10^5$ J;
(b) 21,0 m/s;
(c) 2,37 m.
71. 1710 J.

73. (a) 32,2 J;
(b) 554 J;
(c) -333 J;
(d) 0;
(e) 253 J.
75. 12,3 J.
77. $\frac{A}{k}e^{-0,10k}$.
79. 86 kJ, $42°$.
81. 1,5 N.
83. $2 \cdot 10^7$ N/m.
85. $6,7°$, $10°$.
87. (a) 130 N, ja;
(b) 470 N, misschien niet meer.
89. (a) $1,5 \cdot 10^4$ J;
(b) 18 m/s.
93. (a) $F = 10,0x$;
(b) 10,0 N/m;
(c) 2,00 N.

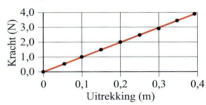

Hoofdstuk 8

1. 0,924 m.
3. 54 cm.
5. (a) 42,0 J;
(b) 11 J;
(c) is gelijk aan het antwoord voor (a), heeft niets te maken met dat van (b).
7. (a) Ja, de uitdrukking voor de hoeveelheid arbeid is alleen afhankelijk van begin- en eindpunt;
(b) $U(x) = \frac{1}{2}kx^2 - \frac{1}{4}ax^4 - (\frac{1}{5})bx^5 + C$.
9. $U(x) = -\frac{k}{2x^2} + \frac{k}{8 \text{ m}^2}$.
11. 49 m/s.
13. 6,5 m/s.
15. (a) 93 N/m;
(b) 22 m/s^2.
19. (a) 7,47 m/s;
(b) 3,01 m.
21. Nee, $D = 2d$.
23. (a) $\sqrt{v_0^2 + \frac{k}{m}x_0^2}$;
(b) $\sqrt{x_0^2 + \frac{m}{k}v_0^2}$.
25. (a) 2,29 m/s;

(b) 1,98 m/s;
(c) 1,98 m/s;
(d) 0,870 N, 0,800 N, 0,800 N;
(e) 2,59 m/s, 2,31 m/s, 2,31 m/s.

27. $k = \dfrac{12Mg}{h}$.
29. $3,9 \cdot 10^7$ J.
31. (a) 25 m/s;
    (b) 370 m.
33. 12 m/s.
35. 0,020.
37. 0,40.
39. (a) 25%;
    (b) 6,3 m/s, 5,4 m/s;
    (c) voornamelijk omgezet in warmte-energie.
41. Voor een massa van 75 kg is de verandering van energie gelijk aan 740 J.
43. (a) 0,13 m;
    (b) 0,77;
    (c) 0,5 m/s.
45. (a) $\dfrac{GMm_s}{2r_s}$;
    (b) $-\dfrac{GMm_s}{r_s}$;
    (c) $-\tfrac{1}{2}$.
47. ¼.
49. (a) $6,2 \cdot 10^5$ m/s;
    (b) $4,2 \cdot 10^4$ m/s, $v_{\text{ontsnappen uit baan aarde om zon}} = \sqrt{2} \cdot v_{\text{baan aarde om zon}}$.
53. (a) $1,07 \cdot 10^4$ m/s;
    (b) $1,16 \cdot 10^4$ m/s;
    (c) $1,12 \cdot 10^4$ m/s.
55. (a) $-\sqrt{\dfrac{GM_E}{2r^3}}$;
    (b) $1,09 \cdot 10^4$ m/s.
57. $\dfrac{GMm}{12r_E}$.
59. $1,12 \cdot 10^4$ m/s.
63. 510 N.
65. $2,9 \cdot 10^4$ W of 38 pk.
67. $4,2 \cdot 10^3$ N, werkend tegen de bewegingsrichting in.
69. 510 W.
71. $2 \cdot 10^6$ W.
73. (a) $-2,0 \cdot 10^2$ W;
    (b) 3800 W;
    (c) -120 W;
    (d) 1200 W.
75. De massa beweegt heen en weer tussen $+x_0$ en $-x_0$, met een snelheid die maximaal is bij $x = 0$.

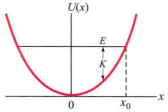

77. (a) $r_{U\min} = \left(\dfrac{2b}{a}\right)^{\frac{1}{6}}$, $r_{U\max} = 0$;
    (b) $r_{U=0} = \left(\dfrac{b}{a}\right)^{\frac{1}{6}}$;
    (c)

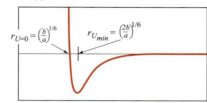

    (d) $E < 0$: begrensde trillingsbeweging tussen twee keerpunten,
        $E > 0$: onbegrensd;
    (e) $r_{F>0} < \left(\dfrac{2b}{a}\right)^{\frac{1}{6}}$,
        $r_{F<0} > \left(\dfrac{2b}{a}\right)^{\frac{1}{6}}$,
        $r_{F=0} = \left(\dfrac{2b}{a}\right)^{\frac{1}{6}}$;
    (f) $F(r) = \dfrac{12b}{r^{13}} - \dfrac{6a}{r^7}$.
79. $2,52 \cdot 10^4$ W.
81. (a) 42 m/s;
    (b) $2,6 \cdot 10^5$ W.
83. (a) 28,2 m/s;
    (b) 116 m.
85. (a) $\sqrt{2g\ell}$;
    (b) $\sqrt{1,2g\ell}$.
89. (a) $8,9 \cdot 10^5$ J;
    (b) $5,0 \cdot 10^1$ W, $6,6 \cdot 10^{-2}$ pk;
    (c) 330 W, 0,44 pk.
91. (a) 29°;
    (b) 480 N;
    (c) 690 N.
93. 5800 W of 7,8 pk.
95. (a) 2,8 m;
    (b) 1,5 m;
    (c) 1,5 m.
97. $1,7 \cdot 10^5$ m³.
99. (a) 5220 m/s;
    (b) 3190 m/s.
101. (a) 1500 m;
    (b) 170 m/s.
103. 60 m.
105. (a) 79 m/s;
    (b) $2,4 \cdot 10^7$ W.
107. (a) $2,2 \cdot 10^5$ J;
    (b) 22 m/s;
    (c) $-1,4$ m.
109. $x = \sqrt{\dfrac{a}{b}}$.

Hoofdstuk 9

1. $5,9 \cdot 10^7$ N.
3. $(9,6t\vec{e}_x - 8,9\vec{e}_z)$ N.
5. $4,35$ kg × m/s $(\vec{e}_y - \vec{e}_x)$.
7. $1,40 \cdot 10^2$ kg.
9. $2,0 \cdot 10^4$ kg.
11. $4,9 \cdot 10^3$ m/s.
13. $-0,966$ m/s.
15. 1:2.
17. $\tfrac{3}{2}v_0\vec{e}_x - v_0\vec{e}_y$.
19. $(4,0\vec{e}_x + 3,3\vec{e}_y - 3,3\vec{e}_z)$ m/s.
21. (a) $(116\vec{e}_x + 58,0\vec{e}_y)$ m/s;
    (b) $5,02 \cdot 10^5$ J.
23. (a) 2,0 kg m/s, naar voren;
    (b) $5,8 \cdot 10^2$ N, naar voren.
25. 2,1 kgm/s, naar links.
27. 0,11 N.
29. 1,5 kgm/s.
31. (a) $\dfrac{2mv}{\Delta t}$;
    (b) $\dfrac{2mv}{t}$.
33. (a) $0,98$ N $+ (1,4$ N/s$)t$;
    (b) 13,3 N;
    (c) $\left[\left(0,62 \text{ N/m}^{\frac{1}{2}}\right) \times \sqrt{2,5 \text{ m} - (0,070 \text{ m/s})t}\right] + (1,4 \text{ N/s})t$, 13,2 N.
35. 1,60 m/s (naar het westen),
    3,20 m/s (naar het oosten).
37. (a) 3,7 m/s;
    (b) 0,67 kg.
39. (a) 1,00;
    (b) 0,890;
    (c) 0,286;
    (d) 0,0192.
41. (a) 0,37 m;
    (b) $-1,6$ m/s, 6,4 m/s;
    (c) ja.
43. (a) $\dfrac{-M}{m+M}$;
    (b) $-0,96$.
45. $3,0 \cdot 10^3$ J, $4,5 \cdot 10^3$ J.
47. 0,11 kg · m/s, naar boven.
49. (b) $e = \sqrt{\dfrac{h'}{h}}$.
51. (a) 890 m/s;

(b) 0,999 van de oorspronkelijke kinetische energie verloren.
53. (a) $7,1 \cdot 10^{-2}$ m/s;
(b) $-5,4$ m/s, $4,1$ m/s;
(c) 0, 0,13 m/s, plausibel;
(d) 0, 0, niet plausibel;
(e) in dit geval $-4,0$ m/s, $3,1$ m/s, plausibel.
55. $1,14 \cdot 10^{-22}$ kg·m/s, onder $147°$ ten opzichte van de impuls van het elektron, en $123°$ ten opzichte van de impuls van het neutrino.
57. (a) $30°$;
(b) $v'_A = v'_B = \dfrac{v}{\sqrt{3}}$;
(c) $\frac{2}{3}$.
59. 39,9 Da.
63. $6,5 \cdot 10^{-11}$ m.
65. $(1,2\text{ m})\vec{e}_x - (1,2\text{ m})\vec{e}_y$.
67. $0\vec{e}_x + \dfrac{2r}{\pi}\vec{e}_y$.
69. $0\vec{e}_x + 0\vec{e}_y + \frac{3}{4}h\vec{e}_z$.
73. (a) Op $4,66 \cdot 10^6$ m vanaf het middelpunt van de aarde.
75. (a) 5,7 m;
(b) 4,2 m;
(c) 4.3 m.
77. 0,41 m in de richting van waar de persoon van 85 kg eerst zat.
79. $v\dfrac{m}{m+M}$, naar boven, ballon stopt ook.
81. 0,93 pk.
83. -76 m/s.
85. Goede kans dat het een 'scratch shot' wordt.
87. 11 keer stuiteren.
89. 1,4 m.
91. 50%.
93. (a) $v = \dfrac{M_0 v_0}{M_0 + \dfrac{dM}{dt}t}$;
(b) 8,2 m/s, ja.
95. 112 km/u.
97. 21 m.
99. (a) 1,9 m/s;
(b) $-0,3$ m/s, 1,5 m/s;
(c) 0,6 cm, 12 cm.
101. $m < \frac{1}{3}M$ of $m < 2,33$ kg.
103. (a) 8,6 m;
(b) 40 m.
105. 29,6 km/s.
107. 0,38 m, 1,5 m.
109. (a) $1,3 \cdot 10^5$ N;
(b) -83 m/s².
111. 12 kg.
113. 0,2 km/s, in de oorspronkelijke richting van m_A.

■ Hoofdstuk 10

1. (a) $\frac{\pi}{4}$rad, 0,785 rad;
(b) $\frac{\pi}{3}$ rad, 1,05 rad;
(c) $\frac{\pi}{2}$ rad, 1,57 rad;
(d) 2π rad, 6,283 rad;
(e) $\dfrac{89\pi}{36}$ rad, 7,77 rad.
3. $5,3 \cdot 10^3$ m.
5. (a) 260 rad/s;
(b) 46 m/s, $1,2 \cdot 10^4$ m/s².
7. (a) $1,05 \cdot 10^{-1}$ rad/s;
(b) $1,75 \cdot 10^{-3}$ rad/s;
(c) $1,45 \cdot 10^{-1}$ rad/s;
(d) 0.
9. (a) 464 m/s;
(b) 185 m/s;
(c) 328 m/s.
11. 36.000 omw/min.
13. (a) $1,5 \cdot 10^{-4}$ rad/s²;
(b) $1,6 \cdot 10^{-2}$ m/s², $6,2 \cdot 10^{-4}$ m/s².
15. (a) $-\vec{e}_x, \vec{e}_z$;
(b) 56,2 rad/s, onder $38,5°$ met de negatieve x-as gerekend in de richting van de positieve z-as;
(c) 1540 rad/s², $-\vec{e}_y$.
17. 28.000 omw.
19. (a) $-0,47$ rad/s²;
(b) 190 s.
21. (a) 0,69 rad/s²;
(b) 9,9 s.
23. (a) $\omega = \frac{1}{3}5,0t^3 - \frac{1}{2}8,5t^2$;
(b) $\theta = \frac{1}{12}5,0t^4 - \frac{1}{6}8,5t^3$;
(c) $\omega(2,0\text{ s}) = -4$ rad/s, $\theta(2,0\text{ s}) = -5$ rad.
25. 1,4 Nm, met de klok mee.
27. $mg(\ell_2 - \ell_1)$, met de klok mee.
29. 270 N, 1700 N.
31. 1,81 kgm².
33. (a) $9,0 \cdot 10^{-2}$ Nm;
(b) 12 s.
35. 56 Nm.
37. (a) 0,94 kg·m²;
(b) $2,4 \cdot 10^{-2}$ Nm.
39. (a) 78 rad/s²;
(b) 670 N.
41. $2,2 \cdot 10^4$ Nm.
43. 17,5 m/s.
45. (a) $14M\ell^2$;
(b) $\frac{14}{3}M\ell\alpha$;
(c) loodrecht op de staaf en de as.
47. (a) $1,90 \cdot 10^3$ kg·m²;
(b) $7,5 \cdot 10^3$ Nm.
49. (a) R_0;
(b) $\sqrt{\frac{1}{2}R_0^2 + \frac{1}{2}w^2}$;
(c) $\sqrt{\frac{1}{2}}R_0$;
(d) $\sqrt{\frac{1}{2}(R_1^2 + R_2^2)}$;
(e) $\sqrt{\frac{2}{5}}r_0$;
(f) $\sqrt{\frac{1}{12}}\ell$;
(g) $\sqrt{\frac{1}{3}}\ell$;
(h) $\sqrt{\frac{1}{12}(\ell^2 + w^2)}$.
51. $a = \dfrac{(m_B - m_A)}{(m_A + m_B + I/r^2)}g$ vs. $a_{I=0} = \dfrac{(m_B - m_A)}{(m_A + m_B)}g$.
53. (a) 9,70 rad/s²;
(b) 11,6 m/s²;
(c) 585 m/s²;
(d) $4,27 \cdot 10^3$ N;
(e) $1,14°$.
57. (a) $5,3Mr_0^2$;
(b) -15%.
59. (a) Op 3,9 cm vanaf het middelpunt, op een lijn die het kleine gewicht verbindt met het middelpunt;
(b) 0,42 kg·m².
61. (b) $\frac{1}{12}M\ell^2, \frac{1}{12}Mw^2$.
63. 22200 J.
65. 14200 J.
67. 1,4 m/s.
69. 8,22 m/s.
71. $7,0 \cdot 10^1$ J.
73. (a) 8,37 m/s, 34,2 rad/s;
(b) $\frac{5}{2}$;
(c) de verplaatsingssnelheid en de energieverhouding zijn onafhankelijk van zowel massa als straal, maar de rotatiesnelheid hangt wel af van de straal.
75. $\sqrt{\frac{10}{7}g(R_0 - r_0)}$.
77. (a) 4,06 m/s;
(b) 8,99 J;
(c) 0,158.
79. (a) $4,1 \cdot 10^5$ J;
(b) 18%;
(c) 1,3 m/s²;
(d) 6%.
81. (a) 1,6 m/s;
(b) 0,48 m.
83. $\dfrac{\ell}{2}, \dfrac{\ell}{2}$.

85. (a) 0,84 m/s;
(b) 96%.
87. 2,0 Nm, afkomstig van de arm die de slinger rondzwaait.
89. (a) $\dfrac{\omega_A}{\omega_V} = \dfrac{N_V}{N_A}$;
(b) 4,0;
(c) 1,5.
91. (a) $1,7 \cdot 10^8$ J;
(b) $2,2 \cdot 10^3$ rad/s;
(c) 25 min.
93. $\dfrac{Mg\sqrt{2Rh - h^2}}{R - h}$.
95. $\dfrac{\lambda_0 \ell^3}{8}$.
97. $5,0 \cdot 10^2$ Nm.
99. (a) 1,6 m;
(b) 1,1 m.
101. (a) $\dfrac{x}{y}g$;
(b) x moet liefst zo klein mogelijk zijn, y zo groot mogelijk, en de berijder zou omhoog moeten bewegen en naar de achterkant van de fiets toe;
(c) 3,6 m/s².
103. $\sqrt{\dfrac{3g\ell}{4}}$.
105.

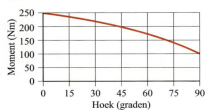

Hoofdstuk 11

1. 3,98 kg · m²/s.
3. (a) Behoud van L: als I toeneemt moet v afnemen;
(b) met een factor 1,3 toegenomen.
5. 0,38 omw/s.
7. (a) $7,1 \cdot 10^{33}$ kg · m²/s;
(b) $2,7 \cdot 10^{40}$ kg · m²/s.
9. (a) $-\dfrac{I_W}{I_P}\omega_W$;
(b) $-\dfrac{I_W}{2I_P}\omega_W$;
(c) $\omega_W \dfrac{I_W}{I_P}$;
(d) 0.
11. (a) 0,55 rad/s;
(b) 420 J, 240 J.
13. 0,48 rad/s, 0,80 rad/s.
15. $\tfrac{1}{2}\omega$.
17. (a) $3,7 \cdot 10^{16}$ J;
(b) $1,9 \cdot 10^{20}$ kg · m²/s.
19. $-0,32$ rad/s.
23. 45°.
27. $(25\vec{e}_x \pm 14\vec{e}_y \mp 19\vec{e}_z)$ m × Nm.
29. (a) $-7,0\vec{e}_x - 11\vec{e}_y + 0,5\vec{e}_z$;
(b) 170°.
37. $(-55\vec{e}_x - 45\vec{e}_y + 49\vec{e}_z)$ kg · m²/s.
39. (a) $\left(\tfrac{1}{6}M + \tfrac{7}{9}m\right)\ell^2\omega^2$;
(b) $\left(\tfrac{1}{3}M + \tfrac{14}{9}m\right)\ell^2\omega$.
41. (a) $\left[(M_A + M_B)R_0 + \dfrac{I}{R_0}\right]v$;
(b) $\dfrac{M_B g}{M_A + M_B + \dfrac{I}{R_0^2}}$.
45. $F_A = \dfrac{(d + r_A \cos\phi)m_A r_A \omega^2 \sin\phi}{2d}$,
$F_B = \dfrac{(d - r_A \cos\phi)m_A r_A \omega^2 \sin\phi}{2d}$.
47. $\dfrac{m^2 v^2}{g(m + M)\left(m + \tfrac{4}{3}M\right)}$.
49. $\Delta\omega/\omega_0 = -8,4 \cdot 10^{-13}$.
51. $v_{MM} = \dfrac{m}{M + m}v$,
$\omega(\text{rond MM}) = \left(\dfrac{12m}{4M + 7m}\right)\dfrac{v}{\ell}$.
53. $8,3 \cdot 10^{-4}$ kg · m².
55. 8,0 rad/s.
57. 14 omw/min, van bovenaf gezien tegen de klok in.
59. (a) 9,80 m/s², langs een lijn in radiale richting;
(b) 9,78 m/s², 0,0988° zuid van de lijn in radiale richting;
(c) 9,77 m/s², langs een lijn in radiale richting.
61. Pal noord of pal zuid.
63. $(mr\omega^2 - F_{fr})\vec{e}_x$
$+ (F_{spoke} - 2m\omega v)\vec{e}_y$
$+ (F_N - mg)\vec{e}_z$.
65. (a) $(-24\vec{e}_x + 28\vec{e}_y - 14\vec{e}_z)$ kg × m²/s;
(b) $(16\vec{e}_y - 8,0\vec{e}_z)$ m × N.
67. (b) 0,750.
69. $v[-\sin(\omega t)\vec{e}_x + \cos(\omega t)\vec{e}_y]$,
$\vec{\omega} = \left(\dfrac{v}{R}\right)\vec{e}_z$.
71. (a) Het wiel zal naar rechts draaien;
(b) $\Delta L/L_0 = 0,19$.
73. (a) 820 kg · m²/s²;
(b) 820 Nm;
(c) 930 W.
75. $\vec{a}_{tan} = R\alpha \sin\theta \vec{e}_x + R\alpha \cos\theta \vec{e}_y$;
(a) $mR^2 \alpha \vec{e}_z$;
(b) $mR^2 \alpha \vec{e}_z$.
77. 0,965.
79. (a) Omdat het netto krachtmoment om elke willekeurige as door het massamiddelpunt van de schaatser nul is;
(b) $f_{\text{enkele axel}} = 2,5$ rad/s, $f_{\text{driedubbele axel}} = 6,5$ rad/s.
81. (a) 17.000 omw/s;
(b) 4300 omw/s.
83. (a) $\omega = \left(12\,\dfrac{\text{rad/s}}{\text{m}}\right)x$;
(b)

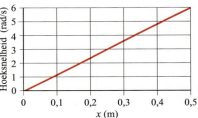

Hoofdstuk 12

1. 528 N, $(1,20 \cdot 10^2)$° in de richting van de klok ten opzichte van $\vec{F}_A$.
3. 6,73 kg.
5. (a) $F_A = 1,5 \cdot 10^3$ N naar beneden;
$F_B = 2,0 \cdot 10^3$ N naar boven;
(b) $F_A = 1,8 \cdot 10^3$ N naar beneden;
$F_B = 2,6 \cdot 10^3$ N naar boven.
7. (a) 230 N;
(b) 2100 N.
9. $-2,9 \cdot 10^3$ N, $1,5 \cdot 10^4$ N.
11. 3400 N, 2900 N.
13. 0,28 m.
15. 6300 N, 6100 N.
17. 1600 N.
19. 1400 N, 2100 N.
21. (a) 410 N;
(b) 410 N, 328 N.
23. 120 N.
25. 550 N.
27. (a)

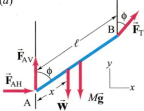

(b) $F_{AH} = 51$ N, $F_{AV} = -9$ N
(c) 2,4 m.

29. $F_{bovenste}$ = 55,2 N naar rechts, 63,7 N naar boven, $F_{onderste}$ = 55,2 N naar links, 63,7 N naar boven.
31. 5,2 m/s².
33. 2,5 m bovenaan de toren.
35. (a) $1,8 \cdot 10^5$ N/m²;
 (b) $3,5 \cdot 10^{-6}$.
37. (a) $1,4 \cdot 10^6$ N/m²;
 (b) $6,9 \cdot 10^{-6}$;
 (c) $6,6 \cdot 10^{-5}$ m.
39. $9,6 \cdot 10^6$ N/m².
41. (a) $1,3 \cdot 10^2$ Nm, met de klok mee;
 (b) de muur;
 (c) alle drie spelen een rol.
43. (a) 393 N;
 (b) dikkere.
45. (a) $3,7 \cdot 10^{-5}$ m²;
 (b) $2,7 \cdot 10^{-3}$ m.
47. 1,3 cm.
49. (a) 150 kN, 170 kN 23° boven AC;
 (b) trekkracht: F_{DE}, F_{BD}, F_{BC};
 drukkracht: F_{CE}, F_{CD}, F_{AC}, F_{AB}.
51. (a) $5,5 \cdot 10^{-2}$ m²;
 (b) $8,6 \cdot 10^{-2}$ m².
53. $F_{AB} = F_{BD} = F_{DE} = 7,5 \cdot 10^4$ N, drukkracht; $F_{BC} = F_{CD} = 7,5 \cdot 10^4$ N, trekkracht;
 $F_{CE} = F_{AC} = 3,7 \cdot 10^4$ N, trekkracht.
55. $F_{AB} = F_{JG} = \frac{3\sqrt{2}}{2}F$, drukkracht;
 $F_{AC} = F_{JH} = F_{CE} = F_{HE} = \frac{3}{2}F$, trekkracht;
 $F_{BC} = F_{GH} = F$, trekkracht;
 $F_{BE} = F_{GE} = \frac{\sqrt{2}}{2}F$, trekkracht;
 $F_{BD} = F_{GD} = 2F$, drukkracht;
 $F_{BC} = 0$.
57. 0,249 kg, 0,194 kg, 0,0554 kg.
59. (a) $Mg\sqrt{\frac{h}{2R-h}}$;
 (b) $Mg\frac{\sqrt{h(2R-h)}}{R-h}$.
61. (a)

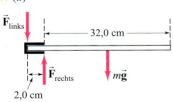

 (b) mg = 65 N, F_{rechts} = 550 N, F_{links} = 490 N;
 (c) 11 Nm.
63. 29°.
65. 3,8.
67. $5,0 \cdot 10^5$ N, 3,2 m.

69. (a) 650 N;
 (b) $F_A = 0$, $F_B = 1300$ N;
 (c) $F_A = 160$ N, $F_B = 1140$ N;
 (d) $F_A = 810$ N, $F_B = 940$ N.
71. Hij kan maar tot 0,95 m rechts van het rechter ophangpunt lopen, en tot 0,83 m links van het linker ophangpunt.
73. F_{links} = 120 N, F_{rechts} = 210 N.
75. $F/A = 3,8 \cdot 10^5$ N/m² < sterkte van het huidweefsel.
77. $F_A = 1,7 \cdot 10^4$ N, $F_B = 7,7 \cdot 10^3$ N.
79. 2,5 m.
81. (a) 6500 m;
 (b) 6400 m.
83. 650 N.
85. 45°.
87. (a) 2,4w;
 (b) 2,6w, 31° boven het horizontale vlak.
89. (a) $(4,5 \cdot 10^{-6})$%;
 (b) $9,0 \cdot 10^{-18}$ m.
91. 0,83 m.
93. (a) $mg\left(1 - \frac{r_0}{h}\cot\theta\right)$;
 (b) $\frac{h}{r_0} - \cot\theta$.
95. (b) 46°, 51°, 11%.
97. (a)

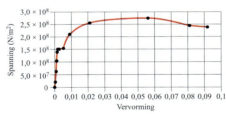

 (b)

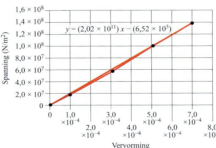

Hoofdstuk 13

1. $3 \cdot 10^{11}$ kg.
3. $6,7 \cdot 10^2$ kg.
5. 0,8547.
7. (a) 5510 kg/m³;

 (b) 5520 kg/m³, 0,3%.
9. (a) $8,1 \cdot 10^7$ N/m²;
 (b) $2 \cdot 10^5$ N/m².
11. 13 m.
13. 6990 kg.
15. (a) $2,8 \cdot 10^7$ N, $1,2 \cdot 10^5$ N/m²;
 (b) $1,2 \cdot 10^5$ N/m².
17. 683 kg/m³.
19. $3,36 \cdot 10^4$ N/m².
21. (a) $1,32 \cdot 10^5$ Pa;
 (b) $9,7 \cdot 10^4$ Pa.
23. (c) 0,38h, nee.
27. 2990 kg/m³.
29. 920 kg.
31. IJzer of staal.
33. $1,1 \cdot 10^{-2}$ m³.
35. 10,5%.
37. Erboven.
39. 3600 ballonnen.
43. 2,8 m/s.
45. $1,0 \cdot 10^1$ m/s.
47. $1,8 \cdot 10^5$ N/m².
49. $1,2 \cdot 10^5$ N.
51. $9,7 \cdot 10^4$ Pa.
57. (b) $\frac{1}{2}$.
59. (b) $h = \left[\sqrt{h_0} - t\sqrt{\frac{gA_1^2}{2(A_2^2 - A_1^2)}}\right]^2$
 (c) 92 s.
63. $7,9 \cdot 10^{-2}$ Pa · s.
65. $6,9 \cdot 10^3$ Pa.
67. 0,10 m.
69. (a) Laminair;
 (b) turbulent.
71. 1,0 m.
73. 0,012 N.
75. 1,5 mm.
79. (a) 0,75 m;
 (b) 0,65 m;
 (c) 1,1 m.
81. 0,047 atm.
83. 0,24 N.
85. 1,0 m.
87. 5,3 km.
89. (a) −88 Pa/s;
 (b) $5,0 \cdot 10^1$ s.
91. $5 \cdot 10^{18}$ kg.
93. (a) 8,5 m/s;
 (b) 0,24 l/s;
 (c) 0,85 m/s.
95. $d\left(\frac{v_0^2}{v_0^2 + 2gy}\right)^{\frac{1}{4}}$.
97. 170 m/s.
99. $1,2 \cdot 10^4$ N.
101. 4,9 s.

Hoofdstuk 14

1. 0,72 m.
3. 1,5 Hz.
5. 350 N/m.
7. 0,13 m/s, 0,12 m/s², 1,2%.
9. (a) 0,16 N/m;
   (b) 2,8 Hz.
11. $\dfrac{\sqrt{3k/M}}{2\pi}$.
13. (a) 2,5 m, 3,5 m;
    (b) 0,25 Hz, 0,50 Hz;
    (c) 4,0 s, 2,0 s;
    (d) $x_A = (2,5\text{ m})\sin(\tfrac{1}{2}\pi t)$,
        $x_B = (3,5\text{ m})\cos(\pi t)$.
15. (a) $y(t) = (0,280\text{ m})\sin[(34,3\text{ rad/s})t]$;
    (b) $t_{\text{langst}} = 4,59 \cdot 10^{-2}$ s $+ n(0,183$ s$)$,
        $n = 0, 1, 2, \ldots$;
        $t_{\text{kortst}} = 1,38 \cdot 10^{-1}$ s $+ n(0,183$ s$)$,
        $n = 0, 1, 2, \ldots$.
17. (a) 1,6 s, $\tfrac{5}{8}$ Hz;
    (b) 3,3 m, −7,5 m/s;
    (c) −13 m/s, 29 m/s².
19. 0,75 s.
21. 3,1 s, 6,3 s, 9,4 s.
23. 88 N/m, 17,8 m.
27. (a) 0,650 m;
    (b) 1,18 Hz;
    (c) 13,3 J;
    (d) 11,2 J, 2,1 J.
29.

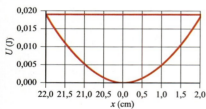

(a) 0,011 J;
(b) 0,0083 J;
(c) 0,55 m/s.
31. 10,2 m/s.
33. $A_{\text{hoge energie}} = \sqrt{5}\, A_{\text{lage energie}}$.
35. (a) 430 N/m;
    (b) 3,7 kg.
37. 309,8 m/s.
39. (a) 0,410 s, 2,44 Hz;
    (b) 0,148 m;
    (c) 34,6 m/s²;
    (d) $x = (0,148\text{m})\sin(4,87\pi t)$;
    (e) 2,00 J;
    (f) 1,68 J.
41. 2,2 s.
43. (a) −5,4°;
    (b) 8,4°;
    (c) −13°.
45. 1/3.
47. $\sqrt{2gl(1 - \cos\theta)}$.
49. 0,41 g.
51. (a) $\theta = \theta_0\cos(\omega t + \phi)$, $\omega = \sqrt{\dfrac{K}{\ell}}$.
53. 2,9 s.
55. 1,08 s.
57. Met een factor 6 afgenomen.
59. (a) $(-1,21 \cdot 10^{-3})$%;
    (b) 32,3 perioden.
63. (a) 0°;
    (b) 0, ±A;
    (c) $\tfrac{1}{2}\pi$ oftewel 90°.
65. 1,6 m/s.
67. $1,37 \cdot 10^8$.
69. (a) 170 s;
    (b) $1,3 \cdot 10^{-5}$ W;
    (c) $1,0 \cdot 10^{-3}$ Hz beide kanten op.
71. 0,11 m.
73. (a) $1,22f$;
    (b) $0,71f$.
75. (a) 0,41 s;
    (b) 9 mm.
77. 0,9922 m, 1,6 mm, 0,164 m.
79. $x = \pm\dfrac{\sqrt{3}A}{2} \approx \pm 0{,}866A$.
81. $\rho_{\text{water}}g(\text{oppervlakte}_{\text{onderkant}})$.
83. (a) 130 N/m;
    (b) 0,096 m.
85. (a) $x = \pm\dfrac{\sqrt{3}x_0}{2} \approx \pm 0{,}866x_0$;
    (b) $x = \pm\tfrac{1}{2}x_0$.
87. 84,5 min.
89. 1,25 Hz.
91. ~3000 N/m.
93. (a) $k = \dfrac{4\pi^2}{\text{helling}}$, snijpunt y-as bij $y = 0$;
    (b) helling = 0,13 s²/kg, snijpunt y-as bij $y = 0,14$ s²

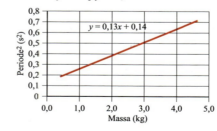

(c) $k = \dfrac{4\pi^2}{\text{helling}} = 310$ N/m, snijpunt y-as bij $= \dfrac{4\pi^2 m_0}{k}$, $m_0 = 1,1$ kg;
(d) het deel van de massa van de veer dat echt meedoet aan de trilling.

Hoofdstuk 15

1. 2,7 m/s.
3. (a) 1400 m/s;
   (b) 4100 m/s;
   (c) 5100 m/s.
5. 0,62 m.
7. 4,3 N.
9. (a) 78 m/s;
   (b) 8300 N.
11. (a)

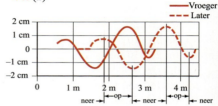

(b) −5 cm/s.
13. 18 m.
15. $A_{\text{hogere energie}} / A_{\text{lagere energie}} = \sqrt{3}$.
19. (a) 0,38 W;
    (b) 0,25 cm.
21. (b) 420 W.
23. $D = A\sin\left[2\pi\left(\dfrac{x}{\lambda} + \dfrac{t}{T}\right) + \phi\right]$.
25. (a) 41 m/s;
    (b) $6,4 \cdot 10^4$ m/s²;
    (c) 35 m/s, $3,2 \cdot 10^4$ m/s².
27. (b) $D = (0,45\text{ m})\cos[2,6(x - 2,0t) + 1,2]$;
    (d) $D = (0,45\text{ m})\cos[2,6(x + 2,0t) + 1,2]$.

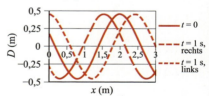

29. $D = (0,020\text{ cm}) \times \sin[(9,54\text{ m}^{-1})x - (3290\text{ rad/s})t + \tfrac{3}{2}\pi]$
31. Ja, dat is een oplossing.
35. Ja, dat is een oplossing.
37. (a) 0,84 m;
    (b) 0,26 N;
    (c) 0,59 m.
39. (a) $T = \dfrac{2}{v}\sqrt{D^2 + \left(\dfrac{x}{2}\right)^2}$;

(b) helling = $\frac{1}{v^2}$,

snijpunt met y-as bij $y = \frac{4}{v^2}D^2$.

41. (a)

(b)

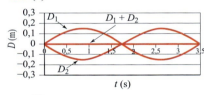

(c) tijdelijk uitsluitend kinetische energie.
43. 662 Hz.
45. $T_n = \frac{(1,5 \text{ s})}{n}$,
    $n = 1, 2, 3, ..., f_n = n(0,67 \text{ Hz})$,
    $n = 1, 2, 3, ...$
47. $f_{0,50}/f_{1,00} = \sqrt{2}$.
49. 80 Hz.
53. 11.
55. (a) $D_2 = 4{,}2 \sin(0{,}84x + 47t + 2{,}1)$;
    (b) $8{,}4 \sin(0{,}84x + 2{,}1) \cos(47t)$.
57. 315 Hz.
59. (a)

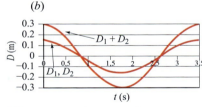

(b)

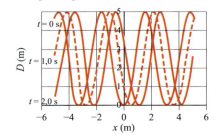

61. $n = 4$, $n = 8$, en $n = 12$.
63. $x = (\pm (n + \frac{1}{2}) \frac{1}{4} \pi)$ m, $n = 1, 2, 3,$
....
65. 5,2 km/s.
67. $(3{,}0 \cdot 10^1)°$.
69. 44°.
71. (a) 0,042 m;
    (b) 0,55 radialen.
73. De snelheid is het hoogst in de staaf met de laagste dichtheid, het scheelt een factor $\sqrt{2{,}5} = 1{,}6$.
75. (a) 0,05 m;
    (b) 2,25.
77. 0,69 m.

79. (a) $t = 0$ s;

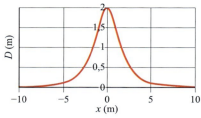

(b) $D = \dfrac{4{,}0 \text{ m}^3}{(x - 2{,}4t)^2 + 2{,}0 \text{ m}^2}$

(c) $t = 1{,}0$ s, beweging naar rechts;

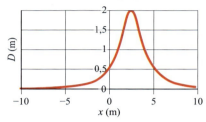

(d) $D = \dfrac{4{,}0 \text{ m}^3}{(x - 2{,}4t)^2 + 2{,}0 \text{ m}^2}$,
$t = 1{,}0$ s, beweging naar links.

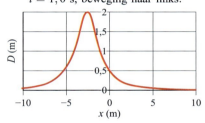

81. (a) G: 784 Hz, 1180 Hz,
    B: 988 Hz, 1480 Hz;
    (b) 1,59;
    (c) 1,26;
    (d) 0,630.
83. Op 6,3 m vanaf het uiteinde waar de eerste puls vandaan kwam.
85. $\lambda = \dfrac{4\ell}{2n - 1}$, $n = 1, 2, 3, ...$
87. $D(x, t) = (3{,}5 \text{ cm}) \cos (0{,}10\pi x - 1{,}5\pi t)$, met x in cm en t in s.
89. 12 min.
93. snelheid = 0,50 m/s; bewegingsrichting = positieve x, periode = 2π s, golflengte = π m.

Hoofdstuk 16

1. 343 m.
3. (a) Van 1,7 cm tot 17 m;
   (b) $2{,}3 \cdot 10^{-5}$ m.
5. (a) 0,17 m;
   (b) 11 m;
   (c) 0,5%.
7. 41 m.
9. (a) 5%;
   (b) 1%.
11. (a) $4{,}4 \cdot 10^{-5}$ Pa;
    (b) $4{,}4 \cdot 10^{-3}$ Pa.
13. (a) 5,3 m;
    (b) 675 Hz;
    (c) 3600 m/s;
    (d) $1{,}0 \cdot 10^{-13}$ m.
15. 63 dB.
17. (a) 10^9;
    (b) 10^{12}.
19. $2{,}9 \cdot 10^{-9}$ J.
21. 124 dB.
23. (a) $9{,}4 \cdot 10^{-6}$ W;
    (b) $8{,}0 \cdot 10^6$ personen.
25. (a) 122 dB, 115 dB;
    (b) nee.
27. 7 dB.
29. (a) De golf met de hoogste frequentie, 2,6;
    (b) 6,8.
31. (a) $3{,}2 \cdot 10^{-5}$ m;
    (b) $3{,}0 \cdot 10^1$ Pa.
33. 1,24 m.
35. (a) 69,2 Hz, 207 Hz, 346 Hz, 484 Hz;
    (b) 138 Hz, 277 Hz, 415 Hz, 553 Hz.
37. Van 8,6 mm tot 8,6 m.
39. (a) 0,18 m;
    (b) 1,1 m;
    (c) 440 Hz, 0,79 m.
41. −3,0%.
43. (a) 1,31 m;
    (b) 3, 4, 5, 6.
45. 3,65 cm, 7,09 cm, 10,3 cm, 13,4 cm, 16,3 cm, 19,0 cm.
47. 4,3 m, open.
49. 21 Hz, 43 Hz.
51. 3430 Hz, 10.300 Hz, 17.200 Hz, relatief gevoelig voor deze frequenties.
53. ± 0,50 Hz.
55. 346 Hz.
57. 10 zwevingen/s.
59. (a) 221,5 Hz of 218,5 Hz;
    (b) 1,4% meer of minder.
61. (a) 1470 Hz;

(b) 1230 Hz.
63. (a) 2430 Hz, 2420 Hz, een verschil van 10 Hz;
(b) 4310 Hz, 3370 Hz, een verschil van 940 Hz;
(c) 34300 Hz, 4450 Hz, een verschil van 29900 Hz;
(d) $f'_{\text{bewegende bron}} \approx f_{\text{bewegende waarnemer}}$
$= f\left(1 + \dfrac{v_{\text{voorwerp}}}{v_{\text{geluid}}}\right)$.
65. (a) 1420 Hz, 1170 Hz;
(b) 1520 Hz, 1080 Hz;
(c) 1330 Hz, 1240 Hz.
67. 3 Hz.
69. (a) Iedere 1,3 s;
(b) iedere 15 s.
71. 8,9 cm/s.
73. (a) 93;
(b) 0,62°.
77. 19 km.
79. (a) 57 Hz, 69 Hz, 86 Hz, 110 Hz, 170 Hz.
81. 90 dB.
83. 11 W.
85. 51 dB.
87. 51.
89. (a) 280 m/s, 57 N;
(b) 0,19 m;
(c) 880 Hz, 1320 Hz.
91. 3 Hz.
93. 141 Hz, 422 Hz, 703 Hz, 984 Hz.
95. 22 m/s.
97. (a) Geen zwevingen;
(b) 20 Hz;
(c) geen zwevingen.
99. 55,2 kHz.
101. 11,5 m.
103. 2,3 Hz.
105. 17 km/u.
107. (a) 3400 Hz;
(b) 1,50 m;
(c) 0,10 m.
109. (a)

(b)

■ Hoofdstuk 17

1. $N_{\text{Au}} = 0{,}548 N_{\text{Ag}}$.
3. (a) 20°C;
(b) 3500°F.
5. 102,9°F.
7. 0,08 m.
9. $1{,}6 \cdot 10^{-6}$ m voor Super Invar™, $9{,}6 \cdot 10^{-5}$ m voor staal (60 keer zo veel).
11. 981 kg/m³.
13. −69°C.
15. 3,9 cm³.
17. (a) $5{,}0 \cdot 10^{-5}$/°C;
(b) koper.
21. (a) 2,7 cm
(b) 0,3 cm.
23. 55 min.
25. $3{,}0 \cdot 10^{7}$ N/m².
27. (a) 27°C;
(b) 5500 N.
29. −459,67°F.
31. 1,35 m³.
33. 1,25 kg/m³.
35. 181°C.
37. (a) 22,8 m³;
(b) 1,88 atm.
39. 1660 atm.
41. 313°C.
43. 3,49 atm.
45. −130°C.
47. 7,0 min.
49. Werkelijke waarde = 0,588 m³, ideale waarde = 0,598 m³, niet-ideaal gedrag.
51. $2{,}69 \cdot 10^{25}$ moleculen/m³.
53. $4 \cdot 10^{-17}$ Pa.
55. 300 moleculen/cm³.
57. 19 moleculen/inhalering.
59. (a) 71,2 torr;
(b) 180°C.
61. 223 K.
63. (a) Te laag;
(b) 0,025%.
65. 20%.

67. 9,9 l, af te raden.
69. (a) 1100 kg;
(b) 100 kg.
71. (a) Lager;
(b) 0,36%.
73. $1{,}1 \cdot 10^{44}$ moleculen.
75. 3,34 nm.
77. 13 u.
79. (a) $0{,}66 \cdot 10^{3}$ kg/m³;
(b) −3%.
81. ± 0,11°C.
83. 3,6 m.
85. 3% minder.
87.

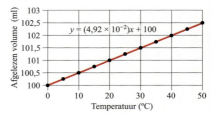

Helling van de lijn: $4{,}92 \cdot 10^{-2}$ ml/°C, relatieve β: $492 \cdot 10^{-6}$/°C, β van de vloeistof: $501 \cdot 10^{-6}$/°C, welke vloeistof: glycerine.

■ Hoofdstuk 18

1. (a) $5{,}65 \cdot 10^{-21}$ J;
(b) $3{,}7 \cdot 10^{3}$ J.
3. 1,29.
5. $3{,}5 \cdot 10^{-9}$ m/s.
7. (a) 4,5;
(b) 5,2.
9. $\sqrt{3}$.
13. 5,6%.
15. 1,004.
17. (a) 461 m/s;
(b) 26 keer per seconde heen en terug.
19. Verdubbel de temperatuur.
21. (a) 642 m/s;
(b) 199 K;
(c) 595 m/s, 201 K, ja.
23. Gasvormig.
25. (a) Gasvormig;
(b) vast.
27. 3600 Pa.
29. 355 torr of $4{,}73 \cdot 10^{4}$ Pa of 0,466 atm.
31. 92°C.
33. $1{,}99 \cdot 10^{5}$ Pa of 1,97 atm.
35. 70 g.
37. 16,6°C.

39. (a) Helling = $-5{,}00 \cdot 10^3$ K,
    snijpunt y-as bij $y = 24{,}9$.

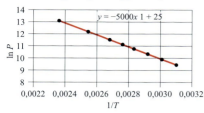

41. (a) $3{,}1 \cdot 10^6$ Pa;
    (b) $3{,}2 \cdot 10^6$ Pa.
43. (b) $a = 0{,}365$ Nm^4/mol^2,
    $b = 4{,}28 \cdot 10^{-5}$ m^3/mol.
45. (a) $1{,}0 \cdot 10^{-2}$ Pa;
    (b) $3 \cdot 10^7$ Pa.
47. $2{,}1 \cdot 10^{-7}$ m, stilstaande obstakels, effectieve straal $r_{H2} + r_{lucht}$.
49. (b) $4{,}7 \cdot 10^7$ s^{-1}.
51. $\frac{1}{40}$.
53. 3,5 u, convectie is hiervoor veel belangrijker dan diffusie.
55. (b) $4 \cdot 10^{-11}$ mol/s;
    (c) 0,6 s.
57. 260 m/s, $3{,}7 \cdot 10^{-22}$ atm.
59. (a) 290 m/s;
    (b) 9,5 m/s.
61. 80 cm.
63. Kinetische energie = $6{,}07 \cdot 10^{-21}$ J, potentiële energie = $5{,}21 \cdot 10^{-25}$ J, ja, de potentiële energie mag hier verwaarloosd worden.
65. 0,01%.
67. $1{,}5 \cdot 10^5$ K.
69. (a) 2800 Pa;
    (b) 650 Pa.
71. $2 \cdot 10^{13}$ m.
73. 0,36 kg.
75. (b) $4{,}6 \cdot 10^9$ Hz, $2 \cdot 10^5$ keer groter.
77. 0,21.

Hoofdstuk 19

1. 10,7°C.
3. (a) $1{,}0 \cdot 10^7$ J;
   (b) 2,9 kWh.
   (c) 0,29 per dag, nee.
5. $4{,}2 \cdot 10^5$ J, $1{,}0 \cdot 10^2$ kcal.
7. $6{,}0 \cdot 10^6$ J.
9. (a) $3{,}3 \cdot 10^5$ J;
   (b) 56 min.
11. 6,9 min.
13. 40,0°C.
15. $2{,}3 \cdot 10^3$ J/kg°C.
17. 54°C.
19. 0,31 kg.
21. (a) $5{,}1 \cdot 10^5$ J;
    (b) $1{,}5 \cdot 10^5$ J.
23. $20 \cdot 10^6$ J.
25. 360 m/s.
27.

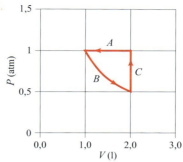

29. (a) 0;
    (b) -365 kJ.
31. (a) 480 J;
    (b) 0;
    (c) 480 J het gas in.
33. (a) 4350 J;
    (b) 4350 J;
    (c) 0.
35. $-4{,}0 \cdot 10^2$ K.
37. 236 J.
39. (a) $3{,}0 \cdot 10^1$ J
    (b) 68 J;
    (c) -84 J;
    (d) -114 J;
    (e) -15 J.
41. $RT \ln \frac{(V_2 - b)}{(V_1 - b)} + a\left(\frac{1}{V_2} - \frac{1}{V_1}\right)$.
43. 22°C.
45. 83,7 g/mol, krypton.
47. 48°C.
49. (a) 6230 J;
    (b) 2490 J.
    (c) 8720 J.
51. 0,457 atm, -39°C.
53. (a) 404 K, 195 K;
    (b) $-1{,}59 \cdot 10^4$ J;
    (c) 0;
    (d) $-1{,}59 \cdot 10^4$ J.
55. (a)

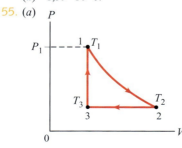

    (b) 209 K;
    (c) $Q_{1\to 2} = 0$,
    $\Delta E_{1\to 12} = -2480$J,
    $W_{1\to 2} = 2480$ J;
    $Q_{2\to 3} = -3740$ J,
    $\Delta E_{2\to 3} = -2240$J,
    $W_{2\to 3} = -1490$J;
    $Q_{3\to 1} = 4720$ J,
    $\Delta E_{3\to 1} = 4720$ J,
    $W_{3\to 1} = 0$;
    (d) $Q_{kringloop} = 990$ J,
    $\Delta E_{kringloop} = 0$;
    $W_{kringloop} = 990$ J.
57. (a) $5{,}0 \cdot 10^1$ W;
    (b) 17 W.
59. 21 u.
61. (a) Keramiek: 14 W, glanzend metaal: 2,0 W;
    (b) keramiek: 11°C, glanzend metaal: 1,6°C.
63. (a) $1{,}73 \cdot 10^{17}$ W;
    (b) 278 K of 5°C.
65. 22%.
67. (b) 4,8 °C/s;
    (c) 0,60 °C/cm.
69. 26,8 kJ.
71. $4 \cdot 10^{15}$ J.
73. 1°C.
75. 3,6 kg.
77. 0,14°C.
79. (a) 640 W;
    (b) 4,2 g.
81. 1,1 dag.
83. (a) $r = 2{,}390$ cm;
    (b)

    [P-V diagram: isotherm T = constant, with points (V_1, P_1) and (V_2, P_2)]

    (c) $Q = 4{,}99$ J, $\Delta E = 0$, $W = 4{,}99$ J.
85. 110°C.
87. 305 J.
89. (a) $1{,}9 \cdot 10^5$ J;
    (b) $-1{,}3 \cdot 10^5$ J;
    (c)

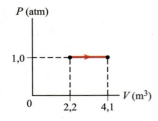

91. 2200 J.

Hoofdstuk 20

1. 0,25.
3. 0,16.
5. 0,21.
7. 0,55.
9. 0,74.
13. $1,4 \cdot 10^{13}$ J/u.
15. 1400 m.
17. 660 °C.
19. (a) $4,1 \cdot 10^5$ Pa, $2,1 \cdot 10^5$ Pa;
    (b) 34 l, 17 l;
    (c) 2100 J;
    (d) −1500 J;
    (e) 600 J;
    (f) 0,3.
21. 8,54.
23. 5,4.
25. (a) −4 °C;
    (b) 29%.
27. (a) 230 J;
    (b) 390 J.
29. (a) $3,1 \cdot 10^4$ J;
    (b) 2,7 min.
31. 91 l.
33. 0,20 J/K.
35. $5 \cdot 10^4$ J/K.
37. $5,50 \times 10^{-2} \dfrac{\text{J/K}}{\text{s}}$.
39. 9,3 J/K.
41. (a) $9,3m$ J/K, ja;
    (b) $-9,3m$ J/K, nee.
43. (a) 1010 J/K;
    (b) 1020 J/K;
    (c) $-9,0 \cdot 10^2$ J/K.
45. (a) Adiabatisch;
    (b) $\Delta S_{\text{adiabatisch}} = 0$,
       $\Delta S_{\text{isotherm}} = -nR \ln 2$;
    (c) $\Delta S_{\text{omgeving adiabatisch}} = 0$,
       $\Delta S_{\text{omgeving isotherm}} = nR \ln 2$.
47. (a) Alle processen zijn reversibel.
49. $\dfrac{T}{nC_V}$.
53. $2,1 \cdot 10^5$ J.
55. (a) $\frac{5}{16}$;
    (b) $\frac{1}{64}$.
57. (a) $2,47 \cdot 10^{-23}$ J/K;
    (b) $-9,2 \cdot 10^{-22}$ J/K;
    (c) deze zijn vele ordes van grootte kleiner, als gevolg van het relatief lage aantal microtoestanden voor de munten.
59. (a) $1,79 \cdot 10^6$ kWh;
    (b) $9,6 \cdot 10^4$ kW.
61. 12 MW.
63. (a) 0,41 mol;
    (b) 396 K;
    (c) 810 J;
    (d) −700 J;
    (e) 810 J;
    (f) 0,13;
    (g) 0,24.
65. (a) 110 kg/s;
    (b) $3,5 \cdot 10^8$ l/u.
67. (a) 18 km^3/dag;
    (b) 120 km^2.
69. (a) 0,19;
    (b) 0,23.
71. (a) 5,0 °C;
    (b) 72,8 J/(kgK).
73. 1700 J/K.
75. 57 W.
77. $e_{\text{Sterling}} = \left(\dfrac{T_H - T_L}{T_H}\right)\left[\dfrac{\ln\left(\dfrac{V_b}{V_a}\right)}{\ln\left(\dfrac{V_b}{V_a}\right) + \dfrac{3}{2}\left(\dfrac{T_H - T_L}{T_H}\right)}\right]$,

    $e_{\text{Sterling}} < e_{\text{Carnot}}$.

79. (a)

    (b) W_{netto}.
81. 16 kg.
83. $3,61 \cdot 10^{-2}$ J/K.

Fotobronnen

Hfst. 1 Reuters/Corbis **1.1a** Philip H. Coblentz/World Travel Images, Inc. **1.1b** Antranig M. Ouzoonian, P.E./Weidlinger Associates, Inc. **1.2** Mary Teresa Giancoli **1-3** Douglas C. Giancoli **1.4** Paul Silverman/Fundamental Photographs, NYC **1.5a** Oliver Meckes/Ottawa/Photo Researchers, Inc. **1.5b** Douglas C. Giancoli **1.6** Douglas C. Giancoli **1.7a** Douglas C. Giancoli **1.8** Larry Voight/Photo Researchers, Inc. **1.13** David Parker/Science Photo Library/Photo Researchers, Inc. **1.14** The Image Works **Hfst. 2** George D. Lepp/Corbis/Bettmann **2.8** John E. Gilmore, III **2.21** SuperStock, Inc. **2.25** Justus Sustermans (1597-1681), `Portret van Galileo Galilei.' Galleria Palatina, Palazzo Pitti, Florence, Italy. Nimatallah/Art Resource, NY **2.26** Harold & Esther Edgerton Foundation, 2007, met dank aan Palm Press, Inc. **Hfst. 3** Lucas Kane Photography, LLC **3.19** Berenice Abbott/Commerce Graphics Ltd., Inc. **3.21** Richard Megna/Fundamental Photographs, NYC **3.30a** Don Farrall/Getty Images, Inc.-PhotoDisc **3.30b** Robert Frerck/Getty Images, Inc.-Stone Allstock **3.30c** Richard Megna/Fundamental Photographs, NYC **Hfst. 4** GoodShoot/ SuperStock, Inc. **4.01** Daly & Newton/Getty Images, Inc. **4.04** Corbis/Bettmann **4-05** Gerard Vandystadt/Agence Vandystadt/Photo Researchers, Inc. **4.7** David Jones/Photo Researchers, Inc. **4.10** NASA/John F. Kennedy Space Center **4.29** Lars Ternbald/Amana Japan **4.32** Kathleen Schiaparelli **4.34** Brian Bahr/Allsport Concepts/Getty Images **4.37** Brian Bahr/Allsport Concepts/Getty Images **4.60** Tyler Stableford/The Image Bank/Getty Images, Inc. **Hfst.5 links** Agence Zoom/Getty Images **Hfst.5 rechts** Grant Faint/Getty Images, Inc. **5.16c** Jay Brousseau **5.22** Guido Alberto Rossi/TIPS Images **5.42** C. Grzimek/Tierbild Okapia/Photo Researchers, Inc. **5.45** Photofest **5.49** Daniel L. Feicht/Cedar Point Photo **Hfst. 6** Earth Imaging/Getty Images, Inc.-Stone Allstock **6.8** Douglas C. Giancoli **6.10** NASA/Johnson Space Center **6.14** NASA Headquarters **6.15a** AP Wide World Photos **6.15b** Mickey Pfleger/Lonely Planet Images **6.15c** Dave Cannon/Getty Images, Inc. **6.20** NASA Headquarters **Hfst.7** Ben Margot/AP Wide World Photos **7.22** U.S. Department of Defense, foto van vlieger Kristopher Wilson, U.S. Navy **7.27** Columbia Pictures/ Phototest **Hfst. 8 en 8.10** Harold & Esther Edgerton Foundation, 2007, met dank aan Palm Press, Inc. **8.11** 2004 David Madison Sports Images, Inc. **8.15** naglestock.com/Alamy **8.21** Nick Rowe/Getty Images, Inc.-PhotoDisc **8.24** M.C. Eschers `Waterval'. Copyright 2005 The M.C. Escher Company-Holland **8.48** R. Maisonneuve/Publiphoto/Photo Researchers, Inc. **8.49** Corbis/ Bettmann **Hfst. 9** Richard Megna, Fundamental Photographs, NYC **9.1** Kevin Lamarque/Reuters/Landov LLC **9.8** Loren M Winters/Visuals Unlimited **9.11** Comstock Images/Comstock Premium/Alamy Images Royalty Free **9.14** D.J. Johnson **9.17** Science Photo Library/Photo Researchers, Inc. **9.20** Lawrence Berkeley Laboratory/Science Photo Library/Photo Researchers, Inc. **9.22** Berenice Abbott/ Photo Researchers, Inc. **Hfst. 10** David R. Frazier/The Image Works **10.8a** Douglas C. Giancoli **10.12a** Photoquest, Inc. **10.12b** Richard Megna/Fundamental Photographs, NYC **10.31b** Richard Megna/Fundamental Photographs, NYC **10.42** Corbis-Davis/Lynn Images **10.43** Regis Bossu/Corbis/Sygma **10.45** Karl Weatherly/Getty Images, Inc.-Photodisc. **10.51** Tom Stewart/Corbis/Bettmann **Hfst. 11** Kai Pfaffenbach/Reuters Limited **11.27c** NOAA/Phil Degginger/Color-Pic, Inc. **11.28** Stephen Dunn/Getty Images, Inc. **11.48a** Michael Kevin Daly/Corbis/The Stock Market **Hfst. 12** Jerry Driendl/Getty Images, Inc.-Taxi **12.1** AP Wide World Photos **12.17** Douglas C. Giancoli **12.19** Mary Teresa Giancoli **12.22** Grant Smith/ Construction Photography.com **12.30** Esbin/Anderson/Omni-Photo Communications, Inc. **12.32** Douglas C. Giancoli **12.33** Christopher Talbot Frank/ Ambient Images, Inc./Alamy **12.35** Douglas C. Giancoli **12.37** Giovanni Paolo Panini (Roman, 1691-1765), `Interieur van het Pantheon, Rome' uit 1734. Olie op canvas 128 × 99 cm; gevat in lijst 144 × 114 cm. Samuel H. Kress Collection. Foto 2001 Board of Trustees, National Gallery of Art, Washington. 1939.1.24.(135)/PA. Foto genomen door Richard Carafelli **12.38** acestock/Alamy **12.48a** James Lemass/Index Stock Imagery, Inc. **Hfst. 13** Marevision/AGE Fotostock America, Inc. **13.12** Corbis/Bettmann **13.21** David C. Hazen, Princeton University en Embry-Riddle Aeronautical University **13.34** Rod Planck/Tom Stack & Associates, Inc. **13.36** Alan Blank/Bruce Coleman Inc. **13.45** Douglas C. Giancoli **13.47** Adam Jones/Photo Researchers, Inc. **13.53** National Oceanic and Atmospheric Administration NOAA **Hfst. 14** Ford Motor Company **14.4** Ford Motor Company **14.9** Judith Collins/Alamy Images **14.13** Paul Silverman/Fundamental Photographs, NYC **14.15** Douglas C. Giancoli **14.24** Martin Bough/Fundamental Photographs, NYC **14.25a** AP Wide World Photos **14.25b** Paul X. Scott/Corbis/Sygma **14.27** Gallant, Andre/Getty Images, Inc.-Image Bank **Hfst. 15** Douglas C. Giancoli **15.23** Douglas C. Giancoli **15.29** Martin G. Miller/ Visuals Unlimited **15.31** Richard Megna/Fundamental Photographs, NYC **15.39** Richard Megna/Fundamental Photographs, NYC **Hfst. 16** Fra Angelico (1387-1455), op viool musicerende engel. Altaarstuk in de Tabernakel van Linaioli, detail. Museo di San Marco, Florence, Italy. Scala/Art Resource, N.Y. **16.5** Yoav Levy/Phototake NYC **16.9a** Ben Clark/Getty Images-Photonica Amana America, Inc. **16.9b** Tony Gale/ Pictorial Press/Alamy Images **16.10** Richard Hutchings/Corbis **16.23** Bill Bachmann/PhotoEdit, Inc. **16.24b** Settles, Gary S./ Photo Researchers, Inc. **16.27** GE Medical Systems/Photo Researchers, Inc. **16.34** Nation Wong/Corbis Zefa Collection **Hfst. 17 links** Niall Edwards/Alamy Images, **rechts** Richard Price/Photographer's Choice/Getty Images **17.3** Bob Daemmrich/Stock Boston **17.4** Franca Principe/Istituto e Museo di Storia della Scienza, Florence, Italy **17.6** Leonard Lessin/Peter Arnold, Inc. **17.11** Mark and Audra Gibson Photography **17.15** Leonard Lessin/Peter Arnold, Inc. **17.16** Getty Images-Stockbyte **17.19** Royalty-Free/Corbis **Hfst. 18** Dave G. Houser/Post-Houserstock/Corbis (alle rechten voorbehouden) **18.8** Paul Silverman/ Fundamental Photographs, NYC **18.9** Hans Peter Merten/Getty Images, Inc.-Stone Allstock **18.14** Mary Teresa Giancoli **18.16** Kennan Harvey/Getty Images, Inc.-Stone Allstock **Hfst. 19** Mike Timo/Stone/Getty Images **19.26** Science Photo Library/Photo Researchers, Inc. **19.28** Phil Degginger/Color-Pic, Inc. **19.36** Taxi/Getty Images, Inc. **Hfst. 20** Frank Herholdt/

Stone/Getty Images **20.1** Leonard Lessin/Peter Arnold, Inc. **20.15a** Corbis Digital Stock **20.15b** Warren Gretz/NREL/US DOE/Photo Researchers, Inc. **20.15c** Lionel Delevingne/Stock Boston **Tabel 20.2 van boven naar beneden** Royalty-Free/Corbis, Billy Hustace/Getty Images, Inc.-Stone Allstock, Michael Collier, Inga Spence/Visuals Limited **20.19** Geoff Tompkinson/ Science Photo Library/Photo Researchers, Inc. **20.22** Inga Spence/Visuals Unlimited **20.23** Michael Collier

Foto's in de inhoudsopgave p. iii links Reuters/Corbis, **rechts** Agence Zoom/Getty Images **p. iv links** Ben Margot/AP Wide World Photos, **rechts** Kai Pfaffenbach/Reuters Limited **p. v** Jerry Driendl/Getty Images, Inc.-Taxi **p. vi links** Richard Price/Photographer's Choice/Getty Images, **rechts** Frank Herholdt/Stone/Getty Images **p. viii** Richard Megna/Fundamental Photographs **p. ix links** Mary Teresa Giancoli, **rechts** Giuseppe Molesini, Istituto Nazionale di Ottica Florence **p. x** Richard Cummins/Corbis **p. xi links** Lester Lefkowitz/Taxi/Getty Images, **rechts** The Microwave Sky: NASA/WMAP Science Team **p. xvii** Douglas C. Giancoli

Index

aardbeving *463*
absolute druk *397*
absolute nulpunt *534*
absolute schaal *Zie* kelvinschaal *534*
activeringsenergie *554*
adiabatisch proces *584*
adiabatische gradiënt *604*
afgelegde afstand *22*
afschuiving *368*
airconditioner *617*
algemene beweging *263*
amplitude *428, 458, 491*
angle of attack *410*
arbeid *186*
Archimedes *3, 401*
    wet van *401*
Aristoteles *2, 96*
arm, van moment *293*
assenstelling, loodrechte *303*
assenstelsel *21*
associatieve eigenschap, van
    vectoroptelling *60*
atmosferische druk *397*
atomaire massa-eenheid *8, 257*
atoom *524*
atoomgewicht *Zie* atoommassa *524*
atoommassa *524*
atoomolecuulgewicht *Zie*
    molecuulmassa *524*
Atwood, machine van *112*

ballistische slinger *258*
basisgrootheid *9*
beginvoorwaarden *232, 430*
behoud van energie, wet van *224*
behoud van impuls, wet van *272*
behoud van impulsmoment, wet van
    326
behouden grootheid *215*
bel *492*
benaderingen *6*
Bernoulli, wet van *407*
beschrijving
    macroscopische *523*
    microscopische *523*
beton
    gewapend *370*
    voorgespannen *370*
bewegingsvergelijking *430*
bloedsomloop *406*
bolvormige golven *464*
boog *375*
boventonen *475, 499*
Boyle, Robert *533*
Brahe, Tycho *170*

braytoncyclus *640*
breekpunt *366*
breking *477*
brekingswet *Zie* wet van Snellius *478*
breuksterkte *366*
Britse technische stelsel *9*
Brown, Robert *524*
Brownse beweging *524*
Brunelleschi, Filippo *376*
Btu *571*
buiging *478*
buiken *474*
buis
    gesloten *499*
    open *499*

calorie *Zie* kilocalorie *571*
calorimeter *576*
calorimetrie *576*
capillair *415*
capillaire werking *415*
capillariteit *415*
Carnot, N.L. Sadi *612*
    stelling van *614*
carnotcyclus *613*
carnotmotor *612-613*
causale wetten *173*
causaliteit *173*
Cavendish, Henry *160*
    apparaat van *160*
centrifugaalkracht *139*
centripetale versnelling *136*
cgs-stelsel *9*
chaosparameter *Zie* thermodynamische
    waarschijnlijkheid *628*
Charles, Jacques *534*
Clausius, Rudolf *560*
Clausius-toestandsvergelijking *560*
commutatieve eigenschap *190*
    van vectoroptelling *60*
componenten
    ontbinden van vector in *62*
    van een vector *62*
compressiemodulus *369*
concentratiegradiënt *563*
condensatie *557*
constante hoekversnelling *291*
constructieve interferentie *472*
contactkracht *95, 105*
contactoppervlak *129*
continue golven *Zie* periodieke
    golven *458*
continuïteitsvergelijking *406*
convectie *595*
    gedwongen *595*

natuurlijke *595*
COP *616*
corioliseffect *343*
corioliskracht *344*
coriolisversnelling *344*
coördinatenstelsel *Zie* assenstelsel *21*
cyclus *428*

dalton *8, 257*
damp *556*
dampdruk, verzadigde *557*
dauwpunt *559*
decibel *492*
deeltje *21*
demping
    bovenkritische *443*
    kritische *443*
    onderkritische *443*
dempingsconstante *442*
destructieve interferentie *472*
dichtheid *391*
differentiaalvergelijking *430*
diffractie *Zie* buiging *478*
diffusie *562*
diffusieconstante *563*
diffusievergelijking *563*
dimensie *14*
dimensieanalyse *14*
dispersie *470*
dissipatieve krachten *223*
distributieve eigenschap *190*
dopplereffect *506*
dot product *190*
draaipunt *232*
driedimensionale, golven *463*
druk, absolute *397*
druk, partiële *558*
drukbuiken *501*
drukgolven *Zie* P-golven *463, 491*
drukknopen *501*
drukspanning *368*
dynamica *20, 95*
dynamische lift *410*

echografie *512*
echolocatie *461*
eendimensionale golven *Zie* lineaire
    golven *463*
eenheden, newton *99*
eenheidsvectoren *66*
eenparig cirkelvormige beweging *135*
eerste boventoon, van open buis *500*
eerste harmonische *Zie*
    grondfrequentie *475*

eerste hoofdwet van de
   thermodynamica   *581*
EHB (enkelvoudige harmonische
   beweging)   *429*
EHO (enkelvoudige harmonische
   oscillator)   *429*
eigenfrequentie   *431, 445, 474*
eindsnelheid   *38, 147*
Einstein, Albert   *176*
elasticiteitsgrens   *366*
elasticiteitsmodulus   *366*
elastische botsing   *253*
element   *524*
energie, degradatie van   *626*
enkelvoudige harmonische beweging,
   en eenparige cirkelbeweging   *437*
enkelvoudige harmonische oscillator,
   energie in   *435*
enkelvoudige slinger   *438*
entropie   *619*
equipartitie   *590*
evenredigheidsgrens   *365*
evenwicht   *233*
   eerste voorwaarde voor   *357*
   instabiel   *233*
   neutraal   *233*
   stabiel   *233*
   tweede voorwaarde voor   *358*
evenwichtsstand   *427*

Fahrenheitschaal   *526*
Faraday, Michael   *174*
fase
   gasvormige   *391*
   vaste   *391*
   vloeibare   *391*
fasehoek   *431*
fasen   *391*
faseovergang   *577*
Fick, Adolf   *563*
fictieve kracht   *343*
fluïdum   *391*
fourieranalyse   *502*
fourierintegraal   *470*
fourierreeks   *470*
frequentie   *136, 289, 428, 458*
frequenties, ultrasone   *512*
functie, sinusoïdale   *430*
fysische slinger   *440*

Galilei, Galileo   *2, 37, 70, 96*
gas   *391, 556*
gasthermometer met constant
   volume   *528*
Gay-Lussac, Joseph   *534*
gedempte harmonische beweging   *441*
gedwongen trilling   *445*
gehoorgrens   *496*
geleider   *593*
gelijkwaardigheidprincipe   *176*
geluid   *488*
   kwaliteit van   *502*

volume   *489, 492*
geluidsgolven   *488*
   infrasone   *490*
   interferentie   *503*
   ultrasone   *490*
geluidssnelheid   *489*
gemiddelde
   hoeksnelheid   *286*
   hoekversnelling   *287*
   vectoriële snelheid   *23*
   vrije weglengte   *561*
geostationaire satelliet   *166*
gereflecteerde golven Zie
   teruggekaatste golven   *471*
gesloten buis   *499*
gesloten systeem   *574*
getijdenwerking   *183*
gewapend beton   *370*
gewicht en massa   *97*
gewichtloosheid   *168*
geïsoleerd systeem   *249, 575*
glijdingsmodulus   *369*
golffronten   *471*
golflengte   *458*
golfsnelheid   *458*
golfvergelijking   *468*
   eendimensionale   *469*
golven
   bolvormige   *464*
   continue   *458*
   driedimensionale   *463*
   eendimensionale   *463*
   energietransport door   *463*
   gereflecteerde   *471*
   harmonische   *467*
   invallende   *471*
   lineaire   *463*
   longitudinale   *491, 459*
   lopende sinusoïdale   *467*
   mechanische   *456*
   periodieke   *458*
   staande   *474*
   teruggekaatste   *471*
   transversale   *459*
   tweedimensionale   *463*
   vlakke   *471*
grafische analyse   *45*
gravimeter   *164*
grondfrequentie   *474*
   van open buis   *500*
grondtoon   *497*
grootheid, afgeleide   *9*

harmonische golven Zie lopende
   sinusoïdale golven   *467*
harmonischen Zie boventonen   *475,
   499*
helling   *25*
hoekfrequentie   *431*
hoeksnelheid
   gemiddelde   *286*
   momentane   *286*

precessie-   *342*
hoekverplaatsing   *286*
hoekversnelling
   constante   *291*
   gemiddelde   *287*
   momentane   *287*
Hooke, wet van   *193, 365*
hoorbare bereik   *490*
hydrodynamica   *405*

ideaal gas   *548*
   temperatuurschaal   *539*
ideale gaswet   *535*
impulsmoment   *326*
in fase   *473*
inertiaalkracht   *343*
inertiaalstelsel   *97*
infinitesimaal   *24*
infrasone geluidsgolven   *490*
inproduct   *190*
instabiel evenwicht   *233, 364*
integraalrekening   *44*
intensiteit   *464, 492*
interferentie   *472*
   constructieve   *472*
   destructieve   *472*
interferentie, van geluidsgolven   *503*
invallende golven   *471*
invalshoek   *410*
inwendig product   *190*
inwendige energie   *223*
inwendige krachten   *249*
irreversibel proces   *612*
isobaar proces   *584*
isochoor proces Zie isovolumetrisch
   proces   *584*
isotherm proces   *583*
isotropie   *464*
isovolumetrisch proces   *584*

jojo   *309*
joule   *186, 571*
Joule, James Prescott   *571*

katrol   *299*
kelvinschaal   *534, 629*
Kepler, Johannes   *169*
   perkenwet   *340*
   tweede wet van   *170, 340*
   bewegingswetten van   *170*
kilocalorie   *571*
kilogram   *8, 97*
kinematica   *20*
kinetische
   energie   *195*
   theorie   *524, 548*
   wrijving   *128*
kinetische wrijvingscoëfficiënt   *129*
klankkleur Zie timbre   *502*
knoop   *371*
knopen   *474*
knopenmethode   *372*

koelkast *616*
koepel *376*
kogelbaan *70*
kogelslingeraar *145*
kombaan *142*
koppel *293*
kopstaartmethode *60*
kracht *95*
   definitie van *98*
   resulterende *98*
   van de zwaartekracht *95*
krachtendiagram *108*
krachtenkoppel *358*
krachtmoment *293*
krachtmomentvector *332*
krachtmomentvergelijking *359*
kristallen, vloeibare *556*
kritieke punt *555*
kritieke temperatuur *555*
kwaliteitsfactor *446*
kwikbarometer *400*

Lagrange-punt *173*
laminaire stroming *405*
latente warmtes *577*
lengte *7*
lijnintegraal *192*
lineaire golven *463*
longitudinale golven *459, 491*
loodrechte assenstelling *303*
lopende sinusoïdale golf *467*
luchtvervuiling *630*
luchtweerstand *38, 216*

Mach-getal *510*
macroscopische beschrijving *523*
macroscopische eigenschappen *525*
macrotoestand *626*
magnetische levitatie *130*
manometerdruk *397*
marsjaar *171*
massa *8, 97*
massa en gewicht *97*
massadebiet *406*
massamiddelpunt *263*
mechanica *20*
mechanisch voordeel *398*
mechanische golven *456*
mechanische reductie *114*
meter *7*
microscopische beschrijving *523*
microtoestand *626*
middelpuntvliedende kracht *139*
model *3*
modulus van Young *366*
mol *535*
molecuulmassa *524*
momentane hoeksnelheid *286*
momentane hoekversnelling *287*
momentarm *293*

natuurkunde

klassieke *2*
moderne *2*
natuurlijke frequentie *Zie* eigenfrequentie *431*
nauwkeurigheid *6*
netto krachtmoment *294*
nettokracht *96*
neutraal evenwicht *233, 364*
Newton, Isaac *3*
   synthese van *173*
   tweede bewegingswet van *246*
niet-conservatieve kracht *210*
niet-elastische botsing *254*
niet-inertiaalstelsel *97*
normaalkracht *105, 128*
nulde hoofdwet *528*
numerieke integratie *44*

onnauwkeurigheid *3*
   geschatte *4*
   procentuele *4*
ontsnappingssnelheid *228*
open buis *499*
open systeem *574*
open-buismanometer *398*
operationele definitie *9*
oppervlakte-actieve stoffen *415*
oppervlaktegolven *463*
oppervlaktespanning *413*
opwarming van de aarde *630*
orbitale straal *173*
orde-van-grootteschatting *11*
oscillaties *Zie* trillingen *427, 458*
ottocyclus *615*

paardekracht *229*
parabool
parallellogrammethode *60*
partiële druk *558*
Pascal, Blaise *398*
   wet van *398*
periode *136, 289, 428, 458*
periodieke golven *458*
perkenwet *340*
perturbaties *172*
phon *496*
pijl van de tijd *624*
pijngrens *496*
pk (paardenkracht) *229*
plaats *21*
plaatsbepaler *4*
Planck-lengte *15*
poise (eenheid) *413*
Poiseuille, J. L. *413*
Poiseuille, wet van *413*
potentiële energie *211*
precessie *341*
precessiebeweging *342*
precessiehoeksnelheid *342*
precisie *6*
prestatiecoëfficiënt *616*
principe *3*

principe van arbeid en energie *195*
principe van behoud van mechanische energie *216*
Principia *96, 158*
procent *567*
proces
   adiabatisch *584*
   irreversibel *612*
   isobaar *584*
   isotherm *583*
   isovolumetrisch *584*
   reversibel *612*
proprotionaliteitsgrens *365*
pulsechotechniek *512*
punt *21*
Pythagoras, stelling van *59*

Q-waarde *446*
quasistatisch *584*

radiaal *285*
radiale versnelling *136*
rechterhandregel *291*
reductie, mechanische *114*
referentiestelsel *21, 80*
relatieve vochtigheid *558*
relativiteitstheorie, algemene *176*
rendement *610*
resonantie *445*
resonantiefrequentie *Zie* eigenfrequentie *445, 474*
resultante *59*
reversibel proces *612*
richtingscoëfficiënt *25*
rotatie-as *285*
rotationele kinetische energie *303*
rotationele traagheid *296*

S-golven *463*
samendrukking *459*
scalair *58*
scalaire grootheden *185*
schijnkracht *343*
schokgolf *510*
schuifgolven *Zie* S-golven *463*
seconde *7*
seizoenen *597*
significante cijfers *4*
slinger *221*
smeltwarmte *577*
snelheid
   gemiddelde *22*
   momentane *24*
   relatieve *80*
snelheidsvector
   gemiddelde *67*
   momentane *67*
snelheidsvector, gemiddelde *23*
Snellius, wet van *478*
sonar (sound navigation ranging) *512*
sonische knal *511*
soortelijk gewicht *392*

soortelijke warmte 573
spanning 367
spitsboog 375
staande golven 474
stabiel evenwicht 233, 364
standaard 7
star voorwerp 284
statica 356
statische wrijving 129
steenboog 375
Stefan-Boltzmannconstante 596
Stefan-Boltzmannvergelijking 596
Steiner, stelling van 302
stelling van Fourier 470
stelling van Steiner 441
sterke kernkracht 178
stirlingcyclus 640
straal 471
straling 595
stroming
   laminair 405
   turbulente 406
stroomlijn 405
stuwkracht 270
sublimatie 556
superfluïditeit 556
superpositiebeginsel 470, 502
supersonische snelheid 510
superverzadigd 559
systeem 574
   geïsoleerd 575
   gesloten 574
   open 574
Système International 9

temperatuur, kritieke 555
terugdrijvende kracht 427
teruggekaatste golven 471
theorie 3
thermisch evenwicht 528
thermische
   conductiviteit 593
   energie 223
   vervuiling 630
thermodynamica 523
   derde hoofdwet 629
   nulde hoofdwet van 528
   tweede hoofdwet 608
thermodynamische
   temperatuurschaal 629
   waarschijnlijkheid 628
thermografie 597
thermometer 526
thermoskan 600
TIA 411
tijd 7
   verstreken 23
timbre 502
toestandsvariabele 524, 619
toestandsvergelijking 533
toetsen 2
toonhoogte 489

torr (eenheid) 399
Torricelli, Evangelista 399
   wet van 409
torsieslinger 441
totale interne reflectie 485
touw
   dynamisch 125
   statisch 125
traagheid 96
   maat van de 97
   rotationele 296
traagheidsmassa 176
traagheidsmoment 296
translatie 21
translationele kinetische energie 195
transversale golven 459
   snelheid van 460
trekspanning 368
trilling, gedwongen 445
trillingen 427, 458
triplepunt 539, 556
turbulente stroming 406
tweede harmonische 475
tweede hoofdwet
   formulering van Clausius 608
   Kelvin-Planck-formulering 612
tweedimensionale, golven 463

uit fase 473
uitdoving Zie destructieve
   interferentie 472
uitrekking 459
uitwendig product 190, 331
uitwendige krachten 249
uitwijking 428
ultracentrifuge 138
ultrageluid 512
ultrasone frequenties 512
ultrasone geluidsgolven 490
universele gasconstante 535

vakwerkconstructie 371
valversnelling 38
Van der Waals, Johannes Diderik 559
van der Waals-
   toestandsvergelijking 560
vaste stof 391
vector 22, 58
vectordiagram 65
vectoren, optellen van 58
vectoriële snelheid 23
vectorproduct 190
vectorsom 108
veerconstante 427
veerstijfheidsconstante, Zie
   veerconstante 427
veerunster 95
veervergelijking 193
veld 174
veldconcept 178
venturibuis 411
venturimeter 411

verbinding 524
verdamping 580
verdampingsproces 556
verdampingswarmte 577
verdunning Zie uitrekking 459
vermogen 229
verplaatsing 21
   resulterende 59
verplaatsingsvector 67
verschuivingsstelling 302
versnelling
   constante 30
   gemiddelde 27
   momentane 29
   variabele 43
versnelling van de zwaartekracht Zie
   valversnelling 38
versnelling, constante 69
versnellingsmeter 114
versnellingsvector 27
   gemiddelde 68
   momentane 68
vertraging 28
verzadigde dampdruk 557
viscositeit 406, 412
viscositeitscoëfficiënt 412
vlakke golven 471
vloeibare kristallen 391
vloeistof 391
vloeistofdynamica 405
vochtigheid, relatieve 558
volkomen niet-elastische botsing 258
volume 496
voorgespannen beton 370
voorwerp, vrij vallend 37
vrijheidsgraden 589
vrijlichaamsschema 108

waarnemingen 2
warmte 130, 572
warmte-isolator 593
warmtedood 626
warmtemotor 609
warmtepomp 618
warmtereservoir 584
water, anomaal gedrag 531
Watt 229
weerstandskracht 146
werktemperaturen 609
werkzame stof 610
wervelingen 406
wervelstromen 406
wet 3
   van Boyle 533
   van Charles 534
   van de universele zwaartekracht 160
   van Fick 563
   van Gay-Lussac 534
   van Hooke 193, 365, 427, 470
   van terugkaatsing 471
wetenschappelijke notatie 5

wrijving *127*

Young, modulus van *366*

zonneconstante *597*
zwaartekracht *104*
   kracht van de *95*
zwaartekrachtmassa *176*
zwaartekrachtveld *174-175, 178*
zwaartepunt *265*
zwakke kernkracht *178*
zwart gat *177*
zweving *504*
zwevingsfrequentie *505*

Handige geometrische formules – oppervlakte, volume

Omtrek van een cirkel	$C = \pi d = 2\pi r$	
Oppervlakte van een cirkel	$A = \pi r^2 = \dfrac{\pi d^2}{4}$	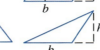
Oppervlakte van een rechthoek	$A = \ell w$	
Oppervakte van parallellogram	$A = bh$	
Oppervakte van een driehoek	$A = \tfrac{1}{2} bh$	
Rechthoekige driehoek (Pythagoras)	$c^2 = a^2 + b^2$	
Bol: oppervlakte volume	$A = 4\pi r^2$ $V = \tfrac{4}{3}\pi r^3$	
Massief rechthoekig blok: volume	$V = \ell w h$	
(Rechte) cylinder: oppervlakte volume	$A = 2\pi r \ell + 2\pi r^2$ $V = \pi r^2 \ell$	
Rechte cirkelvormige kegel: oppervlakte volume	$A = \pi r^2 + \pi r \sqrt{r^2 + h^2}$ $V = \tfrac{1}{3}\pi r^2 h$	

Exponenten

$(a^n)(a^m) = a^{n+m}$ (Voorbeeld: $(a^3)(a^2) = a^5$)
$(a^n)(b^n) = (ab)^n$ (Voorbeeld: $(a^3)(b^3) = (ab)^3$)
$(a^n)^m = a^{nm}$ (Voorbeeld: $(a^3)^2 = a^6$)
(Voorbeeld: $(a^{\frac{1}{4}})^4 = a$)

$a^{-1} = \dfrac{1}{a}$ $\qquad a^{-n} = \dfrac{1}{a^n}, \qquad a^0 = 1.$

$a^{\frac{1}{2}} = \sqrt{a} \qquad a^{\frac{1}{4}} = \sqrt{\sqrt{a}}$

$(a^n)(a^{-m}) = \dfrac{a^n}{a^m} = a^{n-m}$ [Voorbeeld : $(a^5)(a^{-2}) = a^3$],

$\dfrac{a^n}{b^n} = \left(\dfrac{a}{b}\right)^n$

Logaritmen (appendix A.7; tabel A.1)

Als $y = 10^x$, dan $x = \log_{10} y = \log y$.
Als $y = e^x$, dan $x = \log_e y = \ln y$.
$\log (ab) = \log a + \log b$
$\log\left(\dfrac{a}{b}\right) = \log a - \log b$
$\log a^n = n \log a$

Enkele afgeleiden en integralen†

$\dfrac{d}{dx} x^n = n x^{n-1},$ $\qquad \displaystyle\int \sin ax\, dx = -\dfrac{1}{a}\cos ax$

$\dfrac{d}{dx} \sin ax = a \cos ax,$ $\qquad \displaystyle\int \cos ax\, dx = \dfrac{1}{a}\sin ax$

$\dfrac{d}{dx} \cos ax = -a \sin ax,$ $\qquad \displaystyle\int \dfrac{1}{x}\, dx = \ln x$

$\displaystyle\int x^m dx = \dfrac{1}{m+1} x^{m+1},$ $\qquad \displaystyle\int e^{ax} dx = \dfrac{1}{a} e^{ax}$

†Meer in Appendix B.

Wortelformule

Een vergelijking in x van de vorm

$ax^2 + bx + c = 0$

heeft als oplossingen

$x = \dfrac{-b \pm \sqrt{b^2 - 4ac}}{2a}.$

Binomiaalontwikkeling

$(1 \pm x)^n = 1 \pm nx + \dfrac{n(n-1)}{2 \times 1} x^2 \pm \dfrac{n(n-1)(n-2)}{3 \times 2 \times 1} x^3 + ...$ [voor $x^2 < 1$]

$\approx 1 \pm nx,$ [voor $x \ll 1$]

Goniometrische formules (Appendix A.9)

$\sin \theta = \dfrac{o}{h}$

$\cos \theta = \dfrac{a}{h}$

$\tan \theta = \dfrac{o}{a}$

$a^2 + o^2 = h^2$ (Stelling van Pythagoras)
$\tan \theta = \dfrac{\sin \theta}{\cos \theta}$
$\sin^2 \theta + \cos^2 \theta = 1$
$\sin 2\theta = 2 \sin \theta \cos \theta$
$\cos 2\theta = (\cos^2 \theta - \sin^2 \theta) = (1 - 2\sin^2 \theta) = (2\cos^2 \theta - 1)$

$\sin (180° - \theta) = \sin \theta$
$\sin (90° - \theta) = \cos \theta$
$\cos(90° - \theta) = \sin \theta$
$\sin \tfrac{1}{2}\theta = \sqrt{(1 - \cos \theta)/2},$ $\qquad \cos \tfrac{1}{2}\theta = \sqrt{(1 + \cos \theta)/2}$
$\sin \theta \approx \theta$ [voor θ kleiner dan ongeveer 0,2 rad]
$\cos \theta \approx 1 - \dfrac{\theta^2}{2}$ [voor θ kleiner dan ongeveer 0,2 rad]
$\sin (A \pm B) = \sin A \cos B \pm \cos A \sin B$
$\cos(A \pm B) = \cos A \cos B \mp \sin A \sin B$
Voor iedere driehoek geldt:
$c^2 = a^2 + b^2 - 2ab \cos \gamma$ (cosinusregel)
$\dfrac{\sin \alpha}{a} = \dfrac{\sin \beta}{b} = \dfrac{\sin \gamma}{c}$ (sinusregel)

$\cos (180° - \theta) = -\cos \theta$

Periodiek systeem van de elementen[§]

Legenda

Symbool — Cl 17 — Atoomnummer
Atoommassa[§] — 35,453
Elektronenconfiguratie (alleen de buitenste schillen) — $3p^5$

Hoofdtabel

Groep I	Groep II		Overgangselementen										Groep III	Groep IV	Groep V	Groep VI	Groep VII	Groep VIII
H 1 1,00794 $1s^1$																		He 2 4,002602 $1s^2$
Li 3 6,941 $2s^1$	Be 4 9,012182 $2s^2$												B 5 10,811 $2p^1$	C 6 12,0107 $2p^2$	N 7 14,0067 $2p^3$	O 8 15,9994 $2p^4$	F 9 18,9984032 $2p^5$	Ne 10 20,1797 $2p^6$
Na 11 22,98976928 $3s^1$	Mg 12 24,3050 $3s^2$												Al 13 26,9815386 $3p^1$	Si 14 28,0855 $3p^2$	P 15 30,973762 $3p^3$	S 16 32,065 $3p^4$	Cl 17 35,453 $3p^5$	Ar 18 39,948 $3p^6$
K 19 39,0983 $4s^1$	Ca 20 40,078 $4s^2$	Sc 21 44,955912 $3d^14s^2$	Ti 22 47,867 $3d^24s^2$	V 23 50,9415 $3d^34s^2$	Cr 24 51,9961 $3d^54s^1$	Mn 25 54,938045 $3d^54s^2$	Fe 26 55,845 $3d^64s^2$	Co 27 58,933195 $3d^74s^2$	Ni 28 58,6934 $3d^84s^2$	Cu 29 63,546 $3d^{10}4s^1$	Zn 30 65,409 $3d^{10}4s^2$	Ga 31 69,723 $4p^1$	Ge 32 72,64 $4p^2$	As 33 74,92160 $4p^3$	Se 34 78,96 $4p^4$	Br 35 79,904 $4p^5$	Kr 36 83,798 $4p^6$
Rb 37 85,4678 $5s^1$	Sr 38 87,62 $5s^2$	Y 39 88,90585 $4d^15s^2$	Zr 40 91,224 $4d^25s^2$	Nb 41 92,90638 $4d^45s^1$	Mo 42 95,94 $4d^55s^1$	Tc 43 (98) $4d^55s^2$	Ru 44 101,07 $4d^75s^1$	Rh 45 102,90550 $4d^85s^1$	Pd 46 106,42 $4d^{10}5s^0$	Ag 47 107,8682 $4d^{10}5s^1$	Cd 48 112,411 $4d^{10}5s^2$	In 49 114,818 $5p^1$	Sn 50 118,710 $5p^2$	Sb 51 121,760 $5p^3$	Te 52 127,60 $5p^4$	I 53 126,90447 $5p^5$	Xe 54 131,293 $5p^6$
Cs 55 132,9054519 $6s^1$	Ba 56 137,327 $6s^2$	57–71[†]	Hf 72 178,49 $5d^26s^2$	Ta 73 180,94788 $5d^36s^2$	W 74 183,84 $5d^46s^2$	Re 75 186,207 $5d^56s^2$	Os 76 190,23 $5d^66s^2$	Ir 77 192,217 $5d^76s^2$	Pt 78 195,084 $5d^96s^1$	Au 79 196,966569 $5d^{10}6s^1$	Hg 80 200,59 $5d^{10}6s^2$	Tl 81 204,3833 $6p^1$	Pb 82 207,2 $6p^2$	Bi 83 208,98040 $6p^3$	Po 84 (209) $6p^4$	At 85 (210) $6p^5$	Rn 86 (222) $6p^6$
Fr 87 (223) $7s^1$	Ra 88 (226) $7s^2$	89–103[‡]	Rf 104 (267) $6d^27s^2$	Db 105 (268) $6d^37s^2$	Sg 106 (271) $6d^47s^2$	Bh 107 (272) $6d^57s^2$	Hs 108 (277) $6d^67s^2$	Mt 109 (276) $6d^77s^2$	Ds 110 (281) $6d^97s^1$	Rg 111 (280) $6d^{10}7s^1$	112 (285) $6d^{10}7s^2$						

[†]Lanthaniden

| La 57 138,90547 $5d^16s^2$ | Ce 58 140,116 $4f^15d^16s^2$ | Pr 59 140,90765 $4f^35d^06s^2$ | Nd 60 144,242 $4f^45d^06s^2$ | Pm 61 (145) $4f^55d^06s^2$ | Sm 62 150,36 $4f^65d^06s^2$ | Eu 63 151,964 $4f^75d^06s^2$ | Gd 64 157,25 $4f^75d^16s^2$ | Tb 65 158,92535 $4f^95d^06s^2$ | Dy 66 162,500 $4f^{10}5d^06s^2$ | Ho 67 164,93032 $4f^{11}5d^06s^2$ | Er 68 167,259 $4f^{12}5d^06s^2$ | Tm 69 168,93421 $4f^{13}5d^06s^2$ | Yb 70 173,04 $4f^{14}5d^06s^2$ | Lu 71 174,967 $4f^{14}5d^16s^2$ |

[‡]Actiniden

| Ac 89 (227) $6d^17s^2$ | Th 90 232,03806 $6d^27s^2$ | Pa 91 231,03588 $5f^26d^17s^2$ | U 92 238,0289 $5f^36d^17s^2$ | Np 93 (237) $5f^46d^17s^2$ | Pu 94 (244) $5f^66d^07s^2$ | Am 95 (243) $5f^76d^07s^2$ | Cm 96 (247) $5f^76d^17s^2$ | Bk 97 (247) $5f^96d^07s^2$ | Cf 98 (251) $5f^{10}6d^07s^2$ | Es 99 (252) $5f^{11}6d^07s^2$ | Fm 100 (257) $5f^{12}6d^07s^2$ | Md 101 (258) $5f^{13}6d^07s^2$ | No 102 (259) $5f^{14}6d^07s^2$ | Lr 103 (262) $5f^{14}6d^17s^2$ |

[§] Atoommassa's gemiddeld over de verschillende isotopen, in een verhouding die overeenstemt met de mate waarin deze voorkomen op het aardoppervlak. Voor vele instabiele elementen wordt de massa van het langstlevende isotoop tussen haakjes vermeld. (Zie ook Appendix F.) Voorlopig (onbevestigd) bewijs van voorkomen is gerapporteerd voor de elementen 113, 114, 115, 116 en 118.
Gegevens uit 2006.